Atom- und Ionenradien der Elemente

Ordnungszahl	Symbol	Atomradius [nm]	Ion	Ionenradius [nm]
3	Li	0,152	Li^+	0,078
4	Be	0,114	Be^{2+}	0,054
5	B	0,097	B^{3+}	0,02
6	C	0,077	C^{4+}	<0,02
7	N	0,071	N^{5+}	0,01–0,02
8	O	0,060	O^{2-}	0,132
9	F	–	F^-	0,133
11	Na	0,186	Na^+	0,098
12	Mg	0,160	Mg^{2+}	0,078
13	Al	0,143	Al^{3+}	0,057
14	Si	0,117	Si^{4+}	0,039
15	P	0,109	P^{5+}	0,03–0,04
16	S	0,106	S^{2-}	0,174
17	Cl	0,107	Cl^-	0,181
19	K	0,231	K^+	0,133
20	Ca	0,197	Ca^{2+}	0,106
21	Sc	0,160	Sc^{2+}	0,083
22	Ti	0,147	Ti^{4+}	0,064
23	V	0,132	V^{4+}	0,061
24	Cr	0,125	Cr^{3+}	0,064
25	Mn	0,112	Mn^{2+}	0,091
26	Fe	0,124	Fe^{2+}	0,087
27	Co	0,125	Co^{2+}	0,082
28	Ni	0,125	Ni^{2+}	0,078
29	Cu	0,128	Cu^+	0,096
30	Zn	0,133	Zn^{2+}	0,083
31	Ga	0,135	Ga^{3+}	0,062
32	Ge	0,122	Ge^{4+}	0,044
35	Br	0,119	Br^-	0,196
39	Y	0,181	Y^{3+}	0,106
40	Zr	0,158	Zr^{4+}	0,087
41	Nb	0,143	Nb^{4+}	0,074
42	Mo	0,136	Mo^{4+}	0,068
46	Pd	0,137	Pd^{2+}	0,050
47	Ag	0,144	Ag^+	0,113
48	Cd	0,150	Cd^{2+}	0,103
50	Sn	0,158	Sn^{4+}	0,074
53	I	0,136	I^-	0,220
55	Cs	0,265	Cs^+	0,165
56	Ba	0,217	Ba^{2+}	0,143
74	W	0,137	W^{4+}	0,068
78	Pt	0,138	Pt^{2+}	0,052
79	Au	0,144	Au^+	0,137
80	Hg	0,150	Hg^{2+}	0,112
82	Pb	0,175	Pb^{2+}	0,132
92	U	0,138	U^{4+}	0,105

[a] Die vollständige Tabelle finden Sie im Anhang B.

Werkstofftechnologie für Ingenieure

Grundlagen – Prozesse – Anwendungen

Unser Online-Tipp
für noch mehr Wissen ...

... aktuelles Fachwissen rund
um die Uhr – zum Probelesen,
Downloaden oder auch auf Papier.

www.InformIT.de

James F. Shackelford

Werkstofftechnologie für Ingenieure

Grundlagen – Prozesse – Anwendungen

6., überarbeitete Auflage

ein Imprint von Pearson Education
München • Boston • San Francisco • Harlow, England
Don Mills, Ontario • Sydney • Mexico City
Madrid • Amsterdam

Bibliografische Information Der Deutschen Bibliothek

Die Deutsche Bibliothek verzeichnet diese Publikation in der Deutschen Nationalbibliografie;
detaillierte bibliografische Daten sind im Internet über http://dnb.ddb.de abrufbar.

Die Informationen in diesem Buch werden ohne Rücksicht auf einen eventuellen Patentschutz
veröffentlicht. Warennamen werden ohne Gewährleistung der freien Verwendbarkeit benutzt.
Bei der Zusammenstellung von Texten und Abbildungen wurde mit größter
Sorgfalt vorgegangen. Trotzdem können Fehler nicht ausgeschlossen werden.
Verlag, Herausgeber und Autoren können für fehlerhafte Angaben und deren Folgen
weder eine juristische Verantwortung noch irgendeine Haftung übernehmen.
Für Verbesserungsvorschläge und Hinweise auf Fehler sind Verlag und Autor dankbar.

Es konnten nicht alle Rechteinhaber von Abbildungen ermittelt werden. Sollte dem Verlag
gegenüber der Nachweis der Rechtsinhaberschaft geführt werden, wird das branchenübliche
Honorar nachträglich gezahlt.

Alle Rechte vorbehalten, auch die der fotomechanischen Wiedergabe und der
Speicherung in elektronischen Medien.
Die gewerbliche Nutzung der in diesem Produkt gezeigten Modelle und Arbeiten
ist nicht zulässig.

Fast alle Produktbezeichnungen und weitere Stichworte und sonstige Angaben,
die in diesem Buch verwendet werden, sind als eingetragene Marken geschützt.
Da es nicht möglich ist, in allen Fällen zeitnah zu ermitteln, ob ein Markenschutz besteht,
wird das ® Symbol in diesem Buch nicht verwendet.

Authorized translation from the English language edition, entitled INTRODUCTION TO
MATERIALS SCIENCE FOR ENGINEERS, 6th Edition by SHACKELFORD, JAMES F.,
published by Pearson Education, Inc., publishing as Prentice Hall, Copyright © 2005, 2000
by Pearson Education, Inc., Pearson Prentice Hall, Upper Saddle River, New Jersey 07458

All rights reserved. No part of this book may be reproduced or transmitted in any form or
by any means, electronic or mechanical, including photocopying, recording or by any
information storage retrieval system, without permission from Pearson Education, Inc.

German language edition published by Pearson Education Deutschland GmbH, Copyright © 2005

Umwelthinweis:
Dieses Produkt wurde auf chlorfrei gebleichtem Papier gedruckt.
Die Einschrumpffolie – zum Schutz vor Verschmutzung – ist aus
umweltverträglichem und recyclingfähigem PE-Material.

10 9 8 7 6 5 4 3 2 1

07 06 05

ISBN 3-8273-7159-7

© 2005 Pearson Studium
ein Imprint der Pearson Education Deutschland GmbH,
Martin-Kollar-Straße 10-12, D-81829 München/Germany
Alle Rechte vorbehalten
www.pearson-studium.de
Lektorat: Marc-Boris Rode, mrode@pearson.de
          Rainer Fuchs, rfuchs@pearson.de
Übersetzung: Dip.-Ing. Frank Langenau, Chemnitz
Fachlektorat: Univ.-Prof. Dr.-Ing. Dipl.-Wirt.Ing. Wolfgang Tillmann, Universität Dortmund
Korrektorat: Barbara Decker, München
Einbandgestaltung: adesso 21, Thomas Arlt, München
Herstellung: Philipp Burkart, pburkart@pearson.de
Satz: mediaService, Siegen (www.media-service.tv)
Druck und Verarbeitung: Kösel, Krugzell (www.KoeselBuch.de)

Printed in Germany

Inhaltsverzeichnis

Vorwort zur deutschen Ausgabe — 13
    Inhalt und Aufbau — 13
    Die Online-Inhalte der Companion Website (CWS) — 14
    Die Lesergruppen — 14
    Der Bearbeiter der deutschen Ausgabe — 15

Vorwort zur Originalausgabe — 15
    Änderungen in der sechsten Ausgabe — 18
    Danksagungen — 18
    Über den Autor — 19

Kapitel 1   Technische Werkstoffe — 21
1.1 Die Welt der Werkstoffe — 23
1.2 Werkstoffwissenschaft und -technik — 25
1.3 Arten von Werkstoffen — 25
    1.3.1 Metalle — 26
    1.3.2 Keramiken und Gläser — 27
    1.3.3 Polymere — 31
    1.3.4 Verbundwerkstoffe — 33
    1.3.5 Halbleiter — 34
1.4 Von der Struktur zu den Eigenschaften — 36
1.5 Werkstoffverarbeitung — 39
1.6 Werkstoffauswahl — 40

Teil I   Die Grundlagen — 43

Kapitel 2   Atombindung — 45
2.1 Atomare Struktur — 47
2.2 Die Ionenbindung — 54
    2.2.1 Die Koordinationszahl — 60
2.3 Die kovalente Bindung — 68
2.4 Die Metallbindung — 76
2.5 Die Sekundär- oder Van-der-Waals-Bindung — 78
2.6 Werkstoffe – die Bindungsklassifikation — 81

Kapitel 3   Kristalline Struktur – der perfekte Kristall   93

3.1 Sieben Systeme und 14 Gitter 95
3.2 Metallstrukturen 100
3.3 Keramikstrukturen 105
3.4 Polymerstrukturen 115
3.5 Halbleiterstrukturen 118
3.6 Gitterpositionen, Gitterrichtungen und Gitterebenen 123
3.7 Röntgenbeugung 138

Kapitel 4   Gitterstörungen und die nichtkristalline Struktur – strukturelle Fehler   155

4.1 Lösung im festen Zustand 157
4.2 Punktdefekte – nulldimensionale Gitterdefekte 163
4.3 Lineare Defekte oder Versetzungen – eindimensionale Gitterdefekte 165
4.4 Ebene Defekte – zweidimensionale Gitterdefekte 170
4.5 Nichtkristalline Festkörper – dreidimensionale Gitterdefekte 178
4.6 Mikroskopie 182

Kapitel 5   Diffusion   199

5.1 Thermisch aktivierte Prozesse 201
5.2 Thermische Entstehung von Punktdefekten 205
5.3 Punktdefekte und stationäre Diffusion 207
5.4 Stationäre Diffusion 220
5.5 Alternative Diffusionspfade 224

Kapitel 6   Mechanisches Verhalten   233

6.1 Spannung und Dehnung 235
    6.1.1 Metalle 235
    6.1.2 Keramiken und Gläser 253
    6.1.3 Polymere 258
6.2 Elastische Verformung 263
6.3 Plastische Verformung 265
6.4 Härte 273
6.5 Kriechen und Spannungsrelaxation 278
6.6 Viskoelastische Verformung 288
    6.6.1 Anorganische Gläser 289
    6.6.2 Organische Polymere 292
    6.6.3 Elastomere 296

Kapitel 7   Thermisches Verhalten   313

7.1 Wärmekapazität 315
7.2 Wärmeausdehnung 318
7.3 Wärmeleitfähigkeit 321
7.4 Thermoschock 327

Kapitel 8		Schadensanalyse und -prävention	335
8.1	Kerbschlagarbeit		337
8.2	Bruchzähigkeit		344
8.3	Ermüdung		350
8.4	Zerstörungsfreie Prüfung		360
	8.4.1	Röntgenprüfung	360
	8.4.2	Ultraschallprüfung	362
	8.4.3	Andere zerstörungsfreie Prüfungen	363
8.5	Schadensanalyse und -prävention		366

Kapitel 9		Phasendiagramme – Mikrostrukturentwicklung im Gleichgewicht	377
9.1	Die Phasenregel		379
9.2	Das Phasendiagramm		383
	9.2.1	Vollständige Löslichkeit im flüssigen und festen Zustand	384
	9.2.2	Eutektisches Diagramm ohne Löslichkeit im festen Zustand	388
	9.2.3	Eutektisches Diagramm mit begrenzter Löslichkeit im festen Zustand	390
	9.2.4	Eutektoides Diagramm	392
	9.2.5	Peritektisches Diagramm	395
	9.2.6	Allgemeine binäre Diagramme	398
9.3	Das Hebelgesetz		405
9.4	Gefügeausbildung bei langsamer Abkühlung		410

Kapitel 10		Kinetik – Wärmebehandlung	431
10.1	Zeit – die dritte Dimension		433
10.2	Das ZTU-Diagramm		439
	10.2.1	Diffusionsgesteuerte Umwandlungen	439
	10.2.2	Diffusionslose (martensitische) Umwandlungen	442
	10.2.3	Wärmebehandlung von Stahl	446
10.3	Härtbarkeit		453
10.4	Ausscheidungshärtung		457
10.5	Glühbehandlung		461
	10.5.1	Kaltverformung	461
	10.5.2	Erholung	462
	10.5.3	Rekristallisation	463
	10.5.4	Kornwachstum	464
10.6	Kinetik der Phasenumwandlungen für Nichtmetalle		466

INHALTSVERZEICHNIS

Teil II Die Konstruktionswerkstoffe   481

Kapitel 11 Metalle   483

11.1 Eisenlegierungen 485
    11.1.1 Klassifizierung von Stählen 486
    11.1.2 Hoch legierte Stähle 490
    11.1.3 Gusseisen 498
    11.1.4 Schnell erstarrte Eisenlegierungen 501
11.2 Nichteisenlegierungen 503
    11.2.1 Aluminiumlegierungen 503
    11.2.2 Magnesiumlegierungen 505
    11.2.3 Titanlegierungen 506
    11.2.4 Kupferlegierungen 506
    11.2.5 Nickellegierungen 507
    11.2.6 Zink-, Blei- und andere Legierungen 508
11.3 Metallherstellung 510

Kapitel 12 Keramiken und Gläser   525

12.1 Keramiken – kristalline Werkstoffe 528
12.2 Gläser – nichtkristalline Werkstoffe 534
12.3 Glaskeramik 537
12.4 Keramik- und Glasherstellung 540

Kapitel 13 Polymerwerkstoffe   553

13.1 Polymerisation 555
13.2 Strukturelle Merkmale von Polymeren 564
13.3 Thermoplastische Polymere 570
13.4 Duroplastische Polymere 575
13.5 Additive 580
13.6 Herstellung von Polymerwerkstoffen 582

Kapitel 14 Verbundwerkstoffe   593

14.1 Faserverstärkte Verbundwerkstoffe 596
    14.1.1 Konventionelles Fiberglas 596
    14.1.2 Hochleistungsverbundwerkstoffe 599
    14.1.3 Holz – ein natürlicher faserverstärkter Verbundwerkstoff 602
14.2 Verbundwerkstoffe mit Zuschlägen 607
14.3 Verbundeigenschaften 615
    14.3.1 Belastung parallel zu verstärkenden Fasern – Isostrain 617
    14.3.2 Belastung senkrecht zur Verstärkungsfaser – Isostress 620
    14.3.3 Belastung eines partikelverstärkten Verbundwerkstoffs
            mit gleichmäßiger Partikelverteilung 623
    14.3.4 Grenzflächenfestigkeit 626
14.4 Mechanische Eigenschaften von Verbundwerkstoffen 628
14.5 Verarbeitung von Verbundwerkstoffen 636

Teil III Die elektronischen, optischen und magnetischen Werkstoffe 649

Kapitel 15 Elektrisches Verhalten 651

15.1 Ladungsträger und Leitung 653
15.2 Energieniveaus und Energiebänder 658
15.3 Leiter 666
    15.3.1 Thermoelemente 670
    15.3.2 Supraleiter 673
15.4 Isolatoren 679
    15.4.1 Ferroelektrika 681
    15.4.2 Piezoelektrika 684
15.5 Halbleiter 687
15.6 Verbundwerkstoffe 690
15.7 Elektrische Klassifikation von Werkstoffen 692

Kapitel 16 Optisches Verhalten 699

16.1 Sichtbares Licht 701
16.2 Optische Eigenschaften 704
    16.2.1 Brechungsindex 704
    16.2.2 Reflexionskoeffizient 706
    16.2.3 Transparenz, Transluzenz und Opazität 709
    16.2.4 Farbe 710
    16.2.5 Lumineszenz 712
    16.2.6 Reflexionsvermögen und Opazität von Metallen 713
16.3 Optische Systeme und Geräte 717
    16.3.1 Laser 717
    16.3.2 Optische Fasern 720
    16.3.3 Flüssigkristallanzeigen 723
    16.3.4 Photohalbleiter 724

Kapitel 17 Halbleiterwerkstoffe 731

17.1 Elementare Eigenhalbleiter 733
17.2 Elementare Störstellenhalbleiter 739
    17.2.1 n-Halbleiter 740
    17.2.2 p-Halbleiter 743
17.3 Halbleitende Verbindungen 754
17.4 Amorphe Halbleiter 758
17.5 Herstellung von Halbleitern 760
17.6 Halbleiterbauelemente 764

INHALTSVERZEICHNIS

Kapitel 18 Magnetische Werkstoffe 783
- 18.1 Magnetismus 785
- 18.2 Ferromagnetismus 791
- 18.3 Ferrimagnetismus 799
- 18.4 Metallische Magnete 802
  - 18.4.1 Weichmagnetische Werkstoffe 802
  - 18.4.2 Hartmagnetische Werkstoffe 805
  - 18.4.3 Supraleitende Magnete 806
- 18.5 Keramische Magnete 808
  - 18.5.1 Magnete mit geringer Leitfähigkeit 809
  - 18.5.2 Supraleitende Magnete 812

Teil IV Werkstoffe im technischen Entwurf 821

Kapitel 19 Umgebungsbedingter Materialverlust 823
- 19.1 Oxidation – direkter atmosphärischer Angriff 826
- 19.2 Wässrige Korrosion – elektrochemischer Angriff 832
- 19.3 Galvanische Korrosion 835
- 19.4 Korrosion durch Gasreduktion 839
- 19.5 Wirkung von mechanischer Spannung auf Korrosion 844
- 19.6 Methoden des Korrosionsschutzes 845
- 19.7 Polarisationskurven 848
- 19.8 Chemische Zersetzung von Keramiken und Polymeren 852
- 19.9 Strahlenschäden 854
- 19.10 Verschleiß 856
- 19.11 Oberflächenanalyse 861

Kapitel 20 Werkstoffauswahl 877
- 20.1 Werkstoffeigenschaften als Konstruktionsparameter 879
- 20.2 Auswahl von Konstruktionswerkstoffen – Fallstudien 885
  - 20.2.1 Werkstoffe für Surfbrettmasten 886
  - 20.2.2 Ersatz von Metallen durch Polymere 890
  - 20.2.3 Ersatz von Metallen durch Verbundwerkstoffe 891
  - 20.2.4 Wabenstruktur 891
  - 20.2.5 Werkstoffe für Hüftgelenkendoprothesen 894
- 20.3 Auswahl elektronischer, optischer und magnetischer Werkstoffe – Fallstudien 897
  - 20.3.1 Amorphe Metalle für Stromverteilung 898
  - 20.3.2 Ersatz eines duroplastischen Polymers durch ein Thermoplast . . 903
  - 20.3.3 Metallische Lotwerkstoffe für die Flip-Chip-Technologie 904
  - 20.3.4 Leuchtdioden (LEDs) 905
  - 20.3.5 Polymere als elektrische Leiter 907

| Anhang A | Physikalische und chemische Daten für die Elemente | 915 |

| Anhang B | Atom- und Ionenradien der Elemente | 921 |

| Anhang C | Konstanten und Umrechnungsfaktoren | 927 |

C.1 Tabelle Konstanten... 928
C.2 Tabelle Vorsätze für SI-Einheiten 928
C.3 Tabelle Umrechnungsfaktoren................................. 929

| Anhang D | Eigenschaften der Konstruktionswerkstoffe | 931 |

D.1 Tabelle Physikalische Eigenschaften ausgewählter Werkstoffe 932
D.2 Tabelle Daten für Zug- und Biegeversuche von ausgewählten technischen Werkstoffen 933
D.3 Tabelle Verschiedene mechanische Eigenschaften von ausgewählten technischen Werkstoffen 938
D.4 Tabelle Thermische Eigenschaften von ausgewählten Werkstoffe........ 941

| Anhang E | Eigenschaften von elektronischen, optischen und magnetischen Werkstoffen | 945 |

E.1 Tabelle Elektrische Leitfähigkeiten ausgewählter Werkstoffe bei Raumtemperatur... 946
E.2 Tabelle Eigenschaften von Halbleitern bei Raumtemperatur............. 947
E.3 Tabelle Dielektrizitätskonstante und Durchschlagsfestigkeit für verschiedene Isolatoren 948
E.4 Tabelle Brechungsindices für ausgewählte optische Werkstoffe 949
E.5 Tabelle Magnetische Eigenschaften für ausgewählte Werkstoffe 950

| Anhang F | Antworten zu den Übungen und Aufgaben | 951 |

| Anhang G | Wegweiser zur Werkstoffauswahl | 975 |

| Anhang H | Glossar | 977 |

Literatur- und Quellenverzeichnis 1021

Literatur 1021
Quellen 1025

Register 1043

Vorwort zur deutschen Ausgabe

Nanotechnologie, Mikrosystemtechnik, Hochleistungswerkzeuge, thermisch höchstbelastete Triebwerkskomponenten oder schnelle und effiziente Produktionsprozesse erhalten ihre aktuelle und auch zukünftige Realisierung nicht zuletzt durch die Bereitstellung geeigneter Werkstoffe und Werkstofftechnologien. Das Wissen über den Aufbau, die Eigenschaften oder die Auswahl, die Herstellung und den Einsatz moderner Konstruktionswerkstoffe stellt somit eine zentrale Kompetenz eines jeden Ingenieurs dar. Es ist daher folgerichtig, dass die werkstoffkundliche Ausbildung einen hohen Stellenwert in der Grund- und Vertiefungsausbildung aller ingenieurwissenschaftlicher Studiengänge besitzt. Um hier jedoch sowohl aus wissenschaftlicher wie anwendungstechnischer Sicht einen nachhaltigen Ausbildungseffekt zu erzielen, ist eine fundierte Einführung in die zum Teil komplexe Thematik zwingend erforderlich. Dies bedingt neben einer umfassenden Darstellung der physikalisch-chemischen Grundlagen und der Vorstellung unterschiedlicher Werkstoffklassen auch die Verflechtung von werkstoffwissenschaftlichen Grundlagen mit anwendungsorientierten Problemen, die bis in ökonomische und ökologische Fragestellungen hineinreichen. Nur vor dem Hintergrund einer ganzheitlichen Darstellung der Werkstofftechnik als zentrale Disziplin des Maschinenbaus, der Elektrotechnik und des Bauwesens kann der Leser die große Bedeutung, die diesem Fachgebiet als Motor technischer Innovationen zukommt, erkennen.

Das vorliegende Fachbuch, eine den Bedürfnissen deutschsprachiger Leser angepasste Übersetzung des amerikanischen Erfolgstitels von James F. Shackelford *Introduction to Materials Science für Engineers*, Sixth Edition, bildet diese Forderung in einzigartiger Weise ab. Dem Autor ist es hervorragend gelungen, in jedem Kapitel einen engen Bezug zur Anwendung und zu realen Fragestellungen herzustellen. Der Leser wird somit problemorientiert an die jeweiligen Inhalte herangeführt, was dem Stoffverständnis ebenso zuträglich ist wie dem ganzheitlichen Zugang zur Werkstofftechnologie als Schlüsselkompetenz aller Ingenieurdisziplinen.

Inhalt und Aufbau

Das Buch teilt sich in vier wesentliche Teile: Ausgangspunkt bildet eine umfassende Darstellung des atomaren und kristallphysikalischen Aufbaus technischer Werkstoffe, anhand dessen der Leser ein Verständnis zum Verhalten von Werkstoffen unter Belastung und in werkstofftechnologischen Prozessen entwickeln kann.

Auf diesen Grundlagen aufbauend werden nachfolgend unterschiedliche Kategorien von Konstruktionswerkstoffen vorgestellt und im Hinblick auf Herstellung, Eigenschaften und vor allem Anwendungen diskutiert.

Der dritte Abschnitt wendet sich Funktionswerkstoffen zu, wie sie in der Elektrotechnik zum Einsatz kommen. Konsequenterweise erfolgt hier die Vorstellung anhand unterschiedlicher Eigenschaftsprofile, wie z. B. elektrischer oder optischer Eigenschaften. Wie zuvor steht auch dieses Kapitel in einem engen Bezug zu technischen Anwendungen.

Der Produkt-Lebenszyklus bildet die Klammer über den letzten Abschnitt des Buches. Der Leser wird in die anwendungsbezogene Werkstoffauswahl eingeführt, lernt mit Korrosions- und Verschleißproblemen umzugehen und erfährt, welchen Stellenwert Recyclingfragen in der Auswahl von Konstruktionswerkstoffen und in der Bewertung eines Produktdesigns spielen. Insbesondere in diesem Abschnitt werden grundlegende Aspekte wirkungsvoll von begleitenden Fallstudien aus der Praxis flankiert.

Die Online-Inhalte der Companion Website (CWS)

Die Lehrinhalte des Buchs werden zusätzlich noch durch eine Companion Website (CWS) unter *www.pearson-studium.de* ergänzt, auf der der Leser weiterführende Texte und Informationen erhält, unterteilt nach dem Gebrauch durch Dozenten und Studenten. Hierbei handelt es sich sowohl um deutschsprachige Inhalte wie um Begleitmaterial der englischsprachigen Originalausgabe.

Vor allem an Studenten richten sich u.a.: das Buch ergänzende Inhalte mit Lösungen zu den ausgewählten Übungen und Fragen, teils voll funktionsfähige, teils Demoversionen von relevanter Software, die auf dem Computer des Lesers installiert werden kann, Daten von Laboratoriumsversuchen, für die eigene Arbeit zu übernehmen, Abbildungen und Videos, Versuche und Präsentationen zur Werkstofftechnologie, die von Universitäten erstellt wurden, Artikel aus Fachpresse und Handbüchern, Listen der Verbände und Gesellschaften sowie von Schulen und Universitäten, die Programme zum Fach anbieten, sowie Weblinks zu weiterführenden Websites. Die CWS bietet auch in deutscher Sprache Aufgaben und deren Lösungen zusätzlich zu den Buchinhalten sowie weitere Abbildungen und Linklisten. Dozenten finden hier Musterlösungen zu den Übungsaufgaben (in Englisch) und begleitendes Vortragsmaterial.

Weiteres Dozentenmaterial sind u.a. PowerPoint-Folien sowie Abbildungen und Tabellen für den Einsatz in eigenen Vorlesungen und PDF-Dateien des vollständigen *Instructor's Solutions Manual*, eines rund 500 Seiten starken Lösungsbuches.

Diese Companion Website, die vielfältiges Material zur Vertiefung und Erweiterung des Know-how bietet und sich auch für die Selbstkontrolle vor Prüfungen eignet, ist, wie gesagt, unter *www.pearson-studium.de* zu erreichen.

Die Lesergruppen

Das Lehrbuch richtet sich primär an Studierende des Maschinenbaus und der Werkstofftechnik. Jedoch auch angehende Elektro- und Bauingenieure finden hier die relevanten Grundlagen für ihre werkstoffkundliche Grundausbildung. Das Buch umfasst den Stoff, der typischerweise im Rahmen der werkstofftechnischen Grundstudiumsausbildung gelehrt wird. An vielen Stellen geht der Stoff jedoch darüber hinaus, so dass das Buch zum Teil auch noch in Vertiefungsvorlesungen des Hauptstudiums eingesetzt werden kann. Aufgrund seiner hohen Problemorientiertheit und den zahlreichen Übungsbeispielen sowie den ergänzenden Unterlagen auf der CWS eignet es sich sowohl als vorlesungsbegleitendes Lehrbuch als auch zum Selbststudium. Nicht zuletzt findet aber auch der Ingenieur in der Praxis in diesem Werk wichtige Informationen zur Lösung von werkstofftechnischen Problemstellungen. Der hohe Anwendungsbezug, gepaart mit einer ganzheitlichen Darstellung, tragen hierzu maßgeblich bei.

Der Bearbeiter der deutschen Ausgabe

Wolfgang Tillmann hat Maschinenbau an der RWTH Aachen und Betriebswirtschaftslehre an der FernUniversität Hagen studiert. Nach Promotion an der RWTH Aachen im Bereich Werkstoffwissenschaften und mehrjähriger Tätigkeit als Oberingenieur am Lehr- und Forschungsgebiet Werkstoffwissenschaften wechselte er in die Industrie, zur Hilti AG nach Liechtenstein. Hier war er in verschiedenen Funktionen tätig, u. a. als Leiter der Abteilung Werkstoffe und Mechanik sowie als Geschäftsfeldleiter Diamanttechnik der Hilti Deutschland GmbH. Seit November 2002 ist er Inhaber des Lehrstuhls für Werkstofftechnologie an der Universität Dortmund.

Univ.-Prof. Dr.-Ing. Dipl.-Wirt.Ing. Wolfgang Tillmann
Universität Dortmund,
Lehrstuhl für Werkstofftechnologie

Vorwort zur Originalausgabe

Das Ihnen vorliegende Buch ist als Einführung in die Welt der technischen Werkstoffe gedacht. Diesen Zweig der Ingenieurwissenschaften bezeichnet man als „Werkstoffwissenschaft und Werkstofftechnik". Für mich hat diese Terminologie zwei wichtige funktionelle Aspekte: Erstens spiegelt sie das Gleichgewicht zwischen wissenschaftlichen Prinzipien und praktischer Technik wider, das bei der Auswahl der geeigneten Werkstoffe für die moderne Technologie erforderlich ist. Zweitens bildet sie die Grundlage für die Organisation des Textes. Jedes Wort steht für einen eigenen Teil. Nach einem kurzen Einführungskapitel steht *Wissenschaft* als Marke für Teil I zum Komplex *Die Grundlagen*. Die *Kapitel 2 bis 10* behandeln verschiedene Themen in der angewandten Physik und Chemie. Sie bilden die Grundlage für das Verständnis der Prinzipien der „Werkstoffwissenschaft". Ich nehme an, dass manche Studenten dieses Fach im ersten oder zweiten Studienjahr belegen und noch nicht die erforderlichen Voraussetzungen aus der Chemie und Physik mitbringen. Deshalb ist Teil I als selbstständiger Teil konzipiert. Sicherlich ist ein bereits absolvierter Kurs in Chemie oder Physik hilfreich, jedoch nicht unbedingt notwendig. Für Studenten, die bereits einen Einsteigerkurs in Chemie absolviert haben, kann *Kapitel 2* (Atombindung) als optionale Lektüre dienen. Allerdings darf man nicht übersehen, welche Rolle Bindungen bei der Definition der grundlegenden Arten von technischen Werkstoffen spielen. Die übrigen Kapitel in Teil I sind nicht in diesem Maße optional, da sie Schlüsselthemen der Werkstoffwissenschaft beschreiben. *Kapitel 3* umreißt die idealen kristallinen Strukturen wichtiger Werkstoffe. *Kapitel 4* führt die strukturellen Fehlstellen von realen technischen Werkstoffen ein. Diese Strukturdefekte bilden die Basis für die Festkörperdiffusion (*Kapitel 5*) und die plastische Verformung in Metallen (*Kapitel 6*). *Kapitel 6* schließt außerdem einen breiten Bereich von mechanischem Verhalten für verschiedene technische Werkstoffe ein. In ähnlicher Weise widmet sich *Kapitel 7* dem thermischen Verhalten dieser Werkstoffe. Bei mechanischen und thermischen Belastungen können Werkstoffe ausfallen – das ist Gegenstand von *Kapitel 8*. Darüber hinaus kann die systematische Analyse von Werkstoffausfällen zur Prävention von Katastrophen führen. Die *Kapitel 9* und *10* sind besonders wichtig, da sie eine Brücke schlagen zwischen „Werkstoffwissenschaft" und „Werkstofftechnik". Phasendiagramme (*Kapitel 9*) sind ein wirksames Werkzeug, um die Mikrostrukturen von praktischen technischen Werkstoffen im Gleichgewicht zu beschreiben. In dieses Thema wird in einer beschreibenden und empirischen Form eingeführt. Da manche Studenten wahrscheinlich noch keinen Kurs in Thermodynamik absolviert haben, verzichte ich darauf, die Eigenschaft der freien Energie zu verwenden.

Die Companion Website enthält ein Kapitel zur Thermodynamik für die Dozenten, die Phasendiagramme mit einer ergänzenden Einführung in die Thermodynamik behandeln möchten.

Kinetik (*Kapitel 10*) bildet die Grundlage der Wärmebehandlung von technischen Werkstoffen.

Das Wort *Werkstoffe* steht als Oberbegriff für Teil II des Buchs. Wir arbeiten die vier Kategorien von *Konstruktionswerkstoffen* heraus. Metalle (*Kapitel 11*), Keramiken (*Kapitel 12*) und Polymere (*Kapitel 13*) betrachtet man traditionell als die drei Arten von technischen Werkstoffen. *Kapitel 12* trägt die Überschrift „Keramiken und Gläser", um den einzigartigen Charakter der nichtkristallinen Gläser hervorzuheben, die den kristallinen Keramiken chemisch ähnlich sind. *Kapitel 14* fügt „Verbundwerkstoffe" als vierte Kategorie hinzu, die bestimmte Kombinationen der drei fundamentalen Typen umfasst. Fiberglas, Holz und Beton sind bekannte Beispiele. Hochleistungsverbundwerkstoffe wie z.B. das Graphit/Epoxyd-System verkörpern bahnbrechende Entwicklungen bei den Konstruktionswerkstoffen. In Teil II katalogisiert jedes Kapitel Beispiele für jeden Typ von Konstruktionswerkstoff und beschreibt deren Herstellungsverfahren.

Das Wort *Werkstoffe* steht auch über Teil III. Ganz allgemein lassen sich die hauptsächlich für *elektronische*, *optische* und *magnetische* Anwendungen eingesetzten Werkstoffe einer der Kategorien von Konstruktionswerkstoffen zuordnen. Jedoch zeigt eine genaue Untersuchung der elektrischen Leitung (*Kapitel 15*), dass man die Halbleiter als separate Kategorie definieren sollte. Metalle sind im Allgemeinen gute elektrische Leiter, während Keramiken und Polymere gute Isolatoren sind. Halbleiter nehmen bezüglich ihrer Leitfähigkeit eine Zwischenstellung ein. Durch die Entdeckung von Keramikwerkstoffen, die bei relativ hohen Temperaturen supraleitfähig sind, erweitert sich der Einsatzbereich der Supraleitfähigkeit, der lange Jahre auf bestimmte Metalle bei sehr niedrigen Temperaturen beschränkt war.

Kapitel 16 beschäftigt sich mit dem optischen Verhalten, das den Einsatz vieler Werkstoffe bestimmt, angefangen beim traditionellen Fensterglas bis hin zu den neuesten Entwicklungen in der Telekommunikation. *Kapitel 17* ist der wichtigen Kategorie der Halbleiterwerkstoffe gewidmet, die die Grundlage der Festkörperelektronikindustrie bilden. Eine breite Vielfalt von magnetischen Werkstoffen wird in *Kapitel 18* behandelt. Herkömmliche metallische und keramische Magnete werden durch supraleitende Metalle und Keramiken ergänzt, die faszinierende Konstruktionen basierend auf ihrem magnetischen Verhalten ermöglichen.

Schließlich beschreibt das Wort *Werkstofftechnik* den Teil IV (*Kapitel 19* und *20*), der den praktischen Einsatz der Werkstoffe zeigt und sich auf die Rolle der Werkstoffe in technischen Anwendungen konzentriert. *Kapitel 19* (Umgebungsbedingter Materialverlust) diskutiert die Einschränkungen, die durch die Umgebung auferlegt werden. Chemische Zersetzung, Strahlungsschädigung und Verschleiß sind zu berücksichtigen, wenn die Entscheidung für den Einsatz eines bestimmten Werkstoffs zu treffen ist. Schließlich zeigt *Kapitel 20* (Werkstoffauswahl), dass alle in den vorhergehenden Kapiteln besprochenen Werkstoffeigenschaften in „Konstruktionsparameter" übersetzt werden können. Hier haben wir es erneut mit einer Brücke zwischen den Prinzipien der Werkstoffwissenschaft und dem Einsatz dieser Werkstoffe in modernen Konstruktionen zu tun.

Ich hoffe, dass es mir gelungen ist, für Studenten und Dozenten gleichermaßen ein klares und lesenswertes Lehrbuch zu schaffen, das sich um diesen wichtigen Zweig der Technik dreht. Es sei darauf hingewiesen, dass Werkstoffe eine zentrale Rolle über die gesamte Bandbreite der modernen Wissenschaft und Technologie hinweg spielen. Im Bericht *Materials Science and Engineering for the 1990s: Maintaining Competitiveness in the Age of Materials* des National Research Councils wird geschätzt, dass ungefähr ein Drittel aller Physiker und Chemiker auf dem Gebiet der Werkstoffe arbeitet. Der Bericht *Science: The End of the Frontier?* der American Association for the Advancement of Science nennt 26 Schlüsseltechnologien für das wirtschaftliche Wachstum, wovon sich zehn mit hochentwickelten Werkstoffen beschäftigen.

Ich habe versucht, dieses Buch großzügig mit Beispielen und Übungen auszustatten, die Sie in jedem Kapitel finden. Ein umfangreicher Teil mit Aufgaben zur Selbstkontrolle schließt jedes Kapitel ab. Dabei sind besonders anspruchsvolle Aufgaben entsprechend gekennzeichnet. Probleme, die sich um die Rolle der Werkstoffe im technischen Entwurf drehen, sind mit einem Design-Symbol **D** versehen. Zu den angenehmsten Aufgaben beim Schreiben dieses Buchs gehörte die Vorbereitung der biographischen Fußnoten für diejenigen Fälle, in denen der Name einer Person untrennbar mit einem grundlegenden Konzept in der Werkstoffwissenschaft und Werkstofftechnik verbunden ist. Ich nehme an, dass die meisten Leser meine Bewunderung für diese großen Wegbereiter der Wissenschaft und Technik aus der entfernteren und jüngeren Vergangenheit teilen. Neben einer Menge von nützlichen Daten bieten die Anhänge eine komfortable Nachschlagemöglichkeit für die Eigenschaften von Werkstoffen, für Untersuchungswerkzeuge und Definitionen von Schlüsselbegriffen.

Die verschiedenen Ausgaben dieses Buchs sind in einem Zeitraum grundlegender Änderung auf dem Gebiet der Werkstoffwissenschaft und Werkstofftechnik entstanden. Das drückt sich beispielsweise dadurch aus, dass im Herbst 1986 die American Society for Metals in ASM International – eine Gesellschaft für *Werkstoffe* (nicht nur für Metalle) – umbenannt wurde. Eine angemessene Einführung in die Werkstoffwissenschaft kann nicht mehr nur eine traditionelle Behandlung der physikalischen Metallurgie mit ergänzender Einführung in nichtmetallische Werkstoffe sein. Die erste Ausgabe basiert auf einer ausgeglichenen Behandlung des vollen Spektrums der technischen Werkstoffe.

Darauf folgende Ausgaben haben dieses Gleichgewichtskonzept verstärkt mit der zeitnahen Hinzufügung neuer Werkstoffe, die Schlüsselrollen in der Wirtschaft des 21. Jahrhunderts spielen: leichtgewichtige Metalllegierungen, „High-Tech"-Keramiken für komplexe Konstruktionsanwendungen, technische Polymere als Ersatz für Metalle, Hochleistungsverbundwerkstoffe für die Raumfahrt, zunehmend miniaturisierte Halbleiterbauelemente, Hochtemperaturkeramiksupraleiter und Biowerkstoffe. Seit dem Debüt der ersten Ausgabe haben wir auch Durchbrüche in der Werkstoffuntersuchung, wie z.B. das Atomkraftmikroskop (AFM), und in der Werkstoffherstellung, wie z.B. die selbstausbreitende Hochtemperatursynthese (SHS), gesehen. In der fünften Ausgabe des Buchs wurden die Inhalte neu angeordnet und bieten separate Kapitel zu mechanischem, thermischem und optischem Verhalten sowie zur Diffusion und Schadensanalyse/-prävention.

Änderungen in der sechsten Ausgabe

Die sechste Ausgabe baut auf der neuen organisatorischen Struktur auf, die mit der vorherigen Ausgabe eingeführt wurde. Jedes Kapitel wurde überarbeitet und aktualisiert. Einige komplexere Themen wie z.B. Quasikristalle werden jetzt als Ergänzungsmaterial auf der Companion Website (CWS) bereitgestellt, die der nächste Abschnitt beschreibt, wodurch das Buch an sich ein einheitlicheres Niveau der Einführung behält. Konsistent mit vorherigen Ausgaben werden über 100 neue und überarbeitete Aufgaben für das Selbststudium angegeben. Schließlich wurden die in der fünften Auflage des Buchs eingeführten Kolumnen in dieser Ausgabe erweitert. Diese ein- oder zweiseitigen Fallstudien tragen jetzt den Titel „Die Welt der Werkstoffe" und sind in jedem Kapitel vorhanden, um den Blick für einige faszinierende Themen in der Welt sowohl der technischen als auch der natürlichen Werkstoffe zu schärfen.

Danksagungen

Schließlich möchte ich verschiedenen Menschen danken, die viel dazu beitragen haben, dieses Buch möglich zu machen. Meine Familie hat mehr als das übliche Maß an Geduld und Verständnis aufgebracht. Sie hat mich ständig an das wahre Leben jenseits der Werkstoffebene erinnert. Peter Gordon (erste Ausgabe), David Johnstone (zweite und dritte Ausgabe), Bill Stenquist (vierte und fünfte Ausgabe) und Dorothy Marrero (sechste Ausgabe) sei großer Dank geschuldet in ihren Rollen als Herausgeber. Besonders bin ich Pearson Prentice Hall Dank schuldig für die Überlassung von Deena Cloud als Development Editor der vierten und fünften Ausgabe. Ihre fachkundige Führung war außerordentlich hilfreich und effektiv. Lilian Davila produzierte gekonnt die vom Computer generierten Bilder von Kristallstrukturen. Ein spezieller Dank richtet sich an meine Mitarbeiter an der Universität Kalifornien, Davis, und die vielen Rezensenten aller Ausgaben, insbesondere D. J. Montgomery, John M. Roberts, D. R. Rossington, R. D. Daniels, R. A. Johnson, D. H. Morris, J. P. Mathers, Richard Fleming, Ralph Graff, Ian W. Hall, John J. Kramer, Enayat Mahajerin, Carolyn W. Meyers, Ernest F. Nippes, Richard L. Porter, Eric C. Skaar, E. G. Schwartz, William N. Weins, M. Robert Baren, John Botsis, D. L. Douglass, Robert, W. Hendricks, J. J. Hren, Sam Hruska, I. W. Hull, David B. Knoor, Harold Koelling, John McLaughlin, Alvin H.

Meyer, M. Natarajan, Jay Samuel, John R. Schlup, Theodore D. Taylor, Ronald Kander, Alan Lawley und Joanna McKittrick.

Besonders danken möchte ich den Rezensenten für die sechste Ausgabe: Yu-Lin Shen, Universität New Mexico; Kathleen R. Rohr, VA Tech; Jeffrey W. Fergus, Auburn Universität; James R. Chelikowsky, Universität Minnesota; Christoph Steinbruchel, Rennselaer Polytechnic Institute, sowie James F. Fitz-Gerald, Universität Virginia.

Über den Autor

James F. Shackelford hat die akademischen Grade Bachelor of Science und Master of Science in Keramiktechnik an der Universität Washington und den Doktor in Werkstoffwissenschaft und Werkstofftechnik an der Universität Kalifornien, Berkeley, erworben. Derzeit ist er Professor beim Department of Chemical Engineering and Materials Science und Director of the Integrated Studies Honors Program an der Universität Kalifornien, Davis. Er lehrt und leitet die Forschung auf den Gebieten der Werkstoffwissenschaften, der Struktur der Werkstoffe, zerstörungsfreien Prüfung und Biowerkstoffe. Er ist Mitglied der ASM International und der American Ceramic Society und wurde als Fellow of the American Ceramic Society im Jahr 1992 und Outstanding Educator of the American Ceramic Society 1996 benannt. Im Jahr 2003 erhielt er einen Distinguished Teaching Award vom Academic Senate der Universität Kalifornien, Davis. Er hat über 100 Artikel und Bücher veröffentlicht, einschließlich *The CRC Materials Science and Engineering Handbook*, das nunmehr in seiner dritten Ausgabe erscheint.

Technische Werkstoffe

1.1	Die Welt der Werkstoffe..........................	23
1.2	Werkstoffwissenschaft und -technik	25
1.3	Arten von Werkstoffen...........................	25
1.4	Von der Struktur zu den Eigenschaften...........	36
1.5	Werkstoffverarbeitung...........................	39
1.6	Werkstoffauswahl................................	40

ÜBERBLICK 1

1 TECHNISCHE WERKSTOFFE

„ Hochwertige Sportartikel verlangen oftmals nach den neuesten Fortschritten bei technischen Werkstoffen. Mithilfe moderner Verbundwerkstoffe kann man die mechanischen Anforderungen dieser Inliner erfüllen und gleichzeitig das Gewicht minimieren. **„**

1.1 Die Welt der Werkstoffe

Wir leben in einer Welt des materiellen Besitzes, der weitgehend unsere sozialen Beziehungen und den ökonomischen Lebensstandard bestimmt. Der materielle Besitz unserer frühesten Vorfahren bestand wahrscheinlich aus Werkzeugen und Waffen. So ist es nicht verwunderlich, dass man die einzelnen Perioden der Menschheitsgeschichte nach den Werkstoffen benannt hat, aus denen Werkzeuge und Waffen hergestellt wurden. Die **Steinzeit** beginnt vor etwa 2,5 Millionen Jahren, als die ersten Menschen oder Hominiden Steine behauen haben, um Jagdwaffen herzustellen. Die **Bronzezeit** erstreckt sich etwa von 2000 bis 1000 v.Chr.; sie verkörpert die Anfänge der Metallurgie, bei der **Legierungen** aus Kupfer und Zinn entdeckt wurden, mit denen sich überlegene Werkzeuge und Waffen produzieren ließen. (Eine *Legierung* ist ein Metall, das sich aus mehr als einem Element zusammensetzt.)

Heute weisen Archäologen darauf hin, dass es eine frühere aber weniger bekannte „Kupferzeit" zwischen etwa 4000 und 3000 v.Chr. in Europa gegeben hat, in der relativ reines Kupfer verwendet wurde, bevor Zinn verfügbar war. Durch die eingeschränkte Brauchbarkeit dieser Kupferprodukte hat man schon frühzeitig erkannt, wie wichtig geeignete Legierungsbeimengungen sind. Die **Eisenzeit** beschreibt den Zeitraum von 1000 bis 1 v.Chr. Um 500 v.Chr. hatten Eisenlegierungen weitgehend Bronze für die Werkzeug- und Waffenherstellung in Europa verdrängt.

Auch wenn die Archäologen keine „Töpferzeit" kennen, gehören Funde von Haushaltsgefäßen aus gebranntem Ton zu den besten Zeugnissen menschlicher Kultur vor Tausenden von Jahren. Ebenso lassen sich Überreste von Glasgegenständen aus Mesopotamien bis auf eine Zeitepoche 4000 v Chr. zurückdatieren.

Die moderne Kultur in der zweiten Hälfte des 20. Jahrhunderts bezeichnet man gelegentlich auch als das „Zeitalter der Kunststoffe", eine nicht ganz schmeichelhafte Referenz auf die leichten und billigen Polymere, aus denen so viele Produkte hergestellt wurden. Manche Beobachter haben stattdessen vorgeschlagen, dieselbe Zeitspanne aufgrund des nachhaltigen Einflusses der modernen Elektronik, die vorrangig auf der Siliziumtechnologie basiert, als „Siliziumzeit" zu bezeichnen.

Abbildung 1.1 gibt einen eindrucksvollen Überblick über die relative Bedeutung technischer Werkstoffe im Verlauf der menschlichen Geschichte. Obwohl die Zeitskala aufgrund der rasanten Entwicklung der Technologie in der jüngsten Vergangenheit extrem nichtlinear ist, lässt sich erkennen, dass die zunehmend dominante Rolle der Metalllegierungen nach dem 2. Weltkrieg einen Spitzenwert erreicht hat. Seit den 60er Jahren des 20. Jahrhunderts hat der Druck nach Gewichts- und Kosteneinsparungen zu einem wachsenden Bedarf an neuen, anspruchsvollen nichtmetallischen Werkstoffen geführt. In Abbildung 1.1 beruht die „relative Bedeutung" für die Stein- und Bronzezeit auf Einschätzungen von Archäologen, für die 60er Jahre auf einschlägigen Vorlesungen in amerikanischen und englischen Universitäten und für 2020 auf Vorhersagen der Automobilindustrie.

Die Welt der Werkstoffe

Ein Familienporträt

Seit die Menschen in Familien zusammenleben, bestimmt ihr materieller Besitz, welche Rolle sie innerhalb der Familie spielen und wie sich ihre Wechselwirkungen mit der umgebenden Welt definieren. Der Fotograf Peter Menzel hat dies in „Material World" für zeitgenössische Familien aus Ländern rund um den Globus eingefangen. Er hat jeweils eine Familie gefunden, die dem statistischen Durchschnitt ihres Geburtslandes nahezu entspricht und ihn tatkräftig unterstützt hat – d.h. all ihr Hab und Gut zusammengetragen hat, um sich vor ihrer Wohnung fotografieren zu lassen. Herausgekommen ist dabei der großartige Bildband *Material World – A Global Family Portrait*[1] (Sierra Club Books, San Francisco 1994). Stellvertretend greifen wir hier das Porträt einer typischen Familie aus den Vereinigten Staaten heraus.

Diese amerikanische Durchschnittsfamilie hat zwei Kinder (nahe dem nationalen Durchschnitt von 2,1) und lebt in einem Haus von 148,6 m^2. Der auf der Straße vor dem Haus der Familie ausgebreitete Besitz umfasst drei Radios, zwei Fernseher (einer davon mit Videorekorder), drei Stereoanlagen, fünf Telefone, einen Computer und drei Autos. Auch wenn der materielle Reichtum dieser durchschnittlichen Familie als groß zu bezeichnen ist, nimmt die amerikanische Familie zum Veröffentlichungszeitpunkt des Buches nur den 9. Platz der wohlhabendsten Länder unter den 183 Mitgliedsländern der Vereinten Nationen ein. Beim Lesen dieses Buches sollten wir uns dieses Porträt vor Augen halten, um uns daran zu erinnern, dass die Resultate unserer Anstrengungen als Ingenieure bei der Auswahl der geeigneten Werkstoffe für die technische Gestaltung eine zentrale Rolle im Leben des Einzelnen und seiner Familie spielen können. Nicht zuletzt sind diese Familien Bestandteil der globalen Wirtschaftssysteme.

Der materielle Besitz einer durchschnittlichen US-amerikanischen Familie (aus Peter Menzel, Material World – A Global Family Portrait, Sierra Club Books, San Francisco 1994)

---

1 Deutsche Ausgabe: *So lebt der Mensch*, Gruner & Jahr, Hamburg 2004, ISBN: 3570190633

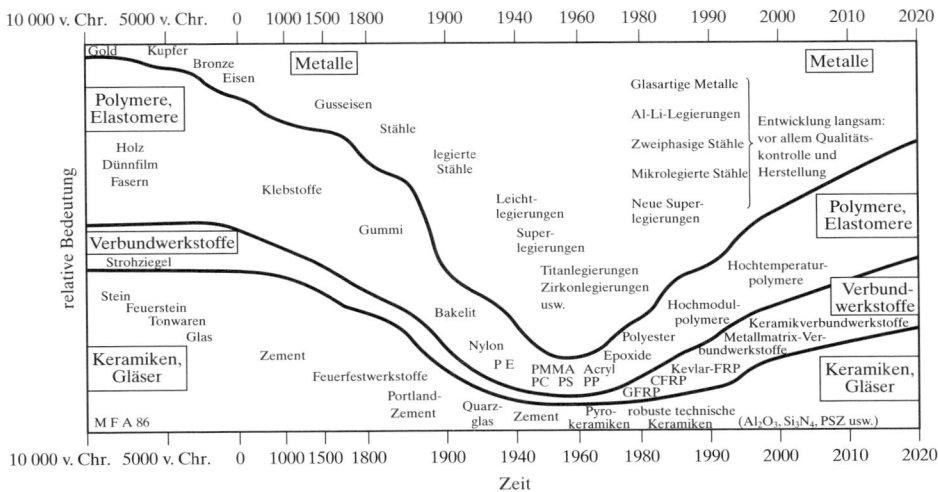

Abbildung 1.1: Die Entwicklung technischer Werkstoffe im Laufe der Zeit. Beachten Sie die extrem nichtlineare Skala.

1.2 Werkstoffwissenschaft und -technik

Seit den 60er Jahren stehen die Begriffe *Werkstoffwissenschaft und Werkstofftechnik* für einen grundlegenden Zweig der Ingenieurwissenschaften, der sich mit Werkstoffen beschäftigt. Diese Bezeichnung ist insofern treffend, als dieses Gebiet eine echte Verschmelzung von grundlegenden wissenschaftlichen Erkenntnissen mit angewandter Technologie ist. In zunehmendem Maße schließt es Beiträge aus vielen traditionellen Bereichen ein, auch Metallurgie, keramische Technik, Polymerchemie, Festkörperphysik und Physikalische Chemie.

Die Begriffe *Werkstoffwissenschaft und Werkstofftechnik* haben in dieser Einführung eine spezielle Funktion. Sie bilden die Grundlage für die Organisation des Textes. Erstens beschreibt das Wort *Wissenschaft* den Teil I (*Kapitel 2* bis *10*), der sich mit den Grundlagen der Struktur und Klassifikation befasst. Zweitens steht das Wort *Werkstoffe* für Teil II (*Kapitel 11* bis *14*), der sich mit den vier Arten von Konstruktionswerkstoffen beschäftigt, und Teil III (*Kapitel 15* bis *18*), der die verschiedenen elektronischen und magnetischen Werkstoffe zum Inhalt hat, einschließlich der separaten Kategorie der Halbleiter. Schließlich beschreibt das Wort *Werkstofftechnik* den Teil IV (*Kapitel 19* und *20*), der den praktischen Einsatz der Werkstoffe zeigt und sich mit Schlüsselaspekten wie Umwelteinflüssen und Auswahl von Werkstoffen beschäftigt.

1.3 Arten von Werkstoffen

Die wohl brennendste Frage für den angehenden Ingenieur, der einen Einführungskurs zu Werkstoffen belegt, ist wohl: Welche Werkstoffe stehen mir zur Verfügung? Für eine umfassende Antwort auf diese Frage sind verschiedene Klassifikationssysteme möglich. In diesem Buch unterscheiden wir fünf Kategorien von Werkstoffen, die für den Ingenieur in der Praxis verfügbar sind: Metalle, Keramiken und Gläser, Polymere, Verbundwerkstoffe und Halbleiter.

1.3.1 Metalle

Wenn es einen „typischen" Werkstoff gibt, den man gemeinhin mit der modernen Technik verbindet, dann ist es *Baustahl*. Dieser universelle Konstruktionswerkstoff hat mehrere Eigenschaften, die wir mit dem Eigenschaftsprofil **metallischer** Werkstoffe verbinden. Erstens ist er fest und lässt sich ohne weiteres in die jeweils gewünschte Form bringen. Zweitens ist seine umfassende, dauerhafte Verformbarkeit oder **Duktilität** ein wichtiger Faktor, der zu einer gewissen Nachgiebigkeit bei plötzlichen und schweren Belastungen führt. Z.B. haben viele Kalifornier schon mittlere Erdbeben erleben dürfen, die Fenster aus Glas, das relativ **spröde** ist (d.h. eine geringe Duktilität hat), haben zerbrechen lassen, während die stahlbewehrten Rahmen unbeschädigt geblieben sind. Drittens weist eine frisch geschnittene Stahloberfläche einen charakteristischen Metallglanz auf und viertens hat ein Stahldraht mit anderen Metallen eine fundamentale Eigenschaft gemeinsam: Er ist ein guter Leiter für den elektrischen Strom. Auch wenn Baustahl ein besonders gebräuchlicher metallischer Konstruktionswerkstoffe ist, findet man mit etwas Überlegung zahlreiche andere Beispiele für technische Metalle (siehe Abbildung 1.2).

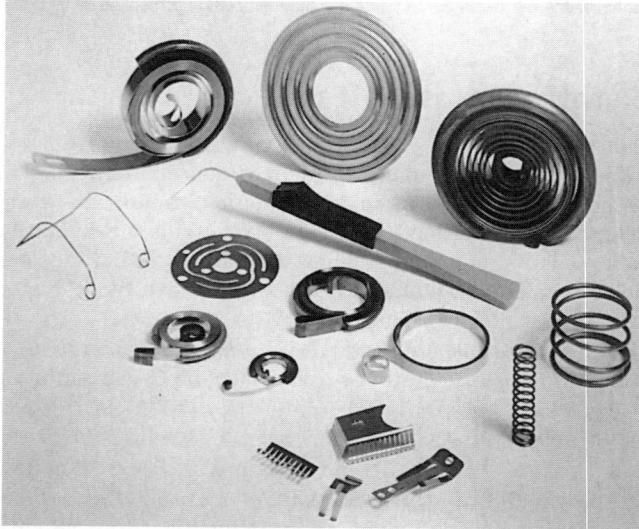

Abbildung 1.2: Diese Beispiele typischer Metallteile (unter anderem Federn und Klemmen) sind charakteristisch für den weiten Bereich von technischen Anwendungen.

Kapitel 2 definiert das Wesen der Metalle und setzt es in relativen Bezug zu den anderen Kategorien. Es ist interessant, sich die Breite der Eigenschaftsprofile metallischer Elemente anzusehen. Abbildung 1.3 zeigt im Periodensystem der Elemente die chemischen Elemente, die von Natur aus metallisch sind – eine wirklich große Familie. Die markierten Elemente bilden die Basis für die verschiedenen technischen Legierungen, einschließlich Eisen- und Stahllegierungen (Fe), Aluminiumlegierungen (Al), Magnesiumlegierungen (Mg), Titanlegierungen (Ti), Nickellegierungen (Ni), Zinklegierungen (Zn) und Kupferlegierungen (Cu) [einschließlich Messing (Cu, Zn)]. Abbildung 1.4 zeigt ein Beispiel für den aktuellen Stand der Metallbearbeitung, nämlich Teile, die durch superplastische Umformung hergestellt werden, auf die *Kapitel 11* näher eingeht.

I A																	O
1 H	II A											III A	IV A	V A	VI A	VII A	2 He
3 Li	4 Be											5 B	6 C	7 N	8 O	9 F	10 Ne
11 Na	12 Mg	III B	IV B	V B	VI B	VII B	VIII			I B	II B	13 Al	14 Si	15 P	16 S	17 Cl	18 Ar
19 K	20 Ca	21 Sc	22 Ti	23 V	24 Cr	25 Mn	26 Fe	27 Co	28 Ni	29 Cu	30 Zn	31 Ga	32 Ge	33 As	34 Se	35 Br	36 Kr
37 Rb	38 Sr	39 Y	40 Zr	41 Nb	42 Mo	43 Tc	44 Ru	45 Rh	46 Pd	47 Ag	48 Cd	49 In	50 Sn	51 Sb	52 Te	53 I	54 Xe
55 Cs	56 Ba	57 La	72 Hf	73 Ta	74 W	75 Re	76 Os	77 Ir	78 Pt	79 Au	80 Hg	81 Tl	82 Pb	83 Bi	84 Po	85 At	86 Rn
87 Fr	88 Ra	89 Ac	104 Rf	105 Db	106 Sg												

58 Ce	59 Pr	60 Nd	61 Pm	62 Sm	63 Eu	64 Gd	65 Tb	66 Dy	67 Ho	68 Er	69 Tm	70 Yb	71 Lu
90 Th	91 Pa	92 U	93 Np	94 Pu	95 Am	96 Cm	97 Bk	98 Cf	99 Es	100 Fm	101 Md	102 No	103 Lw

Abbildung 1.3: Periodensystem der Elemente. Metallische Elemente sind farbig dargestellt.

Abbildung 1.4: Verschiedene Aluminiumteile, die durch superplastische Umformung hergestellt wurden. Der ungewöhnlich hohe Grad der Verformbarkeit bei diesen Legierungen wird durch eine sorgfältig gesteuerte, feinkörnige Mikrostruktur erzielt. Bei der superplastischen Umformung zieht man mit entsprechendem Luftdruck eine „Metallblase" über eine metallische Form.

1.3.2 Keramiken und Gläser

Aluminium (Al) ist ein gebräuchliches Metall, doch Aluminium*oxid* – eine Verbindung aus Aluminium und Sauerstoff, wie z.B. Al_2O_3 – ist für eine grundsätzlich andere Familie von Ingenieurwerkstoffen typisch, die **Keramiken**. Aluminiumoxid hat zwei prinzipielle Vorteile gegenüber metallischem Aluminium. Erstens verhält sich Al_2O_3 chemisch stabil in aggressiven Umgebungen, wo metallisches Aluminium oxidieren würde (darauf geht *Kapitel 19* ein). In Wirklichkeit ist das chemisch stabilere Oxid ein häufiges Reaktionsprodukt beim chemischen Abbau von Aluminium. Zweitens hat das keramische Al_2O_3 einen bedeutend höheren Schmelzpunkt (2.020°C) als metallisches Al (660°C), sodass man Al_2O_3 in vielen **Hochtemperaturanwendungen** einsetzt (z.B. als Feuerfestwerkstoff mit vielen Einsatzbereichen im industriellen Ofenbau).

TECHNISCHE WERKSTOFFE

Warum verwendet man Al_2O_3 mit seinen überlegenen chemischen und thermischen Eigenschaften nicht für Anwendungen im Motorenbau anstelle von metallischem Aluminium? Die Antwort hierauf liegt in der einschränkenden Eigenschaft von Keramiken – ihrer Sprödigkeit. Aluminium und andere Metalle haben eine hohe Duktilität, eine wünschenswerte Eigenschaft, die es erlaubt, dass man sie relativ starken Stoßbeanspruchungen aussetzen kann, ohne dass sie brechen, während Aluminiumoxid und andere Keramiken diese Eigenschaft nicht aufweisen. Somit scheiden Keramiken für viele Konstruktionsanwendungen aus.

Entwicklungen in der Keramiktechnologie erweitern das Einsatzspektrum von Keramiken für Konstruktionsanwendungen – allerdings nicht dadurch, dass man ihre inhärente Sprödigkeit beseitigt, sondern ihre Festigkeit auf ein ausreichend hohes Niveau anhebt und auch ihre Bruchfestigkeit erhöht. (*Kapitel 8* führt das wichtige Konzept der *Bruchzähigkeit* ein.) In *Kapitel 6* untersuchen wir die Grundlagen für die Sprödigkeit von Keramiken sowie die Einsatzgrenzen hochfester Strukturkeramiken. Ein Beispiel für derartige Werkstoffe ist Siliziumnitrid (Si_3N_4), das vor allem für energiesparende Flugzeugtriebwerke im Hochtemperaturbereich infrage kommt – ein Anwendungsgebiet, das für viele Keramiken undenkbar ist.

I A																	O
1 H	II A											III A	IV A	V A	VI A	VII A	2 He
3 Li	4 Be											5 B	6 C	7 N	8 O	9 F	10 Ne
11 Na	12 Mg	III B	IV B	V B	VI B	VII B		VIII		I B	II B	13 Al	14 Si	15 P	16 S	17 Cl	18 Ar
19 K	20 Ca	21 Sc	22 Ti	23 V	24 Cr	25 Mn	26 Fe	27 Co	28 Ni	29 Cu	30 Zn	31 Ga	32 Ge	33 As	34 Se	35 Br	36 Kr
37 Rb	38 Sr	39 Y	40 Zr	41 Nb	42 Mo	43 Tc	44 Ru	45 Rh	46 Pd	47 Ag	48 Cd	49 In	50 Sn	51 Sb	52 Te	53 I	54 Xe
55 Cs	56 Ba	57 La	72 Hf	73 Ta	74 W	75 Re	76 Os	77 Ir	78 Pt	79 Au	80 Hg	81 Tl	82 Pb	83 Bi	84 Po	85 At	86 Rn
87 Fr	88 Ra	89 Ac	104 Rf	105 Db	106 Sg												

58 Ce	59 Pr	60 Nd	61 Pm	62 Sm	63 Eu	64 Gd	65 Tb	66 Dy	67 Ho	68 Er	69 Tm	70 Yb	71 Lu
90 Th	91 Pa	92 U	93 Np	94 Pu	95 Am	96 Cm	97 Bk	98 Cf	99 Es	100 Fm	101 Md	102 No	103 Lw

Abbildung 1.5: Periodensystem der Elemente unter Berücksichtigung keramischer Werkstoffe, die aus einem oder mehreren metallischen Elementen (hell gefärbt) mit einem oder mehreren nichtmetallischen Elementen (dunkel gefärbt) gebildet werden. Beachten Sie, dass in dieser Abbildung im Unterschied zum Periodensystem nach Abbildung 1.3 die Elemente Silizium (Si) und Germanium (Ge) bei den Metallen eingeordnet sind, und zwar deshalb, weil sich Si und Ge in elementarer Form als Halbleiter verhalten (siehe Abbildung 1.16). Elementares Zinn (Sn) kann abhängig von seiner Kristallstruktur entweder ein Metall oder ein Halbleiter sein.

Aluminiumoxid ist ein typischer Vertreter traditioneller Keramiken, Magnesiumoxid (MgO) und **Quarz** (SiO_2) sind weitere Beispiele. Außerdem ist SiO_2 die Basis für die große und komplexe Familie der **Silikate**, zu denen Ton und tonartige Mineralien gehören. Das bereits erwähnte Siliziumnitrid (Si_3N_4) ist eine wichtige Nichtoxid-Keramik, die man in einer Vielzahl von Konstruktionsanwendungen einsetzt. Der größte Teil der kommerziell relevanten Keramiken umfasst chemische Verbindungen, die aus mindestens einem metallischen Element (siehe Abbildung 1.3) und einem der fünf

nichtmetallischen Elemente C, N, O, P oder S bestehen. Abbildung 1.5 zeigt die verschiedenen Metalle (hell gefärbt) und die fünf wesentlichen Nichtmetalle (dunkel gefärbt), die sich kombinieren lassen und damit eine ungeheure Vielfalt von keramischen Materialien ermöglichen. Denken Sie daran, dass viele kommerzielle Keramiken auch Verbindungen und Lösungen mit mehr als zwei Elementen umfassen, genau wie kommerzielle Metalllegierungen aus mehreren Elementen bestehen. Abbildung 1.6 zeigt einige kommerziell verfügbare Keramiken. Abbildung 1.7 zeigt als Beispiel für eine moderne Keramik den Hochtemperatur-Supraleiter, der auch auf der Titelseite des Buches zu sehen ist.

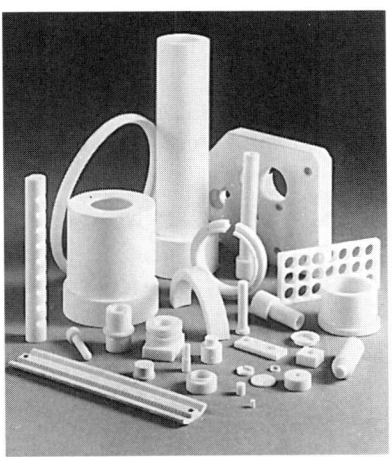

Abbildung 1.6: Typische Ingenieurkeramiken für herkömmliche technische Anwendungen. Die dargestellten Bauteile sind gegenüber Beschädigungen durch hohe Temperaturen und korrosive Umgebungen widerstandsfähig und werden im Industrieofenbau und chemischen Apparatebau eingesetzt.

Abbildung 1.7: Wie auf dem Buchumschlag erwähnt, gehören keramische Hochtemperatur-Supraleiter zu den interessantesten Entdeckungen der letzten Jahrzehnte. Die Natur dieser Yttrium-Barium-Kupferoxid-Keramik, die hier über einem mit flüssigem Stickstoff gekühlten Magneten schwebt, wird näher in *Kapitel 15* (elektrisches Verhalten) und *Kapitel 18* (magnetisches Verhalten) behandelt. Die Kryotemperatur von flüssigem Stickstoff (77 K) ist „hoch" im Vergleich zu den nahe beim absoluten Nullpunkt liegenden Temperaturen, bei denen metallische Stoffe Supraleitfähigkeit zeigen.

TECHNISCHE WERKSTOFFE

Die in den Abbildungen 1.2, 1.4, 1.6 und 1.7 gezeigten Metalle und Keramiken weisen ein gemeinsames Strukturmerkmal im atomaren Bereich auf: Sie sind **kristallin**, was bedeutet, dass ihre einzelnen Atome in einem regelmäßigen, sich wiederholenden Muster übereinander gestapelt sind. Ein Unterschied zwischen metallischen und keramischen Werkstoffen besteht darin, dass sich viele Keramiken durch verhältnismäßig einfache Verarbeitungsverfahren in eine **nichtkristalline** Form bringen lassen (d.h. ihre Atome sind in unregelmäßigen, zufälligen Mustern angeordnet). Abbildung 1.8 zeigt hierzu ein Beispiel. Der Oberbegriff für nichtkristalline Festkörper, deren Zusammensetzungen mit denen von kristallinen Keramiken vergleichbar sind, ist **Glas** (siehe Abbildung 1.9). Die gebräuchlichsten Gläser sind Silikate; gewöhnliches Fensterglas besteht zu etwa 72% aus Quarz (SiO_2) und der Rest hauptsächlich aus Natriumoxid (Na_2O) und Kalziumoxid (CaO). Gläser zeichnen sich, wie auch kristalline Keramiken, durch ein sprödes Materialverhalten aus. Sie haben als technische Werkstoffe aufgrund anderer Eigenschaften, wie z.B. ihrer Durchlässigkeit für sichtbares Licht (sowie auch für ultraviolette und infrarote Strahlung) und ihrer chemischen Reaktionsträgheit eine hohe Bedeutung erlangt.

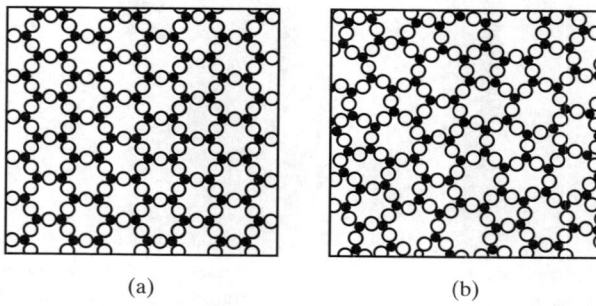

Abbildung 1.8: Schematischer Vergleich der atomaren Struktur (a) einer Keramik (kristallin) und (b) eines Glases (nichtkristallin). Die Kreise stellen ein nichtmetallisches Atom dar, die Punkte ein Metallatom.

Abbildung 1.9: Typische Silikatgläser für technische Anwendungen. Diese Materialien kombinieren einwandfreie optische Eigenschaften mit einer hohen Widerstandsfähigkeit in chemisch aggressiven Umgebungen.

Eine junge Werkstoffklasse bildet eine dritte Kategorie, die **Glaskeramik**. Spezifische Glaszusammensetzungen (z.B. Lithium-Aluminosilikat) können durch eine geeignete Wärmebehandlung vollständig **entglast** (d.h. vom glasartigen in den kristallinen Zustand überführt) werden. Durch eine Formgebung im teigigen Zustand lassen sich komplizierte Formen erzielen. Die hochwertige Mikrostruktur (feinkörnig ohne Porosität) liefert ein Produkt mit einer mechanischen Festigkeit, die deutlich über der vieler herkömmlicher kristalliner Keramiken liegt. Zudem haben Lithium-Aluminosilikat-Verbindungen einen niedrigen Wärmeausdehnungskoeffizienten, was ihre Versagenstoleranz bei plötzlichen Temperaturänderungen erhöht. Ihre hohe Bruchfestigkeit ist ein wichtiger Vorteil bei einer Reihe von Anwendungen. Kochgeschirr ist hierfür ein Beispiel (siehe Abbildung 1.10).

Abbildung 1.10: Kochgeschirr aus Glaskeramik bietet gute mechanische und thermische Eigenschaften. Die Auflaufschale kann einem Temperaturschock von gleichzeitig plötzlicher Erwärmung (Brennerflamme) und Kühlung (Eisblock) standhalten.

1.3.3 Polymere

Die modernen Ingenieurwissenschaften haben unseren Alltag durch eine Klasse von Werkstoffen, die man als **Polymere** bezeichnet, revolutioniert. Ein umgangssprachlicher Name für diese Kategorie ist **Plastik**, der auf die ausgedehnte Verformbarkeit vieler Polymere während der Herstellung hinweist. Diese synthetischen oder „vom Menschen hergestellten" Materialien sind ein spezieller Zweig der organischen Chemie. Beispiele für kostengünstige, zweckmäßige Polymerprodukte sind für uns allgegenwärtig (siehe Abbildung 1.11). Das „mer" in einem Polymer ist ein einzelnes Kohlenwasserstoffmolekül, wie z.B. Äthylen (C_2H_4). Polymere sind lange Kettenmoleküle, die aus vielen verbundenen Einzelmolekülen bestehen. Das gebräuchlichste kommerzielle Polymer ist **Polyethylen** $\{C_2H_4\}_n$, wobei n von etwa 100 bis 1.000 reichen kann. Abbildung 1.12 zeigt den relativ bescheidenen Teil des Periodensystems, der mit kommerziellen Polymeren zu tun hat. Viele bedeutende Polymere, einschließlich Polyethylen, sind einfach Verbindungen von Wasserstoff und Kohlenstoff. Andere enthalten Sauerstoff (z.B. Acryl), Stickstoff (Nylon), Fluor (Fluoroplast) und Silizium (Silikon). Polymer-Werkstoffe haben die wünschenswerte mechanische

TECHNISCHE WERKSTOFFE

Eigenschaft der Duktilität mit Metallen gemein. Im Unterschied zur spröden Keramik sind Polymere häufig leichtgewichtige, kostengünstige Alternativen zu Metallen in Konstruktionsanwendungen. Die Natur der chemischen Bindung in polymeren Stoffen wird in *Kapitel 2* untersucht. Zu den wichtigen Eigenschaften, die sich aus der Bindung ergeben, gehören eine geringere Festigkeit (verglichen mit Metallen) und ein niedrigerer Schmelzpunkt sowie eine höhere chemische Reaktionsfähigkeit (verglichen mit Keramiken und Gläsern). Trotz ihrer Grenzen sind Polymere höchst universelle und technologisch attraktive Konstruktionswerkstoffe. Im letzten Jahrzehnt hat man wesentliche Fortschritte bei der Entwicklung von technischen Polymeren mit ausreichender Steifigkeit gemacht, um herkömmliche metallische Konstruktionswerkstoffe teilweise ersetzen zu können. Ein gutes Beispiel hierfür ist die in Abbildung 1.13 gezeigte Karosserieverkleidung.

Abbildung 1.11: Verschiedene Bauteile einer Parkuhr bestehen aus einem Acetal-Polymer. Technische Polymere sind in der Regel preisgünstig und zeichnen sich durch einfache Formgebung und angepasste Konstruktionseigenschaften aus.

I A																	O
1 H	II A											III A	IV A	V A	VI A	VII A	2 He
3 Li	4 Be											5 B	6 C	7 N	8 O	9 F	10 Ne
11 Na	12 Mg	III B	IV B	V B	VI B	VII B		VIII			I B	II B	13 Al	14 Si	15 P	16 S	17 Cl	18 Ar
19 K	20 Ca	21 Sc	22 Ti	23 V	24 Cr	25 Mn	26 Fe	27 Co	28 Ni	29 Cu	30 Zn	31 Ga	32 Ge	33 As	34 Se	35 Br	36 Kr
37 Rb	38 Sr	39 Y	40 Zr	41 Nb	42 Mo	43 Tc	44 Ru	45 Rh	46 Pd	47 Ag	48 Cd	49 In	50 Sn	51 Sb	52 Te	53 I	54 Xe
55 Cs	56 Ba	57 La	72 Hf	73 Ta	74 W	75 Re	76 Os	77 Ir	78 Pt	79 Au	80 Hg	81 Tl	82 Pb	83 Bi	84 Po	85 At	86 Rn
87 Fr	88 Ra	89 Ac	104 Rf	105 Db	106 Sg												

58 Ce	59 Pr	60 Nd	61 Pm	62 Sm	63 Eu	64 Gd	65 Tb	66 Dy	67 Ho	68 Er	69 Tm	70 Yb	71 Lu
90 Th	91 Pa	92 U	93 Np	94 Pu	95 Am	96 Cm	97 Bk	98 Cf	99 Es	100 Fm	101 Md	102 No	103 Lw

Abbildung 1.12: Periodensystem mit farbig gekennzeichneten Elementen, die in kommerziellen Polymeren zu finden sind

Abbildung 1.13: Als bahnbrechende Anwendung eines technischen Polymerwerkstoffs in einer traditionellen Metallkonstruktion ist der hintere Kotflügel an diesem Sportwagen zu sehen. Das Polymer ist ein Spritzgussnylon.

1.3.4 Verbundwerkstoffe

Die drei bisher behandelten Kategorien der Konstruktionswerkstoffe – Metalle, Keramiken und Polymere – enthalten verschiedene Elemente und Verbindungen, die sich nach ihrer chemischen Bindung klassifizieren lassen. *Kapitel 2* beschreibt derartige Klassifikationen. Eine andere wichtige Gruppe von Werkstoffen besteht aus bestimmten Kombinationen von einzelnen Stoffen der vorherigen Kategorien. Das wahrscheinlich eindrucksvollste Beispiel für diese vierte Werkstoffkategorie, die man als **Verbundwerkstoffe** bezeichnet, sind glasfaserverstärkte Werkstoffe. Dieser Verbundwerkstoff besteht aus **Glasfasern**, eingebettet in eine Polymermatrix, und hat sich bereits eine Anwendungspalette erobert. Wie für gute Verbundwerkstoffe charakteristisch, werden die besten Eigenschaften jeder Komponente gezielt ausgenutzt und ergeben so ein Produkt, das den einzelnen Komponenten des Verbundwerkstoffs jeweils überlegen ist. Die hohe Festigkeit der dünnen Glasfasern ergibt zusammen mit der Duktilität der Polymermatrix ein hochfestes Material, das den Belastungsanforderungen an einen Konstruktionswerkstoff standhalten kann.

Es wäre müßig, einen Bereich des Periodensystems als charakteristisch für Verbundwerkstoffe hervorzuheben, da sie praktisch das gesamte Periodensystem – die Edelgase (Spalte O) ausgenommen – überstreichen. *Kapitel 14* geht detailliert auf drei Haupttypen technischer Verbundwerkstoffe ein. Fiberglas ist typisch für viele synthetische faserverstärkte Werkstoffe (siehe Abbildung 1.14). *Holz* ist ein ausgezeichnetes Beispiel für einen natürlichen Werkstoff mit attraktiven Eigenschaften aufgrund seiner faserverstärkten Struktur. *Beton* ist ein bekanntes Beispiel für einen Aggregatverbundwerkstoff. Sowohl Stein als auch Sand verstärken eine komplexe Silikatzement-Matrix. Neben diesen relativ bekannten Beispielen umfasst der Bereich der Verbundwerkstoffe einige der modernsten und fortschrittlichsten Werkstoffe, die man derzeit in der Technik einsetzt (siehe Abbildung 1.15).

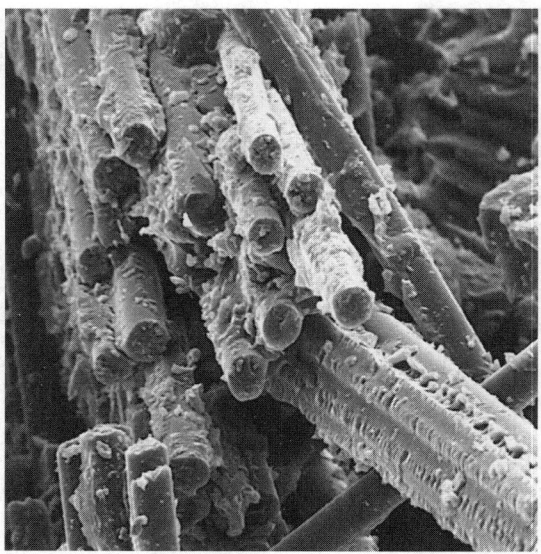

Abbildung 1.14: Beispiel eines Glasfaserverbundwerkstoffs, der aus mikroskopisch feinen verstärkenden Glasfasern in einer Polymermatrix besteht. Die außergewöhnliche Auflösung in diesem mikroskopischen Bild ist charakteristisch für das Rasterelektronenmikroskop (REM), das *Abschnitt 4.7* behandelt.

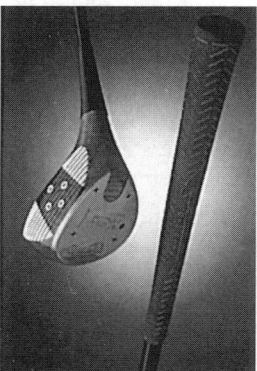

Abbildung 1.15: Kopf und Schaft eines Golfschlägers sind aus einer graphitfaserverstärkten Epoxydharz-Verbindung geformt. Golfschläger aus diesem modernen Verbundsystem sind fester, steifer und leichter als konventionelle Schläger. Der Golfspieler kann den Ball damit kontrollierter und weiter schlagen.

1.3.5 Halbleiter

Während Polymere unmittelbar sichtbare technische Werkstoffe sind, die einen großen Einfluss auf die heutige Gesellschaft hatten, sind Halbleiter relativ unsichtbar, haben aber einen vergleichbaren Einfluss. Zweifellos haben technologische Entwicklungen die Gesellschaft revolutioniert, doch die Festkörperelektronik kann wiederum als die Triebkraft für technologische Entwicklungen angesehen werden. Relativ wenige Elemente und Verbindungen besitzen eine wichtige elektrische Eigenschaft, die *Halbleitung*, da sie weder gute elektrische Leiter noch gute elektrische Isolatoren sind. Stattdessen haben sie eine beschränkte Leitfähigkeit. Diese Stoffe heißen **Halbleiter** und im Allgemeinen passen sie nicht in eine der vier Kategorien von Konstruktionswerkstoffen, die sich aus dem atomaren Bindungstyp ableiten. Wie bereits erwähnt sind Metalle von Natur aus gute elektrische Leiter. Keramiken und Polymere (Nichtmetalle) sind im Allgemeinen schlechte Leiter und damit gute Isolatoren. Abbildung 1.16 markiert (dunkel gefärbt) einen wichtigen Abschnitt des Periodensystems. Diese drei halbleitenden Elemente (Si, Ge und Sn) aus der Gruppe IV A bilden eine Art Grenze zwischen metallischen und nichtmetallischen Elementen. Die vorrangig eingesetzten elementaren Halbleiter Silizium (Si) und Germanium (Ge) sind hervorstechende Beispiele dieser Werkstoffklasse. Durch die genaue Einstellung ihres chemischen Reinheitsgrads lassen sich elektronische Eigenschaften gezielt beeinflussen. Mit der Entwicklung von Verfahren, die chemische Reinheit in kleinen Bereichen definiert zu verändern, lassen sich äußerst komplexe elektronische Schaltungen auf ausgesprochen kleinen Flächen produzieren (siehe Abbildung 1.17). Derartige **mikroelektronische Schaltkreise** können als die Basis der gegenwärtigen Technologierevolution angesehen werden.

I A																	O
1 H	II A											III A	IV A	V A	VI A	VII A	2 He
3 Li	4 Be											5 B	6 C	7 N	8 O	9 F	10 Ne
11 Na	12 Mg	III B	IV B	V B	VI B	VII B		VIII		I B	II B	13 Al	14 Si	15 P	16 S	17 Cl	18 Ar
19 K	20 Ca	21 Sc	22 Ti	23 V	24 Cr	25 Mn	26 Fe	27 Co	28 Ni	29 Cu	30 Zn	31 Ga	32 Ge	33 As	34 Se	35 Br	36 Kr
37 Rb	38 Sr	39 Y	40 Zr	41 Nb	42 Mo	43 Tc	44 Ru	45 Rh	46 Pd	47 Ag	48 Cd	49 In	50 Sn	51 Sb	52 Te	53 I	54 Xe
55 Cs	56 Ba	57 La	72 Hf	73 Ta	74 W	75 Re	76 Os	77 Ir	78 Pt	79 Au	80 Hg	81 Tl	82 Pb	83 Bi	84 Po	85 At	86 Rn
87 Fr	88 Ra	89 Ac	104 Rf	105 Db	106 Sg												

58 Ce	59 Pr	60 Nd	61 Pm	62 Sm	63 Eu	64 Gd	65 Tb	66 Dy	67 Ho	68 Er	69 Tm	70 Yb	71 Lu
90 Th	91 Pa	92 U	93 Np	94 Pu	95 Am	96 Cm	97 Bk	98 Cf	99 Es	100 Fm	101 Md	102 No	103 Lw

Abbildung 1.16: Periodensystem mit den elementaren Halbleitern (dunkel gefärbt) und denjenigen Elementen, die Halbleiterverbindungen bilden (hell gefärbt). Die Halbleiterverbindungen bestehen aus Paaren von Elementen der Gruppen III und V (z.B. GaAs) oder der Gruppen II und VI (z.B. CdS).

Die hell gefärbten Elemente in Abbildung 1.16 gehen halbleitende Verbindungen ein. Zu den Beispielen gehören Galliumarsenid (GaAs), das man für Hochtemperaturgleichrichter und als Laser-Material verwendet, und Kadmiumsulfid (CdS), das sich als relativ preisgünstiger Werkstoff für Solarzellen zur Umwandlung von Sonnenenergie in nutzbare elektrische Energie eignet. Die verschiedenen von diesen Elementen gebildeten Verbindungen zeigen Ähnlichkeiten zu vielen keramischen Verbindungen. Mit geeigneten Fremdatombeimengungen zeigen bestimmte Keramiken halbleitendes Verhalten [z.B. Zinkoxid (ZnO), das als Leuchtstoff für Farbbildröhren eingesetzt wird].

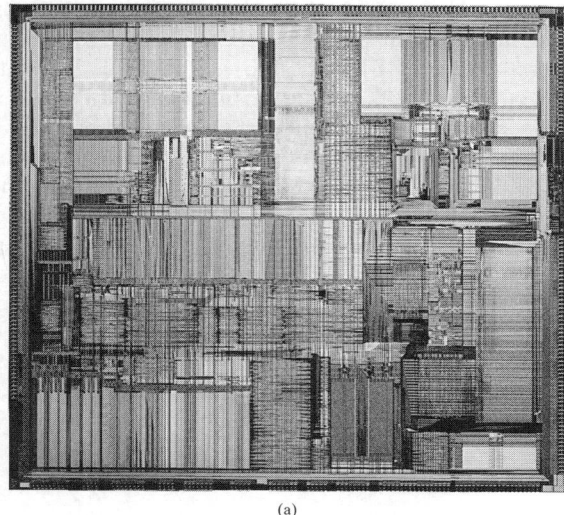
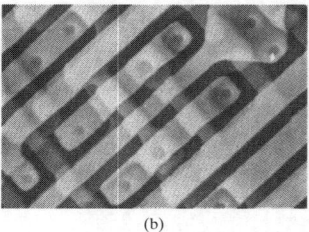

(a) (b)

Abbildung 1.17: (a) Typischer mikroelektronischer Schaltkreis, der ein komplexes Array von halbleitenden Regionen enthält, (b) ein mikroelektronischer Schaltkreis unter dem Rasterelektronenmikroskop

1.4 Von der Struktur zu den Eigenschaften

Um die Eigenschaften oder beobachtbaren Charakteristika technischer Werkstoffe zu verstehen, muss man ihre Struktur im atomaren und/oder mikroskopischen Bereich kennen. Es zeigt sich, dass praktisch jede Haupteigenschaft der eben umrissenen fünf Werkstoffkategorien direkt aus Mechanismen resultiert, die entweder auf der atomaren oder der mikroskopischen Ebene auftreten.

Der mikrostrukturelle Aufbau hat einen maßgeblichen Einfluss auf das Eigenschaftsprofil eines technischen Werkstoffs. Abbildung 1.8 zeigt – in vereinfachter Form – den **strukturellen (atomaren) Aufbau** für kristalline (reguläre, wiederholte) und nichtkristalline (unregelmäßige, zufällige) Anordnungen von Atomen. Abbildung 1.14 zeigt den **mikroskopischen Aufbau, bei dem** die verstärkenden Glasfasern eines hochfesten Verbundwerkstoffs in eine Polymermatrix eingebettet sind. Der Größenunterschied der Skalen zwischen den Ebenen „atomar" und „mikroskopisch" sollte deutlich werden. Die Struktur in Abbildung 1.14 ist etwa 1.000fach vergrößert dargestellt, während die Struktur in Abbildung 1.8 bei etwa 10.000.000facher Vergrößerung gezeigt wird.

Die drastische Wirkung, die die Struktur auf die Eigenschaften hat, lässt sich durch zwei Beispiele gut veranschaulichen, eines im atomaren Maßstab und eines im mikroskopischen. Ein Techniker, der verschiedene Metalle für Konstruktionsanwendungen auswählt, muss wissen, dass manche Legierungen relativ duktil und andere relativ spröde sind. Aluminiumlegierungen sind charakteristischerweise duktil, Magnesiumlegierungen typischerweise spröde. Dieser grundlegende Unterschied leitet sich direkt aus ihren unterschiedlichen Kristallstrukturen ab (siehe Abbildung 1.18). *Kapitel 3* geht detailliert auf das Wesen dieser Kristallstrukturen ein. Fürs Erste sei hier nur erwähnt, dass die Aluminiumstruktur einer kubischen Packungsanordnung folgt und die Magnesiumstruktur einer hexagonalen. *Kapitel 6* zeigt, dass die Duktilität von der mechanischen Verformbarkeit abhängt, die aus dem atomaren Verhalten abzuleiten ist. So besitzt ein Aluminiumkristall viermal so viele Gleitsysteme wie Magnesium. Dieser Unterschied ist gleichbedeutend damit, dass ein Gleiten (auf dem ja die Duktilität beruht) bei aluminiumbasierten Legierungen in viermal so vielen Richtungen möglich ist als in magnesiumbasierten Legierungen. Daraus ergibt sich die vergleichsweise höhere Sprödigkeit von Magnesiumlegierungen (siehe Abbildung 1.19). Die *Kapitel 6 und 10* erläutern, dass das mechanische Verhalten für einen bestimmten Metalllegierungstyp auch durch Wärmebehandlung und/oder Variationen in der Legierungszusammensetzung drastisch beeinflusst werden kann.

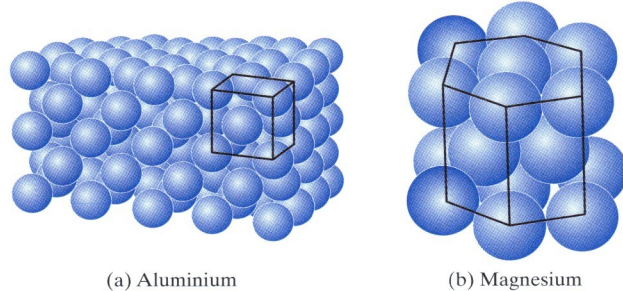

(a) Aluminium (b) Magnesium

Abbildung 1.18: Vergleich der Kristallstrukturen für (a) Aluminium und (b) Magnesium

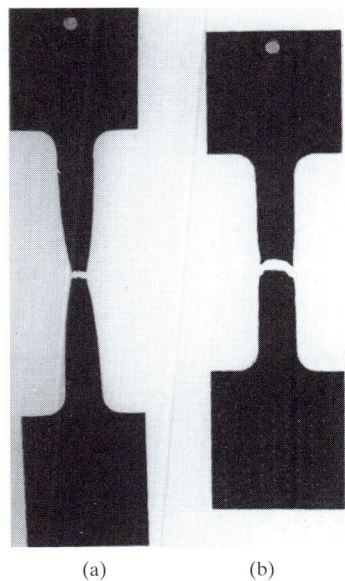

(a) (b)

Abbildung 1.19: Unterschied im mechanischen Verhalten von (a) Aluminium (relativ duktil) und (b) Magnesium (relativ spröde), das aus der in Abbildung 1.18 dargestellten atomaren Struktur resultiert. Jede Probe wurde einer Zugbeanspruchung bis zum Bruch unterzogen.

Eine bedeutende Errungenschaft der Werkstofftechnologie ist die Entwicklung von transparenten Keramiken, die neue Produkte und wesentliche Verbesserungen bei vorhandenen Anwendungen (z.B. Leuchtreklame) ermöglicht. Um traditionell undurchsichtige Keramiken, wie z.B. Aluminiumoxid (Al_2O_3), in optisch transparente Stoffe umzuwandeln, ist eine grundlegende Änderung der mikroskopischen Architektur erforderlich. Bei der Herstellung kommerzieller Keramiken erhitzt man verpresste kristalline Pulver bis ein relativ festes und dichtes Produkt entsteht. Auf diese Weise hergestellte herkömmliche Keramiken sind noch relativ porös (siehe Abbildung 1.20 a und b), was auf den Raum zwischen den ursprünglichen Pulverteilchen vor der Hochtemperaturverarbeitung zurückzuführen ist. Die Porosität führt infolge der Lichtbrechung zu geringerer Durchlässigkeit von sichtbarem Licht (d.h. einer geringeren Transparenz). Jeder Al_2O_3-Luftübergang an einer Porenoberfläche ist eine Quelle der Lichtbrechung (Richtungsänderung). Bei nur etwa 0,3% Porosität kann Al_2O_3 lichtdurchlässig sein (ein diffuses Bild kann übertragen werden), während 3% Porosität dazu führt, dass das Material vollständig lichtundurchlässig wird (siehe Abbildung 1.20 a und b). Die Porosität lässt sich durch eine relative einfache Erfindung[1] beseitigen, bei der man eine geringe Menge von Fremdatomen (0,1 Gewichtsprozent MgO) hinzufügt und damit eine vollständige Hochtemperaturverdichtung für das Al_2O_3-Pulver erreicht. Die resultierende porenfreie Mikrostruktur ergibt ein nahezu transparentes Material (siehe Abbildung 1.20 c und d) mit einer wichtigen zusätzlichen Eigenschaft – einer ausgezeichneten Widerstandsfähigkeit gegen chemischen Angriff durch heißen Natriumdampf. Zylinder aus lichtdurchlässigem Al_2O_3 wurden zum konstruktiven Kernelement von Hochtemperatur-Natriumdampflampen (1.000°C), die eine wesentlich höhere Leuchtstärke (100 Lumen/W) als konventionelle Glühbirnen (15 Lumen/W) haben. Abbildung 1.21 zeigt eine kommerzielle Natriumdampflampe.

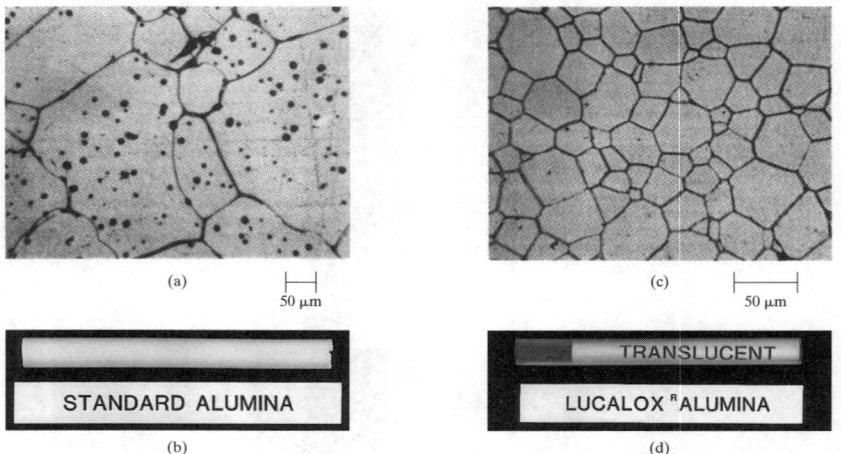

Abbildung 1.20: Poröse Mikrostruktur in polykristallinem Al_2O_3 (a) führt zu einem lichtundurchlässigen Material (b). Nahezu porenfreie Mikrostruktur in polykristallinem Al_2O_3 (c) ergibt ein lichtdurchlässiges Material (d).

Die beiden eben angeführten Beispiele zeigen, wie Eigenschaften von technischen Werkstoffen direkt aus der Struktur folgen. Das ganze Buch hindurch wird auf die Beziehung zwischen im Ingenieurwesen relevanten Konstruktionswerkstoffen sowie den Material- und Anwendungseigenschaften hingewiesen.

---

1 R. L. Coble, U.S. Patent 3026210, March 20, 1962

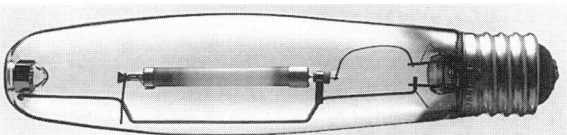

Abbildung 1.21: Hochtemperatur-Natriumdampflampe mit einem lichtdurchlässigen Al_2O_3-Zylinder, der den Natriumdampf aufnimmt. (Der Al_2O_3-Zylinder befindet sich in der Mitte des äußeren Glasmantels.)

1.5 Werkstoffverarbeitung

Letztlich hängt der Einsatz von Werkstoffen in der modernen Technik von der Fähigkeit ab, diese Werkstoffe herzustellen. Die Teile II und III dieses Buches erläutern, wie man die beschriebenen fünf Werkstoffarten herstellt. Das Thema **Verarbeitung** von Werkstoffen hat zwei Aufgaben. Erstens liefert es ein umfassenderes Verständnis für das Wesen jeder Werkstoffart. Vor allem aber erlaubt es zweitens eine Abschätzung, wie sich der Prozessverlauf auf die Eigenschaften auswirkt.

Wir werden sehen, dass die Verarbeitungstechnik von herkömmlichen Verfahren wie dem Metallguss (siehe Abbildung 1.22) bis zu modernsten Techniken der Herstellung mikroelektronischer Schaltkreise (siehe Abbildung 1.23) reicht.

Abbildung 1.22: Abstich einer Eisenschmelze in einer Gussform. Selbst diese traditionelle Art der Werkstoffverarbeitung wird zunehmend komplizierter. Dieser Abstich hat in der „Gießerei der Zukunft" stattgefunden, wie sie der Abschnitt „Die Welt der Werkstoffe" in *Kapitel 11* beschreibt.

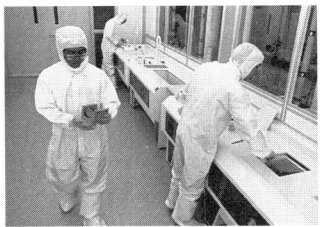

Abbildung 1.23: Die modernen Produktionsstätten für integrierte Schaltkreise repräsentieren den Stand der Technik in der Werkstoffverarbeitung.

1.6 Werkstoffauswahl

In Abschnitt 1.3 haben wir die Frage beantwortet „Welche Werkstoffe sind für mich verfügbar?". Abschnitt 1.4 hat einen ersten Eindruck davon vermittelt, warum sich diese unterschiedlichen Werkstoffe so und nicht anders verhalten. In Abschnitt 1.5 haben wir gefragt „Wie stelle ich einen Werkstoff mit optimalen Eigenschaften her?". Nun müssen wir uns einer neuen und nahe liegenden Frage stellen: „Welchen Werkstoff soll ich für eine bestimmte Anwendung auswählen?". Die **Werkstoffauswahl** ist die letzte praktische Entscheidung im technischen Konstruktionsprozess und kann letztlich den Erfolg oder das Scheitern eines Entwurfs bestimmen. (Mit diesem wichtigen Aspekt des technischen Entwurfsprozesses beschäftigt sich *Kapitel 20*.) In der Tat sind zwei getrennte Entscheidungen zu treffen. Zuerst muss man ermitteln, welcher allgemeine Werkstofftyp infrage kommt (z.B. Metall oder Keramik). Zweitens muss man den besten konkreten Werkstoff innerhalb dieser Kategorie finden (z.B.: Ist eine Magnesiumlegierung vorzuziehen oder ist Aluminium oder Stahl besser geeignet?).

Die Auswahl des richtigen Werkstofftyps ist manchmal einfach und nahe liegend. Ein Festkörperelektronikbauelement verlangt ein Halbleiterbauelement und sowohl Leiter als auch Isolatoren sind hier völlig ungeeignet. Abbildung 1.24 veranschaulicht die Folge der notwendigen Entscheidungen, um eine endgültige Auswahl des Metalls als geeigneter Werkstofftyp für eine handelsübliche Gasflasche zu treffen [d.h. für einen Gasbehälter, der bei einem Innendruck bis 14 MPa (2000 psi) auf nahezu unbegrenzte Zeit dicht bleibt].

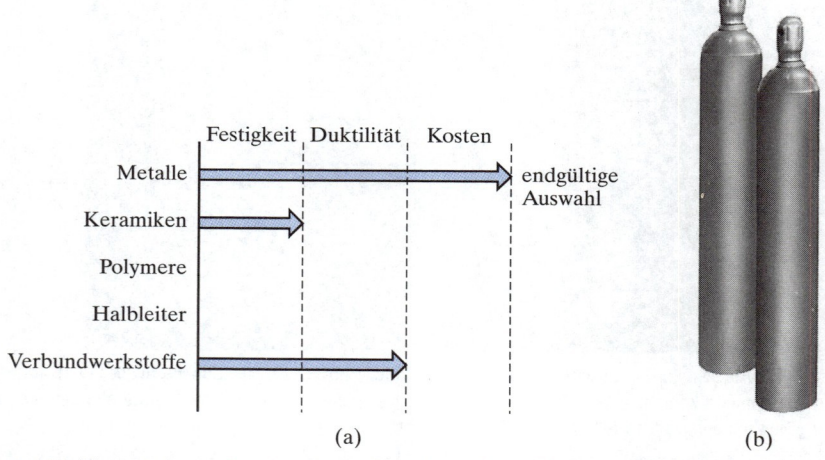

Abbildung 1.24: (a) Eine Reihe von Entscheidungen, die zur Auswahl von Metallwerkstoffen als der geeigneten Werkstoffklasse für die Konstruktion einer kommerziellen Gasflasche führt, (b) Handelsübliche Gasflaschen

So wie man Halbleiter nicht durch Metall ersetzen kann, kommen Halbleiterwerkstoffe nicht für gewöhnliche Konstruktionsanwendungen infrage. Von den drei üblichen Konstruktionswerkstoffen (Metalle, Keramiken und Polymere) sind Polymere von vornherein abzulehnen, da ihre Festigkeit normalerweise nur gering ist. Obwohl einige Konstruktionskeramiken dem voraussichtlichen Betriebsdruck standhalten können, scheiden sie im Allgemeinen aufgrund der notwendigen Duktilität aus, um die Beanspruchungen in der Praxis zu überstehen. Der Einsatz eines derart spröden

Materials für einen Druckbehälter ist äußerst gefährlich. Mehrere kommerziell verfügbare Metalle bieten eine ausreichende Festigkeit und Duktilität, um als Kandidaten infrage zu kommen. Es sei auch darauf hingewiesen, dass viele faserverstärkte Verbundwerkstoffe die Entwurfsanforderungen auch erfüllen können; allerdings wirft sie das dritte Kriterium aus dem Rennen: die Kosten. Die höheren Kosten bei der Herstellung dieser komplizierten Werkstoffsysteme sind nur gerechtfertigt, wenn ein besonderer Vorteil daraus resultiert, was beispielsweise auf ein deutlich niedrigeres Gewicht zutrifft.

Auch wenn sich die Auswahl auf Metalle beschränkt, bleibt noch eine riesige Liste von Werkstoffen, die infrage kommen. Selbst die Berücksichtigung von handelsüblichen, relativ preisgünstigen Legierungen mit akzeptablen mechanischen Eigenschaften bringt noch eine lange Liste von Kandidaten hervor. Um die endgültige Legierung auszuwählen, muss man Eigenschaftsvergleiche bei jedem Schritt im Entscheidungspfad anstellen. Überlegene mechanische Eigenschaften können die Auswahl bei bestimmten Verzweigungen im Pfad dominieren, wobei jedoch oftmals die Kosten ausschlaggebend sind. Das mechanische Verhalten konzentriert sich in der Regel auf einen Kompromiss zwischen der Festigkeit des Materials und seiner Verformbarkeit.

ZUSAMMENFASSUNG

Der weite Bereich der für den Techniker verfügbaren Werkstoffe lässt sich in fünf Kategorien gliedern: Metalle, Keramiken und Gläser, Polymere, Verbundwerkstoffe und Halbleiter. Die ersten drei Kategorien lassen sich bestimmten atomaren Bindungstypen zuordnen. Verbundwerkstoffe sind Kombinationen von zwei oder mehr Werkstoffen der vorherigen drei Kategorien. Die ersten vier Kategorien machen die Konstruktionswerkstoffe aus. Halbleiter bilden eine eigene Kategorie von elektronischen Werkstoffen, die sich durch ihre eingeschränkte elektrische Leitfähigkeit auszeichnen. Das Verständnis der Eigenschaften dieser verschiedenen Werkstoffe verlangt die Untersuchung der Struktur entweder auf einer mikroskopischen oder auf einer atomaren Ebene. Die relative Duktilität bestimmter Metalllegierungen leitet sich aus ihrem strukturellen atomaren Aufbau ab. Analog dazu verlangt die Entwicklung transparenter Keramiken, dass man den mikroskopischen Aufbau gezielt beeinflusst. Nachdem man die Eigenschaften der Werkstoffe verstanden hat, lässt sich das für eine gegebene Anwendung geeignete Material verarbeiten und auswählen. Die Werkstoffauswahl geschieht auf zwei Ebenen. Erstens gibt es einen Wettbewerb unter den verschiedenen Werkstoffkategorien. Zweitens gibt es einen Wettbewerb innerhalb der geeignetsten Kategorie für den als optimal spezifizierten Werkstoff. Außerdem können neue Entwicklungen zur Auswahl eines alternativen Werkstoffs für einen gegebenen Entwurf führen. Wir kommen nun zum Kernthema des Buchs, das innerhalb der Ingenieurwissenschaften als Werkstoffwissenschaft und Werkstofftechnik bezeichnet wird. Außerdem geben wir die Schlüsselwörter an, die die Überschriften zu den verschiedenen Textteilen bilden: I („Wissenschaft" → die Grundlagen), II und III („Werkstoffe" → Konstruktions-, elektronische, optische und magnetische Werkstoffe) und IV („Technik" → Werkstoffe im konstruktiven Entwurf).

ZUSAMMENFASSUNG

■ Schlüsselbegriffe

Viele Fachzeitschriften bringen häufig eine Reihe von Schlüsselbegriffen zu jedem Artikel. Diese Wörter dienen dazu, Informationen wiederzufinden, bieten aber auch eine komfortable Zusammenfassung wichtiger Konzepte in dieser Veröffentlichung. In diesem Sinne geben wir am Ende eines jeden Kapitels eine Liste von Schlüsselbegriffen an. Studenten können diese Liste als praktischen Führer zu den Hauptkonzepten nutzen, die sie sich in diesem Kapitel erarbeiten sollen. *Anhang G* enthält ein umfassendes Glossar mit Definitionen der Schlüsselbegriffe aus allen Kapiteln.

atomarer Aufbau (36)
Bronzezeit (23)
Duktilität (26)
Eisenzeit (23)
entglast (31)
Glas (30)
Glasfaser (33)
Glaskeramik (31)
Halbleiter (35)
Hochtemperaturanwendung (27)
Keramik (27)
kristallin (30)
Legierung (23)
metallisch (26)
mikroelektronische Schaltkreise (35)
mikroskopischer Aufbau (36)
nichtkristallin (30)
nichtmetallisch (29)
Plastik (31)
Polyethylen (31)
Polymer (31)
Quarz (28)
Silikate (28)
spröde (26)
Steinzeit (23)
struktureller Aufbau (36)
Verarbeitung (39)
Verbundwerkstoff (33)
Werkstoffauswahl (40)

■ Quellen

Am Ende eines jeden Kapitels ist eine kurze Liste ausgewählter Literaturhinweise zu finden. Das sind einige Hauptquellen einschlägiger Informationen für den Studenten, der sich in anderen Quellen informieren möchte. Für Kapitel 1 umfassen die Literaturhinweise einige allgemeine Lehrbücher der Werkstoffwissenschaften und der Werkstofftechnik.

Askeland, D. R. und **P. P. Phule**, *The Science and Engineering of Materials*, 4th ed., Thomson Brooks/Cole, Pacific Grove, CA, 2003.
Callister, W. D., *Materials Science and Engineering – An Introduction*, 6th ed., John Wiley & Sons, Inc., NY, 2003.
Schaffer, J. P., **A. Saxena**, **S. D. Antolovich**, **T. H. Sanders, Jr.** und **S. B. Warner**, *The Science and Design of Engineering Materials*, 2nd ed., McGraw-Hill Book Company, NY, 1999.
Smith, W. F., *Foundations of Materials Science and Engineering*, 3rd ed., McGraw-Hill Higher Education, Boston, MA, 2004.

TEIL I

Die Grundlagen

2 Atombindung 45

3 Kristalline Struktur – der perfekte Kristall 93

4 Gitterstörungen und die nichtkristalline Struktur – strukturelle Fehler 155

5 Diffusion 199

6 Mechanisches Verhalten 233

7 Thermisches Verhalten 313

8 Schadensanalyse und -prävention 335

9 Phasendiagramme – Mikrostrukturentwicklung im Gleichgewicht 377

10 Kinetik – Wärmebehandlung 431

Teil I
GRUNDLAGEN

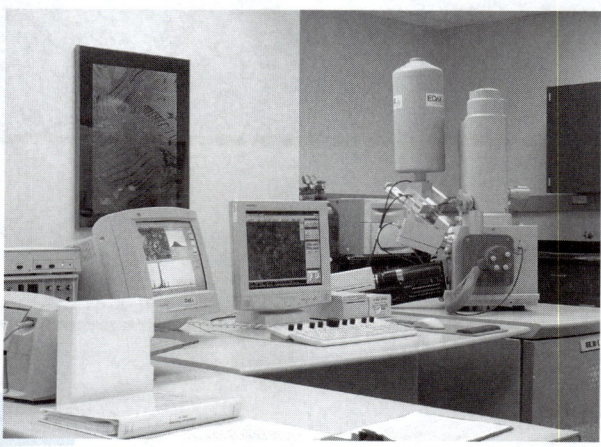

Rasterelektronenmikroskope sind besonders hilfreiche Werkzeuge, um die fundamentale Natur von Werkstoffen zu charakterisieren.

Als Einstieg in das große Gebiet der *Werkstoffwissenschaft und Werkstofftechnik* konzentrieren sich die *Kapitel 2* bis *10* auf die *Werkstoffwissenschaft* und behandeln verschiedene Grundlagenthemen aus Physik und Chemie. Mit einigen der in *Kapitel 2* (Atombindung) vorgestellten Konzepten ist der Student möglicherweise schon von anderen Vorlesungen her vertraut. Von speziellem Interesse auf dem Gebiet der Werkstoffwissenschaft ist die Rolle der atomaren Bindung, die ein Klassifizierungsschema für Werkstoffe liefert. Metall-, Ionen- und kovalente Bindung entsprechen ungefähr den Kategorien der Metalle, Keramiken und Polymere. *Kapitel 3* beschreibt die Kristallstrukturen vieler technischer Werkstoffe, während sich Kapitel 4 mit den verschiedenen Verunreinigungen beschäftigt, die innerhalb dieser Strukturen auftreten können. Die *Kapitel 3* und *4* geben auch einen Überblick über Verfahren, wie z.B. Röntgenbeugung, und verschiedene Arten der Mikroskopie, mit denen sich diese Strukturen und ihre Defekte sowohl im atomaren als auch im mikroskopischen Bereich charakterisieren lassen. *Kapitel 5* beschäftigt sich mit der zentralen Rolle, die diese strukturellen Defekte bei der Festkörperdiffusion spielen, und *Kapitel 6* zeigt, dass andere Defekte für bestimmte mechanische Eigenschaften der Werkstoffe verantwortlich sind. *Kapitel 7* führt das thermische Verhalten der Werkstoffe ein und *Kapitel 8* erläutert, wie bestimmte mechanische und thermische Prozesse (beispielsweise Kaltumformung oder Schweißen) zum Ausfall von Werkstoffen führen können. Anhand der in *Kapitel 9* eingeführten Phasendiagramme kann man vorhersagen, wie sich die mikroskopischen Strukturen von Werkstoffen entwickeln, wobei vorausgesetzt wird, dass die Umwandlungen mit relativ geringer Geschwindigkeit ablaufen und das Gleichgewicht ständig aufrechterhalten wird. *Kapitel 10* zeigt zum Thema *Kinetik*, wie sich schneller ablaufende Wärmebehandlungen auswirken und zu zusätzlichen Feinstrukturen führen. Der gesamte Teil I macht deutlich, dass dem praktischen Verhalten der technisch hergestellten Werkstoffe die fundamentalen Prinzipien von Physik und Chemie zugrunde liegen.

Atombindung

2.1 Atomare Struktur 47
2.2 Die Ionenbindung 54
2.3 Die kovalente Bindung 68
2.4 Die Metallbindung 76
2.5 Die Sekundär- oder Van-der-Waals-Bindung 78
2.6 Werkstoffe – die Bindungsklassifikation 81

2 ATOMBINDUNG

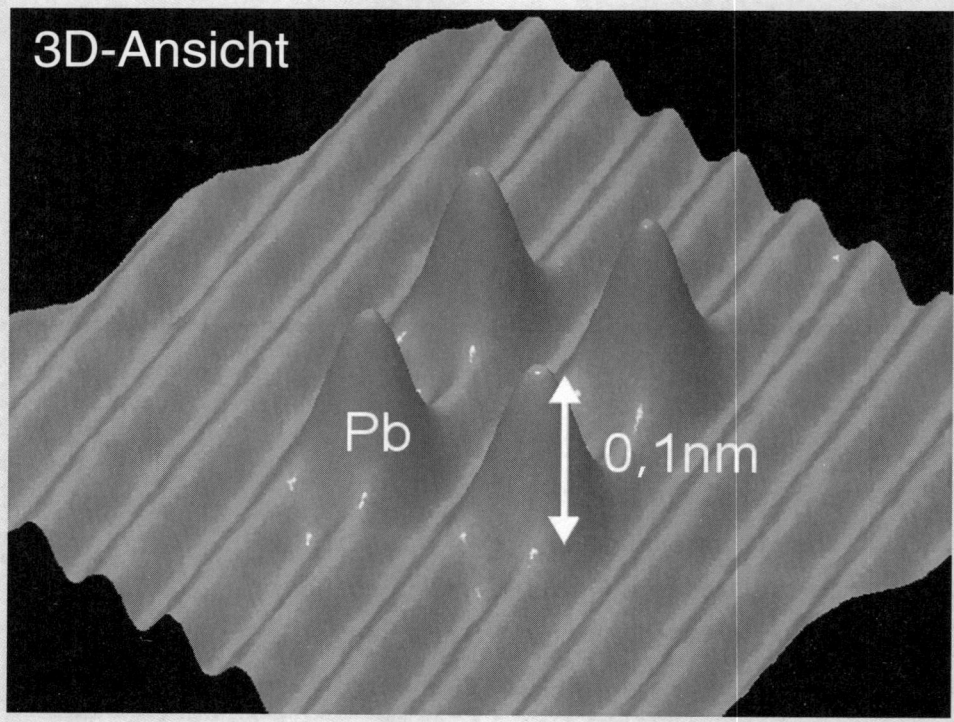

❝ Das Rastertunnelmikroskop (siehe Abschnitt 4.6) erlaubt die visuelle Darstellung einzelner Atome, die auf einer Materialoberfläche gebunden sind. In diesem Beispiel wurde das Mikroskop auch verwendet, um die Atome in einem einfachen Muster anzuordnen. Vier Bleiatome bilden auf der Oberfläche eines Kupferkristalls ein Rechteck. **❞**

Kapitel 1 hat die grundlegenden Werkstofftypen eingeführt, die dem Ingenieur zur Verfügung stehen. Eine Basis dieses Klassifikationssystems findet man in der Natur der atomaren Bindung, die sich in zwei allgemeine Kategorien gliedert: Die *primäre Bindung* betrifft den Übergang oder die anteilmäßige Beteiligung von Elektronen und erzeugt eine relativ starke Verknüpfung von benachbarten Atomen. In diese Kategorie fallen die ionische und kovalente Atombindung sowie Metallbindungen. Die *sekundäre Bindung* betrifft eine relativ schwache Anziehung zwischen Atomen, bei der kein Übergang bzw. keine anteilmäßige Beteiligung von Elektronen auftritt. In diese Kategorie gehört die Van-der-Waals-Bindung. Jede der vier grundlegenden Arten von Konstruktionswerkstoffen (Metalle, Keramiken und Gläser, Polymere und Halbleiter) ist ein bestimmter Typ (oder mehrere Typen) der Atombindung eigen. Bei Verbundwerkstoffen treten natürlich Mischungen der grundlegenden Typen auf.

2.1 Atomare Struktur

Um die Bindung zwischen Atomen zu verstehen, müssen wir die Struktur innerhalb der einzelnen Atome untersuchen. Dazu genügt ein relativ einfaches Planetenmodell der Atomstruktur – d.h. **Elektronen** (die Planeten) kreisen um einen **Atomkern** (die Sonne).

Es ist nicht erforderlich, die genaue Struktur des Atomkerns zu betrachten, für den die Physiker eine riesige Anzahl von Elementarteilchen kennen. Für die chemische Identifizierung eines gegebenen Atoms müssen wir nur die Anzahl der **Protonen** und **Neutronen** im Atom heranziehen. Abbildung 2.1 zeigt das Planetenmodell eines Kohlenstoffatoms. Diese Darstellung ist schematisch und sicherlich nicht maßstabsgerecht. In Wirklichkeit ist der Kern viel kleiner, auch wenn er fast die gesamte Masse des Atoms in sich vereint. Jedes Proton und Neutron hat eine Masse von ungefähr $1{,}66 \times 10^{-24}$ g. Diesen Wert bezeichnet man als **atomare Masseneinheit** (Maßeinheit u[1]). Die Masse von elementaren Stoffen lässt sich dann bequem in diesen Einheiten ausdrücken. Beispielsweise enthält das häufigste Isotop des Kohlenstoffs C^{12} (siehe Abbildung 2.1) in seinem Kern sechs Protonen und sechs Neutronen, die eine **Atommasse** von 12 u ergeben. Einem Gramm entsprechen $0{,}6023 \times 10^{24}$ u. Dieser große Wert, den man als **Avogadro**[2]**-Zahl** bezeichnet, stellt die Anzahl der Protonen oder Neutronen dar, die für eine Masse von 1 g erforderlich sind. Die Avogadro-Zahl von Atomen eines bestimmten Elements wird als **Grammatom** bezeichnet. Bei einer Verbindung lautet der entsprechende Begriff **Mol**; d.h. ein Mol NaCl enthält $0{,}6023 \times 10^{24}$ Na-Atrome *und* $0{,}6023 \times 10^{24}$ Cl-Atome.

Die Avogadro-Zahl des C^{12}-Atoms würde einer Masse von 12,00 g entsprechen. In der Natur vorkommender Kohlenstoff hat tatsächlich eine Atommasse von 12,011 u, weil nicht alle Kohlenstoffatome sechs Neutronen im Kern enthalten, sondern manche auch sieben. Die unterschiedliche Anzahl von Neutronen (hier sechs oder sieben) kennzeichnet verschiedene **Isotope** – verschiedene Formen eines Elements, die sich in der Anzahl der Neutronen im Atomkern unterscheiden. Natürlich vorkommender

---

[1] Die atomare Masseneinheit wird im angelsächsischen Sprachraum auch mit *amu* (für atomic mass unit) abgekürzt.
[2] Amadeo Avogadro (1776–1856), italienischer Physiker, der neben anderen Beiträgen den Begriff *Molekül* prägte. Leider wurde seine Hypothese, dass alle Gase (bei einer gegebenen Temperatur und bestimmtem Druck) dieselbe Anzahl von Molekülen je Volumeneinheit enthalten, erst nach seinem Tod allgemein anerkannt.

2 ATOMBINDUNG

Kohlenstoff besteht zu 1,1% aus C^{13}-Isotopen. Die Kerne aller Kohlenstoffatome enthalten allerdings sechs Protonen. Im Allgemeinen bezeichnet man die Anzahl der Protonen im Kern als **Atomzahl** des Elements. Die gut bekannte Periodizität der chemischen Elemente basiert auf diesem System der Atomzahlen und Atommassen, die in chemisch ähnlichen **Gruppen** (vertikalen Spalten) im **Periodensystem** der Elemente angeordnet sind (siehe Abbildung 2.2).

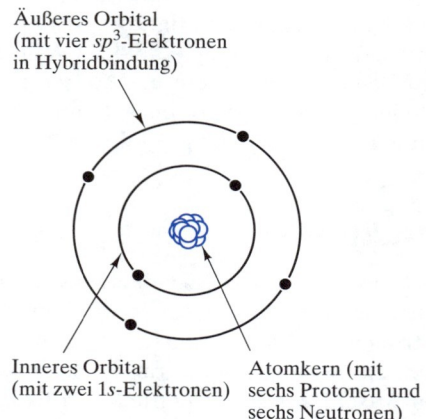

Abbildung 2.1: Schematische Darstellung des Planetenmodells eines C^{12}-Atoms

IA																	0
1 H 1,008	IIA											IIIA	IVA	VA	VIA	VIIA	2 He 4,003
3 Li 6,941	4 Be 9,012											5 B 10,81	6 C 12,01	7 N 14,01	8 O 16,00	9 F 19,00	10 Ne 20,18
11 Na 22,99	12 Mg 24,31	IIIB	IVB	VB	VIB	VIIB	VIII			IB	IIB	13 Al 26,98	14 Si 28,09	15 P 30,97	16 S 32,06	17 Cl 35,45	18 Ar 39,95
19 K 39,10	20 Ca 40,08	21 Sc 44,96	22 Ti 47,90	23 V 50,94	24 Cr 52,00	25 Mn 54,94	26 Fe 55,85	27 Co 58,93	28 Ni 58,71	29 Cu 63,55	30 Zn 65,38	31 Ga 69,72	32 Ge 72,59	33 As 74,92	34 Se 78,96	35 Br 79,90	36 Kr 83,80
37 Rb 85,47	38 Sr 87,62	39 Y 88,91	40 Zr 91,22	41 Nb 92,91	42 Mo 95,94	43 Tc 98,91	44 Ru 101,07	45 Rh 102,91	46 Pd 106,4	47 Ag 107,87	48 Cd 112,4	49 In 114,82	50 Sn 118,69	51 Sb 121,75	52 Te 127,60	53 I 126,90	54 Xe 131,30
55 Cs 132,91	56 Ba 137,33	57 La 138,91	72 Hf 178,49	73 Ta 180,95	74 W 183,85	75 Re 186,2	76 Os 190,2	77 Ir 192,22	78 Pt 195,09	79 Au 196,97	80 Hg 200,59	81 Tl 204,37	82 Pb 207,2	83 Bi 208,98	84 Po (210)	85 At (210)	86 Rn (222)
87 Fr (223)	88 Ra 226,03	89 Ac (227)	104 Rf (261)	105 Db (262)	106 Sg (266)												

58 Ce 140,12	59 Pr 140,91	60 Nd 144,24	61 Pm (145)	62 Sm 150,4	63 Eu 151,96	64 Gd 157,25	65 Tb 158,93	66 Dy 162,50	67 Ho 164,93	68 Er 167,26	69 Tm 168,93	70 Yb 173,04	71 Lu 174,97
90 Th 232,04	91 Pa 231,04	92 U 238,03	93 Np 237,05	94 Pu (244)	95 Am (243)	96 Cm (247)	97 Bk (247)	98 Cf (251)	99 Es (254)	100 Fm (257)	101 Md (258)	102 No (259)	103 Lw (260)

Abbildung 2.2: Periodensystem der Elemente mit der Atomzahl und der Atommasse (in u)

Während sich die chemische Identifizierung auf den Atomkern bezieht, hat die Atombindung mit Elektronen und **Elektronenorbitalen** zu tun. Das Elektron mit einer Masse von $0,911 \times 10^{-27}$ g liefert nur einen vernachlässigbaren Beitrag zur Atommasse

2.1 Atomare Struktur

eines Elements. Allerdings hat dieses Teilchen eine negative Ladung von $0{,}16 \times 10^{-18}$ C (Coulomb), die dem Betrag nach gleich der Ladung $+0{,}16 \times 10^{-18}$ C jedes Protons ist. (Das Neutron ist natürlich elektrisch neutral.)

Elektronen sind ausgezeichnete Beispiele für den Welle-Teilchen-Dualismus, d.h. sie sind atomar kleine Entitäten, die sowohl wellenähnliches als auch teilchenähnliches Verhalten zeigen. Es ginge über den Rahmen dieses Buches hinaus, die Prinzipien der Quantenmechanik zu behandeln, die die Natur der Elektronenorbitale bestimmen (basierend auf dem wellenähnlichen Charakter der Elektronen). Allerdings ist eine kurze Zusammenfassung zur Natur der Elektronenorbitale hilfreich. Wie Abbildung 2.1 schematisch zeigt, gruppieren sich die Elektronen bei festen Orbitalpositionen um einen Kern. Außerdem ist jeder Orbitalradius durch ein **Energieniveau** charakterisiert – eine feste Bindungsenergie zwischen dem Elektron und seinem Kern. Abbildung 2.3 zeigt ein Energieniveaudiagramm für die Elektronen in einem C^{12}-Atom. Wichtig ist hierbei, dass die Elektronen um einen C^{12}-Kern nur diese spezifischen Energieniveaus einnehmen und Zwischenenergien verboten sind. Die verbotenen Energien entsprechen nicht akzeptablen quantenmechanischen Bedingungen, d.h. es können keine stehenden Wellen gebildet werden.

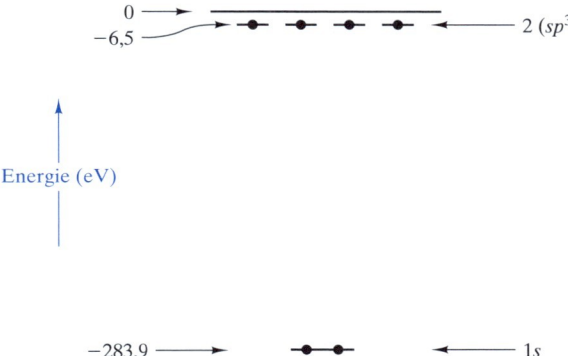

Abbildung 2.3: Energieniveaus für die Orbitalelektronen in einem C^{12}-Atom. Beachten Sie die Vorzeichenkonvention. Anziehende Energien sind negativ. Die 1s-Elektronen befinden sich näher am Atomkern (siehe Abbildung 2.1) und sind stärker gebunden (Bindungsenergie = $-283{,}9$ eV). Die äußeren Orbitalelektronen haben eine Bindungsenergie von nur $-6{,}5$ eV. Das Nullniveau der Bindungsenergie entspricht einem Elektron, das vollständig aus dem Anziehungspotential des Kerns entfernt wurde.

Eine detaillierte Liste der Elektronenkonfiguration für die Elemente des Periodensystems ist in *Anhang A* zusammen mit verschiedenen anderen nützlichen Daten zu finden. Die Anordnung des Periodensystems (siehe Abbildung 2.2) ist vor allem ein Ausdruck der systematischen „Auffüllung" der Elektronenorbitale mit Elektronen, wie es die Übersicht in *Anhang A* zeigt. Die Notation für die Bezeichnung der Elektronenorbitale leitet sich von den Quantenzahlen der Wellenmechanik ab. Diese Ganzzahlen beziehen sich auf Lösungen der relevanten Wellengleichungen. In diesem Buch beschäftigen wir uns nicht im Detail mit diesem Nummerierungssystem; es genügt, sich mit dem grundlegenden Bezeichnungssystem zu befassen. Beispielsweise sagt uns *Anhang A*, dass sich im 1s-Orbital zwei Elektronen aufhalten. Die 1 ist eine Hauptquantenzahl, die dieses Energieniveau als das erste kennzeichnet, das am nächsten zum Atomkern liegt. Es gibt auch zwei Elektronen, die jeweils mit den 2s- und 2p-Orbitalen verbunden sind. Die s-, p-Notation etc. bezieht sich auf eine zusätzliche Menge von Quantenzahlen.

Die ziemlich umständliche Buchstabennotation geht auf die Terminologie der frühen Spektrographen zurück. Die sechs Elektronen im C^{12}-Atom beschreibt man dann als $1s^2 2s^2 2p^2$-Verteilung, d.h. zwei Elektronen im $1s$-Orbital, zwei in $2s$ und zwei in $2p$. In der Tat verteilen sich die vier Elektronen im äußeren Orbital von C^{12} selbst erneut in symmetrischer Form, um die charakteristische Geometrie der Bindung zwischen Kohlenstoffatomen und benachbarten Atomen zu produzieren (im Allgemeinen als $1s^2 2s^1 2p^3$ beschrieben). Diese sp^3-Konfiguration im zweiten Energieniveau von Kohlenstoff namens **Hybridisierung** ist in den Abbildungen 2.1 und 2.3 zu sehen und wird detailliert in Abschnitt 2.3 behandelt. (Beachten Sie insbesondere Abbildung 2.19.)

Die Bindung von benachbarten Atomen ist im Wesentlichen ein Elektronenaustauschprozess. Es entstehen starke **Primärbindungen**, wenn äußere Orbitalelektronen zwischen Atomen übertragen werden oder gemeinsame Paare bilden. Schwächere **Sekundärbindungen** ergeben sich aus einer schwächeren Anziehung zwischen positiven und negativen Ladungen ohne Elektronenübergang oder Bildung von Elektronenpaaren. Der nächste Abschnitt stellt die verschiedenen Möglichkeiten der Bindung, beginnend mit der Ionenbindung, systematisch dar.

Die Welt der Werkstoffe

Ein neues chemisches Element erhält seinen Namen

Im Allgemeinen gehört das Periodensystem der Elemente mit zu den ersten Dingen, die man in Einführungskursen zu modernen Wissenschaften kennen lernt. Diese systematische Anordnung von chemischen Elementen ist natürlich nützlich, um die Ähnlichkeiten und Unterschiede der verschiedenen chemischen Elemente visuell zu begreifen. Die Rolle des Periodensystems als dauerhafte Aufzeichnung dieser wichtigen Informationen lässt uns manchmal die Tatsache vergessen, dass zu gegebener Zeit jedes Element einen Namen bekommen musste. Einige Namen wie z.B. *Eisen* haben sich einfach aus frühen Sprachen entwickelt (das althochdeutsche *isarn* hat zum altenglischen *iren* geführt, wobei das chemische Symbol *Fe* vom lateinischen *ferrum* abgeleitet ist).

Manche Elemente haben bei ihrer Entdeckung einen Namen zu Ehren des Landes erhalten, in dem sie entdeckt oder synthetisiert worden sind (z.B. *Germanium* für Deutschland). Die Fortschritte in der Physik und Chemie im 20. Jahrhundert haben die Synthese neuer Elemente ermöglicht, die in der Natur nicht vorkommen und Atomzahlen größer als die von Uran (93) haben. Diese transuranen Elemente wurden oftmals zu Ehren großer Wissenschaftler der Vergangenheit mit deren Namen benannt (z.B. *Mendelevium* für den russischen Chemiker des 19. Jahrhunderts Dmitri Mendeleev, der das Periodensystem der Elemente begründet hat). Die führende Autorität bei der Synthese der transuranen Elemente war Dr. Glenn Seaborg (1913–1999), Professor der Chemie an der Universität Kalifornien, Berkeley. (Prof. Seaborg hatte die Idee, aus dem ursprünglichen Periodensystem nach Mendeleev die Aktiniden auszugliedern und unter der Haupttabelle darzustellen.) Seaborg und sein Team entdeckten Plutonium und neun andere transurane Elemente, einschließlich des Elements 106, *Seaborgium*, das nach ihm benannt ist.

2.1 Atomare Struktur

IA																	O
1 H	IIA											IIIA	IVA	VA	VIA	VIIA	2 He
3 Li	4 Be											5 B	6 C	7 N	8 O	9 F	10 Ne
11 Na	12 Mg	IIIB	IVB	VB	VIB	VIIB	VIII			IB	IIB	13 Al	14 Si	15 P	16 S	17 Cl	18 Ar
19 K	20 Ca	21 Sc	22 Ti	23 V	24 Cr	25 Mn	26 Fe	27 Co	28 Ni	29 Cu	30 Zn	31 Ga	32 Ge	33 As	34 Se	35 Br	36 Kr
37 Rb	38 Sr	39 Y	40 Zr	41 Nb	42 Mo	43 Tc	44 Ru	45 Rh	46 Pd	47 Ag	48 Cd	49 In	50 Sn	51 Sb	52 Te	53 I	54 Xe
55 Cs	56 Ba	57 La	72 Hf	73 Ta	74 W	75 Re	76 Os	77 Ir	78 Pt	79 Au	80 Hg	81 Tl	82 Pb	83 Bi	84 Po	85 At	86 Rn
87 Fr	88 Ra	89 Ac	104 Rf	105 Db	106 Sg												

58 Ce	59 Pr	60 Nd	61 Pm	62 Sm	63 Eu	64 Gd	65 Tb	66 Dy	67 Ho	68 Er	69 Tm	70 Yb	71 Lu
90 Th	91 Pa	92 U	93 Np	94 Pu	95 Am	96 Cm	97 Bk	98 Cf	99 Es	100 Fm	101 Md	102 No	103 Lw

Professor Seaborg wurde die einzigartige Ehre zuteil, die erste Person zu sein, nach der noch zu ihren Lebzeiten ein Element benannt wurde. Berechtigterweise hat er diese Ehre als wesentlich größer angesehen als seinen Nobelpreis in Chemie im Jahre 1951. Auch wenn Seaborgium nur in winzigen Mengen synthetisiert worden ist und vielleicht keine bedeutende Rolle in der Werkstofftechnologie spielt, war sein Namensvetter Professor Seaborg sehr engagiert auf diesem Gebiet. Seine Begeisterung für Werkstoffe stammte in nicht geringem Maße von seinem längerfristigen Dienst als Vorsitzender der Atomenergiekommission (dem Vorgänger des heutigen amerikanischen Energieministeriums). Er wurde 1980 in der Januar-Ausgabe der *ASM News* zitiert: „Werkstoffwissenschaft und Werkstofftechnik sind wesentlich für die Lösung der Probleme, die mit den Energiequellen der Zukunft einhergehen".

Die Vision von Professor Seaborg ist heute noch genauso gültig wie vor mehr als zwei Jahrzehnten.

Beispiel 2.1 Die chemische Analyse im Bereich der Werkstoffforschung erfolgt häufig mithilfe des Rasterelektronenmikroskops. Wie *Abschnitt 4.7* noch zeigt, erzeugt ein Elektronenstrahl charakteristische Röntgenstrahlen, mit deren Hilfe sich chemische Elemente identifizieren lassen. Dieses Gerät tastet eine etwa zylindrische Probe an der Oberfläche eines festen Stoffes ab. Berechnen Sie die Anzahl der Atome, die in einem Zylinder von 1 μm Durchmesser und 1 μm Höhe auf der Oberfläche von festem Kupfer enthalten sind.

Lösung

In *Anhang A* finden Sie die

$$\text{Dichte von Kupfer} = 8{,}93 \text{ g/cm}^3$$

und die

$$\text{Atommasse von Kupfer} = 63{,}55 \text{ u,}$$

anders ausgedrückt

$$= \frac{63{,}55 \text{ gCu}}{\text{Avogadro-Zahl der Cu-Atome}}.$$

Das Volumen der Probe ergibt sich dann zu

$$V_{\text{Probe}} = \pi \left(\frac{1\mu\text{m}}{2}\right)^2 \times 1\mu\text{m}$$

$$= 0{,}785 \mu\text{m}^3 \times \left(\frac{1 \text{ cm}}{10^4 \mu\text{m}}\right)^3$$

$$= 0{,}785 \mu\text{m}^3 \times 10^{-12} \text{ cm}^3.$$

Somit berechnet sich die Anzahl der Atome in der Probe zu

$$N_{\text{Probe}} = \frac{8{,}93 \text{ g}}{\text{cm}^3} \times 0{,}785 \times \frac{0{,}602 \times 10^{24} \text{ Atome}}{63{,}55 \text{ g}}$$

$$= 6{,}64 \times 10^{10} \text{ Atome}.$$

2.1 Atomare Struktur

Beispiel 2.2 Ein Mol festes MgO hat das Volumen eines Würfels mit 22,37 mm Kantenlänge. Berechnen Sie die Dichte von MgO (in g/cm³).

Lösung

Mit den Angaben in *Anhang A* berechnet man:
Masse von 1 Mol MgO = Atommasse von Mg (in g) + Atommasse von O (in g)

$$= \text{Dichte} = \frac{\text{Masse}}{\text{Volumen}}$$

$$= \frac{40{,}31 \text{ g}}{(22{,}37 \text{ mm})^3 \times 10^{-3} \text{ cm}^3/\text{mm}^3}$$

$$= 3{,}60 \text{ g}/\text{cm}^3.$$

Beispiel 2.3 Berechnen Sie die Abmessungen eines Würfels, der 1 Mol festes Magnesium enthält.

Lösung

Mit den Angaben in *Anhang A* berechnet man:

$$\text{Dichte von Mg} = 1{,}74 \text{ g}/\text{cm}^3$$

$$\text{Atommasse von Mg} = 24{,}31 \text{ u}$$

$$\text{Volumen von 1 Mol} = \frac{24{,}31 \text{ g}/\text{mol}}{1{,}74 \text{ g}/\text{cm}^3}$$

$$= 13{,}97 cm^3/mol$$

$$\text{Kantenlänge des Würfels} = (13{,}97)^{1/3} \text{ cm}$$

$$= 2{,}408 \text{ cm} \times 10 \text{ mm}/\text{cm}$$

$$= 24{,}08 \text{ mm}.$$

Von hier an geben wir einige elementare Aufgaben unter dem Titel *Übungen* unmittelbar im Anschluss an die Beispiellösungen an. Diese Übungen folgen direkt aus den vorherigen Lösungen und sollen Sie in jedem neuen Themengebiet bei Ihren ersten Berechnungen begleiten. Eigenständige und kompliziertere Probleme finden Sie am Ende des Kapitels. Im Anschluss an die Anhänge sind die Antworten für fast alle Übungen angegeben.

2 ATOMBINDUNG

Die Lösungen für alle Übungen finden Sie auf der Companion Website.

Übung 2.1 Berechnen Sie die Anzahl der Atome, die in einem Zylinder von 1 μm Durchmesser und 1 μm Höhe enthalten sind für (a) Magnesium und (b) Blei. (Siehe Beispiel 2.1.)

Übung 2.2 Berechnen Sie mit der in Beispiel 2.2 ermittelten Dichte von MgO die Masse eines MgO-Schamottesteins (feuerfestes Material) mit den Abmessungen 50 mm x 100 mm x 200 mm.

Übung 2.3 Berechnen Sie die Abmessungen (a) eines Würfels, der 1 mol Kupfer enthält, und (b) eines Würfels, der 1 mol Blei enthält. (Siehe Beispiel 2.3.)

2.2 Die Ionenbindung

Die **Ionenbindung** ist das Ergebnis des *Elektronenübergangs* von einem Atom zu einem anderen. Abbildung 2.4 zeigt eine Ionenbindung zwischen Natrium und Chlor. Natrium gibt eher ein Elektron ab, weil dadurch eine stabilere Elektronenkonfiguration entsteht, d.h. das resultierende Na^+-Teilchen hat eine vollständige äußere **Orbitalschale**, die als Menge der Elektronen in einem bestimmten Orbital definiert ist. Analog dazu ist Chlor eher bereit, das Elektron aufzunehmen, wodurch ein stabiles Cl^--Teilchen entsteht, das ebenfalls eine vollständige äußere Orbitalschale hat. Die geladenen Teilchen (Na^+ und Cl^-) heißen **Ionen**, woraus sich die Bezeichnung *Ionenbindung* ableitet. Das positive Teilchen (Na^+) ist ein **Kation**, das negative (Cl^-) ein **Anion**.

Berechnungen zur Ionenbindung finden Sie auf der Companion Website.

2.2 Die Ionenbindung

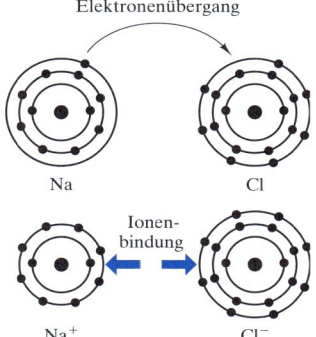

Abbildung 2.4: Ionenbindung zwischen Natrium- und Chlor-Atomen. Der Elektronenübergang von Na zu Cl erzeugt ein Kation (Na$^+$) und ein Anion (Cl$^-$). Die Ionenbindung beruht auf der Coulomb-Anziehung zwischen den Ionen entgegengesetzter Ladung.

Wichtig ist, dass die Ionenbindung *ungerichtet* ist. Ein positiv geladenes Na$^+$ zieht alle benachbarten Cl$^-$ in allen Richtungen gleichmäßig an. Abbildung 2.5 zeigt, wie Na$^+$- und Cl$^-$-Ionen in festem Natriumchlorid (Steinsalz) übereinander gestapelt sind. *Kapitel 3* geht detailliert auf diese Struktur ein. Hier sei nur darauf hingewiesen, dass diese Struktur ein ausgezeichnetes Beispiel für ionisch gebundene Stoffe ist und dass die Na$^+$- und Cl$^-$-Ionen systematisch gestapelt sind, um die Anzahl der entgegengesetzt geladenen Ionen, die zu einem bestimmten Ion benachbart sind, zu maximieren. In NaCl umgeben sechs Na$^+$-Ionen jedes Cl$^-$ und sechs Cl$^-$-Ionen umgeben jedes Na$^+$.

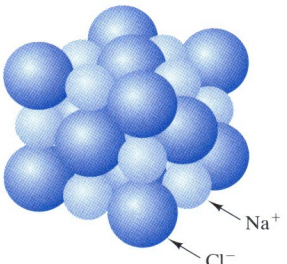

Abbildung 2.5: Reguläre Stapelfolge von Na$^+$- und Cl$^-$-Ionen in festem NaCl, was für die ungerichtete Natur der Ionenbindung kennzeichnend ist

Die Ionenbindung beruht auf der **Coulomb-Anziehung**[1] zwischen entgegengesetzt geladenen Teilchen. Damit lässt sich das Wesen der Bindungskräfte für die Ionenbindung problemlos darstellen, weil die Coulomb-Anziehungskraft die einfache, gut bekannte Beziehung

$$F_e = \frac{-K}{a^2} \tag{2.1}$$

---

[1] Charles Augustin de Coulomb (1736–1806), französischer Physiker, demonstrierte als Erster experimentell die Natur der Gleichungen 2.1 und 2.2 (für große Kugeln, nicht für Ionen). Neben Hauptbeiträgen zum Verständnis der Elektrizität und des Magnetismus war Coulomb ein bedeutender Pionier auf dem Gebiet der angewandten Mechanik (insbesondere in den Bereichen der Reibung und Torsion).

ist, wobei F_e die Coulomb-Kraft der Anziehung zwischen entgegengesetzt geladenen Ionen ist, a den Abstand zwischen den *Mittelpunkten* der Ionen angibt und K der Beziehung

$$K = k_0 (Z_1 q)(Z_2 q) \tag{2.2}$$

entspricht. In dieser Gleichung ist Z die **Valenz** des geladenen Ions (z.B. +1 für Na$^+$ und –1 für Cl$^-$), q die Ladung eines einzelnen Elektrons (0,16 × 10^{-18} C) und k_0 eine Proportionalitätskonstante (9 × 10^9 V · m/C).

Der Kurvenverlauf für Gleichung 2.1 in Abbildung 2.6 zeigt, dass die Coulomb-Anziehungskraft stark zunimmt, wenn sich der Abstand der Mittelpunkte (a) zwischen benachbarten Ionen verringert. Diese Beziehung impliziert wiederum, dass die **Bindungslänge** (a) im Idealfall null ist. Tatsächlich wird die Bindungslänge zweifellos nicht null, weil dem Versuch, zwei unterschiedlich geladene Ionen näher zusammenzubringen, um die Coulomb-Anziehung zu erhöhen, eine **Abstoßungskraft** F_R aufgrund der Überlappung der gleich geladenen (negativen) elektrischen Felder entgegenwirkt. Das Gleiche gilt für den Versuch, zwei positiv geladene Atomkerne näher zusammenzubringen. Die Abstoßungskraft als Funktion von a folgt der exponentiellen Beziehung

$$F_R = \lambda e^{-a/\rho}, \tag{2.3}$$

wobei λ und ρ experimentell bestimmte Konstanten für ein gegebenes Ionenpaar sind. Die **Bindungskraft** ist die reine Anziehungskraft (oder Abstoßungskraft) als Funktion des Trennungsabstands zwischen zwei Atomen oder Ionen. Abbildung 2.7 zeigt den Verlauf der Bindungskraft für ein Ionenpaar, wobei die Nettobindungskraft $F = F_c + F_R$ über a aufgetragen ist. Die Bindungslänge im Gleichgewicht a_0 tritt an dem Punkt auf, wo sich die Anziehungs- und Abstoßungskräfte genau aufheben ($F_c + F_R = 0$). Beachten Sie, dass die elektrostatische Kraft (Gleichung 2.1) bei größeren Werten von a dominiert, während die Abstoßungskraft (Gleichung 2.3) bei kleinen Werten von a überwiegt. Bislang haben wir uns auf die elektrostatische Kraft zwischen zwei Ionen entgegengesetzter Ladung konzentriert. Bringt man zwei gleich geladene Ionen zusammen, entsteht natürlich eine *Abstoßungskraft* (getrennt vom Term F_R). In einem ionischen Festkörper wie in Abbildung 2.5 gezeigt erfahren die gleich geladenen Ionen diese „elektrostatische Abstoßungskraft". Die resultierende Kohäsionskraft des Festkörpers ergibt sich aus der Tatsache, dass jedes Ion unmittelbar von Ionen entgegengesetzter Ladung umgeben ist, sodass der elektrostatische Term (Gleichungen 2.1 und 2.2) positiv wird und den kleineren Abstoßungsterm infolge weiter entfernter Ionen gleichen Vorzeichens überwiegt.

2.2 Die Ionenbindung

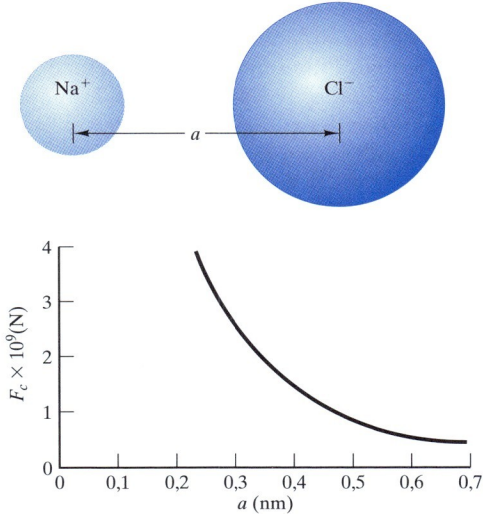

Abbildung 2.6: Kurvenverlauf der Coulomb-Kraft (Gleichung 2.1) für ein Na^+-Cl^--Paar

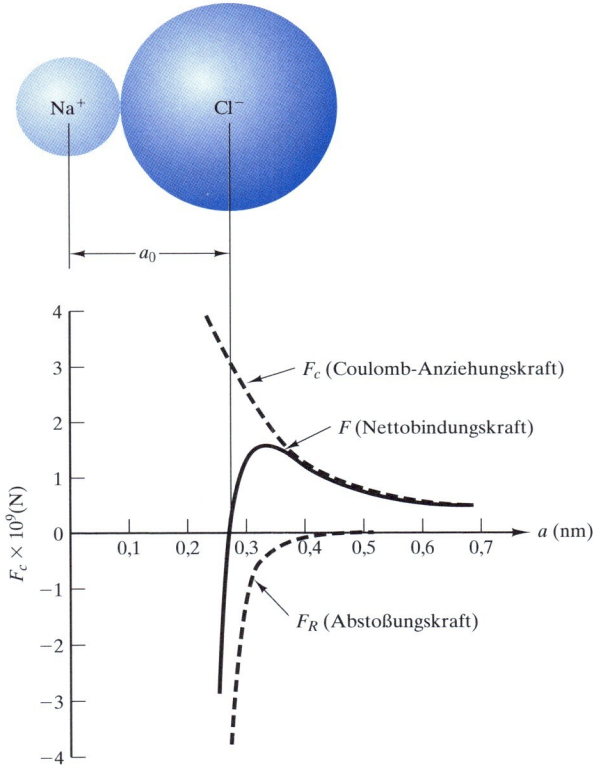

Abbildung 2.7: Kurve der Nettobindungskraft für ein Na^+-Cl^--Paar, die eine Gleichgewichtsbindungslänge von $a_0 = 0{,}28$ nm zeigt

2 ATOMBINDUNG

Es sei auch darauf hingewiesen, dass eine äußere Druckkraft erforderlich ist, um die Ionen näher zusammenzubringen (d.h. näher als a_0). Analog ist eine von außen angewandte Zugkraft erforderlich, um die Ionen weiter auseinander zu ziehen. Diese Forderung wirkt sich auf das mechanische Verhalten von festen Stoffen aus, worauf wir später noch (insbesondere in *Kapitel 6*) detailliert eingehen.

Die **Bindungsenergie** E ist mit der Bindungskraft über den Differentialausdruck

$$F = \frac{dE}{da} \tag{2.4}$$

verknüpft.

Auf diese Weise ist die in Abbildung 2.7 dargestellte Kurve der Nettobindungskräfte die Ableitung der Bindungsenergiekurve. Abbildung 2.8 zeigt diese Beziehung; sie demonstriert, dass die Gleichgewichtsbindungslänge a_0, die $F = 0$ entspricht, auch dem Minimum in der Energiekurve gleicht. Diese Entsprechung ist eine Folgerung aus Gleichung 2.5, d.h. der Anstieg der Energiekurve beim Minimum ist gleich null:

$$F = 0 = \left(\frac{dE}{da}\right)_{a=a_0} . \tag{2.5}$$

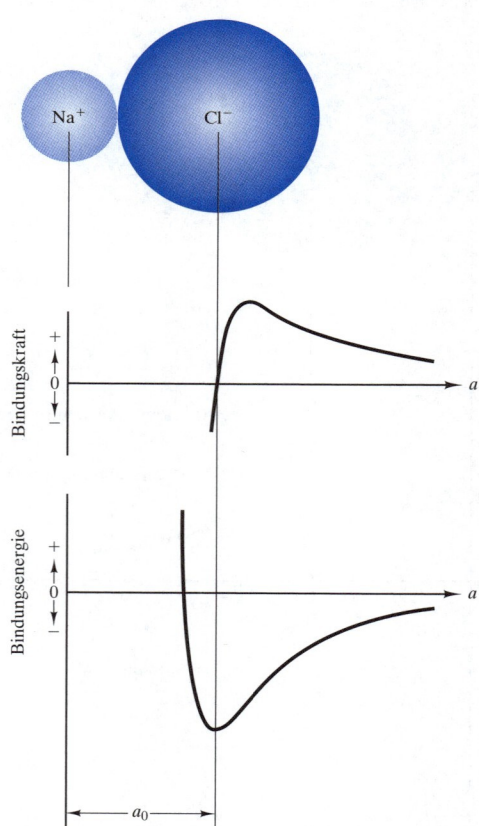

Abbildung 2.8: Vergleich der Bindungskraft- und Bindungsenergiekurven für ein Na^+-Cl^--Paar. Wegen $F=dE/da$ tritt die Gleichgewichtsbindungslänge (a_0) an der Stelle auf, wo $F=0$ und E ein Minimum ist (siehe Gleichung 2.5).

Nachdem bekannt ist, dass es eine Gleichgewichtsbindungslänge a_0 gibt, folgt, dass diese Bindungslänge die Summe der beiden Ionenradien ist, d.h. für NaCl:

$$a_0 = r_{Na^+} + r_{Cl^-} \ . \tag{2.6}$$

Diese Gleichung impliziert, dass die beiden Ionen als feste Kugeln angesehen werden, die sich an einem einzelnen Punkt berühren. In Abschnitt 2.1 wurde festgehalten, dass zwar Elektronenorbitale als Teilchen dargestellt werden, die mit einem festen Radius um den Kern kreisen, die Elektronenladung aber in einem Bereich von Radien zu finden ist. Das gilt sowohl für Ionen als auch für neutrale Atome. Ein **Ionen**- oder **Atomradius** ist dann der Radius entsprechend der durchschnittlichen Elektronendichte des äußeren Elektronenorbitals. Abbildung 2.9 vergleicht drei Modelle eines Na$^+$-Cl$^-$-Ionenpaares: (a) zeigt ein einfaches Planetenmodell der beiden Ionen, (b) ein **Hartkugelmodell** des Paares und (c) das **Weichkugelmodell**, in dem die eigentliche Elektronendichte in den äußeren Orbitalen von Na$^+$ und Cl$^-$ weiter nach außen reicht als es für die Hartkugel dargestellt ist. Die konkrete Natur der eigentlichen Bindungslängen a_0 erlaubt es uns, im weiteren Verlauf des Buches ausschließlich das Hartkugelmodell zu verwenden. In *Anhang B* finden Sie eine detaillierte Liste der berechneten Radien für eine große Anzahl von Ionen.

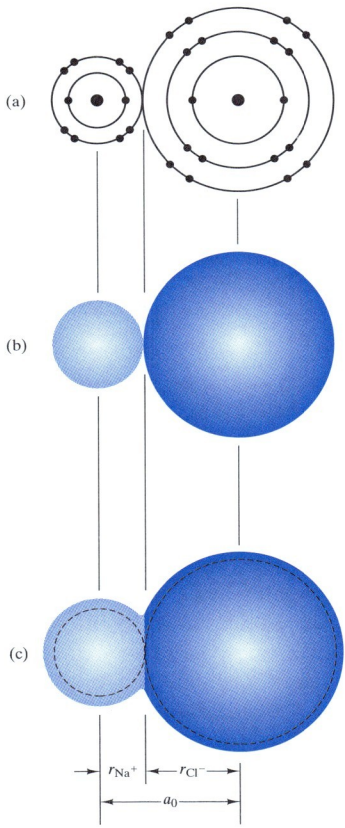

Abbildung 2.9: Vergleich des Planetenmodells (a) mit dem Hartkugelmodell (b) und dem Weichkugelmodell (c) eines Na$^+$-Cl$^-$-Paares

2 ATOMBINDUNG

Die Ionisierung hat eine signifikante Wirkung auf die effektiven (Hartkugel-) Radien der beteiligten Atomteilchen. Auch wenn diese Tatsache aus Abbildung 2.4 nicht hervorgeht, ändert sich der Radius eines neutralen Atoms, wenn es ein Elektron abgibt oder aufnimmt. Abbildung 2.10 zeigt noch einmal die Bildung einer Ionenbindung zwischen Na^+ und Cl^-. (Vergleichen Sie diese Abbildung mit Abbildung 2.4.) Hier sind die Atom- und Ionengrößen im richtigen Verhältnis dargestellt. Bei Abgabe eines Elektrons durch das Natrium-Atom ziehen sich die verbleibenden zehn Elektronen enger um den Kern zusammen, der immer noch elf Protonen enthält. Wenn umgekehrt das Chlor-Atom ein Elektron aufnimmt, stehen 18 Elektronen einem Kern mit 17 Protonen gegenüber, woraus ein größerer effektiver Radius resultiert.

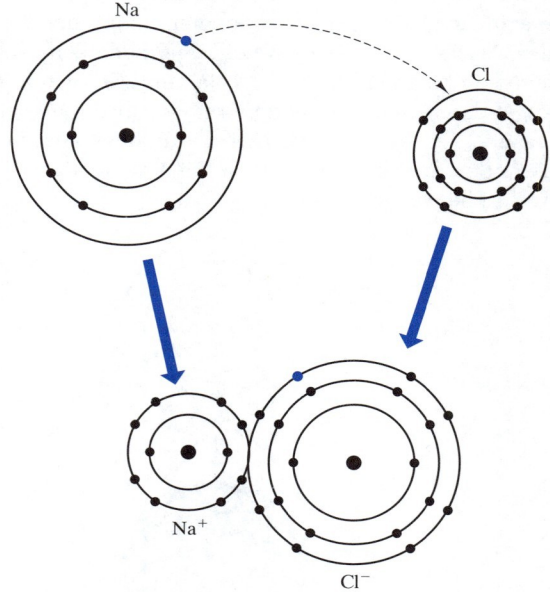

Abbildung 2.10: Bildung einer Ionenbindung zwischen Natrium und Chlor, wobei sich die Wirkung der Ionisierung auf den Atomradius zeigt. Das Kation (Na^+) wird kleiner als das neutrale Atom (Na), während das Anion (Cl^-) größer als das neutrale Atom (Cl) wird.

2.2.1 Die Koordinationszahl

Dieser Abschnitt hat weiter vorn die ungerichtete Natur der Ionenbindung eingeführt. Abbildung 2.5 zeigt eine Struktur für NaCl, bei der jedes Cl^--Ion von sechs Na^+-Ionen umgeben ist und umgekehrt. Die **Koordinationszahl** gibt die Anzahl der benachbarten Ionen (oder Atome) an, die ein Bezugs-Ion (oder -Atom) umgeben. Für jedes in Abbildung 2.5 dargestellte Ion ist die Koordinationszahl gleich 6, d.h. jedes Ion hat sechs nächste Nachbarn. Bei ionischen Verbindungen lässt sich die Koordinationszahl systematisch berechnen, indem man die größte Anzahl größerer Ionen (mit entgegengesetzter Ladung) betrachtet, die mit dem kleineren Ion in Kontakt treten oder sich mit ihm koordinieren können. Diese Anzahl (KZ) hängt direkt von den relativen Größen der unterschiedlich geladenen Ionen ab. Diese relative Größe wird durch das **Radiusverhältnis** (r/R) bestimmt, wobei r der Radius des kleineren Ions und R der Radius des größeren ist.

2.2 Die Ionenbindung

Um die Abhängigkeit der Koordinationszahl vom Radiusverhältnis zu verdeutlichen, betrachten wir den Fall $r/R = 0{,}20$. Abbildung 2.11 zeigt, wie die maximale Anzahl der größeren Ionen, die die kleineren umgeben können, gleich 3 ist. Jeder Versuch, vier größere Ionen mit den kleineren zusammenzubringen, verlangt, dass sich die größeren Ionen überlappen, was infolge hoher Abstoßungskräfte zu einem sehr instabilen Zustand führt. Abbildung 2.12 zeigt den kleinsten Wert von r/R, der eine dreifache Koordination produzieren kann ($r/R = 0{,}155$), d.h. die größeren Ionen berühren gerade das kleinere Ion und außerdem sich gegenseitig. In der gleichen Art, wie in Abbildung 2.11 die vierfache Koordination instabil war, kann ein r/R-Wert von *kleiner* als $0{,}155$ keine dreifache Koordination zulassen. Wenn r/R über $0{,}155$ steigt, ist die dreifache Koordination stabil (beispielsweise in Abbildung 2.11 für $r/R = 0{,}20$), bis eine vierfache Koordination bei $r/R = 0{,}225$ möglich wird. Tabelle 2.1 fasst die Beziehung zwischen Koordinationszahl und Radiusverhältnis zusammen. Wenn r/R auf $1{,}0$ steigt, ist eine Koordinationszahl von 12 möglich. Wie Beispiel 2.8 ausführt, sollte man Berechnungen, die auf Tabelle 2.1 basieren, als Richtlinien ansehen und nicht als absolute Vorhersagen.

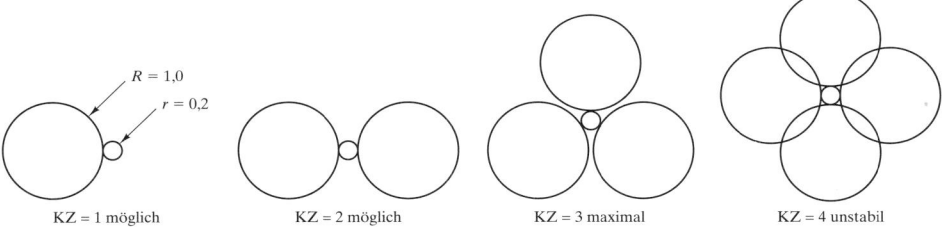

Abbildung 2.11: Die maximale Anzahl von Ionen mit dem Radius R, die ein Atom des Radius r umgeben können, ist 3, wenn das Radiusverhältnis $r/R = 0{,}2$ ist. (*Hinweis*: Die Instabilität für KZ = 4 lässt sich verringern, jedoch *nicht* beseitigen, indem man eine dreidimensionale anstelle der zweidimensionalen Stapelung der größeren Ionen gestattet.)

$$\cos 30° = 0{,}866 = \frac{R}{r + R} \rightarrow \frac{r}{R} = 0{,}155$$

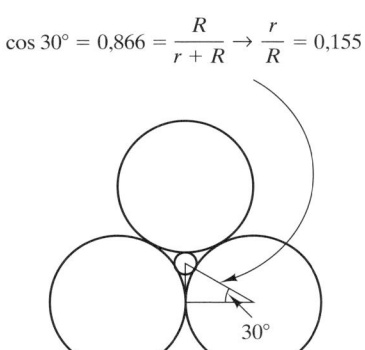

Abbildung 2.12: Das kleinste Radiusverhältnis r/R, das eine dreifache Koordination produzieren kann, ist $0{,}155$.

2 ATOMBINDUNG

Tabelle 2.1

Koordinationszahlen für Ionenbindung

Koordinationszahl	Radiusverhältnis r/R	Koordinationsgeometrie
2	$0 < \frac{r}{R} < 0{,}155$	
3	$0{,}155 \leq \frac{r}{R} < 0{,}225$	
4	$0{,}225 \leq \frac{r}{R} < 0{,}414$	
6	$0{,}414 \leq \frac{r}{R} < 0{,}732$	
8	$0{,}732 \leq \frac{r}{R} < 1$	
12	1	oder[a]

[a] Die Geometrie links gilt für die hexagonal dichteste Packung (hexagonal close-packed, hcp), die Geometrie rechts für die kubisch flächenzentrierte (face-centered cubic, fcc) Struktur. Diese Kristallstrukturen werden in Kapitel 3 behandelt.

Es drängt sich die Frage auf: Warum sind in Tabelle 2.1 keine Radiusverhältnisse größer als 1 erfasst? Sicherlich können mehr als zwölf kleine Ionen gleichzeitig ein einzelnes größeres Ion berühren. Allerdings gibt es praktische Beschränkungen bei der Verbindung der Koordinationsgruppen nach Tabelle 2.1 zu einer periodischen, dreidimensionalen Struktur und die Koordinationszahl für die größeren Ionen ist eher kleiner als 12. Auch hier zeigt Abbildung 2.5 wieder ein gutes Beispiel, bei dem die Koordinationszahl von Na^+ gleich 6 ist, wie es der r/R-Wert (= 0,098 nm/0,181 nm = 0,54) erwarten lässt; und die reguläre Stapelung der sechs koordinierten Natrium-Ionen gibt wiederum Cl^- eine Koordinationszahl von 6. Auf diese Strukturdetails geht *Kapitel 3* weiter ein. Man könnte auch fragen, warum Koordinationszahlen von 5, 7, 9, 10 und 11 fehlen. Diese Zahlen lassen sich nicht in die sich wiederholenden kristallinen Strukturen einbauen, die *Kapitel 3* beschreibt.

> **Beispiel 2.4** (a) Vergleichen Sie die Elektronenkonfigurationen für die Atome und Ionen, die in Abbildung 2.4 dargestellt sind.
> (b) Welche Edelgasatome haben Elektronenkonfigurationen, die den Ionen aus Abbildung 2.4 entsprechen?
>
> ## Lösung
>
> (a) In *Anhang A* finden wir
>
> $$Na: 1s^2 2s^2 2p^6 3s^1$$
>
> und
>
> $$Cl: 1s^2 2s^2 2p^6 3s^2 3p^5.$$
>
> Da Na sein Elektron des äußeren Orbitals (3s) verliert und zu Na$^+$ wird, erhält man
>
> $$Na^+: 1s^2 2s^2 2p^6.$$
>
> Cl nimmt ein äußeres Orbitalelektron auf und wird zu Cl$^-$. Deshalb wird seine 3p-Schale aufgefüllt:
>
> $$Cl^-: 1s^2 2s^2 2p^6 3s^2 3p^6.$$
>
> (b) *Anhang A* liefert
>
> $$Ne: 1s^2 2s^2 2p^6,$$
>
> was äquivalent zu Na$^+$ ist (wobei sich natürlich die Kerne von Ne und Na$^+$ unterscheiden), und
>
> $$Ar: 1s^2 2s^2 2p^6 3s^2 3p^6,$$
>
> was äquivalent zu Cl$^-$ ist (auch hier unterscheiden sich die Kerne).

2 ATOMBINDUNG

Beispiel 2.5 (a) Berechnen Sie mit den Werten für die Atomradien in *Anhang B* die Coulomb-Anziehungskraft zwischen Na$^+$ und Cl$^-$ in NaCl.
(b) Wie groß ist in diesem Fall die Abstoßungskraft?

Lösung

(a) In *Anhang B* finden wir die Werte

$$r_{Na^+} = 0{,}098 \text{ nm}$$

und

$$r_{Cl^-} = 0{,}181 \text{ nm}.$$

Dann berechnet sich der Abstand zu

$$a_0 = r_{Na^+} + r_{Cl^-} = 0{,}098 \text{ nm} + 0{,}181 \text{ nm}$$
$$= 0{,}278 \text{ nm}.$$

Aus den Gleichungen 2.1 und 2.2 ergibt sich

$$F_c = \frac{k_0 (Z_1 q)(Z_2 q)}{a_0^2},$$

wobei die Gleichgewichtsbindungslänge verwendet wird. Setzt man die Zahlenwerte in die Gleichung für die Coulomb-Kraft ein, erhält man

$$F_c = -\frac{(9 \times 10^9 \text{ V} \cdot \text{m/C})(+1)(0{,}16 \times 10^{-18} \text{ C})(-1)(0{,}16 \times 10^{-18} \text{ C})}{(0{,}278 \times 10^{-9} \text{ m})^2}.$$

Da 1 V · 1 C = 1 J gilt, lautet das Ergebnis

$$F_c = 2{,}98 \times 10^{-9} \text{ N}.$$

Hinweis: Dieses Ergebnis lässt sich mit den Daten vergleichen, die in den Abbildungen 2.6 und 2.7 zu sehen sind.
(b) Da $F_c + F_R = 0$ ist, ergibt sich

$$F_R = -F_c = -2{,}98 \times 10^{-9} \text{ N}.$$

Beispiel 2.6

Wiederholen Sie Beispiel 2.5 für Na_2O, eine oxidische Verbindung, die in vielen Keramiken und Gläsern vorkommt.

Lösung

(a) In *Anhang B* findet man

$$r_{Na^+} = 0{,}098 \text{ nm}$$

und

$$r_{O^{2-}} = 0{,}132 \text{ nm}.$$

Damit ergibt sich

$$a_0 = r_{Na^+} + r_{O^{2-}} = 0{,}098 \text{ nm} + 0{,}132 \text{ nm}$$

$$= 0{,}231 \text{ nm}.$$

Setzt man die Zahlenwerte in die Formel

$$F_c = \frac{k_0 (Z_1 q)(Z_2 q)}{a_0^2}$$

ein, erhält man

$$= -\frac{(9 \times 10^9 \text{ V} \cdot \text{m/C})(+1)(0{,}16 \times 10^{-18} \text{ C})(-2)(0{,}16 \times 10^{-18} \text{ C})}{(0{,}231 \times 10^{-9} \text{ m})^2}$$

$$= 8{,}64 \times 10^{-9} \text{ N}.$$

(b) $F_R = -F_c = -8{,}64 \times 10^{-9} \text{ N}.$

2 ATOMBINDUNG

Beispiel 2.7 Berechnen Sie das kleinste Radiusverhältnis für eine Koordinationszahl von 8.

Lösung

Aus Tabelle 2.1 ist ersichtlich, dass sich die Ionen entlang einer Raumdiagonalen berühren. Bezeichnet man die Kantenlänge des Würfels mit l, dann gilt

$$2R + 2r = \sqrt{3}\,l.$$

Für die kleinste Radiusverhältniskoordination berühren sich auch die größeren Ionen untereinander (entlang einer Würfelkante), was

$$2R = l$$

ergibt.
Kombiniert man die beiden Gleichungen, erhält man

$$2R + 2r = \sqrt{3}\,(2R).$$

Dann erhält man nach Umstellen der Gleichung

$$2r = 2R\left(\sqrt{3} - 1\right)$$

und

$$\frac{r}{R} = \sqrt{3} - 1 = 1{,}732 - 1$$

$$= 0{,}732.$$

Hinweis: Es gibt keine einfache Möglichkeit, um dreidimensionale Strukturen dieses Typs visuell darzustellen. Es kann hilfreich sein, Schnitte durch den Würfel nach zu ziehen, wobei die Ionen in voller Größe gezeichnet werden. In *Kapitel 3* finden sich weitere Übungen zu diesem Problemkreis.

Mit der Software zum Erstellen von Kristallstrukturen auf der Companion Website können Sie diese Strukturen visualisieren.

2.2 Die Ionenbindung

Beispiel 2.8 Ermitteln Sie die Koordinationszahl für das Kation in jedem der folgenden Keramikoxide: Al_2O_3, B_2O_3, CaO, MgO, SiO_2 und TiO_2.

Lösung

Anhang B entnimmt man die Werte $r_{Al^{3+}} = 0{,}057$ nm, $r_{B^{3+}} = 0{,}02$ nm, $r_{Ca^{2+}} = 0{,}106$ nm, $r_{Mg^{2+}} = 0{,}078$ nm, $r_{Si^{4+}} = 0{,}039$ nm, $r_{Ti^{4+}} = 0{,}064$ nm und $r_{O^{2-}} = 0{,}132$ nm.

Für Al_2O_3

$$\frac{r}{R} = \frac{0{,}057 \text{ nm}}{0{,}132 \text{ nm}} = 0{,}43,$$

wofür die Koordinationszahl

$$KZ = 6 \text{ angibt.}$$

Für B_2O_3

$$\frac{r}{R} = \frac{0{,}02 \text{ nm}}{0{,}132 \text{ nm}} = 0{,}15, \text{ liefert KZ} = 2^5.$$

Für CaO

$$\frac{r}{R} = \frac{0{,}106 \text{ nm}}{0{,}132 \text{ nm}} = 0{,}80, \text{ liefert KZ} = 8.$$

Für MgO

$$\frac{r}{R} = \frac{0{,}078 \text{ nm}}{0{,}132 \text{ nm}} = 0{,}59, \text{ liefert KZ} = 6.$$

Für SiO_2

$$\frac{r}{R} = \frac{0{,}039 \text{ nm}}{0{,}132 \text{ nm}} = 0{,}30, \text{ liefert KZ} = 4.$$

Für TiO_2

$$\frac{r}{R} = \frac{0{,}064 \text{ nm}}{0{,}132 \text{ nm}} = 0{,}48, \text{ liefert KZ} = 6.$$

Übung 2.4 (a) Skizzieren Sie entsprechend Abbildung 2.4 die ionische Bindung von MgO. (b) Vergleichen Sie die Elektronen-Konfigurationen für die Atome und Ionen, die Sie in Teil (a) dieser Übung dargestellt haben. (c) Zeigen Sie, welche Edelgasatome Elektronen-Konfigurationen haben, die äquivalent zu denen sind, die Sie in Teil (a) dargestellt haben. (Siehe Beispiel 2.4.)

> **Übung 2.5** (a) Berechnen Sie mit den Daten für die Ionenradien in *Anhang B* die Coulomb-Anziehungskraft zwischen dem Mg^{2+}- und O^{2-}-Ionenpaar. (b) Wie groß ist die Abstoßungskraft in diesem Fall? (Siehe Beispiele 2.5 und 2.6.)

> **Übung 2.6** Berechnen Sie das kleinste Radiusverhältnis für eine Koordinationszahl von (a) 4 und (b) 6. (Siehe Beispiel 2.7.)

> **Übung 2.7** Das nächste Kapitel zeigt, dass MgO, CaO, FeO und NiO die gleiche Kristallstruktur wie NaCl haben. Im Ergebnis haben Metallionen in jedem Fall die gleiche Koordinationszahl (6). Beispiel 2.8 behandelt den Fall von MgO und CaO. Stellen Sie über eine Berechnung der Radienverhältnisse fest, ob man die Koordinationszahl = 6 für FeO und NiO erwarten kann.

2.3 Die kovalente Bindung

Im Unterschied zur ungerichteten Ionenbindung ist die **kovalente Bindung** stark gerichtet. Die Bezeichnung *kovalent* leitet sich von der Bildung gemeinsamer Valenzelektronenpaare zwischen zwei benachbarten Atomen ab. **Valenzelektronen** sind die äußeren Orbitalelektronen, die an der Bindung beteiligt sind.[1] Abbildung 2.13 zeigt die kovalente Bindung in einem Chlorgas-Molekül (Cl_2) als Planetenmodell (a) verglichen mit der tatsächlichen **Elektronendichte** (b), die deutlich konzentriert entlang einer geraden Linie zwischen den beiden Cl-Kernen verläuft. Gebräuchliche Kurzschreibweisen mit Elektronenpunkten und einer Bindungslinie sind in den Bildern (c) bzw. (d) zu sehen.

Abbildung 2.14a zeigt eine Bindungsliniendarstellung eines anderen kovalenten Moleküls, Ethylen (C_2H_4). Die Doppellinie zwischen den beiden Kohlenstoffatomen kennzeichnet eine **Doppelbindung** oder die kovalente Bildung gemeinsamer Valenzelektronenpaare. Durch Umwandlung der Doppelbindung in zwei einzelne Bindungen lassen sich benachbarte Ethylenmoleküle kovalent binden, was zu einer langen Molekülkette von *Polyethylen* führt (siehe Abbildung 2.14b). Derartige **Polymermoleküle** (jede C_2H_4-Einheit ist ein *Mer*) sind die strukturelle Basis von Polymeren. *Kapitel 13* setzt sich mit diesen Stoffen näher auseinander. Momentan genügt es zu wissen, dass lange Molekülketten dieses Typs ausreichend flexibel sind, um einen dreidimensionalen Raum über eine komplexe Windungsstruktur zu füllen. Abbildung 2.15 zeigt

---

[1] Bei der Ionenbindung ist die Valenz von Na^+ gleich +1, weil ein Elektron auf ein Anion übertragen wird.

eine zweidimensionale Darstellung einer solchen „spagettiähnlichen" Struktur. Die Geraden zwischen C und C und zwischen C und H repräsentieren starke, kovalente Bindungen. Zwischen benachbarten Abschnitten der langen Molekülketten treten nur schwache, sekundäre Bindungskräfte auf. Es ist die Sekundärbindung, die die „schwache Verknüpfung" der Ketten untereinander ausmacht und die für die niedrigen Festigkeiten und niedrigen Schmelzpunkte bei konventionellen Polymeren verantwortlich ist. Im Unterschied hierzu hat Diamant mit seiner außergewöhnlichen Härte und einem Schmelzpunkt von größer als 3.500 °C zwischen jedem benachbarten Paar von C-Atomen kovalente Bindungen.

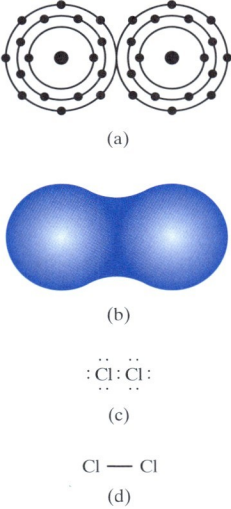

Abbildung 2.13: Die kovalente Bindung in einem Molekül Chlorgas Cl_2, dargestellt als Planetenmodell (a) im Vergleich zur tatsächlichen Elektronendichte (b), einem Elektronen-Punkt-Schema (c) und einem Bindungslinien-Schema (d)

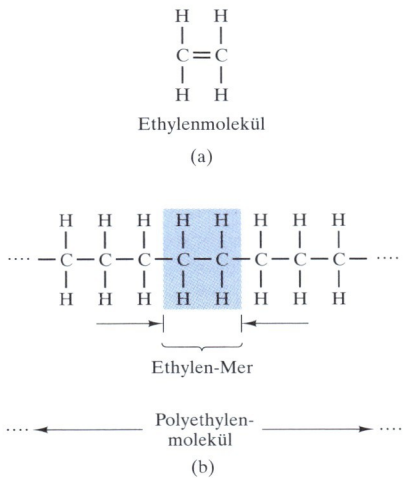

Abbildung 2.14: Ethylenmolekül (C_2H_4) (a) im Vergleich mit einem Polyethylenmolekül $(C_2H_4)_n$ (b), das aus der Umwandlung der C=C-Doppelbindung in zwei C—C-Einfachbindungen resultiert

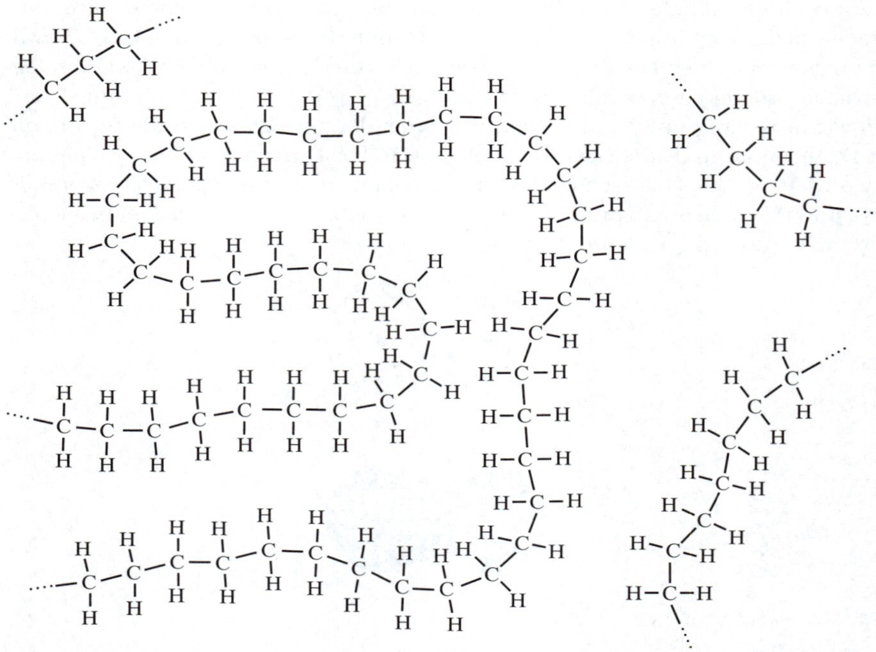

Abbildung 2.15: Zweidimensionale Schemadarstellung der „spagettiähnlichen" Struktur von festem Polyethylen

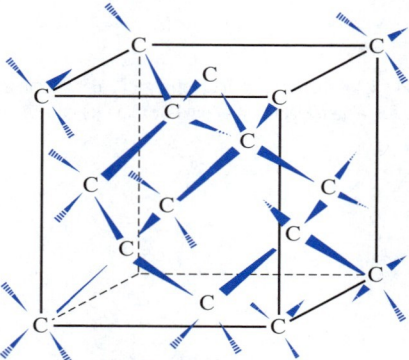

Abbildung 2.16: Dreidimensionale Struktur der Bindung im kovalenten, festen Kohlenstoff (Diamant). Jedes Kohlenstoffatom (C) hat vier kovalente Bindungen zu vier anderen Kohlenstoffatomen. (Diese Geometrie lässt sich mit der kubischen Diamantstruktur vergleichen, die *Abbildung 3.23* zeigt.) Hier ist das Bindungslinienschema der kovalenten Bindung in einer perspektivischen Ansicht dargestellt, um die räumliche Anordnung der gebundenen Kohlenstoffatome zu verdeutlichen.

Es ist wichtig anzumerken, dass die kovalente Bindung Koordinationszahlen erzeugen kann, die wesentlich kleiner als die durch das Radiusverhältnis vorhergesagten Koordinationszahlen der Ionenbindung sind. Bei Diamant ist das Radiusverhältnis für die gleichgroßen Kohlenstoffatome $r/R=1,0$, doch Abbildung 2.16 zeigt, dass die Koordinationszahl 4 statt 12 ist, wie auch zu entnehmen ist. In diesem Fall ergibt sich die Koordinationszahl für Kohlenstoff durch seine charakteristische sp^3-Wasserstoffbrückenbindung, bei der die vier Elektronen der äußeren Schale des Kohlenstoffatoms mit benachbarten Atomen gemeinsame Elektronenpaare mit gleichem Abstand bilden (siehe Abschnitt 2.1).

In manchen Fällen stimmen die Überlegungen zu einer optimalen Packungsbelegung gemäß mit der kovalenten Bindungsgeometrie überein. Beispielsweise ist der in Abbildung 2.17 dargestellte SiO_4^{4-}-Tetraeder die grundlegende Struktureinheit in silikatischen Mineralien und in vielen handelsüblichen Keramiken und Gläsern. Silizium befindet sich unmittelbar unterhalb von Kohlenstoff in Gruppe IV A des Periodensystems und zeigt ein ähnliches chemisches Verhalten. Silizium bildet viele Verbindungen mit vierfacher Koordination. Die SiO_4^{4-}-Einheit genügt ebenfalls dieser Bindungskonfiguration, hat aber gleichzeitig ionischen Bindungscharakter und stimmt zudem mit überein. Das Radiusverhältnis ($r_{Si^{4+}} / r_{O^{2-}} = 0,039$ nm$/0,132$ nm $= 0,295$) liegt im passenden Bereich ($0,225 < r_r/r_R < 0,414$), um maximale Effizienz der Ionenkoordination mit der Koordinationszahl 4 zu liefern. In der Tat ist die Si–O-Bindung ihrem Wesen nach etwa zur Hälfte ionisch (Elektronenübergang) und zur anderen Hälfte kovalent (Bildung gemeinsamer Elektronenpaare).

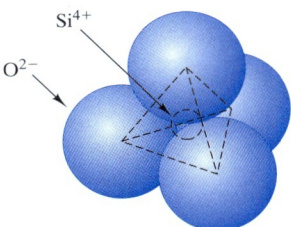

Abbildung 2.17: Der SiO_4^{4-}-Tetraeder dargestellt als Ionencluster. Tatsächlich weist die Si–O-Bindung sowohl ionischen als auch kovalenten Charakter auf.

Die Bindungskraft- und Bindungsenergiekurven für die kovalente Bindung ähneln denen, die Abbildung 2.8 für die Ionenbindung zeigt. Natürlich impliziert die unterschiedliche Natur der beiden Bindungstypen, dass die Gleichungen 2.1 und 2.2 für die ionischen Bindungskräfte hier nicht angewendet werden können. Dennoch lässt sich die allgemeine Terminologie der Bindungsenergie und Bindungslänge in beiden Fällen anwenden (siehe Abbildung 2.18). Tabelle 2.2 gibt die Werte der Bindungsenergie und Bindungslänge für wichtige kovalente Bindungen an.

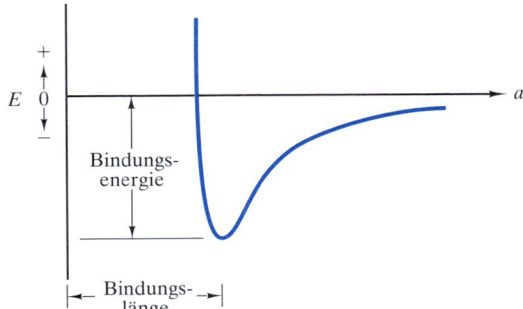

Abbildung 2.18: Die allgemeine Form der Bindungsenergiekurve und die zugehörige Terminologie lassen sich auch auf die Ionenbindung anwenden. (Das Gleiche gilt für die metallische und sekundäre Bindung.)

Tabelle 2.2

Bindungsenergien und Bindungslängen für ausgewählte kovalente Bindungen[a]

Bindung	Bindungsenergie[b]		Bindungslänge
	kcal/mol	kJ/mol	nm
C–C	88[c]	370	0,154
C–C	162	680	0,130
C–C	213	890	0,120
C–H	104	435	0,110
C–N	73	305	0,150
C–O	86	360	0,140
C–O	128	535	0,120
C–F	108	450	0,140
C–Cl	81	340	0,180
O–H	119	500	0,100
O–O	52	220	0,150
O–Si	90	375	0,160
N–H	103	430	0,100
N–O	60	250	0,120
F–F	38	160	0,140
H–H	104	435	0,074

[a] Quelle: L. H. Van Vlack, *Elements of Materials Science and Engineering*, 4th ed., Addison-Wesley Publishing Co., Inc., Reading, MA, 1980.

[b] Ungefähre Werte. Die Werte variieren mit dem Typ der Nachbarschaftsbindungen. Beispielsweise hat Methan (CH_4) den für seine C-H-Bindung angegebenen Wert; allerdings ist die C-H-Bindungsenergie in CH_3Cl um etwa 5% und in $CHCl_3$ um etwa 15% geringer.

[c] Alle Werte sind negativ bei der Bindungsbildung (Energie wird freigesetzt) und positiv beim Aufbrechen der Bindungen (Energie ist zuzuführen).

Eine andere wichtige Eigenschaft der kovalenten Festkörper ist der **Bindungswinkel**, der sich aus der gerichteten Natur der Bildung von gemeinsamen Valenzelektronen ergibt. Abbildung 2.19 zeigt den Bindungswinkel für ein typisches Kohlenstoffatom, das vier Bindungen im gleichen Abstand besitzt. Diese Tetraederkonfiguration (siehe Abbildung 2.17) ergibt einen Bindungswinkel von 109,5°. Der Bindungswinkel kann abhängig vom Bindungspartner leicht abweichen. Ebenso beeinflusst eine Doppelbindung den Winkel. Im Allgemeinen liegen die Bindungswinkel mit Kohlenstoffatomen nahe dem Idealwert von 109,5°.

2.3 Die kovalente Bindung

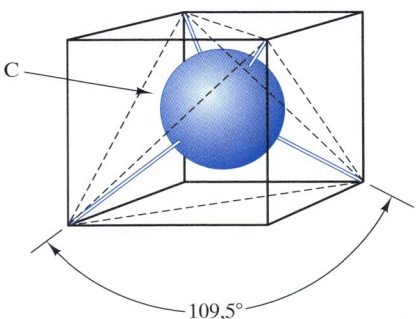

Abbildung 2.19: Tetraederkonfiguration der kovalenten Bindungen mit Kohlenstoff. Der Bindungswinkel beträgt 109,5°.

Beispiel 2.9 Skizzieren Sie den Polymerisationsvorgang für Polyvinylchlorid (PVC). Das Vinylchloridmolekül hat die Formel C_2H_2Cl.

Lösung

Ähnlich der schematischen Darstellung in Abbildung 2.14 sieht das Vinylchlorid wie folgt aus:

$$\begin{array}{cc} H & H \\ | & | \\ C & = C \\ | & | \\ H & Cl \end{array}$$

Eine Polymerisation findet statt, wenn sich mehrere benachbarte Vinylchlorid-moleküle verbinden und dabei ihre Doppelbindungen in Einfachbindungen umwandeln:

$$\cdots - \underset{\underset{H}{|}}{\overset{\overset{H}{|}}{C}} - \underset{\underset{Cl}{|}}{\overset{\overset{H}{|}}{C}} - \underset{\underset{H}{|}}{\overset{\overset{H}{|}}{C}} - \underset{\underset{Cl}{|}}{\overset{\overset{H}{|}}{C}} - \underset{\underset{H}{|}}{\overset{\overset{H}{|}}{C}} - \underset{\underset{Cl}{|}}{\overset{\overset{H}{|}}{C}} - \underset{\underset{H}{|}}{\overset{\overset{H}{|}}{C}} - \underset{\underset{Cl}{|}}{\overset{\overset{H}{|}}{C}} - \underset{\underset{H}{|}}{\overset{\overset{H}{|}}{C}} - \underset{\underset{Cl}{|}}{\overset{\overset{H}{|}}{C}} - \cdots$$

$\longrightarrow |$ mer $|\longleftarrow$

Beispiel 2.10
Berechnen Sie die Reaktionsenergie für die Polymerisation von Polyvinylchlorid in Beispiel 2.9.

Lösung

Im Allgemeinen wird jede C=C-Doppelbindung aufgebrochen, um zwei einzelne C−C-Bindungen zu bilden:

$$C = C \rightarrow 2C - C.$$

Mit den Daten in Tabelle 2.2 lässt sich die mit dieser Reaktion verbundene Energie wie folgt berechnen:

$$680 \text{ kJ/mol} \rightarrow 2(370 \text{ kJ/mol}) = 740 \text{ kJ/mol}.$$

Die Reaktionsenergie ist dann

$$(740 - 680) \text{ kJ/mol} = 60 \text{ kJ/mol}.$$

Hinweis: Wie in der zugehörigen Fußnote der Tabelle 2.2 dargestellt ist, wird die Reaktionsenergie während der Polymerisation freigegeben. Damit liegt hier eine spontane Reaktion vor, bei der das Produkt (Polyvinylchlorid) bezogen auf die einzelnen Vinylchloridmoleküle stabil ist. Da Kohlenstoffatome im Hauptstrang des Polymermoleküls vorkommen und nicht als Seitenelemente, gilt diese Reaktionsenergie auch für Polyethylen (siehe Abbildung 2.14) und andere „vinylartige" Polymere.

Beispiel 2.11
Berechnen Sie die Länge eines Polyethylenmoleküls, $(C_2H_4)_n$ für $n = 500$.

Lösung

Betrachtet man nur die Kohlenstoffatome im Hauptstrang der Polymerkette, ist von einem charakteristischen Bindungswinkel von 109,5° auszugehen:

Dieser Winkel liefert eine effektive Bindungslänge l von

$$l = (C-C\text{-Bindungslänge}) \times \sin 54{,}75°.$$

Mit den Angaben von erhalten wir

$$l = (0{,}154 \text{ nm}) \times (\sin 54{,}75°)$$

$$= 0{,}126 \text{ nm}.$$

Mit zwei Bindungslängen je Mer und 500 Meren berechnet sich die gesamte Moleküllänge L zu

$$L = 500 \times 2 \times 0{,}126 \text{ nm}$$

$$= 126 \text{ nm}$$

$$= 0{,}126 \mu m.$$

Hinweis: In *Kapitel 13* berechnen wir den Grad der Verwindung dieser langen, linearen Moleküle.

Übung 2.8 Abbildung 2.14 stellt die Polymerisation von Polyethylen $(C_2H_4)_n$ dar. Beispiel 2.9 veranschaulicht die Polymerisation für Polyvinylchlorid $(C_2H_3Cl)_n$. Skizzieren Sie in ähnlicher Form die Polymerisation von Polypropylen $(C_2H_3R)_n$, wobei R für eine CH_3-Gruppe steht.

Übung 2.9 Skizzieren Sie die Polymerisation von Polystyrol $(C_2H_3R)_n$, wobei R für eine Benzol-Gruppe C_6H_5 steht.

Übung 2.10 Berechnen Sie die Reaktionsenergie für die Polymerisation von (a) Propylen (siehe Übung 2.8) und (b) Styrol (siehe Übung 2.9).

Übung 2.11 Die Länge eines durchschnittlichen Polyethylen-Moleküls in einer handelsüblichen Kunststofffolie beträgt $0{,}2\ \mu m$. Wie groß ist der durchschnittliche Grad der Polymerisation (n) für dieses Material? (Siehe Beispiel 2.11.)

2.4 Die Metallbindung

Die Ionenbindung entsteht durch Elektronenübergang und ist ungerichtet. Die kovalente Bindung beruht auf Bildung gemeinsamer Elektronenpaare und ist gerichtet. Die dritte Art der Primärbindungen ist die **Metallbindung**. Sie ist ungerichtet und beruht auf der Bildung gemeinsamer Elektronenpaare. Hier sind aber die Valenzelektronen **frei beweglich**, d.h. sie können mit gleicher Wahrscheinlichkeit einem der vielen benachbarten Atome zugeordnet sein. In typischen Metallen gilt diese freie Beweglichkeit für das gesamte Material, was zu einer Elektronenwolke oder einem Elektronengas führt (siehe Abbildung 2.20). Dieses bewegliche „Gas" ist für die hohe elektrische Leitfähigkeit in Metallen verantwortlich. (*Abschnitt 15.2* beschäftigt sich mit der Rolle der elektronischen Struktur beim Erzeugen von Leitungselektronen in Metallen.)

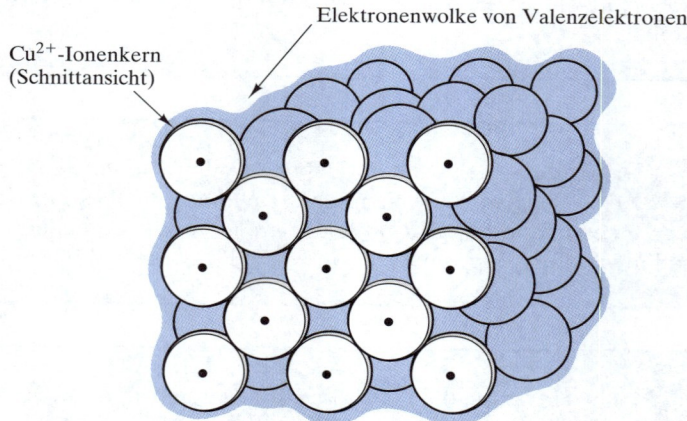

Abbildung 2.20: Metallbindung, die aus einer Elektronenwolke oder Elektronengas besteht. Der gedachte Schnitt durch die Vorderseite der Kristallstruktur von Kupfer legt die Cu^{2+}-Ionenkerne frei, die durch die frei beweglichen Valenzelektronen gebunden sind.

Auch hier ist das Konzept eines **Potentialtopfes** wie in Abbildung 2.18 gezeigt anwendbar. Wie bei der Ionenbindung ergeben sich die Bindungswinkel und Koordinationszahlen hauptsächlich durch die effektiven Packungsdichten, sodass die Koordinationszahlen gewöhnlich hoch sind (8 und 12). Bezogen auf die Bindungsenergiekurve enthält *Anhang B* eine detaillierte Liste der Atomradien für die Elemente, einschließlich der wichtigen elementaren Metalle. Außerdem gibt *Anhang B* die Ionenradien an. Einige dieser Ionen findet man in wichtigen Keramiken und Gläsern. *Anhang B* zeigt, dass sich der Radius des Metallionenkerns, der an der metallischen Bindung beteiligt ist (siehe Abbildung 2.20), deutlich vom Radius eines Metallions unterscheidet, das Valenzelektronen abgibt.

Anstelle einer Liste der Bindungsenergien für Metalle und Keramiken, analog Tabelle 2.3 für kovalente Bindungen, sind Daten nützlicher, die die energetischen Verhältnisse des gesamten Festkörpers und nicht die der isolierten Atom- (oder Ionen-) Paare wiedergeben. Als Beispiel stellt Tabelle 2.3 die Sublimationswärmen ausgewählter Metalle und ihrer Oxide (einige davon zählen zu der Gruppe der technischen Keramiken) dar. Die Sublimationswärme stellt die Größe der erforderlichen thermi-

2.4 Die Metallbindung

schen Energie dar, um 1 Mol eines festen Stoffes bei einer definierten Temperatur direkt in Dampf zu überführen. Sie ist ein guter Indikator für die relative Bindungsstärke im Festkörper. Allerdings sind direkte Vergleiche mit den in Tabelle 2.3 gezeigten Bindungsenergien, die spezifischen Atompaaren entsprechen, mit Vorsicht zu genießen. Trotzdem liegen die Größenordnungen der Energien in Tabelle 2.3 und in einem vergleichbaren Bereich.

Tabelle 2.3

Sublimationswärme (bei 25 °C) ausgewählter Metalle und ihrer Oxide[a]

Metall	Sublimationswärme		Metalloxid	Sublimationswärme	
	kcal/mol	kJ/mol		kcal/mol	kJ/mol
Al	78	326			
Cu	81	338			
Fe	100	416	FeO	122	509
Mg	35	148	MgO	145	605
Ti	113	473	α-TiO	143	597
			TiO_2 (Rutil)	153	639

[a] Quelle: Daten von *JANAF Thermochemical Tables*, 2nd ed., National Standard Reference Data Series, Natl. Bur. Std. (U.S.), *37* (1971) und Ergänzung in *J. Phys. Chem. Ref. Data* 4 (1), 1-175 (1975).

I A																	0
1 H 2,1	II A											III A	IV A	V A	VI A	VII A	2 He –
3 Li 1,0	4 Be 1,5											5 B 2,0	6 C 2,5	7 N 3,0	8 O 3,5	9 F 4,0	10 Ne –
11 Na 0,9	12 Mg 1,2	III B	IV B	V B	VI B	VII B	VIII			I B	II B	13 Al 1,5	14 Si 1,8	15 P 2,1	16 S 2,5	17 Cl 3,0	18 Ar –
19 K 0,8	20 Ca 1,0	21 Sc 1,3	22 Ti 1,5	23 V 1,6	24 Cr 1,6	25 Mn 1,5	26 Fe 1,8	27 Co 1,8	28 Ni 1,8	29 Cu 1,9	30 Zn 1,6	31 Ga 1,6	32 Ge 1,8	33 As 2,0	34 Se 2,4	35 Br 2,8	36 Kr –
37 Rb 0,8	38 Sr 1,0	39 Y 1,2	40 Zr 1,4	41 Nb 1,6	42 Mo 1,8	43 Tc 1,9	44 Ru 2,2	45 Rh 2,2	46 Pd 2,2	47 Ag 1,9	48 Cd 1,7	49 In 1,7	50 Sn 1,8	51 Sb 1,9	52 Te 2,1	53 I 2,5	54 Xe –
55 Cs 0,7	56 Ba 0,9	57-71 La-Lu 1,1-1,2	72 Hf 1,3	73 Ta 1,5	74 W 1,7	75 Re 1,9	76 Os 2,2	77 Ir 2,2	78 Pt 2,2	79 Au 2,4	80 Hg 1,9	81 Tl 1,8	82 Pb 1,8	83 Bi 1,9	84 Po 2,0	85 At 2,2	86 Rn –
87 Fr 0,7	88 Ra 0,9	89-102 Ac-No 1,1-1,7															

Abbildung 2.21: Die Elektronegativitäten der Elemente

Dieses Kapitel hat gezeigt, dass die Natur der chemischen Bindungen zwischen Atomen desselben Elements und Atomen unterschiedlicher Elemente auf dem Elektronenübergang oder der Bildung von Elektronenpaaren zwischen benachbarten Atomen beruht. Der amerikanische Chemiker Linus Pauling hat die **Elektronegativität** als die Fähigkeit eines Atoms, Elektronen zu sich selbst anzuziehen, definiert. Abbildung 2.21 gibt die Elektronegativitätswerte für die Elemente im Periodensystem an.

2 ATOMBINDUNG

Wie in *Kapitel 1* dargestellt wurde, ist die Mehrheit der Elemente im Periodensystem metallischer Natur (siehe *Abbildung 1.3*). Im Allgemeinen nehmen die Werte der Elektronegativität im Periodensystem von links nach rechts zu, wobei Cäsium und Franzium (in Gruppe I A) die niedrigsten Werte (0,7) haben und Fluor (in Gruppe VII A) den höchsten Wert (4,0) hat. Es zeigt sich, dass die metallischen Elemente geringere Werte der Elektronegativität aufweisen und die nichtmetallischen Elemente die höheren Werte. Obwohl Pauling die Elektronegativitäten speziell auf thermochemischen Daten für Moleküle begründet hat, erläutert *Abschnitt 4.1*, dass die Daten aus Abbildung 2.21 benutzt werden können, um die Eigenschaften von Metalllegierungen vorherzusagen.

Beispiel 2.12 Verschiedene Metalle wie z.B. α-Fe besitzen eine kubisch raumzentrierte Kristallstruktur, in der die Atome eine Koordinationszahl von 8 haben. Diskutieren Sie diese Struktur angesichts der Vorhersage von, dass ungerichtete Bindungen von gleich großen Kugeln im gleichen Abstand eine Koordinationszahl von 12 haben sollten.

Lösung

Ein gewisser Anteil kovalenter Eigenschaften in diesen vorherrschend metallischen Stoffen kann die Koordinationszahl unter den vorhergesagten Wert bringen. (Siehe Beispiel 2.8.)

Übung 2.12 Erörtern Sie die niedrige Koordinationszahl (4) für die kubische Diamantstruktur, die man bei einigen elementaren Festkörpern findet, beispielsweise bei Silizium. (Siehe Beispiel 2.12.)

2.5 Die Sekundär- oder Van-der-Waals-Bindung

Die Kohäsion in einem Werkstoff beruht vorwiegend auf einer der drei bisher behandelten Primärbindungen. Wie zeigt, reichen typische Primärbindungsenergien von 200 bis 700 kJ/mol ($\approx$ 50 bis 170 kcal/mol). Es ist aber auch möglich, atomare Bindungen (mit wesentlich geringeren Bindungsenergien) ohne Elektronenübergang oder Bildung von Elektronenpaaren zu erhalten. Diese Bindung bezeichnet man als *Sekundärbindung* oder **Van-der-Waals**[1]**-Bindung**. Der Mechanismus der Sekundärbindung hat eine gewisse Ähnlichkeit mit der Ionenbindung (z.B. die Anziehung unterschiedlicher Ladungen). Der Hauptunterschied besteht darin, dass keine Elektronen übertragen

---

[1] Johannes Diderik van der Waals (1837–1923), niederländischer Physiker, verbesserte die Zustandsgleichungen für Gase, indem er die Wirkung von Sekundärbindungskräften berücksichtigte. Seine brillanten Untersuchungen wurden zunächst als Doktorarbeit im Rahmen seines nebenberuflichen Physikstudiums veröffentlicht. Seine Arbeiten fanden sofort Beifall in der Fachwelt und brachten ihm als Schuldirektor eine Professur an der Universität Amsterdam ein.

2.5 Die Sekundär- oder Van-der-Waals-Bindung

werden.[1] Die Anziehung beruht auf asymmetrischen Verteilungen von positiven und negativen Ladungen innerhalb der Atome oder molekularen Einheiten, die gebunden werden. Eine derartige Ladungsasymmetrie bezeichnet man als **Dipol**. Je nach Charakter der Dipole unterscheidet man temporäre und permanente Sekundärbindungen.

Abbildung 2.22 veranschaulicht, wie sich zwischen zwei neutralen Atomen eine schwache Bindungskraft durch leichte Verzerrungen ihrer Ladungsverteilungen ausbilden kann. Das im Beispiel dargestellte Edelgas Argon geht normalerweise keine Primärbindungen ein, weil es eine stabile, gefüllte äußere Orbitalschale hat. In einem isolierten Argonatom ist die negative elektrische Ladung um den positiven Atomkern perfekt kugelförmig verteilt. Bringt man allerdings ein anderes Argonatom in die Nähe, wird die negative Ladung leicht zum positiven Kern des benachbarten Atoms gezogen. Diese leichte Verzerrung der Ladungsverteilung tritt in beiden Atomen gleichzeitig auf. Das Ergebnis ist ein *induzierter Dipol*. Da der Grad der Ladungsverzerrung in Bezug auf einen induzierten Dipol gering ist, bleibt die Größe des resultierenden Dipols klein, woraus sich eine relativ kleine Bindungsenergie (0,99 kJ/mol oder 0,24 kcal/mol) ergibt.

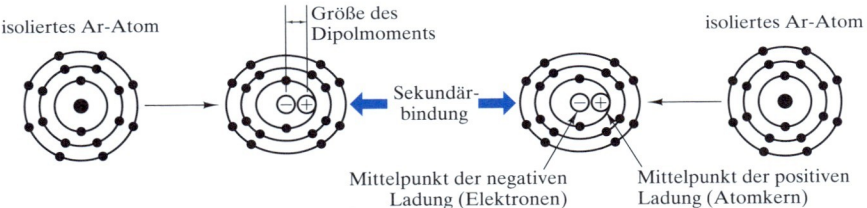

Abbildung 2.22: Ausbildung induzierter Dipole in benachbarten Argonatomen, was zu einer schwachen Sekundärbindung führt. Der Grad der Ladungsverzerrung ist hier stark übertrieben dargestellt.

Die sekundären Bindungsenergien sind etwas größer, wenn molekulare Einheiten mit *permanenten Dipolen* beteiligt sind. Das vielleicht beste Beispiel hierfür ist die **Wasserstoffbrücke**, die benachbarte Wassermoleküle (H_2O) verbindet (siehe Abbildung 2.23). Aufgrund der gerichteten Natur der Bildung von Elektronenpaaren in den kovalenten O—H-Bindungen werden die H-Atome zu positiven Zentren und die O-Atome zu negativen Zentren der H_2O-Moleküle. Die in einem derartigen **polarisierten Molekül** – einem Molekül mit permanenter Ladungstrennung – mögliche größere Ladungstrennung liefert ein größeres **Dipolmoment** (Produkt von Ladung und Trennungsabstand zwischen den Mittelpunkten von positiver und negativer Ladung) und demzufolge eine größere Bindungsenergie (21 kJ/mol oder 5 kcal/mol). Von diesem Typ ist die Sekundärbindung zwischen benachbarten Polymerketten in Polymeren, wie z.B. Polyethylen.

Beachten Sie, dass sich eine wichtige Eigenschaft von Wasser aus der Wasserstoffbrücke ableitet. Die Volumenzunahme beim Gefrieren von Wasser geschieht infolge der regelmäßigen und sich wiederholenden Ausrichtung benachbarter H_2O-Moleküle, wie sie Abbildung 2.23 zeigt, was zu einer relativ offenen Struktur führt. Beim Schmelzen rücken die benachbarten H_2O-Moleküle in einer zufälligeren Anordnung dichter zusammen, behalten aber die Wasserstoffbrücke bei.

---

[1] Bei Primärbindungen spricht man auch von *chemischen Bindungen*, bei Sekundärbindungen von *physikalischen Bindungen*.

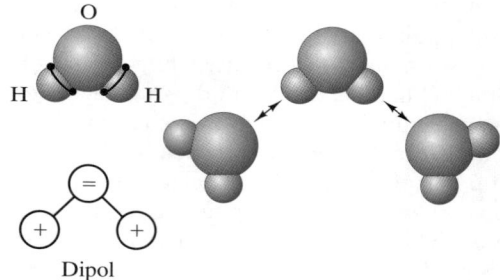

Abbildung 2.23: Wasserstoffbrücke. Diese Sekundärbindung wird zwischen zwei permanenten Dipolen in benachbarten Wassermolekülen gebildet.

Beispiel 2.13 Die Bindungsenergiekurve (Abbildung 2.18) für die Sekundärbindung beschreibt man auch als „6-12-Potential". Es besagt, dass

$$E = -\frac{K_A}{a^6} + \frac{K_R}{a^{12}},$$

wobei K_A und K_R Konstanten für Anziehung bzw. Abstoßung sind. Diese relativ einfache Form ist ein quantenmechanisches Ergebnis für diesen relativ einfachen Bindungstyp. Berechnen Sie mit

$$K_A = 10{,}37 \times 10^{-78} \; \text{J} \cdot \text{m}^6$$

und

$$K_R = 16{,}16 \times 10^{-135} \; \text{J} \cdot \text{m}^{12}$$

die Bindungsenergie und Bindungslänge für Argon.

Lösung

Die (Gleichgewichts-) Bindungslänge tritt bei dE/da = 0 auf:

$$\left(\frac{dE}{da}\right)_{a=a_0} = 0 = \frac{6K_A}{a_0^7} - \frac{12K_R}{a_0^{13}}.$$

Nach Umstellen erhält man

$$a_0 = \left(2\frac{K_R}{K_A}\right)^{1/6}$$

$$= \left(2 \times \frac{16{,}16 \times 10^{-135}}{10{,}37 \times 10^{-78}}\right)^{1/6} \; \text{m}$$

$$= 0{,}382 \times 10^{-9} \; \text{m} = 0{,}382 \; \text{nm}.$$

Beachten Sie, dass die Bindungsenergie = $E(a_0)$ liefert

$$E(0{,}382\text{ nm}) = -\frac{K_A}{(0{,}382\text{ nm})^6} + \frac{K_R}{(0{,}382\text{ nm})^{12}}$$

$$= -\frac{(10{,}37 \times 10^{-78}\text{ J} \cdot \text{m}^6)}{(0{,}382 \times 10^{-9}\text{ m})^6} + \frac{(16{,}16 \times 10^{-135}\text{ J} \cdot \text{m}^{12})}{(0{,}382 \times 10^{-9}\text{ m})^{12}} = -1{,}66 \times 10^{-21}\text{ J}.$$

For 1 Mol Ar erhält man

$$E_{\text{Bindung}} = -1{,}66 \times 10^{-21}\text{ J/Bindung} \times 0{,}602 \times 10^{24}\frac{\text{Bindungen}}{\text{Mol}}$$

$$= -0{,}999 \times 10^3\text{ J/mol} = -0{,}999\text{ kJ/mol}.$$

Hinweis: Diese Bindungsenergie ist kleiner als 1% der Größe aller in aufgelisteten primären (kovalenten) Bindungen. Außerdem sei darauf hingewiesen, dass die Fußnote in eine einheitliche Vorzeichenkonvention (Bindungsenergie ist negativ) anzeigt.

Übung 2.13 In Beispiel 2.13 werden die Bindungsenergie und die Bindungslänge für Argon (unter der Annahme eines „6-12-Potentials") berechnet. Tragen Sie E als Funktion von a über dem Bereich 0,33 bis 0,80 nm auf.

Übung 2.14 Zeichnen Sie mit den Angaben von Beispiel 2.13 die Van-der-Waals-Bindungskraftkurve für Argon (d.h. F gegen a über dem gleichen Bereich wie in Übung 2.13).

2.6 Werkstoffe – die Bindungsklassifikation

Vergleicht man die Schmelzpunkte der verschiedenen Bindungstypen, die dieses Kapitel behandelt hat, kann man sich ein deutliches Bild von den relativen Bindungsenergien machen. Der **Schmelzpunkt** eines Festkörpers kennzeichnet die Temperatur, auf die man das Material bringen muss, damit genügend thermische Energie zugeführt wird, um seine kohäsiven Bindungen aufzubrechen. Tabelle 2.4 zeigt repräsentative Beispiele, die in diesem Kapitel verwendet werden. Besonders zu beachten ist Polyethylen, das einen gemischten Bindungscharakter aufweist. Wie Abschnitt 2.3 gezeigt hat, ist die Sekundärbindung eine schwache Verbindung, durch die das Material seine strukturelle Integrität oberhalb von etwa 120 °C verliert. Das ist kein konkreter Schmelzpunkt, sondern eine Temperatur, ab der das Material schnell erweicht, wenn man es weiter erwärmt. Die Unregelmäßigkeit der polymeren Struktur (siehe Abbildung 2.15) verursacht unterschiedliche Sekundärbindungslängen und folglich veränderliche Bindungsenergien. Wichtiger als die Variation der Bindungsenergie ist ihre durchschnittliche Größe, die relativ gering ist. Selbst wenn Polyethylen und Diamant ähnliche kovalente C−C-Bindungen aufweisen, behält Diamant durch das Fehlen der schwachen Sekundärbindungen seine strukturelle Integrität noch bei mehr als 3.000 °C.

Tabelle 2.4

Vergleich der Schmelzpunkte für ausgewählte Stoffe von Kapitel 2

Stoff	Bindungstyp	Schmelzpunkt (°C)
NaCl	ionisch	801
C (Diamant)	kovalent	~ 3.550
$(C_2H_4)_n$	kovalent und sekundär	~ 120[a]
Cu	metallisch	1.084,87
Ar	sekundär (induzierter Dipol)	−189
H_2O	sekundär (permanenter Dipol)	0

[a] Aufgrund der unregelmäßigen polymeren Struktur von Polyethylen hat es keinen genau definierten Schmelzpunkt. Stattdessen erweicht es mit zunehmender Temperatur über 120 °C. In diesem Fall ist der Wert 120 °C eine „Einsatztemperaturgrenze" und kein echter Schmelzpunkt.

Wir haben nun die vier Haupttypen der atomaren Bindung kennen gelernt, zu denen die drei Primärbindungen (ionisch, kovalent und metallisch) und die Sekundärbindung gehören. Es hat sich eingebürgert, die drei grundsätzlichen Klassen von Konstruktionswerkstoffen (Metalle, Keramiken und Polymere) auf Basis der drei Typen der Primärbindungen (metallisch, ionisch bzw. kovalent) zuzuordnen. Dieses Konzept ist zwar prinzipiell geeignet, doch haben bereits die Abschnitte 2.3 und 2.5 gezeigt, dass Polymere ihr Verhalten sowohl der kovalenten als auch der sekundären Bindung verdanken. Außerdem wurde im Abschnitt 2.3 darauf hingewiesen, dass einige der wichtigsten Keramiken sowohl einen starken kovalenten als auch ionischen Charakter aufweisen. Tabelle 2.5 gibt den Bindungscharakter, der mit den vier fundamentalen Werkstofftypen korrespondiert, zusammen mit einigen repräsentativen Beispielen an. Beachten Sie hierbei: Der Mischbindungscharakter für Keramiken entsteht durch die sowohl ionische als auch kovalente Natur für eine gegebene Bindung (z.B. Si−O); der Mischbindungscharakter für Polymere beruht auf unterschiedlichen Bindungen, die kovalent (z.B. C−H) und sekundär (z.B. zwischen Ketten) sind. Der relative Anteil der verschiedenen Bindungstypen lässt sich grafisch in Form eines Tetraeders der Bindungstypen darstellen (siehe Abbildung 2.24), wobei jede Spitze des Tetraeders einem reinen Bindungstyp entspricht. *Kapitel 14* führt als weiteren Gesichtspunkt der Materialklassifizierung die elektrische Leitfähigkeit ein, die direkt aus der Natur der Bindung folgt und insbesondere geeignet ist, um den einzigartigen Charakter von Halbleitern zu definieren.

2.6 Werkstoffe – die Bindungsklassifikation

Tabelle 2.5
Bindungscharakter der vier grundsätzlichen Werkstofftypen

Werkstofftyp	Bindungscharakter	Beispiel
Metall	metallisch	Eisen (Fe) und Eisenlegierungen
Keramiken und Gläser	ionisch / kovalent	Quarz (SiO_2): kristallin und nichtkristallin
Polymere	kovalent und sekundär	Polyethylen $(C_2H_4)_n$
Halbleiter	kovalent oder kovalent/ionisch	Silizium (Si) oder Cadmiumsulfid (CdS)

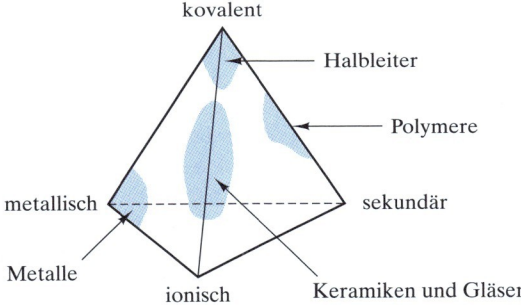

Abbildung 2.24: Tetraederdarstellung des relativen Beitrags verschiedener Bindungstypen zu den vier grundsätzlichen Werkstoffkategorien (drei Konstruktionswerkstoffklassen und Halbleiter)

ATOMBINDUNG

ZUSAMMENFASSUNG

Eine Grundlage für die Klassifizierung technischer Werkstoffe ist die atomare Bindung. Während die chemische Natur jedes Atoms durch die Anzahl der Protonen und Neutronen in seinem Kern bestimmt wird, ergibt sich die Natur der Atombindung aus dem Verhalten der Elektronen, die den Kern umkreisen.

Für den Zusammenhalt der Festkörper sind drei Arten von starken oder primären Bindungen verantwortlich. (1.) Die Ionenbindung entsteht durch Elektronenübergang und ist ungerichtet. Der Elektronenübergang erzeugt ein Ionenpaar mit entgegengesetzten Ladungen. Die Anziehungskraft zwischen den Ionen ist dem Wesen nach elektrostatisch (Coulomb-Kraft). Infolge der starken Abstoßungskräfte, die beim Überlappen der beiden Atomkerne entstehen, ergibt sich ein Gleichgewichtsabstand der Ionen. Die ungerichtete Natur der Ionenbindung erlaubt es, die ionischen Koordinationszahlen grundsätzlich durch die geometrische Packungsdichte zu bestimmen (wie sie sich aus dem Radiusverhältnis ergibt). (2.) Die kovalente Bindung beruht auf der Bildung von gemeinsamen Elektronenpaaren und ist stark gerichtet, was zu relativ niedrigen Koordinationszahlen und weniger dichten atomaren Strukturen führen kann. (3.) Die Metallbindung entsteht durch den Austausch frei beweglicher Elektronen, woraus eine ungerichtete Bindung resultiert. Die resultierende Elektronenwolke oder das Elektronengas bewirkt eine hohe elektrische Leitfähigkeit. Durch die ungerichtete Natur ergeben sich hohe Koordinationszahlen wie bei der Ionenbindung. Weil es keinen Elektronenübergang gibt und keine gemeinsamen Elektronenpaare gebildet werden, ist eine schwächere Form der Bindung möglich. Diese Sekundärbindung beruht auf der Anziehung zwischen temporären oder permanenten elektrischen Dipolen.

Die Klassifizierung der Werkstoffe erkennt einen bestimmten Bindungstyp oder eine Kombination von Typen für jede Kategorie an. Bei Metallen ist es die Metallbindung. Keramiken und Gläsern ist die Ionenbindung zugeordnet, allerdings gewöhnlich in Verbindung mit einem ausgeprägten kovalenten Charakter. Polymere beruhen normalerweise auf den starken kovalenten Bindungen entlang der Polymerketten, weisen aber auch die schwächere Sekundärbindung zwischen benachbarten Ketten auf. Die Sekundärbindung fungiert als schwache Verknüpfung innerhalb der Struktur mit charakteristisch niedrigen Festigkeiten und Schmelzpunkten. Bei Halbleitern überwiegt die kovalente Bindung, wobei manche Halbleiterverbindungen einen ausgeprägten ionischen Bindungscharakter aufweisen. Diese vier Kategorien betrachtet man als die Grundlage einer Klassifizierung technischer Werkstoffe. Verbundwerkstoffe sind Kombinationen der drei ersten Werkstoffklassen; sie haben Bindungseigenschaften, die ihren jeweiligen Bestandteilen entsprechen.

ZUSAMMENFASSUNG

2.6 Werkstoffe – die Bindungsklassifikation

■ Schlüsselbegriffe

Abstoßungskraft (56)
Anion (54)
atomare Masseneinheit (47)
Atomkern (47)
Atommasse (47)
Atomradius (59)
Atomzahl (48)
Avogadro-Zahl (47)
Bindungsenergie (58)
Bindungskraft (56)
Bindungslänge (56)
Bindungswinkel (72)
Coulomb-Anziehung (55)
Dipol (79)
Dipolmoment (79)
Doppelbindung (68)
Elektron (47)
Elektronegativität (77)
Elektronendichte (68)
Elektronenorbitale (48)
Energieniveau (49)
frei bewegliche Elektronen (76)
Grammatom (47)
Gruppen (48)
Hartkugelmodell (59)
Hybridisierung (50)

Ionen (54)
Ionenbindung (54)
Ionenradius (59)
Isotope (47)
Kation (54)
Koordinationszahl (60)
kovalente Bindung (68)
Metallbindung (76)
Mol (47)
Neutronen (47)
Orbitalschale (54)
Periodensystem (48)
polarisiertes Molekül (79)
Polymermoleküle (68)
Potentialtopf (76)
Primärbindungen (50)
Protonen (47)
Radiusverhältnis (60)
Schmelzpunkt (81)
Sekundärbindungen (50)
Valenz (56)
Valenzelektronen (68)
Van-der-Waals-Bindung (78)
Wasserstoffbrücke (79)
Weichkugelmodell (59)

■ Quellen

Praktisch jedes einführende Lehrbuch auf Hochschulniveau bietet einen nützlichen Hintergrund für dieses Kapitel. Im Folgenden seien gute Beispiele genannt:
Brown, T. L., H. E. LeMay, Jr. und **B. E. Bursten**, *Chemistry – The Central Science*, 8th ed., Prentice Hall, Upper Saddle River, NJ 2000.
Oxtoby, D. W., H. P. Gillis und **N. H. Nachtrieb**, *Principles of Modern Chemistry*, 5th ed., Thomson Brooks/Cole, Pacific Grove, CA 2002.
Petrucci, R. H., W. S. Harwood und **F. G. Herring**, General *Chemistry – Principles and Modern Applications*, 8th ed. Prentice Hall, Upper Saddle River, NJ 2002.

Aufgaben

Von hier an finden sich am Ende jedes Kapitels eine Reihe von Übungsaufgaben. Für Dozenten sei angemerkt, dass es kaum subjektive, zu diskutierende Übungsaufgaben gibt, die man oftmals in Lehrbüchern findet. Derartige Probleme frustrieren im Allgemeinen den Studierenden, der eine Einführung in die Werkstoffwissenschaft und -technik erhält. In diesem Sinne konzentrieren sich die Übungen auf objektive Probleme. Deshalb sind auch im Überblick gebenden, einführenden *Kapitel 1* keine solchen Aufgaben enthalten.

Zur Organisation der Übungsaufgaben sei Folgendes angemerkt: Alle Aufgaben beziehen sich klar auf den jeweiligen Abschnitt des Kapitels. Außerdem sind bereits für jeden Abschnitt einige Übungsaufgaben im Anschluss an die Beispiele angegeben. Diese Aufgaben sind als Wegweiser in die ersten Berechnungen in jedem neuen Themengebiet gedacht und eignen sich für das Selbststudium. Die Antworten für fast alle Übungsaufgaben sind im Anschluss an die Anhänge zu finden.

Wie bereits erwähnt, finden Sie die Lösungen für alle Übungen auf der Companion Website.

Die folgenden Übungsaufgaben sind nach zunehmendem Schwierigkeitsgrad geordnet. Aufgaben ohne Kennzeichnung sind relativ unkompliziert, beziehen sich aber nicht ausdrücklich auf ein Beispielproblem. Diejenigen Aufgaben, die mit einem blauen Punkt (•) markiert sind, haben einen höheren Schwierigkeitsgrad. Antworten zu Aufgaben mit ungeraden Nummern sind im Anschluss an die Anhänge angegeben.

Aufgaben

■ Atomare Struktur

2.1 Ein goldener O-Ring wird für eine gasdichte Dichtung in einer Hochvakuum-Kammer verwendet. Der Ring besteht aus einem Draht von 80 mm Länge und 1,5 mm Durchmesser. Berechnen Sie die Anzahl der Goldatome im O-Ring.

2.2 Handelsübliche Haushaltsfolie besteht aus nahezu reinem Aluminium. Der örtliche Supermarkt wirbt für eine Rolle von 6,85 m² (in einer Rolle mit einer Breite von 304 mm und einer Länge von 22,8 m). Berechnen Sie die Anzahl der Aluminiumatome in der Rolle, wenn man eine Dicke von 12,7 μm annimmt.

2.3 In einem MOS-Bauelement (MOS – Metalloxid-Halbleiter) wird eine dünne Schicht SiO_2 (Dichte = 2,20 Mg/m²) auf einem Einkristallchip aus Silizium gezüchtet. Wie viele Si-Atome und wie viele O-Atome sind pro Quadratmillimeter der Oxidschicht vorhanden? Nehmen Sie die Dicke der Schicht mit 100 nm an.

2.4 Eine Box enthält 9,3 m² Haushaltsfolie (Breite 304 mm, Länge 30,5 m) aus Polyethylen $(C_2H_4)_n$ mit einer Dichte von 0,910 Mg/m³. Berechnen Sie die Anzahl der Kohlenstoffatome und die Anzahl der Wasserstoffatome in der Rolle, wenn man eine Foliendicke von 12,7 μm annimmt.

2.5 Ein Al_2O_3-*Whisker* ist ein kleiner Einkristall, den man einsetzt, um Metallmatrixverbundwerkstoffe zu verstärken. Berechnen Sie die Anzahl der Al-Atome und die Anzahl der O-Atome in einem als zylindrisch angenommenen Whisker mit einem Durchmesser von 1 μm und einer Länge von 30 μm. (Die Dichte von Al_2O_3 beträgt 3,97 Mg/m³).

2.6 Eine Glasfaser für Telefonleitungen besteht aus SiO_2-Glas (Dichte = 2,20 Mg/m³). Wie viele Si-Atome und wie viele O-Atome sind je Millimeter Länge einer Glasfaser von 10 μm Durchmesser enthalten?

2.7 Für ein Laborexperiment sind 25 g Magnesiumfeilspäne zu oxidieren. (a) Wie viele O_2-Moleküle werden bei diesem Experiment verbraucht? (b) Geben Sie die Stoffmenge von O_2 in Mol an.

2.8 Natürlich vorkommendes Kupfer hat ein Atomgewicht von 63,55. Es besteht hauptsächlich aus den Isotopen Cu^{63} und Cu^{65}. Wie groß ist die Häufigkeit (in Atomprozent) jedes Isotops?

2.9 Eine Kupfermünze hat eine Masse von 2,60 g. Wie groß ist der Massenanteil (a) der Neutronen im Kupferkern und (b) der Elektronen, wenn man reines Kupfer annimmt?

2.10 Die Orbitalelektronen eines Atoms lassen sich durch elektromagnetische Bestrahlung herauslösen. Insbesondere kann man ein Elektron durch ein Photon herauslösen, dessen Energie größer oder gleich der Bindungsenergie des Elektrons ist. Berechnen Sie die Wellenlänge der Strahlung (entsprechend der Minimalenergie), die notwendig ist, um ein 1s-Elektron aus einem C^{12}-Atom herauszulösen (siehe Abbildung 2.3). Die Photonenenergie (E) ist gleich hc/λ, wobei h die Plancksche Konstante, c die Lichtgeschwindigkeit und λ die Wellenlänge ist.

2.11 Nachdem ein 1s-Elektron aus einem C^{12}-Atom wie in Aufgabe 2.10 beschrieben herausgelöst wurde, streben die $2(sp^3)$-Elektronen danach, auf 1s-Nivau zu fallen. Im Ergebnis wird ein Photon abgestrahlt mit einer Energie, die genau gleich der Energieänderung ist, die mit einem Elektronenübergang verbunden ist. Berechnen Sie die Wellenlänge des Photons, das aus einem C^{12}-Atom ausgesendet wird. (Im gesamten Text werden Sie verschiedene Beispiele für dieses Konzept mit Bezug zur chemischen Analyse von Werkstoffen finden.)

2.12 Aufgabe 2.11 hat erläutert, wie ein Photon mit einer bestimmten Energie erzeugt wird. Die Größe der Photonenenergie nimmt mit der Atomzahl des Atoms zu, das das Photon aussendet. (Diese Zunahme beruht auf den stärkeren Bindungskräften zwischen den negativen Elektronen und dem positiven Kern, da die Anzahl der Protonen und Elektronen mit der Atomzahl wächst.) Wie in Aufgabe 2.10 gezeigt, ist $E = hc/\lambda$, was bedeutet, dass ein Photon mit größerer Energie eine kürzere Wellenlänge hat. Überzeugen Sie sich davon, dass Stoffe mit höherer Atomzahl energiereichere Photonen mit kürzeren Wellenlängen aussenden, indem Sie E und λ für Emissionen von Eisen (Atomzahl 26 gegenüber 6 für Kohlenstoff) berechnen, wobei die Energieniveaus für die beiden ersten Elektronenorbitale in Eisen bei $-7{,}112$ eV und -708 eV liegen.

■ Die Ionenbindung

2.13 Stellen Sie F_c über a (vergleichbar mit Abbildung 2.6) für ein $Mg^{2+}-O^{2-}$-Paar im Bereich von 0,2 bis 0,7 nm genau dar.

2.14 Stellen Sie F_c über a für ein Na^+-O^{2-}-Paar genau dar.

2.15 Bisher haben wir uns auf die Coulomb-Anziehungskräfte zwischen Ionen konzentriert. Ionen mit gleicher Ladung stoßen sich aber ab. Ein Paar der nächsten Nachbarn von Na^+-Ionen in Abbildung 2.5 wird durch einen Abstand von $\sqrt{2}a_0$ getrennt, wobei a_0 in Abbildung 2.7 definiert ist. Berechnen Sie die Coulomb-Kraft der *Abstoßung* zwischen einem Paar gleich geladener Ionen.

2.16 Berechnen Sie die Coulomb-Kraft der Anziehung zwischen Ca^{2+} und O^{2-} in CaO, das den NaCl-Strukturtyp aufweist.

2.17 Berechnen Sie die Coulomb-Kraft der Abstoßung zwischen den nächsten Nachbarn von Ca^{2+}-Ionen in CaO. (Beachten Sie die Aufgaben 2.15 und 2.16.)

2.18 Berechnen Sie die Coulomb-Kraft der Abstoßung zwischen direkt benachbarten O^{2-}-Ionen in CaO. (Beachten Sie die Aufgaben 2.15, 2.16 und 2.17.)

2.19 Berechnen Sie die Coulomb-Kraft der Abstoßung zwischen direkt benachbarten Ni^{2+}-Ionen in NiO, das den NaCl-Strukturtyp hat. (Beachten Sie die Aufgabe 2.17.)

2.20 Berechnen Sie die Coulomb-Kraft der Abstoßung zwischen direkt benachbarten O^{2-}-Ionen in NiO. (Beachten Sie die Aufgaben 2.18 und 2.19.)

2.21 SiO_2 ist bekannt, sich als *Glasbildner*, aufgrund der Neigung des SiO_4^{4-}-Tetraeders (siehe Abbildung 2.17), in einem nichtkristallinen Netz zu verbinden. Al_2O_3 ist ein durchschnittlicher Glasbildner infolge der Fähigkeit von Al^{3+}, das Si^{4+} im Glasnetzwerk zu ersetzen, obwohl Al_2O_3 selbst nicht zu einem nichtkristallinen Zustand neigt. Erörtern Sie den Austausch von Si^{4+} durch Al^{3+} in Bezug auf das Radiusverhältnis.

2.22 Wiederholen Sie Aufgabe 2.21 für TiO_2, das ähnlich wie Al_2O_3 ein durchschnittlicher Glasbildner ist.

2.23 Die Färbung von Glas durch bestimmte Ionen reagiert oftmals leicht auf die Koordination des Kations durch Sauerstoffionen. Z.B. liefert Co^{2+} eine blaurote Farbe in der vierfachen Koordinationscharakteristik des Quarznetzwerkes (siehe Problem 2.21) und ergibt eine rosa Farbe in einer sechsfachen Koordination. Welche Farbe von Co^{2+} wird durch das Radiusverhältnis vorhergesagt?

2.24 Einer der ersten Nichtoxidstoffe, die als Glas produziert wurden, war BeF_2. Es zeigt sich, dass dieser Stoff in vielerlei Hinsicht SiO_2 ähnelt. Berechnen Sie das Radiusverhältnis für Be^{2+} und F^- und kommentieren Sie das Ergebnis.

2.25 Ein häufiges Merkmal in Hochtemperaturkeramik-Supraleitern ist eine $Cu-O$-Schicht, die als supraleitende Ebene dient. Berechnen Sie die Coulomb-Anziehungskraft zwischen einem Cu^{2+} und einem O^{2-} innerhalb einer dieser Schichten.

2.26 Berechnen Sie im Unterschied zur Berechnung für die supraleitenden Cu−O-Schichten in Problem 2.25 die Coulomb-Anziehungskraft zwischen einem Cu^+ und einem O^{2-}.

• **2.27** Für einen ionischen Kristall wie z.B. NaCl ist die Netto-Coulomb-Bindungskraft ein Vielfaches der Anziehungskraft zwischen einem benachbarten Ionenpaar. Um dieses Konzept zu demonstrieren, betrachten Sie den folgenden hypothetischen eindimensionalen „Kristall":

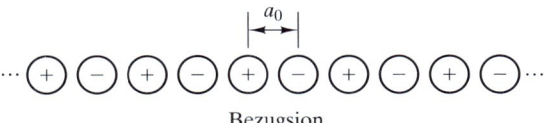

Bezugsion

(a) Zeigen Sie, dass die Netto-Coulomb-Anziehungskraft zwischen dem Bezugsion und allen anderen Ionen im Kristall gleich

$$F = AF_c$$

ist, wobei F_c die Anziehungskraft zwischen einem benachbarten Ionenpaar (siehe Gleichung 2.1) und A eine Reihenentwicklung ist.

(b) Bestimmen Sie den Wert von A.

2.28 In Aufgabe 2.27 haben Sie einen Wert für A für den einfachen eindimensionalen Fall berechnet. Für die dreidimensionale NaCl-Struktur wurde A mit 1,748 ermittelt. Berechnen Sie die Netto-Coulomb-Anziehungskraft F für diesen Fall.

■ Die kovalente Bindung

2.29 Berechnen Sie die gesamte erforderliche Reaktionsenergie für die Polymerisation, um die in Übung 2.4 beschriebene Rolle aus durchsichtiger Plastikfolie herzustellen.

2.30 Naturkautschuk ist Polyisopren. Die Polymerisationsreaktion lässt sich wie folgt darstellen:

$$n \begin{pmatrix} H & H & CH_3 & H \\ | & | & | & | \\ C=C-C=C \\ | & & & | \\ H & & & H \end{pmatrix} \rightarrow \begin{pmatrix} H & H & CH_3 & H \\ | & | & | & | \\ -C-C=C-C- \\ | & & & | \\ H & & & H \end{pmatrix}_n$$

Berechnen Sie die Reaktionsenergie (je Mol) für die Polymerisation.

2.31 Neopren ist ein synthetischer Kautschuk (Polychloropren) mit einer chemischen Struktur ähnlich der von Naturkautschuk (siehe Übung 2.30), außer dass er ein Cl-Atom anstelle der CH_3-Gruppe des Isopren-Moleküls enthält. (a) Skizzieren Sie die Polymerisationsreaktion für Neopren und (b) berechnen Sie die Reaktionsenergie (je Mol) für diese Polymerisation. (c) Berechnen Sie die Gesamtenergie, die bei der Polymerisation von 1 kg Chloropren freigesetzt wird.

2.32 Acetal-Polymere, die in technischen Anwendungen weit verbreitet sind, lassen sich durch die folgende Reaktion – die Polymerisation von Formaldehyd – darstellen:

$$n \begin{pmatrix} H \\ \diagdown \\ C=C \\ \diagup \\ H \end{pmatrix} \rightarrow \begin{pmatrix} H \\ | \\ -C=O- \\ | \\ H \end{pmatrix}_n$$

Berechnen Sie die Reaktionsenergie für diese Polymerisation.

2.33 Der erste Schritt bei der Bildung von Phenol-Formaldehyd, einem gebräuchlichen Phenol-Polymer, ist in *Abbildung 13.6* zu sehen. Berechnen Sie die resultierende Reaktionsenergie (je Mol) für diesen Schritt in der gesamten Polymerisationsreaktion.

2.34 Berechnen Sie das Molekulargewicht eines Polyethylen-Moleküls mit $n = 500$.

2.35 Das Monomer, auf dem ein häufiges Acryl-Polymer, das Polymethyl-Methacrylat, basiert, ist in *Tabelle 13.1* dargestellt. Berechnen Sie das Molekulargewicht eines Polymethyl-Methacrylat-Moleküls mit $n = 500$.

2.36 „Knochenzement", mit dem Orthopäden künstliche Hüftimplantate an Ort und Stelle einsetzen, besteht aus Methyl-Methacrylat, das während der Operation polymerisiert wird. Das resultierende Polymer hat einen weiten Bereich von Molekulargewichten. Berechnen Sie den Bereich der Molekulargewichte, wenn $200 < n < 700$.

2.37 Orthopäden bemerken eine spürbare Wärmeentwicklung bei Knochenzement aus Polymethyl-Methacrylat während der Operation. Berechnen Sie die Reaktionsenergie, wenn bei einer Operation 15 g Polymethyl-Methacrylat verwendet werden, um ein bestimmtes Hüft-Implantat einzusetzen.

2.38 Das Monomer für das gebräuchliche Fluoroplast, Polytetrafluorethylen, sieht so aus:

$$\begin{array}{c} \text{F} \quad \text{F} \\ | \quad | \\ \text{C}=\text{C} \\ | \quad | \\ \text{F} \quad \text{F} \end{array}$$

(a) Skizzieren Sie die Polymerisation von Polytetrafluorethylen.
(b) Berechnen Sie die Reaktionsenergie (je Mol) für diese Polymerisation.
(c) Berechnen Sie das Molekulargewicht eines Moleküls mit $n = 500$.

2.39 Wiederholen Sie Übung 2.38 für Polyvinylidenfluorid, einer Beimengung in verschiedenen kommerziellen Fluoroplasten, das folgendes Monomer hat:

$$\begin{array}{c} \text{F} \quad \text{H} \\ | \quad | \\ \text{C}=\text{C} \\ | \quad | \\ \text{F} \quad \text{H} \end{array}$$

2.40 Wiederholen Sie Übung 2.38 für Polyhexafluorpropylen, einer Beimengung in verschiedenen kommerziellen Fluoroplasten, das folgendes Monomer hat:

$$\begin{array}{c} \text{F} \quad \text{F} \\ | \quad | \\ \text{C}=\text{C} \\ | \quad | \\ \quad \quad \text{F} \\ | \\ \text{F}-\text{C}-\text{F} \\ | \\ \text{F} \end{array}$$

Aufgaben

■ Die Metallbindung

2.41 hat mithilfe der Sublimationswärme die Energiegröße der Metallbindung angegeben. Aus diesen Daten ist ein großer Bereich von Energiewerten abzulesen. Die Schmelzpunktdaten in *Anhang A* weisen eher indirekt auf die Bindungsfestigkeit hin. Tragen Sie die Sublimationspunkte über den Schmelzpunkten für die fünf Metalle von auf und diskutieren Sie die Korrelation.

2.42 Skizzieren Sie die Bindungslänge der Gruppe II A Metalle (Be bis Ba) als Funktion der Atomzahl, um einen Trend im Periodensystem zu untersuchen. (Die erforderlichen Daten finden Sie in *Anhang B*.)

2.43 Tragen Sie in die aus Übung 2.42 hervorgegangene Zeichnung die Metalloxid-Bindungslängen für denselben Bereich der Elemente ein.

2.44 Um einen anderen Trend im Periodensystem zu untersuchen, zeichnen Sie die Bindungslänge der Metalle in der Reihe Na bis Si als Funktion der Atomzahlen. (Behandeln Sie für diesen Zweck Si als Halbmetall.)

2.45 Tragen Sie in die aus Übung 2.44 hervorgegangene Zeichnung die Metalloxid-Bindungslängen für denselben Bereich der Elemente ein.

2.46 Stellen Sie die Bindungslängen der Metalle in der langen Reihe der metallischen Elemente (K bis Ga) grafisch dar.

2.47 Tragen Sie in die aus Übung 2.46 hervorgegangene Zeichnung die Metalloxid-Bindungslängen für denselben Bereich der Elemente ein.

•2.48 Die in eingeführte Sublimationswärme von Metall ist bezogen auf die ionische Bindungsenergie einer metallischen Verbindung, die Abschnitt 2.2 behandelt hat. Insbesondere sind diese und verwandte Reaktionsenergien im Born-Haber-Zyklus zusammengefasst, der unten dargestellt wird. Für das einfache Beispiel NaCl sieht das so aus:

$$\text{Na (fest)} + \frac{1}{2}\text{Cl}_2\text{ (g)} \longrightarrow \text{Na (g)} + \text{Cl (g)}$$

$$\downarrow \Delta H_f^\circ \qquad\qquad\qquad \downarrow \qquad\qquad \downarrow$$

$$\text{NaCl (fest)} \qquad\qquad \text{Na}^+\text{ (g)} + \text{Cl}^-\text{ (g)}$$

Berechnen Sie bei gegebener Sublimationswärme von 100 kJ/mol für Natrium die ionische Bindungsenergie von Natriumchlorid. (Zusätzliche Daten: Ionisierungsenergien für Natrium und Chlor = 496 kJ/mol bzw. -361 kJ/mol; Dissoziationsenergie für zweiatomiges Chlorgas = 243 kJ/mol und Bildungswärme ΔH_f° von NaCl = -411 kJ/mol.)

■ Die Sekundär- oder Van-der-Waals-Bindung

2.49 Die Sekundärbindung von Gasmolekülen zu einer festen Oberfläche ist ein übliches Instrument zur Messung des Oberflächeninhalts poröser Stoffe. Indem man die Temperatur eines Festkörpers weit unter Raumtemperatur absenkt, kondensiert ein messbares Gasvolumen, um eine einlagige Molekülschicht auf der porösen Oberfläche zu bilden. Für eine 100-g-Probe von geschmolzenem Kupferkatalysator ist ein Volumen von $9 \times 10^3 \text{ mm}^3$ Stickstoff (gemessen bei Standardtemperatur und -druck 0°C und 1 atm) erforderlich, um eine einlagige Schicht bei Kondensation zu bilden. Berechnen Sie den Oberflächeninhalt des Katalysators in Einheiten von m^2/kg. (Nehmen Sie den von einem Stickstoffmolekül bedeckten Bereich mit $0{,}162 \text{ nm}^2$ an und verwenden Sie die Beziehung $pV = nRT$ für ein ideales Gas, wobei n die Molzahl des Gases ist.)

2.50 Wiederholen Sie Übung 2.49 für ein stark poröses Kieselgel, bei dem das als einlagige Schicht kondensierende N_2-Gas ein Volumen von $1{,}16 \times 10^7$ mm³ hat (bei Standardtemperatur und -druck).

2.51 Edelgasatome mit kleinem Durchmesser wie z.B. Helium können sich in der relativ offenen Netzstruktur von Silikatgläsern auflösen. (*Abbildung 1.8b* zeigt eine schematische Darstellung der Glasstruktur.) Die Sekundärbindung von Helium in Quarzglas wird durch eine Lösungswärme ΔH_S von $-3{,}96$ kJ/mol dargestellt. Die Beziehung zwischen der Löslichkeit S und der Lösungswärme lautet

$$S = e^{-\Delta H_S/(RT)}$$

Hier ist S0 eine Konstante, R die Gaskonstante und T die absolute Temperatur (in K). Berechnen Sie die Löslichkeit bei 200 °C, wenn die Löslichkeit von Helium in Quarzglas bei 25 °C gleich $5{,}51 \times 10^{23}$ Atome/$(m^3 \cdot atm)$ ist.

2.52 Infolge seines größeren Atomdurchmessers hat Neon eine höhere Lösungswärme in Quarzglas als Helium. Berechnen Sie die Löslichkeit bei 200 °C, wenn die Lösungswärme von Neon in Quarzglas gleich $-6{,}70$ kJ/mol und die Löslichkeit bei 25 °C gleich $9{,}07 \times 10^{23}$ Atome/$(m^3 \cdot atm)$ ist. (Siehe Übung 2.51.)

Kristalline Struktur – der perfekte Kristall

3

3.1	Sieben Systeme und 14 Gitter	95
3.2	Metallstrukturen	100
3.3	Keramikstrukturen	105
3.4	Polymerstrukturen	115
3.5	Halbleiterstrukturen	118
3.6	Gitterpositionen, Gitterrichtungen und Gitterebenen	123
3.7	Röntgenbeugung	138

ÜBERBLICK

3 KRISTALLINE STRUKTUR – DER PERFEKTE KRISTALL

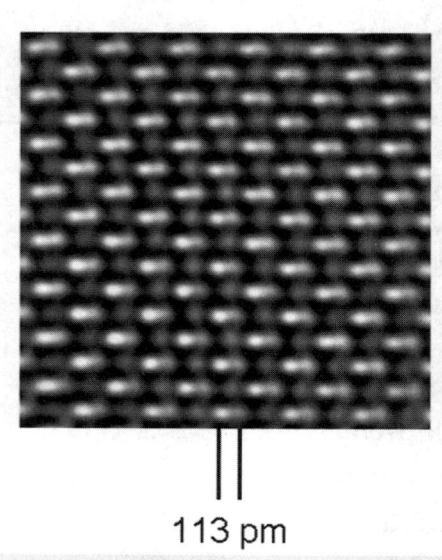

113 pm

❚❚ Mit dem Transmissionselektronenmikroskop (siehe Abschnitt 4.6) lässt sich die regelmäßige Anordnung von Atomen in einer Kristallstruktur visualisieren. Diese Aufnahme im atomaren Bereich verläuft entlang einzelner Reihen von Gallium- und Stickstoffatomen in Galliumnitrid. ❚❚

Nachdem wir die Werkstoffkategorien abgegrenzt haben, können wir nun dazu übergehen, diese Stoffe zu charakterisieren. Wir beginnen mit der Struktur im atomaren Bereich, die für die meisten Werkstoffe kristallin ist, d.h. die Atome der Werkstoffe sind in einer regelmäßigen und sich wiederholenden Art und Weise angeordnet.

Allen kristallinen Stoffen ist die zugrunde liegende Kristallgeometrie gemeinsam. Es gibt sieben Kristallsysteme und 14 Kristallgitter. Sämtliche natürlich vorkommenden oder synthetisch hergestellten Kristallstrukturen lassen sich diesen wenigen Systemen und Gittern zuordnen.

Die Kristallstrukturen der meisten Metalle gehören zu einem von drei relativ einfachen Typen. Keramische Verbundstoffe, die aus den verschiedensten chemischen Verbindungen bestehen, offerieren eine ähnlich breite Vielfalt von Kristallstrukturen. Einige sind relativ einfach, viele aber, wie z.B. die Silikate, sind ziemlich komplex. Glas gehört zu den nichtkristallinen Stoffen, deren Struktur und Wesen *Kapitel 4* behandelt. Polymere haben zwei Merkmale mit Keramiken und Gläsern gemein. Erstens sind ihre kristallinen Strukturen relativ komplex. Zweitens lassen sich die Stoffe aufgrund dieser Komplexität nicht ohne weiteres kristallisieren und bei üblichen Polymeren sind 50 bis 100 Volumenprozent nichtkristallin. Elementare Halbleiter wie z.B. Silizium zeigen eine charakteristische Struktur (Diamant), während die Strukturen von halbleitenden Verbindungen einfacheren keramischen Verbundwerkstoffen ähneln.

Innerhalb einer gegebenen Struktur müssen wir wissen, wie man Atompositionen, Kristallrichtungen und Kristallebenen beschreibt. Nachdem wir diese quantitativen Grundregeln in der Hand haben, schließen wir dieses Kapitel mit einer kurzen Einführung in die Röntgenstrahlenbeugung ab, dem Standardwerkzeug für die Bestimmung der Kristallstruktur.

3.1 Sieben Systeme und 14 Gitter

Die kristalline Struktur zeichnet sich dadurch aus, dass sie regelmäßig und sich wiederholend ist. Diese Wiederholung wird deutlich, wenn man ein typisches Modell einer kristallinen Anordnung von Atomen untersucht (siehe *Abbildung 1.18*). Um diese Wiederholung in Zahlen zu fassen, müssen wir bestimmen, welche strukturelle Einheit wiederkehrt. Tatsächlich lässt sich jede kristalline Struktur als Muster beschreiben, die durch sich wiederholende strukturelle Einheiten gebildet wird (siehe Abbildung 3.1). In der Praxis entscheidet man sich für die einfachste repräsentative Struktureinheit, die man als **Elementarzelle** bezeichnet. Abbildung 3.2 zeigt die Geometrie einer allgemeinen Elementarzelle. Die Kantenlänge der Elementarzelle und die Winkel zwischen kristallographischen Achsen bezeichnet man als **Gitterkonstanten** oder **Gitterparameter**. Wesentlich für die Elementarzelle ist, dass sie eine vollständige Beschreibung der Struktur als Ganzes enthält, weil sich die Gesamtstruktur durch wiederholtes und direktes Übereinanderstapeln von benachbarten Elementarzellen im dreidimensionalen Raum generieren lässt.

3 ...ALLINE STRUKTUR – DER PERFEKTE KRISTALL

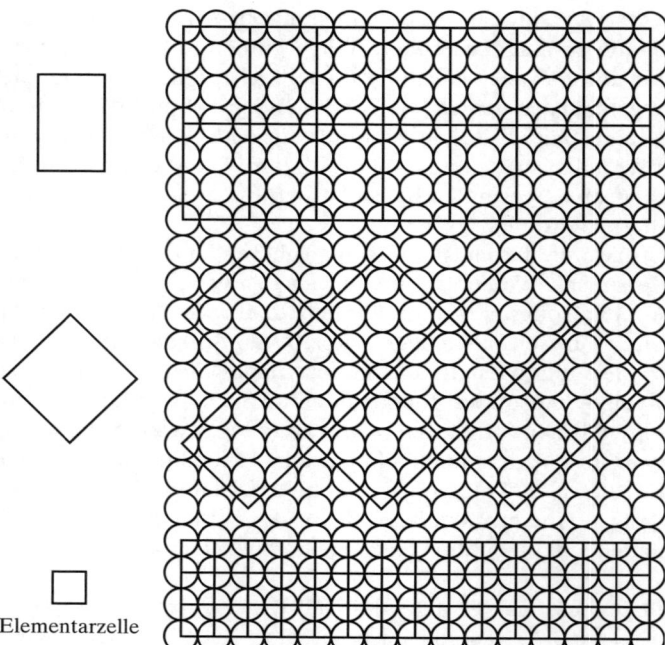

Elementarzelle

Abbildung 3.1: Verschiedene Struktureinheiten, die die schematische kristalline Struktur beschreiben. Die einfachste Struktureinheit ist die Elementarzelle.

Die Beschreibung der Kristallstruktur mithilfe von Elementarzellen hat einen wichtigen Vorteil. Alle möglichen Strukturen reduzieren sich auf eine kleine Anzahl von grundlegenden Elementarzellgeometrien, die sich in zwei Formen dokumentieren. Erstens gibt es nur sieben Elementarzellformen, die sich stapeln lassen, um einen dreidimensionalen Raum zu füllen. Das sind die sieben **Kristallsysteme**, die Tabelle 3.1 definiert und veranschaulicht. Zweitens werden wir hier analysieren, wie sich Atome (als Hartkugeln dargestellt) innerhalb einer bestimmten Elementarzelle übereinander stapeln lassen. Um dies in allgemeiner Form zu tun, betrachten wir zunächst **Gitterpunkte** – theoretische Punkte, die periodisch im dreidimensionalen Raum angeordnet sind, anstelle der eigentlichen Atome oder Kugeln. Auch hier gibt es nur eine begrenzte Anzahl von Möglichkeiten, die man als die 14 **Bravais**[1]**-Gitter** bezeichnet und die in Tabelle 3.2 dargestellt sind. Stapelt man die Elementarzellen entsprechend übereinander, erhält man **Punktgitter** – Arrays von Punkten mit identischen Umgebungen im dreidimensionalen Raum. Diese Gitter sind Gerüste, aus denen Kristallstrukturen aufgebaut werden, indem man Atome oder Gruppen von Atomen auf oder in der Nähe von Gitterplätzen platziert. Abbildung 3.3 zeigt die einfachste Möglichkeit, bei der ein Atom mittig auf jedem Gitterplatz sitzt. Einige einfache Metall-

---

[1] Auguste Bravais (1811–1863), französischer Kristallograph, der auf ungewöhnlich vielen Wissenschaftsgebieten aktiv war, einschließlich Botanik, Astronomie und Physik. Vor allem aber ist er durch die Ableitung der 14 möglichen Punktanordnungen im Raum bekannt geworden. Diese Errungenschaft lieferte die Grundlage für unser aktuelles Verständnis der Atomstruktur von Kristallen.

strukturen entsprechen diesem Typ. Allerdings kennt man eine sehr große Anzahl real vorkommender Kristallstrukturen. Die meisten dieser Strukturen resultieren daraus, dass mehr als ein Atom einem bestimmten Gitterplatz zugeordnet ist. In den Kristallstrukturen der gebräuchlichen Keramiken und Polymere finden wir viele Beispiele dafür (siehe die Abschnitte 3.3 und 3.4).

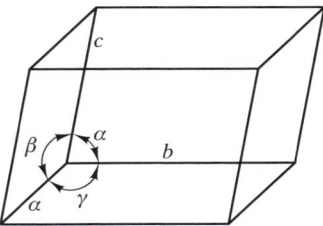

Abbildung 3.2: Geometrie einer allgemeinen Elementarzelle

Tabelle 3.1

Die sieben Kristallsysteme

System	Achsenlänge und Winkel[a]	Geometrie der Elementarzelle
kubisch	$a = b = c, \alpha = \beta = \gamma = 90°$	
tetragonal	$a = b \neq c, \alpha = \beta = \gamma = 90°$	
orthorhombisch	$a \neq b \neq c, \alpha = \beta = \gamma = 90°$	
rhomboedrisch	$a = b = c, \alpha = \beta = \gamma \neq 90°$	

Die sieben Kristallsysteme

System	Achsenlänge und Winkel[a]	Geometrie der Elementarzelle
hexagonal	$a = b \neq c, \alpha = \beta = 90°, \gamma = 120°$	
monoklin	$a \neq b \neq c, \alpha = \gamma = 90° \neq \beta$	
triklin	$a \neq b \neq c, \alpha \neq \beta \neq \gamma \neq 90°$	

[a] Die Gitterparameter a, b und c sind die Kantenlängen der Elementarzelle. Die Gitterparameter α, β und γ sind Winkel zwischen benachbarten Achsen der Elementarzelle, wobei man α als Winkel entlang der a-Achse ansieht (d.h. als Winkel zwischen den Achsen b und c). Das Ungleichheitszeichen (¼) bedeutet, dass Gleichheit nicht erforderlich ist. In manchen Strukturen tritt gelegentlich eine zufällige Gleichheit auf.

Tabelle 3.2

Die 14 Kristall-(Bravais-)Gitter

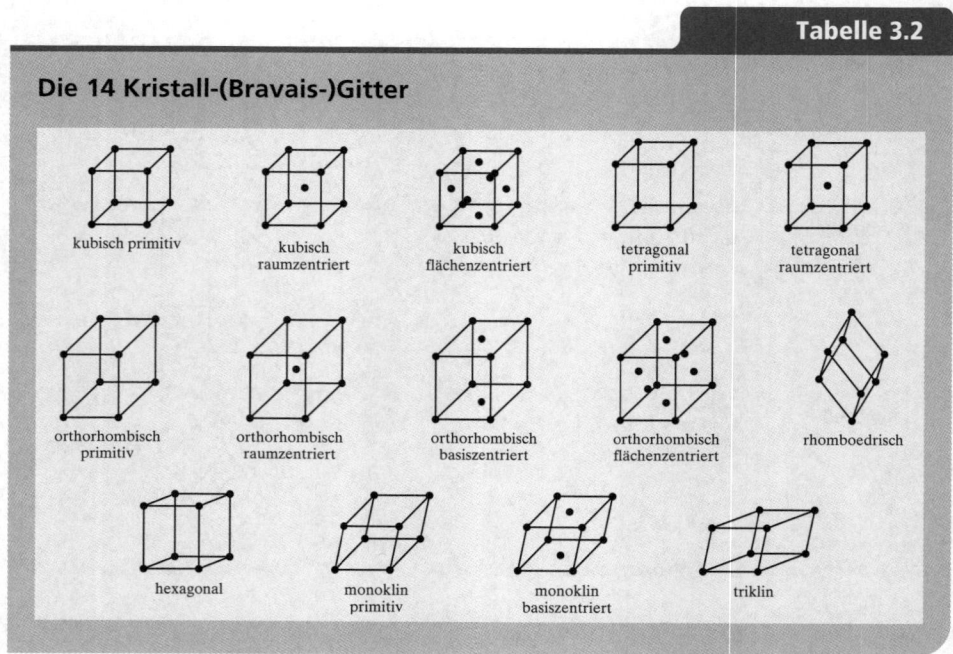

3.1 Sieben Systeme und 14 Gitter

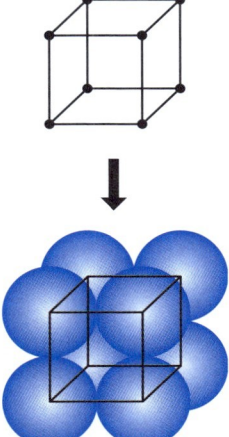

Abbildung 3.3: Das einfache kubische Gitter wird zur einfachen kubischen Kristallstruktur, wenn jeder Gitterpunkt mit einem Atom besetzt ist.

Beispiel 3.1 Zeichnen Sie die fünf Punktgitter für zweidimensionale Kristallstrukturen.

Lösung

Für die Elementarzelle gibt es folgende geometrische Figuren:

- einfaches Quadrat
- einfaches Rechteck
- flächenzentriertes Rechteck (oder Rhombus)
- Parallelogramm
- flächenzentriertes Sechseck

Hinweis: Es ist eine nützliche Übung, andere mögliche Geometrien zu konstruieren, die zu diesen fünf Basistypen äquivalent sein müssen. Beispielsweise lässt sich ein flächenzentriertes Quadrat in ein einfaches (um 45° geneigtes) Quadratgitter auflösen.

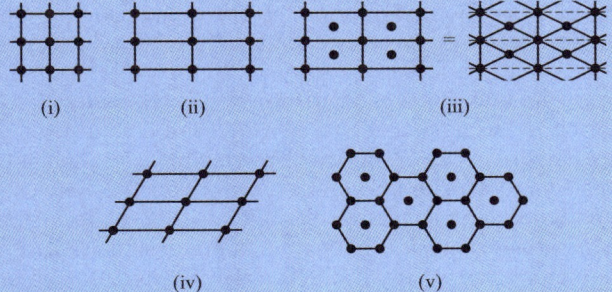

3 KRISTALLINE STRUKTUR – DER PERFEKTE KRISTALL

> **Übung 3.1** Der Hinweis in Beispiel 3.1 beschreibt, wie ein flächenzentriertes quadratisches Gitter in ein einfaches quadratisches Gitter aufgelöst werden kann. Skizzieren Sie diese Äquivalenz.

Die Lösungen für alle Übungen finden Sie auf der Companion Website.

3.2 Metallstrukturen

Nachdem wir die Strukturgrundregeln aufgestellt haben, können wir nun die Hauptkristallstrukturen auflisten, die wichtigen Werkstoffen zugeordnet sind. Für unsere erste Gruppe, die Metalle, ist diese Liste recht einfach. Wie eine in *Anhang A* wiedergegebene Untersuchung zeigt, befinden sich die meisten elementaren Metalle bei Zimmertemperatur in einer der drei Kristallstrukturen.

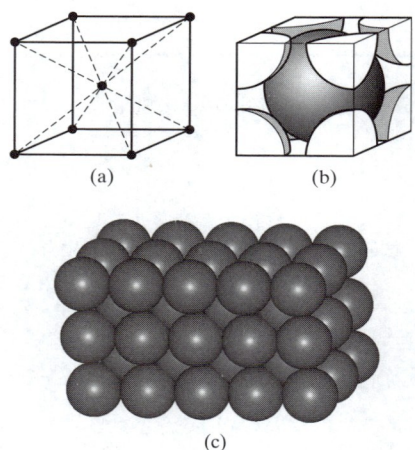

Struktur: kubisch raumzentriert (krz)
Bravais-Gitter: krz
Atome/Elementarzelle: $1 + 8 \times \frac{1}{8} = 2$
Typische Metalle: α-Fe, V, Cr, Mo und W

Abbildung 3.4: Kubisch raumzentrierte (krz) Struktur für Metalle mit Darstellung der Gitterplätze einer Elementarzelle (a), der realen Packung von Atomen (als feste Kugeln dargestellt) innerhalb der Elementarzelle (b) und der sich wiederholenden krz-Struktur, die äquivalent zu vielen benachbarten Elementarzellen ist (c)

Abbildung 3.4 zeigt die **kubisch raumzentrierte** krz (body-centered cubic, bcc) Struktur, die dem kubisch raumzentrierten Bravais-Gitter mit einem Atom in der Mitte auf jedem Gitterplatz entspricht. Ein Atom sitzt in der Mitte der Elementarzelle und ein Achtel Atom an jeder der acht Ecken der Elementarzelle. (Jedes Eckatom gehört jeweils zu acht benachbarten Elementarzellen.) Somit gibt es zwei Atome in jeder krz-Elementarzelle. Die **atomare Packungsdichte** (Atomic Packing Factor, APF) für diese Struktur ist 0,68 und stellt den Anteil des von den beiden Atomen eingenommenen Elementarzellvolumens dar. Typische Metalle mit dieser Struktur sind α-Fe (die bei

Zimmertemperatur stabile Form), V, Cr, Mo und W. Eine Legierung, in der eines dieser Metalle den dominanten Anteil bildet, tendiert ebenfalls zu dieser Struktur. Allerdings wirkt sich die Anwesenheit von Legierungselementen auf die kristalline Perfektion aus. Auf dieses Thema geht *Kapitel 4* ein.

Auf der Companion Website finden Sie eine vollständige Sammlung aller computergenerierten Bilder, die in diesem Kapitel verwendet werden.

Abbildung 3.5 zeigt die **kubisch flächenzentrierte** kfz (face-centered cubic, fcc) Struktur, die dem kfz-Bravais-Gitter mit einem Atom je Gitterplatz entspricht. Somit befindet sich ein halbes Atom (d.h. ein Atom, das zwei Elementarzellen gemein ist) im Mittelpunkt jeder Fläche der Elementarzelle und ein Achtel Atom an jeder Ecke der Elementarzelle, was insgesamt vier Atome in jeder kfz-Elementarzelle ergibt. Die atomare Packungsdichte für diese Struktur beträgt 0,74, ein leicht höherer Wert als 0,68 bei krz-Metallen. In der Tat ist ein APF von 0,74 der höchstmögliche Wert für das Füllen eines Raumes durch Übereinanderstapeln gleich großer Hartkugeln. Aus diesem Grund bezeichnet man die kfz-Struktur auch als **kubisch dichtest gepackt** (cubic close packed, ccp). Typische Metalle mit kfz-Struktur sind unter anderem γ-Fe (stabil von 912 bis 1.394 °C), Al, Ni, Cu, Ag, Pt und Au.

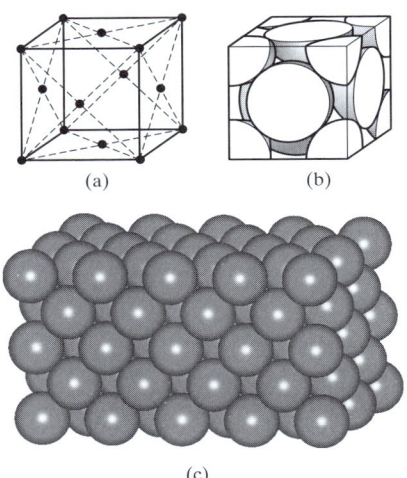

Struktur: kubisch flächenzentriert (kfz)
Bravais-Gitter: kfz
Atome/Elementarzelle: $6 \times \frac{1}{2} + 8 \times \frac{1}{8} = 4$
Typische Metalle: γ-Fe, Al, Ni, Cu, Ag, Pt, und Au

Abbildung 3.5: Kubisch flächenzentrierte (kfz) Struktur für Metalle mit Darstellung der Gitterplätze einer Elementarzelle (a), der realen Packung der Atome innerhalb der Elementarzelle (b) und der sich wiederholenden kfz-Struktur, die äquivalent zu vielen benachbarten Elementarzellen ist (c)

Mit der **hexagonal dichtest gepackten** hdp (hexagonal close-packed, hcp) Struktur (siehe Abbildung 3.6) begegnen wir erstmalig einer Struktur, die komplizierter als ihr Bravais-Gitter (hexagonal) ist. Jeder Bravais-Gitterplatz ist mit zwei Atomen besetzt. In der Mitte der Elementarzelle sitzt ein Atom und an den Ecken der Elementarzelle befinden sich verschiedene Anteile von Atomen (vier 1/6-Atome und vier 1/12-Atome), was insgesamt zwei Atome je Elementarzelle ergibt. Wie die Bezeichnung *dichtest gepackt* verrät, ist diese Struktur ebenso effizient bei der Packung von Kugeln wie die kfz-Struktur. Sowohl hdp- als auch kfz-Strukturen haben Packungsdichten von 0,74, was zwei Fragen aufwirft. Erstens: In welcher anderen Hinsicht gleichen sich die kfz- und hdp-Strukturen? Zweitens: Wie unterscheiden sie sich? Abbildung 3.7 liefert die Antwort auf beide Fragen. Die beiden Strukturen sind jeweils reguläre Stapelfolgen von dichtest gepackten Ebenen. Der Unterschied liegt in der Pakkungsfolge dieser Schichten. Bei der kfz-Anordnung liegt die vierte dichtest gepackte Schicht genau über der ersten. Bei der hdp-Struktur liegt die dritte dichtest gepackte Schicht genau über der ersten. Die kfz-Stapelung bezeichnet man als *ABCABC-Folge* und die hdp-Stapelung als *ABAB-Folge*. Dieser feine Unterschied kann zu deutlichen Differenzen in den Materialeigenschaften führen, wie wir bereits in *Abschnitt 1.4* angedeutet haben. Typische Metalle mit der hdp-Struktur sind unter anderem Be, Mg, α-Ti, Zn und Zr.

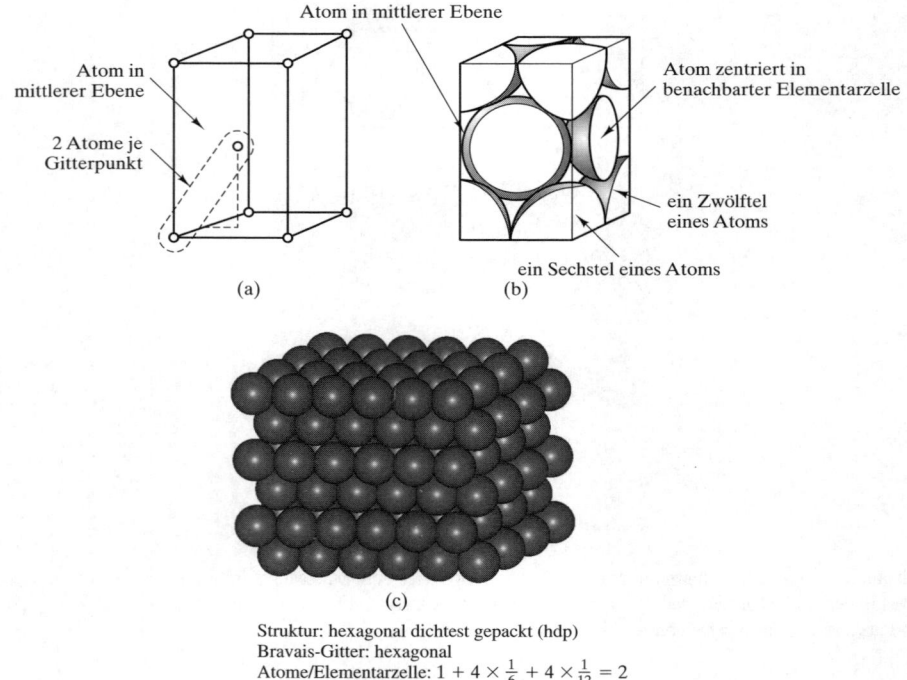

Struktur: hexagonal dichtest gepackt (hdp)
Bravais-Gitter: hexagonal
Atome/Elementarzelle: $1 + 4 \times \frac{1}{6} + 4 \times \frac{1}{12} = 2$
Typische Metalle: Be, Mg, α-Ti, Zn, and Zr

Abbildung 3.6: Hexagonal dichtest gepackte hdp-Struktur für Metalle, die (a) die Anordnung der Atommitten relativ zu den Gitterplätzen einer Elementarzelle zeigen. Pro Gitterplatz gibt es zwei Atome (beachten Sie das bezeichnete Beispiel). (b) Reale Packung der Atome innerhalb der Elementarzelle. Beachten Sie, dass das Atom in der Mittelebene über die Grenzen der Elementarzelle hinausgeht. (c) Die sich wiederholende hdp-Struktur, die gleichwertig mit vielen benachbarten Elementarzellen ist

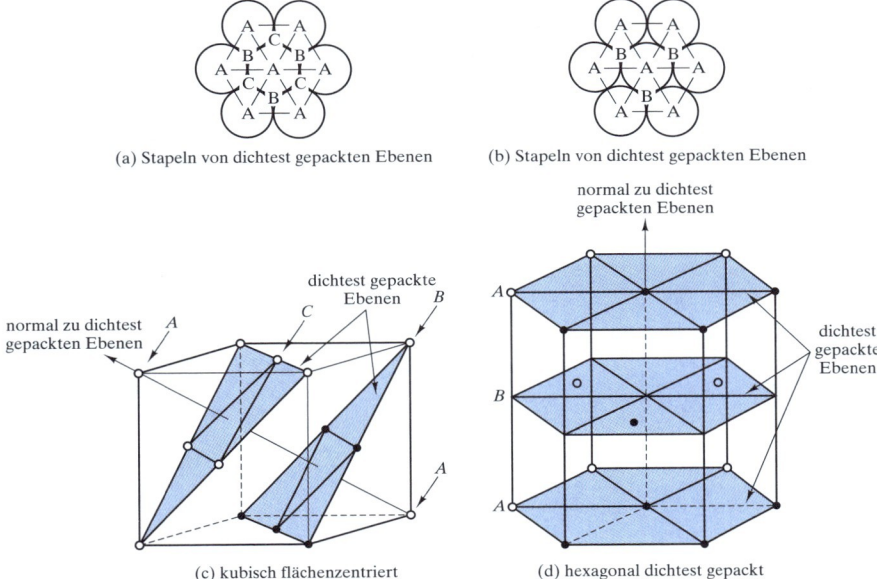

Abbildung 3.7: Vergleich der kfz- und hdp-Strukturen. Beide sind optimale Stapelungen dichtest gepackter Ebenen. Die beiden Strukturen unterscheiden sich in den Stapelfolgen.

Obwohl die Mehrheit der elementaren Metalle in eine der drei gerade behandelten strukturellen Gruppen fällt, zeigen einige Metalle weniger bekannte Strukturen. Auf diese Fälle gehen wir hier nicht weiter ein, Sie können Sie in *Anhang A* finden.

Bei der Analyse der Metallstrukturen, in die dieser Abschnitt einführt, treffen wir häufig auf die Beziehungen zwischen Größe der Elementarzelle und Atomradius, die angibt. Erste Anwendungen dieser Beziehungen finden Sie in den folgenden Beispielen und Übungen.

Tabelle 3.3

Beziehung zwischen Größe der Elementarzelle (Kantenlänge) und Atomradius für typische Metallstrukturen

Kristallstruktur	Beziehung zwischen Kantenlänge a und Atomradius r
kubisch raumzentriert (krz)	$a = 4r/\sqrt{3}$
kubisch flächenzentriert (kfz)	$a = 4r/\sqrt{2}\,u$
hexagonal dichtest gepackt (hdp)	$a = 2r$

3 KRISTALLINE STRUKTUR – DER PERFEKTE KRISTALL

Beispiel 3.2 Berechnen Sie mit den Daten aus *Anhang A und B* die Dichte von Kupfer.

Lösung

Anhang A zeigt, dass Kupfer ein kfz-Metall ist. Die Länge l einer Flächendiagonale in der Elementarzelle (siehe Abbildung 3.5) ist

$$l = 4r_{\text{Cu-Atom}} = \sqrt{2}a$$

oder

$$a = \frac{4}{\sqrt{2}} r_{\text{Cu-Atom}},$$

wie es zeigt. Mit den Daten von *Anhang B* ergibt sich

$$a = \frac{4}{\sqrt{2}}(0{,}128 \text{ nm}) = 0{,}362 \text{ nm}.$$

Die Dichte der Elementarzelle (die vier Atome enthält) beträgt

$$\rho = \frac{4 \text{ Atome}}{(0{,}362 \text{ nm})^3} \times \frac{63{,}55 \text{ g}}{0{,}6023 \times 10^{24} \text{ Atome}} \times \left(\frac{10^7 \text{ nm}}{\text{cm}}\right)^3$$

$$= 8{,}89 \text{ g/cm}^3.$$

Dieses Ergebnis ist vergleichbar mit dem Tabellenwert von 8,93 g/cm³ in *Anhang A*. Der Unterschied lässt sich beseitigen, wenn man einen genaueren Wert von $r_{\text{Cu-Atom}}$ verwendet (d.h. mit mindestens einer weiteren Kommastelle).

Übung 3.2 In Beispiel 3.2 wird die Beziehung zwischen Gitterparameter a und Atomradius r für ein kfz-Metall zu $a = (4/\sqrt{2})r$ ermittelt, wie in angegeben. Leiten Sie die ähnlichen Beziehungen in für (a) ein hrz-Metall und (b) ein hdp-Metall ab.

Übung 3.3 Berechnen Sie die Dichte von α-Fe, das ein krz-Metall ist. (*Achtung:* Auf diese Kristallstruktur ist eine andere Beziehung zwischen Gitterparameter a und Atomradius r anzuwenden. Siehe hierzu Übung 3.2.)

3.3 Keramikstrukturen

Die breite Vielfalt der chemischen Zusammensetzung von Keramiken spiegelt sich in ihren kristallinen Strukturen wider. Wir können hier keine erschöpfende Liste von Keramikstrukturen angeben, aber zumindest eine systematische Liste der wichtigsten und repräsentativsten. Selbst wenn diese Liste ziemlich lang wird, lassen sich die meisten Strukturen kurz beschreiben. Es sei darauf hingewiesen, dass viele dieser Keramikstrukturen auch Zwischenmetallverbindungen beschreiben. Außerdem können wir eine **ionische Packungsdichte** (Ionic Packing Factor, IPF) für diese Keramikstrukturen definieren, ähnlich der atomaren Packungsdichte für Metallstrukturen. Die ionische Packungsdichte ist der Anteil des von den verschiedenen Kationen und Anionen eingenommenen Volumens der Elementarzelle.

Wir beginnen mit den Keramiken und der einfachsten chemischen Formel MX, wobei M ein metallisches Element und X ein nichtmetallisches Element ist. Unser erstes Beispiel ist die **Cäsiumchlorid-Struktur** (CsCl), die Abbildung 3.8 zeigt. Auf den ersten Blick scheint es sich, aufgrund ihrer Ähnlichkeit in der Erscheinung mit der in Abbildung 3.4 gezeigten Struktur, um eine raumzentrierte Struktur zu handeln. In der Tat baut CsCl auf dem einfachen kubischen Bravais-Gitter mit zwei Ionen (einem Cs^+ und einem Cl^-) auf, die jedem Gitterpunkt zugeordnet sind. Je Elementarzelle gibt es zwei Ionen (ein Cs^+ und ein Cl^-).

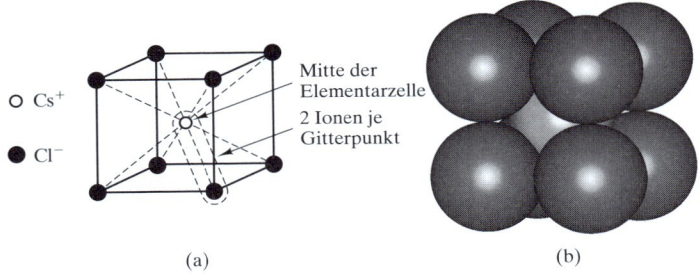

Struktur: CsCl-Typ
Bravais-Gitter: kubisch primitiv
Ionen/Elementarzelle: $1Cs^+ + 1Cl^-$

Abbildung 3.8: Die Elementarzelle von Cäsiumchlorid (CsCl) mit (a) den Ionenpositionen und den beiden Ionen je Gitterplatz und (b) den Ionen in voller Größe. Beachten Sie, dass das mit einem gegebenen Gitterpunkt verbundene Cs^+-Cl^--Paar kein Molekül ist, weil die ionische Bindung nicht gerichtet ist und weil ein gegebenes Cs^+ zu gleichen Teilen an acht benachbarte Cl^- gebunden ist (und umgekehrt).

Obwohl CsCl ein nützliches Beispiel für eine Verbundstruktur ist, repräsentiert diese Struktur keine technischen Keramiken. Im Unterschied dazu entspricht die in Abbildung 3.9 gezeigte **Natriumchlorid-Struktur** (NaCl) vielen wichtigen Ingenieurkeramiken. Diese Struktur lässt sich als Verflechtung zweier kfz-Strukturen ansehen, eine von Natriumionen und eine von Chloridionen. Analog zu den hdp- und CsCl-Strukturen lässt sich die NaCl-Struktur durch ein kfz-Bravais-Gitter beschreiben, in dem jedem Gitterpunkt zwei Ionen (1 Na^+ und 1 Cl^-) zugeordnet sind. Pro Elementarzelle gibt es acht Ionen (4 Na^+ und 4 Cl^-). Zu den wichtigen Oxidkeramiken mit dieser Struktur gehören MgO, CaO, FeO und NiO.

3 KRISTALLINE STRUKTUR – DER PERFEKTE KRISTALL

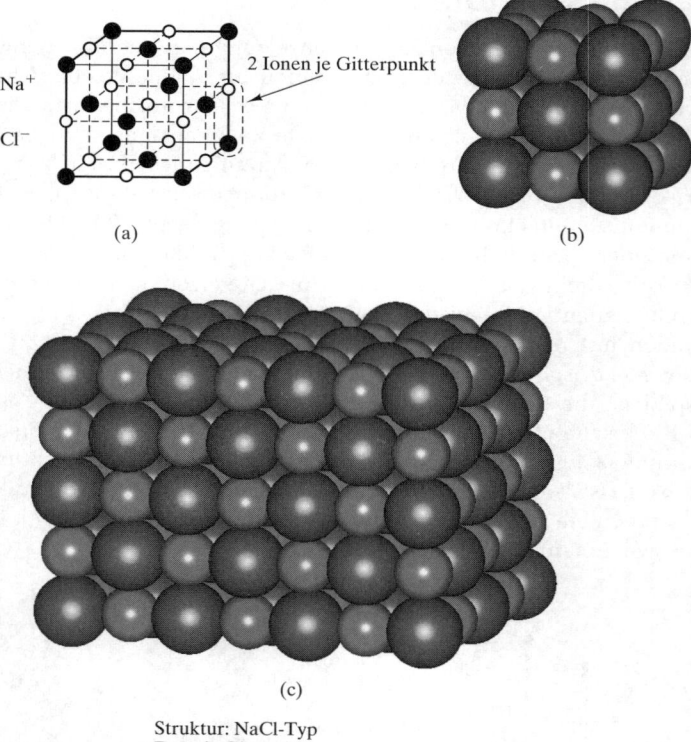

Struktur: NaCl-Typ
Bravais-Gitter: kfz
Ionen/Elementarzelle: $4Na^+ + 4Cl^-$
Typische Keramiken: MgO, CaO, FeO, und NiO

Abbildung 3.9: Natriumchloridstruktur (NaCl) mit den Ionenpositionen in einer Elementarzelle (a), den Ionen in voller Größe (b) und eine Aneinanderreihung benachbarter Elementarzellen (c)

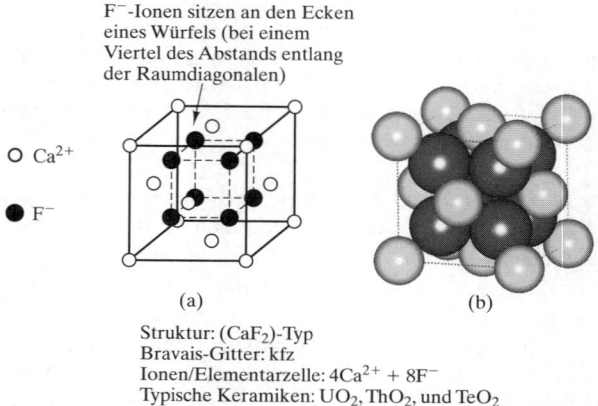

Struktur: (CaF_2)-Typ
Bravais-Gitter: kfz
Ionen/Elementarzelle: $4Ca^{2+} + 8F^-$
Typische Keramiken: UO_2, ThO_2, und TeO_2

Abbildung 3.10: Elementarzelle von Fluorit (CaF_2) mit Ionenpositionen (a) und Ionen in voller Größe (b)

Die chemische Formel MX_2 umfasst eine weitere Reihe wichtiger Keramikstrukturen. Abbildung 3.10 zeigt die **Fluorit-Struktur** (CaF_2), die auf einem kfz-Bravais-Gitter mit drei Ionen (1 Ca^{2+} und 2 F^-) an jedem Gitterplatz aufbaut. Es gibt 12 Ionen (4 Ca^{2+} und 8 F^-) je Elementarzelle. Typische Keramiken mit dieser Struktur sind UO_2, ThO_2 und TeO_2. Etwa in der Mitte der Elementarzelle gibt es einen nicht besetzten Raum, der eine wichtige Rolle in der Technologie der Nuklearwerkstoffe spielt. Urandioxid (UO_2) ist ein Reaktorbrennstoff, der Spaltprodukte wie z.B. Heliumgas aufnehmen kann, ohne dass ein störendes Anschwellen auftritt. Die Heliumatome werden in die offenen Bereiche der Fluoritelementarzellen eingelagert.

In die MX_2-Kategorie ist auch die vielleicht wichtigste Keramikverbindung, **Quarz** (SiO_2), einzuordnen, die ein wichtiger Bestandteil der Erdkruste ist. Quarz stellt allein und in chemischen Verbindungen mit anderen Oxidkeramiken (wobei Silikate gebildet werden) einen großen Anteil an den verfügbaren Ingenieurkeramiken dar. Aus diesem Grund ist die Struktur von SiO_2 wichtig, leider aber verhältnismäßig kompliziert. In der Tat existiert nicht nur eine einzige Struktur, sondern viele (unter unterschiedlichen Bedingungen von Temperatur und Druck). Als repräsentatives Beispiel zeigt Abbildung 3.11 die **Cristobalit-Struktur** (SiO_2). Sie baut auf einem kfz-Bravais-Gitter auf, wobei mit jedem Gitterplatz sechs Ionen (2 Si^{4+} und 4 O^{2-}) verbunden sind. Jede Elementarzelle enthält 24 Ionen (8 Si^{4+} plus 16 O^{2-}). Trotz der großen Elementarzelle, die nötig ist, um diese Struktur zu beschreiben, ist es vielleicht die einfachste der verschiedenen kristallographischen Formen von SiO_2. Alle SiO_2-Strukturen haben das gleiche allgemeine Merkmal – ein fortlaufend verbundenes Netz von SiO_4^{4-}-Tetraedern (siehe *Abschnitt 2.3*). Die O^{2-}-Ionen, die benachbarten Tetraedern gemeinsam angehören, liefern die chemische Gesamtformel SiO_2.

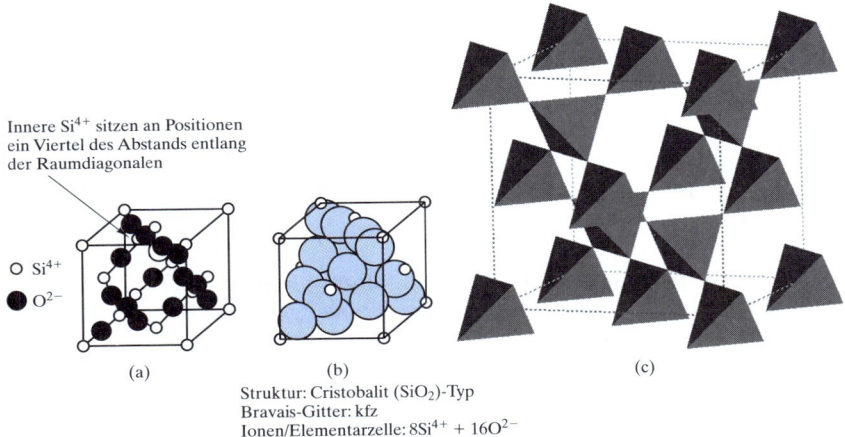

Struktur: Cristobalit (SiO_2)-Typ
Bravais-Gitter: kfz
Ionen/Elementarzelle: $8Si^{4+} + 16O^{2-}$

Abbildung 3.11: Die Elementarzelle von Cristobalit (SiO_2) mit Ionenpositionen (a), Ionen in voller Größe (b) und den Verbindungen von SiO_4^{4-}-Tetraedern (c). Die schematische Darstellung zeigt, dass in der Mitte jedes Tetraeders ein Si^{4+} sitzt. Außerdem befindet sich an jeder Ecke des Tetraeders ein O^{2-}, das gleichermaßen zu einem benachbarten Tetraeder gehört.

3 KRISTALLINE STRUKTUR – DER PERFEKTE KRISTALL

Wir haben bereits (in Abschnitt 3.2) darauf hingewiesen, dass Eisen (Fe) verschiedene Kristallstrukturen hat, die in unterschiedlichen Temperaturbereichen stabil sind. Das Gleiche gilt für Quarz SiO_2. Obwohl die grundlegenden SiO_4^{4-}-Tetraeder in allen SiO_2-Kristallstrukturen vorkommen, ändert sich die Anordnung der verbundenen Tetraeder. Die Gleichgewichtsstrukturen von SiO_2 von Zimmertemperatur bis zum Schmelzpunkt sind in Abbildung 3.12 zusammengefasst. Bei Stoffen mit derartigen Transformationen ist immer Vorsicht geboten. Selbst die relativ komplizierte Quarzumwandlung von Tief-Quarz zu Hoch-Quarz kann zu katastrophalen Konstruktionsschäden führen, wenn eine Quarzkeramik in der Nähe von 573 °C erwärmt oder abgekühlt wird.

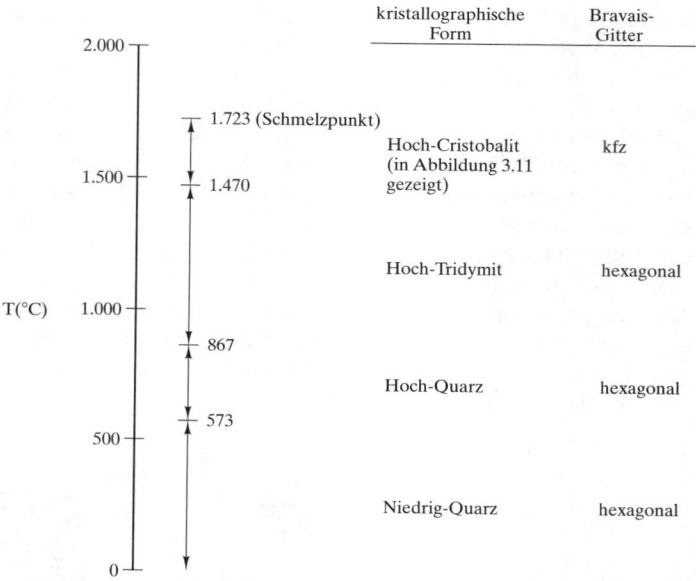

Abbildung 3.12: Viele kristallographische Formen von SiO_2 sind stabil, wenn sie von Zimmertemperatur bis zur Schmelztemperatur erhitzt werden. Jede Form repräsentiert eine unterschiedliche Möglichkeit, Verbindungen zu benachbarten SiO_4^{4-}-Tetraedern auszubilden.

Die chemische Formel M_2X_3 schließt die in Abbildung 3.13 gezeigte wichtige **Korund-Struktur** (Al_2O_3) ein. Diese Struktur weist ein rhomboedrisches Bravais-Gitter auf, das aber sehr stark einem hexagonalen Gitter ähnelt. Es gibt 30 Ionen je Gitter (und je Elementarzelle). Die Formel Al_2O_3 verlangt, dass sich die 30 Ionen auf 12 Al^{3+} und 18 O^{2-} aufteilen. Diese scheinbar komplizierte Struktur kann man sich wie eine hdp-Struktur vorstellen, die in Abschnitt 3.2 beschrieben wurde. Die Al_2O_3-Struktur ähnelt stark den dicht gepackten O^{2-}-Schichten, wobei zwei Drittel der kleinen Zwischenräume zwischen den Schichten mit Al^{3+} gefüllt sind. Sowohl Cr_2O_3 als auch α-Fe_2O_3 besitzen eine Korundstruktur.

3.3 Keramikstrukturen

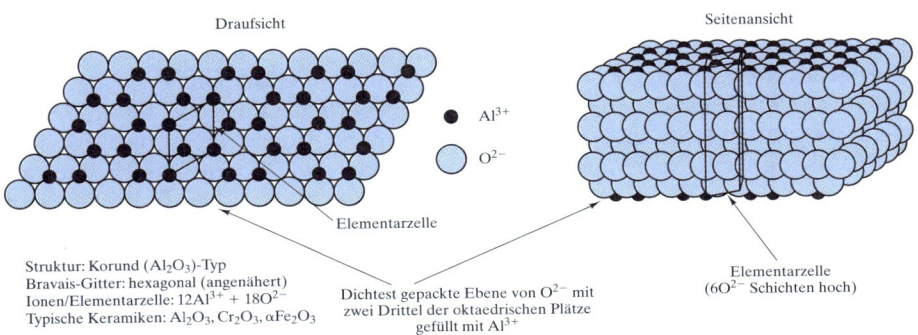

Struktur: Korund (Al$_2$O$_3$)-Typ
Bravais-Gitter: hexagonal (angenähert)
Ionen/Elementarzelle: 12Al^{3+} + 18O^{2-}
Typische Keramiken: Al$_2$O$_3$, Cr$_2$O$_3$, αFe$_2$O$_3$

Dichtest gepackte Ebene von O^{2-} mit zwei Drittel der oktaedrischen Plätze gefüllt mit Al^{3+}

Elementarzelle (6O^{2-} Schichten hoch)

Abbildung 3.13: Die Elementarzelle des Korund (Al$_2$O$_3$) als Überlagerung sich wiederholender Stapel von Ebenen dichtest gepackter O^{2-}-Ionen. Die Al^{3+}-Ionen füllen zwei Drittel der kleinen (oktaedrischen) Zwischenräume zwischen benachbarten Ebenen.

Bei Keramiken mit drei Atomarten zeigt sich, dass die Formel M'M''X$_3$ eine wichtige Familie der Elektrokeramiken mit der in Abbildung 3.14 gezeigten **Perowskit-Struktur** (CaTiO$_3$) umfasst. Auf den ersten Blick scheint die Perowskit-Struktur eine Kombination von kubisch einfachen, krz- und kfz-Strukturen zu sein. Eine nähere Untersuchung zeigt aber, dass unterschiedliche Atome die Eck- (Ca^{2+}), raumzentrierten (Ti^{4+}) und flächenzentrierten (O^{2-}) Positionen einnehmen. Im Ergebnis ist diese Struktur ein weiteres Beispiel eines einfachen kubischen Bravais-Gitters. Es gibt fünf Ionen (1 Ca^{2+}, 1 Ti^{4+} und 3 O^{2-}) je Gitterplatz und je Elementarzelle. *Abschnitt 15.4* zeigt, dass Perowskit-Stoffe wie BaTiO$_3$ wichtige ferroelektrische und piezoelektrische Eigenschaften aufweisen (abhängig von den relativen Positionen von Kationen und Anionen als Funktion der Temperatur). In *Abschnitt 15.3* wird erläutert, dass die Grundlagenforschung durch Strukturänderungen von Perowskit-Keramiken die Hochtemperatur-Supraleiter hervorgebracht hat.

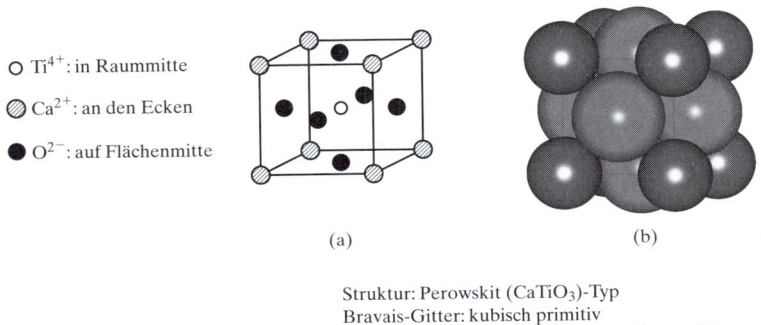

○ Ti^{4+}: in Raummitte
◐ Ca^{2+}: an den Ecken
● O^{2-}: auf Flächenmitte

(a)   (b)

Struktur: Perowskit (CaTiO$_3$)-Typ
Bravais-Gitter: kubisch primitiv
Ionen/Elementarzelle: 1Ca^{2+} + 1Ti^{4+} + 3O^{2-}
Typische Keramiken: CaTiO$_3$, BaTiO$_3$

Abbildung 3.14: Die Elementarzelle von Perowskit (CaTiO$_3$) mit Ionenpositionen (a) und Ionen in voller Größe (b)

Die Formel M'M2''X$_4$ umfasst eine wichtige Familie der magnetischen Keramiken, die auf der in Abbildung 3.15 dargestellten **Spinell-Struktur** (MgAl$_2$O$_4$) basieren. Diese Struktur baut auf einem kfz-Bravais-Gitter mit 14 Ionen (2 Mg^{2+}, 4 Al^{3+} und 8 O^{2-}) an jedem Gitterplatz auf. Die Elementarzelle enthält 56 Ionen (8 Mg^{2+}, 16 Al^{3+} und 32 O^{2-}). Diese Struktur findet man u.a. in den Stoffen NiAl$_2$O$_4$, ZnAl$_2$O$_4$ und ZnFe$_2$O$_4$.

Wie Abbildung 3.15 zeigt, befinden sich die Mg^{2+}-Ionen auf **Tetraederpositionen**, d.h. sie werden von vier Sauerstoff-Ionen (O^{2-}) umgeben, die Al^{3+}-Ionen befinden sich auf **Oktaederpositionen**. (Auf Koordinationszahlen ist in *Abschnitt 2.2* eingegangen worden.) Die Al^{3+}-Ionen werden von sechs Sauerstoff-Ionen umgeben. Das Präfix *okta* bedeutet natürlich acht und nicht sechs. Damit ist jedoch die achtseitige Figur gemeint, die durch die sechs Sauerstoff-Ionen gebildet wird. Kommerziell bedeutsame Keramikmagnete (siehe *Abschnitt 18.5*) basieren tatsächlich auf einer leicht modifizierten Version der Spinell-Struktur, der **inversen Spinell-Struktur**, bei der die Oktaeder-Positionen durch die M^{2+}- und eine Hälfte der M^{3+}-Ionen besetzt sind. Die restlichen M^{3+}-Ionen nehmen die Tetraeder-Positionen ein. Man kann diese Werkstoffe durch die Formel M''(M'M'')X_4 beschreiben, wobei M' eine 2^+-Valenz und M'' eine 3^+-Valenz hat. Zu den Beispielen gehören $FeMgFeO_4$, $FeFe_2O_4$ (= Fe_3O_4 oder Magnetit), $FeNiFeO_4$ und viele andere kommerziell wichtige *Ferrite* oder ferromagnetische Keramiken.

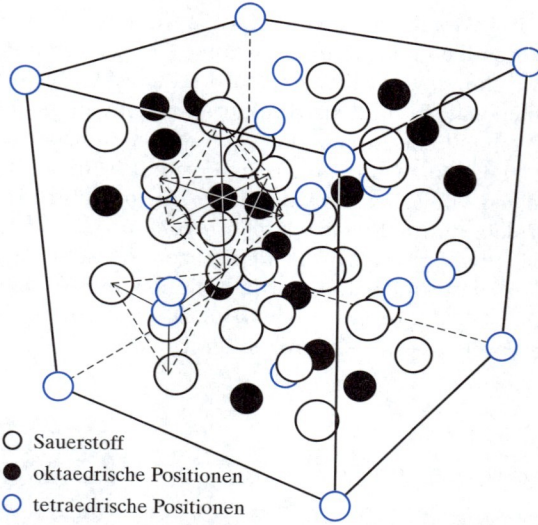

○ Sauerstoff
● oktaedrische Positionen
○ tetraedrische Positionen

Abbildung 3.15: Ionenpositionen in der Spinell-Elementarzelle ($MgAl_2O_4$). Die farbigen Kreise stellen Mg^{2+}-Ionen dar (in tetraedrischen oder vierfach koordinierten Positionen) und die schwarzen Kreise Al^{3+}-Ionen (in oktaedrischen oder sechsfach koordinierten Positionen).

Bei der Behandlung der Komplexität der SiO_2-Strukturen haben wir die Bedeutung der vielen Silikatstoffe erwähnt, die aus der chemischen Reaktion von SiO_2 mit anderen keramischen Oxiden resultieren. Die allgemeine Natur von Silikatstrukturen ergibt sich daraus, dass die zusätzlichen Oxide dazu neigen, die Kontinuität der SiO_4^{4-}-Tetraederverbindungen zu unterbrechen. Die verbleibende Verbundenheit der Tetraeder kann in Form von Silikatketten oder -ebenen vorliegen. Das relativ einfache Beispiel in Abbildung 3.16 zeigt die **Kaolinit-Struktur**. Kaolinit [$2(OH)_4Al_2Si_2O_5$] ist ein hydriertes Aluminosilikat und ein gutes Beispiel für ein Ton-Mineral. Die Struktur ist typisch für Phyllosilikate. Sie basiert auf dem triklinen Bravais-Gitter mit zwei Kaolinit-„Molekülen" je Elementarzelle. In der mikroskopischen Analyse zeigen viele Ton-Minerale eine plättchenartige oder flockige Struktur (siehe Abbildung 3.17), mit Kristallstrukturen, die denen der Abbildung 3.16 entsprechen.

3.3 Keramikstrukturen

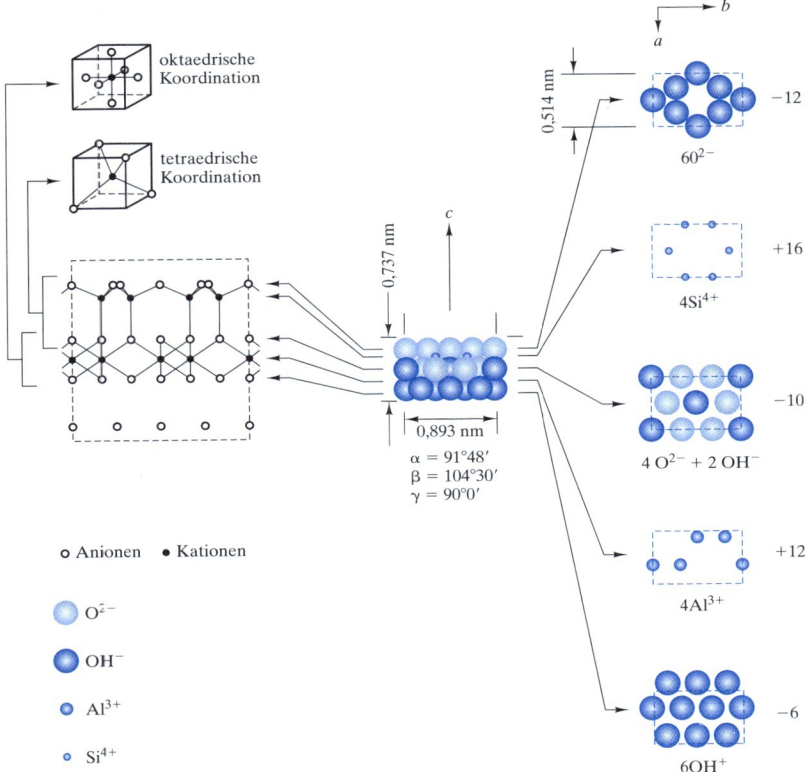

Abbildung 3.16: Explosionszeichnung der Kaolinit-Elementarzelle, $2(OH)_4Al_2Si_2O_5$

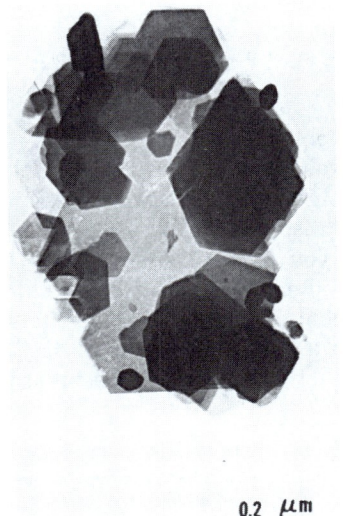

Abbildung 3.17: Transmissionselektronenmikroskop-Aufnahme (siehe *Abbildung 4.7*) der Struktur von Ton-Plättchen. Diese mikroskopische Struktur zeigt die geschichtete Kristallstruktur, die Abbildung 3.16 entspricht.

3 KRISTALLINE STRUKTUR – DER PERFEKTE KRISTALL

Dieser Abschnitt hat einen Überblick der Kristallstrukturen für verschiedene Keramiken gezeigt. Die Strukturen werden im Allgemeinen zunehmend komplexer, wenn wir eine kompliziertere Chemie antreffen. Der diesbezügliche Unterschied zwischen CsCl (siehe Abbildung 3.8) und Kaolinit (siehe Abbildung 3.16) ist auffallend.

Bevor wir die Keramiken verlassen, ist es angebracht, einen Blick auf einige wichtige Stoffe zu werfen, die hinsichtlich unserer allgemeinen Beschreibung der Keramiken eine Ausnahme bilden. Als Erstes zeigt Abbildung 3.18 die geschichtete Kristallstruktur von Graphit, die bei Raumtemperatur stabile Form des Kohlenstoffs. Obwohl Graphit einatomig ist, hat es eher keramikartige als metallische Eigenschaften. Die hexagonalen Ringe von Kohlenstoffatomen sind kovalent stark gebunden. Allerdings sind die Bindungen zwischen den Schichten vom Van-der-Waals-Typ (siehe *Abschnitt 2.5*), woraus sich die bruchempfindliche Natur des Graphits und die Anwendung als wirkungsvolles „Trockenschmiermittel" ergibt. Es ist interessant, die Graphitstruktur der unter hohem Druck stabilisierten Form, der Diamantstruktur, gegenüberzustellen, die eine so wichtige Rolle in der Festkörperphysik spielt, weil Halbleitersilizium diese Struktur aufweist (siehe Abbildung 3.23).

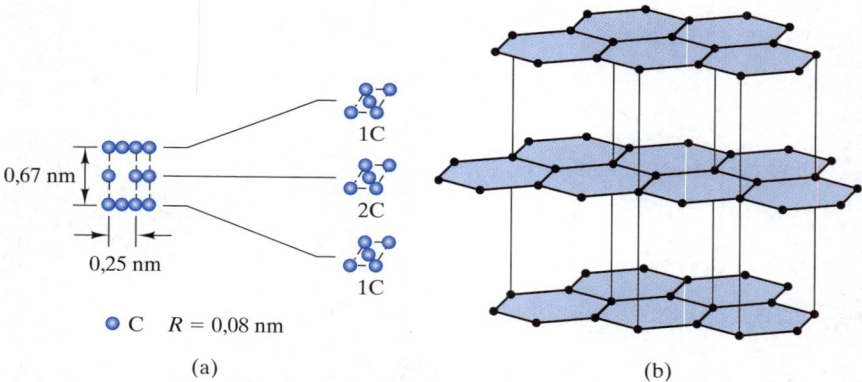

Abbildung 3.18: (a) Explosionszeichnung der Graphitelementarzelle (C), (b) schematische Darstellung der geschichteten Struktur von Graphit

Noch verblüffender ist ein Vergleich sowohl der Graphit- als auch der Diamantstrukturen mit einer weiteren Kohlenstoff-Modifikation, die als Nebenprodukt aus der Erforschung der Weltraum-Chemie entdeckt wurde. Abbildung 3.19a veranschaulicht die Struktur eines C_{60}-Moleküls. Diese einzigartige Struktur wurde bei Experimenten mit der Laserverdampfung von Kohlenstoff in einem Trägergas, wie z.B. Helium, entdeckt. Die Experimente sollten die Synthese von Kohlenstoffketten in Kohlenstoffsternen simulieren. Das Ergebnis war allerdings eine molekulare Version der geodätischen Kuppel, nach der man diesen Stoff zu Ehren des Erfinders der korrespondierenden architektonischen Struktur als **Buckminsterfullerene**[1] oder **Fullerene** benannt

---

[1] Richard Buckminster Fuller (1895–1983), amerikanischer Architekt und Erfinder, war eine der schillerndsten und berühmtesten Persönlichkeiten des 20. Jahrhunderts. Seine kreativen Abhandlungen zu einem breiten Themenspektrum von den Künsten bis zu den Wissenschaften (einschließlich häufiger Verweise auf zukünftige Trends) begründeten seinen Ruhm. In der Tat wurde seine charmante Persönlichkeit genauso gefeiert wie seine einzigartigen Erfindungen verschiedener Architekturformen und technischer Designs.

hat. Eine nähere Betrachtung der in Abbildung 3.19a dargestellten Struktur zeigt, dass das nahezu kugelförmige Molekül in der Tat ein Polyeder ist, der aus fünf- und sechsseitigen Flächen besteht.

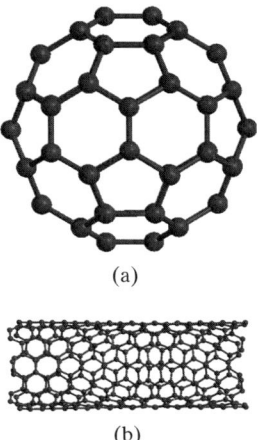

(a)

(b)

Abbildung 3.19: (a) C_{60}-Molekül oder Bucky Ball, (b) zylindrische Anordnung von hexagonalen Ringen aus Kohlenstoffatomen oder Bucky Röhre

Die gleichmäßige Verteilung der zwölf Fünfecke zwischen den 20 Sechsecken ergibt die Form eines Fußballs, weshalb man diese Struktur auch als **Fußballmolekül** oder **Bucky[1]-Ball** bezeichnet. Durch die Fünfringe entsteht die positive Wölbung der Oberfläche des Bucky-Balls, im Unterschied zur flachen, blattartigen Struktur der Sechsringe in Graphit (siehe Abbildung 3.18b). Weitere Forschungen haben zu vielfältigen Strukturen für ein großes Spektrum von Fullerenen geführt. Man hat Bucky-Bälle mit der Formel C_n synthetisch hergestellt, wobei n verschieden große gerade Zahlenwerte annehmen kann, beispielsweise 240 oder 540. In jedem Fall besteht die Struktur aus zwölf gleichmäßig verteilten Fünfecken in einem Array von Sechsecken. Obwohl die Fünfecke für die angenäherte Kugelwölbung der Bucky-Bälle erforderlich sind, haben umfassende Untersuchungen dieser einzigartigen Materialien zur Erkenntnis geführt, dass eine zylindrische Wölbung entstehen kann, wenn die sechseckigen Graphitschichten einfach aufgerollt werden. Abbildung 3.19b zeigt eine so entstandene **Bucky-Röhre**.

Diese Materialien haben das Interesse der Chemie und Physik sowie der Werkstoffwissenschaft und -technik enorm angeregt. Einerseits ist ihre Molekularstruktur zweifellos interessant, andererseits haben sie herausragende chemische und physikalische Eigenschaften (z.B. sind einzelne C_n-Bucky-Bälle einzigartige, passive Oberflächen im nm-Bereich). Analog haben Bucky-Röhren den Ruf, die stärksten Verstärkungsfasern zu sein, die für hochentwickelte Verbundwerkstoffe verfügbar sind (siehe *Kapitel 14*). Schließlich muss man einräumen, dass die in Abbildung 3.19 gezeigten diskreten molekularen Strukturen zwar interessant sind, aber keine weit reichenden kristallographischen Strukturen bilden. Derartige sich wiederholende Strukturen werden allerdings beobachtet und sie weisen ebenfalls beeindruckende Eigenschaften auf.

---

[1] Nach dem Spitznamen „Bucky" von Richard Buckminster Fuller.

3 KRISTALLINE STRUKTUR – DER PERFEKTE KRISTALL

Indem man beispielsweise Metallionen in den von C_n-Käfig einbaut, sind kfz-Stapel derartiger Bucky-Bälle zur neuesten Familie der Supraleiter geworden, womit sie sich in die metallischen Supraleiter, die die *Abschnitte 15.3* und *18.4* behandeln, und die Oxidkeramik-Supraleiter, auf die die *Abschnitte 15.4* und *18.5* eingehen, einreihen. Bucky-Bälle und -Röhren sind faszinierende atomare Strukturen, die wichtige Anwendungen in der Werkstofftechnik erwarten lassen.

Beispiel 3.3 Berechnen Sie die ionische Packungsdichte (IPF) von MgO, das eine NaCl-Struktur hat (siehe Abbildung 3.9).

Lösung

Mit $a = 2r_{Mg^{2+}} + 2r_{O^{2-}}$ und den Daten von *Anhang B* erhält man

$$a = 2(0{,}078 \text{ nm}) + 2(0{,}132 \text{ nm}) = 0{,}420 \text{ nm}.$$

Damit berechnet sich das Volumen der Elementarzelle zu

$$V_{\text{Elementarzelle}} = a^3 = (0{,}420 \text{ nm})^3 = 0{,}0741 \text{ nm}^3.$$

Je Elementarzelle gibt es vier Mg^{2+}- und vier O^{2-}-Ionen. Damit erhält man das Gesamtvolumen der Ionen zu:

$$4 \times \frac{4}{3}\pi r_{Mg^{2+}}^3 + 4 \times \frac{4}{3}\pi r_{O^{2-}}^3$$

$$= \frac{16\pi}{3}\left[(0{,}078 \text{ nm})^3 + (0{,}132 \text{ nm})^3\right]$$

$$= 0{,}0465 \text{ nm}^3.$$

Der IPF ist dann

$$IPF = \frac{0{,}0465 \text{ nm}^3}{0{,}0741 \text{ nm}^3} = 0{,}627.$$

Beispiel 3.4 Berechnen Sie mit den Daten aus den *Anhängen A und B* die Dichte von MgO.

Lösung

Aus Beispiel 3.3 übernehmen wir $a = 0{,}420$ nm und das Volumen der Elementarzelle mit $0{,}0741$ nm^3. Die Dichte der Elementarzelle ist dann

$$\rho = \frac{[4(24{,}31 \text{ g}) + 4(16{,}00 \text{g})]/(0{,}6023 \times 10^{24})}{0{,}0741 \text{ nm}^3} \times \left(\frac{10^7 \text{ nm}}{\text{cm}}\right)^3$$

$$= 3{,}61 \text{ g/cm}^3.$$

| Übung 3.4 | Berechnen Sie die ionische Packungsdichte von (a) CaO, (b) FeO und (c) NiO. Diese Verbindungen entsprechen der NaCl-Struktur. (d) Gibt es einen eindeutigen IPF-Wert für den NaCl-Strukturtyp? Begründen Sie Ihre Antwort. (Siehe Beispiel 3.3.) |

| Übung 3.5 | Berechnen Sie die Dichte von CaO. (Siehe Beispiel 3.4.) |

3.4 Polymerstrukturen

In den Kapiteln 1 und 2 haben wir die Kategorie der Polymere durch die kettenartige Struktur langer polymerer Moleküle definiert (z.B. *Abbildung 2.15*). Verglichen mit dem Stapeln von einzelnen Atomen und Ionen in Metallen und Keramiken ist es schwierig, diese langen Moleküle in einem regelmäßigen und sich wiederholenden Muster anzuordnen. Im Ergebnis sind die meisten handelsüblichen Kunststoffe zu einem großen Grad nichtkristallin. In den kristallinen Bereichen der Mikrostruktur ist die Struktur ziemlich komplex. Die Komplexität der Elementarzellen von üblichen Polymeren geht im Allgemeinen über den Themenumfang dieses Buches hinaus, dennoch wollen wir uns zwei relativ einfache Beispiele ansehen.

Abbildung 3.20: Anordnung von Polymerketten in der Elementarzelle von Polyethylen. Die dunklen Kugeln sind Kohlenstoffatome, die hellen Kugeln Wasserstoffatome. Die Abmessungen der Elementarzelle betragen 0,255 nm × 0,494 nm × 0,741 nm.

Polyethylen $(C_2H_4)_n$ ist chemisch ziemlich einfach. Allerdings falten sich die langen Kettenmoleküle in komplizierter Art und Weise auf sich selbst vor und zurück, wie es die Abbildungen 3.20 und 3.21 darstellen. Abbildung 3.20 zeigt eine orthorhombische Elementarzelle, ein häufiges Kristallsystem für polymere Kristalle. Wenn man bei Metallen und Keramiken die Struktur der Elementarzelle kennt, ist damit auch die Kristallstruktur über ein großes Volumen bekannt. Bei Polymeren muss man vorsichtiger sein. Einkristalle aus Polyethylen sind schwierig zu züchten. Bei der Herstellung (durch Abkühlung einer wässrigen Lösung) bilden sich dünne Plättchen mit einer Dicke von etwa 10 nm. Da Polymerketten im Allgemeinen mehrere Hundert Nanometer lang sind, müssen die Ketten auf der atomaren Ebene in einer Art Gewebe verwoben werden (wie es Abbildung 3.21 veranschaulicht).

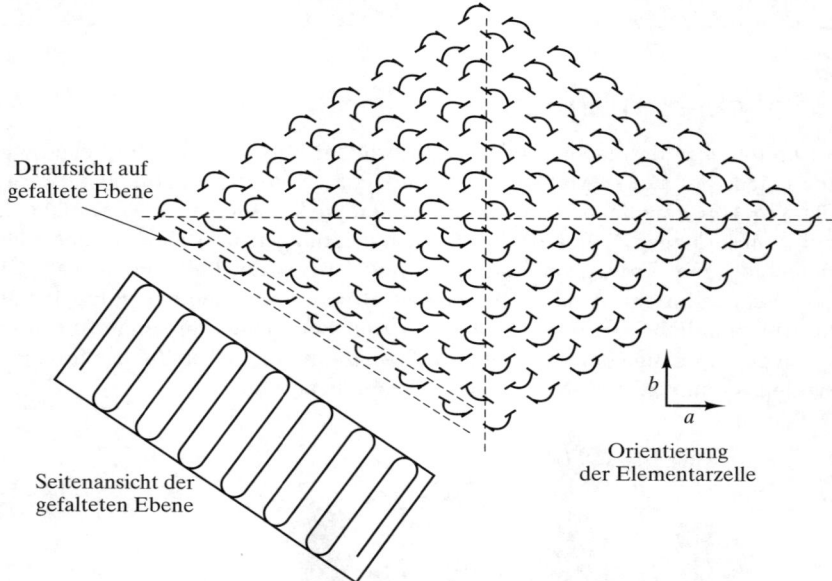

Abbildung 3.21: Gewebeartiges Muster von gefalteten Polymerketten, das in dünnen Kristallplättchen von Polyethylen auftritt

Abbildung 3.22 zeigt die trikline Elementarzelle für Polyhexamethylen-Adipamid oder **Nylon 66**. Andere Polyamide und einige Polymethane haben eine ähnliche Kristallstruktur. Das Volumen derartiger Stoffe besteht etwa bis zur Hälfte aus dieser kristallinen Form, der Rest ist nichtkristallin.

3.4 Polymerstrukturen

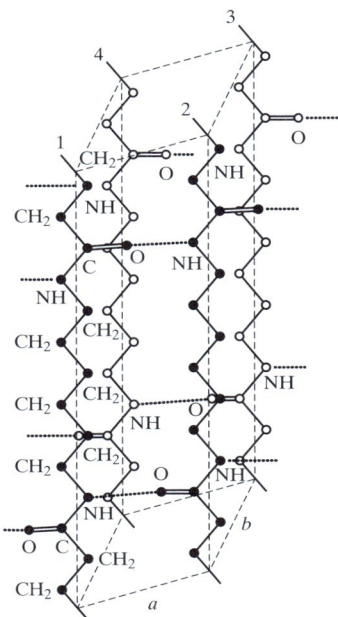

Abbildung 3.22: Elementarzelle der α-Form von Polyhexamethylen-Adipamid oder Nylon 66

Beispiel 3.5

Berechnen Sie die Anzahl der C- und H-Atome in der Polyethylen-Elementarzelle (siehe Abbildung 3.20) bei einer gegebenen Dichte von 0,9979 g/cm³.

Lösung

Mit den in Abbildung 3.20 angegebenen Abmessungen der Elementarzelle kann man das Volumen berechnen:

$$V = (0{,}741\ \text{nm})(0{,}494\ \text{nm})(0{,}255\ \text{nm}) = 0{,}0933\ \text{nm}^3.$$

In der Elementarzelle gibt es Vielfache (n) von C_2H_4-Einheiten mit der Atommasse

$$m = \frac{n[2(12{,}01) + 4(1{,}008)]\text{g}}{0{,}6023 \times 10^{24}} = (4{,}66 \times 10^{-23}\,n)\text{g}.$$

Somit berechnet sich die Dichte der Elementarzelle zu

$$\rho = \frac{(4{,}66 \times 10^{-23}\,n)\text{g}}{0{,}0933\ \text{nm}^3} = \left(\frac{10^7\ \text{nm}}{\text{cm}}\right)^3 = 0{,}9979\,\frac{\text{g}}{\text{cm}^3}.$$

Nach n aufgelöst erhält man

$$n = 2{,}00.$$

Demnach gibt es 4 (= $2n$) C-Atome + 8 (= $4n$) H-Atome je Elementarzelle.

3 KRISTALLINE STRUKTUR – DER PERFEKTE KRISTALL

> **Übung 3.6** Wie viele Elementarzellen sind in 1 kg handelsüblichem Polyethylen enthalten, das zu 50% kristallin (sonst amorph) ist und das eine Gesamtdichte von 0,940 Mg/m³ hat? (Siehe Beispiel 3.5.)

3.5 Halbleiterstrukturen

Die von der Halbleiterindustrie entwickelte Technologie zum Züchten von Einkristallen hat zu Kristallen von phänomenal hohen Reinheitsgraden geführt. Alle in diesem Kapitel vorgestellten Kristallstrukturen setzen strukturelle Perfektion voraus. Allerdings unterliegen alle Strukturen verschiedenartigen Verunreinigungen, auf die *Kapitel 4* näher eingeht. Den in diesem Kapitel beschriebenen „perfekten" Strukturen kommt man in realen Stoffen viel näher als bei Werkstoffen einer der anderen Kategorien.

In der Halbleiterindustrie dominiert eine einzelne Struktur: Die elementaren Halbleiter (Si, Ge und graues Sn) entsprechend der **kubischen Diamantstruktur**, die Abbildung 3.23 zeigt. Diese Struktur baut auf einem kfz-Bravais-Gitter auf, bei dem jeder Gitterplatz mit zwei Atomen besetzt ist und jede Elementarzelle acht Atome enthält. Kennzeichnend für diese Struktur ist, dass sie die tetraedrische Bindungskonfiguration dieser Gruppe IV A-Elemente annimmt.

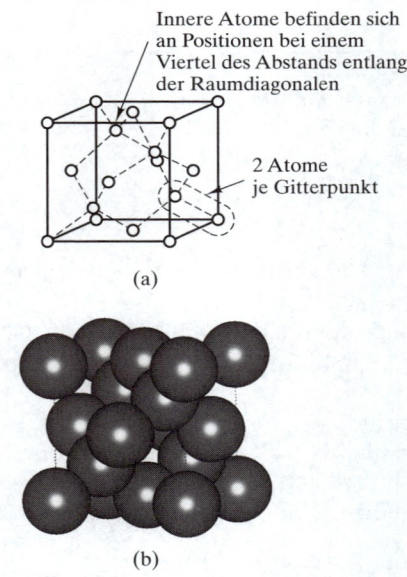

Struktur: Diamant kubisch
Bravais-Gitter: kfz
Atome/Elementarzelle: $4 + 6 \times \frac{1}{2} + 8 \times \frac{1}{8} = 8$
Typische Halbleiter: Si, Ge und graues Sn

Abbildung 3.23: Kubische Diamantelementarzelle mit den Atompositionen (a). Jeder Gitterplatz ist mit zwei Atomen besetzt (beachten Sie das bezeichnete Beispiel). Jedes Atom ist tetraedrisch koordiniert. (b) Die eigentliche Packung der in voller Größe gezeigten Atome, die mit der Elementarzelle verbunden sind

Die Welt der Werkstoffe

Einen (fast) perfekten Kristall züchten

Die technologische und kulturelle Revolution, die durch die vielen auf den modernen integrierten Schaltungen basierenden Produkte geschaffen wurde, beginnt mit Einkristallen von ausgesprochen hoher chemischer Reinheit und struktureller Perfektion. Mehr als alle anderen kommerziell hergestellten Werkstoffe repräsentieren diese Kristalle das in Kapitel 3 beschriebene Ideal. Die überwiegende Mehrheit der integrierten Schaltkreise wird auf dünnen Scheiben (Wafer genannt) von Siliziumeinkristallen hergestellt (das Foto zeigt einen heute üblichen Wafer von 300 mm bzw. 12 Zoll Durchmesser). Die konkreten Abläufe bei der Herstellung mikroelektronischer Schaltkreise auf diesen Wafern werden näher in *Kapitel 17* behandelt.

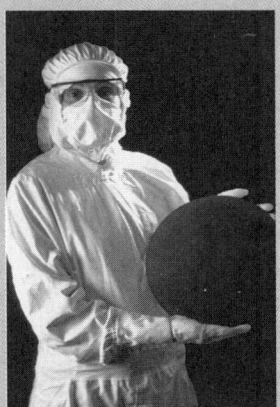

Wie die folgende Zeichnung zeigt, produziert man einen großen Siliziumkristall, indem man einen kleinen Kristall-„Keim" aus einem Tiegel mit geschmolzenem Silizium herauszieht. Der hohe Schmelzpunkt von Silizium (T_S = 1.414 °C) verlangt nach einem Schmelztiegel, der aus hochreinem SiO_2-Glas besteht. Die Wärmezufuhr erfolgt induktiv mit Hochfrequenz über Heizspulen. Der Kristallkeim wird in die Schmelze eingetaucht und langsam herausgezogen. Das Kristallwachstum entsteht dadurch, dass sich das flüssige Silizium am Kristallkeim abkühlt, wobei sich einzelne Atome gegenüber denen im Keim anlagern. An der Grenze zwischen flüssigem und festem Zustand werden nacheinander atomare Schichten angelagert. Die Wachstumsrate beträgt ungefähr 10 μm/s. Die so entstandenen großen Kristalle nennt man auch *Ingots* oder *Boules*. Das gesamte Verfahren heißt *Czochralski-* oder *Teal-Little-Technik*. Wie *Kapitel 17* noch zeigt, treibt die Wirtschaftlichkeit bei der Herstellung von integrierten Schaltkreisen auf Einkristall-Wafern die Kristallzüchter dazu an, Kristalle mit möglichst großen Durchmessern zu erzeugen. Der Industriestandard für Kristall- und dementsprechende Wafer-Durchmesser hat inzwischen die 300-mm-Marke erreicht.

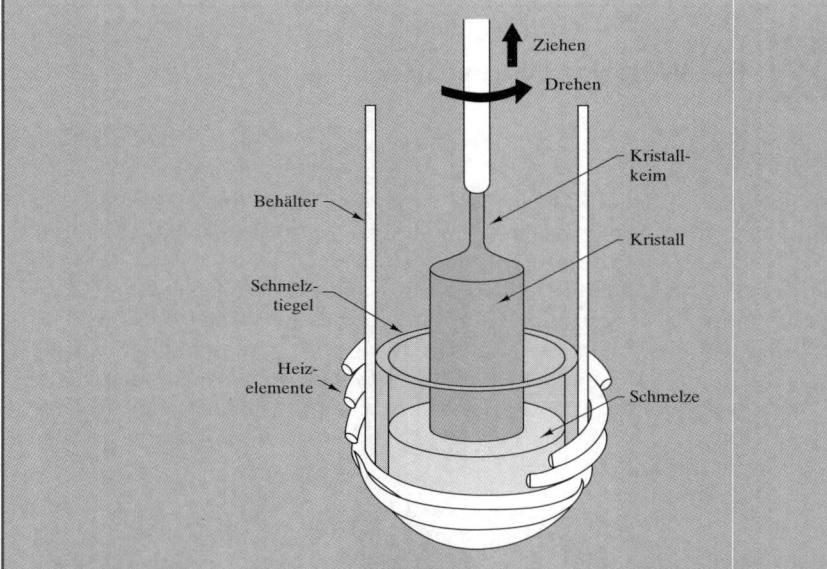

Schematische Darstellung der Züchtung von Einkristallen nach dem Czochralski-Verfahren

Die hier umrissenen wissenschaftlichen und technischen Grundlagen beim Züchten von Einkristallen werden durch eine nicht unerhebliche „Kunstfertigkeit" beim Einstellen der verschiedenen Besonderheiten der Apparate und Prozeduren für das Kristallwachstum ergänzt. Auf diesen hochspezialisierten Prozess der Kristallzüchtung haben sich vor allem Firmen konzentriert, die mit der eigentlichen Schaltkreisherstellung nichts zu tun haben. Die mit dem Czochralski-Verfahren erreichte strukturelle Perfektion verknüpft man mit der Möglichkeit, den entstehenden Kristall chemisch durch das Zonenreinigungsverfahren zu reinigen, wie es die *Kapitel 9* und *17* beschreiben.

Einige Elemente, die der Gruppe IV A benachbart sind, bilden halbleitende Verbindungen, die zu Verbindungen des MX-Typs mit Kombinationen von Atomen neigen, die eine durchschnittliche Valenz von 4+ haben. Beispielsweise kombiniert GaAs die 3+-Valenz von Gallium mit der 5+-Valenz von Arsen und CdS kombiniert die 2+-Valenz von Kadmium mit der 6+-Valenz von Schwefel. GaAs und CdS sind Beispiele für **III-V-Verbindungen** bzw. **II-VI-Verbindungen**. Viele dieser einfachen MX-Verbindungen kristallisieren in einer Struktur, die eng mit dem kubischen Diamantgitter verwandt ist. Abbildung 3.24 zeigt die Struktur der **Zinkblende** (ZnS), die im Wesentlichen der kubischen Diamantstruktur entspricht, wobei sich Zn^{2+}- und S^{2-}-Ionen an den Atompositionen abwechseln. Das ist wieder das kfz-Bravais-Gitter, allerdings mit zwei entgegengesetzt geladenen Ionen statt zwei gleichen Atomen an jedem Gitterplatz. Jede Elementarzelle enthält acht Ionen (vier Zn^{2+} und vier S^{2-}). Diese Struktur entspricht sowohl den III-V-Verbindungen (z.B. GaAs, AlP und InSb) als auch den II-VI-Verbindungen (z.B. ZnSe, CdS und HgTe).

3.5 Halbleiterstrukturen

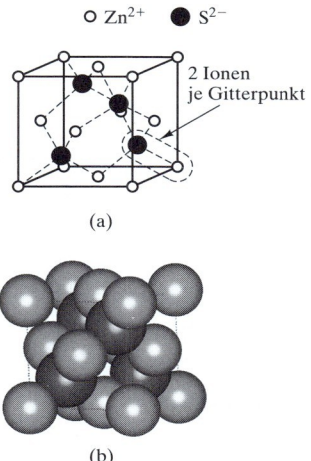

Struktur: Zinkblende (ZnS)-Typ
Bravais-Gitter: kfz
Ionen/Elementarzelle: $4Zn^{2+} + 4S^{2-}$
Typische Halbleiter:
 GaAs, AlP, InSb (III-V-Verbindungen)
 ZnS, ZnSe, CdS, HgTe (II-VI-Verbindungen)

Abbildung 3.24: Elementarzelle der Zinkblende (ZnS) mit (a) den Ionenpositionen. Jeder Gitterplatz ist mit zwei Ionen besetzt (beachten Sie das bezeichnete Beispiel). Vergleichen Sie diese Struktur mit der kubischen Diamantstruktur (siehe Abbildung 3.23a). (b) Die eigentliche Packung der in voller Größe gezeigten Atome, die zu einer Elementarzelle gehören

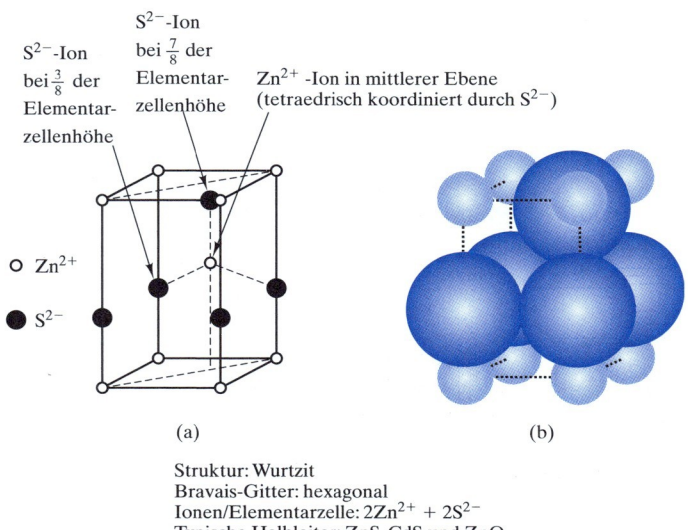

Struktur: Wurtzit
Bravais-Gitter: hexagonal
Ionen/Elementarzelle: $2Zn^{2+} + 2S^{2-}$
Typische Halbleiter: ZnS, CdS und ZnO

Abbildung 3.25: Wurtzit-Elementarzelle (ZnS) mit (a) den Ionenpositionen und (b) Ionen voller Größe

Abhängig von den Details des Kristallisationsprozesses kristallisiert Zinksulfid auch in einer anderen Kristallstruktur, die energetisch der Stabilität von Zinkblende sehr nahe kommt. Diese in Abbildung 3.25 gezeigte Alternative, die **Wurtzit-Struktur**

(ZnS), basiert auf einem hexagonalen Bravais-Gitter mit vier Ionen (zwei Zn^{2+} und zwei S^{2-}) je Gitterseite und je Elementarzelle. Wie bei ZnS tritt diese Struktur auch bei CdS auf. Es ist die charakteristische Struktur von ZnO.

Beispiel 3.6 Berechnen Sie die den APF für die kubische Diamantstruktur (siehe Abbildung 3.23).

Lösung

Durch die tetraedrische Bindungsgeometrie der kubischen Diamantstruktur liegen die Atome entlang der Raumdiagonalen. Ein näherer Blick auf Abbildung 3.23 zeigt, dass diese Orientierung der Atome zu folgender Gleichheit führt:

$$2r_{Si} = \frac{1}{4}(\text{Raumdiagonale}) = \frac{\sqrt{3}}{4}a$$

oder

$$a = \frac{8}{\sqrt{3}} r_{Si}.$$

Das Volumen der Elementarzelle ist dann

$$V_{\text{Elementarzelle}} = a^3 = (4{,}62)^3 r_{Si}^3 = 98{,}5 r_{Si}^3.$$

Das Volumen der acht Si-Atome in der Elementarzelle berechnet sich zu

$$V_{\text{Atome}} = 8 \times \frac{4}{3}\pi r_{Si}^3 = 33{,}5 r_{Si}^3,$$

was eine Packungsdichte von

$$APF = \frac{33{,}5 r_{Si}^3}{98{,}5 r_{Si}^3} = 0{,}340$$

ergibt.
Hinweis: Dieses Ergebnis repräsentiert eine sehr offene Struktur, verglichen mit den eng gepackten Strukturen der Metalle, die *Abschnitt 3.2* behandelt hat (z.B. APF = 0,74 bei kfz- und hdp-Metallen).

Übung 3.7 Beispiel 3.6 hat gezeigt, dass die Packungsdichte für Silizium ziemlich klein ist, verglichen mit der von typischen Metallstrukturen. Erörtern Sie die Beziehung zwischen dieser Eigenschaft und der Natur der Bindung in Halbleitersilizium.

> **Beispiel 3.7** Berechnen Sie die Dichte von Silizium und verwenden Sie hierzu die Daten aus den *Anhängen A* und *B*.
>
> **Lösung**
>
> Aus Beispiel 3.6 ergibt sich das Volumen der Elementarzelle zu
>
> $$V_{\text{Elementarzelle}} = 98{,}5 r_{\text{Si}}^3 = 98{,}5(0{,}117 \text{ nm})^3$$
>
> $$= 0{,}158 \text{ nm}^3,$$
>
> woraus eine Dichte von
>
> $$\rho = \frac{8 \text{ Atome}}{0{,}158 \text{ nm}^3} \times \frac{28{,}09 \text{ g}}{0{,}6023 \times 10^{24} \text{ Atome}} \times \left(\frac{10^7 \text{ nm}}{\text{cm}}\right)^3$$
>
> $$= 2{,}36 \text{ g/cm}^3$$
>
> resultiert.
> Wie bei vorherigen Berechnungen ergibt sich eine leichte Diskrepanz zwischen diesem Ergebnis und den Daten von *Anhang A* (z.B. $\rho_{\text{Si}} = 2{,}33 \text{ g/cm}^3$) durch das Fehlen einer weiteren Kommastelle für die Atomradiusdaten von *Anhang B*.

> **Übung 3.8** Berechnen Sie die Dichte von Germanium mithilfe der Daten aus den *Anhängen A* und *B*. (Siehe Beispiel 3.7.)

3.6 Gitterpositionen, Gitterrichtungen und Gitterebenen

Es gibt einige Grundregeln, mit denen sich die Geometrie in einer und um eine Elementarzelle beschreiben lässt. An diese Regeln und die zugehörigen Notationen halten sich Kristallographen, Mineralogen, Werkstoffwissenschaftler und andere, die mit kristallinen Stoffen zu tun haben. Wir eignen uns also ein Vokabular an, mit dem wir effizient über kristalline Strukturen kommunizieren können. Dieses Vokabular erweist sich gerade dann als nützlich, wenn wir uns später im Buch mit strukturabhängigen Eigenschaften beschäftigen.

Abbildung 3.26 veranschaulicht die Notation, um **Gitterpositionen** in Form von Bruchteilen oder Vielfachen der Elementarzellabmessungen zu beschreiben. Beispielsweise wird die raumzentrierte Position in der Elementarzelle auf halbem Wege längs jeder der drei Elementarzellkanten projiziert und als

$$\frac{1}{2}\frac{1}{2}\frac{1}{2}\text{-Position bezeichnet.}$$

Kristalline Strukturen zeichnen sich u.a. dadurch aus, dass eine gegebene Gitterposition in einer gegebenen Elementarzelle strukturell äquivalent zur gleichen Position in jeder anderen Elementarzelle derselben Struktur ist. Diese Äquivalenzpositionen sind durch **Gittertranslationen** verbunden, die aus ganzzahligen Vielfachen von Gitterkonstanten entlang der Richtungen parallel zu kristallographischen Achsen bestehen (siehe Abbildung 3.27).

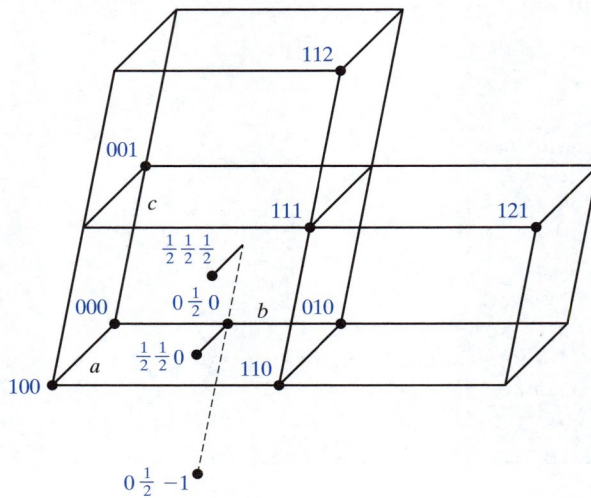

Abbildung 3.26: Notation für Gitterpositionen

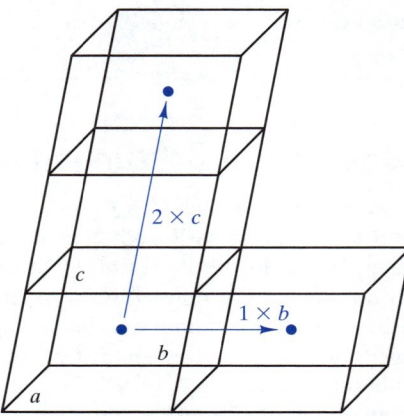

Abbildung 3.27: Gittertranslationen verbinden strukturell äquivalente Positionen (z.B. die Raummitte) in verschiedenen Elementarzellen.

Abbildung 3.28 veranschaulicht die Notation, nach der man **Gitterrichtungen** beschreibt. Diese als Menge von Ganzzahlen ausgedrückten Richtungen erhält man, wenn man die *kleinsten ganzzahligen Positionen* bestimmt, die jeweils durch die Linie vom Ursprung der kristallographischen Achsen geschnitten werden. Um die Notation von Richtungen und Positionen zu unterscheiden, schließt man die Richtungszahlen in eckige Klammern ein. Die eckigen Klammern dienen auch als Stan-

3.6 Gitterpositionen, Gitterrichtungen und Gitterebenen

dardbezeichnung für spezifische Gitterrichtungen. Andere geometrische Merkmale kennzeichnet man mit anderen Symbolen. In Abbildung 3.28 ist zu sehen, dass sich die Linie vom Ursprung der kristallographischen Achsen durch die raumzentrierte Position

$$\frac{1}{2}\frac{1}{2}\frac{1}{2}$$

erweitern lässt, um die Eckposition 111 der Elementarzelle zu schneiden. Diese Richtung bezeichnet man demnach mit [111].

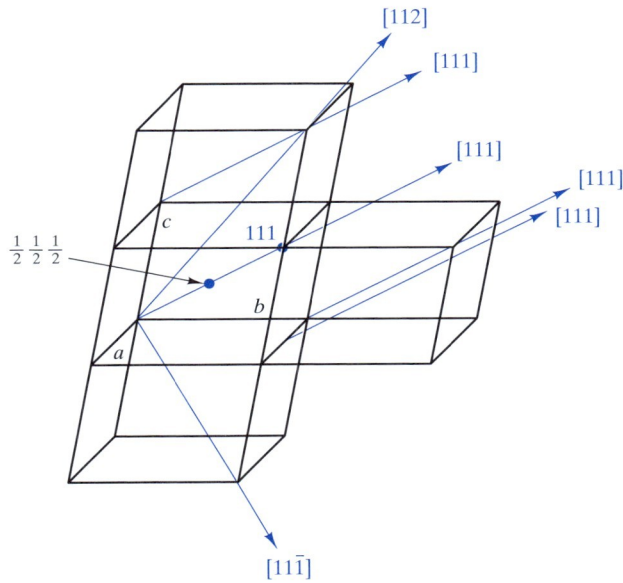

Abbildung 3.28: Notation für Gitterrichtungen. Beachten Sie, dass parallele [uvw] Richtungen (z.B. [111]) die gleiche Notation verwenden, weil nur der Ursprung verschoben ist.

Wenn eine Richtung entlang einer negativen Achse verschoben wird, muss die Notation diese Verschiebung anzeigen. Beispielsweise kennzeichnet der Strich über der letzten Ganzzahl in der [11$\bar{1}$]-Richtung von Abbildung 3.28, dass die Linie vom Ursprung ausgehend die Position 11-1 durchdrungen hat. Beachten Sie, dass die Richtungen [111] und [11$\bar{1}$] strukturell sehr ähnlich sind. Beide sind Raumdiagonalen durch identische Elementarzellen. In der Tat sind alle Raumdiagonalen im kubischen Kristallsystem strukturell identisch und unterschieden sich nur in ihrer Richtung (siehe Abbildung 3.29). Mit anderen Worten wird die Richtung [11$\bar{1}$] zur Richtung [111], wenn wir eine andere Orientierung der Kristallachsen wählen. Ein derartiger Satz von strukturell äquivalenten Richtungen werden als **gleichwertige Richtungen** bezeichnet und durch spitze Klammern <> gekennzeichnet. Ein Beispiel für Raumdiagonalen im kubischen System ist

$$\langle 111 \rangle = \left[111\right], \left[\bar{1}11\right], \left[1\bar{1}1\right], \left[11\bar{1}\right], \left[\bar{1}\bar{1}1\right], \left[\bar{1}1\bar{1}\right], \left[1\bar{1}\bar{1}\right], \left[\bar{1}\bar{1}\bar{1}\right]. \tag{3.1}$$

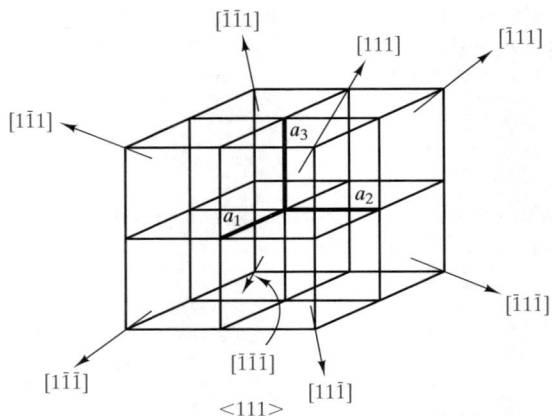

Abbildung 3.29: Gleichwertige <111>-Richtungen, die alle Raumdiagonalen für benachbarte Elementarzellen im kubischen System repräsentieren

Es ist nützlich, die Winkel zwischen den Richtungen zu kennen, insbesondere wenn es in späteren Kapiteln um Berechnungen der mechanischen Eigenschaften geht. Im Allgemeinen lassen sich die Winkel zwischen Richtungen durch genaue Visualisierung und trigonometrische Berechnungen bestimmen. Im häufig vorkommenden kubischen System kann der Winkel relativ einfach aus dem Punktprodukt zweier Vektoren berechnet werden. Nimmt man die Richtungen $[uvw]$ und $[u'v'w']$ als Vektoren $\mathbf{D} = u\mathbf{a} + v\mathbf{b} + w\mathbf{c}$ und $\mathbf{D'} = u'\mathbf{a} + v'\mathbf{b} + w'\mathbf{c}$ an, erhält man den Winkel δ zwischen diesen beiden Richtungen durch

$$\mathbf{D} \cdot \mathbf{D'} = |\mathbf{D}||\mathbf{D'}|\cos\delta \qquad (3.2)$$

oder

$$\cos\delta = \frac{\mathbf{D} \cdot \mathbf{D'}}{|\mathbf{D}||\mathbf{D'}|} = \frac{uu' + vv' + ww'}{\sqrt{u^2 + v^2 + w^2}\sqrt{(u')^2 + (v')^2 + (w')^2}}. \qquad (3.3)$$

Denken Sie daran, dass die Gleichungen 3.2 und 3.3 nur für das kubische System gültig sind.

Als weitere Größe ist für spätere Berechnungen die **lineare Dichte** von Atomen entlang einer gegebenen Richtung wichtig. Auch hier bedient man sich sorgfältiger Darstellungen und trigonometrischer Berechnungen. Für den Fall, dass die Atome gleichmäßig entlang einer gegebenen Richtung angeordnet sind, lässt sich vereinfachend die Wiederholungsdistanz r zwischen benachbarten Atomen bestimmen. Die lineare Dichte ist einfach der Kehrwert r^{-1}. Beachten Sie, dass man bei der Berechnung der linearen Dichte nur diejenigen Atome zählen darf, deren Mittelpunkte direkt auf der Richtungslinie liegen, und nicht alle Atome, die gegebenenfalls diese Line abseits vom Mittelpunkt schneiden.

Abbildung 3.30 zeigt die Notation für die Beschreibung der **Gitterebenen**, die Ebenen in einem Kristallgitter sind. Wie bei Richtungen drückt man diese Ebenen als Gruppe von Ganzzahlen aus, die als **Miller-Indizes** bezeichnet werden. Es ist komplizierter als bei Richtungen, diese Ganzzahlen zu ermitteln. Die Ganzzahlen stellen den Kehrwert der Achsenschnittpunkte dar. Nehmen wir als Beispiel die Ebene (210) in Abbildung 3.30a an. Analog zu den eckigen Klammern für die Richtungsnotation verwendet man die runden Klammern als Standardnotation für Ebenen. Die (210)-Ebene schneidet die a-Achse bei

$$\frac{1}{2}a$$

und die b-Achse bei b und sie ist parallel zur c-Achse (schneidet sie praktisch bei ∞). Die Kehrwerte der Achsenschnittpunkte sind

$$1\Big/\frac{1}{2},$$

1/1 bzw. 1/∞. Die inversen Schnittpunkte liefern die Ganzzahlen 2, 1 und 0, woraus sich die Notation (210) ergibt. Auf den ersten Blick mag die Verwendung dieser Miller-Indizes wie zusätzliche Arbeit aussehen. Tatsächlich bieten sie aber ein effizientes Bezeichnungssystem für Kristallebenen und spielen eine wichtige Rolle in Gleichungen, die mit Beugungsmessungen zu tun haben (siehe Abschnitt 3.7). Die allgemeine Notation für Miller-Indizes ist (hkl) und man kann sie für jedes der sieben Kristallsysteme verwenden. Da sich das hexagonale System bequem durch vier Achsen darstellen lässt, kann man eine vierstellige Gruppe von **Miller[1]-Bravais-Indizes** $(hkil)$, wie in Abbildung 3.31 gezeigt, definieren. Weil nur drei Achsen notwendig sind, um die dreidimensionale Geometrie eines Kristalls zu definieren, ist eine der Ganzzahlen im Miller-Bravais-System redundant. Sobald eine Ebene zwei beliebige Achsen in der grundlegenden Ebene am Boden der Elementarzelle (mit den Achsen a_1, a_2 und a_3 in Abbildung 3.31) schneidet, ist der Schnittpunkt mit der dritten grundlegenden Ebenenachse bestimmt. Im Ergebnis kann man zeigen, dass $h + k = -i$ für jede Ebene im hexagonalen System gilt, was es auch erlaubt, jede derartige hexagonale Systemebene durch Miller-Bravais-Indizes $(hkil)$ oder durch Miller-Indizes (hkl) zu kennzeichnen. Für die in Abbildung 3.31 gezeigte Ebene kann die Kennzeichnung $(01\bar{1}0)$ oder (010) lauten.

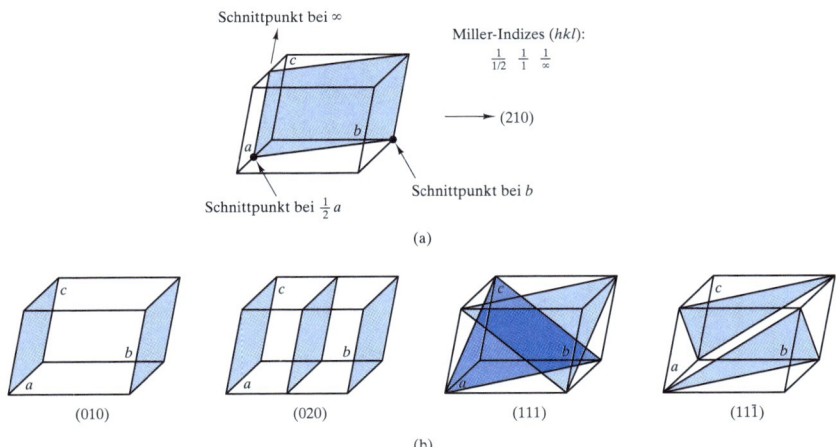

Abbildung 3.30: Notation für Gitterebenen. (a) Die (210)-Ebene veranschaulicht die Miller-Indizes (hkl). (b) Weitere Beispiele

---

[1] William Hallowes Miller (1801–1880), britischer Kristallograph, hat zusammen mit Bravais den wesentlichen Anteil an den Arbeiten zur Kristallographie des 19. Jahrhunderts geleistet. Sein effizientes System für die Bezeichnung der Kristallebenen war nur eine seiner vielen Errungenschaften.

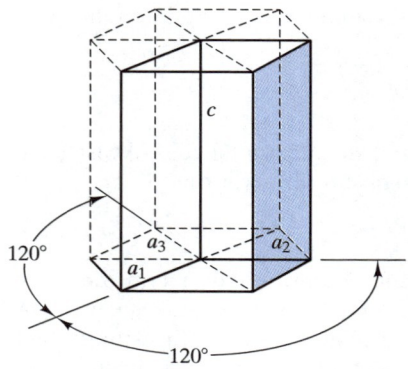

Miller-Bravais-Indizes $(hkil)$: $\frac{1}{\infty}, \frac{1}{1}, \frac{1}{-1}, \frac{1}{\infty} \rightarrow (01\bar{1}0)$
Hinweis: $h + k = -i$

Abbildung 3.31: Miller-Bravais-Indizes $(hkil)$ für das hexagonale System

Wie bei strukturell äquivalenten Richtungen können wir strukturell äquivalente Ebenen in **gleichwertige Ebenen** gruppieren, wobei Miller- oder Miller-Bravais-Indizes in geschweifte Klammern wie z.B. {hkl} oder {$hkil$} eingeschlossen werden. Abbildung 3.32 veranschaulicht, dass die Flächen einer Elementarzelle im kubischen System zur {100}-Familie gehören, mit

$$\{100\} = (100), (010), (001), (\bar{1}00), (0\bar{1}0), (00\bar{1}). \tag{3.4}$$

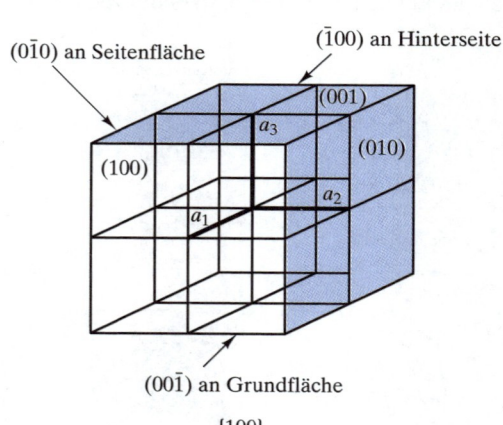

{100}

Abbildung 3.32: Gleichwertige {100}-Ebenen, die alle Außenflächen der Elementarzellen im kubischen System repräsentieren

Spätere Kapitel erfordern die Berechnung der **planaren Dichten** von Atomen (Anzahl pro Flächeneinheit) analog zu den bereits erwähnten linearen Dichten. Auch hier werden nur diejenigen gezählt, die mit ihrem Mittelpunkt auf der fraglichen Ebene liegen.

3.6 Gitterpositionen, Gitterrichtungen und Gitterebenen

Beispiel 3.8 Listen Sie mithilfe von die flächenzentrierten Gitterpunktpositionen für (a) das kfz-Bravais-Gitter und (b) das *orthorhombisch flächenzentrierte* (ofz-) Gitter auf.

Lösung

(a) Für die flächenzentrierten Positionen

$$\frac{1}{2}\frac{1}{2}0, \frac{1}{2}0\frac{1}{2}, 0\frac{1}{2}\frac{1}{2}, \frac{1}{2}\frac{1}{2}1, \frac{1}{2}1\frac{1}{2}, 1\frac{1}{2}\frac{1}{2}.$$

(b) Die gleiche Antwort wie für Teil (a). Die Gitterparameter erscheinen nicht in der Notation für Gitterpositionen.

Beispiel 3.9 Welche Gitterpunkte liegen in der [110]-Richtung in den kfz- und ofz-Elementarzellen nach?

Lösung

Zeichnet man diesen Fall, erhält man

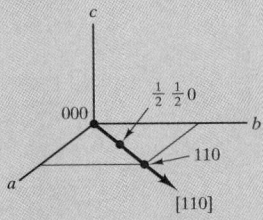

Die Gitterpunkte sind 000, $\frac{1}{2}\frac{1}{2}0$ und 110 für beide Systeme (kfz und ofz).

Beispiel 3.10 Listen Sie die Mitglieder der <110>-Richtungsfamilie im kubischen System auf.

Lösung

Die Richtungsfamilie macht alle Flächendiagonalen der Elementarzelle aus, wobei zwei derartige Diagonalen auf jeder Fläche insgesamt zwölf Mitglieder ergeben:

$$\langle 110 \rangle = \left[110\right], \left[1\bar{1}0\right], \left[\bar{1}10\right], \left[\bar{1}\bar{1}0\right], \left[101\right], \left[10\bar{1}\right], \left[\bar{1}01\right],$$
$$\left[\bar{1}0\bar{1}\right], \left[011\right], \left[01\bar{1}\right], \left[0\bar{1}1\right], \left[0\bar{1}\bar{1}\right].$$

KRISTALLINE STRUKTUR – DER PERFEKTE KRISTALL

Beispiel 3.11 Wie groß ist der Winkel zwischen den Richtungen [110] und [111] im kubischen System?

Lösung

Aus Gleichung 3.3 ergibt sich

$$\delta = \arccos \frac{uu' + vv' + ww'}{\sqrt{u^2 + v^2 + w^2}\sqrt{(u')^2 + (v')^2 + (w')^2}}$$

$$= \arccos \frac{1 + 1 + 0}{\sqrt{2}\sqrt{3}}$$

$$= \arccos(0{,}816)$$

$$= 35{,}3°.$$

Beispiel 3.12 Bestimmen Sie die Achsenschnittpunkte für die $(3\overline{1}\overline{1})$-Ebene.

Lösung

Für die a-Achse ist der Schnittpunkt $= \frac{1}{3}a$, für die b-Achse $= \frac{1}{-1}b = -b$ und für die c-Achse

$$= \frac{1}{1}c = c.$$

Beispiel 3.13 Listen Sie die Mitglieder der {110}-Ebenenfamilie im kubischen System auf.

Lösung

$$\{110\} = (110), (1\overline{1}0), (110), (\overline{1}\overline{1}0), (101), (10\overline{1}), (\overline{1}01),$$

$$(\overline{1}0\overline{1}), (011), (01\overline{1}), (0\overline{1}1), (0\overline{1}\overline{1})$$

(Vergleichen Sie diese Antwort mit der für Beispiel 3.10.)

3.6 Gitterpositionen, Gitterrichtungen und Gitterebenen

Beispiel 3.14 Berechnen Sie die lineare Dichte der Atome entlang der [111]-Richtung in (a) krz-Wolfram und (b) kfz-Aluminium.

Lösung

(a) Bei einer krz-Struktur (siehe Abbildung 3.4) berühren sich die Atome entlang der [111]-Richtung (eine Raumdiagonale). Demzufolge ist der Wiederholungsabstand gleich einem Atomdurchmesser. Mit den Daten von *Anhang B* lässt sich der Wiederholungsabstand zu

$$r = d_{\text{W-Atom}} = 2r_{\text{W-Atom}}$$

$$= 2(0{,}137 \text{ nm}) = 0{,}274 \text{ nm}$$

berechnen. Demzufolge ergibt sich

$$r^{-1} = \frac{1}{0{,}274 \text{ nm}} = 3{,}65 \text{ Atome/nm}.$$

(b) Bei einer kfz-Struktur wird nur ein Atom entlang der Raumdiagonale einer Elementarzelle geschnitten. Um die Länge der Raumdiagonale zu bestimmen, sei darauf hingewiesen, dass zwei Atomdurchmesser gleich der Länge einer Flächendiagonale sind (siehe Abbildung 3.5). Mit den Daten aus *Anhang B* erhalten wir:

$$\text{Länge der Flächendiagonale} = 2d_{\text{Al-Atom}}$$

$$= 4r_{\text{Al-Atom}} = \sqrt{2}a.$$

Der Gitterparameter berechnet sich zu

$$a = \frac{4}{\sqrt{2}} r_{\text{Al-Atom}}$$

(siehe auch)

$$= \frac{4}{\sqrt{2}}(0{,}143 \text{ nm}) = 0{,}404 \text{ nm}.$$

Der Wiederholungsabstand beträgt

$$r = \text{Länge der Raumdiagonale} = \sqrt{3}a$$

$$= \sqrt{3}(0{,}404 \text{ nm})$$

$$= 0{,}701 \text{ nm},$$

was uns die lineare Dichte von

$$r^{-1} = \frac{1}{0{,}701 \text{ nm}} = 1{,}43 \text{ Atome/nm}$$

liefert.

3 KRISTALLINE STRUKTUR – DER PERFEKTE KRISTALL

Beispiel 3.15 Berechnen Sie die planare Dichte von Atomen in der (111)-Ebene von (a) krz-Wolfram und (b) kfz-Aluminium.

Lösung

(a) Bei der krz-Struktur (siehe Abbildung 3.4) schneidet die (111)-Ebene nur die Eckatome in der Elementarzelle:

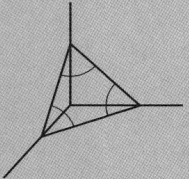

Gemäß den Berechnungen von Beispiel 3.14a haben wir

$$\sqrt{3}a = 4r_{W-Atom}$$

oder

$$a = \frac{4}{\sqrt{3}} r_{W-Atom} = \frac{4}{\sqrt{3}} (0{,}137 \text{ nm}) = 0{,}316 \text{ nm}.$$

Die Länge der Flächendiagonale beträgt dann

$$l = \sqrt{2}a = \sqrt{2}(0{,}316 \text{ nm}) = 0{,}447 \text{ nm}.$$

Die Fläche der (111)-Ebene innerhalb der Elementarzelle ist

$$A = \frac{1}{2} bh = \frac{1}{2}(0{,}447 \text{ nm}) \left(\frac{\sqrt{3}}{2} \times 0{,}447 \text{ nm} \right)$$

$$= 0{,}0867 \text{ nm}^2.$$

An jeder Ecke des gleichseitigen Dreiecks, das durch die (111)-Ebene in der Elementarzelle gebildet wird, sitzt $\frac{1}{6}$ Atom (d.h. $\frac{1}{6}$ des Kreisumfangs). Somit erhält man

$$\text{Atomdichte} = \frac{3 \times \frac{1}{6} \text{ Atom}}{A}$$

$$= \frac{0{,}5 \text{ Atom}}{0{,}0867 \text{ nm}^2} = 5{,}77 \frac{\text{Atome}}{\text{nm}^2}.$$

(b) Bei der kfz-Struktur (siehe Abbildung 3.5) schneidet die (111)-Ebene drei Eckatome und drei flächenzentrierte Atome in der Elementarzelle:

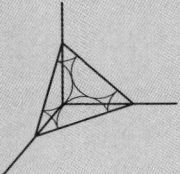

Entsprechend den Berechnungen von Beispiel 3.14b erhalten wir die Länge der Flächendiagonale zu

$$l = \sqrt{2}a = \sqrt{2}(0,404 \text{ nm}) = 0,572 \text{ nm}.$$

Die Fläche der (111)-Ebene innerhalb der Elementarzelle beträgt

$$A = \frac{1}{2}bh = \frac{1}{2}(0,572 \text{ nm})\left(\frac{\sqrt{3}}{2} \times 0,572 \text{ nm}\right)$$

$$= 0,142 \text{ nm}^2.$$

Innerhalb dieser Fläche gibt es $3 \times \frac{1}{6}$ Eckatome plus $3 \times \frac{1}{2}$ flächenzentrierte Atome, sodass man erhält:

$$\text{Atomdichte} = \frac{\left(3 \times \frac{1}{6} + 3 \times \frac{1}{2}\right) \text{Atome}}{0,142 \text{ nm}^2} = \frac{2 \text{ Atome}}{0,142 \text{ nm}^2}$$

$$= 14,1 \text{ Atome/nm}^2.$$

Beispiel 3.16 Berechnen Sie die lineare Ionendichte in der [111]-Richtung von MgO.

Lösung

Abbildung 3.9 zeigt, dass die Raumdiagonale der Elementarzelle ein Mg^{2+} und ein O^{2-} schneidet. Entsprechend Beispiel 3.3 berechnen wir die Länge der Raumdiagonale zu $l = \sqrt{3}a = \sqrt{3}(0,420 \text{ nm}) = 0,727 \text{ nm}$.

Die linearen Ionendichten sind dann $\frac{1 Mg^{2+}}{0,727 \text{ nm}} = 1,37 Mg^{2+}/\text{nm}$
bzw. $1,37 O^{2-}/\text{nm}$,
was insgesamt $\left(1,37 Mg^{2+} + 1,37 O^{2-}\right)/\text{nm}$
ergibt.

Beispiel 3.17 Berechnen Sie die planare Dichte der Ionen in der (111)-Ebene von MgO.

Lösung

Für dieses Problem gibt es tatsächlich zwei Antworten. Mit der Elementarzelle von Abbildung 3.9 sehen wir eine Anordnung, die mit einem kfz-Metall vergleichbar ist:

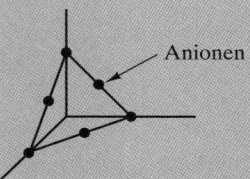

Allerdings können wir genauso eine Elementarzelle definieren, die ihren Ursprung auf einem Kationen-Platz hat (statt auf einem Anionen-Platz wie in Abbildung 3.9). In diesem Fall hat die (111)-Ebene eine vergleichbare Anordnung von Kationen:

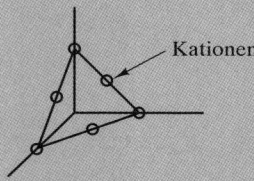

In jedem Fall gibt es zwei Ionen je (111)-„Dreieck". Aus Beispiel 3.3 wissen wir, dass $a = 420$ nm ist. Die Länge jeder (111)-Dreiecksseite (d.h. einer Flächendiagonale der Elementarzelle) beträgt

$$l = \sqrt{2}a = \sqrt{2}(0,420 \text{ nm}) = 0,594 \text{ nm}.$$

Der planare Bereich berechnet sich dann zu

$$A = \frac{1}{2}bh = \frac{1}{2}(0,594 \text{ nm})\left(\frac{\sqrt{3}}{2} \times 0,594 \text{ nm}\right) = 0,153 \text{ nm}^2,$$

was eine

$$\text{Ionendichte} = \frac{2 \text{ Ionen}}{0,153 \text{ nm}^2} = 13,1 \text{ nm}^{-2}$$

oder

$$13,1 \left(Mg^{2+} \text{ oder } O^{2-}\right)/\text{nm}^2$$

ergibt.

Beispiel 3.18

Berechnen Sie die lineare Dichte der Atome entlang der [111]-Richtung in Silizium.

Lösung

Bei diesem Problem ist Vorsicht geboten. Aus Abbildung 3.23 geht hervor, dass Atome entlang der [111]-Richtung (einer Raumdiagonale) nicht in gleichmäßigen Abständen angeordnet sind. Folglich lassen sich die r^{-1}-Berechnungen wie in Beispiel 3.14 nicht anwenden.

Entsprechend den Kommentaren von Beispiel 3.6 ist zu sehen, dass zwei Atome längs einer gegebenen Raumdiagonale zentriert sind

(z.B. $\frac{1}{2}$ Atom bei 000, 1 Atom bei $\frac{1}{4}\frac{1}{4}\frac{1}{4}$ und $\frac{1}{2}$ Atom bei 111).

Mit l als Länge der Raumdiagonale in einer Elementarzelle erhalten wir

$$2r_{Si} = \frac{1}{4}l$$

oder

$$l = 8r_{Si}.$$

Mit den Daten in *Anhang B* ergibt sich

$$l = 8(0{,}117 \text{ nm}) = 0{,}936 \text{ nm}.$$

Die lineare Dichte beträgt demnach

$$\text{Lineare Dichte} = \frac{2 \text{ Atome}}{0{,}936 \text{ nm}} = 2{,}14 \frac{\text{Atome}}{\text{nm}}.$$

Übung 3.9

Verwenden Sie Abbildung 3.2 und listen Sie die raumzentrierten Gitterpunktpositionen für (a) das krz-Bravais-Gitter, (b) das raumzentrierte tetragonale Gitter und (c) das raumzentrierte orthorhombische Gitter auf. (Siehe Beispiel 3.8.)

Übung 3.10

Bestimmen Sie anhand einer Skizze, welche Gitterpunkte längs der [111]-Richtung in den (a) krz-, (b) raumzentrierten tetragonalen und (c) raumzentrierten orthorhombischen Elementarzellen von liegen. (Siehe Beispiel 3.9.)

3 KRISTALLINE STRUKTUR – DER PERFEKTE KRISTALL

Beispiel 3.19 Berechnen Sie die planare Dichte der Atome in der (111)-Richtung von Silizium.

Lösung

Eine genaue Betrachtung von Abbildung 3.23 zeigt, dass die vier inneren Atome in der kubischen Diamantstruktur nicht auf der (111)-Ebene liegen. Im Ergebnis ist die Atomanordnung in dieser Ebene genau die für die metallische kfz-Struktur (siehe Beispiel 3.15b). Natürlich berühren sich die Atome längs der Richtungen vom Typ [110] in der kubischen Diamantstruktur nicht wie in kfz-Metallen.

Wie in Beispiel 3.15b berechnet, gibt es zwei Atome im gleichseitigen Dreieck, die durch Seiten der Länge $\sqrt{2}a$ gebunden sind. Mit den Daten von Beispiel 3.6 und *Anhang B* berechnen wir

$$a = \frac{8}{\sqrt{3}}(0{,}117 \text{ nm}) = 0{,}540 \text{ nm}$$

und

$$\sqrt{2}a = 0{,}764 \text{ nm},$$

was eine Dreiecksfläche von

$$A = \frac{1}{2}bh = \frac{1}{2}(0{,}764 \text{ nm})\left(\frac{\sqrt{3}}{2} \times 0{,}764 \text{ nm}\right)$$

$$= 0{,}253 \text{ nm}^2$$

und eine planare Dichte von

$$\frac{2 \text{ Atome}}{0{,}253 \text{ nm}^2} = 7{,}91 \frac{\text{Atome}}{\text{nm}^2}$$

ergibt.

Übung 3.11 Zeichnen Sie die zwölf Mitglieder der <110>-Familie, die Beispiel 3.10 bestimmt hat. (Fertigen Sie gegebenenfalls mehrere Skizzen an.)

Übung 3.12 (a) Bestimmen Sie die <100>-Richtungsfamilie im kubischen System und (b) zeichnen Sie die Mitglieder dieser Familie. (Siehe Beispiel 3.10 und Übung 3.11.)

3.6 Gitterpositionen, Gitterrichtungen und Gitterebenen

Übung 3.13 Berechnen Sie die Winkel zwischen (a) den [100]- und [110]- und (b) den [100]- und [111]-Richtungen im kubischen System. (Siehe Beispiel 3.11.)

Übung 3.14 Skizzieren Sie die $(3\bar{1}\bar{1})$-Ebene und ihre Schnittpunkte. (Siehe Beispiel 3.12 und Abbildung 3.30.)

Übung 3.15 Skizzieren Sie die zwölf Mitglieder der [110]-Familie, die Sie in Beispiel 3.13 bestimmt haben. (Auch hier ist es wahrscheinlich einfacher, mit mehreren Skizzen zu arbeiten.)

Übung 3.16 Berechnen Sie die lineare Dichte der Atome entlang der [111]-Richtung in (a) krz-Eisen und (b) kfz-Nickel. (Siehe Beispiel 3.14.)

Übung 3.17 Berechnen Sie die planare Dichte der Atome in der (111)-Ebene von (a) krz-Eisen und (b) kfz-Nickel. (Siehe Beispiel 3.15.)

Übung 3.18 Berechnen Sie die lineare Dichte der Ionen längs der [111]-Richtung für CaO. (Siehe Beispiel 3.16.)

Übung 3.19 Berechnen Sie die planare Dichte der Ionen in der (111)-Ebene für CaO. (Siehe Beispiel 3.17.)

Übung 3.20 Bestimmen Sie die lineare Dichte der Atome längs der [111]-Richtung für Germanium. (Siehe Beispiel 3.18.)

| Übung 3.21 | Bestimmen Sie die planare Dichte der Atome in der (111)-Ebene für Germanium. (Siehe Beispiel 3.19.) |

3.7 Röntgenbeugung

Dieses Kapitel hat eine große Vielfalt von Kristallstrukturen eingeführt. Am Ende gehen wir noch kurz auf die **Röntgenbeugung** als leistungsfähiges Analyseinstrumentarium ein.

Auf der Companion Website sind Programme und Beispieldaten zur Röntgenbeugung verfügbar.

Es gibt viele Arten, wie man die Röntgenbeugung verwendet, um die Kristallstruktur von Ingenieurwerkstoffen zu bestimmen. Man kann die Struktur eines neuen Werkstoffs bestimmen oder die bekannte Struktur eines technischen Werkstoffs kann als Quelle für die chemische Identifizierung dienen.

Beugung ist das Ergebnis der Streuung von Strahlen durch ein regelmäßiges Array von Beugungszentren, deren Abstände ungefähr der Wellenlänge der Strahlung entsprechen. Beispielsweise führt ein Linienraster mit einem Abstand der parallel geritzten Linien von etwa 1 μm zu einer Beugung von sichtbarem Licht (elektromagnetische Strahlung mit einer Wellenlänge unmittelbar unter 1 μm). Dieses Beugungsgitter bewirkt, dass das Licht mit jeweils starker Intensität in wenige spezifische Richtungen gestreut wird (siehe Abbildung 3.33). Die genaue Richtung der detektierten Streuung ist eine Funktion des Abstandes zwischen den Ritzlinien im Beugungsgitter relativ zur Wellenlänge des einfallenden Strahls. *Anhang B* zeigt, dass Atome und Ionen eine Größe von ungefähr 0,1 nm haben, sodass man sich Kristallgitter als Beugungsgitter im Subnanometerbereich vorstellen kann. Wie Abbildung 3.34 zeigt, entspricht dieser Wellenlängenbereich im elektromagnetischen Spektrum der **Röntgenstrahlung** (verglichen mit dem 1.000-nm-Bereich für die Wellenlänge von sichtbarem Licht). Durch Röntgenbeugung ist es also möglich, kristalline Strukturen zu charakterisieren.

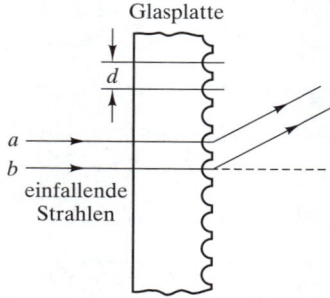

Abbildung 3.33: Beugungsgitter für sichtbares Licht. In die Glasplatte geritzte Linien dienen zur Lichtbeugung.

3.7 Röntgenbeugung

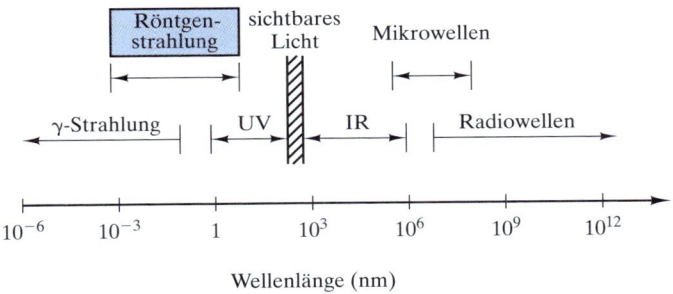

Abbildung 3.34: Spektrum der elektromagnetischen Strahlung. Röntgenstrahlung stellt den Anteil mit Wellenlängen um 0,1 nm dar.

Für Röntgenstrahlen sind die Atome die Beugungszentren. Die Streuung kommt dabei durch die Interaktion eines Photons der elektromagnetischen Strahlung mit einem Orbitalelektron im Atom zustande. Ein Kristall wirkt als dreidimensionales Beugungsgitter. Wiederholtes Übereinanderstapeln von Kristallebenen erfüllt die gleiche Funktion wie die parallelen Ritzlinien in Abbildung 3.33. Für ein einfaches Kristallgitter zeigt Abbildung 3.35 die Bedingung für die Beugung. Damit Beugung auftritt, müssen die an benachbarten Kristallebenen gestreuten Röntgenstrahlen in gleicher Phase sein. Andernfalls treten Auslöschungen von Wellen auf und es lässt sich praktisch keine Streuungsintensität beobachten. Bei passenden geometrischen Verhältnissen für sich verstärkende Interferenz (gestreute Wellen sind in Phase), ist die Differenz in der Weglänge zwischen den benachbarten Röntgenstrahlen ein bestimmtes ganzzahliges Vielfaches (n) der Strahlungswellenlängen (λ). Diese Beziehung wird durch die so genannte **Bragg**[1]**-Gleichung**

$$n\lambda = 2d \sin\theta, \qquad (3.5)$$

widergespiegelt, wobei d der Abstand zwischen benachbarten Kristallebenen und θ der Beugungswinkel entsprechend der Definition in Abbildung 3.35 ist. Den Winkel θ bezeichnet man üblicherweise als **Bragg-Winkel** und den Winkel 2θ als **Beugungswinkel**, weil es sich dabei um den experimentell gemessenen Winkel handelt (siehe Abbildung 3.36).

---

[1] William Henry Bragg (1862–1942) und William Lawrence Bragg (1890–1971), englische Physiker, waren ein begabtes Vater-und-Sohn-Team. Sie demonstrierten als Erste die Leistungsfähigkeit der nach ihnen benannten Gleichung (Gl. 3.5), indem sie mit Röntgenbeugung die Kristallstrukturen verschiedener Alkali-Halogenide wie z.B. NaCl bestimmten. Seit dieser Errungenschaft im Jahre 1912 wurden die Kristallstrukturen von mehr als 80.000 Stoffen katalogisiert (siehe die Fußnote zu *Powder Diffraction File* später in diesem Kapitel).

3 KRISTALLINE STRUKTUR – DER PERFEKTE KRISTALL

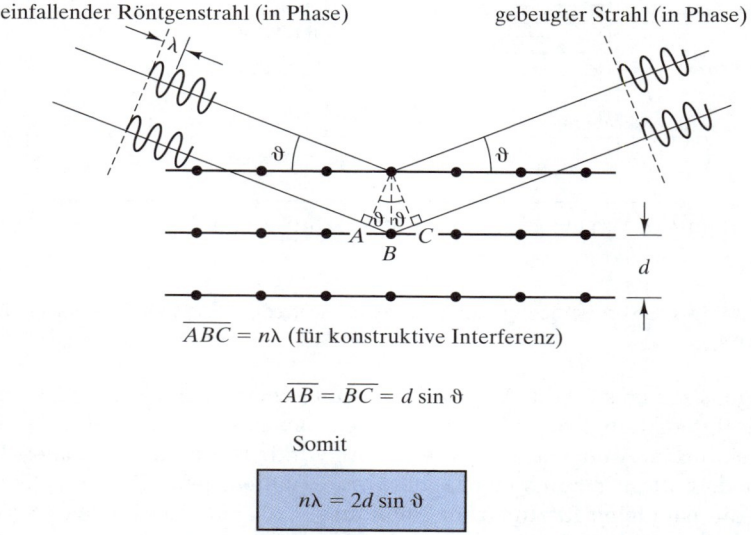

Abbildung 3.35: Geometrie für die Beugung von Röntgenstrahlen. Die Kristallstruktur ist ein dreidimensionales Beugungsgitter. Die Beugungsgleichung wird durch das Bragg-Gesetz ($n\lambda = 2d \sin \theta$) beschrieben.

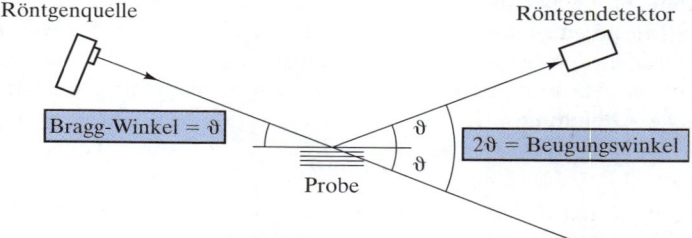

Abbildung 3.36: Beziehung zwischen dem Bragg-Winkel (θ) und dem experimentell gemessenen Beugungswinkel (2θ)

Die Größe des **Zwischenebenenabstandes** (d in Gleichung 3.5) ist eine direkte Funktion der Miller-Indizes für die Ebene. Bei einem kubischen System ist die Beziehung ziemlich einfach. Der Abstand zwischen benachbarten hkl-Ebenen beträgt

$$d_{hkl} = \frac{a}{\sqrt{h^2 + k^2 + l^2}}, \quad (3.6)$$

wobei a der Gitterparameter (Kantenlänge der Elementarzelle) ist. Wenn die Formen der Elementarzellen komplexer sind, ist auch die Beziehung komplizierter. Bei einem hexagonalen System gilt

$$d_{hkl} = \frac{a}{\sqrt{\frac{4}{3}\left(h^2 + k^2 + l^2\right) + l^2\left(a^2/c^2\right)}}, \quad (3.7)$$

wobei a und c die Gitterparameter sind.

3.7 Röntgenbeugung

Das **Bragg-Gesetz** (Gleichung 3.5) ist eine notwendige aber nicht hinreichende Bedingung für die Beugung. Es definiert die Beugungsbedingung für **primitive Elementarzellen**, d.h. diejenigen Bravais-Gitter mit Gitterpunkten nur an den Ecken der Elementarzelle, so wie bei einfachen kubischen und einfachen tetragonalen Gittern. Kristallstrukturen mit **nichtprimitiven Elementarzellen** haben Atome an zusätzlichen Gitterplätzen entlang einer Kante der Elementarzelle, innerhalb einer Elementarzellenfläche oder im Innenbereich der Elementarzelle. Die zusätzlichen Beugungszentren können zu Streuungen außerhalb der Phase bei bestimmten Bragg-Winkeln führen. Letztlich treten einige durch Gleichung 3.5 vorhergesagte Beugungen nicht auf. Ein Beispiel für diesen Effekt finden Sie in, die die **Reflexionsregeln** für die typischen metallischen Gitterstrukturen angibt. Diese Regeln zeigen, wann in Abhängigkeit der Miller-Indizes und entsprechend der Braggschen Reflexionsbedingung keine Beugung auftritt. Beachten Sie, dass der Begriff *Reflexion* hier etwas salopp gebraucht wird, da es sich um Beugung und nicht um wirkliche Reflexion handelt.

Tabelle 3.4

Reflexionsregeln für die Röntgenbeugung an typischen metallischen Gitterstrukturen

Kristallstruktur	Beugung tritt nicht auf, wenn	Beugung tritt auf, wenn
kubisch raumzentriert (krz)	h + k + l = ungerade Zahl	h + k + l = gerade Zahl
kubisch flächenzentriert (kfz)	h, k, l gemischt (d.h. sowohl gerade als auch ungerade Zahlen)	h, k, l einheitlich (d.h. alle Zahlen gerade oder alle Zahlen ungerade)
hexagonal dichtest gepackt (hdp)	(h + 2k) = 3n, l ungerade (n ist eine Ganzzahl)	alle anderen Fälle

Abbildung 3.37 zeigt ein Röntgenbeugungsmuster für einen Einkristall aus MgO. Jeder Punkt auf dem Film ist dabei Ergebnis des Braggschen Reflexionsgesetzes und stellt die Beugung eines Röntgenstrahls (mit der Wellenlänge λ) durch einer Kristallebene (hkl) dar, die in einem Winkel (θ) orientiert ist. Um die Beugungsbedingungen für die vielen Orientierungen der Kristallebenen in den Einkristallproben zu erfüllen, verwendet man einen breiten Wellenlängenbereich der Röntgenstrahlen. Dieses Experiment erfolgt in einer **Laue[1]-Kamera**, wie in Abbildung 3.38 gezeigt. Nach dieser Methode bestimmt man in der Elektronikindustrie die Orientierung von Einkristallen, damit man sie entlang bevorzugter Kristallflächen in Scheiben schneiden kann.

---

1 Max von Laue (1879–1960), deutscher Physiker, sagte korrekt voraus, dass Atome in einem Kristall ein Beugungsgitter für Röntgenstrahlen seien. Im Jahre 1912 bestätigte er diese Tatsache experimentell an einem Kupfersulfat-Einkristall und legte dabei die Grundlagen für die ersten Strukturbestimmungen durch die Braggs.

3 KRISTALLINE STRUKTUR – DER PERFEKTE KRISTALL

Abbildung 3.37: Beugungsmuster für einen Einkristall aus MgO (mit der NaCl-Struktur gemäß Abbildung 3.9). Jeder Punkt auf dem Film repräsentiert die Beugung des Röntgenstrahls von einer Kristallfläche (hkl).

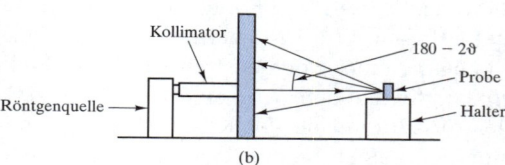

Abbildung 3.38: (a) Einkristall-Beugungskamera (oder Laue-Kamera), (b) Schema der Versuchsanordnung

Abbildung 3.39 zeigt ein Beugungsmuster für eine Probe aus Aluminiumpulver. Jeder Peak repräsentiert eine Lösung für das Gesetz von Bragg. Da das Pulver aus vielen kleinen Kristallkörnern besteht, die zufällig angeordnet sind, verwendet man Strahlen einer einzigen Wellenlänge, um die Anzahl der Peaks im Beugungsmuster in einer vernünftigen und überschaubaren Größenordnung zu halten. Das Experiment führt man in einem **Diffraktometer** (siehe Abbildung 3.40) durch, einem elektromechanischen Abtastsystem. Die Stärke des gebeugten Strahls wird elektronisch durch einen mechanisch angetriebenen Abtaststrahlungsdetektor überwacht. *Pulverbeugungsmuster* wie die in Abbildung 3.39 werden routinemäßig von Werkstofftechnikern verwendet, um sie mit einer großen Sammlung von bekannten Beugungsmustern zu vergleichen[1]. Der Vergleich eines experimentellen Beugungsmusters wie dem in Abbildung 3.39 gezeigten mit der Datenbank der bekannten Beugungsmuster lässt sich innerhalb von Sekunden mit spezieller Software zur Suche von Übereinstimmungen erledigen, die bei den modernen Diffraktometern (wie dem in Abbildung 3.40) zum Lieferumfang gehört. Die eindeutige Beziehung zwischen derartigen Mustern und Kristallstrukturen ist ein leistungsfähiges Werkzeug für die chemische Identifizierung von Pulvern und polykristallinen Stoffen. (*Abbildung 1.20* hat eine typische polykristalline Kornstruktur gezeigt, auf die *Abschnitt 4.4* detailliert eingeht.)

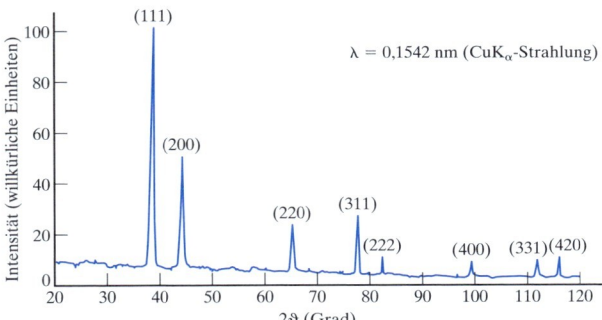

Abbildung 3.39: Beugungsmuster von Aluminiumpulver. Jeder Peak (im Diagramm der Röntgenintensität über dem Beugungswinkel 2θ) stellt die Beugung des Röntgenstrahls durch eine Menge von parallelen Kristallflächen (hkl) in verschiedenen Pulverpartikeln dar.

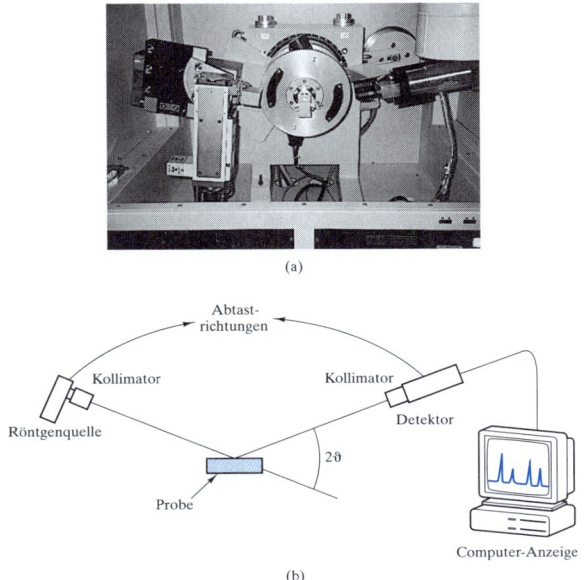

Abbildung 3.40: Ein Röntgenstrahl-Diffraktometer, (b) Schema der Versuchsanordnung

---

[1] *Powder Diffraction File* mit mehr als 80.000 Pulverbeugungsmustern, katalogisiert vom International Centre for Diffraction Data (ICDD), Newtown Square, PA.

3 KRISTALLINE STRUKTUR – DER PERFEKTE KRISTALL

Bei der Analyse der Beugungsmuster von Pulverproben oder polykristallinen Festkörpern verwendet man standardmäßig $n = 1$ in Gleichung 3.5. Das ist gerechtfertigt, weil die Beugung n-ter Ordnung einer beliebigen (hkl)-Ebene bei einem Winkel auftritt, der identisch mit der Beugung erster Ordnung der $(nh\ nk\ nl)$-Ebene ist – die übrigens parallel zu (hkl) verläuft. Letztlich können wir eine noch einfachere Version des Bragg-Gesetzes für Pulverbeugung verwenden:

$$\lambda = 2d \sin \theta. \tag{3.8}$$

Beispiel 3.20 (a) Mit einer Laue-Kamera wird von einem MgO-Einkristall ein (111)-Beugungspunkt aufgenommen, der 1 cm vom Filmmittelpunkt auftritt. Berechnen Sie den Beugungswinkel (2θ) und den Bragg-Winkel (θ). Nehmen Sie an, dass die Probe 3 cm vom Film entfernt ist. (b) Berechnen Sie die Wellenlänge der Röntgenstrahlung (λ), die Beugung erster, zweiter und dritter Ordnung hervorruft (d.h., $n = 1$, 2 und 3).

Lösung

(a) Die Geometrie sieht folgendermaßen aus:

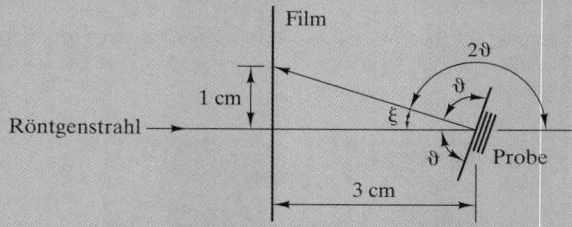

Aus der Beobachtung ergibt sich

$$\varphi = \arctan\left(\frac{1\text{ cm}}{3\text{ cm}}\right) = 18{,}4°$$

und

$$2\theta = 180° - \varphi = 180° - 18{,}4° = 161{,}6°$$

oder

$$\theta = 80{,}8°.$$

(b) Um λ zu erhalten, benötigt man das Bragg-Gesetz (Gleichung 3.5),

$$n\lambda = 2d \sin \theta$$

oder umgestellt

$$\lambda = \frac{2d}{n} \sin \theta.$$

Um d zu erhalten, können wir Gleichung 3.6 und den in Beispiel 3.3 berechneten Wert für a verwenden:

$$d = \frac{a}{\sqrt{h^2+k^2+l^2}} = \frac{0{,}420 \text{ nm}}{\sqrt{1+1+1}} = \frac{0{,}420 \text{ nm}}{\sqrt{3}}$$

$$= 0{,}242 \text{ nm}\,.$$

Setzt man die Werte in die Bragg-Gleichung ein, erhält man
für $n = 1$

$$\lambda_{n=1} = 2(0{,}242 \text{ nm}) \sin 80{,}8° = 0{,}479 \text{ nm},$$

für $n = 2$

$$\lambda_{n=2} = \frac{2(0{,}242 \text{ nm}) \sin 80{,}8°}{2} = 0{,}239 \text{ nm}$$

und für $n = 3$

$$\lambda_{n=3} = \frac{2(0{,}242 \text{ nm}) \sin 80{,}8°}{3} = 0{,}160 \text{ nm}.$$

Beispiel 3.21 Berechnen Sie mithilfe des Bragg-Gesetzes die Beugungswinkel (2θ) für die ersten drei Peaks im Aluminiumpulvermuster von Abbildung 3.39.

Lösung

Laut Abbildung 3.39 stehen die ersten drei Peaks (d.h. die mit dem kleinsten Winkel) für (111), (200) und (220). In Beispiel 3.14b haben wir $a = 0{,}404$ berechnet. Somit liefert Gleichung 3.6

$$d_{111} = \frac{0{,}404 \text{ nm}}{\sqrt{1+1+1}} = \frac{0{,}404 \text{ nm}}{\sqrt{3}} = 0{,}234 \text{ nm},$$

$$d_{200} = \frac{0{,}404 \text{ nm}}{\sqrt{2^2+0+0}} = \frac{0{,}404 \text{ nm}}{2} = 0{,}202 \text{ nm}$$

und

$$d_{220} = \frac{0{,}404 \text{ nm}}{\sqrt{2^2+2^2+0}} = \frac{0{,}404 \text{ nm}}{\sqrt{8}} = 0{,}143 \text{ nm}.$$

Mit dem Hinweis in Abbildung 3.39 auf $\lambda = 0{,}1542$ nm liefert Gleichung 3.8

$$\theta = \arcsin\frac{\lambda}{2d}$$

oder

$$\theta_{111} = \arcsin\frac{0{,}1542 \text{ nm}}{2\times 0{,}234 \text{ nm}} = 19{,}2°$$

oder

$$(2\theta)_{111} = 38{,}5°,$$

$$\theta_{200} = \arcsin\frac{0{,}1542 \text{ nm}}{2\times 0{,}202 \text{ nm}} = 22{,}4°$$

oder $(2\theta)_{200} = 44{,}9°$ und

$$\theta_{220} = \arcsin\frac{0{,}1542 \text{ nm}}{2\times 0{,}143 \text{ nm}} = 32{,}6°$$

oder $(2\theta)_{220} = 65{,}3°$.

Übung 3.22 In Beispiel 3.20 haben wir die Geometrie für die Beugung durch (111)-Ebenen in MgO charakterisiert. Wir nehmen nun an, dass der Kristall leicht geneigt ist, sodass der (111)-Beugungspunkt auf eine Position 0,5 cm vom Mittelpunkt des Films verschoben wird. Welche Wellenlänge würde in diesem Fall zur Beugung erster Ordnung führen?

Übung 3.23 Beispiel 3.21 hat die Beugungswinkel für die ersten drei Peaks in Abbildung 3.39 berechnet. Berechnen Sie die Beugungswinkel für die übrigen Peaks in Abbildung 3.39.

3.7 Röntgenbeugung

ZUSAMMENFASSUNG

Die meisten vom Techniker eingesetzten Stoffe sind kristalliner Natur, d.h. ihre Struktur im atomaren Bereich ist regelmäßig und sich wiederholend. Durch diese Regelmäßigkeit lässt sich die Struktur in Form einer fundamentalen Struktureinheit – der Elementarzelle – definieren. Es gibt sieben Kristallsysteme, die den möglichen Formen der Elementarzelle entsprechen. Basierend auf diesen Kristallsystemen gibt es 14 Bravais-Gitter, die die möglichen Anordnungen von Punkten im dreidimensionalen Raum repräsentieren. Diese Gitter sind die „Gerüste", auf denen die große Anzahl von kristallinen Atomstrukturen basiert.

Die meisten technisch relevanten Metalle besitzen eine der drei Hauptkristallstrukturen: kubisch raumzentriert (krz), kubisch flächenzentriert (kfz) und hexagonal dichtest gepackt (hdp). Dabei handelt es sich um relativ einfache Strukturen, wobei die kfz- und hdp-Formen die optimale Packungsdichte gleich großer Kugeln (d.h. Metallatomen) darstellen. Die kfz- und hdp-Strukturen unterscheiden sich nur in der Stapelfolge der dichtest gepackten Atomebenen.

Chemisch komplexer als Metalle offenbaren ingenieurkeramische Werkstoffe ein breites Spektrum kristalliner Strukturen. Einige wie die $NaCl$-Struktur sind den einfacheren Metallstrukturen ähnlich und haben ein gemeinsames Bravais-Gitter, wobei aber jeder Gitterplatz mit mehr als einem Ion besetzt ist. Quarz, SiO_2 und die Silikate überstreichen ein weites Feld relativ komplexer Anordnungen von Quarz-Tetraedern (SiO_4^{4-}). Dieses Kapitel hat mehrere repräsentative Keramikstrukturen vorgestellt, einschließlich einiger, die für Elektro- und Magnetokeramiken wichtig sind.

Kunststoffe zeichnen sich durch polymere Strukturen aus langen Ketten aus. Die komplizierte Art und Weise, in der sich diese Ketten falten müssen, um ein sich wiederholendes Muster zu bilden, hat zwei Auswirkungen: Die resultierenden Kristallstrukturen sind relativ komplex und die meisten handelsüblichen Polymere sind nur zum Teil kristallin. Dieses Kapitel hat die Strukturen der Elementarzellen von Polyethylen und Nylon 66 veranschaulicht.

Hochwertige Einkristalle sind äußerst wichtig für die *Halbleitertechnologie*, möglicherweise vor allem deshalb, weil sich die meisten Halbleiter aus wenigen, relativ einfachen Kristallstrukturen herstellen lassen. Elementare Halbleiter, wie z.B. Silizium, haben die kubische Diamantstruktur, eine Modifikation des kfz-Bravais-Gitters, wobei jeder Gitterplatz mit zwei Atomen besetzt ist. Viele Halbleiterwerkstoffe besitzen eine Zinkblende (ZnS)-Struktur, in der die Atompositionen der kubischen Diamantstruktur entsprechen, aber abwechselnd mit Zn^{2+}- und S^{2-}-Ionen besetzt sind. Einige Halbleiterverbindungen weisen die energetisch ähnliche, aber etwas komplexere Wurtzit-Struktur (ZnS) auf.

Um die Geometrie der kristallinen Strukturen zu beschreiben, hat man Standardmethoden entwickelt. Diese erlauben eine effiziente und systematische Notation für Gitterpositionen, Richtungen und Ebenen.

Die Röntgenbeugung ist das Standardverfahren für die Analyse von Kristallstrukturen. Die reguläre Atomanordnung von Kristallen dient im Subnanometerbereich als Beugungsgitter für *Röntgenstrahlung* (deren Wellenlänge ebenfalls im Subnanometerbereich liegt). Die Verwendung des Bragg-Gesetzes in Verbindung mit Reflexionsregeln erlaubt eine genaue Messung der Abstände zwischen den Ebenen in der Kristallstruktur. Sowohl einkristalline als auch polykristalline (oder pulverförmige) Stoffe lassen sich auf diese Weise analysieren.

ZUSAMMENFASSUNG

3 KRISTALLINE STRUKTUR – DER PERFEKTE KRISTALL

■ Schlüsselbegriffe

Allgemein

atomare Packungsdichte (100)
Bravais-Gittter (96)
Ebenenfamilie (130)
Elementarzelle (95)
Gitterebene (126)
Gitterkonstante (95)
Gitterparameter (95)
Gitterposition (123)
Gitterpunkt (96)
Gitterrichtung (124)
Gittertranslation (124)
gleichwertige Richtungen (125)

III-V-Verbindung (120)
II-VI-Verbindung (120)
ionische Packungsdichte (105)
Kristallsysteme (96)
lineare Dichte (126)
Miller-Bravais-Indizes (127)
Miller-Indizes (126)
Oktaederposition (110)
planare Dichte (132)
Punktgitter (96)
Tetraederposition (110)

Strukturen

Buckminsterfulleren (112)
Bucky-Ball (113)
Bucky-Röhre (113)
Cäsiumchlorid (105)
Cristobalit (107)
Diamant (95)
Fluorit (107)
Fulleren (112)
hexagonal dichtest gepackt (102)
inverse Spinell-Struktur (110)
Kaolinit (110)
Korund (108)
kubisch dichtest gepackt (101)
kubisch flächenzentriert (101)
kubisch raumzentriert (100)

Natriumchlorid (105)
Nylon 66 (116)
Perowskit (109)
Polyethylen (116)
Quarz (107)
Spinell (109)
Wurtzit (121)
Zinkblende (120)

Beugung

Beugung (138)
Beugungswinkel (139)
Bragg-Gesetz (141)
Bragg-Gleichung (139)
Bragg-Winkel (139)
Diffraktometer (142)
Laue-Kamera (141)

nichtprimitive Elementarzelle (141)
primitive Elementarzelle (141)
Reflexionsregeln (141)
Röntgenbeugung (138)
Röntgenstrahlung (138)
Zwischenebenenabstand (140)

■ Quellen

Barrett, C. S. und **T. B. Massalski**, *Structure of Metals*, 3rd revised ed., Pergamon Press, NY 1980. Dieser Text geht umfassend auf die Verfahren der Röntgenbeugung ein.

Chiang, Y., **D. P. Birnie III** und **W. D. Kingery**, *Physical Ceramics*, John Wiley & Sons, Inc., NY 1997.

Cullity, B. D. und **S. R. Stock**, *Elements of X-Ray Diffraction*, 3rd ed., Prentice Hall, Upper Saddle River, NJ 2001. Überarbeitung eines klassischen Textes und eine besonders klare Behandlung der Prinzipien und Anwendungen der Röntgenbeugung.

Accelrys, Inc., San Diego CA. Computergenerierte Strukturen für eine breite Palette von Werkstoffen; verfügbar auf CD-ROM für die Anzeige auf Grafikworkstations. Wird jährlich aktualisiert.

Williams, D. J., *Polymer Science and Engineering*, Prentice Hall, Inc., Englewood Cliffs, NJ 1971.

Wyckoff, R. W. G., ed., *Crystal Structures*, 2nd ed., Vols 1-5 und Vol. 6, Parts 1 und 2, John Wiley & Sons, Inc., NY 1963–1971. Eine enzyklopädische Sammlung von Kristallstrukturdaten.

3 KRISTALLINE STRUKTUR – DER PERFEKTE KRISTALL

Aufgaben

■ **Sieben Systeme und 14 Gitter**

3.1 Warum ist das einfache Sechseck kein zweidimensionales Punktgitter?

3.2 Was wäre ein äquivalentes zweidimensionales Punktgitter für das flächenzentrierte Sechseck?

3.3 Warum gibt es kein kubisch basiszentriertes Gitter in? (Verwenden Sie eine Skizze für die Antwort.)

•**3.4** (a) Welches zweidimensionale Punktgitter entspricht der kristallinen Keramik, die *Abbildung 1.8a* veranschaulicht? (b) Skizzieren Sie die Elementarzelle.

3.5 Unter welchen Bedingungen reduziert sich das trikline System auf das hexagonale System?

3.6 Unter welchen Bedingungen reduziert sich das monokline System auf das orthorhombische System?

■ **Metallstrukturen**

3.7 Berechnen Sie die Dichte von Mg, einem hdp-Metall. (Beachten Sie Aufgabe 3.11 für das ideale c/a-Verhältnis.)

3.8 Berechnen Sie die atomare Packungsdichte von 0,68 für die krz-Metallstruktur.

3.9 Berechnen Sie die atomare Packungsdichte von 0,74 für kfz-Metalle.

3.10 Berechnen Sie die atomare Packungsdichte von 0,74 für hdp-Metalle.

3.11 (a) Zeigen Sie, dass das c/a-Verhältnis (Höhe der Elementarzelle geteilt durch seine Kantenlänge) für die ideale hdp-Struktur gleich 1,633 ist. (b) Kommentieren Sie die Tatsache, dass reale hdp-Metalle variierende c/a-Verhältnisse von 1,58 (für Be) bis 1,89 (für Cd) aufweisen.

■ **Keramikstrukturen**

3.12 Berechnen Sie die ionische Packungsdichte für UO_2, das die CaF_2-Struktur hat (siehe Abbildung 3.10).

3.13 Abschnitt 3.3 hat die offene Natur der CaF_2-Struktur dafür verantwortlich gemacht, dass UO_2 He-Gasatome absorbieren kann und dabei nicht anschwillt. Bestätigen Sie, dass ein He-Atom (Durchmesser ≈ 0,2 nm) in die Mitte der UO_2-Elementarzelle passt (siehe Abbildung 3.10 für die CaF_2-Struktur).

3.14 Berechnen Sie die ionische Packungsdichte für $CaTiO_3$ (siehe Abbildung 3.14).

3.15 Zeigen Sie, dass die Elementarzelle in Abbildung 3.16 die chemische Formel $2(OH)_4Al_2Si_2O_5$ ergibt.

3.16 Berechnen Sie die Dichte von UO_2.

3.17 Berechnen Sie die Dichte von $CaTiO_3$.

•**3.18** (a) Leiten Sie eine allgemeine Beziehung zwischen der ionischen Packungsdichte für die NaCl-artige Struktur und dem Radiusverhältnis (r/R) ab. (b) Für welchen r/R-Bereich ist diese Beziehung sinnvoll?

•**3.19** Berechnen Sie die ionische Packungsdichte für Cristobalit (siehe Abbildung 3.11).

•**3.20** Berechnen Sie die ionische Packungsdichte für Korund (siehe Abbildung 3.13).

■ **Polymerstrukturen**

3.21 Berechnen Sie die Reaktionsenergie, die bei der Bildung einer Elementarzelle von Polyethylen auftritt.

3.22 Wie viele Elementarzellen je Flächeneinheit sind in einem Polyethylenplättchen mit 10 nm Dicke enthalten? (siehe Abbildung 3.21)

3.23 Berechnen Sie die atomare Packungsdichte für Polyethylen.

Aufgaben

■ **Halbleiterstrukturen**

3.24 Berechnen Sie die ionische Packungsdichte für die Zinkblende-Struktur (siehe Abbildung 3.24).

3.25 Berechnen Sie die Dichte von Zinkblende mit den Daten aus den *Anhängen A* und *B*.

•**3.26** (a) Leiten Sie eine allgemeine Beziehung zwischen der ionischen Packungsdichte der Zinkblende-Struktur und dem Radiusverhältnis (r/R) her. (b) Wo liegen die wesentlichen Beschränkungen derartiger Berechnungen für diese Verbindungshalbleiter?

•**3.27** Berechnen Sie die Dichte von Wurtzit (siehe Abbildung 3.25) mit den Daten aus den *Anhängen A* und *B*.

■ **Gitterpositionen, Gitterrichtungen und Gitterebenen**

3.28 (a) Zeichnen Sie in eine kubische Elementarzelle eine [111]- und eine [112]-Gitterrichtung ein. (b) Bestimmen Sie mit einer trigonometrischen Berechnung den Winkel zwischen diesen beiden Richtungen. (c) Bestimmen Sie den Winkel zwischen diesen beiden Richtungen mithilfe von Gleichung 3.3.

3.29 Listen Sie die Gitterpunktpositionen für die Ecken der Elementarzelle (a) im basiszentrierten orthorhombischen Gitter und (b) im triklinen Gitter auf.

3.30 (a) Zeichnen Sie in eine kubische Elementarzelle die Richtungen [100] und [210] ein. (b) Bestimmen Sie mit einer trigonometrischen Berechnung den Winkel zwischen diesen Richtungen. (c) Bestimmen Sie diesen Winkel mithilfe von Gleichung 3.3.

3.31 Listen Sie die raumzentrierten bzw. basiszentrierten Gitterpunktpositionen für (a) das raumzentrierte orthorhombische Gitter und (b) das basiszentrierte monokline Gitter auf.

•**3.32** Welcher Polyeder entsteht, wenn man die Punkte zwischen einem Eckatom im kfz-Gitter und den drei benachbarten flächenzentrierten Positionen verbindet? Veranschaulichen Sie Ihre Antwort mit einer Skizze.

•**3.33** Wiederholen Sie Aufgabe 3.32 für die sechs flächenzentrierten Positionen auf der Oberfläche der kfz-Elementarzelle.

3.34 Welche [hkl]-Richtungen verbinden die benachbarten flächenzentrierten Positionen

$$\frac{1}{2}\frac{1}{2}0 \text{ und} \frac{1}{2}0\frac{1}{2}?$$

Veranschaulichen Sie Ihre Antwort mit einer Skizze.

3.35 Eine nützliche Faustregel für das kubische System lautet, dass eine gegebene [hkl]-Richtung die Normale zur (hkl)-Ebene ist. Bestimmen Sie mit dieser Regel und Gleichung 3.3, welche Mitglieder der <110>-Richtungsfamilie innerhalb der (111)-Ebene liegen. (*Hinweis:* Das Punktprodukt von zwei zueinander senkrechten Vektoren ist null.)

3.36 Welche Mitglieder der <111>-Richtungsfamilie liegen innerhalb der (110)-Ebene? (Siehe den Kommentar zu Aufgabe 3.35.)

3.37 Wiederholen Sie Aufgabe 3.35 für die $(\bar{1}11)$-Ebene.

3.38 Wiederholen Sie Aufgabe 3.35 für die $(11\bar{1})$-Ebene.

3.39 Wiederholen Sie Aufgabe 3.36 für die (101)-Ebene.

3.40 Wiederholen Sie Aufgabe 3.36 für die $(10\bar{1})$-Ebene.

3.41 Wiederholen Sie Aufgabe 3.36 für die $(\bar{1}01)$-Ebene.

3.42 Skizzieren Sie die Basisebene für die hexagonale Elementarzelle, die die Miller-Bravais-Indizes (0001) hat (siehe Abbildung 3.31).

3.43 Listen Sie die gleichwertigen prismatischen Ebenen für die hexagonale Elementarzelle $\{01\bar{1}0\}$ auf (siehe Abbildung 3.31).

3 KRISTALLINE STRUKTUR – DER PERFEKTE KRISTALL

3.44 Das für Ebenen im hexagonalen System eingeführte vierstellige Notationssystem (Miller-Bravais-Indizes) lässt sich auch verwenden, um Kristallrichtungen zu beschreiben. Skizzieren Sie in der hexagonalen Elementarzelle (a) die Richtung [0001] und (b) die Richtung [11$\bar{2}$0].

3.45 Die in Übung 3.12 beschriebene Gruppe gleichwertiger Richtungen enthält sechs Mitglieder. Die Größe dieser Gruppe verringert sich für nichtkubische Elementarzellen. Listen Sie gleichwertige Richtungen der <100>-Notation für (a) das tetragonale System und (b) das orthorhombische System auf.

3.46 Der Kommentar in Aufgabe 3.45 zu gleichwertigen Richtungen gilt auch für gleichwertige Ebenen. Abbildung 3.32 veranschaulicht die sechs gleichwertigen {100}-Ebenen für das kubische System. Listen Sie gleichwertige {100}-Ebenen für (a) das tetragonale System und (b) das orthorhombische System auf.

3.47 (a) Listen Sie die ersten drei Gitterpunkte (einschließlich Punkt 000) auf, die auf der [112]-Richtung im kfz-Gitter liegen. (b) Veranschaulichen Sie Ihre Antwort zu Teil (a) mit einer Skizze.

3.48 Wiederholen Sie Aufgabe 3.47 für das krz-Gitter.

3.49 Wiederholen Sie Aufgabe 3.47 für das tetragonale raumzentrierte trz-Gitter (body-centered tetragonal, bct).

3.50 Wiederholen Sie Aufgabe 3.47 für das orthorhombische raumzentrierte Gitter.

3.51 Welche der gleichwertigen{110}-Richtungen repräsentiert die Schnittlinie zwischen den Ebenen (111) und (11$\bar{1}$) im kubischen System? (Beachten Sie den Kommentar in Aufgabe 3.35.)

3.52 Skizzieren Sie die Richtungen und den planaren Schnitt wie in Aufgabe 3.51 beschrieben.

3.53 Skizzieren Sie die Mitglieder der gleichwertigen {100}-Ebenen im triklinen System.

•3.54 Abbildung 3.39 gibt die ersten acht Ebenen an, die Röntgenbeugungspeaks für Aluminium liefern. Skizzieren Sie jede Ebene und ihre Schnitte relativ zu einer kubischen Elementarzelle. (Verwenden Sie separate Skizzen für jede Ebene, um Verwechslungen zu vermeiden.)

•3.55 (a) Listen Sie die gleichwertigen {112}-Richtungen im kubischen System auf. (b) Skizzieren Sie diese Gruppe. (Es empfiehlt sich, mehrere Skizzen zu verwenden.)

3.56 Die Abbildungen 3.4b und 3.5b zeigen, wie sich eine Elementarzelle aus Atomen und Teilatomen zusammensetzt. Eine alternative Konvention besteht darin, die Elementarzelle in Form von „äquivalenten Punkten" zu beschreiben. Beispielsweise lassen sich die beiden Atome in der krz-Elementarzelle als ein Eckatom bei 000 und ein raumzentriertes Atom bei

$$\frac{1}{2}\frac{1}{2}\frac{1}{2}$$

betrachten.
Das eine Eckatom ist äquivalent zu den acht

$$\frac{1}{8}\text{-Atomen,}$$

die Abbildung 3.4b zeigt. Identifizieren Sie in ähnlicher Form die vier Atome, die mit äquivalenten Punkten in der kfz-Struktur verbunden sind.

3.57 Identifizieren Sie die Atome, die mit äquivalenten Punkten in der hdp-Struktur verbunden sind. (Siehe Aufgabe 3.56.)

3.58 Wiederholen Sie Aufgabe 3.57 für das raumzentrierte orthorhombische Gitter.

3.59 Wiederholen Sie Aufgabe 3.57 für das raumzentrierte orthorhombische Gitter.

3.60 Skizzieren Sie die [1$\bar{1}$0]-Richtung innerhalb der (111)-Ebene relativ zu einer kfz-Elementarzelle. Schließen Sie alle Atommittenpositionen innerhalb der relevanten Ebene ein.

3.61 Skizzieren Sie die [1$\bar{1}\bar{1}$]-Richtung innerhalb der (110)-Ebene relativ zu einer krz-Elementarzelle. Schließen Sie alle Atommittenpositionen innerhalb der relevanten Ebene ein.

3.62 Skizzieren Sie die [11$\bar{2}$0]-Richtung innerhalb der (0001)-Ebene relativ zu einer hdp-Elementarzelle. Schließen Sie alle Atommittenpositionen innerhalb der relevanten Ebene ein.

• **3.63** Die Position

$$\frac{1}{4}\frac{1}{4}\frac{1}{4}$$

in der kfz-Struktur ist ein „tetraedrischer Platz", ein Zwischenraum mit vierfacher Atomkoordination. Die Position

$$\frac{1}{2}\frac{1}{2}\frac{1}{2}$$

ist ein „oktaedrischer Platz", ein Zwischenraum mit sechsfacher Atomkoordination. Wie viele tetraedrische und oktaedrische Plätze gibt es je kfz-Elementarzelle? Veranschaulichen Sie Ihre Antwort mit einer Skizze.

• **3.64** Abbildung 3.39 gibt die ersten acht Ebenen an, die Röntgenbeugungspeaks für Aluminium liefern. Skizzieren Sie jede Ebene relativ zur kfz-Elementarzelle (siehe Abbildung 3.5a) und heben Sie Atompositionen innerhalb der Ebenen hervor. (Beachten Sie Aufgabe 3.54 und verwenden Sie für jede Ebene separate Skizzen.)

3.65 Berechnen Sie die lineare Dichte von Ionen längs der [111]-Richtung in UO_2, das die CaF_2-Struktur hat (siehe Abbildung 3.10).

3.66 Berechnen Sie die lineare Dichte von Ionen längs der [111]-Richtung in $CaTiO_3$ (siehe Abbildung 3.14).

3.67 Kennzeichnen Sie die Ionen, die mit äquivalenten Punkten in der NaCl-Struktur verbunden sind. (Beachten Sie Aufgabe 3.56.)

3.68 Kennzeichnen Sie die Ionen, die mit äquivalenten Punkten in der $CaTiO_3$-Struktur verbunden sind. (Beachten Sie Aufgabe 3.56.)

3.69 Berechnen Sie die planare Dichte der Ionen in der (111)-Ebene von $CaTiO_3$.

• **3.70** Skizzieren Sie die Ionenpositionen in einer (111)-Ebene durch die Elementarzelle von Cristobalit (siehe Abbildung 3.11).

• **3.71** Skizzieren Sie die Ionenpositionen in einer (101)-Ebene durch die Elementarzelle von Cristobalit (siehe Abbildung 3.11).

3.72 Berechnen Sie die lineare Dichte von Ionen längs der [111]-Richtung in Zinkblende (siehe Abbildung 3.24)

3.73 Berechnen Sie die planere Dichte von Ionen längs der (111)-Ebene in Zinkblende (siehe Abbildung 3.24).

3.74 Kennzeichnen Sie die Ionen, die mit äquivalenten Punkten in der kubischen Diamantstruktur verbunden sind. (Beachten Sie Aufgabe 3.56.)

3.75 Kennzeichnen Sie die Ionen, die mit äquivalenten Punkten in der Zinkblende-Struktur verbunden sind. (Beachten Sie Aufgabe 3.56.)

3.76 Kennzeichnen Sie die Ionen, die mit äquivalenten Punkten in der Wurtzit-Struktur verbunden sind. (Beachten Sie Aufgabe 3.56.)

• **3.77** Berechnen Sie den Ionenpackungsfaktor für die Wurtzit-Struktur (siehe Abbildung 3.25).

■ Röntgenbeugung

3.78 Die in Abbildung 3.39 bezeichneten Beugungspeaks entsprechen den Reflexionsregeln für ein kfz-Metall (h, k, l nicht gemischt, wie in gezeigt). Wie lauten die (hkl)-Indizes für die drei kleinsten Beugungswinkelpeaks für ein krz-Metall?

3.79 Berechnen Sie mit dem Ergebnis von Aufgabe 3.78 die Beugungswinkel (2θ) für die ersten drei Peaks im Beugungsmuster von α-Fe-Pulver bei CuK_α-Strahlung ($\lambda = 0{,}1542$ nm).

3.80 Wiederholen Sie Aufgabe 3.79 mit CrK_α-Strahlung ($\lambda = 0{,}2291$ nm).

3.81 Wiederholen Sie Aufgabe 3.78 für die drei nächst kleineren Beugungswinkelpeaks für ein krz-Metall.

3.82 Wiederholen Sie Aufgabe 3.79 für die drei nächst kleineren Beugungswinkelpeaks für ein α-Fe-Pulver bei CuK_α-Strahlung.

3.83 Nehmen Sie an, dass die relativen Höhen der Peaks für gegebene (hkl)-Ebenen gleich sind. Skizzieren Sie ähnlich wie in Abbildung 3.39 ein Beugungsmuster für Kupferpulver mit CuK_α-Strahlung. Überstreichen Sie den Bereich von $20° < 2\theta < 90°$.

3.84 Wiederholen Sie Aufgabe 3.83 für Bleipulver.

•3.85 Wie lauten die (hkl)-Indizes für die drei kleinsten Beugungswinkelpeaks für ein hdp-Metall?

•3.86 Verwenden Sie das Ergebnis von Aufgabe 3.85 und berechnen Sie die Beugungswinkel (2θ) für die ersten drei Peaks im Beugungsmuster von Magnesiumpulver bei CuK_α-Strahlung ($\lambda = 0{,}1542$ nm). Beachten Sie, dass das c/a-Verhältnis für Mg gleich 1,62 ist.)

•3.87 Wiederholen Sie Aufgabe 3.86 für CuK_α-Strahlung ($\lambda = 0{,}2291$ nm).

3.88 Berechnen Sie die ersten sechs Beugungspeak-Positionen für MgO-Pulver bei CuK_α-Strahlung. (Für diese auf dem kfz-Gitter basierende Keramikstruktur gelten die gleichen Reflexionsregeln wie für kfz-Metalle.)

3.89 Wiederholen Sie Aufgabe 3.88 für CrK_α-Strahlung ($\lambda = 0{,}2291$ nm).

•3.90 Die ersten drei Beugungspeaks eines Metallpulvers sind $2\theta = 44{,}4°$, $64{,}6°$ und $81{,}7°$ bei CuK_α-Strahlung. Handelt es sich hier um ein krz- oder ein kfz-Metall?

•3.91 Genauer gefragt, ist das Metallpulver in Aufgabe 3.90 Cr, Ni, Ag oder W?

3.92 Wie lauten die Positionen der ersten drei Beugungspeaks in Aufgabe 3.90 bei CrK_α-Strahlung ($\lambda = 0{,}2291$ nm)?

3.93 Die für eine CuK_α-Strahlung angegebene Wellenlänge ($\lambda = 0{,}1542$ nm) ist eigentlich ein Mittelwert von zwei eng benachbarten Peaks ($\text{CuK}_{\alpha 1}$ und $\text{CuK}_{\alpha 2}$). Durch sorgfältiges Filtern der Strahlung von einer Röntgenröhre mit Kupfer-Target kann man die Beugung mit einer genaueren Wellenlänge ($\text{CuK}_{\alpha 1} = 0{,}15406$ nm) durchführen. Wiederholen Sie Beispiel 3.21 mit dieser genaueren Strahlung.

3.94 Berechnen Sie die prozentuale Änderung im Beugungswinkel (2θ) für jeden Peak in Aufgabe 3.93, der bei der genaueren Strahlung $\text{CuK}_{\alpha 1}$ entsteht.

3.95 Wie bei der Kupferstrahlung in Aufgabe 3.93 ist die Chromstrahlung CrK_α ($\lambda = 0{,}2291$ nm) ein Mittelwert zweier eng benachbarter Peaks ($\text{CrK}_{\alpha 1}$ und $\text{CrK}_{\alpha 2}$). Wiederholen Sie Aufgabe 3.80 mit $\text{CuK}_{\alpha 1}$ ($\lambda = 0{,}22897$ nm).

3.96 Berechnen Sie die prozentuale Änderung im Beugungswinkel (2θ) für jeden Peak in Aufgabe 3.95, der bei der genaueren Strahlung $\text{CrK}_{\alpha 1}$ entsteht.

Gitterstörungen und die nichtkristalline Struktur – strukturelle Fehler

4.1 Lösung im festen Zustand 157
4.2 Punktdefekte – nulldimensionale Gitterdefekte .. 163
4.3 Lineare Defekte oder Versetzungen – eindimensionale Gitterdefekte 165
4.4 Ebene Defekte – zweidimensionale Gitterdefekte 170
4.5 Nichtkristalline Festkörper – dreidimensionale Gitterdefekte 178
4.6 Mikroskopie 182

4 GITTERSTÖRUNGEN UND DIE NICHTKRISTALLINE STRUKTUR – STRUKTURELLE FEHLER

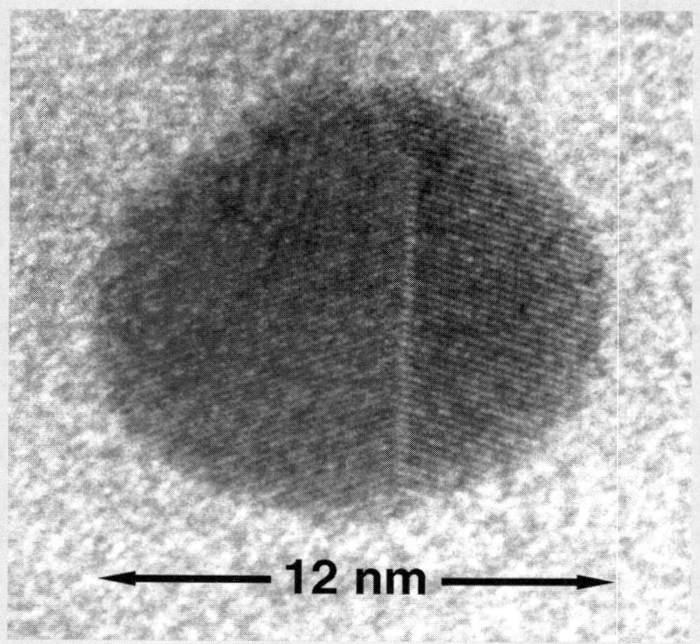

❚❚ Wie die einführende Abbildung für Kapitel 3 zeigt diese Transmissionselektronenmikroskop-Aufnahme einen kristallinen Verbundwerkstoff auf der atomaren Ebene (d.h. einen kleinen Zinkselenid-Kristall, der in eine Glasmatrix eingebettet ist). An den einzelnen Kristallgitterebenen in ZnSe ist eindeutig eine vertikale Zwillingsgrenze (schematisch in Abbildung 4.15 dargestellt) zu erkennen. Dieser ZnSe-"Quantenpunkt" ist die Grundlage für einen Blaulicht-Laser. ❚❚

Kapitel 3 hat ein breites Spektrum von Struktureigenschaften wichtiger Werkstoffe auf der atomaren Ebene vorgestellt. Allerdings hat es sich nur mit den perfekten, sich wiederholenden kristallinen Strukturen beschäftigt. Wie Sie schon lange vor dieser Einführung in die Werkstofftechnik gelernt haben, ist nichts in unserer Welt perfekt. Es existiert kein kristallines Material, das nicht mindestens ein paar strukturelle Fehlstellen aufweist. Dieses Kapitel gibt einen systematischen Überblick über diese Unvollkommenheiten.

Erstens stellen wir fest, dass sich kein Werkstoff ohne einen gewissen Grad der chemischen Verunreinigung aufbereiten lässt. Die Fremdatome oder -ionen in der resultierenden *festen Lösung* modifizieren die strukturelle Regelmäßigkeit des ideal reinen Materials.

Abgesehen von Verunreinigungen gibt es zahlreiche strukturelle Fehlstellen, die einen Verlust der kristallinen Perfektion bedeuten. Der einfachste Typ von Störstelle ist der Punktdefekt, wie z.B. ein fehlendes Atom (Leerstelle). Dieser Fehlertyp ist das unvermeidliche Ergebnis der normalen thermischen Schwingung von Atomen in jedem Festkörper bei Temperaturen über dem absoluten Nullpunkt. Lineare Defekte, oder *Versetzungen*, folgen einem längeren und manchmal komplexen Pfad durch die Kristallstruktur. *Zweidimensionale Gitterfehler* repräsentieren die Grenze zwischen einem nahezu perfekten kristallinen Bereich und seiner Umgebung. Manchen Stoffen fehlt die kristalline Ordnung gänzlich. Fensterglas ist ein derartiger *nichtkristalliner Festkörper*.

Dieses Kapitel schließt ab mit einer kurzen Einführung in die Mikroskopie, ein vielfältiges, leistungsfähiges Werkzeug für die Untersuchung der strukturellen Ordnung und Unordnung.

Für Studenten, die am faszinierenden Thema der Quasikristalle und Fraktale interessiert sind, sei das einschlägige Kapitel auf der Companion Website empfohlen.

4.1 Lösung im festen Zustand

In technischen Werkstoffen lassen sich bestimmte Verunreinigungen nicht vermeiden. Selbst hochreine Halbleiterprodukte weisen einen messbaren Anteil von Fremdatomen auf. Viele technische Werkstoffe enthalten beträchtliche Anteile mehrerer unterschiedlicher Komponenten. Technische Metalllegierungen sind Beispiele hierfür. Letztlich sind alle Stoffe, mit denen der Techniker täglich zu tun hat, tatsächlich **Lösungen im festen Zustand**. Auf den ersten Blick scheint das Konzept einer Lösung im festen Zustand schwer fassbar zu sein. In der Tat ist es mit der bekannteren flüssigen Lösung praktisch vergleichbar. Als Beispiel zeigt Abbildung 4.1 ein Wasser-Alkohol-System. Die vollständige Löslichkeit von Alkohol in Wasser ist das Ergebnis einer vollständigen molekularen Durchmischung. Abbildung 4.2 zeigt ein ähnliches Ergebnis mit einer festen Lösung von Kupfer- und Nickel-Atomen, die beide die kfz-Kristallstruktur haben. Nickel fungiert als **gelöster Stoff**, der im Kupfer-**Lösungsmittel** aufgelöst wird. Diese spezielle Konfiguration bezeichnet man als **Substitutionsmischkristall**, weil die Nickel-Atome die Kupfer-Atome auf den kfz-Atomplätzen ersetzen. Diese Konfiguration entsteht vor allem dann, wenn sich die Atome in der Größe nicht wesentlich unterscheiden. Das in Abbildung 4.1 gezeigte Wasser-Alkohol-System repräsentiert zwei Flüssigkeiten, die in jedem Verhältnis ineinander löslich sind. Damit diese vollständige Mischbarkeit in metallischen festen Lösungen auftreten kann, müssen die beiden Metalle ziemlich ähnlich sein, wie es die **Hume-Rothery**[1]-**Regeln** definieren:

1 weniger als 15% Unterschied in den Atomradien,

2 gleiche Kristallstruktur,

3 ähnliche Elektronegativitäten (die Fähigkeit des Atoms, ein Elektron anzuziehen),

4 gleiche Valenz.

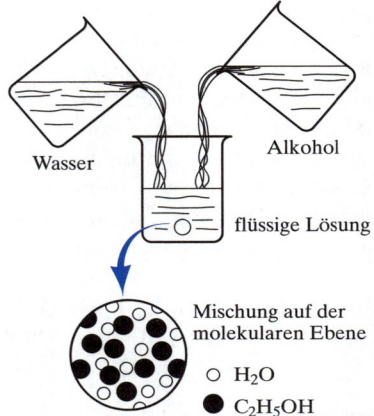

Abbildung 4.1: Bilden einer flüssigen Lösung von Wasser und Alkohol. Die Mischung findet auf der molekularen Ebene statt.

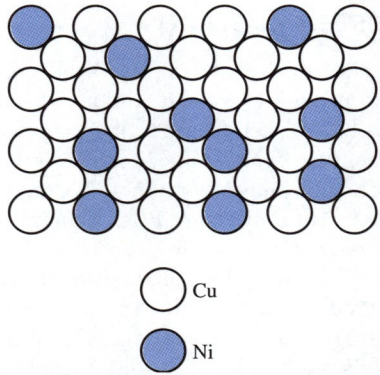

Abbildung 4.2: Feste Lösung von Nickel in Kupfer längs einer (100)-Ebene. Dies ist ein Substitutionsmischkristall, bei dem Nickel-Atome auf kfz-Atomplätzen an die Stelle der Kupfer-Atome treten.

---

1 William Hume-Rothery (1899–1968), britischer Metallurg, trug wesentlich zur theoretischen und experimentellen Metallurgie sowie zur Ausbildung von Metallurgen bei. Seine empirischen Regeln der Bildung von festen Lösungen sind seit mehr als 50 Jahren eine praktische Richtlinie für Legierungsdesigner.

4.1 Lösung im festen Zustand

Werden eine oder mehrere Hume-Rothery-Regeln verletzt, ist nur eine partielle Löslichkeit gegeben. Beispielsweise sind weniger als zwei Atomprozent Silizium in Aluminium lösbar. Wie sich aus den Daten in den *Anhängen A* und *B* erkennen lässt, verletzen Al und Si die Regeln 1, 2 und 4. In Bezug auf Regel 3 ist aus *Abbildung 2.21* zu erkennen, dass sich die Elektronegativitäten von Al und Si trotz ihrer benachbarten Positionen im Periodensystem deutlich unterscheiden.

Abbildung 4.2 zeigt einen **Mischkristall** mit einer **ungeordneten** Struktur. Im Unterschied hierzu bilden manche Systeme **geordnete Mischkristalle**. Ein gutes Beispiel ist die Legierung AuCu$_3$, die in Abbildung 4.3 zu sehen ist. Bei hohen Temperaturen (über 390 °C) hält die thermische Bewegung eine ungeordnete Verteilung der Au- und Cu-Atome unter den Plätzen der kfz-Struktur aufrecht. Unterhalb von etwa 390 °C nehmen die Cu-Atome bevorzugt die flächenzentrierten und die Au-Atome bevorzugt die Eckpositionen in der Elementarzelle ein. Die Ordnung kann eine neue Kristallstruktur hervorbringen, die den Strukturen bestimmter Keramikverbindungen ähnelt. Für AuCu$_3$ basiert die verbindungsähnliche Struktur bei niedrigen Temperaturen auf einem einfachen kubischen Bravais-Gitter.

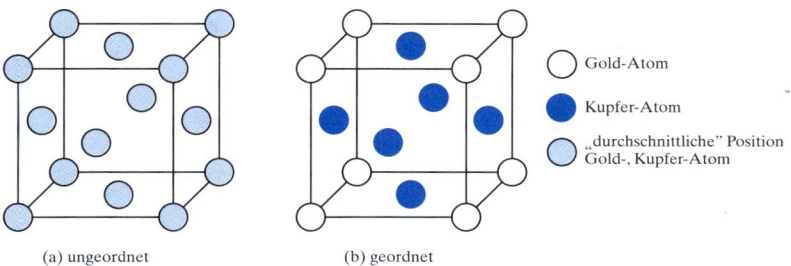

(a) ungeordnet   (b) geordnet

Abbildung 4.3: Ordnung der festen Lösung im AuCu$_3$-Legierungssystem. (a) Oberhalb ~390 °C besteht eine zufällige Verteilung der Au- und Cu-Atome unter den kfz-Gitterplätzen. (b) Unterhalb von ~390 °C nehmen die Au-Atome bevorzugt die Eckpositionen in der Elementarzelle ein, wodurch ein einfaches kubisches Bravais-Gitter entsteht.

Wenn sich die Atomgrößen deutlich unterscheiden, kann die Substitution des kleineren Atoms an einem Kristallstrukturplatz energetisch unstabil sein. In diesem Fall ist es stabiler, wenn sich das kleinere Atom einfach in einen der Leerräume – oder Zwischengitterplätze – unter den benachbarten Atomen in der Kristallstruktur einlagert. Ein derartiger **interstitieller Mischkristall** ist in Abbildung 4.4 zu sehen, die Kohlenstoff interstitiell gelöst in α-Fe zeigt. Diese interstitielle Lösung ist eine vorherrschende Phase in Stahl. Die interstitielle Struktur in Abbildung 4.4 ist zwar stabiler als eine substituierende Konfiguration von C-Atomen auf Fe-Gitterplätzen, sie ruft aber eine beträchtliche lokale Dehnung der α-Fe Kristallstruktur hervor und weniger als 0,1 Atomprozent C sind in α-Fe löslich.

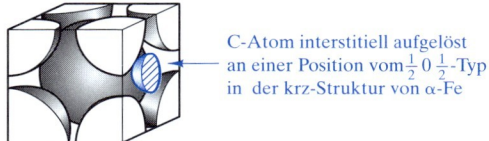

C-Atom interstitiell aufgelöst an einer Position vom $\frac{1}{2} 0 \frac{1}{2}$-Typ in der krz-Struktur von α-Fe

Abbildung 4.4: Interstitieller Mischkristall von Kohlenstoff in α-Eisen. Das Kohlenstoffatom ist klein genug, um sich bei einer gewissen Dehnung in den Zwischengitterplatz (oder in die Öffnung) unter benachbarten Fe-Atomen in dieser für die Stahlindustrie wichtigen Struktur einzulagern. (Diese Elementarzellstruktur lässt sich mit der in *Abbildung 3.4b* vergleichen.)

4 GITTERSTÖRUNGEN UND DIE NICHTKRISTALLINE STRUKTUR – STRUKTURELLE FEHLER

Bislang haben wir uns die Bildung von festen Lösungen angesehen, bei der ein reines Metall- oder Halbleiter-Wirtsgitter bestimmte Atome eines gelösten Stoffes entweder substituierend oder interstitiell aufnimmt. Die Prinzipien der substituierenden Bildung von festen Lösungen in diesen elementaren Systemen gelten auch für Verbindungen. Z.B. zeigt Abbildung 4.5 einen ungeordneten substituierenden Mischkristall von NiO in MgO. Hier bleibt die O^{2-}-Anordnung unbeeinflusst. Die Substitution tritt auf zwischen Ni^{2+} und Mg^{2+}. Das Beispiel von Abbildung 4.5 ist relativ einfach. Im Allgemeinen beeinflusst die Ionenladung in einer Verbindung das Wesen der Substitution. Mit anderen Worten: Man kann nicht alle Ni^{2+}-Ionen in Abbildung 4.5 willkürlich durch Al^{3+}-Ionen ersetzen. Das wäre gleichbedeutend mit der Bildung einer festen Lösung von Al_2O_3 in MgO, die jeweils unterschiedliche Formeln und Kristallstrukturen haben. Die höhere Valenz von Al^{3+} würde zu einem positiven Ladungsüberschuss für die Oxidverbindung führen und einen höchst unstabilen Zustand herbeiführen. Im Ergebnis ist als zusätzliche Grundregel bei der Bildung von festen Lösungen die Aufrechterhaltung der Ladungsneutralität zu beachten.

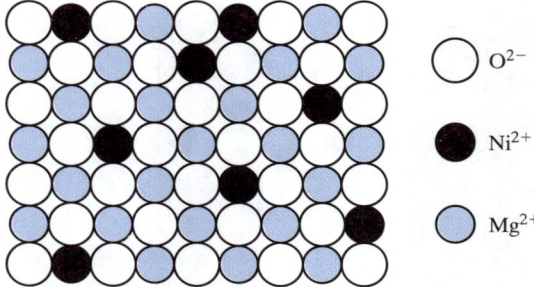

Abbildung 4.5: Ungeordneter Substitutionsmischkristall von NiO in MgO. Die O^{2-}-Anordnung wird nicht beeinflusst. Die Ersetzung tritt unter Ni^{2+}- und Mg^{2+}-Ionen auf.

Abbildung 4.6 zeigt, wie die Ladungsneutralität in einer flüssigen Lösung von Al^{3+} in MgO aufrechterhalten wird: Nur zwei Al^{3+}-Ionen füllen die jeweils drei Mg^{2+}-Plätze, wodurch eine Mg^{2+}-Leerstelle für je zwei Al^{3+}-Substitutionen zurückbleibt. Auf derartige Leerstellen und andere Punktdefekte geht Abschnitt 4.2 näher ein. Dieses Beispiel einer Defektverbindung deutet die Möglichkeit eines speziellen Typs der festen Lösung an. Abbildung 4.7 zeigt eine **nichtstöchiometrische Verbindung**, $Fe_{1-x}O$, in der $x \approx 0{,}05$ ist. Eine ideal stöchiometrische FeO-Verbindung würde identisch zu MgO mit einer Kristallstruktur vom NaCl-Typ sein und aus gleich großen Anzahlen von Fe^{2+}- und O^{2-}-Ionen bestehen. Allerdings kommt ideales FeO aufgrund der multivalenten Natur von Eisen in der Natur nicht vor. Einige Fe^{3+}-Ionen sind immer anwesend. Im Ergebnis spielen diese Fe^{3+}-Ionen die gleiche Rolle in der $Fe_{1-x}O$-Struktur wie Al^{3+} in der Al_2O_3-in-MgO-Lösung von Abbildung 4.6. Eine Fe^{2+}-Leerstelle ist erforderlich, um die Anwesenheit jedes zweiten Fe^{3+}-Ions auszugleichen, damit die Ladungsneutralität gewahrt bleibt.

4.1 Lösung im festen Zustand

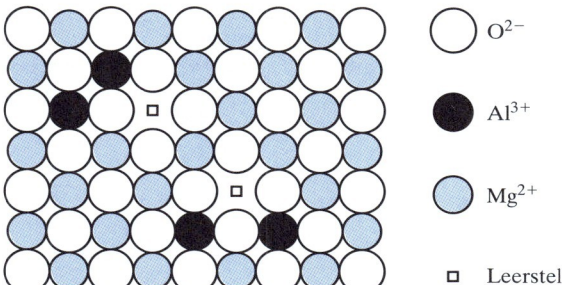

Abbildung 4.6: Ein Substitutionsmischkristall von Al_2O_3 in MgO ist nicht so einfach wie im Fall von NiO in MgO (siehe Abbildung 4.5). Durch die Forderung nach Ladungsneutralität in der Gesamtverbindung können nur zwei Al^{3+}-Ionen die jeweils drei Mg^{2+}-Leerstellen füllen, wobei eine Mg^{2+}-Leerstelle übrigbleibt.

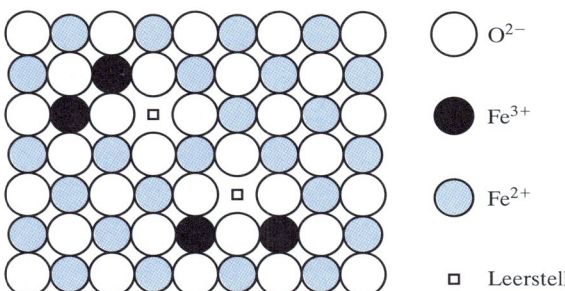

Abbildung 4.7: Eisenoxid $Fe_{1-x}O$ mit $x \approx 0{,}05$ ist ein Beispiel für eine nichtstöchiometrische Verbindung. Ähnlich dem Fall von Abbildung 4.6 besetzen sowohl Fe^{2+}- als auch Fe^{3+}-Ionen die Kationen-Plätze, wobei eine Fe^{2+}-Leerstelle für je zwei vorhandene Fe^{3+}-Ionen auftritt.

Beispiel 4.1 Erfüllen Cu und Ni die erste Hume-Rothery-Regel für die vollständige feste Löslichkeit?

Lösung

In *Anhang B* findet man

$$r_{Cu} = 0{,}128 \text{ nm},$$

$$r_{Ni} = 0{,}125 \text{ nm}$$

und

$$\% \text{ Unterschied} = \frac{(0{,}128 - 0{,}125) \text{ nm}}{0{,}128 \text{ nm}} \times 100$$

$$= 2{,}3\% \, (< 15\%).$$

Die Antwort lautet folglich: ja.
Diese beiden Nachbarn im Periodensystem erfüllen in der Tat alle vier Regeln (was der Beobachtung entspricht, dass sie in jedem Verhältnis vollständig lösbar sind).

Beispiel 4.2 Wie viel „Übergröße" weist das C-Atom in α-Fe auf? (Siehe Abbildung 4.4.)

Lösung

Aus Abbildung 4.4 geht hervor, dass ein ideales interstitielles bei

$$\frac{1}{2} 0 \frac{1}{2}$$

zentriertes Atom gerade die Oberfläche des Eisenatoms in der Mitte der kubischen Elementarzelle berühren würde. Der Radius eines derartigen idealen Zwischengitterplatzes wäre

$$r_{\text{Zwischengitterplatz}} = \frac{1}{2} a - R ,$$

wobei a die Kantenlänge der Elementarzelle und R der Radius eines Eisenatoms ist. Wie *Abbildung 3.4* gezeigt hat, beträgt die Länge der Raumdiagonalen der Elementarzelle

$$= 4R$$
$$= \sqrt{3} a$$

oder

$$a = \frac{4}{\sqrt{3}} R ,$$

wie es in *Tabelle 3.3* angegeben ist. Dann ergibt sich

$$r_{\text{Zwischengitterplatz}} = \frac{1}{2} \left(\frac{4}{\sqrt{3}} R \right) - R = 0{,}1547 R .$$

Mit dem Wert $R = 0{,}124$ nm aus Anhang B erhält man

$$r_{\text{Zwischengitterplatz}} = 0{,}1547 (0{,}124 \text{ nm}) = 0{,}0192 \text{ nm} .$$

Allerdings gibt Anhang B für $r_{\text{Kohlenstoff}} = 0{,}077$ nm an, sodass

$$\frac{r_{\text{Kohlenstoff}}}{r_{\text{Zwischengitterplatz}}} = \frac{0{,}077 \text{ nm}}{0{,}0192 \text{ nm}} = 4{,}01 .$$

Somit ist das Kohlenstoffatom ungefähr viermal zu groß, um ohne Dehnung neben das benachbarte Eisenatom zu passen. Die schwere lokale Verzerrung, die für diese Anpassung erforderlich ist, führt zu der niedrigen Löslichkeit von C in α-Fe (< 0,1 Atomprozent).

> **Übung 4.1** Kupfer und Nickel (die vollständig ineinander löslich sind) erfüllen die erste Hume-Rothery-Regel der festen Löslichkeit, wie es Beispiel 4.1 gezeigt hat. Aluminium und Silizium sind nur zu einem bestimmten Grad ineinander löslich. Erfüllen sie die erste Hume-Rothery-Regel?

Die Lösungen für alle Übungen finden Sie auf der Companion Website.

> **Übung 4.2** Abbildung 4.4 hat den Zwischengitterplatz für die Lösung eines Kohlenstoffatoms in α-Fe gezeigt. In Beispiel 4.2 haben wir berechnet, dass ein Kohlenstoffatom mehr als viermal zu groß für den Gitterplatz ist und folglich die Kohlenstofflöslichkeit in α-Fe ziemlich gering ist. Betrachten wir nun den Fall für die interstitielle Lösung von Kohlenstoff in der Hochtemperatur- (kfz-) Struktur von γ-Fe. Der größte Zwischengitterplatz für ein Kohlenstoffatom ist ein
>
> $$\frac{1}{2}01\text{-Typ}.$$
>
> (a) Skizzieren Sie diese interstitielle Lösung in einer Form ähnlich der Struktur, die Abbildung 4.4 zeigt. (b) Bestimmen Sie, um wie viel das C-Atom in γ-Fe zu groß ist. (Beachten Sie, dass der Atomradius für kfz-Eisen gleich 0,127 nm ist.)

4.2 Punktdefekte – nulldimensionale Gitterdefekte

Strukturdefekte kommen in realen Stoffen unabhängig von chemischen Verunreinigungen vor. Fehlstellen, die mit dem kristallinen Punktgitter verbunden sind, bezeichnet man als **Punktdefekte**. Abbildung 4.8 veranschaulicht zwei häufige Arten von Punktdefekten, die bei elementaren Festkörpern auftreten: Die **Leerstelle** ist einfach ein unbesetzter Atomplatz in der kristallinen Struktur und der **Zwischengitterplatz** ist ein Atom auf einem interstitiellen Platz, der normalerweise nicht durch ein Atom in der perfekten Kristallstruktur besetzt ist, oder ein zusätzliches Atom, das in die perfekte Kristallstruktur so eingelagert wird, dass die beiden Atome Positionen einnehmen, die eng bei einem einfach besetzten Atomplatz in der perfekten Struktur liegen. Der vorherige Abschnitt hat erläutert, wie Leerstellen in Verbundwerkstoffen als Reaktion auf chemische Verunreinigungen und nichtstöchiometrische Verbindungen entstehen können. Derartige Leerstellen können auch unabhängig von diesen chemischen Faktoren auftreten (z.B. durch thermische Schwingungen von Atomen in einem Festkörper oberhalb einer Temperatur des absoluten Nullpunktes).

4 GITTERSTÖRUNGEN UND DIE NICHTKRISTALLINE STRUKTUR – STRUKTURELLE FEHLER

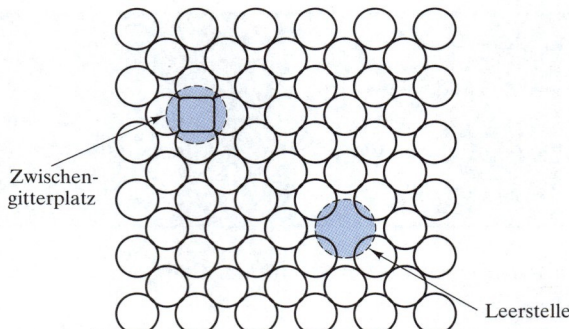

Abbildung 4.8: Zwei typische Punktdefekte in Metall oder elementaren Halbleiterstrukturen sind die Leerstelle und der Zwischengitterplatz.

Abbildung 4.9 veranschaulicht die beiden Analogons der Leerstellen und Zwischengitterplätze für Verbindungen. Der **Schottky**[1]**-Defekt** ist ein Paar von entgegengesetzt geladenen Ionen-Leerstellen. Die Paarung ist erforderlich, um die lokale Ladungsneutralität in der Kristallstruktur der Verbindung zu bewahren. Der **Frenkel**[2]**-Defekt** ist eine Kombination von Leerstelle und Zwischengitterplatz. Die meisten der in *Kapitel 3* beschriebenen Verbindungskristallstrukturen waren zu „dicht" gepackt, um die Bildung des Frenkel-Defekts zuzulassen. Allerdings kann der relativ offene CaF_2-Strukturtyp Kation-Zwischengitterplätze ohne übermäßige Gitterdehnung akzeptieren. Defektstrukturen in Verbindungen können infolge von Aufladungen durch das „Einfangen von Elektronen" oder das „Einfangen von Löchern" an diesen Gitterfehlstellen noch komplizierter sein. Auf derartige Systeme gehen wir hier nicht weiter ein, sie können aber wesentliche Auswirkungen auf optische Eigenschaften haben (siehe hierzu *Kapitel 16*).

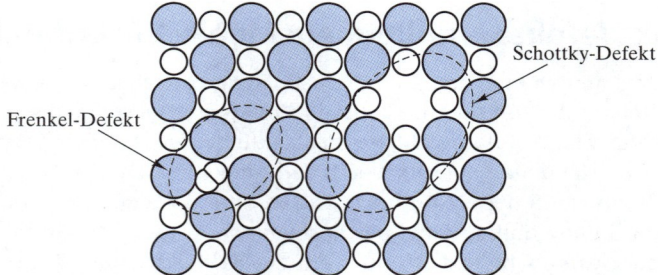

Abbildung 4.9: Zwei typische Punktdefekte in Verbundstrukturen sind der Schottky-Defekt und der Frenkel-Defekt. Beachten Sie die Ähnlichkeit zu den in Abbildung 4.8 gezeigten Strukturen.

---

1 Walter Hans Schottky (1886–1976), deutscher Physiker, Sohn eines prominenten Mathematikers. Neben der Erkennung des *Schottky-Defekts* erfand er die Schirmgitterröhre (1915) und entdeckte den nach ihm benannten Effekt der thermischen Emission (d.h., dass sich der Elektronenstrom, der eine erhitzte Metalloberfläche verlässt, verstärkt, wenn ein externes elektrisches Feld angelegt wird).

2 Yakov Ilyich Frenkel (1894–1954), russischer Physiker, leistete bedeutende Beiträge zu verschiedensten Bereichen, einschließlich Festkörperphysik, Elektrodynamik und Geophysik. Obwohl man seinen Namen vor allem mit Defektstrukturen in Verbindung bringt, hat er in besonderem Maße zum Verständnis des Ferromagnetismus beigetragen (siehe hierzu *Kapitel 18*).

Beispiel 4.3

Der Anteil der freien Gitterplätze in einem Kristall ist typischerweise gering. Z.B. beträgt der Anteil der freien Aluminiumplätze bei 400 °C 2,29 × 10⁻⁵. Berechnen Sie die Dichte dieser Plätze (in Einheiten von m^{-3}).

Lösung

Anhang A gibt die Dichte von Aluminium mit 2,70 Mg/m³ und die Atommasse mit 26,98 u an. Die korrespondierende Dichte von Aluminium-Atomen beträgt dann

$$\text{Atomdichte} = \frac{\rho}{\text{Atommasse}} = \frac{2{,}70 \times 10^6 \text{ g/m}^3}{26{,}98 \text{ g}/(0{,}602 \times 10^{24} \text{ Atome})}$$

$$= 6{,}02 \times 10^{28} \text{ Atome} \cdot m^3.$$

Damit berechnet sich die Dichte der freien Plätze zu

$$\text{Leerstellendichte} = 2{,}29 \times 10^{-5} \text{ Atom}^{-1} \times 6{,}02 \times 10^{28} \text{ Atome} \cdot m^{-3}$$

$$= 1{,}38 \times 10^{24} \text{ m}^{-3}.$$

Übung 4.3

Berechnen Sie die Leerstellendichte (in m^{-3}) für Aluminium bei 660 °C (unmittelbar unterhalb seines Schmelzpunktes), wobei der Anteil der freien Gitterplätze gleich 8,82 × 10⁻⁴ ist. (Siehe Beispiel 4.3.)

4.3 Lineare Defekte oder Versetzungen – eindimensionale Gitterdefekte

Wir haben gesehen, dass Punkt- (nulldimensionale) Defekte strukturelle Fehlstellen sind, die durch thermische Anregung entstehen. **Lineare Defekte**, die eindimensional sind, stammen hauptsächlich von mechanischen Deformationen. Man bezeichnet lineare Defekte auch als **Versetzungen**. Abbildung 4.10 zeigt ein besonders einfaches Beispiel. Der lineare Defekt wird häufig durch das „invertierte T" Symbol gekennzeichnet (⊥), das die Kante einer *zusätzlichen Halbebene von Atomen* repräsentiert. Eine derartige Konfiguration bietet sich für eine einfache quantitative Kennzeichnung an – den **Burgers[1]-Vektor b**. Dieser Parameter ist einfach der Versetzungsvektor, der

---

[1] Johannes Martinus Burgers (1895–1981), dänisch-amerikanischer Flüssigkeitsmechaniker. Obwohl er sich in seiner sehr produktiven Laufbahn auf Aerodynamik und Hydrodynamik konzentrierte, hat eine kurze Untersuchung der Versetzungsstruktur um 1940 seinen Namen zu einem der bekanntesten in der Werkstoffwissenschaft gemacht. Burgers hat als Erster aufgezeigt, wie sich der Schließungsvektors für die Charakterisierung einer Versetzung sinnvoll einsetzen lässt.

notwendig ist, um einen schrittweisen Umlauf um den Defekt abzuschließen. Im perfekten Kristall (siehe Abbildung 4.11a) endet ein Umlauf in m × n-atomaren Schritten beim Ausgangspunkt. Im Bereich einer Versetzung (siehe Abbildung 4.11b) lässt sich der gleiche Umlauf nicht schließen. Der Schließungsvektor (**b**) repräsentiert die Größe des Strukturdefekts. *Kapitel 6* zeigt, dass die Größe von **b** für übliche Metallstrukturen (krz, kfz und hdp) einfach die Wiederholungsdistanz in Richtung der höchsten Atomdichte ist (der Richtung, in der sich Atome berühren).

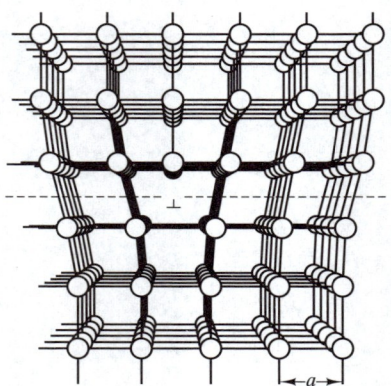

Abbildung 4.10: Stufenversetzung. Der lineare Defekt wird dargestellt durch die Kante einer zusätzlichen Halbebene von Atomen.

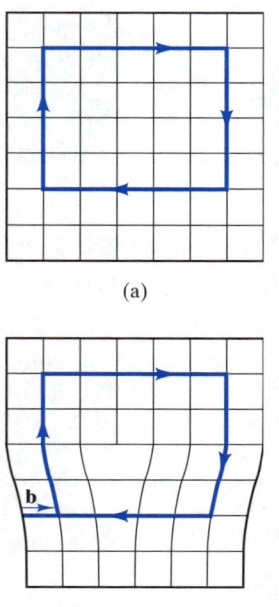

Abbildung 4.11: Definition des Burgers-Vektors **b** relativ zu einer Stufenversetzung. (a) Im perfekten Kristall schließt ein Umlauf in $m \times n$ atomaren Schritten am Ausgangspunkt. (b) Im Bereich einer Versetzung ist der gleiche Umlauf nicht geschlossen und der Schließungsvektor (b) repräsentiert die Größe des Strukturdefekts. Für die Stufenversetzung steht der Burgers-Vektor *senkrecht* auf der Versetzungslinie.

4.3 Lineare Defekte oder Versetzungen – eindimensionale Gitterdefekte

Abbildung 4.10 zeigt einen speziellen Typ eines Lineardefekts, die **Stufenversetzung**, so benannt nach der Defekt- oder *Versetzungslinie*, die entlang der Kante (d.h. Stufe) der zusätzlichen Atomreihe verläuft. Bei der Stufenversetzung steht der Burgers-Vektor senkrecht auf der Versetzungslinie. Abbildung 4.12 zeigt einen grundsätzlich anderen Typ von Lineardefekt, die **Schraubenversetzung**, die ihren Namen von der spiralförmigen Stapelung der Kristallebenen um die Versetzungslinie erhalten hat. *Bei der Schraubenversetzung verläuft der Burgers-Vektor parallel zur Versetzungslinie.* Die Stufen- und Schraubenversetzungen lassen sich als reine Extremfälle von linearen Defektstrukturen ansehen. Die meisten linearen Defekte in realen Stoffen treten gemischt auf, wie es Abbildung 4.13 zeigt. In diesem allgemeinen Fall hat die **gemischte Versetzung** sowohl Stufen- als auch Schraubencharakter. Der Burgers-Vektor für die gemischte Versetzung verläuft weder senkrecht noch parallel zur Versetzungslinie, sondern behält eine feste Orientierung im Raum bei, die im Einklang mit den vorherigen Definitionen für die reinen Stufen- und Schraubenversetzungsbereiche steht. Die lokale Atomstruktur um eine gemischte Versetzung ist schwer zu visualisieren, lässt sich aber mit dem Burgers-Vektor bequem und einfach beschreiben. In Verbundstrukturen kann selbst die grundlegende Kennzeichnung mit dem Burgers-Vektor relativ kompliziert sein. Abbildung 4.14 zeigt den Burgers-Vektor für die Aluminiumoxid-Struktur (siehe *Abschnitt 3.3*). Die Kompliziertheit ergibt sich aus der relativ großen Wiederholungsdistanz in dieser Kristallstruktur, die verlangt, dass die vom Burgers-Vektor bezeichnete Gesamtversetzung in zwei (für O^{2-}) oder vier (Al^{3+}) Teilversetzungen aufgeteilt wird. *Kapitel 6* zeigt, dass die Komplexität von Versetzungsstrukturen sehr viel mit dem grundlegenden mechanischen Verhalten des Stoffes zu tun hat.

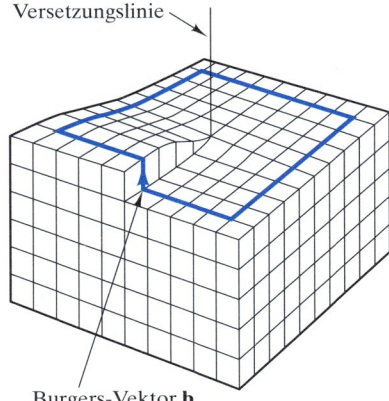

Abbildung 4.12: Schraubenversetzung. Durch die spiralförmige Stapelung von Kristallebenen verläuft der Burgers-Vektor parallel zur Versetzungslinie.

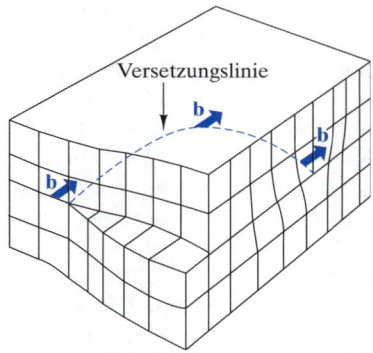

Abbildung 4.13: Gemischte Versetzung. Diese Versetzung hat sowohl Stufen- als auch Schraubencharakter mit einem einzigen Burgers-Vektor, der den reinen Stufen- und reinen Schraubenversetzungsbereichen entspricht.

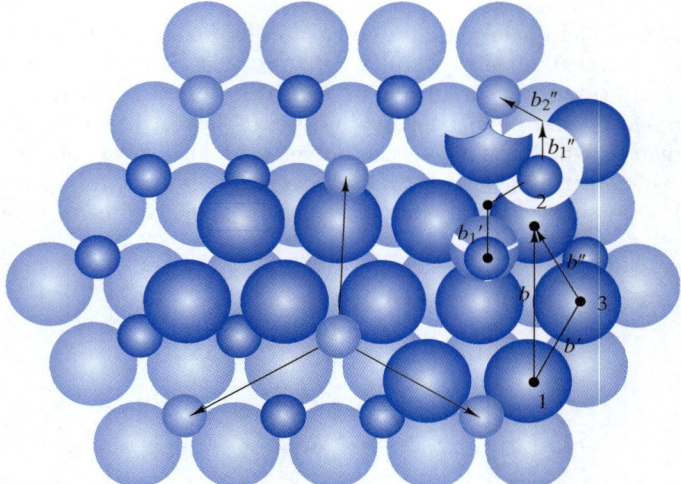

Abbildung 4.14: Burgers-Vektor für die Aluminiumoxid-Struktur. Die große Wiederholungsdistanz in dieser relativ komplexen Struktur bewirkt, dass der Burgers-Vektor in zwei (für O^{2-}) oder vier (für Al^{3+}) Teilversetzungen aufgeteilt wird, die jede einen kleineren Versetzungsschritt darstellen. Aus dieser Komplexität ergibt sich auch die Sprödigkeit von Keramikverbindungen mit Metallen.

4.3 Lineare Defekte oder Versetzungen – eindimensionale Gitterdefekte

Beispiel 4.4 Berechnen Sie die Größe des Burgers-Vektors für (a) α-Fe, (b) Al und (c) Al_2O_3.

Lösung

(a) Wie zu Beginn dieses Abschnittes angemerkt, ist $|\mathbf{b}|$ lediglich die Wiederholungsdistanz zwischen benachbarten Atomen entlang der Richtung der höchsten Atomdichte. Bei α-Fe, einem krz-Metall, tritt dieser Abstand vorzugsweise entlang der Raumdiagonalen einer Elementarzelle auf. In *Abbildung 3.4* haben wir gesehen, dass Fe-Atome entlang der Raumdiagonalen in Kontakt stehen. Der atomare Wiederholungsabstand ist also

$$r = 2R_{Fe}.$$

Mit den Daten aus *Anhang B* können wir dann einfach berechnen:

$$|\mathbf{b}| = r = 2(0{,}124 \text{ nm}) = 0{,}248 \text{ nm}.$$

(b) In ähnlicher Weise verläuft die Richtung der höchsten Atomdichte in kfz-Metallen, wie z.B. Al, entlang der Flächendiagonalen einer Elementarzelle. Wie *Abbildung 3.5* gezeigt hat, ist diese Richtung auch eine Kontaktlinie für Atome in einer kfz-Struktur. Somit erhält man

$$|\mathbf{b}| = r = 2R_{Al} = 2(0{,}143 \text{ nm})$$

$$= 0{,}286 \text{ nm}.$$

(c) Abbildung 4.14 zeigt die komplexere Situation bei Keramiken. Der gesamte Verschiebungsvektor verbindet zwei O^{2-}-Ionen (mit 1 und 2 bezeichnet):

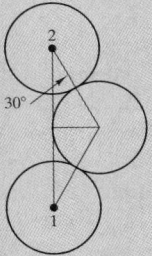

Somit ist

$$|\mathbf{b}| = (2)(2R_{O^{2-}})(\cos 30°).$$

Mit den Daten in *Anhang B* können wir berechnen:

$$|\mathbf{b}| = (2)(2 \times 0{,}132 \text{ nm})(\cos 30°)$$

$$= 0{,}457 \text{ nm}.$$

Übung 4.4 Berechnen Sie die Größe des Burgers-Vektors für das hdp-Metall Mg. (Siehe Beispiel 4.4.)

4.4 Ebene Defekte – zweidimensionale Gitterdefekte

Punktdefekte und lineare Defekte sind ein Zeichen dafür, dass sich kristalline Stoffe nicht fehlerfrei herstellen lassen. Diese Fehlstellen existieren im Inneren jedes dieser Stoffe. Wir müssen aber auch berücksichtigen, dass jeder Stoff ein endliches Volumen hat und dieses Material innerhalb einer bestimmten Begrenzungsoberfläche enthalten ist. Die Oberfläche ist an sich eine Unterbrechung der atomaren Stapelung des Kristalls. Es gibt verschiedene Formen von **ebenen Defekten**. Wir listen sie hier kurz auf und beginnen mit dem geometrisch einfachsten.

Abbildung 4.15 veranschaulicht die **Zwillingsgrenze**. Sie trennt zwei Kristallbereiche, die strukturell einander spiegelbildlich angeordnet sind. Diese hoch symmetrische Verformungsdiskontinuität in der Struktur lässt sich durch Verformung (z.B. in krz- und hdp-Metallen) und durch Tempern (z.B. in kfz-Metallen) erzeugen.

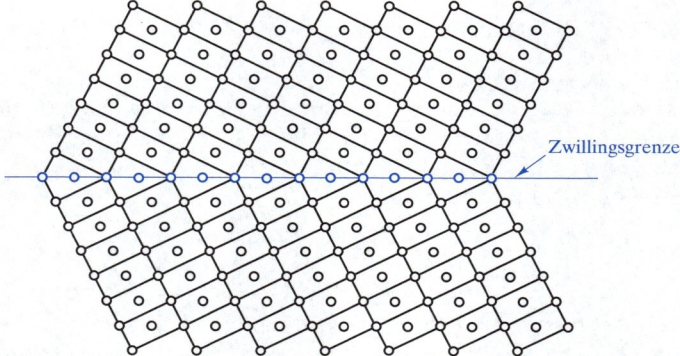

Abbildung 4.15: Eine Zwillingsgrenze trennt zwei kristalline Bereiche, die strukturell einander spiegelbildlich sind.

Nicht alle kristallinen Stoffe weisen Zwillingsgrenzen auf, doch müssen alle eine *Oberfläche* haben. Abbildung 4.16 zeigt eine einfache Ansicht der kristallinen Oberfläche. Diese Oberfläche ist etwas mehr als ein abruptes Ende der regelmäßigen atomaren Stapelanordnung. Wie die schematische Darstellung andeutet, unterscheiden sich die Oberflächenatome etwas von den inneren Atomen. Das ist das Ergebnis der unterschiedlichen Koordinationszahlen für die Oberflächenatome, die zu unterschiedlichen Bindungsstärken und einer gewissen Asymmetrie führen. Abbildung 4.17 gibt ein detaillierteres Bild der atomaren Oberflächengeometrie wieder. Dieses **Hirth-Pound**[1]**-Modell** einer Kristalloberfläche hat komplizierte Riffsysteme statt atomar glatter Flächen.

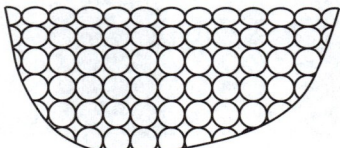

Abbildung 4.16: Einfache Ansicht der Oberfläche eines kristallinen Stoffes

---

1 John Price Hirth (geb. 1930) und Guy Marshall Pound (1920–1988), amerikanische Metallurgen, formulierten ihr Modell der Kristalloberflächen Ende der 50er Jahre nach sorgfältiger Analyse der Kinetik der Verdampfung.

4.4 Ebene Defekte – zweidimensionale Gitterdefekte

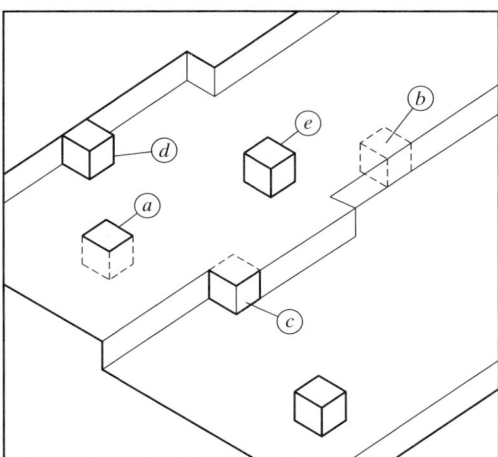

Abbildung 4.17: Ein detaillierteres Modell der komplizierten riffartigen Struktur eines kristallinen Materials. Jeder Würfel repräsentiert ein einzelnes Atom.

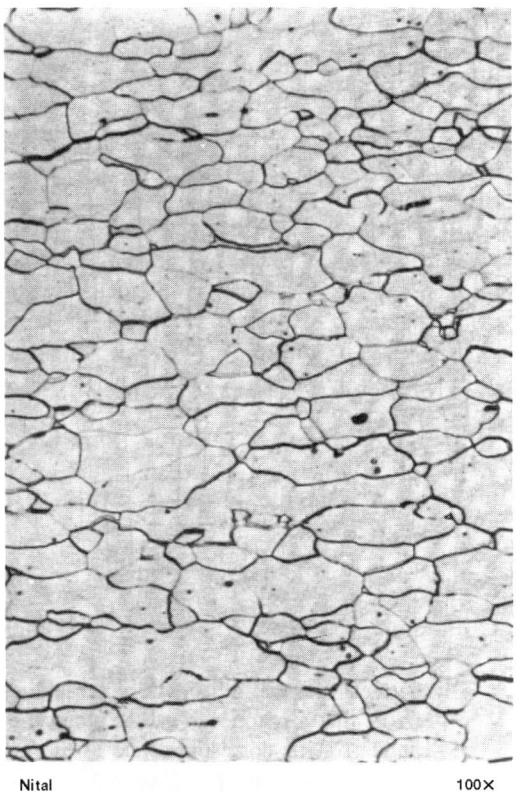

Nital 100×

Abbildung 4.18: Typische Auflichtmikroskopaufnahme einer Kornstruktur (100fache Vergrößerung). Das Material ist ein Baustahl (mit niedrigem Kohlenstoffgehalt). Die Korngrenzen wurden mit einer chemischen Lösung leicht angeätzt, damit sie das Licht anders als die polierten Körner reflektieren und ein deutlicher Kontrast entsteht.

Der für unsere einführenden Betrachtungen wichtigste ebene Defekt tritt an der **Korngrenze** auf, dem Bereich zwischen zwei benachbarten Einzelkristallen oder **Körnern**. In der häufigsten ebenen Störung haben die Körner, die sich an der Grenze treffen, unterschiedliche Orientierungen. Abgesehen von der Elektronikindustrie sind die meisten technischen Werkstoffe polykristallin und nicht in der Form von Einkristallen. Das vorherrschende Mikrostrukturmerkmal (d.h. der Aufbau auf der mikroskopischen Ebene wie in *Abschnitt 1.4* erläutert) vieler technischer Werkstoffe ist die Kornstruktur (siehe Abbildung 4.18). Die Eigenschaften vieler Stoffe sind stark von derartigen Kornstrukturen abhängig. Was ist dann die Struktur einer Korngrenze auf der atomaren Ebene? Die Antwort hängt größtenteils von der relativen Orientierung der benachbarten Körner ab.

Abbildung 4.19 zeigt eine ungewöhnlich einfache Korngrenze, die entsteht, wenn zwei benachbarte Körner nur um wenige Grad relativ zueinander geneigt sind. Diese **Verkippung** wird durch ein paar isolierte Stufenversetzungen aufgebaut (siehe Abschnitt 4.3). Bei den meisten Korngrenzen findet man benachbarte Körner bei einem willkürlichen und ziemlich großen Grenzwinkel. Die Korngrenzenstruktur in diesem allgemeinen Fall ist beträchtlich komplizierter als in Abbildung 4.19 dargestellt. Allerdings hat sich in den letzten zwei Jahrzehnten viel getan, um das Wesen der allgemeinen Großwinkel-Korngrenzenstruktur besser zu verstehen. Das ist besonders den Fortschritten sowohl in der Elektronenmikroskopie als auch in der Computermodellierung zu verdanken. Eine zentrale Komponente bei der Analyse von Korngrenzenstrukturen ist das Konzept des **Koinzidenzgitters**, wie es Abbildung 4.20 veranschaulicht. Abbildung 4.20a zeigt eine Großwinkel-Korngrenze ($\theta = 36{,}9°$) zwischen zwei einfachen quadratischen Gittern. Man hat festgestellt, dass dieser spezielle Kippwinkel häufig bei Korngrenzenstrukturen in realen Stoffen auftritt. Der Grund für seine Stabilität ist ein besonders hoher Grad an Regelmäßigkeit zwischen den beiden benachbarten Kristallgittern in der Nähe des Grenzbereiches. (Beachten Sie, dass einige Atome entlang der Grenze den benachbarten Gittern gemeinsam angehören.) Diese Übereinstimmung an der Grenze wurde in Form des Koinzidenzgitters quantifiziert. Erweitert man, wie z.B. in Abbildung 4.20b, das Gitternetz für das kristalline Korn auf der linken Seite, fällt jedes fünfte Atom des Korns auf der rechten Seite mit diesem Gitter zusammen. Den Anteil der übereinstimmenden Plätze im benachbarten Korn stellt man durch das Symbol $\Sigma^{-1} = 1/5$ oder $\Sigma = 5$ dar, woraus sich die Bezeichnung „$\Sigma 5$-Grenze" für die in Abbildung 4.20 gezeigte Struktur ableitet. Aus der Geometrie der Überlappung der beiden Gitter lässt sich auch erkennen, wodurch der spezielle Winkel von $\theta = 36{,}9°$ entsteht. Man kann zeigen, dass $\theta = 2 \tan^{-1}(1/3)$ ist.

4.4 Ebene Defekte – zweidimensionale Gitterdefekte

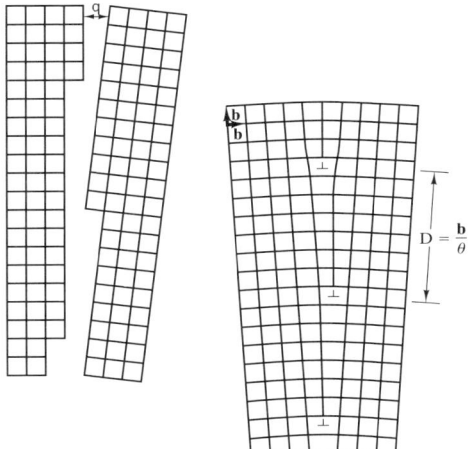

Abbildung 4.19: Einfache Korngrenzenstruktur. Man spricht hier vom Kippwinkel, der entsteht, wenn zwei benachbarte Körner relativ zueinander um wenige Grad (θ) geneigt oder gekippt werden. Die resultierende Struktur ist äquivalent zu isolierten Stufenversetzungen, die durch den Abstand b/θ getrennt sind, wobei b die Länge des Burgers-Vektors **b** angibt.

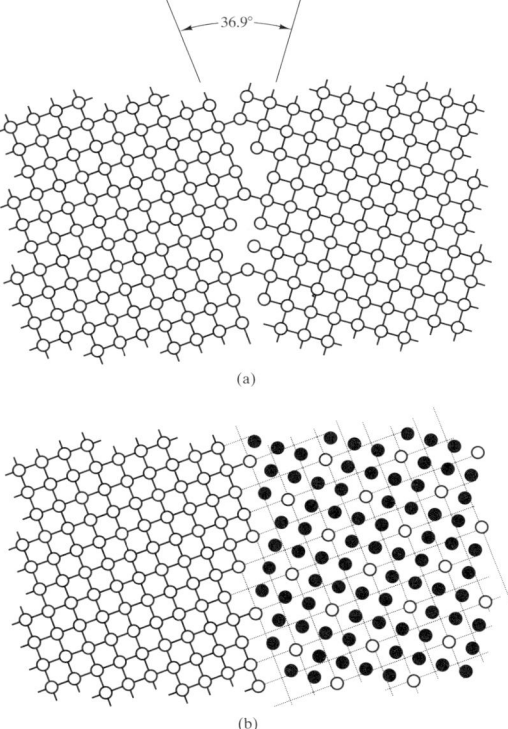

Abbildung 4.20: (a) Eine Großwinkel-Korngrenze ($\theta = 36{,}9°$) zwischen zwei quadratischen Gitterkörnern lässt sich durch ein Koinzidenzgitter (b) darstellen. Da jedes fünfte Atom im Korn auf der rechten Seite mit dem Gitter des linken Korns zusammenfällt, bezeichnet man diese Korngrenze mit $\Sigma^{-1} = 1/5$ oder $\Sigma = 5$.

Ein weiteres Anzeichen für die Regelmäßigkeit bestimmter Großwinkel-Korngrenzenstrukturen ist in Abbildung 4.21 angegeben, die eine Σ5-Grenze in einem kfz-Metall veranschaulicht. Die von den eingezeichneten Linien zwischen benachbarten Atomen im Korngrenzenbereich gebildeten Polyeder weisen infolge des Verdrehungswinkels unregelmäßige Formen auf, wiederholen sich aber aufgrund der Kristallinität jedes Korns in regelmäßigen Intervallen.

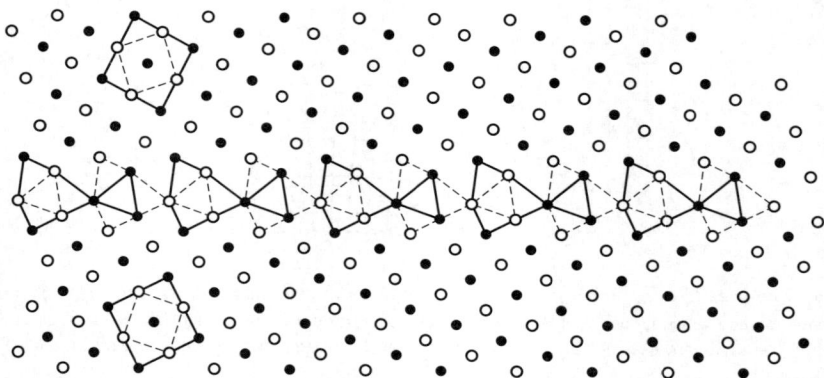

Abbildung 4.21: Eine Σ5-Grenze für ein kfz-Metall, in dem die [100]-Richtungen der beiden benachbarten kfz-Körner gegeneinander in einem Winkel von 36,9° orientiert sind (siehe Abbildung 4.20). In dieser dreidimensionalen Projektion stehen die offenen und geschlossenen Kreise für Atome auf zwei unterschiedlichen, benachbarten Ebenen (jede parallel zur Ebene dieser Seite). Die von den eingezeichneten Linien zwischen benachbarten Atomen an der Korngrenze gebildeten Polyeder weisen infolge des Verdrehungswinkels von 36,9° eine unregelmäßige Form auf, erscheinen aber aufgrund der Kristallinität jedes Korns in regelmäßigen Intervallen. Die kristallinen Körner kann man sich vollständig aus Tetraedern und Oktaedern zusammengesetzt vorstellen.

Die schon erwähnten theoretischen und experimentellen Untersuchungen von Großwinkel-Grenzen haben gezeigt, dass sich das einfache Kleinwinkel-Modell aus Abbildung 4.19 als nützliche Analogie für den Großwinkel-Fall eignet. Insbesondere besteht eine Korngrenze zwischen zwei Körnern bei einem bestimmten willkürlichen Großwinkel vorzugsweise aus Bereichen guter Korrespondenz (mit lokaler Grenzrotation, um eine Σn-Struktur zu bilden, wobei n eine relativ kleine Zahl ist), die durch **Korngrenzenversetzungen** – lineare Defekte innerhalb der Grenzebene – getrennt sind. Die mit Großwinkel-Grenzen verbundene Korngrenzenverschiebung ist gewöhnlich *sekundär* in dem Sinne, dass sich ihre Burgers-Vektoren von denen unterscheiden, die im Volumen (*primäre* Versetzungen) zu finden sind.

Ohne die atomare Struktur aus den Augen zu verlieren, können wir zur Mikrostrukturansicht von Kornstrukturen zurückkehren (z.B. Abbildung 4.18). Um Mikrostrukturen zu beschreiben, ist ein einfacher Index der *Korngröße* nützlich. Ein häufig verwendeter und durch die ASTM (American Society for Testing and Materials) standardisierter Parameter ist die **Korngrößenzahl** G, die als

$$N = 2^{(G-1)} \tag{4.1}$$

definiert ist. Hier bezeichnet N die Anzahl der in einem Bereich von 1 in.^{2} (= 645 mm^2) auf einer lichtmikroskopischen Aufnahme bei 100facher Vergrößerung ermittelten Körner. Abbildung 4.22 zeigt ein Beispiel, für das wir nun G berechnen.

4.4 Ebene Defekte – zweidimensionale Gitterdefekte

Auf der Companion Website finden Sie ein Programm für Korngrößenberechnungen.

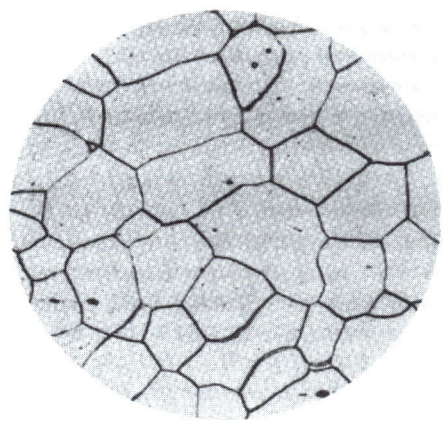

Abbildung 4.22: Probe für die Berechnung der Korngrößenzahl bei 100facher Vergrößerung. Das Material ist ein Baustahl mit geringem Kohlenstoffanteil, ähnlich dem in Abbildung 4.18 dargestellten.

Das Sichtfeld enthält 21 Körner und die Begrenzungslinie des Sichtfeldes schneidet 22 Körner. Das ergibt

$$21 + \frac{22}{2} = 32 \text{ Körner}$$

in einer Kreisfläche mit dem Durchmesser = 2,25 Zoll (5,72 cm). Die Flächendichte der Körner berechnet sich zu

$$N = \frac{32 \text{ Körner}}{\pi(2,25/2)^2 \text{ in.}^2} = 8,04 \frac{\text{Körner}}{\text{in.}^2}.$$

Aus Gleichung 4.1

$$N = 2^{(G-1)}$$

oder

$$G = \frac{\ln N}{\ln 2} + 1$$

ergibt sich die Korngrößenzahl zu

$$= \frac{\ln(8,04)}{\ln 2} + 1$$

$$= 4,01.$$

Obwohl sich die Korngrößenzahl als praktischer Indikator für die durchschnittliche Korngröße eignet, hat sie auch den Nachteil, dass sie gewissermaßen indirekt ist. Es wäre nützlich, einen Durchschnittswert des *Korndurchmessers* von einem Mikrostrukturabschnitt zu erhalten. Ein einfacher Indikator ist die Anzahl der geschnittenen Körner n_L pro Einheitslänge einer willkürlich über eine Mikroaufnahme gezogenen

Linie. Die durchschnittliche Korngröße ergibt sich näherungsweise aus dem Kehrwert von n_L mit einer Korrektur für die Vergrößerung M der Mikroaufnahme. Natürlich muss man berücksichtigen, dass der zufällige Linienschnitt über die Mikroaufnahme (die selbst einen zufälligen Schnitt durch die Mikrostruktur verkörpert) im Durchschnitt nicht dazu neigt, dem größten Durchmesser eines gegebenen Korns zu folgen. Selbst für eine Mikrostruktur mit Körnern einheitlicher Größe zeigt eine bestimmte planare Scheibe (Mikroaufnahme) verschiedene Korngrößenabschnitte (siehe z.B. Abbildung 4.22) und eine zufällige Linie würde einen Bereich von Segmentlängen anzeigen, die durch Korngrößenschnitte definiert sind. Im Allgemeinen berechnet sich dann der wahre durchschnittliche Korndurchmesser d zu

$$d = \frac{C}{n_L M}, \qquad (4.2)$$

wobei C eine Konstante größer als 1 ist. Umfangreiche statistische Analysen der Korngrößenstrukturen haben zu verschiedenen theoretischen Werten für die Konstante C geführt. Typische Mikrostrukturen besitzen einen C-Wert von $C = 1{,}5$.

Beispiel 4.5

Berechnen Sie den Trennungsabstand der Versetzungen in einer Kleinwinkel-Kippgrenze ($\theta = 2°$) in Aluminium.

Lösung

Wie in Beispiel 4.4b berechnet, ist

$$|\mathbf{b}| = 0{,}286 \text{ nm}.$$

Aus Abbildung 4.19 ist zu entnehmen, dass

$$D = \frac{|\mathbf{b}|}{\theta}$$

$$= \frac{0{,}286 \text{ nm}}{2° \times (1 \text{ rad}/57{,}3°)} = 8{,}19 \text{ nm}.$$

Übung 4.5

In Beispiel 4.5 berechnen wir den Trennungsabstand zwischen Versetzungen für eine Verkippung von 2° in Aluminium. Wiederholen Sie diese Berechnung für (a) $\theta = 1°$ und (b) $\theta = 5°$. (c) Tragen Sie den Gesamttrend von D über θ für den Bereich $\theta = 0$ bis 5° auf.

4.4 Ebene Defekte – zweidimensionale Gitterdefekte

Beispiel 4.6 Finden Sie die Korngrößenzahl G für die Mikrostruktur in Abbildung 4.22, wenn die Mikroaufnahme eine Vergrößerung von 300× anstelle von 100× darstellt.

Lösung

Es sind immer noch 21 + 11 = 32 Körner im 3,98-in.²-Bereich zu sehen. Um diese Korndichte auf 100× zu skalieren, rechnen wir den 3,98-in.²-Bereich bei 300× in einen vergleichbaren Bereich bei 100× wie folgt um:

$$A_{100\times} = 3{,}98 \text{ in.}^2 \times \left(\frac{100}{300}\right)^2 = 0{,}442 \text{ in.}^2.$$

Dann wird die Korndichte zu

$$N = \frac{32 \text{ Körner}}{0{,}442 \text{ in.}^2} = 72{,}4 \text{ Körner/in.}^2.$$

Aus Gleichung 4.1

$$N = 2^{(G-1)}$$

erhält man

$$\ln N = (G-1)\ln 2,$$

woraus sich

$$G - 1 = \frac{\ln N}{\ln 2}$$

und schließlich

$$G = \frac{\ln N}{\ln 2} + 1$$

$$= \frac{\ln(72{,}4)}{\ln 2} + 1 = 7{,}18$$

oder

$$G = 7+$$

ergibt.

Übung 4.6 Abbildung 4.22 gibt ein Beispiel für die Berechnung der Korngrößenzahl G an. Beispiel 4.6 berechnet G neu für eine angenommene Vergrößerung von 300× anstelle von 100×. Wiederholen Sie diesen Prozess unter der Annahme, dass die Vergrößerung der Mikroaufnahme in Abbildung 4.22 nur 50× statt 100× beträgt.

4.5 Nichtkristalline Festkörper – dreidimensionale Gitterdefekte

Manchen technischen Werkstoffen fehlt die sich wiederholende kristalline Struktur. Diese **nichtkristallinen** – oder amorphen – **Festkörper** sind in drei Dimensionen unvollkommen. Die zweidimensionale schematische Darstellung von Abbildung 4.23a zeigt die sich wiederholende Struktur eines hypothetischen kristallinen Oxids. Abbildung 4.23b gibt die nichtkristalline Version dieses Stoffes wieder. Diese zweite Struktur bezeichnet man als das **Zachariasen**[1]**-Modell**, das in einfacher Form die wichtigen Merkmale von **Oxidglas**-Strukturen veranschaulicht. (Wie in *Kapitel 1* erläutert, gilt Glas im Allgemeinen als nichtkristallines Material mit einer chemischen Zusammensetzung, die mit einer Keramik vergleichbar ist.) Der Baustein des Kristalls (das AO_3^{3-}-„Dreieck") wird im Glas beibehalten; d.h. die **Nahordnung** bleibt erhalten. Dagegen geht die **Fernordnung** – d.h. die Kristallinität – im Glas verloren. Das Zachariasen-Modell ist die visuelle Definition der **Theorie eines zufälligen Netzwerks** der Glasstruktur, die analog dem Punktgitter bei einer Kristallstruktur ist.

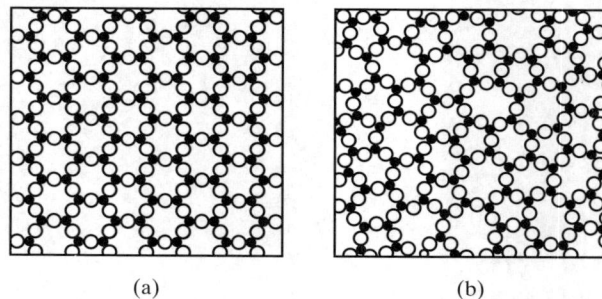

(a)   (b)

Abbildung 4.23: Zweidimensionale Schemadarstellungen geben einen Vergleich von (a) einem kristallinen Oxid und (b) einem nichtkristallinen Oxid. Das nichtkristalline Material bewahrt die Nahordnung (den dreieckig koordinierten Baustein), verliert aber die Fernordnung (Kristallinität). Diese Darstellung wurde auch in *Kapitel 1* verwendet, um Glas zu definieren (siehe *Abbildung 1.8*).

Unser erstes Beispiel eines nichtkristallinen Festkörpers war das traditionelle Oxidglas, weil viele Oxide (insbesondere die Silikate) leicht in einem nichtkristallinen Zustand gebildet werden können, der direkt auf die Komplexität der Oxid-Kristallstrukturen zurückgeht. Durch schnelles Abkühlen eines flüssigen Silikats oder Kondensieren von Silikatdampf auf einem kühlen Substrat wird die zufällige Stapelung der Silikatbausteine (SiO_4^{4-}-Tetraeder) praktisch „eingefroren". Da viele Silikatgläser durch schnelles Abkühlen von Flüssigkeiten hergestellt werden, verwendet man oftmals den Begriff *unterkühlte Schmelze* als Synonym für Glas. Es gibt allerdings in der Tat eine Unterscheidung. Die unterkühlte Schmelze ist der Stoff, der gerade bis unter den Schmelzpunkt abgekühlt wurde, wo er sich noch wie eine Flüssigkeit verhält (z.B. Verformung durch einen viskosen Fließmechanismus). Glas ist dasselbe Material, abgekühlt auf eine genügend niedrige Temperatur, sodass es ein wirklich

---

[1] William Houlder Zachariasen (1906–1980), norwegisch-amerikanischer Physiker, verbrachte die meiste Zeit seiner Laufbahn mit Arbeiten in der Röntgenkristallographie. Allerdings wurde seine Beschreibung der Glasstruktur in den frühen 30er Jahren zu einer Standarddefinition für die Struktur dieses nichtkristallinen Materials.

starrer Festkörper wird (z.B. Verformung durch einen elastischen Mechanismus). *Abbildung 6.40* veranschaulicht die Beziehung zwischen den verschiedenen Begriffen. Die Atombeweglichkeit des Stoffes bei diesen niedrigen Temperaturen reicht nicht aus, um die theoretisch stabileren kristallinen Strukturen zu bilden. Diejenigen Halbleiter mit Strukturen, die bestimmten Keramiken ähneln, kann man ebenso in amorphen Formen herstellen. **Amorphe Halbleiter** lassen sich wirtschaftlicher produzieren als hochqualitative Einkristalle. Nachteilig ist die größere Komplexität der elektronischen Eigenschaften. Wie *Abschnitt 3.4* erläutert hat, bewirkt die komplexe Polymerstruktur von Kunststoffen, dass ein beträchtlicher Anteil ihres Volumens nichtkristallin ist.

Die vielleicht faszinierendsten nichtkristallinen Festkörper sind die neuesten Mitglieder der Klasse – die **amorphen Metalle**, die man auch als *metallische Gläser* bezeichnet. Da metallische Kristallstrukturen in der Regel einfach sind, lassen sie sich ziemlich leicht herstellen. Flüssige Metalle muss man sehr schnell abkühlen, um die Kristallisierung zu verhindern. In typischen Fällen sind Abkühlungsraten von 1°C je Mikrosekunde notwendig. Das ist ein kostspieliger Vorgang, der sich aber aufgrund der einzigartigen Eigenschaften dieser Stoffe durchaus lohnt. Beispielsweise eliminiert die Uniformität der nichtkristallinen Struktur die Korngrenzenstrukturen, die mit typischen polykristallinen Metallen verbunden sind, was in ungewöhnlich hoher Festigkeit und ausgezeichneter Korrosionsbeständigkeit resultiert. Abbildung 4.24 zeigt eine nützliche Methode, um eine amorphe Metallstruktur visuell darzustellen: das **Bernal[1]-Modell**, das erzeugt wird, indem man Linien zwischen den Mittelpunkten von benachbarten Atomen zeichnet. Die entstehenden Polyeder sind vergleichbar mit denjenigen, die die Korngrenzenstruktur in Abbildung 4.21 veranschaulichen. Im komplett nichtkristallinen Festkörper haben die Polyeder wieder eine unregelmäßige Form, wobei ihnen natürlich jede sich wiederholende Stapelanordnung fehlt.

Abbildung 4.24: Bernal-Modell einer amorphen Metallstruktur. Die unregelmäßige Stapelung von Atomen wird als verbundene Menge von Polyedern dargestellt. Jeder Polyeder entsteht dadurch, dass man Linien zwischen den Mittelpunkten benachbarter Atome zeichnet. Derartige Polyeder sind denjenigen in Abbildung 4.21 äquivalent, mit denen man die Korngrenzenstruktur modelliert. Im nichtkristallinen Festkörper wiederholen sich die Polyeder nicht.

---

1 John Desmond Bernal (1901–1971), britischer Physiker, war einer der Pioniere auf dem Gebiet der Röntgenstrahlkristallographie, wurde aber wahrscheinlich bekannter durch seine systematischen Beschreibungen der unregelmäßigen Struktur von Flüssigkeiten.

Es scheint nun ungerechtfertigt, weiterhin den Begriff *unvollkommen* als allgemeine Beschreibung von nichtkristallinen Festkörpern zu verwenden. Die Zachariasen-Struktur (siehe Abbildung 4.23b) ist einheitlich und „perfekt" zufällig. Unvollkommenheiten wie z.B. chemische Verunreinigungen lassen sich allerdings relativ zur einheitlichen nichtkristallinen Struktur definieren, wie es Abbildung 4.25 zeigt. Der Einbau von Na^+-Ionen in Silikatglas erhöht die Verformbarkeit des Stoffes im Zustand der unterkühlten Schmelze (d.h. die Viskosität wird reduziert).

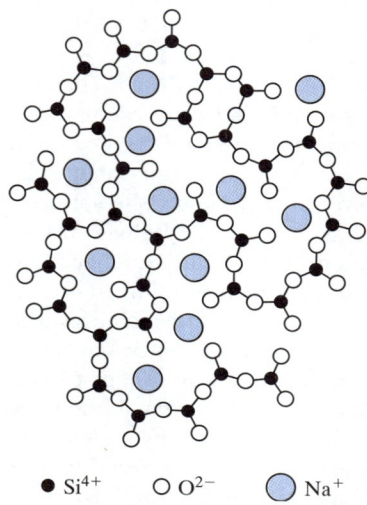

• Si^{4+} ○ O^{2-} ◯ Na^+

Abbildung 4.25: Eine chemische Verunreinigung wie z.B. Na^+ ist ein Glasmodifizierer, der das zufällige Netzwerk aufsprengt und nicht überbrückende Sauerstoffionen zurücklässt.

Schließlich verkörpert Abbildung 4.26 aktuelle Erkenntnisse über die Struktur von nichtkristallinen Festkörpern. Die Abbildung zeigt die nichtzufällige Anordnung von Ca^{2+}-Modifizierer-Ionen in einem $CaO-SiO_2$-Glas. In der Tat sehen wir in Abbildung 4.26 benachbarte Oktaeder statt Ca^{2+}-Ionen. Jedes Ca^{2+}-Ion ist durch sechs O^{2-}-Ionen in einem perfekten oktaedrischen Muster koordiniert. Die Oktaeder wiederum neigen dazu, sich in einer regelmäßigen Form mit gemeinsamen Kanten anzuordnen, was in starkem Kontrast zur zufälligen Verteilung von Na^+-Ionen steht, wie sie Abbildung 4.25 zeigt. Der Beweis für eine **Ordnung mittlerer Reichweite** in der durch Abbildung 4.26 dargestellten Untersuchung bestätigt Theorien, wonach zwischen der wohl bekannten Nahordnung der Quarz-Tetraeder und der Fernordnungszufälligkeit der unregelmäßigen Verknüpfung dieser Tetraeder eine Tendenz zu einer bestimmten strukturellen Anordnung mit einer Reichweite von wenigen Nanometern auftritt. Im praktischen Sinne ist das Modell des zufälligen Netzwerks von Abbildung 4.23b eine passende Beschreibung von glasartigem SiO_2. Eine Anordnung mit mittlerer Reichweite, wie die in Abbildung 4.26 gezeigte, ist allerdings in technischen Gläsern wahrscheinlich, die beträchtliche Anteile von Modifizierern wie z.B. Na_2O und CaO enthalten.

4.5 Nichtkristalline Festkörper – dreidimensionale Gitterdefekte

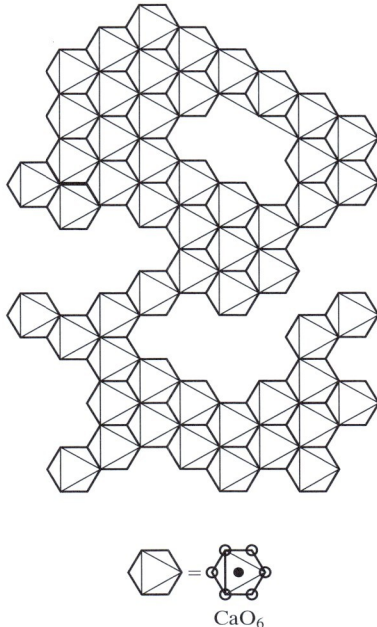

Abbildung 4.26: Schematische Darstellung der Mittelordnung in einem CaO-SiO$_2$-Glas. Die gemeinsamen Kanten der CaO$_6$-Oktaeder wurden durch Neutronenbeugungsexperimente nachgewiesen.

Beispiel 4.7

Der zufällige Charakter der Atompackung in amorphen Metallen (siehe z.B. Abbildung 4.24) bewirkt im Allgemeinen eine um nicht mehr als 1% geringere Dichte, verglichen mit der kristallinen Struktur derselben Zusammensetzung. Berechnen Sie die atomare Packungsdichte eines amorphen Dünnfilms aus Nickel, dessen Dichte 8,84 g/cm³ beträgt.

Lösung

Anhang A gibt an, dass die normale Dichte für Nickel (das sich im kristallinen Zustand befindet) 8,91 g/cm³ beträgt. Die atomare Packungsdichte für die kfz-Metallstruktur ist 0,74 (siehe *Abschnitt 3.2*). Demzufolge berechnet sich die atomare Packungsdichte für dieses amorphe Nickel zu

$$\mathrm{APF} = (0{,}74) \times \frac{8{,}84}{8{,}91} = 0{,}734 \; .$$

Übung 4.7

Schätzen Sie die atomare Packungsdichte von amorphem Silizium ab, wenn sich seine Dichte um 1% relativ zum kristallinen Zustand verringert (siehe hierzu *Beispiel 3.6*).

4.6 Mikroskopie

In Abbildung 4.18 wurde ein Beispiel einer üblichen und wichtigen experimentellen Untersuchung eines technischen Werkstoffes gezeigt – die Fotografie einer Kornstruktur, die mit einem **optischen Mikroskop** aufgenommen wurde. In der Tat sieht man die erste derartige, von H. C. Sorby im Jahre 1863 vorgenommene Untersuchung als den Beginn der Metallurgie und indirekt als den Ursprung der modernen Werkstoffwissenschaft und -technik an. Studenten der Ingenieurwissenschaften kennen das optische Mikroskop bereits aus ihrer Schulzeit, während das Elektronenmikroskop nicht so bekannt ist. *Abschnitt 3.7* hat die Röntgenbeugung als Standardwerkzeug für die Messung der idealen, kristallinen Struktur beschrieben. Jetzt erläutern wir, dass Elektronenmikroskope genau wie optische Mikroskope Standardwerkzeuge für die Charakterisierung der Mikrostrukturmerkmale sind, die in diesem Kapitel eingeführt worden sind. Wir beginnen bei den Elektronenmikroskopen mit den beiden Haupttypen, dem Transmissions- und dem Rasterprinzip.

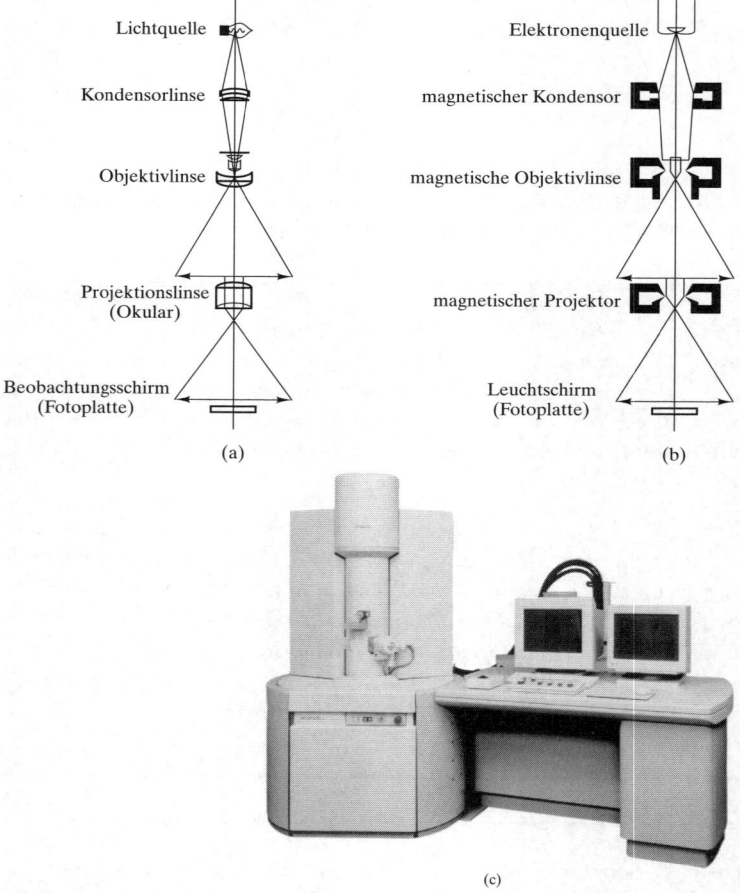

Abbildung 4.27: Ähnlichkeiten im Prinzipaufbau zwischen (a) einem optischen Mikroskop und (b) einem Transmissionselektronenmikroskop (TEM). Das Elektronenmikroskop benutzt Magnetspulen als magnetische Linsen, die den Glaslinsen im optischen Mikroskop entsprechen.

Das **Transmissionselektronenmikroskop** (TEM) ist vom Aufbau her einem konventionellen optischen Mikroskop ähnlich, verwendet aber anstelle eines Lichtstrahls, der mit Glaslinsen fokussiert wird, einen Elektronenstrahl, den Elektromagneten fokussieren (siehe Abbildung 4.27). Dieser vergleichbare Entwurf ist möglich durch die wellenähnliche Natur des Elektrons (siehe *Abschnitt 2.1*). In einem typischen TEM, das bei einer konstanten Spannung von 100 keV arbeitet, hat der Elektronenstrahl eine monochromatische Wellenlänge λ von $3{,}7 \times 10^{-3}$ nm, die fünf Größenordnungen kleiner als die Wellenlänge des in der optischen Mikroskopie verwendeten sichtbaren Lichts (400 bis 700 nm) ist. Somit kann das TEM wesentlich kleinere Strukturdetails auflösen als ein optisches Mikroskop. In der optischen Mikroskopie sind praktische Vergrößerungen von etwa 2000× möglich (was einer Strukturauflösung bis herab zu 0,25 μm entspricht), während das TEM routinemäßig Vergrößerungen von 100.000× erlaubt (was einer Auflösung von etwa 1 nm entspricht). Das Bild bei der Transmissionselektronenmikroskopie ist das Ergebnis des *Beugungskontrasts* (siehe Abbildung 4.28). Die Probe wird so orientiert, dass ein Teil des Strahls durchgelassen und ein Teil gebeugt wird. Jede lokale Variation in der kristallinen Regelmäßigkeit bewirkt, dass ein unterschiedlicher Intensitätsanteil des einfallenden Strahls „ausgebeugt" wird, was zu einer Variation des Bildkontrastes auf der Sichtfläche am Fuß des Mikroskops führt. Auch wenn sich einzelne Punktdefekte nicht identifizieren lassen, ist das Spannungsfeld um eine kleine Versetzungsschleife – die durch Kondensation von Punktdefekten (interstitiellen Atomen oder Leerstellen) entsteht – deutlich sichtbar (siehe Abbildung 4.29a). Das Transmissionselektronenmikroskop setzt man häufig ein, um verschiedene Versetzungsstrukturen zu identifizieren (siehe z.B. Abbildung 4.29b). Es sind auch Bilder von Korngrenzenstrukturen möglich (siehe Abbildung 4.29c).

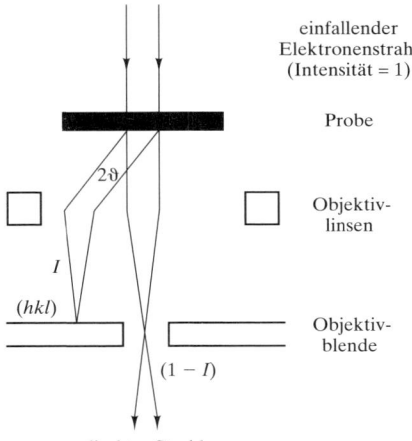

Abbildung 4.28: Die Bildentstehung im TEM beruht auf dem Beugungskontrast. Durch strukturelle Variationen in der Probe werden unterschiedliche Anteile (I) des einfallenden Strahls unterschiedlich abgelenkt, was zu Variationen der Bildhelligkeit auf dem Sichtschirm führt.

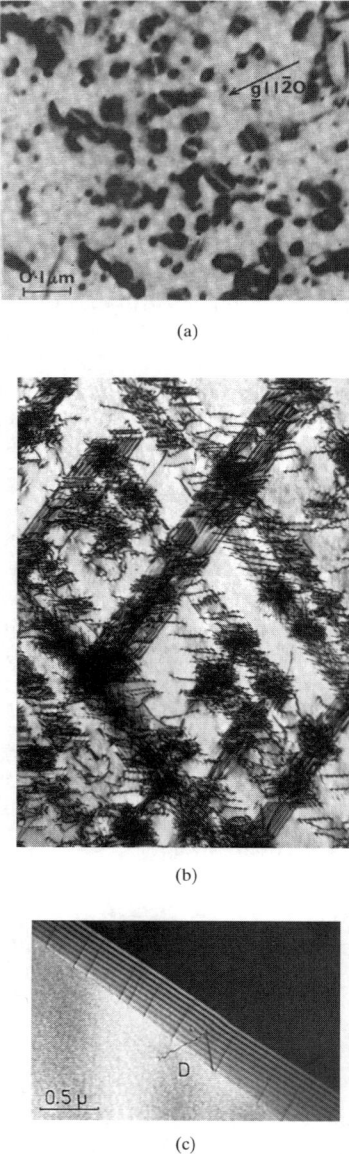

Abbildung 4.29: (a) Ein TEM-Bild des Spannungsfeldes um Versetzungsschleifen in einer Zirkonium-Legierung. Die Schleifen resultieren aus einer Kondensation von Punktdefekten (entweder interstitielle Atome oder Leerstellen) nach Neutronenbestrahlung. (b) Schar von Versetzungen in einem rostfreien Stahl als TEM-Aufnahme. (c) TEM-Bild einer Korngrenze. Die parallelen Linien kennzeichnen die Grenze. Das „D" kennzeichnet eine Versetzung, die die Grenze schneidet.

 TEM-Bilder sind auf der Companion Website verfügbar.

4.6 Mikroskopie

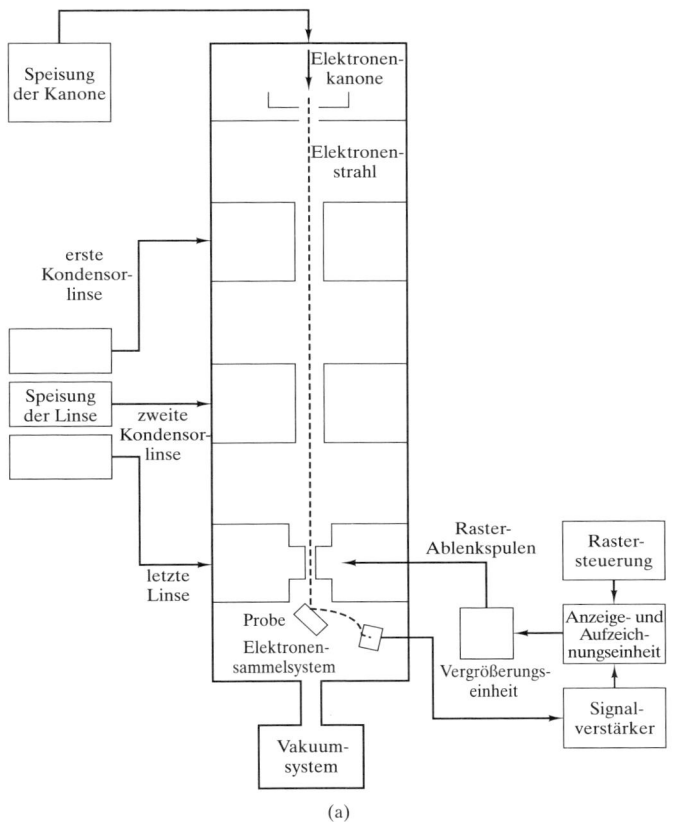

Abbildung 4.30: (a) Prinzipieller Aufbau eines Rasterelektronenmikroskops (REM)

Das in Abbildung 4.30 gezeigte **Rasterelektronenmikroskop** (REM) liefert strukturelle Bilder durch eine völlig andere Methode als beim TEM. Im Rasterelektronenmikroskop wird ein Elektronenstrahlpunkt mit einem Durchmesser von $\approx 1\,\mu$m wiederholt über die Oberfläche der Probe abgetastet. Leichte Veränderungen der Oberflächentopographie bewirken markante Variationen der Strahlstärke der *Sekundärelektronen* – der von der Oberfläche der Probe durch die Kollision mit *Primärelektronen* vom Elektronenstrahl emittierten Elektronen. Ein Monitor zeigt das Signal des Sekundärelektronenstrahls in einem Abtastmuster an, das mit der Elektronenstrahlabtastung der Probenoberfläche synchronisiert ist. Die mit dem REM mögliche Vergrößerung ist durch die Größe des Elektronenstrahlpunktes begrenzt und liegt deutlich höher als beim optischen Mikroskop, jedoch unterhalb der mit dem TEM erreichbaren Vergrößerungen. Eine REM-Aufnahme zeichnet sich unter anderem durch eine gewisse Tiefenwirkung aus. Beispielsweise ist bei einem Partikel Mondgestein (siehe Abbildung 4.31) eine deutlich kugelförmige Gestalt zu erkennen. Das REM ist insbesondere nützlich für Routineuntersuchungen von Kornstrukturen. Abbildung 4.32 lässt eine derartige Struktur an einer gebrochenen Metalloberfläche erkennen. Die Tiefenschärfe des Rasterelektronenmikroskops erlaubt es, diese unregelmäßige Oberfläche zu untersuchen. Das optische Mikroskop setzt flache, polierte Oberflächen voraus (siehe z.B.

Abbildung 4.18). Es ist nicht nur arbeitserleichternd, auf das Polieren der Oberfläche verzichten zu können, die unregelmäßige Bruchoberfläche kann zusätzliche Informationen über das Wesen des Bruchmechanismus offen legen. Das REM bietet darüber hinaus die Möglichkeit, Veränderungen in der chemischen Zusammensetzung im mikrostrukturellen Bereich zu überwachen, wie es Abbildung 4.33 zeigt. Neben der Emission von Sekundärelektronen generiert der einfallende Elektronenstrahl des REMs Röntgenstrahlen mit charakteristischer Wellenlänge, aus denen sich die elementare Zusammensetzung des untersuchten Stoffes ablesen lässt.

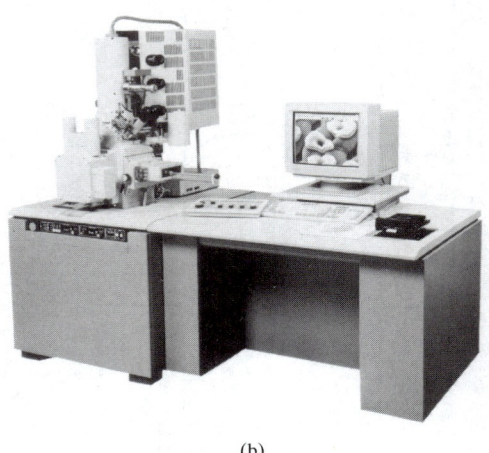

(b)

Abbildung 4.30: (b) kommerzielles REM

Auf der Companion Website finden Sie eine Sammlung von REM-Bildern.

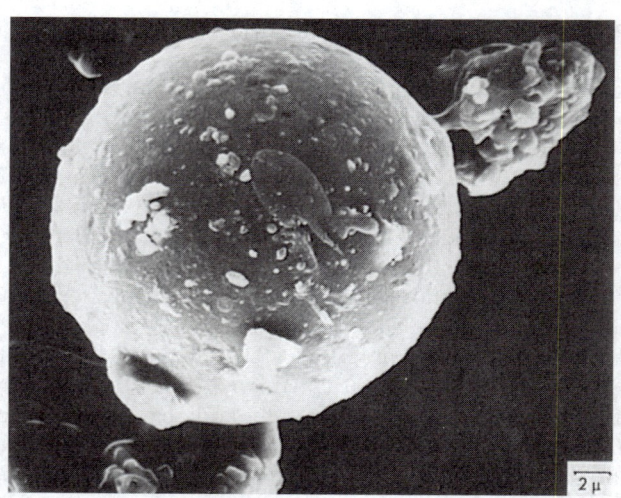

Abbildung 4.31: REM-Bild eines Mondgesteinpartikels von 23 μm Durchmesser der Apollo 11-Mission. Das REM liefert ein Bild mit Tiefenwirkung im Unterschied zu optischen Mikroskopaufnahmen (siehe z.B. Abbildung 4.18). Die kugelförmige Gestalt weist auf einen vorherigen Schmelzvorgang hin.

4.6 Mikroskopie

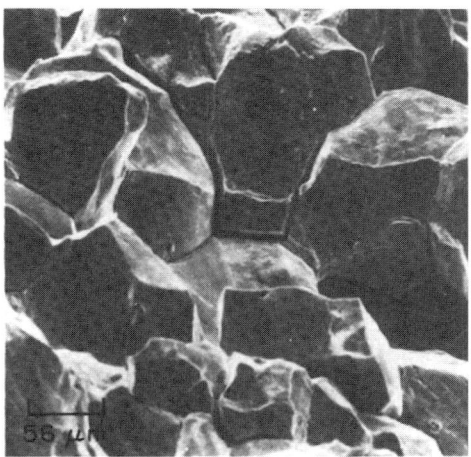

Abbildung 4.32: REM-Bild der Bruchoberfläche eines Metalls (rostfreier Stahl) bei 180facher Vergrößerung

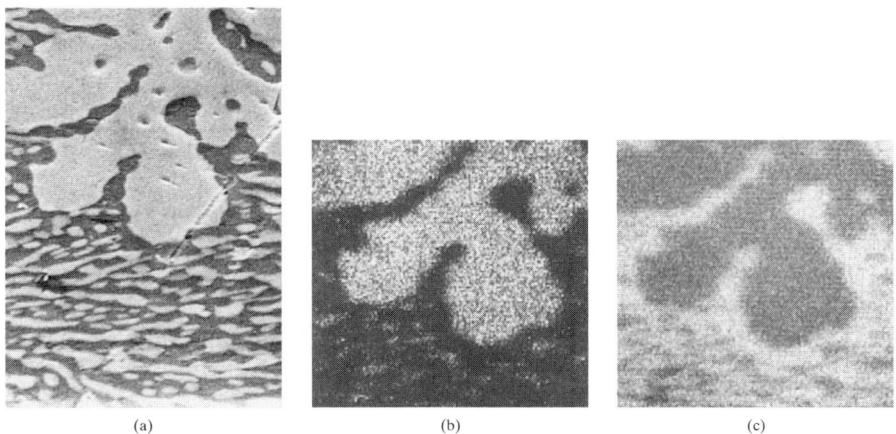

(a) (b) (c)

Abbildung 4.33: (a) REM-Bild der Topographie einer Blei-Zinn-Lotlegierung mit bleireichen und zinnreichen Regionen, (b) Darstellung der Bleiverteilung (heller Bereich) im selben (a) Bereich der Mikrostruktur. Der helle Bereich entspricht den Regionen, die charakteristische Blei-Röntgenstrahlen aussenden, wenn sie vom Rasterelektronenstrahl getroffen werden. (c) Eine ähnliche Darstellung der Zinnverteilung (heller Bereich) in der Mikrostruktur

Die Welt der Werkstoffe

Nanotechnologie

Präsident Clinton hat in seiner Rede zur Lage der Nation im Jahre 2000 das Potenzial der *Nanotechnologie* hoch gelobt und damit der breiten Öffentlichkeit ein neues und hoch interessantes Wissenschaftskonzept vorgestellt. Werkstoffwissenschaftler und Techniker haben es begrüßt, dass ein Gebiet in das öffentliche Bewusstsein gerückt ist, mit dem sich viele von ihnen seit Jahren beschäftigen. Viele der in Kapitel 4 behandelten Strukturmerkmale fallen in den Bereich zwischen 1 und 100 nm, den man nun als *Nanobereich* definiert hat. In der Praxis bedeutet Nanotechnologie im Allgemeinen mehr als nur das einfache Beobachten von Merkmalen in diesem Größenbereich; man versieht darunter eher, diese Eigenschaften in einem funktionellen technischen Entwurf zu steuern.

Das Konzept, Wissenschaft und Technik im Nanobereich anzuwenden, stammt aus einem berühmten Vortrag des Physikers Richard Feynman im Jahre 1959 mit dem Titel „There's Plenty of Room at the Bottom". Darauf folgende Pionieranstrengungen, die mit atomaren Strukturanalysen und Nanotechnologien zu tun hatten, rechtfertigten den Anstoß des Präsidenten im Jahre 2000, der sich in der U.S. National Nanotechnology Initiative und ähnlichen Bestrebungen in Europa und Japan niederschlug. Ein gutes Beispiel der Nanotechnologie wird im Folgenden gezeigt [d.h. mechanische Trägerelemente im Nanobereich ähnlich denjenigen, die man in Atomkraftmikroskopen (AFM) verwendet, wie sie dieser Abschnitt später beschreibt]. Wie dort aufgezeigt, wird die spitze AFM-Sonde auf einem dünnen Träger montiert, fast wie eine winzige Grammophonnadel auf dem Tonabnehmer eines Schallplattenspielers. Diese Träger sind zunehmend kleiner geworden, wobei die Forscher am IBM-Forschungslabor Zürich, dem Geburtsort der Mikroskopie im atomaren Bereich, meistens Wegbereiter sind. Im hier gezeigten Fall sind die Träger 500 nm lang und 100 nm breit. Sie sind dafür vorgesehen, die Biegung der mit DNA-Ketten beschichteten Träger zu messen, wenn man sie einer Umgebung von anderen DNA-Molekülen aussetzt. Auf diese Weise können die beschichteten Träger als empfindliche Sonden für spezifische DNA-Sequenzen dienen, eine wichtige Anwendung für das Gebiet der Biotechnologie.

4.6 Mikroskopie

> Werkstoffwissenschaftler und -techniker sind im Allgemeinen an mehr interessiert als nur am Erzeugen spektakulärer Kleinstbauelemente. Wie *Kapitel 1* gezeigt hat, ist die Beziehung von Struktur und Eigenschaften ein Eckpfeiler auf dem Gebiet der Werkstoffwissenschaft und -technik. Die Bedeutung des Nanobereichs für diese Beziehung wird den Forschern zunehmend bewusster. Mechanische Eigenschaften, insbesondere Festigkeit, lassen sich beträchtlich verbessern, wenn man Korngrößen bei 100 nm und darunter beherrscht. *Kapitel 17* zeigt, dass Bohrungen, Drähte und Punkte im Nanobereich für außerordentlich hohe Arbeitsgeschwindigkeiten in Halbleiterbauelementen sorgen können. Andere Forscher haben gezeigt, dass nanoskalige Bauteilveränderungen ebenso einzigartige optische Eigenschaften ermöglichen. Im Allgemeinen verlangt der stetige Fortschritt bei der Miniaturisierung von integrierten Schaltungen den Übergang von der Mikrometerskala zur Nanometerskala – wie ein historischer Abriss in *Kapitel 17* zeigt.

Das konventionelle TEM setzt man ein, um Merkmale im Mikrostrukturbereich bildlich darzustellen. Verschiedene Beispiele wurden gezeigt und wie bereits früher erwähnt, beträgt die Auflösung dieser Instrumente ungefähr 1 nm. Raffinierte Neuerungen im Aufbau des Elektronenmikroskops können die Auflösung um eine Größenordnung verbessern, wodurch etwas entsteht, was man genauer als **Elektronenmikroskop mit atomarer Auflösung** beschreiben kann. Die einführenden Abbildungen in den *Kapiteln 3* und *4* sind Beispiele für die Mikroskopie mit atomarer Auflösung.

In den letzten Jahren hat sich ein gänzlich anderer Mikroskopentwurf herausgebildet, mit dem sich die Packungsanordnung von Atomen an einer Festkörperoberfläche beobachten lässt. Das **Rastertunnelmikroskop** (RTM) ist das erste einer neuen Familie von Instrumenten, die in der Lage sind, direkte Bilder von einzelnen Atompackungsmustern zu liefern. (Im Unterschied dazu liefern Bilder der Elektronenmikroskopie mit atomarer Auflösung wie die Aufnahme zu Beginn dieses Kapitels einen „Durchschnitt" von mehreren benachbarten Atomschichten innerhalb der Dicke einer Dünnfolienprobe.) Der Name des RTM leitet sich ab von dem xy-Raster, in dem sich eine scharfe Metallspitze über die Oberfläche einer leitenden Probe bewegt, was zu einem messbaren elektrischen Strom infolge des quantenmechanischen *Tunnelns* von Elektronen nahe der Oberfläche führt. Bei Lückenabständen um 0,5 nm ruft eine Vorspannung von einigen zehn Millivolt einen Stromfluss im Nanoamperebereich hervor. Der vertikale Abstand der Nadel (z-Richtung) über der Oberfläche wird fortlaufend justiert, um einen konstanten Tunnelstrom zu gewährleisten. Die Oberflächentopographie ist die Aufzeichnung der Bewegungskurve der Spitze (siehe Abbildung 4.34).

4 GITTERSTÖRUNGEN UND DIE NICHTKRISTALLINE STRUKTUR – STRUKTURELLE FEHLER

Schließlich ist das **Atomkraftmikroskop** (AFM[1]) eine wichtige Ableitung des Rastertunnelmikroskops. Das Atomkraftmikroskop verfolgt das Konzept, dass die atomare Oberfläche sowohl über eine Kraft als auch einen Strom auflösbar sein sollte. Diese Hypothese wurde dadurch bestätigt, dass man einen kleinen Federarm konstruieren konnte, dessen Federkonstante kleiner als die der äquivalenten Feder zwischen benachbarten Atomen ist (siehe Abbildung 4.35). Die Kraftkonstante zwischen zwei Atomen liegt typischerweise bei 1 N/m, einem ähnlichen Wert wie bei einem Stück Aluminium-Haushaltsfolie von 4 mm Länge und 1 mm Breite. Durch diese mechanische Äquivalenz kann eine scharfe Spitze sowohl leitende als auch nichtleitende Materialien abbilden. (Das Rasterelektronenmikroskop ist auf Stoffe mit hoher Leitfähigkeit beschränkt.)

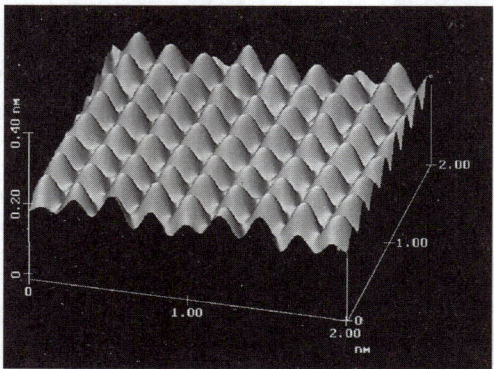

Abbildung 4.34: Rastertunnelmikroskopaufnahme eines interstitiellen Atomdefekts auf der Oberfläche von Graphit

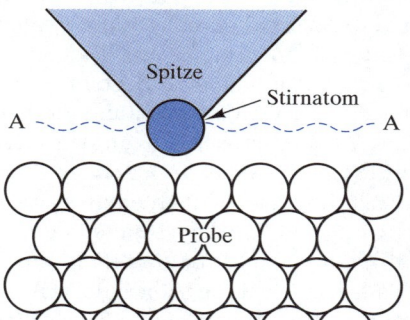

Abbildung 4.35: Schema des Prinzips, nach dem die Sondenspitze eines Rastertunnelmikroskops (RTM) oder eines Atomkraftmikroskops (AFM) arbeitet. Die scharfe Spitze folgt der Kontur A–A, wobei entweder ein konstanter Tunnelstrom (im RTM) oder eine konstante Kraft (im AFM) aufrechterhalten wird. Das RTM verlangt eine leitfähige Probe, während man mit dem AFM auch Isolatoren untersuchen kann.

---

1 AFM – Atomic-Force Microscope

Beispiel 4.8

Der Bildkontrast im TEM ist das Ergebnis von Elektronenbeugung. Wie groß ist der Beugungswinkel für 100-keV-Elektronen ($\lambda = 3{,}7 \times 10^{-3}$ nm), die von (111)-Ebenen in einer Aluminiumprobe gebeugt werden?

Lösung

Mit dem Bragg-Gesetz aus *Abschnitt 3.7* erhalten wir

$$n\lambda = 2d \sin\theta \, .$$

Für $n = 1$ (d.h. Betrachtung der Beugung erster Ordnung), gilt

$$\theta = \arcsin \frac{\lambda}{2d} \, .$$

In *Beispiel 3.21* haben wir berechnet

$$d_{111} = \frac{0{,}404 \text{ nm}}{\sqrt{1^2 + 1^2 + 1^2}} = 0{,}234 \text{ nm} \, ,$$

woraus sich ergibt:

$$\theta = \arcsin \frac{3{,}7 \times 10^{-3} \text{ nm}}{2 \times 0{,}234 \text{ nm}} = 0{,}453° \, .$$

Der Beugungswinkel (2θ), wie in *Abbildung 3.36* definiert, ist dann

$$2\theta = 2(0{,}453°) = 0{,}906° \, .$$

Hinweis: Dieser charakteristisch kleine Winkel für die Elektronenbeugung lässt sich mit dem charakteristisch großen Winkel (38,6°) für die Röntgenbeugung desselben Systems, wie in *Abbildung 3.39* gezeigt, vergleichen.

Übung 4.8

In Beispiel 4.8 haben wir den Beugungswinkel (2θ) für 100-keV-Elektronen, die von (111)-Ebenen in Aluminium gebeugt werden, berechnet. Wie groß ist der Beugungswinkel bei (a) den (200)-Ebenen und (b) den (220)-Ebenen?

4 GITTERSTÖRUNGEN UND DIE NICHTKRISTALLINE STRUKTUR – STRUKTURELLE FEHLER

ZUSAMMENFASSUNG

Kein realer Werkstoff, den man in der Technik einsetzt, ist so perfekt, wie es die Strukturbeschreibungen von *Kapitel 3* vermuten lassen. Es gibt immer eine gewisse Verunreinigung in Form von fester Lösung. Wenn die Atome der Verunreinigung – oder des gelösten Stoffes – ähnlich den Atomen des Lösungsmittels sind, findet eine substituierende Lösung statt, bei der Verunreinigungsatome auf Kristallgitterplätzen zurückbleiben. Der interstitielle Mischkristall tritt auf, wenn ein Atom des gelösten Stoffes klein genug ist, um offene Räume unter benachbarten Atomen in der Kristallstruktur einzunehmen. Die feste Lösung in ionischen Verbindungen muss die Ladungsneutralität des Materials als Ganzes gewährleisten.

Punktdefekte können fehlende Atome oder Ionen (Leerstellen) oder zusätzliche Atome oder Ionen (Zwischengitterplätze) sein. Bei Punktdefektstrukturen in ionischen Verbindungen muss die Ladungsneutralität lokal aufrechterhalten werden.

Lineare Defekte oder Versetzungen entsprechen einer zusätzlichen Halbebene von Atomen in einem ansonsten perfekten Kristall. Obwohl Versetzungsstrukturen komplex sein können, lassen sie sich auch mit einem einfachen Parameter – dem Burgers-Vektor – charakterisieren.

Zu den ebenen Defekten gehören alle Grenzflächen, die eine kristalline Struktur umgeben. Zwillingsgrenzen teilen zwei spiegelbildliche Bereiche. Die äußere Oberfläche hat eine charakteristische Struktur mit einem komplizierten Terrassensystem.

Das vorherrschende Mikrostrukturmerkmal für viele technische Werkstoffe ist die Kornstruktur, bei der jedes Korn ein Bereich mit einer charakteristischen Kristallstrukturorientierung ist. Diese Mikrostruktur drückt man zahlenmäßig mithilfe der Korngrößenzahl (G) aus. Die Struktur des Bereichs der Nichtübereinstimmung zwischen benachbarten Körnern (d.h. die Korngrenze) hängt von der relativen Orientierung der Körner ab.

Nichtkristallinen Festkörpern fehlt im atomaren Bereich jede Fernordnung, allerdings zeigen viele eine Nahordnung, die mit strukturellen Bausteinen wie z.B. SiO_4^{4-}-Tetraedern verbunden ist. Relativ zu einer perfekt zufälligen Struktur kann man die feste Lösung definieren, genau wie es relativ zu perfekt kristallinen Strukturen geschehen ist. Kürzlich hat man eine Ordnung mittlerer Reichweite für die Verteilung von Modifizierer-Ionen wie z.B. Na^+ und Ca^{2+} in Silikatgläsern gefunden.

Optische Mikroskope und Elektronenmikroskope sind leistungsfähige Werkzeuge, um die strukturelle Ordnung und Unordnung zu beobachten. Das Transmissionselektronenmikroskop (TEM) verwendet den Beugungskontrast, um Bilder von Defekten wie z.B. Versetzungen mit hoher Vergrößerung (z.B. 100.000×) zu erhalten. Das Rasterelektronenmikroskop (REM) produziert dreidimensional erscheinende Bilder von Mikrostrukturmerkmalen wie z.B. Brüchen an Oberflächen. Anhand der charakteristischen Röntgenstrahlemission lässt sich die Mikrostrukturchemie untersuchen. Stand der Technik beim TEM-Prinzip ist das Elektronenmikroskop mit atomarer Auflösung. Ein revolutionärer neuer Ansatz der Mikroskopkonstruktion hat zum Rastertunnelmikroskop (RTM) und dem Atomkraftmikroskop (AFM) geführt, die direkte Bilder von einzelnen Atomstapelmustern liefern.

ZUSAMMENFASSUNG

Schlüsselbegriffe

amorphe Halbleiter (179)
amorphe Metalle (179)
Atomkraftmikroskop (AFM) (190)
Bernal-Modell (179)
Burgers-Vektor (165)
ebener Defekt (170)
Elektronenmikroskop mit
atomarer Auflösung (189)
Fernordnung (178)
feste Lösungen (157)
Frenkel-Defekt (164)
gelöster Stoff (157)
gemischte Versetzung (167)
geordneter Mischkristall (159)
Hirth-Pound-Modell (170)
Hume-Rothery-Regeln (158)
interstitieller Mischkristall (159)
Koinzidenzgitte (172)
Korn (172)
Korngrenze (172)
Korngrenzenversetzung (174)
Korngrößenzahl (174)
Leerstelle (163)
lineare Defekte (165)
Lösungsmittel (157)

Nahordnung (178)
nichtkristalline Festkörper (178)
nichtstöchiometrische Verbindung (160)
optisches Mikroskop (182)
Ordnung mittlerer Reichweite (180)
Oxidglas (178)
Punktdefekte (163)
Rasterelektronenmikroskop (REM) (185)
Rastertunnelmikroskop (RTM) (189)
Schottky-Defekt (164)
Schraubenversetzung (167)
Stufenversetzung (167)
Substitutionsmischkristall (157)
Theorie eines zufälligen Netzwerks (178)
Transmissionselektronen-
mikroskop (TEM) (183)
ungeordnete feste Lösung (159)
Verkippung (172)
Versetzung (165)
Zachariasen-Modell (178)
Zwillingsgrenze (170)
Zwischengitterplatz (163)

Quellen

Chiang, Y., D. P. Birnie III und W. D. Kingery, *Physical Ceramics*, John Wiley & Sons, Inc., NY 1997.
Hull, D. und D. J. Bacon, *Introduction to Dislocations*, 4th ed., Butterworth-Heinemann, Boston, MA 2001.
Williams, D. B., A. R. Pelton und R. Gronsky, Eds., *Images of Materials*, Oxford University Press, NY 1991.

4 GITTERSTÖRUNGEN UND DIE NICHTKRISTALLINE STRUKTUR – STRUKTURELLE FEHLER

Aufgaben

■ Lösung im festen Zustand

4.1 Das in *Kapitel 9* angegebene Phasendiagramm für das Al-Cu-System zeigt, dass die beiden Metalle keine vollständig feste Lösung bilden. Stellen Sie fest, welche der Hume-Rothery-Regeln das Al-Cu-System verletzt. (Die Daten zu Elektronegativitäten für Regel 3 können Sie *Abbildung 2.21* entnehmen.)

4.2 Welche der Hume-Rothery-Regeln verletzt das Al-Mg-System, für das das Phasendiagramm in *Kapitel 9* eine unvollständig feste Lösung zeigt? (Siehe Aufgabe 4.1.)

4.3 Welche der Hume-Rothery-Regeln verletzt das Cu-Zn-System, für das das Phasendiagramm in *Kapitel 9* eine unvollständig feste Lösung zeigt? (Siehe Aufgabe 4.1.)

4.4 Welche der Hume-Rothery-Regeln verletzt das Pb-Sn-System, für das das Phasendiagramm in *Kapitel 9* eine unvollständig feste Lösung zeigt? (Siehe Aufgabe 4.1.)

4.5 Skizzieren Sie das Muster der Atome in der (111)-Ebene der geordneten $AuCu_3$-Legierung, die Abbildung 4.3 zeigt. (Stellen Sie ein Gebiet dar, das mindestens fünf Atome breit und fünf Atome hoch ist.)

4.6 Skizzieren Sie das Muster der Atome in der (110)-Ebene der geordneten $AuCu_3$-Legierung, die Abbildung 4.3 zeigt. (Stellen Sie ein Gebiet dar, das mindestens fünf Atome breit und fünf Atome hoch ist.)

4.7 Skizzieren Sie das Muster der Atome in der (200)-Ebene der geordneten $AuCu_3$-Legierung, die Abbildung 4.3 zeigt. (Stellen Sie ein Gebiet dar, das mindestens fünf Atome breit und fünf Atome hoch ist.)

4.8 Was sind die äquivalenten Punkte für geordnetes $AuCu_3$ (Abbildung 4.3)? (Beachten Sie *Aufgabe 3.56*.)

4.9 Obwohl die Hume-Rothery-Regeln streng genommen nur für Metalle gelten, entspricht das Konzept der Ähnlichkeit von Kationen der vollständigen Löslichkeit von NiO in MgO (siehe Abbildung 4.5). Berechnen Sie für diesen Fall den prozentualen Unterschied zwischen den Größen der Kationen.

4.10 Berechnen Sie den prozentualen Unterschied zwischen den Größen der Kationen für Al_2O_3 in MgO (siehe Abbildung 4.6), einem System, das keine vollständig feste Löslichkeit zeigt.

4.11 Berechnen Sie die Anzahl der Mg^{2+}-Leerstellen, die durch die Löslichkeit von 1 mol Al_2O_3 in 99 mol MgO entsteht (siehe Abbildung 4.6).

4.12 Berechnen Sie die Anzahl der Fe^{2+}-Leerstellen in 1 mol $Fe_{0,95}O$ (siehe Abbildung 4.7).

4.13 In Teil III dieses Buches beschäftigen wir uns speziell mit „dotierten" Halbleitern, bei denen kleine Mengen von Verunreinigungen in einen praktisch reinen Halbleiter eingebracht werden, um gewünschte elektrische Eigenschaften zu produzieren. Berechnen Sie für Silizium mit 5×10^{21} Aluminium-Atomen je Kubikmeter in fester Lösung den Anteil der Aluminium-Atome (a) in Atomprozent und (b) in Gewichtsprozent.

4.14 Berechnen Sie für 5×10^{21} Aluminium-Atome/m³ in fester Lösung in Germanium den Anteil an Aluminium-Atomen (a) in Atomprozent und (b) in Gewichtsprozent.

4.15 Berechnen Sie für 5×10^{21} Phosphor-Atome/m³ in fester Lösung in Silizium den Anteil an Phosphor-Atomen (a) in Atomprozent und (b) in Gewichtsprozent.

4.16 Ein Modell der Strukturdefekte (wie das in Abbildung 4.6 für eine feste Lösung von Al_2O_3 in MgO gezeigte) lässt sich unter anderem durch sorgfältige Dichtemessungen erstellen. Wie hoch ist die prozentuale Änderung in der Dichte für eine Lösung von 5 Atomprozent Al_2O_3 in MgO (verglichen mit reinem, fehlstellenfreiem MgO)?

Aufgaben

■ **Punktdefekte – nulldimensionale Gitterdefekte**

4.17 Berechnen Sie die Dichte der Leerstellen (in m^{-3}) in einem Silizium-Einkristall, wenn der Anteil der freien Gitterplätze 1×10^{-7} beträgt.

4.18 Berechnen Sie die Dichte der Leerstellen (in m^{-3}) in einem Germanium-Einkristall, wenn der Anteil der freien Gitterplätze 1×10^{-7} beträgt.

4.19 Berechnen Sie die Dichte der Schottky-Paare (in m^{-3}) in MgO, wenn der Anteil der freien Gitterplätze 5×10^{-6} beträgt. (MgO hat eine Dichte von $3{,}60 \text{ Mg/m}^3$.)

4.20 Berechnen Sie die Dichte der Schottky-Paare (in m^{-3}) in CaO, wenn der Anteil der freien Gitterplätze 5×10^{-6} beträgt. (CaO hat eine Dichte von $3{,}45 \text{ Mg/m}^3$.)

■ **Lineare Defekte oder Versetzungen – eindimensionale Gitterdefekte**

4.21 Die zum Erzeugen einer Versetzung erforderliche Energie ist proportional zum Quadrat der Länge des Burgers-Vektors, $|\mathbf{b}|^2$. Diese Beziehung bedeutet, dass die stabilsten Versetzungen (mit der niedrigsten Energie) die geringste Länge, $|\mathbf{b}|$, haben. Berechnen Sie für die krz-Metallstruktur (relativ zu $E_{\mathbf{b}=[111]}$) die Versetzungsenergien für (a) $E_{\mathbf{b}=[110]}$ und (b) $E_{\mathbf{b}=[100]}$.

4.22 Die Anmerkungen zu Aufgabe 4.21 gelten auch für die kfz-Metallstruktur. Berechnen Sie (relativ zu $E_{\mathbf{b}=[110]}$) die Versetzungsenergie für (a) $E_{\mathbf{b}=[111]}$ und (b) $E_{\mathbf{b}=[100]}$.

4.23 Die Anmerkungen zu Aufgabe 4.21 gelten auch für die hdp-Metallstruktur. Berechnen Sie (relativ zu $E_{\mathbf{b}=[11\bar{2}0]}$) die Versetzungsenergie für (a) $E_{\mathbf{b}=[1\bar{1}00]}$ und (b) $E_{\mathbf{b}=[0001]}$.

•**4.24** Abbildung 4.14 veranschaulicht, wie ein Burgers-Vektor aufgeteilt werden kann. Der Burgers-Vektor für ein kfz-Metall lässt sich in zwei Bestandteile spalten. (a) Skizzieren Sie die Bestandteile relativ zur vollständigen Versetzung und (b) kennzeichnen Sie die Größe und kristallographische Orientierung für jeden Bestandteil.

■ **Ebene Defekte – zweidimensionale Gitterdefekte**

4.25 Bestimmen Sie die Korngrößenzahl G für die in Abbildung 4.18 gezeigte Mikrostruktur. (Denken Sie daran, dass das genaue Ergebnis von der Wahl des Probenausschnitts abhängt.)

4.26 Berechnen Sie die Korngrößenzahl für die Mikrostrukturen in den *Abbildungen 1.20a* und *c* unter der Annahme, dass die Vergrößerungen $160\times$ bzw. $330\times$ betragen.

4.27 Bestimmen Sie mithilfe der Gleichung 4.2 den durchschnittlichen Korndurchmesser für die *Abbildungen 1.20 a* und *c*, wobei Sie „zufällige Linien" verwenden, die die Diagonale jeder Abbildung von der Ecke links unten nach rechts oben schneiden. (Zur Vergrößerung siehe Aufgabe 4.26.)

•**4.28** Beachten Sie in Abbildung 4.21, dass die kristallinen Bereiche in der kfz-Struktur durch eine sich wiederholende Polyeder-Struktur dargestellt werden, die eine Alternative zur üblichen Elementarzellkonfiguration ist. Anders ausgedrückt lässt sich die kfz-Struktur ebenso durch eine raumfüllende Stapelung von regelmäßigen Polyedern (Tetraedern und Oktaedern im Verhältnis 2:1) darstellen). (a) Skizzieren Sie einen typischen Tetraeder (vierseitige Figur) in einer perspektivischen Ansicht analog zu *Abbildung 3.5a*. (b) Zeigen Sie in ähnlicher Form einen typischen Oktaeder (achtseitige Figur). (Beachten Sie auch *Aufgabe 3.63*.)

4.29 Demonstrieren Sie, dass der Kippwinkel für die $\Sigma 5$-Grenze durch $\theta = \tan^{-1}(1/3)$ definiert ist, wie es aus dem Text hervorgeht. (*Hinweis:* Drehen Sie die beiden sich überlappenden Quadratgitter um $36{,}9°$ um einen gegebenen gemeinsamen Punkt und stellen Sie die Richtung fest, die der Hälfte des Drehungswinkels entspricht.)

4.30 Zeigen Sie, dass der Kippwinkel für die $\Sigma 13$-Korngrenze durch $\theta = 2\tan^{-1}(1/3) = 22{,}6°$ definiert ist. (Beachten Sie Aufgabe 4.29.)

■ Nichtkristalline Festkörper – dreidimensionale Gitterdefekte

4.31 Abbildung 4.23b ist eine nützliche Schemazeichnung für einfaches B_2O_3-Glas, die aus Ringen von BO_3^{3-}-Dreiecken besteht. Um die Offenheit dieser Glasstruktur einzuschätzen, berechnen Sie die Größe des Zwischengitterplatzes (d.h. den größten einbeschriebenen Kreis) eines regelmäßigen sechselementigen Ringes von BO_3^{3-}-Dreiecken.

4.32 In amorphen Silikaten liefert die „Ringstatistik" einen nützlichen Hinweis auf das Fehlen der Kristallizität. Zeichnen Sie für die schematische Darstellung in Abbildung 4.23b ein Histogramm der n-elementigen Ringe von O^{2-}-Ionen, wobei n die Anzahl der O^{2-}-Ionen in einem Umlauf um einen offenen Zwischengitterplatz in der Netzwerkstruktur angibt. [In Abbildung 4.23a sind alle Ringe sechselementig ($n = 6$).] (*Hinweis:* Ignorieren Sie unvollständige Ringe am Rand der Zeichnung.)

•**4.33** In Aufgabe 4.28 wurden ein Tetraeder und ein Oktaeder als geeignete Polyeder ausgewiesen, um eine kfz-Struktur zu definieren. Für die hdp-Struktur eignen sich Tetraeder und Oktaeder ebenso. (a) Skizzieren Sie einen typischen Tetraeder in einer perspektivischen Ansicht wie in *Abbildung 3.6a*. (b) Zeigen Sie analog einen typischen Oktaeder. (Natürlich beschäftigen wir uns in diesem Beispiel mit einem kristallinen Festkörper. Wie aber Abbildung 4.24 zeigt, hat das nichtkristalline, amorphe Metall einen Bereich von derartigen Polyedern, die den Raum ausfüllen.)

•**4.34** An Korngrenzen können mehrere Polyeder auftreten, wie es in Bezug auf Abbildung 4.21 erläutert wurde. Die in den Aufgaben 4.28 und 4.33 behandelten Tetraeder und Oktaeder sind die einfachsten. Der nächst einfachere Polyeder ist die fünfeckige Doppelpyramide, die aus zehn gleichseitigen Dreiecksflächen besteht. Zeichnen Sie diesen Polyeder so genau wie möglich.

4.35 Zeichnen Sie einige aneinander grenzende CaO_6-Oktaeder im Muster gemäß Abbildung 4.26. Kennzeichnen Sie die Ca^{2+}-Ca^{2+}-Abstände zum nächsten Nachbarn mit R_1 und zum übernächsten Nachbarn mit R_2.

4.36 Beugungsmessungen an CaO-SiO_2-Glas, wie in Abbildung 4.26 dargestellt, zeigen, dass der Ca^{2+}-Ca^{2+}-Abstand zwischen unmittelbaren Nachbarn R_1 gleich $0,375$ nm beträgt. Wie groß ist der Ca^{2+}-Ca^{2+}-Abstand R_2 zwischen den nächsten Nachbarn? (Beachten Sie die Ergebnisse von Aufgabe 4.35.)

■ Mikroskopie

4.37 Nehmen Sie an, dass mit dem Elektronenmikroskop gemäß Abbildung 4.27c ein einfaches Beugungspunktmuster (und kein vergrößertes Mikrostrukturbild) erzeugt wird, indem man die elektronischen Vergrößerungslinsen abschaltet. Das Ergebnis ist analog dem Laue-Röntgenexperiment, das Abschnitt 3.7 beschrieben hat, allerdings mit sehr kleinen 2θ-Werten. Wenn die in Beispiel 4.8 und Übung 4.8 beschriebene Aluminiumprobe 1 m von der Fotoplatte entfernt ist, (a) wie weit ist der (111)-Beugungspunkt vom direkt (nicht gebeugten) Strahl entfernt? Wiederholen Sie Teil (a) für (b) den (200)-Punkt und (c) den (220)-Punkt.

4.38 Wiederholen Sie Aufgabe 4.37 für (a) den (110)-Punkt, (b) den (200)-Punkt und (c) den (211)-Punkt, der entsteht, wenn man die Aluminiumprobe durch eine Probe aus α-Eisen ersetzt.

4.39 Mit einem Transmissionselektronenmikroskop wird ein Beugungsringmuster für eine dünne kristalline Kupferprobe erzeugt. Der (111)-Ring ist 12 mm vom Mittelpunkt des Films entfernt (entsprechend dem ungebeugten, ausgesendeten Strahl). Wie weit würde der (200)-Ring vom Filmmittelpunkt entfernt sein?

4.40 Die zu Abbildung 4.33 diskutierte mikrochemische Analyse basiert auf Röntgenstrahlen mit charakteristischer Wellenlänge. Wie *Kapitel 16* zum Thema optische Eigenschaften erläutert, ist ein Röntgenstrahl einer bestimmten Wellenlänge einem Photon spezifischer Energie äquivalent. Charakteristische Röntgenstrahlphotonen entstehen bei einem Elektronenübergang zwischen zwei Energieebenen in einem bestimmten Atom. Bei Zinn sehen die Elektronenenergieebenen wie folgt aus:

Elektronenschale	Elektronenenergie
K	−29.199 eV
L	−3.929 eV
M	−709 eV

Welcher Elektronenübergang erzeugt das charakteristische Kα-Photon mit der Energie von 25.270 eV?

4.41 Berechnen Sie analog zu Aufgabe 4.40 den Elektronenübergang für Blei, bei dem ein charakteristisches L_α-Photon mit der Energie von 10.533 eV für die Mikrostrukturanalyse verwendet wird. Die folgende Tabelle gibt die relevanten Daten an:

Elektronenschale	Elektronenenergie
K	−88.018 eV
L	−13.773 eV
M	−3.220 eV

4.42 (a) Bestimmen Sie mit den Daten der Aufgaben 4.40 und 4.41, ob ein charakteristisches Röntgenstrahlphoton von 28.490 eV durch Zinn oder durch Blei erzeugt wird. (b) Welcher Elektronenübergang produziert das charakteristische Photon in (a)?

4.43 Mithilfe des in Aufgabe 4.40 erwähnten Prinzips lässt sich die Natur der Röntgenquelle erklären, die *Abschnitt 3.7* zur Röntgenbeugung eingeführt hat. Eine Röntgenstrahlröhre sendet charakteristische Kupfer-K$_\alpha$-Strahlung aus, wenn ein Elektronenstrahl auf ein Kupferziel trifft. Insbesondere ist die $CuK_{\alpha 1}$-Strahlung (wie sie *Aufgabe 3.93* definiert hat) das Ergebnis eines L-nach-K-Übergangs. Berechnen Sie mit den folgenden Daten die Energie eines $CuK_{\alpha 1}$-Photons:

Elektronenschale	Elektronenenergie
K	−8.982 eV
L	−933 eV

4 GITTERSTÖRUNGEN UND DIE NICHTKRISTALLINE STRUKTUR – STRUKTURELLE FEHLER

4.44 Die Wellenlänge eines Photons ist $\lambda = (hc)/E$, wobei h die Plancksche Konstante, c die Lichtgeschwindigkeit und E die Photonenenergie bezeichnet. Zeigen Sie mit dem Ergebnis von Aufgabe 4.43, dass $\lambda(\mathrm{CuK}_{\alpha 1}) = 0{,}15406$ nm ist.

4.45 Wie in Aufgabe 4.43 erwähnt, sendet eine Röntgenröhre charakteristische Chrom-K_α-Strahlung aus, wenn ein Elektronenstrahl auf ein Chrom-Ziel trifft. Berechnen Sie mit den folgenden Daten die Energie eines $\mathrm{CrK}_{\alpha 1}$-Photons:

Elektronenschale	Elektronenenergie
K	–5.990 eV
L	–574,4 eV

4.46 Zeigen Sie wie in Aufgabe 4.44 mit dem Ergebnis von Aufgabe 4.45, dass $\lambda(\mathrm{CrK}_{\alpha 1}) = 0{,}22897$ nm ist.

Diffusion

5.1	**Thermisch aktivierte Prozesse**	201
5.2	**Thermische Entstehung von Punktdefekten**	205
5.3	**Punktdefekte und stationäre Diffusion**	207
5.4	**Stationäre Diffusion**	220
5.5	**Alternative Diffusionspfade**	224

5 DIFFUSION

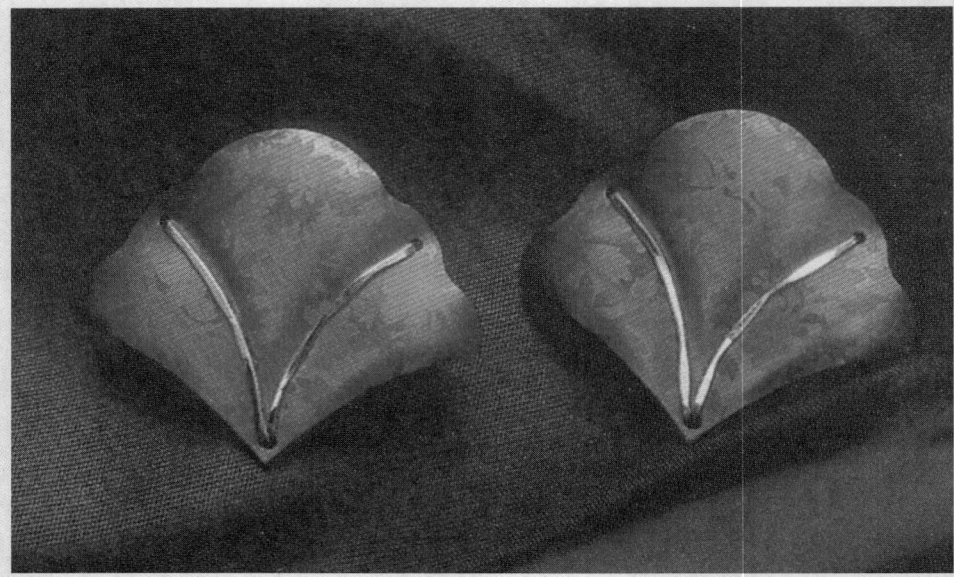

❝ Niob ist ein Metall, das nicht nur Supraleitfähigkeit und einen hohen Schmelzpunkt hat – Eigenschaften, die zu wichtigen industriellen Anwendungen geführt haben –, es bildet auch leicht Oxidschichten durch die Interdiffusion von Sauerstoff- und Niob-Atomen nahe der Metalloberfläche. Schmuckhersteller machen sich diese Eigenschaft zunutze, um farbenprächtige Ohrringe zu kreieren. ❞

Bei der Herstellung und beim Einsatz von Werkstoffen ändert sich oftmals die chemische Zusammensetzung durch die Bewegung von Atomen oder durch *Festkörperdiffusion*. In manchen Fällen werden Atome innerhalb der Mikrostruktur des Materials neu verteilt. In anderen Fällen kommen Atome aus der Umgebung des Materials hinzu oder Atome aus dem Material werden in die Umgebung freigesetzt. Das Verständnis der Atombewegung innerhalb des Materials kann sowohl für die Herstellung des Werkstoffs als auch für den erfolgreichen Einsatz in einer technischen Konstruktion wichtig sein.

Auf der Companion Website finden Sie weitere Informationen zur Diffusion.

In *Kapitel 4* ist eine Vielzahl von Punktdefekten – beispielsweise die Leerstelle – eingeführt worden und dabei wurde festgestellt, dass diese Defekte typischerweise auf die thermische Schwingung der Atome im Material zurückzuführen sind. In diesem Kapitel untersuchen wir die Beziehung zwischen der Temperatur und der Anzahl dieser Defekte genauer. Insbesondere nimmt die Konzentration derartiger Defekte exponentiell mit steigender Temperatur zu. Das Fließen von Atomen in technischen Werkstoffen tritt durch die Bewegung von Punktdefekten auf und im Ergebnis nimmt die Rate dieser Festkörperdiffusion exponentiell mit der Temperatur zu. Mit den mathematischen Beziehungen der Diffusion lässt sich die Veränderung der chemischen Zusammensetzung innerhalb der Stoffe als Ergebnis der verschiedenen Diffusionsprozesse genau beschreiben. Ein wichtiges Beispiel ist das *Aufkohlen* von Stählen, bei dem die Oberfläche durch die Diffusion von Kohlenstoffatomen aus einer kohlenstoffreichen Umgebung gehärtet wird.

Nach einer gewissen Zeit kann das chemische Konzentrationsprofil innerhalb eines Materials linear werden und dementsprechend lässt sich diese *stationäre Diffusion* mathematisch relativ einfach beschreiben.

Obwohl wir im Allgemeinen die Diffusion im gesamten Volumen eines Materials betrachten, gibt es auch Fälle, in denen der atomare Transport hauptsächlich entlang der Korngrenzen (durch *Korngrenzendiffusion*) oder entlang der Oberfläche (durch *Oberflächendiffusion*) stattfindet.

5.1 Thermisch aktivierte Prozesse

Viele Prozesse in der Werkstoffwissenschaft und -technik haben ein Merkmal gemeinsam – die Reaktionsgeschwindigkeit wächst exponentiell mit der Temperatur. Der Diffusionskoeffizient von Elementen in Metalllegierungen, die Rate der Kriechverformung in Konstruktionswerkstoffen und die elektrische Leitfähigkeit von Halbleitern sind einige Beispiele, die wir in diesem Buch betrachten. Diese verschiedenen Prozesse lassen sich mit der folgenden allgemeinen Gleichung beschreiben:

$$\text{Reaktionsgeschwindigkeit} = Ce^{-Q/RT}. \tag{5.1}$$

Hier bezeichnet C eine **Konstante** (unabhängig von der Temperatur), Q die **Aktivierungsenergie**, R die universelle Gaskonstante und T die absolute Temperatur. Es sei darauf hingewiesen, dass die universelle Gaskonstante für den festen Zustand genauso wichtig ist wie für den gasförmigen. Der Begriff *Gaskonstante* leitet sich aus dem Gesetz für das ideale Gas ($pV = nRT$) und entsprechenden Gleichungen der Gasphase ab. In der Tat ist R eine fundamentale Konstante, die häufig in diesem Buch auftaucht, wenn es um den festen Zustand geht.

Gleichung 5.1 bezeichnet man allgemein als die **Arrhenius[1]-Gleichung**. Logarithmiert man beide Seiten von Gleichung 5.1, erhält man

$$\ln(\text{Reaktionsgeschwindigkeit}) = \ln C - \frac{Q}{R}\frac{1}{T}. \qquad (5.2)$$

In einer halblogarithmischen Darstellung von ln(Reaktionsgeschwindigkeit) über dem Kehrwert der absoluten Temperatur ($1/T$) erhält man eine Gerade für die Daten der Reaktionsgeschwindigkeit (siehe Abbildung 5.1). Der Anstieg des resultierenden **Arrhenius-Diagramms** ist $-Q/R$. Extrapoliert man im Arrhenius-Diagramm bis $1/T = 0$ (oder $T = \infty$), erhält man ln C als Schnittpunkt.

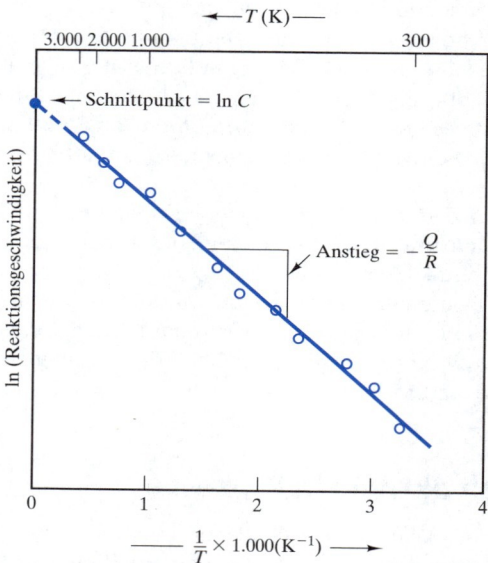

Abbildung 5.1: Typisches Arrhenius-Diagramm der Daten im Vergleich mit Gleichung 5.2. Der Anstieg ist gleich $-Q/R$ und der Schnittpunkt (bei $1/T = 0$) gleich *ln C*.

Das experimentelle Ergebnis von Abbildung 5.1 ist sehr aussagekräftig. Kennt man die Größen der Reaktionsgeschwindigkeiten bei zwei beliebigen Temperaturen, kann man die Reaktionsgeschwindigkeit bei einer dritten Temperatur (im linearen Bereich des Diagramms) bestimmen. Wenn man die Prozessgeschwindigkeit bei einer gegebenen Temperatur und die Aktivierungsenergie Q kennt, lässt sich die Reaktionsgeschwin-

---

[1] Svante August Arrhenius (1859–1927), schwedischer Chemiker, lieferte viele Beiträge zur physikalischen Chemie, einschließlich des experimentellen Nachweises von Gleichung 5.1 für chemische Reaktionsgeschwindigkeiten.

5.1 Thermisch aktivierte Prozesse

digkeit bei jeder anderen Temperatur berechnen. Üblicherweise nutzt man das Arrhenius-Diagramm, um einen Wert Q aus der Messung des Anstiegs der Geraden zu erhalten. Dieser Wert der Aktivierungsenergie kann auf den Mechanismus der Reaktion hinweisen. Insgesamt enthält Gleichung 5.2 zwei Konstanten. Demzufolge sind nur zwei experimentelle Beobachtungen erforderlich, um sie zu bestimmen.

Um zu beurteilen, warum die Reaktionsgeschwindigkeitsdaten das charakteristische Verhalten von Abbildung 5.1 zeigen, müssen wir das Konzept der Aktivierungsenergie Q untersuchen. In der Form von Gleichung 5.1 misst man Q in Einheiten von Energie je Mol. Man kann diese Gleichung anders schreiben, indem man sowohl Q als auch R durch die Avogadro-Konstante (N_{AV}) teilt:

$$\text{Reaktionsgeschwindigkeit} = Ce^{-q/kT}. \tag{5.3}$$

Hier ist q ($= Q/N_{AV}$) die Aktivierungsenergie in Einheiten auf der atomaren Ebene (z.B. Atom, Elektron und Ion) und k ($= R/N_{AV}$) die Boltzmann[1]-Konstante (13,8 × 10^{-24} J/K). Gleichung 5.3 erlaubt einen interessanten Vergleich mit dem Hochtemperaturabschnitt der **Maxwell-Boltzmann[2]-Verteilung** von molekularen Energien in Gasen

$$P \alpha e^{-\Delta E/kT}. \tag{5.4}$$

Hier bezeichnet P die Wahrscheinlichkeit, dass ein Molekül eine Energie ΔE größer als die durchschnittliche Energie hat, die für eine bestimmte Temperatur T charakteristisch ist. Das ist der Schlüssel für das Wesen der Aktivierungsenergie. Es ist die Energiebarriere, die durch **thermische Aktivierung** zu überwinden ist. Obwohl Gleichung 5.4 ursprünglich für Gase entwickelt wurde, gilt sie auch für Festkörper. Bei steigender Temperatur ist eine größere Anzahl von Atomen (oder anderen Teilchen, wie z.B. Elektronen oder Ionen, in einem bestimmten Prozess) verfügbar, um eine gegebene Energieschwelle q zu überwinden. Abbildung 5.2 zeigt einen Reaktionspfad, bei dem ein einzelnes Atom eine Energieschwelle überwindet. Abbildung 5.3 gibt ein einfaches mechanisches Modell der Aktivierungsenergie an, in dem sich ein Kasten von einer Lage in eine andere bewegt und dabei einen Zustand mit höherer potentieller Energie ΔE durchläuft, die q in Abbildung 5.2 entspricht.

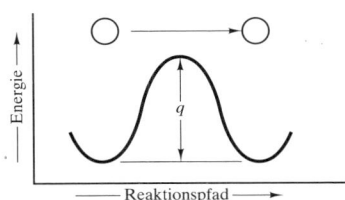

Abbildung 5.2: Der Reaktionspfad zeigt, wie ein Atom die Aktivierungsenergie q überwinden muss, um von einer stabilen Position zu einer ähnlichen benachbarten Position zu gelangen.

---

1 Ludwig Edward Boltzmann (1844–1906), österreichischer Physiker, ist mit vielen bedeutenden wissenschaftlichen Errungenschaften des 19. Jahrhunderts verbunden (vor der Entwicklung der modernen Physik). Die nach ihm benannte Konstante spielt eine zentrale Rolle in der statistischen Aussage des zweiten Gesetzes der Thermodynamik. Um dessen Bedeutung zu verewigen, wurde die Gleichung für dieses Gesetz auf seinem Grabstein eingraviert.

2 James Clerk Maxwell (1831–1879), schottischer Mathematiker und Physiker, war ein ungewöhnlich brillanter und produktiver Individualist. Seine Gleichungen des Elektromagnetismus gehören zu den elegantesten der Wissenschaft überhaupt. Unabhängig von seinem Zeitgenossen Ludwig Edward Boltzmann entwickelte er die kinetische Gastheorie (einschließlich Gleichung 5.4).

5 DIFFUSION

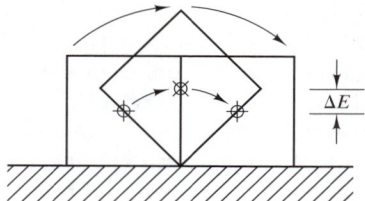

Abbildung 5.3: Einfaches mechanisches Analogon des Reaktionspfades von Abbildung 5.2. Der Kasten muss eine höhere potentielle Energie ΔE überwinden, um sich von einer stabilen Lage zu einer anderen zu bewegen.

Bei den im Buch beschriebenen Reaktionen, auf die eine Arrhenius-Gleichung zutrifft, sind besondere Werte der Aktivierungsenergie für die Reaktionsmechanismen charakteristisch. In jedem Fall ist zu beachten, dass verschiedene mögliche Mechanismen gleichzeitig im Stoff auftreten können und dass jeder Mechanismus eine charakteristische Aktivierungsenergie hat. Die Tatsache, dass für die experimentellen Daten eine bestimmte Aktivierungsenergie repräsentativ ist, bedeutet lediglich, dass ein einzelner Mechanismus dominiert. Umfasst die Reaktion mehrere Schritte in Folge, bestimmt der langsamste Schritt entscheidend die Reaktionsgeschwindigkeit (**geschwindigkeitsbestimmender Schritt**). Die Aktivierungsenergie des geschwindigkeitsbestimmenden Schrittes wird dann zur Aktivierungsenergie der Gesamtreaktion.

Beispiel 5.1

Die Reaktionsgeschwindigkeit, mit der eine Metalllegierung in einer sauerstoffhaltigen Atmosphäre oxidiert, ist ein typisches Beispiel für die praktische Anwendung der Arrhenius-Gleichung (Gleichung 5.1). Beispielsweise wird die Reaktionsgeschwindigkeit der Oxidation einer Magnesiumlegierung durch eine Reaktionskonstante k dargestellt. Der Wert von k bei 300 °C beträgt $1{,}05 \times 10^{-8}$ kg/(m^4 × s). Bei 400 °C steigt der Wert von k auf $2{,}95 \times 10^{-4}$ kg/(m^4 × s). Berechnen Sie die Aktivierungsenergie Q für diesen Oxidationsprozess (in Einheiten von kJ/mol).

Lösung

Für diesen speziellen Fall hat Gleichung 5.1 die Form
$$k = Ce^{-Q/RT}.$$

Nimmt man das Verhältnis der Reaktionskonstanten bei 300 °C (= 573 K) und 400 °C (= 673 K), lässt sich die unbekannte Konstante C vorteilhaft kürzen und man erhält

$$\frac{2{,}95 \times 10^{-4} \; \text{kg}/\left[\text{m}^4 \cdot \text{s}\right]}{1{,}05 \times 10^{-8} \; \text{kg}/\left[\text{m}^4 \cdot \text{s}\right]} = \frac{e^{-Q/(8{,}314 \; \text{J}/[\text{mol}\cdot\text{K}])(673 \; \text{K})}}{e^{-Q/(8{,}314 \; \text{J}/[\text{mol}\cdot\text{K}])(573 \; \text{K})}}$$

oder

$$2{,}81 \times 10^4 = e^{\{-Q/(8{,}314 \; \text{J}/[\text{mol}\cdot\text{K}])\}\{1/(673 \; \text{K}) - 1/(573 \; \text{K})\}}.$$

Das ergibt
$$Q = 328 \times 10^3 \; \text{J}/\text{mol} = 328 \; \text{kJ}/\text{mol}.$$

> **Übung 5.1** Berechnen Sie anhand der Erläuterungen zu Beispiel 5.1 den Wert der Reaktionsgeschwindigkeitskonstanten k für die Oxidation der Magnesiumlegierung bei 500 °C.

Die Lösungen für alle Übungen finden Sie auf der Companion Website.

5.2 Thermische Entstehung von Punktdefekten

Punktdefekte treten als direktes Ergebnis der periodischen Schwingungen – oder **thermischen Schwingungen** – der Atome in der Kristallstruktur auf. Bei wachsender Temperatur nimmt die Stärke dieser Schwingungen zu und damit auch die Wahrscheinlichkeit der strukturellen Aufspaltung und der Herausbildung von Punktdefekten. Bei einer gegebenen Temperatur ist die thermische Energie eines gegebenen Stoffs feststehend, dies ist aber ein Durchschnittswert. Die thermische Energie von einzelnen Atomen variiert über einen breiten Bereich, wie es die Maxwell-Boltzmann-Verteilung anzeigt. Bei einer gegebenen Temperatur hat ein bestimmter Anteil der Atome im Festkörper genügend thermische Energie, um Punktdefekte hervorzurufen. Eine wichtige Folgerung der Maxwell-Boltzmann-Verteilung ist, dass dieser Anteil exponentiell mit der absoluten Temperatur wächst. Als Ergebnis nimmt die Konzentration von Punktdefekten exponentiell mit der Temperatur zu, d.h.

$$\frac{n_{\text{Defekte}}}{n_{\text{Plätze}}} = Ce^{-(E_{\text{Defekt}})/kT}, \tag{5.5}$$

wobei $n_{\text{Defekte}}/n_{\text{Plätze}}$ das Verhältnis von Punktdefekten zu idealen Kristallgitterplätzen, C eine Konstante, E_{Defekt} die erforderliche Energie zum Erzeugen eines einzelnen Punktdefekts in der Kristallstruktur, k die Boltzmann-Konstante und T die absolute Temperatur ist.

Der Temperatureinfluss auf die Entstehung von Punktdefekten hängt von der Art des betrachteten Defekts ab, d.h. E_{Defekt} für das Erzeugen einer Leerstelle in einer gegebenen Kristallstruktur unterscheidet sich von E_{Defekt} für einen Zwischengitterplatz.

Abbildung 5.4 veranschaulicht die thermische Produktion von Leerstellen in Aluminium. Die leichte Abweichung zwischen der thermischen Ausdehnung, die für die gesamten Abmessungen der Probe ($\Delta L/L$) und durch Röntgenbeugung ($\Delta a/a$) gemessen wurde, ist das Ergebnis von Leerstellen. Der Röntgenstrahlwert basiert auf den per Röntgenbeugung (siehe *Abschnitt 3.7*) ermittelten Abmessungen der Elementarzelle. Die zunehmende Konzentration von leeren Gitterplätzen (Leerstellen) im Material bei Temperaturen nahe dem Schmelzpunkt liefert eine messbar größere thermische Ausdehnung über die Gesamtabmessungen. Die Konzentration von Leerstellen ($n_V/n_{\text{Plätze}}$) folgt dem Arrhenius-Ausdruck von Gleichung 5.5:

$$\frac{n_V}{n_{\text{Plätze}}} = Ce^{-E_V/kT}, \tag{5.6}$$

wobei C eine Konstante und E_V die Energie für die Bildung einer einzelnen Leerstelle ist. Wie bereits erwähnt, führt dieser Ausdruck zu einer zweckmäßigen halblogarithmischen Darstellung der Daten. Logarithmiert man beide Seiten von Gleichung 5.6, erhält man:

$$\ln \frac{n_V}{n_{\text{Plätze}}} = \ln C - \frac{E_V}{k}\frac{1}{T} . \tag{5.7}$$

Abbildung 5.4 zeigt die lineare Darstellung von $\ln(n_V/n_{\text{Plätze}})$ über $1/T$. Der Anstieg des Arrhenius-Diagramms ist $-E_V/k$. Aus den experimentellen Daten geht hervor, dass die erforderliche Energie zum Erzeugen einer Leerstelle in der Aluminium-Kristallstruktur gleich 0,76 eV ist.

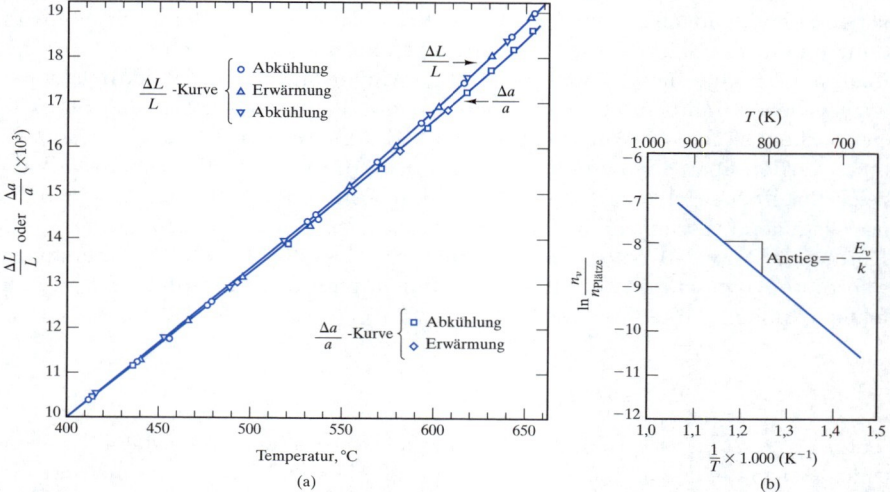

Abbildung 5.4: (a) Die gesamte thermische Ausdehnung ($\Delta L/L$) von Aluminium ist messbar größer als die Gitterparameterausdehnung ($\Delta a/a$) bei hohen Temperaturen, weil Leerstellen durch thermische Anregung produziert werden. (b) Ein halblogarithmisches (Arrhenius-) Diagramm von ln(Leerstellenkonzentration) über $1/T$, basierend auf den Daten von Teil (a). Der Anstieg der Kurve ($-E_V/k$) zeigt an, dass eine Energie von 0,76 eV erforderlich ist, um eine einzelne Leerstelle in der Aluminium-Kristallstruktur zu erzeugen.

Beispiel 5.2

Bei 400 °C beträgt der Anteil der freien Gitterplätze in Aluminium $2{,}29 \times 10^{-5}$. Berechnen Sie den Anteil bei 660 °C (unmittelbar unterhalb des Schmelzpunktes).

Lösung

Aus den Erläuterungen zu Abbildung 5.4 entnehmen wir $E_V = 0{,}76$ eV. Mit Gleichung 5.5 haben wir

$$\frac{n_V}{n_{\text{Plätze}}} = Ce^{-E_V/kT} .$$

Bei 400 °C (= 673 K) erhalten wir

$$C = \left(\frac{n_V}{n_{\text{Plätze}}}\right) e^{+E_V/kT}$$

$$= (2{,}25 \times 10^{-5}) e^{+0{,}76 \text{ eV}/(86{,}2 \times 10^{-6} \text{ eV/K})(673 \text{ K})}$$

$$= 11{,}2 \,.$$

Bei 660 °C (= 933 K) erhalten wir

$$\frac{n_V}{n_{\text{Plätze}}} = (2{,}25 \times 10^{-5}) e^{-0{,}76 \text{ eV}/(86{,}2 \times 10^{-6} \text{ eV/K})(933 \text{ K})}$$

$$= 8{,}82 \times 10^{-4}$$

oder rund neun Leerstellen auf jeweils 10.000 Gitterplätze.

Übung 5.2 Berechnen Sie den Anteil der freien Gitterplätze in Aluminium bei (a) 500 °C, (b) 200 °C und (c) Zimmertemperatur (25 °C). (Siehe Beispiel 5.2.)

5.3 Punktdefekte und stationäre Diffusion

Bei genügend hohen Temperaturen können Atome und Moleküle sowohl in Flüssigkeiten als auch in Festkörpern ziemlich beweglich sein. Lässt man einen Tropfen Tinte in ein Glas Wasser fallen und beobachtet, wie sich die Tinte verteilt, bis das Wasser gleichmäßig gefärbt ist, erhält man einen ersten Eindruck von der **Diffusion** – der Bewegung von Molekülen aus einem Gebiet höherer Konzentration in ein Gebiet niedrigerer Konzentration. Diffusion ist allerdings nicht auf unterschiedliche Stoffe beschränkt. Bei Zimmertemperatur sind H_2O-Moleküle in reinem Wasser in ständiger Bewegung und wandern durch die Flüssigkeit – ein Beispiel für die **Selbstdiffusion**. Die Bewegung auf der atomaren Ebene in Flüssigkeiten erfolgt relativ schnell und lässt sich ziemlich einfach visualisieren. Auch im festen Zustand findet Diffusion statt, selbst wenn man sie im starren Festkörper nicht so einfach beobachten kann. Einer der Hauptunterschiede zwischen Festkörper- und Flüssigkeitsdiffusion ist die geringe Diffusionsgeschwindigkeit in Festkörpern. Anhand der in *Kapitel 3* behandelten Kristallstrukturen kann man sich vorstellen, dass die Diffusion von Atomen oder Ionen durch diese im Allgemeinen engen Strukturen schwierig ist. Um Atome oder Ionen durch perfekte Kristallstrukturen zu „quetschen", ist der Energiebedarf in der Tat oftmals so hoch, dass Diffusion nahezu unmöglich ist. Damit Festkörperdiffusion praktisch auftreten kann, sind im Allgemeinen Punktdefekte notwendig. Abbildung 5.5 veranschaulicht, wie die atomare Wanderung ohne größere Verzerrungen der Kristallstruktur mithilfe der **Leerstellenwanderung** möglich wird. Beachten Sie, dass die resultierende Richtung des Materialflusses der Richtung des Leerstellenflusses entgegengesetzt ist.

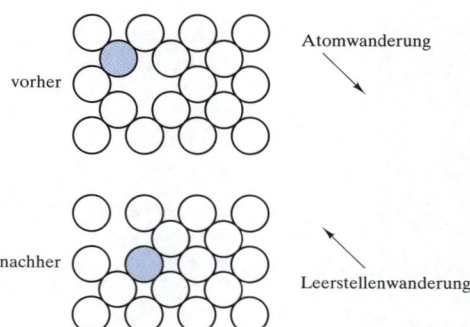

Abbildung 5.5: Atomare Bewegung durch den Mechanismus der Leerstellenwanderung. Beachten Sie, dass die Gesamtrichtung des Materialflusses (der Atombewegung) dem Leerstellenfluss entgegengesetzt ist.

Abbildung 5.6 zeigt die Diffusion durch einen interstitiellen Mechanismus und veranschaulicht die **Zufallsbewegung** (engl. Random Walk) bei der atomaren Wanderung. Diese Zufälligkeit schließt einen Nettofluss von Material nicht aus, wenn es insgesamt eine Variation der chemischen Zusammensetzung gibt. Die Abbildungen 5.7 und 5.8 veranschaulichen diesen häufig auftretenden Fall. Obwohl jedes Atom von Festkörper A die gleiche Wahrscheinlichkeit hat, zufällig in eine beliebige Richtung zu „gehen", bewirkt die höhere Anfangskonzentration auf der linken Seite des Systems, dass die Zufallsbewegung eine *Interdiffusion* hervorruft – einen Nettofluss von A-Atomen in den Festkörper B. Analog diffundiert Festkörper B in den Festkörper A. Die formelle mathematische Behandlung eines derartigen Diffusionsflusses beginnt mit einem Ausdruck, den man als **erstes Ficksches**[1] **Gesetz** bezeichnet:

$$J_x = -D \frac{\partial c}{\partial x}. \tag{5.8}$$

Hier bezeichnet J_x den *Diffusionsstrom* oder die Geschwindigkeit der Diffusion von Teilchen in der x-Richtung infolge eines **Konzentrationsgradienten** ($\partial c/\partial x$). Der Proportionalitätskoeffizient D heißt **Diffusionskoeffizient**. Abbildung 5.9 veranschaulicht die Geometrie von Gleichung 5.8. Abbildung 5.7 erinnert uns daran, dass sich der Konzentrationsgradient an einem bestimmten Punkt entlang des Diffusionspfades mit der Zeit t ändert. Diese transiente Bedingung wird durch eine Differentialgleichung zweiter Ordnung dargestellt, das so genannte **zweite Ficksche Gesetz**:

$$\frac{\partial c_x}{\partial t} = \frac{\partial}{\partial x}\left(D\frac{\partial c_x}{\partial x}\right). \tag{5.9}$$

Bei vielen praktischen Problemen kann man D als unabhängig von c annehmen, was zu einer vereinfachten Version von Gleichung 5.9 führt:

$$\frac{\partial c_x}{\partial t} = D\frac{\partial^2 c_x}{\partial x^2}. \tag{5.10}$$

---

[1] Adolf Eugen Fick (1829–1901), deutscher Physiologe. Die medizinischen Wissenschaften wenden häufig Prinzipien an, die vorher in der Mathematik, Physik oder Chemie entwickelt wurden. Allerdings ist die Arbeit von Fick in der „mechanistischen" Schule der Physiologie so ausgezeichnet, dass sie als Richtlinie für die physikalischen Wissenschaften diente. Er entwickelte die Diffusionsgesetze im Rahmen seiner Untersuchungen zum Blutfluss.

5.3 Punktdefekte und stationäre Diffusion

Abbildung 5.10 veranschaulicht eine typische Anwendung von Gleichung 5.10, die Diffusion von Material in einem halb-unendlichen Festkörper, während die Oberflächenkonzentration der Diffusionspartikel c_S (s steht für Surface, dt. Oberfläche) konstant bleibt. Zwei Beispiele für dieses System sind die Beschichtung von Metallen und die Sättigung von Stoffen mit reaktiven Gasen der Atmosphäre. Insbesondere werden Stahloberflächen oftmals durch **Aufkohlen** gehärtet, d.h. durch Diffusion von Kohlenstoffatomen in den Stahl aus einer kohlenstoffhaltigen Umgebung. Die Lösung für diese Differentialgleichung mit der gegebenen Grenzbedingung lautet

$$\frac{c_x - c_0}{c_S - c_0} = 1 - \mathrm{erf}\left(\frac{x}{2\sqrt{Dt}}\right). \tag{5.11}$$

Hier steht c_0 für die anfängliche Volumenkonzentration der Diffusionspartikel und erf ist die so genannte **Gauß[1]-Fehlerfunktion**, die auf der Integration der „Glockenkurve" basiert. Die Werte der Fehlerfunktion lassen sich aus vorberechneten Tabellen direkt ablesen. Repräsentative Werte sind in angegeben. Die eigentliche Leistung dieser Analyse besteht darin, dass es das Ergebnis (Gleichung 5.11) erlaubt, alle Konzentrationsprofile von Abbildung 5.10 in einem einzigen Hauptdiagramm (Abbildung 5.11) neu zu zeichnen. Mit einem derartigen Diagramm kann man schnell die erforderliche Zeit für die relative Sättigung des Festkörpers als Funktion von x, D und t berechnen. Abbildung 5.12 zeigt ähnliche *Sättigungskurven* für verschiedene Geometrien. Beachten Sie, dass diese Ergebnisse nur einige wenige aus der großen Anzahl von Lösungen sind, die Werkstoffwissenschaftler für Diffusionsgeometrien in verschiedenen praktischen Prozessen erhalten haben.

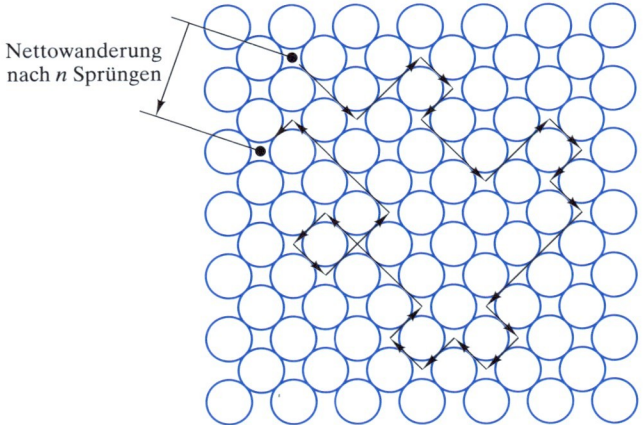

Abbildung 5.6: Die Diffusion durch einen Zwischengittermechanismus veranschaulicht die Zufallsbewegung der atomaren Wanderung.

---

1 Johann Karl Friedrich Gauß (1777–1855), deutscher Mathematiker, gilt als einer der größten Genies in der Geschichte der Mathematik. Als „Teenager" entwickelte er die Methode der kleinsten Quadrate für die Anpassung von Datenkurven. Viele seiner Arbeiten in Mathematik wurden in ähnlicher Form auf physikalische Probleme angewandt, wie z.B. Astronomie und Geomagnetismus. Um seinen Beitrag zur Untersuchung des Magnetismus zu würdigen, hat man die Einheit der magnetischen Flussdichte nach ihm benannt.

5 DIFFUSION

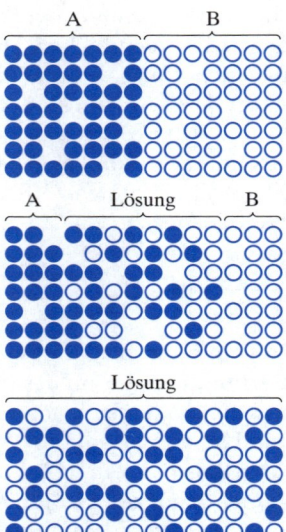

Abbildung 5.7: Die Interdiffusion der Stoffe A und B. Obwohl jedes A- und B-Atom die gleiche Wahrscheinlichkeit besitzt, in eine zufällige Richtung zu „wandern" (siehe Abbildung 5.6), können die Konzentrationsgradienten der beiden Stoffe zu einem Nettofluss von A-Atomen in das B-Material und umgekehrt führen.

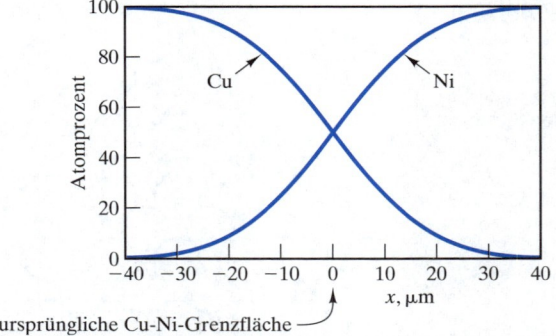

Abbildung 5.8: Die Interdiffusion von Stoffen auf der atomaren Ebene wurde in Abbildung 5.7 dargestellt. Diese Interdiffusion von Kupfer und Nickel ist ein vergleichbares Beispiel auf der mikroskopischen Ebene.

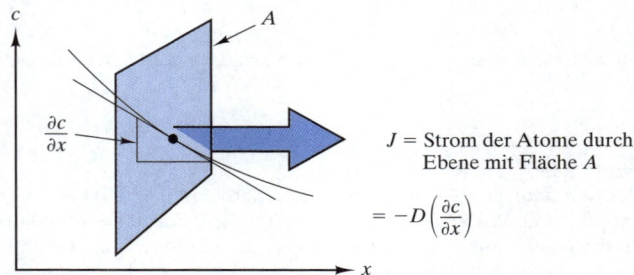

Abbildung 5.9: Geometrie des ersten Fickschen Gesetzes (Gleichung 5.8).

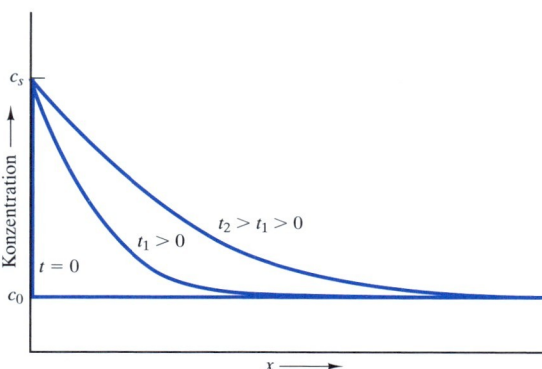

Abbildung 5.10: Lösung des zweiten Fickschen Gesetzes (Gleichung 5.10) für den Fall eines halb-unendlichen Festkörpers, konstanter Oberflächenkonzentration der Diffusionsteilchen c_s, anfänglicher Volumenkonzentration c_0 und eines konstanten Diffusionskoeffizienten D.

Tabelle 5.1

Die Fehlerfunktion[a]

z	erf(z)	z	erf(z)
0,00	0,0000	0,70	0,6778
0,01	0,0113	0,75	0,7112
0,02	0,0226	0,80	0,7421
0,03	0,0338	0,85	0,7707
0,04	0,0451	0,90	0,7969
0,05	0,0564	0,95	0,8209
0,10	0,1125	1,00	0,8427
0,15	0,1680	1,10	0,8802
0,20	0,2227	1,20	0,9103
0,25	0,2763	1,30	0,9340
0,30	0,3286	1,40	0,9523
0,35	0,3794	1,50	0,9661
0,40	0,4284	1,60	0,9763
0,45	0,4755	1,70	0,9838
0,50	0,5205	1,80	0,9891
0,55	0,5633	1,90	0,9928
0,60	0,6039	2,00	0,9953
0,65	0,6420		

[a] Quelle: Handbook of Mathematical Functions, M. Abramowitz und I. A. Stegun, Eds., National Bureau of Standards, Applied Mathematics Series 55, Washington, DC 1972.

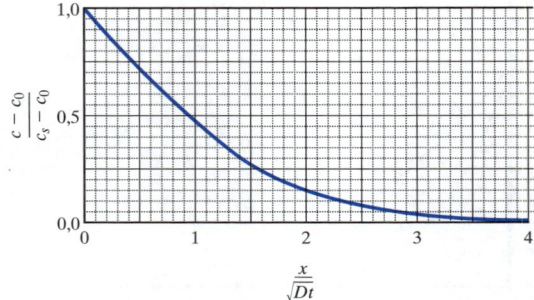

Abbildung 5.11: Hauptdiagramm mit einer Zusammenfassung aller Diffusionsergebnisse von Abbildung 5.10 in einer einzelnen Kurve

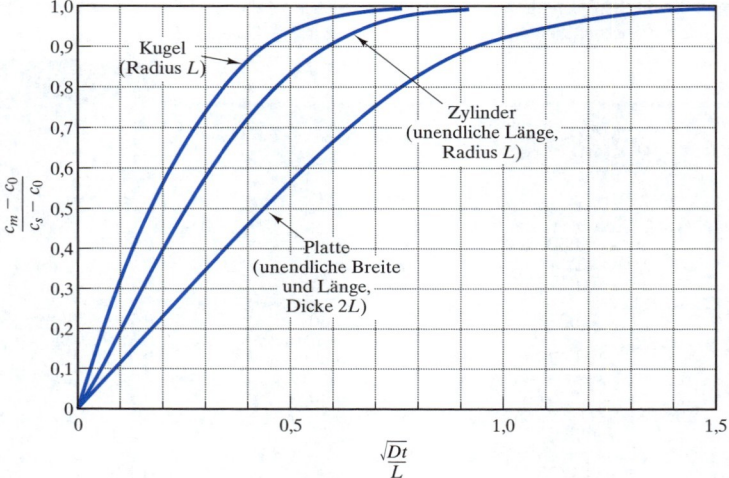

Abbildung 5.12: Sättigungskurven ähnlich der in Abbildung 5.11 gezeigten für verschiedene Geometrien. Der Parameter c_m ist die Durchschnittskonzentration des diffundierenden Stoffs innerhalb der Probe. Auch hier werden die Oberflächenkonzentration c_s und der Diffusionskoeffizient D als konstant angenommen.

Bislang hat die mathematische Analyse der Diffusion implizit eine feste Temperatur angenommen. Bei der Abhängigkeit der Diffusion von Punktdefekten mussten wir durch die Analogie mit Gleichung 5.5 eine starke Temperaturabhängigkeit des Diffusionskoeffizienten erwarten – und genau das ist der Fall. Daten für Diffusionskoeffizienten sind vielleicht die am besten bekannten Beispiele einer Arrhenius-Gleichung

$$D = D_0 e^{-q/kT}. \tag{5.12}$$

Hier ist D_0 Stoffkonstante und q die Aktivierungsenergie für die Bewegung eines nulldimensionalen Gitterfehlers. Im Allgemeinen ist q nicht gleich E_{Defekt} von Gleichung 5.5. Der Term E_{Defekt} repräsentiert die erforderliche Energie für die Defektbildung, während q die erforderliche Energie für die Bewegung dieses Defekts durch die Kristallstruktur ($E_{Defektbewegung}$) für *interstitielle Diffusion* bezeichnet. Beim Leerstellenmechanismus ist die Bildung der Leerstelle ein integraler Bestandteil des Diffusionsvorgangs (siehe Abbildung 5.5) und $q = E_{Defekt} + E_{Defektbewegung}$.

Typischerweise werden die Diffusionskoeffizienten in Form von molaren Größen tabelliert, d.h. mit einer Aktivierungsenergie Q je Mol der Diffusionspartikel:

$$D = D_0 e^{-Q/RT}. \tag{5.13}$$

In dieser Gleichung ist R die universelle Gaskonstante (= $N_{AV}k$, wie bereits erwähnt). Abbildung 5.13 zeigt ein Arrhenius-Diagramm der Diffusion von Kohlenstoff in α-Fe über einem Temperaturbereich. Das ist ein Beispiel für den Zwischengittermechanismus, wie ihn Abbildung 5.6 skizziert hat. Abbildung 5.14 fasst die Daten der Diffusionskoeffizienten für eine Reihe metallischer Systeme zusammen. gibt die Arrhenius-Parameter für diese Daten an. Es ist hilfreich, die beiden Datensätze zu vergleichen. Beispielsweise kann C durch einen Zwischengittermechanismus leichter durch krz-Fe diffundieren als durch kfz-Fe ($Q_{krz} < Q_{kfz}$ in). Die offenere krz-Struktur (siehe *Abschnitt 3.2*) macht diesen Unterschied verständlicher. Ähnlich ist die Selbstdiffusion von Fe durch einen Leerstellenmechanismus in krz-Fe größer als in kfz-Fe. Abbildung 5.15 und zeigen vergleichbare Daten der Diffusionskoeffizienten für mehrere nichtmetallische Systeme. In vielen Verbindungen, wie z.B. Al_2O_3, diffundieren die kleineren Ionen-Partikel (z.B. Al^{3+}) wesentlich leichter durch das System. Das Arrhenius-Verhalten der ionischen Diffusion in Keramikverbindungen ist insbesondere analog zur Temperaturabhängigkeit von Halbleitern, worauf *Kapitel 17* eingeht. Gerade der ionische Transportmechanismus ist für das Halbleiterverhalten bestimmter Keramiken, wie z.B. ZnO, verantwortlich, d.h. geladene Ionen statt Elektronen rufen die gemessene elektrische Leitfähigkeit hervor. In Abbildung 5.15 und sind keine Polymerdaten enthalten, weil sich die meisten kommerziell wichtigen Diffusionsmechanismen in Polymeren auf den flüssigen Zustand oder den amorphen Festkörperzustand beziehen, wo die Punktdefektmechanismen dieses Abschnitts nicht relevant sind.

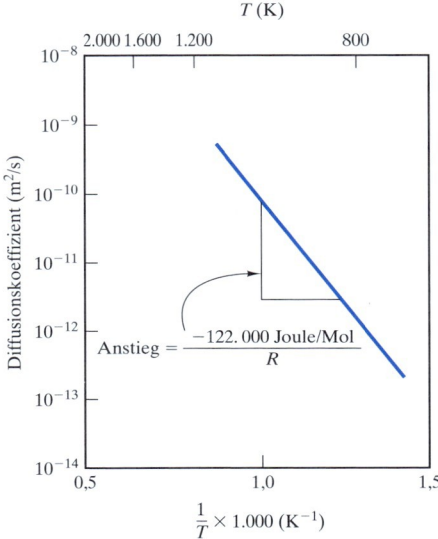

Abbildung 5.13: Arrhenius-Diagramm zu den Diffusionskoeffizienten von Kohlenstoff in α-Eisen über einem Temperaturbereich. Beachten Sie auch die relevanten *Abbildungen 4.4* und *5.6* sowie andere Daten für die Metalldiffusion in Abbildung 5.14.

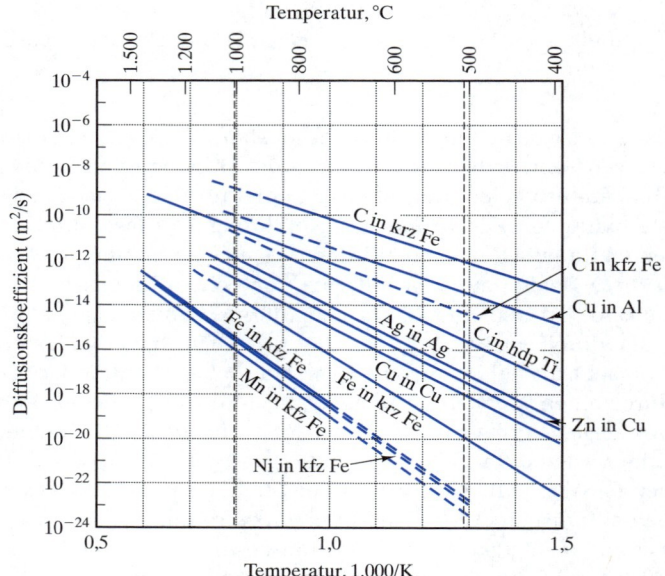

Abbildung 5.14: Arrhenius-Diagramm zu den Diffusionskoeffizienten einer Reihe von metallischen Systemen

Tabelle 5.2

Diffusionskoeffizienten und Aktivierungsenergien für eine Reihe von metallischen Systemen[a]

Fremdatom	Wirtsgitter	D_0 (m²/s)	Q (kJ/mol)	Q (kcal/mol)
Kohlenstoff	kfz-Eisen	20×10^{-6}	142	34,0
Kohlenstoff	krz-Eisen	220×10^{-6}	122	29,3
Eisen	kfz-Eisen	22×10^{-6}	268	64,0
Eisen	krz-Eisen	200×10^{-6}	240	57,5
Nickel	kfz-Eisen	77×10^{-6}	280	67,0
Mangan	kfz-Eisen	35×10^{-6}	282	67,5
Zink	Kupfer	34×10^{-6}	191	45,6
Kupfer	Aluminium	15×10^{-6}	126	30,2
Kupfer	Kupfer	20×10^{-6}	197	47,1
Silber	Silber	40×10^{-6}	184	44,1
Kohlenstoff	hdp-Titan	511×10^{-6}	182	43,5

[a] Siehe Gleichung 5.13

5.3 Punktdefekte und stationäre Diffusion

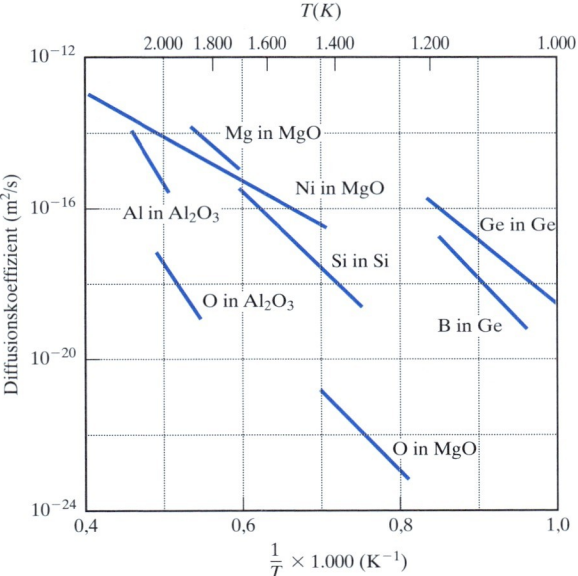

Abbildung 5.15: Arrhenius-Diagramm der Diffusionskoeffizienten für eine Reihe von nichtmetallischen Systemen

Tabelle 5.3

Diffusionskoeffizienten und Aktivierungsenergien für eine Reihe von nichtmetallischen Systemen[a]

Fremdatom	Wirtsgitter	D_0 (m²/s)	Q (kJ/mol)	Q (kcal/mol)
Al	Al_2O_3	$2,8 \times 10^{-3}$	477	114,0
O	Al_2O_3	0,19	636	152,0
Mg	MgO	$24,9 \times 10^{-6}$	330	79,0
O	MgO	$4,3 \times 10^{-9}$	344	82,1
Ni	Mgo	$1,8 \times 10^{-9}$	202	48,3
Si	Si	0,18	460	110,0
Ge	Ge	$1,08 \times 10^{-3}$	291	69,6
B	Ge	$1,1 \times 10^{3}$	439	105,0

[a] Siehe Gleichung 5.13.

Beispiel 5.3

Stahloberflächen lassen sich durch *Aufkohlen* härten, wie es in Zusammenhang mit Abbildung 5.10 erläutert wurde. Während einer derartigen Behandlung bei 1.000 °C fällt die Kohlenstoffkonzentration von 5 auf 4 Atomprozent Kohlenstoff zwischen 1 und 2 mm von der Oberfläche des Stahls. Schätzen Sie den Strom der Kohlenstoffatome in den Stahl dieser oberflächennahen Region ab. (Die Dichte von γ-Fe bei 1.000 °C beträgt 7,63 g/cm³.)

Lösung

Zuerst bilden wir die Näherung

$$\frac{\partial c}{\partial x} \cong \frac{\Delta c}{\Delta x} = \frac{5 \text{ at\%} - 4 \text{ at\%}}{1 \text{ mm} - 2 \text{ mm}}$$

$$= -1 \text{ at\%/mm}.$$

Um einen absoluten Wert für die Kohlenstoffatom-Konzentration zu erhalten, brauchen wir die Konzentration der Eisen-Atome. Aus den gegebenen Daten und *Anhang A* ergibt sich

$$\rho = 7,63 \frac{\text{g}}{\text{cm}^3} \times \frac{0,6023 \times 10^{24} \text{ Atome}}{55,85 \text{ g}} = 8,23 \times 10^{22} \frac{\text{Atome}}{\text{cm}^3}.$$

Und somit

$$\frac{\Delta c}{\Delta x} = -\frac{0,01(8,23 \times 10^{22} \text{ Atome/cm}^3)}{1 \text{ mm}} \times \frac{10^6 \text{ cm}^3}{\text{m}^3} \times \frac{10^3 \text{ mm}}{\text{m}}$$

$$= -8,23 \times 10^{29} \text{ Atome/m}^4.$$

Mit den Werten aus Tabelle 5.2 erhält man

$$D_{c \text{ in } \gamma-Fe, 1000°C} = D_0 e^{-Q/RT}$$

$$= (20 \times 10^{-6} \text{ m}^2/\text{s}) e^{-(142.000 \text{ J/mol})/(8,314 \text{ J/mol/K})(1273 \text{ K})}$$

$$= 2,98 \times 10^{-11} \text{ m}^2/\text{s}.$$

Mit Gleichung 5.8 lässt sich berechnen:

$$J_x = -D \frac{\partial c}{\partial x}$$

$$\cong -D \frac{\Delta c}{\Delta x}$$

$$= -(2,98 \times 10^{-11} \text{ m}^2/\text{s})(-8,23 \times 10^{29} \text{ Atome/m}^4)$$

$$= 2,45 \times 10^{19} \text{ Atome}/(\text{m}^2 \cdot \text{s}).$$

5.3 Punktdefekte und stationäre Diffusion

Beispiel 5.4 Das durch Gleichung 5.11 beschriebene Diffusionsergebnis lässt sich auf den Aufkohlungsvorgang anwenden (Beispiel 5.3). Die Kohlenstoffumgebung (ein Kohlenwasserstoffgas) wird verwendet, um den Kohlenstoffgehalt der Oberfläche (c_S) auf 1,0 Gewichtsprozent zu bringen. Der anfängliche Kohlenstoffgehalt des Stahls (c_0) beträgt 0,2 Gewichtsprozent. Berechnen Sie mithilfe der Fehlerfunktionstabelle, wie lange es bei 1.000 °C dauert, um einen Kohlenstoffgehalt von 0,6 Gewichtsprozent [d.h. ($c - c_0$)/($c_S - c_0$) = 0,5] bei einem Abstand von 1 mm von der Oberfläche zu erreichen.

Lösung

Mit Gleichung 5.11 erhalten wir

$$\frac{c_x - c_0}{c_S - c_0} = 0,5 = 1 - \mathrm{erf}\left(\frac{x}{2\sqrt{Dt}}\right)$$

oder

$$\mathrm{erf}\left(\frac{x}{2\sqrt{Dt}}\right) = 1 - 0,5 = 0,5.$$

Interpolieren der Werte von liefert

$$\frac{0,5 - 0,4755}{0,5205 - 0,4755} = \frac{z - 0,45}{0,50 - 0,45}$$

oder

$$z = \frac{x}{2\sqrt{Dt}} = 0,4772$$

oder

$$t = \frac{x^2}{4(0,4772)^2 D}.$$

Mit der Berechnung des Diffusionskoeffizienten von Beispiel 5.3 erhalten wir

$$t = \frac{(1 \times 10^{-3}\,\mathrm{m})^2}{4(0,4772)^2(2,98 \times 10^{-11}\,\mathrm{m}^2/\mathrm{s})}$$

$$= 3,68 \times 10^4\,\mathrm{s} \times \frac{1\,\mathrm{h}}{3,6 \times 10^3\,\mathrm{s}}$$

$$= 10,2\,\mathrm{h}.$$

5 DIFFUSION

Beispiel 5.5 Berechnen Sie die Aufkohlungszeit für die Bedingungen gemäß Beispiel 5.4 neu und verwenden Sie dabei das Hauptdiagramm von Abbildung 5.11 anstelle der Fehlerfunktionstabelle.

Lösung

Abbildung 5.11 zeigt, dass die Bedingung für $(c - c_0)/c_S - c_0) = 0{,}5$ gleich

$$\frac{x}{\sqrt{Dt}} \cong 0{,}95$$

oder

$$t = \frac{x^2}{(0{,}95)^2 D}$$

ist. Mit der Berechnung des Diffusionskoeffizienten aus Beispiel 5.3 erhalten wir

$$t = \frac{(1 \times 10^{-3} \text{ m})^2}{(0{,}95)^2 (2{,}98 \times 10^{-11} \text{ m}^2/\text{s})}$$

$$= 3{,}72 \times 10^4 \text{ s} \times \frac{1 \text{ h}}{3{,}6 \times 10^3 \text{ s}}$$

$$= 10{,}3 \text{ h.}$$

Anmerkung: Dieses Ergebnis stimmt ausreichend genau mit der Berechnung von Beispiel 5.4 überein. Einer exakten Übereinstimmung steht entgegen, dass man die Werte (in diesem Beispiel) graphisch interpretieren bzw. (wie im vorherigen Beispiel) tabellarisch interpolieren muss.

Beispiel 5.6 Für einen Aufkohlungsvorgang ähnlich dem in Beispiel 5.5 wird ein Kohlenstoffgehalt von 0,6 Gewichtsprozent bei 0,75 mm von der Oberfläche nach 10 h erreicht. Wie hoch ist die Aufkohlungstemperatur? (Nehmen Sie auch hier $c_S = 1{,}0$ Gewichtsprozent und $c_0 = 0{,}2$ Gewichtsprozent an.)

Lösung

Aus Beispiel 5.5 übernehmen wir

$$\frac{x}{\sqrt{Dt}} \cong 0{,}95$$

oder

$$D = \frac{x^2}{(0{,}95)^2 t}$$

und erhalten mit den gegebenen Daten

$$D = \frac{(0{,}75 \times 10^{-3} \text{ m})^2}{(0{,}95)^2 (3{,}6 \times 10^4 \text{ s})} = 1{,}73 \times 10^{-11} \text{ m}^2/\text{s}.$$

Aus entnehmen wir den Wert für C in γ-Fe:

$$= (20 \times 10^{-6} \text{ m}^2/\text{s}) e^{-(142.000 \text{ J/mol})/[8{,}314 \text{ J/(mol·K)}](T)}.$$

Setzt man die beiden Werte für D gleich, erhält man

$$1{,}73 \times 10^{-11} \frac{\text{m}^2}{\text{s}} = 20 \times 10^{-6} \frac{\text{m}^2}{\text{s}} e^{-1{,}71 \times 10^4 / T}$$

oder

$$T^{-1} = \frac{-\ln(1{,}73 \times 10^{-11} / 20 \times 10^{-6})}{1{,}71 \times 10^4}$$

oder

$$T = 1225 \text{ K} = 952°\text{C}.$$

Übung 5.3 Nehmen Sie an, dass der in Beispiel 5.3 beschriebene Gradient der Kohlenstoffkonzentration bei 1.100 °C statt 1.000 °C aufgetreten ist. Berechnen Sie für diesen Fall den Strom der Kohlenstoffatome.

Übung 5.4 In Beispiel 5.4 wird die Zeit für das Erzeugen eines gegebenen Kohlenstoffkonzentrationsprofils mithilfe der Fehlerfunktionstabelle berechnet. Der Kohlenstoffgehalt an der Oberfläche war 1,0 Gewichtsprozent und bei 1 mm Abstand von der Oberfläche gleich 0,6 Gewichtsprozent. Wie hoch ist bei dieser Diffusionszeit der Kohlenstoffgehalt bei einer Entfernung von (a) 0,5 mm und (b) 2 mm von der Oberfläche?

Übung 5.5 Wiederholen Sie Übung 5.4 mithilfe der graphischen Methode von Beispiel 5.5.

> **Übung 5.6** In Beispiel 5.6 wird eine Aufkohlungstemperatur für ein gegebenes Kohlenstoffkonzentrationsprofil berechnet. Berechnen Sie die Aufkohlungstemperatur, wenn das gegebene Profil in 8 h statt in 10 h wie ursprünglich angegeben erhalten wird.

5.4 Stationäre Diffusion

Abbildung 5.10 hat die Änderung im Konzentrationsprofil über die Zeit für Prozesse wie z.B. die Aufkohlung gezeigt. Abbildung 5.16 stellt eine ähnliche Beobachtung für einen Prozess mit leicht geänderten Grenzbedingungen dar. In diesem Fall wird die relativ hohe Oberflächenkonzentration des diffundierenden Stoffs c_h über die Zeit konstant gehalten, genau wie c_s in Abbildung 5.10 konstant geblieben ist. Im Ergebnis nähern sich die nichtlinearen Konzentrationsprofile bei Zeiten größer null (z.B. bei t_1 und t_2 in Abbildung 5.16) nach einer relativ langen Zeit (z.B. bei t_3 in Abbildung 5.16) an eine Gerade an. Dieses *lineare* Konzentrationsprofil ändert sich auch später nicht mehr, solange c_h und c_l fest bleiben. Dieser Grenzfall ist ein Beispiel für die **stationäre Diffusion** (d.h. Massentransport, der sich mit der Zeit nicht ändert). Der durch Gleichung 5.8 definierte Konzentrationsgradient nimmt in diesem Fall eine besonders einfache Form an:

$$\frac{\partial c}{\partial x} = \frac{\Delta c}{\Delta x} = \frac{c_h - c_l}{0 - x_0} = -\frac{c_h - c_l}{x_0}. \tag{5.14}$$

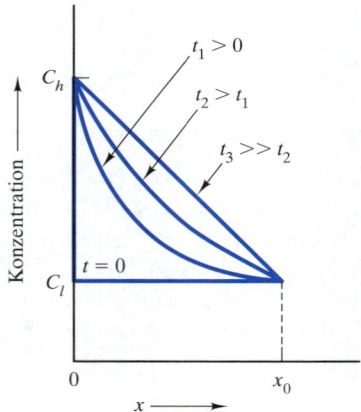

Abbildung 5.16: Lösung zum zweiten Fickschen Gesetz (Gleichung 5.10) für einen Festkörper mit der Dicke x_0, konstanten Oberflächenkonzentrationen des diffundierenden Stoffs c_h und c_l und einem konstanten Diffusionskoeffizient D. Bei langen Zeiten (z.B. t_3) ist das lineare Konzentrationsprofil ein Beispiel für die stationäre Diffusion.

5.4 Stationäre Diffusion

Im Fall der Aufkohlung, die Abbildung 5.10 darstellt, wurde die Oberflächenkonzentration c_S konstant gehalten, indem ein konstanter Druck der als Quelle dienenden Kohlenstoffatmosphäre an der Oberfläche bei $x = 0$ aufrechterhalten wurde. Auf die gleiche Weise werden sowohl c_h als auch c_l bei dem in Abbildung 5.16 dargestellten Fall konstant gehalten. Eine Materialplatte mit einer Dicke von x_0 wird zwischen zwei Gasatmosphären gehalten: einer Hochdruckatmosphäre auf der Oberfläche $x = 0$, die die feste Konzentration c_h erzeugt, und einer Niederdruckatmosphäre auf der Oberfläche $x = x_0$, die die Konzentration c_l erzeugt (siehe Abbildung 5.17).

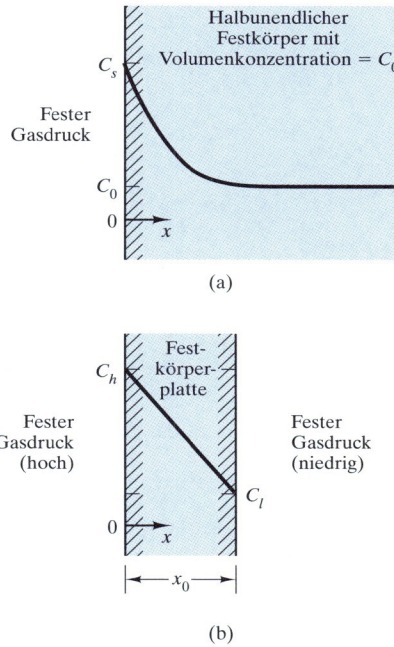

Abbildung 5.17: Schematische Darstellung von Beispielkonfigurationen in Gasumgebungen, die – nach längerer Zeit – zu den Diffusionsprofilen führen, die (a) für nicht-stationäre Diffusion (siehe Abbildung 5.10) und (b) stationäre Diffusion (Abbildung 5.16) repräsentativ sind.

Eine typische Anwendung für die stationäre Diffusion ist der Einsatz von Werkstoffen als Membranen zur Abgasreinigung. Beispielsweise ist ein Palladiumblech für Wasserstoffgas durchlässig, jedoch nicht für die üblichen Gase der Atmosphäre wie Sauerstoff, Stickstoff und Wasserdampf. Indem man das „unreine" Gasgemisch auf der Hochdruckseite von Abbildung 5.17b einleitet und einen konstanten, verringerten Wasserstoffdruck auf der Niederdruckseite aufrechterhält, geht ein ständiger Strom von gereinigtem Wasserstoff durch das Palladiumblech.

Beispiel 5.7

Ein Palladiumblech von 5 mm Dicke mit einem Querschnitt von 0,2 m² dient als stationäre Diffusionsmembran für die Reinigung von Wasserstoff. Berechnen Sie die Masse des je Stunde gereinigten Wasserstoffs, wenn die Wasserstoffkonzentration auf der Hochdruckseite (unreines Gas) des Bleches 0,3 kg/m³ beträgt und der Diffusionskoeffizient für Wasserstoff in Pd gleich $1,0 \times 10^{-8}$ m²/s ist.

Lösung

Das erste Ficksche Gesetz (Gleichung 5.8) vereinfacht sich durch den stationären Diffusionsgradienten von Gleichung 5.14 und liefert

$$J_x = -D(\partial c/\partial x) = \left[-(c_h - c_l)/x_0\right]$$

$$= -(1{,}0 \times 10^{-8} \text{ m}^2/\text{s})\left[-(1{,}5 \text{ kg/m}^3 - 0{,}3 \text{ kg/m}^3)/(5 \times 10^{-3} \text{ m})\right]$$

$$= 2{,}4 \times 10^{-6} \text{ kg/m}^2 \cdot \text{s} \times 3{,}6 \times 10^3 \text{ s/h} = 8{,}64 \times 10^{-3} \text{ kg/m}^2 \cdot \text{h}.$$

Die gesamte Masse des gereinigten Wasserstoffs ergibt sich dann aus diesem Strom multipliziert mit der Membranfläche

$$m = J_x \times A = 8{,}64 \times 10^{-3} \text{ kg/m}^2 \cdot \text{h} \times 0{,}2 \text{ m}^2 = 1{,}73 \times 10^{-3} \text{ kg/h}.$$

Übung 5.7

Wie viel Wasserstoff würde je Stunde durch die Reinigungsmembran von Beispiel 5.7 gereinigt, wenn die Membran 3 mm dick ist und alle anderen Bedingungen gleich bleiben?

Die Welt der Werkstoffe

Diffusion in Brennstoffzellen

Der englische Jurist und Amateurphysiker William Grove entdeckte 1839 das Prinzip der Brennstoffzelle. Grove verwendete vier große Zellen jeweils mit Wasserstoff und Sauerstoff, um elektrischen Strom zu erzeugen, der dann dazu diente, Wasser in einer anderen Zelle in Wasserstoff- und Sauerstoffgase aufzuspalten. Im Jahre 1842 schrieb er an den großen englischen Chemiker und Physiker Michael Faraday: „Ich komme nicht umhin, das Experiment als wichtig anzusehen". Die Zuversicht von Grove war angebracht, aber er war seiner Zeit etwas voraus.

Mehr als ein Jahrhundert musste vergehen, bis die NASA im Jahre 1959 die Möglichkeit demonstrierte, mit Brennstoffzellen die Energie während eines Raumfluges bereitzustellen. Diese Demonstration regte die Industrie in den 60er Jahren an, Einsatzgebiete zu untersuchen. Jedoch verhinderten technische Hürden und hohe Investitionskosten die kommerzielle Nutzung. Im Jahre 1984 begann das Office of Transportation Technologies im US-Energieministerium, die Forschung und Entwicklung der Brennstoffzellentechnologie zu unterstützen. Heute arbeiten weltweit Hunderte von Firmen, einschließlich mehrerer namhafter Autohersteller, energisch an der Brennstoffzellentechnologie.

Bei der Konstruktion moderner Brennstoffzellen spielt die Diffusion eine Schlüsselrolle. Wie die folgende Abbildung zeigt, ist eine Brennstoffzelle ein Gerät der elektrochemischen Energieumwandlung. (Der besondere Reiz besteht darin, dass eine Brennstoffzelle zwei- bis dreimal effizienter ist als der Verbrennungsmotor, um den Brennstoff in Energie umzuwandeln.) Wenn Wasserstoff an der Anodenseite in die Brennstoffzelle strömt, wird das Wasserstoffgas in Wasserstoffionen (Protonen) und Elektronen an der Oberfläche eines Platinkatalysators aufgespalten. Die Wasserstoffionen diffundieren durch die Membran und verbinden sich mit Sauerstoff und Elektronen an der Oberfläche eines anderen Platinkatalysators an der Katodenseite (wobei Wasser als einzige Emission der Wasserstoffbrennstoffzelle entsteht!).

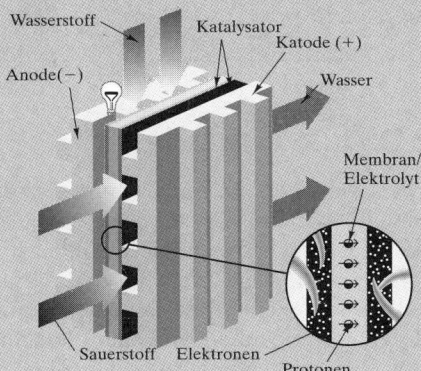

Die Elektronen können die nichtleitfähige Membran nicht passieren und produzieren stattdessen einen Strom von der Anode zur Katode über einen äußeren Stromkreis, wobei genügend Energie für eine Glühbirne entsteht. Schaltet man mehrere Zellen in Reihe, ist es möglich, Kraftfahrzeuge und andere Großsysteme zu betreiben.

Untersuchungen am Prototyp eines Sportwagens von Toyota mit Brennstoffzellenantrieb an der Universität Kalifornien, Davis

Derzeit konzentriert man die Anstrengungen auf die Optimierung des Membranmaterials. Dabei untersucht man sowohl polymere als auch keramische Werkstoffe. Die Forschung beschäftigt sich auch mit anderen Brennstoffen außer reinem Wasserstoff sowie mit der erforderlichen Infrastruktur, um diese Brennstoffe auf breiter Front bereitstellen zu können. Das bedeutende Potenzial der Brennzellentechnologie ist – mehr als 160 Jahre nach dem „wichtigen" Experiment von William Grove – ziemlich Erfolg versprechend und sowohl staatliche Stellen als auch private Unternehmen investieren zusammen Milliarden von Dollar, Euro oder Yen in diese Anstrengungen.

5.5 Alternative Diffusionspfade

Abschließend sei ein Wort angebracht zur Verwendung spezifischer Daten von Diffusionskoeffizienten, um einen bestimmten Materialprozess zu analysieren. Abbildung 5.18 zeigt, dass die Selbstdiffusionskoeffizienten für Silber über mehrere Größenordnungen hinweg variieren, abhängig vom Weg für den Diffusionstransport. Bislang haben wir die **Volumendiffusion** (auch **Bulk-Diffusion**) durch die Kristallstruktur eines Werkstoffs mithilfe eines Defektmechanismus betrachtet. Allerdings kann es „Abkürzungen" geben, die mit einfacheren Diffusionspfaden verbunden sind. Wie Abbildung 5.18 zeigt, verläuft die Diffusion entlang einer Korngrenze wesentlich schneller (mit einer geringeren Aktivierungsenergie Q). Wie in *Abschnitt 4.4* erläutert, ist dieser Bereich der Nichtübereinstimmung zwischen benachbarten Kristallkörnern in der Mikrostruktur des Materials eine offenere Struktur, die erweiterte Korngrenzendiffusion erlaubt. Die Kristalloberfläche ist eine sogar noch offenere Region und die **Oberflächendiffusion** erlaubt leichteren Atomtransport entlang der freien Oberfläche und wird kaum durch benachbarte Atome gehindert. Insgesamt ergibt sich

$$Q_{\text{Volumen}} > Q_{\text{Korngrenze}} > Q_{\text{Oberfläche}} \quad \text{und} \quad D_{\text{Volumen}} < D_{\text{Korngrenze}} < D_{\text{Oberfläche}}.$$

Dieses Ergebnis bedeutet nicht, dass Oberflächendiffusion immer der vorrangige Prozess ist, nur weil $D_{\text{Oberfläche}}$ am größten ist. Wichtiger ist der Umfang des verfügbaren Diffusionsgebietes. In den meisten Fällen dominiert die Volumendiffusion. Bei einem Werkstoff mit einer geringen durchschnittlichen Korngröße (siehe *Abschnitt 4.4*) und

5.5 Alternative Diffusionspfade

demzufolge einem großen Korngrenzenbereich kann die **Korngrenzendiffusion** dominieren. Analog kann in einem feinkörnigen Pulver mit einem großen Oberflächenbereich die Oberflächendiffusion vorherrschen.

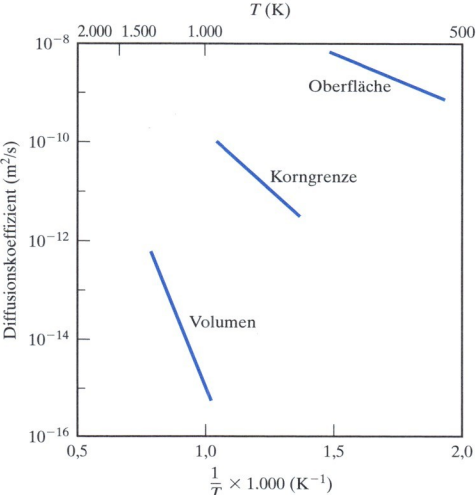

Abbildung 5.18: Selbstdiffusionskoeffizienten für Silber, abhängig vom Diffusionspfad. Im Allgemeinen ist der Diffusionskoeffizient durch strukturell weniger eingeschränkte Bereiche größer.

Bei einer bestimmten polykristallinen Mikrostruktur dringen die Diffusionspartikel normalerweise stärker entlang der Korngrenzen und noch stärker entlang der freien Oberfläche der Probe ein (siehe Abbildung 5.19).

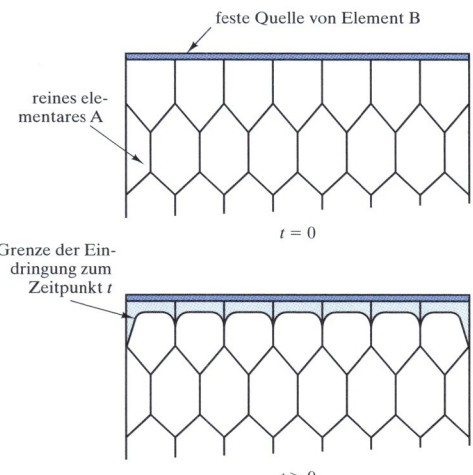

Abbildung 5.19: Schematische Darstellung, wie eine Verunreinigungsschicht B tiefer in Korngrenzen und sogar noch weiter entlang einer freien Oberfläche von polykristallinem A eindringen kann, was den relativen Werten der Diffusionskoeffizienten entspricht ($D_{Volumen} < D_{Korngrenze} < D_{Oberfläche}$)

Beispiel 5.8

Wir können den Umfang der Korngrenzendiffusion in Abbildung 5.19 mithilfe der Lösung der Differentialgleichung gemäß 5.11 abschätzen. (a) Berechnen Sie mit $D_{Korngrenze} = 1{,}0 \times 10^{-10}$ m²/s die Penetration von B in A entlang der Korngrenze nach einer Stunde, wobei die Eindringtiefe als Abstand x definiert ist, bei dem $c_x = 0{,}01\ c_S$ ist (mit $c_0 = 0$ für anfänglich reines A). (b) Berechnen Sie zum Vergleich die in der gleichen Weise definierte Volumen-Penetration innerhalb des Volumenkorns, für die $D_{Volumen} = 1{,}0 \times 10^{-14}$ m²/s ist.

Lösung

(a) Gleichung 5.11 können wir wie folgt vereinfachen:

$$\frac{c_x - c_0}{c_S - c_0} = 1 - \text{erf}\left(\frac{x}{2\sqrt{Dt}}\right) = \frac{c_x - 0}{c_S - 0} = \frac{0{,}01 c_S}{c_s} = 0{,}01$$

oder

$$\text{erf}\left(\frac{x}{2\sqrt{Dt}}\right) = 1 - 0{,}01 = 0{,}99.$$

Durch Interpolation in erhält man oder

$$\frac{0{,}9928 - 0{,}99}{0{,}9928 - 0{,}9891} = \frac{1{,}90 - z}{1{,}90 - 1{,}80}$$

$$z = \frac{x}{2\sqrt{Dt}} = 1{,}824$$

und dann

$$x = 2(1{,}824)\sqrt{Dt} = 2(1{,}824)\sqrt{(1{,}0 \times 10^{-10}\ \text{m}^2/\text{s})(1\ \text{h})(3{,}6 \times 10^3\ \text{s/h})}$$

$$= 2{,}19 \times 10^{-3}\ \text{m} = 2{,}19\ \text{mm}.$$

(b) Zum Vergleich berechnen wir

$$x = 2(1{,}824)\sqrt{(1{,}0 \times 10^{-14}\ \text{m}^2/\text{s})(1\ \text{h})(3{,}6 \times 10^3\ \text{s/h})}$$

$$= 21{,}9 \times 10^{-6}\ \text{m} = 21{,}9\ \mu\text{m}.$$

Anmerkung: Der in (a) berechnete Umfang der Korngrenzendiffusion ist etwas übertrieben, da die eindringende Verunreinigung B an der Korngrenze dazu führt, dass etwas von diesem Material durch Seitendiffusion in die A-Körner „wegfließt", wie es Abbildung 5.19 zeigt.

Übung 5.8

In Beispiel 5.8 haben wir den Umfang der Penetration von Verunreinigungen für Volumen- und Korngrenzenpfade berechnet. Berechnen Sie als weiteren Vergleich die Oberflächendiffusion, für die $D_{Oberfläche} = 1{,}0 \times 10^{-8}$ m²/s.

ZUSAMMENFASSUNG

Die in *Kapitel 4* eingeführten Punktdefekte spielen offensichtlich eine zentrale Rolle bei der Bewegung von Atomen durch Festkörperdiffusion. Verschiedene praktische Probleme bei der Produktion und Anwendung von Werkstoffen haben mit diesen Diffusionsvorgängen zu tun.

Insbesondere ist festzustellen, dass Punktdefektkonzentrationen entsprechend einer Arrhenius-Gleichung exponentiell mit der absoluten Temperatur zunehmen. So wie Festkörperdiffusion in kristallinen Werkstoffen durch einen Punktdefektmechanismus auftritt, nimmt die durch die Fickschen Gesetze definierte Diffusion ebenso exponentiell mit der absoluten Temperatur in einem anderen Arrhenius-Ausdruck zu.

Die Mathematik der Diffusion erlaubt eine relativ genaue Beschreibung der chemischen Konzentrationsprofile der Diffusionspartikel. Bei manchen Probengeometrien nähert sich das Konzentrationsprofil nach einer relativ langen Zeit einer einfachen, linearen Form. Diese stationäre Diffusion lässt sich gut mit einem Gastransport durch dünne Membranen veranschaulichen.

Im Fall von feinkörnigen polykristallinen Stoffen oder Pulvern kann der Materialtransport durch Korngrenzendiffusion bzw. Oberflächendiffusion dominiert werden, weil im Allgemeinen $D_{Volumen} < D_{Korngrenze} < D_{Oberfläche}$ gilt. Ein anderes Ergebnis besagt, dass für einen gegebenen polykristallinen Festkörper Verunreinigungen leichter entlang der Korngrenzen und noch leichter entlang der freien Oberfläche eindringen können.

ZUSAMMENFASSUNG

■ Schlüsselbegriffe

Aktivierungsenergie (202)
Arrhenius-Diagramm (202)
Arrhenius-Gleichung (202)
Aufkohlen (209)
Diffusion (207)
Diffusionskoeffizient (208)
erstes Ficksches Gesetz (208)
Gauß-Fehlerfunktion (209)
Konzentrationsgradient (208)
Korngrenzendiffusion (225)

Leerstellenwanderung (207)
Maxwell-Boltzmann-Verteilung (203)
Oberflächendiffusion (224)
Selbstdiffusion (207)
stationäre Diffusion (220)
thermische Aktivierung (203)
thermische Schwingungen (205)
Volumendiffusion (224)
Zufallsbewegung (208)
zweites Ficksches Gesetz (208)

■ Quellen

Chiang, Y., D. P. Birnie III und **W. D. Kingery**, *Physical Ceramics*, John Wiley & Sons, Inc., NY 1997.
Crank, J., *The Mathematics of Diffusion*, 2nd ed., Clarendon Press, Oxford 1999.
Shewmon, P. G., *Diffusion in Solids*, 2nd ed., Minerals, Metals, and Materials Society, Warrendale, PA 1989.

Aufgaben

■ Thermisch aktivierte Prozesse

5.1 In Stahlgießereien verwendet man temperaturbeständige Keramiksteine (Schamotte) als Auskleidung für die Aufnahme des geschmolzenen Metalls. Ein übliches Nebenprodukt bei der Stahlherstellung ist ein Kalzium-Aluminosilikat (Schlacke), das chemisch korrosiv auf die Schamottesteine wirkt. Bei Aluminiumschamotte beträgt die Korrosionsrate $2{,}0 \times 10^{-8}$ m/s bei 1.425 °C und $8{,}95 \times 10^{-8}$ m/s bei 1.500 °C. Berechnen Sie die Aktivierungsenergie für die Korrosion dieser Aluminiumschamotte.

5.2 Für einen Stahlofen, ähnlich dem in Aufgabe 5.1 beschriebenen, hat Quarz-Schamotte Korrosionsraten von $2{,}0 \times 10^{-7}$ m/s bei 1.345 °C und $9{,}0 \times 10^{-7}$ m/s bei 1.510 °C. Berechnen Sie die Aktivierungsenergie für die Korrosion dieser Quarz-Schamotte.

5.3 Bei der Herstellung traditioneller Töpferkeramiken ist normalerweise das durch die Hydrierung eingebrachte Wasser aus dem Ton auszutreiben. Die Geschwindigkeitskonstante für die Dehydrierung des gebräuchlichen Töpferwerkstoffs Kaolinit beträgt $1{,}0 \times 10^{-4}$ s^{-1} bei 485 °C und $1{,}0 \times 10^{-3}$ s^{-1} bei 525 °C. Berechnen Sie die Aktivierungsenergie für die Dehydrierung von Kaolinit.

5.4 Berechnen Sie für den in Aufgabe 5.3 beschriebenen thermisch aktivierten Prozess die Geschwindigkeitskonstante bei 600 °C, wobei Sie diese Temperatur als obere Grenze annehmen, die für den Dehydrierungsvorgang spezifiziert ist.

■ Thermische Entstehung von Punktdefekten

5.5 Zeigen Sie, dass die in Abbildung 5.4b dargestellten Daten einer Bildungsenergie von 0,76 eV für einen Defekt in Aluminium entsprechen.

5.6 Welche Kristallrichtungsart entspricht der Bewegung von interstitiell gelöstem Kohlenstoff in α-Fe zwischen äquivalenten

$(\frac{1}{2} 0 \frac{1}{2}$-artigen$)$

Zwischengitterpositionen? Veranschaulichen Sie Ihre Antwort mit einer Skizze.

5.7 Wiederholen Sie Aufgabe 5.6 für die Bewegung zwischen äquivalenten Zwischengitterplätzen in γ-Fe. (Beachten Sie Aufgabe 4.2.)

5.8 Welche kristallographischen Positionen und Richtungen werden durch die in Abbildung 5.5 dargestellte Wanderung angezeigt? [Nehmen Sie an, dass sich die Atome in einer (100)-Ebene eines kfz-Metalls befinden.]

■ Punktdefekte und stationäre Diffusion

5.9 Zeigen Sie, dass die in Abbildung 5.13 dargestellten Daten einer Aktivierungsenergie von 122.000 J/mol für die Diffusion von Kohlenstoff in α-Eisen entsprechen.

5.10 Beispiel 5.3 hat die Aufkohlung beschrieben. Die Entkohlung von Stahl lässt sich ebenfalls mithilfe der Fehlerfunktion beschreiben. Beginnen Sie mit Gleichung 5.11, nehmen Sie $c_S = 0$ an und leiten Sie einen Ausdruck her, um das Konzentrationsprofil von Kohlenstoff zu beschreiben, wenn es aus einem Stahl mit der anfänglichen Konzentration c_0 ausdiffundiert. (Diese Situation lässt sich erreichen, indem man den Stahl einem Vakuum bei erhöhter Temperatur aussetzt.)

5.11 Verwenden Sie den in Aufgabe 5.10 für die Entkohlung abgeleiteten Ausdruck und zeichnen Sie das Konzentrationsprofil von Kohlenstoff innerhalb von 1 mm der kohlenstofffreien Oberfläche nach einer Stunde in einem Vakuum bei 1.000 °C. Nehmen Sie den anfänglichen Kohlenstoffgehalt des Stahls mit 0,3 Gewichtsprozent an.

5.12 Ein *Diffusionspaar* entsteht, wenn man zwei unterschiedlichen Werkstoffen erlaubt, bei einer erhöhten Temperatur zu interdiffundieren (siehe Abbildung 5.8). Für einen Block aus reinem Metall A, der einem Block aus reinem Metall B benachbart ist, hat das Konzentrationsprofil von A (in Atomprozent) nach der Interdiffusion den Verlauf

$$c_S = 50\left[1 - \mathrm{erf}\left(\frac{x}{2\sqrt{Dt}}\right)\right].$$

Hierbei wird x von der ursprünglichen Grenzfläche gemessen. Zeichnen Sie für ein Diffusionspaar mit $D = 10\text{-}14\ \mathrm{m}^2/\mathrm{s}$ das Konzentrationsprofil von Metall A über einen Bereich von 20 mm auf beiden Seiten der ursprünglichen Grenzfläche ($x = 0$) nach einer Zeit von einer Stunde. [Beachten Sie, dass erf(-z) = -erf(z) ist.]

5.13 Übernehmen Sie die Angaben von Aufgabe 5.12, um den Fortschritt der Interdiffusion von zwei Metallen X und Y mit $D = 10^{-12}\ \mathrm{m}^2/\mathrm{s}$ zu zeichnen. Stellen Sie das Konzentrationsprofil von Metall X über einem Bereich von 300 $\mu\mathrm{m}$ auf beiden Seiten der ursprünglichen Grenzfläche nach einer, zwei und drei Stunden graphisch dar.

5.14 Übernehmen Sie die Ergebnisse von Aufgabe 5.12 und gehen Sie davon aus, dass das Profil bei einer Temperatur von 1.000 °C auftritt. Überlagern Sie das Konzentrationsprofil von Metall A für dasselbe Diffusionspaar für eine Stunde, aber aufgeheizt auf eine Temperatur von 1.200 °C, bei der $D = 10^{-13}\ \mathrm{m}^2/\mathrm{s}$ ist.

5.15 Berechnen Sie mit den Angaben in den Aufgaben 5.12 und 5.14 die Aktivierungsenergie für die Interdiffusion von A und B.

5.16 Übernehmen Sie das Ergebnis aus Aufgabe 5.15, um den Diffusionskoeffizient für die Interdiffusion der Metalle A und B bei 1.400 °C zu berechnen.

5.17 Berechnen Sie mit den Daten in den Selbstdiffusionskoeffizienten für Eisen in *bcc*-Eisen bei 900 °C.

5.18 Berechnen Sie mit den Daten in den Selbstdiffusionskoeffizienten für Eisen in *fcc*-Eisen bei 1.000 °C.

5.19 Berechnen Sie mit den Daten in den Selbstdiffusionskoeffizienten für Kupfer in Kupfer bei 1.000 °C.

5.20 Die Diffusion von Kupfer in einer typischen Messinglegierung beträgt $10^{-20}\ \mathrm{m}^2/\mathrm{s}$ bei 400 °C. Die Aktivierungsenergie für die Diffusion von Kupfer in diesem System beträgt 195 kJ/mol. Berechnen Sie die Diffusion bei 600 °C.

5.21 Der Diffusionskoeffizient von Nickel in einem austenitischen (kfz-Struktur) rostfreien Stahl beträgt $10^{-22}\ \mathrm{m}^2/\mathrm{s}$ bei 500 °C und $10^{-15}\ \mathrm{m}^2/\mathrm{s}$ bei 1.000 °C. Berechnen Sie die Aktivierungsenergie von Nickel in dieser Legierung über diesen Temperaturbereich.

•**5.22** Zeigen Sie, dass die Beziehung zwischen der Leerstellenkonzentration und dem Anteil der Dimensionsänderungen für den in Abbildung 5.4 gezeigten Fall ungefähr

$$\frac{n_v}{n_{\mathrm{Plätze}}} = 3\left(\frac{\Delta L}{L} - \frac{\Delta a}{a}\right)$$

ist. [Beachten Sie, dass $(1+x)^3 \cong 1 + 3x$ für kleine x gilt.]

5 DIFFUSION

•**5.23** Diffusionsdaten verwendet man in der Werkstoffwissenschaft häufig, um Mechanismen für bestimmte Phänomene zu identifizieren. Dazu vergleicht man die Aktivierungsenergien. Nehmen wir als Beispiel die Oxidation einer Aluminiumlegierung. Der geschwindigkeitssteuernde Mechanismus ist die Diffusion von Ionen über eine Al_2O_3-Oberflächenschicht, was bedeutet, dass die Dicke der Oxidschicht mit einer Geschwindigkeit proportional zu einem Diffusionskoeffizient wächst. Es lässt sich festlegen, ob die Oxidation durch Al^{3+}-Diffusion oder O^{2-}-Diffusion gesteuert wird, indem man die Aktivierungsenergie für die Oxidation mit den Aktivierungsenergien der beiden Partikel (wie sie in gegeben sind) vergleicht. Nehmen Sie die Geschwindigkeitskonstante für das Oxidwachstum mit $4,00 \times 10^{-8}$ $kg/(m^4 \times s)$ bei 600 °C an und bestimmen Sie, ob der Oxidationsvorgang durch Al^{3+}-Diffusion oder durch O^{2-}-Diffusion gesteuert wird.

5.24 Mit der *Diffusionslänge* λ charakterisiert man üblicherweise die kontrollierte Diffusion von Fremdatomen in ein hochreines Material bei der Halbleiterherstellung. Der Wert von λ wird als $2\sqrt{Dt}$ genommen, wobei λ den Umfang der Diffusion für eine Verunreinigung mit einem Diffusionskoeffizienten D über eine bestimmte Zeitspanne t darstellt. Berechnen Sie die Diffusionslänge für B in Ge für eine Gesamtzeit der Diffusion von 30 Minuten bei einer Temperatur von (a) 800 °C und (b) 900 °C.

■ **Stationäre Diffusion**

5.25 Über einer Stahlofenwand besteht ein differenzieller Stickstoffdruck. Nach einer gewissen Zeit stellt sich eine stationäre Diffusion des Stickstoffs über der Wand ein. Berechnen Sie den Strom von Stickstoff durch die Wand (in $kg/m^2 \times h$), wenn der Diffusionskoeffizient für Stickstoff in Stahl gleich $1,0 \times 10^{-10}$ m^2/s bei der Betriebstemperatur des Ofens ist sowie die Stickstoffkonzentration auf der Hochdruckoberfläche der Wand mit $2\ kg/m^3$ und auf der Niederdruckoberfläche mit $0,2\ kg/m^3$ angenommen wird.

5.26 Der in Aufgabe 5.25 beschriebene Ofen wird konstruktiv verändert und hat jetzt eine dickere Wand (3 mm) und eine geringere Betriebstemperatur, die das Diffusionsvermögen des Stickstoffs auf $5,0 \times 10^{-11}$ m^2/s verringert. Wie groß ist der stationäre Stickstoffstrom über die Wand in diesem Fall?

5.27 Viele Laboröfen haben kleine Glasfenster, um die Proben beobachten zu können. Ein Problem kann das Austreten der Ofenatmosphären durch undichte Fenster sein. Betrachten Sie ein Fenster von 3 mm dickem Quarzglas in einem Ofen, der eine inerte Heliumatmosphäre enthält. Berechnen Sie den stationären Strom von Heliumgas (in $Atomen/s$) durch das Fenster, wenn die Konzentration von Helium auf der Hochdruckoberfläche (Ofeninnenseite) des Fensters $6,0 \times 10^{23}$ $Atome/m^3$ und auf der Niederdruckoberfläche (Außenseite) praktisch null ist. Der Diffusionskoeffizient für Helium in Quarzglas beträgt bei dieser Wandtemperatur $1,0 \times 10^{-10}$ m^2/s.

5.28 *Abbildung 4.25* zeigt, dass Na_2O-Beimengungen zu Quarzglas die Struktur zu „straffen" scheinen, da Na^+-Ionen offene Leerstellen in der Quarzstruktur füllen. Dieses Strukturmerkmal kann sich merklich auf die in Aufgabe 5.27 beschriebene Gasdiffusion auswirken. Nehmen Sie an, dass das Quarzglasfenster durch ein Natriumsilikatfenster (mit 30 Molekülprozent Na_2O) derselben Abmessungen ersetzt wird. Für das „dichtere" Natriumsilikatglas reduziert sich die Konzentration von Helium auf der Hochdruckoberfläche auf $3,0 \times 10^{22}$ $Atome/m^3$. Analog reduziert sich der Diffusionskoeffizient für Helium im Natriumsilikatglas bei dieser Wandtemperatur auf $2,5 \times 10^{-12}$ m^2/s. Berechnen Sie den stationären Strom von Heliumgas (in $Atomen/s$) durch dieses Ersatzfenster.

■ **Alternative Diffusionspfade**

5.29 Die Endpunkte des Arrhenius-Diagramms von $D_{Korngrenze}$ in Abbildung 5.18 sind $D_{Korngrenze} = 3,2 \times 10^{-12}$ m^2/s bei einer Temperatur von 457 °C und $D_{Korngrenze} = 1,0 \times 10^{-10}$ m^2/s bei einer Temperatur von 689 °C. Berechnen Sie mit diesen Daten die Aktivierungsenergie für die Korngrenzendiffusion in Silber.

5.30 Die Endpunkte des Arrhenius-Diagramms von $D_{Oberfläche}$ in Abbildung 5.18 sind $D_{Oberfläche} = 7,9 \times 10^{-10}$ m²/s bei einer Temperatur von 245 °C und $D_{Oberfläche} = 6,3 \times 10^{-9}$ m²/s bei einer Temperatur von 398 °C. Berechnen Sie mit diesen Daten die Aktivierungsenergie für die Oberflächendiffusion in Silber.

5.31 Der Beitrag von Korngrenzendiffusion lässt sich manchmal aus Diffusionsmessungen erkennen, die an polykristallinen Proben von zunehmend kleinerer Korngröße durchgeführt werden. Zeichnen Sie als Beispiel die folgenden Daten als Diagramm (wie ln D über ln[Korngröße]) für den Diffusionskoeffizienten von Ni^{2+} in NiO bei 480 °C, gemessen als Funktion der Probenkorngröße.

Korngröße (μm)	D (m²/s)
1	$1,0 \times 10^{-19}$
10	$1,0 \times 10^{-20}$
100	$1,0 \times 10^{-21}$

5.32 Schätzen Sie anhand des Diagramms von Aufgabe 5.31 den Diffusionskoeffizienten von Ni^{2+} in NiO bei 480 °C für einen Stoff mit 20 μm Korngröße ab.

Mechanisches Verhalten

6.1	Spannung und Dehnung	235
6.2	Elastische Verformung	263
6.3	Plastische Verformung	265
6.4	Härte	273
6.5	Kriechen und Spannungsrelaxation	278
6.6	Viskoelastische Verformung	288

ÜBERBLICK

6 MECHANISCHES VERHALTEN

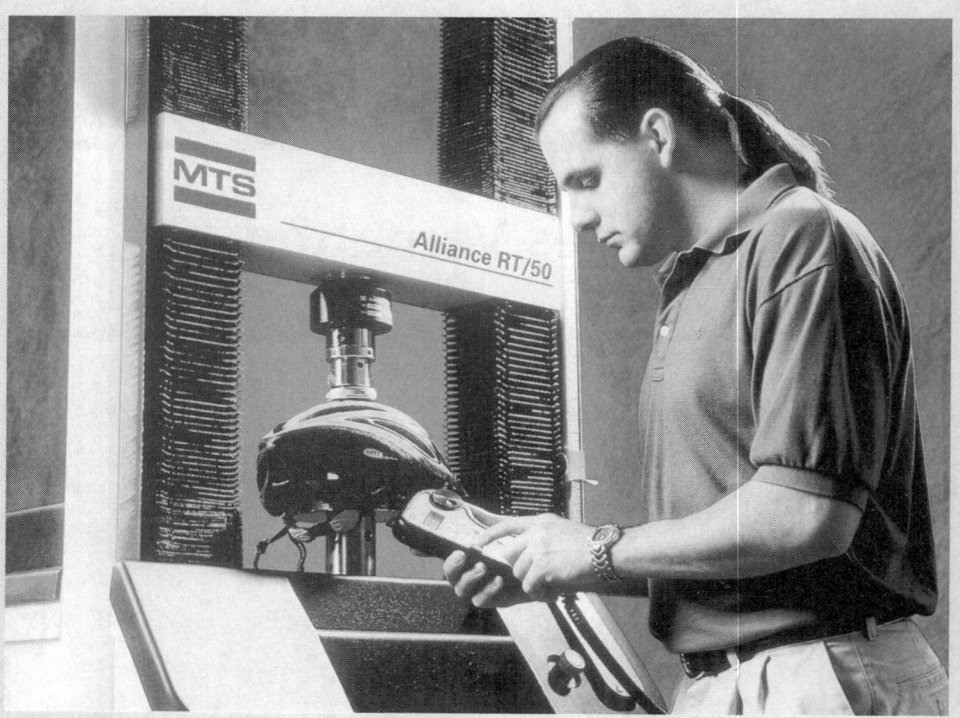

„ Maschinen zur mechanischen Prüfung lassen sich automatisieren, um die Analyse der mechanischen Eigenschaften von Werkstoffen in einem breiten Spektrum von Produktanwendungen zu vereinfachen. ”

Wie *Kapitel 1* erläutert hat, sind wahrscheinlich keine Werkstoffe enger mit dem Ingenieurberuf verbunden als Metalle, insbesondere Stahl. Dieses Kapitel untersucht die wesentlichen mechanischen Eigenschaften von Metallen: Spannung und Dehnung, Härte und Kriechverhalten. Hier erhalten Sie eine Einführung in diese Eigenschaften, die *Kapitel 9* und *10* beschäftigen sich eingehend mit der Eigenschaftsvielfalt von Metallen. Ebenfalls in *Kapitel 9* geht es um die Mikrostrukturentwicklung in Bezug auf Phasendiagramme. Die Wärmebehandlung, basierend auf der Kinetik von Festkörperreaktionen, ist Gegenstand von *Kapitel 10*. Diese Themen beschäftigen sich mit Verfahren, um die Eigenschaften von bestimmten Legierungen innerhalb eines breiten Wertebereiches zu „optimieren".

Viele der wichtigen mechanischen Eigenschaften von Metallen gelten auch für Keramiken, selbst wenn sich die Werte der jeweiligen Eigenschaften deutlich unterscheiden. Beispielsweise spielen Sprödbruch- und Kriechverhalten wichtige Rollen bei Konstruktionsanwendungen von Keramiken. Die flüssigkeitsartige Struktur von Glas führt durch einen viskosen Fließmechanismus zu Hochtemperaturverformung. Die Herstellung von bruchfestem Sicherheitsglas hängt von der genauen Steuerung dieser Viskosität ab.

Im Anschluss an die Behandlung der mechanischen Eigenschaften von anorganischen Werkstoffen, Metallen und Keramiken gehen wir in ähnlicher Form auf die mechanischen Eigenschaften der organischen Polymere ein. In der Konstruktion zeichnet sich ein wichtiger Trend ab, indem man sich zunehmend auf so genannte *technische Polymere* konzentriert, die eine genügend hohe Festigkeit und Steifheit haben, um herkömmliche Konstruktionswerkstoffe zu ersetzen. Oftmals stellt man fest, dass Polymere ein Verhalten zeigen, das mit ihrer langkettigen oder vernetzten molekularen Struktur verbunden ist. Ein wichtiges Beispiel ist die viskoelastische Verformung.

Die Companion Website enthält zahlreiche Daten zu den mechanischen Eigenschaften und Erläuterungen zu einschlägigen Experimenten.

6.1 Spannung und Dehnung

Metalle setzt man in der Technik vielseitig ein, vor allem aber als Konstruktionswerkstoffe. Deshalb konzentrieren wir uns in diesem Kapitel zunächst kurz auf die mechanischen Eigenschaften von Metallen.

6.1.1 Metalle

Auf die mechanischen Eigenschaften gehen wir hier nicht erschöpfend ein, sondern beschränken uns auf die wesentlichen Faktoren, die für die Auswahl eines zuverlässigen Werkstoffs für Konstruktionsanwendungen unter den vielfältigsten Belastungsbedingungen ausschlaggebend sind. Dabei verwenden wir nach Möglichkeit einen einheitlichen und umfassenden Satz von Beispielmetallen und -legierungen, um typische Daten und insbesondere wichtige Datentrends zu demonstrieren. Tabelle 6.1 listet 15 Klassen von Beispielmetallen und -legierungen auf, wobei jede Klasse eine der in *Kapitel 11* (Metalle) behandelten Gruppen repräsentiert.

Tabelle 6.1

Typische Metalllegierungen

Legierung	UNS-Kennzeichnung (US-Bezeichnung)[a]	Hauptbestandteil	C	Mn	Si	Cr	Ni	Mo	V	Cu	Mg	Al	Zn	Sn	Fe	Zr	Ag	Pd
1. Kohlenstoffstahl: kaltgezogen, desoxidiert, keine Spannungsentlastung	1.0511 (G10400)	Fe	0,4	0,75														
2. Niedrig legierter Stahl: kaltgezogen, desoxidiert, keine Spannungsentlastung	1.6545 (G86300)	Fe	0,3	0,8	0,2	0,5	0,5	0,2										
3. Rostfreie Stähle a. rostfreier Stahl, vergütet und geglüht	1.4301 (S30400)	Fe	0,08	2,0	1,0	19,0	9,0											
b. rostfrei, Längsermüdungsversuch	1.4301 (S30400)	Fe	0,08	2,0	1,0	19,0	9,0											
c. rostfrei, 595 °C angelassen	1,4006 (S41000)		0,15	1,0	1,0	12,0												
4. Werkzeugstahl: (niedrig legiert, Spezialanwendung) mit Öl abgeschreckt von 855 °C und einfach angelassen bei 425 °C	1.2210 (T61202)	Fe	0,7	0,5		1,0			0,2									
5. Eisensuperlegierung: rostfrei (siehe Legierung 3c)																		
6. Gusseisen a. Weicheisen, abgeschreckt und angelassen		Fe	3,65	0,52	2,48		0,78				0,15							
b. Weicheisen, 60-40-18(bei Zug geprüft)	0.7070	Fe	3,0		2,5													
7. Aluminium a. 3003-H14	(A93003)	Al		1,25								1,0						
b. 2048, Blech	(A92048)	Al		0,40							3,3	1,5						

236

Typische Metalllegierungen

Legierung	UNS-Kennzeichnung (US-Bezeichnung)[a]	Hauptbestandteil	C	Mn	Si	Cr	Ni	Mo	V	Cu	Mg	Al	Zn	Sn	Fe	Zr	Ag	Pd
8. Magnesium a. AZ31B, hartgewalztes Blech	(M11311)	Mg		0,2								3,0	1,0					
b. AM100A, Gusslegierung, F angelassen	(M10100)	Mg		0,1								10,0						
9. a. Titan: Ti-5Al-2.5Sn, Standardsorte	(R54520)	Ti										5,0		2,5				
b. Titan: Ti-6Al-4V, Standardsorte	(R56400)	Ti										6,0						
10. Kupfer: Aluminiumbronze, 9% kaltvergütet	(C62300)	Cu										10,0			3,0			
11. Nickel: Monel 400, hartgewalzt	(N04400)	Ni (66,5%)								31,5								
12. Zink: AC41A, Nr. 5 Druckgusslegierung	(Z35530)	Zn								1,0	0,04	4,0						
13. Blei: 50 Pb-50 Sn Lot		Pb												50				
14. hitzebeständiges Metall: Nb-1 Zr, rekristallisiert R04261 (Handelssorte)		Nb														1,0		
15. Edelmetall: Zahngoldlegierung		Au (76%)								8,0							13,0	2,0

[a] Die Legierungskennzeichnungen und die in den Tabellen 6.2, 6.4 und 6.11 angeführten Eigenschaften sind entnommen aus Metals Handbook, 8th ed., Vol. 1, und 9th ed., Vols. 1-3, American Society for Metals, Metals Park, Ohio 1961, 1978, 1979 und 1980.

6 MECHANISCHES VERHALTEN

Zu den vielleicht einfachsten Fragen, die ein Konstrukteur an einen Konstruktionswerkstoff stellt, gehören: Welche Festigkeit besitzt er? Welche Verformung muss ich bei einer bestimmten Belastung erwarten? Diese grundlegende Beschreibung des Werkstoffs erhält man durch den *Zugversuch*. Abbildung 6.1 veranschaulicht einen einfachen Zugversuch. Die für eine bestimmte Dehnung erforderliche Kraft wird überwacht, während der Prüfkörper mit einer konstanten Geschwindigkeit gezogen wird. Die Belastungs-Dehnungs-Kurve (siehe Abbildung 6.2) ist das unmittelbare Ergebnis eines solchen Tests. Eine allgemeinere Aussage über die Werkstoffeigenschaften erhält man, wenn man die Daten nach Abbildung 6.2 hinsichtlich der Abmessungen normalisiert. Das resultierende Spannungs-Dehnungs-Diagramm ist in Abbildung 6.3 zu sehen. Hier ist die **technische Spannung** σ als

$$\sigma = \frac{P}{A_0} \tag{6.1}$$

definiert, wobei P die Belastung der Probe bei einem (belastungsfreien) Ausgangsquerschnitt A_0 ist. Der Probenquerschnitt bezieht sich auf die Probenmitte bezogen auf die Längsachse. Proben werden so hergestellt, dass die Querschnittsfläche in diesem Bereich einheitlich und kleiner ist als an den Enden, die in die Prüfmaschine eingespannt werden. Der kleinste Flächenbereich, den man als **Zuglänge** bezeichnet, erfährt die größte Zugspannungskonzentration, sodass jede signifikante Verformung bei höheren Zugspannungen in diesem Bereich auftritt. Die **Dehnung** ε ist als

$$\varepsilon = \frac{l - l_0}{l_0} = \frac{\Delta l}{l_0} \tag{6.2}$$

definiert, wobei l die Zuglänge bei einer gegebenen Belastung und l_0 die Originallänge (ohne Zugbelastung) ist. Die Darstellung des Spannungs-Dehnungs-Verlaufs in Abbildung 6.3 zeigt eine Teilung in zwei Bereiche: (1) die elastische Verformung und (2) die plastische Verformung. Die **elastische Verformung** ist eine vorübergehende Verformung. Sie geht vollständig wieder zurück, wenn die Kraft weggenommen wird. Der elastische Bereich des Spannungs-Dehnungs-Diagramms liegt im anfänglichen linearen Abschnitt. Die **plastische Verformung** ist eine bleibende Verformung. Sie geht beim Wegnehmen der Kraft nicht wieder zurück, obwohl ein kleiner elastischer Anteil reversibel ist. Der plastische Bereich ist der nichtlineare Abschnitt, der entsteht, nachdem die Gesamtspannung die Elastizitätsgrenze überschritten hat. Oftmals lässt sich der genaue Punkt nur schwer angeben, an dem die Spannungs-Dehnungs-Kurve von der linearen Form abweicht und in den plastischen Bereich gelangt. Es ist üblich, als **Streckgrenze** den Schnittpunkt der Verformungskurve mit einer Geraden parallel zum elastischen Abschnitt und einer Verschiebung von 0,2% auf der Dehnungsachse zu definieren (siehe Abbildung 6.4). Die Streckgrenze repräsentiert die Spannung, die notwendig ist, um diesen kleinen Betrag (0,2%) der dauerhaften Verformung hervorzurufen. Abbildung 6.5 kennzeichnet den kleinen Betrag der reversiblen elastischen Erholung, die auftritt, wenn eine schon in den Bereich der plastischen Verformung reichende Kraft wieder aufgehoben wird.

6.1 Spannung und Dehnung

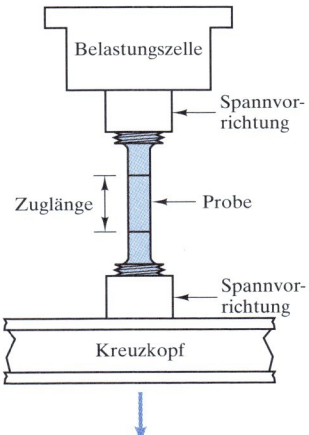

Abbildung 6.1: Der Zugversuch

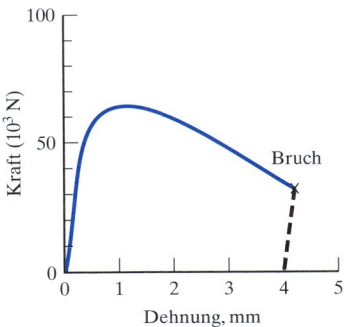

Abbildung 6.2: Bei einem Zugversuch ermittelte Kraft-Dehnungs-Kurve. Als Probe wurde Aluminium 2024-T81 verwendet.

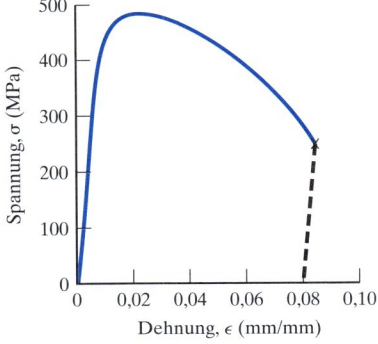

Abbildung 6.3: Durch Normierung der Daten von Abbildung 6.2 für die Probengeometrie erhaltenes Spannungs-Dehnungs-Diagramm

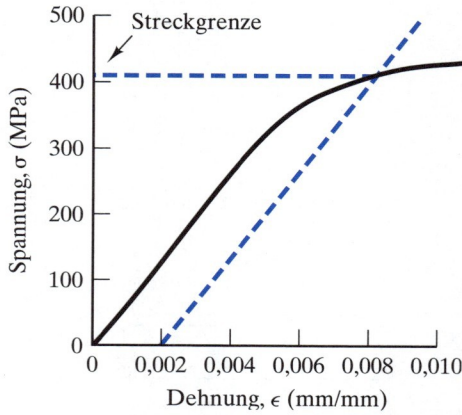

Abbildung 6.4: Die Streckgrenze ist relativ zum Schnittpunkt der Spannungs-Dehnungs-Kurve mit einer „0,2%-Verschiebung" definiert. Die Streckgrenze ist eine zweckmäßige Kennzeichnung für den Punkt, an dem die plastische Verformung eintritt.

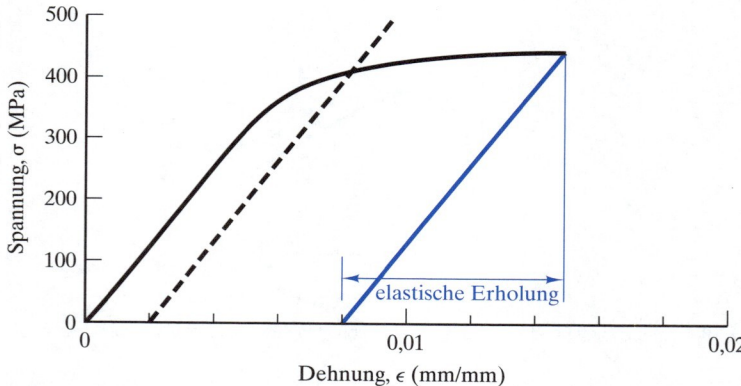

Abbildung 6.5: Elastische Erholung findet statt, wenn man die Spannung von einer Probe wegnimmt, die bereits der plastischen Verformung unterlag.

Die Companion Website enthält das Kapitel zu *Uniaxial Tension Testing* aus dem ASM Handbook, Vol. 8 (Mechanical Testing and Evaluation), ASM International, Materials Park, OH 2000. (Auszug mit Erlaubnis verwendet.)

Abbildung 6.6 fasst die wesentlichen mechanischen Eigenschaften zusammen, die man aus dem Zugversuch erhält. Der Anstieg der Spannungs-Dehnungs-Kurve im elastischen Bereich ist der **Elastizitätsmodul** *E*, der auch als **Young**[1]**-Modul** bezeichnet

---

[1] Thomas Young (1773–1829), englischer Physiker und Arzt, hat als Erster den Elastizitätsmodul definiert. Obwohl dieser Beitrag seinen Namen in der Festkörpermechanik bekannt gemacht hat, verzeichnete er seine größten Erfolge in der Optik. Er war in großem Maße verantwortlich für die Anerkennung der Wellentheorie des Lichts.

wird. Die Linearität des Spannungs-Dehnungs-Diagramms im elastischen Bereich ist die grafische Darstellung des **Hookeschen**[1] **Gesetzes**:

$$\sigma = E\varepsilon. \tag{6.3}$$

Der Modul E ist eine äußerst praktische Kenngröße. Er repräsentiert die Steifheit des Materials (d.h. dessen Widerstand gegen elastische Dehnung). Sie gibt den Grad der Verformung bei normalem Gebrauch unterhalb der Streckgrenze an und steht für die Rückfederung bei Umformvorgängen. Genau wie E hat die Streckgrenze große praktische Bedeutung. Sie ist ein Maß für die Widerstandsfähigkeit des Metalls gegenüber bleibender Verformung und zeigt an, wie leicht sich das Metall durch Walz- und Ziehprozesse verformen lässt.

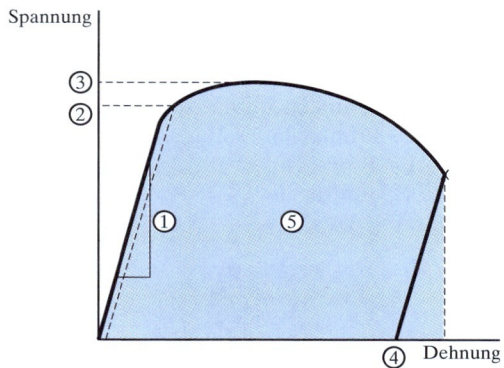

Abbildung 6.6: Die wesentlichen mechanischen Eigenschaften, die ein Zugversuch liefert: 1 – Elastizitätsmodul E, 2 – Streckgrenze, 3 – Zugfestigkeit, 4 – Duktilität, $100 \times \varepsilon_{Ausfall}$ (beachten Sie, dass nach dem Bruch eine elastische Erholung auftritt) und 5 – Zähigkeit $= \int \sigma d\varepsilon$ (gemessen unter Last; die gestrichelte Linie verläuft folglich senkrecht).

Obwohl wir uns hier auf das Verhalten von Metallen unter Zugbelastung konzentrieren, setzt man die in Abbildung 6.1 gezeigte Prüfvorrichtung routinemäßig auch im umgekehrten Modus für Druckprüfungen ein. Die Elastizitätsmoduln sind in der Tat sowohl im Zug- als auch im Druckmodus bei Metalllegierungen gleich. Später zeigen wir, dass das elastische Verhalten unter Scherbelastung ebenso mit dem Zugmodul in Verbindung steht.

Es sei darauf hingewiesen, dass viele Konstrukteure insbesondere im Luftfahrtbereich mehr an der Festigkeit bezogen auf die Dichte interessiert sind als an separaten Werten für Festigkeit oder Dichte. (Wenn zwei Legierungen die gleiche Festigkeit haben, zieht man die mit der geringeren Dichte vor, weil sich das günstig auf den Treibstoffverbrauch auswirkt.) Die Festigkeit bezogen auf die Dichte wird allgemein als **spezifische Festigkeit** oder **Festigkeits-/Gewichtsverhältnis** bezeichnet und im Zusammenhang mit den Eigenschaften von Verbundwerkstoffen in *Abschnitt 14.5*

---

[1] Robert Hooke (1635–1703), englischer Physiker, war einer der brillantesten Wissenschaftler des 17. Jahrhunderts, aber auch eine der streitbarsten Persönlichkeiten. Seine Dispute mit Wissenschaftlern wie Sir Isaac Newton minderten aber nicht seine Verdienste, zu denen das Gesetz zum elastischen Verhalten (siehe Gleichung 6.3) gehören. Er prägte auch das Wort „Zelle", um die Strukturbausteine von biologischen Systemen zu beschreiben, die er bei seinen Untersuchungen mit dem optischen Mikroskop entdeckt hat.

behandelt. Ein weiterer Begriff von praktischer technischer Bedeutung ist die **Restspannung**, Sie ist definiert als verbleibende Spannung in einem Konstruktionswerkstoff, nachdem alle angewandten Belastungen weggenommen wurden. Diese Spannung tritt üblicherweise infolge verschiedener thermomechanischer Behandlungen, wie z.B. bei Füge- oder Bearbeitungsprozessen, auf.

Wenn sich die in Abbildung 6.6 dargestellte plastische Verformung über Spannungen oberhalb der Streckgrenze fortsetzt, wächst die technische Spannung bis zu einem Maximum an. Die höchste Spannung bezeichnet man als *höchste Zugfestigkeit* oder einfach als **Zugfestigkeit**. Im Bereich zwischen Streckgrenze und Zugfestigkeit der Spannungs-Dehnungs-Kurve bezeichnet man das Phänomen der wachsenden Festigkeit bei zunehmender Verformung als **Kaltverfestigung**. Sie ist ein wichtiger Faktor bei der Formgebung von Metallen durch **Kaltumformung** (d.h. plastische Verformung, die deutlich unterhalb von 50% der absoluten Schmelztemperatur auftritt). In Abbildung 6.6 scheint es so, dass plastische Verformung jenseits der Zugfestigkeit das Material erweicht, weil die technische Spannung abnimmt. Stattdessen ist dieser Abfall der Spannung einfach darauf zurückzuführen, dass technische Spannung und Zug relativ zu den ursprünglichen Probenabmessungen definiert sind. Bei der höchsten Zugfestigkeit beginnt sich die Probe innerhalb der Zuglänge *einzuschnüren* (siehe Abbildung 6.7). Die wahre Spannung ($\sigma_{wahr} = P/A_{tatsächlich}$) wächst weiter bis zum Bruchpunkt an (siehe Abbildung 6.8).

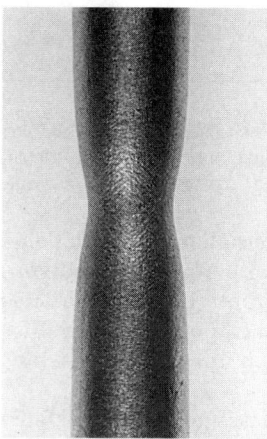

Abbildung 6.7: Einschnüren einer Probe beim Zugversuch innerhalb des zugbelasteten Bereichs nach Überschreiten der Zugfestigkeit

6.1 Spannung und Dehnung

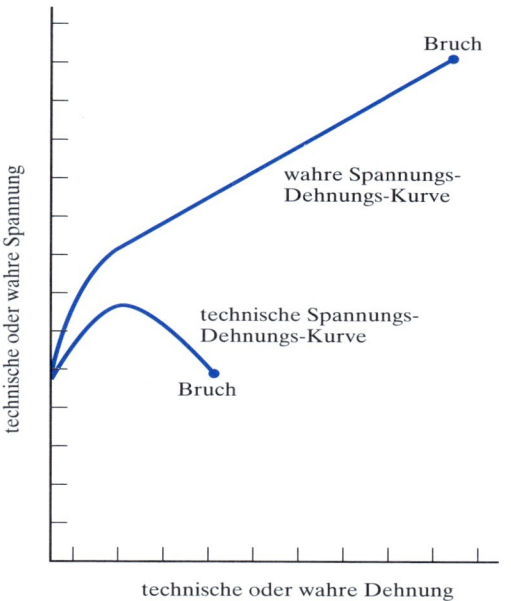

Abbildung 6.8: Die wahre Spannung (Kraft geteilt durch tatsächliche Fläche im eingeschnürten Bereich) wächst im Unterschied zur technischen Spannung weiter bis zum Bruchpunkt an.

Bei vielen Metallen und Legierungen lässt sich der Bereich der Kurve von wahrer Spannung (σ_w) über wahrer Dehnung (ε_w) zwischen dem Einsetzen der plastischen Verformung (entsprechend der Streckgrenze im Spannungs-Dehnungs-Diagramm) und dem Einsetzen der Einschnürung (entsprechend der Zugspannung im Spannungs-Dehnungs-Diagramm) durch

$$\sigma_w = K\varepsilon_w^n \tag{6.4}$$

annähern, wobei K und n Konstanten mit Werten für ein bestimmtes Metall oder eine Legierung abhängig von der thermomechanischen Vorgeschichte (z.B. dem Grad der mechanischen Bearbeitung oder Wärmebehandlung) sind. Mit anderen Worten ist die Kurve der realen Spannung über der realen Dehnung in diesem Bereich fast gerade, wenn man sie in logarithmischen Koordinaten darstellt. Der Anstieg im doppeltlogarithmischen Diagramm ist der Parameter n, der als **Kaltverfestigungsexponent** bezeichnet wird. Bei kohlenstoffarmen Stählen, die man für die Herstellung komplex geformter Bauteile einsetzt, liegt der Wert von n normalerweise bei etwa 0,22. Höhere Werte bis zu 0,26 weisen auf eine verbesserte Verformungsfähigkeit hin (ohne übermäßige Verschlankung oder Bauteilbruch).

Die technische Spannung bei Ausfall in Abbildung 6.6 ist geringer als die Zugfestigkeit und gelegentlich sogar niedriger als die Streckgrenze. Leider bewirkt die Komplexität der letzten Phasen der Einschnürung, dass der Wert der Ausfallspannung deutlich von Probe zu Probe variiert. Praktisch bedeutsamer ist daher die Dehnung beim Ausfall. Die **Duktilität** wird häufig als Prozentwert der Bruchdehnung (= $100 \times \varepsilon_{Ausfall}$) quantifiziert. Eine weniger gebräuchliche Definition ist die prozentuale Brucheinschnürung [= $(A_0 - A_{Ende})/A_0$]. Die Werte für die Duktilität aus den beiden unterschiedlichen Definitionen sind im Allgemeinen nicht gleich. Beachten Sie, dass der Prozentwert der Bruchdehnung eine Funktion der verwendeten Länge der Zugprobe ist. Tabellarische Werte werden häufig für eine Zuglänge von etwa 5 cm (2 Zoll) angegeben. Die Duktilität ist ein Ausdruck für die allgemeine Fähigkeit des Metalls, sich plastisch verformen zu lassen. Zu den praktischen Auswirkungen dieser Fähigkeit gehört die Verformbarkeit bei der Herstellung und die Beseitigung lokal hoher Spannungen an Rissspitzen unter konstruktiver Belastung (siehe die Behandlung der Bruchzähigkeit in *Kapitel 8*).

Es ist natürlich wichtig zu wissen, ob eine Legierung sowohl fest als auch duktil ist. Eine hochfeste Legierung, die ebenso spröde ist, kann genauso unbrauchbar sein wie eine gut verformbare Legierung mit inakzeptabel kleiner Festigkeit. Abbildung 6.9 vergleicht diese beiden Extreme bei einer Legierung, die sowohl hochfest als auch erheblich duktil ist. Diese Kombination von Eigenschaften beschreibt man mit dem Begriff **Zähigkeit**. Abbildung 6.6 zeigt, dass sich diese Größe einfach als Gesamtfläche unter der Spannungs-Dehnungs-Kurve definieren lässt. Da integrierte Daten $\sigma - \varepsilon$ nicht routinemäßig verfügbar sind, muss man die relativen Größenordnungen der Festigkeit (Streckgrenze und Zugfestigkeit) und der Duktilität (prozentuale Bruchdehnung) beachten.

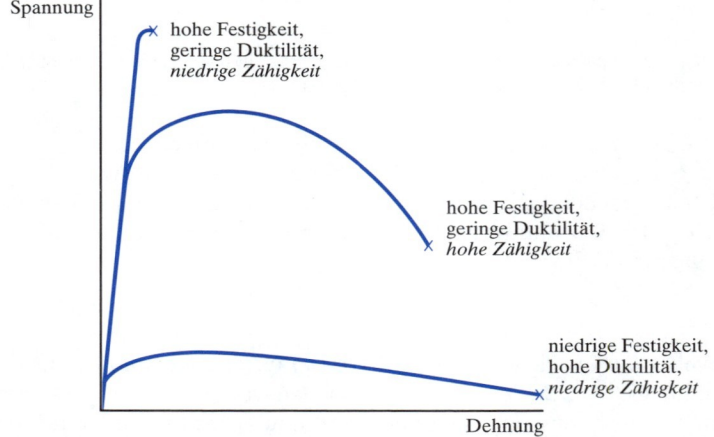

Abbildung 6.9: Die Zähigkeit einer Legierung hängt von einer Kombination aus Festigkeit und Duktilität ab.

Tabelle 6.2 gibt Werte für die vier der fünf (in Abbildung 6.6 definierten) charakteristischen Größen des Zugversuchs für die Legierungen aus an. Werte für die Parameter K und n der Kaltverformung gemäß Gleichung 6.4 sind in zu finden.

Tabelle 6.2

Zugversuchsdaten für die Legierungen aus Tabelle 6.1

	Legierung	E [GPa]	Streckgrenze [MPa]	Zugfestigkeit [MPa]	Prozentuale Bruchdehnung
1.	Kohlenstoffstahl 1.0511	200	600	750	17
2.	niedrig legierter Stahl 1.6545		680	800	22
3.	304 rostfreier Stahl (U.S.)	193	205	515	40
	rostfreier Stahl 1.4301	200	700	800	22
4.	Werkzeugstahl		1.380	1.550	12
5.	Eisensuperlegierung	200	700	800	22
6.	a. Weicheisen, abgeschreckt	165	580	750	9,4
	b. Weicheisen, 60-40-18	169	329	461	15
7.	a. 3003-H14-Aluminium	70	145	150	8-16
	b. 2048, Aluminiumblech	70,3	416	457	8
8.	a. AZ31B-Magnesium	45	220	290	15
	b. AM100A-Gussmagnesium	45	83	150	2
9.	a. Ti-5Al-2,5Sn	107-110	827	862	15
	b. Ti-6Al-4V	110	825	895	10
10.	Aluminiumbronze, 9% (Kupferlegierung)	110	320	652	34
11.	Monel 400 (Nickellegierung)	179	283	579	39,5
12.	AC41A-Zink			328	7
13.	50:50-Lot (Bleilegierung)		33	42	60
14.	Nb-1 Zr (hitzebeständiges Metall)	68,9	138	241	20
15.	Zahngoldlegierung (Edelmetall)			310-380	20-35

Tabelle 6.3

Typische Werte für die Parameter der Kaltverformung für verschiedene Metalle und Legierungen[a]

Legierung	K [MPa]	n
Kohlenstoffarmer Stahl (angelassen)	530	0,26
niedrig legierter Stahl 1.6565 (angelassen)	640	0,15
rostfreier Stahl 1.4301 (angelassen)	1.275	0,45
Al (geglüht)	180	0,20
2024 Aluminiumlegierung (wärmebehandelt)	690	0,16
Cu (angelassen)	315	0,54
Messing, 70Cu-30Zn (angelassen)	895	0,49

[a] Durch Gleichung (6.4) definiert.

Das allgemeine Aussehen der Spannungs-Dehnungs-Kurve in Abbildung 6.3 ist für eine breite Palette von Metalllegierungen typisch. Bei bestimmten Legierungen (insbesondere kohlenstoffarmen Stählen) erhält man die Kurve von Abbildung 6.10. Der auffällige Unterschied bei diesem zweiten Fall ist der markante Ausbruch aus dem elastischen Bereich an der **Fließgrenze**, die man auch als **obere Fließgrenze** bezeichnet. Das ausgeprägte Wellenmuster im Anschluss an die Fließgrenze ist mit nichthomogener Verformung verbunden, die an einem Punkt der Zugkonzentration beginnt (oftmals in der Nähe der Probenhalter). Eine **untere Fließgrenze** ist am Ende des Wellenmusters und beim Einsetzen der allgemeinen plastischen Verformung definiert.

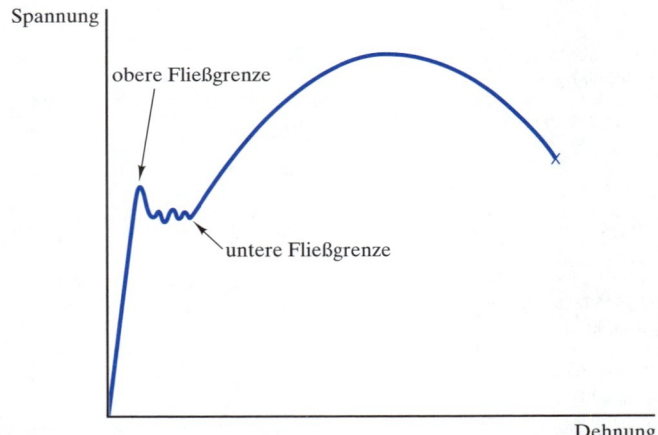

Abbildung 6.10: Bei einem kohlenstoffarmen Stahl (Baustahl) zeigt die Spannungs-Dehnungs-Kurve sowohl eine obere als auch eine untere Fließgrenze.

Abbildung 6.11 veranschaulicht ein weiteres wichtiges Merkmal der elastischen Verformung, nämlich eine Kontraktion senkrecht zur Ausdehnung, die durch eine Zugspannung hervorgerufen wird. Dieser Effekt wird durch die **Querkontraktionszahl** oder **Poissonzahl**[1] ν mit

$$\nu = -\frac{\varepsilon_x}{\varepsilon_z} \tag{6.5}$$

charakterisiert, wobei die Dehnungen in den x- und z-Richtungen wie in Abbildung 6.11 definiert sind. (Es gibt eine korrespondierende Ausdehnung senkrecht zur Kompression, die durch eine Druckspannung hervorgerufen wird.) Obwohl die Poissonzahl in der Spannungs-Dehnungs-Kurve nicht direkt erscheint, gehört sie zusammen mit dem Elastizitätsmodul zu den grundlegenden Kenngrößen für das elastische Verhalten von Werkstoffen. fasst Werte von ν für ausgewählte Legierungen zusammen. Beachten Sie die relativ geringe Bandbreite der Werte von 0,26 bis 0,35.

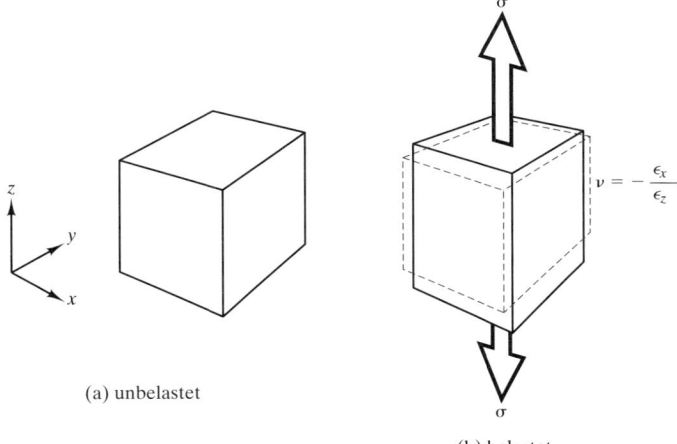

(a) unbelastet

(b) belastet

Abbildung 6.11: Die Poissonzahl (ν) charakterisiert die Kontraktion senkrecht zur Ausdehnung, die durch eine Zugspannung hervorgerufen wird.

---

1 Simeon-Denis Poisson (1781–1840), französischer Mathematiker, übernahm den Lehrstuhl von Jean Baptiste Joseph Fourier an der École Polytechnique. Obwohl er keine derart spektakulären Ergebnisse wie Fourier hervorbrachte, verstand er es meisterhaft, seine mathematischen Kenntnisse auf ungelöste Fragen anzuwenden, die von anderen gestellt wurden. Poisson wurde vor allem bekannt durch die nach ihm benannte Verteilung, die die Wahrscheinlichkeit von zufälligen (insbesondere zeitlichen) Ereignissen beschreibt.

6 MECHANISCHES VERHALTEN

Tabelle 6.4

Poissonzahl und Schubmodul für die Legierungen aus

	Legierung	v	G (GPa)	G/E
1.	Kohlenstoffstahl 1.0511	0,30		
2.	Kohlenstoffstahl 1.6545	0,30		
3.	a. 304 rostfreier Stahl	0,29		
6.	b. Weicheisen, 60-40-18	0,29		
7.	a. 3003-H14-Aluminium	0,33	25	0,36
8.	a. AZ31B-Magnesium b. AM100A-Gussmagnesium	0,35 0,35	17	0,38
9.	a. Ti-5Al-2,5Sn b. Ti-6Al-4V	0,35 0,33	48 41	0,44 0,38
10.	Aluminiumbronze, 9% (Kupferlegierung)	0,33	44	0,40
11.	Monel 400 (Nickellegierung)	0,32		

Abbildung 6.12 veranschaulicht das Wesen der elastischen Verformung bei einer reinen Scherbeanspruchung. Die **Scherspannung** τ ist als

$$\tau = \frac{P_S}{A_S} \tag{6.6}$$

definiert, wobei P_S die Kraft auf die Probe und A_S die Fläche der Probe parallel (statt senkrecht) zur wirkenden Kraft ist. Die Scherspannung ruft eine Winkelversetzung (α) mit der **Scherung** γ hervor, die als

$$\gamma = \tan \alpha \tag{6.7}$$

definiert ist, was gleich $\Delta y/z_0$ in Abbildung 6.12 ist. Der **Schubmodul** oder **Steifigkeitsmodul** G ist (vergleichbar mit Gleichung 6.3) definiert als

$$G = \frac{\tau}{\gamma}. \tag{6.8}$$

Der Schubmodul G und der Elastizitätsmodul E sind bei kleinen Spannungen durch die Poissonzahl miteinander verknüpft:

$$E = 2G(1+v). \tag{6.9}$$

gibt typische Werte für G an. Da die beiden Moduln durch v (Gleichung 6.9) miteinander in Beziehung stehen und die Werte für v eine geringe Bandbreite haben, liegt das Verhältnis von G/E für die meisten Legierungen relativ fest bei ungefähr 0,4 (siehe).

6.1 Spannung und Dehnung

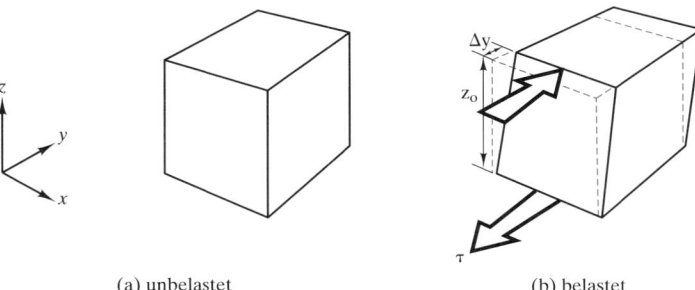

(a) unbelastet (b) belastet

Abbildung 6.12: Elastische Verformung unter einer Scherbelastung

Beispiel 6.1

Berechnen Sie aus Abbildung 6.3 den Elastizitätsmodul E, die Streckgrenze, die Zugfestigkeit und die prozentuale Bruchdehnung für die Probe aus Aluminium 2024-T81.

Lösung

Die Dehnung bei $\sigma = 300$ MPa ist gleich 0,0043 (wie in der folgenden Abbildung zu sehen). Damit berechnet sich der Elastizitätsmodul E zu

$$E = \frac{\sigma}{\varepsilon} = \frac{300 \times 10^6 \text{ Pa}}{0{,}0043} = 70 \text{ GPa}.$$

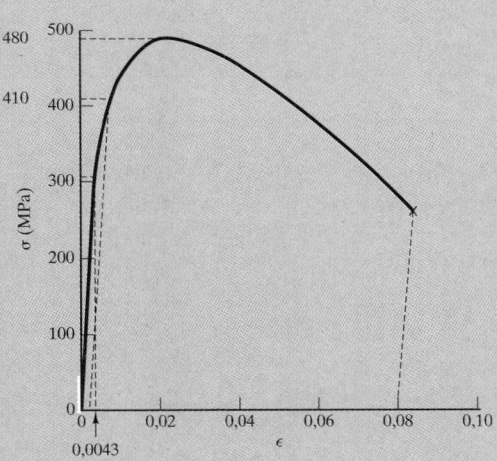

Die 0,2%-Grenze ergibt

$$\text{Streckgrenze} = 410 \text{ MPa}.$$

Der Maximalwert für die Spannungs-Dehnungs-Kurve liefert

$$\text{Zugfestigkeit} = 480 \text{ MPa}.$$

Schließlich ist die Bruchdehnung $\varepsilon_f = 0{,}08$. Somit erhält man

$$\text{prozentuale Bruchdehnung} = 100 \times \varepsilon_f = 8\%.$$

6 MECHANISCHES VERHALTEN

Beispiel 6.2 Ein Stab von 10 mm Durchmesser aus Kohlenstoffstahl 1.0511 (siehe) wird einer Zugbelastung von 50.000 N ausgesetzt, die über seiner Streckgrenze liegt. Berechnen Sie die elastische Wiederherstellung, wenn man die Zugkraft wegnimmt.

Lösung

Mit Gleichung 6.1 berechnet sich die technische Spannung zu

$$\sigma = \frac{P}{A_0} = \frac{50.000 \text{ N}}{\pi \left(5 \times 10^{-3} \text{ m}\right)^2} = 637 \times 10^6 \frac{\text{N}}{\text{m}^2}$$

$$= 637 \text{ MPa}.$$

Dieser Wert liegt zwischen der Streckgrenze (600 MPa) und der Zugfestigkeit (750 MPa) für diese Legierung (siehe).
Die elastische Erholung lässt sich aus dem Hookeschen Gesetz (Gleichung 6.3) mit dem Elastizitätsmodul aus berechnen:

$$\varepsilon = \frac{\sigma}{E}$$

$$= \frac{637 \times 10^6 \text{ Pa}}{200 \times 10^9 \text{ Pa}}$$

$$= 3{,}18 \times 10^{-3}.$$

Beispiel 6.3 (a) Ein Stab von 10 mm Durchmesser aus einer Aluminiumlegierung 3003-H14 wird einer Zugkraft von 6 kN ausgesetzt. Berechnen Sie den resultierenden Stabdurchmesser.
(b) Berechnen Sie den Durchmesser, wenn der Stab einer Druckkraft von 6 kN ausgesetzt wird.

Lösung

(a) Aus Gleichung 6.1 berechnet sich die technische Spannung zu

$$\sigma = \frac{P}{A_0}$$

$$= \frac{6 \times 10^3 \text{ N}}{\pi \left(\frac{10}{2} \times 10^{-3} \text{ m}\right)^2} = 76{,}4 \times 10^6 \frac{\text{N}}{\text{m}^2} = 76{,}4 \text{ MPa}.$$

Aus ist zu entnehmen, dass diese Spannung genügend unterhalb der Streckgrenze (145 MPa) liegt und im Ergebnis die Verformung elastisch ist.

Aus Gleichung 6.3 können wir die Zugdehnung mit dem Elastizitätsmodul aus berechnen:

$$\varepsilon = \frac{\sigma}{E} = \frac{76{,}4 \text{ MPa}}{70 \times 10^3 \text{ MPa}} = 1{,}09 \times 10^{-3}.$$

Mit Gleichung 6.5 und dem Wert für ν aus lässt sich die Dehnung für den Durchmesser zu

$$\varepsilon_{\text{Durchmesser}} = -\nu \varepsilon_z = -(0{,}33)(1{,}09 \times 10^{-3})$$

$$= -3{,}60 \times 10^{-4}$$

berechnen.
Der resultierende Durchmesser kann dann (analog Gleichung 6.2) aus

$$\varepsilon_{\text{Durchmesser}} = \frac{d_f - d_0}{d_0}$$

oder

$$d_f = d_0 \left(\varepsilon_{\text{Durchmesser}} + 1 \right) = 10 \text{ mm} \left(-3{,}60 \times 10^{-4} + 1 \right)$$

zu

$$= 9{,}9964 \text{ mm}$$

bestimmt werden.
(b) Bei einer Druckkraft hat die Durchmesserdehnung die gleiche Größe, aber mit entgegengesetztem Vorzeichen, d.h.

$$\varepsilon_{\text{Durchmesser}} = +3{,}60 \times 10^{-4}.$$

Schließlich beträgt der Durchmesser

$$d_f = d_0 \left(\varepsilon_{\text{Durchmesser}} + 1 \right) = 10 \text{ mm} \left(+3{,}60 \times 10^{-4} + 1 \right)$$

$$= 10{,}0036 \text{ mm}.$$

Die Lösungen für alle Übungen finden Sie auf der Companion Website.

6 MECHANISCHES VERHALTEN

Übung 6.1 Beispiel 6.1 berechnet die grundlegenden mechanischen Eigenschaften von Aluminium 2024-T81, basierend auf der Spannungs-Dehnungs-Kurve (Abbildung 6.3). Die folgende Tabelle gibt Kraft-Dehnungs-Daten für einen rostfreien Stahl des Typs 304, ähnlich den in Abbildung 6.2 gezeigten Daten an. Dieser Stahl ähnelt der Legierung 3a in, außer dass er eine andere thermomechanische Vorgeschichte hat, die ihm eine etwas höhere Festigkeit bei geringerer Duktilität verleiht.
(a) Übertragen Sie diese Daten in ein Diagramm analog der Darstellung in Abbildung 6.2.
(b) Übertragen Sie diese Daten erneut als Spannungs-Dehnungs-Kurve analog der Darstellung in Abbildung 6.3.
(c) Übertragen Sie die anfänglichen Dehnungen auf eine erweiterte Skala analog zu Abbildung 6.4.
Verwenden Sie die Ergebnisse der Teile (a) bis (c) und berechnen Sie (d) E, (e) die Streckgrenze, (f) die Zugfestigkeit und (g) die prozentuale Bruchdehnung für diesen rostfreien 304-Stahl.

Kraft (N)	Zuglänge (mm)	Kraft (N)	Zuglänge (mm)
0	50,8000	35.220	50,9778
4.890	50,8102	35.720	51,0032
9.779	50,8203	40.540	51,8160
14.670	50,8305	48.390	53,3400
19.560	50,8406	59.030	55,8800
24.450	50,8508	65.870	58,4200
27.620	50,8610	69.420	60,9600
29.390	50,8711	69.670 (Maximum)	61,4680
32.680	50,9016	68.150	63,5000
33.950	50,9270	60.810 (Bruch)	66,0400 (nach Bruch)
34.580	50,9524		

Originaldurchmesser der Probe: 12,7 mm.

> **Übung 6.2** Berechnen Sie für den in Übung 1 eingeführten rostfreien 304-Stahl die elastische Erholung für die Probe bei Wegfall der Kraft von (a) 35.720 N und (b) 69.420 N. (Siehe Beispiel 6.2.)

> **Übung 6.3** Berechnen Sie für die Legierung in Beispiel 6.3 den Stabdurchmesser für die Werte der Zugfestigkeiten bzw. Streckgrenzen, wie sie in angegeben sind.

6.1.2 Keramiken und Gläser

Viele mechanische Eigenschaften, die für Metalle diskutiert wurden, sind ebenso wichtig für Keramiken oder Gläser in Konstruktionsanwendungen. Natürlich führt die unterschiedliche Natur dieser Nichtmetalle zu einem spezifischen mechanischen Verhalten.

Metalllegierungen zeigen im Allgemeinen in einem typischen Zugversuch einen beträchtlichen Grad plastischer Verformung, Keramiken und Gläser dagegen nicht. Abbildung 6.13 zeigt charakteristische Ergebnisse für einachsige Belastung von dichtem, polykristallinen Al_2O_3. In Abbildung 6.13 tritt ein Bruch der Probe im elastischen Bereich auf. Dieser **Sprödbruch** ist für Keramiken und Gläser charakteristisch. Eine ebenso wichtige Eigenschaft geben die beiden Teile von Abbildung 6.13 wieder. Abbildung 6.13a veranschaulicht die Bruchfestigkeit in einem Zugversuch (280 MPa), während Abbildung 6.13b das Gleiche für einen Kompressionsversuch (2.100 MPa) demonstriert. Das ist ein besonders markantes Beispiel für die Tatsache, dass Keramiken relativ schwach auf Zug, aber relativ stark auf Druck belastbar sind. Dieses Verhalten zeigen auch bestimmte Arten von Gusseisen (*Kapitel 11*) und Beton (*Kapitel 14*). gibt einen Überblick über Elastizitäts- und Festigkeitsmoduln für verschiedene Keramiken und Gläser. Der Festigkeitsparameter ist der Bruchmodul, ein Wert, der aus den Daten eines Biegeversuchs berechnet wird. Der **Bruchmodul** ist durch die

$$\text{Biegefestigkeit} = \frac{3FL}{2bh^2} \qquad (6.10)$$

gegeben, wobei F die angelegte Kraft und b, h und L die in Abbildung 6.14 definierten Abmessungen sind. Die Biegefestigkeit hat die gleiche Größenordnung wie die Zugfestigkeit, da der Ausfall beim Biegen durch Zug (entlang der äußersten Kante der Probe) bedingt ist. Der in Abbildung 6.14 dargestellte Biegeversuch ist bei spröden Werkstoffen häufig einfacher durchzuführen als der herkömmliche Zugversuch. gibt Werte der Poissonzahl an. Beim Vergleich von mit fällt auf, dass v für Metalle typischerweise bei ≈ 1/3 und bei Keramiken ≈ 1/4 liegt.

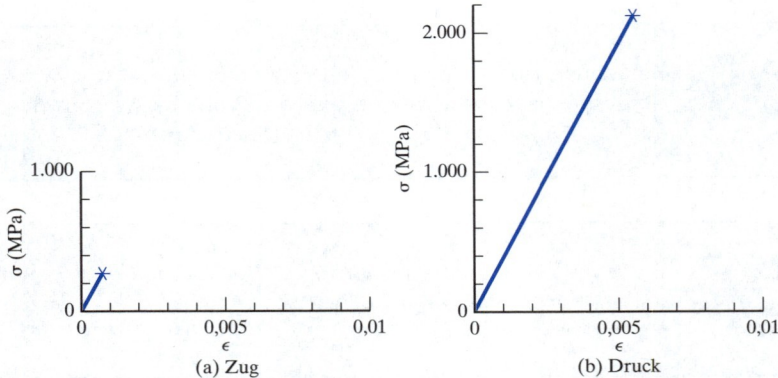

Abbildung 6.13: Das spröde Bruchverhalten von Keramiken wird durch diese Spannungs-Dehnungs-Kurven demonstriert, die nur lineares, elastisches Verhalten zeigen. In (a) tritt ein Bruch bei einer Zugspannung von 280 MPa auf. In (b) wird eine Druckfestigkeit von 2.100 MPa festgestellt. Die Probe ist in beiden Tests ein dichtes, polykristallines Al_2O_3.

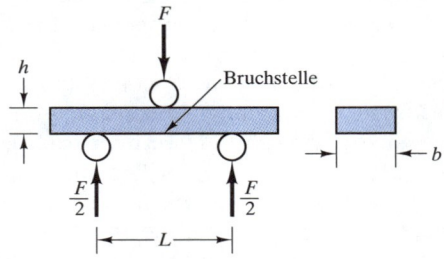

Biegefestigkeit $= 3FL/(2bh^2)$

Abbildung 6.14: Der 3-Punkt-Biegeversuch, der einen Bruchmodul liefert. Dieser Festigkeitsparameter hat eine ähnliche Größe wie die Zugfestigkeit. Der Bruch tritt entlang der äußersten Probenkante auf, die sich unter einer Zugbelastung befindet.

Tabelle 6.5

Elastizitäts- und Festigkeitsmoduln (Bruchmodul) für ausgewählte Keramiken und Gläser

		E [MPa]	Biegefestigkeit [MPa]
1.	Mullit-Porzellan (Aluminosilikat)	69×10^3	69
2.	Steatit-Porzellan (Magnesiumoxid-Aluminosilikat)	69×10^3	140
3.	Superduty Schamottestein (Aluminosilikat)	97×10^3	5,2
4.	Tonerdekristalle (Al_2O_3)	380×10^3	340-1.000
5.	Gesinterte[a] Tonerde (~ 5% Porosität)	370×10^3	210-340

Elastizitäts- und Festigkeitsmoduln (Bruchmodul) für ausgewählte Keramiken und Gläser

		E [MPa]	Biegefestigkeit [MPa]
6.	Tonerdeporzellan (90-95% Tonerde)	370×10^3	340
7.	Gesintertes Magnesiumoxid (~ 5% Porosität)	210×10^3	100
8.	Magnesitstein (Magnesiumoxid)	170×10^3	28
9.	Gesintertes Spinell (Magnesiumaluminat) (~ 5% Porosität)	238×10^3	90
10.	Gesintertes stabilisiertes Zirkoniumoxid (~ 5% Porosität)	150×10^3	83
11.	Gesintertes Berylliumoxid (~ 5% Porosität)	310×10^3	140-280
12.	Dichtes Siliziumcarbid (~ 5% Porosität)	470×10^3	170
13.	Gebundenes Siliziumcarbid (~ 20% Porosität)	340×10^3	14
14.	Heißgepresstes[b] Borcarbid (~ 5% Porosität)	290×10^3	340
15.	Heißgepresstes Bornitrid (~ 5% Porosität)	83×10^3	48-100
16.	Silikatglas	$72,4 \times 10^3$	107
17.	Borosilikatglas	69×10^3	69

[a] *Sintern* ist ein Herstellungsverfahren, bei dem Pulverteilchen durch Festkörperdiffusion bei hohen Temperaturen (oberhalb von 50% der absoluten Schmelztemperatur) gebunden werden. In *Abschnitt 10.6* finden Sie eine detaillierte Beschreibung hierzu.
[b] *Heißpressen* ist Sintern unter hohem Druck.

Tabelle 6.6

Poissonzahl für ausgewählte Keramiken und Gläser

1.	Al_2O_3	0,26
2.	BeO	0,26
3.	CeO_2	0,27-0,31
4.	Cordierit ($2MgO \times 2Al_2O_3 \times 5SiO_2$)	0,31
5.	Mullit ($3Al_2O_3 \times 2SiO_2$)	0,25
6.	SiC	0,19

Poissonzahl für ausgewählte Keramiken und Gläser

7.	Si_3N_4	0,24
8.	TaC	0,24
9.	TiC	0,19
10.	TiO_2	0,28
11.	teilstabilisiertes ZrO_2	0,23
12.	vollstabilisiertes ZrO_2	0,23-0,32
13.	Glaskeramik (MgO-Al_2O_3-SiO_2)	0,24
14.	Borosilikatglas	0,2
15.	Cordierit-Glas	0,26

Um den Grund für das mechanische Verhalten von Konstruktionskeramiken zu verstehen, müssen wir die Spannungskonzentration bei Rissspitzen betrachten. Für rein spröde Stoffe ist das **Griffith[1]-Rissmodell** anwendbar. Griffith nahm an, dass es in jedem realen Stoff verschiedene elliptische Risse an der Oberfläche und/oder im Volumen gibt. Es lässt sich zeigen, dass die höchste Spannung (σ_m) an der Spitze eines derartigen Risses

$$\sigma_m \cong 2\sigma \left(\frac{c}{\rho}\right)^{1/2} \tag{6.11}$$

ist, wobei σ die angelegte Spannung, c die Risslänge wie in Abbildung 6.15 definiert und ρ der Radius der Rissspitze ist. Da der Radius der Rissspitze so klein wie ein Zwischenatomabstand sein kann, ist die Spannungsintensivierung möglicherweise ziemlich groß. Bei der routinemäßigen Produktion und Bearbeitung von Keramiken und Gläsern sind die so genannten Griffith-Fehler unvermeidlich. Folglich sind diese Stoffe nur relativ schwach auf Zug belastbar. Durch Druckbelastung können die Griffith-Risse geschlossen werden und folglich wird die inhärente Festigkeit des ionisch und kovalent gebundenen Stoffs nicht verringert.

Das Ziehen von dünnen Glasfasern in einer kontrollierten Atmosphäre ist eine Möglichkeit, Griffith-Fehler zu vermeiden. Die entstehenden Fasern können Zugfestigkeiten erreichen, die der theoretischen atomaren Bindungsfestigkeit des Werkstoffs entsprechen. Auf diese Weise lassen sich ausgezeichnete Verstärkungsfasern für Verbundwerkstoffe herstellen.

---

1 Alan Arnold Griffith (1893–1963), britischer Ingenieur. Die berufliche Laufbahn von Griffith ist hauptsächlich mit der Flugtechnik verbunden. Er war einer der Ersten, der vorschlug, dass die Gasturbine ein brauchbares Antriebssystem für Flugzeuge ist. Im Jahre 1920 veröffentlichte er seine Forschungen zur Festigkeit von Glasfasern, die seinen Namen zu einem der bekanntesten auf dem Gebiet der Werkstofftechnik werden ließen.

6.1 Spannung und Dehnung

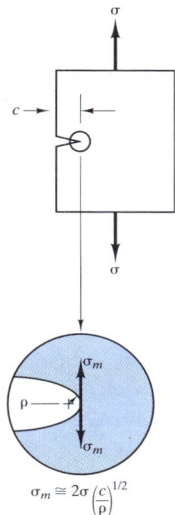

Abbildung 6.15: Spannung (σ_m) an der Spitze eines Griffith-Risses

Beispiel 6.4 Eine Glasscheibe enthält einen Oberflächenriss im atomaren Bereich. (Nehmen Sie den Radius der Rissspitze mit etwa dem Durchmesser eines O^{2-}-Ions an.) Berechnen Sie die Bruchfestigkeit der Scheibe unter der Annahme, dass der Riss 1 μm lang und die theoretische Festigkeit von fehlerfreiem Glas gleich 7,0 GPa ist.

Lösung

Das ist eine Anwendung für Gleichung 6.11:

$$\sigma_m = 2\sigma\left(\frac{c}{\rho}\right)^{1/2}.$$

Das Umstellen der Gleichung liefert

$$\sigma = \frac{1}{2}\sigma_m\left(\frac{\rho}{c}\right)^{1/2}.$$

Mit den Werten aus *Anhang B* lässt sich der Radius der Rissspitze berechnen:

$$\rho = 2r_{O^{2-}} = 2(0,132 \text{ nm})$$

$$= 0,264 \text{ nm}.$$

Dann ergibt sich die Bruchfestigkeit zu

$$\sigma = \frac{1}{2}(7,0 \times 10^9 \text{ Pa})\left(\frac{0,264 \times 10^{-9}}{1 \times 10^{-6} \text{ m}}\right)^{1/2}$$

$$= 57 \text{ MPa}.$$

> **Übung 6.4** Berechnen Sie die Bruchfestigkeit einer gegebenen Glasscheibe, die einen Oberflächenriss von (a) 0,5 μm und (b) von 5 μm Länge hat. Verwenden Sie mit Ausnahme der Risslänge die in Beispiel 6.4 beschriebenen Bedingungen.

6.1.3 Polymere

Wie bei den Keramiken lassen sich die mechanischen Eigenschaften von Polymeren mit einem Großteil des Vokabulars beschreiben, das für Metalle eingeführt wurde. Zugfestigkeit und Elastizitätsmodul sind ebenso wichtige konstruktionsrelevante Größen sowohl für Polymere als auch für anorganische Konstruktionswerkstoffe.

Da Metalle zunehmend durch technische Polymere als Konstruktionswerkstoff ersetzt werden, legt man auch mehr Wert darauf, das mechanische Verhalten von Polymeren in einer ähnlichen Form wie bei Metallen darzustellen. Der Schwerpunkt liegt dabei vor allem auf den Spannungs-Dehnungs-Daten. Obwohl Festigkeits- und Modulwerte wichtige Eigenschaftsgrößen für diese Stoffe sind, ist in Konstruktionsanwendungen häufig die Biege- und nicht die Zugbelastung relevant. Im Ergebnis führt man häufig Biegefestigkeit und Biegemodul an.

Wie bereits erwähnt, ist die **Biegefestigkeit** gleich dem für Keramiken in Gleichung 6.10 und Abbildung 6.14 definierten Bruchmodul. Für dieselbe Geometrie der Testprobe ist der **Biegemodul** oder **Elastizitätsmodul bei Biegung** (E_{flex}) als

$$E_{flex} = \frac{L^3 m}{4bh^3} \tag{6.12}$$

definiert, wobei m der Anstieg der Tangente im anfänglichen geradlinigen Teil der Kraft-Durchbiegungs-Kurve ist und alle anderen Terme entsprechend Gleichung 6.10 und Abbildung 6.14 definiert sind. Der Biegemodul für Polymere hat den Vorteil, dass er die kombinierten Effekte der Druckverformung (nahe dem Angriffspunkt der Kraft in Abbildung 6.14) und Zugverformung (auf der entgegengesetzten Seite der Probe) beschreibt. Bekanntlich sind die Zug- und Druckmoduln bei Metallen im Allgemeinen gleich. Bei vielen Polymeren unterscheiden sich Zug- und Druckmodul deutlich.

Einige Polymere, insbesondere die Elastomere, werden in Konstruktionen zur Isolierung und Absorption von Stößen und Vibrationen eingesetzt. Bei derartigen Anwendungen ist ein „dynamischer" Elastizitätsmodul nützlicher, um die Leistung des Polymers unter mechanischer Schwingungsbelastung zu charakterisieren. Bei Elastomeren ist der dynamische Modul im Allgemeinen größer als der statische Modul. Bei bestimmten Verbundwerkstoffen können sich die beiden Moduln um den Faktor 2 unterscheiden. Der **dynamische Elastizitätsmodul** E_{dyn} (in MPa) ist als

$$E_{dyn} = CIf^2 \tag{6.13}$$

definiert, wobei C eine Konstante abhängig von der konkreten Testgeometrie, I das Trägheitsmoment (in kg × m²) des Trägers und der im dynamischen Test verwendeten Gewichte und f die Frequenz der Schwingung (in 1/s) für den Test ist. Gleichung 6.13 gilt sowohl für Druck- als auch Scherbelastungen, wobei die Konstante jeweils einen anderen Wert hat.

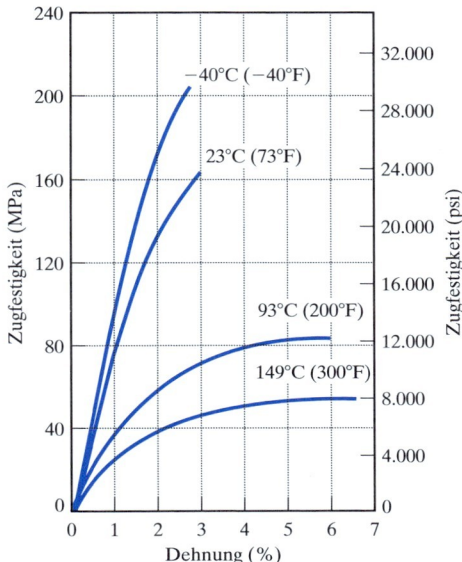

Abbildung 6.16: Spannungs-Dehnungs-Kurven für das technische Polymer Polyester

Abbildung 6.16 zeigt typische Spannungs-Dehnungs-Kurven für das technische Polymer Polyester. Obwohl diese Diagramme den üblichen Spannungs-Dehnungs-Diagrammen für Metalle ähneln, ist ein starker Einfluss der Temperatur festzustellen. Trotzdem ist dieses mechanische Verhalten relativ unabhängig von der Luftfeuchtigkeit. Diesen Vorteil haben sowohl Polyester als auch Acetal als technische Polymere. Bei Konstruktionen mit Nylon ist allerdings die relative Feuchtigkeit zu berücksichtigen, wie es Abbildung 6.17 verdeutlicht. Aus der Abbildung sind auch Unterschiede bei den Elastizitätsmoduln (Anstieg der Kurven nahe dem Ursprung) für Zug- und Druckbelastungen erkennbar. (Auf diesen Punkt hat die Einführung zum Biegemodul hingewiesen.) gibt mechanische Eigenschaften von thermoplastischen Polymeren an (die bei Erwärmung weich und formbar werden). In sind ähnliche Eigenschaften für Duroplastpolymere angegeben (die bei Erwärmung hart und starr werden). Beachten Sie, dass die Werte für den dynamischen Modul im Allgemeinen nicht größer als die Werte für den *Zug*modul sind. Die Feststellung, dass der dynamische Modul eines Elastomers im Allgemeinen größer als der statische Modul ist, ist abhängig von der Spannungsbelastung. Die Werte des dynamischen *Schub*moduls sind im Allgemeinen größer als die Werte des statischen *Schub*moduls.

6 MECHANISCHES VERHALTEN

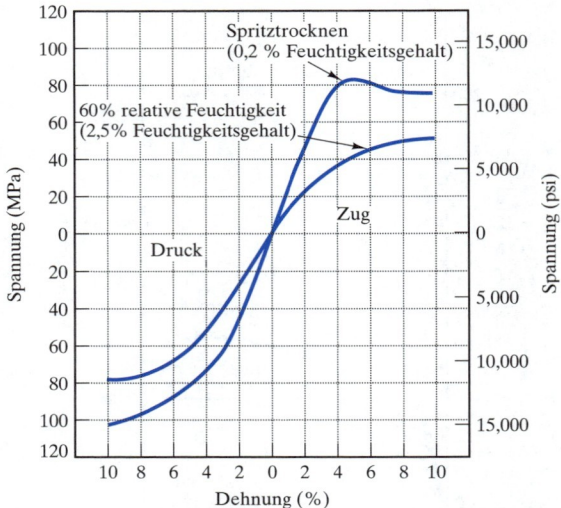

Abbildung 6.17: Spannungs-Dehnungs-Kurven für ein Nylon 66 bei 23 °C, das die Wirkung der relativen Feuchtigkeit zeigt

Tabelle 6.7

Daten mechanischer Eigenschaften für ausgewählte Thermoplastpolymere

Polymer	E^a [MPa]	$E_{flex}^{\,b}$ [MPa]	Zugfestigkeit [MPa]	Prozentuale Bruchdehnung	Poissonzahl ν
Polymere für allgemeine Anwendungen					
Polyethylen					
hohe Dichte	830		28	15-100	
niedrige Dichte	170		14	90-800	
Polyvinylchlorid	2.800		41	2-30	
Polypropylen	1.400		34	10-700	
Polystyrol	3.100		48	1-2	
Polyester	–	8.960	158	2,7	
Acryl (Plexiglas)	2.900		55	5	
Polyamide (Nylon 66)	2.8090	2.830	82,7	60	0,41
zellulosehaltige Polymere	3.400-28.000		14-55	5-40	
Technische Polymere					
Acrylnitril-Butadien-Styrol	2.100		28-48	20-80	
Polykarbonate	2.400		62	110	
Acetal	3.100	2.830	69	50	0,35
Polytetrafluorethylen (Teflon)	410		17	100-350	

Daten mechanischer Eigenschaften für ausgewählte Thermoplastpolymere

Polymer	E^a [MPa]	E_{flex}^b [MPa]	Zugfestigkeit [MPa]	Prozentuale Bruchdehnung	Poissonzahl ν
Thermoplastische Elastomere					
polyesterartige Polymere	585		46	400	

[a] Daten für geringe Dehnung (auf Zug)
[b] Auf Scheerung

Tabelle 6.8

Daten mechanischer Eigenschaften für ausgewählte Duroplastpolymere

Polymer	E^a [MPa]	E_{Dyn}^b [MPa]	Zugfestigkeit [MPa]	Prozentuale Bruchdehnung
Duroplaste				
Phenol (Phenolformaldehyd)	6.900	–	52	0
Urethane	–	–	34	–
Urea-Melamin	10.000	–	48	0
Polyester	6.900	–	28	0
Epoxydharze	6.900	–	69	0
Elastomere				
Polybutadien/Polystyrol-Copolymer				
vulkanisiert	1,6	0,8	1,4-3,0	440-600
vulkanisiert mit 33% Ruß	3-6	8,7	17-28	400-600
Polyisopren				
vulkanisiert	1,3	0,4	17-25	750-850
vulkanisiert mit 33% Ruß	3,0-8,0	6,2	25-35	550-650
Polychloropren				
vulkanisiert	1,6	0,7	25-38	800-1.000
vulkanisiert mit 33% Ruß	3-5	2,8	21-30	500-600
Polyisobuten/Polyisopren-Copolymer				
vulkanisiert	1,0	0,4	18-21	750-950
vulkanisiert mit 33% Ruß	3-4	3,6	18-21	650-850
Silikon	–	–	7	4.000
Vinylidenfluorid/Hexafluorpropylen	–	–	12,4	–

[a] Daten für geringe Dehnung (auf Zug)
[b] Auf Scherung

Beispiel 6.5

Die folgenden Daten wurden im Biegeversuch für ein Nylon gesammelt, das zur Herstellung von Leichtbau-Getrieben eingesetzt wird:

– Abmessungen des Prüfteils: 7 mm × 13 mm × 100 mm
– Abstand zwischen den Auflagen: L = 50 mm
– Anfänglicher Anstieg der Kraft-Durchbiegungs-Kurve: 404 × 10^3 N/m

Berechnen Sie den Biegemodul für dieses technische Polymer.

Lösung

Anhand von Abbildung 6.14 und Gleichung 6.12 finden wir, dass

$$E_{flex} = \frac{L^3 m}{4bh^3}$$

$$= \frac{(50 \times 10^{-3} \text{ m})^3 (404 \times 10^3 \text{ N/m})}{4(13 \times 10^{-3} \text{ m})(7 \times 10^{-3} \text{ m})^3}$$

$$= 2{,}83 \times 10^9 \text{ N/m}^2$$

$$= 2.830 \text{ MPa} .$$

Beispiel 6.6

Auf einen Stab aus hochdichtem Polyethylen wird eine kleine einachsige Spannung von 1 MPa aufgebracht.

(a) Wie groß ist die resultierende Dehnung?
(b) Wiederholen Sie die Berechnung für einen Stab aus vulkanisiertem Isopren.
(c) Wiederholen Sie die Berechnung für einen Stab aus Stahl 1.0511.

Lösung

(a) Auf diesem moderaten Spannungsniveau können wir ein Verhalten nach dem Hookeschen Gesetz annehmen:

$$\varepsilon = \frac{\sigma}{E} .$$

Mit dem Wert E = 830 MPa aus ergibt sich

$$\varepsilon = \frac{1 \text{ MPa}}{830 \text{ MPa}} = 1{,}2 \times 10^{-3} .$$

(b) Mit dem Wert E = 1,3 MPa aus ergibt sich

$$\varepsilon = \frac{1 \text{ MPa}}{1,3 \text{ MPa}} = 0,77 \ .$$

(c) Mit dem Wert E = 200 GPa = 2 × 10⁵ MPa aus ergibt sich

$$\varepsilon = \frac{1 \text{ MPa}}{2 \times 10^5 \text{ MPa}} = 5,0 \times 10^{-6} \ .$$

Hinweis: Der deutliche Unterschied zwischen den Elastizitätsmoduln von Polymeren und anorganischen Festkörpern wird in Verbundwerkstoffen ausgenutzt (siehe *Kapitel 14*).

Übung 6.5 Mit den Daten in Beispiel 6.5 lässt sich der Biegemodul berechnen. Bei der beschriebenen Konfiguration bewirkt eine anliegende Kraft von 680 N den Bruch der Nylon-Probe. Berechnen Sie die korrespondierende Biegefestigkeit.

Übung 6.6 In Beispiel 6.6 wird die Dehnung für verschiedene Stoffe unter einer Spannung von 1 MPa berechnet. Während die Dehnung für Polymere relativ groß ist, gibt es bestimmte Hochmodul-Polymere mit beträchtlich niedrigeren Werten. Berechnen Sie die Dehnung in einer zellulosehaltigen Faser mit einem Elastizitätsmodul von 28.000 MPa (unter einer einachsigen Spannung von 1 MPa).

6.2 Elastische Verformung

Bevor wir das Thema Spannungs-Dehnungs-Verhalten für Werkstoffe verlassen, ist es angebracht, einen Blick auf die wirkenden Mechanismen auf der atomaren Ebene zu werfen. Wie Abbildung 6.18 zeigt, beruht die elastische Verformung auf dem Strecken von Atombindungen. Die minimale Verformung des Materials im primären elastischen Bereich ist so klein, dass wir uns auf der atomaren Ebene nur mit dem Teil der Kurve, die die anzulegende Kraft mit der Trennung atomarer Bindungen korreliert, der Kraft-Atom-Trennungskurve in der unmittelbaren Nachbarschaft des Gleichgewichtsatomtrennungsabstands (a_0 entsprechend F = 0) befassen müssen. Der nahezu geradlinige Verlauf von F über a entlang der a-Achse impliziert, dass ähnliches elastisches Verhalten bei einem Druckversuch genauso wie unter Zug zu beobachten sein wird. Diese Ähnlichkeit findet man besonders häufig bei Metallen.

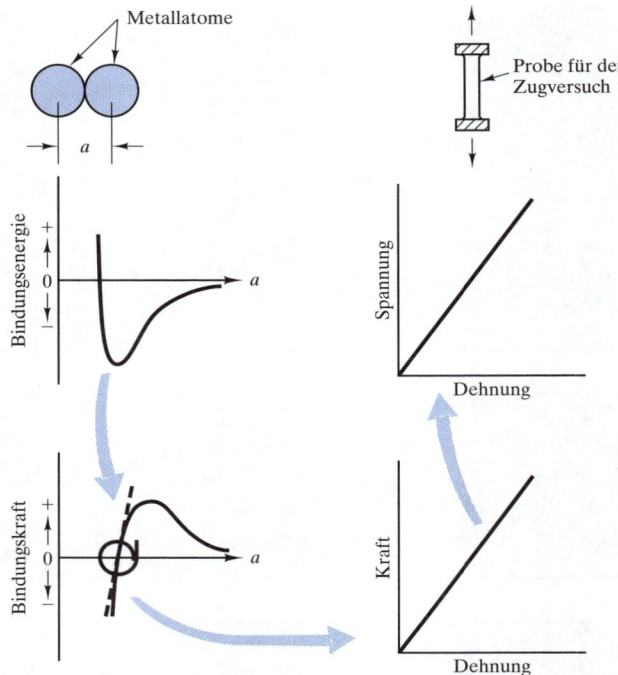

Abbildung 6.18: Beziehung zwischen elastischer Verformung und der Aufweitung von Atombindungen

Beispiel 6.7

Ohne Spannung beträgt der Abstand zwischen den Mittelpunkten von zwei Fe-Atomen 0,2480 nm (entlang einer <111>-Richtung). Unter einer Zugspannung von 1.000 MPa entlang dieser Richtung wächst der Atomabstand auf 0,2489 nm. Berechnen Sie den Elastizitätsmodul entlang der <111>-Richtungen.

Lösung

Aus dem Hookeschen Gesetz (Gleichung 6.3)

$$E = \frac{\sigma}{\varepsilon}$$

mit $\varepsilon = \dfrac{(0,2489 - 0,2480)\ \text{nm}}{0,2480\ \text{nm}} = 0,00363$

erhält man $E = \dfrac{1.000\ \text{MPa}}{0,00363} = 280\ \text{GPa}$.

Hinweis: Dieser E-Modul repräsentiert den Maximalwert in der Kristallstruktur von Eisen. Der Minimalwert von E ist 125 GPa in der <100>-Richtung. In polykristallinem Eisen mit zufälligen Kornorientierungen tritt ein durchschnittlicher E-Modul von 205 GPa auf, der nahe dem Wert für die meisten Stähle liegt.

> **Übung 6.7**
>
> (a) Berechnen Sie den Abstand zwischen den Mittelpunkten von zwei Fe-Atomen entlang der <100>-Richtung in unbelastetem α-Eisen.
>
> (b) Berechnen Sie den Trennungsabstand entlang dieser Richtung unter einer Zugspannung von 1.000 MPa (siehe Beispiel 6.7).

6.3 Plastische Verformung

Die plastische Verformung beruht auf der Verzerrung und Rückbildung der Atombindungen. *Kapitel 5* hat gezeigt, dass die atomare Diffusion in kristallinen Festkörpern ohne Anwesenheit von Punktdefekten extrem schwierig ist. Ähnlich schwierig ist die **plastische** (permanente) **Verformung** von kristallinen Festkörpern ohne Versetzungen (den in *Abschnitt 4.3* eingeführten linearen Defekten). Frenkel berechnete als Erster die notwendige mechanische Spannung, um einen perfekten Kristall zu verformen. Diese Verformung entsteht durch Gleiten einer Atomebene über einer benachbarten Ebene wie es Abbildung 6.19 zeigt. Die mit diesem Gleitvorgang verbundene Scherspannung lässt sich berechnen, wenn man die periodischen Bindungskräfte entlang der Gleitebene kennt. Entsprechend dem von Frenkel erhaltenen Ergebnis ist die **theoretische kritische Scherspannung** ungefähr eine Größenordnung kleiner als der *Schubmodul G* (siehe Gleichung 6.8) für das entsprechende Vollmaterial. Bei einem typischen Metall wie Kupfer repräsentiert die theoretische kritische Scherspannung einen Wert weit über 1.000 MPa. Die eigentlich notwendige Spannung, um eine Probe aus reinem Kupfer zu verformen (d.h. Atomebenen aneinander vorbeigleiten zu lassen), ist mindestens eine Größenordnung niedriger als dieser Wert. Unsere tägliche Erfahrung mit Metalllegierungen (Aluminiumdosen öffnen oder den Kotflügel am Auto verbeulen) betrifft Verformungen, die im Allgemeinen ein Spannungsniveau von nur einigen wenigen Hundert Megapascal verlangen.

Worauf beruht dann die mechanische Verformung von Metallen, die nur einen Bruchteil der theoretischen Kraft erfordert? Die Antwort, auf die wir bereits angespielt haben, ist die Versetzung. Abbildung 6.20 veranschaulicht, welche Rolle eine Versetzung beim Scheren eines Kristalls entlang einer Gleitebene spielen kann. Vor allem ist zu beobachten, dass nur eine relativ kleine Scherkraft in der unmittelbaren Nachbarschaft der Versetzung wirken muss, um eine schrittweise Scherung hervorzurufen, die schließlich die gleiche Gesamtverformung liefert wie der unter hoher Spannung ablaufende Vorgang von Abbildung 6.19. Abbildung 6.21 zeigt die perspektivische Ansicht eines Schervorgangs mit einer allgemeineren, gemischten Versetzung (siehe hierzu auch *Abbildung 4.13*).

6 MECHANISCHES VERHALTEN

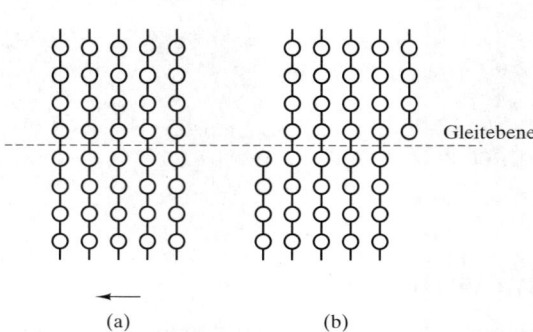

Abbildung 6.19: Vorbeigleiten einer Atomebene an einer benachbarten. Dieser unter hoher Spannung verlaufende Vorgang ist notwendig, um einen perfekten Kristall plastisch (dauerhaft) zu verformen.

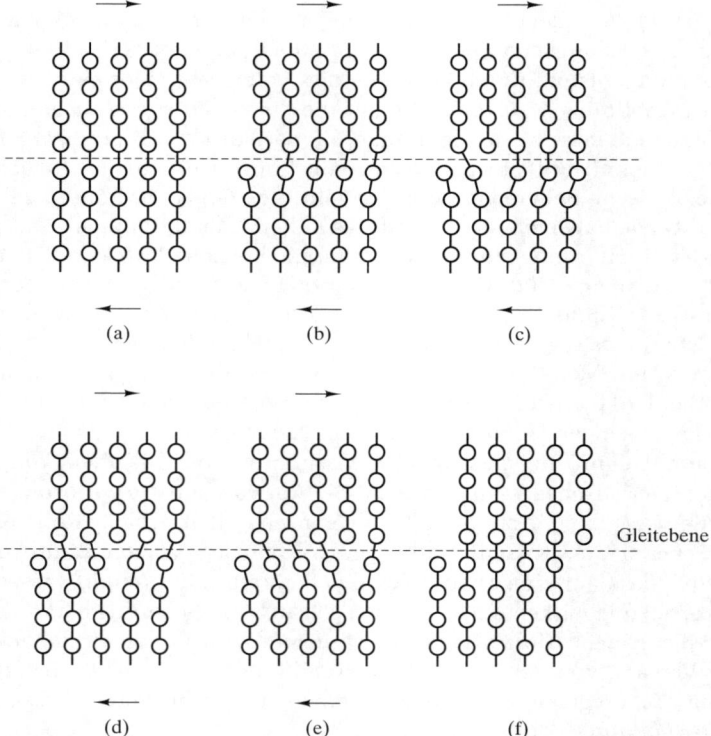

Abbildung 6.20: Eine Alternative mit geringer Spannung für die plastische Verformung eines Kristalls ist die Verschiebung einer Versetzung entlang einer Gleitebene.

6.3 Plastische Verformung

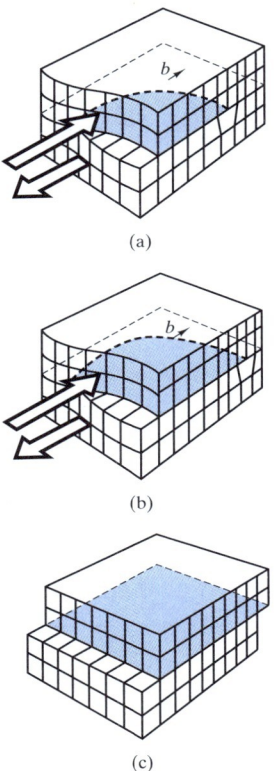

Abbildung 6.21: Schematische Darstellung der Bewegung einer Versetzung unter dem Einfluss einer Scherspannung. Im Ergebnis nimmt die plastische (bleibende) Verformung zu. (Vergleichen Sie Abbildung 6.21a mit *Abbildung 4.13*.)

Diesen Defektmechanismus des Gleitens können wir anhand einer einfachen Analogie verstehen. Abbildung 6.22 zeigt Goldie, die Raupe. Goldie kann unmöglich vollkommen ausgestreckt über den Boden gleiten (Abbildung 6.22a). Dagegen „gleitet" Goldie problemlos, wenn sie eine „Versetzung" durch ihren Körper laufen lässt (Abbildung 6.22b).

Übertragen auf Abbildung 6.20 lässt sich verstehen, dass der schrittweise Gleitvorgang schwieriger wird, wenn die einzelnen Atomschrittabstände zunehmen. Im Ergebnis ist das Gleiten auf einer Ebene mit geringer Atomdichte schwieriger als auf einer Ebene mit hoher Atomdichte. Abbildung 6.23 stellt diesen Unterschied schematisch dar. Im Allgemeinen tritt der Mikrostrukturmechanismus des Gleitens – das Bewegen einer Versetzung – in Ebenen und in Richtungen mit hoher Atomdichte auf. Eine Kombination von gleichwertigen kristallographischen Ebenen und Richtungen entsprechend der Versetzungsbewegung bezeichnet man als **Gleitsystem**. Abbildung 6.24 ist *Abbildung 1.18* ähnlich, aber mit dem Unterschied, dass wir nun die Gleitsysteme in (a) kfz-Aluminium und (b) hdp-Magnesium benennen können. Wie in *Kapitel 1* dargestellt, sind Aluminium und seine Legierungen charakteristischerweise duktil (verformbar) infolge der großen Anzahl (12) von Kombinationen aus Ebene und Richtung mit hoher Dichte. Magnesium und seine Legierungen sind typischerweise spröde (sie brechen bei geringer Verformung) infolge der kleineren Anzahl (3) derartiger Kombinationen. fasst die Hauptgleitsysteme in typischen Metallstrukturen zusammen.

6 MECHANISCHES VERHALTEN

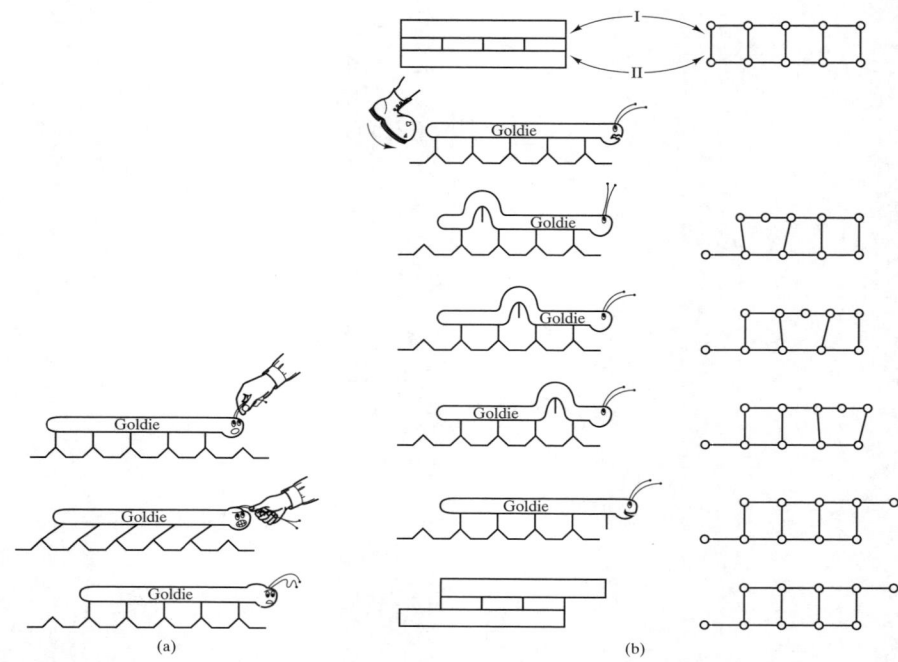

Abbildung 6.22: Die Raupe Goldie veranschaulicht, wie schwierig es ist, ausgestreckt über den Boden zu gleiten (a). Mit einer „Versetzung" (b) geht es wesentlich leichter.

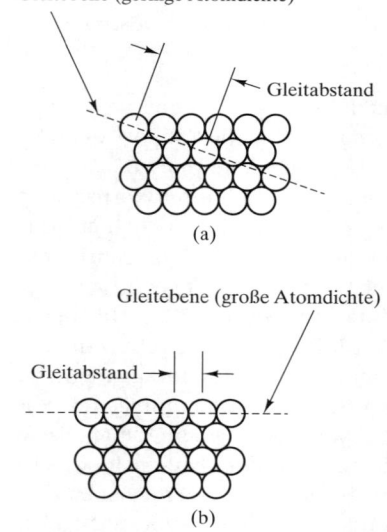

Abbildung 6.23: Versetzungsgleiten ist auf einer Ebene mit geringer Atomdichte (a) schwieriger als auf einer Ebene mit hoher Atomdichte (b).

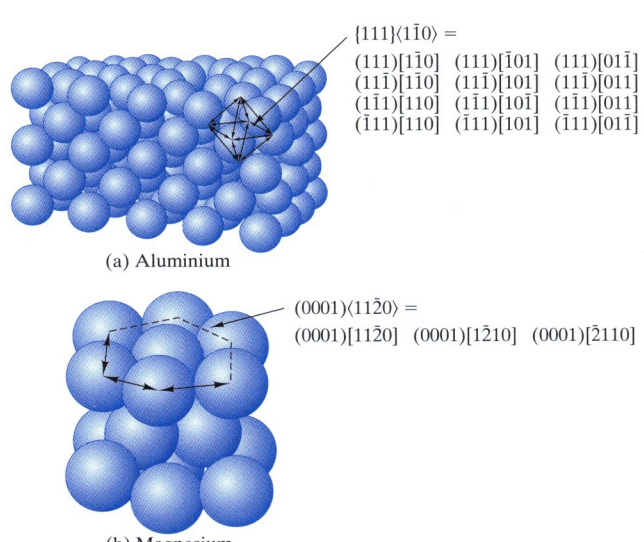

Abbildung 6.24: Gleitsysteme für kfz-Aluminium (a) und hdp-Magnesium (b). (Vergleichen Sie mit *Abbildung 1.18*.)

Tabelle 6.9

Hauptgleitsysteme typischer Metallstrukturen

Kristall-struktur	Gleit-ebene	Gleit-richtung	Anzahl der Gleitsysteme	Geometrie der Elementarzelle	Beispiele
krz	{110}	<$\bar{1}\bar{1}1$>	6 × 2 = 12		α-Fe, Mo, W
kfz	{111}	<$1\bar{1}0$>	4 × 3 = 12		Al, Cu, γ-Fe, Ni
hdp	(0001)	<$11\bar{2}0$>	1 × 3 = 3		Cd, Mg, α-Ti, Zn

6 MECHANISCHES VERHALTEN

Verschiedene Grundkonzepte des mechanischen Verhaltens von kristallinen Stoffen beziehen sich direkt auf einfache Modelle der Versetzungsbewegung. Zur Kaltumformung von Metallen gehört eine gezielte Verformung des Metalls bei relativ niedrigen Temperaturen (siehe Abschnitt 6.1 und *Kapitel 10*). Bei der Herstellung hochfester Bauteile gilt ein wichtiges Merkmal der Kaltumformung: Das Metall ist schwieriger umzuformen, wenn der Verformungsgrad zunimmt. Die mikromechanische Ursache dafür ist, dass eine Versetzung die Bewegung einer anderen Versetzung behindert. Der Gleitvorgang nach Abbildung 6.20 schreitet am gleichmäßigsten voran, wenn die Gleitebene frei von Hindernissen ist. Die Kaltumformung generiert Versetzungen, die als solche Hindernisse wirken. In der Tat erzeugt die Kaltumformung so viele Versetzungen, dass man die Konfiguration als „Versetzungswald" bezeichnet (siehe *Abbildung 4.29b*). Fremdatome können ebenso als Hindernisse der Versetzungsbewegung wirken. Abbildung 6.25 veranschaulicht die mikromechanische Basis der **Mischkristallverfestigung** von Legierungen (d.h. Einschränken der plastischen Verformung durch Bilden fester Lösungen). Die Härte- oder Festigkeitssteigerung tritt auf, weil sich der elastische Bereich erweitert und zu einer höheren Streckgrenze führt. Auf diese Konzepte geht Abschnitt 6.4 näher ein. Hindernisse der Versetzungsbewegung verfestigen Metalle, aber höhere Temperaturen können dabei helfen, diese Hindernisse zu überwinden und dabei die Metalle zu erweichen. Ein Beispiel für dieses Konzept ist das *Anlassen*, eine spannungsabbauende Wärmebehandlung, die *Kapitel 10* beschreibt. Der mikromechanische Mechanismus ist hier ziemlich einfach. Bei genügend hohen Temperaturen ist die atomare Diffusion ausreichend groß, sodass sich die unter hoher Spannung stehenden Kristallkörner, die durch Kaltumformung entstanden sind, in nahezu perfekte kristalline Strukturen reorganisieren können. Die Versetzungsdichte geht mit steigender Temperatur drastisch zurück. Dadurch kann der relativ einfache Verformungsmechanismus nach Abbildung 6.20 ohne den Versetzungswald stattfinden. Hier haben wir es mit einer wichtigen Mischung der Konzepte von Festkörperdiffusion (siehe *Kapitel 5*) und mechanischer Verformung zu tun. Spätere Kapitel zeigen weitere Beispiele. In jedem Fall gilt eine praktische Faustregel: Die Temperatur, bei der die Atombeweglichkeit ausreichend hoch ist, um mechanische Eigenschaften zu beeinflussen, liegt ungefähr zwischen 33 und 50% der absoluten Schmelztemperatur T_m.

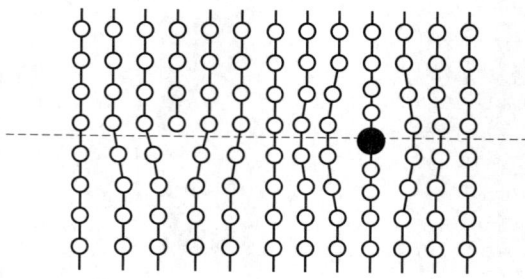

Richtung der „versuchten" Versetzungsbewegung

Abbildung 6.25: Ein Verunreinigungsatom erzeugt ein Dehnungsfeld in einem Kristallgitter und bildet dabei ein Hindernis für die Versetzungsbewegung.

6.3 Plastische Verformung

Außerdem gilt für das mechanische Verhalten der Grundsatz, dass komplexere Kristallstrukturen mit sprödem Materialverhalten korrespondieren. Allgemeine Beispiele hierfür sind intermetallische Verbindungen (z.B. Ag_3Al) und Keramiken (z.B. Al_2O_3). Relativ große Burgers-Vektoren in Kombination mit der Schwierigkeit, hindernisfreie Gleitebenen zu erzeugen, schaffen hier nur eine begrenzte Möglichkeit für Versetzungsbewegungen. Bei Hochtemperaturverbundstrukturen mit Grenzflächen zwischen ungleichen Metallen kommt es häufig zur Bildung von *intermetallischen Verbindungen*, die dementsprechend zur Werkstoffversprödung führen. Wie Abschnitt 6.1 gezeigt hat, sind Keramiken typischerweise spröde Stoffe. *Abbildung 4.14* bestätigt die Aussage über große Burgers-Vektoren. Neben der Sprödigkeit von Keramiken ist außerdem zu berücksichtigen, dass viele Gleitsysteme infolge des Ladungszustands der Ionen nicht möglich sind. Das Aneinandergleiten von Ionen mit gleichen Ladungen kann hohe Coulomb-Abstoßungskräfte hervorrufen. Im Ergebnis zeigen selbst Keramikverbindungen mit relativ einfachen Kristallstrukturen nur bei relativ hohen Temperaturen eine merkliche Versetzungsbeweglichkeit.

Zum Abschluss zeigt dieser Abschnitt, wie sich die Verformungsspannung für einen kristallinen Stoff bezogen auf die Mikromechanismen des einzelnen Gleitsystems makroskopisch berechnen lässt. Abbildung 6.26 definiert die **freigesetzte Scherspannung** τ, d.h. die eigentliche Spannung, die auf das Gleitsystem (in der Gleitebene und in der Gleitrichtung) wirkt und aus einer einfachen Zugspannung σ (=F/A) resultiert, wobei F die extern angelegte Kraft senkrecht zur Querschnittsfläche (A) der Einkristallprobe ist. Wichtig hierbei ist, dass der fundamentale Deformationsmechanismus ein Schwervorgang ist, der auf der Projektion der angelegten Kraft auf das Gleitsystem basiert. Die Komponente der in der Gleitrichtung wirkenden Kraft F ist $F \cos \lambda$. Die Projektion der Probenquerschnittsfläche A auf die Gleitebene ergibt eine Fläche von $A / \cos \varphi$. Im Ergebnis ist die aufgelöste Scherspannung τ gleich

$$\tau = \frac{F \cos \lambda}{A / \cos \omega} = \frac{F}{A} \cos \lambda \cos \omega = \sigma \cos \lambda \cos \omega , \quad (6.14)$$

wobei σ die angelegte Zugspannung (= F/A) ist und λ und φ in Abbildung 6.26 definiert sind. Gleichung 6.14 verknüpft die freigesetzte Scherspannung τ mit der angelegten Spannung. Einen ausreichend großen Wert von τ, um Gleiten durch Versetzungsbewegung zu erzeugen, bezeichnet man als die **kritische Scherspannung**. Sie ist durch

$$\tau_c = \sigma_c \cos \lambda \cos \omega \quad (6.15)$$

gegeben, wobei σ_c natürlich die erforderliche Spannung ist, um diese Verformung hervorzurufen. Bei der plastischen Verformung sollte man immer an diese Verbindung zwischen makroskopischen Spannungswerten und dem mikromechanischen Mechanismus des Versetzungsgleitens denken.

6 MECHANISCHES VERHALTEN

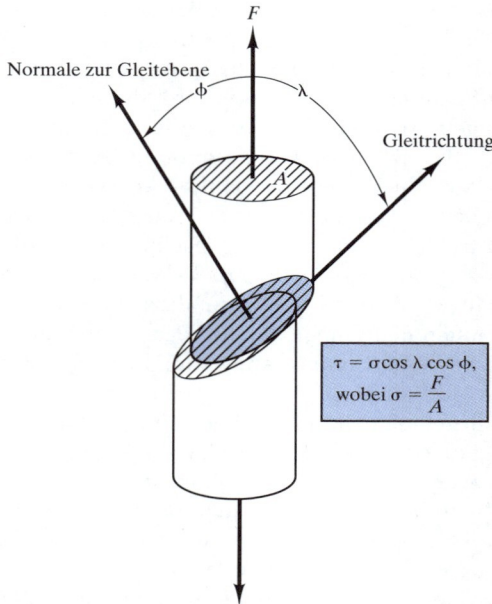

Abbildung 6.26: Definition der freigesetzten Scherspannung τ, die zu einer direkten plastischen Verformung (durch eine Scherbewegung) als Ergebnis einer extern aufgebrachten Zugspannung σ führt

Beispiel 6.8 An einen Zinkeinkristall wird eine Zugspannung gelegt, wobei die Normale zu seiner Basisebene (0001) bei 60° zur Zugachse und die Gleitrichtung [11$\bar{2}$0] bei 40° zur Zugachse verläuft.
(a) Wie groß ist die freigesetzte Scherspannung τ, die in der Gleitrichtung wirkt, wenn eine Zugspannung von 0,690 MPa angelegt wird?
(b) Wie groß ist die notwendige Zugspannung, um die kritische Scherspannung τ_c von 0,94 MPa zu erreichen?

Lösung

(a) Mithilfe von Gleichung 6.14 erhält man

$$\tau = \sigma \cos \lambda \cos \omega$$

$$= (0{,}690 \text{ MPa}) \cos 40° \cos 60°$$

$$= 0{,}264 \text{ MPa} (38{,}3 \text{ psi}).$$

(b) Mithilfe von Gleichung 6.15 erhält man

$$\tau_c = \sigma_c \cos\lambda \cos\omega$$

oder

$$\sigma_c = \frac{\tau_c}{\cos\lambda\cos\omega}$$

$$= \frac{0{,}94\ \text{MPa}}{\cos 40°\cos 60°}$$

$$= 2{,}45\ \text{MPa}(356\ \text{psi}).$$

Übung 6.8 Wiederholen Sie Beispiel 6.8, aber nehmen Sie die beiden Richtungen mit 45°, statt 60° und 40° an.

6.4 Härte

Die Härteprüfung (siehe Abbildung 6.27) ist als relativ einfache Alternative für die Zugprüfung gemäß Abbildung 6.1 verfügbar. Der Widerstand, den ein Material dem Eindringen eines anderen Stoffs entgegensetzt, ist eine qualitative Kenngröße seiner Festigkeit. Der Eindringkörper kann entweder abgerundet oder spitz sein und besteht aus einem wesentlich härteren Material als der Prüfkörper, beispielsweise aus gehärtetem Stahl, Wolframcarbid (Hartmetall) oder Diamant (siehe Tabelle 6.10). fasst die gebräuchlichen Typen der Härtetests mit ihren charakteristischen Eindringgeometrien zusammen. Empirische Härtezahlen berechnet man mit geeigneten Formeln anhand von Messungen der Eindringgeometrie. Mikrohärtemessungen werden an einem Hochleistungsmikroskop vorgenommen. Die **Rockwell**[1]**-Härte** wird mit verschiedenen Skalen (z.B. Rockwell A und Rockwell B) für unterschiedliche Härtebereiche eingesetzt. Korreliert man die Härte mit der Tiefe der Eindringung, lässt sich der Härtewert komfortabel auf einer Messuhr oder einem Digitalinstrument anzeigen. In diesem Kapitel führen wir oftmals auch die **Brinell**[2]**-Härte** (HB) an, weil hierbei eine einzelne Skala einen weiten Bereich der Materialhärte überstreicht und sich eine ziemlich lineare Korrelation mit der Festigkeit feststellen lässt. gibt HB-Werte für die Legierungen aus an. In Abbildung 6.28a ist ein deutlicher Trend der Brinell-Härte mit der Zugfestigkeit für diese Legierungen zu erkennen. Abbildung 6.28b zeigt, dass die Korrelation für bestimmte Legierungsklassen genauer ist als für andere. Für diese Korrelation verwen-

---

[1] Die Rockwell-Härteprüfung wurde 1919 vom amerikanischen Metallurgen Stanley P. Rockwell erfunden. Der Begriff „Rockwell" ist in Verbindung mit der Prüfeinrichtung und Referenzstandards ein eingetragenes Warenzeichen in vielen Ländern, einschließlich der Vereinigten Staaten.

[2] Johan August Brinell (1849–1925), schwedischer Metallurg, hat viele wichtige Beiträge zur Metallurgie von Stahl geleistet. Sein Apparat zur Härteprüfung wurde erstmals 1900 auf der Pariser Weltausstellung gezeigt. Derzeitige „Brinell-Tester" haben sich praktisch kaum im Design geändert.

6 MECHANISCHES VERHALTEN

det man im Allgemeinen die Zugfestigkeit anstelle der Streckgrenze, weil die Härteprüfung eine wesentliche Komponente der plastischen Verformung beinhaltet. *Kapitel 10* geht näher auf die Härte im Zusammenhang mit der Wärmebehandlung ein. gibt typische Härtewerte für verschiedene Polymere an.

Die Companion Website enthält das Kapitel zu *Macroindentation Hardness Testing* aus dem ASM Handbook, Vol. 8 (Mechanical Testing and Evaluation), ASM International, Materials Park, OH 2000. (Auszug ist mit Erlaubnis verwendet.)

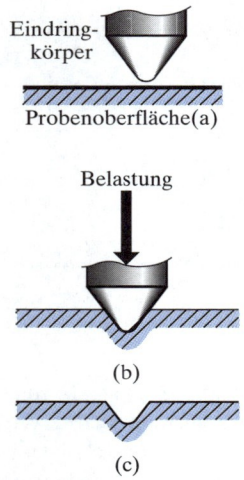

Abbildung 6.27: Härteprüfung: zeigt die Eindringgeometrien.

Tabelle 6.10

Typische Härtetestgeometrien

Test	Eindring-körper	Eindringform Seitenansicht	Draufsicht	Belastung	Formel für Härtezahl
Brinell	Kugel mit 10 mm Durchmesser aus Stahl oder Wolframcarbid	D, d	d	P	$HB = \dfrac{2P}{\pi D\left[D - \sqrt{D^2 - d^2}\right]}$
Vickers	Diamantpyramide	136°	d_1, d_1	P	$VH = 1{,}72 P / d_1^2$

6.4 Härte

Typische Härtetestgeometrien

Test	Eindring-körper	Eindringform Seiten-ansicht	Draufsicht	Belas-tung	Formel für Härtezahl
Knoop-Mikro-härte	Diamant-pyramide	$l/b = 7{,}11$, $b/t = 4{,}00$		P	$KH = 14{,}2 P / l^2$
Rockwell A C D	Diamant-kegel	120°		60 kg 150 kg 100 kg	$R_A =$ $R_C = 100 - 500t$ $R_D =$
B F G	Stahlkugel mit einem Durchmesser von 1/16 Zoll			100 kg 60 kg 150 kg	$R_B =$ $R_F =$ $R_G = 130 - 500t$ $R_E =$ $R_H =$
E H	Stahlkugel mit einem Durchmesser von 1/8 Zoll			100 kg 60 kg	

Tabelle 6.11

Vergleich der Brinell-Härte (HB) mit der Zugfestigkeit für die Legierungen aus

	Legierung	HB	Zugfestigkeit [MPa]
1.	Kohlenstoffstahl	235	750
2.	niedrig legierter Stahl	220	800
3.	rostfreier Stahl	250	800
5.	Eisen-Superlegierung	250	800
6.	b. Weicheisen, 60-40-18	167	461
7.	a. 3003-H14-Aluminium	40	150
8.	a. AZ31B-Magnesium b. AM100A-Gussmagnesium	73 53	290 150
9.	a. Ti-5Al-2,5Sn	335	862
10.	Aluminiumbronze, 9% (Kupferlegierung)	165	652

Vergleich der Brinell-Härte (HB) mit der Zugfestigkeit für die Legierungen aus

Legierung		HB	Zugfestigkeit [MPa]
11.	Monel 400 (Nickellegierung)	110-150	579
12.	AC41A-Zink	91	328
13.	50:50-Lot (Bleilegierung)	14,5	42
15.	Zahngoldlegierung (Edelmetall)	80-90	310-380

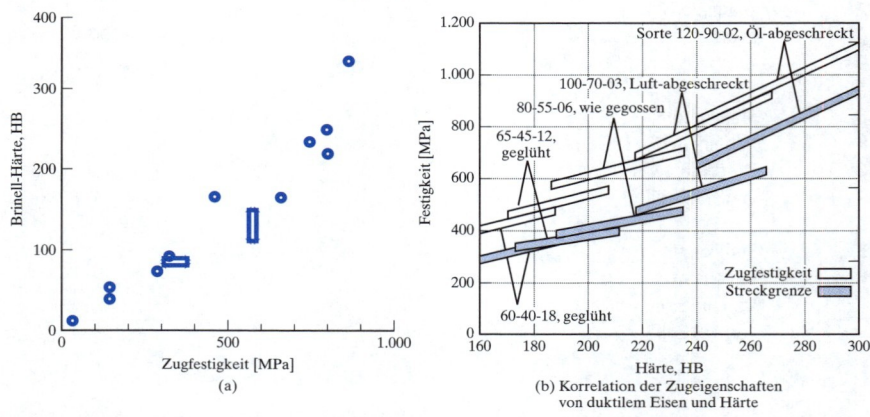

Abbildung 6.28: (a) Diagramm der Daten aus. Es ist ein allgemeiner Trend der Brinell-Härte mit der Zugfestigkeit zu erkennen. (b) Für bestimmte Legierungsklassen erhält man eine genauere Korrelation der Brinell-Härte mit der Zugfestigkeit (oder Streckgrenze).

Tabelle 6.12

Härtedaten für verschiedene Polymere

Polymer	Rockwell-Härte, R-Skala[a]
Thermoplastische Polymere	
Polymere für allgemeine Anwendungen	
Polyethylen	
hohe Dichte	40
niedrige Dichte	10
Polyvinylchlorid	110
Polypropylen	90
Polystyrol	75
Polyester	120
Acryl (Plexiglas)	130
Polyamide (Nylon 66)	121
zellulosehaltige Polymere	50 bis 115

Härtedaten für verschiedene Polymere

Polymer	Rockwell-Härte, R-Skala[a]
Technische Polymere	
Acrylnitril-Butadien-Styrol	95
Polykarbonate	118
Acetal	120
Polytetrafluorethylen (Teflon)	70
Duroplaste	
Phenol (Phenolformaldehyd)	125
Urea-Melamin	115
Polyester	100
Epoxydharze	90

[a] Für relativ weiche Stoffe: Eindringradius 0,5 Zoll und Belastung 60 kg.

Beispiel 6.9

(a) An Weicheisen (100-70-03, an Luft abgeschreckt) wird ein Brinell-Härtetest mit einer Kugel von 10 mm Durchmesser aus Wolframcarbid durchgeführt. Eine Last von 3.000 kg bewirkt in der Eisenoberfläche einen Eindruck mit einem Durchmesser von 3,91 mm. Berechnen Sie die Brinell-Härte dieser Legierung. (Die Einheiten für die Brinell-Gleichung in sind kg für die Last und mm für die Durchmesser.)

(b) Schätzen Sie die Zugfestigkeit dieses Weicheisens anhand von Abbildung 6.28b ab.

Lösung

(a) Mit den Werten aus lässt sich berechnen:

$$\text{HB} = \frac{2P}{\pi D\left(D - \sqrt{D^2 - d^2}\right)}$$

$$= \frac{2(3000)}{\pi(10)\left(10 - \sqrt{10^2 - 3{,}91^2}\right)}$$

$$= 240 \, .$$

(b) Aus Abbildung 6.28b lässt sich ablesen, dass

$$\text{Zugfestigkeit}_{\text{HB}=240} = 800 \text{ MPa} \, .$$

> **Übung 6.9** Nehmen Sie an, dass ein Weicheisen (100-70-03, an Luft abgeschreckt) eine Zugfestigkeit von 700 MPa hat. Wie groß wird der Eindringdurchmesser sein, den eine Last von 3.000 kg mit einer Kugel von 10 mm Durchmesser hervorruft? (Siehe Beispiel 6.9.)

6.5 Kriechen und Spannungsrelaxation

Das Verhalten eines Konstruktionswerkstoffs bei höheren Temperaturen lässt sich allein anhand der Zugprüfung nicht vorhersagen. Die in einem typischen Metallkörper, der unterhalb seiner Streckgrenze bei Raumtemperatur belastet wird, hervorgerufene Dehnung kann man aus dem Hookeschen Gesetz (Gleichung 6.3) berechnen. Im Allgemeinen ändert sich diese Dehnung unter einer festen Belastung mit der Zeit nicht (siehe Abbildung 6.29). Wiederholt man dieses Experiment bei einer „hohen" Temperatur (T größer als etwa 33 bis 50% der absoluten Schmelztemperatur), erhält man deutlich andere Ergebnisse. Abbildung 6.30 zeigt eine typische Testanordnung und Abbildung 6.31 eine typische **Kriechkurve**, bei der die Dehnung ε nach der anfänglichen elastischen Belastung allmählich mit der Zeit zunimmt. **Kriechen** lässt sich als plastische (permanente) Verformung definieren, die bei hoher Temperatur unter konstanter Last über einen längeren Zeitraum auftritt.

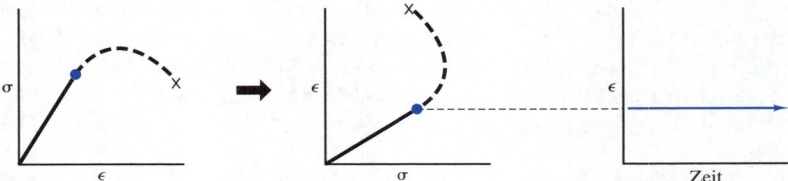

Abbildung 6.29: Die elastische Dehnung, die in einer Legierung bei Raumtemperatur hervorgerufen wird, ist unabhängig von der Zeit.

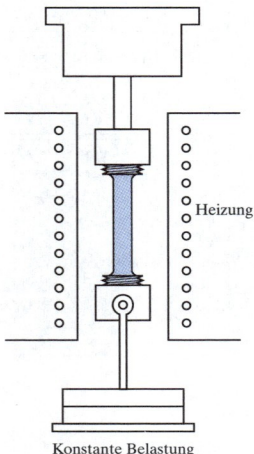

Abbildung 6.30: Typischer Kriechversuch

6.5 Kriechen und Spannungsrelaxation

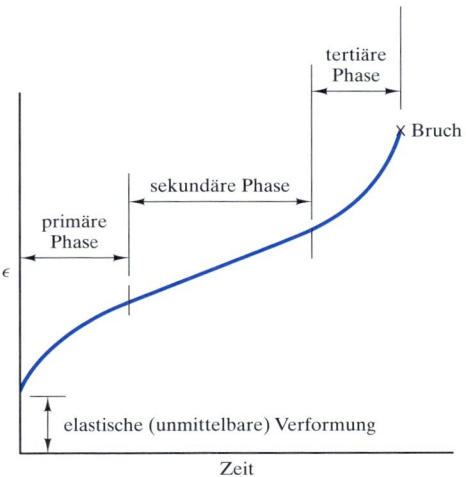

Abbildung 6.31: Kriechkurve. Im Gegensatz zu Abbildung 6.29 tritt die plastische Dehnung über die Zeit bei einem Werkstoff auf, der bei hohen Temperaturen (oberhalb von etwa 50% der absoluten Schmelztemperatur) belastet wird.

Nach der anfänglichen elastischen Verformung bei $t \cong 0$ zeigt Abbildung 6.31 drei Phasen der Kriechverformung. Die *primäre Phase* ist durch eine abnehmende Dehnungsrate charakterisiert (Anstieg der Kurve ε über t). Die relativ schnelle Zunahme der Länge, die in dieser Zeitspanne hervorgerufen wird, ist das direkte Ergebnis von erweiterten Verformungsmechanismen. Für Metalllegierungen typisch ist das **Versetzungskriechen** (Klettern), wie es Abbildung 6.32 zeigt. Wie Abschnitt 6.3 erläutert hat, ist diese erweiterte Verformung auf die thermisch aktivierte Atombeweglichkeit zurückzuführen, die den Versetzungen zusätzliche Gleitebenen verleiht, in denen sie sich bewegen können. Die *sekundäre Phase* der Kriechverformung ist durch eine Gerade mit konstanter Dehnungsgeschwindigkeit gekennzeichnet (siehe Abbildung 6.31). In diesem Bereich wird das leichtere Gleiten infolge höherer Temperaturbeweglichkeit durch den zunehmenden Gleitwiderstand aufgrund des Aufbaus von Versetzungen und anderer Hindernisse im Mikrostrukturbereich ausgeglichen. In der letzten *tertiären Phase* nimmt die Dehnungsgeschwindigkeit infolge einer Zunahme der wahren Spannung zu. Diese Zunahme resultiert aus dem geringer werdenden Querschnitt durch Einschnüren oder interne Risse. In manchen Fällen tritt ein Bruch in der sekundären Phase auf, sodass die letzte Phase entfällt.

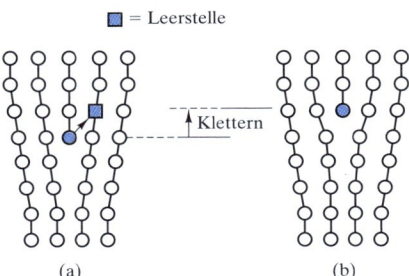

Abbildung 6.32: Mechanismus des Versetzungskletterns. Offensichtlich sind viele benachbarte Atombewegungen erforderlich, um das Klettern einer kompletten Versetzungslinie zu bewirken.

Abbildung 6.33 zeigt, wie sich die charakteristische Kriechkurve bei Änderungen der wirkenden Spannung oder der Umgebungstemperatur verändert. Da das Kriechen thermisch aktiviert wird, ist dieser Vorgang ein weiteres Beispiel für das Arrhenius-Verhalten, wie es *Abschnitt 5.1* erläutert hat. Dieser Gedanke lässt sich in einem Arrhenius-Diagramm verdeutlichen, wobei man den Logarithmus der stationären Kriechgeschwindigkeit ($\dot{\varepsilon}$) in der sekundären Phase über dem Kehrwert der absoluten Temperatur darstellt (siehe Abbildung 6.34). Wie bei anderen thermisch aktivierten Prozessen liefert der Anstieg der Arrhenius-Kurve eine Aktivierungsenergie Q für den Kriechmechanismus entsprechend dem Arrhenius-Ausdruck

$$\dot{\varepsilon} = Ce^{-Q/RT}, \tag{6.16}$$

wobei C ein Faktor, R die universelle Gaskonstante und T die absolute Temperatur ist. Die gestrichelte Linie in Abbildung 6.34 zeigt, wie sich die Daten der Dehnungsgeschwindigkeit bei hohen Temperaturen, die man aus Kurzzeitversuchen gewinnen kann, extrapolieren lassen, um das längerfristige Kriechverhalten bei niedrigeren Betriebstemperaturen vorherzusagen. Diese Extrapolation ist gültig, solange derselbe Kriechmechanismus über dem gesamten Temperaturbereich wirksam ist. Auf diesem Prinzip aufbauend hat man viele ausgefeilte halbempirische Diagramme entwickelt, um den Konstruktionsingenieur bei der Werkstoffauswahl zu unterstützen.

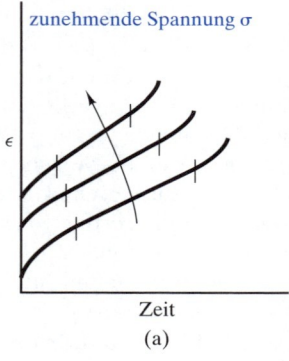

(a)

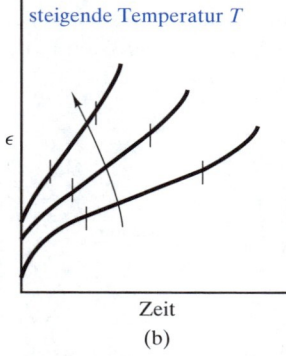

(b)

Abbildung 6.33: Veränderungen der Kriechkurve bei Variation von Spannung (a) oder Temperatur (b)

6.5 Kriechen und Spannungsrelaxation

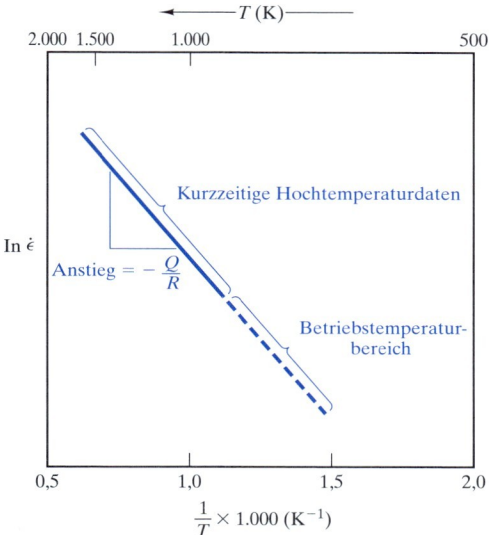

Abbildung 6.34: Arrhenius-Diagramm von $\ln \dot{\varepsilon}$ über $1/T$, wobei $\dot{\varepsilon}$ die Kriechgeschwindigkeit der sekundären Phase und T die absolute Temperatur ist. Der Anstieg liefert die Aktivierungsenergie für den Kriechmechanismus. Erweitert man die Kurzzeitmessung der Hochtemperaturdaten, lässt sich das Langzeit-Kriechverhalten bei niedrigeren Betriebstemperaturen voraussagen.

Anhand der Dehnungsgeschwindigkeit der sekundären Phase ($\dot{\varepsilon}$) und der Zeit bis zum Kriechbruch (t) lässt sich das Kriechverhalten schnell abschätzen (siehe Abbildung 6.35). Derartige Diagramme zusammen mit der wirkenden Spannung (σ) und Temperatur (T) liefern weitere wertvolle Daten für den Konstrukteur, der für die Auswahl von Hochtemperaturwerkstoffen verantwortlich ist (siehe z.B. in Abbildung 6.36).

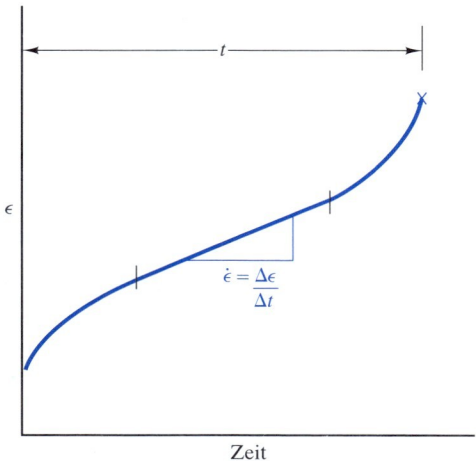

Abbildung 6.35: Anhand der Dehnungsrate in der sekundären Phase ($\ln \dot{\varepsilon}$) und der Zeit bis zum Kriechbruch (t) lässt sich das Kriechverhalten schnell charakterisieren.

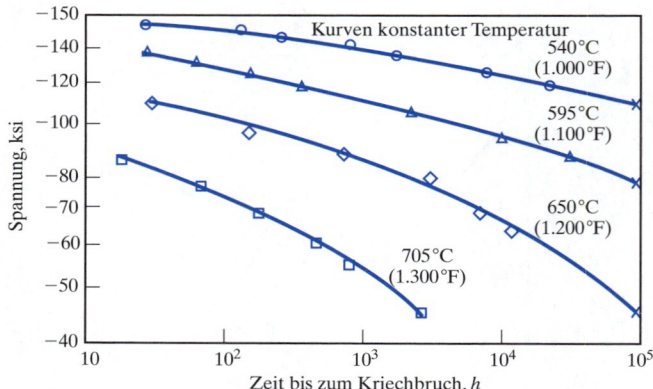

Abbildung 6.36: Kriechbruchdaten für die Nickelbasis-Superlegierung Inconel 718

Aufgrund ihres Einsatzes als Hochtemperaturwerkstoffe sind Angaben zum Kriechverhalten von Ingenieurkeramiken wahrscheinlich wichtiger als von Metallen. Die Rolle der Diffusionsmechanismen beim Kriechen von Keramiken ist komplizierter als bei Metallen, weil die Diffusion in Keramiken im Allgemeinen komplexer ist. Das ergibt sich unter anderem aus der Forderung nach Ladungsneutralität und den unterschiedlichen Diffusionsfähigkeiten für Kationen und Anionen. Im Ergebnis spielen Korngrenzen beim Kriechen von Keramiken häufig eine dominante Rolle. Das Gleiten von benachbarten Körnern entlang dieser Grenzflächen sorgt für mikrostrukturelle Umordnungen während der Kriechverformung. In manchen relativ unreinen Hochtemperaturkeramiken ist an den Korngrenzen die Bildung einer Glasphase zu verzeichnen. In diesem Fall kann das Kriechen ebenfalls durch den Mechanismus des Korngrenzengleitens infolge der viskosen Verformung der Glasphase stattfinden. Dieser „leichte" Gleitmechanismus ist im Allgemeinen nicht erwünscht, da eine Schwächung des Werkstoffs bei hohen Temperaturen auftritt. In Wirklichkeit lässt sich der Begriff *Kriechen* allerdings nicht auf Massengläser selbst anwenden. Die viskose Verformung von Gläsern wird separat in Abschnitt 6.6 behandelt.

Tabelle 6.13 gibt Daten der Kriechgeschwindigkeit für typische Keramiken bei einer konstanten Temperatur wieder und Abbildung 6.37 zeigt ein Arrhenius-Diagramm der Kriechgeschwindigkeitsdaten bei verschiedenen Temperaturen (und fester Belastung).

Tabelle 6.13

Kriechgeschwindigkeiten für verschiedene polykristalline Keramiken

Werkstoffe	$\dot{\varepsilon}$ bei 1300°C, 12,4 MPa $[mm/(mm \times h)] \times 10^6$
Al_2O_3	1,3
BeO	300,0
MgO (Folienguss)	330,0
MgO (hydrostatisch gedrückt)	33,0

6.5 Kriechen und Spannungsrelaxation

Kriechgeschwindigkeiten für verschiedene polykristalline Keramiken

Werkstoffe	$\dot{\varepsilon}$ bei 1300°C, 12,4 MPa [mm/(mm × h) × 10^6]
$MgAl_2O_4$ (2-5 µm)	263,0
$MgAl_2O_4$ (1-3 mm)	1,0
ThO_2	1.000,0
ZrO_2 (stabilisiert)	30,0

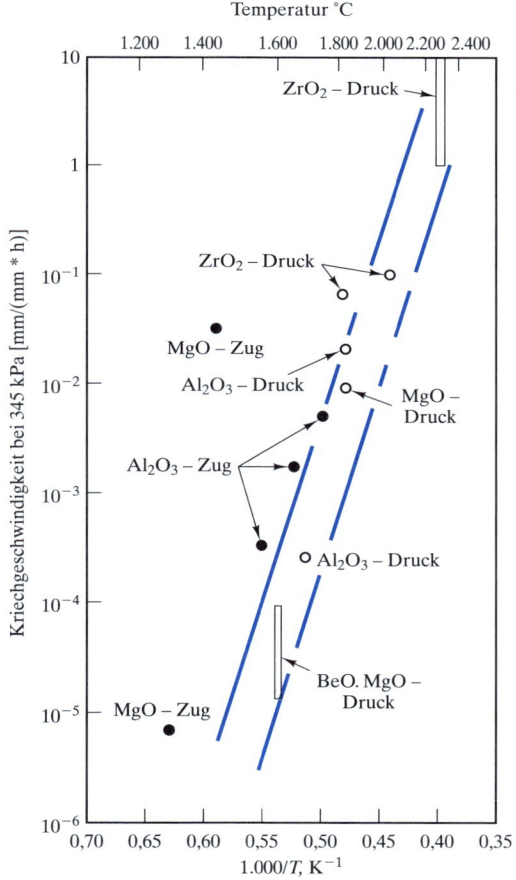

Abbildung 6.37: Arrhenius-Diagramm der Kriechgeschwindigkeiten für mehrere polykristalline Oxide bei einer angelegten Spannung von 345×10^3 Pa. Beachten Sie, dass die inverse Temperaturskala gedreht ist (d.h., die Temperatur nimmt nach rechts zu).

Für Metalle und Keramiken haben wir das Kriechverhalten als wichtige Erscheinung bei hohen Temperaturen (größer als etwa 50% der absoluten Schmelztemperatur) definiert. Kriechen ist auch eine wesentliche Designgröße für Polymere angesichts ihrer relativ niedrigen Schmelzpunkte. Abbildung 6.38 zeigt Kriechdaten für Nylon 66 bei mittlerer Temperatur und Belastung. Ein verwandtes Phänomen namens **Spannungsrelaxation** ist eine ebenso wichtige Auswahlgröße für Polymere. Ein bekanntes Beispiel ist das Gummiband, das längere Zeit unter Spannung steht und nicht in seine ursprüngliche Größe zurückschnappt, wenn man die Spannung wegnimmt.

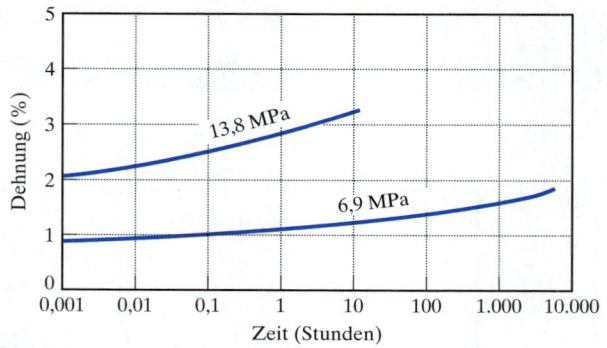

Abbildung 6.38: Kriechdaten für ein Nylon 66 bei 60 °C und 50% relativer Luftfeuchtigkeit

Kriechen von Werkstoffen bedeutet zunehmende Dehnung im Laufe der Zeit bei gleichzeitigem Anliegen einer konstanten Spannung. Dagegen bedeutet Spannungsrelaxation eine zeitlich abnehmende Spannung eines unter konstanter Dehnbeanspruchung stehenden Polymerwerkstoffs. Der Mechanismus der Spannungsrelaxation ist als viskoses Fließen (d.h., Moleküle, die über eine ausgedehnte Zeitspanne allmählich aneinander vorbeigleiten) zu verstehen. Dabei wandelt sich ein Teil der festen elastischen Dehnung irreversibel in plastische Verformung um. Spannungsrelaxation ist durch eine Relaxationszeit τ gekennzeichnet. Diese ist definiert als die erforderliche Zeit, damit die Spannung (σ) auf 0,37 (= $1/e$) der anfänglichen Spannung (σ_0) fällt. Der exponentielle Abfall der Spannung über der Zeit (t) ist durch

$$\sigma = \sigma_0 e^{-t/\tau} \tag{6.17}$$

gegeben.

Im Allgemeinen unterliegt die Spannungsrelaxation einem Arrheniusverhalten analog zum Kriechen bei Metallen und Keramiken. Die Form der Arrhenius-Gleichung für die Spannungsrelaxation lautet

$$\frac{1}{\tau} = Ce^{-Q/RT}, \tag{6.18}$$

wobei C eine präexponentielle Konstante, Q die Aktivierungsenergie (je Mol) für den viskosen Fluss, R die universelle Gaskonstante und T die absolute Temperatur ist.

6.5 Kriechen und Spannungsrelaxation

Beispiel 6.10

In einem Kriechversuch wird bei 1.000 °C eine stationäre Kriechgeschwindigkeit von 5×10^{-1} % je Stunde in einer Metalllegierung ermittelt. Der Kriechmechanismus für diese Legierung ist als Versetzungsklettern mit einer Aktivierungsenergie von 200 kJ/mol bekannt. Sagen Sie die Kriechgeschwindigkeit bei einer Betriebstemperatur von 600 °C voraus. Nehmen Sie an, dass das Laborexperiment die Betriebsspannung verdoppelt hat.

Lösung

Bestimmt man mit dem Laborexperiment die Konstante C in Gleichung 6.16, erhält man

$$C = \dot{\varepsilon} e^{+Q/RT}$$

$$= \left(5 \times 10^{-1} \text{% je Stunde}\right) e^{+(2 \times 10^5 \text{ J/mol})/[8{,}314 \text{ J/(mol-K)}](1.273 \text{ K})}$$

$$= 80{,}5 \times 10^6 \text{% je Stunde}.$$

Wendet man diese Größe auf die Betriebstemperatur an, erhält man

$$\dot{\varepsilon} = \left(80{,}5 \times 10^6 \text{ % je Stunde}\right) e^{-(2 \times 10^5)/(8{,}314)(873)}$$

$$= 8{,}68 \times 10^{-5} \text{ % je Stunde}.$$

Hinweis: Wir haben angenommen, dass der Kriechmechanismus zwischen 1.000 °C und 600 °C gleich bleibt.

Von hier an bis zum Ende des Buchs werden Probleme, die sich mit der Werkstoffauswahl im technischen Entwurfsprozess befassen, durch ein Entwurfssymbol (**D**) gekennzeichnet.

D Beispiel 6.11

Bei der Konstruktion eines Druckbehälters für die petrochemische Industrie muss ein Ingenieur die Temperatur abschätzen, der Inconel 718 ausgesetzt werden kann und dabei noch eine Betriebszeit von 10.000 h unter einer Betriebsspannung von 690 MPa garantiert, bevor ein Kriechbruch auftritt. Wie groß ist die Betriebstemperatur?

Lösung

Ausgehend von Abbildung 6.36 zeichnen wir die Daten in anderer Form, wobei zu beachten ist, dass die Ausfallspannung für eine Bruchzeit von 10^4 h mit der Temperatur wie folgt variiert:

σ (MPa)	T (°C)
860	540
655	595
450	650

Trägt man diese Werte in ein Diagramm ein, ergibt sich folgendes Bild:

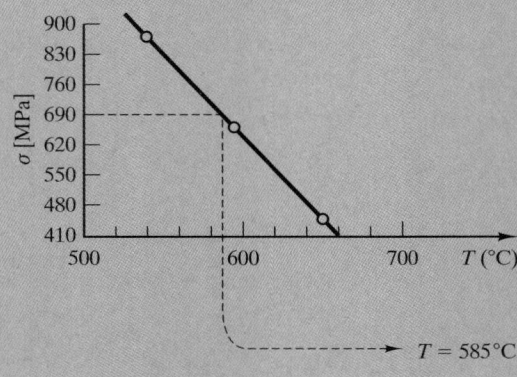

$T = 585\,°C$

Beispiel 6.12

(a) Wie lange dauert es (in Tagen), bevor die Spannung auf 1 MPa zurückgeht, wenn man das Gummiband einer anfänglichen Spannung von 2 MPa aussetzt?

(b) Wie groß ist die Relaxationszeit bei 35 °C, wenn die Aktivierungsenergie für den Relaxationsvorgang 30 kJ/mol beträgt?

Lösung

(a) Aus Gleichung 6.17 erhält man

$$\sigma = \sigma_0 e^{-t/\tau}$$

Die Relaxationszeit für ein Gummiband bei 25 °C beträgt 60 Tage.
und

$$1\text{ MPa} = 2\text{ MPa}\,e^{-t/(60\text{ d})}.$$

Durch Umstellen ergibt sich

$$t = -(60\text{ Tage})\left(\ln\frac{1}{2}\right) = 41{,}5\text{ Tage}.$$

(b) Aus Gleichung 6.18

$$\frac{1}{\tau} = Ce^{-Q/RT}$$

erhält man

$$\frac{1/\tau_{25°C}}{1/\tau_{35°C}} = \frac{e^{-Q/R(298\ K)}}{e^{-Q/R(308\ K)}}$$

oder

$$\tau_{35°C} = \tau_{25°C} \exp\left[\frac{Q}{R}\left(\frac{1}{308\ K} - \frac{1}{298\ K}\right)\right],$$

was schließlich

$$\tau_{35°C} = (60\ \text{Tage})\exp\left[\frac{30\times 10^3\ \text{J/mol}}{8{,}314\ \text{J/(mol}\cdot\text{K)}}\left(\frac{1}{308\ K} - \frac{1}{298\ K}\right)\right]$$

$$= 40{,}5\ \text{Tage}$$

ergibt.

Übung 6.10 In Beispiel 6.10 haben wir mithilfe der Arrhenius-Gleichung die Kriechgeschwindigkeit für eine gegebene Legierung bei 600 °C vorhergesagt. Berechnen Sie für dasselbe System die Kriechgeschwindigkeit bei (a) 700 °C, (b) 800 °C und (c) 900 °C. (d) Zeichnen Sie die Ergebnisse in einem Arrhenius-Diagramm ähnlich dem in Abbildung 6.34 ein.

D Übung 6.11 In Beispiel 6.11 haben wir eine maximale Betriebstemperatur für Inconel 718 abgeschätzt, bei der es eine Spannung von 690 MPa über 10.000 h übersteht. Wie hoch ist die maximale Betriebstemperatur für diese Druckbehälterkonstruktion, bei der diese Legierung (a) 100.000 h und (b) 1.000 h bei derselben Spannung übersteht?

Übung 6.12 In Beispiel 6.12a haben wir die Zeit für die Spannungsrelaxation auf 1 MPa bei 25 °C berechnet. (a) Berechnen Sie die Zeit für die Spannungsrelaxation auf 0,5 MPa bei 25 °C. (b) Wiederholen Sie Teil (a) für 35 °C mithilfe des Ergebnisses von Beispiel 6.12b.

6.6 Viskoelastische Verformung

Wie das nächste Kapitel zum thermischen Verhalten erläutert, dehnen sich Stoffe im Allgemeinen bei Erwärmung aus. Diese thermische Expansion wird als inkrementelle Längenzunahme ΔL bezogen auf die Anfangslänge L_0 erfasst. Bei der Messung der thermischen Expansion von anorganischem Glas oder organischen Polymeren findet man zwei eindeutige mechanische Reaktionen (siehe Abbildung 6.39). Erstens ist ein deutlicher Knick in der Ausdehnungskurve bei der Temperatur T_g zu verzeichnen. Zweitens gibt es oberhalb und unterhalb von T_g zwei unterschiedliche thermische Ausdehnungskoeffizienten (Anstiege). Der thermische Ausdehnungskoeffizient unterhalb von T_g ist vergleichbar mit dem eines kristallinen Festkörpers der gleichen Zusammensetzung. Der thermische Ausdehnungskoeffizient oberhalb von T_g lässt sich mit dem einer Flüssigkeit vergleichen. Deshalb bezeichnet man T_g als **Glasübergangstemperatur**. Unterhalb von T_g ist der Stoff ein echtes Glas (ein starrer Festkörper) und oberhalb von T_g eine unterkühlte Schmelze (siehe *Abschnitt 4.5*). In Bezug auf das mechanische Verhalten findet die elastische Verformung unterhalb von T_g statt, während die **viskose** (flüssigkeitsähnliche) **Verformung** oberhalb von T_g auftritt. Misst man die thermische Ausdehnung oberhalb von T_g weiter, gelangt man zu einem starken Abfall der Kurve bei der Temperatur T_S. Diese **Erweichungstemperatur** markiert den Punkt, an dem der Stoff so flüssig geworden ist, dass er das Gewicht der längenüberwachenden Probe (eines kleinen hitzebeständigen Stabes) nicht mehr tragen kann. Abbildung 6.40 zeigt ein Diagramm des spezifischen Volumens über der Temperatur. Es ist eng verwandt mit der thermischen Ausdehnungskurve von Abbildung 6.39. Die zusätzlichen Daten für das kristalline Material (mit derselben Zusammensetzung wie das Glas) geben eine anschauliche Definition von Glas im Vergleich zu einer unterkühlten Flüssigkeit und einem Kristall.

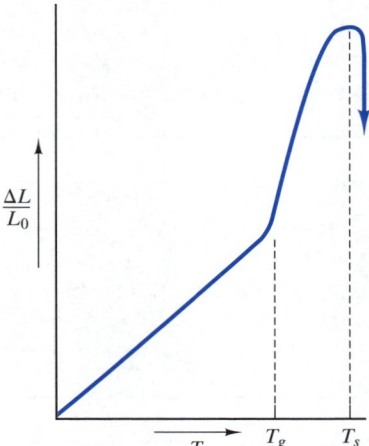

Abbildung 6.39: Eine typische Messkurve der thermischen Ausdehnung eines anorganischen Glases oder eines organischen Polymers zeigt eine Glasübergangstemperatur T_g und eine Erweichungstemperatur T_S.

6.6 Viskoelastische Verformung

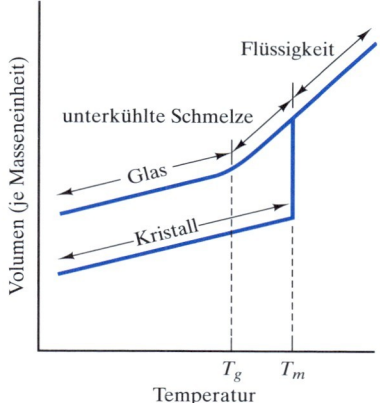

Abbildung 6.40: Bei Erwärmung unterliegt ein Kristall einer mäßigen thermischen Ausdehnung bis zu seinem Schmelzpunkt (T_m), an dem das spezifische Volumen markant zunimmt. Bei weiterer Erwärmung unterliegt die Flüssigkeit einer größeren thermischen Ausdehnung. Langsames Abkühlen der Flüssigkeit erlaubt die abrupte Kristallisierung bei T_m und ein Zurückverfolgen der Schmelzkurve. Schnelles Abkühlen der Flüssigkeit kann die Kristallisierung unterdrücken, was zu einer unterkühlten Schmelze führt. In der Nähe der Glasübergangstemperatur (T_g) findet eine allmähliche Verfestigung statt. Echtes Glas ist ein starrer Festkörper, dessen thermische Ausdehnung der des Kristalls ähnelt, auf der atomaren Ebene aber eine Struktur ähnlich der Flüssigkeit hat (siehe *Abbildung 4.23*).

Das viskose Verhalten von (organischen oder anorganischen) Gläsern lässt sich durch die Viskosität η beschreiben, die als Proportionalitätskonstante zwischen einer Scherkraft je Flächeneinheit (F/A) und Geschwindigkeitsgradient (dv/dx) definiert ist:

$$\frac{F}{A} = \eta \frac{dv}{dx} \qquad (6.19)$$

Abbildung 6.41 veranschaulicht die einzelnen Terme. Die Einheit der Viskosität ist traditionell das Poise [1 P = 1 g/(cm × s)], das gleich 0,1 Pa × s ist.

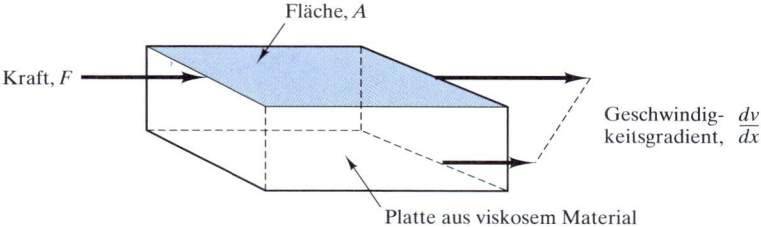

Abbildung 6.41: Darstellung der Terme für die Definition der Viskosität η in Gleichung 6.19

6.6.1 Anorganische Gläser

Abbildung 6.42 zeigt den Verlauf der Viskosität von Raumtemperatur bis zu 1.500 °C für ein typisches Kalknatronglas. Es dient als Beispiel der **viskoelastischen Verformung**, da die Kurve von Raumtemperatur, bei der das Glas elastisch ist, bis über die Glasübergangstemperatur, bei der das Glas viskos ist, verläuft. In Abbildung 6.42 steckt eine ganze Menge wertvoller Informationen für die Herstellung von Glasprodukten. Der **Schmelzbereich** ist der Temperaturbereich (bei Kalknatronglas ungefähr zwischen 1.200 °C und 1.500 °C), in dem η zwischen 50 und 500 P liegt. Diese relativ geringe Viskosität zeigt an, dass es sich um einen flüssigen Silikat-Werkstoff handelt. Wasser und flüssige Metalle haben allerdings Viskositäten von nur etwa 0,01 P. Für die Formgebung ist ein Viskositätsbereich von 10^4 bis 10^8 P – der **Verarbeitungsbereich** (bei Kalknatronglas ungefähr zwischen 700 °C und 900 °C) – geeignet. Der **Erweichungspunkt** ist formal als η-Wert von $10^{7,6}$ P ($\sim$ 700 °C bei Kalknatronglas) definiert und liegt im unteren Bereich der Verarbeitungstemperatur. Nach der Herstellung eines Glasprodukts lassen sich Restspannungen abbauen, indem man im *Entspannungsbereich* bei η von $10^{12,5}$ bis $10^{13,5}$ P verweilt. Der **Entspannungspunkt** ist definiert als die Temperatur, bei der $\eta = 10^{13,4}$ P ist und sich die internen Spannungen in etwa 15 Minuten abbauen lassen (bei Kalknatronglas $\sim$ 450 °C). Die Glasübergangstemperatur (in den Abbildungen 6.39 und 6.40) liegt in der Nähe des Entspannungspunkts.

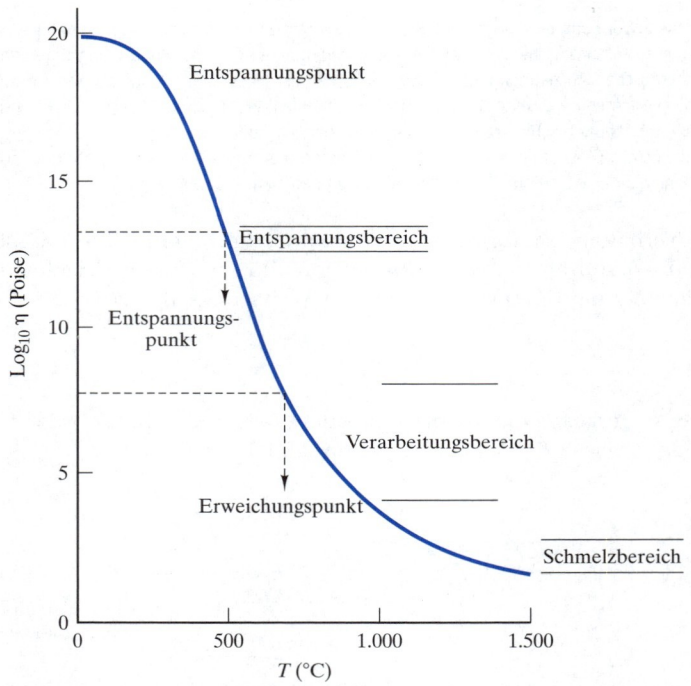

Abbildung 6.42: Viskosität eines typischen Kalknatronglases von Raumtemperatur bis zu 1.500 °C. Oberhalb der Glasübergangstemperatur (hier $\sim$ 450 °C) nimmt die Viskosität entsprechend eines Arrhenius-Verlaufs ab (siehe Gleichung 6.20).

Oberhalb der Glasübergangstemperatur folgt die Viskositätskurve einer Arrhenius-Form mit

$$\eta = \eta_0 e^{+Q/RT} , \qquad (6.20)$$

wobei η_0 eine Konstante, Q die Aktivierungsenergie für viskose Verformung, R die universelle Gaskonstante und T die absolute Temperatur ist. Beachten Sie, dass der exponentielle Term ein positives Vorzeichen hat statt des üblichen negativen Vorzeichens, das für Diffusionsdaten kennzeichnend ist. Der Grund hierfür liegt einfach in der Definition der Viskosität, die mit steigender Temperatur ab- statt zunimmt. Die Fluidität, die sich als $1/\eta$ definieren lässt, hat per definitionem ein negatives Vorzeichen im Exponenten und ist mit der Diffusionsfähigkeit vergleichbar.

Eine praktische Anwendung der viskosen Verformung ist **getempertes Glas**. Abbildung 6.43 zeigt, wie das Glas zuerst in das Gleichgewicht oberhalb der Glasübergangstemperatur T_g gebracht und dann an der Oberfläche abgeschreckt wird, sodass sich eine starre „Oberflächenhaut" bei einer Temperatur unterhalb von T_g bildet. Da die Temperatur im Volumen des Glases immer noch über T_g liegt, bauen sich die inneren Druckspannungen größtenteils ab, während in der „Oberflächenhaut" moderate Zugspannungen erhalten bleiben. Durch langsames Abkühlen auf Raumtemperatur kann sich das Volumen beträchtlich mehr zusammenziehen als die Oberfläche, wodurch eine Druckvorspannung in der Oberfläche entsteht, die durch eine kleinere Zugvorspannung im Inneren ausgeglichen wird. Diese Situation ist ideal für eine spröde Keramik. Das für Griffith-Risse auf der Oberfläche anfällige Material muss einer beträchtlichen Zugbeanspruchung ausgesetzt werden, bevor die Druckvorspannung neutralisiert werden kann. Eine zusätzliche Zugbelastung ist notwendig, um Materialbruch einzuleiten. Die Bruchfestigkeit ergibt sich aus der normalen Bruchfestigkeit ohne thermische Behandlung zuzüglich der Größe der Oberflächenrestspannung. Anstelle des mechanischen Verfahrens lässt sich das gleiche Ergebnis auf chemischem Wege erhalten, indem man die Na^+-Ionen durch größere K^+-Ionen in der Oberfläche eines natriumhaltigen Silikatglases austauscht. Die Druckspannung des Silikatnetzwerks ergibt ein Erzeugnis, das man als **chemisch vorgespanntes Glas** bezeichnet.

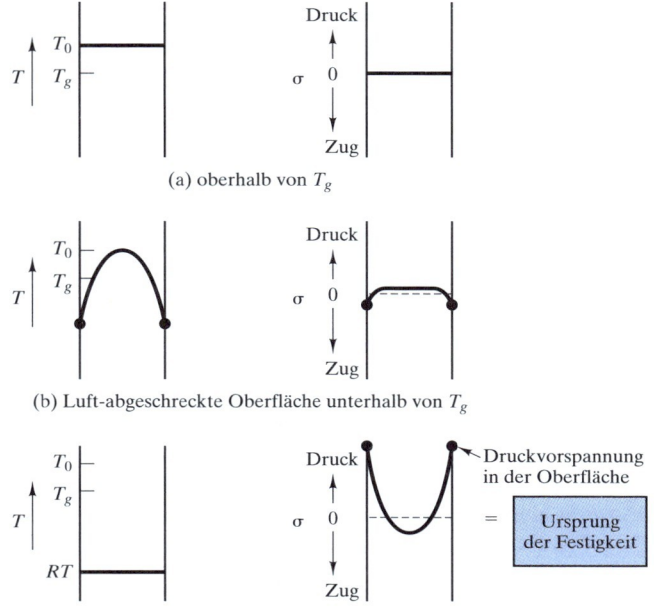

Abbildung 6.43: Temperatur- und Spannungsprofile, die bei der Herstellung von vorgespanntem Glas auftreten. Seine hohe Bruchfestigkeit verdankt dieses Produkt der Restdruckspannung an der Materialoberfläche.

6.6.2 Organische Polymere

Wie Abbildung 6.42 zeigt, trägt man bei anorganischen Gläsern die Viskosität über der Temperatur auf. Bei organischen Polymeren ersetzt man gewöhnlich die Viskosität durch den Elastizitätsmodul. Abbildung 6.44 zeigt den deutlichen und komplizierten Abfall des E-Moduls mit der Temperatur für einen typischen kommerziellen Thermoplastwerkstoff mit ungefähr 50% Kristallinität. Um die Größe des Abfalls zu veranschaulichen, ist wie bei der Viskosität in Abbildung 6.42 eine logarithmische Skala für den E-Modul erforderlich.

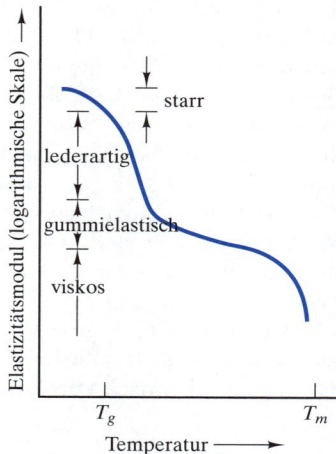

Abbildung 6.44: Elastizitätsmodul als Funktion der Temperatur für ein typisches thermoplastisches Polymer mit 50% Kristallinität. Es heben sich vier Bereiche des viskoelastischen Verhaltens ab: (1) starr, (2) lederartig, (3) gummielastisch und (4) viskos.

In Abbildung 6.44 heben sich vier Bereiche ab. Bei niedrigen Temperaturen (genügend unterhalb T_g) tritt ein starrer E-Modul auf, der dem mechanischen Verhalten entspricht, das an Metalle und Keramiken erinnert. Allerdings bewirkt der erhebliche Anteil der sekundären Bindung in Polymeren, dass der E-Modul für diese Stoffe wesentlich niedriger liegt als bei Metallen und Keramiken, die vollständig durch primäre chemische Bindungen (metallisch, ionisch und kovalent) gebunden sind. Im Bereich der Glasübergangstemperatur (T_g) fällt der E-Modul steil ab und das mechanische Verhalten ist *lederartig*. Das Polymer ist weitgehend verformbar und kehrt langsam zu seiner ursprünglichen Form zurück, wenn man die Spannung wegnimmt. Unmittelbar über T_g beobachtet man ein *gummielastisches* Plateau. In diesem Bereich ist der Werkstoff ebenfalls weitgehend verformbar und springt schnell in die Originalform zurück, wenn die Spannung aufgehoben wird. Die beiden letzten Bereiche (lederartig und gummielastisch) erweitern unser Verständnis der elastischen Verformung. Bei Metallen und Keramiken bedeutet elastische Verformung eine relativ kleine Dehnung, die direkt proportional zur angelegten Spannung ist. Bei Polymeren kann eine beträchtliche nichtlineare Verformung vollständig rückgängig gemacht werden, was per definitionem elastischem Materialverhalten entspricht. Dieses Konzept erläutern wir näher beim Thema Elastomere, den Stoffen mit einem vorherrschenden gummielastischen Bereich. In Abbildung 6.44 erkennt man, dass der E-Modul beim Erreichen des Schmelzpunktes (T_m) erneut steil abfällt, wenn wir in den flüssigkeitsartigen viskosen Bereich kommen. (Es sei darauf hingewiesen, dass es in vielen Fällen genauer ist, von einem „Entmischungspunkt" statt von einem echten Schmelzpunkt zu sprechen. Trotzdem ist der Begriff *Schmelzpunkt* allgemein üblich.)

Die Welt der Werkstoffe

Das mechanische Verhalten von Sicherheitsglas

Selbst die vertrautesten Werkstoffe in unserer Umgebung können im Mittelpunkt von Gesundheits- und Sicherheitsbelangen stehen. Dazu gehört beispielsweise Fensterglas in Gebäuden und Kraftfahrzeugen. Fensterglas ist in drei Grundkonfigurationen verfügbar: geglüht, laminiert als Verbundglas und getempert. Wie in diesem Kapitel in Bezug auf das viskoelastische Verhalten von Glas erläutert wurde, ist die Glühbehandlung eine thermische Behandlung, die zum großen Teil die Restspannungen vom Herstellungsprozess beseitigt. *Kapitel 12* geht auf spezielle Glasherstellungsverfahren ein. In modernen Fenstern setzt man hauptsächlich Floatglas ein, das nach dem in den 50er Jahren von Pilkington Brothers, Ltd. in England eingeführten Flachglasverfahren hergestellt wird. Eine Glüh- oder Entspannungsbehandlung beseitigt praktisch die Verarbeitungsspannungen, sodass man die Glasscheibe je nach Bedarf schneiden, schleifen, bohren und fräsen kann. Leider hat entspanntes Glas nur eine mittlere Festigkeit und ist spröde. Im Ergebnis können durch thermische Gradienten, Windlasten oder Stöße charakteristische dolchartige Scherben entstehen, die vom Ursprung des Defekts ausgehend strahlenförmig nach außen laufen, wie es die Abbildung zeigt.

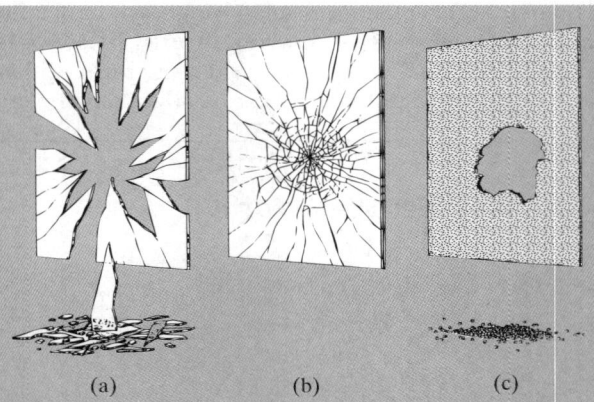

Bruchmuster der drei Glastypen in gewerblichen und privaten Anwendungen: (a) entspannt (geglüht), (b) Verbundglas und (c) getempert

Die offensichtliche Verletzungsgefahr, die durch den Bruch von entspanntem Glas besteht, hat zu gesetzlichen Vorschriften für *Sicherheitsglas* in Gebäuden und Kraftfahrzeugen geführt. Diesen Zweck erfüllen Verbundgläser und getemperte Gläser. Verbundglas ist als Sandwich-Struktur aus gewöhnlichem entspanntem (geglühtem) Glas mit einer dazwischenliegenden Polymerschicht (Polyvinyl-Butyral, PVB) aufgebaut. Wie die Abbildung zeigt, brechen die einzelnen Glasscheiben in der gleichen Weise wie normales entspanntes Glas, wobei aber die Scherben auf der PVB-Schicht haften bleiben und damit die Verletzungsgefahr vermindern.

Die Temperung von Glas wird in diesem Kapitel als eine technisch relativ komplizierte Anwendung der viskoelastischen Natur des Werkstoffs eingeführt. Die Biegefestigkeit von getempertem Glas ist bis zu fünfmal größer als die von entspanntem Glas. Wichtiger für eine sichere Anwendung ist aber, dass getempertes Glas in kleinere Splitter mit relativ harmlosen stumpfen Formen zerbricht. Dieses wünschenswerte Bruchmuster (siehe Abbildung) ist das Ergebnis von Rissen, die fast augenblicklich vom Bruchpunkt ausgehen und sich verästeln. Die für die Fortpflanzung des Bruchmusters erforderliche Energie rührt von der Dehnungsenergie aus den Restspannungen im Inneren der Scheibe her. Wenn die Spannung der mittleren Schicht über einen bestimmten Schwellwert steigt, tritt das charakteristische Bruchmuster mit immer feiner werdenden Bruchpartikeln bei zunehmender Zugspannung auf.

Abbildung 6.44 stellt ein lineares thermoplastisches Polymer mit ungefähr 50% Kristallinität dar. Aus Abbildung 6.45 geht hervor, dass dieses Verhalten zwischen einem rein amorphen Material und einem rein kristallinen liegt. Die Kurve für das rein amorphe Polymer zeigt die allgemeine Form wie in Abbildung 6.44. Andererseits ist das rein kristalline Polymer bis zu seinem Schmelzpunkt relativ starr, was dem Verhalten von kristallinen Metallen und Keramiken entspricht. Ein weiteres strukturelles Merkmal, das das mechanische Verhalten in Polymeren beeinflussen kann, ist die **Vernetzung** von benachbarten linearen Molekülen, um eine steifere Netzwerkstruktur zu produzieren (siehe Abbildung 6.46). In Abbildung 6.47 ist zu sehen, wie zunehmende Vernetzung einen Effekt hervorruft, der mit zunehmender Kristallinität vergleichbar ist. Die Ähnlichkeit beruht insofern auf der höheren Steifheit der vernetzten Struktur, da vernetzte Strukturen im Allgemeinen nichtkristallin sind.

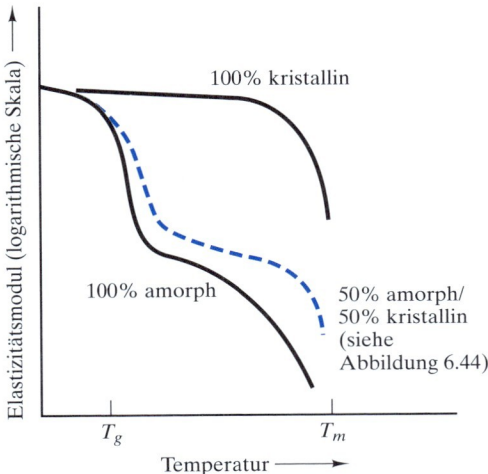

Abbildung 6.45: Im Vergleich mit dem Diagramm von Abbildung 6.44 liegt das Elastizitätsverhalten der rein amorphen und rein kristallinen Thermoplaste unter bzw. über dem für das 50%ige kristalline Material. Das vollkommen kristalline Material ist Metallen oder Keramiken ähnlich, da es bis zu seinem Schmelzpunkt starr bleibt.

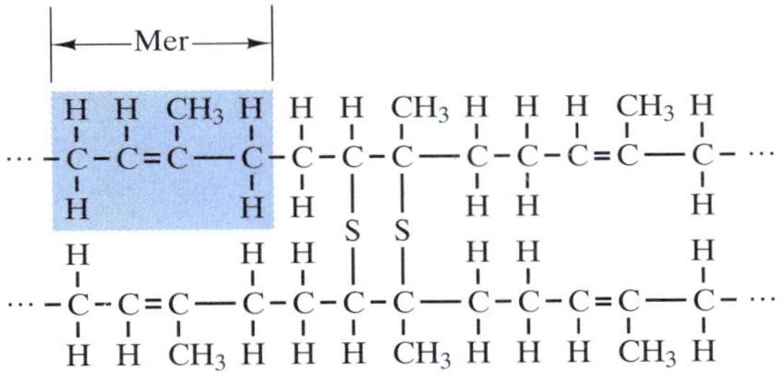

Abbildung 6.46: Vernetzung erzeugt eine Netzwerkstruktur durch die Bildung von primären Bindungen zwischen benachbarten linearen Molekülen. Das hier gezeigte klassische Beispiel ist die *Vulkanisierung* von Gummi. Schwefelatome bilden primäre Bindungen mit benachbarten Polyisopren-Meren, was möglich ist, weil das Polyisopren-Kettenmolekül nach der Polymerisation immer noch Doppelbindungen besitzt. (Beachten Sie, dass sich Schwefelatome selbst verbinden können, um eine Molekülkette zu bilden. Manchmal tritt Vernetzung durch eine $(S)_n$-Kette auf, wobei $n > 1$ ist.)

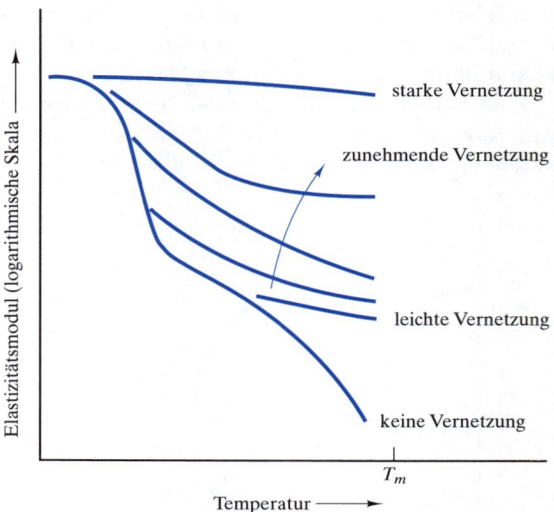

Abbildung 6.47: Zunehmende Vernetzung eines thermoplastischen Polymers erzeugt eine höhere Steifigkeit des Materials.

6.6.3 Elastomere

Abbildung 6.45 hat gezeigt, dass ein typisches lineares Polymer einen gummielastischen Verformungsbereich aufweist. Dieser ist bei den so genannten **Elastomeren** besonders ausgeprägt und begründet das normale Verhalten dieser Stoffe bei Raumtemperatur. (Hier liegt die Glasübergangstemperatur unter Raumtemperatur.) Das Diagramm in Abbildung 6.48 stellt den Elastizitätsmodul im logarithmischen Maßstab über der Temperatur für ein Elastomer dar. Diese Untergruppe der thermoplastischen Polymere schließt natürliche und synthetische Gummis ein, beispielsweise Polyisopropen. Diese Stoffe liefern ein markantes Beispiel für die Abwicklung eines einzelnen Polymers (siehe Abbildung 6.49). Praktisch wird keine vollständige Abwicklung des Moleküls erreicht, es treten aber riesige elastische Dehnungen auf.

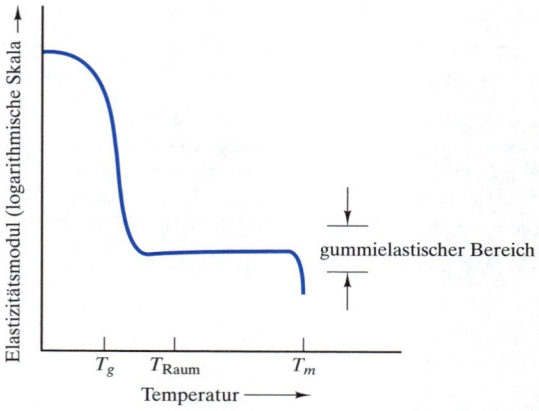

Abbildung 6.48: Das Diagramm des Elastizitätsmoduls über der Temperatur für ein Elastomer zeigt einen ausgeprägten gummielastischen Bereich.

6.6 Viskoelastische Verformung

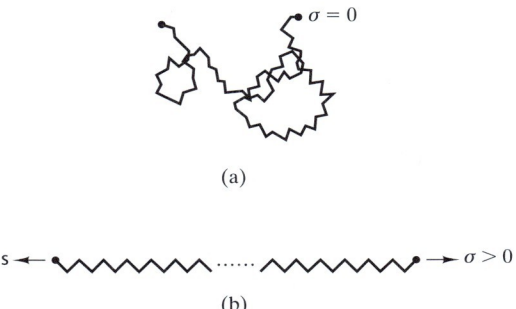

Abbildung 6.49: Schematische Darstellung der Abwicklung eines anfangs aufgewickelten linearen Moleküls (a) unter dem Einfluss einer äußeren Spannung (b). Diese Darstellung zeigt den Mechanismus auf der Molekülebene für das Spannungs-Dehnungs-Verhalten eines Elastomers, wie es in Abbildung 6.50 zu sehen ist.

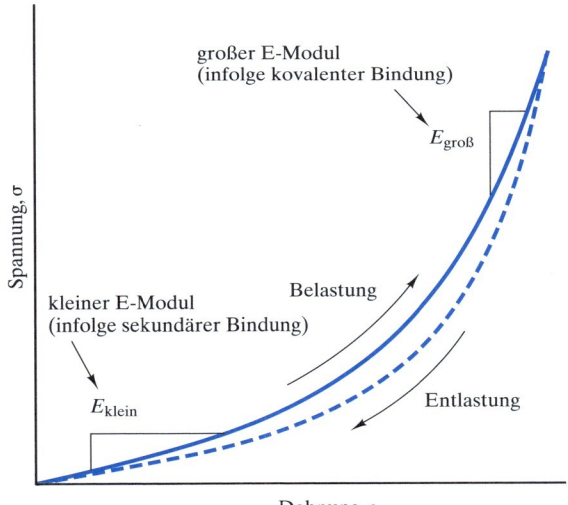

Abbildung 6.50: Die Spannungs-Dehnungs-Kurve für ein Elastomer ist ein Beispiel für nichtlineare Elastizität. Der anfängliche Bereich mit kleinem E-Modul (d.h. mit kleinem Anstieg) entspricht der Abwicklung von Molekülen (schwache sekundäre Bindungen werden überwunden), wie es Abbildung 6.49a veranschaulicht. Der Bereich mit großem E-Modul entspricht der Verlängerung von gestreckten Molekülen (Strecken von primären, kovalenten Bindungen), wie es Abbildung 6.49b zeigt. Die Verformung eines Elastomers weist eine Hysterese auf, d.h. die Kurven während der Belastung und Entlastung fallen nicht zusammen.

Abbildung 6.50 zeigt eine Spannungs-Dehnungs-Kurve für die elastische Verformung eines Elastomers. Diese Kurve unterscheidet sich deutlich von der Spannungs-Dehnungs-Kurve für ein Metall (siehe die Abbildungen 6.3 und 6.4). In diesem Fall war der E-Modul über den gesamten Bereich konstant (Spannung direkt proportional zur Dehnung). In Abbildung 6.50 nimmt der E-Modul (Anstieg der Spannungs-Dehnungs-Kurve) mit steigender Dehnung zu. Bei geringen Dehnungen (bis zu ≈ 15%) ist der E-Modul niedrig, entsprechend der kleinen Kräfte, die notwendig sind, um die sekundäre Bindung zu überwinden und die Moleküle abzuwickeln. Bei hohen Dehnungen steigt der Modul steil an und weist damit auf die größeren erforderlichen Kräfte hin, um die primären Bindungen entlang des molekularen Hauptstrangs zu strecken. In beiden Bereichen ist aber ein signifikanter Anteil der sekundären Bindung beim Verformungsmechanismus zu verzeichnen und die E-Moduln sind wesentlich kleiner als diejenigen bei üblichen Metallen und Keramiken. Tabellierte Werte der E-Moduln für Elastomere gelten im Allgemeinen für den Bereich der geringen Dehnung, in dem diese Stoffe hauptsächlich zum Einsatz kommen. Schließlich sei betont, dass wir über elastische oder temporäre Verformung sprechen. Die abgewickelten Polymermoleküle eines Elastomers wickeln sich wieder zu ihren ursprünglichen Längen auf, wenn die Spannung weggenommen wird. Wie allerdings die gestrichelte Kurve in Abbildung 6.50 zeigt, geht das Wiederaufwickeln der Moleküle (bei der Entlastung) einen etwas anderen Weg im Spannungs-Dehnungs-Diagramm als beim Abwickeln (während der Belastung). Die unterschiedlichen Kurven für das Belasten und Entlasten definieren eine **Hysterese**.

Abbildung 6.51 zeigt den Verlauf des Elastizitätsmoduls über der Temperatur für mehrere kommerzielle Polymere. Diese Daten lassen sich vergleichen mit den allgemeinen Kurven in den Abbildungen 6.45 und 6.47. Die in Abbildung 6.51 dargestellte Durchbiegungstemperatur unter Belastung (DTUL[1]) entspricht der Glasübergangstemperatur.

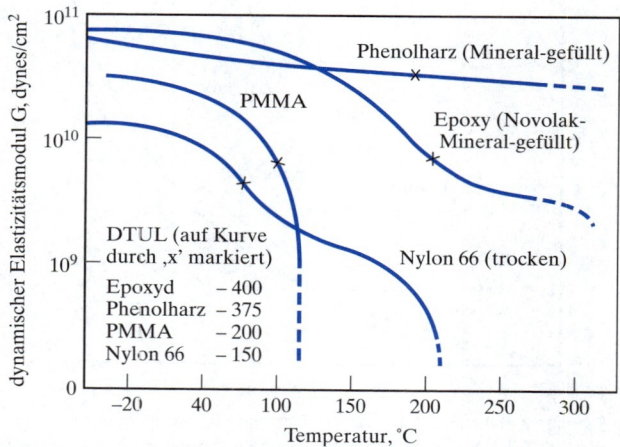

Abbildung 6.51: Elastizitätsmodul über der Temperatur für verschiedene typische Polymere. Hier wurde der dynamische Elastizitätsmodul in einem Torsionspendel gemessen (unter Scherbelastung). Die Last für die angegebene Durchbiegungstemperatur unter Belastung (DTUL) beträgt hier 1,82 MPa. Diese Temperatur wird häufig mit der Glasübergangstemperatur gleichgesetzt.

---

1 DTUL – Deflection Temperature Under Load

6.6 Viskoelastische Verformung

Beispiel 6.13 Ein für Glühbirnen verwendetes Kalknatronsilikatglas hat eine Entspannungstemperatur von 514 °C und einen Erweichungspunkt von 696 °C. Berechnen Sie den Verarbeitungsbereich und den Schmelzbereich für dieses Glas.

Lösung

Hier kommt Gleichung 6.20 zur Anwendung:

$$\eta = \eta_0 e^{+Q/RT}.$$

Mit den gegebenen Werten
Glüh-/Entspannungstemperatur = 514 + 273 = 787 K für $\eta = 10^{13,4}$ P
und
Erweichungstemperatur = 696 + 273 = 969 K für $\eta = 10^{7,6}$ P
berechnet man:

$$10^{13,4}\ P = \eta_0 e^{+Q/[8,314\ J/(mol\cdot K)](787\ K)},$$

$$10^{7,6}\ P = \eta_0 e^{+Q/[8,314\ J/(mol\cdot K)](969\ K)}$$

und

$$\frac{10^{13,4}}{10^{7,6}} = e^{+Q/[8,314\ J/(mol\cdot K)](1/787 - 1/969)\ K^{-1}}$$

oder

$$Q = 465\ kJ/mol$$

und

$$\eta_0 = \left(10^{13,4}\ P\right) e^{-(465\times 10^3\ J/mol)/[8,314\ J/(mol\cdot K)](787\ K)}$$

$$= 3{,}31 \times 10^{-18}\ P.$$

Der Verarbeitungsbereich ist durch $\eta = 10^4$ P und $\eta = 10^8$ P begrenzt. Allgemein gilt:

$$T = \frac{Q}{R \ln(\eta/\eta_0)}.$$

Für $\eta = 10^4$ P berechnet man

$$T = \frac{465 \times 10^3\ J/mol}{[8{,}314\ J/(mol\cdot K)] \ln\left(10^4/[3{,}31 \times 10^{-18}]\right)}$$

$$= 1.130\ K = 858\ °C.$$

Für $\eta = 10^8$ P:

$$T = \frac{465 \times 10^3\ J/mol}{[8{,}314\ J/(mol\cdot K)] \ln\left(10^8/[3{,}31 \times 10^{-18}]\right)}$$

$$= 953\ K = 680\ °C.$$

Folglich umfasst der
Verarbeitungsbereich = 680 bis 858 °C.
Für den Schmelzbereich ist η = 50 bis 500 P gegeben. Für η = 50 P berechnet man

$$T = \frac{465 \times 10^3 \text{ J/mol}}{[8{,}314 \text{ J/(mol·K)}]\ln\left(50/[3{,}31\times 10^{-18}]\right)}$$

$$= 1.266 \text{ K} = 993\,°\text{C}.$$

Für η = 500 P:

$$T = \frac{465 \times 10^3 \text{ J/mol}}{[8{,}314 \text{ J/(mol·K)}]\ln\left(500/[3{,}31\times 10^{-18}]\right)}$$

$$= 1.204 \text{ K} = 931\,°\text{C}.$$

Somit umfasst der
Schmelzbereich = 931 bis 993 °C.

Übung 6.13   In Beispiel 6.13 werden verschiedene Viskositätsbereiche für ein Kalknatronsilikatglas charakterisiert. Berechnen Sie für diesen Stoff den Temperaturbereich, in dem das Glas durch Glühbehandlung entspannt werden kann (siehe Abbildung 6.42).

6.6 Viskoelastische Verformung

ZUSAMMENFASSUNG

Der weit verbreitete Einsatz von Metallen als Konstruktionswerkstoffe legt es nahe, sich mit ihren mechanischen Eigenschaften zu beschäftigen. Der Zugversuch liefert die grundsätzlichen Auslegungsdaten einschließlich Elastizitätsmodul, Streckgrenze, Zugfestigkeit, Duktilität und Zähigkeit. Eng mit den elastischen Eigenschaften verwandt sind die Poissonzahl und der Schubmodul. Der grundlegende Mechanismus der elastischen Verformung ist das Strecken von Atombindungen. Versetzungen spielen eine entscheidende Rolle bei der plastischen Verformung von kristallinen Metallen. Sie erleichtern die Atomwanderung, indem hochdichte Atomebenen entlang von hochdichten Atomrichtungen gleiten. Ohne Versetzungsgleiten wären außerordentlich hohe Spannungen erforderlich, um diese Stoffe dauerhaft zu verformen. Viele der in diesem Kapitel behandelten mechanischen Eigenschaften basieren auf dem mikromechanischen Mechanismus des Versetzungsgleitens. Die Härteprüfung ist eine einfache Alternative zum Zugversuch und liefert einen Hinweis auf die Legierungsfestigkeit. Der Kriechversuch zeigt an, dass oberhalb von etwa 50% der absoluten Schmelztemperatur die Atombeweglichkeit einer Legierung genügend groß ist, um eine plastische Verformung mit Spannungen unterhalb der Streckgrenze bei Raumtemperatur zu ermöglichen.

Die verschiedenen mechanischen Eigenschaften spielen eine wichtige Rolle bei Anwendungen von Strukturwerkstoffen, aber auch bei der Herstellung und Verarbeitung von Keramiken und Gläsern. Sowohl Keramiken als auch Gläser sind durch Sprödbruch gekennzeichnet, obwohl ihre Druckfestigkeiten in der Regel deutlich über ihren Zugspannungen liegen. Kriechvorgänge treten bei Anwendung von Keramiken im Hochtemperaturbetrieb auf. Diffusionsmechanismen schaffen zusammen mit dem Korngrenzengleiten die Möglichkeit beträchtlicher Werkstoffverformung. Unterhalb der Glasübergangstemperatur (T_g) verformen sich Gläser durch einen elastischen Mechanismus, oberhalb von T_g durch einen viskosen Fließmechanismus. Die exponentielle Änderung der Viskosität mit der Temperatur liefert einen Anhaltspunkt für die routinemäßige Verarbeitung von Glasprodukten sowie die Entwicklung von bruchfestem getempertem Glas.

Zu den wesentlichen mechanischen Eigenschaften von Polymeren gehören viele, die auch bei Metallen und Keramiken im Vordergrund stehen. Der weit verbreitete Einsatz von Polymeren in Konstruktionsanwendungen einschließlich Biege- und Schwingungsdämpfung verlangt, den Biegemodul bzw. den dynamischen Elastizitätsmodul besonders zu beachten. Ein Analogon zum Kriechen ist die Spannungsrelaxation. Infolge der niedrigen Schmelzpunkte von Polymeren lassen sich diese Erscheinungen bei Raumtemperatur und darunter beobachten. Wie das Kriechen gehorcht auch die Spannungsrelaxation einer Arrhenius-Gleichung. Die viskoelastische Verformung ist sowohl für Gläser als auch für Polymere wichtig. Es gibt vier abgesetzte Bereiche der viskoelastischen Verformung bei Polymeren: (1) starr (unterhalb der Glasübergangstemperatur T_g), (2) lederartig (nahe T_g), (3) gummielastisch (oberhalb von T_g) und (4) viskos (nahe der Schmelztemperatur T_m). Bei typischen Duroplasten bleibt das starre Verhalten bis nahe dem Schmelzpunkt (oder Entmischungspunkt) erhalten. Als Elastomere bezeichnet man Polymere mit einem ausgeprägten gummielastischen Bereich. Beispiele hierfür sind natürliche und synthetische Gummis. Sie zeigen beträchtliche nichtlineare Elastizität.

ZUSAMMENFASSUNG

MECHANISCHES VERHALTEN

Schlüsselbegriffe

Biegefestigkeit (258)
Biegemodul (258)
Brinell-Härte (273)
Bruchmodul (253)
chemisch vorgespanntes Glas (291)
Dehnung (238)
Duktilität (243)
dynamischer Elastizitätsmodul (258)
elastische Verformung (238)
Elastizitätsmodul (240)
Elastizitätsmodul bei Biegung (258)
Elastomer (296)
Entspannungspunkt (290)
Erweichungspunkt (290)
Erweichungstemperatur (288)
Festigkeits-/Gewichtsverhältnis (241)
Fließgrenze (246)
freigesetzte Scherspannung (271)
getempertes Glas (291)
Glasübergangstemperatur (288)
Gleitsystem (267)
Griffith-Rissmodell (256)
Hookesches Gesetz (241)
Hysterese (298)
Kaltumformung (242)
Kaltverfestigung (242)
Kaltverfestigungsexponent (243)
Kriechen (278)
Kriechkurve (278)
kritische Scherspannung (271)

Mischkristallverfestigung (270)
obere Fließgrenze (246)
plastische Verformung (238)
Poissonzahl (247)
Querkontraktionszahl (247)
Restspannung (242)
Rockwell-Härte (273)
Scherspannung (248)
Scherung (248)
Schmelzbereich (289)
Schubmodul (248)
Spannungsrelaxation (284)
spezifische Festigkeit (241)
Sprödbruch (253)
Steifigkeitsmodul (248)
Streckgrenze (238)
technische Spannung (238)
theoretische kritische
Scherspannung (265)
untere Fließgrenze (246)
Verarbeitungsbereich (290)
Vernetzung (295)
Versetzungskriechen (279)
viskoelastische Verformung (288)
viskose Verformung (288)
vorgespanntes Glas (291)
Young-Modul (240)
Zähigkeit (244)
Zugfestigkeit (242)
Zuglänge (238)

■ Quellen

Ashby, M. F. und **D. R. H. Jones**, *Engineering Materials – An Introduction to Their Properties and Applications*, 2nd ed., Butterworth-Heinemann, Boston, MA 1996.
ASM Handbook, Vols. 1 (*Properties and Selection: Irons, Steels, and High-Performance Alloys*), und 2 (*Properties and Selection: Nonferrous Alloys and Special-Purpose Metals*), ASM International, Materials Park, OH 1990 and 1991.
Chiang, Y., **D. P. Birnie III** und **W. D. Kingery**, *Physical Ceramics*, John Wiley & Sons, Inc., NY 1997.
Courtney, T. H., *Mechanical Behavior of Materials*, 2nd ed., McGraw-Hill Book Company, NY 2000.
Davis, J. R., Ed., *Metals Handbook*, DeskEd., 2nd ed., ASM International, Materials Park, OH 1998. Einbändige Zusammenfassung der umfangreichen *Metals Handbook*-Reihe.
Engineered Materials Handbook, Desk Edition, ASM International, Materials Park, OH 1995.
Hull, D. und **D. J. Bacon**, *Introduction to Dislocations*, 4th ed., Butterworth-Heinemann, Boston, MA 2001.

Wie bereits weiter vorn in diesem Kapitel angemerkt, sind Aufgaben, die sich mit Werkstoffen im technischen Entwurfsprozess befassen, durch ein Entwurfssymbol (D – für Design) gekennzeichnet.

Aufgaben

■ Spannung und Dehnung

6.1 Für eine in der Luftfahrtindustrie verwendete Titanlegierung seien die folgenden drei σ-ε-Datenpunkte gegeben: $\varepsilon = 0{,}002778$ (bei $\sigma = 300$ MPa), $0{,}005556$ (600 MPa) und $0{,}009897$ (900 MPa). Berechnen Sie E für diese Legierung.

6.2 Nehmen Sie die Poissonzahl für die Legierung in Aufgabe 6.1 mit 0,35 an. Berechnen Sie (a) den Schubmodul G und (b) die Schubspannung τ, die notwendig ist, um eine Winkelversetzung α von $0{,}2865°$ hervorzurufen.

6.3 In Abschnitt 6.1 wurde festgestellt, dass die theoretische Festigkeit (d.h. die kritische Scherfestigkeit) eines Werkstoffs ungefähr $0{,}1$ G beträgt. (a) Schätzen Sie mit dem Ergebnis von Aufgabe 6.2a die theoretische kritische Scherfestigkeit der Titanlegierung ab. (b) Beurteilen Sie den relativen Wert des Ergebnisses in (a) verglichen mit der scheinbaren Streckgrenze, die sich aus den Daten von Aufgabe 6.1 ableitet.

D 6.4 Gegeben sei der Kohlenstoffstahl 1.0511, der in aufgeführt ist. (a) Ein Stab dieser Legierung mit einem Durchmesser von 20 mm wird als Element in einer technischen Konstruktion eingesetzt. Die ungespannte Länge des Stabs beträgt genau 1 m. Die Bauteilbelastung des Stabs beträgt 9×10^4 N auf Zug. Wie groß ist die Länge des Stabs unter dieser Belastung? (b) Ein Konstrukteur berücksichtigt eine Konstruktionsänderung, die die Zugbelastung dieses Elements erhöht. Wie groß ist die maximale zulässige Zugbelastung, ohne eine erhebliche plastische Verformung des Stabs hervorzurufen?

D 6.5 Die Wärmebehandlung der Legierung in der Konstruktion von Aufgabe 6.4 hat keinen wesentlichen Einfluss auf den Elastizitätsmodul, ändert aber Festigkeit und Duktilität. Für eine bestimmte Wärmebehandlung lauten die korrespondierenden mechanischen Eigenschaftsdaten:

$$\text{Streckgrenze} = 1.100 \text{ MPa}$$
$$\text{Zugfestigkeit} = 1.380 \text{ MPa}$$

und

$$\text{prozentuale Bruchdehnung} = 12.$$

Gegeben sei auch hier ein Stab mit einem Durchmesser von 20 mm und einer Länge von 1 m. Wie groß ist die maximal zulässige Zugbelastung, damit sich der Stab noch nicht übermäßig plastisch verformt?

D 6.6 Wiederholen Sie Aufgabe 6.4 für eine Konstruktion mit dem 2024-T81-Aluminium wie in Abbildung 6.3 und Beispiel 6.1 angegeben.

6.7 Bei normaler Bewegung lastet auf dem Hüftgelenk das 2,5-fache Körpergewicht. (a) Berechnen Sie die korrespondierende Spannung (in MPa) auf einem künstlichen Hüftimplantat mit einer Querschnittsfläche von $5{,}64$ cm^2 bei einem Patient, der 75 kg wiegt. (b) Berechnen Sie die korrespondierende Dehnung, wenn das Implantat aus Ti-6Al-4V mit einem Elastizitätsmodul von 124 GPa besteht.

6.8 Wiederholen Sie Aufgabe 6.7 für den Fall eines Sportlers, der sich einer Hüftimplantation unterzieht. Es wird dieselbe Legierung verwendet, da aber der Sportler 100 kg wiegt, ist ein größeres Implantat erforderlich (mit einer Querschnittsfläche von $6{,}90$ cm^2). Außerdem ist die Situation zu berücksichtigen, in der der Sportler seine höchste Leistung entfaltet und eine Belastung mit dem Fünffachen seines Körpergewichts ausübt.

D **6.9** Es sei ein Werkstoff für einen kugelförmigen Druckbehälter auszuwählen, der in der Luftfahrtindustrie zum Einsatz kommt. Die Spannung in der Behälterwand beträgt

$$\sigma = \frac{pr}{2t},$$

wobei p der Innendruck, r der Außenradius der Kugel und t die Wanddicke ist. Die Masse des Behälters berechnet sich zu

$$m = 4\pi r^2 t \rho,$$

wobei ρ die Materialdichte angibt. Die Betriebsspannung des Behälters beträgt immer

$$\sigma \leq \frac{\text{Streckgrenze}}{S},$$

wobei S ein Sicherheitsfaktor ist. (a) Zeigen Sie, dass die Minimalmasse des Druckbehälters

$$m = 2S\pi pr^3 \frac{\rho}{\text{Streckgrenze}}$$

ist.

(b) Wählen Sie anhand von und den folgenden Daten die Legierung aus, die den leichtesten Behälter ergibt.

Legierung	ρ (Mg/m³)	Ungefähre Kosten (US-$/kg)
Kohlenstoffstahl (1.0511)	7,80	0,63
rostfreier Stahl (1.4301)	7,80	3,70
3003-H14-Aluminium	2,73	3,00
Ti-5Al-2,5Sn	4,46	15,00

(c) Wählen Sie anhand von und den Daten in der Tabelle von Teil (b) die Legierung aus, mit der sich der Behälter am kostengünstigsten herstellen lässt.

6.10 Bereiten Sie eine Tabelle vor, die die Zugfestigkeit pro Dichte der Aluminiumlegierungen aus mit dem Stahl (1.0511) in derselben Tabelle vergleicht. Nehmen Sie die Dichten des Stahls 1.0511 und der 2048- und 3003-Legierungen mit 7,85, 2,91 und 2,75 g/cm³ an.

6.11 Erweitern Sie Aufgabe 6.10, indem Sie die Magnesiumlegierungen und die Titanlegierung aus in den Vergleich von Festigkeit pro Dichte einbeziehen. (Nehmen Sie die Dichten der AM100A- und AZ31B-Legierungen sowie der Titanlegierung mit 1,84, 1,83 und 4,49 g/cm³ an.)

D **6.12** (a) Wählen Sie die Legierung für die Druckbehälterkonstruktion von Aufgabe 6.9 mit der höchsten Zugfestigkeit pro Dichte aus. (Beachten Sie Aufgabe 6.10 bei einer Erörterung dieser Größe.)
(b) Wählen Sie die Legierung in Aufgabe 6.9 mit den höchsten Kosten für (Zugspannung pro Dichte) / Einheit

•**6.13** Bei der Analyse der Restspannung durch Röntgenbeugung wird die Spannungskonstante K_1 verwendet, wobei

$$K_1 = \frac{E \cot \theta}{2(1+\nu)\sin^2 \psi}$$

gilt sowie E und ν die in diesem Kapitel definierten Elastizitätskonstanten, θ ein Bragg-Winkel (siehe Abschnitt 3.7) und ψ ein Rotationswinkel (normalerweise $\psi = 45°$) der Probe während des Röntgenbeugungsexperiments sind. Um die höchste Genauigkeit für das Experiment zu erreichen, verwendet man im Allgemeinen den größten möglichen Bragg-Winkel θ. Allerdings verhindert es die Gerätekonfiguration (siehe Abbildung 3.40), dass θ größer als 80° wird. (a) Berechnen Sie den größten Winkel θ für einen Kohlenstoffstahl 1.0511 bei CrK_α-Strahlung ($\lambda = 0.2291$ nm). (Beachten Sie, dass Stahl 1.0511 fast reines Eisen – also ein krz-Metall – ist und die Reflexionsregeln für ein krz-Metall in Tabelle 3.4 angegeben sind.) (b) Berechnen Sie den Wert der Spannungskonstante für Stahl 1.0511.

•**6.14** Wiederholen Sie Aufgabe 6.13 für 2048-Aluminium, das sich für die Beugungsberechnungen näherungsweise wie reines Aluminium behandeln lässt. (Beachten Sie, dass Aluminium ein kfz-Metall ist und die Reflexionsregeln für derartige Werkstoffe in *Tabelle 3.4* angegeben sind.)

6.15 (a) Die folgenden Daten wurden für einen Bruchmodultest an einem MgO-Schamottestein gesammelt (siehe Gleichung 6.10 und Abbildung 6.14):

$F = 7{,}0 \times 10^4$ N,
$L = 178$ mm,
$b = 114$ mm

und

$h = 76$ mm.

Berechnen Sie den Bruchmodul. (b) Nehmen Sie einen ähnlichen MgO-Schamottestein mit derselben Festigkeit und denselben Abmessungen an, außer dass seine Höhe h nur 64 mm beträgt. Welche Kraft F ist erforderlich, um diesen dünneren Feuerfestwerkstoff zu brechen?

6.16 Mit einem Einkristallstab aus Al_2O_3 (mit genau 6 mm Durchmesser und 50 mm Länge) werden Belastungen auf kleine Proben in einem hochgenauen Dilatometer (einem Längenmessgerät) ausgeübt. Berechnen Sie die resultierenden Stababmessungen, wenn der Kristall einer axialen Druckkraft von 25 kN ausgesetzt wird.

6.17 Eine frisch gezogene Glasfaser (Durchmesser 100 μm) bricht unter einer Zugbelastung von 40 N. Nach einer darauf folgenden Behandlung bricht eine ähnliche Glasfaser unter einer Zugbelastung von 0,15 N. Nehmen Sie an, dass die erste Faser defektfrei gewesen ist und die zweite Faser infolge eines atomar scharfen Oberflächenrisses gebrochen ist. Berechnen Sie die Länge dieses Risses.

6.18 Ein zerstörungsfreies Prüfprogramm kann sicherstellen, dass eine Glasfaser mit einem Durchmesser von 80 μm keine Oberflächenrisse länger als 5 μm aufweist. Was können Sie über die erwartete Bruchfestigkeit dieser Glasfaser aussagen, wenn man die theoretische Festigkeit der Faser mit 5 GPa annimmt.

6.19 Die folgenden Daten wurden bei einem Biegeversuch für Polyester gesammelt, das in der Außenverkleidung eines Autos verwendet wird:

Geometrie des Testteils: 6 mm × 15 mm × 50 mm
Abstand zwischen den Auflagen: $L = 60$ mm
Anfänglicher Anstieg der Kraft-Durchbiegungskurve = 538×10^3 N/m

Berechnen Sie den Biegemodul dieses technischen Polymers.

6.20 Die folgenden Daten stammen aus einem Biegeversuch an Polyester, das bei der Herstellung eines profilierten Büromöbels eingesetzt wird:

Abmessungen des Prüfkörpers: 10 mm × 30 mm × 100 mm
Abstand zwischen den Auflagen: $L = 50$ mm
Bruchbelastung: 6.000 N

Berechnen Sie die Biegefestigkeit dieses technischen Polymers.

6.21 Abbildung 6.17 veranschaulicht die Wirkung von Feuchtigkeit auf das Spannungs-Dehnungs-Verhalten von Nylon 66. Außerdem ist der Unterschied zwischen Zug- und Druckverhalten dargestellt. Nähern Sie die Daten zwischen 0 und 20 MPa als Gerade an und berechnen Sie (a) den anfänglichen Elastizitätsmodul bei Zug und (b) den anfänglichen Elastizitätsmodul bei Druck für das Nylon bei 60% relativer Luftfeuchtigkeit.

6.22 Eine Acetal-Scheibe mit einer Dicke von genau 5 mm und einem Durchmesser von 25 mm wird als Abdeckung in einer mechanischen Beschickungseinrichtung verwendet. Berechnen Sie die neuen Abmessungen, wenn auf die Scheibe eine Last von 20 kN wirkt.

■ **Elastische Verformung**

6.23 Der maximale Elastizitätsmodul für einen Kupferkristall beträgt 195 GPa. Welche Zugspannung ist entlang der entsprechenden kristallographischen Richtung erforderlich, um den Trennungsabstand zwischen den Atomen um 0,05% zu erhöhen?

6.24 Wiederholen Sie Aufgabe 6.23 für die kristallographische Richtung, die dem kleinsten Elastizitätsmodul für Kupfer (70 GPa) entspricht.

6.25 *Beispiel 2.13* hat einen Ausdruck für die Van-der-Waals-Bindungsenergie als Funktion des Zwischenatomabstands angegeben. Leiten Sie einen Ausdruck für den Anstieg der Kraftkurve bei der Gleichgewichtsbindungslänge a_0 ab. (Wie Abbildung 6.18 zeigt, steht dieser Anstieg direkt mit dem Elastizitätsmodul von festem Argon bei Tiefsttemperaturen in Zusammenhang.)

6.26 Berechnen Sie mit dem Ergebnis von Aufgabe 6.25 und den Daten von *Beispiel 2.13* den Wert des Anstiegs der Kraftkurve bei der Gleichgewichtsbindungslänge a_0 für festes Argon. (Beachten Sie, dass die Einheiten N/m statt MPa lauten, da es um den Anstieg der Kraft-Dehnungs-Kurve und nicht der Spannungs-Dehnungs-Kurve geht.)

■ **Plastische Verformung**

6.27 Ein kristallines Aluminiumkorn in einer Metallplatte ist so gelagert, dass eine Zugspannung entlang der [111]-Kristallrichtung wirkt. Wie groß ist die aufgelöste Scherspannung τ entlang der [101]-Richtung innerhalb der (111)-Ebene, wenn die angelegte Spannung 0,5 MPa beträgt? (Sehen Sie sich dazu die Erläuterungen in *Aufgabe 3.35* an.)

6.28 Welche Zugspannung ist in Aufgabe 6.27 erforderlich, um eine kritische aufgelöste Scherspannung τ_c von 0,242 MPa hervorzurufen?

6.29 Ein kristallines Eisenkorn in einer Metallplatte ist so gelagert, dass eine Zugbelastung entlang der [110]-Kristallrichtung wirkt. Wie groß ist die aufgelöste Scherspannung τ entlang der [11$\bar{1}$]-Richtung innerhalb der (101)-Ebene, wenn die angelegte Spannung 50 MPa beträgt? (Sehen Sie sich dazu die Erläuterungen in *Aufgabe 3.35* an.)

6.30 Welche Zugspannung ist in Aufgabe 6.29 erforderlich, um eine kritische aufgelöste Scherspannung τ_c von 31,1 MPa hervorzurufen?

•**6.31** Betrachten Sie die Gleitsysteme für Aluminium, die in Abbildung 6.24 dargestellt sind. Welche(s) Gleitsystem(e) wirken am wahrscheinlichsten für eine angelegte Zugspannung in der [111]-Richtung?

•**6.32** Abbildung 6.24 listet die Gleitsysteme für ein kfz- und ein hdp-Metall auf. Für jeden Fall stellt diese Liste alle eindeutigen Kombinationen für dicht gepackte Ebenen und dicht gepackte Richtungen dar (enthalten innerhalb der dicht gepackten Ebenen). Erstellen Sie eine ähnliche Liste für die zwölf Gleitsysteme in der krz-Struktur (siehe). (*Einige wichtige Hinweise:* Es hilft, die Liste zuerst für das kfz-Metall zu überprüfen. Beachten Sie, dass jedes Gleitsystem eine Ebene ($h_1k_1l_1$) und eine Richtung [$h_2k_2l_2$] betrifft, deren Indizes ein Punktprodukt von null ergeben (d.h. $h_1h_2 + k_1k_2 + l_1l_2 = 0$). Weiterhin werden alle Mitglieder der [hkl]-Ebenenfamilie nicht aufgelistet. Weil eine Spannung mit gleichzeitiger Kraftwirkung in zwei antiparallelen Richtungen verbunden ist, müssen nur nichtparallele Ebenen aufgelistet werden. Analog sind antiparallele Kristallrichtungen redundant. Sehen Sie sich auch die *Aufgaben 3.35* bis *3.37* an.)

6.33 Skizzieren Sie die Atomanordnung und Orientierungen des Burgers-Vektors in der Gleitebene eines krz-Metalls. (Beachten Sie den schattierten Bereich in.)

6.34 Skizzieren Sie die Atomanordnung und Orientierung des Burgers-Vektors in der Gleitebene eines kfz-Metalls. (Beachten Sie den schattierten Bereich in.)

6.35 Skizzieren Sie die Atomanordnung und Orientierung des Burgers-Vektors in der Gleitebene eines hdp-Metalls. (Beachten Sie den schattierten Bereich in.)

•**6.36** In manchen krz-Metallen wirkt ein alternatives Gleitsystem, nämlich {211}<$\overline{111}$>. Dieses System hat denselben Burgers-Vektor, aber eine Gleitebene mit geringerer Dichte im Vergleich mit dem Gleitsystem in. Skizzieren Sie die Elementarzellengeometrie für dieses alternative Gleitsystem in der Art von.

•**6.37** Kennzeichnen Sie die zwölf individuellen Gleitsysteme für das alternative System, das für krz-Metalle in Aufgabe 6.36 angegeben ist. (Denken Sie an die Hinweise in Aufgabe 6.32.)

•**6.38** Skizzieren Sie die Atomanordnung und Orientierung des Burgers-Vektors in einer (211)-Gleitebene eines krz-Metalls. (Beachten Sie die Aufgaben 6.36 und 6.37.)

■ **Härte**

6.39 Sie erhalten eine unbekannte Legierung mit einer gemessenen Brinell-Härte von 100. Schätzen Sie allein anhand der Daten von Abbildung 6.28a die Zugfestigkeit der Legierung ab. (Drücken Sie Ihre Antwort in Form von $x \pm y$ aus.)

6.40 Zeigen Sie, dass die Daten von Abbildung 6.28b mit dem Diagramm von Abbildung 6.28a übereinstimmen.

D 6.41 Ein Weicheisen (65-45-12, angelassen) soll in einem kugelförmigen Druckbehälter eingesetzt werden. Die spezifische Legierung für den Behälter hat eine Brinell-Härte von 200. Zu den Entwurfsspezifikationen für den Behälter gehört ein äußerer Kugelradius von 0,30 m, eine Wanddicke von 20 mm und ein Sicherheitsfaktor von 2. Berechnen Sie mit den Angaben in Abbildung 6.28 und Aufgabe 6.9 den maximalen Betriebsdruck p für diese Behälterkonstruktion.

D 6.42 Wiederholen Sie Aufgabe 6.41 für ein anderes Weicheisen (Sorte 120-90-02, Öl-abgeschreckt) mit einer Brinell-Härte von 280.

6.43 Bei den einfachen Ausdrücken für Rockwell-Härten in wird die Eindringung t in Millimetern ausgedrückt. Ein gegebener Stahl mit einer Brinell-Härte von 235 wird auch mit einem Rockwell-Härtetester gemessen. Mit einer Stahlkugel von 1/16 Zoll Durchmesser und einer Last von 100 kg wird eine Eindringung t von 0,062 mm festgestellt. Wie groß ist die Rockwell-Härte?

6.44 Für den in Aufgabe 6.43 beschriebenen Stahl wird ein zusätzlicher Rockwell-Härtetest durchgeführt. Mit einem Diamantkegel unter einer Last von 150 kg wird eine Eindringung t von 0,157 mm gefunden. Wie groß ist die resultierende alternative Rockwell-Härte?

6.45 Sie erhalten die Aufgabe, die Streckgrenze und Zugfestigkeit eines Konstruktionselements aus angelassenem 65-45-12-Gusseisen zerstörungsfrei zu messen. Zum Glück schließt eine kleine Härteeindringung in dieser Konstruktion die zukünftige Brauchbarkeit nicht aus – eine praktikable Definition von *zerstörungsfrei*. Eine Wolframcarbidkugel von 10 mm Durchmesser erzeugt einen Eindruck mit einem Durchmesser von 4,26 mm unter einer Last von 3.000 kg. Wie groß sind Streckgrenze und Zugfestigkeit?

6.46 Berechnen Sie wie in Aufgabe 6.45 die Streckgrenze und Zugfestigkeit für den Fall, dass der Eindruck einen Durchmesser von 4,48 mm hat und sonst gleiche Bedingungen herrschen.

6.47 Das in Aufgabe 6.7 eingeführte orthopädische Implantat aus Ti-6Al-4V liefert einen Eindruck mit einem Durchmesser von 3,27 mm, wenn eine Wolframcarbidkugel von 10 mm Durchmesser mit einer Last von 3.000 kg auf die Oberfläche gedrückt wird. Wie groß ist die Brinell-Härte für diese Legierung?

6.48 In Abschnitt 6.4 wurde eine praktische Korrelation zwischen Härte und Zugfestigkeit für Metalllegierungen dargestellt. Zeichnen Sie die Härte über der Zugfestigkeit für die in angegebenen Daten und erläutern Sie, ob sich ein ähnlicher Trend für diese gebräuchlichen thermoplastischen Polymere zeigt. (Dieses Diagramm können Sie mit dem in Abbildung 6.28a gezeigten Diagramm vergleichen.)

■ **Kriechen und Spannungsrelaxation**

6.49 Eine Legierung wird hinsichtlich möglicher Kriechverformung in einem Kurzzeitlaborexperiment bewertet. Die Kriechrate ($\dot{\varepsilon}$) wird als 1% je Stunde bei 800 °C und $5{,}5 \times 10^{-2}$% je Stunde bei 700 °C ermittelt. (a) Berechnen Sie die Aktivierungsenergie für das Kriechen in diesem Temperaturbereich. (b) Schätzen Sie die zu erwartende Kriechrate bei einer Betriebstemperatur von 500 °C ab. (c) Auf welcher wichtigen Annahme basiert die Gültigkeit Ihrer Antwort in Teil (b)?

6.50 Aus dem Kehrwert der Reaktionszeit (t_R^{-1}) lässt sich eine Geschwindigkeit annähern und folglich mithilfe eines Arrhenius-Ausdrucks abschätzen (Gleichung 6.16). Das Gleiche gilt für die Zeit bis zum Kriechbruch wie in Abbildung 6.35 definiert. Berechnen Sie die Aktivierungsenergie für den Kriechmechanismus, wenn die Zeit bis zum Bruch für eine gegebene Superlegierung 2.000 h bei 650 °C und 50 h bei 700 °C beträgt.

6.51 Schätzen Sie die Zeit bis zum Bruch bei 750 °C für die Superlegierung von Aufgabe 6.50 ab.

•6.52 Abbildung 6.33 zeigt die Abhängigkeit des Kriechens sowohl von der Spannung (σ) als auch von der Temperatur (T). Für viele Legierungen lässt sich eine derartige Abhängigkeit in einer modifizierten Form der Arrhenius-Gleichung ausdrücken

$$\dot{\varepsilon} = C_1 \sigma^n e^{-Q/RT},$$

wobei $\dot{\varepsilon}$ die stationäre Kriechgeschwindigkeit, C_1 eine Konstante und n eine Konstante, die gewöhnlich zwischen 3 und 8 liegt, ist. Der Exponentialausdruck ($e^{-Q/RT}$) ist der gleiche wie in anderen Arrhenius-Ausdrücken (siehe Gleichung 6.16). Das Produkt C1sn ist ein Temperatur-unabhängiger Term gleich der exponentiellen Konstante C in Gleichung 6.16. Der Term σ^n hat diesem Ausdruck die Bezeichnung Potenzgesetz des Kriechens oder kurz Kriechformel eingebracht. Berechnen Sie nach der angegebenen Potenzbeziehung mit $Q = 250$ kJ/mol und $n = 4$, welche prozentuale Erhöhung der Spannung notwendig ist, um den gleichen Zuwachs in $\dot{\varepsilon}$ wie eine 10 °C-Zunahme der Temperatur von 1.000 auf 1.010 °C hervorzurufen.

6.53 Berechnen Sie mithilfe von die Lebensdauer (a) einer Gussform aus MgO-Schamotte bei 1.300 °C und 12,4 MPa, wenn 1% Gesamtdehnung zulässig ist. (b) Wiederholen Sie die Berechnung für einen hydrostatisch gepressten MgO-Schamottestein. (c) Erörtern Sie die Wirkung der Verarbeitung auf die relative Leistung dieser beiden Feuerfestmaterialien.

6.54 Nehmen Sie die Aktivierungsenergie für das Kriechen von Al_2O_3 mit 525 kJ/mol an. (a) Sagen Sie die Kriechgeschwindigkeit $\dot{\varepsilon}$ für Al_2O_3 bei 1.000 °C und 12,4 MPa angelegter Spannung voraus. (enthält Daten bei 1.300 °C und 12,4 MPa.) (b) Berechnen Sie die Lebensdauer eine Al_2O_3-Röhrenofens bei 1.000 °C und 12,4 MPa, wenn 1% Gesamtdehnung zulässig ist.

6.55 Aufgabe 6.52 hat das Potenzgesetz für das Kriechen

$$\dot{\varepsilon} = C_1 \sigma^n e^{-Q/RT}$$

eingeführt.

(a) Berechnen Sie für einen Wert von $n = 4$ die Kriechgeschwindigkeit $\dot{\varepsilon}$ für Al_2O_3 bei 1.300 °C und 6,2 MPa. (b) Berechnen Sie die Lebensdauer eines Al_2O_3-Röhrenofens bei 1.300 °C und 6,2 MPa, wenn 1% Gesamtdehnung zulässig ist.

•**6.56** (a) Das Kriechdiagramm in Abbildung 6.37 zeigt ein allgemeines „Band" von Daten, die grob zwischen die beiden parallelen Linien fallen. Berechnen Sie eine allgemeine Aktivierungsenergie für das Kriechen von Oxidkeramiken mithilfe des Anstiegs, den die beiden parallelen Linien anzeigen. (b) Schätzen Sie die Unbestimmtheit in der Antwort zu Teil (a), indem Sie die größten und kleinsten Anstiege innerhalb des Bandes zwischen Temperaturen von 1.400 und 2.200 °C betrachten.

6.57 Die Spannung auf einer Gummischeibe verringert sich von 0,75 auf 0,5 MPa in 100 Tagen. (a) Wie groß ist die Relaxationszeit τ für diesen Werkstoff? (b) Wie groß ist die Spannung auf der Scheibe nach (i) 50 Tagen, (ii) 200 Tagen und (iii) 365 Tagen? (Betrachten Sie die Zeit = 0 als Spannungsniveau von 0,75 MPa.)

6.58 Steigt die Temperatur von 20 auf 30 °C, verringert sich die Relaxationszeit für eine polymere Faser von drei auf zwei Tage. Bestimmen Sie die Aktivierungsenergie für die Relaxation.

6.59 Berechnen Sie mit den Daten von Aufgabe 6.58 die erwartete Relaxationszeit bei 40 °C.

6.60 Ein kugelförmiger Druckbehälter aus Nylon 66 wird bei 60 °C und 50% relativer Luftfeuchtigkeit eingesetzt. Der Behälter hat einen Außenradius von 50 mm und eine Wanddicke von 2 mm. (a) Welcher Innendruck ist erforderlich, um eine Spannung in der Behälterwand von 6,9 MPa zu erzeugen? (Die Spannung in der Behälterwand berechnet sich zu

$$\sigma = \frac{pr}{2t},$$

wobei p der Innendruck, r der Außenradius der Kugel und t die Wanddicke ist.) (b) Berechnen Sie den Umfang der Kugel, nachdem dieser Druck 10.000 h eingewirkt hat. (Beachten Sie Abbildung 6.38.)

■ **Viskoelastische Verformung**

6.61 Ein für Sealed-Beam-Scheinwerfer (SB-Scheinwerfer) eingesetztes Borosilikatglas hat eine Entspannungstemperatur von 544 °C und einen Erweichungspunkt von 780 °C. Berechnen Sie für dieses Glas (a) die Aktivierungsenergie für viskose Verformung, (b) den Verarbeitungsbereich und (c) den Schmelzbereich.

6.62 Die folgenden Viskositätsdaten gelten für ein Borosilikatglas, das für vakuumfeste Dichtungen verwendet wird:

T (°C)	η (Poise)
700	$4{,}0 \times 10^7$
1.080	$1{,}0 \times 10^4$

Bestimmen Sie die Temperaturen, bei denen dieses Glas (a) geschmolzen und (b) geglüht werden sollte.

D 6.63 Nehmen Sie für das in Aufgabe 6.62 beschriebene vakuumfeste Glas an, dass Sie das Produkt bei der Viskosität von 10^{13} Poise in herkömmlicher Weise geglüht haben. Eine Kosten-/Nutzen-Analyse hat nun ergeben, dass es wirtschaftlicher ist, längere Zeit bei einer niedrigeren Temperatur zu glühen. Wenn Sie sich entscheiden, bei einer Viskosität von $10^{13,4}$ Poise zu glühen, um wie viel Grad (°C) sollte der Bediener des Glühofens die Ofentemperatur verringern?

D 6.64 Sie sollen einen Industrieofen für ein neues optisches Glas entwerfen. Das Glas hat eine Entspannungstemperatur von 460 °C und einen Erweichungspunkt von 647 °C. Berechnen Sie den Temperaturbereich, in dem sich das Produkt formen lässt (d.h. den Verarbeitungsbereich).

Thermisches Verhalten

7.1 **Wärmekapazität**............................... 315
7.2 **Wärmeausdehnung**........................... 318
7.3 **Wärmeleitfähigkeit**........................... 321
7.4 **Thermoschock**................................. 327

7 THERMISCHES VERHALTEN

❚❚ *Feuerfestwerkstoffe sind hochtemperaturbeständige Keramiken, die man beispielsweise beim Metallguss einsetzt. Die wirksamsten Feuerfestwerkstoffe haben niedrige Wärmeausdehnungs- und Wärmeleitfähigkeitswerte.* ❚❚

Das vorhergehende Kapitel hat Eigenschaften behandelt, die das mechanische Verhalten von Werkstoffen definieren. In ähnlicher Form geben wir jetzt einen Überblick über verschiedene Eigenschaften, die das thermische Verhalten von Werkstoffen bestimmen und anzeigen, wie Werkstoffe auf Wärmeeinwirkung reagieren.

Sowohl *Wärmekapazität* als auch *spezifische Wärme* kennzeichnen das Vermögen eines Werkstoffs, Wärme aus seiner Umgebung aufzunehmen. Die auf den Werkstoff von der externen Wärmequelle übertragene Energie bewirkt eine Zunahme der thermischen Schwingung der Atome im Werkstoff. Die meisten Werkstoffe zeigen eine leichte Größenzunahme, wenn sie erwärmt werden. Diese *Wärmeausdehnung* ist ein direktes Ergebnis des vergrößerten Trennungsabstands zwischen benachbarten Atomen, da die thermische Schwingung der einzelnen Atome mit steigender Temperatur zunimmt.

Bei der Beschreibung des Wärmeflusses durch einen Werkstoff ist die *Wärmeleitfähigkeit* die Proportionalitätskonstante zwischen der Wärmeflussgeschwindigkeit und dem Temperaturgradienten, ganz analog zum Diffusionskoeffizienten, wie ihn *Kapitel 5* als Proportionalitätskonstante zwischen der Massenflussgeschwindigkeit und dem Konzentrationsgradienten definiert hat.

Aus dem Wärmefluss in Werkstoffen können sich auch mechanische Konsequenzen ergeben. Der Thermoschock bezeichnet den Bruch eines Werkstoffs infolge einer Temperaturänderung, das ist in aller Regel eine plötzliche Abkühlung.

7.1 Wärmekapazität

Absorbiert ein Werkstoff Wärme aus der Umgebung, steigt seine Temperatur. Diese allgemeine Beobachtung lässt sich mit einer fundamentalen Werkstoffeigenschaft, der **Wärmekapazität** C, quantifizieren. Sie gibt an, welche Wärmemenge zuzuführen ist, um die Temperatur eines Werkstoffs um 1 K (= 1 °C) zu erhöhen. Es gilt die Beziehung

$$C = \frac{Q}{\Delta T}, \tag{7.1}$$

wobei Q die Wärmemenge ist, die eine Temperaturänderung ΔT hervorruft. Bei inkrementellen Temperaturänderungen ist der Zahlenwert von ΔT auf den Temperaturskalen Kelvin (K) und Celsius (°C) gleich.

Die Größe von C hängt von der Werkstoffmenge ab. Die Wärmekapazität wird gewöhnlich auf 1 Grammatom (für Elemente) oder 1 Mol (für Verbindungen) in Einheiten von J/Grammatom · K oder J/mol · K bezogen. Alternativ gibt man die **spezifische Wärmemenge** bezogen auf eine Masseneinheit an, beispielsweise J/kg · K. In Verbindung mit der Wärme und der Masse wird die spezifische Wärmemenge durch Kleinbuchstaben bezeichnet:

$$c = \frac{q}{m\Delta T} \tag{7.2}$$

Die (spezifische) Wärmekapazität misst man entweder bei konstantem Volumen C_v (bzw. c_v) oder bei konstantem Druck C_p (bzw. c_p). Der Wert von C_p ist immer größer als C_v, wobei aber der Unterschied für die meisten Festkörper bei Raumtemperatur oder darunter nur sehr gering ist. Da wir normalerweise bei technischen Werkstoffen massenbasierte Größen bei feststehendem atmosphärischem Druck verwenden, greifen wir in diesem Buch vorwiegend auf c_p-Daten zurück. Tabelle 7.1 gibt die Werte der spezifischen Wärmemenge für verschiedene technische Werkstoffe an.

7 THERMISCHES VERHALTEN

Tabelle 7.1
Werte der spezifischen Wärme von Werkstoffen

Werkstoff	$c_p \, [J/kg \cdot K]$
Metalle	
Aluminium	900
Kupfer	385
Gold	129
Eisen (α)	444
Blei	159
Nickel	444
Silber	237
Titan	523
Wolfram	133
Keramiken	
Al_2O_3	160
MgO	457
SiC	344
Kohlenstoff (Diamant)	519
Kohlenstoff (Graphit)	711
Polymere	
Nylon 66	1260-2090
phenolische Stoffe	1460-1670
Polyethylen (hohe Dichte)	1920-2300
Polypropylen	1880
Polytetrafluorethylen (PTFE)	1050

In grundlegenden Untersuchungen zur Beziehung zwischen Atomschwingungen und Wärmekapazität Anfang des 20. Jahrhunderts hat man entdeckt, dass C_v bei sehr tiefen Temperaturen vom Wert 0 bei 0 K sehr steil entsprechend der Beziehung

$$C_v = AT^3 \tag{7.3}$$

ansteigt, wobei A eine temperaturunabhängige Konstante ist. Außerdem hat man festgestellt, dass sich der Wert von C_v oberhalb einer **Debye[1]-Temperatur** (θ_D) bei ungefähr $3R$ einpendelt, wobei R die universelle Gaskonstante ist. (Wie in *Abschnitt 5.1* stellen wir fest, dass R auch für Festkörper eine fundamentale Konstante ist, selbst wenn sie als Term in der Gleichung für das ideale Gas die Bezeichnung *Gaskonstante* erhalten

---

[1] Peter Joseph Wilhelm Debye (1884–1966), holländisch-amerikanischer Chemiker und Physiker, entwickelte die in Abbildung 7.1 dargestellten Ergebnisse als Verfeinerung von Einsteins Theorie der spezifischen Wärme, wobei er die neu entwickelte Quantentheorie und die Elastizitätskonstanten des Werkstoffes einfließen ließ. Debye leistete zahlreiche Beiträge zur Physik und Chemie. Dazu gehört auch die Grundlagenforschung zur Röntgenstrahlbeugung von pulverisierten Werkstoffen. In Zusammenarbeit mit Max von Laue und den Braggs schuf er damit die Möglichkeit, die in *Abschnitt 3.7* angegebenen Daten zu ermitteln.

hat.) Abbildung 7.1 veranschaulicht, wie C_v oberhalb von θ_D einem asymptotischen Wert von $3R$ zustrebt. Da θ_D bei vielen Festkörpern unterhalb der Raumtemperatur liegt und $C_p \approx C_v$ gilt, haben wir damit eine praktische Faustregel für den Wert der Wärmemenge vieler technischer Werkstoffe.

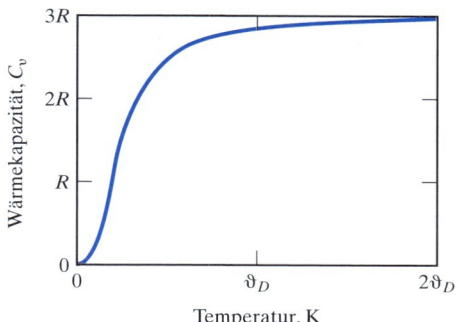

Abbildung 7.1: Die Temperaturabhängigkeit der Wärmekapazität bei konstantem Volumen C_v. Die Größe von C_v nimmt bei einer Temperatur nahe 0 K rapide zu und pendelt sich oberhalb der Debye-Temperatur (θ_D) bei einem Wert von etwa $3R$ ein.

Schließlich lässt sich feststellen, dass es neben den Atomschwingungen noch andere energieabsorbierende Mechanismen gibt, die zur Größe der Wärmekapazität beitragen können, beispielsweise die Energieabsorption durch freie Elektronen in Metallen und die zufällige Orientierung der Elektronen-Spins in ferromagnetischen Werkstoffen (siehe *Kapitel 18*). Alles in allem aber lässt sich das in Abbildung 7.1 und Tabelle 7.1 dargestellte allgemeine Verhalten auf die meisten technischen Werkstoffe in normalen Anwendungen übertragen.

Beispiel 7.1

Zeigen Sie, dass die Wärmekapazität eines Festkörpers entsprechend der Faustregel ungefähr $3R$ ist und mit dem Wert für die spezifische Wärme von Aluminium in Tabelle 7.1 übereinstimmt.

Lösung

Mit den Werten aus *Anhang C* berechnet man

$$3R = 3(8{,}314 \text{ J/mol} \cdot \text{K})$$

$$= 24{,}94 \text{ J/mol} \cdot \text{K}.$$

Anhang A gibt für Aluminium 26,98 g je Grammatom an, was bei diesem elementaren Festkörper einem Mol entspricht. Damit ergibt sich

$$3R = (24{,}94 \text{ J/mol} \cdot \text{K})(1 \text{ mol}/26{,}98 \text{ g})(1.000 \text{ g/kg})$$

$$= 924 \text{ J/kg} \cdot \text{K},$$

was in vernünftiger Übereinstimmung mit dem Wert von 900 J/kg · K in Tabelle 7.1 steht.

7 THERMISCHES VERHALTEN

Die Lösungen für alle Übungen finden Sie auf der Companion Website.

> **Übung 7.1** Zeigen Sie, dass eine Wärmekapazität von $3R$ einen brauchbaren Näherungswert für die spezifische Wärme von Kupfer darstellt, die in Tabelle 7.1 angegeben ist (siehe Beispiel 7.1).

7.2 Wärmeausdehnung

Eine steigende Temperatur führt zu größeren thermischen Schwingungen der Atome in einem Werkstoff und einer Zunahme des durchschnittlichen Trennungsabstands von benachbarten Atomen (siehe Abbildung 7.2). Im Allgemeinen nimmt die Länge des Werkstoffs in einer gegebenen Richtung L mit steigender Temperatur T zu. Diese Beziehung wird durch den **linearen Wärmeausdehnungskoeffizienten** α widergespiegelt, der durch

$$\alpha = \frac{dL}{L dT} \tag{7.4}$$

gegeben ist, wobei α die Einheit mm/(mm · °C) hat. Tabelle 7.2 gibt Daten für die Wärmeausdehnung für verschiedene Werkstoffe an.

Eine Demonstration der Wärmeausdehnung und Daten zu thermischen Eigenschaften finden Sie auf der Companion Website.

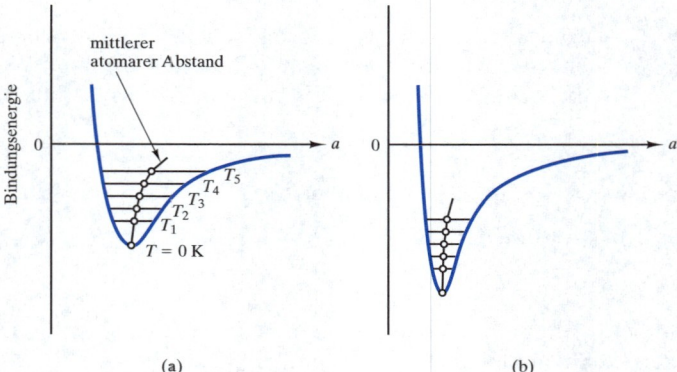

Abbildung 7.2: Diagramm der atomaren Bindungsenergie in Abhängigkeit des atomaren Abstands für einen schwach (a) und einen stark (b) gebundenen Festkörper. Die Wärmeausdehnung ist das Ergebnis eines zunehmenden Atomabstands bei steigender Temperatur. Die (durch den Wärmeausdehnungskoeffizienten in Gleichung 7.4 dargestellte) Wirkung ist für die eher asymmetrische Energiemulde des schwach gebundenen Festkörpers größer. Wie Tabelle 7.3 zeigt, nehmen Schmelzpunkt und Elastizitätsmodul mit wachsender Bindungsfestigkeit zu.

Tabelle 7.2

Werte des linearen thermischen Ausdehnungskoeffizienten für verschiedene Werkstoffe

Werkstoff	α [1/°C × 10^6] Temperatur = 27 °C (300 K)	527 °C (800 K)	0 – 1.000 °C
Metalle			
Aluminium	23,2	33,8	
Kupfer	16,8	20,0	
Gold	14,1	16,5	
Nickel	12,7	16,8	
Silber	19,2	23,4	
Wolfram	4,5	4,8	
Keramiken und Gläser			
Mullite (3Al$_2$O$_3$ · 2SiO$_2$)			5,3
Porzellan			6,0
Schamotte			5,5
Al$_2$O$_3$			8,8
Spinell (MgO · Al$_2$O$_3$)			7,6
MgO			13,5
UO$_2$			10,0
ZrO$_2$ (stabilisiert)			10,0
SiC			4,7
Silikatglas			0,5
Kalknatronsilikatglas			9,0
Polymere			
Nylon 66	30-31		
Phenolische Werkstoffe	30-45		
Polyethylen (hohe Dichte)	149-301		
Polypropylen	68-104		
Polytetrafluorethylen (PTFE)	99		

Im Allgemeinen sind die Wärmeausdehnungskoeffizienten von Keramiken und Gläsern kleiner als die für Metalle, die ihrerseits kleiner als diejenigen für Polymere sind. Die Unterschiede stehen mit der asymmetrischen Form der Energiemulde, wie in Abbildung 7.2 gezeigt, im Zusammenhang. Keramiken und Gläser haben im Allgemeinen tiefere Mulden (d.h. höhere Bindungsenergien), die auf ihre ionischen und kovalenten Bindungstypen zurückzuführen sind. Das Ergebnis ist eine symmetrischere Energiemulde mit relativ geringem Anwachsen des Atomabstands bei zunehmender Temperatur, wie es in Abbildung 7.2b zu sehen ist.

7 THERMISCHES VERHALTEN

Der Elastizitätsmodul steht direkt mit der Ableitung der Bindungsenergiekurve nahe dem unteren Teil der Mulde (siehe *Abbildung 6.18*) in Beziehung. Daraus folgt: Je tiefer die Energiemulde ist, desto größer ist der Wert dieser Ableitung und folglich desto größer ist der Elastizitätsmodul. Darüber hinaus korrespondiert die stärkere Bindung infolge tieferer Energiemulden mit höheren Schmelzpunkten. Tabelle 7.3 fasst die Wechselbeziehungen zwischen Bindungsfestigkeit und Werkstoffeigenschaften zusammen.

Tabelle 7.3

Korrelation von Bindungsfestigkeit und Werkstoffeigenschaften

Schwach gebundene Festkörper	Stark gebundene Festkörper
Niedriger Schmelzpunkt	Hoher Schmelzpunkt
Niedriger Elastizitätsmodul	Hoher Elastizitätsmodul
Hoher Wärmeausdehnungskoeffizient	Niedriger Wärmeausdehnungskoeffizient

Der Wärmeausdehnungskoeffizient selbst ist eine Funktion der Temperatur. Abbildung 7.3 zeigt den Verlauf des linearen Wärmeausdehnungskoeffizienten für keramische Werkstoffe über einem breiten Temperaturbereich.

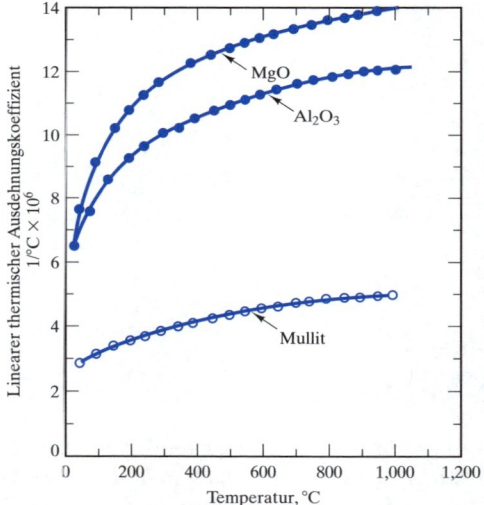

Abbildung 7.3: Linearer thermischer Ausdehnungskoeffizient als Funktion der Temperatur für drei Keramikoxide (Mullite = $3Al_2O_3 \cdot 2SiO_2$)

Wie in *Kapitel 12* noch erläutert wird, bilden Kristallite von β-Eucryptit einen wichtigen Teil der Mikrostruktur bestimmter Glas-Keramiken. Das β-Eucryptit ($Li_2O \cdot Al_2O_3 \cdot SiO_2$) hat einen *negativen* Wärmeausdehnungskoeffizienten, wodurch der Werkstoff insgesamt einen niedrigen Wärmeausdehnungskoeffizienten erhält und demzufolge eine ausgezeichnete Widerstandsfähigkeit gegen Temperaturschock aufweist – ein

Problem, dem sich Abschnitt 7.4 widmet. In außergewöhnlichen Fällen, wie z.B. β-Eucryptit, „entspannt" sich die Gesamtatomarchitektur bei steigender Temperatur wie eine Ziehharmonika.

Beispiel 7.2

Ein Röhrenofen aus Al_2O_3 mit der Länge 0,1 m wird von Raumtemperatur (25 °C) auf 1.000 °C aufgeheizt. Berechnen Sie den Längenzuwachs infolge dieser Erwärmung unter der Annahme, dass die Röhre mechanisch nicht behindert wird.

Lösung

Durch Umstellen der Gleichung 7.4 erhält man

$dL = \alpha L dT$.

Wir können von linearer Wärmeausdehnung ausgehen und mit dem Gesamtwärmeausdehnungskoeffizienten für diesen Temperaturbereich entsprechend Tabelle 7.2 rechnen. Somit ergibt sich:

$\Delta L = \alpha L_0 \Delta T$

$= \left[8{,}8 \times 10^{-6} \text{ mm}/(\text{mm} \cdot °C) \right](0{,}1 \text{ m})(1.000 - 25)°C$

$= 0{,}858 \times 10^{-3}$ m

$= 0{,}858$ mm.

Übung 7.2

Ein Röhrenofen aus Mullit mit der Länge 0,1 m wird von Raumtemperatur (25 °C) auf 1.000 °C aufgeheizt. Berechnen Sie den Längenzuwachs infolge dieser Erwärmung unter der Annahme, dass die Röhre mechanisch nicht behindert wird (siehe Beispiel 7.2).

7.3 Wärmeleitfähigkeit

Die Gesetze für die Wärmeleitung in Festkörpern sind analog denen für die Diffusion (siehe *Abschnitt 5.3*). Die Entsprechung des Diffusionskoeffizienten D ist die **Wärmeleitfähigkeit** k, die durch das **Fouriersche**[1] **Gesetz**

$$k = -\frac{dQ/dt}{A(dT/dx)} \qquad (7.5)$$

---

[1] Jean Baptiste Joseph Fourier (1768–1830), französischer Mathematiker, brachte uns einige der nützlichsten Konzepte in der angewandten Mathematik. Seine Demonstration, dass sich komplizierte Wellenformen durch eine Reihe von trigonometrischen Funktionen beschreiben lassen, brachte ihm seinen ersten großen Ruhm und den Titel „Baron" (von Napoleon verliehen) ein. Im Jahre 1822 veröffentlichte er sein Hauptwerk zur Wärmeleitung unter dem Titel *Analytical Theory of Heat*.

7 THERMISCHES VERHALTEN

definiert ist. Hierbei bezeichnet dQ/dt die Geschwindigkeit des Wärmeübergangs über einer Fläche A infolge eines Temperaturgradienten dT/dx. Abbildung 7.4 veranschaulicht die verschiedenen Terme von Gleichung 7.5. Vergleichen Sie diese Abbildung mit der Darstellung für das Ficksche Gesetz in *Abbildung 5.9*. Die Einheit für k ist J/(s · m · K). Für stationäre Wärmeleitung durch eine flache Platte werden die Differentiale in Gleichung 7.5 zu Durchschnittstermen:

$$k = -\frac{\Delta Q / \Delta t}{A(\Delta T / \Delta x)} \cdot \qquad (7.6)$$

Mit Gleichung 7.6 lässt sich der Wärmefluss durch feuerfeste Wände in Hochtemperaturöfen beschreiben.

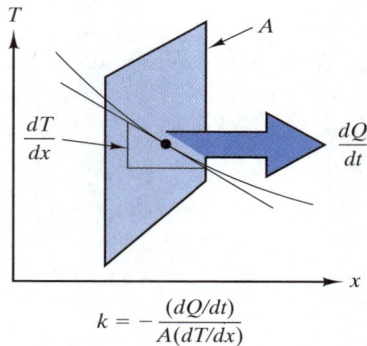

Abbildung 7.4: Der Wärmeübergang ist durch das Fouriersche Gesetz (Gleichung 7.5) definiert.

Tabelle 7.4 zeigt Werte für die Wärmeleitfähigkeit. Wie der Wärmeausdehnungskoeffizient ist die Wärmeleitfähigkeit eine Funktion der Temperatur. Abbildung 7.5 stellt den Verlauf der Wärmeleitfähigkeit für gebräuchliche Keramiken über einem breiten Temperaturbereich dar.

Tabelle 7.4

Wärmeleitfähigkeit für verschiedene Werkstoffe

Werkstoff	27 °C (300 K)	100 °C	527 °C (800 K)	1.000 °C
Metalle				
Aluminium	237		220	
Kupfer	398		371	
Gold	315		292	
Eisen	80		43	
Nickel	91		67	
Silber	427		389	
Titan	22		20	
Wolfram	178		128	

k [J/(s · m · K)], Temperatur =

7.3 Wärmeleitfähigkeit

Wärmeleitfähigkeit für verschiedene Werkstoffe

Werkstoff	k [J/(s · m · K)] Temperatur =			
	27 °C (300 K)	100 °C	527 °C (800 K)	1.000 °C
Keramiken und Gläser				
Mullite ($3Al_2O_3 \cdot 2SiO_2$)		5,9		3,8
Porzellan		1,7		1,9
Schamotte		1,1		1,5
Al_2O_3		30,0		6,3
Spinell ($MgO \cdot Al_2O_3$)		15,0		5,9
MgO		38,0		7,1
ZrO_2 (stabilisiert)		2,0		2,3
TiC		25,0		5,9
Silikatglas		2,0		2,5
Kalknatronsilikatglas		1,7		–
Polymere				
Nylon 66	2,9			
phenolische Stoffe	0,17-0,52			
Polyethylen (hohe Dichte)	0,33			
Polypropylen	2,1-2,4			
Polytetrafluorethylen (PTFE)	0,24			

Die Wärmeleitung in technischen Werkstoffen geschieht durch Atomschwingungen und die Leitung von freien Elektronen. Bei schlechten elektrischen Leitern, wie z.B. Keramiken und Polymeren, wird die Wärmeenergie hauptsächlich durch die Schwingungen von Atomen transportiert. Bei elektrisch leitenden Metallen kann die kinetische Energie der leitenden (oder „freien") Elektronen beträchtlich mehr zur Wärmeleitung beitragen als die Atomschwingungen.

Kapitel 15 geht detaillierter auf den Mechanismus der elektrischen Leitung ein. Allgemein ist dieser Mechanismus dadurch gekennzeichnet, dass sich das Elektron sowohl als Welle als auch als Teilchen betrachten lässt. Jede strukturelle Unordnung stört die Bewegung der Wellenform. Da die Schwingungen des Kristallgitters bei steigender Temperatur zunehmen, verringert sich im Allgemeinen die Wärmeleitfähigkeit. Analog führt die von chemischen Verunreinigungen hervorgerufene strukturelle Unordnung zu einer ähnlichen Abnahme der Wärmeleitfähigkeit. Letztlich haben Metalllegierungen geringere Wärmeleitfähigkeiten als reine Metalle.

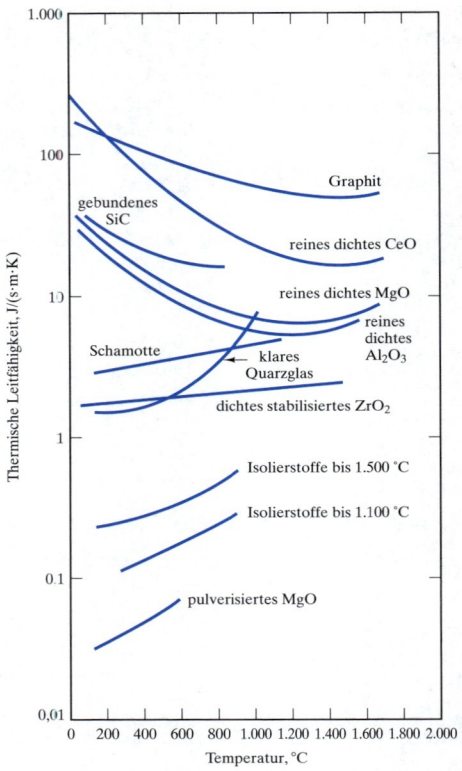

Abbildung 7.5: Wärmeleitfähigkeit verschiedener Keramiken über einem Temperaturbereich

Bei Keramiken und Polymeren sind hauptsächlich die Atomschwingungen für die Wärmeleitfähigkeit verantwortlich, da es kaum leitende Elektronen gibt. Allerdings haben diese Gitterschwingungen ebenfalls Wellencharakter und werden in ähnlicher Weise durch strukturelle Unordnung behindert. Im Ergebnis haben Gläser eine niedrigere Wärmeleitfähigkeit als kristalline Keramiken der gleichen chemischen Zusammensetzung. Ebenso weisen amorphe Polymere eine geringere Leitfähigkeit als kristalline Polymere vergleichbarer Zusammensetzungen auf. Zudem fällt die Wärmeleitfähigkeit von Keramiken und Polymeren mit steigender Temperatur, weil die stärker schwingenden Atome eine zunehmende Unordnung bewirken. Bei manchen Keramiken beginnt die Leitfähigkeit schließlich mit weiterer Temperaturzunahme infolge Wärmeübertragung durch Strahlung zu steigen. Optisch transparente Keramiken können beträchtliche Anteile von Infrarotstrahlung übertragen. Mit diesen Themen beschäftigt sich *Kapitel 16* ausführlich.

Die Wärmeleitfähigkeit von Keramiken und Polymeren geht durch Porosität weiter zurück. Das Gas in den Poren hat eine sehr geringe Wärmeleitfähigkeit, was der Mikrostruktur als Ganzes eine niedrige Nettoleitfähigkeit verleiht. Herausragende Beispiele sind die hochentwickelten Kacheln des Spaceshuttles (siehe den folgenden Kasten „Die Welt der Werkstoffe") und die einfachen Trinkbecher aus Schaumpolystyrol (Styropor).

Die Welt der Werkstoffe

Wärmeschutzsysteme für den Spaceshuttle

Das als Spaceshuttle bekannte Raumtransportersystem der NASA[a] stellt außerordentlich hohe Anforderungen an die thermische Isolierung. Der Spaceshuttle wird mit einer Rakete gestartet und ist ein wieder verwendbares Raumfahrzeug, das für verschiedenste Nutzlasten und Aufgaben konzipiert ist – beispielsweise um wissenschaftliche Experimente durchzuführen oder kommerzielle Satelliten auszusetzen. Am Ende einer Mission im Orbit tritt das Raumfahrzeug wieder in die Atmosphäre ein und unterliegt dadurch außerordentlicher Aufheizung durch Reibung. Schließlich landet der Spaceshuttle ähnlich wie ein normales Flugzeug.

Die erfolgreiche Entwicklung einer vollständig wieder verwendbaren äußeren Haut, die als Wärmeschutzsystem dient, war entscheidend für den Spaceshuttle-Gesamtentwurf. Die bisher in der Flugzeugindustrie eingesetzten Hochleistungs-isolierwerkstoffe erwiesen sich als ungeeignet für die Entwurfsspezifikationen des Spaceshuttles, weil sie entweder nicht wieder verwendbar oder zu dicht waren. Außerdem muss das System eine aerodynamisch glatte äußere Oberfläche bieten, harten thermomechanischen Belastungen standhalten und Feuchtigkeit sowie anderen atmosphärischen Verunreinigungen widerstehen. Schließlich ist das Wärmeschutzsystem mit der Flugzeugzelle aus einer Aluminiumlegierung zu verbinden.

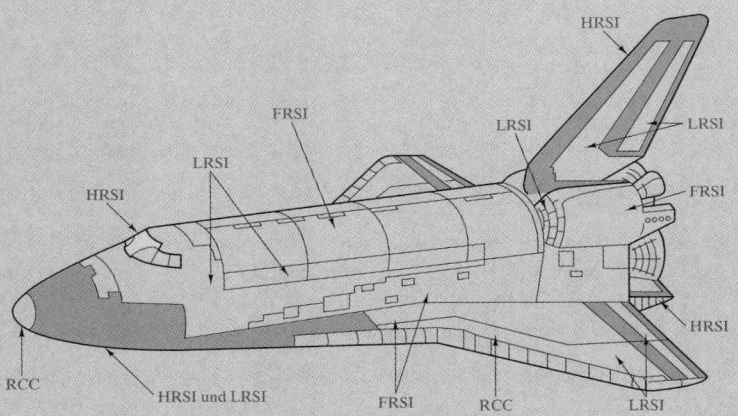

Schematische Darstellung der Komponentenverteilung des Wärmeschutzsystems für den Spaceshuttle: FRSI (Felt Reusable Surface Insulation – Oberflächen-isolierung aus wieder verwendbarem Filz), LRSI (Low-Temperature Reusable Surface Insulation – wieder verwendbare Oberflächenisolierung für niedrige Temperaturen), HRSI (High-Temperature Reusable Surface Insulation – wieder verwendbare Oberflächenisolierung für hohe Temperaturen) und RCC (Refin-forced Carbon-Carbon Composite – faserverstärkter Kohlenstoff-Verbundwerkstoff)

7 THERMISCHES VERHALTEN

Wie die Abbildung zeigt, realisiert man die geeignete Wärmeisolierung durch viele spezielle Werkstoffe, je nach der lokal auftretenden höchsten Oberflächentemperatur. Ungefähr 70% der Spaceshuttle-Oberfläche sind gegen Temperaturen zwischen 400 °C und 1.260 °C zu schützen. Für diesen Hauptteil des Wärmeschutzsystems werden Keramikkacheln eingesetzt. Im Bereich von 400 °C bis 650 °C besteht die wieder verwendbare Oberflächenisolierung (LRSI) aus hochreinen Quarzfasern mit einem Durchmesser zwischen 1 und 4 μm und Faserlängen von etwa 3.000 μm. Lockere gepackte Fasern werden gesintert und ergeben ein stark poröses und leichtgewichtiges Material, wie es die folgende Mikroaufnahme zeigt.

Eine Rastermikroskopaufnahme der gesinterten Quarzfasern in einer Keramikkachel des Spaceshuttles

Keramik- und Glaswerkstoffe sind von Natur aus gute Wärmeisolatoren und zusammen mit der äußerst hohen Porosität (ungefähr 93% Volumenanteil) der sich daraus ergebenden Mikrostruktur erhält man außergewöhnlich niedrige Werte der Wärmeleitfähigkeit. Wir bezeichnen diese Kacheln als *keramisch*, auch wenn ihre zentrale Komponente im Allgemeinen ein Glas (Quarzglas) ist. Das hängt damit zusammen, dass man Gläser oftmals als Untermenge von Keramiken ansieht und manche Kacheln aus Aluminoborosilikat-Fasern bestehen, die durch Entglasen zu echten kristallinen Keramiken werden können.

[a] NASA (National Aeronautics and Space Administration, Nationale Luft- und Raumfahrtbehörde der USA)

> **Beispiel 7.3**
>
> Berechnen Sie die stationäre Wärmeübergangsgeschwindigkeit (in J/m² · s) durch eine Kupferplatte von 10 mm Dicke, wenn über der Platte ein Temperaturabfall von 50 °C (von 50 °C auf 0 °C) auftritt.
>
> **Lösung**
>
> Durch das Umstellen von Gleichung 7.6 ergibt sich
>
> $(\Delta Q/\Delta t)/A = -k(\Delta T/\Delta x).$
>
> Über diesem Temperaturbereich (Durchschnittstemperatur $T = 25\ °C = 298\ K$) können wir die Wärmeleitfähigkeit für Kupfer bei 300 K aus Tabelle 7.4 verwenden und erhalten
>
> $(\Delta Q/\Delta t)/A = -(398\ \text{J/s} \cdot \text{m} \cdot \text{K})\left(\left[0°C\text{-}50°C\right]/\left[10 \times 10^{-3}\ \text{m}\right]\right)$
>
> $= -(398\ \text{J/s} \cdot \text{m} \cdot \text{K})(-5 \times 10^{-3}\ °C/\text{m}).$
>
> Unter der Voraussetzung, dass wir mit inkrementellen Temperaturänderungen rechnen, lassen sich die Einheiten K und °C kürzen und das Ergebnis lautet:
>
> $(\Delta Q/\Delta t)/A = 1{,}99 \times 10^{6}\ \text{J/m}^2 \cdot \text{s}.$

> **Übung 7.3**
>
> Berechnen Sie die stationäre Wärmeübergangsgeschwindigkeit durch eine Kupferplatte von 10 mm Dicke bei einem Temperaturabfall um 50 °C von 550 °C auf 500 °C (siehe Beispiel 7.3).

7.4 Thermoschock

Setzt man bestimmte Werkstoffe, wie z.B. Keramiken und Gläser, die von Natur aus spröde sind, bei hohen Temperaturen ein, führt das zu einem speziellen technischen Problem, dem **Thermoschock**. Dieser lässt sich definieren als (teilweiser oder vollständiger) Bruch des Werkstoffs als Ergebnis einer Temperaturänderung (vor allem einer plötzlichen Abkühlung).

Bei einem Thermoschock können sowohl Wärmeausdehnung als auch Wärmeleitfähigkeit eine Rolle spielen. Ausgehend von diesen Eigenschaften kann es auf zwei Wegen zum Thermoschock kommen: Erstens kann sich durch Behinderung einer gleichmäßigen Ausdehnung eine Ausfallspannung aufbauen. Zweitens produzieren schnelle Temperaturänderungen temporäre Temperaturgradienten im Werkstoff, woraus ein interner Spannungsaufbau resultiert. Abbildung 7.6 veranschaulicht den ersten Fall. Das gleiche Ergebnis entsteht, wenn man die ungehinderte Ausdehnung zulässt und anschließend mechanischen Druck auf den Stab ausübt, um ihn auf die ursprüngliche Länge zu pressen. Häufig sind Ofenkonstruktionen daran gescheitert, dass man die Ausdehnung von hitzebeständigen Keramiken während der Aufheizung nicht richtig berücksichtigt hat. In ähnlicher Weise müssen die Ausdehnungskoeffizienten von Beschichtung und Substrat bei Glasuren (Glasüberzüge auf Keramiken) und Emaillen (Glasbeschichtungen auf Metallen) übereinstimmen.

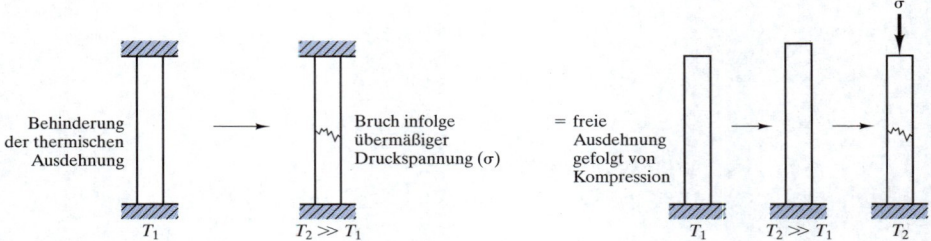

Abbildung 7.6: Thermoschock, der aus der Behinderung einer gleichmäßigen Wärmeausdehnung resultiert. Dieser Vorgang entspricht einer ungehinderten Ausdehnung, gefolgt von mechanischer Kompression auf die ursprüngliche Länge.

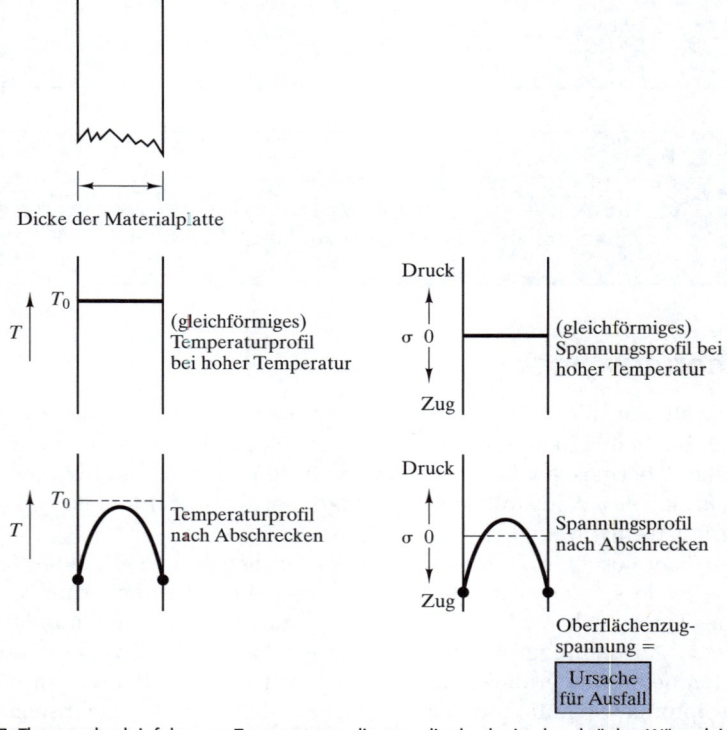

Abbildung 7.7: Thermoschock infolge von Temperaturgradienten, die durch eine beschränkte Wärmeleitfähigkeit entstehen. Schnelles Abkühlen ruft Zugspannungen an der Oberfläche hervor.

Selbst ohne externe Behinderung kann ein Thermoschock infolge der entstehenden Temperaturgradienten durch eine endliche Wärmeleitfähigkeit auftreten. Abbildung 7.7 zeigt, wie schnelles Abkühlen der Oberfläche einer heißen Wand von Zugspannungen an der Oberfläche begleitet wird. Die Oberfläche zieht sich mehr als das Bauteilinnere zusammen, das immer noch relativ heiß ist. Als Ergebnis „drückt" die Oberfläche auf das Volumen und unterliegt selbst einer Spannung. Durch die unvermeidbaren Griffith-Risse an der Oberfläche führt diese Zugspannung an der Oberfläche direkt zu einem Sprödbruch. Die Fähigkeit eines Werkstoffs, einer bestimmten Temperaturänderung zu widerstehen, hängt von einer komplexen Kombination von Wärmeausdehnung, Wärmeleitfähigkeit, Gesamtgeometrie und der inhärenten Sprödigkeit des Werkstoffs ab. Abbildung 7.8 zeigt Wege, um unterschiedliche Keramiken und Gläser durch Thermoschock zu brechen. Wir haben den Thermoschock unabhängig vom Einfluss von Phasentransformationen behandelt. *Kapitel 9* erläutert die Wirkung einer Phasentransformation auf den strukturellen Ausfall von unstabilisiertem Zirkondioxid (ZrO_2). In manchen Fällen können sogar moderate Temperaturänderungen über den Transformationsbereich zerstörend wirken. Die Anfälligkeit für Thermoschock ist auch eine Beschränkung des teilstabilisierten Zirkondioxids, das kleine Körner einer unstabilisierten Phase enthält.

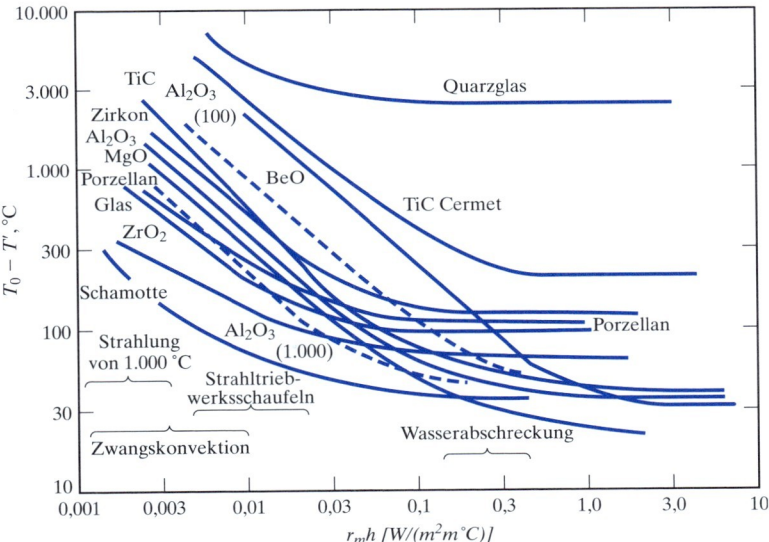

Abbildung 7.8: Thermisches Abschrecken, das einen Bruch durch Thermoschock hervorruft. Der notwendige Temperaturabfall ($T_0 - T^*$), um einen Bruch zu erzeugen, ist über einem Wärmeübergangsparameter ($r_m h$) aufgetragen. Wichtiger als die Werte von $r_m h$ sind die Bereiche, die bestimmten Abschreckprofilen entsprechen (z.B. entspricht *Wasserabschreckung* einem $r_m h$ um 0,2 bis 0,3).

7 THERMISCHES VERHALTEN

Beispiel 7.4 Gegeben sei ein Röhrenofen aus Al_2O_3, der – wie in Abbildung 7.6 gezeigt – in der Ausdehnung behindert ist. Berechnen Sie die Spannung, die in der Röhre entsteht, wenn sie auf 1.000 °C aufgeheizt wird.

Lösung

Tabelle 7.2 gibt den Wärmeausdehnungskoeffizienten für Al_2O_3 über den Bereich

$$\alpha = 8{,}8 \times 10^{-6} \text{ mm}/(\text{mm} \cdot °C)$$

an. Bei Raumtemperatur (25 °C) beträgt die ungehinderte Ausdehnung, die mit der Aufheizung auf 1.000 °C verbunden ist,

$$\varepsilon = \alpha \Delta T$$

$$= \left[8{,}8 \times 10^{-6} \text{ mm}/(\text{mm} \cdot °C)\right](1.000 - 25)°C$$

$$= 8{,}58 \times 10^{-3}.$$

Die aus der Ausdehnungsbehinderung resultierende Druckspannung beträgt

$$\sigma = E\varepsilon.$$

Tabelle 6.5 gibt den Elastizitätsmodul E für gesintertes Al_2O_3 mit $E = 370 \times 10^3$ MPa an. Somit ist

$$\sigma = (370 \times 10^3 \text{ MPa})(8{,}58 \times 10^{-3})$$

$$= 3170 \text{ MPa (gepresst)}.$$

Dieser Wert liegt deutlich über der Bruchspannung für Aluminiumkeramiken (siehe *Abbildung 6.13*).

D Beispiel 7.5 Ingenieure sollen das Unfallrisiko abschätzen, das im Betrieb eines Hochtemperaturofens auftreten kann. Schätzen Sie den Temperaturabfall ab, der einen Bruch des Ofenkörpers hervorruft, wenn eine Kühlwasserleitung bricht und Wasser auf den Ofenkörper aus Al_2O_3 spritzt.

Lösung

Abbildung 7.8 gibt den relevanten Verlauf für Al_2O_3 bei 1.000 °C an. Im Bereich von $r_m h$ um etwa 0,2 bewirkt ein Abfall von

$$T_0 - T' \cong 50°C$$

einen Bruch durch Thermoschock.

7.4 Thermoschock

Übung 7.4 — Beispiel 7.4 berechnet die Spannung in einem Ofenkörper aus Al_2O_3 als Ergebnis der limitierten Aufheizung auf 1.000 °C. Bis auf welche Temperatur ließe er sich aufheizen, um ihn einer noch akzeptablen (aber nicht unbedingt erwünschten) Druckspannung von 2.100 MPa auszusetzen?

Übung 7.5 — In Beispiel 7.5 hat ein Temperaturabfall von etwa 50 °C durch versprühtes Wasser genügt, um einen Ofenkörper aus Al_2O_3 zu brechen, der ursprünglich eine Temperatur von 1.000 °C hatte. Welcher Temperaturabfall durch eine Zwangskonvektion würde einen Bruch hervorrufen?

ZUSAMMENFASSUNG

Viele Eigenschaften beschreiben die Art und Weise, in der Werkstoffe auf Wärmeeinflüsse reagieren. Die Wärmekapazität gibt die erforderliche Wärmemenge an, um die Temperatur eines Werkstoffs einer bestimmten Masse zu erhöhen. Der Begriff *spezifische Wärme* wird verwendet, wenn die Eigenschaft für eine Masseneinheit des Werkstoffs bestimmt wird. Das grundlegende Verständnis des Mechanismus der Wärmeabsorption durch Atomschwingungen führt zur praktischen Faustregel, um die Wärmekapazität von Werkstoffen bei Raumtemperatur und darüber abzuschätzen ($C_p \approx C_v \approx 3R$).

Die zunehmende Schwingung der Atome bei steigender Temperatur führt zu wachsenden Atomabständen und im Allgemeinen zu einem positiven Wärmeausdehnungskoeffizienten. Sieht man sich die Beziehung dieser Ausdehnung zur Energiekurve der Atombindung genauer an, fällt auf, dass eine starke Bindung mit geringer Wärmeausdehnung sowie einem hohen Elastizitätsmodul und hohem Schmelzpunkt korreliert.

Wärmeleitung in Werkstoffen lässt sich mit einer Wärmeleitfähigkeit k in der gleichen Art beschreiben wie in *Kapitel 5* der Massentransport mithilfe des Diffusionskoeffizienten D beschrieben wurde. Die Wärmeleitung in Metallen ist zum großen Teil mit ihren leitfähigen Elektronen verbunden, während der Mechanismus bei Keramiken und Polymeren vorwiegend auf den Atomschwingungen beruht. Durch die wellenartige Natur beider Mechanismen führen sowohl steigende Temperatur als auch strukturelle Unordnung dazu, dass sich die Wärmeleitfähigkeit verringert. Die Wärmeleitfähigkeit wird besonders wirkungsvoll durch eine poröse Struktur herabgesetzt.

Die inhärente Sprödigkeit von Keramiken und Gläsern, kombiniert mit Unterschieden in den Wärmeausdehnungen oder mit niedrigen Wärmeleitfähigkeiten, kann zu mechanischem Versagen durch Thermoschock führen. Plötzliches Abkühlen erzeugt erhöhte Zugspannungen an der Oberfläche, die den darauf folgenden Bruch bewirken.

ZUSAMMENFASSUNG

Schlüsselbegriffe

Debye-Temperatur (316)
Fouriersches Gesetz (321)
linearer Wärmeausdehnungskoeffizient (318)

spezifische Wärmemenge (315)
Thermoschock (327)
Wärmekapazität (315)
Wärmeleitfähigkeit (321)

Quellen

Bird, R. B., W. E. Stewart und **E. N. Lightfoot**, *Transport Phenomena*, 2nd ed. John Wiley & Sons, Inc., NY 2002.
Chiang, Y., D. P. Birnie III und **W. D. Kingery**, *Physical Ceramics*, John Wiley & Sons, Inc., NY 1997.
Kubaschewski, O., C. B. Alcock und **P. J. Spencer**, *Materials Thermochemistry*, Oxford and Pergamon Press, NY 1993.

Aufgaben

■ Wärmekapazität

7.1 Schätzen Sie die erforderliche Wärmemenge (in J), um 2 kg (a) α-Eisen, (b) Graphit und (c) Polypropylen von Raumtemperatur (25 °C) auf 100 °C zu erwärmen.

7.2 Die spezifische Wärme von Silizium beträgt 702 J/kg · K. Welche Wärme (in J) ist erforderlich, um die Temperatur eines Siliziumchips (Volumen = $6{,}25 \times 10^{-9}$ m³) von Raumtemperatur (25 °C) auf 35 °C zu erwärmen?

7.3 Bei einem Wohnhaus mit passiver Solarheizung dient das Mauerwerk als Wärmeabsorber. Jeder Ziegelstein hat eine Masse von 2,0 kg und eine spezifische Wärme von 850 J/kg · K. Wie viele Ziegel sind erforderlich, um $5{,}0 \times 10^4$ kJ Wärme bei einer Temperaturerhöhung von 10 °C zu absorbieren?

7.4 Wie viele Liter Wasser sind erforderlich, um die gleiche Wärmespeicherung wie in Aufgabe 7.3 zu realisieren? Die spezifische Wärme von Wasser beträgt 1,0 cal/g · K und die Dichte 1,0 Mg/m³. (*Hinweis:* 1 Liter = 10^{-3} m³)

■ Wärmeausdehnung

7.5 Ein Nickelstab von 0,01 m Länge wird in einem Laborofen von Raumtemperatur (25 °C) auf 500 °C aufgeheizt. Welche Länge hat der Stab bei 500 °C? (Nehmen Sie den Wärmeausdehnungskoeffizienten über diesem Temperaturbereich als Mittelwert der beiden in Tabelle 7.2 angegebenen Werte an.)

7.6 Wiederholen Sie Aufgabe 7.5 für einen Wolframstab der gleichen Länge, der über den gleichen Temperaturbereich aufgeheizt wird.

7.7 Bei Raumtemperatur (25 °C) ist eine Wolframnadel mit dem Durchmesser 5,000 mm zu groß für ein Loch mit dem Durchmesser 4,999 mm in einem Nickelstab. Auf welche Temperatur sind beide Teile zu erwärmen, damit die Nadel gerade in das Loch passt?

7.8 *Abbildung 5.4* stellt den Verlauf der Wärmeausdehnung von Aluminium über der Temperatur dar. Bestimmen Sie den Wert bei 800 K und stellen Sie fest, wie gut das Ergebnis mit den Daten in Tabelle 7.2 übereinstimmt.

■ Wärmeleitfähigkeit

7.9 Berechnen Sie die Geschwindigkeit des Wärmeverlustes je Quadratmeter durch eine feuerfeste Wand eines Ofens mit einer Betriebstemperatur von 1.000 °C. Die Ofenwand ist 10 cm dick und hat an der Außenseite eine Temperatur von 100 °C.

7.10 Wiederholen Sie Aufgabe 7.9 für eine feuerfeste Wand mit einer Dicke von 5 cm.

7.11 Wiederholen Sie Aufgabe 7.9 für eine feuerfeste Wand aus Mullit mit einer Dicke von 10 cm.

7.12 Berechnen Sie die Geschwindigkeit des Wärmeverlustes je cm² durch eine stabilisierte Zirkondioxid-Verkleidung eines Hochtemperatur-Laborofens mit einer Betriebstemperatur von 1.400 °C. Die Verkleidung ist 1 cm dick und hat an der Außenseite eine Temperatur von 100 °C. (Nehmen Sie an, dass die Daten für stabilisiertes Zirkondioxid in über dem Temperaturbereich linear sind und sich auf 1.400 °C extrapolieren lassen.

■ Thermoschock

7.13 Wie hoch ist die entstehende Spannung in einem Mullit-Röhrenofen, der gemäß Abbildung 7.6 in der Ausdehnung behindert ist und auf 1.000 °C aufgeheizt wird?

7.14 Wiederholen Sie Aufgabe 7.13 für Magnesia (MgO).

7.15 Wiederholen Sie Aufgabe 7.13 für Silikatglas.

7 THERMISCHES VERHALTEN

• **7.16** Ein Lehrbuch zur Mechanik von Werkstoffen gibt den folgenden Ausdruck für die Spannung infolge nicht angepasster Wärmeausdehnung in einer Beschichtung (der Dicke a) auf einem Substrat (der Dicke b) bei einer Temperatur T an:

$$\sigma = \frac{E}{1-\nu}(T_0 - T)(\alpha_c - \alpha_s)\left[1 - 3\left(\frac{a}{b}\right) + 6\left(\frac{a}{b}\right)^2\right]$$

In diesem Ausdruck ist E der Elastizitätsmodul und n die Poisson-Zahl der Beschichtung. T_0 ist die Temperatur, bei der die Beschichtung aufgebracht wird (und die anfängliche Schichtspannung null ist); ac und as bezeichnen die Wärmeausdehnungskoeffizienten der Beschichtung bzw. des Substrats. Berechnen Sie die Spannung bei Raumtemperatur (25 °C) in einer dünnen Kalknatronsilikatglasur, die bei 1.000 °C auf eine Porzellankeramik aufgebracht wird. (Nehmen Sie $E = 65 \times 10^3$ MPa und $n = 0{,}24$ an und entnehmen Sie Tabelle 7.2 die relevanten Daten für die Wärmeausdehnung.)

• **7.17** Wiederholen Sie Aufgabe 7.16 für eine spezielle Hochquarz-Glasur mit einem durchschnittlichen Wärmeausdehnungskoeffizienten von 3×10^{-6} °C^{-1}. (Nehmen Sie $E = 72 \times 10^3$ MPa und $n = 0{,}24$ an.)

D 7.18 (a) Ein Verfahrenstechniker schlägt vor, einen SiO_2-Schmelztiegel für eine Wasserabschreckung von 500 °C zu verwenden. Würden Sie diesen Plan gutheißen? Begründen Sie Ihre Entscheidung. (b) Ein anderer Verfahrenstechniker schlägt vor, einen Porzellantiegel für die Wasserabschreckung von 500 °C einzusetzen. Wie beurteilen Sie diesen Plan? Begründen Sie auch hier Ihre Entscheidung.

D 7.19 Für eine aus stabilisiertem Zirkondioxid bestehende Dichtung in einem Automotor muss ein Ingenieur die Möglichkeit in Betracht ziehen, dass die Dichtung einem plötzlichen Besprühen mit Kühlöl ausgesetzt wird, was einem Wärmeübergangsparameter (rmh) von 0,1 entspricht (siehe Abbildung 7.8). Wird ein Temperaturabfall von 30 °C zum Brechen dieser Dichtung führen?

D 7.20 Ist für das in Aufgabe 7.19 beschriebene stabilisierte Zirkondioxid ein Brechen der Dichtung bei einem Temperaturabfall von 100 °C zu erwarten?

7.21 Wie der Abschnitt "Die Welt der Werkstoffe" in diesem Kapitel betont, zeichnet sich der Spaceshuttle-Orbiter der NASA durch seine außerordentlichen Wärmeisolationseigenschaften aus. Berechnen Sie den Wärmefluss (je Quadratmeter) über einer Keramikkachel mit einer Dicke von 50 mm bei einer Temperatur der Außenhaut von 700 °C und einer Temperatur der inneren Oberfläche von 30 °C bei einer Wärmeleitfähigkeit von 0,0837 J/(s * m * K).

7.22 Wiederholen Sie Aufgabe 7.21 für einen stärker belasteten Oberflächenbereich, in dem die Temperatur der Außenhaut 1.200 °C und die Temperatur der inneren Oberfläche 30 °C beträgt. Nehmen Sie eine Wärmeleitfähigkeit von 0,113 J/(s * m * K) an.

7.23 Um die Wirksamkeit der Wärmeisolierung in Aufgabe 7.21 zu beurteilen, berechnen Sie, wie viel Mal größer der Wärmefluss durch vollständig dichtes Aluminiumoxid ist, wobei dieselben Werte für Dicke und Temperaturgradient anzunehmen sind. (Schätzen Sie die Wärmeleitfähigkeit des vollständig dichten Aluminiumoxids ab, indem Sie den Wert in Abbildung 7.5 verwenden, der dem Temperaturmedian zwischen der äußeren und inneren Oberfläche entspricht.)

7.24 Um die Wirksamkeit der Wärmeisolierung in Aufgabe 7.22 abzuschätzen, berechnen Sie, wie viel Mal größer der Wärmefluss durch vollständig dichtes Aluminiumoxid ist, wobei dieselben Werte für Dicke und Temperaturgradient anzunehmen sind. (Schätzen Sie die Wärmeleitfähigkeit des vollständig dichten Aluminiumoxids ab, indem Sie den Wert in Abbildung 7.5 verwenden, der dem Temperaturmedian zwischen der äußeren und inneren Oberfläche entspricht.)

Schadensanalyse und -prävention

8.1 Kerbschlagarbeit 337
8.2 Bruchzähigkeit 344
8.3 Ermüdung 350
8.4 Zerstörungsfreie Prüfung 360
8.5 Schadensanalyse und -prävention 366

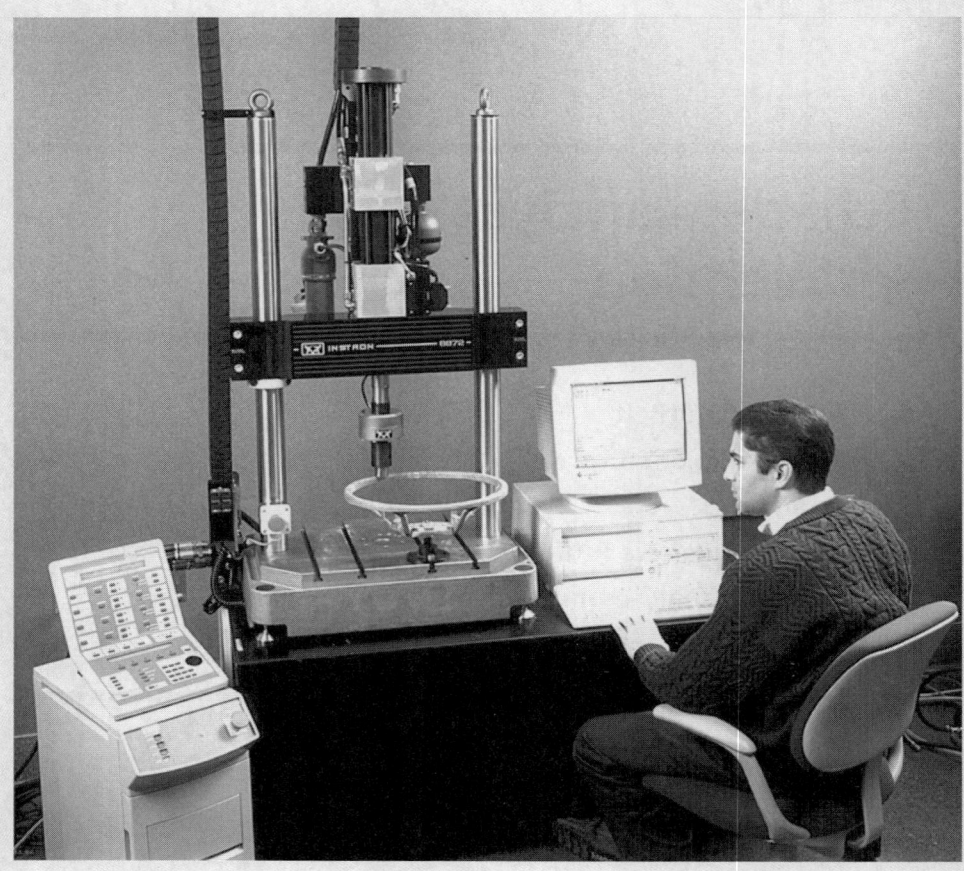

❝ Die wiederholte Belastung von technischen Werkstoffen stellt eine weitere Möglichkeit für strukturelles Versagen dar. Die Abbildung zeigt eine Werkstoffprüfeinrichtung, wie sie Kapitel 6 eingeführt hat und die modifiziert wurde, um eine schnelle zyklische Prüfung auf einem bestimmten mechanischen Spannungsniveau durchführen zu können. Das resultierende Ermüdungsversagen gehört zu den wichtigen Punkten, die der Ingenieur beachten muss. **❞**

Die *Kapitel 6* und *7* haben zahlreiche Beispiele für das Versagen von technischen Werkstoffen gezeigt. Bei Raumtemperatur brechen Metalllegierungen und Polymere, die Spannungen oberhalb ihrer Elastizitätsgrenze ausgesetzt sind, nach einer Phase der nichtlinearen plastischen Verformung. Spröde Keramiken und Gläser brechen nach elastischer Verformung ohne plastische Verformung. Die inhärente Sprödigkeit von Keramiken und Gläsern in Verbindung mit den hohen Temperaturen, bei denen man sie häufig einsetzt, macht den Thermoschock zu einem wesentlichen Aspekt. Durch ständige Nutzung bei hohen Temperaturen kann jeder technische Werkstoff brechen, wenn die Kriechverformung einen Grenzwert erreicht.

Dieses Kapitel zeigt weitere Varianten für das Versagen von Werkstoffen. Bei der schnellen Spannungsbelastung von Werkstoffen mit bereits vorhandenen Oberflächenfehlstellen entspricht die gemessene *Schlagenergie* der Zähigkeit bzw. der Fläche unter der Spannungs-Dehnungs-Kurve. Die Aufnahme der Schlagenergie als Funktion der Temperatur zeigt, dass es für krz-Metalllegierungen eine markante *Spröd-Duktil-Übergangstemperatur* gibt, unter der eigentlich duktile Werkstoffe in abrupter, spröder Art und Weise versagen können.

Die allgemeine Ausfallanalyse von Konstruktionswerkstoffen mit bereits vorhandenen Fehlstellen bezeichnet man als *Bruchmechanik*. Aus der Bruchmechanik erhält man als wichtigste Werkstoffeigenschaft die *Bruchzähigkeit*, die bei Werkstoffen wie Druckbehälterstählen groß und bei spröden Werkstoffen wie den typischen Keramiken und Gläsern klein ist.

Unter zyklischen Belastungsbedingungen können eigentlich duktile Metalllegierungen und technische Polymere schließlich in einer spröden Art und Weise brechen – eine Erscheinung die man als *Ermüdung* bezeichnet. Keramiken und Gläser zeigen auch *statische Ermüdung* ohne zyklische Belastung infolge chemischer Reaktion mit der Luftfeuchtigkeit.

Die zerstörungsfreie Prüfung, d.h. die Bewertung von technischen Werkstoffen ohne dadurch ihre Brauchbarkeit herabzusetzen, ist eine wichtige Technologie, um Mikrostrukturfehlstellen in technischen Systemen zu erkennen. Da derartige Fehlstellen, einschließlich Oberflächenrisse und interner Risse, eine zentrale Rolle beim Versagen von Werkstoffen spielen, ist die zerstörungsfreie Prüfung ein entscheidender Bestandteil der Schadensanalyse und -prävention. *Schadensanalyse* lässt sich als systematische Untersuchung der Eigenschaften verschiedener Arten von Werkstoffversagen definieren. Dementsprechend verfolgt die *Schadensprävention* das Ziel, die aus der Schadensanalyse gewonnenen Kenntnisse anzuwenden, um zukünftige Schäden zu vermeiden.

8.1 Kerbschlagarbeit

Abschnitt 6.4 hat die Härte mit der beim Zugversuch gemessenen Festigkeit verglichen. Die **Kerbschlagarbeit** gibt ein ähnliches Maß für die Zähigkeit an und ist die notwendige Energie, um einen Standardprüfkörper unter einer Schlagkraft zu brechen. Die gebräuchlichste Labormessung der Kerbschlagarbeit ist der **Charpy[1]-Versuch**, den Abbildung 8.1 zeigt. Das Testprinzip ist recht einfach. Die notwendige Energie für

---

[1] Augustin Georges Albert Charpy (1865–1945), französischer Metallurg. Ausgebildet als Chemiker, wurde Charpy zu den führenden Metallurgen Frankreichs und war auf diesem Gebiet sehr produktiv. Er entwickelte den ersten Platin-Widerstandsofen und den Siliziumstahl, den man häufig in modernen elektronischen Geräten findet, sowie den Schlagtest, der seinen Namen trägt.

einen Bruch des Prüfkörpers wird direkt aus der Differenz zwischen Anfangs- und Endhöhe des schwingenden Pendels berechnet. Um den Bruchvorgang zu steuern, ist eine Kerbe für die Spannungskonzentration in die Seite der Probe, die der höchsten Zugspannung unterliegt, eingearbeitet. Das Gesamtergebnis der Prüfung ergibt sich daraus, dass die Probe unmittelbar nacheinander elastischer Verformung, plastischer Verformung und Bruch ausgesetzt wird. Auch wenn diese Vorgänge schnell ablaufen, sind die beteiligten Verformungsmechanismen die gleichen wie beim Zugversuch desselben Werkstoffs. Der Belastungsimpuls muss sich dem ballistischen Bereich nähern, bevor grundlegend andere Mechanismen ins Spiel kommen.

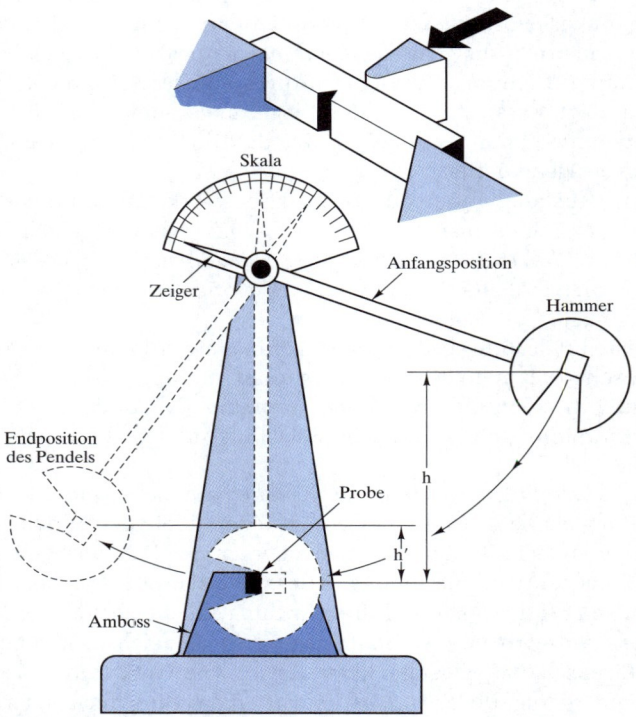

Abbildung 8.1: Charpy-Versuch zur Bestimmung der Kerbschlagarbeit

Im Ergebnis entspricht der Charpy-Versuch einem Zugversuch, um so eine zügige Durchführung zu garantieren. Die im Charpy-Versuch ermittelte Kerbschlagarbeit korreliert mit der Fläche unter der Gesamtspannungs-Dehnungs-Kurve (d.h. der Zähigkeit). Tabelle 8.1 gibt Charpy-Schlagenergien für die Legierungen von *Tabelle 6.1* an. Im Allgemeinen erwarten wir bei Legierungen mit hohen Werten sowohl für Festigkeit (Streckgrenze und Zugfestigkeit) als auch Duktilität (prozentuale Bruchdehnung) hohe Schlagenergien beim Bruch. Obwohl das oft tatsächlich so ist, sind die Schlagdaten stark von den Prüfbedingungen abhängig. Beispielsweise können zunehmend schärfere Kerben zu niedrigeren Schlagenergiewerten führen, weil sich die Spannungskonzentration an der Kerbspitze bemerkbar macht. Der nächste Abschnitt geht näher auf das Wesen der Spannungskonzentration an Kerb- und Rissspitzen ein.

8.1 Kerbschlagarbeit

Tabelle 8.1

Daten aus dem Kerbschlagbiegeversuch (nach Charpy) für ausgewählte Legierungen von Tabelle 6.1

	Legierung	Kerbschlagarbeit [J]
1.	Kohlenstoffstahl (1.0511)	180
2.	niedrig legierter Stahl (1.6545)	55
3.	rostfreier Stahl (1.4301)	34
4.	Werkzeugstahl	26
5.	Eisensuperlegierung	34
6.	Weicheisen, abgeschreckt	9
7.	2048, Aluminiumblech	10,3
8.	a. AZ31B-Magnesium b. AM100A-Gussmagnesium	4,3 0,8
9.	a. Ti-5Al-2,5Sn	23
10.	Aluminiumbronze, 9% (Kupferlegierung)	48
11.	Monel 400 (Nickellegierung)	298
13.	50:50-Lot (Bleilegierung)	21,6
14.	Nb-1 Zr (hitzebeständiges Metall)	174

Daten für den Kerbschlagbiegeversuch (nach Charpy) finden Sie auf der Companion Website.

Tabelle 8.2 gibt Kerbschlagarbeiten für verschiedene Polymere an. Bei Polymeren misst man die Schlagenergie normalerweise mit dem **Izod**[1]**-Versuch** statt nach Charpy. Diese beiden standardisierten Prüfverfahren unterscheiden sich hauptsächlich in der Konfiguration des gekerbten Prüfkörpers. Die Temperatur beim Schlagversuch kann ebenfalls einen Einfluss haben. Die kfz-Legierungen zeigen im Allgemeinen duktile Bruchmodi beim Charpy-Versuch und hdp-Legierungen sind normalerweise spröde (siehe Abbildung 8.2). Allerdings ist der Bruchmodus bei krz-Legierungen stark von der Temperatur abhängig. Im Allgemeinen zeigen sie sprödes Bruchverhalten bei relativ niedrigen Temperaturen und duktiles Bruchverhalten bei relativ hohen Temperaturen. Abbildung 8.3 zeigt dieses Verhalten für zwei Reihen von kohlenstoffarmen Stählen. Der Spröd-Duktil-Übergang bei krz-Legierungen lässt sich als Ausdruck der langsameren Versetzungsvorgänge – verglichen mit denen für kfz- und hdp-Legierungen – betrachten. (In krz-Metallen tritt ein Gleiten auf nicht dichtest gepackten Ebenen auf.) Eine höhere Streckgrenze kombiniert mit fallenden

---

[1] E. G. Izod, *Testing Brittleness of Steels*, Engr. 25 (September 1903).

Versetzungsgeschwindigkeiten bei steigenden Temperaturen führt schließlich zum Sprödbruch. Die mikroskopische Bruchoberfläche des duktilen Versagens bei hohen Temperaturen hat ein orangenhautartiges Aussehen mit vielen trichterförmigen Projektionen des verformten Metalls, während der Sprödbruch durch zerklüftete Oberflächen gekennzeichnet ist (siehe Abbildung 8.4). Nahe der Übergangstemperatur zwischen sprödem und duktilem Verhalten zeigt die Bruchoberfläche ein gemischtes Bruchbild. Die **Spröd-Duktil-Übergangstemperatur** hat große praktische Bedeutung. Die Legierung, die einen Spröd-Duktil-Übergang aufweist, verliert Zähigkeit und ist anfällig für abruptes Versagen unterhalb ihrer Übergangstemperatur. Da ein großer Anteil der Baustähle zur Gruppe der krz-Legierungen gehört, ist der Übergang von duktilem zu sprödem Verhalten ein äußerst wichtiges Entwurfskriterium. Die Übergangstemperatur kann einen Bereich zwischen etwa −100 °C und +100 °C aufweisen, je nach Legierungszusammensetzung und Prüfbedingungen. Die verhängnisvollen Ausfälle von Liberty-Schiffen während des Zweiten Weltkrieges sind auf diese Erscheinung zurückzuführen. Manche Schiffe brachen buchstäblich in der Mitte auseinander. Kohlenstoffarme Stähle, die in Zugversuchen bei Raumtemperatur duktil waren, wurden im kalten Wasser des Nordatlantik spröde. Abbildung 8.3 zeigt, wie die Legierungszusammensetzung die Übergangstemperatur drastisch verschieben kann. Derartige Daten geben wichtige Anhaltspunkte für die Werkstoffauswahl.

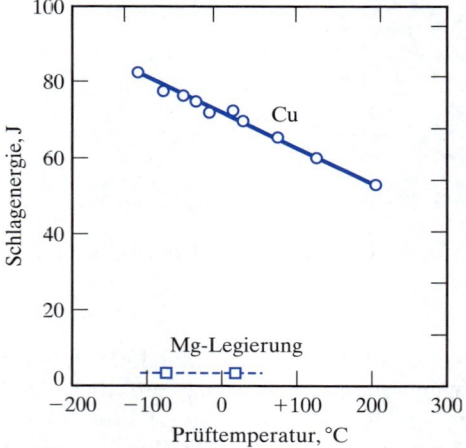

Abbildung 8.2: Die Schlagenergie für eine duktile kfz-Legierung (Kupfer C23000-061, Rotguss) ist im Allgemeinen über einen weiten Temperaturbereich hoch. Umgekehrt liegt die Schlagenergie für eine spröde hdp-Legierung (Magnesium AM100A) im gleichen Temperaturbereich im Allgemeinen niedrig.

8.1 Kerbschlagarbeit

Tabelle 8.2

Kerbschlagarbeiten (Izod) für verschiedene Polymere

Polymer	Kerbschlagenergie [J]
Polymere für allgemeine Anwendungen	
Polyethylen	
hohe Dichte	1,4-16
niedrige Dichte	22
Polyvinylchlorid	1,4
Polypropylen	1,4-15
Polystyrol	0,4
Polyester	1,4
Acryl (Plexiglas)	0,7
Polyamide (Nylon 66)	1,4
zellulosehaltige Polymere	3-11
Technische Polymere	
ABS	1,4-14
Polykarbonate	19
Acetal	3
Polytetrafluorethylen (Teflon)	5
Duroplaste	
Phenol (Phenolformaldehyd)	0,4
Urea-Melamin	0,4
Polyester	0,5
Epoxydharze	1,1

SCHADENSANALYSE UND -PRÄVENTION

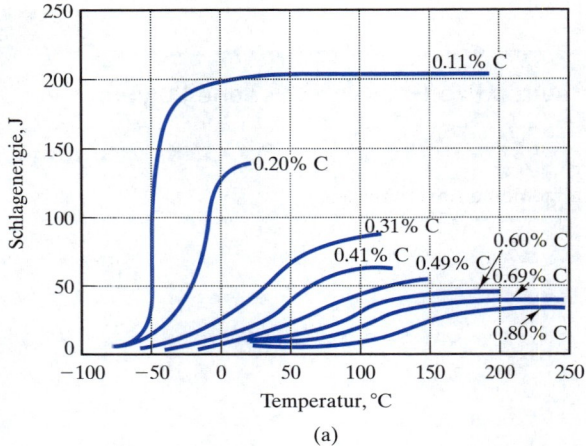

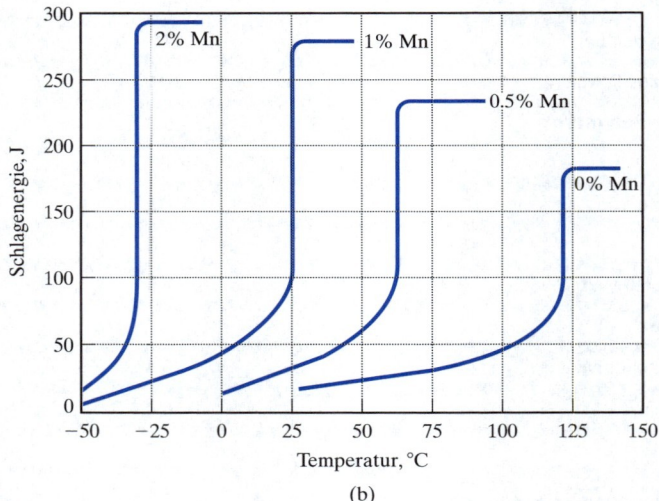

Abbildung 8.3: Änderung der Spröd-Duktil-Übergangskurve in Abhängigkeit von der Legierungszusammensetzung: (a) Charpy V-Kerbschlagarbeit über der Temperatur für reine Kohlenstoffstähle bei verschiedenen Kohlenstoffgehalten (in Gewichtsprozent), (b) Charpy V-Kerbschlagarbeit über der Temperatur für Fe-Mn-0,05C-Legierungen bei verschiedenen Magnesiumgehalten (in Gewichtsprozent).

8.1 Kerbschlagarbeit

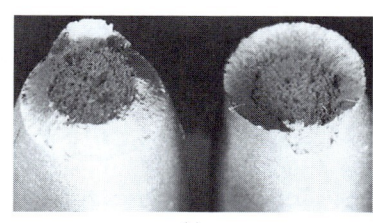
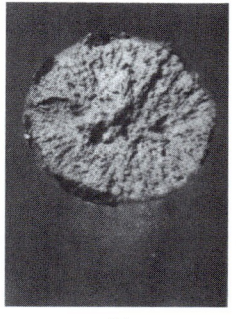

(a)   (b)

Abbildung 8.4: (a) Ein charakteristischer Trichterbruch („Teller-Tasse") an einer duktilen Bruchoberfläche. Der Bruch breitet sich vom Mittelpunkt nach außen mit einer orangenhautartigen Struktur aus. Nahe der Oberfläche wechselt der Spannungszustand von Zug auf Schub, wobei sich der Bruch mit einem Winkel von ungefähr 45° fortsetzt. (b) Typische zerklüftete Struktur einer spröden Bruchoberfläche

---

D   Beispiel 8.1

Sie sollen eine Fe-Mn-0,05C-Legierung, die im Ofen abgekühlt wird, in einer Konstruktion einsetzen, bei der Betriebstemperaturen unter 0 °C zu erwarten sind. Schlagen Sie einen geeigneten Mn-Gehalt für die Legierung vor.

Lösung

Abbildung 8.3 gibt die konkrete Richtlinie an, die wir hier benötigen. Eine 1%ige Mn-Legierung ist bei 0 °C relativ spröde, während eine 2%ige Mn-Legierung hoch duktil ist. Somit liegt man (allein von Kerbzähigkeitsbetrachtungen ausgehend) mit

$$\text{Mn-Gehalt} = 2\%$$

auf der sicheren Seite.

Die Lösungen für alle Übungen finden Sie auf der Companion Website.

D   Übung 8.1

Suchen Sie den erforderlichen Kohlenstoffgehalt, damit ein reiner Kohlenstoffstahl bis zu 0 °C herab relativ duktil ist (siehe Beispiel 8.1).

8.2 Bruchzähigkeit

Man hat große Anstrengungen unternommen, um die Ursachen von Materialausfällen wie beim erwähnten Liberty-Schiffsunglück zahlenmäßig auszudrücken. Unter dem Begriff **Bruchmechanik** versteht man das grundsätzliche Ausfallverhalten von Konstruktionswerkstoffen, die bereits vorhandene Fehlstellen aufweisen. Dieses umfangreiche Gebiet wird derzeit intensiv erforscht. Wir konzentrieren uns auf eine Werkstoffeigenschaft, die den am verbreitetsten Einzelparameter der Bruchmechanik darstellt: Die **Bruchzähigkeit** wird durch K_{IC} symbolisiert und ist der kritische Wert des Spannungsintensitätsfaktors an einer Bruchspitze, der notwendig ist, um einen plötzlichen Bruch unter einfacher einachsiger Belastung hervorzurufen. Der Index „I" steht für *Modus I* (einachsig) und „C" für *kritisch* (critical). Ein einfaches Beispiel für das Konzept der Bruchzähigkeit ist das Aufblasen eines Ballons, der ein winziges Loch hat. Wenn der Innendruck des Ballons einen kritischen Wert erreicht, geht der abrupte Ausfall von diesem Loch aus (d.h. der Ballon platzt). Im Allgemeinen gibt man den Wert der Bruchzähigkeit mit

$$K_{IC} = Y \sigma_f \sqrt{\pi a} \tag{8.1}$$

an, wobei Y ein dimensionsloser Geometriefaktor der Größenordnung 1 ist, σ_f die gesamte wirkende Spannung beim Bruch bezeichnet und a die Länge des Oberflächenrisses (oder die halbe Länge eines internen Risses) angibt. Die Einheit der Bruchzähigkeit (K_{IC}) ist MPa $\sqrt{m}$. Abbildung 8.5 zeigt eine typische Messung von K_{IC} und Tabelle 8.3 gibt Werte für verschiedene Werkstoffe an. Es sei darauf hingewiesen, dass K_{IC} für die so genannten reinen Dehnungsbedingungen gilt, bei denen die Probendicke (siehe Abbildung 8.5) relativ groß verglichen mit den Abmessungen der Kerbe ist. Bei dünnen Proben (reine *Spannungs*bedingungen) wird die Bruchzähigkeit mit K_C bezeichnet und ist eine von der Probendicke abhängige Funktion. Reine Dehnungsbedingungen überwiegen im Allgemeinen, wenn die Dicke $\geq 2{,}5(K_{IC}/\text{Streckgrenze})^2$ ist.

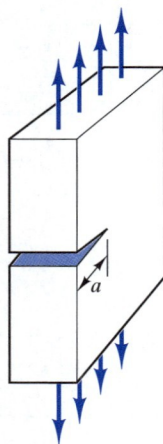

Abbildung 8.5: Versuch zur Bestimmung der Bruchzähigkeit

Tabelle 8.3

Typische Bruchzähigkeitswerte (K_{IC}) für verschiedene Werkstoffe

Werkstoff	K_{IC} (MPa $\sqrt{m}$)
Metall oder Legierung	
unlegierter Stahl	140
Stahl mit mittlerem Kohlenstoffgehalt	51
Turbinenstahl	204-214
Druckkesselstähle	170
Schnellarbeitsstähle (HSS)	50-154
Gusseisen	6-20
Reine duktile Metalle (z.B. Cu, Ni, Ag, Al)	100-350
Berylium (spröde, hdp-Metall)	4
Aluminiumlegierungen	
(hohe Festigkeit - niedrige Festigkeit)	23-45
Titanlegierungen (Ti-6Al-4V)	55-115
Keramiken oder Gläser	
Teilstabilisiertes Zirkonoxid	9
Elektro-Porzellan	1
Aluminiumoxid (Al2O3)	3-5
Magnesiumoxid (MgO)	3
Zement/Beton, nicht verstärkt	0,2
Siliziumcarbid (SiC)	3
Siliziumnitrid (Si3N4)	4-5
Natriumglas (Na2O-SiO2)	0,7-0,8
Polymer	
Polyethylen	
hohe Dichte	2
niedrige Dichte	1
Polypropylen	3
Polystyrol	2
Polyester	0,5
Polyamide (Nylon 66)	3
ABS	4
Polykarbonate	1,0-2,6
Epoxydharze	0,3-0,5

Das durch K_{IC} verkörperte mikroskopische Konzept der Zähigkeit entspricht dem, was durch die makroskopischen Messungen von Zug- und Kerbschlagbiegeprüfungen ausgedrückt wird. Hochspröde Werkstoffe mit geringer oder ohne Fähigkeit zur plastischen Verformung in der Nachbarschaft einer Bruchspitze haben niedrige K_{IC}-Werte und sind anfällig für plötzliche Brüche. Im Gegensatz dazu können hochduktile Legierungen eine beträchtliche plastische Verformung sowohl auf der mikroskopischen als auch auf der makroskopischen Ebene vor dem Bruch durchlaufen. In der Metallurgie verwendet man die Bruchmechanik hauptsächlich dazu, Legierungen mittlerer Duktilität zu charakterisieren, die abruptes Versagen unterhalb ihrer Streckgrenze infolge von Spannungskonzentrationen an strukturellen Fehlstellen zeigen können. Beispielsweise ist es beim Entwurf eines Druckbehälters günstig, die Betriebsspannung (bezogen auf den Betriebsdruck) als Funktion der Fehlstellengröße darzustellen. [Mit einem entsprechenden Untersuchungsprogramm auf Basis zerstörungsfreier Prüfverfahren (siehe Abschnitt 8.4) kann man normalerweise garantieren, dass Fehlstellen oberhalb einer gegebenen Größe nicht vorhanden sind.] **Werkstofffließen** (unabhängig von einer Fehlstelle) wurde in *Abschnitt 6.1* behandelt. Gleichung 8.1 beschreibt den **fehlstelleninduzierten Bruch**. Nimmt man Y in dieser Gleichung mit 1 an, erhält man die schematische Diagrammdarstellung von Abbildung 8.6. Für die Praxis liefert dieses Entwurfsdiagramm die wichtige Aussage, dass dem Ausfall durch Fließen eine merkliche Verformung vorangeht, während fehlstelleninduzierter Bruch schnell ohne eine solche vorherige Warnung auftritt. Deshalb spricht man beim fehlstelleninduzierten Bruch manchmal auch von einem **schlagartigen Bruchversagen**.

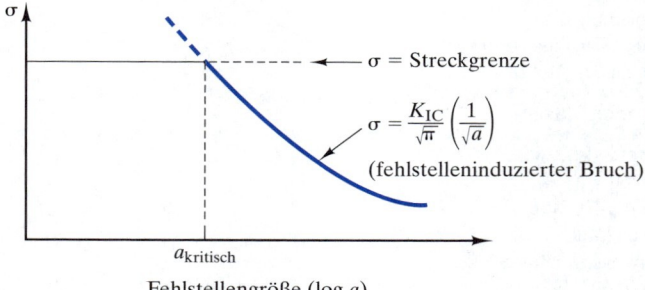

Abbildung 8.6: Ein Entwurfsdiagramm, das die Spannung über der Ausfallgröße für einen Druckbehälterwerkstoff darstellt, in dem allgemeines Fließen bei Fehlstellengrößen kleiner als eine kritische Größe $a_{kritisch}$ zu verzeichnen ist, während ein katastrophal schlagartiger Bruch bei Fehlstellen größer als $a_{kritisch}$ auftritt.

Man hat einige Fortschritte erzielt, die Bruchzähigkeit zu verbessern und demzufolge den Einsatzbereich von Strukturkeramiken zu erweitern. Abbildung 8.7 zeigt zwei Mikrostrukturverfahren, mit denen sich die Bruchzähigkeit deutlich steigern lässt. Abbildung 8.7a veranschaulicht das Konzept der **Zähigkeitssteigerung durch Phasenübergang (transformation toughening)** am Beispiel von teilstabilisiertem Zirkonoxid (Partial Stabilized Zirconia, PSZ). Den Schlüssel für die verbesserte Zähigkeit bilden Teilchen aus tetragonalem Zirkonoxid in zweiter Phase in einer Matrix aus kubischem Zirkonoxid. Ein sich fortpflanzender Riss erzeugt ein lokales Spannungsfeld, das eine Transformation von tetragonalen Zirkonoxid-Teilchen in die monokline Struktur in dieser Nachbarschaft einschließt. Das etwas größere spezifische Volumen der monoklinen Phase bewirkt eine lokal auftretende Druckbelastung und diese wiederum das „Quetschen" des Rissverschlusses. Abbildung 8.7b zeigt ein anderes Verfahren, um den Riss zu stoppen. Hier wurden durch interne Spannungen während der Herstellung der Keramik absichtlich Mikrorisse erzeugt, um die Spitze eines sich ausbreitenden Risses zu stoppen. Der mit Griffith-Rissen verbundene Ausdruck (siehe *Gleichung 6.1*) zeigt an, dass der größere Spitzenradius die lokale Spannung an der Rissspitze drastisch verringern kann. *Kapitel 14* gibt in Zusammenhang mit keramischen Verbundwerkstoffen ein weiteres Verfahren unter Verwendung verstärkender Glasfasern an.

8.2 Bruchzähigkeit

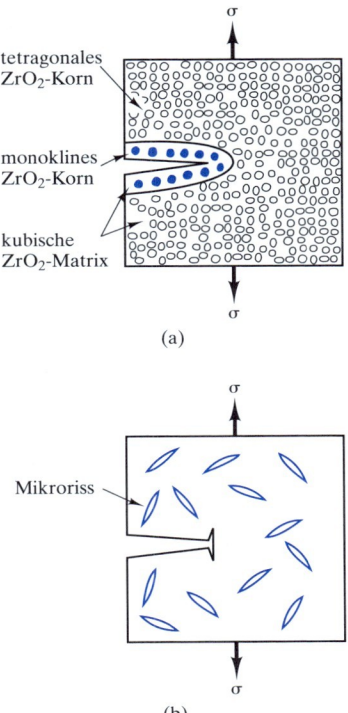

Abbildung 8.7: Zwei Verfahren für die Steigerung der Bruchzähigkeit von Keramiken durch Rissstopper. (a) „Transformation toughening" von teilstabilisiertem Zirkonoxid umfasst den spannungsinduzierten Übergang von tetragonalen Körnern in die monokline Struktur, die ein größeres spezifisches Volumen hat. Das Ergebnis ist eine lokale Volumenausdehnung an der Rissspitze, die den Rissverschluss abquetscht und eine Restdruckspannung hervorruft. (b) Die bei der Herstellung der Keramik produzierten Mikrorisse können die fortschreitende Rissspitze stoppen.

Das Fehlen plastischer Verformung bei Keramiken und Gläsern auf der makroskopischen Ebene (der Spannungs-Dehnungs-Kurve) entspricht dem Verhalten auf der mikroskopischen Ebene. Das spiegelt sich in charakteristisch niedrigen Werten der Bruchzähigkeit (K_{IC}) (≤ 5 MPa $\sqrt{m}$) bei Keramiken und Gläsern wider, wie es Tabelle 8.3 zeigt. Viele K_{IC}-Werte liegen niedriger als die meisten der in der Tabelle aufgeführten Werte für spröde Metalle. Nur das unlängst entwickelte „transformation-toughened" Zirkonoxid (PSZ) kann mit einigen der mittelzähen Metalllegierungen mithalten. *Kapitel 14* stellt weitere Möglichkeiten zur Verbesserung der Zähigkeit bei einigen keramischen Verbundwerkstoffen vor.

Beispiel 8.2 Ein hochfester Stahl hat eine Streckgrenze von 1.460 MPa und einen K_{IC}-Wert von 98 MPa $\sqrt{m}$. Berechnen Sie die Größe des Oberflächenrisses, der zu einem abrupten Ausfall bei einer angelegten Spannung von 1/2 Streckgrenze führt.

Lösung

Setzt man den idealen Fall reiner Dehnungsbedingungen voraus, können wir Gleichung 8.1 verwenden. Anstelle der spezifischen geometrischen Informationen sind wir gezwungen, $Y = 1$ anzunehmen. Innerhalb dieser Beschränkungen können wir berechnen:

$$K_{IC} = Y \sigma_f \sqrt{\pi a}.$$

Mit $Y = 1$ und $\sigma_f = 0{,}5$ Streckgrenze ergibt sich

$$K_{IC} = 0{,}5 \text{ Streckgrenze} \sqrt{\pi a}$$

oder

$$a = \frac{1}{\pi} \frac{K_{IC}^2}{(0{,}5 \text{ Streckgrenze})^2}$$

$$= \frac{1}{\pi} \frac{(98 \text{ MPa}\sqrt{m})^2}{[0{,}5(1460 \text{ MPa})]^2}$$

$$= 5{,}74 \times 10^{-3} \text{ m}$$

$$= 5{,}74 \text{ mm}.$$

8.2 Bruchzähigkeit

Beispiel 8.3 Nehmen Sie an, eine Inspektion zur Qualitätskontrolle garantiert, dass ein Keramikbauteil keine Fehlstellen größer als 25 μm aufweist. Berechnen Sie die maximale Betriebsspannung, die bei (a) SiC und (b) teilstabilisiertem Zirkonoxid verfügbar ist.

Lösung

Mangels genauerer Informationen können wir diese Aufgabe als allgemeines Problem der Bruchmechanik behandeln und Gleichung 8.1 mit $Y = 1$ verwenden. Damit ergibt sich

$$\sigma_f = \frac{K_{IC}}{\sqrt{\pi a}}.$$

Dieses Beispiel nimmt an, dass die maximale Betriebsspannung die Bruchspannung für ein Bauteil mit einer Fehlstellengröße von $a = 25\ \mu$m ist. Tabelle 8.3 gibt die Werte von K_{IC} an.

(a) Für SiC ergibt sich

$$\sigma_f = \frac{3\ \mathrm{MPa}\sqrt{\mathrm{m}}}{\sqrt{\pi \times 25 \times 10^{-6}\ \mathrm{m}}} = 339\ \mathrm{MPa}.$$

(b) Für teilstabilisiertes Zirkonoxid berechnet man

$$\sigma_f = \frac{9\ \mathrm{MPa}\sqrt{\mathrm{m}}}{\sqrt{\pi \times 25 \times 10^{-6}\ \mathrm{m}}} = 1020\ \mathrm{MPa}.$$

Übung 8.2 Welche Rissgröße ist notwendig, um abrupten Ausfall in der Legierung von Beispiel 8.2 bei (a) 1/3 Streckgrenze und (b) 3/4 Streckgrenze zu produzieren?

Übung 8.3 Beispiel 8.3 berechnet die maximale Betriebsspannung für zwei Strukturkeramiken, basierend auf der Versicherung, dass keine Fehlstellen größer als 25 μm vorhanden sind. Wiederholen Sie diese Berechnungen unter der Annahme, dass ein wirtschaftlicheres Inspektionsprogramm nur die Erkennung von Fehlstellen größer als 100 μm garantieren kann.

8.3 Ermüdung

Bis jetzt haben wir das mechanische Verhalten von Metallen unter einer einzelnen Belastung charakterisiert, die entweder langsam (z.B. beim Zugversuch) oder schnell (z.B. beim Kerbschlagbiegeversuch) eingewirkt hat. Bei vielen Konstruktionsanwendungen hat man es aber mit zyklischer statt mit statischer Belastung zu tun und es ergibt sich ein spezielles Problem. **Ermüdung** ist das allgemeine Phänomen des Werkstoffversagens nach mehreren Belastungszyklen bis zu einem Spannungsniveau unterhalb der höchsten Zugspannung (siehe Abbildung 8.8). Abbildung 8.9 veranschaulicht einen typischen Laborversuch, mit dem man einen Prüfkörper schnell bis zu einem vorbestimmten Spannungsniveau zyklisch belastet. In Abbildung 8.10 ist eine typische **Ermüdungskurve** zu sehen. Dieses Diagramm der Spannung (δ) über der Lastspielzahl (N) auf einer logarithmischen Skala bei einer gegebenen Spannung heißt auch δ-N-Kurve. Die Daten zeigen an, dass zwar der Werkstoff bei einer einzelnen Belastung ($N = 1$) einer Spannung von 800 MPa (Zugfestigkeit) standhalten kann, jedoch nach 10.000 Anwendungen ($N = 10^4$) bei einer Spannung kleiner als 600 MPa bricht. Die Gründe für diesen Abfall der Festigkeit sind vielfältig. Abbildung 8.11 zeigt, wie wiederholte Spannungsanwendungen lokalisierte plastische Verformungen an der Metalloberfläche hervorrufen können, die sich letztlich als deutliche Diskontinuitäten im Werkstoff (Extrusionen und Intrusionen) manifestieren.

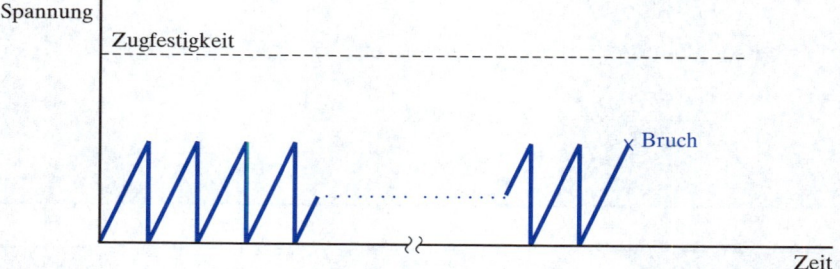

Abbildung 8.8: Ermüdung entspricht dem Sprödbruch einer Legierung nach insgesamt N Belastungszyklen bis zu einer Spannung unterhalb der Zugfestigkeit.

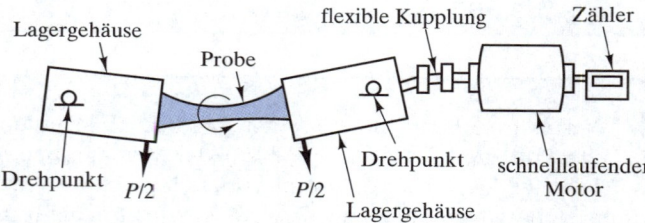

Abbildung 8.9: Ermüdungsversuch

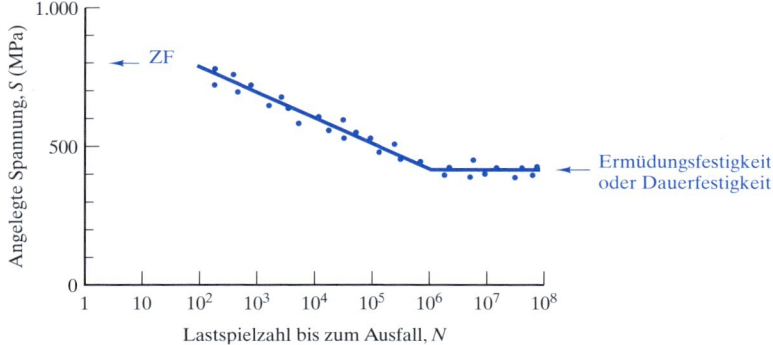

Abbildung 8.10: Typische Ermüdungskurve. (Beachten Sie, dass eine logarithmische Skala für die waagerechte Achse erforderlich ist.)

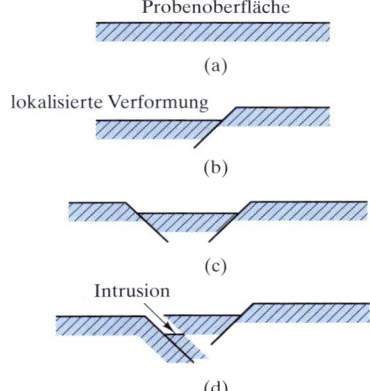

Abbildung 8.11: Darstellung, wie wiederholte Spannungsanwendung eine lokalisierte plastische Verformung an der Legierungsoberfläche hervorruft, was schließlich zu deutlichen Diskontinuitäten im Werkstoff führt

Durch bruchmechanische Untersuchungen nach zyklischer Belastung gewinnt man einen substanziellen, quantitativen Einblick in die Natur des Risswachstums. Insbesondere nimmt das Risswachstum zu, bis die Risslänge den kritischen Wert erreicht, wie er durch Gleichung 8.1 und Abbildung 8.6 definiert ist.

Bei niedrigen Spannungsniveaus oder bei kleinen Rissgrößen wachsen bereits vorhandene Risse während der zyklischen Belastung nicht weiter. Abbildung 8.12 zeigt, wie die Risslänge zunimmt, nachdem die Spannung einen bestimmten Schwellwert überschritten hat, wie es der Anstieg der Kurve (da/dN) – die Geschwindigkeit des Risswachstums – anzeigt. Außerdem geht aus Abbildung 8.12 hervor, dass bei einem gegebenen Spannungsniveau die Rissausbreitungsgeschwindigkeit mit zunehmender Risslänge steigt, und für eine gegebene Risslänge die Geschwindigkeit des Risswachstums bei wachsender Spannung deutlich zunimmt. Das Gesamtwachstum eines Ermüdungsrisses als Funktion des Spannungsintensitätsfaktors K ist in Abbildung 8.13 dargestellt. Der Bereich I in Abbildung 8.13 entspricht dem weiter vorn erwähnten Fehlen des Risswachstums in Verbindung mit niedriger Spannung und/oder kleinen Rissen.

Bereich II entspricht der Beziehung

$$(da/dN) = A(\Delta K)^m, \tag{8.2}$$

wobei A und m Werkstoffparameter sind, die von der Umgebung, Belastungsfrequenz und dem Verhältnis von minimalen und maximalen Spannungsanwendungen abhängen, und ΔK der Spannungsintensitätsfaktorbereich an der Rissspitze ist. Bezogen auf Gleichung 8.1 gilt

$$\Delta K = K_{max} - K_{min}$$
$$= Y\Delta\sigma\sqrt{\pi a} = Y(\sigma_{max} - \sigma_{min})\sqrt{\pi a}. \tag{8.3}$$

Beachten Sie in den Gleichungen 8.2 und 8.3, dass K der allgemeinere **Spannungsintensitätsfaktor** und nicht die spezifischere Bruchzähigkeit K_{IC} ist und N die Anzahl der Zyklen für eine gegebene Risslänge vor dem Versagen angibt statt der Gesamtzahl der Zyklen bis zum Ermüdungsbruch, die zur δ-N-Kurve gehört. Im Bereich II von Abbildung 8.13 impliziert Gleichung 8.2 eine lineare Beziehung zwischen dem Logarithmus der Risswachstumsgeschwindigkeit da/dN und dem Spannungsintensitätsfaktorbereich ΔK, wobei der Anstieg gleich m ist. Die Werte von m liegen normalerweise zwischen 1 und 6. Bereich III entspricht dem beschleunigten Risswachstum unmittelbar vor dem schlagartigen Bruchversagen.

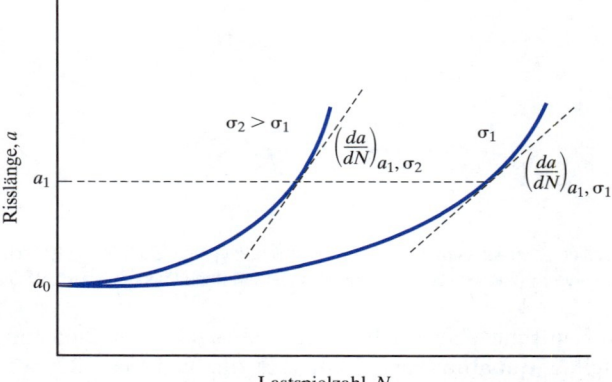

Abbildung 8.12: Darstellung des Risswachstums mit der Anzahl von Lastspielzahl N bei zwei verschiedenen Spannungsniveaus. Beachten Sie, dass bei einem gegebenen Spannungsniveau die Rissausbreitungsgeschwindigkeit da/dN mit wachsender Risslänge zunimmt, und dass für eine gegebene Risslänge wie z.B. a_1 die Risswachstumsgeschwindigkeit deutlich mit wachsender Spannung steigt.

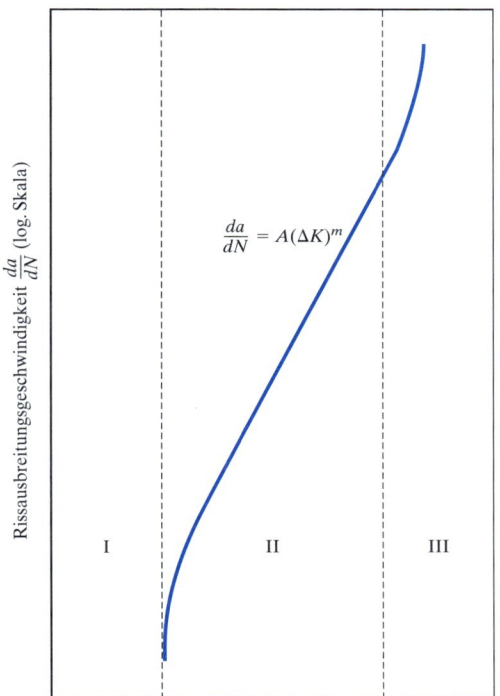

Spannungsintensitätsfaktorbereich, ΔK (log. Skala)

Abbildung 8.13: Logarithmische Beziehung zwischen Rissausbreitungsgeschwindigkeit da/dN und dem Spannungsintensitätsfaktorbereich ΔK. Bereich I gilt für die sich nicht fortpflanzenden Ermüdungsrisse. Bereich II entspricht einer linearen Beziehung zwischen log da/dN und log ΔK. Bereich III stellt unstabiles Risswachstum vor dem katastrophalen Versagen dar.

Abbildung 8.14 zeigt die charakteristische Struktur einer Ermüdungsbruchoberfläche. Der glattere Teil der Oberfläche entspricht einem *Muschelschalen-* oder *rosettenartigen Bruchbild*. Das konzentrische Linienmuster rührt von der langsamen zyklischen Herausbildung des Risswachstums aus einer Oberflächen-Intrusion her. Der granulare Teil der Bruchoberfläche kennzeichnet die schnelle Rissausbreitung zum Zeitpunkt des katastrophalen Versagens. Selbst bei normalerweise duktilen Werkstoffen kann ein Ermüdungsversagen durch einen typischen Sprödbruchverlauf auftreten.

Abbildung 8.10 hat gezeigt, dass der Abfall der Festigkeit bei wachsender Anzahl von Zyklen eine Grenze erreicht. Diese **Ermüdungsfestigkeit** oder *Dauerfestigkeit* ist für Eisenlegierungen charakteristisch. Nichteisenlegierungen zeigen keine so deutliche Grenze, auch wenn die Rate, mit der die Ermüdungsfestigkeit abnimmt, mit zunehmendem N fällt (siehe Abbildung 8.15). Aus praktischen Gründen ist die Dauerfestigkeit einer Nichteisenlegierung als Festigkeitswert nach einer willkürlich gewählten Anzahl von Zyklen (gewöhnlich $N = 10^8$, wie in Abbildung 8.15 gezeigt) definiert. Die Dauerfestigkeit liegt gewöhnlich zwischen einem Viertel und der Hälfte der Zugfestigkeit, wie es Tabelle 8.1 und Abbildung 8.16 für die Legierungen von *Tabelle 6.1* angibt. Für eine gegebene Legierung wird der Widerstand gegen Ermüdung durch eine vorherige Verformung (Kaltumformung) oder durch eine Reduktion struktureller Fehler erhöht (siehe Abbildung 8.17).

8 SCHADENSANALYSE UND -PRÄVENTION

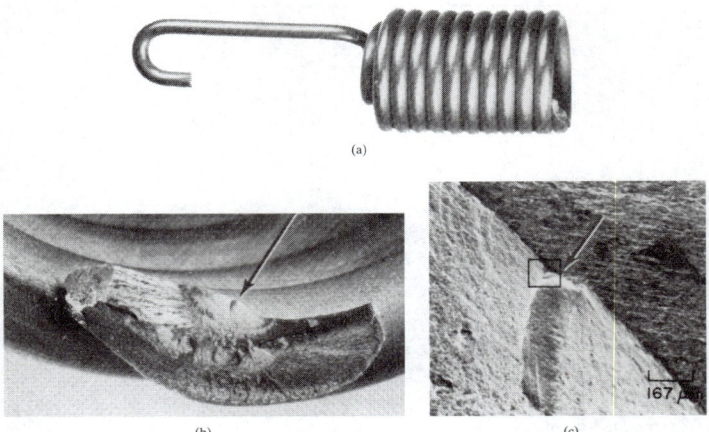

Abbildung 8.14: Charakteristische Oberfläche eines Ermüdungsbruchs. (a) Fotografie einer Steuerfeder für eine Flugzeug-Drosselklappe (1,5fache Vergrößerung), die infolge Ermüdung nach einer Betriebsdauer von 274 Stunden gebrochen ist. (b) Lichtmikroskopaufnahme (zehnfache Vergrößerung) des Bruchursprungs (Pfeil) und des benachbarten glatten Bereichs, der ein konzentrisches Linienmuster als Folge des zyklischen Risswachstums zeigt (eine Erweiterung der Oberflächen-Unstetigkeit wie in Abbildung 8.11 gezeigt). Der granulare Bereich ist typisch für die schlagartige Rissausbreitung zum Ausfallzeitpunkt. (c) Rasterelektronenmikroskopaufnahme (60fach) mit einer Großaufnahme des Bruchursprungs (Pfeil) und benachbarter „Muschelschalenmuster"

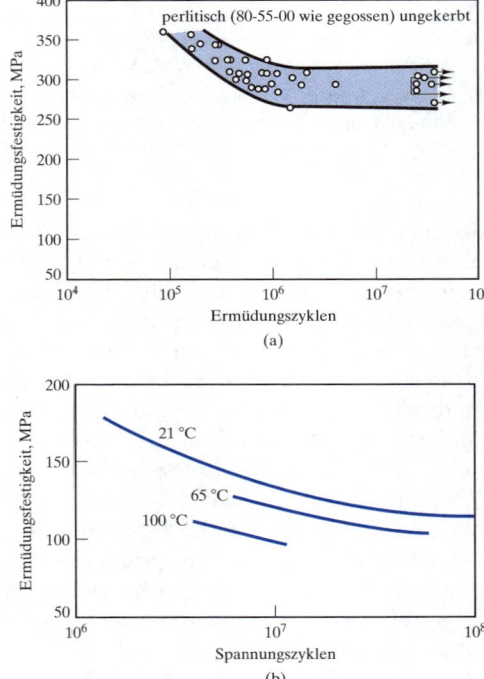

Abbildung 8.15: Vergleich der Dauerfestigkeitskurven von (a) Eisen- und (b) Nichteisenlegierungen. Die Eisenlegierung ist ein Weicheisen, die Nichteisenlegierung ein Kupferdraht. Die Daten für Nichteisen zeigen keine ausgeprägte Dauerfestigkeit, aber die Ermüdungsspannung bei $N = 10^8$ Zyklen kann als vergleichbarer Parameter angesehen werden.

8.3 Ermüdung

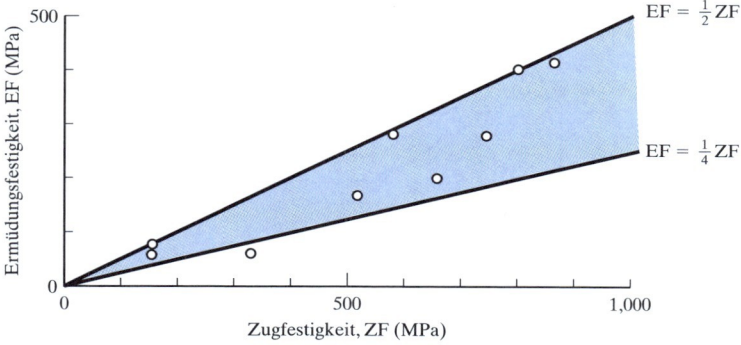

Abbildung 8.16: Das Diagramm zu den Daten aus Tabelle 8.4 zeigt, dass die Dauerfestigkeit im Allgemeinen zwischen einem Viertel und der Hälfte der Zugfestigkeit liegt.

Tabelle 8.4

Vergleich der Dauerfestigkeit und Zugfestigkeit für ausgewählte Legierungen aus Tabelle 6.1

	Legierung	Dauerfestigkeit [MPa]	Zugfestigkeit [MPa]
1.	Kohlenstoffstahl (1.0511)	280	750
2.	niedrig legierter Stahl (1.6545)	400	800
3.	a. rostfreier Stahl (1.4301)		515
3.	b. rostfreier Stahl (1.4301)	700	
7.	a. 3003-H14-Aluminium	62	150
8.	b. AM100A-Gussmagnesium	69	150
9.	a. Ti-5Al-2,5Sn	410	862
10.	Aluminiumbronze, 9% (Kupferlegierung)	200	652
11.	Monel 400 (Nickellegierung)	290	579
12.	AC41A-Zink	56	328

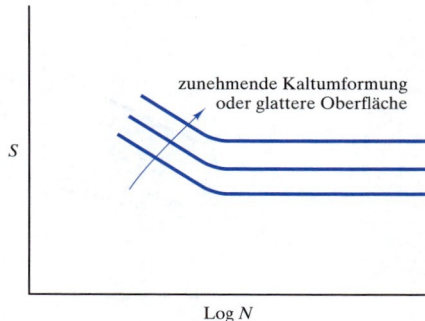

Abbildung 8.17: Die Dauerfestigkeit lässt sich durch vorherige mechanische Verformung oder Verringern von strukturellen Fehlern steigern.

Unter Metallermüdung versteht man einen Festigkeitsverlust aufgrund von Mikrostrukturschäden, die während der zyklischen Belastung entstehen. Die Ermüdungserscheinung wird auch für Keramiken und Gläser beobachtet, jedoch ohne zyklische Belastung. Das hängt damit zusammen, dass ein chemischer und kein mechanischer Mechanismus wirkt. Abbildung 8.18 veranschaulicht die Erscheinung der **statischen Ermüdung** für typische Quarzgläser. Aus dieser Erscheinung lassen sich zwei wesentliche Schlüsse ziehen: Sie tritt erstens in wasserhaltigen Umgebungen und zweitens bei Raumtemperatur auf. Die Rolle von Wasser bei der statischen Ermüdung ist in Abbildung 8.19 dargestellt. Durch chemische Reaktion mit dem Quarznetzwerk generiert ein H_2O-Molekül zwei Si-OH-Gruppen. Die Hydroxyl-Gruppen sind nicht miteinander gebunden, sodass eine Lücke im Quarznetzwerk bleibt. Wenn diese Reaktion an der Spitze eines Oberflächenrisses auftritt, dehnt sich der Riss um einen atomaren Schritt aus.

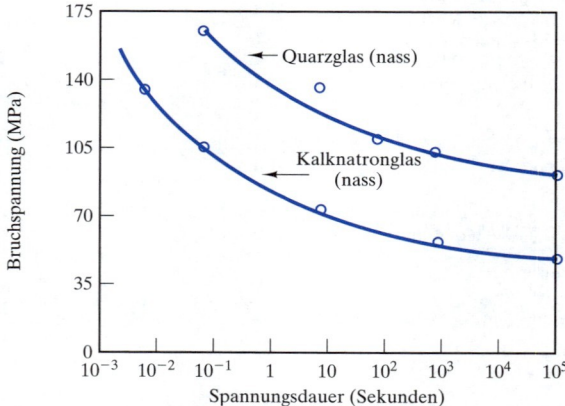

Abbildung 8.18: Der Abfall der Festigkeit von Gläsern mit der Dauer der Belastung (und ohne Anwendung zyklischer Belastungen) wird als *statische Ermüdung* bezeichnet.

8.3 Ermüdung

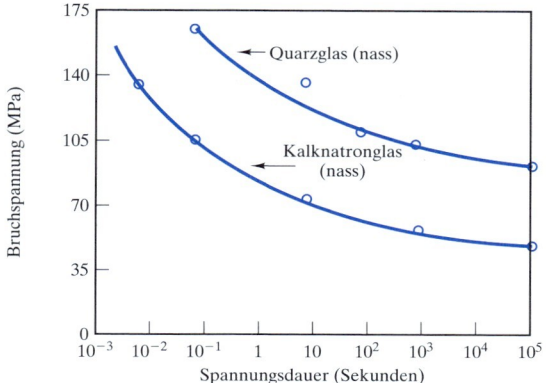

Abbildung 8.19: Die Rolle von H_2O bei statischer Ermüdung hängt von seiner Reaktion mit dem Quarznetzwerk ab. Ein H_2O-Molekül und ein $-Si-O-Si-$-Segment generieren zwei $Si-OH$-Gruppen, was einer Lücke im Netzwerk entspricht.

Abbildung 8.20 vergleicht die zyklische Ermüdung in Metallen mit der statischen Ermüdung in Keramiken. Aufgrund der chemischen Natur des Mechanismus in Keramiken und Gläsern tritt diese Erscheinung vorwiegend bei Raumtemperatur auf. Dagegen läuft die Hydroxyl-Reaktion bei relativ hohen Temperaturen (etwa um 150 °C) so schnell ab, dass die Wirkungen schwer zu beobachten sind. Bei diesen Temperaturen können andere Faktoren, wie z.B. viskose Verformung, ebenso zur statischen Ermüdung beitragen. Bei niedrigen Temperaturen (unter etwa −100 °C) ist die Geschwindigkeit der Hydroxyl-Reaktion zu niedrig, um eine signifikante Wirkung in überschaubaren Zeiträumen hervorzurufen. Analogien zur statischen Ermüdung in Metallen sind die Spannungsrisskorrosion und die Wasserstoffversprödung, bei denen Risswachstumsmechanismen in aggressiven Umgebungen ausgelöst werden.

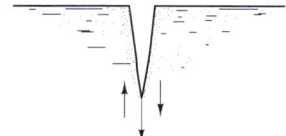

Risswachstum durch lokalen Schermechanismus

(a)

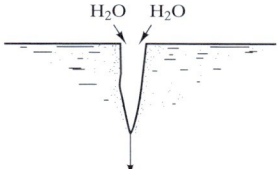

Risswachstum durch chemisches Aufbrechen des Oxidnetzwerks

(b)

Abbildung 8.20: Vergleich von (a) zyklischer Ermüdung in Metallen und (b) statischer Ermüdung in Keramiken

Ermüdung in Polymeren wird wie Ermüdung in Metalllegierungen behandelt. Azetal-Polymere sind für ihre guten Ermüdungswiderstände bekannt. Abbildung 8.21 fasst S-N-Kurven für einen derartigen Werkstoff bei verschiedenen Temperaturen zusammen. Die Ermüdungsgrenze für Polymere wird im Allgemeinen mit 10^6 Zyklen angegeben und nicht mit 10^8 Zyklen, wie sie bei Nichteisenlegierungen üblich sind (z.B. Abbildung 8.15).

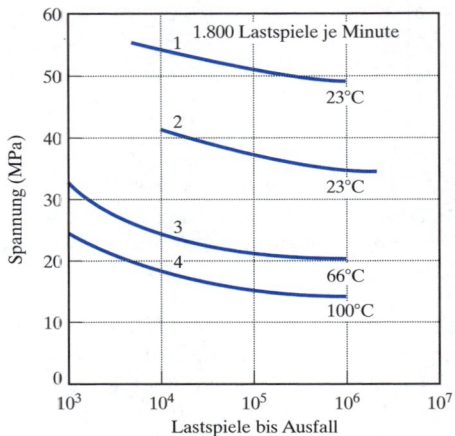

1. Nur Zugspannung
2. Zug- und Druckspannung vollständig umgekehrt
3. Zug- und Druckspannung vollständig umgekehrt
4. Zug- und Druckspannung vollständig umgekehrt

Abbildung 8.21: Ermüdungsverhalten für ein Azetal-Polymer bei verschiedenen Temperaturen

---

Beispiel 8.4 Es sei nur gegeben, dass die Legierung für ein Konstruktionselement eine Zugfestigkeit von 800 MPa hat. Schätzen Sie die maximal zulässige Betriebsspannung ab, wenn bekannt ist, dass die Belastung zyklisch ist und ein Sicherheitsfaktor von 2 gefordert wird.

Lösung

Mit Abbildung 8.16 als Orientierung lässt sich eine konservative Schätzung der Ermüdungsfestigkeit wie folgt ermitteln:

$$\text{Ermüdungsfestigkeit} = \frac{1}{4}\text{Zugfestigkeit} = \frac{1}{4}(800 \text{ MPa}) = 200 \text{ MPa}.$$

Mit einem Sicherheitsfaktor von 2 erhält man eine zulässige Betriebsspannung von

$$\text{Betriebsspannung} = \frac{\text{Ermüdungsfestigkeit}}{2} = \frac{200 \text{ MPa}}{2} = 100 \text{ MPa}.$$

Hinweis: Mit dem Sicherheitsfaktor kann man neben anderen Dingen auch die Natur der Beziehung zwischen Ermüdungsfestigkeit und Zugfestigkeit näherungsweise berücksichtigen.

8.3 Ermüdung

Beispiel 8.5 Die statische Ermüdung hängt von einer chemischen Reaktion ab (siehe Abbildung 8.19) und ist letztlich ein weiteres Beispiel für ein Verhalten entsprechend einer Arrhenius-Funktion. Insbesondere nimmt der Kehrwert der Zeit bis zum Bruch unter einer gegebenen Belastung exponentiell mit der Temperatur zu. Die dem Mechanismus von Abbildung 8.19 entsprechende Aktivierungsenergie beträgt 78,6 kJ/mol. Die Zeit bis zum Bruch eines Kalknatronglases bei +50 °C unter einer gegebenen Belastung beträgt 1 s. Wie groß ist die Zeit bis zum Bruch bei −50 °C unter derselben Belastung?

Lösung

Wie bereits festgestellt, können wir die Arrhenius-Gleichung (5.1) anwenden. In diesem Fall ist

$$t^{-1} = Ce^{-Q/RT},$$

wobei t die Zeit bis zum Bruch angibt.
Mit den Werten für 50 °C (323 K)

$$t^{-1} = 1 \text{ s}^{-1} = Ce^{-(78,6 \times 10^3 \text{ J/mol})/[8,314 \text{ J/(mol·K)}](323 \text{ K})}$$

erhält man

$$C = 5,15 \times 10^{12} \text{ s}^{-1}.$$

Dann ist

$$t^{-1}_{-50\,°C} = (5,15 \times 10^{12} \text{ s}^{-1}) e^{-(78,6 \times 10^3 \text{ J/mol})/[8,314 \text{ J/(mol·K)}](323 \text{ K})}$$

$$= 1,99 \times 10^{-6} \text{ s}^{-1}$$

oder

$$t = 5,0 \times 10^5 \text{ s}$$

$$= 5,0 \times 10^5 \text{ s} \times \frac{1 \text{ h}}{3,6 \times 10^3 \text{ s}}$$

$$= 140 \text{ h}$$

$$= 5 \text{ Tage, 20 h}.$$

Übung 8.4 In Beispiel 8.4 wird eine Betriebsspannung mit Berücksichtigung der Ermüdungsbelastung berechnet. Schätzen Sie unter den gleichen Betrachtungen eine höchstzulässige Betriebsspannung für ein Gusseisen mit einer Brinell-Härte von 200 ab (siehe *Abbildung 6.28*).

> **Übung 8.5** Geben Sie für das in Beispiel 8.5 behandelte System die Ausfallzeit bei (a) 0 °C und (b) Raumtemperatur an.

8.4 Zerstörungsfreie Prüfung

Die **zerstörungsfreie Prüfung** ist die Bewertung von technischen Werkstoffen ohne Beeinträchtigung ihrer Einsetzbarkeit. Ein zentrales Anliegen vieler zerstörungsfreier Prüfverfahren ist die Kennzeichnung potenzieller kritischer Fehlstellen, wie z.B. Rissen an der Oberfläche oder im Bauteilinneren. Wie bei der Bruchmechanik kann die zerstörungsfreie Prüfung dazu dienen, ein vorhandenes Versagen zu analysieren, oder man kann die gewonnenen Erkenntnisse nutzen, um zukünftige Ausfälle zu verhindern. Auf diesem Gebiet arbeitet man vorwiegend mit Röntgenstrahlen und Ultraschall.

8.4.1 Röntgenprüfung

Obwohl es die Brechungsmechanismen erlauben, Abmessungen in der Größenordnung der Wellenlänge von Röntgenstrahlen (typischerweise < 1 nm) zu bestimmen, liefert die **Röntgenprüfung** ein Schattenbild der internen Struktur eines Bauteils mit einer viel gröberen Auflösung, die typischerweise in der Größenordnung von 1 mm liegt (siehe Abbildung 8.22). Ein bekanntes Beispiel aus der Medizin ist die Röntgenuntersuchung des Brustkorbes. Die technische Röntgenprüfung setzt man im industriellen Maßstab für die Untersuchung von Gussbauteilen und Schweißverbindungen ein. Die Intensität I des Röntgenstrahls, der mit einer bestimmten Energie durch einen Werkstoff mit der Dicke x gesendet wird, ist durch das Beer[1]-Gesetz

$$I = I_0 e^{-\mu x} \tag{8.4}$$

gegeben, wobei I_0 die Intensität des einfallenden Strahls und μ den linearen Absorptionskoeffizienten für den Werkstoff bezeichnet. Die Intensität ist proportional zur Anzahl der Photonen im Strahl und unterscheidet sich von der Energie der Photonen im Strahl. Der Absorptionskoeffizient ist eine Funktion der Strahlenergie und der elementaren Zusammensetzung des Werkstoffs. Tabelle 8.5 zeigt experimentelle Werte für μ von Eisen als Funktion der Energie. Allgemein fällt die Größe von μ mit steigender Strahlenergie ab – hauptsächlich durch Photonenabsorption und Streuung. Tabelle 8.6 verdeutlicht die Abhängigkeit des linearen Absorptionskoeffizienten von der elementaren Zusammensetzung. Beachten Sie, dass μ für eine gegebene Strahlenergie im Allgemeinen mit der Atomzahl ansteigt, wodurch Metalle mit niedriger Atomzahl, wie z.B. Aluminium, relativ transparent erscheinen und Metalle mit hoher Atomzahl, wie z.B. Blei, praktisch undurchsichtig sind.

---

[1] August Beer (1825–1863), deutscher Physiker. Beer diplomierte an der Universität Bonn, wo er als Dozent für den Rest seines kurzen Lebens blieb. Seine Name ist vor allem mit dem Gesetz verbunden, das er zuerst bei seinen Beobachtungen zur Absorption von sichtbarem Licht aufstellte.

Die Companion Website enthält eine Bildersammlung für die Röntgenprüfung.

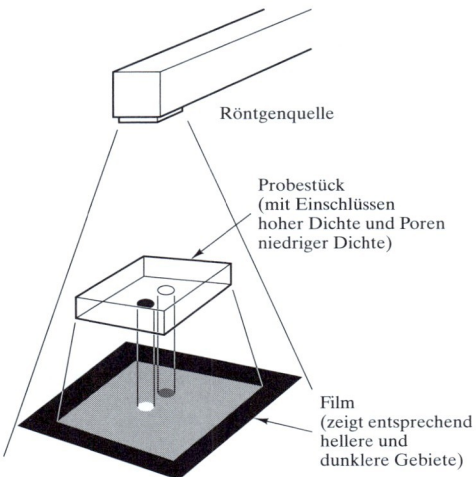

Abbildung 8.22: Schematische Darstellung der Röntgenprüfung

Tabelle 8.5

Linearer Absorptionskoeffizient von Eisen als Funktion der Röntgenstrahlenergie

Energie (MeV)	μ (mm^{-1})
0,05	1,52
0,10	0,293
0,50	0,0662
1,00	0,0417
2,00	0,0334
4,00	0,0260

Tabelle 8.6

Linearer Absorptionskoeffizient verschiedener Elemente für einen Röntgenstrahl mit der Energie = 100 eV (= 0,1 MeV)

Element	Atomzahl	μ (mm^{-1})
Aluminium	13	0,0459
Titan	22	0,124
Eisen	26	0,293
Nickel	28	0,396
Kupfer	29	0,410
Zink	30	0,356
Wolfram	74	8,15
Blei	82	6,20

8.4.2 Ultraschallprüfung

Während die Röntgenprüfung auf einem Teil des elektromagnetischen Spektrums mit relativ kurzen Wellenlängen verglichen mit dem sichtbaren Bereich basiert, beruht die **Ultraschallprüfung** auf einem Teil des akustischen Spektrums (in der Regel zwischen 1 und 25 MHz) bei Frequenzen weit oberhalb des Hörbereichs (20 bis 20.000 Hz). Röntgenprüfung und Ultraschallprüfung unterscheiden sich vor allem dadurch, dass die Ultraschallwellen mechanischer Natur sind und ein Übertragungsmedium voraussetzen, während sich elektromagnetische Wellen auch im Vakuum übertragen lassen. *Abbildung 15.26* zeigt eine typische Ultraschallquelle mit einem piezoelektrischen Wandler.

Die Dämpfung des Röntgenstrahls ist ein bestimmender Faktor der Röntgenprüfung, jedoch sind typische technische Werkstoffe relativ transparent für Ultraschallwellen. Der bestimmende Faktor bei der Ultraschallprüfung ist die Reflexion der Ultraschallwellen an Grenzflächen von ungleichen Werkstoffen. Der Reflexionskoeffizient R ist wie folgt als Intensitätsverhältnis von reflektiertem Strahl I_r zu einfallendem Strahl I_i definiert:

$$R = I_r / I_i = \left[(Z_2 - Z_1)/(Z_2 + Z_1)\right]^2, \tag{8.5}$$

wobei Z die akustische Impedanz – das Produkt aus Werkstoffdichte und Schallgeschwindigkeit – bezeichnet. Die Indizes 1 und 2 kennzeichnen die unähnlichen Werkstoffe auf beiden Seiten der Grenzfläche. Der hohe Anteil reflektierter Wellen an Fehlstellen, wie z.B. internen Rissen, ist die Basis für die Defektuntersuchung. Abbildung 8.23 veranschaulicht eine typische *Pulsecho*-Ultraschallprüfung. Für kompliziert geformte Bauteile ist dieses Verfahren nicht geeignet und es zeigt sich, dass Ultraschallwellen infolge der Mikrostrukturmerkmale wie Porosität und Ablagerungen gestreut werden.

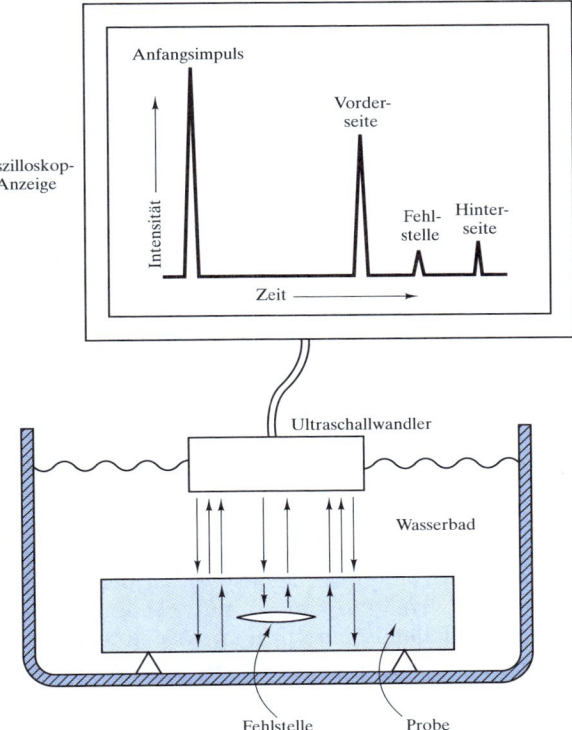

Abbildung 8.23: Schematische Darstellung einer *Pulsecho*-Ultraschallprüfung

8.4.3 Andere zerstörungsfreie Prüfungen

Für die zerstörungsfreie Prüfung steht ein weites Spektrum zusätzlicher Verfahren bereit. Zu den verbreitetsten Verfahren der Schadensanalyse gehören die Wirbelstromprüfung, die Magnetpulveruntersuchung, die Farbeindringverfahren und die akustische Emission.

1 Bei der **Wirbelstromprüfung** wird die Impedanz einer Untersuchungsspule durch die Anwesenheit eines benachbarten, elektrisch leitenden Prüfkörpers beeinflusst. Dabei werden Wechsel- oder Wirbelströme durch die Spule induziert. Die resultierende Impedanz ist eine Funktion der Zusammensetzung und/oder der Geometrie des Prüfkörpers. Da sich dieser Test einfach, schnell und kontaktfrei durchführen lässt, ist er weit verbreitet. Durch Variation der Testfrequenz kann man dieses Verfahren sowohl für Oberflächenfehler als auch für Fehler in Oberflächenschichten einsetzen. Einschränkungen ergeben sich dadurch, dass das Verfahren nur qualitative Aussagen liefert und sich nur auf elektrisch leitfähige Werkstoffe anwenden lässt.

2 Bei der **Magnetpulveruntersuchung** wird ein feines Pulver aus magnetischen Teilchen (Fe oder Fe_3O_4) durch den magnetischen Streufluss um eine Fehlstelle im Werkstoff angezogen, beispielsweise einen Riss in oder nahe der Oberfläche in einem magnetisierten Prüfkörper. Dieses Verfahren ist aufgrund seiner einfachen

Durchführung und niedrigen Kosten weit verbreitet. Es lässt sich zwar nur auf magnetische Werkstoffe anwenden, jedoch sind die meisten in der Technik eingesetzten Baustähle ohnehin magnetisch.

3 Die **Farbeindringprüfung** beruht auf der Kapillarwirkung, durch die ein feines Pulver auf der Oberfläche einer Probe eine deutlich sichtbare Flüssigkeit herauszieht, die vorher in Oberflächendefekte eingebracht wurde. Wie bei der Prüfung mit magnetischen Teilchen handelt es sich um ein preiswertes und leicht anwendbares Verfahren für die Untersuchung von Oberflächendefekten. Das Prüfen mit flüssigen Eindringmitteln setzt man vorrangig bei nicht magnetischen Werkstoffen ein, für die eine Magnetpulveruntersuchung mit magnetischen Teilchen nicht infrage kommt. Zu den Beschränkungen des Verfahrens gehören die Unfähigkeit, Fehler unterhalb der Oberfläche zu untersuchen und ein Verlust der Auflösung bei porösen Werkstoffen.

4 **Prüfen mit akustischer Emission** misst die Ultraschallwellen, die von Defekten innerhalb der Mikrostruktur eines Werkstoffs als Reaktion auf eine angelegte Spannung erzeugt werden. Dieses Verfahren hat eine herausragende Rolle bei der Schadensprävention eingenommen. Man kann nicht nur Defekte lokalisieren, sondern auch einen bevorstehenden Ausfall aufgrund dieser Defekte frühzeitig erkennen. Im Unterschied zur konventionellen Ultraschalluntersuchung, bei der ein Wandler die Ultraschallquelle bereitstellt, ist der Werkstoff die Quelle der Ultraschallemissionen. Wandler dienen nur als Empfänger. Im Allgemeinen steigt die Rate der Schallemission vor dem Ausfall scharf an. Wenn man diese Emissionen ständig überwacht, lässt sich die Konstruktionsbelastung rechtzeitig vor dem Ausfall wegnehmen. Typisches Beispiel dieser Anwendung ist die permanente Überwachung von Druckbehältern.

Beispiel 8.6 Berechnen Sie die Röntgenstrahlintensität, die durch eine 10 mm dicke Platte aus kohlenstoffarmem Stahl übertragen wird. Nehmen Sie die Strahlenergie mit 100 keV an. Aufgrund des geringen Umfangs an Kohlenstoff und seiner inhärent niedrigen Absorption von Röntgenstrahlen, lässt sich der Stahl näherungsweise als elementares Eisen ansehen.

Lösung

Mit Gleichung 8.4 und dem Abschwächungskoeffizienten aus Tabelle 8.6 ergibt sich

$$I = I_0 e^{-\mu x}$$

oder

$$I/I_0 = e^{-\mu x}$$
$$= e^{-(0{,}293 \text{ mm}^{-1})(10 \text{ mm})}$$
$$= e^{-2{,}93} = 0{,}0534.$$

Beispiel 8.7

(a) Gegeben seien die Schallgeschwindigkeiten in Aluminium und rostfreiem Stahl (1.4301) mit 6.320 m/s bzw. 5.760 m/s. Berechnen Sie den Anteil des reflektierten Ultraschallimpulses, der über eine verbundene Grenzfläche von einer Aluminiumplatte zu einer Platte aus rostfreiem Stahl (1.4301) übergeht.

(b) Berechnen Sie den reflektierten Anteil für dieselbe Grenzfläche, wobei aber der Impuls in die entgegengesetzte Richtung läuft, d.h. vom rostfreien Stahl zum Aluminium. [Die Dichte von rostfreiem Stahl (1.4301) beträgt 7,85 Mg/m³.]

Lösung

(a) Mit den Dichteangaben aus der Problemstellung und *Anhang A* können wir die akustische Impedanz eines jeden Mediums ($Z_i = \rho_i V_i$) mit

$$Z_{Al} = (2{,}70 \text{ Mg/m}^3)(6{,}320 \text{ m/s})$$

$$= 17{,}1 \times 10^3 \text{ Mg}/(\text{m}^2 \text{ s})$$

und

$$Z_{St} = (7{,}85 \text{ Mg/m}^3)(5{,}760 \text{ m/s})$$

$$= 45{,}2 \times 10^3 \text{ Mg}/(\text{m}^2 \text{ s})$$

berechnen. Gleichung 8.5 liefert dann

$$I_r / I_i = \left[(Z_{St} - Z_{Al})/(Z_{St} + Z_{Al})\right]^2$$

$$= \left[(45{,}2 - 17{,}1)/(45{,}2 + 17{,}1)\right]^2 = 0{,}203.$$

(b) Für die umgekehrte Richtung des Ultraschallimpulses erhält man

$$I_r / I_i = \left[(Z_{Al} - Z_{St})/(Z_{Al} + Z_{St})\right]^2$$

$$= \left[(17{,}1 - 45{,}2)/(17{,}1 + 45{,}2)\right]^2 = 0{,}203.$$

Hinweis: Aufgrund der Natur von Gleichung 8.5 ist das Ergebnis für die Aussendung des Ultraschallimpulses über die Grenzfläche in beiden Richtungen gleich.

Übung 8.6

Berechnen Sie für einen Röntgenstrahl von 100 keV den Intensitätsanteil des ausgesendeten Strahls durch eine 10 mm dicke Platte aus (a) Titan und (b) Blei (siehe Beispiel 8.6).

> **Übung 8.7** Berechnen Sie mit den Daten aus Beispiel 8.7 sowie mit $\rho_{H_2O} = 1{,}00$ Mg/m³ und $V_{H_2O} = 1.483$ m/s den Anteil des reflektierten Impulses von der Oberfläche einer Aluminiumplatte in einem Wasser-Tauchbad.

8.5 Schadensanalyse und -prävention

Schadensanalyse und -prävention sind wichtige Komponenten des Werkstoffeinsatzes im konstruktiven Entwurf. Es gibt heute eine gut eingeführte, systematische Methodologie für die **Schadensanalyse** von technischen Werkstoffen. Das verwandte Gebiet der **Schadensprävention** ist ebenso wichtig, um Havarien zukünftig zu vermeiden. Ethische und gesetzliche Fragen rücken die Werkstoffwissenschaft und Technik in den Mittelpunkt des konstruktiven Entwurfs.

Man unterscheidet ein breites Spektrum von Schadensmodi:

1. **Dehnungsbruch** zeigt sich bei vielen Schäden, die in Metallen infolge von „Überlastung" auftreten (d.h. der Werkstoff wird über die elastische Grenze hinaus beansprucht und bricht infolgedessen). Abbildung 8.4a zeigt das mikroskopische Ergebnis eines Dehnungsbruchs.

2. Der in Abbildung 8.4b gezeigte **Sprödbruch** zeichnet sich durch schnelle Rissausbreitung ohne signifikante plastische Verformung auf makroskopischer Ebene aus.

3. **Ermüdungsversagen** durch einen Mechanismus von langsamem Risswachstum liefert die markanten Muschelschalenoberflächen, wie sie in Abbildung 8.14 zu sehen sind.

4. **Schwingungsrisskorrosion** entsteht durch die kombinierten Wirkungen einer zyklischen Spannung und einer korrosiven Umgebung. Im Allgemeinen nimmt die Ermüdungsfestigkeit von Metallen in einer aggressiven, chemischen Umgebung ab.

5. Die **Spannungsrisskorrosion** (SKR) ist eine andere Kombination von mechanischem und chemischem Ausfallmechanismus, bei dem eine nicht zyklische Zugspannung (unterhalb der Streckgrenze) zum Einsetzen und Fortpflanzen eines Bruchs in einer relativ milden chemischen Umgebung führt. Spannungskorrosionsrisse können interkristallin und/oder intrakristallin sein.

6. Der Begriff **Verschleiß** umfasst einen breiten Bereich von relativ komplexen, auf die Oberfläche bezogenen Schadenserscheinungen. Sowohl Oberflächenschäden als auch Abrieb können Ausfälle von Werkstoffen begründen, die für Anwendungen mit Gleitkontakten vorgesehen sind.

7. **Flüssigkeitserosionsversagen** ist eine spezielle Form des Verschleißes, bei dem eine Flüssigkeit für Materialabtrag verantwortlich ist. Schäden durch Flüssigkeitserosion führen normalerweise zu einem löchrigen oder wabenförmigen Oberflächenbereich.

8 Bei der **Flüssigmetallversprödung** (Lotbrüchigkeit) verliert der Werkstoff an Duktilität oder bricht unterhalb seiner Streckgrenze in Verbindung damit, dass seine Oberfläche mit einem flüssigen Metall mit einem niedrigen Schmelzpunkt benetzt wird.

9 Die **Wasserstoffversprödung** ist vielleicht die berüchtigtste Form des katastrophalen Bauteilversagens bei hochfesten Stählen. Wenige ppm Wasserstoff, die in diesen Werkstoffen gelöst sind, können einen beträchtlichen internen Druck hervorrufen, was zu feinen Haarrissen und einem Verlust der Duktilität führt.

10 *Abschnitt 6.5* hat **Kriech- und Spannungsbruchausfälle** eingeführt. Diese können nahe Raumtemperatur bei vielen Polymeren und bestimmten Metallen mit niedriger Schmelztemperatur, wie z.B. Blei, aber auch oberhalb von 1.000 °C bei vielen Keramiken und hochschmelzenden Metallen, wie z.B. Superlegierungen, auftreten.

11 Unter **komplexem Versagen** fasst man Ausfälle zusammen, die durch aufeinander folgende Einwirkung von unterschiedlichen Bruchmechanismen auftreten. Z.B. durch einen anfänglichen Spannungskorrosionsriss, wobei der Ausfall schließlich durch Ermüdung nach einer zyklischen Belastung gleichzeitig mit dem Entfernen der korrosiven Umgebung stattfindet.

Für die Ausfallanalyse von technischen Werkstoffen ist eine systematische Vorgehensweise entwickelt worden. Tabelle 8.7 gibt die Hauptkomponenten der Methodik zur Schadensanalyse wieder, auch wenn die konkrete Methodologie mit dem jeweiligen Ausfall variiert. In Bezug auf die Fehleranalyse hat sich die *Bruchmechanik* (siehe Abschnitt 8.2) als quantitatives Gerüst für die Bewertung der Bauteilzuverlässigkeit erwiesen. Typische Werte der Bruchzähigkeit liegen bei verschiedenen Metallen und Legierungen zwischen 20 und 200 MPa $\sqrt{m}$, bei Keramiken und Gläsern zwischen 1 und 9 MPa $\sqrt{m}$, bei Polymeren zwischen 1 und 4 MPa $\sqrt{m}$ und bei Verbundwerkstoffen zwischen 10 und 60 MPa $\sqrt{m}$.

Tabelle 8.7

Hauptkomponenten der Schadensanalyse
Sammlung von Hintergrunddaten und Beispielen
Vorläufige Untersuchung des ausgefallenen Teils
Zerstörungsfreie Prüfung
Mechanische Prüfung
Auswahl, Konservierung und Säuberung der Bruchoberflächen
Makroskopische Untersuchung der Bruchoberflächen (bei bis zu 100facher Vergrößerung)
Mikroskopische Untersuchung der Bruchoberflächen (bei Vergrößerungen > 100fach)
Anwendung der Bruchmechanik
Simulation des Betriebsverhaltens
Analyse der Beweisstücke, Formulieren von Schlussfolgerungen und Abfassen eines Berichts

8 SCHADENSANALYSE UND -PRÄVENTION

Schließlich ist es wichtig, durch Anwendung der Konzepte zur Schadensanalyse und -prävention auch die eigentliche Konstruktion zu verbessern. Ein wichtiges Beispiel für diesen Ansatz ist die Vermeidung von strukturellen Diskontinuitäten, die ein Auslöser für Spannungskonzentrationen sind.

Die Welt der Werkstoffe

Analyse der Titanic-Katastrophe

Dieses Kapitel hat sowohl den Nutzen als auch die Notwendigkeit gezeigt, Schadensfälle zu analysieren. Derartige Informationen können helfen, die Wiederholung einer Katastrophe zu verhindern. In anderen Fällen kann die Analyse einer historischen Aufbereitung dienen und Einblicke in die Ursachen berühmter Katastrophen der Vergangenheit bieten. Ein Beispiel hierfür ist die Untersuchung eines der dramatischsten Ereignisse des 20. Jahrhunderts: das Sinken der *Titanic* in der Nacht des 12. April 1912 auf ihrer Jungfernfahrt über den Nordatlantik von England nach New York. Das Schiffswrack wurde erst am 1. September 1985 von Robert Ballard auf dem Ozeanboden in einer Tiefe von 3.700 m entdeckt. Bei einer Expedition zum Wrack am 15. August 1996 haben Forscher einige Stahlproben vom Schiffskörper mitgebracht, um sie metallurgisch an der Universität von Missouri – Rolla (UM-R) – zu analysieren.

Die allgemeine Schadensanalyse ist wenig spektakulär. Die *Titanic* ist gesunken, weil sie einen Eisberg gestreift hat, der drei- bis sechsmal größer als das Schiff selbst war. Die sechs vorderen Schotten des Schiffs wurden aufgerissen, das einströmende Wasser brachte das Schiff in weniger als drei Stunden zum Sinken und riss mehr als 1.500 Passagiere mit in die Tiefe.

Eine nähere Untersuchung des Konstruktionsmaterials für den Schiffsrumpf hat wichtige Erkenntnisse geliefert. Die chemische Analyse des Stahls zeigte, dass er einem heutigen Stahl (1.0402) ähnlich ist, den *Kapitel 11* als typischen kohlenstoffarmen Stahl beschreibt, der hauptsächlich aus Eisen mit einem Anteil von 0,20 Gewichtsprozent Kohlenstoff besteht. Tabelle 8.8 mit Daten aus der UM-R-Analyse zeigt, dass das mechanische Verhalten der Legierung des *Titanic*-Schiffsrumpfes ähnlich dem Stahl (1.0402) ist, obwohl der Werkstoff der Titanic eine etwas geringere Streckgrenze und eine höhere Bruchdehnung aufweist, die mit einer größeren durchschnittlichen Korngröße (etwa 50 μm gegenüber 25 μm) verbunden ist.

Vergleich der Zugeigenschaften des *Titanic*-Stahls und des heutigen Stahls 1.0402

Eigenschaft	Titanic	SAE 1020
Streckgrenze	193 MPa	207 MPa
Zugfestigkeit	417 MPa	379 MPa
Bruchdehnung	29%	26%
Brucheinschnürung	57%	50%

Wichtiger aber als die grundlegenden mechanischen Eigenschaften ist, dass die in Kerbschlagbiegeversuchen (Charpy) gemessene Spröd-Duktil-Übergangstemperatur für den *Titanic*-Stahl deutlich höher liegt als die heutiger Legierungen. Moderne Stähle in diesem Zusammensetzungsbereich haben gewöhnlich einen höheren Mangangehalt und einen niedrigeren Schwefelgehalt. Das beträchtlich höhere Mn:S-Verhältnis verringert die Spröd-Duktil-Übergangstemperatur drastisch. Die bei einer Schlagenergie von 20 J gemessene Spröd-Duktil-Übergangstemperatur beträgt -27 °C für eine vergleichbare heutige Legierung und liegt bei 32 °C und 56 °C für die in Längs- bzw. Querrichtung aus dem Schiffsrumpf der *Titanic* entnommenen Plattenproben. Nimmt man eine Wassertemperatur von -2 °C zum Zeitpunkt der Kollision an, hat diese Werkstoffauswahl eindeutig zum Ausfall beigetragen. Andererseits war der ausgewählte Stahl Anfang des 20. Jahrhunderts weit verbreitet. Der Stahl der *Titanic* war zu dieser Zeit höchstwahrscheinlich der beste reine Kohlenstoffstahl für den Schiffsbau. Neben einer deutlich besseren Legierungsauswahl profitieren die heutigen Schiffspassagiere von den überlegenen Navigationshilfsmitteln, die die Wahrscheinlichkeit einer derartigen Kollision verringern. Schließlich sei darauf hingewiesen, dass das Schwesterschiff der *Titanic*, die *Olympic*, eine erfolgreiche Dienstzeit von mehr als 20 Jahren mit einem ähnlichen Stahl für den Schiffsrumpf aufweisen kann, aber nie einem großen Eisberg begegnet ist.

SCHADENSANALYSE UND -PRÄVENTION

ZUSAMMENFASSUNG

Die *Kapitel 6* und *7* haben in Bezug auf das mechanische und thermische Verhalten von Werkstoffen zahlreiche Beispiele für das Versagen gebracht. Dieses Kapitel hat eine Reihe zusätzlicher Beispiele systematisch im Überblick behandelt. Der Kerbschlagbiegeversuch mit einem gekerbten Prüfkörper liefert ein Maß für die Schlagenergie, die analog der Zähigkeit (d.h. der Fläche unter der Spannungs-Dehnungs-Kurve) ist. Trägt man die Schlagenergie über ein Temperaturfenster auf, kann man die Spröd-Duktil-Übergangstemperatur für krz-Metalllegierungen einschließlich der Baustähle bestimmen.

Die Bruchmechanik liefert einen besonders nützlichen, quantitativen Werkstoffparameter – die Bruchzähigkeit. Für Konstruktionen auf Basis metallischer Werkstoffe lässt sich anhand der Bruchzähigkeit die kritische Fehlstellengröße an der Grenze zwischen dem gewünschten Werkstofffließen und dem katastrophalen, schlagartigen Bruch festlegen. „Transformation toughening"-Verfahren betreffen den konstruktiven Entwurf auf der mikrostrukturellen Ebene, um die Bruchzähigkeit von typischerweise spröden Keramiken zu verbessern.

Metalllegierungen und technische Polymere zeigen Ermüdung, d.h. einen Abfall der Festigkeit als Ergebnis zyklischer Belastungen. Die Bruchmechanik kann eine quantitative Aussage für das Versagen liefern, da Risse bei diesen wiederholten Spannungszyklen in der Länge zunehmen. Bestimmte Keramiken und Gläser zeigen statische Ermüdung, die auf eine chemische Reaktion mit Luftfeuchtigkeit und nicht auf zyklische Belastung zurückgeht.

Die zerstörungsfreie Prüfung – die Bewertung von Werkstoffen ohne dadurch ihre Einsetzbarkeit herabzusetzen – ist äußerst wichtig, um potenzielle kritische Fehlstellen in Konstruktionswerkstoffen zu erkennen. Von den zahlreichen verfügbaren Verfahren setzt man vor allem Röntgenstrahl- und Ultraschallprüfungen ein.

Insgesamt lässt sich mit der Schadensanalyse systematisch herausarbeiten, welche konkreten Ausfallmodi für einen bestimmten Werkstoff wirksam sind. Die Schadensprävention stützt sich auf die aus der Schadensanalyse gewonnenen Erkenntnisse, um zukünftigen Bauteilausfällen vorzubeugen.

ZUSAMMENFASSUNG

■ Schlüsselbegriffe

Bruchmechanik (344)
Bruchzähigkeit (344)
Charpy-Versuch (337)
Dehnungsbruch (366)
Ermüdung (350)
Ermüdungsfestigkeit
(Dauerfestigkeit) (353)
Ermüdungskurve (350)
Ermüdungsversagen (366)
Farbeindringprüfung (364)
fehlstelleninduzierter Bruch (346)
Flüssigkeitserosionsversagen (366)
Flüssigmetallversprödung
(Lotbrüchigkeit) (367)
Izod-Versuch (339)
Kerbschlagarbeit (337)
komplexes Versagen (367)
Kriech- und Spannungsbruchausfälle (367)
Lotbrüchigkeit (367)

Magnetpulveruntersuchung (363)
Prüfen mit akustischer Emission (364)
Röntgenprüfung (360)
Schadensanalyse (366)
Schadensprävention (366)
schlagartiger Bruch (346)
Schwingungsrisskorrosion (366)
Spannungsintensitätsfaktor (352)
Spannungsrisskorrosion (SKR) (366)
Sprödbruch (366)
Spröd-Duktil-Übergangstemperatur (340)
statische Ermüdung (356)
Ultraschallprüfung (362)
Verschleiß (366)
Wasserstoffversprödung (367)
Werkstofffließen (346)
Wirbelstromprüfung (363)
Zähigkeitssteigerung durch
Phasenübergang (346)
zerstörungsfreie Prüfung (360)

■ Quellen

Ashby, M. F. und **D. R. H. Jones**, *Engineering Materials – An Introduction to Their Properties and Applications*, 2nd ed., Butterworth-Heinemann, Boston, MA 1996.

ASM Handbook, Vol. 11: *Failure Analysis and Prevention*, ASM International, Materials Park, OH 2002.

ASM Handbook, Vol. 17: *Nondestructive Evaluation and Quality Control*, ASM International, Materials Park, OH 1989.

Chiang, Y., **D. P. Birnie III** und **W. D. Kingery**, *Physical Ceramics*, John Wiley & Sons, Inc., NY 1997.

Engineered Materials Handbook, Desk Ed., ASM International, Materials Park, OH 1995.

Aufgaben

■ Kerbschlagarbeit

8.1 Für welche Legierung von Tabelle 8.1 erwarten Sie ein Spröd-Duktil-Übergangsverhalten? (Begründen Sie Ihre Auswahl.)

D 8.2 Die Beziehung zwischen Betriebstemperatur und Legierungsauswahl im konstruktiven Entwurf lässt sich durch folgenden Fall veranschaulichen: (a) Zeichnen Sie für die Fe-Mn-0,05C-Legierungen von Abbildung 8.3b die Spröd-Duktil-Übergangstemperatur (die durch den steilen Anstieg der Schlagenergie gekennzeichnet ist) über dem prozentualen Gehalt von Mn. (b) Schätzen Sie anhand des in (a) erstellten Diagramms den prozentualen Mn-Gehalt (zum nächsten 0,1%-Wert), der notwendig ist, um eine Spröd-Duktil-Übergangstemperatur von genau 0 °C zu erzielen.

D 8.3 Schätzen Sie wie in Aufgabe 8.2 den prozentualen Mn-Gehalt (zum nächsten 0,1%-Wert), der erforderlich ist, um eine Spröd-Duktil-Übergangstemperatur von −25 °C in den Fe-Mn-0,05C-Legierungsserien von Abbildung 8.3b zu erzeugen.

8.4 Aus einer Reihe von Kerbschlagbiegeprüfungen (Charpy) wurden die in der folgenden Tabelle angegebenen Daten für einen bestimmten Baustahl erhalten. (a) Tragen Sie für diese Daten die Energie über der Temperatur auf. (b) Wie groß ist die Spröd-Duktil-Übergangstemperatur, die dem Durchschnitt aus höchsten und niedrigsten Schlagenergien entsprechend bestimmt wird?

Temperatur (°C)	Schlagenergie (J)
100	84,9
60	82,8
20	81,2
0	77,9
−20	74,5
−40	67,8
−60	50,8
−80	6,0
−100	28,1
−140	25,6
−180	25,1

■ Bruchzähigkeit

8.5 Berechnen Sie die erforderliche Probendicke, damit die in Beispiel 8.2 angenommene reine Spannungsbelastung erfüllt ist.

D 8.6 Erstellen Sie ein Entwurfsdiagramm ähnlich dem in Abbildung 8.6 für einen Druckbehälterstahl mit einer Streckgrenze von 1.000 MPa und $K_{IC} = 170$ MPa $\sqrt{m}$. Verwenden Sie die logarithmische Skala für die Fehlstellengröße und überstreichen Sie einen Fehlstellenbereich von 0,1 bis 100 mm.

D 8.7 Wiederholen Sie Aufgabe 8.6 für eine Aluminiumlegierung mit einer Streckgrenze = 400 MPa und $K_{IC} = 25$ MPa $\sqrt{m}$.

8.8 Die kritische Fehlstellengröße entspricht dem Übergang zwischen allgemeinem Fließen und katastrophalem Bruch. Wenn die Bruchzähigkeit eines hochfesten Stahls um 50% (von 100 auf 150 MPa $\sqrt{m}$) erhöht werden kann, ohne seine Streckgrenze von 1.250 MPa zu ändern, um welchen Prozentsatz hat sich seine kritische Fehlstellengröße geändert?

8.9 Ein zerstörungsfreies Testprogramm für eine Entwurfskomponente aus Stahl 1.0511 gemäß *Tabelle 6.2* kann gewährleisten, dass keine Fehlstellen größer als 1 mm existieren. Kann dieses Untersuchungsprogramm das Auftreten eines schnellen Bruchs verhindern, wenn dieser Stahl eine Bruchzähigkeit von 120 MPa $\sqrt{m}$ hat?

8.10 Wäre das in Aufgabe 8.9 beschriebene zerstörungsfreie Testprogramm angemessen für die Gusseisenlegierung mit der Nummer 6.b in *Tabelle 6.2* bei einer gegebenen Bruchzähigkeit von 15 MPa $\sqrt{m}$?

8.11 Ein Turbinenrotor aus Siliziumnitrid bricht bei einem Spannungsniveau von 300 MPa. Schätzen Sie die für dieses Versagen verantwortliche Fehlstellengröße ab.

8.12 Schätzen Sie die Fehlstellengröße ab, die für das Versagen eines Turbinenrotors verantwortlich ist. Der Rotor besteht aus Aluminium, das bei einem Zugniveau von 300 MPa bricht.

8.13 Schätzen Sie die Fehlstellengröße ab, die für das Versagen eines Turbinenrotors verantwortlich ist. Der Rotor besteht aus teilstabilisiertem Zirkonoxid, das bei einem Zugniveau von 300 MPa bricht.

8.14 Zeichnen Sie die Bruchspannung für MgO als Funktion der Fehlstellengröße a auf einer logarithmischen Skala nach Gleichung 8.1 mit $Y = 1$. Der Bereich für a soll sich von 1 bis 100 mm erstrecken. (Entnehmen Sie Tabelle 8.3 die Bruchzähigkeitsdaten und beachten Sie das Aussehen der Kurve in Abbildung 8.6.)

8.15 Um die relativ geringen Werte der Bruchzähigkeit für herkömmliche Keramiken einzuschätzen, zeichnen Sie in ein und demselben Diagramm die Bruchspannung über der Fehlstellengröße a für eine Aluminiumlegierung mit einem K_{IC} von 30 MPa $\sqrt{m}$ und Siliziumkarbid (siehe Abbildung 8.3). Verwenden Sie Gleichung 8.1 und setzen Sie $Y = 1$. Der Bereich für a soll sich von 1 bis 100 mm auf einer logarithmischen Skala erstrecken. (Beachten Sie auch Aufgabe 8.14.)

8.16 Überlagern Sie dem Ergebnis von Aufgabe 8.15 ein Diagramm der Bruchspannung über der Fehlstellengröße für teilstabilisiertes Zirkonoxid, um die verbesserte Bruchzähigkeit der neuen Generation von Baukeramiken zu beurteilen.

8.17 Tabelle 8.3 gibt einige Bruchmechanikdaten an. Zeichnen Sie die Bruchspannung für Polyethylen niedriger Dichte als Funktion der Fehlstellengröße a (auf einer logarithmischen Skala) nach Gleichung 8.1 mit $Y = 1$. Der Bereich von a soll sich von 1 bis 100 mm erstrecken. (Beachten Sie Abbildung 8.6.)

8.18 Überlagern Sie dem Ergebnis von Aufgabe 8.17 ein Diagramm der Bruchspannung für Polyethylen hoher Dichte und ABS-Polymer.

8.19 Berechnen Sie die Bruchspannung für einen Stab aus ABS mit einer Oberflächenfehlstellengröße von 100 μm.

8.20 Ein zerstörungsfreies Testprogramm kann gewährleisten, dass ein Bauteil aus Thermoplastpolyester keine Fehlstellen größer als 0,1 mm enthält. Berechnen Sie die maximal verfügbare Betriebsspannung für dieses technische Polymer.

■ Ermüdung

8.21 In *Aufgabe 6.41* wurde ein Weicheisen für eine Druckbehälteranwendung bewertet. Bestimmen Sie für diese Legierung den Maximaldruck, dem man den Behälter wiederholt aussetzen kann, ohne dass ein Ermüdungsbruch auftritt.

8.22 Wiederholen Sie Aufgabe 8.21 für das Weicheisen von *Aufgabe 6.42*.

8.23 Ein Baustahl mit einer Bruchzähigkeit von 60 MPa $\sqrt{m}$ hat keine Oberflächenrisse, die länger als 3 mm sind. Um welchen Prozentsatz müsste dieser größte Oberflächenriss wachsen, bevor das System einen schnellen Bruch unter einer angewandten Spannung von 500 MPa erfahren würde?

8.24 Berechnen Sie für die in Aufgabe 8.23 gegebenen Bedingungen die prozentuale Rissvergrößerung, wenn die an der Konstruktion anliegende Spannung 600 MPa beträgt.

8.25 Ein Kupferdraht in einer Steuerschaltung unterliegt zyklischen Belastungen über längere Zeiträume bei erhöhten Temperaturen. Spezifizieren Sie anhand der Daten von Abbildung 8.15b eine obere Temperaturgrenze, um eine Ermüdungsfestigkeit von mindestens 100 MPa für eine Beanspruchungsdauer von 10^7 Zyklen zu gewährleisten.

8.26 (a) Das Fahrwerk eines Flugzeugs erfährt beim Landen eine Impulsbelastung. Im Durchschnitt finden sechs derartige Landungen pro Tag statt. Wie lange dauert es, bis das Fahrwerk 10^8 Belastungszyklen erreicht hat? (b) Die Kurbelwelle in einem Kraftfahrzeug dreht durchschnittlich mit 2000 Umdrehungen pro Minute für etwa zwei Stunden je Tag. Wie lange dauert es, bis die Kurbelwelle 10^8 Belastungszyklen erreicht hat?

8.27 Bei der Analyse eines Hüftimplantats auf mögliche Ermüdungsschäden ist zu beachten, dass eine durchschnittliche Person etwa 4.800 Schritte an einem durchschnittlichen Tag zurücklegt. Wie viele Belastungszyklen erreicht diese Durchschnittsperson (a) in einem Jahr und (b) in zehn Jahren? (Beachten Sie *Aufgabe 6.7*.)

8.28 Bei der Analyse eines Hüftimplantats auf mögliche Ermüdungsschäden ist bei einem Leistungssportler mit insgesamt 10.000 Schritten an einem durchschnittlichen Tag zu rechnen. Wie viele Belastungszyklen erreicht dieser Leistungssportler (a) in einem Jahr und (b) in zehn Jahrenn? (Beachten Sie *Aufgabe 6.8*.)

8.29 Die Zeit bis zum Ausfall für eine Quarzglasfaser bei $+50\,°C$ beträgt 10^4 s. Wie groß ist die Zeit bis zum Ausfall bei Raumtemperatur ($25\,°C$)? Nehmen Sie die gleiche Aktivierungsenergie wie in Beispiel 8.5 an.

8.30 Berechnen Sie die Zeit bis zum Ausfall für die Quarzglasfaser aus Aufgabe 8.29 bei $200\,°C$, um das Wesen der schnellen Reaktion von Wasser mit Silikatgläsern oberhalb von $150\,°C$ zu verdeutlichen.

D 8.31 Ein kleiner Druckbehälter wird aus einem Azetal-Polymer hergestellt. Die Spannung in der Behälterwand beträgt

$$\sigma = \frac{pr}{2t},$$

wobei p der Innendruck, r der Außenradius der Kugel und t die Wanddicke ist. Die Abmessungen des fraglichen Behälters betragen $r = 30$ mm und $t = 2$ mm. Wie hoch ist der maximal zulässige Innendruck für diese Konstruktion, wenn der Einsatz bei Raumtemperatur erfolgt und die Wand nur auf Zug beansprucht wird (aufgrund der internen Druckreaktionen, die nicht öfter als 10^6-mal auftreten)? (Relevante Daten finden Sie in Abbildung 8.21.)

D 8.32 Berechnen Sie den maximal zulässigen Innendruck für die Konstruktion nach Aufgabe 8.31, wenn alle Bedingungen gleich sind, aber sicher ist, dass nicht mehr als 10.000 Druckreaktionen ablaufen.

Aufgaben

■ **Zerstörungsfreie Prüfung**

8.33 Nehmen Sie an, dass der Film bei einer Röntgenstrahlprüfung von Stahl eine Variation der Strahlungsintensität entsprechend $\Delta I/I_0 = 0{,}001$ erkennen kann. Welche Dickenänderung lässt sich mit diesem System bei der Untersuchung einer Stahlplatte von 12,5 mm Dicke und einem Strahl von 100 keV erkennen?

8.34 Als Faustregel für Röntgenstrahluntersuchungen gilt, dass der Testkörper fünf- bis achtmal die halbe Dicke ($t_{1/2}$) des Werkstoffs haben sollte, wobei $t_{1/2}$ als Dickenwert definiert ist, der einem I/I_0-Wert von 0,5 entspricht. Berechnen Sie den geeigneten Dickenbereich des Prüfkörpers für Titan, das mit einem Strahl von 100 keV untersucht wird.

8.35 Berechnen Sie mit den Angaben aus Aufgabe 8.34 den geeigneten Dickenbereich des Prüfkörpers für Wolfram, das mit einem Strahl von 100 keV untersucht wird.

8.36 Berechnen Sie mit den Angaben aus Aufgabe 8.34 den geeigneten Dickenbereich des Prüfkörpers für Eisen, das mit einem Strahl von (a) 100 keV und (b) 1 MeV untersucht wird.

8.37 Nehmen Sie an, dass die Geometrie der Pulsecho-Ultraschallprüfung nach Abbildung 8.23 eine Aluminiumprobe wie folgt darstellt: Abstand vom Wandler zur Probenvorderseite = 25 mm, Fehlstellentiefe = 10 mm und Gesamtdicke der Probe = 20 mm. Berechnen Sie mit den Daten aus Aufgabe 8.7 und Übung 8.7 die Zeitverschiebung zwischen dem Anfangsimpuls und dem Echo von (a) der Probenvorderseite, (b) der Fehlstelle und (c) der Probenrückseite.

8.38 Berechnen Sie für die Testkonfiguration aus Aufgabe 8.37 die relativen Intensitäten der Echos von (a) der Probenvorderseite, (b) der Fehlstelle und (c) der Probenrückseite. (Nehmen Sie $I_{Anfang} = 100\%$, Fehlstellenfläche = 1/3 der Strahlfläche und eine mit Luft gefüllte Fehlstelle $Z_{Luft} = 0$ an.)

8.39 Berechnen Sie für eine Röntgenstrahluntersuchung der Platte in Aufgabe 8.37 mit einem Strahl von 100 keV die prozentuale Änderung I/I_0 zwischen den fehlerhaften und den fehlerfreien Bereichen unter der Annahme, dass die Wirkung der Fehlstelle die effektive Dicke der Platte um 10 μm verringert.

8.40 Kommentieren Sie mit dem Ergebnis von Aufgabe 8.39 den relativen Vorteil der Ultraschallprüfung für die Untersuchung der Fehlstelle in dieser Probe.

Phasendiagramme – Mikrostrukturentwicklung im Gleichgewicht

9.1 Die Phasenregel 379
9.2 Das Phasendiagramm 383
9.3 Das Hebelgesetz 405
9.4 Gefügeausbildung bei langsamer Abkühlung 410

ÜBERBLICK

9

9 PHASENDIAGRAMME – MIKROSTRUKTURENTWICKLUNG IM GLEICHGEWICHT

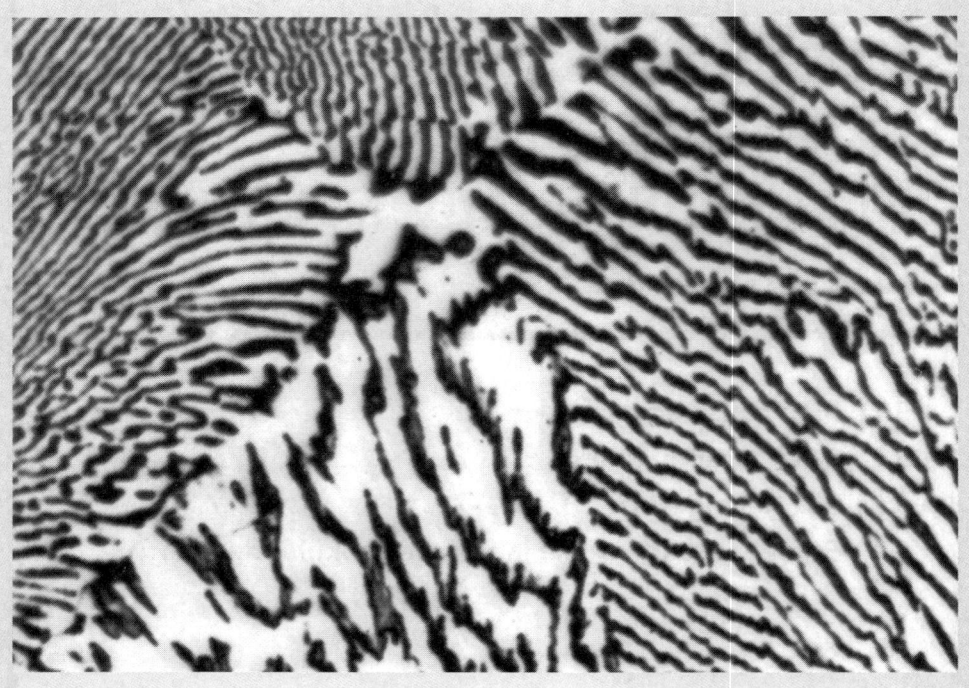

❛❛ Die Mikrostruktur eines langsam abgekühlten „eutektischen" Weichlots ($\approx$ 38 Gewichtsprozent Pb, 62 Gewichtsprozent Sn) besteht aus einer lamellenartigen Anordnung aus zinnreichen (weiß) und bleireichen (dunkel) Mischkristallen; Vergrößerung 375fach. ❜❜

Wie dieses Buch bereits von Anfang an gezeigt hat, lautet ein fundamentales Konzept der Werkstoffwissenschaft, dass die Eigenschaften von Werkstoffen aus ihren atomaren und mikroskopischen Strukturen folgen. Die *Kapitel 5* und *6* haben die Abhängigkeit der Transporteigenschaften und mechanischen Eigenschaften von der Struktur auf der atomaren Ebene gezeigt. Um das Wesen vieler von der Mikrostruktur abhängigen Eigenschaften technischer Werkstoffe umfassend verstehen zu können, ist die Art und Weise zu untersuchen, in der sich die Mikrostruktur entwickelt. Ein wichtiges Instrument bei dieser Untersuchung ist das *Phasendiagramm*, das in Form einer Karte dabei hilft, die generelle Frage zu beantworten: „Welche Mikrostruktur existiert bei einer gegebenen Temperatur für eine gegebene Werkstoffzusammensetzung?" Die konkrete Antwort auf diese Frage beruht zum Teil auf der Gleichgewichtsnatur des Werkstoffs. Eng damit verwandt ist das nächste Kapitel, das sich mit der Wärmebehandlung von Werkstoffen beschäftigt. *Kapitel 10* wendet sich den Fragen Wie schnell bildet sich die Mikrostruktur bei einer gegebenen Temperatur heraus? und Welcher Verlauf von Temperatur über Zeit resultiert in einer optimalen Mikrostruktur? zu.

Die Behandlung der Mikrostrukturentwicklung über Phasendiagramme beginnt mit der *Phasenregel*. Sie gibt die Anzahl der mikroskopischen Phasen an, die mit einer bestimmten *Zustandsbedingung* verbunden sind, d.h. mit einer Menge von Werten für Temperatur, Druck und andere Variablen, die die Natur des Werkstoffs beschreiben. Als Nächstes beschäftigt sich dieses Kapitel mit verschiedenen charakteristischen Phasendiagrammen für typische Werkstoffsysteme. Mit dem *Hebelgesetz* lässt sich die Interpretation dieser Phasendiagramme quantifizieren. Insbesondere sollen Zusammensetzung und Umfang jeder vorhandenen Phase herausgearbeitet werden. Damit lassen sich dann typische Fälle der Mikrostrukturentwicklung veranschaulichen. Dieses Kapitel stellt Phasendiagramme für verschiedene kommerziell wichtige technische Werkstoffe vor und geht detailliert auf das Fe-Fe_3C-Diagramm ein, das als Grundlage für einen großen Teil der Eisen- und Stahlindustrie dient.

9.1 Die Phasenregel

Dieses Kapitel quantifiziert das Wesen von Mikrostrukturen. Damit Sie die folgenden Ausführungen verstehen, sind zunächst einige Begriffe zu definieren.

Eine **Phase** ist ein chemisch und strukturell homogener Teil der Mikrostruktur. Eine Einphasenmikrostruktur kann polykristallin sein (siehe z.B. Abbildung 9.1), doch unterscheidet sich jedes Kristall nur in der kristallinen Orientierung und nicht in der chemischen Zusammensetzung. Eine Phase ist zu unterscheiden von einer **Komponente**, die eine selbstständige chemische Substanz ist, aus der die Phase gebildet wird. Z.B. wurde in *Abschnitt 4.1* gezeigt, dass Kupfer und Nickel so wesensähnlich sind, dass sie sich in allen Legierungsverhältnissen vollständig ineinander lösen lassen (siehe z.B. *Abbildung 4.2*). Für ein derartiges Teilsystem gibt es eine einzelne Phase (einen Mischkristall) und zwei Komponenten (Cu und Ni). Bei Werkstoffsystemen aus Verbindungen statt Elementen können die Verbindungen Komponenten sein. Beispielsweise bilden MgO und NiO Mischkristalle in ähnlicher Weise wie Cu und Ni (siehe *Abbildung 4.5*). Die beiden Komponenten sind in diesem Fall MgO und NiO. Wie in *Abschnitt 4.1* herausgearbeitet wurde, ist die feste Löslichkeit für viele Werkstoffsysteme beschränkt. Bei bestimmten Zusammensetzungen bilden sich zwei Phasen, die in den verschiedenen Komponenten jeweils reicher sind. Ein klassisches Beispiel ist die in Abbildung 9.2 gezeigte Perlit-Struktur, die aus abwechselnden Schichten von Ferrit und Zementit besteht. Ferrit ist ein Mischkristall aus α-Fe mit einem kleinen Anteil von gelöstem Kohlenstoff, während die Zementit-Schicht aus nahezu reinem Fe_3C besteht. Die Komponenten sind dementsprechend Fe-Mischkristall und Fe_3C.

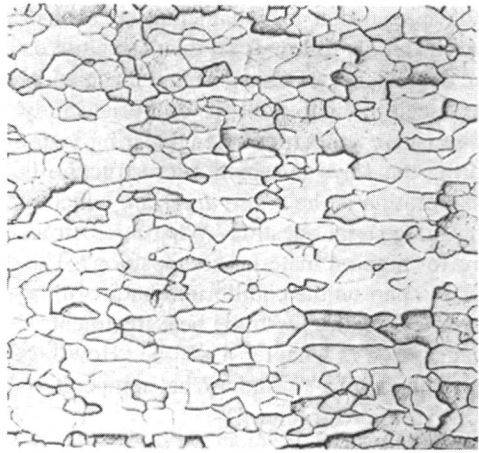

Abbildung 9.1: Einphasenmikrostruktur von kommerziell verfügbaren, reinem Molybdän bei 200facher Vergrößerung. Obwohl es viele Körner in dieser Mikrostruktur gibt, hat jedes Korn die gleiche einheitliche Zusammensetzung.

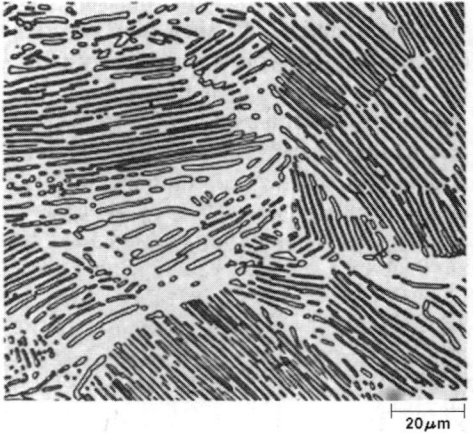

Abbildung 9.2: Zweiphasenmikrostruktur von Perlit in Stahl mit 0,8 Gewichtsprozent C, 500fache Vergrößerung. Dieser Kohlenstoffgehalt ist ein Mittelwert des Kohlenstoffgehalts in jeder der abwechselnden Schichten von Ferrit (mit < 0,02 Gewichtsprozent C) und Zementit (einem Verbundwerkstoff, Fe_3C, der 6,7 Gewichtsprozent C enthält). Die engeren Schichten befinden sich in der Zementit-Phase.

Relativ zu *Phase* und *Komponente* lässt sich ein dritter Begriff definieren. Der **Freiheitsgrad** gibt die Anzahl der unabhängigen Variablen an, die für das System noch frei wählbar sind. Z.B. hat ein reines Metall genau bei seinem Schmelzpunkt keinen Freiheitsgrad. Bei dieser Bedingung oder diesem **Zustand** existiert das Metall in zwei Phasen im Gleichgewicht (d.h. gleichzeitig in festen und flüssigen Phasen). Jede Temperaturerhöhung ändert den Zustand der Mikrostruktur. (Die gesamte feste Phase schmilzt und wird zum Teil der flüssigen Phase.) In ähnlicher Weise führt selbst eine leichte Verringerung der Temperatur dazu, dass der Werkstoff vollständig erstarrt. Über die wichtigen **Zustandsvariablen** Temperatur, Druck und Zusammensetzung kann der Werkstofftechniker steuern, wie die Mikrostruktur gebildet wird.

Die allgemeine Beziehung zwischen Mikrostruktur und diesen Zustandsvariablen ist durch die **Gibbssche Phasenregel** [1] gegeben, die sich – ohne Ableitung – als

$$F = C - P + 2 \qquad (9.1)$$

formulieren lässt, wobei F die Anzahl der Freiheitsgrade, C die Anzahl der Komponenten und P die Anzahl der Phasen bezeichnet[2].

Auf der Companion Website finden Sie zum Thema Thermodynamik eine detaillierte Ableitung zur Gibbsschen Phasenregel.

Die 2 in Gleichung 9.1 resultiert aus der Begrenzung der Zustandsvariablen auf zwei (Temperatur und Druck). Bei der normalen Werkstoffverarbeitung unter Umgebungsbedingungen ist die Druckwirkung meistens gering und man kann den Druck fest als 1 atm annehmen. In diesem Fall lässt sich die Phasenregel mit einem Freiheitsgrad weniger formulieren:

$$F = C - P + 1. \qquad (9.2)$$

Für den Fall des reinen Metalls bei seinem Schmelzpunkt mit $C = 1$ und $P = 2$ (fest und flüssig), erhält man $F = 1 - 2 + 1 = 0$, wie bereits festgestellt. Bei einem Metall mit einer einzigen Verunreinigung (d.h. mit zwei Komponenten) können feste und flüssige Phasen gewöhnlich über einen Temperaturbereich zusammen existieren (d.h. $F = 2 - 1 + 1 = 1$). Der einzige Freiheitsgrad bedeutet einfach, dass sich diese Zweiphasenmikrostruktur aufrechterhalten lässt, während die Temperatur des Werkstoffs variiert wird. Allerdings gibt es nur eine unabhängige Variable ($F = 1$). Indem man die Temperatur variiert, variiert man indirekt die Zusammensetzungen der einzelnen Phasen. Die Zusammensetzung ist damit eine abhängige Variable. Solche aus der Gibbsschen Phasenregel gewonnenen Erkenntnisse sind sehr nützlich, allerdings sind sie ohne das visuelle Hilfsmittel der Phasendiagramme schwer zu verstehen. Deshalb ist es jetzt notwendig, diese fundamental wichtigen Zuordnungen einzuführen.

---

1 Josiah Willard Gibbs (1839–1903), amerikanischer Physiker. Als Professor der mathematischen Physik an der Yale-Universität war Gibbs als ruhiger Einzelgänger bekannt, der einen tief greifenden Beitrag zur modernen Wissenschaft leistete, indem er fast im Alleingang das Gebiet der Thermodynamik entwickelte. Seine Phasenregel war ein Meilenstein dieser Errungenschaft.
2 In der Thermodynamik gehört diese Ableitung zu den elementaren Grundkenntnissen. Die meisten Studenten dieses Fachs belegen folglich für ein oder zwei Jahre eine Einführung in die Thermodynamik. Fürs Erste können Sie die Gibbssche Phasenregel als eine höchst nützliche experimentelle Tatsache hinnehmen.

9 PHASENDIAGRAMME – MIKROSTRUKTURENTWICKLUNG IM GLEICHGEWICHT

Abbildung 9.3 zeigt als erstes Beispiel ein einfaches Phasendiagramm. Das Einkomponenten-Phasendiagramm (siehe Abbildung 9.3a) gibt die für H_2O vorhandenen Phasen als Funktion von Temperatur und Druck wieder. Für den festen Druck von 1 atm erhält man eine einzige senkrechte Temperaturskala (siehe Abbildung 9.3b), die mit den geeigneten Übergangstemperaturen beschriftet ist und die allgemeine Erfahrung widerspiegelt, dass festes H_2O (Eis) bei 0 °C in flüssiges H_2O (Wasser) übergeht und Wasser sich bei 100 °C zu gasförmigem H_2O (Dampf) verwandelt. Abbildung 9.4 zeigt eine ähnliche Darstellung für reines Eisen. Da praktisch relevante technische Werkstoffe normalerweise unrein sind, geht es als Nächstes um Phasendiagramme im allgemeineren Sinn für den Fall von mehr als einer Komponente.

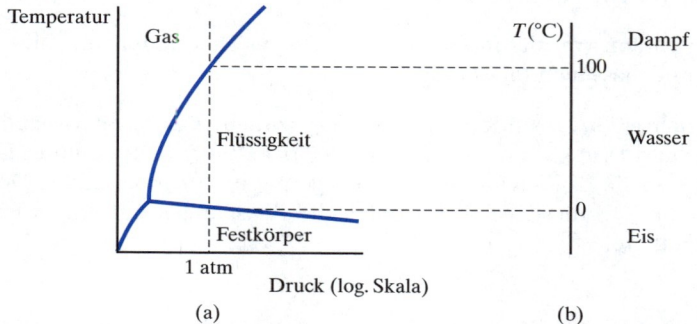

Abbildung 9.3: (a) Schematische Darstellung des Einkomponenten-Phasendiagramms für H_2O. (b) Projiziert man die Daten des Phasendiagramms bei 1 atm, erhält man eine Temperaturskala, die hier mit den bekannten Übergangstemperaturen für H_2O beschriftet ist (Schmelzpunkt bei 0 °C und Siedepunkt bei 100 °C).

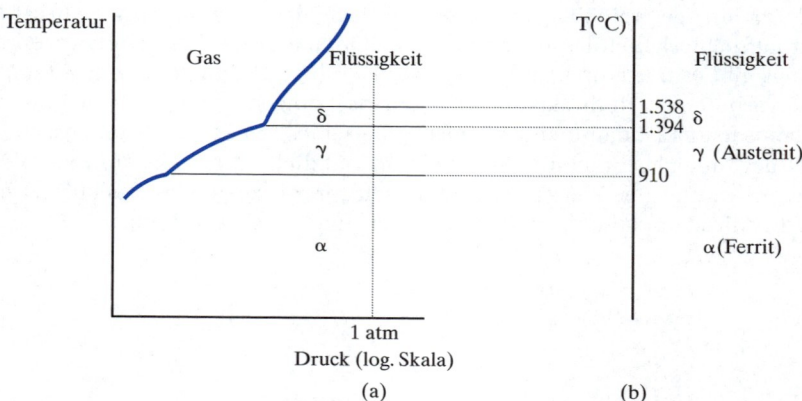

Abbildung 9.4: (a) Schematische Darstellung des Einkomponenten-Phasendiagramms für reines Eisen. (b) Projiziert man die Daten des Phasendiagramms bei 1 atm, erhält man eine Temperaturskala, die hier mit wichtigen Übergangstemperaturen für Eisen beschriftet ist. Diese Projektion wird damit zu einer Seite der wichtigen binären Fe-Basissysteme, wie sie beispielsweise Abbildung 9.19 zeigt.

> **Beispiel 9.1**
>
> Bei 200 °C existiert eine 50:50-Pb-Sn-Lotlegierung in Form von zwei Phasen, einer bleireichen festen und einer zinnreichen flüssigen. Berechnen Sie die Freiheitsgrade für diese Legierung und kommentieren Sie ihre praktische Bedeutung.
>
> **Lösung**
>
> Mit Gleichung 9.2 (d.h. unter Annahme eines konstanten Drucks von 1 atm über der Legierung) erhält man
>
> $$F = C - P + 1.$$
>
> Es gibt zwei Komponenten (Pb und Sn) und zwei Phasen (fest und flüssig), was
>
> $$F = 2 - 2 + 1 = 1$$
>
> liefert.
>
> In praktischer Hinsicht bedeutet dies, dass die Zweiphasenmikrostruktur beim Erwärmen oder Abkühlen erhalten bleibt. Allerdings beeinflusst eine Temperaturänderung die „Freiheit" des Systems und muss von Änderungen in der Zusammensetzung begleitet werden. (Die Art der Zusammensetzungsänderung wird durch das Pb-Sn-Phasendiagramm veranschaulicht, das Abbildung 9.16 zeigt.)

Die Lösungen für alle Übungen finden Sie auf der Companion Website.

> **Übung 9.1**
>
> Berechnen Sie den Freiheitsgrad bei einem konstanten Druck von 1 atm für (a) einen Einphasen-Mischkristall mit Sn, das im Lösungsmittel Pb aufgelöst ist, (b) reines Pb unterhalb seiner Schmelztemperatur und (c) reines Pb bei seiner Schmelztemperatur (siehe Beispiel 9.1).

9.2 Das Phasendiagramm

Ein **Phasendiagramm** ist jede grafische Darstellung der Zustandsvariablen, die mit Mikrostrukturen über die Gibbssche Phasenregel verbunden sind. In der Praxis verwendet man vor allem **binäre Diagramme**, die Zweikomponentensysteme darstellen ($C = 2$ in der Gibbsschen Phasenregel), und **ternäre Diagramme** für Dreikomponentensysteme ($C = 3$). Dieses Buch beschränkt sich auf die binären Diagramme. Denn wichtige binäre Systeme, an denen sich die Leistungsfähigkeit der Phasenregel erkennen lässt, gibt es in Hülle und Fülle und gleichzeitig lassen sich die komplexen Schritte vermeiden, die beim Extrahieren quantitativer Informationen aus ternären Diagrammen notwendig wären.

9 PHASENDIAGRAMME – MIKROSTRUKTURENTWICKLUNG IM GLEICHGEWICHT

Die Companion Website beschreibt ein Experiment zum Phasendiagramm und enthält Daten zu Phasendiagrammen.

Denken Sie bei den folgenden Beispielen daran, dass Phasendiagramme Karten sind. Binäre Diagramme im Speziellen sind Karten der Gleichgewichtsphasen, die mit verschiedenen Kombinationen von Temperatur und Zusammensetzung verbunden sind. Es soll gezeigt werden, wie sich Änderungen in den Zustandsvariablen (Temperatur und Zusammensetzung) in Änderungen der Phasen und der damit verbundenen Mikrostruktur niederschlagen.

9.2.1 Vollständige Löslichkeit im flüssigen und festen Zustand

Wahrscheinlich der einfachste Phasendiagrammtyp ist der für binäre Systeme, in denen die beiden Komponenten eine **vollständige Lösung** ineinander sowohl im **festen** als auch im **flüssigen Zustand** zeigen. Weiter vorn haben Sie bereits Verweise auf derartig komplexes Mischverhalten für Cu und Ni sowie für MgO und NiO kennen gelernt. Abbildung 9.5 zeigt ein typisches Phasendiagramm für ein solches System. Beachten Sie, dass das Diagramm die Temperatur als Variable auf der senkrechten Achse und die Zusammensetzung als Variable auf der waagerechten Achse zeigt. Die Schmelzpunkte der reinen Komponenten A und B sind markiert. Für relativ hohe Temperaturen ist jede Zusammensetzung vollständig geschmolzen und liefert ein flüssiges **Phasenfeld**, den Bereich des Phasendiagramms, der dem Vorhandensein einer Flüssigkeit entspricht und mit L gekennzeichnet ist. Mit anderen Worten sind A und B im flüssigen Zustand vollständig ineinander löslich. Ungewöhnlich bei diesem System ist, dass A und B ebenfalls im festen Zustand vollständig löslich sind. Die Hume-Rothery-Regeln (siehe *Abschnitt 4.1*) geben die Kriterien für dieses Phänomen in Metallsystemen an. In diesem Buch begegnen Sie der vollständigen Mischbarkeit, vor allem im flüssigen Zustand [z.B. im L(Liquid)-Feld von Abbildung 9.5]. Allerdings gibt es einige Systeme, die im flüssigen Zustand nicht mischbar sind. Allgemein bekannt ist dies bei Öl und Wasser, ein Beispiel für technische Werkstoffe ist die Kombination verschiedener flüssiger Silikate.

Bei relativ niedrigen Temperaturen gibt es eine einzelne Mischkristallphase, die mit SS bezeichnet ist. Zwischen den beiden Einzelphasenfeldern befindet sich ein zweiphasiger Bereich mit der Bezeichnung L+SS. Die obere Begrenzung des zweiphasigen Bereichs heißt **Liquiduslinie** (d.h. die Linie, oberhalb der eine einzige flüssige Phase vorhanden ist). Analog ist die **Soliduslinie** die untere Grenzlinie, unterhalb der das System vollständig erstarrt ist. An einem gegebenen **Zustandspunkt** (einem Wertepaar von Temperatur und Zusammensetzung) innerhalb des zweiphasigen Bereichs, existiert eine A-reiche Flüssigkeit im Gleichgewicht mit einem B-reichen Mischkristall. Die durch den Zustandspunkt verlaufende waagerechte Linie (konstante Temperatur) schneidet sowohl die Liquidus- als auch die Soliduslinie. Die Zusammensetzung der flüssigen Phase ergibt sich aus dem Schnittpunkt mit der Liquiduslinie. Analog erhält man die Zusammensetzung der festen Lösung durch den Schnittpunkt mit der Soliduslinie. Diese waagerechte Linie, die die beiden Phasenzusammensetzungen verbindet, bezeichnet man als **Konode**. Diese Konstruktion erweist sich in Abschnitt 9.3 als noch nützlicher, wenn die relativen Größen der beiden Phasen mithilfe des Hebelgesetzes berechnet werden.

9.2 Das Phasendiagramm

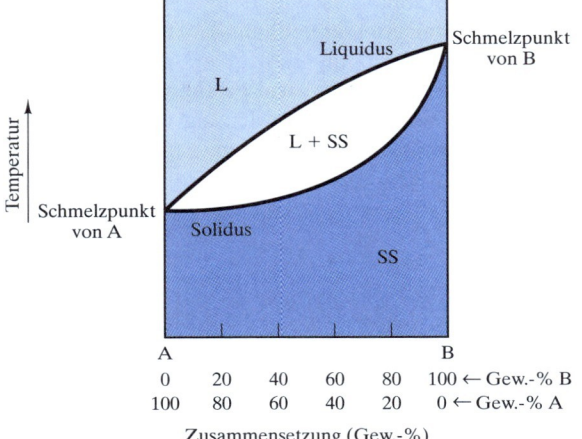

Abbildung 9.5: Binäres Phasendiagramm, das eine vollständige Lösung im festen Zustand zeigt. Das Feld der flüssigen Phase ist mit L gekennzeichnet, das der festen Phase mit SS (Solid Solution). Beachten Sie den mit $L+SS$ bezeichneten Bereich mit zwei Phasen.

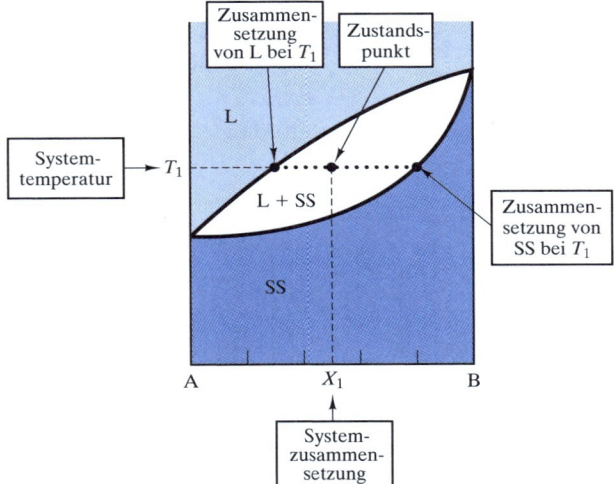

Abbildung 9.6: Die Zusammensetzungen der Phasen in einem zweiphasigen Bereich des Phasendiagramms werden durch eine Konode (die waagerechte Linie, die die Phasenzusammensetzungen bei der Betriebstemperatur verbindet) bestimmt.

Abbildung 9.7 zeigt die Anwendung der Gibbsschen Phasenregel (Gleichung 9.2) auf verschiedene Punkte in diesem Phasendiagramm. Die Diskussion in Abschnitt 9.1 lässt sich nun anhand der graphischen Darstellung verstehen, die durch das Phasendiagramm gegeben ist. Z.B. existiert ein **invarianter Punkt** (an dem $F = 0$ ist) beim Schmelzpunkt der reinen Komponente B. An diesem Grenzfall wird der Werkstoff zu einem Einkomponentensystem und jede Änderung der Temperatur ändert die Mikrostruktur entweder in vollkommen flüssig (beim Erwärmen) oder vollkommen fest (beim Abkühlen). Innerhalb des zweiphasigen Bereichs (L+SS) gibt es einen Freiheitsgrad. Eine Änderung der Temperatur ist möglich, aber wie Abbildung 9.6 zeigt, sind die Phasenzusammensetzungen nicht unabhängig. Stattdessen werden sie durch die Verbindungslinie (Konode) eingerichtet, die für eine bestimmte Temperatur gilt. Im einphasigen Mischkristallbereich gibt es zwei Freiheitsgrade, d.h. sowohl Temperatur als auch Zusammensetzung lassen sich unabhängig voneinander variieren, ohne die grundlegende Natur der Mikrostruktur zu ändern. Abbildung 9.8 zeigt eine Übersicht der Mikrostrukturen, die für die verschiedenen Bereiche dieses Phasendiagramms charakteristisch sind.

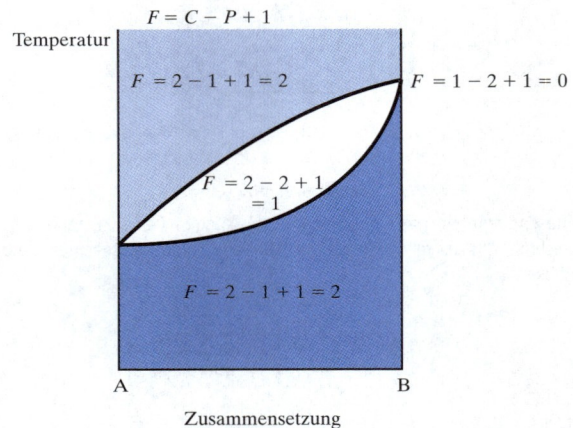

Abbildung 9.7: Anwendung der Gibbsschen Phasenregel (Gleichung 9.2) auf verschiedene Punkte im Phasendiagramm von Abbildung 9.5

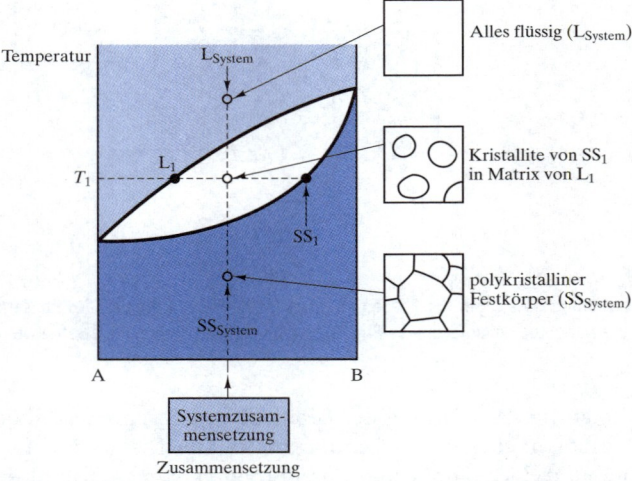

Abbildung 9.8: Verschiedene Mikrostruktureigenschaften der unterschiedlichen Bereiche im Phasendiagramm der vollständigen festen Lösung

9.2 Das Phasendiagramm

In der Werkstofftechnik nutzt man Phasendiagramme vor allem für anorganische Werkstoffe, die in der Metall- und Keramikindustrie von Bedeutung sind. Polymeranwendungen sind meistens Einkomponentensysteme und/oder Nichtgleichgewichtsstrukturen, die nicht für eine Darstellung als Phasendiagramme zugänglich sind. Für die in der Halbleiterindustrie verwendeten hochreinen Phasen kommen Phasendiagramme ebenfalls kaum infrage. Das Cu-Ni-System in Abbildung 9.9 ist das klassische Beispiel eines binären Diagramms mit vollständiger Lösung im festen Zustand. Diesem System entsprechen zahlreiche Kupfer- und Nickellegierungen, einschließlich der als Monel bezeichneten Superlegierung.

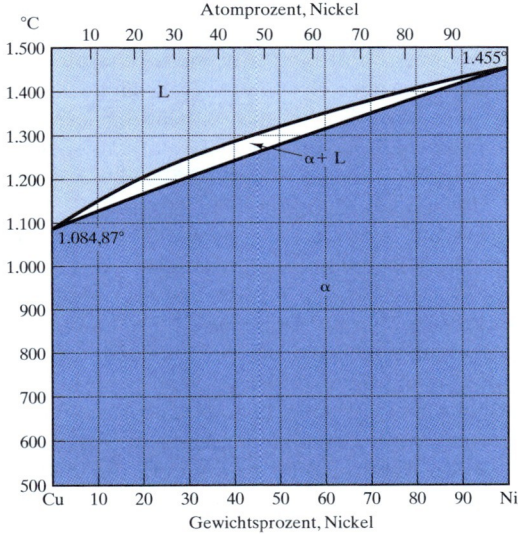

Abbildung 9.9: Cu-Ni-Phasendiagramm

Das NiO-MgO-System (siehe Abbildung 9.10) ist ein keramisches System analog zum Cu-Ni-System, d.h. es zeigt vollständige feste Lösung. Während die Hume-Rothery-Regeln (siehe *Abschnitt 4.1*) für metallische feste Lösungen gelten, ist die Ähnlichkeit von Kationen eine vergleichbare Forderung für Mischkristalle in dieser Oxidstruktur (siehe *Abbildung 4.5*).

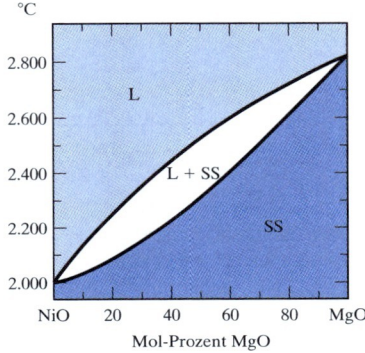

Abbildung 9.10: NiO-MgO-Phasendiagramm

Beachten Sie, dass die Zusammensetzungsachse für das NiO-MgO-Phasendiagramm (und die anderen keramischen Phasendiagramme) in Mol-Prozent statt in Gewichtsprozent ausgedrückt wird. Die Verwendung von Mol-Prozent hat keinen Einfluss auf die Gültigkeit der Hebelgesetzberechnungen, die Abschnitt 9.3 anstellt. Die einzige Wirkung auf die Ergebnisse ist, dass die von derartigen Berechnungen erhaltenen Antworten in Mol-Anteilen statt in Gewichtsanteilen angegeben sind.

9.2.2 Eutektisches Diagramm ohne Löslichkeit im festen Zustand

Es geht nun um ein binäres System, das das Gegenstück zu dem gerade behandelten ist. Manche Komponenten sind so unähnlich, dass man ihre gegenseitige Löslichkeit nahezu vernachlässigen kann. Abbildung 9.11 veranschaulicht das charakteristische Phasendiagramm für ein derartiges System. Verschiedene Merkmale unterscheiden dieses Diagramm von dem Typ, der für die vollständig feste Löslichkeit charakteristisch ist. Zuerst ist festzustellen, dass es bei relativ niedrigen Temperaturen ein zweiphasiges Feld für reine Festkörper A und B gibt, das mit der Beobachtung übereinstimmt, dass sich die beiden Komponenten (A und B) nicht ineinander lösen können. Zweitens ist die Soliduslinie eine waagerechte Linie, die der **eutektischen Temperatur** entspricht. Diese Bezeichnung leitet sich vom griechischen Wort *eutektos* (gut schmelzend) ab. In diesem Fall ist der Stoff mit der **eutektischen Zusammensetzung** bei der eutektischen Temperatur vollständig geschmolzen. Jede andere als die eutektische Zusammensetzung schmilzt bei der eutektischen Temperatur nicht vollständig. Stattdessen muss man einen derartigen Stoff weiter über einen zweiphasigen Bereich bis zur Liquiduslinie erwärmen. Diese Situation ist analog dem zweiphasigen Bereich (L+SS), den Abbildung 9.5 zeigt. Im Unterschied dazu gibt es im binären eutektischen Diagramm von Abbildung 9.11 zwei derartige Zweiphasenbereiche (A+L und B+L).

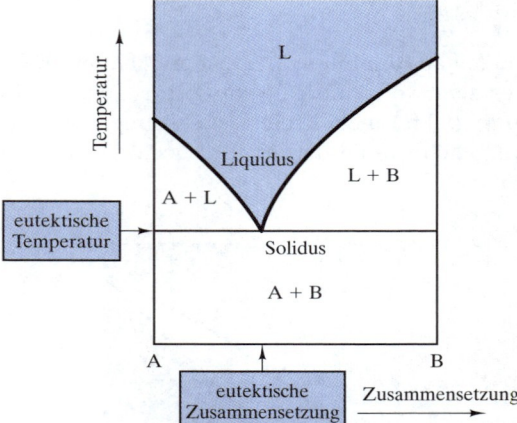

Abbildung 9.11: Binäres eutektisches Phasendiagramm, das keine Lösung im festen Zustand zeigt. Diese allgemeine Erscheinung lässt sich dem entgegengesetzten Fall der vollständigen Lösung im festen Zustand, den Abbildung 9.5 darstellt, gegenüberstellen.

9.2 Das Phasendiagramm

Abbildung 9.12 zeigt einige repräsentative Mikrostrukturen für das binäre **eutektische Diagramm**. Die flüssigen und die flüssig/festen Mikrostrukturen sind vergleichbare Fälle zu denen in Abbildung 9.8. Allerdings besteht ein fundamentaler Unterschied in der Mikrostruktur des komplett erstarrten Systems. Abbildung 9.12 zeigt eine feinkörnige eutektische Mikrostruktur mit abwechselnden Schichten der Komponenten – reines A und reines B. Es ist angebracht, die mikrostrukturellen Gefüge erst dann näher zu diskutieren, wenn Abschnitt 9.3 das Hebelgesetz eingeführt hat. Momentan ist hervorzuheben, dass der ausgeprägte Erstarrungspunkt der eutektischen Zusammensetzung im Allgemeinen zu der feinkörnigen Natur der eutektischen Mikrostruktur führt. Selbst bei langsamem Abkühlen der eutektischen Zusammensetzung über die eutektische Temperatur muss das System relativ schnell vom flüssigen Zustand in den festen Zustand übergehen. Die begrenzte Zeit verhindert eine Diffusion in größerem Umfang (siehe *Abschnitt 5.3*). Die Segregation von A- und B-Atomen (die im flüssigen Zustand zufällig vermischt werden) in separate feste Phasen kann nur in kleinem Umfang erfolgen. Für verschiedene eutektische Systeme treten verschiedene Morphologien auf. Dabei ist es gleichgültig, ob streifenförmige, knotenförmige oder andere Morphologien stabil sind – diese verschiedenen eutektischen Mikrostrukturen sind normalerweise feinkörnig.

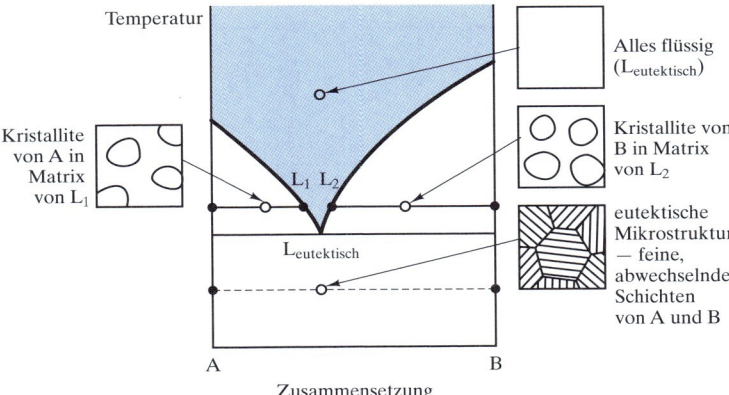

Abbildung 9.12: Verschieden ausgebildete Mikrostrukturen unterschiedlicher Zusammensetzungen in einem eutektischen Phasendiagramm ohne Mischkristallbildung

Das einfache eutektische System Al-Si (Abbildung 9.13) ist ein guter Repräsentant für Abbildung 9.11, auch wenn ein kleiner Anteil fester Löslichkeit existiert. Die aluminiumreiche Seite des Diagramms beschreibt das Verhalten wichtiger Aluminiumlegierungen. Auch wenn es hier nicht um Beispiele der Halbleitertechnik geht, sei erwähnt, dass die siliziumreiche Seite die Grenze der für die p-Leitung verantwortlichen Aluminiumdotierung veranschaulicht (siehe *Abschnitt 17.2*).

9 PHASENDIAGRAMME – MIKROSTRUKTURENTWICKLUNG IM GLEICHGEWICHT

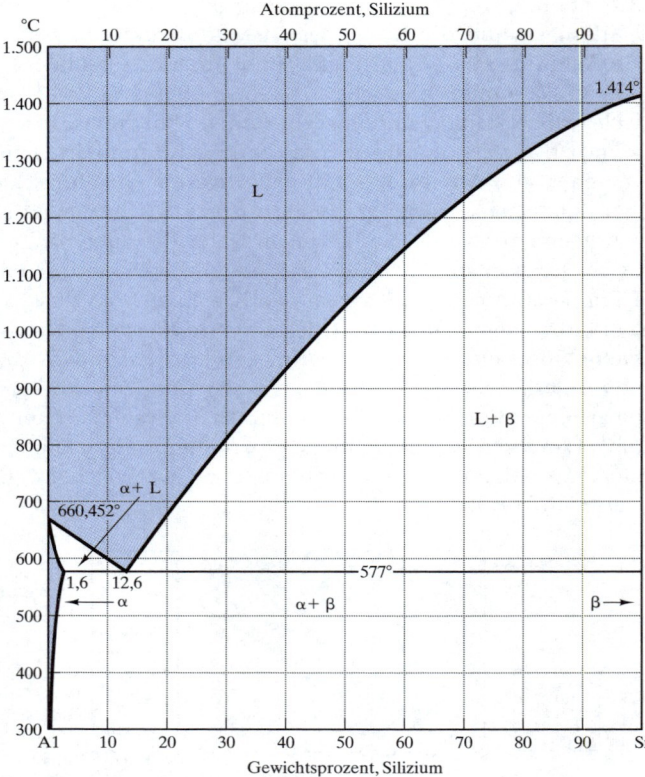

Abbildung 9.13: Al-Si-Phasendiagramm

9.2.3 Eutektisches Diagramm mit begrenzter Löslichkeit im festen Zustand

Bei vielen binären Systemen sind die beiden Komponenten teilweise ineinander löslich. Das Ergebnis ist ein Phasendiagramm, das eine Zwischenstellung zwischen den beiden bisher behandelten Fällen einnimmt. Abbildung 9.14 zeigt ein eutektisches Diagramm mit begrenzter Löslichkeit im festen Zustand. Es entspricht dem in Abbildung 9.11 dargestellten, bis auf die Bereiche begrenzter Löslichkeit in Randnähe. Diese Einzelphasenbereiche sind mit den SS-Bereichen in Abbildung 9.5 vergleichbar, abgesehen von der Tatsache, dass die Komponenten in Abbildung 9.14 nicht in einem einzelnen Mischkristall im mittleren Teil des Zusammensetzungsbereichs existieren. Im Ergebnis sind die beiden Phasen fester Lösung α und β unterscheidbar und sie haben häufig unterschiedliche Kristallstrukturen. In jedem Fall entspricht die Kristallstruktur von α der von A und die Kristallstruktur von β der von B, weil jede Komponente als Lösungsmittel für die andere – die „Verunreinigungskomponente" – fungiert (d.h. α besteht aus B-Atomen in fester Lösung im Kristallgitter von A). Die Zusammensetzungen von α und β in den Zweiphasenbereichen werden genau wie in den Diagrammen von Abbildung 9.6 mit Konoden bestimmt. Abbildung 9.15 zeigt Beispiele zusammen mit repräsentativen Mikrostrukturen.

9.2 Das Phasendiagramm

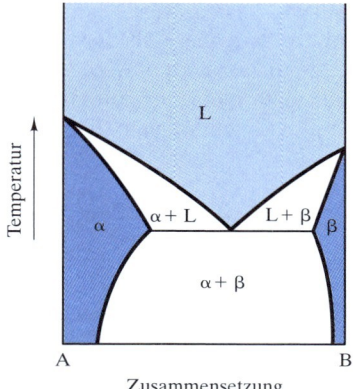

Abbildung 9.14: Binäres eutektisches Phasendiagramm mit begrenzter Löslichkeit im festen Zustand. Der einzige Unterschied zwischen diesem Diagramm und dem in Abbildung 9.11 ist die Anwesenheit der Bereiche mit fester Lösung α und β.

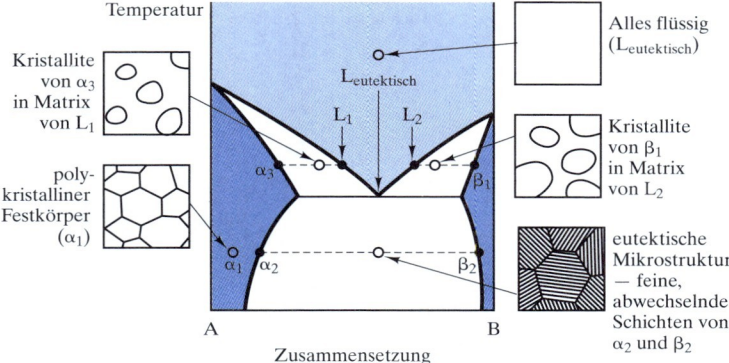

Abbildung 9.15: Verschiedene Mikrostruktureigenschaften von unterschiedlichen Bereichen im binären eutektischen Phasendiagramm mit beschränkter Löslichkeit im festen Zustand. Diese Darstellung ist praktisch gleichwertig zur Darstellung von Abbildung 9.12, außer dass die festen Phasen jetzt Mischkristalle (α und β) statt reine Komponenten (A und B) sind.

Das Pb-Sn-System (siehe Abbildung 9.16) ist ein gutes Beispiel für ein binäres Eutektikum mit beschränkter fester Lösung. In dieses System fallen typische Lotlegierungen. Aufgrund ihrer niedrigen Schmelzbereiche lassen sich die meisten Metalle bequem durch einfache Erwärmungsverfahren verbinden, wobei das Risiko gering bleibt, wärmeempfindliche Bauteile zu beschädigen. Lote mit weniger als 5 Gewichtsprozent Zinn setzt man ein, um Behälter abzudichten sowie Metalle mit einem Überzug zu versehen und zu verbinden. Außerdem eignen sie sich für Anwendungen mit Betriebstemperaturen oberhalb von 120 °C. Lote mit einem Zinnanteil zwischen 10 und 20 Gewichtsprozent setzt man zum Abdichten von Kraftfahrzeugheizungen und zum Verfüllen von Fugen und Beulen in Autokarosserien ein. Der Zinnanteil von universellen Loten liegt gewöhnlich bei 40 bis 50 Gewichtsprozent. Diese Lote zeigen bei der

Anwendung eine charakteristische pastenartige Konsistenz, die auf den zweiphasigen Bereich (flüssig und fest) unmittelbar oberhalb der eutektischen Temperatur zurückzuführen ist. Bekannte Beispiele für ihr breites Anwendungsspektrum reichen von der Klempnerei bis zur Elektronik. Lote nahe der eutektischen Zusammensetzung (ungefähr 60 Gewichtsprozent Zinn) verwendet man für wärmeempfindliche Elektronikbauteile.

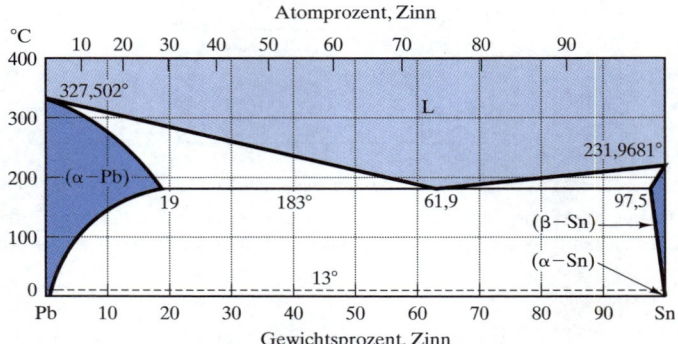

Abbildung 9.16: Pb-Sn-Phasendiagramm

9.2.4 Eutektoides Diagramm

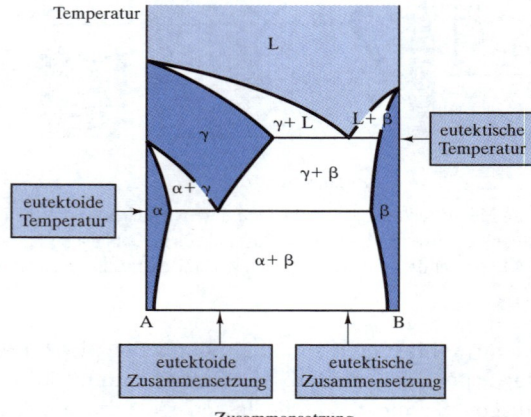

Abbildung 9.17: Dieses eutektoide Phasendiagramm enthält sowohl eine eutektische Reaktion (Gleichung 9.3) als auch ihre Entsprechung im festen Zustand, eine eutektoide Reaktion (Gleichung 9.4).

Die Umwandlung von eutektischer Flüssigkeit in eine relativ feinkörnige Mikrostruktur von zwei festen Phasen beim Abkühlen lässt sich als Spezialfall einer chemischen Reaktion beschreiben. Diese **eutektische Reaktion** kann man als

$$L(\text{eutektisch}) \xrightarrow{\text{Abkühlen}} \alpha + \beta \qquad (9.3)$$

schreiben, wobei die Notation den Phasenbezeichnungen in Abbildung 9.14 entspricht. Manche binären Systeme enthalten einen festen Anteil analog der eutektischen Reaktion. Abbildung 9.17 veranschaulicht einen derartigen Fall. Die *eutektoide Reaktion* ist

$$\gamma(\text{eutektoid}) \xrightarrow{\text{Abkühlen}} \alpha + \beta \,, \tag{9.4}$$

wobei *eutektoid* soviel wie „ähnlich wie eutektisch" bedeutet. Abbildung 9.18 zeigt einige repräsentative Mikrostrukturen im **eutektoiden Diagramm**. Die unterschiedlichen Morphologien der eutektischen und eutektoiden Mikrostrukturen unterstreichen die weiter vorn getroffene Aussage, dass zwar die konkrete Natur dieser diffusionsbeschränkten Strukturen variiert, sie aber im Allgemeinen relativ feinkörnig sind. Eine eutektoide Reaktion spielt eine fundamentale Rolle in der Technologie der Stahlherstellung.

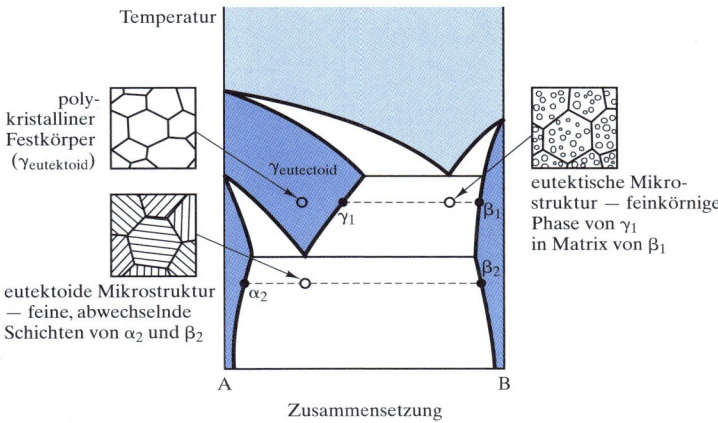

Abbildung 9.18: Repräsentative Mikrostrukturen für das eutektoide Diagramm von Abbildung 9.17

Das Fe-Fe$_3$C-System (Abbildung 9.19) ist das wohl wichtigste industriell relevante Phasendiagramm und schafft die wesentliche wissenschaftliche Basis für die Eisen- und Stahlindustrie. *Kapitel 11* definiert die Unterscheidungsgrenze zwischen Eisen und Stahl bei einem Kohlenstoffgehalt von 2,0 Gewichtsprozent. Dieser Punkt entspricht ungefähr der Kohlenstofflöslichkeitsgrenze in der **Austenit**[1]- (γ-) Phase von Abbildung 9.19. Außerdem ist dieses Diagramm repräsentativ für die Mikrostrukturentwicklung in vielen verwandten Systemen mit drei oder mehr Komponenten (beispielsweise einige Edelstähle, die große Mengen von Chrom enthalten). Obwohl Fe$_3$C

---

1 William Chandler Roberts-Austen (1843–1902), englischer Metallurg. Der junge William Roberts wollte Bergbauingenieur werden, doch seine berufliche Laufbahn führte 1882 zu seiner Ernennung als „Chemiker und Münzprüfer", einer Position, die er bis zu seinem Tod behielt. Seine abwechslungsreichen Untersuchungen der Münzherstellungstechnologie brachten ihm die Berufung als Professor der Metallurgie an der Royal School of Mines ein. Er war sowohl in seinen Regierungs- als auch akademischen Beiträgen erfolgreich. Sein Lehrbuch *Einführung in das Studium der Metallurgie* wurde zwischen 1891 und 1908 in sechs Ausgaben veröffentlicht. Im Jahre 1885 nahm er den zusätzlichen Nachnamen zu Ehren seines Onkels (Nathaniel Austen) an.

und nicht Kohlenstoff eine Komponente dieses Systems ist, wird die Zusammensetzungsachse üblicherweise in Gewichtsprozent Kohlenstoff angegeben. Die wichtigsten Bereiche in diesem Diagramm sind bei den eutektischen und eutektoiden Reaktionen zu finden. Die Reaktion nahe 1.500 °C hat keine praktische Relevanz.

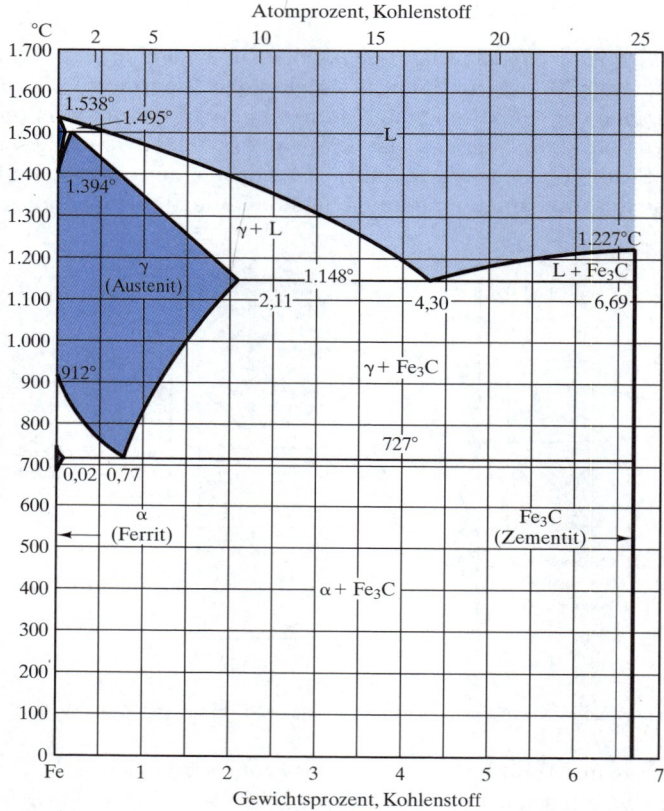

Abbildung 9.19: Fe-Fe$_3$C-Phasendiagramm. Beachten Sie, dass die Zusammensetzungsachse in Gewichtsprozent Kohlenstoff angegeben ist, obwohl Fe$_3$C und nicht Kohlenstoff eine Komponente ist.

Es entbehrt nicht einer gewissen Ironie, dass das Fe-Fe$_3$C-Diagramm kein echtes Gleichgewichtsdiagramm ist. Das Fe-C-System (Abbildung 9.20) stellt das wahre Gleichgewichtsdiagramm dar. Obwohl Graphit (C) eine stabilere Ausscheidung als Fe$_3$C ist, liegt die Geschwindigkeit der Graphitausscheidung deutlich unter der von Fe$_3$C. Im Ergebnis ist die Fe$_3$C-Phase in üblichen Stählen (und vielen Gusseisen) **metastabil**, d.h. für alle praktischen Belange stabil über die Zeit und entspricht der Gibbsschen Phasenregel.

Wie bereits festgestellt, ist das Fe-C-System (Abbildung 9.20) grundsätzlich thermodynamisch stabiler, aber weniger üblich als das Fe-Fe$_3$C-System, aufgrund seiner langsamen *Kinetik* (Gegenstand von *Kapitel 10*). Extrem geringe Abkühlungsgeschwindigkeiten können die im Fe-C-Diagramm angegebenen Ergebnisse liefern. Um die Graphitausscheidung zu fördern, mengt man in der Praxis üblicherweise eine dritte Komponente bei, wie z.B. Silizium. Normalerweise stabilisiert man die Graphitausscheidung mit Siliziumbeimengungen von zwei bis drei Gewichtsprozent. Diese dritte Komponente macht sich in Abbildung 9.20 nicht bemerkbar. Letztlich aber beschreibt die Abbildung die Mikrostrukturausbildung für einige praktische Systeme. Abschnitt 9.4 gibt dafür ein Beispiel an.

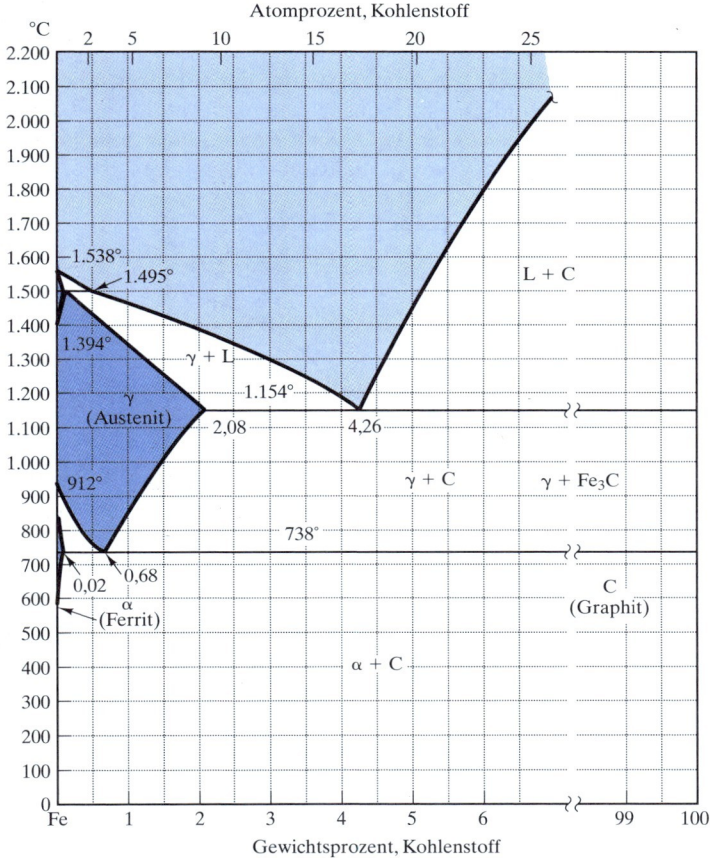

Abbildung 9.20: Fe-C-Phasendiagramm. Die linke Seite dieses Diagramms ist nahezu identisch mit der linken Seite des Fe-Fe$_3$C-Diagramms (Abbildung 9.19). In diesem Fall jedoch existiert die Zwischenverbindung Fe$_3$C nicht.

9.2.5 Peritektisches Diagramm

In allen bis jetzt untersuchten binären Diagrammen besitzen die reinen Komponenten deutlich ausgeprägte Schmelzpunkte. In manchen Systemen aber bilden die Komponenten stabile Verbindungen, die keinen derartigen markanten Schmelzpunkt haben. Im einfachen Beispiel von Abbildung 9.21 bilden A und B die stabile Verbindung AB, die nicht wie die Komponenten A und B bei einer einzelnen Temperatur schmilzt. Zur Vereinfachung wird hier die Möglichkeit einer festen Lösung für die Komponenten und Zwischenkomponenten ignoriert. Die Komponenten sind **kongruent schmelzend**, d.h. die beim Schmelzen gebildete Flüssigkeit hat dieselbe Zusammensetzung wie der

Festkörper, aus dem sie entsteht. Demgegenüber heißt die Verbindung AB (die aus 50 Mol-Prozent A plus 50 Mol-Prozent B besteht) **inkongruent schmelzend**, d.h. die beim Schmelzen gebildete Flüssigkeit hat eine andere Zusammensetzung als AB. Der Begriff *peritektisch* beschreibt dieses inkongruente Schmelzphänomen. Die griechische Vorsilbe *peri* bedeutet „um ... herum". Die **peritektische Reaktion** lässt sich als

$$AB \xrightarrow{\text{Erwärmen}} L + B \qquad (9.5)$$

formulieren, wobei die flüssige Zusammensetzung der flüssigen Phase im **peritektischen Diagramm** von Abbildung 9.21 angegeben ist. Abbildung 9.22 zeigt einige repräsentative Mikrostrukturen. Das Al_2O_3-SiO_2-Phasendiagramm (siehe Abbildung 9.23) ist ein klassisches Beispiel eines peritektischen Diagramms.

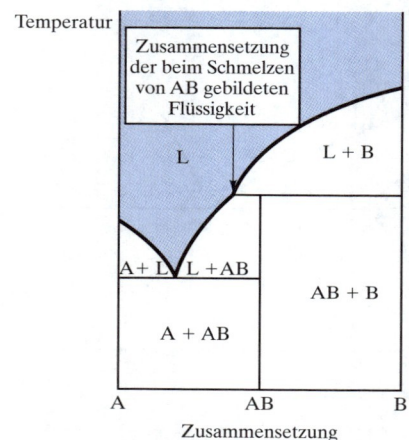

Abbildung 9.21: Peritektisches Phasendiagramm, das eine peritektische Reaktion (Gleichung 9.5) zeigt. Der Einfachheit halber ist kein Mischkristall dargestellt.

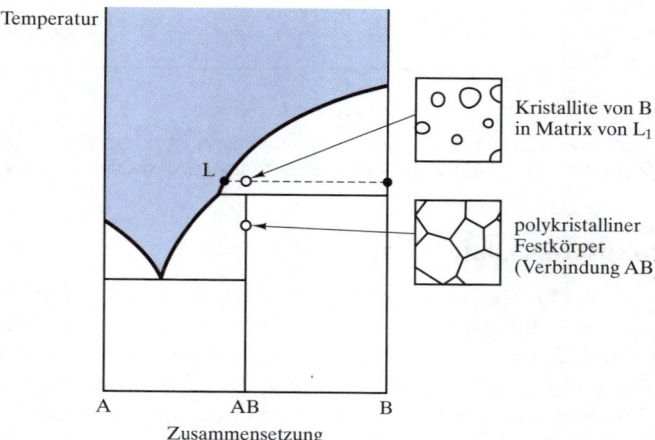

Abbildung 9.22: Repräsentative Mikrostrukturen für das peritektische Diagramm von Abbildung 9.21

9.2 Das Phasendiagramm

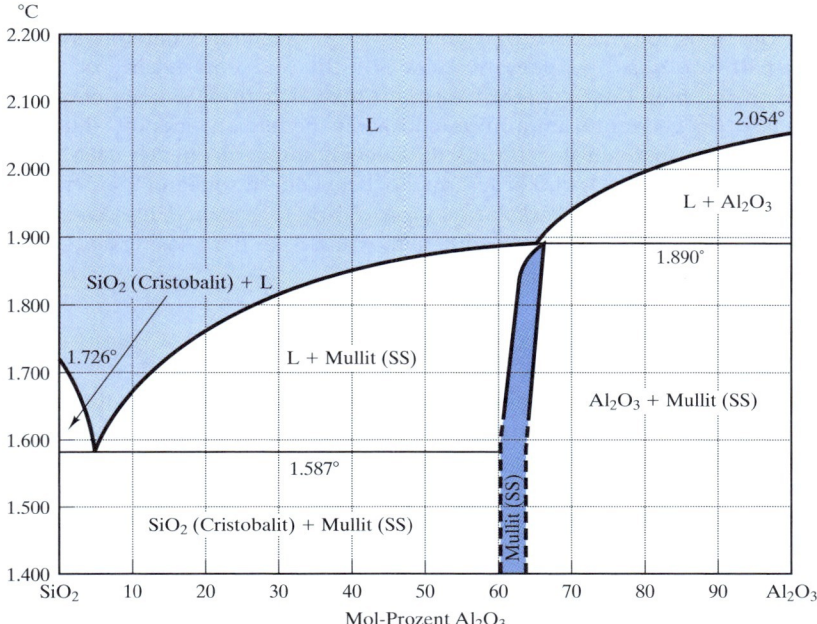

Abbildung 9.23: Al_2O_3-SiO_2-Phasendiagramm. Mullit ist eine Zwischenverbindung mit idealer Stöchiometrie $3Al_2O_3 * 2SiO_2$.

Das binäre Al_2O_3-SiO_2-Diagramm ist für die Keramikindustrie genauso wichtig wie das Fe-Fe_3C-Diagramm für die Stahlindustrie. Verschiedene wichtige Keramiken fallen in dieses System. Feuerfeste Quarzsteine bestehen aus nahezu reinem SiO_2 mit 0,2 bis 1,0 Gewichtsprozent (0,1 bis 0,6 Mol-Prozent) Al_2O_3. Damit Quarzsteine bei Temperaturen oberhalb von 1.600 °C funktionieren können, ist es offensichtlich wichtig, den Al_2O_3-Gehalt so niedrig wie möglich zu halten (durch sorgfältige Auswahl des Rohmaterials), um so den Umfang der flüssigen Phase zu minimieren. Ein kleiner Flüssigkeitsanteil ist tolerierbar. Typische Feuerfestwerkstoffe liegen im Bereich zwischen 25 bis 45 Gewichtsprozent (16 bis 32 Mol-Prozent) Al_2O_3. Ihre Einsetzbarkeit als Bauelemente in Ofenkonstruktionen ist durch die Solidustemperatur (eutektische Temperatur) von 1.587 °C begrenzt. Ihre Refraktäreigenschaften bzw. ihre Temperaturbeständigkeit sind deutlich besser, sofern die inkongruent schmelzende Komponente Mullit ($3Al_2O_3 * 2SiO_2$) vorliegt.

Das Schmelzverhalten von Mullit wird schon über mehrere Jahrzehnte hinweg kontrovers diskutiert. Die in Abbildung 9.23 gezeigte peritektische Reaktion gilt derzeit als allgemein akzeptiert. Die Debatte über solch ein kommerziell wichtiges System zeigt deutlich, dass die Einstellung des Gleichgewichtszustands in Hochtemperaturkeramiksystemen nicht leicht ist. Silikatgläser sind ähnliche Beispiele für diese Frage. Die hier wiedergegebenen Phasendiagramme verkörpern den derzeitigen Wissensstand, doch muss man für verbesserte experimentelle Ergebnisse in der Zukunft offen bleiben.

Bei der Herstellung von Mullit-Feuerfestwerkstoffen ist sorgfältig darauf zu achten, dass die Gesamtzusammensetzung mehr als 72 Gewichtsprozent (60 Mol-Prozent) Al_2O_3 enthält, um den Zweiphasenbereich (Mullit und Flüssigkeit) zu vermeiden. Geht man so vor, bleibt der Feuerfestwerkstoff bis zur peritektischen Temperatur von 1.890 °C fest. So genannte aluminiumoxidreiche Feuerfestwerkstoffe fallen in den Zusammensetzungsbereich von 60 bis 90 Gewichtsprozent (46 bis 84 Mol-Prozent) Al_2O_3. Nahezu reines Al_2O_3 verkörpert die höchste Feuerfestigkeit (Temperaturbeständigkeit) von kommerziellen Werkstoffen im Al_2O_3-SiO_2-System. Diese Werkstoffe verwendet man bei extremen Beanspruchungen, wie z.B. in der Glasherstellung und für Laborschmelztiegel.

9.2.6 Allgemeine binäre Diagramme

Das peritektische Diagramm war das erste Beispiel eines binären Systems mit einer **intermediären Verbindung**, d.h. einer chemischen Verbindung, die zwischen zwei Komponenten in einem binären System gebildet wird. In der Tat tritt die Bildung von Zwischenverbindungen relativ häufig auf. Natürlich sind derartige Verbindungen nicht ausschließlich mit der peritektischen Reaktion verbunden. Abbildung 9.24a zeigt den Fall einer intermediären Verbindung AB, die kongruent schmilzt. Bei diesem System ist zu beachten, dass es äquivalent zu zwei benachbarten binären eutektischen Diagrammen des zuerst in Abbildung 9.11 eingeführten Typs ist. Auch hier wird der Einfachheit halber die Löslichkeit im festen Zustand ignoriert. Damit erhalten Sie eine erste Vorstellung von dem, was man als **allgemeines Diagramm** bezeichnen kann, d.h. eine Verbindung von zwei oder mehr der in diesem Abschnitt behandelten Typen. Diese komplizierteren Systeme lassen sich recht einfach entwirren: Man beschäftigt sich einfach mit dem kleinsten binären System, das mit der Gesamtzusammensetzung verbunden ist, und ignoriert alle anderen. Abbildung 9.24b veranschaulicht diese Vorgehensweise und zeigt, dass sich für eine Gesamtzusammensetzung zwischen AB und B das Diagramm als einfaches binäres Eutektikum von AB und B auffassen lässt. Aus anwendungstechnischer Sicht existiert das A-AB-Binärdiagramm für die Gesamtzusammensetzung nicht in der in Abbildung 9.24b wiedergegebenen Form. Es existieren keine Mikrostrukturen in diesem Zusammensetzungsbereich, bei denen Kristalle von A in einer Flüssigkeitsmatrix auftauchen oder sich Kristalle von A und AB gleichzeitig im Gleichgewicht befinden. Abbildung 9.25 stellt diesen Punkt ausführlich dar. Abbildung 9.25a zeigt ein relativ komplexes allgemeines Diagramm mit vier intermediären Verbindungen (A_2B, AB, AB_2 und AB_4) sowie mehrere Beispiele für die individuellen Binärdiagramme. Für die Gesamtzusammensetzungen, die Abbildung 9.25b zeigt, ist jedoch nur das AB_2-AB_4-Binärdiagramm relevant.

9.2 Das Phasendiagramm

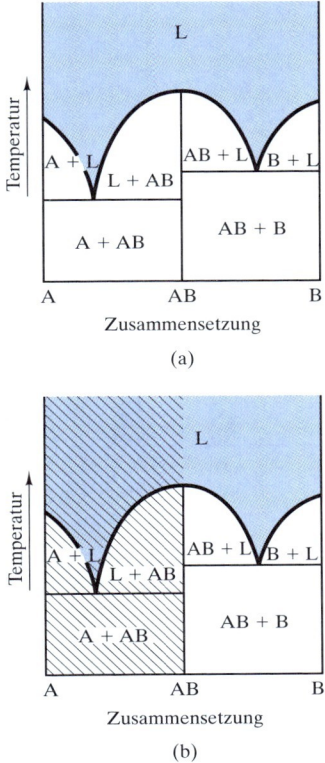

Abbildung 9.24: (a) Binäres Phasendiagramm mit einer kongruent schmelzenden intermediären Verbindung AB. Dieses Diagramm ist äquivalent zu zwei einfachen eutektischen Diagrammen (die A-AB- und AB-B-Systeme). (b) Für die Analyse der Mikrostruktur für eine Gesamtzusammensetzung im AB-B-System muss nur dieses binäre eutektische Diagramm betrachtet werden.

Das MgO-Al_2O_3-System (siehe Abbildung 9.26) ist ähnlich dem, das Abbildung 9.24 zeigt, aber mit eingeschränkter fester Löslichkeit. Abbildung 9.26 schließt auch die wichtige Zwischenverbindung Spinell (MgO * Al_2O_3 oder $MgAl_2O_4$) mit einem ausgedehnten Mischkristallbereich ein. (Eine wässrige Lösung von Al_2O_3 in MgO hat *Abbildung 4.6* gezeigt.) Spinell-Feuerfestwerkstoffe sind in der Industrie weit verbreitet. Die Spinell-Kristallstruktur (siehe *Abbildung 3.15*) ist die Basis einer wichtigen Klasse von magnetischen Werkstoffen (siehe *Abschnitt 18.5*).

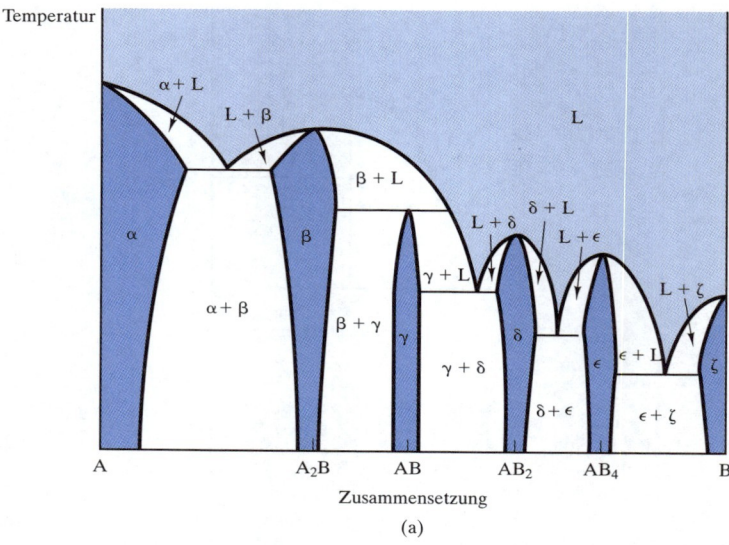

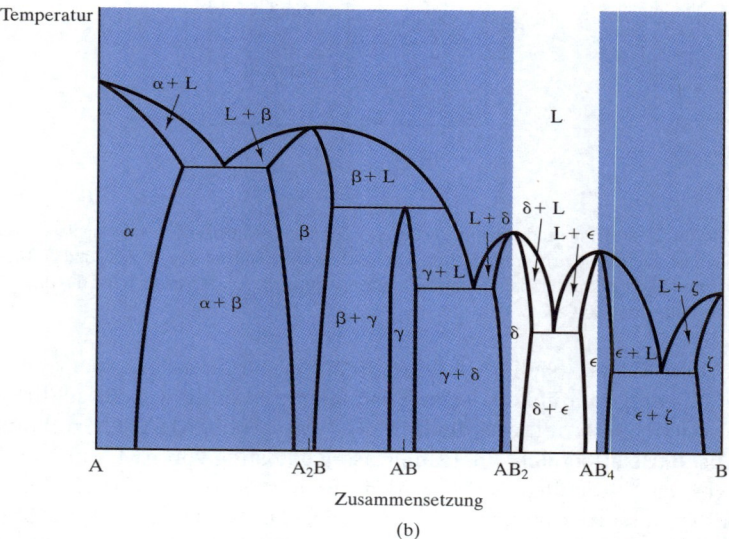

Abbildung 9.25: (a) Ein relativ komplexes binäres Phasendiagramm. (b) Für eine Gesamtzusammensetzung AB_2 und AB_4 ist nur dieses binäre eutektische Diagramm erforderlich, um die Mikrostruktur zu analysieren.

Die Abbildungen 9.27 bis 9.29 sind gute Beispiele für allgemeine Diagramme, die vergleichbar mit dem in Abbildung 9.25 sind. Wichtige aushärtbare Aluminiumlegierungen finden sich nahe der κ-Phasengrenze im Al-Cu-System (siehe Abbildung 9.27). Auf diesen Punkt geht die Erläuterung zu Abbildung 9.37 ein und *Abschnitt 10.4* behandelt die Feinheiten des Ausscheidungshärtens. Das Al-Cu-System ist ein gutes Beispiel für ein komplexes Diagramm, das sich als einfaches binäres eutektisches Diagramm im Bereich hoher Aluminium-Konzentrationen analysieren lässt.

9.2 Das Phasendiagramm

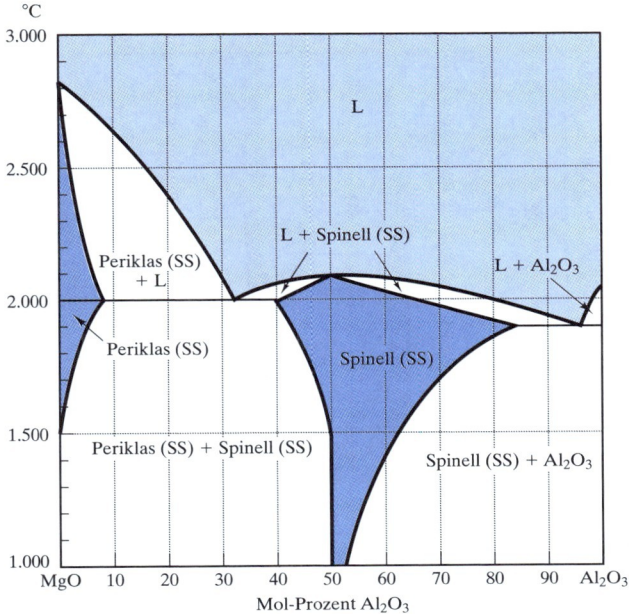

Abbildung 9.26: MgO-Al_2O_3-Phasendiagramm. Spinell ist eine intermediäre Verbindung mit idealer Stöchiometrie MgO * Al_2O_3.

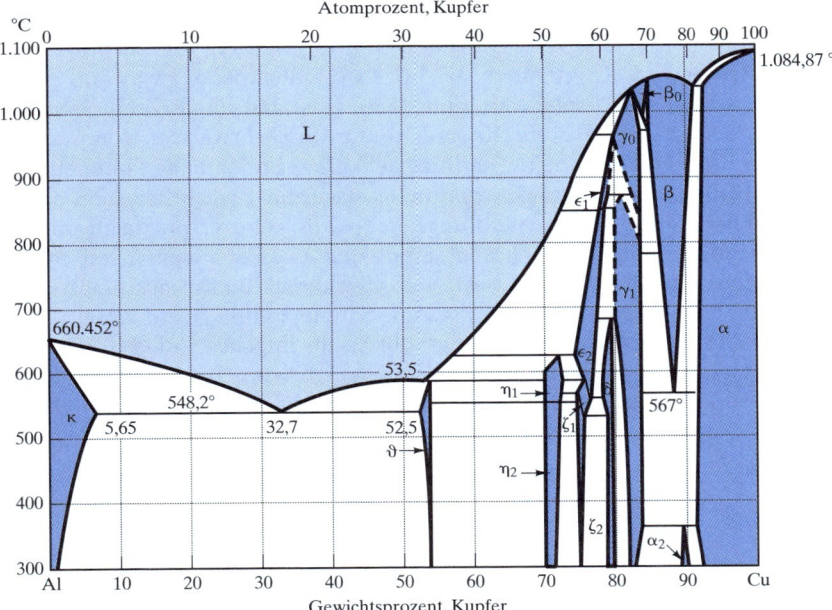

Abbildung 9.27: Al-Cu-Phasendiagramm

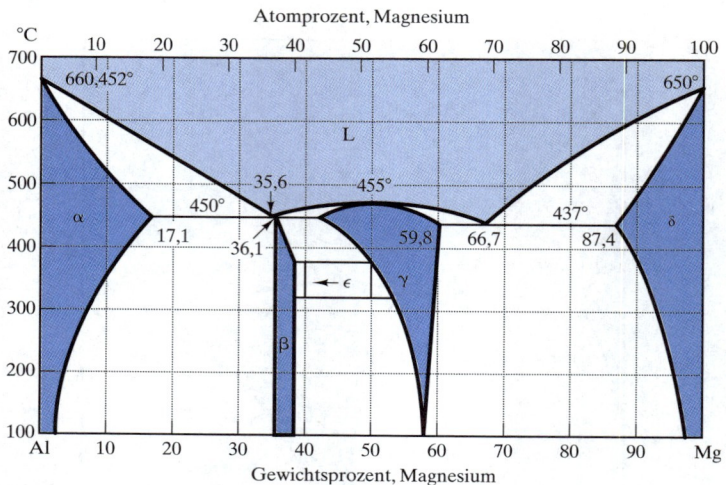

Abbildung 9.28: Al-Mg-Phasendiagramm

Verschiedene Aluminiumlegierungen (mit kleinen Magnesiumbeimengungen) und Magnesiumlegierungen (mit kleinen Aluminiumbeimengungen) lassen sich durch das Al-Mg-System (siehe Abbildung 9.28) beschreiben. Wie das Al-Cu-System ist das Cu-Zn-System in Abbildung 9.29 ein komplexes Diagramm, das für bestimmte praktisch relevante Systeme leicht zu analysieren ist. Z.B. liegen viele kommerzielle Messingzusammensetzungen im Einphasen-α-Bereich.

Das CaO-ZrO_2-Phasendiagramm (siehe Abbildung 9.30) ist ein typisches Beispiel eines keramischen Systems. ZrO_2 ist durch die Verwendung von stabilisierten Beimengungen, wie etwa CaO, zu einem wichtigen Hochtemperaturwerkstoff geworden. Wie das Phasendiagramm (siehe Abbildung 9.30) zeigt, hat reines ZrO_2 einen Phasenübergang bei 1.000 °C, bei dem die Kristallstruktur durch Erwärmen von monoklin zu tetragonal wechselt. Mit dieser Umwandlung geht eine beträchtliche Volumenänderung einher, die für die spröde Keramik strukturell katastrophal ist. Bringt man den reinen Werkstoff zyklisch über die Umwandlungstemperatur, wird er praktisch pulverisiert. Wie das Phasendiagramm aber auch zeigt, produziert eine Beimengung von ungefähr 10 Gewichtsprozent (20 Mol-Prozent) CaO eine Mischkristallphase mit einer kubischen Kristallstruktur von Raumtemperatur bis zum Schmelzpunkt (nahe 2.500 °C). Dieses „stabilisierte Zirkonoxid" ist ein wirkungsvoller, sehr hitzebeständiger Konstruktionswerkstoff. Verschiedene andere Keramikkomponenten wie z.B. Y_2O_3 dienen ebenfalls als stabilisierende Komponenten und ergeben Phasendiagramme mit ZrO_2, die dem in Abbildung 9.30 gezeigten Diagramm entsprechen.

9.2 Das Phasendiagramm

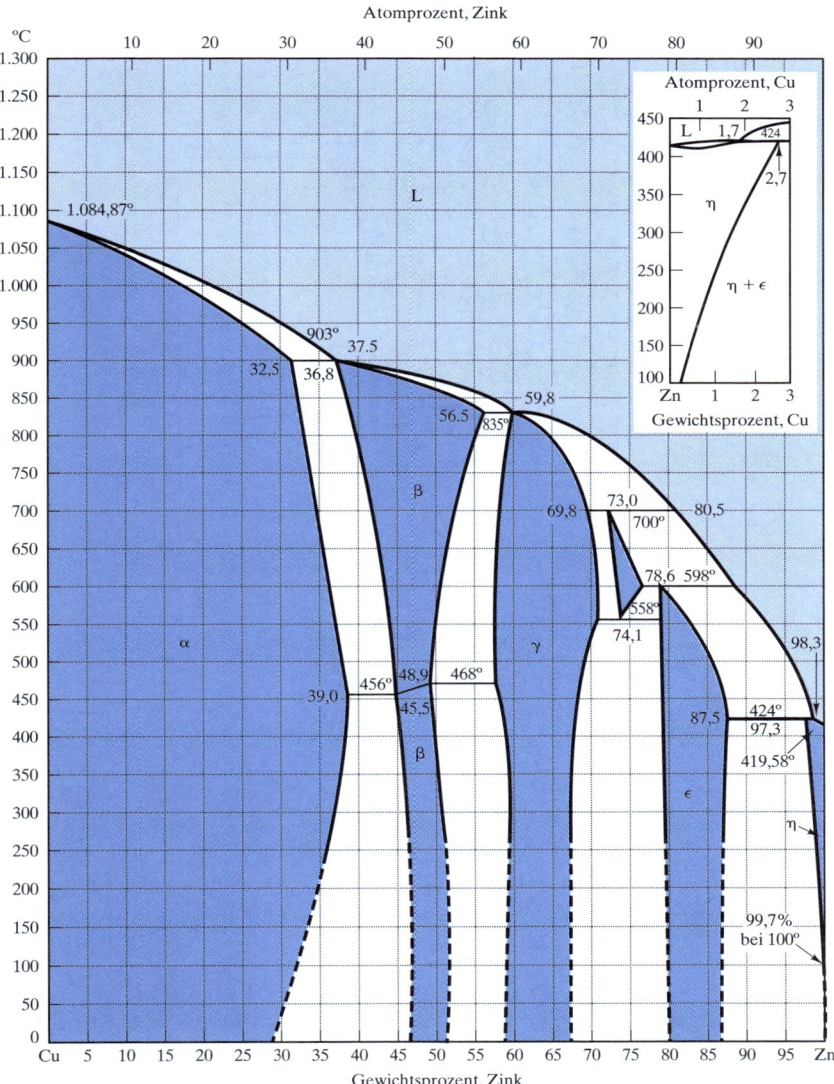

Abbildung 9.29: Cu-Zn-Phasendiagramm

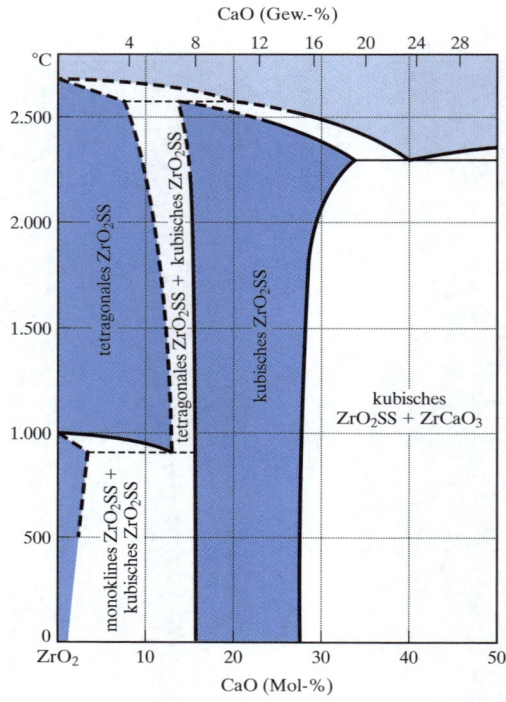

Abbildung 9.30: CaO-ZrO$_2$-Phasendiagramm

Beispiel 9.2

Eine Legierung im A-B-System, das Abbildung 9.25 beschrieben hat, entsteht durch Schmelzen gleicher Teile von A und A$_2$B. Beschreiben Sie qualitativ die Mikrostrukturentwicklung, die bei langsamem Abkühlen dieser Schmelze auftritt.

Lösung

Eine 50:50-Kombination von A und A$_2$B produziert eine Gesamtzusammensetzung in der Mitte zwischen A und A$_2$B. Der Abkühlungspfad wird wie folgt veranschaulicht.
Der erste aus der Flüssigkeit auszuscheidende Festkörper ist der A-reiche Mischkristall α. An der eutektischen Temperatur A-A$_2$B tritt vollständige Verfestigung auf, was zu einer zweiphasigen Mikrostruktur der Mischkristalle α und β führt.

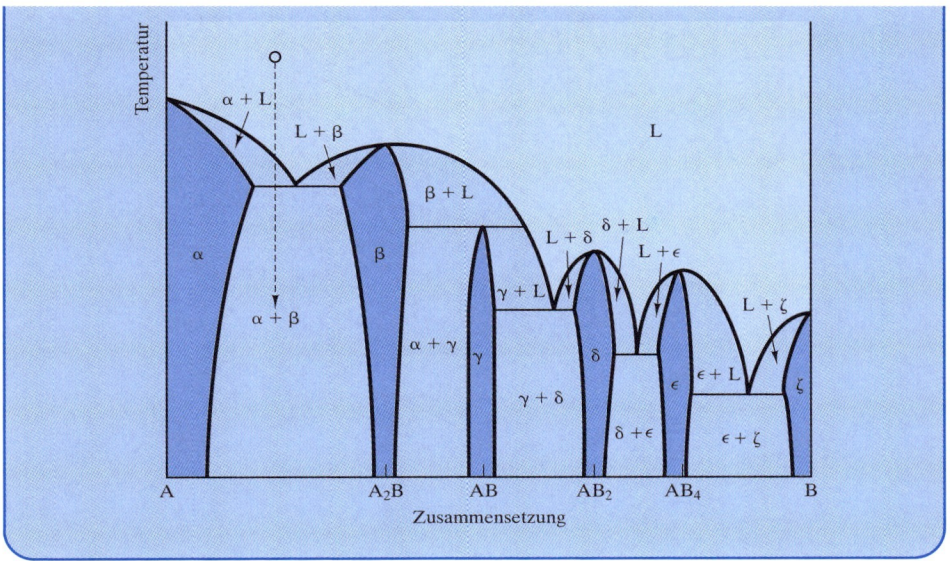

> **Übung 9.2**   Beschreiben Sie qualitativ die Ausbildung der Mikrostruktur, die beim langsamen Abkühlen der Schmelze einer Legierung aus gleichen Teilen von A_2B und AB auftritt.

9.3 Das Hebelgesetz

Abschnitt 9.2 hat einen Überblick über die Verwendung von Phasendiagrammen gegeben, um die im thermodynamischen Gleichgewicht vorhandenen Phasen in einem gegebenen System und ihre korrespondierende Mikrostruktur zu bestimmen. Die Verbindungslinie oder Konode (siehe z.B. Abbildung 9.6) gibt die Zusammensetzung jeder Phase in einem Zweiphasenbereich an. Die Analyse wird nun erweitert, um den Anteil jeder Phase im Zweiphasenbereich zu bestimmen. Zuerst sei angemerkt, dass für Einphasenbereiche die Analyse trivial ist. Per definitionem besteht die Mikrostruktur zu 100% aus der einzelnen Phase. In den Zweiphasenbereichen ist die Analyse nicht trivial, aber dennoch recht einfach.

Die relativen Anteile der beiden Phasen in einer Mikrostruktur lassen sich leicht aus einer **Massenbilanz** berechnen. Sehen Sie sich erneut den Fall des binären Diagramms für vollständige Lösung im festen Zustand an. Das in Abbildung 9.31 gezeigte Diagramm ist äquivalent zu dem in Abbildung 9.6 und zeigt auch hier eine Konode, die die Zusammensetzung der beiden Phasen angibt, die mit einem Zustandspunkt im Bereich L+SS verbunden sind. Außerdem sind die Zusammensetzungen jeder Phase und des Gesamtsystems angegeben. Eine Gesamtmassenbilanz verlangt, dass die Summe der beiden Phasen gleich dem Gesamtsystem ist. Nimmt man eine Gesamtmasse von 100 g an, erhält man den Ausdruck

$$m_L + m_{SS} = 100 \text{ g}. \qquad (9.6)$$

9   PHASENDIAGRAMME – MIKROSTRUKTURENTWICKLUNG IM GLEICHGEWICHT

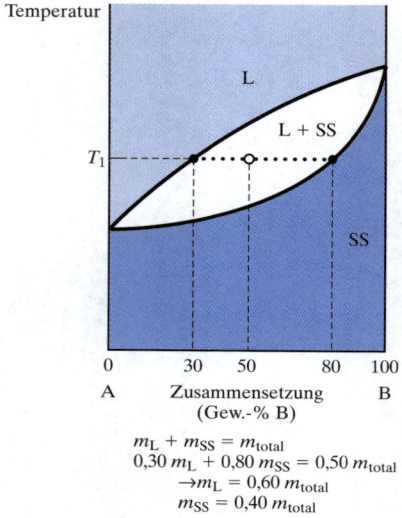

$$m_L + m_{SS} = m_{total}$$
$$0{,}30\, m_L + 0{,}80\, m_{SS} = 0{,}50\, m_{total}$$
$$\to m_L = 0{,}60\, m_{total}$$
$$m_{SS} = 0{,}40\, m_{total}$$

Abbildung 9.31: Eine quantitative Auswertung der in Abbildung 9.6 eingeführten Konode erlaubt es, den Anteil jeder Phase (L und SS) mithilfe einer Massenbilanz (Gleichungen 9.6 und 9.7) zu berechnen.

Für jede der beiden Komponenten lässt sich auch eine unabhängige Massenbilanz aufstellen. Z.B. muss der Anteil von B in der flüssigen Phase plus dem Mischkristallanteil gleich dem Gesamtanteil von B in der Gesamtzusammensetzung sein. Entnimmt man Abbildung 9.6, dass (für die Temperatur T_1) L 30% B, SS 80% B und das Gesamtsystem 50% B enthält, kann man schreiben

$$0{,}30\, m_L + 0{,}80\, m_{SS} = 0{,}50\,(100\text{ g}) = 50\text{ g}. \qquad (9.7)$$

Die Gleichungen 9.6 und 9.7 enthalten zwei Unbekannte, sodass sich die Anteile jeder Phase mit

$$m_L = 60\text{ g}$$

und

$$m_{SS} = 40\text{ g}$$

berechnen lassen. Auch wenn diese Werkstoffbilanzberechnung recht brauchbar ist, kann man eine noch rationellere Version aufstellen. Um diese Berechnung zu erhalten, kann man die Massenbilanz in allgemeinen Ausdrücken berechnen. Für zwei Phasen α und β lautet die allgemeine Massenbilanz

$$x_\alpha m_\alpha + x_\beta m_\beta = x\left(m_\alpha + m_\beta\right), \qquad (9.8)$$

wobei x_α und x_β die Zusammensetzungen der beiden Phasen und x die Gesamtzusammensetzung sind. Dieser Ausdruck lässt sich umstellen, um den relativen Anteil jeder Phase in Form von Zusammensetzungen zu erhalten:

$$\frac{m_\alpha}{m_\alpha + m_\beta} = \frac{x_\beta - x}{x_\beta - x_\alpha} \qquad (9.9)$$

und

$$\frac{m_\beta}{m_\alpha + m_\beta} = \frac{x - x_\alpha}{x_\beta - x_\alpha}. \tag{9.10}$$

Die Gleichungen 9.9 und 9.10 bilden zusammen das **Hebelgesetz**. Abbildung 9.32 veranschaulicht diese mechanische Analogie zur Massenbilanzberechnung. Von großem Vorteil ist, dass es sich so einfach in Form des Phasendiagramms visualisieren lässt. Die Gesamtzusammensetzung entspricht dem Drehpunkt eines Hebels mit der Länge, die der Konode entspricht. Die Masse jeder Phase wird vom Ende des Hebels unterstützt, der seiner Zusammensetzung entspricht. Der relative Anteil der Phase α ist direkt proportional der Länge des „gegenüberliegenden Hebelarms" (= $x_\beta - x$). Diese Beziehung erlaubt es, die relativen Anteile der Phasen durch eine einfache visuelle Inspektion zu bestimmen. Nachdem Sie nun auch über dieses quantitative Tool verfügen, können Sie sich jetzt der schrittweisen Analyse des mikrostrukturellen Aufbaus zuwenden.

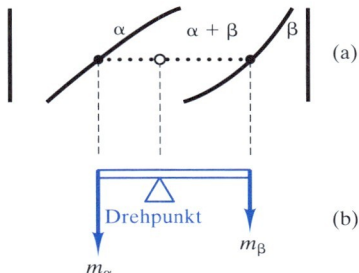

Abbildung 9.32: Das Hebelgesetz ist eine mechanische Analogie zur Massenbilanzberechnung. Die Konode im zweiphasigen Bereich (a) ist analog zu einem im Gleichgewicht befindlichen Hebel auf einem Drehpunkt (b).

Beispiel 9.3

Die Temperatur von 1 kg der in Abbildung 9.31 gezeigten Legierung wird langsam gesenkt, bis die Zusammensetzung der flüssigen Lösung 18 Gewichtsprozent B und der festen Lösung 66 Gewichtsprozent B beträgt. Berechnen Sie den Anteil jeder Phase.

Lösung

Mit den Gleichungen 9.9 und 9.10 erhält man

$$m_L = \frac{x_{SS} - x}{x_{SS} - x_L}(1\,\text{kg}) = \frac{66-50}{66-18}(1\,\text{kg}) = 0{,}333\,\text{kg} = 333\,\text{g}$$

und

$$m_{SS} = \frac{x - x_L}{x_{SS} - x_L}(1\,\text{kg}) = \frac{50-18}{66-18}(1\,\text{kg}) = 0{,}667\,\text{kg} = 667\,\text{g}.$$

Hinweis: Der Wert für m_{SS} lässt sich über die Beziehung $m_{ss} = 1.000\,\text{g} - m_L = (1.000 - 333)\,\text{g} = 667\,\text{g}$ auch schneller berechnen. Zu Übungszwecken und als Kontrollrechnung verwenden aber die Beispiele in diesem Kapitel weiterhin die Gleichungen 9.9 und 9.10.

Beispiel 9.4

Berechnen Sie den Anteil jeder vorhandenen Phase (α und Fe_3C) für 1 kg eutektischen Stahl bei Raumtemperatur.

Lösung

Mit den Gleichungen 9.9 und 9.10 sowie Abbildung 9.19 berechnet man

$$m_\alpha = \frac{x_{Fe_3C} - x}{x_{Fe_3C} - x_\alpha}(1\ kg) = \frac{6{,}69 - 0{,}77}{6{,}69 - 0}(1\ kg) = 0{,}885\ kg = 885\ g$$

und

$$m_{Fe_3C} = \frac{x - x_\alpha}{x_{Fe_3C} - x_\alpha}(1\ kg) = \frac{0{,}77 - 0}{6{,}69 - 0}(1\ kg) = 0{,}115\ kg = 115\ g.$$

Beispiel 9.5

Ein teilstabilisiertes Zirkonoxid besteht aus 4 Gewichtsprozent CaO. Dieses Produkt enthält eine bestimmte monokline Phase zusammen mit der kubischen Phase, die die Basis des voll stabilisierten Zirkonoxids bildet. Schätzen Sie den Anteil jeder Phase (in Mol-Prozent) bei Raumtemperatur ab.

Lösung

Berücksichtigt man, dass 4 Gewichtsprozent CaO = 8 Mol-Prozent CaO entsprechen, und nimmt man an, dass die Löslichkeit wie in Abbildung 9.30 eingeschränkt ist und sich unterhalb von 500 °C nicht wesentlich ändert, kann man die Gleichungen 9.9 und 9.10 verwenden:

$$\text{Mol.\% monoklin} = \frac{x_{kubisch} - x}{x_{kubisch} - x_{mono}} \times 100\% = \frac{15 - 8}{15 - 2} \times 100\% = 53{,}8\ \text{Mol.\%}$$

und

$$\text{Mol.\% kubisch} = \frac{x - x_{mono}}{x_{kubisch} - x_{mono}} \times 100\% = \frac{8 - 2}{15 - 2} \times 100\% = 46{,}2\ \text{Mol.\%}.$$

Übung 9.3

Nehmen Sie an, dass die Legierung in Beispiel 9.3 wieder auf eine Temperatur erwärmt wird, bei der die flüssige Zusammensetzung 48 Gewichtsprozent B und die Mischkristallzusammensetzung 90 Gewichtsprozent B enthält. Berechnen Sie den Anteil jeder Phase.

9.3 Das Hebelgesetz

Übung 9.4 Beispiel 9.4 hat den Anteil jeder Phase in einem eutektoiden Stahl bei Raumtemperatur ermittelt. Wiederholen Sie diese Berechnung für einen Stahl mit einer Gesamtzusammensetzung von 1,13 Gewichtsprozent C.

Übung 9.5 Beispiel 9.5 berechnet die Phasenverteilung in einem teilstabilisierten Zirkonoxid. Wiederholen Sie diese Berechnung für ein Zirkonoxid mit 5 Gewichtsprozent CaO.

Die Welt der Werkstoffe

Extrem reine Halbleiter durch Zonenreinigen herstellen

Der Abschnitt *Die Welt der Werkstoffe* in *Kapitel 3* hat einen Eindruck vermittelt, wie Halbleiter mit einem hohen Grad struktureller Perfektion hergestellt werden. *Kapitel 17* zeigt, dass die Festkörperelektronik auch verlangt, dass Halbleiter einen hohen Grad chemischer Reinheit aufweisen. Diese chemische Perfektion geht auf einen speziellen Prozess vor dem Schritt des Kristallwachstums zurück. In der Tat ist dieser Prozess eine kreative Anwendung des Phasendiagramms.

Wie die folgende Abbildung zeigt, lässt sich durch **Zonenreinigen** ein Stab des Werkstoffs (z.B. Silizium) mit einem mittleren Niveau von Verunreinigungen zu einem hochreinen Material aufbereiten. Bei diesem Verfahren produziert eine Induktionsspule eine lokal geschmolzene „Zone". Wird die Spule in Längsrichtung des Stabes verschoben, wandert die geschmolzene Zone mit. Das geschmolzene Material erstarrt, sobald sich die Induktionsspule weiterbewegt.

Das folgende Phasendiagramm veranschaulicht, dass der Verunreinigungsgehalt in der Flüssigkeit deutlich größer als im Festkörper ist. Im Ergebnis „fegt" ein einzelner Durchgang der Heizspule über den Stab die Verunreinigungen zusammen mit der flüssigen Zone an das eine Ende.

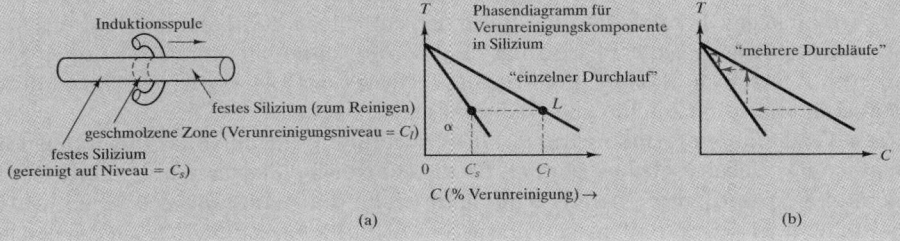

(a) (b)

> *(a) Beim Zonenreinigen führt ein einzelner Durchgang der geschmolzenen „Zone" durch den Stab zur Konzentration der Verunreinigungen in der Flüssigkeit, was sich im Phasendiagramm veranschaulichen lässt. (b) Mehrere Durchläufe der geschmolzenen Zone erhöhen die Reinheit des Festkörpers.*
>
> Mehrere Durchläufe führen zu extremer Reinheit. Schließlich sammeln sich erhebliche Mengen von Verunreinigungen an einem Ende des Stabs an, das einfach abgetrennt und verworfen wird. Für das Volumenmaterial des Stabs lässt sich ein Verunreinigungsniveau in der Größenordnung von ppb (parts per billion, Teilchen je Milliarde) erreichen, was in der Tat auch notwendig ist, um die Entwicklungen der modernen Festkörperelektronik zu ermöglichen.

9.4 Gefügeausbildung bei langsamer Abkühlung

Aufbauend auf den bisherigen Kenntnissen sind Sie nun in der Lage, die **Ausbildung von Mikrostrukturen** in verschiedenen binären Systemen genauer zu untersuchen. Alle Fälle gehen von der häufigen Situation aus, eine gegebene Zusammensetzung von einer Einphasenschmelze abzukühlen. Bei der Verfestigung bildet sich die Mikrostruktur aus. Dieser Abschnitt betrachtet nur den Fall der *langsamen* Abkühlung, d.h. das thermodynamische Gleichgewicht wird an allen Punkten auf dem Abkühlungspfad aufrechterhalten. Die Wirkung von schnelleren Temperaturänderungen ist Gegenstand von *Kapitel 10*, das sich mit zeitabhängigen Mikrostrukturen befasst, die sich während einer Wärmebehandlung ausbilden.

Dieser Abschnitt kehrt nun zum einfachsten der binären Diagramme zurück, dem Fall der vollständigen Löslichkeit sowohl in der flüssigen als auch in der festen Phase. Abbildung 9.33 zeigt die graduelle Verfestigung der Zusammensetzung aus 50% A und 50% B, die bereits weiter vorn behandelt wurde (siehe Abbildungen 9.6, 9.8 und 9.31). Das Hebelgesetz (siehe Abbildung 9.32) wird bei drei unterschiedlichen Temperaturen im zweiphasigen Bereich (L+SS) angewandt. Es ist wichtig zu erkennen, dass die Erscheinung der Mikrostrukturen in Abbildung 9.33 direkt mit der relativen Position der Gesamtsystemzusammensetzung entlang der Konode übereinstimmt. Bei höheren Temperaturen (z.B. T_1) liegt die Gesamtzusammensetzung nahe der Flüssigphasengrenze und die Mikrostruktur ist vorherrschend flüssig. Bei niedrigeren Temperaturen (z.B. T_3) befindet sich die Gesamtzusammensetzung nahe der Grenze zur festen Phase und die Mikrostruktur ist vorherrschend fest. Natürlich ändern sich die Zusammensetzungen der flüssigen und festen Phasen während der Abkühlung durch den zweiphasigen Bereich ständig. Bei einer beliebigen Temperatur allerdings sind die relativen Anteile jeder Phase so groß, dass die Gesamtzusammensetzung 50% A und 50% B ausmacht. Das ist ein direkter Ausdruck des Hebelgesetzes, wie es durch die Massenbilanz in Gleichung 9.8 definiert ist.

Zum Verständnis der mikrostrukturellen Ausbildung im binären Eutektikum trägt vor allem das Hebelgesetz bei. Der Fall für die eutektische Zusammensetzung selbst ist unkompliziert und wurde bereits dargestellt (siehe die Abbildungen 9.12 und 9.15). Abbildung 9.34 wiederholt diese Fälle etwas detaillierter. Zusätzlich sei angemerkt, dass sich die Zusammensetzung jeder Mischkristallphase (α und β) und deren relativen

9.4 Gefügeausbildung bei langsamer Abkühlung

Anteile etwas bei Temperaturen unterhalb der eutektischen Temperatur ändern. Die Auswirkung auf die mikrostrukturelle Ausbildung (entsprechend dieser Zusammensetzungsanpassung infolge der Festkörperdiffusion) ist im Allgemeinen gering.

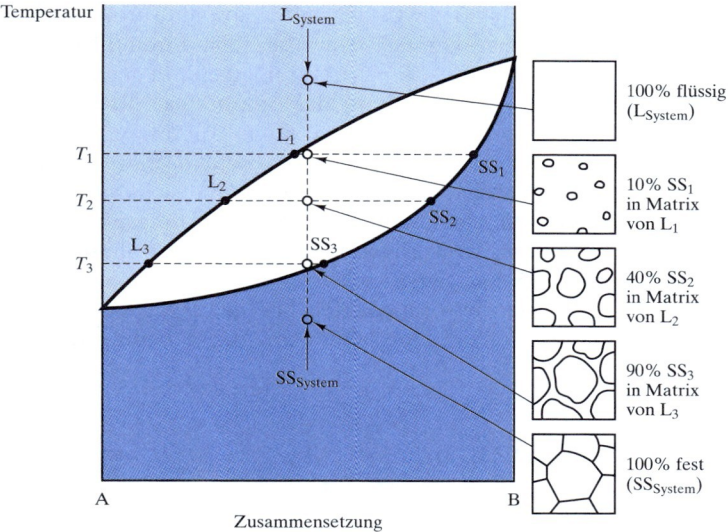

Abbildung 9.33: Gefügeausbildung während des langsamen Abkühlens einer Zusammensetzung aus 50% A und 50% B für den Fall vollständiger Löslichkeit im festen Zustand. Bei jeder Temperatur entsprechen die Anteile der Phasen in der Mikrostruktur dem Hebelgesetz. Die Mikrostruktur bei T_2 entspricht der Berechnung in Abbildung 9.31.

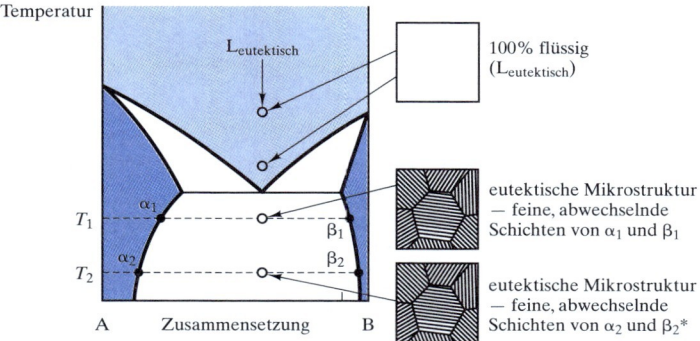

*Diese Struktur und die T1-Mikrostruktur unterscheiden sich nur in den Phasenzusammensetzungen und den relativen Anteilen jeder Phase. Z.B. ist der Anteil von b proportional zu

$$\frac{x_{\text{eutektisch}} - x_\alpha}{x_\beta - x_\alpha}.$$

Abbildung 9.34: Ausbildung der Mikrostruktur während der langsamen Abkühlung einer eutektischen Zusammensetzung

Die Ausbildung der Mikrostruktur für eine nichteutektische Zusammensetzung ist komplizierter. Abbildung 9.35 veranschaulicht dies für eine **übereutektische Zusammensetzung** (Zusammensetzung oberhalb der des Eutektikums). Die allmähliche

Zunahme der β-Kristalle oberhalb der eutektischen Temperatur ist vergleichbar mit dem Vorgang in Abbildung 9.33 für das Diagramm einer vollständigen Löslichkeit im festen Zustand. Der einzige Unterschied ist, dass in Abbildung 9.35 das kristalline Wachstum bei der eutektischen Temperatur stoppt, wobei nur 67% der Mikrostruktur erstarrt sind. Die endgültige Erstarrung findet statt, wenn die verbleibende Flüssigkeit (mit der eutektischen Zusammensetzung) beim Abkühlen durch die eutektische Temperatur plötzlich in die eutektische Mikrostruktur übergeht. In gewissem Sinne unterläuft der 33%ige Anteil der Mikrostruktur, der unmittelbar über der eutektischen Temperatur flüssig ist, die eutektische Reaktion, die in Abbildung 9.34 dargestellt ist. Eine Hebelgesetzberechnung gerade unterhalb der eutektischen Temperatur (T_3 in Abbildung 9.35) zeigt dementsprechend an, dass die Mikrostruktur 17% α_3 und 83% β_3 beträgt. Verfolgt man allerdings den kompletten Abkühlungspfad, zeigt sich, dass die β-Phase in zwei Formen vorliegt. Die großen Körner, die während der langsamen Abkühlung durch den zweiphasigen Bereich (L+β) produziert werden, bezeichnet man allgemein als **voreutektisches** β; d.h. sie erscheinen „vor dem Eutektikum". Das feinere β im streifenförmigen Eutektikum heißt dementsprechend *eutektisches β*.

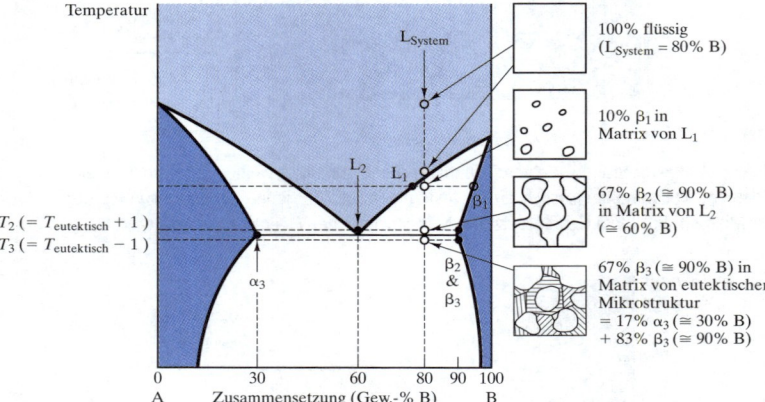

Abbildung 9.35: Gefügeausbildung während der langsamen Abkühlung einer übereutektischen Zusammensetzung

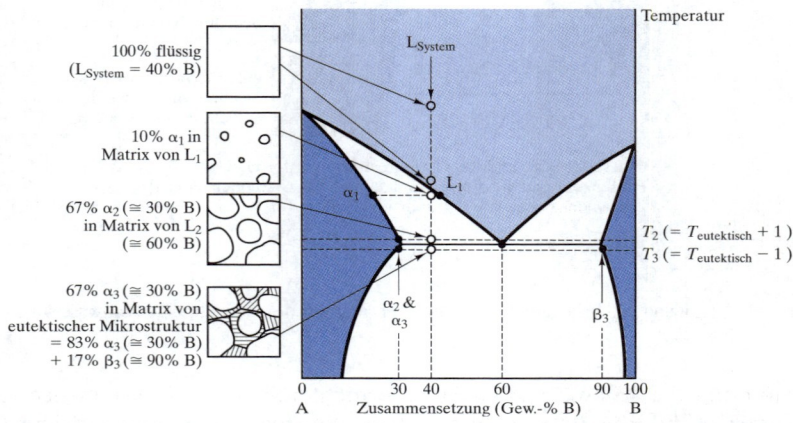

Abbildung 9.36: Gefügeausbildung während der langsamen Abkühlung einer untereutektischen Zusammensetzung

Abbildung 9.36 zeigt eine ähnliche Situation, die sich in einer **untereutektischen Zusammensetzung** entwickelt (Zusammensetzung unterhalb der des Eutektikums). Dieser Fall ist analog dem für die übereutektische Zusammensetzung. In Abbildung 9.36 ist die Entwicklung von großen Körnern von voreutektischem α zusammen mit der eutektischen Mikrostruktur von α- und β-Ebenen zu sehen. Abbildung 9.37 zeigt zwei andere Typen der Mikrostrukturentwicklung. Für eine Gesamtzusammensetzung von 10% B entspricht die Situation der für das binäre Phasendiagramm der vollständigen Löslichkeit im festen Zustand in Abbildung 9.33. Die Erstarrung führt zu einem einphasigen Mischkristall, der beim Abkühlen auf niedrige Temperaturen stabil bleibt. Die 20% B-Zusammensetzung verhält sich in ähnlicher Weise, außer dass beim Abkühlen die α-Phase mit B-Atomen gesättigt wird. Weiteres Abkühlen führt zur Ausscheidung eines kleinen Anteils von β-Phase. Abbildung 9.37b zeigt, dass diese Ausscheidung entlang der Korngrenzen auftritt. In manchen Systemen scheidet sich die zweite Phase innerhalb von Körnern aus. Für ein gegebenes System kann die Morphologie der zweiten Phase sehr empfindlich auf Änderungen der Abkühlrate reagieren. *Abschnitt 10.4* zeigt einen derartigen Fall für das Al-Cu-System, in dem die Ausscheidungshärtung ein wichtiges Beispiel für eine Wärmebehandlung ist.

Mit den verschiedenen Fällen, die in diesem Abschnitt präsentiert wurden, sind Sie nun in der Lage, jede Zusammensetzung in jedem der in diesem Kapitel vorgestellten binären Systeme zu behandeln, einschließlich der in Abbildung 9.25b dargestellten allgemeinen Diagramme.

Der Abkühlungspfad für ein **weißes Gusseisen** oder **Hartguss** (siehe auch *Kapitel 11*) ist in Abbildung 9.38 zu sehen. Die schematische Mikrostruktur lässt sich mit einer Mikroskopaufnahme in *Abbildung 11.1a* vergleichen. Abbildung 9.39 zeigt die eutektoide Reaktion, um Perlit zu produzieren. Diese Zusammensetzung (0,77 Gewichtsprozent C) entspricht der für einen einfachen Baustahl (siehe *Tabelle 11.1*). Viele Fe-Fe$_3$C-Phasendiagramme geben die eutektoide Zusammensetzung gerundet auf 0,8 Gewichtsprozent C an. Für praktisch relevante Fälle liefert jede Zusammensetzung nahe 0,77 Gewichtsprozent C eine Mikrostruktur, die vorrangig eutektoid ist. Die eigentliche Perlit-Mikrostruktur ist in der Mikroskopaufnahme von Abbildung 9.2 zu sehen. Eine **übereutektoide Zusammensetzung** (Zusammensetzung größer als die eutektoide Zusammensetzung von 0,77 Gewichtsprozent C) ist in Abbildung 9.40 zu sehen. Dieser Fall ist in vielerlei Hinsicht ähnlich dem übereutektischen Pfad, den Abbildung 9.35 zeigt. Ein grundlegender Unterschied besteht darin, dass der **untereutektoide** Zementit (Fe$_3$C) die Matrix in der resultierenden Mikrostruktur verkörpert, während die voreutektische Phase in Abbildung 9.35 die isolierte Phase ist. Die Bildung der voreutektoiden Matrix tritt auf, weil die Ausscheidung von untereutektoidem Zementit einen Übergang im festen Zustand darstellt und bevorzugt an Korngrenzen stattfindet. Abbildung 9.41 veranschaulicht die Entwicklung der Mikrostruktur für eine **untereutektoide Zusammensetzung** (weniger als 0,77 Gewichtsprozent C).

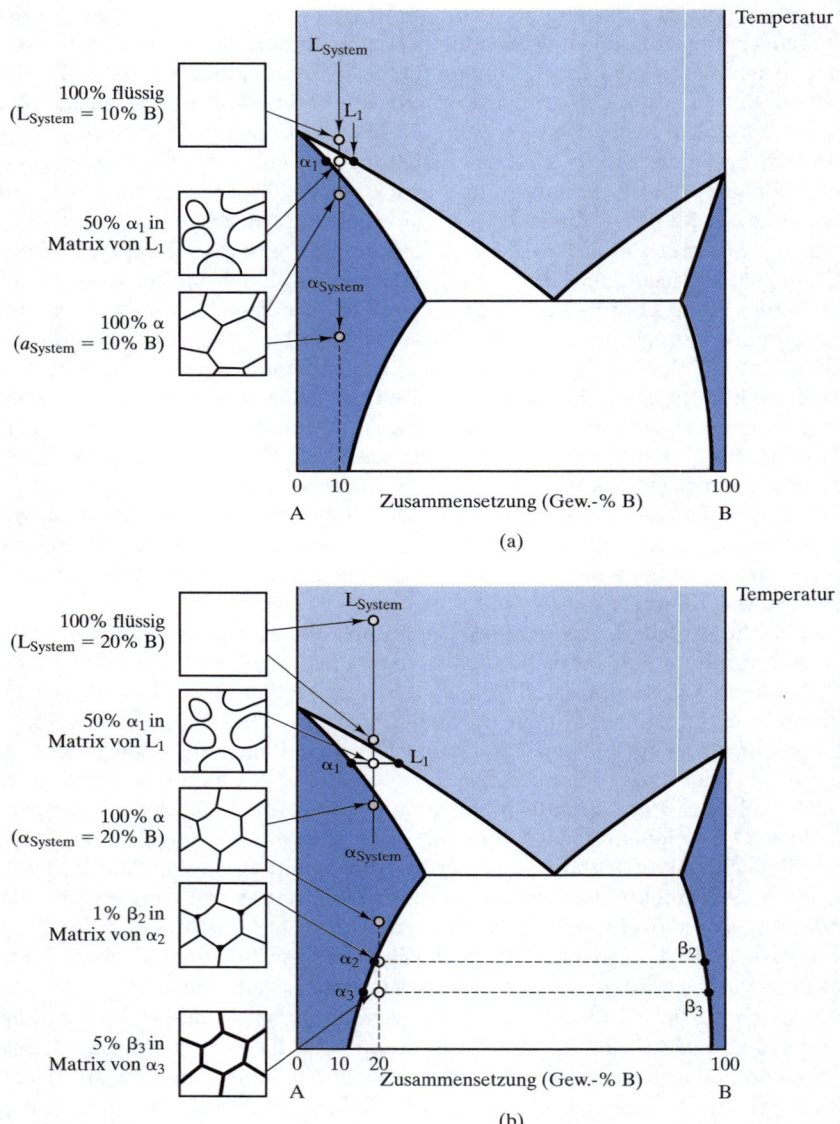

Abbildung 9.37: Gefügeausbildung für zwei Zusammensetzungen, bei denen es nicht zu einer eutektischen Reaktion kommt

9.4 Gefügeausbildung bei langsamer Abkühlung

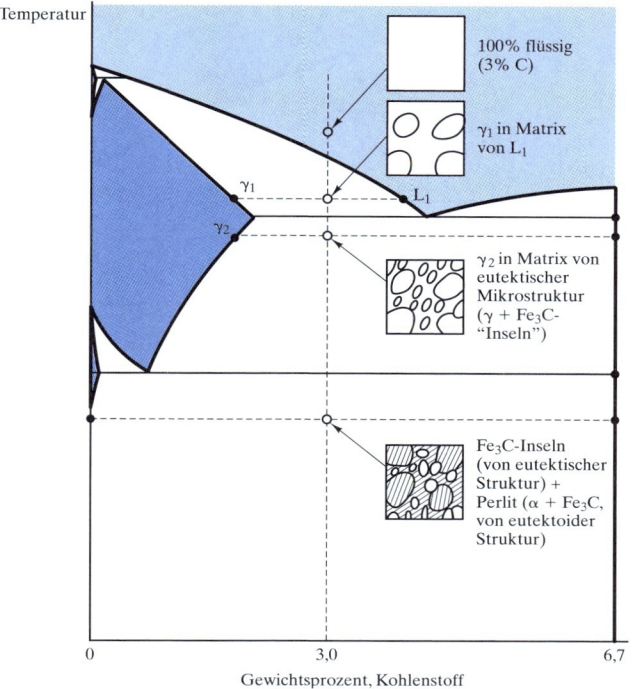

Abbildung 9.38: Gefügeausbildung für weißes Gusseisen (der Zusammensetzung 3,0 Gewichtsprozent C) veranschaulicht mithilfe des Fe-Fe_3C-Phasendiagramms. Die Darstellung des resultierenden Gefüges (bei niedriger Temperatur) korrespondiert mit der Mikroskopaufnahme in *Abbildung 11.1a*.

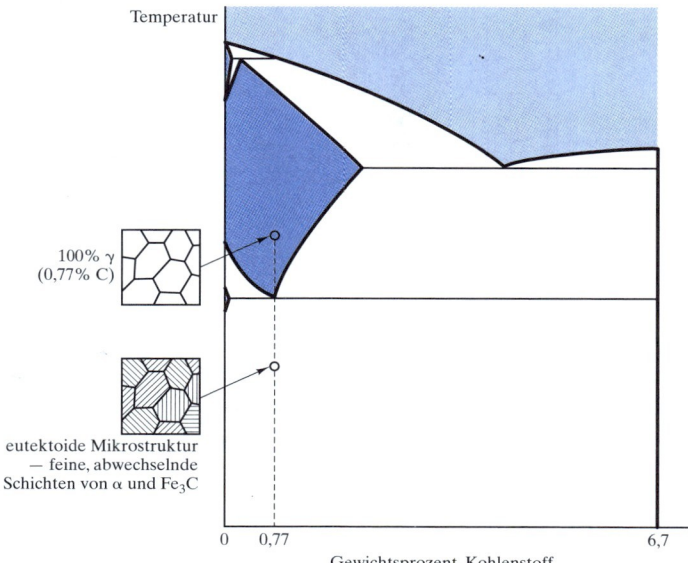

Abbildung 9.39: Gefügeausbildung für eutektoiden Stahl (der Zusammensetzung 0,77 Gewichtsprozent C). Die Darstellung des resultierenden (Niedrigtemperatur-) Gefüges korrespondiert mit der Mikroskopaufnahme in Abbildung 9.2.

9 PHASENDIAGRAMME – MIKROSTRUKTURENTWICKLUNG IM GLEICHGEWICHT

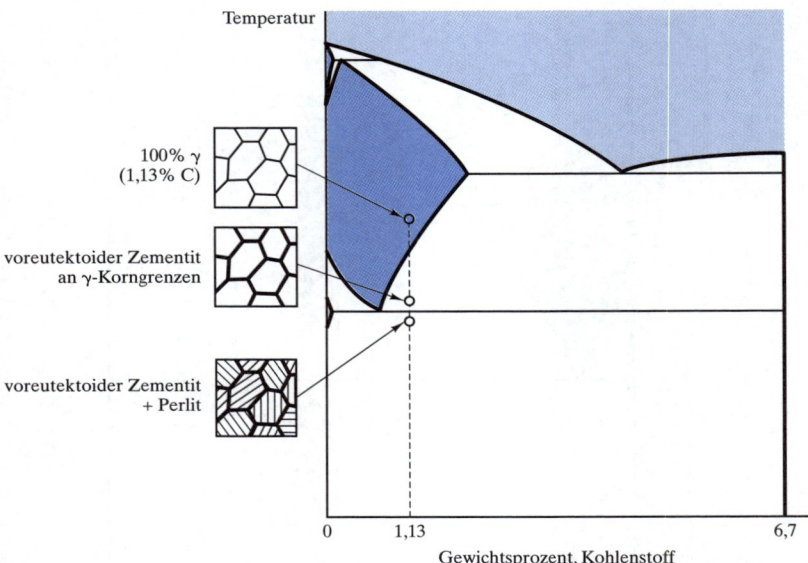

Abbildung 9.40: Gefügeausbildung für einen langsam abgekühlten übereutektoiden Stahl (der Zusammensetzung 1,13 Gewichtsprozent C)

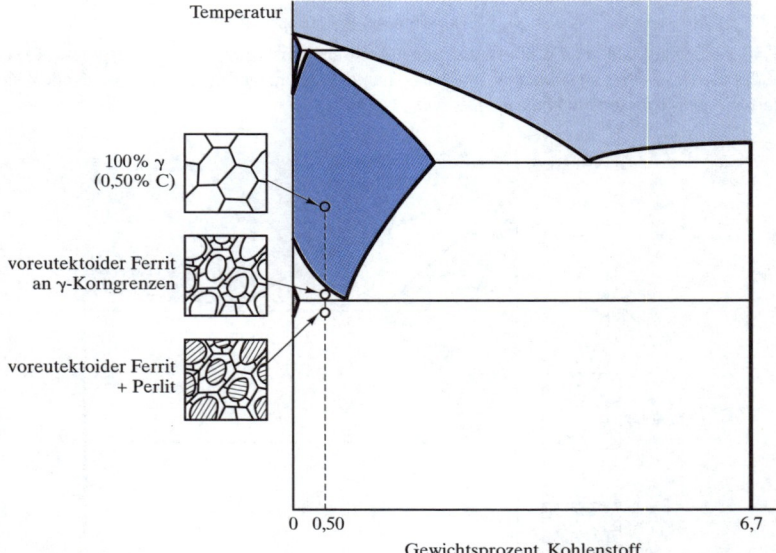

Abbildung 9.41: Mikrostrukturentwicklung für einen langsam abgekühlten untereutektoiden Stahl (der Zusammensetzung 0,50 Gewichtsprozent C)

Das Fe-C-System (siehe Abbildung 9.20) liefert eine Darstellung der Gefügeausbildung von **Grauguss** (siehe Abbildung 9.42). Sie lässt sich mit der Mikroskopaufnahme in *Abbildung 11.1b* vergleichen.

9.4 Gefügeausbildung bei langsamer Abkühlung

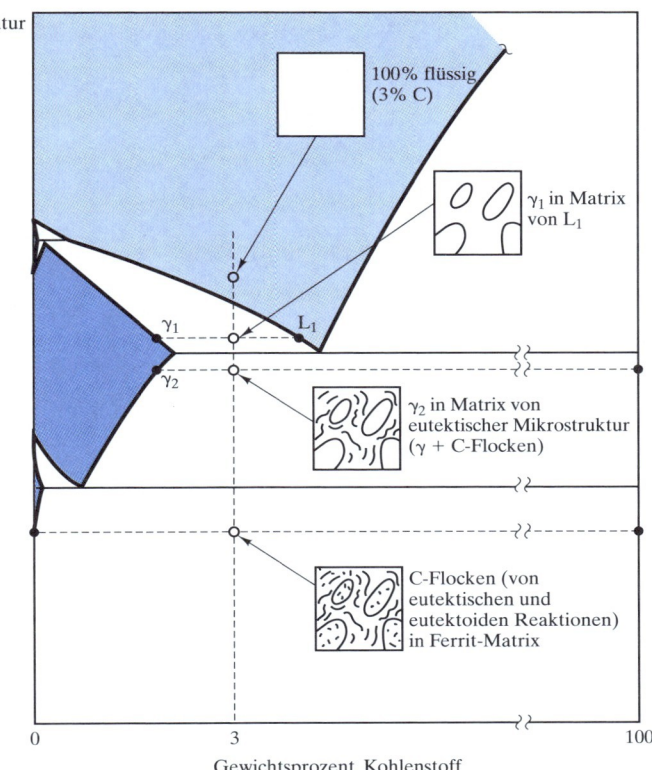

Abbildung 9.42: Gefügeausbildung für Grauguss (der Zusammensetzung 3,0 Gewichtsprozent C), entsprechend dem Fe-C-Phasendiagramm. Das resultierende Niedrigtemperaturgefüge korrespondiert mit der Mikroskopaufnahme in *Abbildung 11.1b*. Ein markanter Unterschied besteht darin, dass in Wirklichkeit bei Erreichen der eutektoiden Temperatur ein beträchtlicher Anteil von metastabilem Perlit gebildet wird. Außerdem ist es interessant, diese Darstellung mit der für weißes Gusseisen in Abbildung 9.38 zu vergleichen. Der kleine Anteil von hinzugefügtem Silizium, das die Graphitausscheidung fördert, ist in diesem Zweikomponentendiagramm nicht dargestellt.

Beispiel 9.6 Abbildung 9.35 zeigt die Gefügeausbildung für eine Legierung mit 80 Gewichtsprozent B. Betrachten Sie stattdessen 1 kg einer Legierung mit 70 Gewichtsprozent B.

(a) Berechnen Sie den Anteil der β-Phase bei T_3.
(b) Berechnen Sie, welcher Gewichtsanteil dieser β-Phase bei T_3 voreutektisch ist.

Lösung

(a) Mit Gleichung 9.10 erhält man

$$m_{\beta, T_3} = \frac{x - x_\alpha}{x_\beta - x_\alpha}(1\ \text{kg}) = \frac{70 - 30}{90 - 30}(1\ \text{kg})$$

$$= 0{,}667\ \text{kg} = 667\ \text{g}.$$

(b) Das voreutektische β ist das gleiche, das in der Mikrostruktur bei T_2 vorhanden war:

$$m_{\beta,T_2} = \frac{x - x_L}{x_\beta - x_L}(1\text{ kg}) = \frac{70-60}{90-60}(1\text{ kg})$$

$$= 0{,}333\text{ kg} = 333\text{ g}.$$

Dieser Teil der Mikrostruktur bleibt beim Abkühlen über die eutektische Temperatur erhalten, was

$$\text{Anteil voreutektisch} = \frac{\text{voreutektisches }\beta}{\text{Gesamt-}\beta}$$

$$= \frac{333\text{ g}}{667\text{ g}} = 0{,}50$$

liefert.

Beispiel 9.7 Berechnen Sie den Anteil der untereutektoiden α-Phase an der Korngrenze für 1 kg Stahl mit 0,5 Gewichtsprozent C.

Lösung

Greift man auf Abbildung 9.41 für die Darstellung und auf Abbildung 9.19 für die Berechnung zurück, muss man praktisch nur noch den Gleichgewichtsanteil von α bei 728 °C (d.h. 1 Grad oberhalb der eutektoiden Temperatur) berechnen. Mit Gleichung 9.9 erhält man

$$m_\alpha = \frac{x_\gamma - x}{x_\gamma - x_\alpha}(1\text{ kg}) = \frac{0{,}77 - 0{,}50}{0{,}77 - 0{,}02}(1\text{ kg})$$

$$= 0{,}360\text{ kg} = 360\text{ g}.$$

Hinweis: Sicherlich haben Sie bemerkt, dass diese Berechnung nahe der eutektoiden Zusammensetzung einen Wert von x_α verwendet, der für die maximale Löslichkeit von Kohlenstoff in α-Fe (0,02 Gewichtsprozent) repräsentativ ist. Bei Raumtemperatur (siehe Beispiel 9.4) strebt diese Löslichkeit gegen null.

9.4 Gefügeausbildung bei langsamer Abkühlung

Beispiel 9.8 Berechnen Sie für 1 kg Graueisen mit 3 Gewichtsprozent C den Anteil der Graphitplättchen, die in der Mikrostruktur bei (a) 1.153 °C und (b) Raumtemperatur vorhanden sind.

Lösung

(a) Anhand der Abbildungen 9.20 und 9.42 lässt sich feststellen, dass 1.153 °C genau unterhalb der eutektischen Temperatur liegt. Mit Gleichung 9.10 erhält man

$$m_C = \frac{x - x_\gamma}{x_C - x_\gamma}(1 \text{ kg}) = \frac{3{,}00 - 2{,}08}{100 - 2{,}08}(1 \text{kg})$$

$$= 0{,}00940 \text{ kg} = 9{,}40 \text{ g}.$$

(b) Bei Raumtemperatur ergibt sich

$$m_C = \frac{x - x_\alpha}{x_C - x_\alpha}(1 \text{ kg}) = \frac{3{,}00 - 0}{100 - 0}(1 \text{kg})$$

$$= 0{,}030 \text{ kg} = 30{,}0 \text{ g}.$$

Hinweis: Diese Berechnung folgt dem idealen System von Abbildung 9.42 und ignoriert die Möglichkeit, dass irgendein metastabiles Perlit gebildet wird.

Beispiel 9.9 Gegeben sei 1 kg Aluminiumgusslegierung mit 10 Gewichtsprozent Silizium.
(a) Bei welcher Temperatur erscheint der erste feste Anteil beim Abkühlen?
(b) Was ist die erste feste Phase und wie sieht ihre Zusammensetzung aus?
(c) Bei welcher Temperatur erstarrt die Legierung vollständig?
(d) Wie viel voreutektische Phase findet sich in der Mikrostruktur?
(e) Wie ist das Silizium in der Mikrostruktur bei 576 °C verteilt?

Lösung

Diese Gefügeausbildung lässt sich mithilfe von Abbildung 9.13 verfolgen.
(a) Für diese Zusammensetzung liegt die Liquiduslinie bei ~595 °C.
(b) Es ist ein α-Mischkristall mit einer Zusammensetzung von ~1 Gewichtsprozent Si.
(c) Bei der eutektischen Temperatur von 577 °C.
(d) Praktisch hat sich die gesamte voreutektische α-Phase bei 578 °C entwickelt. Mit Gleichung 9.9 erhält man

$$m_\alpha = \frac{x_L - x}{x_L - x_\alpha}(1 \text{ kg}) = \frac{12{,}6 - 10}{12{,}6 - 1{,}6}(1 \text{ kg})$$

$$0{,}236 \text{ kg} = 236 \text{ g}.$$

(e) Bei 576 °C ist die Gesamtmikrostruktur gleich $\alpha + \beta$. Die Anteile jeder Phase betragen

$$m_\alpha = \frac{x_\beta - x}{x_\beta - x_\alpha}(1\,\text{kg}) = \frac{100-10}{100-1{,}6}(1\,\text{kg})$$

$$= 0{,}915\,\text{kg} = 915\,\text{g}$$

und

$$m_\beta = \frac{x - x_\alpha}{x_\beta - x_\alpha}(1\,\text{kg}) = \frac{10-1{,}6}{100-1{,}6}(1\,\text{kg})$$

$$= 0{,}085\,\text{kg} = 85\,\text{g}\,.$$

Allerdings hat (d) ergeben, dass 236 g von α in Form von relativ großen Körnern der voreutektischen Phase vorliegen, was

$$\alpha_{\text{eutektisch}} = \alpha_{\text{gesamt}} - \alpha_{\text{voreutektisch}}$$

$$= 915\,\text{g} - 236\,\text{g} = 679\,\text{g}$$

liefert.
Die Siliziumverteilung erhält man dann durch Multiplikation seines Gewichtsanteils in jedem mikrostrukturellen Bereich mit dem Anteil dieses Bereichs:

$$\text{Si in voreutektischem } \alpha = (0{,}016)(236\,\text{g}) = 3{,}8\,\text{g},$$

$$\text{Si in eutektischem } \alpha = (0{,}016)(679\,\text{g}) = 10{,}9\,\text{g}$$

und

$$\text{Si in eutektischem } \beta = (1{,}000)(85\,\text{g}) = 85{,}0\,\text{g}.$$

Schließlich sei angemerkt, dass sich die Gesamtmasse von Silizium in den drei Bereichen infolge von Rundungsfehlern zu 99,7 g summiert und nicht zu 100,0 g (= 10 Gewichtsprozent der Gesamtlegierung).

Beispiel 9.10 Die Löslichkeit von Kupfer in Aluminium fällt auf nahe null bei 100 °C. Wie groß ist der maximale Anteil der θ-Phase, die sich in einer bei 100 °C abgeschreckten und ausgelagerten Legierung mit 4,5 Gewichtsprozent Kupfer ausscheidet? Drücken Sie Ihre Antwort in Gewichtsprozent aus.

Lösung

Wie Abbildung 9.27 zeigt, ist die Löslichkeitsgrenze der θ-Phase praktisch unverändert mit der Temperatur unterhalb von ~400 °C und liegt nahe einer Zusammensetzung von 53 Gewichtsprozent Kupfer. Mit Gleichung 9.10 erhält man

$$\text{Gew.\% } \theta = \frac{x - x_\kappa}{x_\theta - x_\kappa} \times 100\% = \frac{4{,}5-0}{53-0} \times 100\% = 8{,}49\%.$$

9.4 Gefügeausbildung bei langsamer Abkühlung

Beispiel 9.11 Beispiel 9.1 hat ein 50:50-Pb-Sn-Lot betrachtet.
(a) Bestimmen Sie für eine Temperatur von 200 °C (i) die anwesenden Phasen, (ii) ihre Zusammensetzungen und (iii) ihre relativen Anteile (ausgedrückt in Gewichtsprozent).
(b) Wiederholen Sie Teil (a) für 100 °C.

Lösung

(a) Mithilfe von Abbildung 9.16 lassen sich die folgenden Ergebnisse bei 200 °C finden:
  i. Die Phasen sind α und flüssig.
  ii. Die Zusammensetzung von α beträgt ~18 Gewichtsprozent Sn und von L ~54 Gewichtsprozent Sn.
  iii. Mit den Gleichungen 9.9 und 9.10 erhält man

$$\text{Gew.\% } \alpha = \frac{x_L - x}{x_L - x_\alpha} \times 100\% = \frac{54-50}{54-18} \times 100\%$$

$$= 11,1\%$$

und

$$\text{Gew.\% L} = \frac{x - x_\alpha}{x_L - x_\alpha} \times 100\% = \frac{50-18}{54-18} \times 100\%$$

$$= 88,9\%$$

(b) Analog erhält man bei 100 °C
  i. α und β.
  ii. α ist ~5 Gewichtsprozent Sn und β ist ~99 Gewichtsprozent Sn.
  iii.

$$\text{Gew.\% } \alpha = \frac{x_\beta - x}{x_\beta - x_\alpha} \times 100\% = \frac{99-50}{99-5} \times 100\% = 52,1\%$$

und

$$\text{Gew.\% } \beta = \frac{x - x_\alpha}{x_\beta - x_\alpha} \times 100\% = \frac{50-5}{99-5} \times 100\% = 47,9\%.$$

Beispiel 9.12 Eine Hochtemperaturkeramik lässt sich durch Erhitzen des Rohmaterials Kaolinit $Al_2(Si_2O_5)(OH)_4$ herstellen, wodurch man das durch die Hydrierung gebundene Wasser austreibt. Bestimmen Sie die anwesenden Phasen, ihre Zusammensetzungen und ihre Anteile für die resultierende Mikrostruktur (unterhalb der eutektischen Temperatur).

Lösung

Stellt man die Kaolinit-Formel etwas um, lässt sich die Produktion dieser Keramik besser verstehen:

$$Al_2(Si_2O_5)(OH)_4 = Al_2O_3 \cdot 2SiO_2 \cdot 2H_2O.$$

Der Brennvorgang liefert

$$Al_2O_3 \cdot 2SiO_2 \cdot 2H_2O \xrightarrow{\text{Erwärmung}} Al_2O_3 \cdot 2SiO_2 + 2H_2O-.$$

Der verbleibende Festkörper hat dann eine Gesamtzusammensetzung von

$$\text{Mol.\% } Al_2O_3 = \frac{\text{Mol } Al_2O_3}{\text{Mol } Al_2O_3 + \text{Mol } SiO_2} \times 100\%$$

$$= \frac{1}{1+2} \times 100\% = 33,3\%.$$

Aus Abbildung 9.23 ist zu entnehmen, dass die Gesamtzusammensetzung in den zweiphasigen Bereich aus SiO_2 + Mullit unterhalb der eutektischen Temperatur fällt. Die SiO_2-Zusammensetzung ist 0 Mol-Prozent Al_2O_3 (d.h. 100% SiO_2). Die Zusammensetzung von Mullit beträgt 60 Mol-Prozent Al_2O_3.
Mit den Gleichungen 9.9 und 9.10 erhält man

$$\text{Mol.\% } SiO_2 = \frac{x_{\text{Mullit}} - x}{x_{\text{Mullit}} - x_{SiO_2}} \times 100\% = \frac{60 - 33,3}{60 - 0} \times 100\%$$

$$= 44,5 \text{ Mol.\%}$$

und

$$\text{Mol.\% Mullit} = \frac{x - x_{SiO_2}}{x_{\text{Mullit}} - x_{SiO_2}} \times 100\% = \frac{33,3 - 0}{60 - 0} \times 100\%$$

$$= 55,5 \text{ Mol.\%}.$$

Hinweis: Da das Al_2O_3-SiO_2-Phasendiagramm in Mol-Prozent dargestellt ist, wurden auch die Berechnungen in diesem System durchgeführt. Die Ergebnisse lassen sich aber mithilfe der Daten aus *Anhang A* problemlos in Gewichtsprozent umrechnen.

9.4 Gefügeausbildung bei langsamer Abkühlung

Übung 9.6 Beispiel 9.6 berechnet die Mikrostrukturinformationen über die β-Phase für die Legierung mit 70 Gewichtsprozent B in Abbildung 9.35. Berechnen Sie in analoger Weise (a) den Anteil der α-Phase bei T_3 für 1 kg einer Legierung von 50 Gewichtsprozent B und (b) den Gewichtsanteil dieser α-Phase bei T_3, der voreutektisch ist. (Siehe auch Abbildung 9.36.)

Übung 9.7 Berechnen Sie den Anteil des untereutektoiden Zementits an den Korngrenzen in 1 kg des übereutektoiden Stahls mit 1,13 Gewichtsprozent C, wie ihn Abbildung 9.40 zeigt. (Siehe Beispiel 9.7.)

Übung 9.8 Beispiel 9.8 berechnet den Anteil von Kohlenstoff in 1 kg Grauguss mit 3 Gewichtsprozent C bei zwei Temperaturen. Stellen Sie den Anteil als Funktion der Temperatur über dem gesamten Temperaturbereich von 1.135 °C bis zu Raumtemperatur in einem Diagramm dar.

Übung 9.9 Beispiel 9.9 verfolgt die Gefügeausbildung für 1 kg einer Legierung mit 10 Gewichtsprozent Si und 90 Gewichtsprozent Al. Wiederholen Sie dieses Beispiel für eine Legierung aus 20 Gewichtsprozent Si und 80 Gewichtsprozent Al.

Übung 9.10 Beispiel 9.10 berechnet den Anteil der θ-Phase (in Gewichtsprozent) bei Raumtemperatur in einer 95,5 Al-4,5 Cu-Legierung. Stellen Sie den Verlauf der Anteile (in Gewichtsprozent) von θ (als Funktion der Temperatur) dar, der beim Abkühlen über einem Temperaturbereich von 548 °C bis Raumtemperatur auftritt.

Übung 9.11 Berechnen Sie die Mikrostrukturen für (a) ein 40:60-Pb-Sn-Lot und (b) ein 60:40-Pb-Sn-Lot bei 200 °C und 100 °C (siehe Beispiel 9.11).

9 PHASENDIAGRAMME – MIKROSTRUKTURENTWICKLUNG IM GLEICHGEWICHT

Übung 9.12 Der Hinweis am Ende von Beispiel 9.12 betont, dass sich die Ergebnisse leicht in Gewichtsprozent umrechnen lassen. Nehmen Sie die Umrechnungen vor.

ZUSAMMENFASSUNG

Die mikrostrukturelle Gefügeausbildung während des langsamen Abkühlens von Werkstoffen aus dem flüssigen Zustand lässt sich mit Phasendiagrammen analysieren. Diese „Karten" bezeichnen die Anteile und Zusammensetzungen der Phasen, die bei bestimmten Temperaturen stabil sind. Phasendiagramme kann man sich als visuelle Darstellungen der Gibbsschen Phasenregel vorstellen. Dieses Kapitel hat sich auf binäre Diagramme beschränkt. Diese repräsentieren die Phasen, die bei verschiedenen Temperaturen und Zusammensetzungen (bei einem feststehenden Druck von 1 atm) in Systemen mit zwei Komponenten vorhanden sind, wobei die Komponenten Elemente oder Verbindungen sein können.

Eine Reihe binärer Phasendiagramme besitzt eine hohe anwendungstechnische Bedeutung. Bei sehr einfachen Komponenten kann vollständige Lösung im festen Zustand sowie im flüssigen Zustand auftreten. Im zweiphasigen Bereich (flüssige Lösung und feste Lösung) wird die Zusammensetzung jeder Phase durch eine Konode (Verbindungslinie) angezeigt. Viele binäre Systeme zeigen eine eutektische Reaktion, bei der eine niedrige Schmelzpunktzusammensetzung (Eutektikum) eine feinkörnige, zweiphasige Mikrostruktur erzeugt. Derartige eutektische Diagramme sind mit beschränkter Löslichkeit im festen Zustand verbunden.

Die Analogie zur eutektischen Reaktion ist für den vollständigen festen Zustand die eutektoide Reaktion, bei der eine einzelne feste Phase beim Abkühlen in eine feinkörnige Mikrostruktur von zwei anderen festen Phasen umgewandelt wird. Die peritektische Reaktion repräsentiert das inkongruente Schmelzen einer festen Verbindung. Beim Schmelzen geht die Verbindung in eine Flüssigkeit und eine weitere feste Phase über, wobei sich jede Zusammensetzung gegenüber der ursprünglichen Verbindung unterscheidet. Viele binäre Diagramme schließen verschiedene intermediäre Verbindungen ein, was zu einer relativ komplexen Darstellung führt. Allerdings lassen sich solche allgemeinen binären Diagramme immer auf ein einfaches binäres Diagramm reduzieren, das der interessierenden Gesamtzusammensetzung entspricht.

Anhand der Konode (Verbindungslinie), die die Zusammensetzungen der Phasen in einem zweiphasigen Bereich kennzeichnet, lässt sich auch der Anteil jeder Phase berechnen. Diese Berechnung erfolgt mithilfe des Hebelgesetzes (auch ε-Gesetz der abgewandten Hebelarme), das die Konode als Hebel auffasst, dessen Drehpunkt bei der Gesamtzusammensetzung liegt. Die Anteile der beiden Phasen sind so groß, dass sie den „Hebel im Gleichgewicht halten". Das mechanische Hebelgesetz ist das entsprechende Analogon, es folgt direkt aus einer Massenbilanz für das zweiphasige System. Mithilfe des Hebelgesetzes lässt sich die mikrostrukturelle Gefügeausbildung verfolgen, wenn eine Gesamtzusammensetzung langsam vom Schmelzpunkt abgekühlt wird, was insbesondere zum Verständnis der mikrostrukturellen Gefügeausbildung nahe einer eutektischen Zusammensetzung beiträgt. Dieses Kapitel hat verschiedene binäre Diagramme vorgestellt, die für die Metall- und Keramikindustrie bedeutsam sind. Dabei wurde besonders das Fe-Fe_3C-System in den Vordergrund gestellt, das die wissenschaftliche Basis für die Eisen- und Stahlindustrie liefert.

ZUSAMMENFASSUNG

9.4 Gefügeausbildung bei langsamer Abkühlung

■ Schlüsselbegriffe

allgemeines Diagramm (398)
Austenit (393)
binäres Diagramm (383)
eutektische Reaktion (392)
eutektische Temperatur (388)
eutektische Zusammensetzung (388)
eutektisches Diagramm (389)
eutektoides Diagramm (393)
Freiheitsgrad (380)
Gibbssche Phasenregel (381)
Grauguss (416)
Hartguss (413)
Hebelgesetz (407)
inkongruentes Schmelzverhalten (396)
intermediäre Verbindung (398)
invarianter Punkt (385)
Komponente (379)
kongruentes Schmelzverhalten (395)
Konode (384)
Liquiduslinie (384)
Massenbilanz (405)
metastabil (394)
Mikrostrukturausbildung (410)
peritektische Reaktion (396)
peritektisches Diagramm (396)
Phase (379)
Phasendiagramm (383)
Phasenfeld (384)
Soliduslinie (384)
ternäres Diagramm (383)
übereutektische Zusammensetzung (411)
übereutektoide Zusammensetzung (413)
untereutektische Zusammensetzung (413)
untereutektoide Zusammensetzung (413)
vollständige Lösung im festen Zustand (384)
voreutektisch (412)
voreutektoid (413)
weißes Gusseisen (413)
Zonenreinigen (409)
Zustand (380)
Zustandspunkt (384)
Zustandsvariable (381)

■ Quellen

ASM Handbook, Vol., 3: *Alloy Phase Diagrams*, ASM International, Materials Park, OH 1992.
Binary Alloy Phase Diagrams, 2nd ed., Vols. 1-3, T. B. Massalski, et al., Eds., ASM International, Materials Park, OH 1990. Das Ergebnis eines kooperativen Programms zwischen ASM International und dem National Institute of Standards and Technology für die kritische Durchsicht von 4.700 Phasendiagrammsystemen.
Phase Equilibria Diagrams, Vols. 1-13, American Ceramic Society, Westerville, OH 1964-2001.

9 PHASENDIAGRAMME – MIKROSTRUKTURENTWICKLUNG IM GLEICHGEWICHT

Aufgaben

■ **Die Phasenregel**

9.1 Wenden Sie die Gibbssche Phasenregel auf die verschiedenen Punkte im einphasigen H_2O-Phasendiagramm an (siehe Abbildung 9.3).

9.2 Wenden Sie die Gibbssche Phasenregel auf die verschiedenen Punkte im einkomponentigen Eisenphasendiagramm an (siehe Abbildung 9.4).

9.3 Berechnen Sie die Freiheitsgrade für eine 50:50-Kupfer-Nickellegierung bei (a) 1.400 °C, wo sie als einzelne, flüssige Phase existiert, (b) 1.300 °C, wo sie in Form einer zweiphasigen Mischung aus einer flüssigen und festen Lösung existiert, und (c) 1.200 °C, wo sie als einzelne Mischkristallphase existiert. Nehmen Sie in jedem Fall einen konstanten Druck von 1 atm über der Legierung an.

9.4 In Abbildung 9.7 wurde die Gibbssche Phasenregel auf ein hypothetisches Phasendiagramm angewandt. Wenden Sie in ähnlicher Form die Phasenregel auf die Darstellung des Pb-Sn-Phasendiagramms in Abbildung 9.16 an.

9.5 Wenden Sie die Gibbssche Phasenregel auf die Darstellung des MgO-Al_2O_3-Phasendiagramms in Abbildung 9.26 an.

9.6 Wenden Sie die Gibbssche Phasenregel auf die verschiedenen Punkte im Al_2O_3-SiO_2-Phasendiagramm von Abbildung 9.23 an.

■ **Das Phasendiagramm**

9.7 Beschreiben Sie qualitativ die mikrostrukturelle Gefügeausbildung, die beim langsamen Abkühlen einer Schmelze aus gleichen Teilen (bezogen auf das Gewicht) von Kupfer und Nickel auftritt (siehe Abbildung 9.9).

9.8 Beschreiben Sie qualitativ die mikrostrukturelle Gefügeausbildung, die beim langsamen Abkühlen einer Schmelze bestehend aus 50 Gewichtsprozent Al und 50 Gewichtsprozent Si auftritt (siehe Abbildung 9.13).

9.9 Beschreiben Sie qualitativ die mikrostrukturelle Gefügeausbildung, die beim langsamen Abkühlen einer Schmelze bestehend aus 87,4 Gewichtsprozent Al und 12,6 Gewichtsprozent Si auftritt (siehe Abbildung 9.13).

9.10 Beschreiben Sie qualitativ die mikrostrukturelle Gefügeausbildung beim langsamen Abkühlen einer Schmelze, die aus (a) 10 Gewichtsprozent Pb und 90 Gewichtsprozent Sn, (b) 40 Gewichtsprozent Pb und 60 Gewichtsprozent Sn und (c) 50 Gewichtsprozent Pb und 50 Gewichtsprozent Sn besteht (siehe Abbildung 9.16).

9.11 Wiederholen Sie Aufgabe 9.10 für eine Schmelze, die aus 38,1 Gewichtsprozent Pb und 61,9 Gewichtsprozent Sn besteht.

9.12 Beschreiben Sie qualitativ die mikrostrukturelle Gefügeausbildung, die beim langsamen Abkühlen einer Legierung mit gleichen Teilen (bezogen auf das Gewicht) von Aluminium und θ-Phase (Al_2Cu) auftritt (siehe Abbildung 9.27).

9.13 Beschreiben Sie qualitativ die mikrostrukturelle Gefügeausbildung, die beim langsamen Abkühlen einer Schmelze bestehend aus (a) 20 Gewichtsprozent Mg und 80 Gewichtsprozent Al und (b) 80 Gewichtsprozent Mg und 20 Gewichtsprozent Al auftritt (siehe Abbildung 9.28).

9.14 Beschreiben Sie qualitativ die mikrostrukturelle Gefügeausbildung beim langsamen Abkühlen von 30:70-Messing (Cu mit 30 Gewichtsprozent Zn). Abbildung 9.29 zeigt das Cu-Zn-Phasendiagramm.

9.15 Wiederholen Sie Aufgabe 9.14 für ein 35:65-Messing.

9.16 Beschreiben Sie qualitativ die mikrostrukturelle Gefügeausbildung beim langsamen Abkühlen von (a) einer Keramik aus 50 Mol-Prozent Al_2O_3 und 50 Mol-Prozent SiO_2 und (b) einer Keramik aus 70 Mol-Prozent Al_2O_3 und 30 Mol-Prozent SiO_2 (siehe Abbildung 9.23).

■ Das Hebelgesetz

9.17 Berechnen Sie den Anteil jeder Phase, die in 1 kg einer Legierung aus 50 Gewichtsprozent Ni und 50 Gewichtsprozent Cu bei (a) 1.400 °C, (b) 1.300 °C und (c) 1.200 °C vorhanden ist (siehe Abbildung 9.9).

9.18 Berechnen Sie den Anteil jeder Phase, die in 1 kg einer Lotlegierung aus 50 Gewichtsprozent Pb und 50 Gewichtsprozent Sn bei (a) 300 °C, (b) 200 °C, (c) 100 °C und (d) 0 °C vorhanden ist (siehe Abbildung 9.16).

9.19 Wiederholen Sie Aufgabe 9.18 für eine Lotlegierung aus 60 Gewichtsprozent Pb und 40 Gewichtsprozent Sn.

9.20 Wiederholen Sie Aufgabe 9.18 für eine Lotlegierung aus 80 Gewichtsprozent Pb und 20 Gewichtsprozent Sn.

9.21 Berechnen Sie den Anteil jeder Phase, die in 50 kg Messing bestehend aus 35 Gewichtsprozent Zn und 65 Gewichtsprozent Cu bei (a) 1.000 °C, (b) 900 °C, (c) 800 °C, (d) 700 °C, (e) 100 °C und (f) 0 °C vorhanden ist (siehe Abbildung 9.29).

9.22 Aluminium aus einer „Metallisierungsschicht" auf einem Festkörperelektronikbauteil ist in das Siliziumsubstrat diffundiert. Nahe der Oberfläche hat das Silizium eine Gesamtkonzentration von 1,0 Gewichtsprozent Al. Welcher prozentuale Anteil der Mikrostruktur besteht in diesem Bereich aus Ausscheidungen von α-Phase, wenn man Gleichgewicht annimmt? (Verwenden Sie Abbildung 9.13 und nehmen Sie an, dass die Phasengrenzen bei 300 °C bis hinunter zu Raumtemperatur praktisch unverändert bleiben.)

9.23 Berechnen Sie den Anteil von voreutektoidem α, das an den Korngrenzen in 1 kg eines üblichen Baustahls (1.0402) (0,20 Gewichtsprozent C) anwesend ist. (Siehe Abbildung 9.19.)

9.24 Wiederholen Sie Aufgabe 9.23 für einen 1040-Baustahl (0,40 Gewichtsprozent C).

9.25 Die γ-Phase im Al-Mg-System hat eine ideale Stöchiometrie von $Al_{12}Mg_{17}$. (a) Wie hoch ist der atomare Anteil in Prozent des Al-Überschusses in der aluminiumreichsten γ-Zusammensetzung bei 450 °C? (b) Wie hoch ist der atomare Anteil in Prozent des Mg-Überschusses in der magnesiumreichsten γ-Zusammensetzung bei 437 °C? (Siehe Abbildung 9.28.)

•9.26 Gegeben sei ein Schmelztiegel, der 1 kg einer Legierung mit einer Zusammensetzung von 90 Gewichtsprozent Sn und 10 Gewichtsprozent Pb bei einer Temperatur von 184 °C enthält. Wie viel Sn müsste man dem Schmelztiegel hinzufügen, um die Legierung vollständig zu verfestigen, ohne die Systemtemperatur zu verändern? (siehe Abbildung 9.16.)

9.27 Bestimmen Sie die anwesenden Phasen, ihre Zusammensetzungen und ihre Anteile (unterhalb der eutektischen Temperatur) für einen feuerfesten Werkstoff, der aus gleichen molaren Anteilen von Kaolinit und Mullit ($3Al_2O_3 * 2SiO_2$) besteht. (Siehe Abbildung 9.23.)

9.28 Wiederholen Sie Aufgabe 9.27 für einen Hochtemperaturwerkstoff, der aus gleichen molaren Anteilen von Kaolinit und Quarzsand (SiO_2) besteht.

•9.29 Kaolinit, Quarzsand und Mullit stehen Ihnen als Ausgangsstoffe zur Verfügung. Verwenden Sie Kaolinit und entweder Quarzsand oder Mullit. Berechnen Sie die erforderliche Chargen-Zusammensetzung (in Gewichtsprozent), um eine endgültige Mikrostruktur zu bilden, die Quarzsand und Mullit zu gleichen Teilen (in Mol-Prozent) enthält. (Siehe Abbildung 9.33.)

9.30 Berechnen Sie die anwesenden Phasen, ihre Zusammensetzungen und ihre Anteile (in Gewichtsprozent) der Mikrostruktur bei 1.000 °C für (a) einen Spinell- ($MgO * Al_2O_3$) Feuerfestwerkstoff mit 1 Gewichtsprozent MgO-Überschuss (d.h. 1 g MgO je 99 g $MgO * Al_2O_3$) und (b) einen Spinell-Feuerfestwerkstoff mit 1 Gewichtsprozent Al_2O_3-Überschuss. (Siehe Abbildung 9.26.)

9.31 Ein teilstabilisiertes Zirkonoxid (für eine neuartige Konstruktionsanwendung) soll eine gleichmolare Mikrostruktur von tetragonalem und kubischem Zirkonoxid bei einer Betriebstemperatur von 1.500 °C haben. Berechnen Sie den geeigneten CaO-Gehalt (in Gewichtsprozent) für diese Strukturkeramik (siehe Abbildung 9.30).

9.32 Wiederholen Sie Aufgabe 9.31 für eine Mikrostruktur mit gleichen Gewichtsanteilen von tetragonalem und kubischem Zirkonoxid.

9.33 Berechnen Sie den Anteil jeder anwesenden Phase in 1 kg eines Aluminiumoxid-Feuerfestwerkstoffs mit einer Zusammensetzung von 70 Mol-Prozent Al_2O_3 und 30 Mol-Prozent SiO_2 bei (a) 2.000 °C, (b) 1.900 °C und (c) 1.800 °C. (Siehe Abbildung 9.23.)

9.34 In einem Untersuchungslabor wird mit quantitativer Röntgenbeugung bestimmt, dass ein Hochtemperaturwerkstoff aus 25 Gewichtsprozent Aluminiumoxid-Phase und 75 Gewichtsprozent Mullit-Mischkristall besteht. Wie hoch ist der Gesamtgehalt von SiO_2 (in Gewichtsprozent) dieses Werkstoffs (siehe Abbildung 9.23)?

9.35 Eine wichtige Strukturkeramik ist teilstabilisiertes Zirkonoxid (PSZ) mit einer Zusammensetzung, die im zweiphasigen Bereich [ZrO_2-kubisches ZrO_2 (SS)] liegt. Berechnen Sie mithilfe von Abbildung 9.30 den Anteil jeder anwesenden Phase in einem teilstabilisierten Zirkonoxid mit 10 Mol-Prozent CaO bei 500 °C.

•9.36 In einem Experiment zur Werkstoffuntersuchung zeichnet ein Student eine Mikrostruktur, die er unter einem optischen Mikroskop beobachtet hat. Die Zeichnung sieht folgendermaßen aus:

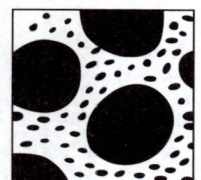

Das Phasendiagramm für dieses Legierungssystem hat folgendes Aussehen:

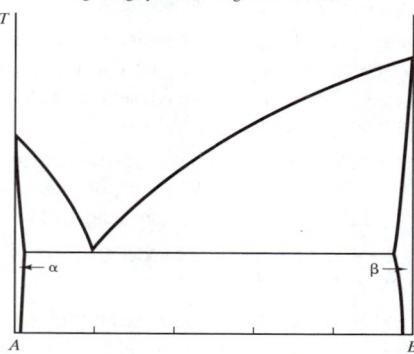

Bestimmen Sie (a), ob die schwarzen Bereiche in der Zeichnung α- oder β-Phasen darstellen, und (b) die ungefähre Legierungszusammensetzung.

■ Gefügeausbildung bei langsamer Abkühlung

9.37 Berechnen Sie (a) den Gewichtsanteil der α-Phase, die in einer Legierung mit 10 Gewichtsprozent Si und 90 Gewichtsprozent Al bei 576 °C untereutektisch ist, und (b) den Gewichtsanteil der β-Phase, die in einer Legierung mit 20 Gewichtsprozent Si und 80 Gewichtsprozent Al bei 576 °C untereutektisch ist.

9.38 Stellen Sie die prozentualen Gewichtsanteile der auftretenden Phasen als Funktion der Temperatur für eine Legierung mit 10 Gewichtsprozent Si und 90 Gewichtsprozent Al, die langsam von 700 auf 300 °C abgekühlt wird, dar.

9.39 Stellen Sie die prozentualen Gewichtsanteile der auftretenden Phasen als Funktion der Temperatur für eine Legierung mit 20 Gewichtsprozent Si und 80 Gewichtsprozent Al, die langsam von 800 auf 300 °C abgekühlt wird, dar.

9.40 Berechnen Sie den untereutektischen Gewichtsanteil von Mullit in einem Hochtemperaturwerkstoff mit 20 Mol-Prozent Al_2O_3 und 80 Mol-Prozent SiO_2, der langsam auf Raumtemperatur abgekühlt wird.

9.41 Die Mikrostrukturanalyse einer langsam abgekühlten Al-Si-Legierung zeigt an, dass es eine untereutektische siliziumreiche Phase mit 5 Volumenprozent gibt. Berechnen Sie die Gesamtzusammensetzung der Legierung (in Gewichtsprozent).

9.42 Wiederholen Sie Aufgabe 9.41 für eine untereutektische siliziumreiche Phase mit 10 Volumenprozent.

9.43 Berechnen Sie den Anteil der untereutektischen g-Phase, die sich beim langsamen Abkühlen des in Abbildung 9.38 dargestellten weißen Gusseisens mit 3,0 Gewichtsprozent C bei 1.149 °C gebildet hat.

9.44 Stellen Sie die prozentualen Gewichtsanteile der auftretenden Phasen als Funktion der Temperatur für das in Abbildung 9.38 dargestellte weiße Gusseisen mit 3,0 Gewichtsprozent C, das langsam von 1.400 °C auf 0 °C abgekühlt wird, dar.

9.45 Stellen Sie die prozentualen Gewichtsanteile der auftretenden Phasen als Funktion der Temperatur von 1.000 °C auf 0 °C für den in Abbildung 9.39 dargestellten eutektischen Stahl mit 0,77 Gewichtsprozent C dar.

9.46 Stellen Sie die prozentualen Gewichtsanteile der auftretenden Phasen als Funktion der Temperatur von 1.000 °C auf 0 °C für den in Abbildung 9.40 dargestellten übereutektoiden Stahl mit 1,13 Gewichtsprozent C dar.

9.47 Stellen Sie die prozentualen Gewichtsanteile der auftretenden Phasen als Funktion der Temperatur von 1.000 °C auf 0 °C für einen typischen Baustahl (1.0402) (0,20 Gewichtsprozent C) dar.

9.48 Wiederholen Sie Aufgabe 9.47 für einen Baustahl (1.0511) (0,40 Gewichtsprozent C).

9.49 Stellen Sie die prozentualen Gewichtsanteile der auftretenden Phasen als Funktion der Temperatur von 1.000 °C auf 0 °C für den in Abbildung 9.41 dargestellten übereutektoiden Stahl mit 0,50 Gewichtsprozent C dar.

9.50 Stellen Sie die prozentualen Gewichtsanteile der auftretenden Phasen als Funktion der Temperatur von 1.400 °C auf 0 °C für ein weißes Gusseisen mit einer Gesamtzusammensetzung von 2,5 Gewichtsprozent C dar.

9.51 Stellen Sie die prozentualen Gewichtsanteile der auftretenden Phasen als Funktion der Temperatur von 1.400 °C auf 0 °C für einen Grauguss mit einer Gesamtzusammensetzung von 3,0 Gewichtsprozent C dar.

9.52 Wiederholen Sie Aufgabe 9.51 für einen Grauguss mit einer Gesamtzusammensetzung von 2,5 Gewichtsprozent C.

9.53 Beim Vergleich der Darstellung der sich im Gleichgewicht befindlichen Mikrostruktur in Abbildung 9.42 mit der tatsächlichen Mikrostruktur bei Raumtemperatur in *Abbildung 11.1b* wird deutlich, dass sich metastabiler Perlit bei der eutektischen Temperatur bilden kann (da die Zeit für die stabilere aber langsamere Bildung von Graphit nicht ausreicht). Nehmen Sie an, dass die Abbildungen 9.20 und 9.42 für 100 kg Grauguss (3,0 Gewichtsprozent C) bis herab zu 738 °C genau sind, aber Perlit sich beim Abkühlen über die eutektoide Temperatur bildet, und berechnen Sie den Anteil von Perlit, der in der Mikrostruktur bei Raumtemperatur zu erwarten ist.

9.54 Berechnen Sie mit den Annahmen von Aufgabe 9.53 den Anteil der Graphitplättchen in der Mikrostruktur bei Raumtemperatur.

9.55 Stellen Sie die prozentualen Gewichtsanteile der auftretenden Phasen als Funktion der Temperatur von 800 °C auf 300 °C für eine 95Al-5Cu-Legierung dar.

9.56 Gegeben sei 1 kg Messing mit der Zusammensetzung 35 Gewichtsprozent Zn und 65 Gewichtsprozent Cu. (a) Bei welcher Temperatur erscheint der erste feste Anteil beim langsamen Abkühlen? (b) Welche feste Phase erscheint zuerst und wie ist ihre Zusammensetzung? (c) Bei welcher Temperatur erstarrt die Legierung vollständig? (d) Über welchem Temperaturbereich befindet sich die Mikrostruktur vollständig in der α-Phase?

9.57 Wiederholen Sie Aufgabe 9.56 für 1 kg Messing mit der Zusammensetzung 30 Gewichtsprozent Zn und 70 Gewichtsprozent Cu.

9.58 Stellen Sie die prozentualen Gewichtsanteile der auftretenden Phasen als Funktion der Temperatur von 1.000 °C auf 0 °C für ein Messing mit 35 Gewichtsprozent Zn und 65 Gewichtsprozent Cu dar.

9.59 Wiederholen Sie Aufgabe 9.58 für ein Messing mit 30 Gewichtsprozent Zn und 70 Gewichtsprozent Cu.

9.60 Wiederholen Sie Aufgabe 9.58 für 1 kg Messing mit einer Zusammensetzung von 15 Gewichtsprozent Zn und 85 Gewichtsprozent Cu.

9.61 Stellen Sie für ein Messing mit 15 Gewichtsprozent Zn und 85 Gewichtsprozent Cu die prozentualen Gewichtsanteile der auftretenden Phasen als Funktion der Temperatur von 1.100 °C bis 0 °C dar.

9.62 Berechnen Sie den Anteil der β-Phase, der aus 1 kg einer Legierung mit 95 Gewichtsprozent Al und 5 Gewichtsprozent Mg beim langsamen Abkühlen auf 100 °C ausgeschieden wird.

9.63 Bezeichnen Sie die Zusammensetzungsbereiche im Al-Mg-System, für das die Ausscheidung des in Beispiel 9.10 veranschaulichten Typs auftreten kann (d.h. eine zweite Phase aus einer Einphasenmikrostruktur beim Abkühlen ausgeschieden werden kann).

9.64 Stellen Sie die prozentualen Gewichtsanteile der auftretenden Phasen als Funktion der Temperatur von 700 °C auf 100 °C für eine 90Al-10Mg-Legierung dar.

9.65 Eine Lot-Charge wird durch Zusammenschmelzen von 64 g einer 40:60-Pb-Sn-Legierung mit 53 g einer 60:40-Pb-Sn-Legierung hergestellt. Berechnen Sie die Anteile der α- und β-Phasen, die in der Gesamtlegierung anwesend sind, und nehmen Sie an, dass sie langsam auf Raumtemperatur von 25 °C abgekühlt wird.

9.66 Stellen Sie die prozentualen Gewichtsanteile der auftretenden Phasen als Funktion der Temperatur von 400 °C auf 0 °C für ein langsam abgekühltes 50:50-Pb-Sn-Lot dar.

9.67 Zeichnen Sie die anwesenden Phasen (in Mol-Prozent) als Funktion der Temperatur für die Erwärmung eines Hochtemperaturwerkstoffs mit der Zusammensetzung 60 Mol-Prozent Al_2O_3 und 40 Mol-Prozent MgO von 1.000 °C auf 2.500 °C.

9.68 Stellen Sie die auftretenden Phasen (in Mol-Prozent) als Funktion der Temperatur für das Aufheizen eines teilstabilisierten Zirkonoxids mit 10 Mol-Prozent CaO von Raumtemperatur auf 2.800 °C dar.

Kinetik – Wärmebehandlung

10.1 Zeit – die dritte Dimension 433
10.2 Das ZTU-Diagramm 439
10.3 Härtbarkeit 453
10.4 Ausscheidungshärtung 457
10.5 Glühbehandlung 461
10.6 Kinetik der Phasenumwandlungen für
  Nichtmetalle 466

10 KINETIK – WÄRMEBEHANDLUNG

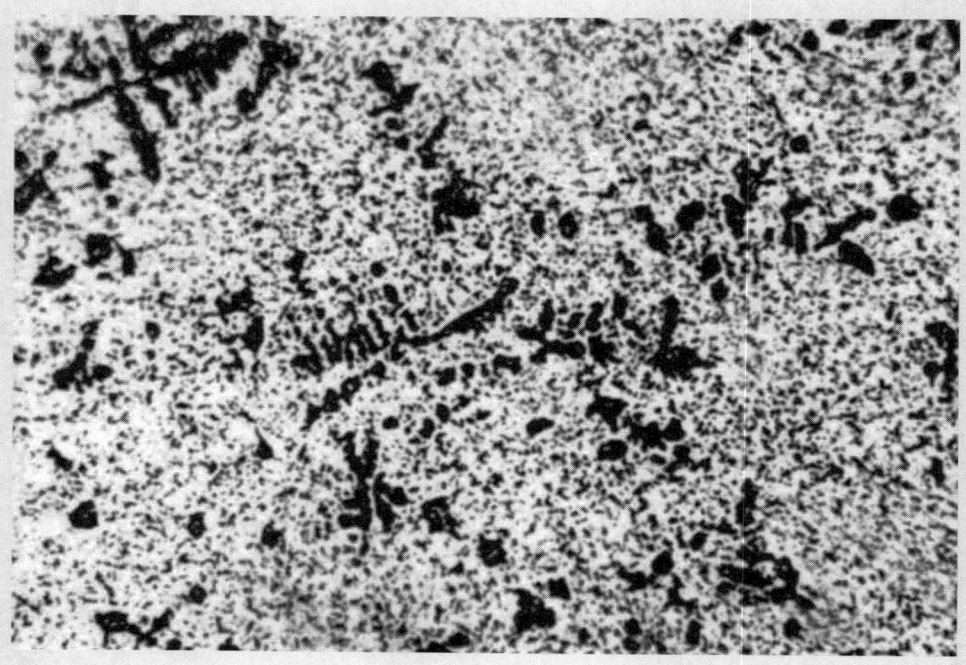

❚❚ Die Mikrostruktur eines schnell abgekühlten eutektischen Weichlots (≈ 38 Gewichtsprozent Pb – 62 Gewichtsprozent Sn) besteht aus Kügelchen von bleireicher fester Lösung (dunkel) in einer Matrix von zinnreicher fester Lösung (weiß); Vergrößerung 375fach. Der Unterschied zur langsam abgekühlten Mikrostruktur zu Beginn von Kapitel 9 veranschaulicht die Wirkung der Zeit auf die mikrostrukturelle Gefügeausbildung. **❚❚**

Kapitel 9 hat mit den Phasendiagrammen ein leistungsfähiges Werkzeug eingeführt, um die mikrostrukturelle Gefügeausbildung beim langsamen Abkühlen aus der Schmelze zu beschreiben. Das Kapitel hat aber auch deutlich darauf hingewiesen, dass Phasendiagramme Mikrostrukturen repräsentieren, die sich entwickeln „sollten" unter der Annahme, dass sich die Temperatur langsam genug ändert, um zu allen Zeiten das Gleichgewicht aufrechtzuerhalten. In der Praxis muss aber die Werkstoffherstellung (wie so vieles im täglichen Leben) im Eiltempo ablaufen und die Zeit wird zu einem wichtigen Faktor. Der praktische Aspekt dieses Konzepts ist die **Wärmebehandlung**, d.h. der erforderliche Temperatur-Zeit-Verlauf, um eine gewünschte Mikrostruktur zu erzeugen. Grundlage für die Wärmebehandlung ist die **Kinetik**, die sich hier als Wissenschaft der zeitabhängigen Phasenumwandlungen definieren lässt.

Als Erstes erhalten die Phasendiagramme eine Zeitskala, um die Annäherung an das Gleichgewicht zu zeigen. Es entsteht ein so genanntes *ZTU-Diagramm*, das für eine bestimmte Zusammensetzung die prozentuale Fertigstellung einer gegebenen Phasenumwandlung auf der Temperatur-Zeit-Achse zusammenfasst (ZTU steht für Zeit, Temperatur und Umwandlung). Derartige Diagramme sind Karten im gleichen Sinne wie Phasendiagramme. ZTU-Diagramme können Beschreibungen einschließen von Umwandlungen, die zeitabhängige Festkörperdiffusion betreffen, und von Umwandlungen, die durch einen schnellen Schermechanismus praktisch zeitunabhängig auftreten. Wie bei Phasendiagrammen lassen sich ZTU-Diagramme am besten mit Eisenlegierungen veranschaulichen. Dieses Kapitel geht auf grundlegende Betrachtungen bei der Wärmebehandlung von Stahl ein. Mit diesem Konzept eng verbunden ist die Charakterisierung der *Härtbarkeit*. Das *Ausscheidungshärten* ist eine wichtige Wärmebehandlung, die anhand von Nichteisenlegierungen veranschaulicht wird. *Anlassen* ist eine Wärmebehandlung, die in aufeinander folgenden Stufen von *Erholung*, *Rekristallisation* und *Kornwachstum* zu verringerter Härte führt. Das Thema Wärmebehandlung ist allerdings nicht auf die Metallurgie beschränkt. Um diese Tatsache zu veranschaulichen, geht dieses Kapitel am Schluss auf wichtige Phasenumwandlungen in nichtmetallischen Systemen ein.

10.1 Zeit – die dritte Dimension

Bei der Analyse der Phasendiagramme in *Kapitel 9* hat die Zeit in Bezug auf quantitative Aussagen keine Rolle gespielt, abgesehen davon, dass Temperaturänderungen relativ langsam stattfinden sollten. Phasendiagramme geben Gleichgewichtszustände wieder. Dementsprechend sollen diese Zustände (und die damit verbundenen Mikrostrukturen) stabil sein und sich nicht mit der Zeit ändern. Allerdings benötigen diese Gleichgewichtsstrukturen eine gewisse Zeit, um sich zu entwickeln, und die Annäherung an das Gleichgewicht lässt sich auf einer Zeitskala abbilden. Die einfache Darstellung dieses Konzepts in Abbildung 10.1 zeigt eine Zeitachse senkrecht zur Temperatur-Zusammensetzungs-Ebene eines Phasendiagramms. Für Komponente A gibt das Phasendiagramm an, dass Feststoff A bei jeder Temperatur unterhalb des Schmelzpunktes existiert. Allerdings geht aus Abbildung 10.1 auch hervor, dass die notwendige Zeit zum Übergang von der flüssigen in die feste Phase eine strenge Funktion der Temperatur ist.

Die Beziehung zwischen Thermodynamik und Kinetik wird auf der Companion Website im Kapitel zur Thermodynamik erläutert.

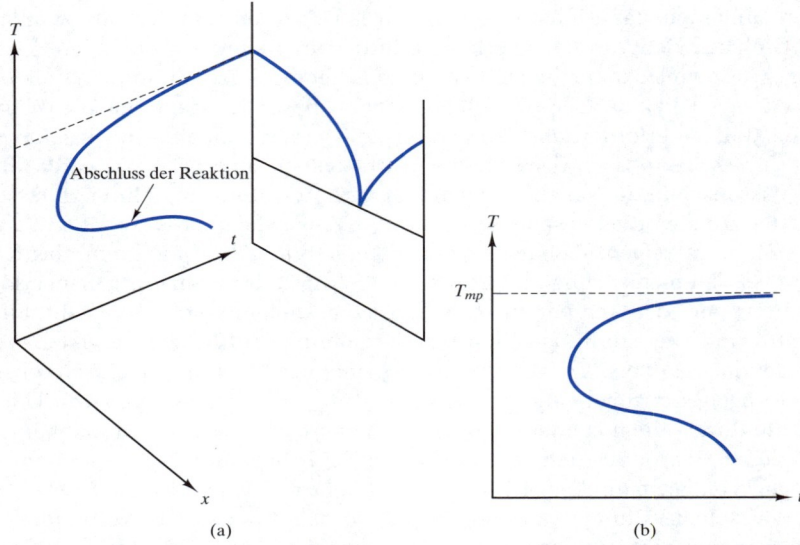

Abbildung 10.1: Schematische Darstellung der Annäherung an den Gleichgewichtszustand. (a) Die Zeit für den Verlauf bis zum Abschluss der Erstarrung ist eine strenge Funktion der Temperatur, wobei die kürzeste Zeitspanne bei einer Temperatur deutlich unterhalb des Schmelzpunktes auftritt. (b) Die Temperatur-Zeit-Darstellung mit einer *Umwandlungskurve*. Später sehen Sie, dass man die Zeitachse oftmals auf einer logarithmischen Skala aufträgt.

Dieses Konzept lässt sich auch anders formulieren: Die notwendige Zeit bis zum Abschluss der Erstarrungsreaktion variiert mit der Temperatur. Um die Reaktionszeiten in einheitlicher Form vergleichen zu können, stellt Abbildung 10.1 den ziemlich idealen Fall dar, bei dem die flüssige Phase augenblicklich vom Schmelzpunkt auf eine niedrigere Temperatur abgeschreckt und dann die Zeit bis zum Abschluss der Erstarrung bei dieser Temperatur gemessen wird. Auf den ersten Blick mag die Gestalt des Diagramms in Abbildung 10.1 überraschend sein. Die Reaktion setzt sich nahe dem Schmelzpunkt und bei relativ niedrigen Temperaturen langsam fort. Dazwischen läuft die Reaktion am schnellsten. Um diese „knieförmige" Umwandlungskurve zu verstehen, sind einige fundamentale Konzepte der Kinetiktheorie zu untersuchen.

Diese Diskussion konzentriert sich vor allem auf die Ausscheidung eines einphasigen Feststoffs innerhalb einer flüssigen Matrix (siehe Abbildung 10.2). Dieser Vorgang ist ein Beispiel für die **homogene Keimbildung**, d.h. die Ausscheidung findet innerhalb eines vollständig homogenen Mediums statt. Der allgemeinere Fall ist die **heterogene Keimbildung**, bei der die Ausscheidung von strukturellen Fehlstellen wie z.B. von der Grenzfläche zu einem Fremdkörper ihren Ausgang nimmt. Die Fehlstelle verringert die mit der Bildung der neuen Phase verbundene Oberflächenenergie.

10.1 Zeit – die dritte Dimension

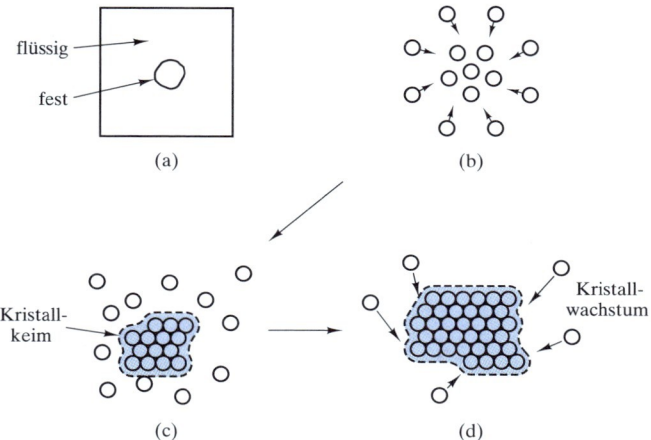

Abbildung 10.2: (a) Eine feste Ausscheidung in einer flüssigen Matrix, die auf einer mikroskopischen Ebene dargestellt ist. Der Ausscheidungsvorgang zeigt sich auf der atomaren Ebene (b) als Gruppierung von benachbarten Atomen, die einen Wachstumskeim bilden (c), gefolgt vom Wachstum der kristallinen Phase (d).

Selbst die homogene Keimbildung ist ziemlich komplex. Der Ausscheidungsvorgang findet tatsächlich in zwei Stufen statt. Die erste Stufe ist die **Keimbildung**. Die neue Phase, die sich bildet, weil sie stabiler ist, tritt zunächst in Form kleiner Keime auf. Diese Keime resultieren aus lokalen Atomfluktuationen und sind in der Regel nur einige Hundert Atome groß. In dieser anfänglichen Stufe entstehen auf zufällige Weise viele Keime. Nur die Keime, die eine bestimmte Größe überschreiten, sind stabil und können weiterwachsen. Diese kritische Keimgröße muss ausreichend groß sein, um die Bildungsenergie für die Grenzfläche zwischen fester und flüssiger Phase auszugleichen. Die Keimbildungsgeschwindigkeit (d.h. die Geschwindigkeit, bei der Keime mit mindestens der kritischen Größe erscheinen) ist das Ergebnis von zwei konkurrierenden Faktoren. Bei der genauen Umwandlungstemperatur (in diesem Fall dem Schmelzpunkt) befinden sich die festen und flüssigen Phasen im Gleichgewicht und es gibt keine treibende Kraft, die die Umwandlung anstößt. Kühlt man die Flüssigkeit unter die Umwandlungstemperatur ab, wird sie zunehmend instabil. Die klassische Theorie der Keimbildung basiert auf einem Energieausgleich zwischen dem Keim und seiner umgebenden Flüssigkeit. Das Hauptprinzip ist, dass ein kleiner Cluster von Atomen (der Keim) nur stabil sein wird, wenn weiteres Wachstum die Nettoenergie des Systems verringert. Nimmt man den Keim in Abbildung 10.2a als kugelförmig an, lässt sich der Energieausgleich wie in Abbildung 10.3 darstellen. Hieraus ist zu erkennen, dass der Keim stabil ist, wenn sein Radius r größer als der kritische Wert r_c ist.

Die treibende Kraft für die Erstarrung nimmt mit fallender Temperatur zu und die Rate der Keimbildung steigt steil an. Dieser Anstieg kann sich nicht unendlich fortsetzen. Das Clustern von Atomen bei der Keimbildung ist ein örtlich begrenzter Diffusionsvorgang. Die Geschwindigkeit fällt exponentiell ab und liefert ein weiteres Beispiel für das Arrhenius-Verhalten (siehe *Abschnitt 5.1*). Die Gesamtkeimbildungsrate spiegelt diese beiden Faktoren wider, indem sie von null bei der Umwandlungstemperatur (T_m) bis zu einem Maximalwert an einer Stelle unterhalb von T_m ansteigt und dann mit weiterem Erhöhen der Temperatur abfällt (siehe Abbildung 10.4). Damit haben Sie eine vorläufige Erklärung für die Form der Kurve in Abbildung 10.1. Die Zeit für die Reaktion ist unmittelbar unter der Übergangstemperatur lang, weil die treibende Kraft für die Reaktion gering und die Reaktionsgeschwindigkeit deshalb klein ist. Die Zeit für die Reaktion nimmt bei niedrigen Temperaturen auch deshalb zu, weil die Diffusionsgeschwindigkeit gering ist. Im Allgemeinen verläuft die Zeitachse in Abbildung 10.1 invers zur Geschwindigkeitsachse in Abbildung 10.4.

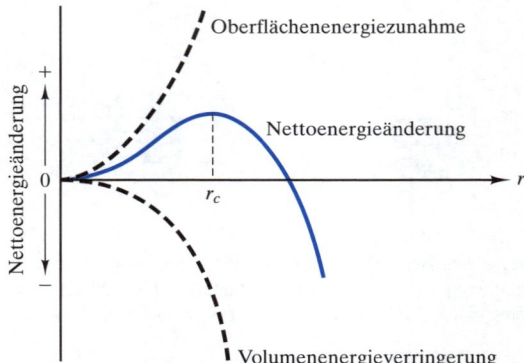

Abbildung 10.3: Die klassische Keimbildungstheorie umfasst einen Energieausgleich zwischen dem Keim und seiner umgebenden Flüssigkeit. Ein Keim (Cluster von Atomen), wie in Abbildung 10.2(c) dargestellt, wird nur stabil, wenn weiteres Wachstum die Nettoenergie des Systems reduziert. Ein ideal kugelförmiger Keim wird stabil sein, wenn sein Radius r größer als ein kritischer Wert r_c ist.

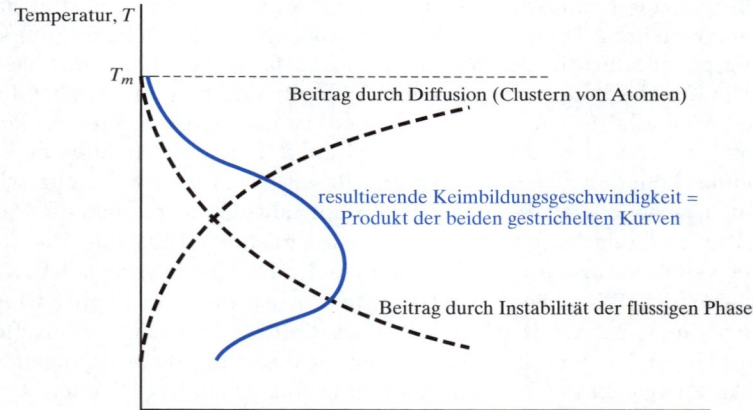

Abbildung 10.4: Die Keimbildungsgeschwindigkeit ist ein Produkt der beiden Kurven, die zwei entgegengesetzte Faktoren darstellen (Instabilität und Diffusionsfähigkeit).

Die Erklärung zu Abbildung 10.1 mithilfe von Abbildung 10.4 ist deshalb vorläufig, weil sie den Wachstumsschritt (siehe Abbildung 10.2) noch nicht berücksichtigt hat. Dieser Vorgang ist wie die anfängliche Clusterung von Atomen bei der Keimbildung dem Wesen nach ein Diffusionsprozess. Als solches ist die Wachstumsgeschwindigkeit G ein Arrhenius-Ausdruck

$$\dot{G} = Ce^{-Q/RT}, \qquad (10.1)$$

wobei C eine Konstante, Q die Aktivierungsenergie für die Selbstdiffusion in diesem System, R die universelle Gaskonstante und T die absolute Temperatur ist. Auf diesen Ausdruck ist *Abschnitt 5.1* bis zu einem gewissen Detail eingegangen. Abbildung 10.5 stellt die Keimbildungsgeschwindigkeit $\dot{N}$ und die Wachstumsgeschwindigkeit $\dot{G}$ zusammen dar. Die Gesamtumwandlungsgeschwindigkeit ist als Produkt von $\dot{N}$ und $\dot{G}$ zu sehen. Dieses kompliziertere Bild der Phasenumwandlung zeigt das gleiche allgemeine Verhalten wie die Keimbildungsgeschwindigkeit. Die der Maximalgeschwindigkeit entsprechende Temperatur hat sich verschoben, aber das allgemeine Argument ist gleich geblieben. Die Maximalgeschwindigkeit tritt in einem Temperaturbereich auf, wo die treibenden Kräfte für Erstarrung und Diffusionsgeschwindigkeiten beide signifikant sind. Obwohl dieses Prinzip die knieartigen Kurven qualitativ erklärt, ist zu berücksichtigen, dass Umwandlungskurven für viele praktische technische Werkstoffe zusätzliche Faktoren einschließen, wie z.B. mehrere Diffusionsmechanismen und mechanische Dehnungen, die mit Festkörperumwandlungen verbunden sind.

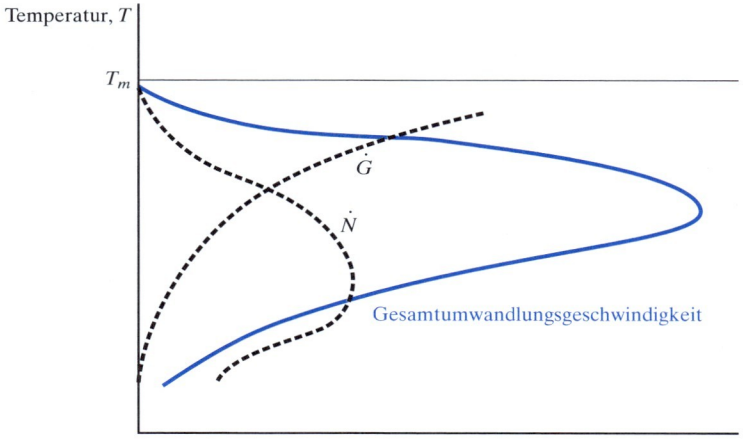

Abbildung 10.5: Die Gesamtumwandlungsgeschwindigkeit ist das Produkt der Keimbildungsgeschwindigkeit $\dot{N}$ (aus Abbildung 10.4) und der Wachstumsgeschwindigkeit $\dot{G}$ (in Gleichung 10.1 angegeben).

> **Beispiel 10.1** Bei 900 °C ist die Wachstumsgeschwindigkeit $\dot{G}$ ein dominanter Term bei der Kristallisation einer Kupferlegierung. Durch Abfall der Systemtemperatur auf 400 °C fällt die Wachstumsgeschwindigkeit um sechs Größenordnungen und verringert die Kristallisationsgeschwindigkeit praktisch auf null. Berechnen Sie die Aktivierungsenergie für die Selbstdiffusion in diesem Legierungssystem.
>
> ### Lösung
>
> Die folgende Berechnung ist eine direkte Anwendung von Gleichung 10.1:
>
> $$\dot{G} = Ce^{-Q/RT}.$$
>
> Betrachtet man zwei verschiedene Temperaturen, erhält man
>
> $$\frac{\dot{G}_{900\,°C}}{\dot{G}_{400\,°C}} = \frac{Ce^{-Q/R(900+273)\,K}}{Ce^{-Q/R(400+273)\,K}}$$
>
> $$= e^{-Q/R(1/1173 - 1/673)\,K^{-1}}.$$
>
> Das ergibt schließlich
>
> $$Q = -\frac{R \ln\left(\dot{G}_{900\,°C}/\dot{G}_{400\,°C}\right)}{(1/1173 - 1/673)\,K^{-1}}$$
>
> $$= -\frac{[8{,}314\,\text{J}/(\text{mol}\cdot\text{K})]\ln 10^{6}}{(1/1173 - 1/673)\,K^{-1}} = 181\,\text{kJ/mol}.$$
>
> *Hinweis:* Aufgrund der so hohen Kristallisationsgeschwindigkeit bei erhöhten Temperaturen ist es nicht möglich, die Kristallisation vollständig zu unterdrücken, sofern die Abkühlung nicht bei außergewöhnlich hohen Abschreckungsraten erfolgt. Die Ergebnisse in diesen speziellen Fällen sind die interessanten amorphen Metalle (siehe *Abschnitt 4.5*).

Die Lösungen für alle Übungen finden Sie auf der Companion Website.

> **Übung 10.1** Beispiel 10.1 hat gezeigt, wie die Aktivierungsenergie für das Kristallwachstum in einer Kupferlegierung ermittelt wird. Berechnen Sie mit diesem Ergebnis die Temperatur, bei der die Wachstumsgeschwindigkeit um drei Größenordnungen gegenüber der Rate bei 900 °C gesunken ist.

10.2 Das ZTU-Diagramm

Der vorherige Abschnitt hat die Zeit als Achse bei der Überwachung der Mikrostrukturentwicklung eingeführt. Die allgemeine Bezeichnung für ein Diagramm des in Abbildung 10.1 dargestellten Typs ist **ZTU-Diagramm**, wobei die Buchstaben für Zeit, Temperatur und (prozentuale) Umwandlung stehen. Dieses Diagramm ist auch als **isothermes Umwandlungsdiagramm** bekannt. Im Fall von Abbildung 10.1 ist die Zeit aufgetragen, die für eine 100%ige Fertigstellung der Umwandlung erforderlich ist. Abbildung 10.6 zeigt, wie sich der Umwandlungsprozess anhand einer Kurvenschar mit verschiedenen Umwandlungsstufen korrelieren lässt. Anhand des Beispiels für die industriell bedeutenden eutektoiden Umwandlungen in Stählen ist es nun möglich, den Prozess **diffusionsgesteuerter Umwandlungen** in Festkörpern (strukturelle Änderungen infolge der Migration von Atomen) eingehender zu untersuchen. Außerdem zeigt sich, dass manche **diffusionslose Umwandlungen** eine wichtige Rolle in der mikrostrukturellen Gefügeausbildung spielen und sich den ZTU-Diagrammen überlagern lassen.

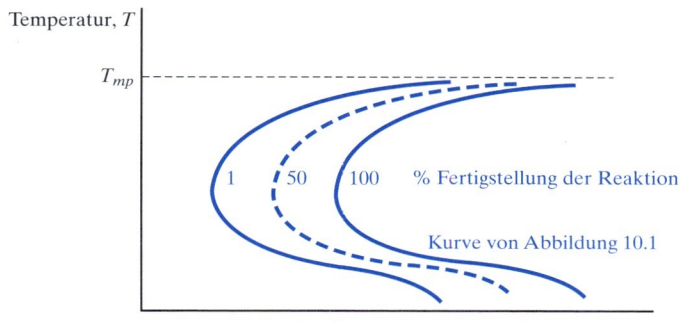

Abbildung 10.6: Ein Zeit-Temperatur-Umwandlungs-Diagramm, das den Erstarrungsprozess von Abbildung 10.1 anhand verschiedener Kurven, die den Umsetzungsgrad der Reaktion repräsentieren, veranschaulicht.

10.2.1 Diffusionsgesteuerte Umwandlungen

Diffusionsgesteuerte Umwandlungen betreffen eine Änderung der Struktur infolge atomarer Migrationen über größere Distanzen. *Abbildung 9.39* hat die mikrostrukturelle Gefügeausbildung während der langsamen Abkühlung von eutektoidem Stahl (Fe mit 0,77 Gewichtsprozent C) gezeigt. Abbildung 10.7 zeigt ein ZTU-Diagramm für diese Zusammensetzung, das der schematischen Darstellung von Abbildung 10.1 entspricht. Als wichtigste neue Information liefert Abbildung 10.7, dass **Perlit** nicht die einzige Mikrostruktur ist, die sich beim Abkühlen von **Austenit** entwickeln kann. In der Tat sind verschiedene Arten von Perlit bei verschiedenen Umwandlungstemperaturen festzustellen. Der in *Kapitel 9* angenommene langsame Abkühlungspfad ist in Abbildung 10.8 eingezeichnet und führt eindeutig zur Entwicklung groben Perlits. Hier sind alle Bezüge auf die Größe relativ. *Kapitel 9* hat die Tatsache betont, dass eutektische und eutektoide Strukturen im Allgemeinen feinkörnig sind. Wie Abbildung 10.7 zeigt, ist der nahe der eutektoiden Temperatur produzierte Perlit nicht so feinkörnig, wie der bei etwas niedrigeren Temperaturen erzeugte. Die Ursache für diesen Trend lässt sich anhand von Abbildung 10.5 verstehen. Niedrige Keimbildungsgeschwindigkeiten und hohe Diffusionsgeschwindigkeiten nahe der eutektoiden Temperatur führen zu einer relativ groben Struktur. Der bei niedrigeren Temperaturen gebildete zunehmend feinere Perlit liegt schließlich unter der Auflösungsgrenze optischer Mikroskope (bei etwa 2.000facher Vergrößerung lassen sich Details bis ungefähr 0,25 μm erkennen). Eine derart feine Struktur kann man mit dem Elektronenmikroskop sichtbar machen.

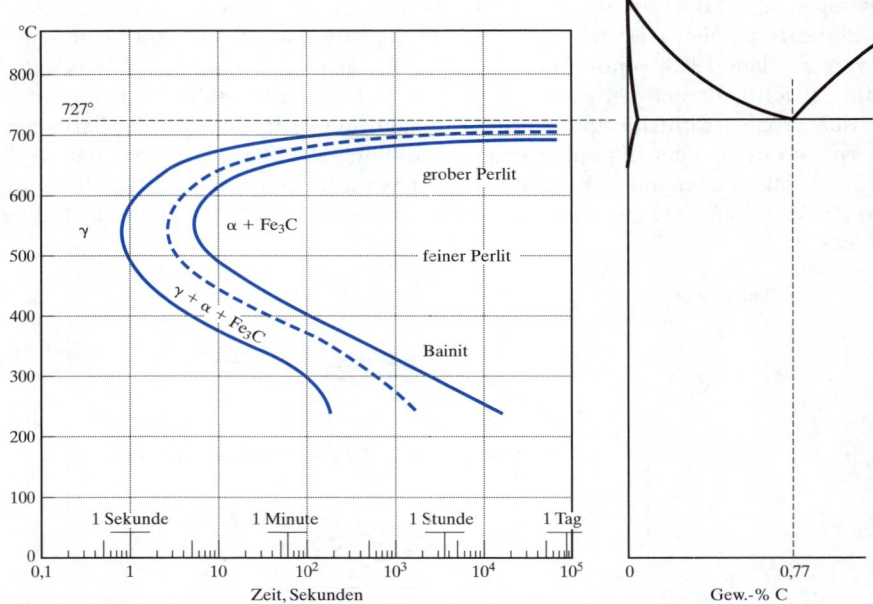

Abbildung 10.7: ZTU-Diagramm für eutektoiden Stahl, dargestellt in Bezug auf das Fe-Fe_3C-Phasendiagramm (siehe Abbildung 9.39). Dieses Diagramm zeigt, dass bei bestimmten Umwandlungstemperaturen Bainit statt Perlit gebildet wird. Im Allgemeinen wird das umgewandelte Gefüge zunehmend feinkörniger, wenn die Umwandlungstemperatur fällt. Die Keimbildungsrate nimmt zu und die Diffusionsfähigkeit geht zurück, wenn die Temperatur fällt. Die durchgezogene Kurve auf der linken Seite repräsentiert den Beginn der Umwandlung (~1 % Fertigstellung). Die gestrichelte Linie kennzeichnet 50 % Fertigstellung. Die durchgezogene Kurve rechts stellt die praktische Fertigstellung (~99 %) der Umwandlung dar. Diese Konventionen werden auch in den folgenden ZTU-Diagrammen verwendet.

Perlit wird ausgehend von der eutektoidischen Temperatur (727 °C) bis hinab zu etwa 400 °C gebildet. Unterhalb von 400 °C wird keine Perlit-Mikrostruktur mehr gebildet. Ferrit und Zementit bilden sich als äußerst feine Nadeln zu einer als **Bainit**[1] bezeichneten Mikrostruktur heraus (siehe Abbildung 10.9), in der Ferrit und Zementit noch feiner als in feinem Perlit verteilt sind. Obwohl man eine unterschiedliche Morphologie in Bainit findet, setzt sich doch der allgemeine Trend zu einer feineren Struktur mit sinkender Temperatur fort. Wichtig ist anzumerken, dass die Vielfalt der Morphologien, die sich über den in Abbildung 10.7 gezeigten Temperaturbereich entwickelt, stets die gleichen Phasenzusammensetzungen und relativen Anteile jeder Phase reprä-

---

1 Edgar Collins Bain (1891–1971), amerikanischer Metallurg, entdeckte die nach ihm benannte Mikrostruktur. Seine zahlreichen Leistungen in der Stahlkunde machten ihn zum bedeutendsten Metallurgen seiner Zeit.

10.2 Das ZTU-Diagramm

sentiert. Diese Zusammenhänge leiten sich alle aus den Gleichgewichtsberechnungen (mithilfe der Konode und dem Hebelgesetz) aus *Kapitel 9* ab. Ebenso wichtig ist anzumerken, dass ZTU-Diagramme spezifische thermische Verläufe darstellen und keine Zustandsdiagramme im Sinne von Phasendiagrammen sind. Z.B. ist grober Perlit stabiler als feiner Perlit oder Bainit, weil es insgesamt weniger Grenzflächenbereiche (hochenergetische Bereiche, siehe *Abschnitt 4.4*) hat. Im Ergebnis bleibt grober Perlit, nachdem er einmal gebildet ist, beim Abkühlen erhalten, wie es Abbildung 10.10 veranschaulicht.

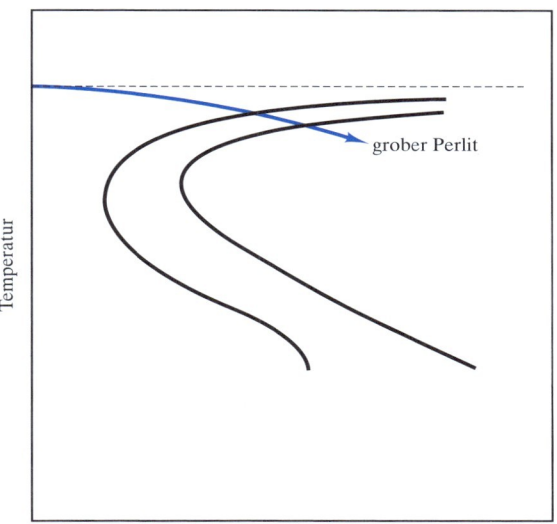

Abbildung 10.8: Ein langsamer Abkühlungspfad, der zu grober Perlit-Bildung führt, ist dem ZTU-Diagramm für eutektoiden Stahl überlagert. *Kapitel 9* hat grundsätzlich diesen Typ des thermischen Verlaufs zugrunde gelegt.

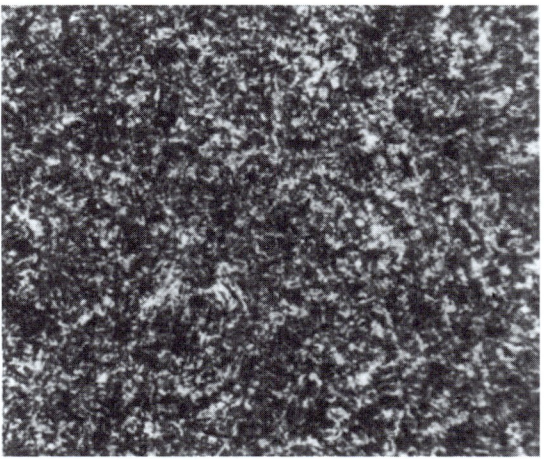

Abbildung 10.9: Die Mikrostruktur von Bainit umfasst extrem feine Nadeln von α-Fe und Fe_3C im Unterschied zur streifigen Struktur von Perlit (siehe *Abbildung 9.2*); Vergrößerung 535fach.

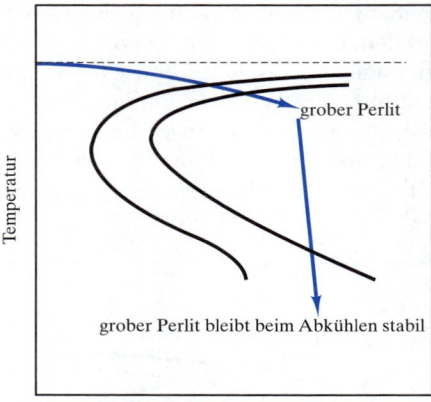

Abbildung 10.10: Die Interpretation der ZTU-Diagramme erfordert die Betrachtung des thermischen „Verlaufspfades". Z.B. bleibt grober Perlit, nachdem er einmal gebildet ist, beim Abkühlen stabil. Die feinkörnigeren Strukturen sind weniger stabil, aufgrund der Energie, die mit dem Korngrenzenbereich verbunden ist. (Im Unterschied dazu stellen Phasendiagramme das thermodynamische Gleichgewicht dar und kennzeichnen stabile Phasen unabhängig vom Weg, der zur Erreichung eines gegebenen Zustandspunktes verwendet wird.)

10.2.2 Diffusionslose (martensitische) Umwandlungen

Sämtliche eutektoiden Reaktionen in Abbildung 10.7 sind mit Diffusion verbunden. Bei diesen ZTU-Diagrammen fällt auf, dass die Kurven bei etwa 250 °C enden. Abbildung 10.11 zeigt, dass ein vollkommen anderer Vorgang bei niedrigeren Temperaturen auftritt. Die waagerechten Linien wurden hinzugefügt, um das Auftreten eines diffusionslosen Prozesses namens **martensitische**[1] **Umwandlung** darzustellen. Dieser allgemeine Begriff bezieht sich auf eine umfangreiche Klasse von diffusionslosen Umwandlungen in Metallen wie in Nichtmetallen. Das bekannteste Beispiel ist die spezifische Umwandlung eutektoider Stähle. In diesem System bezeichnet man das aus dem abgeschreckten Austenit gebildete Produkt als **Martensit**. In der Tat kann man durch genügend schnelles Abschrecken von Austenit (um die „Perlit-Nase" bei ungefähr 550 °C zu umgehen) sämtliche diffusionsgesteuerte Umwandlungen unterdrücken. Allerdings ist die Vermeidung des Diffusionsvorgangs nicht umsonst. Die Austenit-Phase ist noch instabil und wird mit fallender Temperatur tatsächlich noch instabiler. Bei ungefähr 215 °C ist die Instabilität von Austenit so groß, dass sich ein kleiner Bruchteil (weniger als 1%) des Materials spontan in Martensit umwandelt. Statt der diffusionsgesteuerten Migration von Kohlenstoffatomen, durch die getrennte α- und Fe_3C-Phasen produziert werden, orientieren sich bei der martensitischen Umwandlung die C- und Fe-Atome aus dem kfz-Mischkristall von γ-Fe plötzlich neu zu einem tetragonal raumzentrierten (trz-) Mischkristall, der martensitisch ist (siehe Abbildung 10.12). Die relativ komplexe Kristallstruktur und die übersättigte Konzentration von Kohlenstoffatomen im Martensit führt zu seiner charakteristisch spröden

---

[1] Adolf Martens (1850–1914), deutscher Metallurg, wurde ursprünglich als Maschinenbauer ausgebildet. Schon frühzeitig in seiner Laufbahn wurde er in die Entwicklung der Werkstoffprüfung für die Konstruktion einbezogen. Er war ein Vorreiter beim Einsatz des Mikroskops als praktisches Analysewerkzeug für Metalle. Später lieferte er in einem akademischen Aufsatz das hoch beachtete *Handbuch der Materialkunde* (1899).

Natur. In Abbildung 10.11 ist der Beginn der martensitischen Umwandlung mit M_S bezeichnet und als waagerechte (d.h. zeitunabhängige) Linie dargestellt. Wenn sich das Abschrecken von Austenit bis unter M_S fortsetzt, wird die Austenit-Phase zunehmend instabiler und ein größerer Anteil des Systems wird in Martensit umgewandelt. In Abbildung 10.11 sind verschiedene Stufen der martensitischen Umwandlung gekennzeichnet. Abschrecken auf $-46\,°C$ oder darunter führt zur vollständigen Umwandlung in Martensit. Die nadelartige Mikrostruktur von Martensit ist in Abbildung 10.13 zu sehen. Martensit ist eine **metastabile** Phase, d.h. sie ist über die Zeit stabil, zerfällt aber bei erneuter Erwärmung in die thermodynamisch stabileren Phasen von α und Fe_3C. Die genaue Steuerung dieser verschiedenen Phasenanteile ist Gegenstand der Wärmebehandlung, mit der sich der nächste Abschnitt beschäftigt.

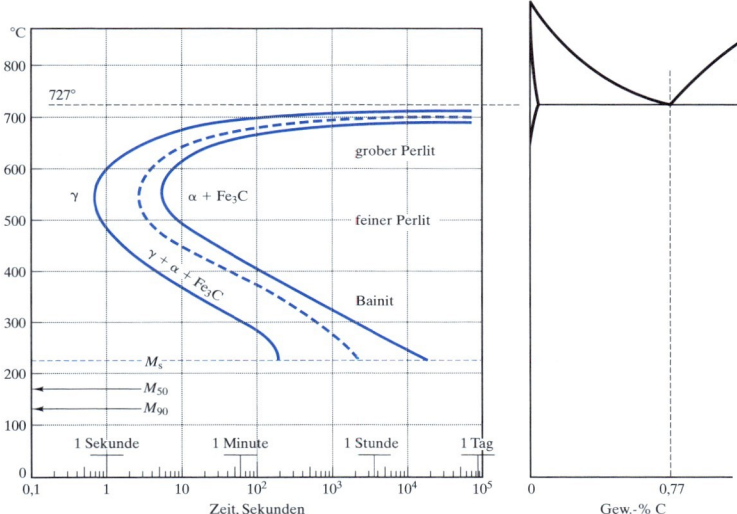

Abbildung 10.11: Ein vollständigeres ZTU-Diagramm für eutektoiden Stahl als das in Abbildung 10.7 angegebene. Die verschiedenen Stufen der zeitunabhängigen (oder diffusionslosen) martensitischen Umwandlung sind als horizontale Linien gezeigt. M_S repräsentiert den Beginn, M_{50} die 50%ige Umwandlung und M_{90} die 90%ige Umwandlung. Die 100%ige Umwandlung zu Martensit wird erst bei einer Endtemperatur (M_f) von $-46\,°C$ erreicht.

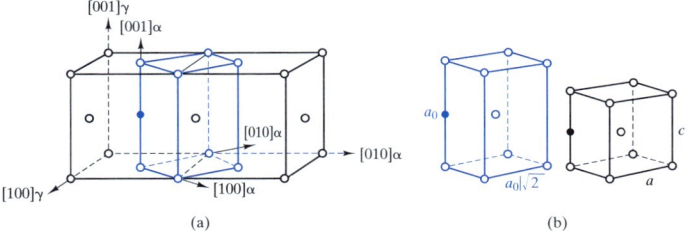

Abbildung 10.12: Bei Stählen orientieren sich während der martensitischen Umwandlung die C- und Fe-Atome aus dem kfz-Mischkristall von γ-Fe (Austenit) plötzlich neu zu einem tetragonal raumzentrierten (trz-) Mischkristall (Martensit). In (a) wird die trz-Elementarzelle relativ zum kfz-Gitter durch die $(100)_\alpha$-Achsen dargestellt. In (b) wird die trz-Elementarzelle vor (links) und nach (rechts) der Umwandlung gezeigt. Die Hohlkreise symbolisieren Eisenatome, die Vollkreise ein interstitiell gelöstes Kohlenstoffatom. Diese Darstellung der martensitischen Umwandlung wurde zuerst von Bain im Jahre 1924 präsentiert und obwohl darauf folgende Untersuchungen die Einzelheiten des Umwandlungsmechanismus verfeinert haben, ist dieses Diagramm nach wie vor eine nützliche und bekannte Darstellung.

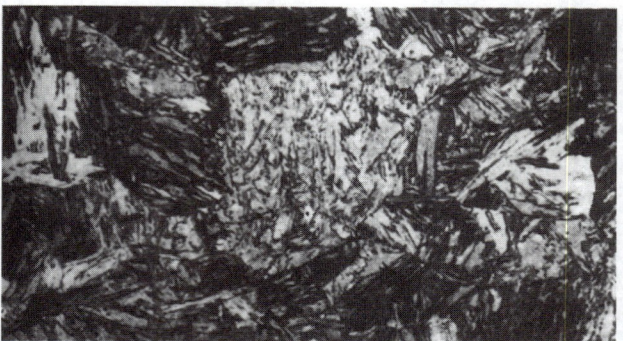

Abbildung 10.13: Nadelförmige Mikrostruktur von Martensit bei 1000facher Vergrößerung

Wie erwartet, verlangt die komplexe Menge der (in Abschnitt 10.1 behandelten) Faktoren, die die Umwandlungsgeschwindigkeit bestimmen, dass das ZTU-Diagramm in Form eines spezifischen thermischen Verlaufs definiert wird. Die ZTU-Diagramme in diesem Kapitel sind im Allgemeinen *isotherm*, d.h. die Umwandlungszeit bei einer gegebenen Temperatur ist die Zeit, die für die Umwandlung bei dieser Temperatur unmittelbar nach einer Abschreckbehandlung eingestellt wird. Abbildung 10.8 und mehrere der nachfolgenden Diagramme überlagern diese Diagramme mit den Abkühlungs- oder Aufheizungspfaden. Derartige Pfade können die Zeit beeinflussen, bei der die Umwandlung bei einer gegebenen Temperatur auftreten wird. Mit anderen Worten werden die Positionen der Umwandlungskurven bei nichtisothermen Bedingungen leicht nach unten und rechts verschoben. Abbildung 10.14 zeigt ein derartiges **kontinuierliches Zeit-Umwandlungs-Diagramm**. Der Einfachheit halber verzichtet dieses Buch in der Regel auf diese Verfeinerung. Dennoch sind die hier demonstrierten Prinzipien gültig.

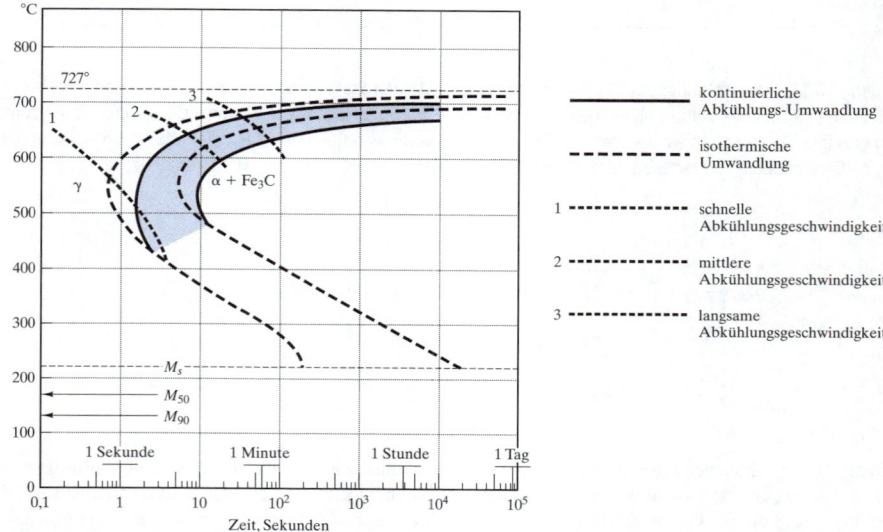

Abbildung 10.14: Ein kontinuierliches Abkühlungs-Umwandlungs (ZTU)-Diagramm ist hier dem isothermen Umwandlungsdiagramm aus Abbildung 10.11 überlagert. Die grundsätzliche Wirkung der kontinuierlichen Abkühlung ist die Verschiebung der Umwandlungskurven nach unten und rechts.

10.2 Das ZTU-Diagramm

Bisher hat sich dieses Kapitel nur auf die eutektoide Zusammensetzung konzentriert. Abbildung 10.15 zeigt das ZTU-Diagramm für die übereutektoide Zusammensetzung, die in *Abbildung 9.40* eingeführt wurde. Der auffälligste Unterschied zwischen diesem Diagramm und dem eutektoiden ist die zusätzliche gekrümmte Linie, die aus der „Perlit-Nase" zur waagerechten Linie bei 880 °C entspringt. Diese zusätzliche Linie entspricht dem zusätzlichen diffusionsgesteuerten Prozess für die Bildung von untereutektoidem Zementit. Weniger auffällig ist die Verschiebung nach unten in die martensitischen Reaktionstemperaturen, wie z.B. M_S. Abbildung 10.16 zeigt ein ähnliches ZTU-Diagramm für die untereutektoide Zusammensetzung, die *Abbildung 9.41* eingeführt hat. Dieses Diagramm schließt die Bildung von untereutektoidem Ferrit ein und zeigt martensitische Temperaturen höher als die für den eutektoiden Stahl. Grundsätzlich tritt die martensitische Reaktion bei fallenden Temperaturen und steigenden Kohlenstoffgehalten in der Nähe der eutektoiden Zusammensetzung auf.

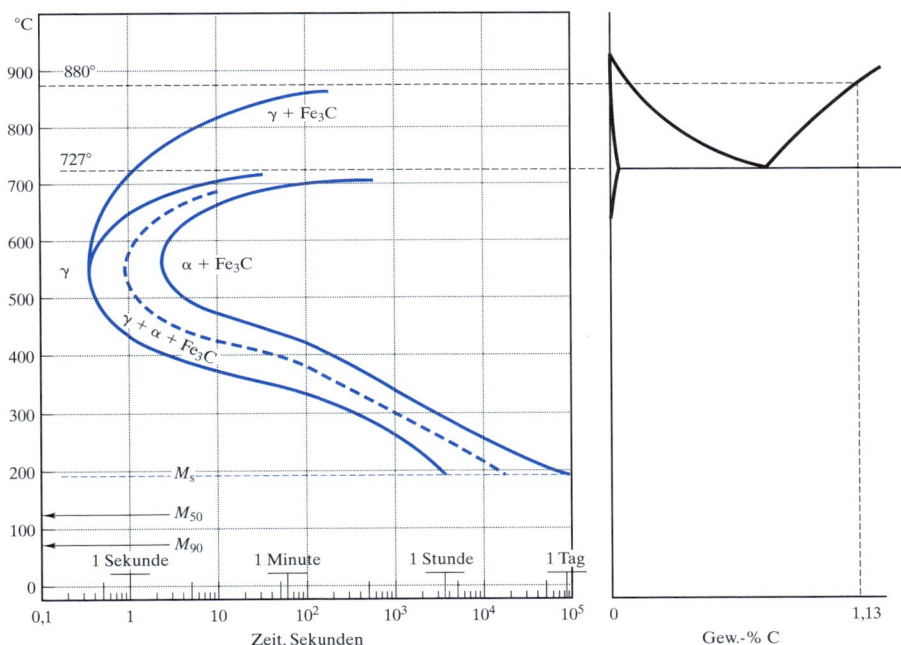

Abbildung 10.15: ZTU-Diagramm für eine übereutektoide Zusammensetzung (1,13 Gewichtsprozent C), verglichen mit dem Fe-Fe$_3$C-Phasendiagramm. *Abbildung 9.40* hat die mikrostrukturelle Gefügeausbildung für die langsame Abkühlung dieser Legierung gezeigt.

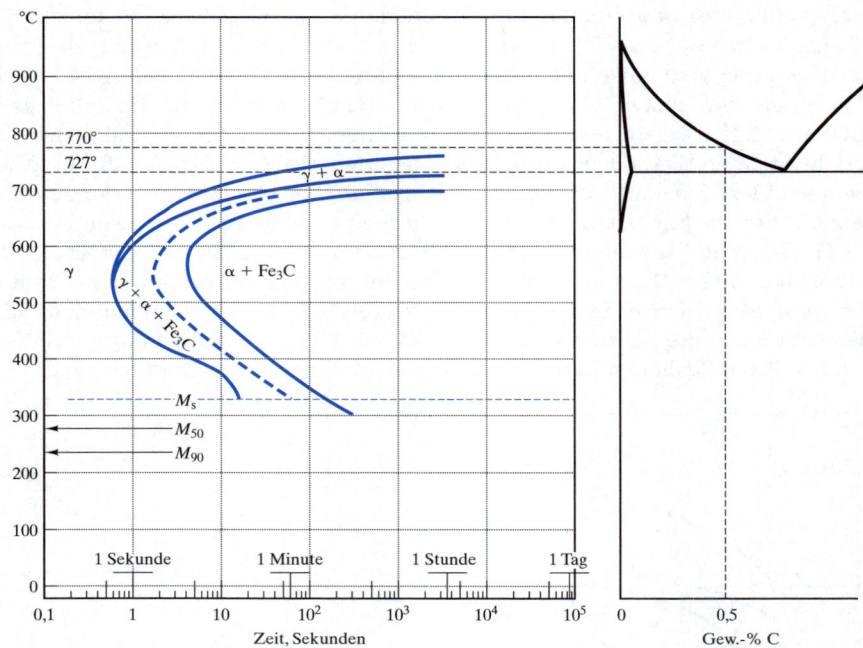

Abbildung 10.16: ZTU-Diagramm für eine untereutektoide Zusammensetzung (0,5 Gewichtsprozent C), verglichen mit dem $Fe-Fe_3C$-Phasendiagramm. *Abbildung 9.41* hat die mikrostrukturelle Gefügeausbildung für die langsame Abkühlung dieser Legierung gezeigt. Durch Vergleich der Abbildungen 10.11, 10.15 und 10.16 erkennt man, dass die martensitische Umwandlung bei fallenden Temperaturen und steigendem Kohlenstoffgehalt im Bereich der eutektoidischen Zusammensetzung auftritt.

10.2.3 Wärmebehandlung von Stahl

Nachdem nun die Grundlagen der ZTU-Diagramme bekannt sind, lassen sich einige grundlegende Prinzipien der Wärmebehandlung von Stählen veranschaulichen. Das ist an sich ein weites Feld mit enormer, kommerzieller Bedeutung. Dieses einführende Lehrbuch kann natürlich nur einige elementare Beispiele streifen. Zur Veranschaulichung wird die eutektoide Zusammensetzung gewählt.

Wie bereits erwähnt, ist Martensit eine Phase, die so spröde ist, dass ein Produkt aus 100% Martensit vollkommen unbrauchbar wäre und einem Glashammer nahe käme. Ein gebräuchlicher Ansatz, die mechanischen Eigenschaften eines Stahls einzustellen, ist es, zuerst durch schnelles Abschrecken ein vollständig martensitisches Material zu bilden. Dann lässt sich die Sprödigkeit dieses Stahls verringern, indem man ihn gezielt auf eine Temperatur wiedererwärmt, wo die Umwandlung in die Gleichgewichtsphasen von α und Fe_3C möglich ist. Wenn das für eine kurze Zeitspanne bei einer mittleren Temperatur geschieht, erhält man ein hochfestes Produkt mit geringer Duktilität. Aufheizen über längere Zeiträume führt zu größerer Duktilität (weil der Martensit-Anteil geringer ist). Abbildung 10.17 zeigt einen thermischen Verlauf [$T = fn(t)$], der einem ZTU-Diagramm überlagert ist, und repräsentiert diesen konventionellen Prozess, der aus der Abschreckbehandlung (Härten, Martensitbildung) und einer nachfolgenden Glühbehandlung bei moderaten Temperaturen (Anlassen) besteht. Den gesamten Zeit-Temperatur-Verlauf, bestehend aus Abschrecken und Anlassen, bezeichnet man als **Vergüten**. (Beachten Sie, dass die Überlagerung von Erwärmungs- und Abkühlungskurven auf einem isothermischen ZTU-Diagramm eine schematische Veranschaulichung ist.) Die durch Vergüten erzeugte α+Fe$_3$C-Mikrostruktur unterscheidet sich sowohl von Perlit als auch von Bainit, was angesichts der grundsätzlich unterschiedlichen Pfade nicht überrascht. Perlit und Bainit entstehen durch Abkühlen von Austenit, einem kubisch flächenzentrierten Mischkristall. Die als **angelassener Martensit** bekannte Mikrostruktur (siehe Abbildung 10.18) wird durch Aufheizen von Martensit, einem tetragonal raumzentrierten Mischkristall aus Fe und C, gebildet. Die Morphologie in Abbildung 10.18 zeigt, dass sich das Carbid zu isolierten Teilchen in einer Matrix aus Ferrit zusammengefügt hat.

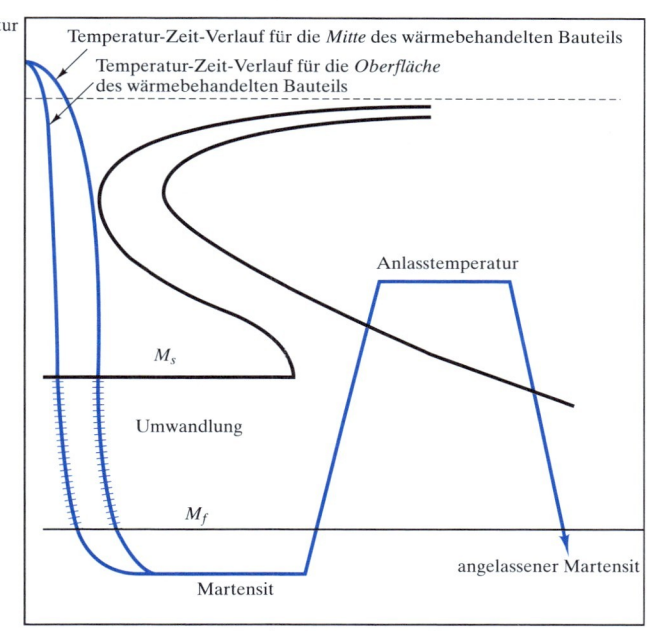

Abbildung 10.17: Anlassen bezeichnet einen thermischen Verlauf [$T = fn(t)$], in dem Martensit, gebildet durch Abschrecken von Austenit, erneut erwärmt wird. Der entstehende angelassene Martensit besteht aus der Gleichgewichtsphase von α-Fe und Fe$_3$C, aber in einer Mikrostruktur, die sich sowohl von Perlit als auch von Bainit unterscheidet (siehe hierzu auch Abbildung 10.18). (Beachten Sie, dass die Darstellung der Einfachheit halber das ZTU-Schaubild von eutektoidem Stahl angibt. In der Praxis führt man im Allgemeinen eine Anlassbehandlung an Stählen mit langsameren diffusionsgesteuerten Reaktionen durch, die weniger scharfe Abschreckungen erlauben.)

Ein mögliches Problem beim konventionellen Abschrecken und Anlassen ist, dass sich das Bauteil infolge ungleichmäßiger Abkühlung im Abschreckungsschritt verzieht und reißen kann. Der äußere Bereich kühlt am schnellsten ab und wandelt sich demzufolge vor dem Innenbereich in Martensit um. Während der kurzen Zeitspanne, in der Außen- und Innenbereich unterschiedliche Kristallstrukturen haben, können beträchtliche Spannungen auftreten. Der Bereich mit der Martensit-Struktur ist natürlich hochspröde und anfällig für Rissbildung. Dieses Problem lässt sich durch eine spezielle Wärmebehandlung, das **Warmbadhärten**, lösen (siehe Abbildung 10.19).

Indem man den Abkühlvorgang oberhalb von M_S stoppt, kann man das gesamte Bauteil durch einen kurzen isothermen Schritt auf dieselbe Temperatur bringen. Die martensitische Umwandlung kann dann durch langsames Abkühlen gleichmäßig über das gesamte Teil stattfinden. Daran schließt sich zur Duktilitätssteigerung ebenfalls eine Anlassbehandlung an.

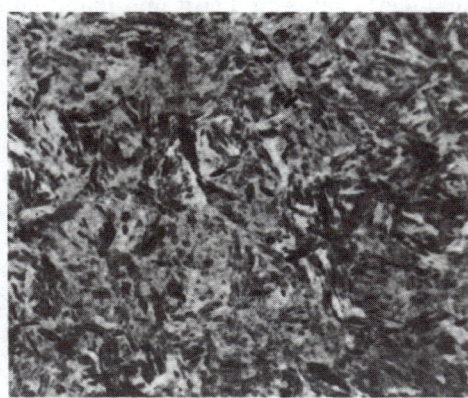

Abbildung 10.18: Die Mikrostruktur von angelassenem Martensit ist zwar eine Gleichgewichtsmischung von α-Fe und Fe_3C, unterscheidet sich aber von der für Perlit (siehe *Abbildung 9.2*) und Bainit (siehe Abbildung 10.9); Vergrößerung 825fach. Bei dem hier dargestellten Gefüge handelt es sich um einen Stahl mit 0,50 Gewichtsprozent C, der vergleichbar ist mit dem in Abbildung 10.16.

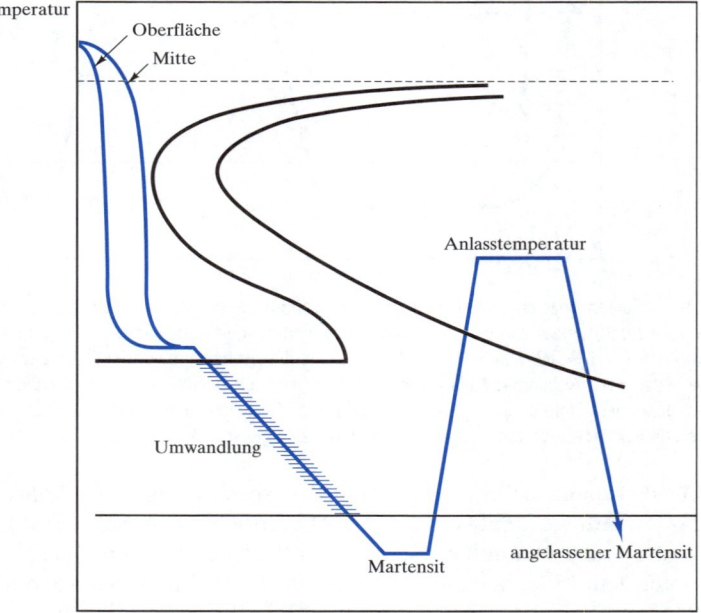

Abbildung 10.19: Beim Warmbadhärten wird der Abschreckvorgang unmittelbar oberhalb von M_S gestoppt. Langsames Abkühlen über den martensitischen Umwandlungsbereich verringert die Spannung infolge der kristallographischen Änderung. Der abschließende Wiederaufheizungsschritt ist dem beim konventionellen Anlassen äquivalent.

10.2 Das ZTU-Diagramm

Eine alternative Methode, um Verzug und Rissbildungen des konventionellen Vergütens zu vermeiden, ist die als **Zwischenstufenvergüten** bezeichnete Wärmebehandlung, die Abbildung 10.20 veranschaulicht. Zwischenstufenvergüten hat den Vorteil, die Kosten für den erneuten Erwärmungsschritt vermeiden zu können. Wie beim Warmbadhärten wird das Abschrecken unmittelbar vor Erreichen der Martensit-Starttemperatur über M_S gestoppt. Beim Zwischenstufen = Vergüten wird der isotherme Schritt erweitert, bis die vollständige Umwandlung in Bainit stattfindet. Da diese Mikrostruktur (α und Fe_3C) thermodynamisch stabiler als Martensit ist, produziert weiteres Abkühlen kein Martensit. Die Härte lässt sich steuern, indem man die Bainit-Umwandlungstemperatur sorgfältig wählt. Infolge der zunehmend feinkörnigeren Struktur vergrößert sich die Härte mit sinkender Umwandlungstemperatur.

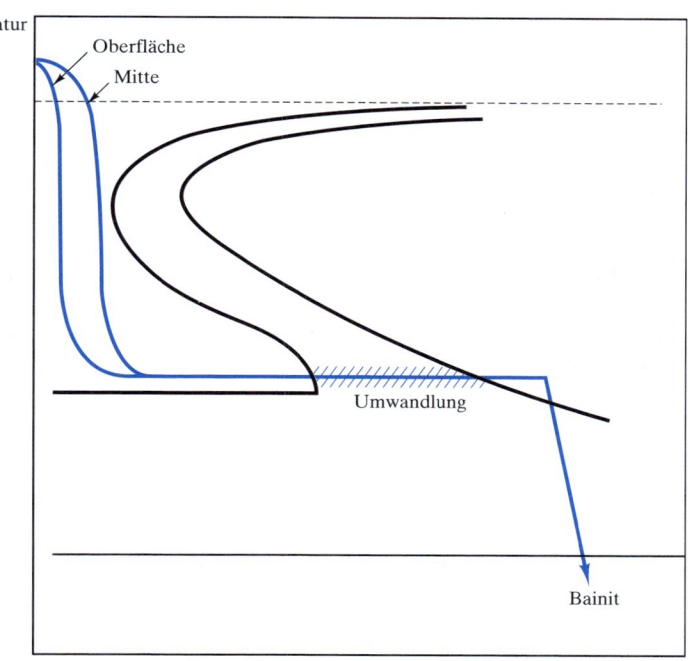

Abbildung 10.20: Wie das Warmbadhärten vermeidet das Zwischenstufenvergüten Verzug und Rissbildungen infolge des Abschreckens durch den martensitischen Umwandlungsbereich. In diesem Fall wird die Legierung genügend lange unmittelbar über M_S gehalten, um die vollständige Umwandlung in Bainit zu ermöglichen.

Zu diesen schematischen Darstellungen der Wärmebehandlung ist ein abschließender Kommentar angebracht. Die Prinzipien wurden mithilfe des einfachen eutektoiden ZTU-Diagramms angemessen aufgezeigt. Allerdings gelten die verschiedenen Formen der Wärmebehandlung gleichermaßen für eine breite Palette von Stahlzusammensetzungen, deren ZTU-Diagramme sich beträchtlich vom eutektoiden Diagramm unterscheiden. Z.B. kommt das Zwischenstufenvergüten für bestimmte Legierungsstähle nicht infrage, weil die Legierungsbeimengungen die Zeit für die Bainit-Umwandlung beträchtlich erhöhen. Außerdem ist das Anlassen von eutektoidem Stahl aufgrund der hohen notwendigen Abschreckungsgeschwindigkeit, um die „Perlit-Nase" zu vermeiden, in der Praxis nur begrenzt einsetzbar.

Beispiel 10.2 (a) Wie viel Zeit ist erforderlich, damit sich Austenit in 50% Perlit bei 600 °C umwandelt?
(b) Wie viel Zeit ist erforderlich, damit sich Austenit in 50% Bainit bei 300 °C umwandelt?

Lösung

(a) Dieses Problem ist eine direkte Anwendung von Abbildung 10.7. Die gestrichelte Linie kennzeichnet den Halbierungspunkt in der Umwandlung von $\gamma \rightarrow \alpha$ + Fe_3C. Bei 600 °C beträgt die Zeit zum Erreichen dieser Linie $\sim$ 3,5 s.
(b) Bei 300 °C beträgt die Zeit $\sim$ 480 s oder 8 min.

Beispiel 10.3 (a) Berechnen Sie die Mikrostruktur eines Stahls mit 0,77 Gewichtsprozent C, der wie folgt behandelt wird: (i) sofort abgeschreckt aus dem γ-Bereich auf 500 °C, (ii) gehalten für 5 s und (iii) sofort abgeschreckt auf 250 °C.
(b) Was passiert, wenn die resultierende Mikrostruktur für einen Tag bei 250 °C gehalten und dann auf Raumtemperatur abgekühlt wird?
(c) Was passiert, wenn die resultierende Mikrostruktur von Aufgabe (a) direkt auf Raumtemperatur abgeschreckt wird?
(d) Zeichnen Sie die verschiedenen thermischen Verläufe.

Lösung

(a) Da ideale Abschreckbedingungen vorliegen, lässt sich dieses Problem genau in der Form von Abbildung 10.7 lösen. Die beiden ersten Teile der Wärmebehandlung führen zu $\sim$70% Umwandlung in feinen Perlit. Das abschließende Abschrecken behält diesen Zustand bei:

30% γ + 70% feiner Perlit (α + Fe_3C).

(b) Das Perlit bleibt stabil, doch das zurückbleibende γ hat genügend Zeit, sich in Bainit umzuwandeln, wodurch der endgültige Zustand

30% Bainit (α + Fe_3C) + 70% feiner Perlit (α + Fe_3C)

entsteht.
(c) Auch hier bleibt der Perlit stabil, doch der größte Teil der γ-Phase wird unstabil. Für diesen Fall sind die martensitischen Umwandlungsdaten in Abbildung 10.11 heranzuziehen. Die resultierende Mikrostruktur lautet

70% feiner Perlit (α + Fe_3C) + $\sim$ 30% Martensit.

(Weil die martensitische Umwandlung erst bei -46 °C vollständig ist, bleibt ein kleiner Anteil von γ bei Raumtemperatur zurück.)

(d)

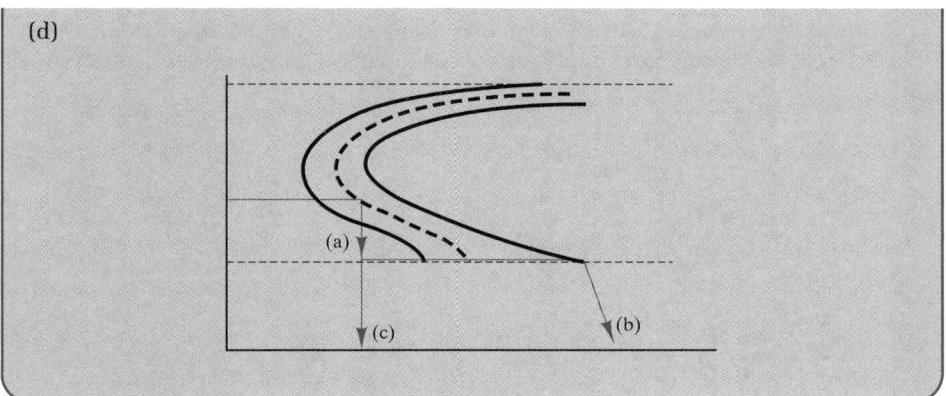

Beispiel 10.4 Schätzen Sie die notwendige Abschreckgeschwindigkeit ab, um die Perlit-Bildung bei einem
(a) Stahl mit 0,5 Gewichtsprozent C,
(b) Stahl mit 0,77 Gewichtsprozent C und
(c) Stahl mit 1,13 Gewichtsprozent C
zu unterdrücken.

Lösung

In jedem Fall ist die Geschwindigkeit des notwendigen Temperaturabfalls gesucht, um die „Perlit-Nase" zu unterdrücken:

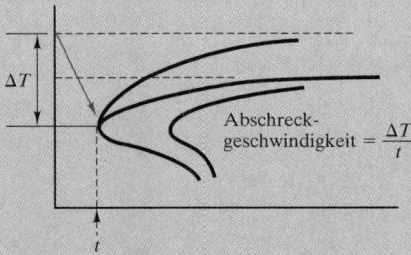

$$\text{Abschreckgeschwindigkeit} = \frac{\Delta T}{t}$$

Hinweis: Dieses isotherme Umwandlungsdiagramm dient dazu, einen kontinuierlichen Abkühlungsvorgang zu veranschaulichen. Eine genaue Berechnung würde eine echte kontinuierliche Umwandlungskurve für die Abkühlung erfordern.

(a) Gemäß Abbildung 10.16 ist für einen Stahl mit 0,5 Gewichtsprozent C ein Abschrecken von der Austenit-Grenze (770 °C) auf ~520 °C in ~ 0,6 s erforderlich:

$$\frac{\Delta T}{t} = \frac{(770-520)\ °C}{0,6\ s} = 420\ °C/s.$$

(b) Gemäß Abbildung 10.11 ist für einen Stahl mit 0,77 Gewichtsprozent C ein Abschrecken von der eutektoidischen Temperatur (727 °C) auf ~550 °C in ~0,7 s erforderlich:

$$\frac{\Delta T}{t} = \frac{(727-550)\ °C}{0,7\ s} = 250\ °C/s.$$

(c) Gemäß Abbildung 10.15 ist für einen Stahl mit 1,13 Gewichtsprozent C ein Abschrecken von der Austenit-Grenze (880 °C) auf ~550 °C in ~3,5 s erforderlich:

$$\frac{\Delta T}{t} = \frac{(880-550)\ °C}{0,35\ s} = 940\ °C/s.$$

Beispiel 10.5 Berechnen Sie die erforderliche Zeit für die Zwischenstufenvergütung bei 5 °C oberhalb der Temperatur M_S für
(a) einen Stahl mit 0,5 Gewichtsprozent C,
(b) einen Stahl mit 0,77 Gewichtsprozent C und
(c) einen Stahl mit 1,13 Gewichtsprozent C.

Lösung

(a) Aus Abbildung 10.16 ist zu erkennen, dass für einen Stahl mit 0,5 Gewichtsprozent C die vollständige Bainit-Bildung bei 5 °C oberhalb von M_S in

$$\sim 180\ s \times 1\ m/60\ s = 3\ min$$

auftritt.
(b) Analog berechnet sich aus Abbildung 10.11 für einen Stahl mit 0,77 Gewichtsprozent C eine Zeit von

$$\sim \frac{1,9 \times 10^4\ s}{3600\ s/h} = 5,3\ h.$$

(c) Schließlich liefert Abbildung 10.15 für einen Stahl mit 1,13 Gewichtsprozent C eine Zeit für das Zwischenstufenvergüten von

$$\sim 1\ Tag.$$

> **Übung 10.2** Beispiel 10.2 bestimmt anhand von Abbildung 10.7 die Zeit für eine 50%ige Umwandlung in Perlit und Bainit bei 600 bzw. 300 °C. Wiederholen Sie diese Berechnungen für (a) eine 1%ige Umwandlung und (b) eine 99%ige Umwandlung.

> **Übung 10.3** Beispiel 10.3 beschreibt einen detaillierten thermischen Verlauf. Beantworten Sie alle Fragen in diesem Beispiel mit der einzigen Änderung im Verlauf, dass Schritt (i) ein sofortiges Abschrecken auf 400 °C (und nicht 500 °C) ist.

> **Übung 10.4** Beispiel 10.4 schätzt die notwendigen Abschreckungsgeschwindigkeiten ab, um Austenit unterhalb der „Perlit-Nase" beizubehalten. Wie groß ist der in jeder Legierung gebildete Prozentsatz von Martensit, wenn man das Abschrecken bis 200 °C fortsetzt?

> **Übung 10.5** Beispiel 10.5 berechnet die erforderliche Zeit für das Zwischenstufenvergüten von drei Legierungen. Um das Warmbadvergüten durchzuführen (siehe Abbildung 10.19), muss die Legierung abgekühlt werden, bevor die Bainit-Bildung beginnt. Wie lange kann die Legierung bei 5 °C über M_S gehalten werden, bevor die Bainit-Bildung in (a) einem Stahl mit 0,5 Gewichtsprozent C, (b) einem Stahl mit 0,77 Gewichtsprozent C und (c) einem Stahl mit 1,13 Gewichtsprozent C einsetzt?

10.3 Härtbarkeit

Der restliche Teil dieses Kapitels stellt mehrere Wärmebehandlungsverfahren vor, die in erster Linie darauf ausgerichtet sind, die **Härte** einer Metalllegierung zu beeinflussen. *Abschnitt 6.4* hat die Härte als den Widerstand, den ein Werkstoff einem eindringenden, härteren Prüfkörper entgegensetzt, definiert. Ihre Bestimmung erfolgt in einem Standardversuch. Die Größe des Prüfeindrucks nimmt mit steigender Härte ab. Ein wichtiges Merkmal der Härtemessung ist ihre direkte Korrelation mit der Festigkeit. Dieses Kapitel konzentriert sich jetzt auf Wärmebehandlungen, wobei die Härte dazu dient, die Wirkung des thermischen Verlaufs auf die Legierungsfestigkeit zu verfolgen.

Die bisherigen Erfahrungen mit ZTU-Diagrammen haben einen allgemeinen Trend gezeigt. Für einen bestimmten Stahl erhöht sich die Härte mit steigenden Abschreckungsgeschwindigkeiten. Allerdings muss ein systematischer Vergleich des Verhaltens von unterschiedlichen Stählen die außerordentliche Vielfalt von kommerziellen

Stahlzusammensetzungen berücksichtigen. Die Fähigkeit eines Stahls, durch Abschrecken gehärtet zu werden, bezeichnet man als **Härtbarkeit**. Zum Glück hat sich ein relativ einfaches Experiment als Industriestandard durchgesetzt, um einen derartigen systematischen Vergleich bereitzustellen. Abbildung 10.21 veranschaulicht den **Stirnabschreckversuch nach Jominy**[1]. Ein standardisierter Stahlstab (mit einem Durchmesser von 25 mm und einer Länge von 100 mm) wird auf die Austenit-Temperatur gebracht und dann an einem Ende schlagartig mit einem Wasserstrahl abgeschreckt. Für praktisch alle Kohlenstoff- und niedrig legierten Stähle produziert dieser Standardabschreckvorgang einen allgemeinen Abkühlgradienten entlang des Jominy-Stabes, weil die thermischen Eigenschaften (z.B. thermische Leitfähigkeit) für diese verschiedenen Legierungen nahezu identisch sind (*Kapitel 11* stellt weitere Mitglieder der Stahlklasse vor). Kohlenstoffstähle und niedrig legierte Stähle werden in der Regel durch eine Abschreckbehandlung gehärtet, deren Wirkung mit dem Jominy-Versuch untersucht werden kann.

Programme und repräsentative Daten für den Stirnabschreckversuch nach Jominy finden Sie auf der Companion Website.

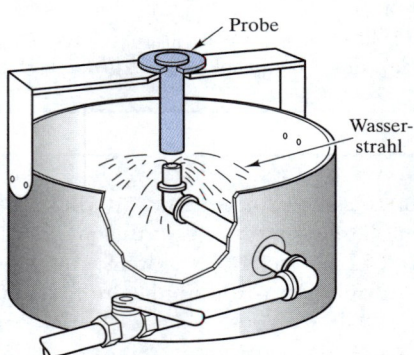

Abbildung 10.21: Schematische Darstellung des Stirnabschreckversuchs nach Jominy, mit dem sich die Härtbarkeit ermitteln lässt

Abbildung 10.22 zeigt, wie sich die Abkühlungsgeschwindigkeit entlang des Jominy-Stabs ändert. Ein Stirnabschreckversuch des in den Abbildungen 10.21 und 10.22 dargestellten Typs bildet die Grundlage für das fortgesetzte Abkühlungsdiagramm von Abbildung 10.14. Natürlich ist die Abkühlungsgeschwindigkeit am größten in der Nähe der Stirnfläche, die mit dem Wasserstrahl abgeschreckt wird. Das resultierende Härteprofil entlang eines typischen Stahlstabs ist in Abbildung 10.23 dargestellt. Abbildung 10.24 gibt ein ähnliches Diagramm an, das verschiedene Stähle vergleicht. Hier lassen sich Vergleiche der Härtbarkeit anstellen, wobei die Härtbarkeit dem Härteverlauf entlang des Jominy-Stabs entspricht.

---

1 Walter Jominy (1893–1976), amerikanischer Metallurg. Als Zeitgenosse von E. C. Bain war Jominy ein ähnlich produktiver Forscher auf dem Gebiet der Eisenmetallurgie. Er bekleidete wichtige Stellen in Industrie-, Regierungs- und Universitätslaboratorien.

10.3 Härtbarkeit

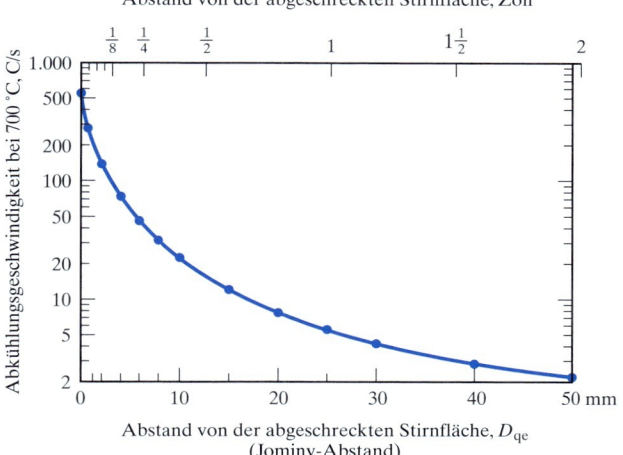

Abbildung 10.22: Die Abkühlungsgeschwindigkeit für den Jominy-Stab (siehe Abbildung 10.21) ändert sich über seiner Länge. Diese Kurve gilt für praktisch alle Kohlenstoffstähle und niedrig legierten Stähle.

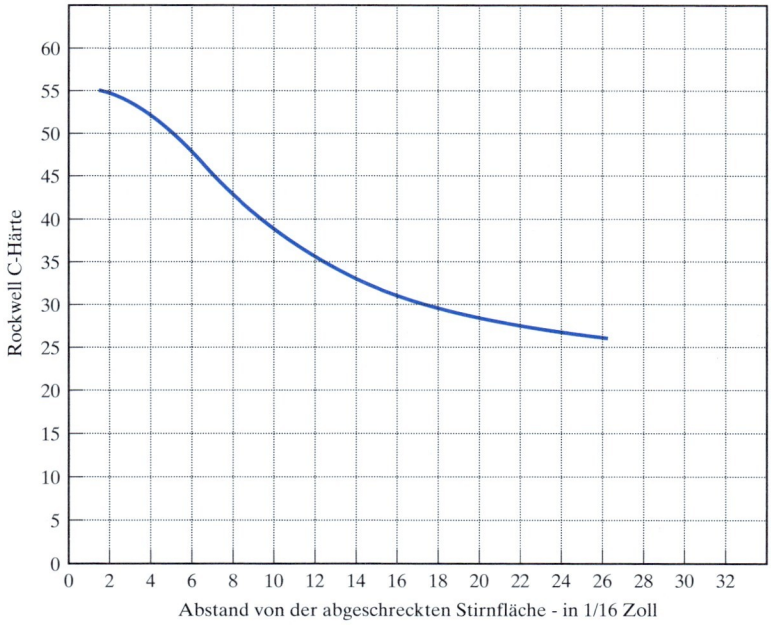

Abbildung 10.23: Variation der Härte entlang eines typischen Jominy-Stabs

Die Härtbarkeitsinformationen aus dem Stirnabschreckversuch lassen sich in zwei Formen verwenden. Wenn die Abschreckgeschwindigkeit für einen gegebenen Teil bekannt ist, können die Jominy-Daten die Härte dieses Teils vorhersagen. Umgekehrt können aus Härtemessungen an verschiedenen Bereichen eines langen Testkörpers (der ungleichmäßig abgekühlt wurde) Unterschiede in den Abkühlgeschwindigkeiten aufgedeckt werden.

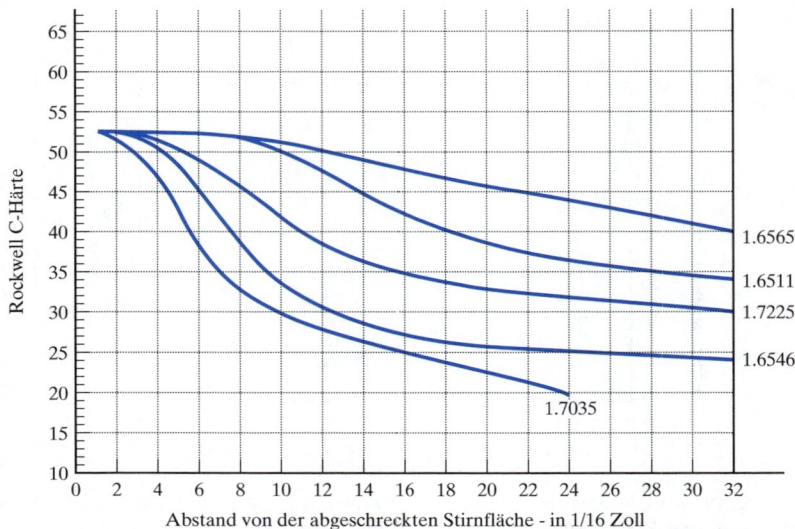

Abbildung 10.24: Härtbarkeitskurven für verschiedene Stähle mit dem gleichen Kohlenstoffgehalt (0,40 Gewichtsprozent) und verschiedenen Legierungsgehalten. Die Codes für die Legierungszusammensetzungen sind in *Tabelle 10.1* definiert.

Beispiel 10.6

An einem kritischen Punkt einer geschmiedeten Laufachse aus Stahl 1.6565 wird eine Härtemessung durchgeführt. Der Härtewert beträgt 45 auf der Rockwell-C-Skala. Welche Abkühlgeschwindigkeit wurde durch das Schmieden am fraglichen Punkt erreicht?

Lösung

Abbildung 10.24 zeigt, dass ein Stirnabschreckversuch bei dieser Legierung eine Rockwell-Härte C45 bei 22/16 Zoll von der abgeschreckten Stirnfläche hervorruft, was gleich

$$D_{qe} = \frac{22}{16} \text{ in.} \times 25{,}4 \text{ mm/in.} = 35 \text{ mm}$$

ist. Aus Abbildung 10.22, die für Kohlenstoff- und niedrig legierte Stähle gilt, lässt sich die Abkühlrate zu ungefähr

4 °C/s (bei 700 °C)

ermitteln.

Hinweis: Um eine derartige Frage genauer beantworten zu können, ist es angebracht, ein Diagramm für den Härteverlauf aus einer Reihe von Stirnabschreckversuchen nach Jominy für die fragliche Legierung heranzuziehen. Für die meisten Legierungen gibt es einen weiten Härtebereich, der bei einem bestimmten Punkt entlang von D_{qe} auftreten kann.

Beispiel 10.7

Schätzen Sie die Härte ab, die sich am kritischen Punkt auf der in Beispiel 10.6 beschriebenen Achse findet, wenn dieses Teil aus Stahl 1.7225 anstelle von Stahl 1.6565 gefertigt wird.

Lösung

Dieses Problem ist unkompliziert, da Abbildung 10.22 zeigt, dass das Abkühlverhalten von verschiedenem Kohlenstoff- und niedrig legiertem Stahl praktisch gleich ist. Die Härte für den Stahl 1.7225 lässt sich aus dem Diagramm in Abbildung 10.24 beim selben Wert von D_{qe} ablesen, wie bei dem in Beispiel 10.6 berechneten (d.h. bei 22/16 Zoll). Das Ergebnis ist eine Rockwell-Härte von C32,5.

Hinweis: Die Anmerkung zu Beispiel 10.6 gilt hier ebenso, d.h. es gibt einen „Unsicherheitsbereich", der mit den Jominy-Daten für eine gegebene Legierung verbunden ist. Allerdings ist Abbildung 10.24 dennoch nützlich, um darzustellen, dass die Legierung 1.6565 deutlich besser härtbar ist und man für eine gegebene Abschreckgeschwindigkeit einen höheren Härteanteil erwarten kann.

Übung 10.6

Beispiel 10.6 konnte eine Abschreckgeschwindigkeit abschätzen, die zu einer Rockwell-Härte von 45 HRC in einem Stahl 1.6565 führt. Welche Abschreckrate wäre notwendig, um eine Härte von (a) 50 HRC und (b) 40 HRC zu erreichen?

Übung 10.7

Beispiel 10.7 ermittelt, dass die Härte eines Stahls 1.7225 geringer ist als für einen Stahl 1.6565 (bei gleichen Abschreckungsraten). Bestimmen Sie die entsprechende Härte für (a) einen Stahl 1.6511, (b) einen Stahl 1.6546 und (c) einen Stahl 1.7035.

10.4 Ausscheidungshärtung

In *Abschnitt 6.3* wurde festgestellt, dass kleine Hindernisse der Versetzungsbewegung ein Metall verfestigen (oder härten) können (siehe z.B. *Abbildung 6.25*). Kleine Ausscheidungen der zweiten Phase sind in gleicher Weise wirksam. In *Kapitel 9* wurde erläutert, dass Abkühlpfade für bestimmte Legierungszusammensetzungen zur Ausscheidung einer zweiten Phase führen (siehe z.B. *Abbildung 9.37b*). Viele Legierungssysteme lassen sich auf diese Weise ausscheidungshärten. Die besonders geeignete Darstellung bietet das Al-Cu-System. Abbildung 10.25 zeigt die aluminiumreiche Seite des Al-Cu-Phasendiagramms zusammen mit der Mikrostruktur, die sich beim langsamen Abkühlen entwickelt. Da die Ausscheidungen relativ grob und an Korngrenzen isoliert sind, führt die zweite Phase nur zu einem geringen Härteanstieg.

Abbildung 10.26 zeigt einen grundsätzlich anderen thermischen Verlauf. Hier wird zuerst die grobe Mikrostruktur in den Einphasenbereich (κ) wiedererwärmt, was man als **Lösungsglühen** bezeichnet. Dann wird die Einphasenstruktur auf Raumtemperatur abgeschreckt, sodass es kaum zu Ausscheidungen kommt und der übersättigte Mischkristall verbleibt in einer metastabilen Phase. Beim Wiedererwärmen auf eine moderate Temperatur ist die Festkörperdiffusion von Kupferatomen in Aluminium genügend schnell, um eine sehr feine Verteilung der Ausscheidungen bilden zu können. Diese Ausscheidungen bilden wirksame Versetzungshindernisse und führen zu einer wesentlichen Härtesteigerung der Legierung. Da diese Ausscheidung Zeit braucht, spricht man auch von **Aushärtung**. Abbildung 10.27 veranschaulicht die **Überalterung**, bei der sich der Ausscheidungsvorgang so lange fortsetzt, dass sich die Ausscheidungen zu einer gröberen Verteilung zusammenballen können. Diese Verteilung stellt kein wirkliches Versetzungshindernis dar. Abbildung 10.28 zeigt die Struktur (gebildet während der frühen Stufen der Ausscheidung), die so als Versetzungshindernis wirksam ist. Man bezeichnet diese Ausscheidungen als **Guinier-Preston[1]-Zonen** (oder GP-Zonen) und unterscheidet sie durch **kohärente Grenzflächen**, an denen die Kristallstrukturen der Matrix und Ausscheidung in einander übergehen. Diese Kohärenz geht in den größeren Ausscheidungen, die bei Überalterung gebildet werden, verloren.

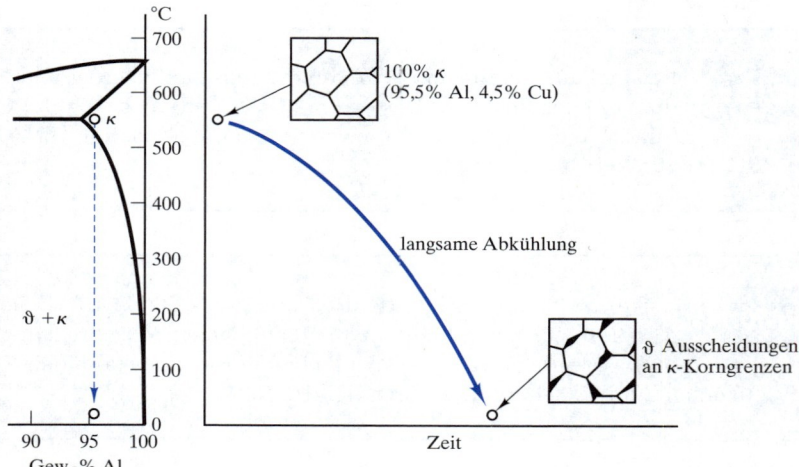

Abbildung 10.25: Grobe Ausscheidungen bilden sich an Korngrenzen in einer Al-Cu-Legierung (mit 4,5 Gewichtsprozent Cu), wenn man sie aus einem Einphasenbereich (κ) des Phasendiagramms in den Zweiphasenbereich ($\theta + \kappa$) langsam abkühlt. Diese isolierten Ausscheidungen haben auf die Legierungshärte keinen nennenswerten Einfluss.

---

[1] Andre Guinier (1911–2000, französischer Physiker) und George Dawson Preston (1896–1972, englischer Physiker) haben in den 30er Jahren die atomare Struktur (siehe Abbildung 10.28) mithilfe der Röntgenbeugung (siehe *Abschnitt 3.7*) bestimmt.

10.4 Ausscheidungshärtung

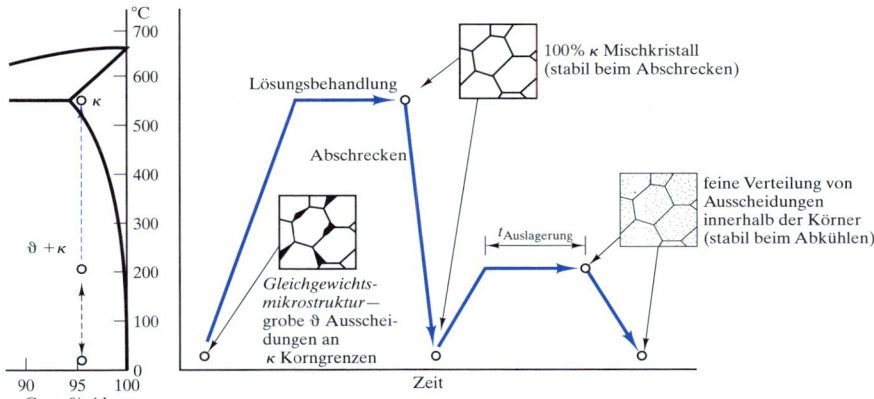

Abbildung 10.26: Durch Abschrecken und Wiedererwärmen einer Al-Cu-Legierung (mit 4,5 Gewichtsprozent Cu) bildet sich eine feinere Verteilung von Ausscheidungen innerhalb der κ-Körner. Diese Ausscheidungen behindern die Versetzungsbewegung und erhöhen folglich die Legierungshärte (und -festigkeit). Diesen Prozess bezeichnet man als Ausscheidungshärten oder Aushärtung.

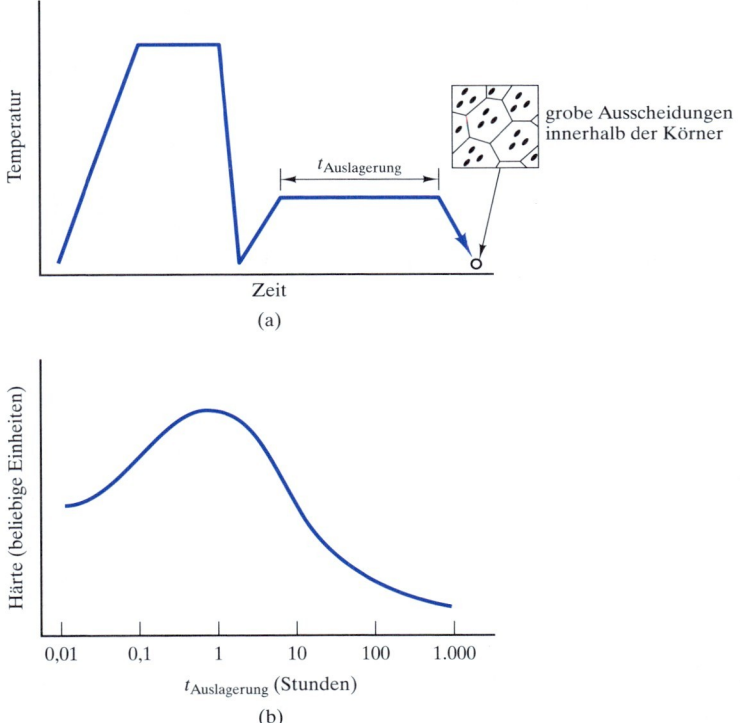

Abbildung 10.27: (a) Durch Ausdehnen der Wiedererwärmung vereinigen sich die Ausscheidungen und verlieren ihre Wirkung für das Härten der Legierung. Das Ergebnis bezeichnet man als *Überalterung*. (b) Die Veränderung der Härte mit der Dauer der Wiederaufheizung (Auslagerungszeit)

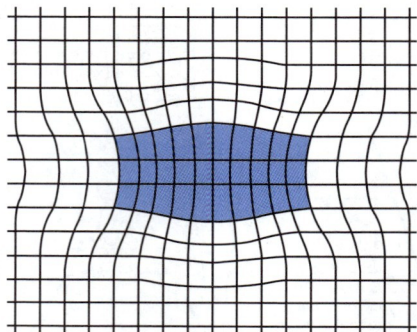

Abbildung 10.28: Schematische Darstellung der Kristallgeometrie einer Guinier-Preston- (GP-) Zone. Diese Struktur zeichnet sich durch eine besonders hohe Wirkung im Sinne der Ausscheidungshärtung aus und ist die Struktur, die sich beim Härtemaximum wie in Abbildung 10.27b gezeigt entwickelt. Beachten Sie die kohärenten Grenzflächen längs der Ausscheidung. Die Ausscheidung ist ungefähr $15\ \text{nm} \times 15\ \text{nm}$ groß.

Beispiel 10.8

(a) Berechnen Sie den Anteil der θ-Phase, die an den Korngrenzen in der Gleichgewichtsmikrostruktur gemäß Abbildung 10.25 ausgeschieden wird.

(b) Welcher maximale Anteil der Guinier-Preston-Zonen ist in einer Legierung mit 4,5 Gewichtsprozent Cu zu erwarten?

Lösung

(a) Dies ist eine Gleichgewichtsfrage, die uns zum Konzept der Phasendiagramme von *Kapitel 9* zurückbringt. Anhand des Al-Cu-Phasendiagramms (siehe *Abbildung 9.27*) und mit *Gleichung 9.10* erhält man

$$\text{Gew.\% } \theta = \frac{x - x_\kappa}{x_\theta - x_\kappa} \times 100\% = \frac{4{,}5 - 0}{53 - 0} \times 100\%$$

$$= 8{,}49\%.$$

(b) Da die GP-Zonen Vorläufer der Gleichgewichtsausscheidung sind, beträgt der maximale Anteil 8,49%.

Hinweis: Diese Berechnung hat *Beispiel 9.10* für einen ähnlichen Fall durchgeführt.

Übung 10.8

Beispiel 10.8 betrachtet den Ausscheidungsmechanismus in einer 95,5Al-4,5Cu-Legierung. Wiederholen Sie diese Berechnungen für eine 96Al-4Cu-Legierung.

10.5 Glühbehandlung

Eine der wichtigsten Wärmebehandlungen, die dieses Kapitel (in Abschnitt 10.2) eingeführt hat, ist die Anlassbehandlung, bei dem ein Werkstoff (Martensit) durch hohe Temperatur für eine bestimmte Zeit erweicht wird. Die **Glühbehandlung** ist eine vergleichbare Wärmebehandlung, bei der die Härte einer mechanisch verformten Mikrostruktur bei hohen Temperaturen verringert wird. Um die Einzelheiten der damit verbundenen Gefügeveränderungen zu verstehen, sind vier Begriffe zu klären: Kaltverformung, Erholung, Rekristallisation und Kornwachstum.

10.5.1 Kaltverformung

Unter **Kaltverformung** versteht man die mechanische Verformung eines Metalls bei relativ niedrigen Temperaturen. In *Abschnitt 6.3* ist dieses Konzept eingeführt und die Versetzungsbewegung auf die mechanische Verformung bezogen worden. Der Grad der Kaltverformung wird relativ zur Verringerung der Querschnittsfläche der Legierung durch Verfahren wie Walzen oder Ziehen definiert (siehe Abbildung 10.29). Die prozentuale Kaltverformung ist durch

$$\%\text{KU} = \frac{A_0 - A_f}{A_0} \times 100\% \qquad (10.2)$$

gegeben, wobei A_0 die ursprüngliche Querschnittsfläche und A_f die endgültige Querschnittsfläche nach der Kaltverformung ist. Härte und Festigkeit der Legierungen nehmen mit steigendem Grad der Kaltverformung zu, diesen Vorgang bezeichnet man als *Kaltverfestigung*. *Abbildung 11.3* veranschaulicht die Beziehung der mechanischen Eigenschaften zu prozentualer Kaltverformung von Messing. Die Ursache für diesen Verfestigungsmechanismus geht auf die hohe Dichte der bei der Kaltverformung produzierten Versetzungen zurück. (Wiederholen Sie gegebenenfalls *Abschnitt 6.3*.) Die Versetzungsdichte lässt sich als die Länge von Versetzungslinien pro Volumeneinheit ausdrücken (z.B. m/m^3 oder Einheiten von m^{-2}). Eine geglühte Legierung kann eine Versetzungsdichte bis hinab zu 10^{10} m^{-2} mit einer entsprechend geringen Härte haben. Bei einer stark kaltumgeformten Legierung kann die Versetzungsdichte bis auf 10^{16} m^{-2} steigen und eine beträchtlich höhere Härte (und Festigkeit) aufweisen.

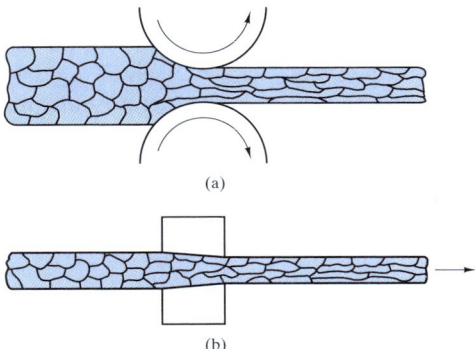

Abbildung 10.29: Beispiele für Kaltverformungsprozesse: (a) Kaltwalzen eines Stabes oder Bleches und (b) Kaltziehen eines Drahtes. Beachten Sie in diesen schematischen Darstellungen, dass die Verringerung der Fläche verursacht durch Kaltumformung verbunden ist mit einer bevorzugten Orientierung der Kornstruktur.

Abbildung 10.30a zeigt eine kaltumgeformte Mikrostruktur. Die stark verzerrten Körner sind relativ unstabil. Indem man das Gefüge auf Temperaturen erwärmt, bei denen die Atombeweglichkeit deutlich zunimmt, wird der Werkstoff weicher und eine neue Gefügestruktur kann sich herausbilden.

Abbildung 10.30: Glühen kann zu einer vollständigen Rekristallisation und mit darauf folgendem Kornwachstum einer kaltumgeformten Mikrostruktur führen. (a) Kaltverformtes Messing (durch Walzen umgeformt, sodass die Querschnittsfläche des Teils um ein Drittel verringert wird). (b) Nach drei Sekunden bei 580 °C sind neue Körner zu sehen. (c) Nach vier Sekunden bei 580 °C erscheinen viele weitere neue Körner. (d) Nach acht Sekunden bei 580 °C hat die vollständige Rekristallisation stattgefunden. (e) Nach einer Stunde bei 580 °C ist ein beträchtliches Kornwachstum zu verzeichnen. Die treibende Kraft für dieses Wachstum ist die Verringerung von Korngrenzen mit hohem Energiegehalt. Im gesamten Ablauf hat sich die Härte vor allem in Schritt (d) verringert. Alle Mikroskopaufnahmen haben eine 75fache Vergrößerung.

10.5.2 Erholung

Innerhalb der Verfahren der Glühbehandlung ist die **Erholung** der Prozess, der die geringste offensichtliche Wirkung besitzt. Hier treten keine deutlichen mikrostrukturellen Gefügeveränderungen auf. Allerdings genügt die Atombeweglichkeit, um die Konzentration von Punktdefekten innerhalb von Körnern zu vermindern und in manchen Fällen zu ermöglichen, dass sich Versetzungen zu niederenergetischen Positionen bewegen. Dieser Vorgang liefert nur eine moderate Abnahme der Härte und kann bei Temperaturen auftreten, die unmittelbar unter denen liegen, die erforderlich sind, um eine signifikante Gefügeveränderung hervorzurufen. Obwohl die strukturelle Wirkung der Erholung (hauptsächlich eine verringerte Anzahl von Punktdefekten) nur einen mäßigen Effekt auf das mechanische Verhalten hat, nimmt die elektrische Leitfähigkeit signifikant zu. (*Abschnitt 15.3* geht näher auf die Beziehung zwischen Leitfähigkeit und strukturellen Ordnungsprinzipien ein.)

Die Companion Website beschreibt ein Experiment zu Erholung, Rekristallisation und Kornwachstum und gibt repräsentative Daten an.

10.5.3 Rekristallisation

In *Abschnitt 6.3* wird eine wichtige Faustregel genannt: „Die Temperatur, bei der die Atombeweglichkeit ausreichend hoch ist, um mechanische Eigenschaften zu beeinflussen, liegt ungefähr zwischen 33 und 50% der absoluten Schmelztemperatur T_m." Bei derartig hohen Temperaturen entsteht als mikrostrukturelles Ergebnis die so genannte **Rekristallisation**, die in den Abbildungen 10.30a bis d dargestellt ist. Neue gleichachsige, spannungsfreie Körner bilden sich an Bereichen mit hohem Spannungszustand bei einem kaltverformten Gefüge (siehe Abbildung 10.30b). Diese Körner wachsen dann zusammen, bis sie die gesamte Mikrostruktur ausmachen (siehe die Abbildungen 10.30c und d). Da die Rekristallisation von Bereichen mit hohen Eigenspannungen ausgeht, ist es nicht überraschend, dass die Kennzahl mit dem Verformungsgrad zunimmt. Gleichermaßen nimmt die Korngröße der rekristallisierten Mikrostruktur mit dem Verformungsgrad ab. Die Abnahme der Härte durch diese Glühbehandlung ist erheblich, wie es Abbildung 10.31 zeigt. Schließlich definiert die eingangs dieses Abschnitts angeführte Faustregel die **Rekristallisationstemperatur** (siehe Abbildung 10.32). Für eine bestimmte Legierungszusammensetzung hängt die genaue Rekristallisationstemperatur vom Grad der Kaltverformung ab. Höhere Verformungsgrade entsprechen höheren Anteilen der Kaltverfestigung und einer entsprechend niedrigeren Rekristallisationstemperatur, d.h. weniger thermische Eingangsenergie ist notwendig, um die Neubildung der Mikrostruktur einzuleiten (siehe Abbildung 10.33).

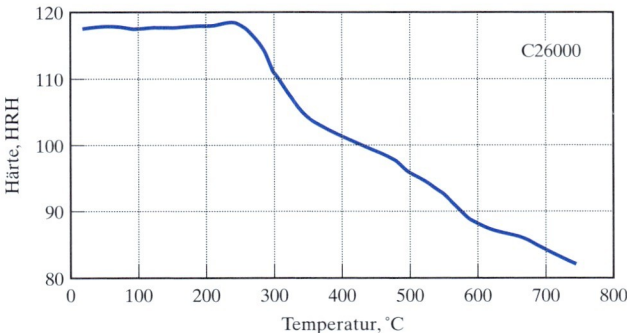

Abbildung 10.31: Der steile Abfall der Härte kennzeichnet die Rekristallisationstemperatur mit ∼290 °C für die Legierung C26000, „Patronen-Messing".

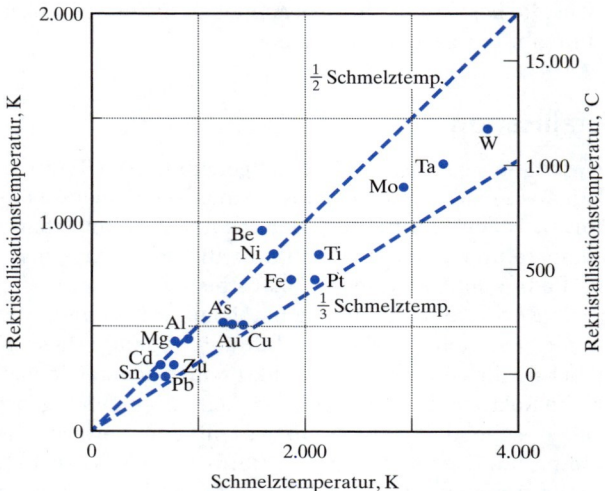

Abbildung 10.32: Rekristallisationstemperatur in Abhängigkeit der Schmelzpunkte für verschiedene Metalle. Dieses Diagramm ist eine grafische Darstellung der Faustregel, dass bei einer Temperatur zwischen etwa 33 und 50% der absoluten Schmelztemperatur T_m die Atombeweglichkeit ausreichend hoch ist, um mechanische Eigenschaften zu beeinflussen.

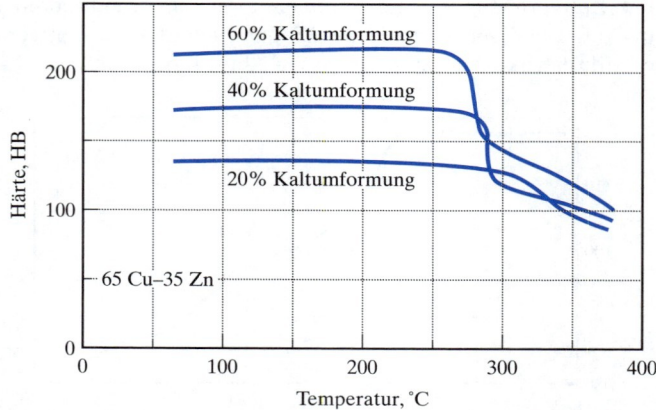

Abbildung 10.33: Für diese kaltverformte Messinglegierung fällt die Rekristallisationstemperatur mit zunehmendem Grad der Kaltumformung leicht ab.

10.5.4 Kornwachstum

Die während der Rekristallisation entwickelte Gefügestruktur (siehe Abbildung 10.30d) tritt spontan auf. Verglichen mit der ursprünglichen kaltverformten Struktur (siehe Abbildung 10.30a) ist sie stabil. Allerdings enthält die rekristallisierte Mikrostruktur eine große Konzentration an Korngrenzen. Seit *Kapitel 4* wurde häufig darauf hingewiesen, dass sich ein System weiter stabilisieren lässt, wenn man diese hochenergetischen Grenzflächen reduziert. Ein Beispiel hierfür ist die Stabilität von grobem Perlit (siehe Abbildung 10.10), ein weiteres ist die Grobkornbildung beim Glühen. Abbildung 10.30e veranschaulicht das **Kornwachstum**, das sich mit der Verbindung von Seifenblasen vergleichen lässt, einem Vorgang, der in ähnlicher Weise durch die Verringerung der Oberfläche angetrieben wird. Abbildung 10.34 zeigt, dass das Kornwachstum kaum zu einem Härteverlust der Legierung beiträgt. Dieser Effekt ist vorrangig mit der Rekristallisation verbunden.

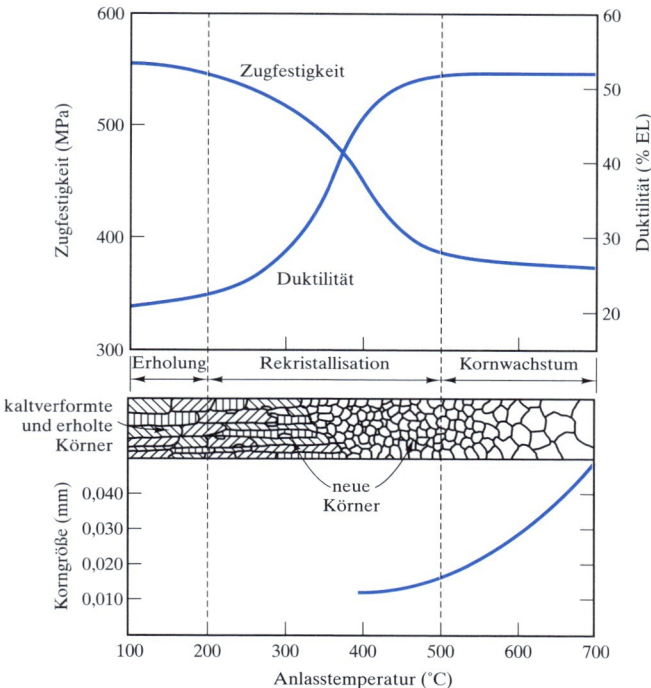

Abbildung 10.34: Die schematische Darstellung der Wirkung der Glühtemperatur auf die Festigkeit und Duktilität einer Zinklegierung zeigt, dass der Härteabfall der Legierung größtenteils während der Rekristallisationsstufe stattfindet.

Beispiel 10.9

Patronen-Messing hat ungefähr eine Zusammensetzung von 70 Gewichtsprozent Cu und 30 Gewichtsprozent Zn. Wie lässt sich diese Legierung mit dem in Abbildung 10.32 gezeigten Trend vergleichen?

Lösung

Die Rekristallisationstemperatur ist in Abbildung 10.31 mit ~290 °C gekennzeichnet. Der Schmelzpunkt für diese Zusammensetzung ist im Cu-Zn-Phasendiagramm (siehe *Abbildung 9.29*) mit ~920 °C (die Solidustemperatur) angegeben. Das Verhältnis von Rekristallisationstemperatur zu Schmelztemperatur ist dann

$$\frac{T_R}{T_m} = \frac{(290+273) \text{ K}}{(920+273) \text{ K}} = 0{,}47$$

und liegt damit in dem Bereich von 1/3 bis 1/2, der in Abbildung 10.32 markiert ist.

> **Übung 10.9** Beachten Sie das Ergebnis von Beispiel 10.9 und zeichnen Sie ein Diagramm des abgeschätzten Temperaturbereichs für die Rekristallisation von Cu-Zn-Legierungen als Funktion der Zusammensetzung über den gesamten Bereich von reinem Cu bis zu reinem Zn.

10.6 Kinetik der Phasenumwandlungen für Nichtmetalle

Ähnlich der Vorstellung der Phasenlehre in *Kapitel 9* hat dieses Kapitel die Kinetik von Phasenumwandlungen vor allem für metallische Werkstoffe behandelt. Die Geschwindigkeiten, mit denen Phasenumwandlungen in nichtmetallischen Systemen auftreten, sind natürlich ebenfalls wichtig für die Verarbeitung dieser Werkstoffe. Die Kristallisation bestimmter Einkomponentenpolymere ist ein Modellbeispiel der Keimbildungs- und Wachstumskinetik, wie es Abbildung 10.5 zeigt. Abbildung 10.35 gibt spezifische Daten für Naturkautschuk an. Die sorgfältige Steuerung der Schmelz- und Erstarrungsgeschwindigkeit von Silizium ist entscheidend für das Wachstum und die nachfolgende Reinigung von großen Einkristallen, die die Grundlage der Halbleiterindustrie bilden. Wie bei Phasendiagrammen besitzen Keramiken (im Unterschied zu Polymeren oder Halbleitern) die engste Analogie zur Behandlung der Kinetik metallischer Phasenumwandlungen für Metalle.

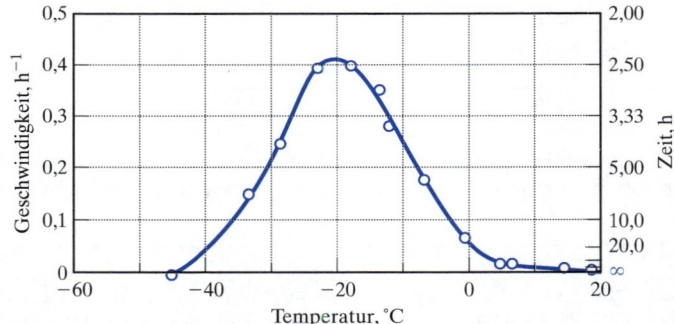

Abbildung 10.35: Kristallisationsgeschwindigkeit von Gummi als Funktion der Temperatur

Zwar sind ZTU-Diagramme für nichtmetallische Werkstoffe nicht so verbreitet. Dennoch gibt es entsprechende Beispiele, insbesondere in Systemen, in denen die Umwandlungsgeschwindigkeiten eine entscheidende Rolle bei der Verarbeitung spielen. Abbildung 10.36 zeigt Beispiele für einfache Glaszusammensetzungen, die der Kristallisation unterliegen. Glaskeramiken sind eng mit Keimbildungs- und Wachstumskinetik verbunden. Diese Produkte werden als Gläser hergestellt und dann sorgfältig auskristallisiert, um ein polykristallines Produkt zu erhalten. Das Ergebnis können relativ feste Keramiken sein, die sich zu komplizierten Geometrien bei gleichzeitig moderaten Kosten verarbeiten lassen. Abbildung 10.37 zeigt einen typischen Temperatur-Zeit-Ablauf für die Herstellung einer Glaskeramik. *Kapitel 12* geht näher auf diese interessanten Werkstoffe ein.

10.6 Kinetik der Phasenumwandlungen für Nichtmetalle

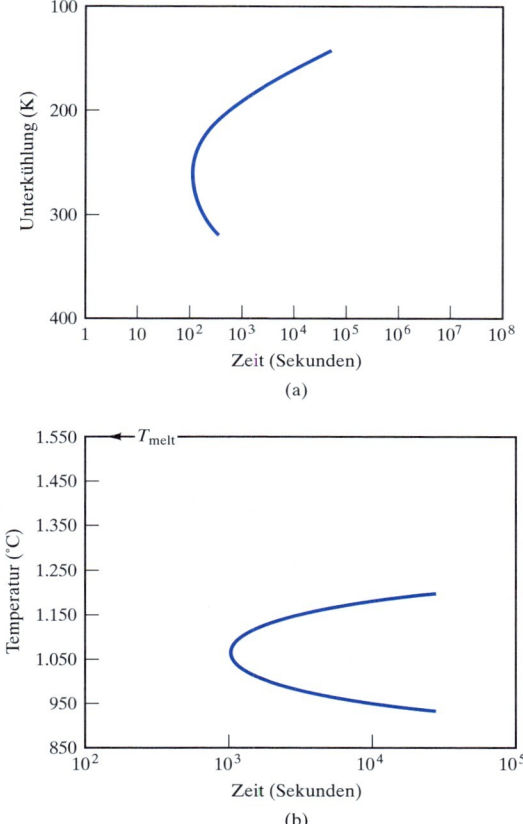

Abbildung 10.36: ZTU-Diagramm für (a) die partielle Kristallisation (10^{-4} Volumenprozent) eines einfachen Glases mit der Zusammensetzung $Na_2O * 2SiO_2$ und (b) die partielle Kristallisation (10^{-1} Volumenprozent) eines Glases mit der Zusammensetzung $CaO * Al_2O_3 * 2SiO_2$

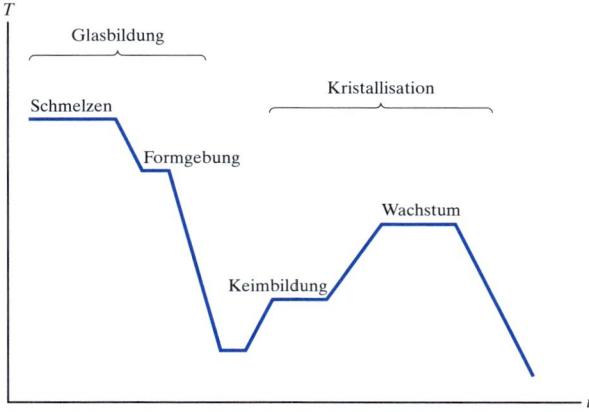

Abbildung 10.37: Typischer thermischer Verlauf für die Herstellung einer Glaskeramik durch gesteuerte Keimbildung und kristallines Wachstum

Abbildung 9.30 hat das Phasendiagramm für CaO-ZrO$_2$ vorgestellt. Bei der Herstellung von stabilisiertem Zirkonoxid fügt man ausreichend CaO (etwa 20 Mol-Prozent) zu ZrO$_2$ hinzu, um die kubische Zirkon-Mischkristallphase zu bilden. Für praktische Zwecke zeigt teilstabilisiertes Zirkonoxid mit einer Zusammensetzung im zweiphasigen Bereich (monoklines + kubisches Zirkonoxid) mechanische Eigenschaften, die denen des vollstabilisierten Werkstoffs überlegen sind. Das gilt vor allem für die Thermoschockbeständigkeit (siehe *Abschnitt 7.4*). Mithilfe der Elektronenmikroskopie hat man entdeckt, dass sich beim Abkühlen des teilstabilisierten Werkstoffs bestimmte monokline Ausscheidungen in der kubischen Phase bilden. Diese Ausscheidungsverfestigung entspricht dem Ausscheidungshärten in Metallen. Außerdem hat die Elektronenmikroskopie aufgedeckt, dass die Phasenumwandlung von tetragonal zu monoklin in reinem Zirkonoxid eine Umwandlung vom Martensit-Typ ist (siehe Abbildung 10.38).

Abbildung 10.38: Transmissionselektronenmikroskopaufnahme von monoklinem Zirkonoxid, das ein mikrostrukturelles Gefüge zeigt, das für eine martensitische Umwandlung charakteristisch ist. In den Nachweis eingeschlossen sind Zwillingsgrenzen, die mit T bezeichnet sind. Im Vergleich dazu zeigt *Abbildung 4.15* die schematische Darstellung einer Zwillingsgrenze auf der atomaren Ebene und Abbildung 10.13 die Gefügestruktur von martensitischem Stahl.

Das Thema Kornwachstum hat eine besonders wichtige Rolle bei der Entwicklung der Keramikherstellung in den letzten Jahrzehnten gespielt. *Abschnitt 1.4* hat als erstes Beispiel die Transparenz einer polykristallinen Al$_2$O$_3$-Keramik als eine von der Mikrostruktur abhängige Eigenschaft vorgestellt. Der Werkstoff kann nahezu transparent sein, wenn er praktisch porenfrei ist. Allerdings wird er durch Verdichtung eines Pulvers gebildet. Die Pulverpartikel werden durch Festkörperdiffusion gebunden. Im Verlauf dieser Verdichtungsstufe schrumpfen die Poren zwischen benachbarten Teilchen ständig. Diesen Gesamtprozess bezeichnet man als **Sintern**. Dieser Begriff bezieht sich auf jeden Prozess, der eine dichte Masse durch Erwärmung ohne Schmelzen bildet. Er stammt vom griechischen Wort *sintar* in der Bedeutung „Schlacke" oder

„Asche". Beim Schrumpfen diffundieren Atome von der Korngrenze (zwischen benachbarten Teilchen) weg zur Pore. Praktisch wird die Pore durch das diffundierende Material aufgefüllt (siehe Abbildung 10.39). Leider kann das Kornwachstum beginnen, lange bevor die Porenschrumpfung abgeschlossen ist. Im Ergebnis werden einige Poren in einzelnen Körnern eingeschlossen. Der Diffusionspfad von der Korngrenze zur Pore ist zu lang, um eine weitere Porenvernichtung zu ermöglichen (siehe Abbildung 10.40). Eine Mikrostruktur für diesen Fall hat *Abbildung 1.20a* gezeigt. Die Lösung für dieses Problem besteht darin, eine kleine Menge (ungefähr 0,1 Gewichtsprozent) MgO hinzuzufügen, das stark das Kornwachstum verzögert und das Schrumpfen der Poren bis zum Abschluss ermöglicht. *Abbildung 1.20c* stellt die resultierende Mikrostruktur dar. Der Mechanismus für die Verzögerung des Kornwachstums scheint mit der Wirkung von Mg^{2+}-Ionen bei der Behinderung der Korngrenzenbeweglichkeit durch eine Mischkristallverankerung verbunden zu sein. Das Ergebnis ist ein wichtiger Zweig der Keramiktechnologie, in dem nahezu transparente polykristalline Keramiken zuverlässig hergestellt werden können.

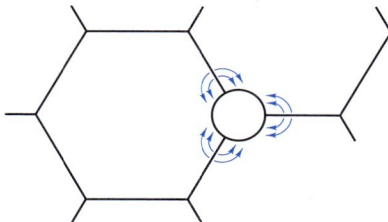

Abbildung 10.39: Eine Darstellung des Sintermechanismus für das Schrumpfen eines Pulverkörpers ist die Diffusion von Atomen von der Korngrenze weg zur Pore, wobei die Pore „aufgefüllt" wird. Jedes Korn in der Mikrostruktur war ursprünglich ein separates Pulverteilchen im ungesinterten Presskörper.

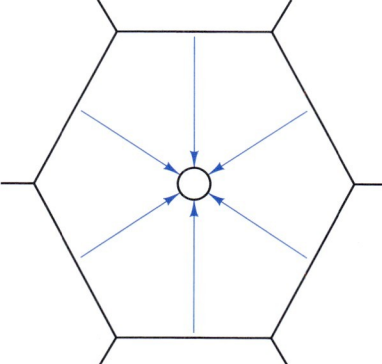

Abbildung 10.40: Kornwachstum behindert die Verdichtung eines Pulverkörpers. Der Diffusionspfad von der Korngrenze zur Pore (jetzt innerhalb eines großen Korns isoliert) ist unzumutbar lang.

KINETIK – WÄRMEBEHANDLUNG

Beispiel 10.10 Berechnen Sie den maximalen Anteil der monoklinen Phase, die man in der Mikrostruktur eines teilstabilisierten Zirkonoxids mit einer Gesamtzusammensetzung von 3,4 Gewichtsprozent CaO erwarten kann.

Lösung

Dies ist ein weiteres Beispiel der wichtigen Beziehung zwischen Phasendiagrammen und Kinetik. Diese Voraussage lässt sich treffen, indem man die Gleichgewichtskonzentration der monoklinen Phase bei Raumtemperatur im CaO-ZrO_2-System (siehe *Abbildung 9.30*) berechnet. Eine Zusammensetzung von 3,4 Gewichtsprozent CaO entspricht ungefähr 7 Mol-Prozent CaO (wie die oberen und unteren Zusammensetzungsskalen in *Abbildung 9.30* zeigen). Extrapoliert man die Phasengrenzen im Zweiphasenbereich (monoklin und kubisch) auf Raumtemperatur, erhält man eine monokline Phasenzusammensetzung von ~ 2 Mol-Prozent CaO und eine kubische Phasenzusammensetzung von ~ 15 Mol-Prozent CaO. Mit *Gleichung 9.9* berechnet man

$$\text{Mol.\% monoklin} = \frac{X_{\text{kubisch}} - X}{X_{\text{kubisch}} - X_{\text{mono}}} \times 100\%$$

$$= \frac{15-7}{15-2} \times 100\% = 62 \text{ Mol.\%}.$$

Hinweis: Da das Diagramm in *Abbildung 9.30* auf Mol-Prozent basiert, wurde diese Berechnung ebenfalls in dieser Einheit durchgeführt. Die Ergebnisse lassen sich aber leicht in Gewichtsprozent umrechnen.

Die Welt der Werkstoffe

Kurzzeit-Sintervorgänge – Spark Plasma Sintering (SPS)

Dieses Kapitel hat das *Sintern* eingeführt, ein wichtiges Herstellungsverfahren für Werkstoffe mit relativ hohen Schmelzpunkten. Sintern umfasst die Verdichtung eines Pulvers durch Verbinden einzelner Pulverteilchen über eine Festkörperdiffusion. Diese Verdichtung lässt sich bei wesentlich niedrigeren Temperaturen durchführen, als sie beim Gießen notwendig sind, bei dem eine geschmolzene Flüssigkeit erstarrt. Die Einführung zum Sintern in diesem Kapitel weist aber auch auf eine interessante Herausforderung hin, die die Kinetik betrifft. Eine genügend hohe Temperatur, die eine Partikelbindung über Festkörperdiffusion ermöglicht, kann in gleicher Weise ein Kornwachstum auslösen (wie es Abbildung 10.40 veranschaulicht).

Ein innovativer Ansatz, um die „Kinetikherausforderung" des Kornwachstums zu minimieren, wird durch **Spark Plasma Sintering** (SPS) realisiert. Das herausragende Merkmal der SPS-Technik besteht darin, dass das Bauteil durch direkten Stromdurchgang beheizt wird. (Im Gegensatz dazu wird das Bauteil beim herkömmlichen Sintern in einer von Spulen umgebenen Kammer aufgeheizt.) Für nicht leitende Proben in SPS erfolgt das Aufheizen durch Wärmeübergang aus einem widerstandsgeheizten Formwerkzeug.

Die Sintervorrichtung besteht aus einem mechanischen Aufbau (einschließlich Stempel und Gesenk), um das Pulver zu verpressen, sowie elektrische Baugruppen, die den gepulsten Gleichstrom einspeisen. Eine typische Pulsentladung wird durch einen hohen Strom ($\approx$1.000 A) bei einer niedrigen Spannung ($\approx$30 V) erreicht. Die Dauer des kurzen Strompulses kann zwischen 1 und 300 ms variieren. Diese kurzen Pulse lassen sich während des Sintervorgangs oder vor dem Anlegen einer gleichförmigen Gleichspannung anwenden.

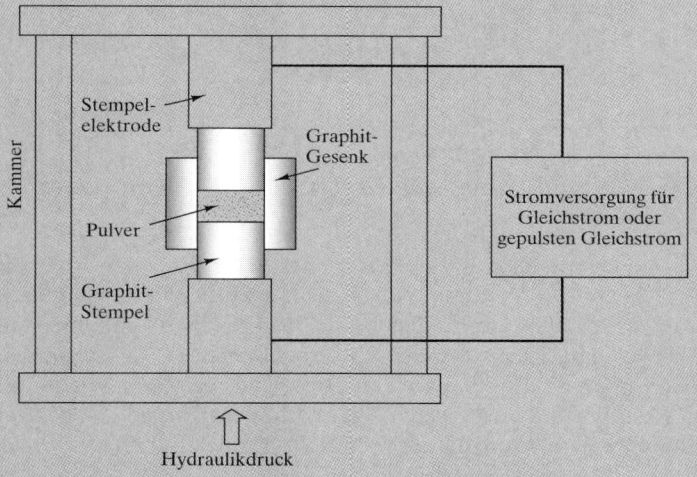

Schematischer Aufbau des Spark Plasma Sintering-Systems

Der große Vorteil von SPS ist, dass der Sintervorgang bei wesentlich niedrigeren Temperaturen in deutlich kürzeren Zeiten durchgeführt werden kann. Beispielsweise lassen sich vollkommen dichte Aluminiumnitrid-Keramiken (AlN) durch SPS in drei Minuten bei 2.000 K herstellen, während konventionelles Sintern bei 2.220 K ungefähr 30 Stunden benötigt, um 95% Dichte zu erreichen. Durch das deutlich reduzierte Kornwachstum in Verbindung mit diesen verkürzten Sinterzeiten und Sintertemperaturen eröffnet die SPS-Technologie neue Möglichkeiten nanoskalige Kornstrukturen in technischen Werkstoff einzustellen. Im Gegensatz zu Mikrostrukturen können diese *Nanostrukturen* von der Nanotechnologie profitieren, die im Abschnitt *„Die Welt der Werkstoffe"* in *Kapitel 4* eingeführt wurde.

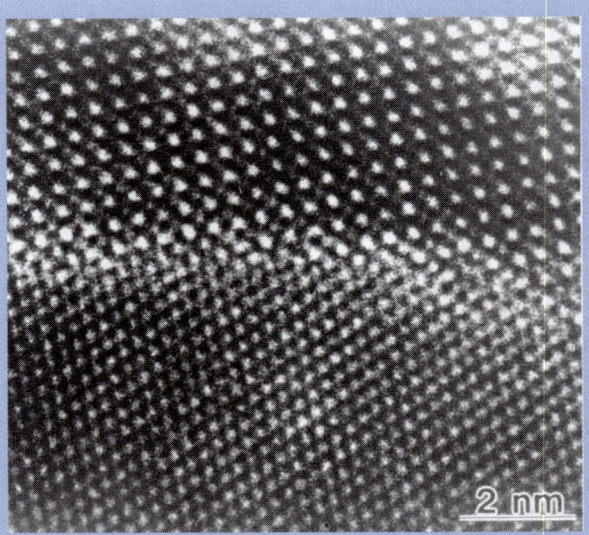

Die hochauflösende Transmissionselektronenmikroskopaufnahme zeigt die fehlerfreie Korngrenze in volldichtem AlN, die durch Spark Plasma Sintering (SPS) hergestellt wurde. Die kristalline Ordnung jedes Korns erstreckt sich ohne Unterbrechungen bis an die Korngrenze.

Schließlich sei betont, dass SPS ein Beispiel für eine Spitzentechnologie ist. SPS nutzt die elektrische Entladung zwischen den Pulverteilchen unter Druckeinwirkung. Da der genaue Mechanismus der elektrischen Entladung noch nicht vollständig bekannt ist, wurden mit erheblichem Trial-and-Error-Aufwand erfolgreiche Sinterverfahren entwickelt. Trotzdem wird bereits eine breite Vielfalt von Werkstoffen auf diese Weise hergestellt, wobei es sich meistens um Keramiken handelt (z.B. Al_2O_3, AlN, Si_3N_4, TiN, TiO_2 und Al_2TiO_5).

ZUSAMMENFASSUNG

Kapitel 9 hat Phasendiagramme als zweidimensionale Karten von Temperatur und Zusammensetzung (bei einem festen Druck von $1\,\text{atm}$) vorgestellt. Dieses Kapitel hat die Zeit als dritte Dimension hinzugenommen, um die Kinetik der Mikrostrukturentwicklung zu verfolgen. Zeitabhängige Phasenumwandlungen beginnen mit der Keimbildung der neuen Phase gefolgt von ihrem Wachstum. Die Gesamtumwandlungsgeschwindigkeit ist bei einer bestimmten Temperatur unterhalb der Gleichgewichtsumwandlungstemperatur maximal, aufgrund der Konkurrenz zwischen dem Instabilitätsgrad (die mit fallender Temperatur zunimmt) und der atomaren Diffusionsfähigkeit (die mit fallender Temperatur abnimmt). Ein Diagramm der gradualen Umwandlung in einer Temperatur-Zeit-Darstellung bezeichnet man als ZTU-Diagramm. Als vorrangiges Beispiel für ein ZTU-Diagramm wird für die eutektoide Stahlzusammensetzung (Fe mit $0{,}77$ Gewichtsprozent C) angegeben. Perlit und Bainit sind die Produkte der Diffusionsumwandlung, die durch Abkühlen von Austenit entstehen. Wenn das Austenit in einem ausreichend schnellen Abschrecken abgekühlt wird, tritt eine diffusionslose – oder martensitische – Umwandlung auf. Das Produkt ist ein metastabiler übersättigter Mischkristall aus C in Fe, den man als Martensit bezeichnet. Die sorgfältige Steuerung von diffusionsgesteuerten und diffusionslosen Umwandlungen ist die Grundlage der Wärmebehandlung von Stahl. Als Beispiel umfasst der Vergütungsprozess eine Abschreckung, um eine nicht diffusionsgesteuerte martensitische Umwandlung hervorzurufen, gefolgt durch ein erneutes Erwärmen, um eine diffusionsgesteuerte Umwandlung von Martensit in die Gleichgewichtsphasen von $\alpha\text{-}Fe$ und Fe_3C zu realisieren. Dieses angelassene Martensit unterscheidet sich sowohl von Perlit als auch von Bainit. Das Warmbadhärten ist eine etwas abweichende Wärmebehandlung, bei der Stahl bis unmittelbar oberhalb der Starttemperatur für die martensitische Umwandlung abgeschreckt und dann langsam durch den martensitischen Bereich abgekühlt wird. Dieser Vorgang verringert die Spannungen, die durch das Abschrecken während der martensitischen Umwandlung entstanden sind. Das Wiedererwärmen zum Erzeugen von angelassenem Martensit läuft genau wie vorher ab. Ein dritter Typ der Wärmebehandlung ist die Zwischenstufenvergütung. Auch hier stoppt man den Abschreckprozess kurz vor dem martensitischen Bereich, doch in diesem Fall wird der abgeschreckte Austenit lange genug gehalten, damit sich Bainit bilden kann. Im Ergebnis ist die Wiedererwärmung nicht mehr nötig.

Die Fähigkeit von Stahl, durch Abschrecken gehärtet zu werden, bezeichnet man als Härtbarkeit. Diese Eigenschaft wird in unkomplizierter Weise durch den Stirnabschreckversuch nach Jominy bewertet. Aluminiumreiche Legierungen im $Al\text{-}Cu$-System sind ausgezeichnete Beispiele für das Ausscheidungshärten. Durch gezieltes Abkühlen von einem einphasigen in einen zweiphasigen Bereich des Phasendiagramms ist es möglich, eine feine Verteilung der Ausscheidungen der zweiten Phase zu erzeugen, sodass Versetzungshindernisse gebildet werden und gleichzeitig der Werkstoff an Härte (Festigkeit) gewinnt. Glühen ist eine Wärmebehandlung, die die Härte in kaltverformten Legierungen verringert. Kaltverformung umfasst die mechanische Verformung einer Legierung bei einer relativ niedrigen Temperatur. In Kombination mit einer Glühbehandlung lässt sich über eine Kaltverformung das mechanische Verhalten in weiten Grenzen einstellen. Eine verhältnismäßig wirkungsschwache Form der Glühbehandlung ist die Erholung, bei der eine leichte Verringerung der Härte aufgrund von atomaren Bewegungen in strukturellen Defekten erzielt wird. Die Temperaturerhöhung ist erforderlich, um die Atombeweglichkeit zu ermöglichen. Bei höheren Temperaturen tritt eine drastische Verringerung der Härte infolge von Rekristallisationsvorgängen auf. Die gesamte kaltverformte Mikrostruktur wird in ein Gefüge von kleinen, spannungsfreien Körnern umgewandelt. Mit zunehmender Dauer findet allerdings wieder Kornwachstum in der neuen Mikrostruktur statt.

ZUSAMMENFASSUNG

Die Zeit spielt auch eine entscheidende Rolle bei der mikrostrukturellen Gefügeausbildung in nichtmetallischen Werkstoffen. Beispiele hierfür existieren sowohl in der Gruppe der Polymere als auch bei Keramiken. Die Herstellung von Glaskeramiken ist ein klassisches Beispiel für die Theorie zu Keimbildung und Kornwachstum, wie sie bei der Kristallisation von Glas zum Einsatz kommt. Konstruktionswerkstoffe aus Zirkonoxidkeramiken zeigen mikrostrukturelle Gefüge, die sowohl durch diffusionsgesteuerte als auch diffusionslose Umwandlungen produziert werden. Die Herstellung von transparenten, polykristallinen Keramiken erreicht man durch Steuerung des Kornwachstums bei der Verdichtung von Pulver-Pressungen (Sintern).

■ Schlüsselbegriffe

angelassener Martensit (447)
Anlassen (433)
Aushärtung (458)
Ausscheidungshärten (433)
Austenit (439)
Bainit (440)
diffusionsgesteuerte Umwandlung (439)
diffusionslose Umwandlung (439)
Erholung (462)
Glühbehandlung (461)
Guinier-Preston-Zone (458)
Härtbarkeit (454)
Härte (453)
heterogene Keimbildung (434)
homogene Keimbildung (434)
isothermes Umwandlungsdiagramm (439)
Kaltverformung (461)
Keimbildung (435)
Kinetik (433)

kohärente Grenzfläche (458)
kontinuierliches Zeit-Umwandlungs-Diagramm (444)
Kornwachstum (464)
Lösungsglühen (458)
Martensit (442)
martensitische Umwandlung (442)
metastabil (443)
Perlit (439)
Rekristallisation (463)
Rekristallisationstemperatur (463)
Sintern (468)
Spark Plasma Sintering (SPS) (470)
Stirnabschreckversuch nach Jominy (454)
Überalterung (458)
Vergüten (447)
Warmbadhärten (447)
Wärmebehandlung (433)
ZTU-Diagramm (439)
Zwischenstufenvergüten (449)

■ Quellen

ASM Handbook, Vol. 4: *Heat Treating*, ASM International, Materials Park, Ohio 1991.
Chiang, Y., D. P. Birnie III und **W. D. Kingery**, *Physical Ceramics*, John Wiley & Sons, Inc., NY 1997.

Aufgaben

■ Zeit – die dritte Dimension

10.1 Für eine Aluminiumlegierung beträgt die Aktivierungsenergie für das Kristallwachstum 120 kJ/mol. Um welchen Faktor ändert sich die Geschwindigkeit des Kristallwachstums, wenn die Legierungstemperatur von 500 °C auf Raumtemperatur (25 °C) abfällt?

10.2 Wiederholen Sie Aufgabe 10.1 für eine Kupferlegierung, für die die Aktivierungsenergie für das Kristallwachstum 195 kJ/mol beträgt.

10.3 Obwohl sich Abschnitt 10.1 auf Kristallkeimbildung und Wachstum aus einer Flüssigkeit konzentriert, gelten ähnliche kinetische Gesetze für Festkörperumwandlungen. Beispielsweise lässt sich mit Gleichung 10.1 die Geschwindigkeit von β-Ausscheidungen beim Abkühlen einer übersättigten α-Phase in einer Legierung aus 10 Gewichtsprozent Sn und 90 Gewichtsprozent Pb beschreiben. Die Ausscheidungsgeschwindigkeiten seien mit $3{,}77 \times 10^3 \, s^{-1}$ und $1{,}40 \times 10^3 \, s^{-1}$ bei 20 °C bzw. 0 °C gegeben. Berechnen Sie die Aktivierungsenergie für diesen Prozess.

10.4 Verwenden Sie das Ergebnis von Aufgabe 10.3, um die Ausscheidungsgeschwindigkeit bei Raumtemperatur (25 °C) zu berechnen.

10.5 Leiten Sie in Bezug zu Abbildung 10.3 einen Ausdruck für r_c als Funktion der Oberflächenenergie je Flächeneinheit des Keims σ und der Volumenenergieverringerung je Volumeneinheit ΔG_V ab. *Hinweis:* Die Oberfläche der Kugel berechnet sich zu $4\pi r^2$ und das Kugelvolumen zu $(4/3)\pi r^3$.

•10.6 Die Arbeit W für die Bildung eines stabilen Keims ist der Maximalwert der Nettoenergieänderung (die bei r_c auftritt) in Abbildung 10.3. Leiten Sie einen Ausdruck für W in Form von σ und ΔG_V ab (wie in Aufgabe 10.5 definiert).

•10.7 Ein theoretischer Ausdruck für die Geschwindigkeit des Perlit-Wachstums von Austenit lautet

$$\dot{R} = Ce^{-Q/RT}(T_E - T)^2,$$

wobei C eine Konstante, Q die Aktivierungsenergie für Kohlenstoffdiffusion in Austenit, R die Gaskonstante und T eine absolute Temperatur unterhalb der Gleichgewichtsumwandlungstemperatur T_E ist. Leiten Sie einen Ausdruck für die Temperatur T_M ab, der der maximalen Wachstumsgeschwindigkeit entspricht (d.h. dem „Knie" in der Umwandlungskurve).

10.8 Berechnen Sie mit dem Ergebnis von Aufgabe 10.7 die Temperatur T_M (in °C). (Die Aktivierungsenergie finden Sie in *Kapitel 5* und die Umwandlungstemperatur ist in *Kapitel 9* angegeben.)

■ Das ZTU-Diagramm

10.9 (a) Ein Stahl mit 0,5 Gewichtsprozent C wird schnell auf 330 °C abgeschreckt, für 10 Minuten gehalten und dann auf Raumtemperatur abgekühlt. Wie sieht die resultierende Mikrostruktur aus? (b) Wie lautet der Name für diese Wärmebehandlung?

10.10 (a) Ein eutektoider Stahl wird (i) schlagartig auf 500 °C abgeschreckt, (ii) für fünf Sekunden gehalten, (iii) schlagartig auf Raumtemperatur abgeschreckt, (iv) für eine Stunde erneut auf 300 °C erwärmt und (v) auf Raumtemperatur abgekühlt. Wie sieht die endgültige Mikrostruktur aus? (b) Ein Kohlenstoffstahl mit 1,13 Gewichtsprozent C erfährt genau die gleiche Wärmebehandlung wie in Teil (a) beschrieben. Wie sieht die resultierende Mikrostruktur in diesem Fall aus?

10.11 (a) Ein Kohlenstoffstahl mit 1,13 Gewichtsprozent C erfährt die folgende Wärmebehandlung: (i) schlagartig auf 200 °C abschrecken, (ii) für einen Tag halten und (iii) langsam auf Raumtemperatur abkühlen. Wie sieht die resultierende Mikrostruktur aus? (b) Welche Mikrostruktur ergibt sich, wenn ein Kohlenstoffstahl mit 0,5 Gewichtsprozent C genau die gleiche Wärmebehandlung erfährt?

10.12 Drei unterschiedliche eutektoide Stähle erhalten die folgenden Wärmebehandlungen: (a) schlagartig auf 600 °C abschrecken, für zwei Minuten halten und dann auf Raumtemperatur abkühlen; (b) schlagartig auf 400 °C abschrecken, für zwei Minuten halten und dann auf Raumtemperatur abkühlen; und (c) schlagartig auf 100 °C abkühlen, für zwei Minuten halten und dann auf Raumtemperatur abkühlen. Listen Sie diese Wärmebehandlungen in der Reihenfolge fallender Härte des Endprodukts auf. Erläutern Sie kurz Ihre Antwort.

10.13 (a) Ein eutektoider Stahl wird gleichmäßig von 727 auf 200 °C in genau einem Tag abgekühlt. Überlagern Sie diese Abkühlkurve dem ZTU-Diagramm von Abbildung 10.11. (b) Bestimmen Sie aus dem Ergebnis Ihres Diagramms für Teil (a), bei welcher Temperatur eine Phasenumwandlung zuerst zu beobachten ist. (c) Welche Phase erscheint zuerst? (Denken Sie an die näherungsweise Natur eines isothermen Diagramms, das einen fortwährenden Abkühlvorgang darstellt.)

10.14 Wiederholen Sie Aufgabe 10.13 für eine gleichförmige Abkühlgeschwindigkeit in genau einer Minute.

10.15 Wiederholen Sie Aufgabe 10.13 für eine gleichförmige Abkühlgeschwindigkeit in genau einer Sekunde.

10.16 (a) Ziehen Sie die Abbildungen 10.11, 10.15 und 10.16 als Datenquellen heran und zeichnen Sie die Temperatur M_S, bei der die martensitische Umwandlung einsetzt, als Funktion des Kohlenstoffgehalts. (b) Wiederholen Sie Teil (a) für die Temperatur M_{50}, bei der die martensitische Umwandlung zu 50% abgeschlossen ist. (c) Wiederholen Sie Teil (a) für die Temperatur M_{90}, bei der die martensitische Umwandlung zu 90% abgeschlossen ist.

10.17 Verwenden Sie die Trends der Abbildungen 10.11, 10.15 und 10.16 und skizzieren Sie so spezifisch wie möglich ein ZTU-Diagramm für einen untereutektoiden Stahl mit einem Kohlenstoffgehalt von 0,6 Gewichtsprozent. (Beachten Sie Aufgabe 10.16 für einen spezifischen Zusammensetzungsverlauf.)

10.18 Wiederholen Sie Aufgabe 10.17 für einen übereutektoiden Stahl mit 0,9 Gewichtsprozent C.

10.19 Wie sieht die endgültige Mikrostruktur eines untereutektoiden Stahls mit 0,6 Gewichtsprozent C aus, der die folgende Wärmebehandlung erfährt: (i) schlagartig auf 500 °C abschrecken, (ii) für 10 Sekunden halten und (iii) schlagartig auf Raumtemperatur abschrecken. (Beachten Sie das in Aufgabe 10.17 entwickelte ZTU-Diagramm.)

10.20 Wiederholen Sie Aufgabe 10.19 für einen übereutektoiden Stahl mit 0,9 Gewichtsprozent C. (Beachten Sie das in Aufgabe 10.18 entwickelte ZTU-Diagramm.)

10.21 Es fällt auf, dass in ZTU-Diagrammen wie z.B. in Abbildung 10.7 die 50%-Kurve (gestrichelte Linie) ungefähr in der Mitte zwischen Umwandlungsbeginn (1%) und Fertigstellungskurve (99%) liegt. Außerdem sei darauf hingewiesen, dass der Fortschritt der Umwandlung nicht linear, sondern sigmoidal (s-förmig) verläuft. Z.B. lässt sich bei genauer Betrachtung von Abbildung 10.7 feststellen, dass die Fertigstellung zu 1%, 50% und 99% bei 0,9 s, 3,0 s bzw. 9,0 s auftritt. Dazwischen liegende Fertigstellungsdaten lassen sich allerdings wie folgt angeben:

% Fertigstellung	t(s)
20	2,3
40	2,9
60	3,2
80	3,8

Stellen Sie die prozentuale Fertigstellung bei 500 °C über dem Logarithmus von t dar, um das sigmoidale Wesen der Umwandlung zu veranschaulichen.

10.22 (a) Bestimmen Sie mit dem Ergebnis von Aufgabe 10.21 die Zeit t für 25% und 75% Fertigstellung. (b) Überlagern Sie das Ergebnis von (a) einer Skizze von Abbildung 10.7, um zu veranschaulichen, dass die Fertigstellungslinien für 25% und 75% wesentlich näher an der 50%-Linie liegen als an einer der 1%- bzw. 99%-Fertigstellungslinien.

■ Härtbarkeit

10.23 (a) Spezifizieren Sie die notwendige Abschreckgeschwindigkeit, um eine Härte von mindestens Rockwell C40 in einem 4140-Stahl zu gewährleisten. (b) Spezifizieren die notwendige Abschreckgeschwindigkeit, um eine Härte von höchstens Rockwell C40 in der gleichen Legierung zu gewährleisten.

10.24 Die Oberfläche eines geschmiedeten Teils aus 4340-Stahl wird unerwartet einer Abschreckgeschwindigkeit von 100 °C/s (bei 700 °C) unterzogen. Für das geschmiedete Teil wird eine Rockwell-Härte zwischen C46 und C48 angegeben. Liegt das Teil noch in diesem Bereich? Erläutern Sie kurz Ihre Antwort.

D 10.25 Eine Schwungradwelle besteht aus Stahl 1.6546. Die Oberflächenhärte wurde mit Rockwell C35 ermittelt. Um welchen Prozentsatz würde die Abkühlgeschwindigkeit am fraglichen Punkt zu ändern sein, um die Härte auf den wünschenswerteren Wert von Rockwell C45 zu bringen?

D 10.26 Wiederholen Sie Aufgabe 10.25 unter der Annahme, dass die Welle aus Stahl 1.6511 besteht.

10.27 Das Abschrecken eines Stabes aus Stahl 1.7225 bei 700 °C in einem gerührten Wasserbad liefert eine unmittelbare Abschreckungsgeschwindigkeit an der Oberfläche von 100 °C/s. Sagen Sie mithilfe des Jominy-Versuchs die Oberflächenhärte voraus, die aus dieser Abschreckung resultiert. (*Hinweis:* Der hier beschriebene Abschreckversuch entspricht nicht der Jominy-Konfiguration. Dennoch liefern Jominy-Daten grundsätzliche Informationen zur Härte als Funktion der Abschreckrate auch im Falle ab weichender Versuchsaufbauten.)

10.28 Wiederholen Sie Aufgabe 10.27 für ein gerührtes Ölbad, das eine Abschreckgeschwindigkeit an der Oberfläche von 20 °C/s produziert.

10.29 Ein Stahlstab, der in einer gerührten Flüssigkeit abgeschreckt wird, kühlt wesentlich langsamer in der Mitte als an der Oberfläche ab, die mit der Flüssigkeit in Kontakt steht. Die folgenden begrenzten Daten stellen die anfänglichen Abschreckraten bei verschiedenen Punkten über dem Durchmesser eines Stabes aus 4140-Stahl dar (Anfangstemperatur bei 700 °C):

Position	Abschreckungsgeschwindigkeit (°C/s)
Mitte	35
15 mm von der Mitte entfernt	55
30 mm von der Mitte entfernt (an der Oberfläche)	200

(a) Zeichnen Sie das Profil der Abschreckgeschwindigkeit über dem Durchmesser des Stabes (nehmen Sie das Profil als symmetrisch an). (b) Verwenden Sie die Daten des Jominy-Versuchs, um das resultierende Härteprofil über dem Durchmesser des Stabes darzustellen. (*Hinweis:* Der hier beschriebene Abschreckversuch entspricht nicht der Jominy-Konfiguration. Dennoch liefern Jominy-Daten grundsätzliche Informationen zur Härte als Funktion der Abschreckungsgeschwindigkeit auch im Falle abweichender Versuchsaufbauten.)

10.30 Wiederholen Sie Aufgabe 10.29b für einen Stab aus Stahl 1.7035, der das gleiche Profil der Abschreckgeschwindigkeit aufweist.

D 10.31 Bei der Wärmebehandlung eines kompliziert geformten Bauteiles aus Stahl 1.7035 führt ein abschließendes Abschrecken in einem gerührten Ölbad zu einer Rockwell-Härte von 30 HRC bei 3 mm unterhalb der Oberfläche. Diese Härte ist nicht akzeptabel, da Entwurfsrichtlinien an diesem Punkt eine Rockwell-Härte von 45 HRC vorschreiben. Wählen Sie eine Ersatzlegierung aus, um diese Härte zu gewährleisten, wobei Sie annehmen, dass die Wärmebehandlung gleich bleiben muss.

10.32 Im Allgemeinen nimmt die Härtbarkeit mit geringeren Legierungsbeimengungen ab. Veranschaulichen Sie dieses Konzept, indem Sie die folgenden Daten für einen reinen Kohlenstoffstahl 1.0511 dem Diagramm für andere Baustähle in Abbildung 10.24 überlagern.

Abstand von der abgeschreckten Stirnfläche (in 1/16 Zoll)	Rockwell C-Härte
2	44
4	27
6	22
8	18
10	16
12	13
14	12
16	11

■ **Ausscheidungshärtung**

10.33 (a) Berechnen Sie den maximalen Anteil der Ausscheidungen zweiter Phase in einer Legierung aus 90 Gewichtsprozent Al und 10 Gewichtsprozent Mg bei 100 °C. (b) Was wird in diesem Fall ausgeschieden?

10.34 Wiederholen Sie Aufgabe 10.33 für die stöchiometrische γ-Phase $Al_{12}Mg_{17}$.

10.35 Geben Sie eine Auslagerungstemperatur für eine 95Al-5Cu-Legierung, die ein Maximum von fünf Gewichtsprozent θ-Ausscheidung produziert, an.

10.36 Geben Sie eine Auslagerungstemperatur für eine 95Al-5Mg-Legierung, die ein Maximum von fünf Gewichtsprozent β-Ausscheidung produziert, an.

10.37 Da die Ausscheidung einer zweiten Phase ein thermisch aktivierter Prozess ist, lässt sich mit einem Arrhenius-Ausdruck die erforderliche Zeit abschätzen, bis die maximale Härte erreicht ist (siehe Abbildung 10.27b). Als erste Näherung kann man t_{max}^{-1} als eine „Geschwindigkeit" behandeln, wobei t_{max} die Zeit bis zum Erreichen der maximalen Härte ist. Für eine gegebene Aluminiumlegierung ist t_{max} gleich 40 Stunden bei 150 °C und nur 4 Stunden bei 190 °C. Berechnen Sie mithilfe von *Gleichung 5.1* die Aktivierungsenergie für diesen Ausscheidungsvorgang.

10.38 Schätzen Sie für die Aluminiumlegierung von Aufgabe 10.37 die Zeit t_{max} bei 250 °C ab, um die maximale Härte zu erreichen.

■ **Anlassen**

10.39 Eine 90:10-Ni-Cu-Legierung wird stark kaltverformt. Sie wird in einer Konstruktion verwendet und gelegentlich für mehr als eine Stunde Temperaturen bis zu 200 °C ausgesetzt. Ist zu erwarten, dass Effekte infolge einer Glühbehandlung auftreten?

10.40 Wiederholen Sie Aufgabe 10.39 für eine 90:10-Cu-Ni-Legierung.

10.41 Ein Stahlstab mit einem Durchmesser von 12,5 mm wird durch eine Modellform von 10 mm Durchmesser gezogen. Wie hoch ist der resultierende Prozentsatz der Kaltverformung?

• 10.42 Ein geglühtes Kupferlegierungsblech wird durch Walzen kaltumgeformt. *Abbildung 3.39* hat schematisch das Röntgenbeugungsmuster des ursprünglich geglühten Blechs mit einer kfz-Kristallstruktur dargestellt. Nehmen Sie an, dass das Walzen die bevorzugte Orientierung der (220)-Ebenen parallel zur Blechoberfläche produziert, und zeichnen Sie das Röntgenbeugungsmuster, das Sie für das gewalzte Blech erwarten. (Um die 2 θ-Positionen für die Legierung zu bestimmen, nehmen Sie reines Kupfer an und orientieren sich an den Berechnungen für *Aufgabe 3.83*.)

10.43 Die Rekristallisationsglühung ist ein thermisch aktivierter Prozess und lässt sich als solcher durch den Arrhenius-Ausdruck (*Gleichung 5.1*) charakterisieren. Als erste Näherung können Sie t_R^{-1} als eine „Geschwindigkeit" betrachten, wobei t_R die erforderliche Zeit ist, um die Mikrostruktur vollständig zu rekristallisieren. Für eine zu 75% kaltverformte Aluminiumlegierung betrage t_R gleich 100 Stunden bei 256 °C und nur 10 Stunden bei 283 °C. Berechnen Sie die Aktivierungsenergie für diesen Rekristallisationsvorgang. (Beachten Sie Aufgabe 10.37, in der eine ähnliche Methode auf den Fall des Ausscheidungshärtens angewandt wurde.)

10.44 Berechnen Sie die Temperatur, bei der vollständige Rekristallisation für die Aluminiumlegierung von Aufgabe 10.43 innerhalb einer Stunde auftritt.

■ Kinetik der Phasenumwandlungen für Nichtmetalle

10.45 Das Sintern von Keramikpulvern ist ein thermisch aktivierter Vorgang, für den die gleiche „Faustregel" über die Temperatur mit Diffusion und Rekristallisation gilt. Schätzen Sie eine minimale Sinter-Temperatur für (a) reines Al_2O_3, (b) reines Mullit und (c) reines Spinell ab. (Siehe die *Abbildungen 9.23 und 9.26*.)

10.46 Die *Abbildungen 9.10, 9.23, 9.26 und 9.30* haben vier Keramikphasendiagramme vorgestellt. In welchen Systemen würden Sie Ausscheidungshärten als mögliche Wärmebehandlung erwarten? Erläutern Sie kurz Ihre Antwort.

10.47 Die gesamte Sintergeschwindigkeit für $BaTiO_3$ wächst zwischen 750 °C und 794 °C um den Faktor 10. Berechnen Sie die Aktivierungsenergie für das Sintern in $BaTiO_3$.

10.48 Sagen Sie mit den Daten von Aufgabe 10.47 die Temperatur voraus, bei der sich die anfängliche Sintergeschwindigkeit für $BaTiO_3$ um (a) den Faktor 50 und (b) um den Faktor 100 verglichen mit 750 °C erhöht.

10.49 Bauteile aus Nylon – einem gebräuchlichen technischen Polymer – absorbieren bei Raumtemperatur langsam Feuchtigkeit. Eine derartige Absorption erhöht die Abmessungen und verringert die Festigkeit. Um die Abmessungen zu stabilisieren, unterzieht man Nylon-Produkte manchmal einer vorgelagerten „Feuchtigkeits-Konditionierung" durch Eintauchen in heißes oder kochendes Wasser. Bei 60 °C dauert es 20 Stunden, um ein Nylon-Teil von 5 mm Dicke auf einen Feuchtigkeitsgehalt von 2,5% zu konditionieren. Bei 77 °C beträgt die Zeit für dasselbe Teil nur 7 Stunden. Da die Konditionierung diffusionsgesteuert ist, lässt sich die bei anderen Temperaturen erforderliche Zeit aus dem Arrhenius-Ausdruck (*Gleichung 5.1*) abschätzen. Berechnen Sie die Aktivierungsenergie für diese Feuchtigkeits-Konditionierung. (Beachten Sie die Methode, die für ähnliche Kinetik-Beispiele in den Aufgaben 10.37 und 10.43 verwendet wird.)

10.50 Schätzen Sie die Konditionierungszeit in siedendem Wasser (100 °C) für das in Aufgabe 10.49 beschriebene Nylon-Teil ab.

TEIL II

Die Konstruktionswerkstoffe

11 Metalle 483

12 Keramiken und Gläser 525

13 Polymerwerkstoffe 553

14 Verbundwerkstoffe 593

Teil II
DIE KONSTRUKTIONSWERKSTOFFE

In einem modernen Gebäude sind alle Kategorien von Konstruktionswerkstoffen vereint.

Die Grundlagen der Werkstoffwissenschaft von *Teil I* bieten ein regelrechtes Menü von Werkstoffen für Konstruktionsanwendungen. Wir erinnern daran, dass Metall-, Ionen- und kovalente Bindungen grob den Kategorien von Metallen, Keramiken und Polymeren entsprechen. Die *Kapitel 11* bis *14* kennzeichnen in der Tat vier Kategorien von *Konstruktionswerkstoffen*, wobei die Verbundwerkstoffe (Kombinationen der drei Hauptkategorien) als vierte Kategorie gelten. Metalle sind besonders universelle Kandidaten für einen breiten Bereich von Konstruktionsanwendungen. *Kapitel 11* beschäftigt sich detailliert mit der großen Familie der *Metall*legierungen und den Verfahren, die für ihre Herstellung eingesetzt werden. *Keramiken* und *Gläser* (*Kapitel 12*) sind chemisch ähnlich, unterscheiden sich aber durch ihre Struktur auf atomarer Ebene. Die Herstellungsverfahren in dieser mannigfaltigen Klasse von Werkstoffen spiegeln den unverwechselbaren Charakter der kristallinen Keramiken und der nicht-kristallinen Gläser wider. Glaskeramiken sind hochentwickelte Wertstoffe, die zunächst wie Glas hergestellt und dann zu einer starken und bruchresistenten kristallinen Keramik kristallisiert werden. Die *Polymerwerkstoffe* in *Kapitel 13* stellen eine andere große Klasse von Konstruktionswerkstoffen dar. Die organische Natur dieser kovalent gebundenen Stoffe macht sie zu attraktiven Alternativen gegenüber herkömmlichen Metalllegierungen und erlaubt einige einzigartige Verarbeitungstechniken. *Kapitel 14* gibt einen Überblick über zahlreiche Beispiele von *Verbundwerkstoffen*, die als Kombinationen der in den *Kapiteln 11* bis *13* behandelten Komponenten auf mikroskopischer Ebene definiert werden. Fiberglas ist ein traditionelles Beispiel, das Hochmodulglasfasern in einer duktilen Polymermatrix kombiniert. Zu den fortschrittlichsten Konstruktionswerkstoffen gehören Hochleistungsverbundwerkstoffe. Diese Kombinationen besitzen besonders eindrucksvolle Eigenschaften, die die einzelnen Komponenten selbst nicht aufweisen können. Die Herstellungsverfahren für Verbundwerkstoffe umfassen das volle Spektrum der Methoden, die man bei der Herstellung ihrer individuellen Komponenten einsetzt. Im gesamten *Teil II* finden Sie eine außerordentlich breite Palette von Werkstoffen, die dem Konstrukteur zur Verfügung stehen.

Metalle

- **11.1 Eisenlegierungen** 485
- **11.2 Nichteisenlegierungen** 503
- **11.3 Metallherstellung** 510

ÜBERBLICK 11

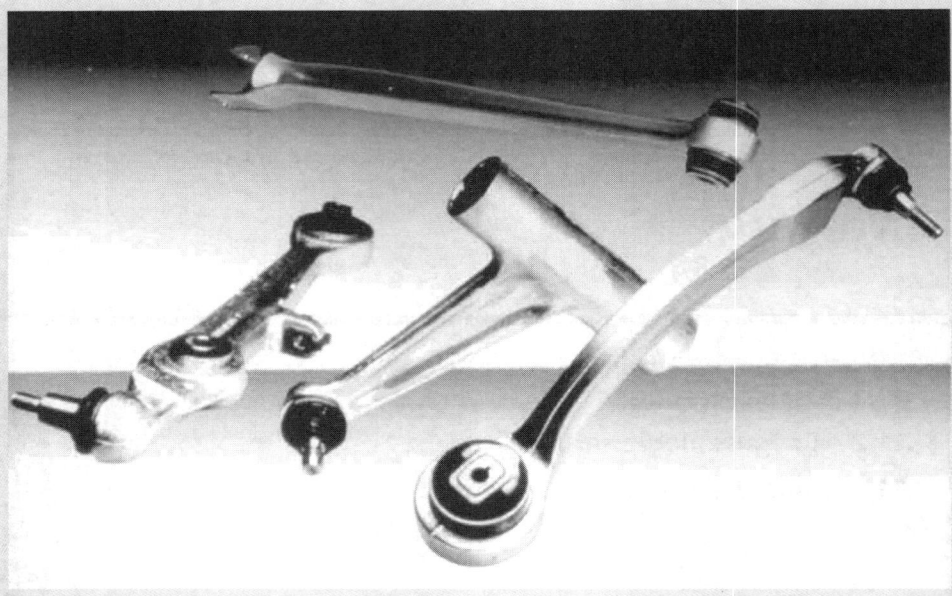

❦ *Diese Lenkungs- und Aufhängungsteile für Kraftfahrzeuge bestehen aus umgeformtem Aluminium. Damit erreicht man ein geringes Gewicht und einen niedrigeren Kraftstoffverbrauch.* **❦**

Wie *Kapitel 1* erläutert hat, sind wahrscheinlich keine anderen Werkstoffe enger mit dem Ingenieurberuf verbunden als Metalle, insbesondere natürlich Baustahl. In diesem Kapitel untersuchen wir die breite Vielfalt der technischen Metalle detaillierter. Wir beginnen mit den dominanten Beispielen: den **Eisenlegierungen**, zu denen Kohlenstoff- und Legierungsstähle sowie Gusseisen gehören. Zu den *Nichteisenlegierungen* zählen alle anderen Metalllegierungen, die kein Eisen als Hauptbestandteil enthalten. Speziell sehen wir uns Legierungen basierend auf Aluminium, Magnesium, Titan, Kupfer, Nickel, Zink und Blei sowie die Hochtemperaturwerkstoffe und Edelmetalle an.

Die Diskussion der Metalle in diesem Kapitel hängt zum großen Teil von den fundamentalen Konzepten ab, die in den verschiedenen Kapiteln von Teil I präsentiert wurden. *Kapitel 3* hat die wichtigsten Kristallstrukturen der Metalle eingeführt. Kristallographische Defekte in diesen Strukturen (*Kapitel 4*) bilden die Grundlage, um den Diffusionstransport (*Kapitel 5*) und das mechanische Verhalten (*Kapitel 6*) zu verstehen. Zusammen mit den Kenntnissen zum thermischen Verhalten in *Kapitel 7* konnten wir dann in *Kapitel 8* die Ursachen für den Ausfall von Metalllegierungen untersuchen.

Dieses Kapitel gibt zwar eine Einführung in die wichtigsten technischen Metalle, auf die Universalität dieser Werkstoffe sind aber bereits die *Kapitel 9* und *10* eingegangen. *Kapitel 9* hat die mikrostrukturelle Gefügeausbildung in Bezug auf Phasendiagramme erläutert und *Kapitel 10* hat sich mit der Wärmebehandlung basierend auf der Kinetik von Festkörperreaktionen beschäftigt. Jedes dieser Themen befasst sich mit Methoden, um die Eigenschaften von gegebenen Legierungen innerhalb eines breiten Wertebereichs »maßzuschneidern«.

Schließlich betrachten wir, wie sich verschiedene Metalllegierungen in die für technische Anwendungen passenden Formen bringen lassen. Auch wenn dieses Thema der *Verarbeitung* Gegenstand von spezialisierteren Kursen ist, verlangt selbst eine Einführung in die Werkstofftechnik einen Überblick über die Herstellung von Werkstoffen. Diese Diskussion erfüllt zwei Aufgaben: Erstens vermittelt sie tiefer gehende Kenntnisse über das Wesen jedes Werkstoffs und zweitens gibt sie eine Einschätzung, wie sich die Verarbeitungsprozesse auf die Eigenschaften auswirken.

11.1 Eisenlegierungen

Bezogen auf das Gewicht sind mehr als 90% der vom Menschen eingesetzten metallischen Werkstoffe Eisenlegierungen, die eine immense Klasse von technischen Werkstoffen mit einem breiten Bereich von Mikrostrukturen und damit verbundenen Eigenschaften bilden. Bei der Mehrheit technischer Konstruktionen, die strukturelle Belastungen aufnehmen oder Kräfte übertragen müssen, sind Eisenlegierungen im Spiel. Aus praktischen Gesichtspunkten gliedert man diese Legierungen in zwei große Kategorien, die auf dem Anteil an Kohlenstoff in der Legierungszusammensetzung basieren: Grundsätzlich enthält **Stahl** zwischen 0,05 und 2,0 Gewichtsprozent C und *Gusseisen* zwischen 2,0 und 4,5 Gewichtsprozent C. Stähle unterscheidet man weiter danach, wie hoch der Anteil von Legierungselementen außer Kohlenstoff ist. Eine Zusammensetzung von insgesamt 5 Gewichtsprozent Nichtkohlenstoffbeimengungen dient als willkürliche Grenze zwischen **niedrig legierten** und **hoch legierten Stählen**.

Diese Legierungsbeimengungen wählt man sorgfältig aus, weil sie ausnahmslos höhere Werkstoffkosten mit sich bringen. Deshalb sind sie nur bei wesentlichen Verbesserungen der Eigenschaften wie z.B. höhere Festigkeit oder verbesserte Korrosionsbeständigkeit gerechtfertigt.

11.1.1 Klassifizierung von Stählen

Die Mehrheit der Eisenlegierungen sind **Kohlenstoffstähle** und niedrig legierte Stähle. Der Grund dafür ist einfach. Derartige Legierungen haben einen relativ niedrigen Preis, weil sie Legierungselemente nur in geringen Mengen enthalten, und sie sind ausreichend duktil, so dass sie sich problemlos bearbeiten lassen. Das Endprodukt zeichnet sich durch eine hohe Festigkeit und Beständigkeit aus. Der Einsatzbereich dieser eminent wichtigen Werkstoffe erstreckt sich von Kugellagern bis zu Metallblechen für Autokarosserien.

Stähle sind metallische Konstruktionswerkstoffe, die überwiegend aus Eisen (Fe) bestehen. Das wichtigste Legierungselement ist Kohlenstoff, das einen Gehalt von 2% nicht überschreiten darf. Fe-C-Legierungen mit höherem C-Gehalt bezeichnet man als **Gusseisenlegierungen**. Stähle werden nach verschiedenen Kriterien zu Klassen zusammengefasst. Diese richten sich nach den Legierungselementen (DIN EN 100 20) oder nach Anwendungsbereichen.

Aus legierungstechnischer Sicht unterscheidet man unlegierte Stähle, bei denen der für einzelne Elemente maßgebliche Legierungs-Massenanteil einen vorgegebenen Wert nicht überschreitet sowie nichtrostende Stähle, bei denen der Kohlenstoffanteil einen Massenanteil von 1,2% unterschreitet und der Chromgehalt oberhalb von 10,5% liegt. Tabelle 11.1 zeigt die entsprechenden Grenzgehalte unterschiedlicher Legierungselemente, die von unlegierten und nichtrostenden Stählen nicht überschritten werden dürfen. Im Unterschied zu den genannten beiden Stahlklassen übersteigt bei legierten Stählen, sofern sie nicht in die Klasse der nichtrostenden Stähle einzugruppieren sind, wenigstens ein Legierungselement die in Tabelle 11.1 angegebenen Grenzwerte.

Tabelle 11.1

Grenzgehalte unterschiedlicher Legierungselemente, die von unlegierten und nichtrostenden Stählen nicht überschritten werden dürfen

	Vorgeschriebene Elemente	Grenzwert in Massen %		Vorgeschriebene Elemente	Grenzwert in Massen %
Al	Aluminium	0,3	Ni[a]	Nickel	0,3
B	Bor	0,008	Pb	Blei	0,4
Bi	Wismut	0,1	Se	Selen	0,1
Co	Kobalt	0,3	Si	Silizium	0,5
Cr	Chrom[a]	0,3	Te	Telur	0,1
Cu	Kupfer[a]	0,4	Ti[a]	Titan	0,05

11.1 Eisenlegierungen

Grenzgehalte unterschiedlicher Legierungselemente, die von unlegierten und nichtrostenden Stählen nicht überschritten werden dürfen

Vorgeschriebene Elemente		Grenzwert in Massen %	Vorgeschriebene Elemente		Grenzwert in Massen %
Mn	Mangan[b]	1,65	V[a]	Telur	0,1
Mo	Molybdän[a]	0,08	W	Wolfram	0,1
Nb	Niob[a]	0,06	Zr[a]	Zirkon	0,05
La	Lanthanide (einzeln gewertet)	0,1		Sonstige jeweils (mit Ausnahme von C, P, S u. N)	0,05

[a] Wenn für einen Stahl zwei oder mehr Elemente vorgeschrieben sind und deren Gehalte jeweils unter den Grenzwerten liegen, so wird für die Einteilung zusätzlich ein Grenzwert verwendet, der 70 % der Summe der Einzelgrenzwerte beträgt.
[b] Falls für Mangan nur ein Grenzwert festgelegt ist, ist dieser 1,80% und die 70%-Regel gilt nicht.

Stahlwerkstoffe werden nach DIN 100 27-2 über ein Nummernsystem bezeichnet und klassifiziert. Die Nummerierung besteht aus einer »Eins« mit Punkt sowie einer vierstelligen Nummer. Die ersten beiden Ziffern der Ziffernfolge geben die Stahlgruppe an, in die der Stahl eingruppiert ist, die beiden letzten sind Zählziffern innerhalb der Gruppe. Tabelle 11.2 zeigt die unterschiedlichen Stahlgruppen mit ihren Werkstoffnummern und Eigenschaftsprofilen. Das Nummernsystem unterscheidet unlegierte und legierte Stähle, die jeweils in Grund-, Qualitäts- und Edelstähle unterteilt werden. Unter Grundstählen sind unlegierte Stahlsorten zu verstehen, bei denen die Erfüllung von Güteanforderungen keine besonderen Maßnahmen erfordern. Bei Qualitätsstählen gelten demgegenüber verschärfte Anforderungen an ihre Gebrauchseigenschaften, so dass ihre Herstellung besondere Sorgfalt erfordert. Unter Edelstählen werden Stahlsorten verstanden, die gegenüber Qualitätsstählen einen höheren Reinheitsgrad aufweisen. Sie sind meist für eine Wärmebehandlung bestimmt.

Tabelle 11.2

Nummernsystem für Grundstähle, Qualitätsstähle, Edelstähle und legierte Stähle

Werkstoffnummer	Beschreibung
Unlegierte Stähle Grundstähle	
1.00nn und 1.90nn	Grundstähle der Norm DIN EN 10025, z. B. EN-S235JR (St 37-2), EN-E295 (St-50)

11 METALLE

Nummernsystem für Grundstähle, Qualitätsstähle, Edelstähle und legierte Stähle

Werkstoffnummer	Beschreibung
Qualitätsstähle	
1.01nn und 1.91 nn	Allgemeine Baustähle mit $R_m < 500$ N/mm^2
1.02nn und 1.92 nn	Sonstige, nicht für eine Wärmebehandlung bestimmte Baustähle mit $R_m < 500$ N/mm^2
1.03nn und 1.93nn	Stähle mit im Mittel $< 0{,}12\%$ C oder $R_m < 400$ N/mm^2
1.04nn und 1.94nn	Stähle mit im Mittel $< 0{,}12\%$ C $< 0{,}25\%$ C oder $R_m \_ 400 < 500$ N/mm^2
1.05nn und 1.95nn	Stähle mit im Mittel $\_ 0{,}25\%$ C $< 0{,}55\%$ C oder $R_m \_ 500 < 700$ N/mm^2
1.06nn und 1.96nn	Stähle mit im Mittel $\_ 0{,}55\%$ C $R_m \_ 700$ N/mm^2
1.07nn und 1.97nn	Stähle mit höherem S- oder P-Gehalt
Edelstähle	
1.10nn	Stähle mit besonderen physikalischen Eigenschaften
1.11nn	Bau-, Maschinenbau- und Behälterstähle mit $< 0{,}50\%$ C
1.12nn	Maschinenbaustähle mit $\_ 0{,}50\%$ C
1.13nn	Bau-, Maschinenbau- und Behälterstähle mit besonderen Anforderungen
1.15nn bis 1.18nn	Werkzeugstähle
Legierte Stähle Qualitätsstähle	
1.08nn und 1.98nn	Stähle mit besonderen physikalischen Eigenschaften
1.09nn und 1.99nn	Stähle für verschiedene Anwendungszwecke
Edelstähle Werkzeugstähle	
1.20nn	Cr
1.21nn	Cr-Si, Cr-Mn, Cr-Mn-Si
1.22nn	Cr-V, Cr-V-Si, Cr-V-Mn, Cr-V-Mn-Si
1.23nn	Cr-Mo, Cr-Mo-V., Mo-V
1.24nn	W, Cr-W
1.25nn	W-V, Cr-W-V
1.26nn	W außer Klassen 24, 25, 27
1.27nn	mit Ni
1.28nn	Sonstige
Verschiedene Stähle	
1.32nn	Schnellarbeitsstähle *ohne* Co
1.33nn	Schnellarbeitsstähle *mit* Co
1.35nn	Wälzlagerstähle
1.35nn	Werkstoffe mit besonderen magnetischen Eigenschaften *ohne* Co
1.37nn	Werkstoffe mit besonderen magnetischen Eigenschaften *mit* Co
1.38 nn	Werkstoffe mit besonderen physikalischen Eigenschaften *ohne* Ni
1.39nn	Werkstoffe mit besonderen physikalischen Eigenschaften *mit* Ni

Nummernsystem für Grundstähle, Qualitätsstähle, Edelstähle und legierte Stähle

Werkstoffnummer	Beschreibung
1.40nn	Nichtrostende Stähle mit < 5% Ni *ohne* Mo, Nb und Ti
1.41nn	Nichtrostende Stähle mit < 2,5% Ni *mit* Mo *ohne* Nb und Ti
1.43nn	Nichtrostende Stähle mit _ 2,5% Ni *ohne* Mo, Nb und Ti
1.44nn	Nichtrostende Stähle mit _ 2,5% Ni *mit* Mo *ohne* Nb und Ti
1.45nn	Nichtrostende Stähle mit Sonderzusätzen
1.46nn	Chemisch beständige und hochwarmfeste Ni-Legierungen
1.47nn	Hitzebeständige Stähle < 2,5% Ni
1.48nn	Hitzebeständige Stähle _ 2,5% Ni
1.49nn	Hochwarmfeste Werkstoffe

Bau-, Maschinenbau- und Behälterstähle

Werkstoffnummer	Beschreibung
1.50nn	Mn, Si, Cu
1.51nn	Mn-Si, Mn-Cr
1.52nn	Mn-Cu, Mn-V, Si-V, Mn-Si-V
1.53nn	Mn-Ti, Si-Ti
1.54nn	Mo, Nb, Ti, V, W
1.55nn	B, Mn-B < 1,65% Mn
1.56nn	Ni
1.57nn	Cr-Ni mit < 1% Cr
1.58nn	Cr-Ni mit _ 1,0% < 1,5 % Cr
1.59nn	Cr-Ni mit _ 1,5% < 2,0 % Cr
1.60nn	Cr-Ni mit _ 2,0% < 3 % Cr
1.62nn	Ni-Si, Ni-Mn, Ni-Cu
1.63nn	Ni-Mo, Ni-Mo-Mn, Ni-Mo-Cu, Ni-Mo-V, Ni-Mn,-V
1.65nn	Cr-Ni-Mo mit < 0,4% Mo + < 2% Ni
1.66nn	Cr-Ni-Mo mit < 0,4% Mo + _ 2 % Ni < 3,5% Ni
1.67nn	Cr-Ni-Mo mit < 0,4% Mo + _ 3,5% Ni < 5% Ni oder _ 0,4% Mo
1.68nn	Cr-Ni-V, Cr-Ni-W, Cr-Ni-V-W
1.69nn	Cr-Ni außer Klassen 57 bis 68
1.70nn	Cr, Cr-B
1.71nn	Cr-Si, Cr-Mn, Cr-Mn-B, Cr-Si-Mn
1.72nn	Cr-Mo mit < 0,35% Mo Cr-Mo-B
1.73nn	Cr-Mo mit _ 0,35% Mo
1.75nn	Cr-V mit < 2,0% Cr
1.76nn	Cr-V mit > 2,0% Cr
1.77nn	Cr-Mo-V
1.79nn	Cr-Mn-Mo, Cr-Mn-V
1.80nn	Cr-Si-Mo, Cr-Si-Mn-Mo, Cr-Si-Mo-V, Cr-Si-Mn-Mo-V
1.81nn	Cr-Si-V, Cr-Mn-V , Cr-Si-Mn-V
1.82nn	Cr-Mo-W, Cr-Mo-W-V
1.84nn	Cr-Si-Ti, Cr-Mn-Ti, Cr-Si-Mn-Ti
1.85nn	Nitrierstähle
1,87nn	Nicht für eine Wärmebehandlung beim Verbraucher vorgesehene Stähle. Hochfeste, schweißgeeignete Stähle
1.88nn	
1.89nn	

Daneben existieren noch Kurzbezeichnungen, die einen Hinweis auf die Eigenschaften liefern.
Beispiel:
1.0116: S235 J2 G3 (vormals: ST 37-3)
Die Kurzbezeichnung liefert folgende Informationen:
S: Verwendung S: Stahlbau
235: Streckgrenze R35 MPa
J2: Zähigkeit/Kerbschlagarbeit (mind. 27 J bei −20 °C Prüftemperatur)
G3: Wärmebehandlung (G3: = normalisiert)
Ebenso existieren Kurznamen in Abhängigkeit von Verwendung und Eigenschaften.
Beispiel:
R 0900 Mn
R: = Schienenstahl
R_m > 900 MPa
Mn: = hoher Mangangehalt
Vielfach werden zudem auch Kurznamen verwendet, die auf die chemische Zusammensetzung hinweisen.
Beispiel:
1) X 2 CrNiMoN 17-13-3
   0,02% C
   17% Cr
   13% Ni
   3% Mo sowie Stickstoff, dessen Gehalt gesondert definiert ist.
2) HS 10-4-3-10
   10% W
   4% Mo
   3% V
   10% C
Die Zahlen geben durch Bindestriche getrennt, den %-Massengehalt der Legierungselemente in der Reihenfolge W-Mo-V-Co an.

Auf der Companion Website finden Sie einen Artikel zu »Steel Bars for Automotive Applications«, der in der Zeitschrift *Advanced Materials and Processes* erschienen ist und von der ASM International veröffentlich wurde. Mit Erlaubnis verwendet.

11.1.2 Hoch legierte Stähle

Wie bereits früher in diesem Abschnitt erwähnt, muss man Legierungsbeimengungen aufgrund ihres hohen Preises sorgfältig und begründet auswählen. Wir sehen uns nun drei Fälle an, in denen technische Vorgaben hoch legierte Zusammensetzungen rechtfertigen. Bei Edelstählen müssen Legierungsbeimengungen Schäden durch korrosive Atmosphären verhindern. Werkzeugstähle verlangen Legierungsbeimengungen, um ausreichende Härte für Bearbeitungsaufgaben zu erhalten. So genannte Superlegierungen verlangen Legierungsbeimengungen, um Stabilität in Hochtemperaturanwendungen wie z.B. Turbinenschaufeln zu gewährleisten.

11.1 Eisenlegierungen

Edelstähle sind widerstandsfähiger gegen Rosten und Anlaufen als Kohlenstoff- und niedrig legierte Stähle, was hauptsächlich auf Chrom-Beimengungen zurückzuführen ist. Der Anteil von Chrom liegt gewöhnlich deutlich über 10 Gewichtsprozent. Manchmal hebt man das Niveau auf bis zu 30 Gewichtsprozent an. Tabelle 11.3 fasst typische Edelstähle in vier Hauptkategorien zusammen:

1 Die **austenitischen Edelstähle** behalten die Austenit-Struktur bei Raumtemperatur bei. Wie *Abschnitt 3.2* erläutert hat, besitzt γ-Fe oder Austenit eine kfz-Struktur und ist bis über 910 °C stabil. Diese Struktur kann bei Raumtemperatur auftreten, wenn sie durch eine geeignete Legierungsbeimengung wie z.B. Nickel stabilisiert wird. Obwohl die krz-Struktur für reines Eisen bei Raumtemperatur energetisch stabiler als die kfz-Struktur ist, gilt das Gegenteil für Eisen, das eine beträchtliche Anzahl von Nickelatomen in einem Substitutions-Mischkristall aufweist.

2 Ohne den hohen Nickelgehalt ist die krz-Struktur stabil, wie es bei den **ferritischen Edelstählen** der Fall ist. Bei vielen Anwendungen, die ohne die hohe Korrosionsbeständigkeit der austenitischen Edelstähle auskommen, sind diese niedrig legierten (und preiswerteren) ferritischen Edelstähle durchaus brauchbar.

3 Ein schnelles Abschrecken als Wärmebehandlung wie in *Kapitel 10* erläutert, erlaubt die Bildung einer komplexeren tetragonal raumzentrierten Kristallstruktur namens Martensit. In Übereinstimmung mit unserer Diskussion in *Abschnitt 6.3* liefert diese Kristallstruktur eine höhere Festigkeit und niedrigere Duktilität. Im Ergebnis eignen sich diese **martensitischen Edelstähle** ausgezeichnet für Anwendungen wie z.B. Bestecke oder Federn.

4 Ausscheidungshärten ist eine weitere Wärmebehandlung, die in *Kapitel 10* beschrieben wurde. Praktisch wird dabei eine mehrphasige Mikrostruktur aus einer einphasigen Mikrostruktur erzeugt. Das Ergebnis ist erhöhter Widerstand gegen Versetzungsbewegungen und dadurch größere Festigkeit oder Härte. **Ausscheidungsgehärtete Edelstähle** setzt man beispielsweise in korrosionsbeständigen Konstruktionselementen ein.

Dieses Kapitel klassifiziert die vier grundsätzlichen Typen von Edelstählen. Die Mechanismen des Korrosionsschutzes behandelt *Kapitel 19*.

Werkzeugstähle verwendet man, um andere Werkstoffe spanlos oder spanend zu verarbeiten. Tabelle 11.4 gibt ausgewählte Haupttypen an. Für formgebende Operationen, die nicht zu anspruchsvoll sind, kommen reine Kohlenstoffstähle durchaus infrage. In der Tat waren Werkzeugstähle bis in die Mitte des 19. Jahrhunderts reine Kohlenstoffsorten. Heute sind hoch legierte Beimengungen üblich. Sie haben den Vorteil, dass sie die notwendige Härte bei einfacheren Wärmebehandlungen bieten können und diese Härte bei höheren Betriebstemperaturen beibehalten. Als Legierungselemente in diesen Werkstoffen verwendet man vor allem Wolfram, Molybdän und Chrom.

Legierungsbezeichnungen einiger legierter Stahlsorten

dt. Norm	korrespondierende US-Norm	C min	C max	Mn min	Mn max	Si min	Si max	Cr min	Cr max	Ni min	Ni max	Mo min	Mo max
Austenitische Edelstähle													
1.4372	S20100	0	0,15	5,5	7,5	0	1	16	18	3,5	5,5		
1.4301	S30400	0	0,07	0	2	0	1	17	19,5	8	10,5		
1.4841	S31000	0	0,2	0	2	1,5	2,5	24	26	19	22		
1.4401	S31600	0	0,07	0	2	0	1	16,5	18,5	10,5	13,5		
1.4550	S34700	0	0,08	0	2	0	1	17	19	9	12		
Ferritische Edelstähle													
1.4002	S40500	0	0,08	0	1	0	1	12	14				
1.4016	S43000	0	0,08	0	1	0	1	16	18				
Martensitische Edelstähle													
1.4006	S41000	0,08	0,15	0	1,5	0	1	11	13,5	0	0,75		
1.7362	S50100	0,08	0,15	0,3	0,6	0	0,5	4	6			0,45	0,65
Ausscheidungshärtende Edelstähle													
1.4549	S17400	0	0,06	0	0,07	0,5	1	15,5	16,7	3,6	4,6		
1.4504	S17700	0	0,09	0	1	0	0,5	16	17,5	6,5	7,75		

11.1 Eisenlegierungen

Tabelle 11.3

Cu		Al		W		V		Co		Nb		Ti		Fe	
min	max	min	max	min	max	min	max	min	max	min	max	min	max	min	max
		0,1	0,3												
2,8	3,5											0,15	0,4		
		0,75	1,25												

Legierungsbezeichnungen ausgewählter Werkzeugstähle

dt. Norm	korrespondierende US-Norm	C		Mn		Si		Cr		Ni		Mo	
		min	max	min	max	min	max	min	max	min	max	min	max
Schnellarbeitsstähle													
1.3346	T11301	0,78	0,86	0	0,4	0	0,45	3,5	4,2			8	9,2
1.3355	T12001	0,7	0,78	0	0,4	0	0,45	3,8	4,5				
Werkzeugstähle für Warmarbeit													
1.2365	T20810	0,28	0,35	0,15	0,45	0,1	0,4	2,7	3,2			2,6	3
1.2581	T20821	0,7	0,77	0,4	0,6	1	1,3					0,45	0,65
Werkzeugstähle für Kaltarbeit													
1.2363	T30102	0,9	1,05	0,4	0,7	0,2	0,4	4,8	5,5			0,9	1,2
1.2379	T30402	1,5	1,6	0,15	0,45	0,1	0,4	11	12			0,6	0,8
1.2510	T31501	0,9	1,05	1	1,2	0,15	0,35	0,5	0,7				
1.2542	T41901	0,4	0,5	0,2	0,4	0,8	1,1	0,9	1,2				
1.2210	T61202	1,1	1,25	0,2	0,4	0,15	0,3	0,5	0,8				
Unlegierte Werkzeugstähle													
1.1525	T72301	0,75	0,85	0,1	0,25	0,1	0,25						
1.1545		1	1,1	0,1	0,25	0,1	0,25						

11.1 Eisenlegierungen

Tabelle 11.4

Cu		Al		W		V		Co		Nb		Ti		Fe	
min	max	min	max	min	max	min	max	min	max	min	max	min	max	min	max
				1,5	2	1	1,3								
				17,5	18,5	1	1,2								
						0,4	0,7								
						0,15	0,25								
						0,1	0,3								
						0,9	1,1								
				0,5	0,7	0,05	0,15								
				1,8	2,1	0,15	0,2								
						0,07	0,12								

Legierungsbezeichnungen ausgewählter Superlegierungen

dt. Norm	korrespondierende US-Norm	C min	C max	Mn min	Mn max	Si min	Si max	Cr min	Cr max	Ni min	Ni max	Mo min	Mo max
Co-Basis													
2.4964	R30605	0,05	0,15	1	2	0	0,4	19	21	9	11		
Ni-Basis													
2.4800	N10001	0	0,05	0	1	0	1	0	1	60		26	30
2.4816	N06600	0	0,1	0	1	0	0,5	14	17	72			
Ni-Basis, ausscheidungshärtend													
2.4631	N07080	0,04	0,1	0	1	0	1	18	21				
2.4952	N07080	0	0,03	1	3	0	0,7	23	27	37	42	3,5	7,5
2.4973	N07041	0,18	0,18					10	10	60	60	3	3
2.4983	N07500	0,05	0,15	0	1,25	0,2	0,5	20,5	23	20	24		
2.4654	N07001	0,02	0,1	0	0,1	0	0,15	18	21			3,5	5

11.1 Eisenlegierungen

Tabelle 11.5

	Cu		Al		W		V		Co		Nb		Ti		Fe	
	min	max	min	max	min	max	min	max	min	max	min	max	min	max	min	max
							0,2	0,4	0	2,5					4	7
	0	0,5	0	0,3									0	0,3	6	10
	0	0,2	1	1,8					0	2			1,8	2,7	0	1,5
	1,5	3	0	0,1									0	1	0	30
			5,5	5,5					15	15			4,7	4,7		
			0	0,2	13	16									0	3
			1,2	1,6									2,8	3,3		

Zu den **Superlegierungen** gehört eine umfangreiche Klasse von Metallen mit besonders hoher Festigkeit bei erhöhten Temperaturen (sogar über 1.000 °C). Tabelle 11.5 gibt wichtige Beispiele an. Viele Edelstähle aus Tabelle 11.3 spielen eine Doppelrolle als hitzebeständige Legierungen. Diese Stähle sind Eisen-basierte Superlegierungen. Tabelle 11.5 enthält aber auch Kobalt- und Nickel-basierte Legierungen. Die meisten enthalten Chromzusätze zur Gewährleistung einer hohen Oxidations- und Korrosionsbeständigkeit. Auch wenn diese Werkstoffe teuer (in manchen Fällen sogar extrem teuer) sind, rechtfertigen die strengen Anforderungen moderner Technologien häufig derartige Kosten. Beispielsweise ist die Verwendung von Superlegierungen in Flugzeugstrahlturbinen zwischen 1950 und 1980 bezogen auf das Gewicht von 10% auf 50% gestiegen.

An diesem Punkt hat uns die Behandlung der Stähle nahe an die verwandten Nichteisenlegierungen gebracht. Bevor wir uns dem allgemeinen Gebiet aller anderen Nichteisenlegierungen zuwenden, müssen wir zunächst das einfache aber wichtige Fe-C-System mit hohem Kohlenstoffgehalt, das Gusseisen, und die weniger traditionelle Kategorie der schnell erstarrten Legierungen behandeln.

11.1.3 Gusseisen

Wie bereits erwähnt ist **Gusseisen** als Eisenlegierung mit einem Kohlenstoffgehalt von mehr als 2 Gewichtsprozent definiert. Außerdem enthalten derartige Legierungen im Allgemeinen bis zu 3 Gewichtsprozent Silizium, um die Kinetik der Carbid-Bildung zu steuern. Gusseisen hat relativ niedrige Schmelztemperaturen und Viskositäten der flüssigen Phase, bildet keinen unerwünschten Oberflächenfilm beim Gießen und schrumpft nur mäßig während der Erstarrung und Abkühlung. Gusseisen lässt sich zwar leicht in komplizierte Formen bringen, ist aber Knetlegierungen in den mechanischen Eigenschaften unterlegen.

Gusseisen wird durch Gießen des geschmolzenen Metalls in eine Gießform in seine endgültige Form gebracht. Das erstarrte Metall nimmt die Gestalt der Gießform an. Nachteilige mechanische Spannungen resultieren aus einer ungleichmäßigen Mikrostruktur, einschließlich einer gewissen Porosität. **Knetlegierungen** werden anfänglich gegossen, dann aber in endgültige, relativ einfache Formen gewalzt oder geschmiedet. Abschnitt 11.3 geht näher auf die Herstellung ein.

Eisengusswerkstoffe lassen sich in vier Klassen unterteilen. Bei schneller Abkühlung erstarrt Gusseisen metastabil, das heißt der Kohlenstoff ist im Zementit (Fe_3C) gebunden. Diese Gruppe wird aufgrund ihres weißen Bruchbildes als *weißes Gusseisen* bezeichnet. Der hohe Zementitanteil ist für die »weiße« Bruchfläche verantwortlich. Das schnell erstarrte Gusseisen wird aufgrund seiner hohen Härte und Sprödigkeit auch als Hartguss bezeichnet. Eine nachträgliche Glühbehandlung führt dazu, dass die harten Zementitphasen zerfallen und sich der frei gewordene Kohlenstoff als Graphit in die ferritische oder perlitische Matrix einlagert. Der so modifizierte Gusswerkstoff wird als Temperguss bezeichnet und besitzt eine verhältnismäßig hohe Zähigkeit sowie eine gute Bearbeitbarkeit. Durch Glühen des Tempergusses in oxidierender und damit entkohlender Atmosphäre erhält man den so genannten weißen Temperguss, der sich durch ein „weißes" Bruchgefüge auszeichnet. Erfolgt die Glühbehandlung in neutrale Atmosphäre erhält man den so genannten schwarzen Temperguss. Die Graphiteinschlüsse verleihen ihm die „schwarze" Bruchfläche. Weißer Temperguss kommt vorwiegend in Europa zum Einsatz, wohingegen schwarzer Temperguss vor allem in Amerika seine Verbreitung gefunden hat.

Wird der Eisengusswerkstoff langsam aus der Schmelzwärme abgekühlt, entsteht *Grauguss*. Im Grauguss mit 2,5 – 5% Kohlenstoff finden sich gleichmäßig verteilt Graphitnester, die für die »grau« anmutende Bruchfläche verantwortlich sind. Die Zugabe von Silizium als Legierungsbestandteil zum Grauguss (bis zu 3%) begünstigt bei langsamer Abkühlung der Schmelze die Ausscheidung des Kohlenstoffs als Graphit anstelle von Zementit. Grauguss lässt sich gut zerspanen und besitzt hervorragende Dämpfungseigenschaften. Allerdings reduzieren die Graphiteinschlüsse sein Vermögen, Zugspannungen aufzunehmen. Die Form der Graphiteinlagerung führt zu zwei wesentlichen weiteren Unterteilungen im lamellaren Grauguss (GGL) und globularem Grauguss (GGG). Im Grauguss mit Lamellengraphit liegt der Graphit lamellenförmig ausgebildet vor. Im Unterschied dazu zeigt der globulare Grauguss globulitisch (kugelförmig) ausgebildet Graphitnester. Letzterer wird auch als Sphäroguss bezeichnet. Die Zugabe von geringen Mengen Cer oder Magnesium begünstigt die kugelförmige Ausscheidung des Graphits. Die globulitische Form der Graphitnester wirkt sich günstig auf die Spannungsverteilung im Inneren des Gusskörpers unter äußerer Lasteinwirkung aus. Jedoch besitzt der globulare Grauguss ein im Vergleich zum lamellaren Grauguss schlechteres Dämpfungsverhalten. Abbildung 11.1 zeigt typische Mikrostrukturen verschiedener Gusseisensorten. Tabelle 11.6 gibt ausgewählte Bezeichnungen für Gusseisenwerkstoffe wieder.

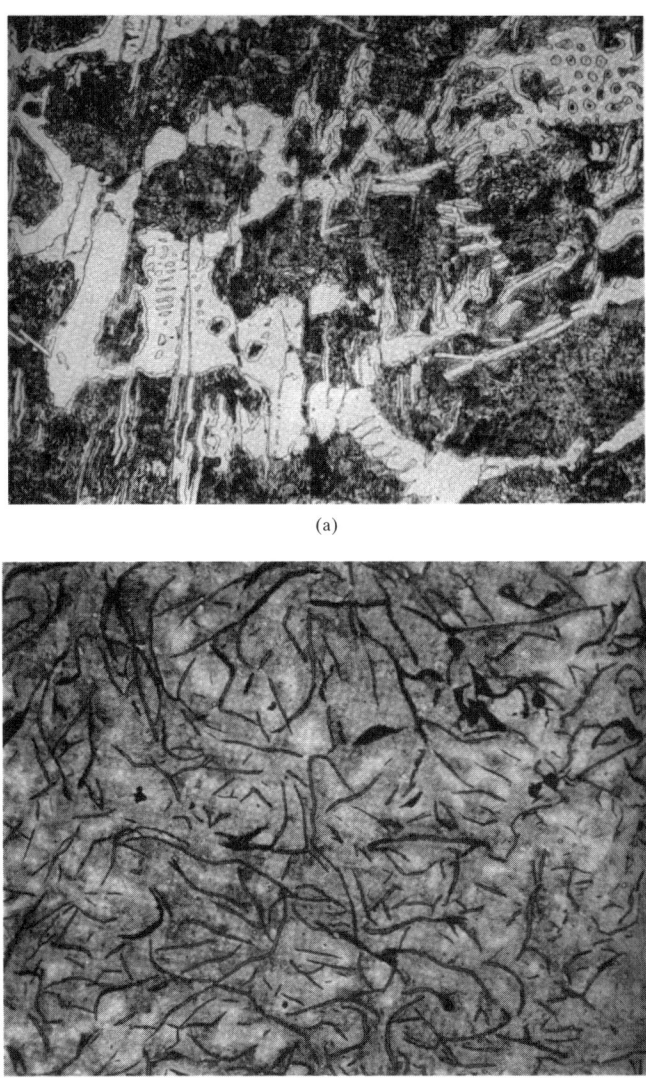

Abbildung 11.1: Typische Mikrostrukturen von (a) weißem Gusseisen (400fach), eutektisches Carbid (helle Bestandteile) plus Perlit (dunkle Bestandteile), (b) lamellarem Grauguss (100fach), Graphitlamellen in einer Matrix aus 20 % freiem Ferrit (helle Bestandteile) und 80 % Perlit (dunkle Bestandteile)

11 METALLE

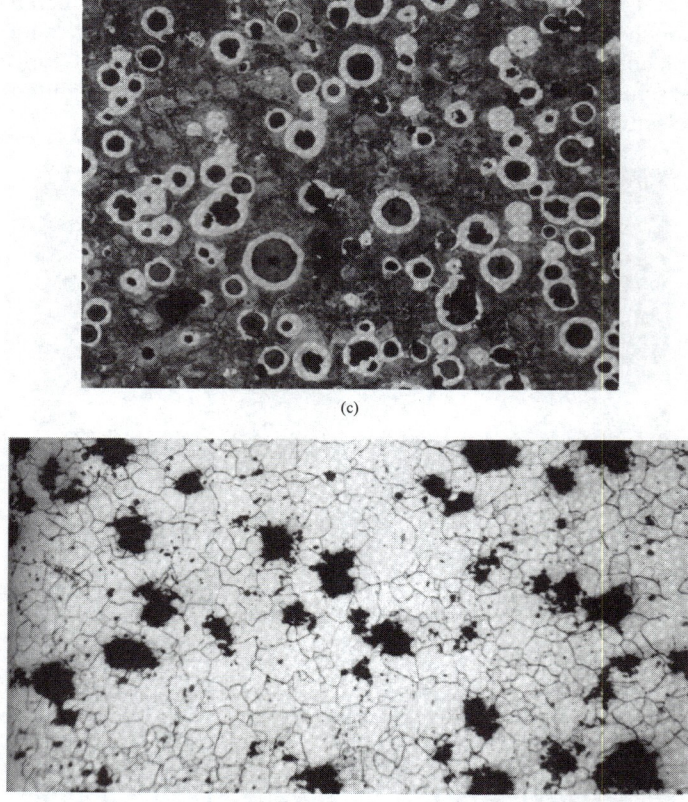

Abbildung 11.1: Typische Mikrostrukturen von (c) globularem Grauguss (100fach), Graphitinseln (Kügelchen) eingefasst in Hüllen aus freiem Ferrit, alles in einer Perlitmatrix, (d) Schmiedeeisen (100fach), Graphitmodule in einer Ferritmatrix

Tabelle 11.6
Legierungskennzeichnungen für ausgewählte Gusseisen-Werkstoffe

Typ	Kurzzeichen (alt)	Kennzeichen (neu)	Zugfestigkeit
Gusseisen mit Lamellengraphit	GG 20	EN-GJL-200	200 MPa
Gusseisen mit Lamellengraphit	GG 35	EN-GJL-350	350 MPa
Weißer Temperguss	GTW 40	GJMW 40	ca. 400 MPa
Gusseisen mit Kugelgraphit	GGG-70	EN-GJS-700-2	650 - 700 MPa

11.1.4 Schnell erstarrte Eisenlegierungen

In Abschnitt 4.5 wurde die relativ neue Technologie der amorphen Metalle eingeführt. In den letzten zwei Jahrzehnten sind verschiedene Eisenlegierungen in dieser Kategorie kommerziell hergestellt worden. Bei der Legierungsentwicklung für diese Systeme hat man zunächst nach eutektischen Zusammensetzungen gesucht, die das Abkühlen auf eine Glasübergangstemperatur bei einer praktischen Abschreckrate (10^5 bis 10^6 °C/s) erlauben. Später hat man die Legierungszusammensetzung dahingehend verbessert, dass man die Größen von Fremdatomen und Wirtsgitter einander angepasst hat. Bor ist an die Stelle von Kohlenstoff als hauptsächliches Legierungselement bei amorphen Eisenlegierungen getreten. Eisen-Silizium-Legierungen sind ein herausragendes Beispiel für die erfolgreiche Kommerzialisierung dieser Technologie. Durch das Fehlen von Korngrenzen in diesen Legierungen lassen sie sich leicht magnetisieren und sind insbesondere als Weichmagnet-Transformatorkerne attraktiv (siehe die *Abschnitte 18.4* und *20.3*). In Tabelle 11.7 finden sich repräsentative amorphe Eisenlegierungen.

Tabelle 11.7

Ausgewählte amorphe Eisenlegierungen

Zusammensetzung (in Gewichtsprozent)					
B	Si	Cr	Ni	Mo	P
20					
10	10				
28		6		6	
6			40		14

Neben den überlegenen magnetischen Eigenschaften haben amorphe Metalle das Potenzial für außergewöhnliche Festigkeit, Zähigkeit und Korrosionsbeständigkeit. Alle diese Vorteile lassen sich auf eine fehlerfreie Mikrostruktur – insbesondere Korngrenzen – zurückführen. Schnelle Erstarrungsmethoden ergeben nicht in allen Fällen ein echtes amorphes (nichtkristallines) Produkt. Trotzdem haben sich bestimmte einzigartige und attraktive Werkstoffe als Nebenprodukt der Entwicklung von amorphen Metallen ergeben. Als passende Bezeichnung für diese neuartigen Werkstoffe (sowohl kristalline als auch nichtkristalline) hat man **schnell erstarrte Legierungen** gewählt. Obwohl die schnelle Erstarrung bei vielen Legierungszusammensetzungen nicht immer einen nichtkristallinen Zustand produziert, sind schnell erstarrte kristalline Legierungen typischerweise feinkörnig (z.B. 0,5 μm verglichen mit 50 μm bei einer herkömmlichen Legierung). In manchen Fällen sind Korngrößen kleiner als 0,1 μm (= 100 nm) möglich und man spricht von nanostrukturierten Legierungen. Außerdem kann die schnelle Erstarrung metastabile Phasen und neuartige Ausscheidungsmorphologien liefern. Dementsprechend stehen neuartige Legierungseigenschaften im Mittelpunkt aktueller Forschungs- und Entwicklungsarbeiten.

11 METALLE

Beispiel 11.1 Wie viele Atome jedes Hauptlegierungselements sind je 100.000 Atome eines niedrig legierten Stahls 1.6545 mit den Anteilen Ni = 0,55, Cr = 0,50, Mo = 0,20 und C = 0,30 (in Gewichtsprozent) vorhanden?

Lösung

In einer 100 g-Legierung sind 0,55 g Ni, 0,50 g Cr, 0,20 g Mo und 0,30 g C enthalten.

Nimmt man an, dass der übrige Teil der Legierung aus Fe besteht, dann erhält man

$$100 - (0,55 + 0,50 + 0,20 + 0,30) = 98,45 \text{ g Fe.}$$

Die Anzahl der Atome jeder Art (in einer 100 g-Legierung) lässt sich mit den Daten aus *Anhang A* bestimmen:

$$N_{Fe} = \frac{98,45 \text{ g}}{55,85 \text{ g/mol}} \times 0,6023 \times 10^{24} \text{ Atome/mol}$$

$$= 1,06 \times 10^{24} \text{ Atome.}$$

Analog berechnet man

$$N_{Ni} = \frac{0,55}{58,71} \times 0,6023 \times 10^{24} = 5,64 \times 10^{21} \text{ Atome,}$$

$$N_{Cr} = \frac{0,50}{52,00} \times 0,6023 \times 10^{24} = 5,79 \times 10^{21} \text{ Atome,}$$

$$N_{Mo} = \frac{0,20}{95,94} \times 0,6023 \times 10^{24} = 1,26 \times 10^{21} \text{ Atome}$$

und

$$N_{C} = \frac{0,30}{12,01} \times 0,6023 \times 10^{24} = 1,50 \times 10^{22} \text{ Atome.}$$

In einer Legierung von 100 g sind demnach

$$N_{gesamt} = N_{Fe} + N_{Ni} + N_{Cr} + N_{Mo} + N_{C}$$

$$= 1,09 \times 10^{24} \text{ Atome}$$

enthalten.

Der atomare Anteil jedes Legierungselements berechnet sich dann zu

$$X_{Ni} = \frac{5{,}64 \times 10^{21}}{1{,}09 \times 10^{24}} = 5{,}19 \times 10^{-3},$$

$$X_{Cr} = \frac{5{,}79 \times 10^{21}}{1{,}09 \times 10^{24}} = 5{,}32 \times 10^{-3},$$

$$X_{Mo} = \frac{1{,}26 \times 10^{21}}{1{,}09 \times 10^{24}} = 1{,}16 \times 10^{-3}$$

und

$$X_C = \frac{1{,}50 \times 10^{22}}{1{,}09 \times 10^{24}} = 1{,}38 \times 10^{-2}.$$

Somit erhält man für eine Legierung mit 100.000 Atomen

$$N_{Ni} = 5{,}19 \times 10^{-3} \times 10^5 \text{ Atome} = 519 \text{ Atome},$$

$$N_{Cr} = 5{,}32 \times 10^{-3} \times 10^5 \text{ Atome} = 532 \text{ Atome},$$

$$N_{Mo} = 1{,}16 \times 10^{-3} \times 10^5 \text{ Atome} = 116 \text{ Atome}$$

und

$$N_C = 1{,}38 \times 10^{-2} \times 10^5 \text{ Atome} = 1.380 \text{ Atome}.$$

11.2 Nichteisenlegierungen

Obwohl die Eisenlegierungen den größten Teil der metallischen Anwendungen in aktuellen technischen Konstruktionen ausmachen, spielen **Nichteisenlegierungen** in der Technik eine große und unverzichtbare Rolle und so ist die Liste der Nichteisenlegierungen lang und komplex. Wir gehen hier kurz auf die großen Klassen der Nichteisenlegierungen und ihre bestimmenden Attribute ein.

11.2.1 Aluminiumlegierungen

Aluminiumlegierungen sind vor allem für ihre niedrige Dichte und Korrosionsbeständigkeit bekannt. Elektrische Leitfähigkeit, einfache Herstellung und äußeres Erscheinungsbild sind ebenso attraktive Merkmale. Aufgrund dieser Eigenschaften hat sich die Weltproduktion von Aluminium zwischen den 60er und 70er Jahren ungefähr verdoppelt. In den 80er und 90er Jahren ist die Nachfrage nach Aluminium und anderen Metallen allmählich zurückgegangen, was auf die Konkurrenz von Keramiken, Polymeren und Verbundwerkstoffen zurückzuführen ist. Allerdings hat die Bedeutung von Aluminium innerhalb dieser Werkstoffklasse zugenommen und zwar infolge seiner niedrigen Dichte, die auch ein Hauptgrund für die zunehmende Bedeutung von nichtmetallischen Werkstoffen ist. Z.B. ist die Gesamtmasse eines amerikanischen Neuwagens zwischen 1976 und 1986 im Durchschnitt um 16% von 1.705 kg auf 1.438 kg zurückgegangen. Das ist hauptsächlich das Ergebnis einer 29%igen Senkung beim Einsatz konventioneller Stähle (von 941 kg auf 667 kg) und einer 63%igen Zunahme in der Verwendung von Aluminiumlegierungen (von 39 kg auf 63 kg) sowie einer 33%igen Steigerung beim Einsatz von Polymeren und Verbundwerkstoffen (von 74 kg auf 98 kg). Der Gesamtaluminiumanteil in amerikanischen Autos hat in den 90er Jahren weiter um 102% zugenommen. Die Erzvorkommen für Aluminium sind groß (sie machen 8% der Erdkruste aus) und Aluminium lässt sich leicht recyclieren. Das Bezeichnungssystem für Al-Knetlegierungen ist in Tabelle 11.8 angegeben.

Tabelle 11.8

Bezeichnungssystem für Aluminiumlegierungen

Bezeichnung nach Nummernsystem	Hauptlegierungselement(e)
1XXX	keine ($\geq$ 99,00 % Al)
2XXX	Cu
3XXX	Mn
4XXX	Si
5XXX	Mg
6XXX	Mg und Si
7XXX	Zn
8XXX	Andere Elemente

Einer der aktivsten Bereiche der Entwicklung in der Aluminiummetallurgie ist die 8XXX-Reihe, die Li als Hauptlegierungselement einsetzt. Die Al-Li-Legierungen bieten insbesondere niedrige Dichte sowie erhöhte Steifigkeit. Die höheren Kosten von Li (verglichen mit den Kosten für herkömmliche Legierungselemente) und die Herstellung in kontrollierten Atmosphären (aufgrund der Reaktivität von Li) erscheinen für verschiedene Einsatzgebiete in der Luftfahrtindustrie gerechtfertigt.

Kapitel 10 hat eine breite Palette von Wärmebehandlungen für Legierungen vorgestellt. Für bestimmte Legierungssysteme haben die Standardwärmebehandlungen Nummerncodes erhalten und sind zum integralen Bestandteil der Legierungsbezeichnungen geworden. Die Zustandsbezeichnungen für Aluminiumlegierungen in Tabelle 11.9 sind hierfür gute Beispiele.

Tabelle 11.9

Zustandsbezeichnungssystem für Aluminiumlegierungen[a]

Eine vollständige Liste und detailliertere Beschreibungen finden Sie auf den Seiten 24 bis 27 von *Metals Handbook*, 9th ed., Vol. 2, American Society for Metals, Metals Park, OH, 1979.

Zustandsbezeichnung	Definition
F	unbehandelt
O	weich geglüht
H1	nur kaltverfestigt
H2	Kaltverfestigt und teilgeglüht
H3	Kaltverfestigt und stabilisiert (mechanische Eigenschaften durch Wärmebehandlung bei niedrigen Temperaturen stabilisiert)
T1	abgekühlt von einem Formgebungsprozess bei erhöhten Temperaturen und kaltausgelagert zur Stabilisierung
T2	abgekühlt von einem Formgebungsprozess bei erhöhter Temperatur, kaltumgeformt und kalt ausgelagert zur nachhaltigen Stabilisierung
T3	lösungsgeglüht, kaltumgeformt und kaltausgelagert zur nachhaltigen Stabilisierung
T4	lösungsgeglüht und kaltausgelagert zur nachhaltigen Stabilisierung
T5	abgekühlt von einem Formgebungsprozess bei erhöhter Temperatur und warmausgelagert
T6	lösungsgeglüht und warmausgelagert
T7	lösungsgeglüht und stabilisiert
T8	lösungsgeglüht, kaltumgeformt und warmausgelagert
T9	lösungsgeglüht, warmausgelagert und kaltumgeformt
T10	abgekühlt von einem Formgebungsprozess bei erhöhter Temperatur, kaltumgeformt und warm ausgelagert

[a] Allgemeine Legierungsbezeichnung: XXXX-Zustand, wobei XXXX die Legierungsnummer nach ist (z.B. 6061-T6).

11.2.2 Magnesiumlegierungen

Magnesiumlegierungen haben eine noch niedrigere Dichte als Aluminium und erscheinen deshalb in zahlreichen Konstruktionsanwendungen wie z.B. im Flugzeugbau. Die Dichte von Magnesium von 1,74 Mg/m^3 ist die niedrigste aller gängigen Konstruktionsmetalle. Stranggepresste Magnesiumlegierungen haben einen breiten Einsatzbereich in Gebrauchsgegenständen gefunden, angefangen bei Tennisschlägern bis zu Kofferrahmen. Diese Bauelemente weisen besonders hohe Festigkeits-Dichte-Verhältnisse auf. Sehen Sie sich in diesem Zusammenhang noch einmal *Abbildung 6.24* an, die den wesentlichen Unterschied im charakteristischen mechanischen Verhalten von kfz- und hdp-Legierungen veranschaulicht. Aluminium ist ein kfz-Werkstoff und hat deshalb zahlreiche (12)-Gleitsysteme, was zu einer guten Duktilität führt. Dagegen ist Magnesium ein hdp-Werkstoff mit nur drei Gleitsystemen und der hierfür typischen Sprödigkeit.

11.2.3 Titanlegierungen

Titanlegierungen sind seit dem Zweiten Weltkrieg weit verbreitet. Vor dieser Zeit war keine praktische Methode verfügbar, metallisches Titan von seinen reaktiven Oxiden und Nitriden zu trennen. Nach der Formgebung wirkt sich die Reaktivität des Titans vorteilhaft aus. Eine dünne, zähe Oxidhaut bildet sich auf seiner Oberfläche, was die ausgezeichnete Korrosionsbeständigkeit zur Folge hat. *Kapitel 19* geht näher auf diese *Passivierung* ein. Titanlegierungen haben wie Al und Mg eine geringere Dichte als Eisen. Obwohl sie ein höheres spezifisches Gewicht als Al oder Mg haben, besitzen Titanlegierungen den herausragenden Vorteil, dass sie keinen Festigkeitsabfall auch bei erhöhten Betriebstemperaturen zeigen (z.B. zur Anwendung in Rumpfstrukturen von Hochgeschwindigkeitsflugzeugen), was zu zahlreichen Anwendungen im Flugzeugbau führt. Titan hat die hdp-Struktur mit Magnesium gemein und somit auch die charakteristisch niedrige Duktilität. Allerdings lässt sich eine Hochtemperatur-krz-Struktur bei Raumtemperatur durch Zugabe von bestimmten Legierungselementen wie z.B. Vanadium stabilisieren.

11.2.4 Kupferlegierungen

Kupferlegierungen besitzen eine Reihe herausragender Eigenschaften. Die gute elektrische Leitfähigkeit macht Kupferlegierungen zum wichtigsten Werkstoff für elektrische Leitungen. Durch die ausgezeichnete thermische Leitfähigkeit bieten sie sich für Anwendungen wie Heizkörper und Wärmetauscher an. Die kfz-Struktur trägt zu ihrer allgemein hohen Duktilität und Verformungsfähigkeit bei. Die Färbung nutzt man häufig als architektonisches Gestaltungsmittel. Der in der Geschichte weit verbreitete Einsatz von Kupferlegierungen hat zu einer etwas verwirrenden Vielfalt von Begriffen geführt. Tabelle 11.10 listet die Hauptgruppen der Kupferlegierungen nach den Hauptlegierungselementen auf. Die **Messinglegierungen**, in denen Zink der vorherrschende substitionelle gelöste Legierungspartner ist, sind die gebräuchlichsten Kupferlegierungen. Beispiele sind gelbes, Schiffs- und Patronen-Messing. Zu den Anwendungen gehören Fahrzeugheizungen, Münzen, Patronenhülsen, Musikinstrumente und Schmuckwaren. **Bronzen** sind Kupferlegierungen mit Elementen wie Zinn, Aluminium, Silizium und Nickel. Sie besitzen die dem Messing eigene hohe Korrosionsbeständigkeit, aber eine etwas höhere Festigkeit. Die mechanischen Eigenschaften von Kupferlegierungen machen den Stählen in ihrer Vielseitigkeit Konkurrenz. Hochreines Kupfer ist ein außergewöhnlich weicher Werkstoff. Das Hinzufügen von 2 Gewichtsprozent Beryllium durch eine Wärmebehandlung, um CuBe-Ausscheidungen zu bilden, genügt, um die Zugfestigkeit auf über 10^3 MPa zu bringen.

Tabelle 11.10

Klassifizierung von Kupfer und Kupferlegierungen

Gruppe	Hauptlegierungs-element	Löslichkeit im festen Zustand (in Atomprozent)[a]	UNS-Nummer[b]
Kupfer, Hochkupfer-Legierungen	[c]		C10000
Messing	Zn	37	C20000, C30000, C40000, C66400-C69800
Phosphorbronze	Sn	9	C50000
Aluminiumbronze	Al	19	C60600-C64200
Siliziumbronze	Si	8	C64700-C66100
Kupfernickel, Nickelsilber	Ni	100	C70000

[a] bei 20 °C (68 °F)
[b] Knetlegierungen
[c] Verschiedene Elemente, die weniger als 8 Atomprozent feste Löslichkeit bei 20 °C (68 °F) haben

11.2.5 Nickellegierungen

Nickellegierungen weisen viele Gemeinsamkeiten mit Kupferlegierungen auf. Das Cu-Ni-System haben wir bereits als das klassische Beispiel der vollständigen Löslichkeit im festen Zustand kennen gelernt (*Abschnitt 4.1*). Kommerzielle Legierungen mit Ni-Cu-Gewichtsverhältnissen von ungefähr 2:1 nennt man *Monel*. Diese Legierungen sind gute Beispiele für die **Mischkristallhärtung**, bei der die Legierungen durch das Einschränken der plastischen Verformung infolge der Bildung von Mischkristallen verfestigt werden. (Rufen Sie sich noch einmal die Erläuterung zu *Abbildung 6.25* in Erinnerung.) Nickel ist härter als Kupfer, Monel aber noch härter als Nickel. Die Wirkung der gelösten Atome auf die Versetzungsbewegung und plastische Verformung hat *Abschnitt 6.3* veranschaulicht. Nickel zeigt eine ausgezeichnete Korrosionsbeständigkeit und eine hohe Temperaturfestigkeit.

Einige Nickellegierungen haben wir bereits mit den Superlegierungen von Tabelle 11.10 aufgelistet. Weitere wichtige Beispiele sind *Inconel* (Nickel-Chrom-Eisen) und *Hastelloy* (Nickel-Molybdän-Eisen-Chrom). Nickel-basierte Superlegierungen, die bereits seit rund 70 Jahren entwickelt werden und die man beispielsweise in Strahltriebwerken einsetzt, enthalten oftmals Ausscheidungen mit einer Zusammensetzung von Ni_3Al. Diese intermetallische Verbindung hat die gleichen Optionen der Kristallstruktur, wie sie *Abbildung 4.3* für Cu_3Au gezeigt hat, wobei Ni dem Cu und Al dem Au entspricht. Vor allem ist ihnen die Gamma-Strich-Ausscheidungsphase (γ') mit der geordneten Kristallstruktur von *Abbildung 4.3b* gemein. Auf die magnetischen Eigenschaften von verschiedenen Nickellegierungen geht *Kapitel 18* detailliert ein.

11.2.6 Zink-, Blei- und andere Legierungen

Zinklegierungen sind ideal für den Kokillenguss geeignet, da sie einen niedrigen Schmelzpunkt haben und mit den Stahlschmelztiegeln und -formen keine Wechselwirkungen eingehen. Kraftfahrzeugteile und Beschläge sind typische Bauteile, obwohl der Umfang ihrer Nutzung in der Industrie mit Ziel der Gewichtsreduktion wegen der angestrebten Gewichtseinsparung ständig zurückgeht. Zinküberzüge auf Eisenlegierungen sind wichtige Mittel für den Korrosionsschutz. Dieser so genannten *Galvanisierung* widmet sich *Kapitel 19*.

Bleilegierungen sind dauerhafte und vielseitige Werkstoffe. Die von den Römern vor nahezu 2000 Jahren installierten Bleileitungen in den öffentlichen Badeanstalten in Bath, England, sind immer noch in Betrieb. Die hohe Dichte und Verformbarkeit von Blei trägt zusammen mit seinem niedrigen Schmelzpunkt zu seiner Vielseitigkeit bei. Bleilegierungen findet man als Batterieelektroden (mit Kalzium oder Antimon legiert), Lötwerkstoffe (mit Zinn legiert), Strahlenabschirmung und im Audiobereich zur Klangbeeinflussung. Blei ist jedoch giftig und das schränkt seine Anwendungsbreite und den Umgang mit seinen Legierungen ein. Auf Umweltaspekte in Bezug auf bleifreie Lotwerkstoffe geht *Kapitel 20* ein.

Zu den **hitzebeständigen Metallen** gehören Molybdän, Niob, Rhenium, Tantal und Wolfram. Sie sind sogar noch mehr als die Superlegierungen besonders gegen hohe Temperaturen resistent. Allerdings verlangt ihre hohe Reaktionsfreudigkeit vor allem mit Sauerstoff, dass ein Einsatz bei hohen Temperaturen in einer kontrollierten Atmosphäre oder nach vorangegangener Beschichtung erfolgt.

Zu den **Edelmetallen** gehören Gold, Iridium, Osmium, Palladium, Platin, Rhodium, Ruthenium und Silber. Ausgezeichnete Korrosionsbeständigkeit verbunden mit verschiedenen inhärenten Eigenschaften rechtfertigen die sehr kostenintensiven Anwendungen dieser Metalle und Legierungen. Goldkontakte in der Elektronikindustrie, verschiedene Zahnlegierungen und Platinüberzüge für Katalysatoren sind einige der bekannteren Beispiele. Platin-basierte intermetallische Werkstoffe wie z.B. Pt_3Al, das wie Ni_3Al eine Kristallstruktur hat, die der von Cu_3Au in *Abbildung 4.3* entspricht, sind infolge ihrer hohen Schmelzpunkte viel versprechende Kandidaten für die nächste Generation von Werkstoffen für Strahltriebwerke.

Abschnitt 11.1 hat schnell erstarrte Eisenlegierungen eingeführt. Die Forschung und Entwicklung auf diesem Gebiet ist genauso aktiv für Nichteisenlegierungen. Verschiedene amorphe Ni-basierte Legierungen sind mit herausragenden magnetischen Eigenschaften entwickelt worden. Schnell erstarrte kristalline Aluminium- und Titanlegierungen haben überlegene mechanische Eigenschaften bei erhöhten Temperaturen bewiesen. Die Steuerung von feinkörnigen Ausscheidungen durch schnelle Erstarrung ist ein wichtiger Faktor für diese beiden Legierungssysteme, die im Flugzeugbau große Bedeutung haben. Interessante quasikristalline Strukturen wurden zuerst durch schnelle Erstarrung erzeugt. Durch Beimengen mehrerer Legierungselemente lässt sich die Kinetik der Kristallisation ausreichend verlangsamen, sodass die Herstellung von kompletten Bauteilen aus **amorphen erstarrten Legierungen** möglich ist. Derartige titan- und zirkonbasierte Legierungen sind in ausreichender Größe hergestellt worden, um sie z. B. als Golfschlägerköpfe einsetzen zu können.

Die Companion Website enthält eine Diskussion zu quasikristallinen Strukturen.

Beispiel 11.2

Bei der Entwicklung eines neuen Automodells werden 25 kg herkömmliche Stahlteile durch Aluminiumlegierungen der gleichen Abmessungen ersetzt. Berechnen Sie die sich ergebenden Masseeinsparungen für das neue Modell. Verwenden Sie dabei näherungsweise die Legierungsdichten von reinem Fe bzw. Al.

Lösung

Anhang A liefert die Daten $\rho_{Fe} = 7{,}87$ Mg/m³ und $\rho_{Al} = 2{,}70$ Mg/m³. Das Volumen der ersetzten Stahlteile berechnet sich damit zu

$$V = \frac{m_{Fe}}{\rho_{Fe}} = \frac{25 \text{ kg}}{7{,}87 \text{ Mg/m}^3} \times \frac{1 \text{ Mg}}{10^3 \text{ kg}} = 3{,}21 \times 10^{-3} \text{ m}^3.$$

Die Masse der neuen Aluminiumteile ist dann

$$m_{Al} = \rho_{Al} V_{Al} = 2{,}70 \text{ Mg/m}^3 \times 3{,}21 \times 10^{-3} \text{ m}^3 \times \frac{10^3 \text{ kg}}{1 \text{ Mg}} = 8{,}65 \text{ kg}.$$

Somit ergibt sich eine Masseeinsparung von

$$m_{Fe} - m_{Al} = 25 \text{ kg} - 8{,}65 \text{ kg} = 16{,}3 \text{ kg}.$$

Die Lösungen für alle Übungen finden Sie auf der Companion Website.

Übung 11.1

Eine typische Basis für die Auswahl von Nichteisenlegierungen ist ihre geringe Dichte im Vergleich zu Baustählen. Die Legierungsdichte lässt sich als gewichteter Mittelwert der Dichten der Legierungselemente annähern. Berechnen Sie auf diese Weise die Dichten von Aluminiumlegierungen, die in *Tabelle 6.1* angegeben sind.

11.3 Metallherstellung

Tabelle 11.11 gibt eine Übersicht über die wichtigsten **Herstellungsverfahren** für Metalle. Ein besonders umfassendes Beispiel zeigt Abbildung 11.2, die die grundsätzliche Herstellung von Stahl unter Einbeziehung der **umformtechnischen Herstellung von Halbzeugen** zusammenfasst. Obwohl die Gruppe unterschiedlicher Halbzeugarten groß ist, gibt es eine gemeinsame Herstellungsgeschichte. Rohstoffe werden zusammengebracht, geschmolzen und anschließend vergossen. Der Gusskörper wird dann zu unterschiedlichen Halbzeug-Geometrien weiterverarbeitet. Ein mögliches Problem beim **Gießen**, wie in Abbildung 11.3 gezeigt, ist die Restporosität (siehe Abbildung 11.4). Die mechanische Verformung bei der Bearbeitung der Halbzeuge in Schmiedeprozessen beseitigt diese Porosität größtenteils.

Tabelle 11.11

Wesentliche Herstellungsverfahren

Massivumformung	Fügen
Walzen	Schweißen
Strangziehen	Hartlöten
Formen	Weichlöten
Stanzen	Pulvermetallurgie
Schmieden	Heiß-isostatisches Pressen
Ziehen	Superplastische Umformung
Gießen	Schnelle Erstarrung

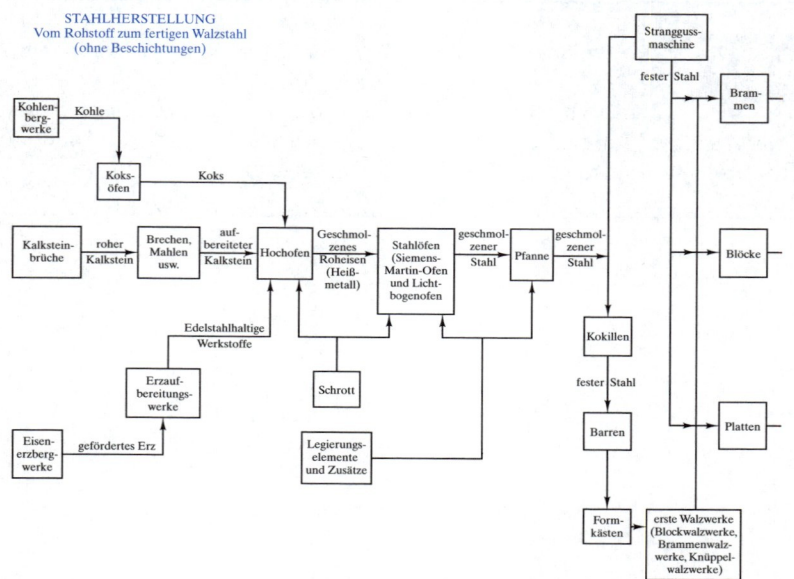

STAHLHERSTELLUNG
Vom Rohstoff zum fertigen Walzstahl
(ohne Beschichtungen)

11.3 Metallherstellung

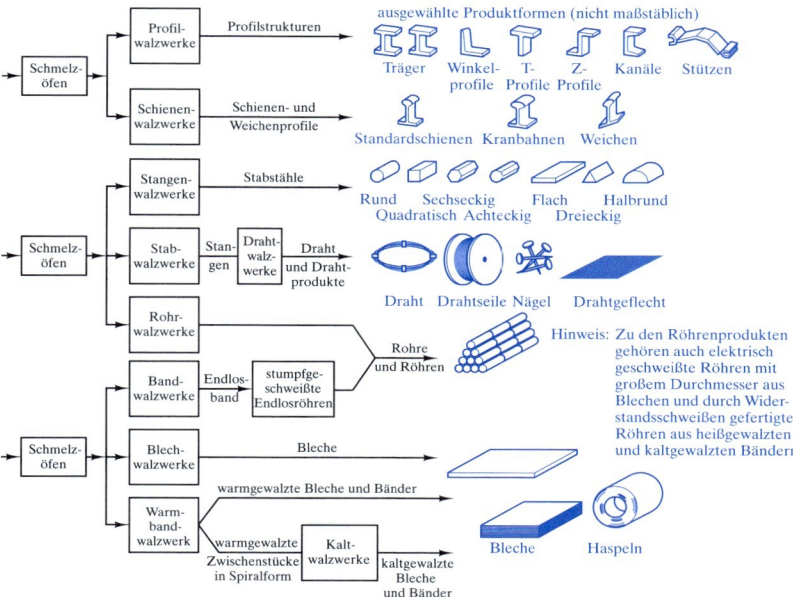

Abbildung 11.2 (Forts.): Schematische Darstellung der Fertigungsschritte bei der Herstellung verschiedener Stahlproduktformen.

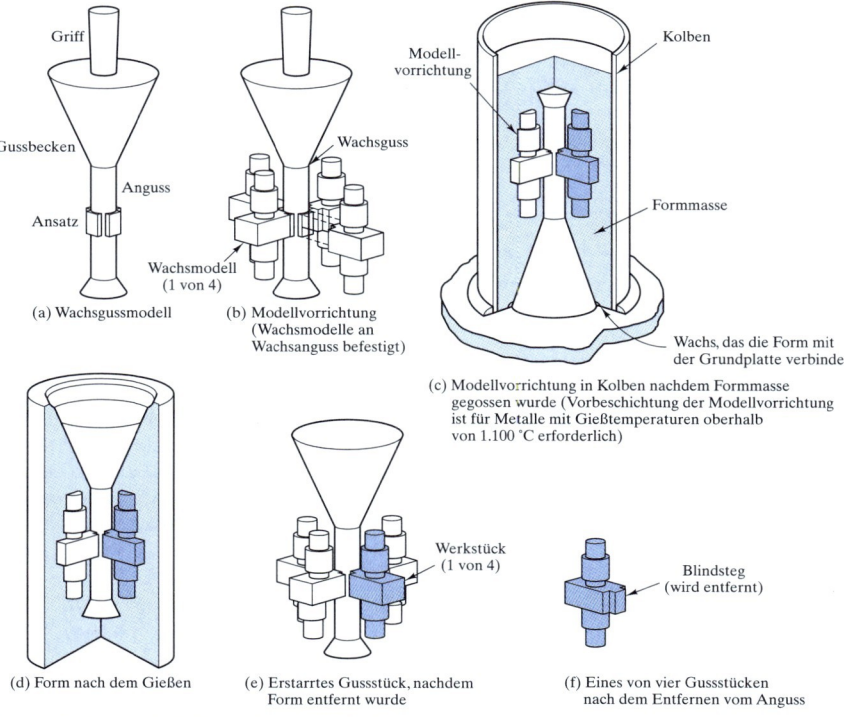

Abbildung 11.3: Schematische Darstellung des Feingießens

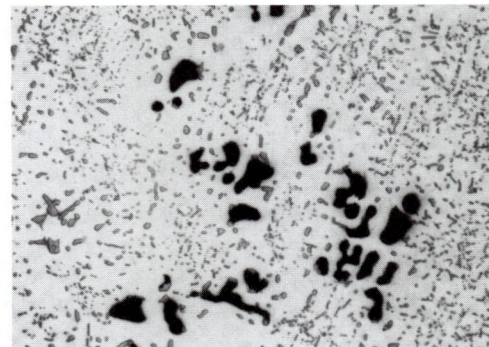

Abbildung 11.4: Mikrostruktur einer Gusslegierung (354-T4 Aluminium), 50fache Vergrößerung. Die schwarzen Punkte sind Leerstellen, die grauen Teilchen zeigen eine Silizium-reiche Phase.

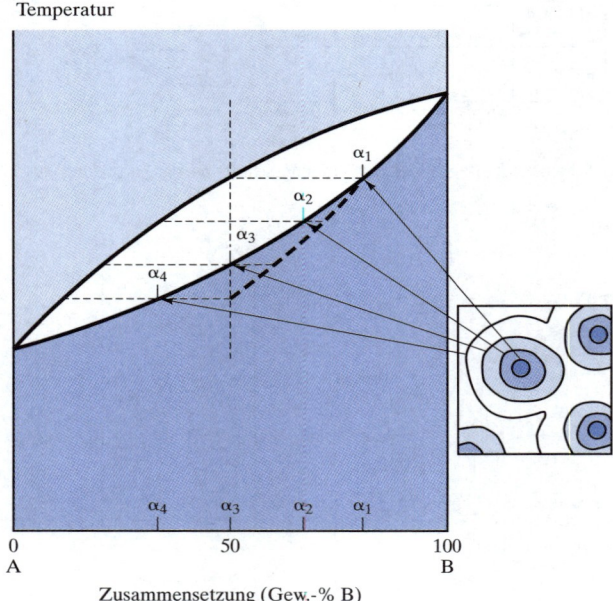

Abbildung 11.5: Schematische Darstellung der Gefügestruktur im Falle einer Ungleichgewichtserstarrung einer 50:50-Legierung in einem System, das die vollständige Lösung im festen Zustand zeigt. (Dieser Fall lässt sich der Gleichgewichtserstarrung in Abbildung 9.33 gegenüberstellen.) Während der schnellen Abkühlung, die mit dem Gießvorgang verbunden ist, bleibt die Liquiduskurve bei der gegebenen schnellen Diffusion im flüssigen Zustand unbeeinflusst, aber die Festkörperdiffusion ist zu langsam, sodass eine gleichförmige Zusammensetzung innerhalb der einzelnen Körner beim Abkühlen nicht mehr gewährleistet ist. Im Ergebnis verschiebt sich die Soliduskurve nach unten, wie es die gestrichelte Linie anzeigt.

Die schnelle Abkühlung einer Schmelze während des Gießvorgangs stellt auch ein Beispiel für Gefüge im Ungleichgewichtszustand dar. Abbildung 11.5 veranschaulicht die Ausbildung einer **Gefügestruktur**, bei der Konzentrationsgradienten in einzelnen Körnern auftreten. In diesem Fall ist die Festkörperdiffusion zu langsam, als dass die chemische Zusammensetzung in den einzelnen Körnern identisch bleiben kann. Die resultierende chemische **Segregation** ist ein Beispiel der in *Kapitel 10* behandelten kinetischen Faktoren, die die Fähigkeit zur Aufrechterhaltung des in *Kapitel 9* beschriebenen thermodynamischen Gleichgewichts außer Kraft setzen. Eine unerwünschte Folge dieser Gefügestruktur ist ein bevorzugtes Schmelzen des Korngrenzenbereichs beim Wiedererwärmen, was zu einem plötzlichen Verlust der mechanischen Integrität führt. Die Bildung derartig gradierter Körner lässt sich durch eine Homogenisierung im Rahmen einer Wärmebehandlung bei einer Temperatur unterhalb der unteren (gestrichelten) Soliduslinie von Abbildung 11.5 vermeiden. Ein weiteres Beispiel für eine beim Gießen entstehende Ungleichgewichtsmikrostruktur ist die **dendritische Struktur** einer Blei-Zinn-Legierung (20Pb-80Sn) in Abbildung 11.6. In diesem Fall wird der zellulare Wachstumsvorgang der zweiten Phase von einer Ausbildung seitlicher Verzweigungen begleitet. Am Fuß der dendritischen »Bäume« in Abbildung 11.6 ist das eutektische Gefüge des Blei-Zinn-Systems zu erkennen. Grundsätzlich ist das dendritische Wachstum von Bedeutung, weil es zu Gießfehlern wie Poren und Schwindungen führen kann.

Komplexe Bauteile werden im Allgemeinen nicht in einem einzigen Schritt hergestellt. Stattdessen stellt man relativ einfache Geometrien durch Schmiede- oder Gießprozesse her und verbindet sie miteinander. Die Fügetechnik ist ein umfangreiches Gebiet an sich. Die wohl bekannteste Verfahrensgruppe sind die Schweißverfahren, bei denen die zu verbindenden Metallteile im Bereich der Verbindungsstelle auf Schmelztemperatur erwärmt werden (siehe Abbildung 11.7). Beim **Schweißen** setzt man darüber hinaus häufig Zusatzwerkstoffe ein, die ebenfalls geschmolzen werden. Beim **Hartlöten** schmilzt das Metalllot, die zu verbindenden Teile jedoch nicht. Die Bindung wird vor allem durch die Festkörperdiffusion des Metalllots mit den zu verbindenden Teilen gebildet. Beim **Weichlöten** ist weder Schmelzen noch Festkörperdiffusion erforderlich. Die Verbindung entsteht gewöhnlich durch die Adhäsion des geschmolzenen Lots an den Oberflächen der metallischen Fügepartner.

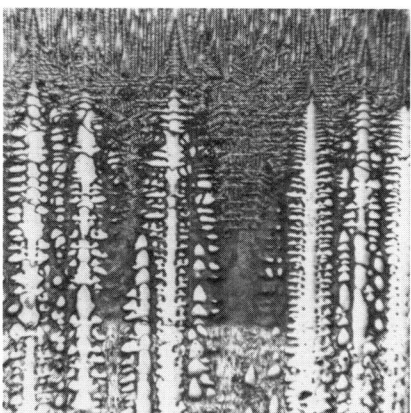

Abbildung 11.6: Beispiel einer baumartigen dendritischen Struktur in einer 20Pb-80Sn-Legierung. Am Fuß der Dendriten ist eine eutektische Mikrostruktur zu sehen.

11 METALLE

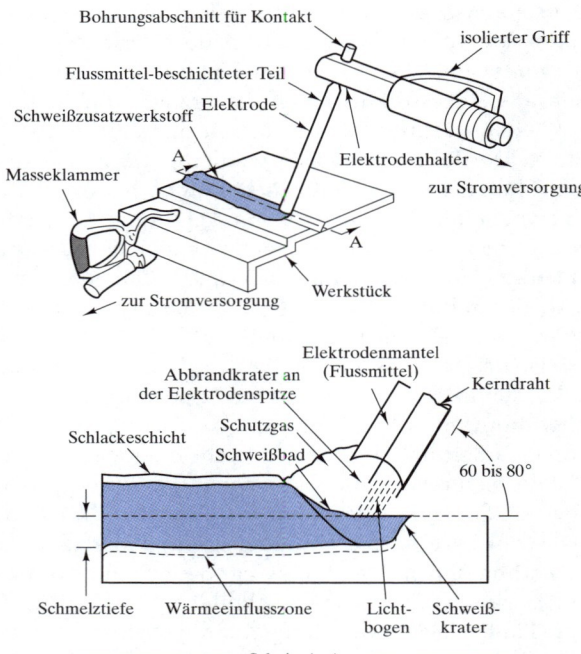

Abbildung 11.7: Schematische Darstellung des Schweißprozesses. Hier ist speziell das Lichtbogenschweißen unter Schutzgas zu sehen.

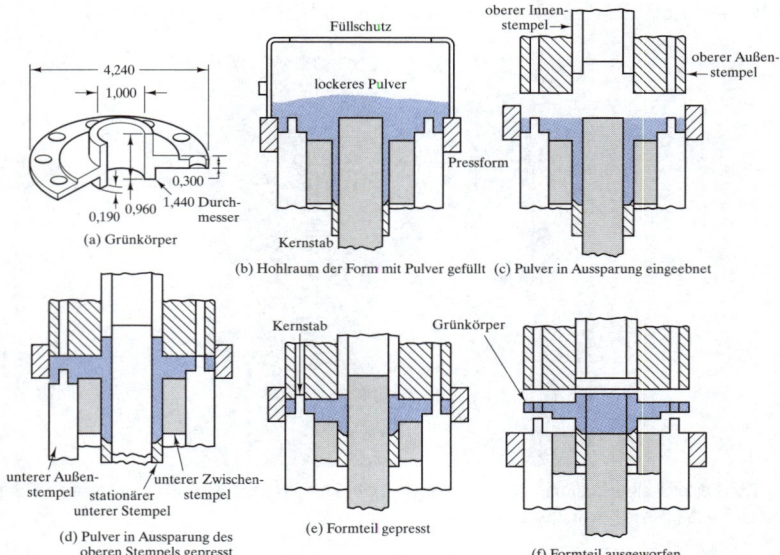

Abbildung 11.8: Darstellung der pulvermetallurgischen Fertigungsroute. Der (ungebrannte) Grünkörper wird anschließend auf eine genügend hohe Temperatur erwärmt, um durch Festkörperdiffusion zwischen den benachbarten Pulverteilchen ein festes Bauteil zu bilden.

Abbildung 11.8 zeigt eine weitere Alternative zu herkömmlicheren Verarbeitungstechniken. Bei der **Pulvermetallurgie** entsteht durch die Festkörperbindung eines feinkörnigen Pulvers ein polykristallines Produkt. Jedes Korn im ursprünglichen Pulver entspricht ungefähr einem Korn in der endgültigen polykristallinen Mikrostruktur. Ausreichende Festkörperdiffusion kann zu einem vollständig dichten Produkt führen, jedoch ist eine gewisse Restporosität üblich. Dieses Verarbeitungsverfahren ist für hochschmelzende Legierungen und kompliziert geformte Produkte vorteilhaft. Ebenso ist hier das in *Abschnitt 10.6* behandelte Sintern von Keramiken relevant. Ein Fortschritt auf dem Gebiet der Pulvermetallurgie ist das **heiß-isostatische Pressen** (HIP), das Abbildung 11.9 zeigt. Hierbei wird ein allseits gleichmäßiger Druck auf das Teil unter Verwendung eines Edelgases bei hoher Temperatur ausgeübt. *Abbildung 1.4* hat die **superplastische Umformung** als wirtschaftliches Verfahren eingeführt, das für die Gestaltung von komplexen Formen entwickelt wurde.

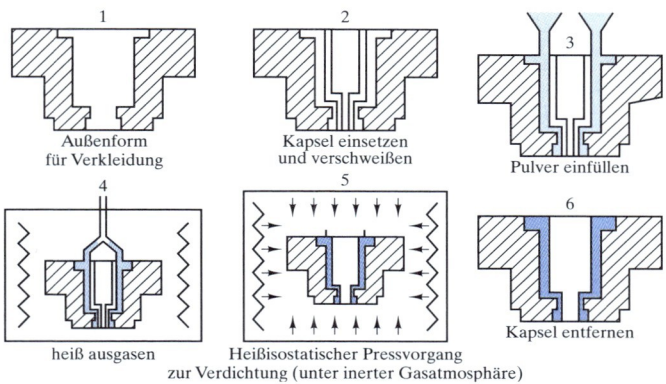

Abbildung 11.9: Heiß-isostatisches Pressen (HIP) einer Verkleidung für ein kompliziert geformtes Teil.

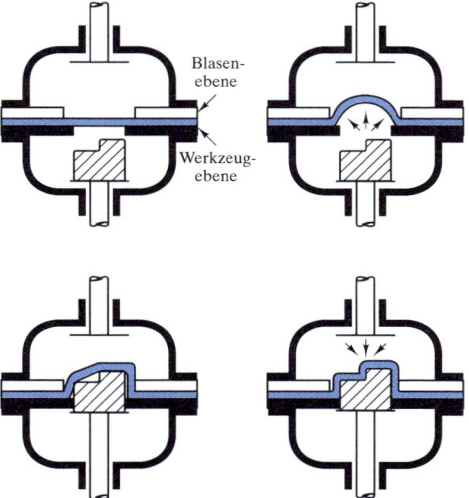

Abbildung 11.10: Durch superplastische Umformung lassen sich besonders hohe Umformgrade bei einer relativ gleichmäßigen Wanddicke herstellen. Eine »Blase« wird durch Druckluft (bis zu 10 atm) aus einem Blech aufgewölbt und stülpt sich dann über eine Metallform, die von unten durch die Ebene des ursprünglichen Blechs gedrückt wird.

11 METALLE

	Abkühlungsverfahren
	Wärmeabfuhr durch Wärmeleitung: gerichtete Erstarrung, Doppelwalzenabschreckung, Einspritzkühlung, Plasmaspritzbeschichtung. Wärmeübergangskoeffizient $h = 0{,}1\text{-}100 \text{ kW/m}^2\text{K}$.
	Konvektive Wärmeabfuhr: verschiedene Formen von Gas- und Wasserzerstäubern, unidirektionale und zentrifugale Zerstäuber, Rotating Cup-Verfahren, Plasmanebel. $h = 0{,}1\text{-}100 \text{ kW/m}^2\text{K}$.
	Wärmeabfuhr durch Strahlung: elektrohydrodynamischer Prozess, Vakuum-Plasma-Prozess. $h = 10 \text{ W/m}^2\text{K}$.
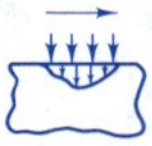	Verfahren mit gerichteter und konzentrierter Energie: Wärmeabfuhr durch Wärmeleitung mit Lasern (gepulst und kontinuierlich), Elektronenstrahl. $h \to \infty$.

	Unterkühlungsverfahren
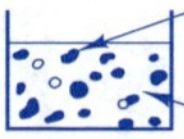 Flüssigmetalltropfen / Emulsion	Tropfenemulsion
 flüssig / fest	Gleichgewichtserweichungszone
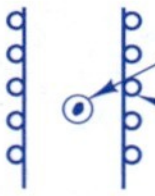 schwebende Flüssigkeit / Heiz- und Schwebespulen	freies Schweben (Gasstrahl oder Induktionsstrom)
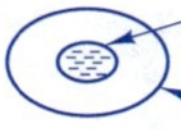 Flüssigkeit / Glas	Keimfließen
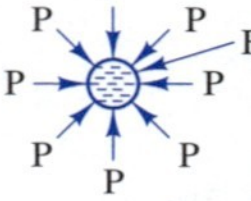 Flüssigkeit (P)	schnelle Druckanwendung

Abbildung 11.11: Schematische Zusammenfassung verschiedener Verfahren zur schnellen Erstarrung von Metalllegierungen

Tabelle 11.12 gibt einige Faustregeln an, wie sich Herstellungsverfahren von Metallen auf Bauteileigenschaften auswirken. Bei Metallen wirkt sich die Verarbeitung besonders deutlich auf das Verhalten aus. Wie bei jeder Verallgemeinerung muss man auch hier auf Ausnahmen achten. Neben den grundlegenden Verarbeitungsthemen, die dieser Abschnitt behandelt hat, verweist auf Fragen der Gefügeausbildung und Wärmebehandlung, die in den *Kapiteln 9* und *10* zur Sprache gekommen sind. Abbildung 11.12 zeigt an einem konkreten Beispiel, wie Festigkeit, Härte und Duktilität mit der Legierungszusammensetzung im Cu-Ni-System variieren. Analog zeigt Abbildung 11.13, wie diese mechanischen Eigenschaften mit der mechanischen Vorgeschichte für eine gegebene Legierung (in diesem Fall Messing) variieren. Variationen in der Legierungschemie und der thermomechanischen Vorgeschichte erlauben es, die Konstruktionsparameter in weiten Grenzen zu optimieren.

Tabelle 11.12

Allgemeine Wirkungen der Herstellungsverfahren auf die Eigenschaften von Metallen

Verfestigt durch	Erweicht durch
Kaltumformung	Porosität (durch Gießen, Schweißen oder Pulvermetallurgie entstanden)
Legieren (z.B. Mischkristallverfestigung)	Anlassen
Phasenumwandlungen (z.B. martensitisch)	Warmumformung Wärmeeinflusszone (Schweißen) Phasenumwandlungen (z.B. angelassener Martensit)

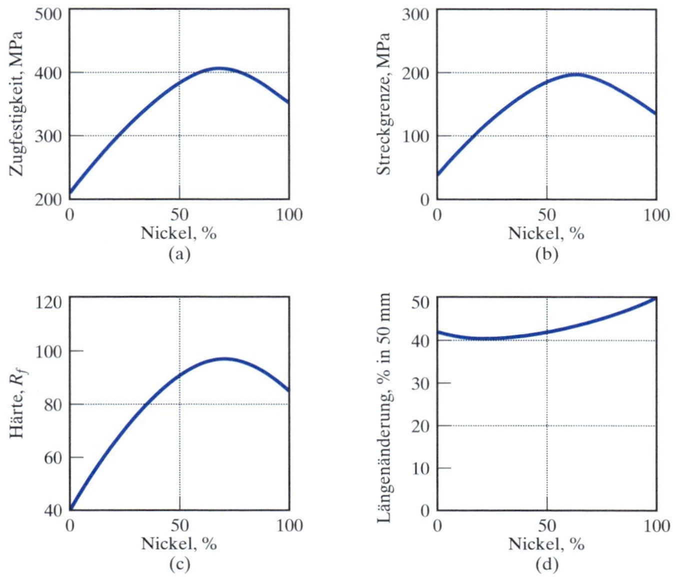

Abbildung 11.12: Variation der mechanischen Eigenschaften von Kupfer-Nickel-Legierungen mit der jeweiligen Zusammensetzung. Wie bereits erwähnt bilden Kupfer und Nickel ein Phasendiagramm mit vollständiger Löslichkeit im festen Zustand (siehe *Abbildung 9.9*).

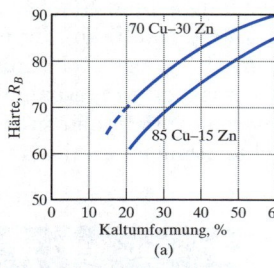 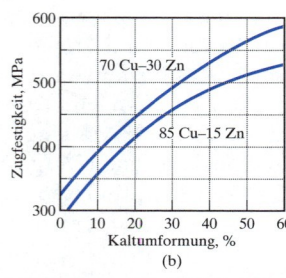 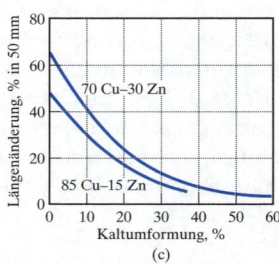

Abbildung 11.13: Variation der mechanischen Eigenschaften von zwei Messinglegierungen mit dem Grad der Kaltumformung.

Beispiel 11.3

Eine Kupfer-Nickellegierung ist für eine bestimmte Konstruktionsanwendung erforderlich. Die Legierung muss eine Zugfestigkeit größer als 400 MPa und eine Duktilität von kleiner als 45 % (auf 50 mm) aufweisen. Wie groß ist der zulässige Bereich der Legierungszusammensetzung?

Lösung

Anhand von Abbildung 11.12 lässt sich ein »Fenster« bestimmen, das den gegebenen Eigenschaftsbereichen entspricht:

$$\text{Zugfestigkeit} > 400 \text{ MPa} : 59 < \%\text{Ni} < 79$$

und

$$\text{Längenänderung} < 45\% : 0 < \%\text{Ni} < 79.$$

Damit ergibt sich ein Fenster für den zulässigen Legierungsbereich von:

$$59 < \%\text{Ni} < 79.$$

Übung 11.2

(a) Beispiel 11.3 bestimmt einen Bereich der Kupfer-Nickel-Legierungszusammensetzungen, die den Konstruktionsanforderungen nach Festigkeit P und Duktilität entsprechen. Bestimmen Sie entsprechende Bereiche für die folgenden Spezifikationen: Härte größer als 80 R_F und Duktilität kleiner als 45%. (b) Welche konkrete Legierung ist aus Kostengründen für den in Teil (a) bestimmten Bereich der Kupfer-Nickel-Legierungszusammensetzungen zu bevorzugen, wenn man annimmt, dass der Preis für Kupfer bei ungefähr 5,00 €/kg und für Nickel 21,00 €/kg liegt?

11.3 Metallherstellung

Beispiel 11.4 Ein Stab aus geglühtem 70Cu-30Zn-Messing (mit einem Durchmesser von 10 mm) wird durch eine Form mit einem Durchmesser von 8 mm kaltgezogen. Wie groß ist (a) die Zugfestigkeit und (b) die Duktilität des resultierenden Stabes?

Lösung

Die Ergebnisse lassen sich aus Abbildung 11.13 ablesen, wenn der Prozentsatz der Kaltumformung bekannt ist. Dieser berechnet sich zu:

$$\% \text{Kaltumformung} = \frac{\text{Anfangsfläche} - \text{Endfläche}}{\text{Anfangsfläche}} \times 100\%.$$

Für den gegebenen Herstellungsverlauf berechnet man:

$$\% \text{Kaltumformung} = \frac{\pi/4(10 \text{ mm})^2 - \pi/4(8 \text{ mm})^2}{\pi/4(10 \text{ mm})^2} \times 100\%$$

$$= 36\%.$$

In Abbildung 11.13 findet man für (a) die Zugfestigkeit = 520 MPa und (b) die Duktilität (Längenänderung) = 9%.

D Übung 11.3 Beispiel 11.4 berechnet die Zugfestigkeit und Duktilität für einen kaltumgeformten Stab aus 70Cu-30Zn-Messing. (a) Welchen prozentualen Anstieg repräsentiert diese Zugfestigkeit verglichen mit der für den geglühten Stab? (b) Welchen prozentualen Abfall repräsentiert diese Duktilität verglichen mit der für den geglühten Stab?

Die Welt der Werkstoffe

Die Gießerei der Zukunft

In den letzten zwei Jahrzehnten haben mehr als 2.000 Gießereien in den Vereinigten Staaten geschlossen. Diese schwierigen wirtschaftlichen Entscheidungen gingen oftmals auf zunehmend strengere Umweltschutz- und Sicherheitsgesetze zurück. Bedenken über den möglichen wirtschaftlichen Einfluss eines sich fortsetzenden Trends dieser Art haben das Casting Emissions Reduction Program (CERP) ins Leben gerufen, eine gemeinsame Initiative von Regierung und privater Industrie mit Sitz in McClellan (bei Sacramento), Kalifornien. Die CERP-Gießerei der Zukunft ist eine Fabrik auf einer Fläche von 5.600 Quadratmetern, die Aluminium- und Grauguss bis zu einer Größe von Motorblöcken herstellen kann. Der Leitgedanke des CERP ist die Gießereiindustrie dabei zu unterstützen, im Vergleich zu internationalen Gießereien wettbewerbsfähig zu bleiben und dabei den Bundesstandards zum Umweltschutz zu genügen. Das Gesamtziel besteht darin, Arbeitsplätze in Produktionsbetrieben zu erhalten und einen Beitrag zum Umweltschutz zu leisten. Ein spezielles Ziel ist es, die Emissionen der Gießereiindustrie zu verringern, die mehr als 200.000 Arbeiter allein in den USA beschäftigt.

Eine CERP-Gießerei produziert qualitativ hochwertige Gussteile mit umweltverträglichen Technologien und neuen Werkstoffen. Die technischen Ausrüstungen in der Gießerei der Zukunft entsprechen dem Stand der Technik und verfügen darüber hinaus über spezialisierte Ventilations- und Überwachungssysteme, um die Luftemissionen zu erfassen. In Zusammenarbeit mit dem AIGER-Projekt (American Industry/Government Emission Research) werden ferner Technologien zur Emissionsmessung sowohl für stationäre (z.B. Fabriken) als auch mobile (z.B. Kraftfahrzeuge) Quellen entwickelt. Die gewonnenen Informationen und Forschungsdaten werden von der gesamten Gießereiindustrie genutzt. Die Firma Technikon, LLC, ist vertragsgemäß für den Betrieb von CERP zuständig, die Verwaltung obliegt dem IEC (Industrial Ecology Center) der US-Armee.

ZUSAMMENFASSUNG

Metalle spielen eine Hauptrolle in der Konstruktionstechnik, insbesondere als Werkstoff für Konstruktionselemente. Dem Gewicht nach sind über 90% der für die Technik eingesetzten Metalle Eisen-Basis-Legierungen, zu denen Stähle (mit einem Gehalt zwischen 0,05 und 2,0 Gewichtsprozent C) und Gusseisen (mit 2,0 bis 4,5 Gewichtsprozent C) gehören. Die meisten Stähle enthalten nur ein Minimum an Legierungsbeimengungen, um die Kosten moderat zu halten. Dazu gehören reine Kohlenstoff- oder niedrig legierte (mit insgesamt weniger als 5 Gewichtsprozent Nichtkohlenstoffbeimengungen) Stähle. Durch eine zielgerichtete Legierungsauswahl und Prozessführung lassen sich so genannte HSLA-Stähle herstellen. Für strengere konstruktive Anforderungen sind hoch legierte Stähle (mit > 5 Gewichtsprozent Nichtkohlenstoffbeimengungen) erforderlich. Chrombeimengungen ergeben korrosionsfeste Edelstähle. Beimengungen wie z.B. Wolfram führen zu Legierungen mit großer Härte, die sich als Werkzeugstähle eignen. Zu den Superlegierungen gehören viele Edelstähle, die Korrosionsbeständigkeit mit hoher Festigkeit bei erhöhten Temperaturen vereinen. Gusseisen weist abhängig von Zusammensetzung und Herstellungsverlauf eine große Palette von Eigenschaften auf. Weißes Gusseisen und Grauguss sind normalerweise spröde, während duktile und schmiedbare Eisensorten charakteristischerweise duktil sind.

Nichteisenlegierungen bilden ein breites Spektrum von Werkstoffen mit individuellen Attributen. Aluminium-, Magnesium- und Titanlegierungen setzt man insbesondere als leichtgewichtige Konstruktionselemente ein. Kupfer- und Nickellegierungen sind besonders attraktiv für Anwendungen, die chemische und thermische Beständigkeit verlangen und die die elektrischen und magnetischen Eigenschaften nutzen. Darüber hinaus sind Zink- und Bleilegierungen sowie die hitzebeständigen Metalle und Edelmetalle wichtige Nichteisenlegierungen.

Viele Anwendungen von Konstruktionswerkstoffen sind von der Verarbeitung des Werkstoffs abhängig. Viele Metalllegierungen werden in Umformprozessen verarbeitet, in dem ein einfacher Gusskörper mechanisch zu Halbzeugen ausgewalzt wird. Andere Legierungen werden direkt durch Gießen hergestellt. Kompliziertere Werkstückgeometrien hängen von Fügetechniken, wie z.B. Schweißen, ab. Eine Alternative zu Umform- und Gießverfahren ist die Pulvermetallurgie, die komplett im festen Zustand abläuft. Neue Verfahren für die Formgebung von Metallen sind das heiß-isostatische Pressen, die superplastische Umformung und die schnelle Erstarrung.

Schlüsselbegriffe

amorphe erstarrte Legierung (508)
ausscheidungsgehärteter Edelstahl (491)
austenitischer Edelstahl (491)
Bronze (506)
dendritische Struktur (513)
Edelmetall (508)
Eisenlegierung (485)
ferritischer Edelstahl (491)
Gefügestruktur (512)
Gießen (510)
Gusseisen (498)
Gusseisenlegierung (486)
Hartlöten (513)
heiß-isostatisches Pressen (515)
Herstellung (510)
hitzebeständiges Metall (508)
hoch legierter Stahl (485)
Knetlegierung (498)
Kohlenstoffstahl (486)
martensitischer Edelstahl (491)
Messing (506)
Mischkristallhärtung (507)
Nichteisenlegierung (503)
niedrig legierter Stahl (485)
Pulvermetallurgie (515)
Schmiedeprozess (510)
schnell erstarrte Legierung (501)
Schweißen (513)
Segregation (513)
Stahl (485)
Superlegierung (497)
superplastische Umformung (515)
Weichlöten (513)
Werkzeugstahl (491)

Quellen

Ashby, M. F. und D. R. H. Jones, *Engineering Materials 1 – An Introduction to Their Properties and Applications*, 2nd ed., Butterworth-Heinemann, Boston, MA, 1996.

Ashby, M. F. und D. R. H. Jones, *Engineering Materials 2: An Introduction to Microstructures, Processing and Design*, 2nd ed., Butterworth-Heinemann, Boston, MA, 1998.

Davis, J. R., Ed., *Metals Handbook*, Desk Ed., 2nd ed., ASM International, Materials Park, OH, 1998. Eine einbändige Zusammenfassung der umfangreichen *Metals Handbook*-Reihe.

ASM Handbook, Vols. 1 (*Properties and Selection: Irons, Steels, and High-Performance Alloys*) und 2 (*Properties and Selection: Nonferrous Alloys and Special-Purpose Metals*). ASM International, Materials Park, OH, 1990 und 1991.

Aufgaben

■ Eisenlegierungen

11.1 (a) Schätzen Sie die Dichte von Kohlenstoffstahl 1.0511 als gewichteten Mittelwert der Dichten der Legierungselemente ab.

(b) Welchen prozentualen Anteil hat die Dichte von reinem Fe an der Dichte von Stahl 1.0511?

11.2 Wiederholen Sie Aufgabe 11.1 für den Edelstahl 1.4301 aus *Tabelle 6.1*.

11.3 Verwenden Sie den gewichteten Mittelwert der Dichten der Legierungselemente, um die Dichte von T1-Werkzeugstahl aus abzuschätzen.

11.4 Verwenden Sie den gewichteten Mittelwert der Dichten der Legierungselemente, um die Dichte von Incoloy 903 aus abzuschätzen.

11.5 Schätzen Sie die Dichte der amorphen Legierung 80Fe-20B aus als gewichteten Mittelwert der Dichten der Legierungselemente ab. Verringern Sie außerdem die berechnete Gesamtdichte um 1%, um die nicht vorhandene Kristallstruktur zu berücksichtigen.

11.6 Wiederholen Sie Aufgabe 11.5 für die amorphe Legierung 80Fe-10B-10Si aus.

■ Nichteisenlegierungen

D 11.7 Eine Al-Li-Legierung für einen Prototyp kommt als Ersatz für eine 7075-Legierung in einem Flugzeug infrage. Die folgende Tabelle vergleicht die Zusammensetzungen. (a) Nehmen Sie an, dass dasselbe Volumen des Werkstoffs verwendet wird. Um welchen Prozentsatz verringert sich die Dichte durch diesen Werkstoffwechsel? (b) Momentan beträgt die Gesamtmasse der 7075-Legierung 75.000 kg. Welche Nettomasseeinsparung ergibt sich aus der Substitution durch die Al-Li-Legierung?

Legierung	Hauptlegierungselemente (in Gewichtsprozent)					
	Li	Zn	Cu	Mg	Cr	Zr
Al-Li	2,0		3,0			0,12
7075		5,6	1,6	2,5	0,23	

11.8 Schätzen Sie die Legierungsdichten für (a) die Magnesiumlegierungen aus *Tabelle 6.1* und (b) die Titanlegierungen aus *Tabelle 6.1* ab.

11.9 Zwischen 1975 und 1985 hat sich das Gesamtvolumen von Eisen und Stahl in einem bestimmten Automodell von $0{,}162\ \mathrm{m}^3$ auf $0{,}116\ \mathrm{m}^3$ verringert. Im selben Zeitraum hat sich das Volumen aller Aluminiumlegierungen von $0{,}012\ \mathrm{m}^3$ auf $0{,}023\ \mathrm{m}^3$ erhöht. Schätzen Sie mithilfe der Dichten von reinem Fe und Al die Masseverringerung ab, die sich aus diesem Trend zur Materialsubstitution ergibt.

11.10 Für das in Aufgabe 11.9 beschriebene Automodell wurde das Gesamtvolumen von Eisen und Stahl im Jahr 2000 weiter auf $0{,}082\ \mathrm{m}^3$ reduziert. Im selben Zeitraum ist das Gesamtvolumen von Aluminiumlegierungen auf $0{,}034\ \mathrm{m}^3$ gewachsen. Schätzen Sie die Masseverringerung (bezogen auf das Jahr 1975) ab, die sich aus dieser Materialsubstitution ergibt.

11.11 Schätzen Sie die Dichte der für künstliche Hüftgelenke verwendeten Cobalt-Chrom-Legierung als gewichteten Mittelwert der Dichten der Legierungselemente ab: 50 Gewichtsprozent Co, 20 Gewichtsprozent Cr, 15 Gewichtsprozent W und 15 Gewichtsprozent Ni.

11.12 Gegeben sei eine Komponente für ein künstliches Hüftgelenk aus der in Aufgabe 11.11 beschriebenen Cobalt-Chrom-Legierung mit einem Volumen von 160×10^{-6} m^3. Welche Masseeinsparung ergibt sich, wenn man bei gleicher Form und folglich auch gleichem Volumen der Komponente eine Legierung aus Ti-6 Al-4 V einsetzt?

■ Metallherstellung

Am Anfang des Buches haben wir die Vorgabe formuliert, Aufgaben zu vermeiden, deren Antwort einen subjektiven Charakter besitzt. Fragen zur Werkstoffverarbeitung stellen sich schnell als subjektiv heraus. Deshalb enthält Abschnitt 11.3 nur einige Aufgaben, die sich wie in den vorangegangenen Kapiteln in einem objektiven Stil halten lassen.

11.13 Ein Stab aus geglühtem 85Cu-15Zn (mit einem Durchmesser von 12 mm) wird durch eine Form mit einem Durchmesser von 10 mm kaltgezogen. Wie groß sind (a) die Zugspannung und (b) die Duktilität des resultierenden Stabes?

11.14 Gegeben sei der in Aufgabe 11.13 analysierte Stab. (a) Welchen Prozentsatz stellt die Zugspannung verglichen mit der für den geglühten Stab dar? (b) Um wie viel Prozent geht die Duktilität verglichen mit dem geglühten Stab zurück?

D 11.15 Gegeben sei ein Messingdraht aus 85Cu-15Zn mit einem Durchmesser von 2 mm, der auf einen Durchmesser von 1 mm gezogen werden muss. Das Endprodukt soll folgende Spezifikationen erfüllen: Zugspannung größer als 375 MPa und Duktilität größer als 20%. Beschreiben Sie einen Herstellungsprozess, um dieses Ergebnis zu erreichen.

D 11.16 Wie ändert sich Ihr Ergebnis gegenüber Aufgabe 11.15, wenn anstelle der 85Cu-15Zn-Legierung ein Messingdraht aus 70Cu-30Zn verwendet wird?

Keramiken und Gläser

12.1 Keramiken – kristalline Werkstoffe 528
12.2 Gläser – nichtkristalline Werkstoffe 534
12.3 Glaskeramik 537
12.4 Keramik- und Glasherstellung 540

12 KERAMIKEN UND GLÄSER

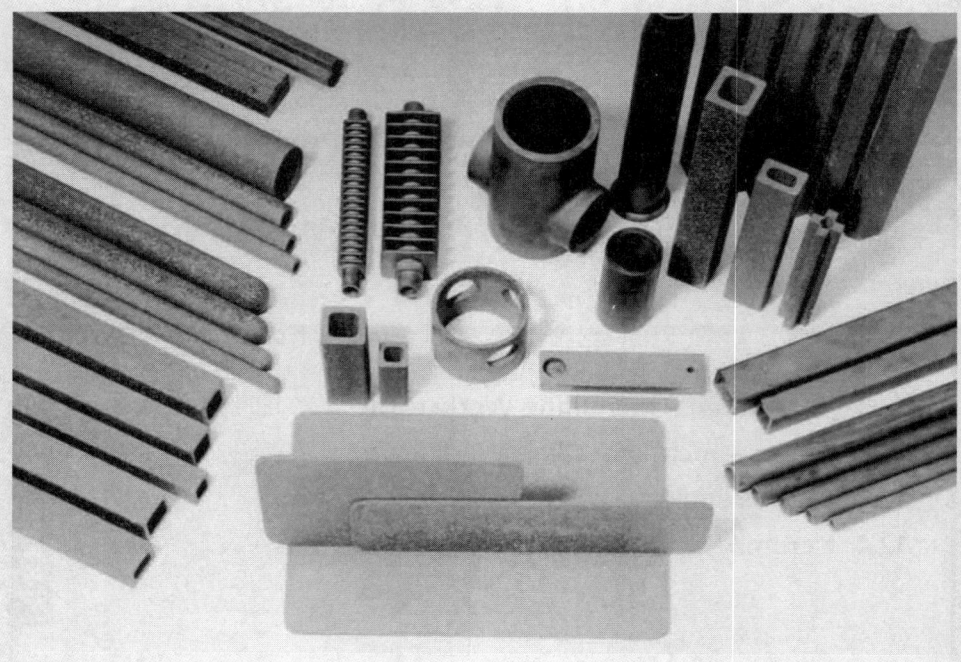

❞ Keramiken setzt man typischerweise in technischen Hochtemperaturanwendungen ein. Für die Innenauskleidung von Öfen bietet Siliziumcarbid gute Maßhaltigkeit bei Temperaturen bis zu 1650 °C zusammen mit hoher Widerstandsfähigkeit gegen Thermoschock und Korrosion sowie einer niedrigen Dichte. **❞**

Keramiken und Gläser gehören zu den ältesten und gegen Umwelteinflüsse beständigsten Ingenieurwerkstoffen. Zugleich repräsentieren sie die fortschrittlichsten Werkstoffe, die für die Luftfahrt- und Elektronikindustrie entwickelt wurden. Dieses Kapitel gliedert diese mannigfaltige Sammlung technischer Werkstoffe in drei Hauptkategorien: **Kristalline Keramiken** umfassen die herkömmlichen Silikate sowie die zahlreichen Oxid- und Nichtoxidverbindungen, die sowohl in traditionellen als auch in modernen Technologien weit verbreitet sind. *Gläser* sind nichtkristalline Festkörper mit Zusammensetzungen, die mit kristallinen Keramiken vergleichbar sind. Da sie aufgrund spezieller Herstellungsverfahren keine Kristallinität aufweisen, haben sie einzigartige mechanische und optische Eigenschaften. Unter chemischen Aspekten lassen sich Gläser weiter in Silikate und Nichtsilikate gliedern. Als dritte Kategorie verkörpern *Glaskeramiken* einen anderen Typ von kristallinen Keramiken, die anfangs als Gläser gebildet und dann durch sorgfältige Prozessführung kristallisiert werden. Auf die Kristallisation geht dieses Kapitel ausführlicher ein. Spezifische Zusammensetzungen führen direkt zu der damit verbundenen Verfahrenstechnik. Das System $Li_2-Al_2O_3-SiO_2$ stellt das wichtigste kommerzielle Beispiel dar.

Wie beim Thema Metalle in *Kapitel 11* baut dieses Kapitel bei der Behandlung der Keramiken auf den Konzepten auf, die *Teil 1* eingeführt hat. *Kapitel 3* hat die umfangreiche Palette von keramischen Kristallstrukturen veranschaulicht. Die Punktdefekte in diesen Strukturen (siehe *Kapitel 4*) hat *Kapitel 5* als Grundlage des Diffusionstransports vorgeführt. Wie Sie in *Kapitel 6* erfahren haben, geht die charakteristisch spröde Natur von Keramiken auf ihre komplexen Versetzungsstrukturen zurück, die *Kapitel 4* eingeführt hat. Das in *Kapitel 7* abgehandelte thermische Verhalten ist insbesondere für Keramiken wichtig, die man häufig bei erhöhten Temperaturen einsetzt, und stand bei der Behandlung des Bauteilversagens durch Thermoschock in *Kapitel 8* im Mittelpunkt. Ebenso spielen Phasengleichgewichte (*Kapitel 9*) und Kinetik (*Kapitel 10*) wichtige Rollen bei der optimalen Herstellung von keramischen Werkstoffen.

Wie bei Metallen kann sich die Herstellung von Keramiken und Gläsern nachhaltig auf ihre Funktionalität als Konstruktionswerkstoffe auswirken. Herkömmliche Herstellungsverfahren für Keramiken sind Schmelz- und Schlickergießen, Sintern und Heißpressen. An traditionelle Glasbildungsverfahren schließt man manchmal eine gesteuerte Entglasung an, um Glaskeramiken herzustellen. Zu den neueren Herstellungsverfahren gehören Sol-Gel- und biomimetische Techniken sowie die selbstausbreitende Hochtemperatursynthese (SHS, Self-Propagating High-Temperature Synthesis).

Die Companion Website enthält einen Link zur American Ceramic Society-Website, die ein riesiges Portal zur Keramik- und Glasindustrie öffnet.

12.1 Keramiken – kristalline Werkstoffe

Beim Thema kristalline Keramiken ist es angebracht, zuerst die SiO_2-basierten **Silikate** zu betrachten. Da Silizium und Sauerstoff zusammen rund 75% der Elemente in der Erdkruste ausmachen (siehe Abbildung 12.1), sind diese Werkstoffe reichlich vorhanden und wirtschaftlich zu gewinnen. Viele der herkömmlichen Keramiken fallen in diese Kategorie. Frühe Zivilisationen lassen sich am besten anhand von *Töpferwaren* aus gebranntem Ton charakterisieren, die seit rund 4000 v.Chr. als kommerzielles Produkt bekannt sind. Töpferwaren gehören zur Kategorie der als **Gebrauchskeramiken** bezeichneten Keramiken, zu denen auch Porzellane mit ihrer typischen weißen und feinkörnigen Mikrostruktur zählen. Ein bekanntes Beispiel ist das lichtdurchlässige dünnwandige Porzellangeschirr. Neben Töpfereiprodukten bildet **Ton** auch die Basis für verschiedene *Baustoffe* wie Ziegel, Kacheln und Kanalisationsrohre. Die Breite verschiedener Silikatkeramiken korrespondiert mit der Vielfalt der Mineralien auf Silikatbasis, die typischerweise auch für regionale Produktionsanlagen verfügbar sind. Tabelle 12.1 gibt die allgemeinen Zusammensetzungen für einige charakteristische Beispiele an. Diese Liste enthält auch Feuerfestwerkstoffe, die auf gebranntem Lehm basieren. **Feuerfestwerkstoffe** sind hochtemperaturresistente Konstruktionswerkstoffe, die äußerst wichtig für die Industrie sind (z.B. bei der Stahlherstellung). Ungefähr 40% der industriell hergestellten Feuerfestwerkstoffe bestehen aus tonbasierten Silikaten. Tabelle 12.1 listet zudem einen Repräsentanten der Zementindustrie auf: Portlandzement, eine komplexe Mischung, die sich grob als Kalzium-Aluminosilikat bezeichnen lässt.

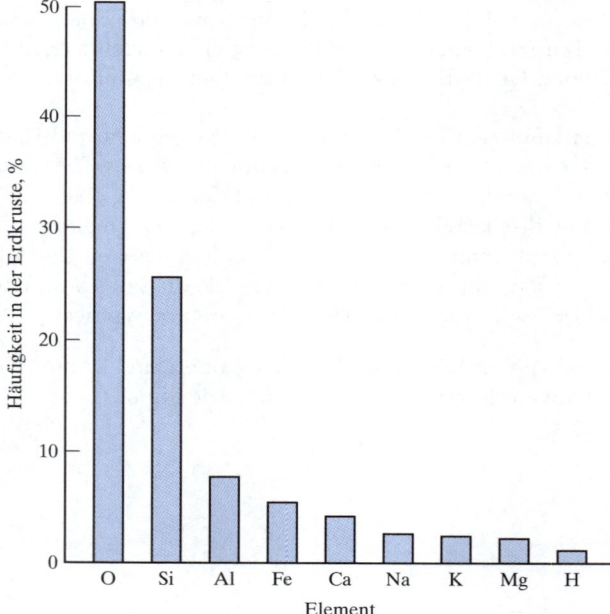

Abbildung 12.1: Die relative Häufigkeit der in der Erdkruste vertretenen Elemente veranschaulicht die Verfügbarkeit von keramischen Mineralen, insbesondere von Silikaten.

Tabelle 12.1

Zusammensetzung[a] einiger Silikatkeramiken

Keramik	Zusammensetzung (in Gewichtsprozent)					
	SiO_2	Al_2O_3	K_2O	MgO	CaO	Andere
Quarzsand-Feuerfestwerkstoff	96					4
Schamotte-Feuerfestwerkstoff	50-70	45-25				5
Mullit-Feuerfestwerkstoff	28	72				–
Elektroporzellan	61	32	6			1
Steatitporzellan	64	5		30		1
Portlandzement	25	9			64	2

[a] Ungefähre Zusammensetzungen mit den Hauptkomponenten. Der Grad der Verunreinigung kann je nach Produkt stark schwanken.

Tabelle 12.2 zeigt Beispiele für **Nichtsilikat-Oxidkeramiken**. Hierzu zählen bekannte Werkstoffe wie z.B. Magnesiumoxid (MgO), ein in der Stahlindustrie verbreitet eingesetzter Feuerfestwerkstoff. Vor allem aber enthält Tabelle 12.2 viele der moderneren Keramikwerkstoffe. **Reine Oxide** sind Verbindungen, deren Verunreinigungsgrad zum Teil geringer als 1 Gewichtsprozent ist und in machen Fällen sogar im ppm-Bereich liegt. Die Kosten der chemischen Trennung und darauf folgenden Verarbeitung dieser Werkstoffe stehen in scharfem Kontrast zur Wirtschaftlichkeit der Silikatkeramiken, die sich aus regional verfügbaren und im Allgemeinen unreinen Mineralien herstellen lassen. Diese Werkstoffe haben viele Anwendungsbereiche wie z.B. in der Elektronikindustrie, wo strenge Anforderungen zu erfüllen sind. Allerdings können viele der in Tabelle 12.2 genannten Produkte mit einer vorherrschenden Oxidverbindung mehrere Prozent Oxidzusätze und Verunreinigungen enthalten. In Tabelle 12.2 stellt UO_2 ein herausragendes Beispiel für eine **Nuklearkeramik** dar. Diese Verbindung enthält radioaktives Uran und ist als Reaktorbrennmaterial weit verbreitet. **Teilstabilisiertes Zirkonoxid** (ZrO_2; PSZ[1]) ist eine wichtige **Strukturkeramik** für anspruchsvolle technische Anwendungen. Das betrifft auch viele Gebiete, die traditionell von Metallen besetzt sind. Ein Schlüssel für mögliche Metallsubstitutionen ist die Zähigkeitssteigerung durch Phasenübergang (Transformation Toughening), wie in *Abschnitt 8.2* erläutert. **Funktionskeramiken für elektrotechnische Anwendungen** wie z.B. $BaTiO_3$ und **Magnetkeramiken** wie $NiFe_2O_4$ (Nickelferrit) sind auf dem Markt industrieller Keramiken am stärksten vertreten; auf diese Werkstoffe gehen die *Kapitel 15* bzw. *18* ein.

---

1 PSZ – Partially Stabilized Zirconia, teilstabilisiertes Zirkonoxid

Tabelle 12.2

Ausgewählte Oxidkeramiken

Hauptzusammensetzung[a]	Gebräuchliche Produktnamen
Al_2O_3	Aluminiumoxid, Tonerde
MgO	Magnesiumoxid, Magnesia, Periklas
$MgAl_2O_4$ (= MgO * Al_2O_3)	Spinell
BeO	Berylliumoxid
ThO_2	Thoriumoxid
UO_2	Urandioxid
ZrO_2 (stabilisiert mit CaO)	stabilisiertes (oder teilstabilisiertes) Zirkonoxid
$BaTiO_3$	Bariumtitanat
$NiFe_2O_4$	Nickelferrit

[a] Manche Produkte wie z.B. die industriellen Feuerfestwerkstoffe können mehrere Gewichtsprozent Oxidzusätze und Verunreinigungen enthalten.

Die Welt der Werkstoffe

Hydroxyapatit – körpereigene Keramik

Spricht man über die keramischen Werkstoffe, die der Techniker für verschiedene Konstruktionsanwendungen herstellt, kann man auch einen Blick in den eigenen Körper werfen, der einen Keramikwerkstoff für die Skelettstruktur „geschaffen" hat. Hydroxyapatit (HA) mit der chemischen Formel $Ca_{10}(HPO_4)_6(OH)_2$ bildet das hauptsächliche Knochenmineral und macht ca. 43% des gesamten Knochengewichts beim Menschen aus. Kalziumphosphatvorstufen scheiden sich aus Flüssigkeiten im Knochen aus und unterliegen dann Phasenumwandlungen, um HA zu bilden. Die Struktur und die mechanischen Eigenschaften von HA können als Ergebnis verschiedener chemischer Substitutionen variieren: K, Mg, Sr und Na für Ca, Karbonat für Phosphat und F für OH.

Den Knochen bilden so genannte Osteoblasten. Diese Zellen erzeugen eine organische Matrix, die Wasser anstelle von Mineralien enthält. Nach ungefähr 10 Tagen „reift" der Osteoid und ermöglicht Ausscheidungen von Mineralkristallen. Im menschlichen Körper erreicht der neue Knochen in einem Zeitraum von wenigen Tagen ungefähr 70% seiner möglichen Mineralisierung (Mineralkapazität). Dieser Vorgang heißt *primäre Mineralisierung*. Die *sekundäre Mineralisierung* findet langsam über mehrere Monate hinweg statt und erreicht im Allgemeinen 90% der Mineralkapazität. Die beim Aufbau des Knochens eingemauerten Osteoblasten – die so genannten Osteozyten – übernehmen eine Steuerungsfunktion, indem sie den „normalen" Mineralgehalt aufrechterhalten. Durch das Absterben von Osteozyten kann es zur Hypermineralisierung (100% Mineralkapazität) kommen. Der Knochen wird dadurch spröder und ist weniger robust als ein normaler Knochen.

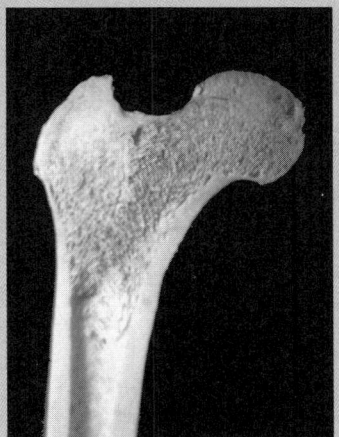

Die Gesamtstruktur von langen Knochen im menschlichen Skelett ist einem Bambusrohr ähnlich, wobei die dichte Außenschale den festen Knochen ausmacht. Dieses Material hat eine Dichte von 2,1 g/cm^3 und einen Elastizitätsmodul von 20 GPa – ein ziemlich kleiner Wert, verglichen mit den meisten im Buch erwähnten synthetisch hergestellten technischen Werkstoffen, doch den physiologischen Aufgaben des Körpers durchaus angemessen. Durch die Geometrie des Knochens sind die mechanischen Eigenschaften stark richtungsabhängig. Eine Zugbeanspruchung des festen Knochens parallel zur Achse des Gesamtzylinders liefert eine typische Festigkeit von 135 MPa. Auch das ist ein eher mäßiger Wert im Vergleich zu vielen technischen Werkstoffen, doch im Allgemeinen für die Skelettstruktur angemessen. Die mechanischen Eigenschaften von Knochen sind zwar – verglichen mit synthetischen Werkstoffen – wenig überzeugend, doch haben Knochen einen erheblichen Vorteil: Sie sind in der Lage, sich selbst zu reparieren und sich selbst zu generieren. Dafür sind Variationen der Zellmechanismen bei der Knochenbildung zuständig.

Das mechanische Verhalten von Knochen ist stark vom keramischen Mineral HA abhängig, wird aber auch durch ihre komplexe Mikrostruktur und eine ausgeprägte organische Phase beeinflusst. Die primäre polymere Komponente von Knochen steht im Mittelpunkt von „Die Welt der Werkstoffe" im nächsten Kapitel. Mit der Gesamtzusammensetzung von Knochen und synthetischen Ersatzstoffen beschäftigt sich der gleichnamige Abschnitt in *Kapitel 14*.

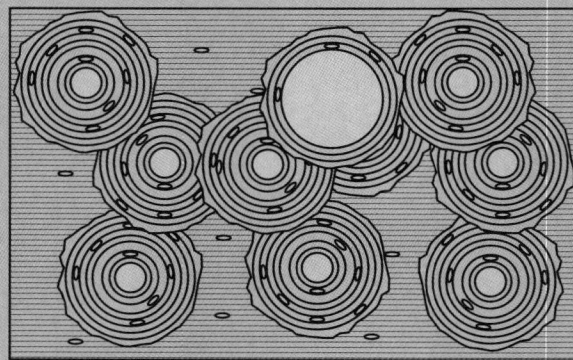

Schematische Darstellung von Osteon-Zellen in einer Matrix von Primärknochen

Tabelle 12.3 gibt Beispiele von **Nichtoxidkeramiken** an. Einige davon sind bereits seit mehreren Jahrzehnten im industriellen Einsatz, beispielsweise Siliziumcarbid für Heizelemente von Öfen und als Schleifmittel. Siliziumnitrid und verwandte Werkstoffe (z.B. das sauerstoffhaltige SiAlON) stehen seit rund 30 Jahren zusammen mit teilstabilisiertem Zirkonoxid im Mittelpunkt der Forschung und Entwicklung mit dem Ziel, überlegene Gasturbinenbauteile herzustellen. Die Entwicklung eines *Keramikmotors* für Kraftfahrzeuge ist ebenfalls ein attraktives aber im Allgemeinen auch schwer umsetzbares Ziel gewesen. Trotzdem sind Keramikverbundwerkstoffe mit einer Siliziumcarbid-Matrix immer noch erstklassige Kandidaten für Ultrahochtemperatur-Strahltriebwerke.

Tabelle 12.3

Ausgewählte Nichtoxidkeramiken

Primäre Zusammensetzung[a]	Gebräuchliche Produktnamen
SiC	Siliziumcarbid
Si_3N_4	Siliziumnitrid
TiC	Titancarbid
TaC	Tantalcarbid
WC	Wolframcarbid

12.1 Keramiken – kristalline Werkstoffe

Ausgewählte Nichtoxidkeramiken

Primäre Zusammensetzung[a]	Gebräuchliche Produktnamen
B_4C	Borcarbid
BN	Bornitrid
C	Graphit

[a] Manche Produkte können mehrere Gewichtsprozent Beimengungen oder Verunreinigungen enthalten.

Beispiel 12.1

Mullit hat die chemische Formel $3Al_2O_3 * 2SiO_2$. Berechnen Sie den Gewichtsanteil von Al_2O_3 in einer Mullit-basierten Hochtemperaturkeramik.

Lösung

Mit den Daten aus *Anhang A* erhält man:

$$\text{Mol-Gewicht } Al_2O_3 = \left[2(26{,}98) + 3(16{,}00)\right] \text{ u}$$

$$= 101{,}96 \text{ u}$$

und

$$\text{Mol-Gewicht } Al_2O_3 = \left[28{,}09 + 2(16{,}00)\right] \text{ u}$$

$$= 60{,}09 \text{ u.}$$

Somit ergibt sich

$$\text{Gew.-Anteil } Al_2O_3 = \frac{3(101{,}96)}{3(101{,}96) + 2(60{,}09)}$$

$$= 0{,}718.$$

Die Lösungen für alle Übungen finden Sie auf der Companion Website.

Übung 12.1

Wie groß ist der Gewichtsanteil von Al_2O_3 in Spinell ($MgAl_2O_4$)? (Siehe Beispiel 12.1.)

12.2 Gläser – nichtkristalline Werkstoffe

Das Konzept des nichtkristallinen Festkörpers oder **Glas** wurde bereits in *Abschnitt 4.5* eingeführt und **Silikatgläser** wurden als charakteristische Beispiele für diesen Werkstofftyp vorgestellt. Wie bei kristallinen Silikaten sind diese Gläser im Allgemeinen recht kostengünstig herzustellen, da die Elemente Si und O sehr häufig in der Erdkruste vorkommen. Für einen großen Teil der Glasherstellung ist SiO_2 bereits in Kiesgruben vor Ort in genügender Reinheit vorhanden. In der Tat macht die Produktion der verschiedenen Glasprodukte wesentlich mehr Tonnage aus als die der kristallinen Keramiken. Tabelle 12.4 zeigt wichtige Beispiele für kommerzielle Gläser. Tabelle 12.4 dient der Orientierung, welche Bedeutung die in Tabelle 12.4 angegebenen Zusammensetzungen haben.

Tabelle 12.4

Zusammensetzungen ausgewählter Silikatgläser

Glas	Zusammensetzung (in Gewichtsprozent)										
	SiO_2	B_2O_3	Al_2O_3	Na_2O	CaO	MgO	K_2O	ZnO	PbO	Andere
Quarzglas	100									–
Borosilikatglas	76	13	4	5	1					1
Fensterglas	72		1	14	8	4				1
Behälterglas	73		2	14	10					1
Glasfaser (E-Glas)	54	8	15		22					1
Bristolglasur	60		16		7		11	6		–
Kupferemail	34	3	4				17		42	–

Zu den **Netzwerkbildnern** gehören Oxide, die Oxidpolyeder mit kleinen Koordinationszahlen bilden. Diese Polyeder können sich mit dem Netzwerk aus SiO_4^{4-}-Tetraedern verbinden, die zum Quarzsand SiO_2 gehören. Alkali und alkalische Erdoxide wie z.B. Na_2O und CaO bilden keine derartigen Polyeder in der Glasstruktur, sondern brechen stattdessen die Kontinuität des polymerartigen SiO_2-Netzwerks auf. Sehen Sie sich gegebenenfalls noch einmal die schematische Darstellung einer Alkali-Silikat-Glasstruktur in *Abbildung 4.25* an. Das Aufbrechen des Netzwerks führt zum Begriff **Netzwerkwandler**. Diese Wandler machen das Glas bei einer gegebenen Temperatur leichter verformbar, erhöhen aber auch seine chemische Reaktivität beim Einsatz. Manche Oxide wie z.B. Al_2O_3 und ZrO_2 sind an sich keine Glasbildner, doch kann das Kation (Al^{3+} oder Zr^{4+}) in einem Netzwerktetraeder an die Stelle des Si^{4+}-Ions treten und dadurch zur Stabilität des Netzwerks beitragen. Oxide, die weder Bildner noch Wandler sind, bezeichnet man als **intermediäres Oxid**.

Tabelle 12.5

Rolle von Oxiden bei der Glasbildung

Netzwerkbildner	Intermediäres Oxid	Netzwerkwandler
SiO_2	Al_2O_3	Na_2O
B_2O_3	TiO_2	K_2O
GeO_2	ZrO_2	CaO
P_2O_5		MgO
		BaO
		PbO
		ZnO

Anhand von Tabelle 12.5 lässt sich die Natur der wichtigsten kommerziellen Silikatgläser betrachten:

1 **Quarzglas** ist hochreines SiO_2 mit einer *amorphen* oder *nichtkristallinen* Struktur. Da es kaum Netzwerkwandler enthält, kann Quarzglas hohen Betriebstemperaturen von mehr als 1.000 °C standhalten. Typische Anwendungen sind Hochtemperaturschmelztiegel und Ofenfenster.

2 **Borosilikatglas** ist eine Kombination von BO_3^{3-}-Polyedern (3 Ecken) und SiO_4^{4-}-Tetraedern im Glasbildnernetzwerk. Ungefähr 5 Gewichtsprozent Na_2O garantieren eine gute Formbarkeit der Glaserzeugnisse ohne die Widerstandsfähigkeit aufzugeben, die durch die glasbildenden Oxide gegeben ist. Gerade wegen dieser Widerstandsfähigkeit setzt man Borosilikatgläser in Chemielaborgeräten und für Kochgeschirr (z.B. Jenaer Glas) ein. In der Glasindustrie hat man es vorwiegend mit einer **Kalknatronglas**-Zusammensetzung von ungefähr 15 Gewichtsprozent Na_2O, 10 Gewichtsprozent CaO und 70 Gewichtsprozent SiO_2 zu tun. **Fensterglas** und **Behälterglas** liegen vorwiegend im mittleren Zusammensetzungsbereich.

3 Die **E-Glas**-Zusammensetzung in Tabelle 12.5 stellt eine der gebräuchlichsten Glasfasern dar. Es steht in *Kapitel 14* als zentrales Beispiel für die faserverstärkten Verbundsysteme.

4 **Glasuren** sind Glasüberzüge, die man auf Keramiken wie z.B. Töpferwaren anwendet. Mit einer Glasur ist die Oberfläche im Allgemeinen wesentlich undurchlässiger im Vergleich zum unglasierten Material. Das Erscheinungsbild der Oberfläche lässt sich in weiten Bereichen gestalten, wie es *Kapitel 16* zu den optischen Eigenschaften erläutert.

5 **Emaillen** sind Glasüberzüge für die Metallbeschichtung. Häufig wichtiger als die durch die Emaille erzeugte Anmutung der Oberfläche ist die Schutzbarriere gegen korrosiv auf das Metall wirkende Umwelteinflüsse. *Kapitel 19* geht näher auf dieses Korrosionsschutzsystem ein. In Tabelle 12.5 ist die Zusammensetzung einer typischen Glasur und einer typischen Emaille angegeben.

Tabelle 12.6 listet verschiedene **Nichtsilikatgläser** auf. Nichtsilikatoxidgläser wie B_2O_3 haben im Allgemeinen kommerziell keine nennenswerte Bedeutung, da sie stark mit typischen Umgebungen wie z.B. Wasserdampf reagieren. Allerdings können sie nützliche Beimengungen für Silikatgläser sein (z.B. die vielfach verwendeten Borosilikatgläser). Einige der Nichtoxidgläser haben eine kommerzielle Relevanz. Beispielsweise werden Chalcogenidgläser in der Halbleiterindustrie verwendet, worauf *Kapitel 17* eingeht. Der Begriff *Chalcogenid* leitet sich vom griechischen Wort *chalco* für „Kupfer" ab und wird bei Verbindungen von S, Se und Te verwendet. Alle drei Elemente bilden starke Verbindungen mit Kupfer sowie mit vielen anderen Metallionen. Glasfasern aus Zirkontetrafluorid (ZrF_4) haben ihre überlegenen Lichtübertragungseigenschaften im Infrarotbereich gegenüber herkömmlichen Silikaten bewiesen.

Tabelle 12.6

Typische Nichtsilikatgläser

B_2O_3	As_2Se_3	BeF_2
GeO_2	GeS_2	ZrF_4
P_2O_5		

Beispiel 12.2

Einfaches Kalknatronglas wird durch Zusammenschmelzen von Na_2CO_3, $CaCO_3$ und SiO_2 hergestellt. Die Karbonate brechen auf und setzen CO_2-Gasblasen frei, die das Mischen des geschmolzenen Glases unterstützen. Wie lautet der Gemengesatz für die Ausgangsstoffe (in Gewichtsprozent von Na_2CO_3, $CaCO_3$ und SiO_2) für 1.000 kg Behälterglas (15 Gewichtsprozent Na_2O, 10 Gewichtsprozent CaO, 75 Gewichtsprozent SiO_2)?

Lösung

1.000 kg Glas bestehen aus 150 kg Na_2O, 100 kg CaO und 750 kg SiO_2. Mit den Daten aus *Anhang A* erhält man:

$$\text{Mol-Gewicht } Na_2O = 2(22{,}99) + 16{,}00$$
$$= 61{,}98 \text{ u,}$$
$$\text{Mol-Gewicht } Na_2CO_3 = 2(22{,}99) + 12{,}00 + 3(16{,}00)$$
$$= 105{,}98 \text{ u,}$$
$$\text{Mol-Gewicht CaO} = 40{,}08 + 16{,}00$$
$$= 56{,}08 \text{ u}$$

und
$$\text{Mol-Gewicht CaCO}_3 = 40{,}08 + 12{,}00 + 3(16{,}00)$$
$$= 100{,}08 \text{ u.}$$

$$\text{erforderliches Na}_2\text{CO}_3 = 150 \text{ kg} \times \frac{105{,}98}{61{,}98} = 256 \text{ kg}$$

$$\text{erforderliches CaCO}_3 = 100 \text{ kg} \times \frac{100{,}08}{56{,}08} = 178 \text{ kg}$$

und
$$\text{erforderliches SiO}_2 = 750 \text{ kg}.$$

Der Gemengesatz lautet

$$\frac{256 \text{ kg}}{(256+178+750) \text{ kg}} \times 100 = 21{,}6 \text{ Gew.-\% Na}_2\text{CO}_3,$$

$$\frac{178 \text{ kg}}{(256+178+750) \text{ kg}} \times 100 = 15{,}0 \text{ Gew.-\% CaCO}_3$$

und

$$\frac{750 \text{ kg}}{(256+178+750) \text{ kg}} \times 100 = 63{,}3 \text{ Gew.-\% SiO}_2.$$

Übung 12.2 Beispiel 12.2 hat den Gemengesatz für ein einfaches Kalknatronglas berechnet. Um die chemische Widerstandsfähigkeit und die Einsatzeigenschaften zu verbessern, gibt man der Glasschmelze oftmals Al_2O_3 in Form von Sodafeldspat (Albit) mit der Formel $Na(AlSi_3)O_8$ zum Gemengesatz zu. Berechnen Sie den Gemengesatz des hergestellten Glases, wenn eine Mischung von 2.000 kg um 100 kg dieses Feldspats ergänzt wird.

12.3 Glaskeramik

Zu den anspruchsvollsten Keramikwerkstoffen gehört die **Glaskeramik**, die die kristalline Natur von Keramiken mit Glas kombiniert. Das Ergebnis ist ein Produkt mit besonders interessanten Eigenschaften. Glaskeramik ist zunächst ein relativ gewöhnliches Glaserzeugnis. Vorteilhaft ist, dass sich Glaskeramik genauso wirtschaftlich und endkonturgenau wie Glas in die endgültige Produktform bringen lässt. Durch genau gesteuerte Wärmebehandlung kristallisiert mehr als 90% der glasartigen Masse (siehe *Abbildung 10.37*). Die endgültigen Kristallit-Korngrößen liegen im Allgemeinen zwischen 0,1 und 1 μm. Der geringe Anteil der Restglasphase füllt praktisch das Korngrenzvolumen aus und erzeugt eine porenfreie Struktur. Das fertige Glaskeramikprodukt zeichnet sich durch mechanische und thermische Widerstandsfähigkeit aus, die weit über der von konventionellen Keramiken liegt. *Kapitel 6* hat die Empfindlichkeit von Keramikwerkstoffen gegenüber Sprödbruch dargelegt. Die Unempfindlichkeit von Glaskeramik gegenüber mechanischen Stößen geht größtenteils auf die Beseitigung von spannungskonzentrierenden Poren zurück. Die Widerstandsfähigkeit gegen Thermoschock resultiert aus den charakteristisch niedrigen thermischen Ausdehnungskoeffizienten dieser Werkstoffe. Die Bedeutung dieses Konzepts wurde in *Abschnitt 7.4* erläutert.

Es wurde bereits darauf hingewiesen, wie wichtig eine sorgfältig gesteuerte Wärmebehandlung ist, um eine gleichmäßige feinkörnige Mikrostruktur einer Glaskeramik zu erzeugen. *Kapitel 10* hat sich mit der Theorie der Wärmebehandlung (der Kinetik von Festkörperreaktionen) beschäftigt. Rufen Sie sich noch einmal ins Gedächtnis, dass die Kristallisation eines Glases ein stabilisierender Prozess ist. Eine derartige Umwandlung beginnt (oder keimt) an einer bestimmten Verunreinigungsphasengrenze. Für ein normales Glas im geschmolzenen Zustand beginnt die Keimbildung an einigen isolierten Punkten an der Oberfläche des Schmelzbehälters. Auf diesen Prozess folgt das Wachstum einiger großer Kristalle. Die resultierende Mikrostruktur ist grob und unregelmäßig. Bei Glaskeramiken sind dagegen mehrere Gewichtsprozent eines Keimbildners wie z.B. TiO_2 enthalten. Eine feine Dispersion von kleinen TiO_2-Partikeln ergibt eine Keimdichte in der Größenordnung von 10^{12} je Kubikmillimeter. Die genaue Rolle der Keimbildner wie TiO_2 ist noch nicht völlig geklärt. In manchen Fällen scheint es, dass TiO_2 zu einer fein verteilten zweiten Phase von TiO_2-SiO_2-Glas beiträgt, die unstabil ist und auskristallisiert, was die Kristallisation des Gesamtsystems einleitet. Für eine gegebene Zusammensetzung gibt es optimale Temperaturen für Keimbildung und Wachstum der kleinen Kristallite.

Tabelle 12.7 zeigt die wichtigsten kommerziellen Glaskeramiken. Die bei weitem wichtigste Glaskeramik ist das Li_2O-Al_2O_3-SiO_2-System. Verschiedene kommerzielle Werkstoffe in diesem Zusammensetzungsbereich zeigen ausgezeichnete Widerstandsfähigkeit gegen Thermoschock infolge des niedrigen thermischen Ausdehnungskoeffizienten der kristallisierten Keramik. Beispiele sind *Corning Ware* der amerikanischen Firma Corning und *Ceran* der deutschen Schott Glaswerke. Zum niedrigen Ausdehnungskoeffizienten tragen Kristallite von β-Spodumen ($Li_2O * Al_2O_3 * 4SiO_2$) bei, das einen charakteristisch kleinen Ausdehnungskoeffizienten hat, oder β-Eucryptit ($Li_2O * Al_2O_3 * SiO_2$), das sogar einen negativen Ausdehnungskoeffizienten aufweist.

Tabelle 12.7

Zusammensetzungen ausgewählter Glaskeramiken

Glaskeramik	Zusammensetzung (in Gewichtsprozent)							
	SiO_2	LiO_2	Al_2O_3	MgO	ZnO	B_2O_3	TiO_2[a]	P_2O_5[b]
Li_2O-Al_2O_3-SiO_2-System	74	7	16				6	
MgO-Al_2O_3-SiO_2-System	65		19	9			7	
Li_2O-MgO-SiO_2-System	73	11		7		6		3

Zusammensetzungen ausgewählter Glaskeramiken

Glaskeramik	Zusammensetzung (in Gewichtsprozent)							
	SiO_2	LiO_2	Al_2O_3	MgO	ZnO	B_2O_3	TiO_2[a]	P_2O_5[b]
Li_2O-ZnO-SiO_2-System	58	23			16			3

a Keimbildner
b Keimbildner

Beispiel 12.3 Wie lautet die Zusammensetzung (in Gewichtsprozent) einer Glaskeramik, die vollständig aus β-Spodumen besteht?

Lösung

β-Spodumen hat die Formel $Li_2O * Al_2O_3 * 4SiO_2$. Mit den Daten aus *Anhang A* erhält man:

$$\text{Mol-Gewicht } Li_2O = [2(6{,}94) + 16{,}00] \text{ u}$$
$$= 29{,}88 \text{ u,}$$
$$\text{Mol-Gewicht } Al_2O_3 = [2(26{,}98) + 3(16{,}00)] \text{ u}$$
$$= 101{,}96 \text{ u}$$

und

$$\text{Mol-Gewicht } SiO_2 = [28{,}09 + 2(16{,}00)] \text{ u}$$
$$= 60{,}09 \text{ u.}$$

Das ergibt:

$$\text{Gew.-\% } Li_2O = \frac{29{,}88}{29{,}88 + 101{,}96 + 4(60{,}09)} \times 100 = 8{,}0\%,$$

$$\text{Gew.-\% } Al_2O_3 = \frac{101{,}96}{29{,}88 + 101{,}96 + 4(60{,}09)} \times 100 = 27{,}4\%$$

und

$$\text{Gew.-\% } SiO_2 = \frac{4(60{,}09)}{29{,}88 + 101{,}96 + 4(60{,}09)} \times 100 = 64{,}6\%.$$

Übung 12.3 Welche Anteile von Li_2O, Al_2O_3, SiO_2 und TiO_2 (in Mol-Prozent) sind in der ersten kommerziellen Glaskeramikzusammensetzung von Tabelle 12.7 enthalten? (Siehe Beispiel 12.3.)

12.4 Keramik- und Glasherstellung

Tabelle 12.8 fasst die wichtigsten Verfahrensschritte bei der Herstellung von Keramiken und Gläser zusammen. Viele dieser Verfahren entsprechen unmittelbar den in *Tabelle 11.10* angegebenen Herstellungsprozessen für metallische Werkstoffe. Allerdings gibt es für Keramiken per se keine Schmiede-Verarbeitung. Die Formbildung von Keramiken durch Umformen ist durch ihre inhärente Sprödigkeit begrenzt. Obwohl Kalt- und Warmumformung nicht praktikabel sind, gibt es eine breite Vielfalt von Gießtechniken. **Schmelzgießen** ist dem Metallguss äquivalent. Aufgrund der allgemein hohen Schmelzpunkte von Keramiken ist dieses Verfahren allerdings nicht von großer Bedeutung. Zwar werden auf diese Weise einige Feuerfestwerkstoffe mit geringer Porosität hergestellt, allerdings zu immensen Kosten. Das in Abbildung 12.2 dargestellte **Schlickergießen** ist ein typischeres Herstellungsverfahren für Keramiken. Hier erfolgt das Gießen bei Raumtemperatur. Der „Schlicker" ist ein Pulver-Wasser-Gemisch, das in eine poröse Gussform gefüllt wird. Die Form absorbiert einen großen Teil des Wassers und lässt dadurch eine relativ starre Pulverform zurück, die sich aus der Gussform entnehmen lässt. Um ein festes Produkt zu entwickeln, muss das Teil erhitzt werden. Zu Beginn wird das verbliebene absorbierte Wasser ausgetrieben. Das **Brennen** erfolgt bei höheren Temperaturen in der Regel über 1.000 °C. Wie bei der Pulvermetallurgie beruht die Festigkeit des gebrannten Teils vorwiegend auf der Festkörperdiffusion. Bei vielen Keramiken, insbesondere Tonwaren, sind zusätzliche Hochtemperaturreaktionen beteiligt. Gebundenes Wasser lässt sich chemisch austreiben, es können verschiedene Phasenumwandlungen auftreten und es können sich charakteristische glasartige Phasen, beispielsweise Silikate, bilden. Sintern ist die direkte Analogie zur Pulvermetallurgie. Dieses Verfahren hat *Abschnitt 10.6* eingeführt. Die hohen Schmelzpunkte der meisten Keramiken machen das Sintern zu einer weit verbreiteten Technik. Wie bei der Pulvermetallurgie findet das Heiß-Isostatische Pressen zunehmend Anwendung bei Keramiken, insbesondere um vollständig dichte Produkte mit überragenden mechanischen Eigenschaften bereitzustellen. Die Abbildungen 12.3 und 12.4 zeigen typische **Glasbildungsverfahren**. Die viskose Natur des glasartigen Zustands spielt eine zentrale Rolle bei dieser Herstellung (siehe auch *Abschnitt 6.6*). Die **gesteuerte Entglasung** (d.h. Kristallisation) führt zur Bildung von Glaskeramik. Mit diesem Thema haben sich bereits die *Abschnitte 10.6* und *12.3* befasst. **Sol-Gel-Prozesse** gehören zu den sich schnell entwickelnden neuen Technologien für die Herstellung von Keramiken und Gläsern. Bei Keramiken lassen sich mit dieser Methode einheitliche, feine Partikel hoher Reinheit bei relativ niedrigen Temperaturen erzeugen. Derartige Pulver kann man dann zu hoher Dichte mit entsprechend guten mechanischen Eigenschaften sintern. Bei solchen Techniken ist das wesentliche Merkmal die Bildung einer organometallischen Lösung. Die fein verteilte Phase „Sol" wird dann zu einem starren „Gel" umgewandelt, das seinerseits zu einer endgültigen Zusammensetzung durch verschiedene thermische Behandlungen reduziert wird. Das Sol-Gel-Verfahren bietet vor allem den Vorteil, dass das anfangs über den Weg der flüssigen Phase gebildete Produkt bei niedrigeren Temperaturen – verglichen mit den Temperaturen, die bei konventionellen keramischen Prozessen notwendig sind – gebrannt werden kann. Die Kosteneinsparungen durch die niedrigeren Brenntemperaturen können beträchtlich sein.

12.4 Keramik- und Glasherstellung

Tabelle 12.8
Wesentliche Herstellungsverfahren für Keramiken und Gläser

- Schmelzgießen
- Schlickergießen
- Sintern
- Heiß-Isostatisches Pressen (HIP)
- Glasbildung
- Gesteuerte Entglasung
- Sol-Gel-Herstellung
- Biomimetische Herstellung
- SHS (Self-Propagating High-Temperature Synthesis)

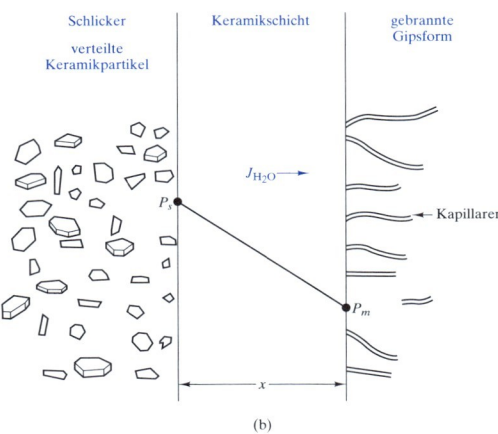

Abbildung 12.2: (a) Schematische Darstellung des Schlickergießens von Keramiken. Der Schlicker ist ein Pulver-Wasser-Gemisch. (b) Dieses Wasser wird zum großen Teil von der porösen Gussform absorbiert. Die endgültige Form muss bei hohen Temperaturen gebrannt werden, um ein strukturell festes Bauteil zu ergeben.

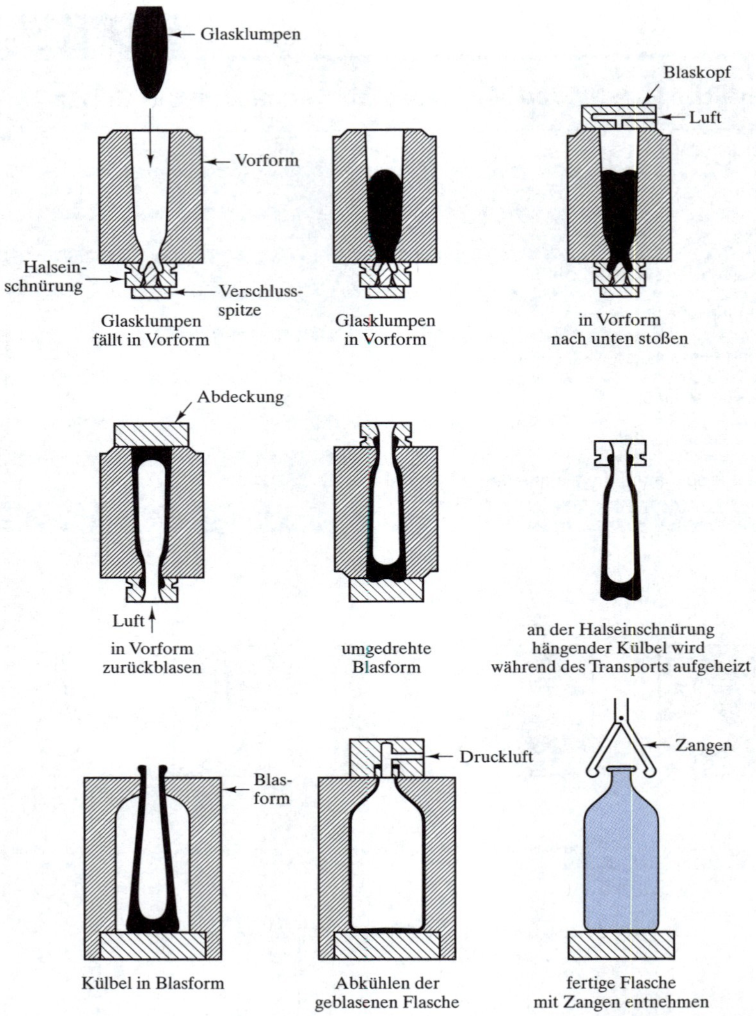

Abbildung 12.3: Die Formgebung eines Glasbehälters verlangt genaue Kontrolle der Viskosität des Werkstoffs auf verschiedenen Stufen.

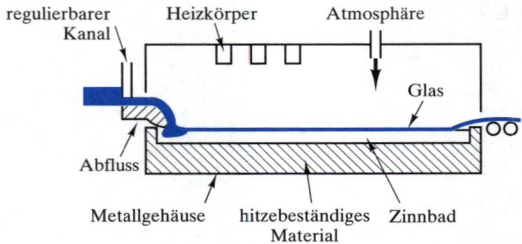

Abbildung 12.4: Der hohe Ebenheitsgrad, der sich in modernem Flachglas für Gebäude erreichen lässt, ist das Ergebnis der Floatglasherstellung, bei der die Glasschicht über ein Bad aus geschmolzenem Zinn gezogen wird.

In jüngster Zeit haben Werkstoffwissenschaftler erkannt, dass bestimmte natürliche Prozesse der Keramikentstehung wie z.B. die Entwicklung von Seemuscheln den Weg über die Flüssigphasenroute bis zu ihrer endgültigen Fertigstellung nehmen. Abbildung 12.5 veranschaulicht die Bildung eines Schneckenhauses, das in einem wässrigen Medium komplett bei Umgebungstemperatur ohne jeglichen Erhitzungsschritt abläuft. Attraktive Merkmale dieser natürlichen Biokeramik sind neben der Herstellung bei Umgebungsbedingungen aus leicht verfügbaren Werkstoffen die endgültige Mikrostruktur, die feinkörnig ist, weder Poren noch Mikrorisse aufweist und sowohl hohe Festigkeit als auch Bruchzähigkeit besitzt. Derartige Biokeramiken entstehen normalerweise bei einer langsamen Aufbaugeschwindigkeit aus einem begrenzten Repertoire von Zusammensetzungen, gewöhnlich Kalziumkarbonat, Kalziumphosphat, Quarzsand oder Eisenoxid.

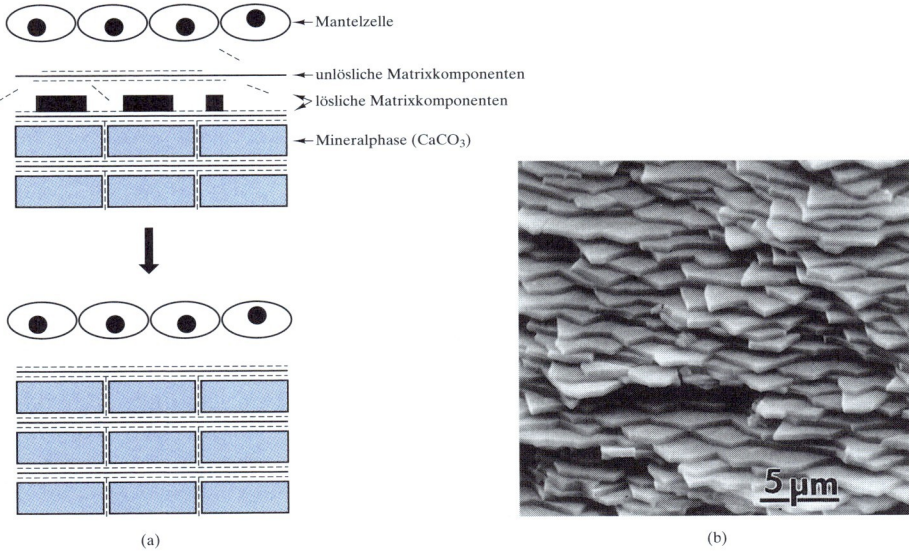

Abbildung 12.5: (a) Schematische Darstellung der Bildung einer Muschelschale. Gezeigt ist eine Schicht von Perlmutt, die aus $CaCO_3$-Plättchen besteht und durch organische Moleküle (Proteine und Zucker) gebunden wird. Die Produktion derartiger bruchresistenter Strukturen mit synthetischen Mitteln bezeichnet man als biomimetische Herstellung. (b) REM-Aufnahme der Perlmuttplättchenstruktur.

Biomimetische Herstellung ist die Bezeichnung für Fertigungsstrategien für Ingenieurkeramiken, die Prozesse nachbilden, wie sie beispielsweise Abbildung 12.5 zeigt (d.h. wässrige Synthese bei niedrigen Temperaturen von Oxiden, Sulfiden und anderen Keramiken durch Übernahme biologischer Prinzipien). Drei Schüsselaspekte sind für diesen Prozess charakteristisch: (1) Das Auftreten innerhalb spezifischer Mikroumgebungen (was die Simulation der Kristallproduktion bei bestimmten funktionellen Standorten einschließt und an anderen Plätzen hemmt), (2) die Produktion eines spezifischen Minerals mit einer definierten Kristallgröße und -orientierung und (3) makroskopisches Wachstum durch Zusammenpacken vieler inkrementeller Einheiten (was in einer einzigartigen Verbundstruktur einschließlich der Möglichkeit, in späteren Stadien zu wachsen und sich selbst zu heilen, resultiert). Dieser natürliche Prozess tritt bei Knochen und Zahnschmelz sowie in Muschelschalen auf. Technisch umgesetzte biomimetische Verfahren können das komplizierte Steuerungsniveau natürlicher Werkstoffe bislang noch nicht nachbilden. Trotzdem sind bereits in dieser Richtung erfolgreiche Vorstöße unternommen worden. Ein einfaches Beispiel ist die Zugabe von wasserlöslichen Polymeren zu Portland-Zementmischungen, was Frostschäden verringert, weil das Wachstum großer Eiskristalle gehemmt wird. Die keramikartigen Zementteilchen ähneln biologischem Hartgewebe. Der Polymerzusatz kann die Härtungsreaktionen, Mikrostruktur und Eigenschaften der Zementprodukte in der gleichen Weise ändern, wie extrazelluläre Biopolymere zu den Eigenschaften von Knochen und Muschelschalen beitragen. Die aktuelle Biomimetik-Forschung dreht sich um die Steuerung der Kristallkeimbildung und Wachstum in hochentwickelten Keramiken unter Verwendung von anorganischen und organischen Polymeren sowie Biopolymeren.

In Bezug auf die biomimetische Herstellung sei abschließend darauf hingewiesen, dass ein zusätzliches attraktives Merkmal der natürlichen Bildung von Knochen und Muschelschalen darin besteht, dass es die **Net-Shape-Herstellung** – oder endkonturgenaue Herstellung – erlaubt (d.h. das einmal gebildete „Produkt"erfordert keine abschließenden Bearbeitungsprozesse). Ein großer Teil der in den letzten Jahren sowohl für technische Metalle als auch Keramiken unternommenen Anstrengungen lässt sich als **Near-Net-Shape-Herstellung** (endkonturennahe Fertigung) beschreiben, wobei das Ziel darin besteht, die abschließenden Bearbeitungsschritte zu minimieren. Die superplastische Verformung von Metalllegierungen und die Sol-Gel-Herstellung von Keramiken und Gläsern sind derartige Beispiele. Im Gegensatz dazu werden Biominerale als relativ große, dichte Teile in einem „Moving Front"-Prozess gebildet, in dem inkrementell kleine Matrix-Bereiche sequenziell mineralisiert werden. Die resultierende Net-Shape-Bildung eines dichten Werkstoffs zeigt das außergewöhnlich hohe Niveau der mikrostrukturellen Steuerung des Fertigungsprozesses.

Eine recht junge Verfahrensvariante der Keramikherstellung ist die in Abbildung 12.6 veranschaulichte **Selbstausbreitende Hochtemperatursynthese** (**Self-Propagating High-Temperature Synthesis, SHS**). Diese neue Technik nutzt die von bestimmten chemischen Reaktionen entwickelte Wärme, um eine in Gang gesetzte Reaktion aufrechtzuerhalten und so das Endprodukt zu erzeugen. Z.B. produziert das Zünden von Titanpulver in einer Stickstoffgasatmosphäre einen anfänglichen Anteil von Titannitrid [$Ti(s) + 1/2\ N_2(g) = TiN(s)$]. Die bei dieser stark exothermen Reaktion freigesetzte Wärme kann genügen, um eine Verbrennungswelle zu erzeugen, die das verbleibende Titanpulver durchläuft, dabei die Reaktion aufrechterhält und das gesamte Titan in ein TiN-Produkt umwandelt. Obwohl hier hohe Temperaturen beteiligt sind, hat der SHS-Prozess zusammen mit den Sol-Gel- und biomimetischen Prozessen den gemeinsamen Vorteil niedriger Prozesstemperaturen (d.h. Energieeinsparungen, da ein großer Teil der hohen Temperatur im SHS-Prozess aus den selbst aufrechterhaltenden Reaktionen stammt). Außerdem ist der SHS-Prozess einfach in der Durchführung. Er liefert relativ reine Produkte und bietet die Möglichkeit, das Produkt gleichzeitig zu formen und zu verdichten. Auf diese Weise kann ein breites Spektrum von Werkstoffen hergestellt werden. SHS-Werkstoffe liegen typischerweise in Pulverform vor, obwohl sich dichte Fertigprodukte durch darauf folgendes Sintern, durch gleichzeitige Druckanwendung oder durch Gießprozesse während der Verbrennung herstellen lassen. Außer Keramiken lassen sich durch SHS auch intermetallische Verbindungen (z.B. TiNi) und Verbundwerkstoffe herstellen.

12.4 Keramik- und Glasherstellung

Abbildung 12.6: Die Zündung im oberen Teil dieses Ti-Pulverpresslings in einer Atmosphäre aus N_2-Gas führt zu einer sich selbst aufrechterhaltenden Reaktion über das gesamte Werkstück und zur vollständigen Umwandlung in TiN. Die dementsprechend benannte selbstausbreitende Hochtemperatursynthese (SHS) ist ein Beispiel für eine innovative Technik zur Herstellung von Hochleistungswerkstoffen.

Beispiel 12.4 Wie viel H_2O wird beim Brennen von 5 kg Kaolonit $Al_2(Si_2O_5)(OH)_4$ in einem Laborofen zur Herstellung von Aluminosilikatkeramik ausgetrieben?

Lösung

Beispiel 9.12 hat die folgenden Reaktionsgleichungen angegeben:

$$Al_2(Si_2O_5)(OH)_4 = Al_2O_3 \cdot 2SiO_2 \cdot 2H_2O$$

und

$$Al_2O_3 \cdot 2SiO_2 \cdot 2H_2O \xrightarrow{\text{Erwärmung}} Al_2O_3 \cdot 2SiO_2 + 2H_2O-.$$

Damit ergibt sich

$$\begin{aligned} 1 \text{ mol } Al_2O_3 * 2SiO_2 * 2H_2O &= [2(26{,}98) + 3(16{,}00)] \text{ u} \\ &+ 2[28{,}09 + 2(16{,}00)] \text{ u} \\ &+ 2[2(1{,}008) + 16{,}00] \text{ u} \\ &= 258{,}2 \text{ u} \end{aligned}$$

und

$$2 \text{ mol } H_2O = 2[2(1{,}008) + 16{,}00] \text{ u} = 36{,}03 \text{ u}.$$

Im Ergebnis berechnet sich die Masse von ausgetriebenem H_2O zu:

$$m_{H_2O} = \frac{36{,}03 \text{ u}}{258{,}2 \text{ u}} \times 5 \text{ kg} = 0{,}698 \text{ kg} = 698 \text{ g}.$$

12 KERAMIKEN UND GLÄSER

Beispiel 12.5

Nehmen Sie an, dass die gemäß Abbildung 12.3 hergestellte Glasflasche bei einer Temperatur von 680 °C mit einer Viskosität von 10^7 P geformt wird. Berechnen Sie den Glühbereich für dieses Produkt, wenn die Aktivierungsenergie für viskose Verformung für das Glas 460 kJ/mol beträgt.

Lösung

Entsprechend den in *Abschnitt 6.6* beschriebenen Methoden lässt sich *Gleichung 6.20*

$$\eta = \eta_0 e^{+Q/RT}$$

anwenden.
Für 680 °C = 953 K ergibt sich

$$10^7 \,\text{P} = \eta_0 e^{+(460\times 10^3 \,\text{J/mol})/[8{,}314 \,\text{J/(mol·K)}](953 \,\text{K})}$$

oder

$$\eta_0 = 6{,}11 \times 10^{-19} \,\text{P}.$$

Der Glühbereich soll sich von $\eta = 10^{12,5}$ bis $10^{13,5}$ P erstrecken. Für $\eta = 10^{12,5}$ P ergibt sich:

$$T = \frac{460 \times 10^3 \,\text{J/mol}}{[8{,}314 \,\text{J/(mol·K)}] \ln\left(10^{12,5}/6{,}11 \times 10^{-19}\right)}$$

$$= 782 \,\text{K} = 509 \,°\text{C}.$$

Für $\eta = 10^{13,5}$ P berechnet man:

$$T = \frac{460 \times 10^3 \,\text{J/mol}}{[8{,}314 \,\text{J/(mol·K)}] \ln\left(10^{13,5}/6{,}11 \times 10^{-19}\right)}$$

$$= 758 \,\text{K} = 485 \,°\text{C}.$$

Somit ergibt sich:

Glühbereich = 485 °C bis 509 °C.

Übung 12.4

Beim Überführen des Laborbrennvorgangs aus Beispiel 12.4 auf Produktionsniveau werden $6{,}05 \times 10^3$ kg Kaolinit gebrannt. Wie viel H_2O wird in diesem Fall ausgetrieben?

Übung 12.5

Berechnen Sie für die in Beispiel 12.5 beschriebene Glasflaschenherstellung den Schmelzbereich für diesen Herstellungsvorgang.

12.4 Keramik- und Glasherstellung

Z U S A M M E N F A S S U N G

Keramiken und Gläser stellen eine fassettenreiche Klasse von technischen Werkstoffen dar. Der Begriff *Keramik* bezieht sich auf vorherrschend kristalline Werkstoffe. Silikatkeramiken sind hierfür eine Beispielgruppe, die sich durch eine hohe Verbreitung und eine kostengünstige Herstellung auszeichnen und die man in zahlreichen Konsum- und Industrieprodukten findet. Nichtsilikatoxide wie z.B. MgO werden vor allem als Feuerfestwerkstoffe, Nuklearbrennstäbe als Funktionskeramik in der Elektrotechnik eingesetzt. Teilstabilisiertes Zirkonoxid ist ein Schlüsselwerkstoff für thermisch hochbelastete Motorenbauteile. Nichtoxidkeramiken umfassen Siliziumnitrid, das ebenfalls für Motorkomponenten infrage kommt.

Gläser sind nichtkristalline Festkörper, die den kristallinen Keramiken chemisch ähnlich sind. Die vorherrschende Werkstoffgruppe sind die Silikate, zu denen Werkstoffe gehören, die vom teuren Hochtemperatur-Quarzglas bis zum handelsüblichen Kalknatronfensterglas reichen. Glasuren und Emaillen sind schützende und dekorative Glasüberzüge auf Keramiken bzw. Metallen. Viele Silikatgläser enthalten beträchtliche Mengen anderer Oxidkomponenten, obwohl es kaum kommerzielle Einsatzfälle für reine Nichtsilikatoxidgläser gibt. Einige Nichtoxidgläser findet man im industriellen Bereich (z.B. Chalcogenidgläser als amorphe Halbleiter).

Die Glaskeramiken sind besondere Produkte, die zunächst als Gläser hergestellt und dann gezielt kristallisiert werden, um ein dichtes, feinkörniges Keramikprodukt mit ausgezeichneter Widerstandsfähigkeit gegen mechanische Stöße und Thermoschocks zu erhalten. Die meisten kommerziellen Glaskeramiken gehören zum Li_2O-Al_2O_3-SiO_2-System, das sich als Verbundwerkstoff mit einem außerordentlich niedrigen thermischen Ausdehnungskoeffizienten auszeichnet.

Keramiken lassen sich durch Schmelzgießen herstellen, das dem Metallguss ähnlich ist. Gebräuchlicher ist Schlickergießen. Der Schlicker ist eine Ton-Wasser-Suspension, die in einem Prozess ähnlich der Pulvermetallurgie gebrannt wird. Dabei handelt es sich größtenteils um einen Prozess, der in der festen Phase abläuft. Er ist im Allgemeinen kostengünstiger als Schmelzgießen, das für einen vergleichbaren Werkstoff wesentlich höhere Temperaturen verlangt. Sintern und Heiß-Isostatisches Pressen (HIP) korrespondieren direkt mit den Verfahren der Pulvermetallurgie. Bei der Glasherstellung ist eine sorgfältige Steuerung der Viskosität der unterkühlten Silikatschmelze notwendig. Glaskeramiken erfordern als zusätzlichen Schritt die gesteuerte Entglasung, um ein feinkörniges, vollkristallines Produkt zu erzeugen. Die Sol-Gel-Technik ist ein Herstellungsverfahren für Keramiken, Gläser und Glaskeramiken, das mit einem Sol (flüssige Lösung) beginnt. Die biomimetische Herstellung bildet natürliche Entstehungsprozesse nach und erweitert Prozesse, die über die flüssige Phase ablaufen, um Hochleistungswerkstoffe wirtschaftlich herzustellen. Selbstausbreitende Hochtemperatursynthese (SHS) nutzt die Wärme, die bestimmte chemische Reaktionen freisetzen, um einen keramischen Werkstoff zu erzeugen. Der energiesparende Vorgang liefert wirtschaftliche Produkte hoher Reinheit.

Z U S A M M E N F A S S U N G

12 KERAMIKEN UND GLÄSER

■ Schlüsselbegriffe

Behälterglas (535)
biomimetische Herstellung (543)
Borosilikatglas (535)
Brennen (540)
E-Glas (535)
Emaille (536)
Fensterglas (535)
Feuerfestwerkstoff (528)
Funktionskeramik für elektrotechnische Anwendung (529)
Gebrauchskeramik (528)
gesteuerte Entglasung (540)
Glas (534)
Glasbildung (540)
Glaskeramik (537)
Glasur (535)
intermediäres Oxid (535)
Kalknatronglas (535)
kristalline Keramik (527)
Magnetkeramik (529)
Near-Net-Shape-Herstellung (544)
Net-Shape-Herstellung (544)
Netzwerkbildner (534)
Netzwerkwandler (534)
Nichtoxidkeramik (532)
Nichtsilikatglas (536)
Nichtsilikat-Oxidkeramik (529)
Nuklearkeramik (529)
Quarzglas (535)
reines Oxid (529)
Schlickergießen (540)
Schmelzgießen (540)
Selbstausbreitende Hochtemperatursynthese (SHS) (544)
SHS (Self-Propagating High-Temperature Synthesis) (544)
Silikat (528)
Silikatglas (534)
Sol-Gel-Prozess (540)
Strukturkeramik (529)
teilstabilisiertes Zirkonoxid (529)
Ton (528)

■ Quellen

Chiang, Y., D. P. Birnie III, D. W. D. Kingery, *Physical Ceramics*, John Wiley & Sons, Inc., NY, 1997.
Doremus, R. H., *Glass Science*, 2nd ed., John Wiley & Sons, Inc., NY, 1994.
Engineered Materials Handbook, Vol. 4, *Ceramics and Glasses*, ASM International, Materials Park, OH, 1991.
Reed, J. S., *Principles of Ceramic Processing*, 2nd ed., John Wiley & Sons, Inc., NY, 1995.

Aufgaben

■ Keramiken – kristalline Werkstoffe

12.1 Wie in der Erläuterung zum Al_2O_3-SiO_2-Phasendiagramm (siehe *Abbildung 9.23*) gezeigt wurde, ist ein aluminiumreiches Mullit wünschenswert, um ein hitzebeständiges Produkt sicherzustellen. Berechnen Sie die Zusammensetzung eines Feuerfestwerkstoffs, der durch Zugabe von 2,5 kg Al_2O_3 auf 100 kg des stöchiometrischen Mullits erzeugt wird.

12.2 Um einen Schamottestein einfacher Zusammensetzung herzustellen, kann man den Rohstoff Kaolinit, $Al_2(Si_2O_5)(OH)_4$, erwärmen und das von der Hydrierung stammende Wasser austreiben. Berechnen Sie die Zusammensetzung (auf der Basis von Gewichtsprozent) für den resultierenden Feuerfestwerkstoff. (Beachten Sie, dass *Aufgabe 9.12* diesen Prozess in Bezug auf das Al_2O_3-SiO_2-Phasendiagramm eingeführt hat.)

12.3 Berechnen Sie mit den Ergebnissen von Aufgabe 12.2 und *Beispiel 9.12* den Anteil von SiO_2 und Mullit (in Gewichtsprozent) in der endgültigen Mikrostruktur eines Schamottesteins, der durch Erwärmen von Kaolinit hergestellt wurde.

12.4 Schätzen Sie die Dichte von (a) einem teilstabilisierten Zirkonoxid (mit 4 Gewichtsprozent CaO) als gewichteten Mittelwert der Dichten von ZrO_2 (= 5,60 Mg/m^3) und CaO (= 3,35 Mg/m^3) und (b) einem vollstabilisierten Zirkonoxid mit 8 Gewichtsprozent CaO.

12.5 Der Hauptgrund für die Einführung von Keramikkomponenten im Automobilbau ist die Möglichkeit, höhere Betriebstemperaturen und demzufolge verbesserte Effizienz zu erreichen. Nebenbei erzielt man durch diese Ersetzung eine Masseneinsparung. Berechnen Sie die Masseneinsparung für den Fall, dass 2 kg Gusseisen (Dichte = 7,15 g/cm^3) durch ein teilstabilisiertes Zirkonoxid (Dichte = 5,50 g/cm^3) desselben Volumens ersetzt werden.

12.6 Berechnen Sie die erreichte Masseneinsparung, wenn Siliziumnitrid (Dichte = 3,18 g/cm^3) anstelle von 2 kg Gusseisen (Dichte = 7,15 g/cm^3) verwendet wird.

■ Gläser – nichtkristalline Werkstoffe

12.7 Der Gemengesatz für ein Fensterglas enthält 400 kg Na_2CO_3, 300 kg $CaCO_3$ und 1.300 kg SiO_2. Berechnen Sie die resultierende Glasformel.

12.8 Berechnen Sie für das Fensterglas gemäß Aufgabe 12.7 die Glasformel, wenn das Gemenge durch 100 kg Kalkfeldspat (Anorthit), $Ca(Al_2Si_2)O_8$, ergänzt wird.

12.9 Ein wirtschaftlicher Ersatz für Quarzglas ist ein Glas mit hohem SiO_2-Gehalt, das durch Laugen der B_2O_3-reichen Phase aus einem zweiphasigen Borosilikatglas hergestellt wird. (Die resultierende poröse Mikrostruktur wird durch Erwärmen verdichtet.) Eine typische Ausgangszusammensetzung ist 81 Gewichtsprozent SiO_2, 4 Gewichtsprozent Na_2O, 2 Gewichtsprozent Al_2O_3 und 13 Gewichtsprozent B_2O_3. Eine typische Endzusammensetzung besteht aus 96 Gewichtsprozent SiO_2, 1 Gewichtsprozent Al_2O_3 und 3 Gewichtsprozent B_2O_3. Welche Endproduktmenge (in Kilogramm) lässt sich aus 100 kg des Ausgangsstoffs herstellen, wenn man annimmt, dass durch Laugen kein SiO_2 verloren geht?

12.10 Wie viel B_2O_3 (in Kilogramm) wird durch Laugen im Glasherstellungsprozess gemäß Aufgabe 12.9 entfernt?

12.11 Ein neuartiger Elektronikwerkstoff beruht auf der Dispersion kleiner Siliziumpartikel in einer Glasmatrix. Auf diese *Quantenpunkte* geht *Abschnitt 17.5* ein. Berechnen Sie die durchschnittliche Partikelgröße der Quantenpunkte, wenn $4{,}85 \times 10^{16}$ Si-Partikel je mm^3 Glas verteilt sind, was einem Gesamtgehalt von 5 Gewichtsprozent entspricht.

12.12 Berechnen Sie den durchschnittlichen Trennungsabstand zwischen den Mittelpunkten benachbarter Si-Teilchen im Quantenpunkt-Werkstoff von Aufgabe 12.11. (Nehmen Sie der Einfachheit halber ein einfaches kubisches Array der verteilten Partikel an.)

12 KERAMIKEN UND GLÄSER

■ **Glaskeramik**

12.13 Wie groß ist die durchschnittliche Partikelgröße von TiO_2-Partikeln, wenn das TiO_2 in einer Li_2O-Al_2O_3-SiO_2-Glaskeramik gleichmäßig mit einer Dispersion von 10^{12} Partikeln je Kubikmillimeter und einem Gesamtgehalt von 6 Gewichtsprozent verteilt ist? (Nehmen Sie kugelförmige Partikel an. Die Dichte der Glaskeramik beträgt 2,85 Mg/m^3 und die Dichte von TiO_2 beträgt 4,26 Mg/m^3.)

12.14 Wiederholen Sie Aufgabe 12.13 für eine Dispersion von 3 Gewichtsprozent P_2O_5 mit einer Konzentration von 10^{12} Teilchen je Kubikmillimeter. (Die Dichte von P_2O_5 beträgt 2,39 Mg/m^3.)

12.15 Wie groß ist der Gesamtanteil von TiO_2 in Volumenprozent in der Glaskeramik, die Aufgabe 12.13 beschrieben hat?

12.16 Wie groß ist der Gesamtanteil von P_2O_5 in Volumenprozent in der Glaskeramik, die Aufgabe 12.14 beschrieben hat?

12.17 Berechnen Sie den durchschnittlichen Trennungsabstand zwischen den Mittelpunkten benachbarter TiO_2-Partikel in der Glaskeramik, die die Aufgaben 12.13 und 12.15 beschrieben haben. (Beachten Sie Aufgabe 12.12.)

12.18 Berechnen Sie den durchschnittlichen Trennungsabstand zwischen den Mittelpunkten benachbarter P_2O_5-Partikel in der Glaskeramik, die die Aufgaben 12.14 und 12.16 beschrieben haben. (Beachten Sie Aufgabe 12.12.)

■ **Keramik- und Glasherstellung**

12.19 Bestimmen Sie für die Keramik in Beispiel 12.4 anhand des Al_2O_3-SiO_2-Phasendiagramms aus *Kapitel 9* die maximale Brenntemperatur, um die Bildung einer quarzreichen Flüssigkeit zu verhindern.

12.20 Wie ändert sich Ihre Antwort gegenüber Aufgabe 12.19, wenn die zu brennende Keramik aus zwei Teilen Al_2O_3 in Kombination mit einem Teil Kaolin besteht?

12.21 Zur vereinfachten Berechnung bei der Herstellung der Glasflasche nach Abbildung 12.3 lässt sich die Formbildungstemperatur als Erweichungspunkt (bei dem $\eta = 10^{7,6}$ P ist) und die darauf folgende Glühtemperatur als Glühpunkt (bei dem $\eta = 10^{13,4}$ P ist) übernehmen. Berechnen Sie die geeignete Glühtemperatur, wenn bei der Glasflaschenfertigungssequenz von Abbildung 12.3 eine Formbildungstemperatur von 700 °C für ein Glas mit einer Aktivierungsenergie von 475 kJ/mol für viskose Verformung beteiligt ist.

12.22 Nehmen Sie mit dem Ansatz von Aufgabe 12.21 an, dass eine Änderung beim Rohstofflieferanten zu Änderungen der Glaszusammensetzung führt und sich somit der Erweichungspunkt auf 690 °C und die Aktivierungsenergie auf 470 kJ/mol verringert. Berechnen Sie die geeignete Glühtemperatur.

12.23 Wie viel Gramm N_2-Gas wird bei der Bildung von 100 g TiN durch SHS verbraucht?

12.24 Wie viel Gramm Ti-Pulver sind anfangs im SHS-Prozess von Aufgabe 12.23 erforderlich?

D 12.25 Wählen Sie mithilfe der Daten vom Elastizitätsmodul und Festigkeitsmodul (Bruchmodul) aus *Tabelle 6.5* die gesinterte Keramik aus, die die folgenden Entwurfsspezifikationen für eine Brennofenanwendung erfüllt: Elastizitätsmodul $< 350 \times 10^3$ MPa, Bruchmodul > 125 MPa.

D 12.26 Wiederholen Sie die Übung zur Werkstoffauswahl von Aufgabe 12.25 für Keramiken und Gläser von Tabelle 6.5, die durch ein Herstellungsverfahren inklusive Heißpressen und Glasbildung hergestellt werden.

D 12.27 Beim Entwurf einer Buchse aus TiN für eine Flugzeuganwendung bestimmt der Konstrukteur, dass das Teil eine Masse von 78 g haben soll. Wie viel Ti-Pulver ist anfangs erforderlich, um dieses Teil durch SHS zu produzieren? (Beachten Sie auch Aufgabe 12.24.)

12.28 Wie viel Stickstoffgas wird bei der Herstellung der TiN-Buchse durch SHS in Aufgabe 12.27 verbraucht?

12.29 Die in Aufgabe 12.27 beschriebene TiN-Buchse muss neu gestaltet werden und hat dann eine Masse von 97 g. Wie viel Ti-Pulver ist in diesem Fall anfangs erforderlich?

12.30 Wie viel Stickstoffgas wird für die Herstellung der in Aufgabe 12.29 beschriebenen Buchse aus TiN verbraucht?

Polymerwerkstoffe

13.1 Polymerisation 555
13.2 Strukturelle Merkmale von Polymeren 564
13.3 Thermoplastische Polymere 570
13.4 Duroplastische Polymere 575
13.5 Additive 580
13.6 Herstellung von Polymerwerkstoffen 582

13 POLYMERWERKSTOFFE

❚❚ Mit 135 polymeren Fresnel-Linsen (rechts), die direkt vor der entsprechenden Anzahl von Siliziumsolarzellen montiert sind (helle Punkte links), erzeugt dieses photovoltaische Konzentratorarray in den Sandia Labs des amerikanischen Energieministeriums 1 kW Elektroenergie. Jede Fresnel-Linse fokussiert das Äquivalent von 50 Sonnen auf eine zugeordnete Solarzelle, um das Sonnenlicht direkt in Energie umzuwandeln. ❚❚

Nach den Metallen und Keramiken beschäftigt sich dieses Kapitel mit den Polymerwerkstoffen als dritter Kategorie von Konstruktionswerkstoffen. Die häufig für Polymerwerkstoffe synonym gebrauchten Bezeichnungen **Kunststoffe** oder auch **Plastikwerkstoffe** leiten sich von der Verformbarkeit ab, die mit der Herstellung der meisten polymeren Produkte verbunden ist. Diese Begriffe stehen aber auch als Synonyme für die moderne Kultur. Das deutet den Einfluss an, den diese komplexe Klasse von technischen Werkstoffen auf die Gesellschaft hat. Polymerwerkstoffe bzw. Kunststoffe sind in einer breiten Vielfalt kommerzieller Formen verfügbar: als Fasern, dünne Filme und Folien, Schaumstoffe und Formkörper.

Die in den letzten Kapiteln betrachteten Metalle, Keramiken und Gläser sind anorganische Werkstoffe. Dagegen geht es in diesem Kapitel um organische Polymere. Die Beschränkung auf organische Polymere ist durchaus üblich, wenn auch etwas willkürlich. Die Strukturen verschiedener anorganischer Werkstoffe bestehen aus Bausteinen, die in Ketten- und Netzwerkkonfigurationen verbunden sind. Als Beispiele führt man gelegentlich Silikatkeramiken und Gläser an. (In diesem Kapitel und *Kapitel 2* erhalten Sie die erforderlichen Grundkenntnisse zur organischen Chemie, um das einzigartige Wesen der polymeren Werkstoffe verstehen zu können.)

Als Erstes untersuchen wir die *Polymerisation*. Die strukturellen Merkmale der dabei entstehenden Polymere heben sich von den Eigenschaften der anorganischen Stoffe deutlich ab. Bei vielen Polymeren nehmen Schmelzpunkt und Steifigkeit mit dem Umfang der Polymerisation und mit der Komplexität der Molekülstruktur zu.

Generell lassen sich Polymere in zwei Kategorien gliedern: *Thermoplastische Polymere* sind Werkstoffe, die beim Erwärmen weicher werden, während *duroplastische Polymere* beim Erwärmen steifer werden. In beiden Kategorien sind *Additive* für wichtige Merkmale wie verbesserte Festigkeit und Steifigkeit, Farbe und Widerstand gegen Verbrennung verantwortlich.

Mit den hier vermittelten Kenntnissen der Polymerchemie und der Molekülstruktur können Sie das komplexe mechanische Verhalten von Polymeren (siehe *Kapitel 6*) sowie den Ausfall dieser Werkstoffe (siehe *Kapitel 8*) besser verstehen.

Die Herstellung von Polymerwerkstoffen entspricht den Kategorien der Thermoplaste und Duroplaste. Die vorherrschenden Verfahren für Thermoplaste sind Spritzgießen und Extrusion, gefolgt vom Blasformen. Für Duroplaste sind Pressformen und Spritzpressen die vorherrschenden Verfahren.

Die Companion Website enthält einen Link zur Plastics Engineers-Website, die einen guten Wegweiser in das Gebiet der technischen Polymere darstellt.

13.1 Polymerisation

Der Begriff **Polymer** bedeutet einfach „viele Mere„, wobei **Mer** der Baustein von langen Ketten- oder Netzwerkmolekülen ist. Abbildung 13.1 zeigt, wie eine lange Kettenstruktur aus der Verknüpfung vieler **Monomere** durch chemische Reaktion entsteht. Durch **Polymerisation** bilden sich lange Ketten- oder Netzwerkmoleküle aus relativ kleinen organischen Molekülen. Dieser Prozess ist auf zwei verschiedenen Wegen möglich: Bei **Kettenwachstum** oder **Polyaddition** läuft eine schnelle Kettenreaktion der chemisch aktivierten Monomere ab. Bei **Stufenwachstum** oder **Polykondensation** handelt es sich um einzelne chemische Reaktionen zwischen Paaren von reaktiven Monomeren – insgesamt ein wesentlich langsamerer Vorgang. Die Verbindung eines Monomers zu ähnlichen Molekülen und damit die Polymerbildung ist vor allem deshalb möglich, weil reaktive Stellen vorhanden sind – *Doppelbindungen* beim Kettenwachstum oder reaktive funktionelle Gruppen beim Stufenwachstum. Wie in *Kapitel 2* erläutert wurde, basiert jede kovalente Bindung auf einem Paar von Elektronen, das zwischen benachbarten Atomen ausgetauscht wird. Bei der Doppelbindung sind es zwei derartige Paare. Die Kettenwachstumsreaktion in Abbildung 13.1 wandelt die Doppelbindung im Monomer zu einer Einfachbindung im Mer um. Die verbleibenden zwei Elektronen werden Teile der Einfachbindungen, die benachbarte Mere verknüpfen.

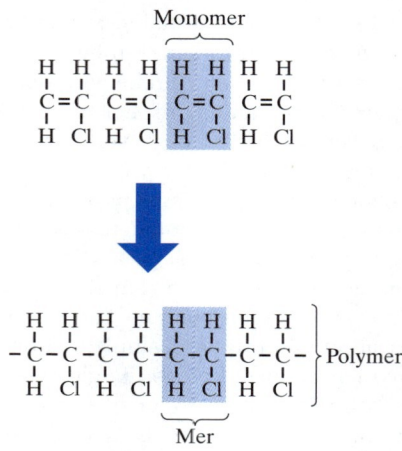

Abbildung 13.1: Polymerisation ist die Verbindung von einzelnen Monomeren (z.B. Vinylchlorid, C_2H_3Cl), um ein Polymer zu bilden [$(C_2H_3Cl)_n$], das aus vielen Meren besteht (auch hier wieder C_2H_3Cl).

Abbildung 13.2 veranschaulicht die Bildung von Polyethylen durch den Prozess des Kettenwachstums. Die Gesamtreaktion lässt sich als

$$nC_2H_4 \rightarrow (C_2H_4)_n \qquad (13.1)$$

ausdrücken. Der Prozess beginnt mit einem **Initiator** – in diesem Fall mit einem *freien* Hydroxyl-*Radikal*. Ein freies Radikal ist ein reaktives Atom oder eine Gruppe von Atomen, die ein ungepaartes Elektron enthalten. Die Anfangsreaktion wandelt die Doppelbindung eines Monomers in eine Einfachbindung um. Danach kann das eine freie Bindungselektron (siehe Schritt 1' von Abbildung 13.2) mit dem nächstliegenden Ethylenmonomer reagieren und dabei die Molekülkette um eine Einheit erweitern (Schritt 2). Diese Kettenreaktion kann sich in schneller Folge fortsetzen und ist nur durch die Menge der noch nicht in die Reaktion einbezogenen Ethylenmonomere begrenzt. Der schnelle Durchlauf der Schritte 2 bis n hat zur Bezeichnung *Polyaddition* geführt. Schließlich kann ein weiteres Hydroxyl-Radikal als **Terminator** agieren (Schritt n), was ein stabiles Molekül mit n Mer-Einheiten ergibt (Schritt n'). Für den konkreten Fall von Hydroxyl-Gruppen als Initiatoren und Terminatoren liefert Wasserstoffperoxid die Radikale:

$$H_2O_2 \rightarrow 2OH\bullet. \qquad (13.2)$$

13.1 Polymerisation

Jedes Wasserstoffperoxidmolekül stellt ein Initiator-Terminator-Paar für jedes polymere Molekül bereit. Der Abbruchschritt in Abbildung 13.2 heißt *Rekombination*. Dieser Mechanismus lässt sich zwar einfacher veranschaulichen, ist aber nicht der gebräuchlichste Abbruchmechanismus. Sowohl der Wasserstoffentzug als auch die Disproportionierung sind häufigere Abbruchreaktionen als die Rekombination. Der Wasserstoffentzug beruht darauf, dass ein Wasserstoffatom (mit einem freien Elektron) aus einer Verunreinigung auf Basis einer Kohlenwasserstoffgruppe (Verunreinigung) eingefangen wird. Bei der *Disproportionierung* wird eine monomerähnliche Doppelbindung gebildet.

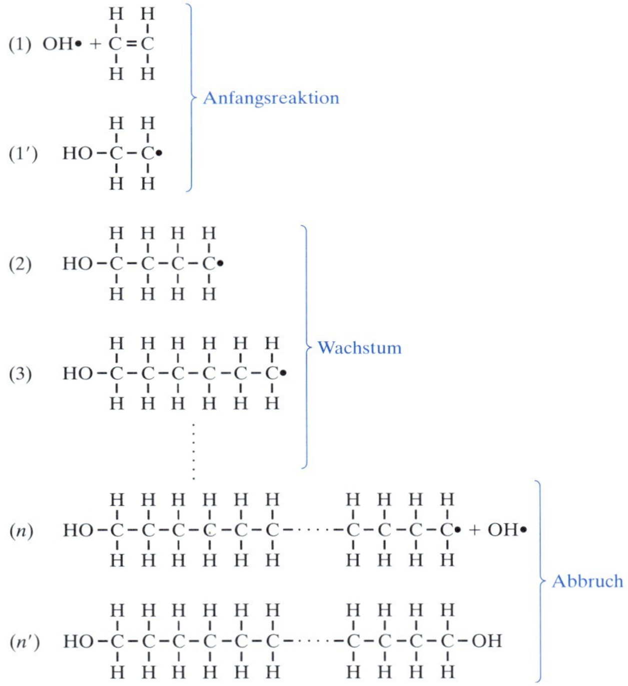

$$
\begin{array}{ll}
(1) & \mathrm{OH\bullet} + \underset{\underset{H}{|}}{\overset{\overset{H}{|}}{C}} = \underset{\underset{H}{|}}{\overset{\overset{H}{|}}{C}} \\
(1') & \mathrm{HO} - \underset{\underset{H}{|}}{\overset{\overset{H}{|}}{C}} - \underset{\underset{H}{|}}{\overset{\overset{H}{|}}{C}}\bullet \\
\end{array} \bigg\} \text{Anfangsreaktion}
$$

$$
\begin{array}{ll}
(2) & \mathrm{HO} - \mathrm{C} - \mathrm{C} - \mathrm{C} - \mathrm{C}\bullet \\
(3) & \mathrm{HO} - \mathrm{C} - \mathrm{C} - \mathrm{C} - \mathrm{C} - \mathrm{C} - \mathrm{C}\bullet \\
& \vdots
\end{array} \bigg\} \text{Wachstum}
$$

$$
\begin{array}{ll}
(n) & \mathrm{HO} - \mathrm{C} - \mathrm{C} - \mathrm{C} - \mathrm{C} - \mathrm{C} - \mathrm{C} - \cdots - \mathrm{C} - \mathrm{C} - \mathrm{C} - \mathrm{C}\bullet + \mathrm{OH}\bullet \\
(n') & \mathrm{HO} - \mathrm{C} - \mathrm{C} - \mathrm{C} - \mathrm{C} - \mathrm{C} - \mathrm{C} - \cdots - \mathrm{C} - \mathrm{C} - \mathrm{C} - \mathrm{C} - \mathrm{OH}
\end{array} \bigg\} \text{Abbruch}
$$

Abbildung 13.2: Detaillierte Darstellung der Polymerisation durch Kettenwachstum (Polyaddition). In diesem Fall liefert ein Wasserstoffperoxidmolekül (H_2O_2) zwei Hydroxyl-Radikale (OH•), die die Polymerisation von Ethylen C_2H_4 zu Polyethylen $(C_2H_4)_n$ einleiten und abbrechen. (Die Schreibweise mit • stellt ein ungepaartes Elektron dar. Die Verbindung oder Paarung von zwei derartigen Elektronen erzeugt eine kovalente Bindung, die als durchgezogene Linie — symbolisiert wird.

Wird eine Lösung unterschiedlicher Monomertypen polymerisiert, entsteht ein **Copolymer** (siehe Abbildung 13.3), das mit der Mischkristallbildung bei Metallen vergleichbar ist (siehe *Abbildung 4.2*). Abbildung 13.3 stellt ein **Block-Copolymer** dar, d.h. die einzelnen Polymerkomponenten erscheinen in „Blöcken" entlang einer einzelnen Kohlenstoff-Kette. Die alternative Anordnung von unterschiedlichen Meren kann unregelmäßig (wie in Abbildung 13.3 zu sehen) oder regelmäßig sein. Eine **Mischung** (siehe Abbildung 13.4) ist eine weitere Form eines Kunststoff-Versatzes, bei der unterschiedliche Typen von bereits gebildeten Polymermolekülen zusammengebracht werden. Diese Mischung korrespondiert zu Metalllegierungen mit begrenzter Löslichkeit im festen Zustand.

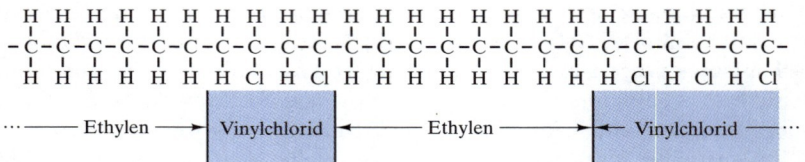

Abbildung 13.3: Ein Copolymer aus Ethylen und Vinylchlorid ist mit einem Mischkristall vergleichbar.

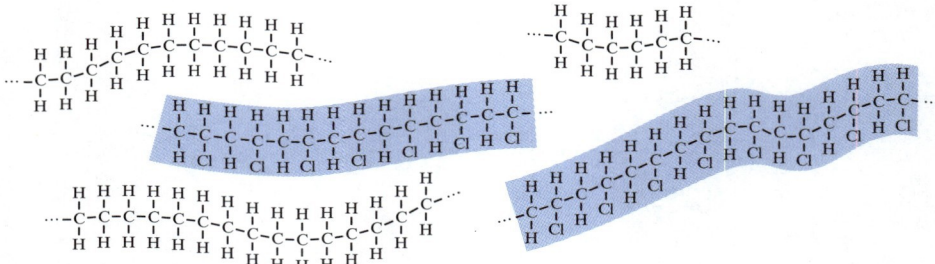

Abbildung 13.4: Eine Mischung aus Polyethylen und Polyvinylchlorid entspricht einer Metalllegierung mit begrenzter Löslichkeit im festen Zustand.

Die verschiedenen linearen Polymere, die die Abbildungen 13.1 bis 13.4 zeigen, basieren auf der Umwandlung einer Kohlenstoff-Kohlenstoff-Doppelbindung in zwei Kohlenstoff-Kohlenstoff-Einfachbindungen. Es ist auch möglich, die Kohlenstoff-Sauerstoff-Doppelbindung in Formaldehyd zu Einfachbindungen umzuwandeln. Die Gesamtreaktion für diesen Fall lässt sich als

$$n\mathrm{CH_2O} \rightarrow \{\mathrm{C_2H_4}\}_n \qquad (13.3)$$

ausdrücken und ist in Abbildung 13.5 dargestellt. Das Produkt ist unter verschiedenen Namen bekannt, einschließlich Polyformaldehyd, Polyoxymethylen und Polyazetal. Die wichtige Azetal-Gruppe innerhalb der technischen Polymerwerkstoffe basiert auf der in Abbildung 13.5 dargestellten Reaktion.

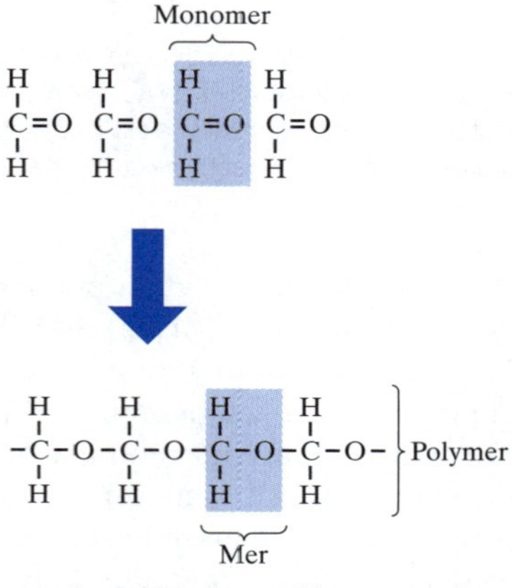

Abbildung 13.5: Die Polymerisation von Formaldehyd zur Bildung von Polyazetal. (Vergleichen Sie mit Abbildung 13.1.)

Abbildung 13.6 veranschaulicht die Bildung von Phenol-Formaldehyd durch Stufenwachstum. Es ist nur ein einzelner Schritt dargestellt. Die beiden Phenol-Moleküle werden durch das Formaldehyd-Molekül in einer Reaktion gebunden, in der die Phenole jeweils ein Wasserstoffatom und das Formaldehyd ein Sauerstoffatom abgeben, um ein Wassermolekül als Nebenprodukt (Kondensationsprodukt) zu erzeugen. Bei der extensiven Polymerisation ist diese Drei-Molekül-Reaktion für jeden Zuwachs der Moleküllänge um eine Einheit wiederholt notwendig. Die für diesen Vorgang notwendige Zeit ist wesentlich länger als die für die Kettenreaktion von Abbildung 13.2. Das grundsätzliche Auftreten von Kondensationsnebenprodukten beim Stufenwachstum führt zur Bezeichnung *Polykondensation*. Das Polyethylenmer in Abbildung 13.1 ist **bifunktional**, d.h. hat zwei Kontaktpunkte mit benachbarten Meren, was zu einer **linearen Molekülstruktur** führt. Demgegenüber hat das Phenol-Molekül in Abbildung 13.6 mehrere mögliche Kontaktpunkte und wird deshalb als **polyfunktional** bezeichnet. In der Praxis reicht der Platz nur für maximal drei CH_2-Verbindungen je Phenol-Molekül, doch genügt diese Anzahl, um eine **dreidimensionale Netzwerkmolekülstruktur** im Unterschied zur linearen Struktur von Polyethylen zu bilden. Abbildung 13.7 veranschaulicht diese Netzwerkstruktur. Die Terminologie erinnert an die anorganische Glasstruktur, die in *Abschnitt 12.2* behandelt wurde. Das Aufsprengen des Quarztetraedernetzwerks durch Netzwerkwandler hat wesentlich „weicheres" Glas erzeugt. In ähnlicher Weise werden lineare Polymere „weicher" als Netzwerkpolymere. Ein Hauptunterschied zwischen Silikat-„Polymeren„ und den organischen Werkstoffen dieses Kapitels besteht darin, dass die Silikate hauptsächlich Primärbindungen enthalten, die zu einem viskosen Verhalten bei wesentlich höheren Temperaturen führen. Beachten Sie, dass ein bifunktionales Monomer ein lineares Molekül entweder durch Kettenwachstum oder Stufenwachstum erzeugt und die Netzwerkstruktur eines polyfunktionalen Monomers durch beide Prozesse möglich ist.

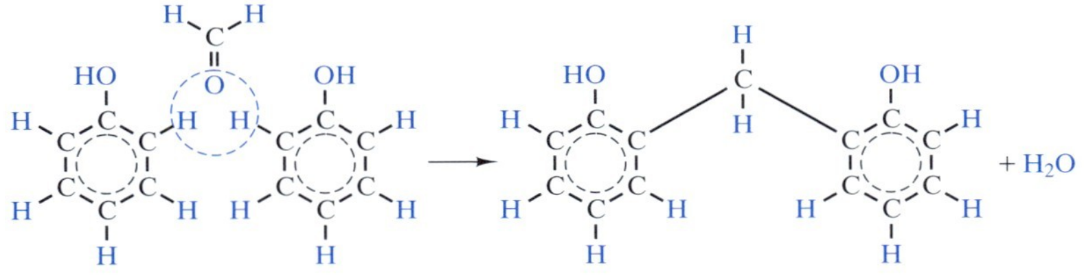

Abbildung 13.6: Einzelner erster Schritt bei der Bildung von Phenol-Formaldehyd durch Stufenwachstum (Polykondensation). Das Kondensationsprodukt ist Wasser.

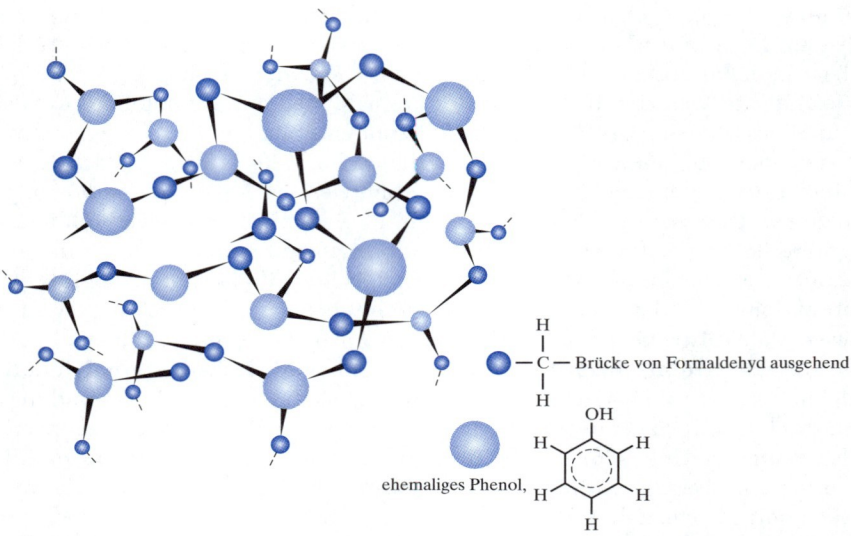

Abbildung 13.7: Nach mehreren Reaktionsschritten wie dem in Abbildung 13.6 bilden polyfunktionale Mere eine dreidimensionale Netzwerkmolekülstruktur.

Beispiel 13.1

Für eine Polyethylenprobe wird festgestellt, dass sie ein durchschnittliches Molekulargewicht von 25.000 u hat. Wie hoch ist der Polymerisationsgrad n des „durchschnittlichen" Polyethylen-Moleküls?

Lösung

$$n = \frac{\text{Mol-Gew.} \, (C_2H_4)_n}{\text{Mol-Gew.} \, C_2H_4}.$$

Mit den Daten von *Anhang A* erhält man:

$$n = \frac{25.000 \text{ u}}{[2(12{,}01) + 4(1{,}008)] \text{ u}}$$

$$= 891.$$

13.1 Polymerisation

Beispiel 13.2 Wie viel H_2O_2 muss dem Ethylen zugesetzt werden, um einen durchschnittlichen Polymerisationsgrad von 750 zu erhalten? Nehmen Sie an, dass das gesamte H_2O_2 zu OH-Gruppen dissoziiert, die als Anschlussstellen für die Moleküle dienen. Geben Sie Ihre Antwort in Gewichtsprozent an.

Lösung

Aus Abbildung 13.2 geht hervor, dass es je Polyethylenmolekül ein H_2O_2-Molekül (zwei OH-Gruppen) gibt. Somit erhält man:

$$\text{Gew.-\% } H_2O_2 = \frac{\text{Mol-Gew. } H_2O_2}{750 \times (\text{Mol-Gew. } C_2H_4)} \times 100$$

Mit den Daten aus *Anhang A* berechnet man:

$$\text{Gew.-\% } H_2O_2 = \frac{2(1{,}008) + 2(16{,}00)}{750 \times [2(12{,}01) + 4(1{,}008)]} \times 100$$

$$= 0{,}162 \text{ Gewichtsprozent.}$$

Beispiel 13.3 Ein regelmäßiges Copolymer aus Ethylen und Vinylchlorid enthält abwechselnd Mere jedes Typs. Wie hoch ist der Anteil von Ethylen (in Gewichtsprozent) in diesem Copolymer?

Lösung

Da es ein Ethylen-Mer für jedes Vinylchloridmolekül gibt, lässt sich schreiben:

$$\text{Gew.-\% Ethylen} = \frac{\text{Mol-Gew. } C_2H_4}{\text{Mol-Gew. } C_2H_4 + \text{Mol-Gew. } C_2H_3Cl} \times 100.$$

Mit den Daten aus *Anhang A* ergibt sich:

$$\text{Gew.-\% Ethylen} = \frac{[2(12{,}01) + 4(1{,}008)] \times 100}{[2(12{,}01) + 4(1{,}008)] + [2(12{,}01) + 3(1{,}008) + 35{,}45]}$$

$$= 31{,}0 \text{ Gewichtsprozent.}$$

Beispiel 13.4 Berechnen Sie das Molekulargewicht eines Polyazetal-Moleküls mit einem Polymerisationsgrad von 500.

Lösung

$$\text{Mol-Gewicht } (C_2H_4)_n = n \text{ (Mol-Gewicht } CH_2O).$$

Mit den Daten aus *Anhang A* erhält man:

$$\text{Mol-Gewicht } (C_2H_4)_n = 500[12{,}01 + 2(1{,}008) + 16{,}00] \text{ u}$$

$$= 15.010 \text{ u}.$$

Die Lösungen für alle Übungen finden Sie auf der Companion Website.

Übung 13.1 Wie groß ist der Polymerisationsgrad eines PVC mit einem durchschnittlichen Molekulargewicht von 25.000 u? (Siehe Beispiel 13.1.)

Übung 13.2 Wie viel H_2O_2 muss Ethylen zugesetzt werden, um einen durchschnittlichen Polymerisationsgrad von (a) 500 und (b) 1.000 zu erreichen? (Siehe Beispiel 13.2.)

Übung 13.3 Wie hoch ist der Anteil in Mol-Prozent von Ethylen und Vinylchlorid in einem unregelmäßigen Copolymer, das 50 Gewichtsprozent von jeder Komponente enthält? (Siehe Beispiel 13.3.)

Übung 13.4 Berechnen Sie den Polymerisationsgrad für ein Polyazetal-Molekül mit einem Molekulargewicht von 25.000 u. (Siehe Beispiel 13.4.)

Die Welt der Werkstoffe

Collagen – körpereigenes Polymer

Hydroxyapatit (HA) ist ein keramischer Stoff, den der Körper für seine Skelettstruktur „entwickelt" hat (siehe den Abschnitt „Welt der Werkstoffe" in *Kapitel 12*). Der Knochen ist in der Tat ein komplexer Verbundwerkstoff mit einer organischen Polymerphase namens *Collagen*, das 36% des gesamten Knochengewichts ausmacht. Collagen ist ein Protein und das in Körpern von Säugetieren am häufigsten vertretene Konstruktionsmaterial (siehe Foto). Obwohl es mehr als ein Dutzend Formen von Collagen gibt (die sich durch besondere Sequenzen von Aminosäuren in den polymeren Molekülen unterscheiden), hat das Collagen im Knochen vom Typ I dieselbe Form wie das in der Haut, in Sehnen und in Bändern. Der komplizierte hierarchische Aufbau in Collagen vom Typ I (siehe die Zeichnung) beginnt mit einer Dreifachhelix-Molekularstruktur, die zu einer fasrigen Geometrie führt, wobei benachbarte Collagenmoleküle in den Fibrillen um jeweils 64 nm gegeneinander versetzt sind. Die Fibrillen sind nicht mechanisch unabhängig, sondern durch molekulare Querverbindungen miteinander vernetzt.

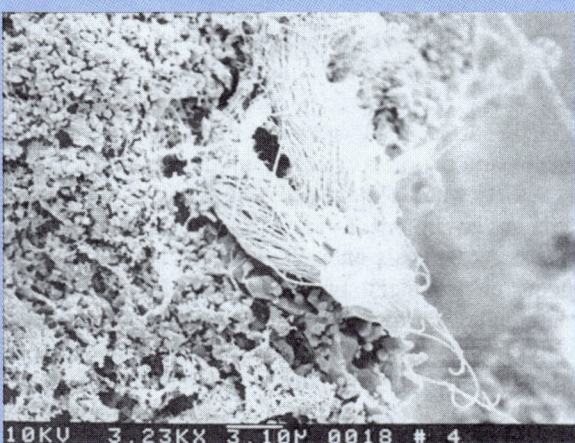

Ein Faserbündel aus natürlichem Collagen ist hier an der Oberfläche von synthetischen HA-Körnchen in einem biokeramischen Implantat zu sehen.

13 POLYMERWERKSTOFFE

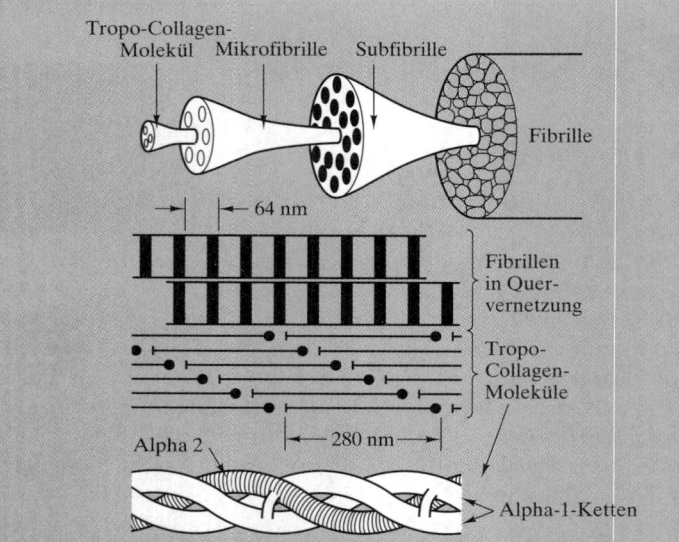

Schematische Darstellung der polymeren Struktur von Collagen im Knochen

Da das Knochenmaterial biologisch „hergestellt" wird, spielt Collagen bei der Bildung der keramischen Phase (HA) eine wichtige Rolle. Es scheint, dass die anfängliche Ausscheidung von Mineralkristallen teilweise durch die Elemente der Collagenstruktur beschleunigt wird. Die ursprünglichen Kristalle in den Collagenbändern wachsen dann und breiten sich später durch das Collagengerüst aus.

Wie bereits die Behandlung von HA im letzten Kapitel gezeigt hat, lässt sich das mechanische Verhalten des Knochens nicht adäquat beschreiben, wenn man lediglich von einer einzelnen Keramik- oder Polymerkomponente ausgeht bzw. deren gewichteten Mittelwert betrachtet. Man muss immer bedenken, dass der Knochen ein lebendes Gewebe ist, das sich selbst reparieren und neu modellieren kann. Das natürliche Polymer Collagen spielt hierbei eine zentrale Rolle. Der Abschnitt „Die Welt der Werkstoffe" im nächsten Kapitel veranschaulicht, wie synthetische Ausgangsstoffe der Mineral- und Polymerkomponenten zu Knochenersatzstoffen für orthopädische Anwendungen kombiniert werden.

13.2 Strukturelle Merkmale von Polymeren

Als erster Aspekt der Polymerstruktur steht die Frage nach der Länge des Polymermoleküls, beispielsweise wie groß ist n in $(C_2H_4)_n$? Allgemein bezeichnet man n als **Polymerisationsgrad**. Er wird gewöhnlich durch Messung von physikalischen Eigenschaften wie z.B. Viskosität und Lichtbrechung bestimmt. Bei typischen kommerziellen Polymeren reicht n von ungefähr 100 bis 1.000, wobei der Polymerisationsgrad für ein bestimmtes Polymer einen Durchschnittswert darstellt. Wie man aufgrund der Natur sowohl von Kettenwachstum als auch von Stufenwachstum erwarten kann, variiert

13.2 Strukturelle Merkmale von Polymeren

der Umfang des Molekularwachstumsprozesses von Molekül zu Molekül. Das Ergebnis ist eine statistische Verteilung der Molekularlängen wie in Abbildung 13.8 gezeigt. Direkt bezogen auf die Molekularlänge ist das Molekulargewicht, das sich einfach als Produkt von Polymerisationsgrad (n) und Molekulargewicht des einzelnen Mers ergibt. Nicht ganz so einfach ist das Konzept der *Molekularlänge*. Bei Netzwerkstrukturen lässt sich per Definition kein eindimensionales Maß für die Länge angeben. Dagegen gibt es für lineare Strukturen zwei derartige Parameter. Der erste ist die **effektive Länge $\overline{L}$**

$$\overline{L} = l\sqrt{m}, \qquad (13.4)$$

wobei l die Länge einer einzelnen Bindung in der Hauptkette der Kohlenstoffwasserstoffkette und m die Anzahl der Bindungen ist. Gleichung 13.4 leitet sich aus der statistischen Analyse einer frei verknoteten linearen Kette ab, wie es Abbildung 13.9 veranschaulicht. Jeder Bindungswinkel zwischen drei benachbarten C-Atomen liegt nahe bei 109,5° (siehe *Kapitel 2*), doch kann sich dieser Winkel frei im Raum drehen. Das Ergebnis ist die verknüpfte und gewickelte Molekularkonfiguration. Die mittlere Quadratwurzellänge repräsentiert die effektive Länge des linearen Moleküls, wie es im polymeren Festkörper vorhanden wäre. Der zweite Längenparameter ist hypothetischer Art, wobei das Molekül so weit wie möglich gestreckt wird (ohne den Bindungswinkel zu verzerren),

$$L_{\text{ext}} = ml \sin \frac{109{,}5°}{2}, \qquad (13.5)$$

wobei L_{ext} die **gestreckte Länge** ist. Abbildung 13.10 veranschaulicht die „sägezahnartige" Geometrie des gestreckten Moleküls. Für typische bifunktionale, lineare Polymere wie z.B. Polyethylen und PVC gibt es zwei Bindungslängen je Mer, oder

$$m = 2n, \qquad (13.6)$$

wobei n der Polymerisationsgrad ist.

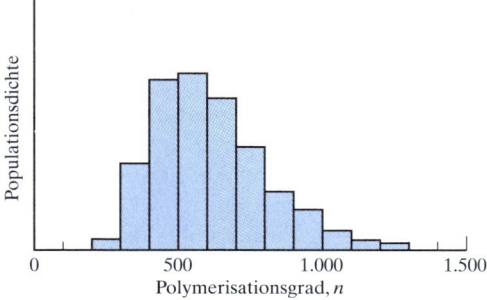

Abbildung 13.8: Statistische Verteilung der molekularen Längen über dem Polymerisationsgrad n für ein bestimmtes Polymer.

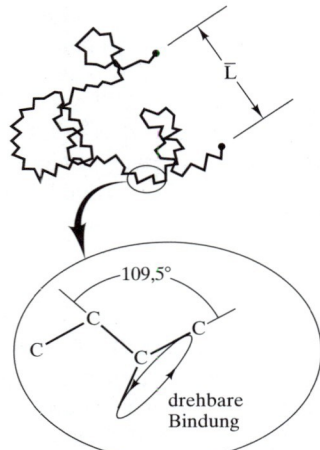

Abbildung 13.9: Die Länge der verknoteten Molekülkette wird durch Gleichung 13.4 beschrieben und ergibt sich aus der freien Drehung des C—C—C-Bindungswinkels von 109,5°.

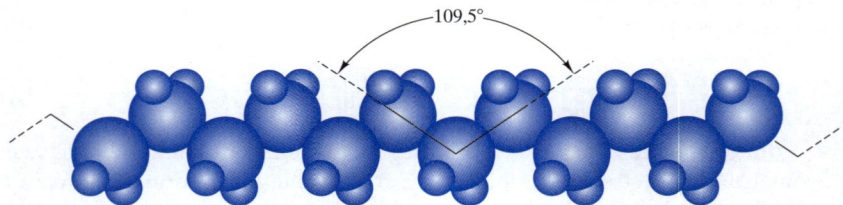

Abbildung 13.10: Die „sägezahnartige" Geometrie eines vollständig gestreckten Moleküls. Die relativen Größen von Kohlenstoff- und Wasserstoffatomen sind in der Polyethylenkonfiguration dargestellt.

Im Allgemeinen nehmen Steifigkeit und Schmelzpunkt von Polymeren mit dem Polymerisationsgrad zu. Wie bei jeder Verallgemeinerung gibt es auch hier wichtige Ausnahmen. Z.B. ändert sich der Schmelzpunkt von Nylon nicht mit dem Polymerisationsgrad. Aus dieser Tatsache leitet sich eine nützliche Faustregel ab, die besagt, dass Steifigkeit und Schmelzpunkt zunehmen, wenn die Komplexität der Molekularstruktur wächst. Beispielsweise liefert die in Abbildung 13.6 gezeigte Phenol-Formaldehyd-Struktur ein starres, sogar sprödes Polymer. Im Unterschied dazu ergibt die lineare Polyethylen-Struktur von Abbildung 13.2 ein relativ weiches Material. Konstrukteure wissen die Steifigkeit einer Struktur mit umfangreichen Querelementen zu schätzen. Die Netzwerkstruktur hat die Festigkeit von kovalenten Bindungen, die alle benachbarten Mere verknüpfen. Bei der linearen Struktur sind kovalente Bindungen nur entlang der Hauptkette vorhanden. Benachbarte Moleküle werden nur von der schwachen sekundären (van-der-Waals-) Bindung zusammengehalten. Moleküle können relativ ungehindert aneinander vorbeigleiten, wie es *Abschnitt 6.1* erläutert hat. Wir kommen nun zu einer Reihe von strukturellen Merkmalen, die zur Komplexität der linearen Moleküle beitragen und sie der Netzwerkstruktur näher bringen.

13.2 Strukturelle Merkmale von Polymeren

Wir beginnen mit der ideal einfachen Kohlenwasserstoffkette von Polyethylen (siehe Abbildung 13.11a). Ersetzt man einige Wasserstoffatome durch große Seitengruppen (R), ergibt sich ein unsymmetrisches Molekül. Die Seitengruppen können regelmäßig auf derselben Seite – **isotaktisch** – (siehe Abbildung 13.11b) oder abwechselnd auf gegenüberliegenden Seiten – **syndiotaktisch** – angeordnet sein (siehe Abbildung 13.11c). Ein ungeordnet aufgebautes Molekül hat die **ataktische** Form (siehe Abbildung 13.11d), bei der die Seitengruppen unregelmäßig platziert sind. Die Abbildungen 13.11b bis d stellen für $R = CH_3$ verschiedene Formen von Polypropylen dar. Wenn die Seitengruppen größer und unregelmäßiger werden, nehmen Steifigkeit und Schmelzpunkt aus zwei Gründen zu: Erstens dienen die Seitengruppen als Hindernis für das molekulare Gleiten. Im Unterschied dazu können die Polyethylen-Moleküle (Abbildung 13.11a) ungehindert aneinander vorbeigleiten, wenn man eine mechanische Spannung anlegt. Zweitens führt die wachsende Größe und Komplexität der Seitengruppe zu größeren sekundären Bindungskräften zwischen benachbarten Molekülen (siehe *Kapitel 2*).

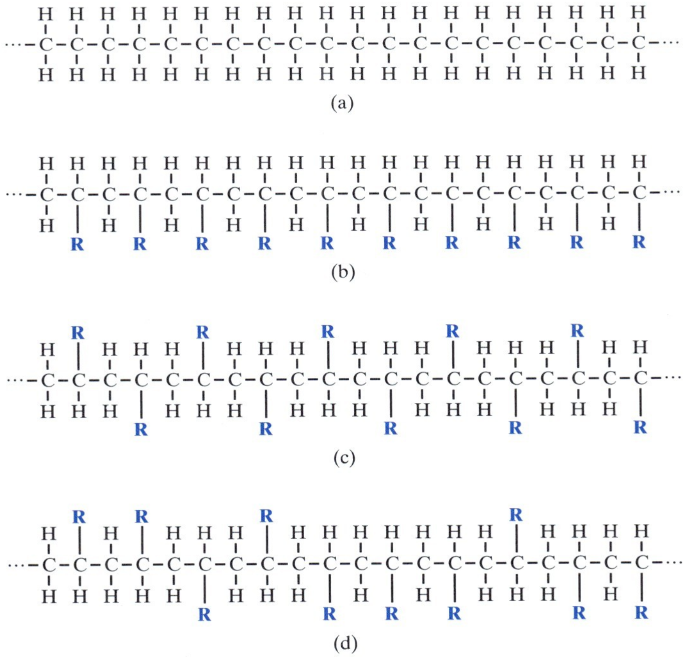

Abbildung 13.11: (a) Das symmetrische Polyethylen-Molekül. (b) Ein unsymmetrisches Molekül entsteht, wenn ein H in jedem Mer durch eine große Seitengruppe R ersetzt wird. In der isotaktischen Struktur befinden sich alle R auf einer Seite. (c) Bei der syndiotaktischen Struktur sind die Seitengruppen R abwechselnd auf gegenüberliegenden Seiten angeordnet. (d) Am unregelmäßigsten ist die ataktische Struktur, in der sich die Seitengruppen ungeordnet an beiden Seiten abwechseln. Zunehmende Unregelmäßigkeit verringert die Kristallinität, während Steifigkeit und Schmelzpunkt steigen. Für $R = CH_3$ zeigen die Teile (b) bis (d) verschiedene Formen von Polypropylen. (Man kann sich diese Zeichnungen als „Draufsichten" der eher räumlichen Darstellung von Abbildung 13.10 vorstellen.)

Eine Erweiterung des Konzepts, große Seitengruppen hinzuzufügen, ist es, polymere Moleküle an der Seite der Kette anzufügen. Abbildung 13.12 zeigt diesen als **Verzweigung** bezeichneten Vorgang. Er kann als Fluktuation im Kettenwachstumsprozess gemäß Gleichung 13.1 auftreten (wobei ein Wasserstoffatom weiter hinten in der Kette durch ein freies Radikal abgespalten wird) oder indem ein zugesetzter zweiter Stoff den Wasserstoff abzieht und es so ermöglicht, dass das Kettenwachstum an dieser Stelle eingeleitet wird. Der vollständige Übergang von der linearen zur Netzwerkstruktur entsteht durch *Vernetzung*, wie es *Abbildung 6.46* am Beispiel der **Vulkanisierung** gezeigt hat. Kautschuk ist das typische Beispiel für eine Vernetzung. Das bifunktionale Isopren-Mer enthält nach der anfänglichen Polymerisation immer noch eine Doppelbindung und erlaubt somit die kovalente Bindung eines Schwefelatoms an zwei benachbarte Mere. Der Grad der Vernetzung lässt sich durch die Menge des hinzugefügten Schwefels steuern. Damit kann man das Verhalten des Kautschuks beeinflussen – mit zunehmendem Schwefelgehalt von einem gummielastischen über ein zähes und elastisches Material bis schließlich zu einem harten und spröden Produkt.

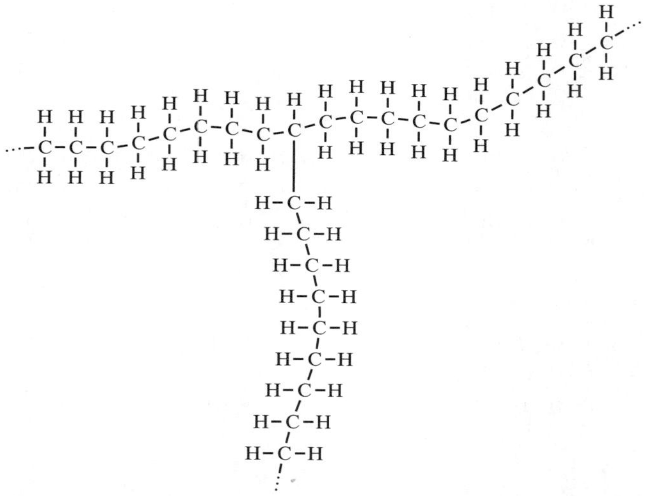

Abbildung 13.12: Bei der Verzweigung lagert sich ein polymeres Molekül an der Seite der Hauptmolekülkette an.

In *Kapitel 3* und *4* wurde dargestellt, dass die Komplexität der Langketten-Molekularstrukturen zu komplizierten kristallinen Strukturen und einem erheblichen Grad von nichtkristalliner Struktur in technischen Werkstoffen führt. Wir stellen nun fest, dass die Kristallinität in dem Maße fällt, wie die in diesem Abschnitt diskutierte strukturelle Komplexität zunimmt. Beispielsweise können Verzweigungen in Polyethylen die Kristallinität von 90% auf 40% verringern. Ein isotaktisches Polypropylen kann zu 90% kristallin sein, während ataktisches Polypropylen nahezu vollständig nichtkristallin ist. Bei der Entwicklung von Polymeren, die Metallen in technischen Konstruktionen ebenbürtig sind, steht die Steuerung der polymeren Struktur im Mittelpunkt.

Beispiel 13.5

Eine Polyethylenprobe hat einen durchschnittlichen Polymerisationsgrad von 750.
(a) Wie groß ist die gewickelte Länge?
(b) Bestimmen Sie die gestreckte Länge eines durchschnittlichen Moleküls.

Lösung

(a) Mit den Gleichungen 13.4 und 13.6 erhält man:

$$\overline{L} = l\sqrt{2n}.$$

Mit dem Wert für die Bindungslänge aus *Tabelle 2.2* von $l = 0{,}154$ nm ergibt sich:

$$\overline{L} = (0{,}154 \text{ nm})\sqrt{2(750)} = 5{,}96 \text{ nm}.$$

(b) Mit den Gleichungen 13.5 und 13.6 erhält man:

$$L_{\text{ext}} = 2nl \sin\frac{109{,}5°}{2}$$

$$= 2(750)(0{,}154 \text{ nm}) \sin\frac{109{,}5°}{2} = 189 \text{ nm}.$$

Beispiel 13.6

Auf 100 g Isopren werden 20 g Schwefel hinzugefügt. Wie groß ist der maximale Anteil der Vernetzungsplätze, die verbunden werden können?

Lösung

Wie *Abbildung 6.46* zeigt, sind an einer vollständigen Vernetzung zwei S-Atome für zwei Isopren-Mere beteiligt (d.h. 1 S : 1 Isopren). Der Anteil des erforderlichen Schwefels für eine vollständige Vernetzung von 100 g Isopren berechnet sich zu

$$m_S = \frac{\text{Mol-Gew. S}}{\text{Mol-Gew. Isopren}} \times 100 \text{ g}.$$

Mit den Daten aus *Anhang A* erhält man

$$m_S = \frac{32{,}06}{5(12{,}01) + 8(1{,}008)} \times 100 \text{ g} = 47{,}1.$$

Nimmt man an, dass in diesem Fall die gesamten 20 g S in die Vernetzung eingehen, berechnet sich der Maximalanteil der Vernetzungsplätze zu

$$\text{Anteil} = \frac{\text{Anteil von hinzugefügtem S}}{\text{Anteil von S in voll vernetztem System}}$$

$$= \frac{20 \text{ g}}{47{,}1 \text{ g}} = 0{,}425.$$

> **Übung 13.5**
>
> In Beispiel 13.5 wurde die gewickelte und gestreckte Molekularlänge für ein Polyethylen mit einem Polymerisationsgrad von 750 berechnet. Um welchen Prozentsatz nimmt (a) die gewickelte Länge und (b) die gestreckte Länge zu, wenn der Polymerisationsgrad dieses Materials um ein Drittel (auf $n = 1.000$) erhöht wird?

> **Übung 13.6**
>
> Beispiel 13.6 berechnet einen Anteil von Vernetzungsstellen. Welche tatsächliche Anzahl der Stellen stellt diese Berechnung in den 100 g Isopren dar?

13.3 Thermoplastische Polymere

Thermoplastische Polymere werden bei Erwärmung weich und verformbar, was für lineare Polymermoleküle (einschließlich derjenigen, die verzweigt, aber nicht vernetzt sind) charakteristisch ist. Die Hochtemperaturplastizität ist darin begründet, dass die Moleküle aneinander vorbeigleiten können. Das ist ein weiteres Beispiel eines thermisch aktivierten (Arrhenius-) Prozesses. In diesem Sinne ähneln thermoplastische Werkstoffe den Metallen, die bei hohen Temperaturen duktiler werden (z.B. durch Kriechverformung). Zu beachten ist, dass sich die Duktilität thermoplastischer Polymere wie bei Metallen beim Abkühlen verringert. Der eigentliche Unterschied zwischen Thermoplasten und Metallen ergibt sich daraus, was man unter „hohen" Temperaturen versteht. Um Thermoplaste zu verformen, ist die sekundäre Bindung zu überwinden, was bei üblichen Thermoplasten bereits bei Temperaturen um 100 °C eine erhebliche Verformung erlaubt. Dagegen ist die Kriechverformung typischer Legierungen durch die metallische Bindung auf Temperaturen bis zu 1.000 °C beschränkt.

Von Polymerwerkstoffen kann man im Allgemeinen nicht erwarten, dass ihr mechanisches Verhalten dem typischer Metalllegierungen entspricht. Dennoch hat man große Anstrengungen unternommen, um bestimmte Polymere mit genügender Festigkeit und Steifheit herzustellen, die in bisher von Metallen dominierten Konstruktionsanwendungen als ernsthafte Alternativen infrage kommen. Diese in Tabelle 13.1 als **technische Polymere** aufgeführten Werkstoffe behalten gute Festigkeit und Steifheit bis zu Temperaturen von 150-175 °C bei. Die Kategorien sind etwas willkürlich gewählt. Die unter „Standardpolymere" genannte Textilfaser Nylon gilt auch als Pionierbeispiel für ein technisches Polymer, das nach wie vor eine große Bedeutung hat. Man schätzt, dass die Industrie mehr als eine halbe Million technischer Polymerteilkonstruktionen auf Nylonbasis entwickelt hat. Die anderen Mitglieder der Klasse technischer Polymere gehören zu einer sich stetig erweiternden Liste. Die Bedeutung dieser Werkstoffe für den Konstrukteur geht über ihren relativ kleinen – in Tabelle 13.1 angegebenen – Prozentsatz am gesamten Polymermarkt hinaus. Trotzdem ist die breite Masse dieses Marktes den Werkstoffen vorbehalten, die man als *Standardpolymere* ansieht. Zu diesen Polymerwerkstoffen gehören verschiedene Filme, Fasern und

13.3 Thermoplastische Polymere

Verpackungsmaterialien, die aus unserem Alltag nicht mehr wegzudenken sind. Die in Tabelle 13.1 genannten Marktanteile für technische Polymerwerkstoffe werden durch diese „Alltagsanwendungen" beeinflusst. In den Marktanteilen für Nylon und Polyester sind ihre Haupteinsatzgebiete als Textilfasern enthalten, was auch den größeren Marktanteil von Polyester erklärt, selbst wenn Nylon ein häufigerer Metallersatz ist. In Tabelle 13.1 sind auch einige bekanntere Handelsnamen sowie die chemischen Namen der Polymere angegeben.

Tabelle 13.1

Ausgewählte thermoplastische Polymere

Name	Monomer	typische Anwendung	Marktanteil (auf Gewichtsbasis)[a]
Standardpolymere			
Polyethylen	H₂C=CH₂	Klarsichtfolien, Flaschen	29
Polyvinylchlorid	H₂C=CHCl	Fußbodenbelag, Gewebe, Filme	14
Polypropylen	H₂C=CH-CH₃	Platten, Rohre, Abdeckungen	13
Polystyrol[b]	H₂C=CH-C₆H₅	Behälter, Schaumstoff	6
Polyester, thermoplastischer Art [z.B. Polyethylen-Terephtalat (PET), Dacron[c] (Faser), Mylar[d] (Folie)]	HO–CH₂–CH₂–O–H HO–CO–C₆H₄–CO–OH	Magnetbänder, Fasern, Filme	5

13 POLYMERWERKSTOFFE

Ausgewählte thermoplastische Polymere

Name	Monomer	typische Anwendung	Marktanteil (auf Gewichtsbasis)[a]
Nylon	H₂N—(CH₂)₆—NH₂ HO—CO—(CH₂)₄—CO—OH	Gewebe, Seile, Getriebe, Maschinenteile	1
Acryl (z.B. Polymethyl-Methacrylat, Lucite[e])	CH₂=C(CH₃)—C(=O)—O—CH₃	Fenster	1
Cellulose	(Zellulose-Mer)	Fasern, Filme, Beschichtungen, Sprengstoffe	< 1

Technische Polymere

ABS	CH₂=CH—C≡N Acrylonitrile (graft)	Koffer, Telefone	2
	CH₂=CH—CH=CH₂ Butadiene (chain)		
	CH₂=CH—C₆H₅ Styrol (Pfropf)		
Polykarbonat (z.B. Lexan[f])	—O—C(=O)—O—C₆H₄—C(CH₃)₂—C₆H₄— (Mer)	Maschinenteile, Propeller	1

Ausgewählte thermoplastische Polymere

Name	Monomer	typische Anwendung	Marktanteil (auf Gewichtsbasis)[a]
Azetal	$-\text{\large\char`\~}-\underset{\underset{H}{\mid}}{\overset{\overset{H}{\mid}}{C}}-O-\text{\large\char`\~}-$ (Mer)	Haushaltsgeräte, Getriebe	< 1
Fluoroplastik (z.B. Polytetrafluorethylen, Teflon[g])	$\underset{\underset{F}{\mid}\;\;\underset{F}{\mid}}{\overset{\overset{F}{\mid}\;\;\overset{F}{\mid}}{C=C}}$	Laborgeräte, Dichtungen, Lager, Flansche	< 1
Thermoplastische Elastomere (z.B. polyesterartig)	$HO[(CH_2)_4O]_{n-14}$ + $CH_3OOC-\langle\bigcirc\rangle-COOCH_3$ + $HO(CH_2)_4OH$ + $CH_3OOC-\langle\bigcirc\rangle-COOCH_3$	Sportschuhe, Kupplungen, Schläuche	1

[a] Verkauf in USA und Kanada, aus Modern Plastics, Januar 1998
[b] ◯ ist Benzol C_6H_5
[c] Handelsname, Du Pont.
[d] Handelsname, Du Pont.
[e] Handelsname, Du Pont.
[f] Handelsname, General Electric.
[g] Handelsname, Du Pont.

Polyethylen als den bekanntesten thermoplastischen Werkstoff unterteilt man in *Polyethylen niederer Dichte* (LDPE, Low-Density Polyethylene), *Polyethylen hoher Dichte* (HDPE, High-Density Polyethylene) und *Polyethylen mit ultrahoher molekularer Masse* (UHMWPE, Ultra-High Molecular-Weight Polyethylene). LDPE hat wesentlich mehr Kettenverzweigungen als HDPE, das praktisch linear strukturiert ist. UHMWPE hat sehr lange, lineare Ketten. Größere Kettenlinearität und Kettenlänge erhöhen in der Regel den Schmelzpunkt und verbessern die physikalischen und mechanischen Eigenschaften des Polymers, weil die mögliche Kristallinität innerhalb der Polymermorphologie größer ist. *Lineares Polyethylen niederer Dichte* (LLDPE, Linear Low-Density Polyethylene) ist ein Copolymer mit α-Olefinen, das weniger Kettenverzweigungen und bessere Eigenschaften als LDPE aufweist. HDPE und UHMWPE sind zwei typische Vertreter der technischen Polymere, obwohl Polyethylen insgesamt zu den

Standardpolymeren zählt. Beachten Sie, dass Acrylnitril-Butadien-Styrol (ABS) ein wichtiges Beispiel für ein Copolymer ist, wie es Abschnitt 13.1 erläutert hat. ABS ist ein **Pfropf-Copolymer** im Unterschied zu dem in Abbildung 13.3 gezeigten Block-Polymer. Acrylnitril- und Styrol-Ketten sind auf die Hauptpolymerkette, die aus Polybutadien besteht, „gepfropft".

Eine dritte Kategorie der Werkstoffe in umfasst die **thermoplastischen Elastomere**. Bei **Elastomeren** handelt es sich um Polymere, deren mechanisches Verhalten dem natürlichen Kautschuk ähnelt. Die gummielastische Verformung wurde in *Abschnitt 6.6* behandelt. Synthetische Kautschuk-Materialien sind ursprünglich durch Vulkanisierung aus duroplastischen Polymeren hergestellt worden, wie im nächsten Abschnitt erläutert wird. Die relativ neuartigen thermoplastischen Elastomere sind praktisch Verbundwerkstoffe aus starren gummielastischen Domänen in einer relativ weichen Matrix eines kristallinen thermoplastischen Polymers. Ein Hauptvorteil der thermoplastischen Elastomere ist die einfache Herstellung mittels herkömmlicher thermoplastischer Verfahren; zudem sind sie recycelbar.

Beispiel 13.7

Ein ABS-Copolymer enthält Anteile jeder polymeren Komponente zu gleichen Gewichtsanteilen. Wie groß ist der Mol-Anteil jeder Komponente?

Lösung

Nehmen Sie an, dass in 100 g Copolymer je 33,3 g der einzelnen Komponenten (Acrylnitril, Butadien und Styrol) enthalten sind.
Mit den Angaben aus und *Anhang A* berechnet man:

$$\text{Mole A} = \frac{33{,}3 \text{ g}}{[3(12{,}01) + 3(1{,}008) + 14{,}01] \text{ g/mol}} = 0{,}628 \text{ mol.}$$

$$\text{Mole B} = \frac{33{,}3 \text{ g}}{[4(12{,}01) + 6(1{,}008)] \text{ g/mol}} = 0{,}616 \text{ mol}$$

und

$$\text{Mole S} = \frac{33{,}3 \text{ g}}{[8(12{,}01) + 8(1{,}008)] \text{ g/mol}} = 0{,}320 \text{ mol.}$$

Hinweis: Mit dem Benzolring in sind 6 Kohlenstoff- und 5 Sauerstoffatome verbunden. Damit erhält man:

$$\text{Mole Anteil A} = \frac{0{,}628 \text{ mol}}{(0{,}628 + 0{,}616 + 0{,}320) \text{ mol}} = 0{,}402,$$

$$\text{Mole Anteil B} = \frac{0{,}616 \text{ mol}}{(0{,}628 + 0{,}616 + 0{,}320) \text{ mol}} = 0{,}394$$

und

$$\text{Mole Anteil S} = \frac{0{,}320 \text{ mol}}{(0{,}628 + 0{,}616 + 0{,}320) \text{ mol}} = 0{,}205.$$

> **Beispiel 13.8** Eine Kombination aus Nylon und Polyphenylenoxid (PPO) ergibt ein technisches Polymer mit verbesserter Zähigkeit und einem besseren Hochtemperaturmodul verglichen mit Standard-Nylon. Berechnen Sie bei gegebener Strukturformel von PPO mit
>
> $$\left[\begin{array}{c} CH_3 \\ \\ \\ CH_3 \end{array} \right]_n \!\!\!\!-O-$$
>
> das Molekulargewicht des PPO-Mers.
>
> **Lösung**
>
> Das Sechsecksymbol repräsentiert einen Ring mit sechs Kohlenstoffatomen. Die Gesamtanzahl von Kohlenstoffatomen ist dann 6 + 2 = 8. Insgesamt gibt es acht Wasserstoffatome (einschließlich der beiden implizierten an den nicht markierten Ecken des Kohlenstoffrings) und ein Sauerstoffatom. Das entsprechende Molekulargewicht berechnet sich zu
>
> $$\text{Mol-Gewicht Mer} = [8(12{,}01) + 8(1{,}008) + 16{,}00] \text{ u}$$
>
> $$= 120{,}1 \text{ u}.$$

> **Übung 13.7** Berechnen Sie die Gewichtsanteile für ein ABS-Copolymer, das gleiche Mol-Anteile für jede Komponente hat. (Siehe Beispiel 3.7.)

> **Übung 13.8** Wie groß ist das Molekulargewicht eines PPO-Polymers mit einem Polymerisationsgrad von 700? (Siehe Beispiel 13.8.)

13.4 Duroplastische Polymere

Duroplastische Polymerwerkstoffe sind das Gegenstück zu den Thermoplasten. Beim Erwärmen werden sie hart und steif. Im Unterschied zu thermoplastischen Polymeren geht dieses Phänomen beim Abkühlen nicht verloren, was charakteristisch für Netzwerkmolekularstrukturen ist, die durch Stufenwachstum entstehen. Die chemischen Reaktionen schreiten bei höheren Temperaturen fort und sind irreversibel; d.h. die Polymerisation bleibt beim Abkühlen erhalten. Duroplastprodukte lassen sich bei der Herstellungstemperatur von 200 bis 300 °C aus der Form entfernen. Dagegen müssen Thermoplaste in der Form gekühlt werden, um Verzug zu vermeiden. Tabelle 13.2 gibt

13 POLYMERWERKSTOFFE

typische Duromere wieder, die in zwei Kategorien gegliedert sind: Duroplaste und Elastomere. In diesem Fall umfassen die Duromere die Kunststoffe, die eine vergleichsweise hohe Festigkeit und Steifigkeit mit den technischen Polymeren aus Tabelle 13.2 gemeinsam haben, sodass sie Metalle ersetzen können. Allerdings weisen sie den Nachteil auf, dass sie nicht recycelbar sind und die Palette möglicher Herstellungsverfahren im Allgemeinen recht klein ist. Technisch relevante Elastomere sind wie im vorherigen Abschnitt bereits angemerkt duroplastische Copolymere. In Tabelle 13.2 sind mehrere Schlüsselbeispiele aufgelistet und auch bekannte Handelsnamen angegeben. Neben den vielen Anwendungen, die Tabelle 13.2 aufzählt, wie z.B. Folien, Schaumstoffe und Überzüge, schließt Tabelle 13.2 die wichtige Anwendung der **Klebstoffe** ein. Mit Klebstoffen verbindet man die Oberflächen von zwei Festkörpern durch sekundäre Kräfte ähnlich denjenigen, die zwischen Molekularketten in Duroplasten wirken. Wenn die adhäsive Schicht dünn und durchgängig ist, zeigt oftmals der geklebte Grundwerkstoff eine geringere Festigkeit als die Klebestelle.

Tabelle 13.2

Ausgewählte duroplastische Polymere

Name	Monomer		typische Anwendung	Marktanteil (auf Gewichtsbasis)[a]
Duroplaste				
Polyurethan, auch thermoplastisch	OCN—R—NCO + HO—R'—OH (Diisocyanat)	(R und R' sind komplexe polyfunktionale Moleküle)	Folien, Rohre, Schaumstoff, Elastomere, Fasern	5
Phenol (z.B. Phenol-Formaldehyd, Bakelit[b])	(Phenol-Formaldehyd-Struktur)		elektrische Ausrüstung	4
Amino-Harze (z.B. Urea-Formaldehyd)	(Urea-Formaldehyd-Struktur)		Geschirr, Laminat	2
Polyester, Duroplast-Typ	H_2C-OH | $HC-OH$ | H_2C-OH $HO-C-(CH_2)_x-C-OH$ (mit C=O)		Glasfaserverbundwerkstoff, Beschichtungen	2

13.4 Duroplastische Polymere

Ausgewählte duroplastische Polymere

Name	Monomer		typische Anwendung	Marktanteil (auf Gewichtsbasis)[a]

Epoxide	H O O H
	  \\ / \\ /
	   C—C—R—C—C
	  / | | \\
	 H H H H
	
	    H
	     \\
	      N—R'
	     /
	    H
		(R und R' sind komplexe polyfunktionale Moleküle)	Kleber, Glasfaserverbundwerkstoffe, Beschichtungen	<1

Elastomere				
Butadien / Styrol	H H H H | | | | C=C—C=C | | H H	(Butadien; siehe Tabelle 13.1 für Styrol)	Reifen, Formen	6
Isopren (Naturgummi)	H CH$_3$ H H | | | | C=C—C=C | | H H		Reifen, Lager, Dichtungen	3
Chloropren (Neopren[c])	H Cl H H | | | | C=C—C=C | | H H		Lager, feuerfester Schaumstoff, Getriebeelemente	<1

Isobuten / Isopren	CH$_3$
	  \\
	   C=CH$_2$
	  /
	CH$_3$
		(Isobuten; siehe oben für Isopren)	Reifen	<1

Silikone	CH$_3$ | Cl—Si—Cl | Cl CH$_3$ | H—O—Si—OH | OH	(Trichlorsilan) (Trihydroxysilan)	Dichtungen, Klebstoffe	<1

13 POLYMERWERKSTOFFE

Ausgewählte duroplastische Polymere

Name	Monomer	typische Anwendung	Marktanteil (auf Gewichtsbasis)[a]
Vinylidenfluorid / Hexafluoropropylen (Viton[d])	$\begin{array}{c} F\ \ H \\ \| \ \ \| \\ C=C \\ \| \ \ \| \\ F\ \ H \end{array}$ $\begin{array}{c} F\ \ F\ \ F \\ \| \ \ \| \ \ \| \\ F-C-C=C \\ \| \ \ \ \ \ \ \ \| \\ F\ \ \ \ \ \ \ F \end{array}$	Dichtungen, O-Ringe, Handschuhe	< 1

[a] Verkauf in USA, aus Modern Plastics und Rubber Statistical Bulletin.
[b] Handelsname, Union Carbide. (»Bakelit« wird auch für andere Verbundwerkstoffe wie z.B. Polyethylen verwendet.)
[c] Handelsname, Du Pont.
[d] Handelsname, Du Pont.

Schließlich sei darauf hingewiesen, dass sich **Netzwerk-Copolymere** mit ähnlichen Prozessen wie die Block- und Pfropf-Copolymere herstellen lassen, die bereits für Thermoplaste erläutert wurde. Die Netzwerk-Copolymere entstehen durch Polymerisation mehrerer Arten polyfunktioneller Monomere.

Beispiel 13.9 Metallurgische Proben, die für lichtmikroskopische Untersuchungen zu polieren sind, werden häufig in einem Zylinder aus Phenol-Formaldehyd, einem duroplastischen Polymer, montiert. Aufgrund der dreidimensionalen Netzwerkstruktur ist das Polymer praktisch ein großes Molekül. Welches Molekulargewicht hat ein Zylinder dieses Polymers von 10 cm^3? (Die Dichte von Phenol-Formaldehyd beträgt 1,4 g/cm^3.)

Lösung

Im Allgemeinen ist das Phenol-Molekül trifunktional (d.h. ein Phenol wird an drei andere Phenole durch drei Formaldehyd-Brücken angelagert). Abbildung 13.6 zeigt eine derartige Brücke. In Abbildung 13.7 ist ein Netzwerk von trifunktionalen Brücken dargestellt. Da jede Formaldehyd-Brücke von zwei Phenol-Molekülen gemeinsam genutzt wird, beträgt das Verhältnis von Phenol zu Formaldehyd, das reagieren muss, um die dreidimensionale Struktur von Abbildung 13.6 zu bilden, 1:1,5. Da jede Formaldehyd-Reaktion ein H$_2$O-Molekül produziert, lässt sich der Reaktionsablauf wie folgt beschreiben:

$$1 \text{ Phenol} + 1,5 \text{ Formaldehyd} \rightarrow$$
$$1 \text{ Phenol-Formaldehyd-Monomer} + 1,5 \text{ H}_2\text{O} \uparrow$$

Auf diese Weise lässt sich das Molekulargewicht des Monomers wie folgt berechnen:

$$(M.G.)_{Mer} = (M.G.)_{Phenol} + 1{,}5(M.G.)_{Formaldehyd} - 1{,}5(M.G.)_{H_2O}$$

$$= [6(12{,}01) + 6(1{,}008) + 16{,}00] + 1{,}5[12{,}01 + 2(1{,}008) + 16{,}00] - 1{,}5[2(1{,}008) + 16{,}00]$$

$$= 112{,}12 \text{ u.}$$

Die Masse des fraglichen Polymers beträgt

$$m = \rho V = 1{,}4 \frac{\text{g}}{\text{cm}^3} \times 10 \text{ cm}^3$$

$$= 14 \text{ g.}$$

Folglich berechnet sich die Anzahl der Monomere im Zylinder zu

$$n = \frac{14 \text{ g}}{112{,}12 \text{ g}/0{,}6023 \times 10^{24} \text{ Monomere}}$$

$$= 7{,}52 \times 10^{22} \text{ Monomere,}$$

was ein Molekulargewicht von

$$\text{Mol-Gewicht} = 7{,}52 \times 10^{22} \text{ Monomere} \times 112{,}12 \text{ u / Monomer}$$

$$= 8{,}43 \times 10^{24} \text{ u}$$

ergibt.

Beispiel 13.10 Ein O-Ring besteht aus einem Elastomer mit gleichmolaren Anteilen von Vinylidenfluorid und Hexafluoropropylen. Berechnen Sie den Gewichtsanteil für jedes Polymer.

Lösung

Mit den Angaben aus Tabelle 13.2 und *Anhang A* erhält man:

$$\text{Mol-Gewicht Vinylidenfluorid} = [2(12{,}01) + (2(1{,}008) + 2(19{,}00)] \text{ u}$$

$$= 64{,}04 \text{ u}$$

und

$$\text{Mol-Gewicht Hexafluoropropylen} = [3(12{,}01) + 6(19{,}00)] \text{ u}$$

$$= 150{,}0 \text{ u.}$$

Die Gewichtsanteile sind

$$\text{Gew.-Anteil Vinylidenfluorid} = \frac{64{,}04 \text{ u}}{(64{,}04 + 150{,}0) \text{ u}} = 0{,}299$$

und

$$\text{Gew.-Anteil Hexafluoropropylen} = \frac{150{,}0 \text{ u}}{(64{,}04 + 150{,}0) \text{ u}} = 0{,}701.$$

> **Übung 13.9** Beispiel 13.9 berechnet das Molekulargewicht für ein Produkt aus Phenol-Formaldehyd. Wie viel Wasser entsteht als Nebenprodukt bei der Polymerisation dieses Produkts?

> **Übung 13.10** Berechnen Sie für ein Elastomer ähnlich dem in Beispiel 13.10 den molekularen Anteil jeder Komponente bei gleichen Gewichtsanteilen von Vinylidenfluorid und Hexafluoropropylen.

13.5 Additive

In Abschnitt 13.1 wurden Copolymere und Mischungen mit metallischen Legierungen verglichen. In der Polymertechnologie verwendet man auch verschiedene weitere *Additive*, um Polymere mit speziellen Charakteristika auszustatten.

Weichmacher setzt man zu, um Polymere weich zu machen. Dieser Zusatz entspricht einem Mischen mit einem Polymer von geringem Molekulargewicht (ungefähr 300 u). Durch große Mengen von zugesetztem Weichmacher erhält man eine Flüssigkeit, wie es beispielsweise bei handelsüblicher Farbe der Fall ist. Beim „Trocknen" der Farbe verdunstet der Weichmacher (was gewöhnlich mit Polymerisation und Vernetzung durch Sauerstoff einhergeht).

Ein **Füllstoff** kann dagegen ein Polymer festigen, indem er die Kettenbeweglichkeit einschränkt. Im Allgemeinen verwendet man Füllstoffe als Ersatz für fehlendes Volumen. Zudem sind sie formstabil und kostengünstig. Man verwendet relativ inaktive Werkstoffe, beispielsweise kurzfaserige Zellulose (organischer Füllstoff) und Asbest (anorganischer Füllstoff). Ein typischer Autoreifen besteht zu etwa einem Drittel aus Füllstoff (d.h. Ruß). **Verstärker** wie z.B. Glasfasern gehören ebenso zu den Additiven. Diese Verstärker setzt man in technischen Polymeren (wie in genannt) ein, um deren Festigkeit und Steifigkeit zu erhöhen und dabei ihre Konkurrenzfähigkeit als Metallersatzstoffe zu verbessern. Verstärker erhalten im Allgemeinen eine Oberflächenbehandlung, um gute Grenzflächenbindung mit dem Polymer und dabei bestmögliche Eigenschaften zu gewährleisten. Wenn der Anteil von Additiven bis zu 50 Volumenprozent ausmacht, kann man den Werkstoff durchaus noch als Polymer bezeichnen. Überschreiten die Zugaben die 50%-Grenze, sollte man besser von einem Verbundwerkstoff sprechen. Ein passendes Beispiel für einen Verbundwerkstoff ist Fiberglas, das *Kapitel 14* im Detail behandelt.

Stabilisatoren sind Additive, mit denen sich die Zersetzung von Polymeren verringern lässt. Diese Gruppe umfasst eine komplexe Menge von Werkstoffen, was durch die breite Vielfalt von Degenerationsfaktoren (Oxidation, Temperatur, Ultraviolettstrahlung) begründet ist. Beispielsweise kann Polyisopren bei Raumtemperatur bis zu 15% Sauerstoff absorbieren, wodurch es wenigstens 1% seiner Elastizität verliert. Naturkautschuke bestehen aus komplexen Phenolgruppen, die die Oxidation bei Raumtemperatur aufhalten. Allerdings sind diese natürlich auftretenden Antioxidationsmittel bei höheren Temperaturen nicht effektiv. Deshalb setzt man dem für Reifenanwendungen vorgesehenen Kautschuk zusätzliche Stabilisatoren (z.B. andere Phenole, Amine oder Schwefelverbindungen) zu.

Flammhemmer werden beigemengt, um die inhärente Entflammbarkeit bestimmter Polymere wie z.B. Polyethylen zu verringern. Die Verbrennung ist hier einfach die Reaktion eines Kohlenwasserstoffs mit Sauerstoff, die von erheblicher Wärmeentwicklung begleitet wird. Viele polymere Kohlenwasserstoffe sind relativ leicht entflammbar. Andere wie z.B. PVC weisen eine geringe Entflammbarkeit auf, was möglicherweise auf die Entwicklung der Chloratome aus der polymeren Kette zurückzuführen ist. Diese Halogene hemmen die Verbrennung, indem sie die Kettenreaktion von freien Radikalen beenden. Zu den Additiven, die diese Funktion für halogenfreie Polymere bereitstellen, gehören Chlor-, Brom- und Phosphor-haltige Reaktanten.

Färbemittel sind Zusätze, um ein Polymer einzufärben, wenn das Aussehen einen Faktor bei der Werkstoffauswahl darstellt. Man unterscheidet zwei Arten von Färbemitteln, Pigmente und Farbstoffe. **Pigmente** sind unlösliche, farbige Stoffe, die in Pulverform zugesetzt werden. Typische Beispiele sind kristalline Keramiken wie z.B. Titanoxid und Aluminiumsilikat. Außerdem sind organische Pigmente verfügbar. **Farbstoffe** sind lösliche, organische Färbemittel, die transparente Färbungen erlauben. *Kapitel 16* geht näher auf das Wesen von Farbe ein.

Beispiel 13.11 Ein Nylon 66-Polymer wird mit 33 Gewichtsprozent Glasfasern verstärkt. Berechnen Sie die Dichte dieses technischen Polymers. (Die Dichte von Nylon 66 beträgt 1,14 Mg/m³ und die Dichte des verstärkenden Glases 2,54 Mg/m³.)

Lösung

Für 1 kg des Endprodukts ergeben sich
$$0{,}33 \times 1 \text{ kg} = 0{,}33 \text{ kg Glas}$$
und
$$1 \text{ kg} - 0{,}33 \text{ kg} = 0{,}67 \text{ kg Nylon 66}.$$

Das Gesamtvolumen des Produkts berechnet sich zu

$$V_{\text{Produkt}} = V_{\text{Nylon}} + V_{\text{Glas}}$$

$$= \frac{m_{\text{Nylon}}}{\rho_{\text{Nylon}}} + \frac{m_{\text{Glas}}}{\rho_{\text{Glas}}}$$

$$= \left(\frac{0{,}67 \text{ kg}}{1{,}14 \text{ Mg/m}^3} + \frac{0{,}33 \text{ kg}}{2{,}54 \text{ Mg/m}^3}\right) \times \frac{1 \text{ Mg}}{1.000 \text{ kg}}$$

$$= 7{,}18 \times 10^{-4} \text{ m}^3.$$

Damit erhält man die Gesamtdichte des Endprodukts mit

$$\rho = \frac{1 \text{ kg}}{7{,}18 \times 10^{-4} \text{ m}^3} \times \frac{1 \text{ Mg}}{1.000 \text{ kg}} = 1{,}39 \text{ Mg/m}^3.$$

> **Übung 13.11** Beispiel 13.11 beschreibt ein hochfestes und hochsteifes technisches Polymer. Festigkeit und Steifigkeit lassen sich durch höheres »Belasten« der Glasfasern weiter erhöhen. Berechnen Sie die Dichte von Nylon 66 mit 43 Gewichtsprozent Glasfaseranteil.

13.6 Herstellung von Polymerwerkstoffen

Tabelle 13.3 listet einige Hauptherstellungsverfahren für Polymerwerkstoffe auf. Für Thermoplaste sind **Spritzgießen** und **Extrusion** die vorherrschenden Verfahren. Abbildung 13.13 veranschaulicht den Spritzgießprozess und Abbildung 13.14 stellt die Extrusion von Kunststoffen dar. Beim Spritzgießen wird Polymerpulver vor dem Einspritzen geschmolzen. Sowohl Spritzgieß- als auch Extrusionsverfahren sind Herstellverfahren für metallische Werkstoffe ähnlich, werden aber bei relativ niedrigen Temperaturen durchgeführt. **Blasformen** (siehe Abbildung 13.15) ist ein drittes Hauptherstellungsverfahren für Thermoplaste. Bei dieser Technik ist die Formgebung der Glasbildungstechnik in *Abbildung 12.3* recht ähnlich, außer dass auch hier nur relativ niedrige Formtemperaturen erforderlich sind. Wie bei der Herstellung von Glasbehältern setzt man die Blasform mehrfach ein, um Behälter aus Polymerwerkstoffen in hoher Stückzahl zu produzieren. Ebenso lassen sich unterschiedliche technische kommerzielle Produkte, einschließlich Teile für Autokarosserien, wirtschaftlich mit diesem Verfahren herstellen. **Pressen** und **Spritzpressen** sind die vorherrschenden Verfahren für Duroplaste. Abbildung 13.16 zeigt das Pressen und Abbildung 13.17 das Spritzpressen. Für Thermoplaste ist das Pressen im Allgemeinen technologisch ungünstig, weil die Form gekühlt werden müsste, um sicherzustellen, dass das Teil bei der Entnahme aus der Form seine Konturen nicht verliert. Beim Spritzpressen wird ein teilweise polymerisierter Rohstoff durch eine geschlossene Form gedrückt, wobei die endgültige Vernetzung bei erhöhter Temperatur und erhöhtem Druck auftritt. Schließlich fasst Abbildung 13.18 die allgemeinen Fertigungsschritte bei der Herstellung verschiedener Gummiprodukte zusammen.

Tabelle 13.3

Hauptherstellungsverfahren für Polymere

Thermoplaste	Duroplaste
Spritzgießen	Pressen
Strangpressen	Spritzpressen
Blasformen	

13.6 Herstellung von Polymerwerkstoffen

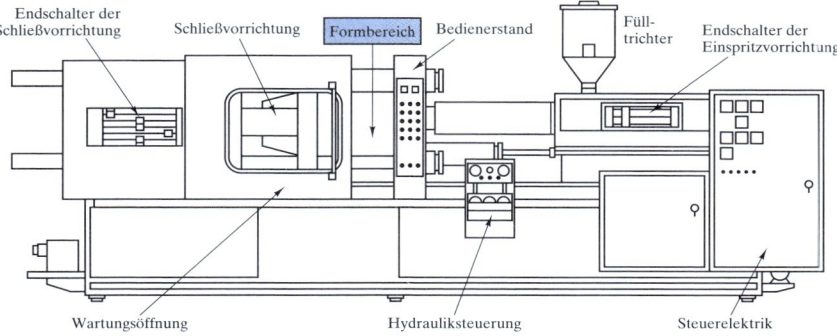

Abbildung 13.13: Spritzgießen eines thermoplastischen Polymers

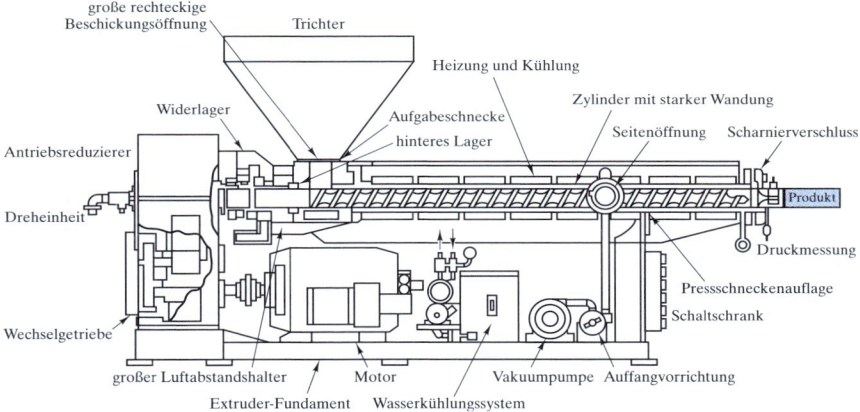

Abbildung 13.14: Extrusion eines thermoplastischen Polymers

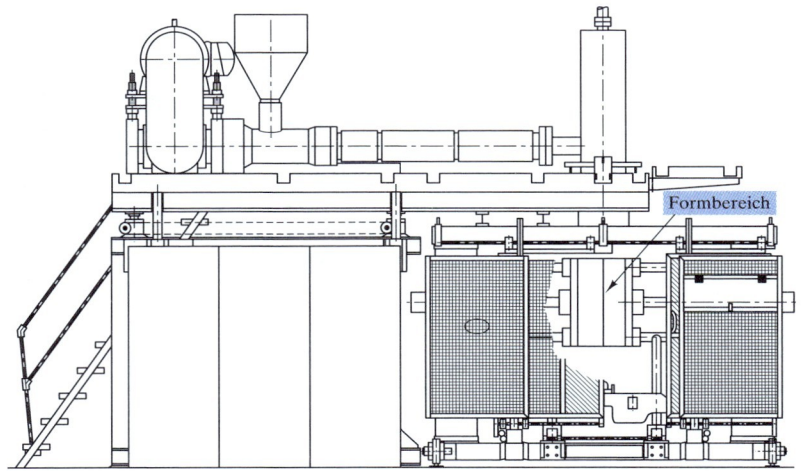

Abbildung 13.15: Blasformen eines thermoplastischen Polymers. Die konkrete Formgebung ist ähnlich den Verfahren für die Herstellung von Hohlglaskörpern in *Abbildung 13.3*.

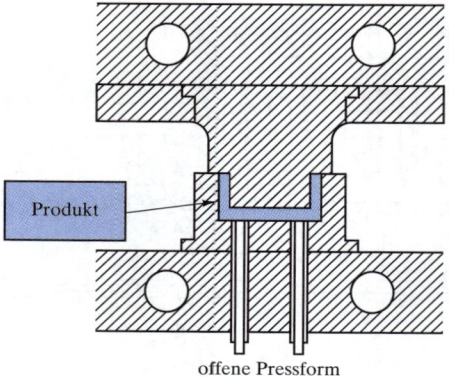

Abbildung 13.16: Pressen eines duroplastischen Polymers

In *Kapitel 6* und weiter vorn in diesem Kapitel gibt es zahlreiche Verweise auf die Wirkung der polymeren Struktur auf das mechanische Verhalten. Tabelle 13.4 fasst diese verschiedenen Beziehungen zusammen und gibt entsprechende Verweise auf die Herstellungsverfahren an, die zu den verschiedenen Strukturen führen.

Tabelle 13.4
Beziehungen von Herstellung, Molekülstruktur und mechanischem Verhalten bei Polymeren

Kategorie	Herstellungsverfahren	Molekülstruktur	Mechanische Wirkung
Thermoplastische Polymere			
	Zusatz von Bindemitteln	Verzweigung	erhöhte Festigkeit und Steifigkeit
	Vulkanisierung	Vernetzung	erhöhte Festigkeit und Steifigkeit
	Kristallisierung	erhöhte Kristallinität	erhöhte Festigkeit und Steifigkeit
	Weichmacher	verringertes Molekulargewicht	verringerte Festigkeit und Steifigkeit
	Füllstoff	eingeschränkte Kettenbeweglichkeit	erhöhte Festigkeit und Steifigkeit
Duroplastische Polymere	Verfestigen bei erhöhten Temperaturen	Netzwerkbildung	starr (bleibend beim Abkühlen)

13.6 Herstellung von Polymerwerkstoffen

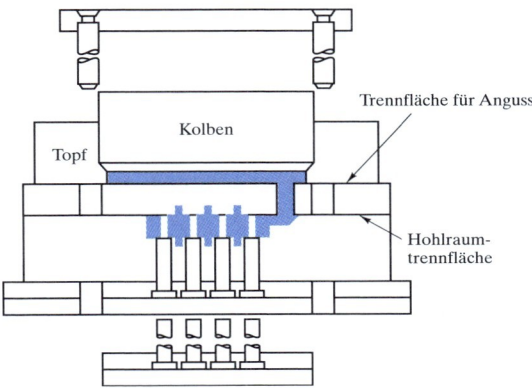

Abbildung 13.17: Spritzpressen eines duroplastischen Polymers

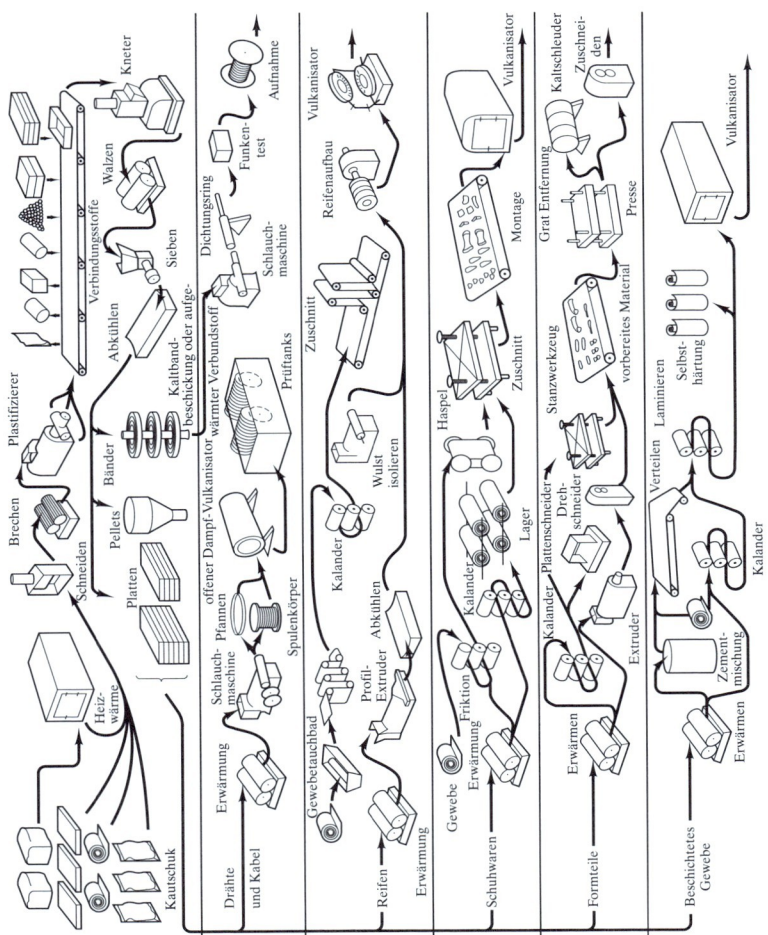

Abbildung 13.18: Typische Fertigungsschritte für die Herstellung verschiedener Kautschukerzeugnisse

Beispiel 13.12

Wie in Abschnitt 13.1 erläutert wurde, werden einer für die Flaschenproduktion vorbereiteten Ethylen-Charge 0,15 Gewichtsprozent H_2O_2 zugesetzt, um einen bestimmten Polymerisationsgrad einzustellen. (a) Berechnen Sie die prozentuale Änderung des Polymerisationsgrades, wenn die Zugabe von H_2O_2 auf 0,16 Gewichtsprozent erhöht wird. (b) Kommentieren Sie die Wirkung dieser Änderung auf den Herstellungsprozess der Flaschen.

Lösung

(a) Wie in Beispiel 13.2 ist festzustellen, dass ein H_2O_2-Molekül (= zwei OH-Gruppen) auf je ein Polyethylenmolekül kommt. Für 0,15 Gewichtsprozent H_2O_2 ergibt sich

$$0{,}15 \text{ Gew.-\%} \; H_2O_2 = \frac{\text{Mol-Gew. } H_2O_2}{n \times (\text{Mol-Gew. } C_2H_4)} \times 100.$$

Mit den Daten aus *Anhang A* berechnet man

$$0{,}15 \text{ Gew.-\%} \; H_2O_2 = \frac{2(1{,}008) + 2(16{,}00)}{n[2(12{,}01) + 4(1{,}008)]} \times 100$$

oder

$$n = 808.$$

Für 0,16 Gewichtsprozent H_2O_2 sieht die Rechnung folgendermaßen aus:

$$0{,}16 \text{ Gew.-\%} \; H_2O_2 = \frac{\text{Mol-Gew. } H_2O_2}{n \times (\text{Mol-Gew. } C_2H_4)} \times 100.$$

Mit den Daten aus *Anhang A* ergibt sich

$$0{,}16 \text{ Gew.-\%} \; H_2O_2 = \frac{2(1{,}008) + 2(16{,}00)}{n[2(12{,}01) + 4(1{,}008)]} \times 100$$

oder

$$n = 758.$$

Somit berechnet sich die prozentuale Änderung zu

$$\% \text{ Änderung} = \frac{758 - 808}{808} \times 100 = -6{,}2\%.$$

(b) Der geringere Polymerisationsgrad führt im Allgemeinen dazu, dass der Rohstoff bei der Flaschenherstellung eine geringere Viskosität hat und leichter verformbar ist.

13.6 Herstellung von Polymerwerkstoffen

Übung 13.12 Wie groß ist der Polymerisationsgrad für das Polyethylen in Beispiel 13.12, wenn der Zusatz von H_2O_2 auf 0,14 Gewichtsprozent gesenkt wird?

ZUSAMMENFASSUNG

Kunststoffe oder Polymerwerkstoffe sind organische Werkstoffe aus langen Ketten oder einem Netzwerk von organischen Molekülen, die aus kleinen Molekülen (Monomeren) durch Polymerisationsreaktionen gebildet werden. Polymerisation entsteht durch Kettenwachstum (Polyaddition) oder Stufenwachstum (Polykondensation). Copolymere und Mischungen sind in vielerlei Hinsicht durchaus Metalllegierungen ähnlich. Individuelle Mere (Polymerbausteine, die mit Monomeren vergleichbar sind) produzieren eine lineare Molekularstruktur, wenn sie bifunktional sind (z.B. wenn sie zwei Kontaktpunkte mit benachbarten Meren haben). Polyfunktionale Mere (mit mehr als zwei Kontaktpunkten) ergeben eine molekulare Netzwerkstruktur.

Die Anzahl der miteinander verbundenen Mere zur Bildung eines polymeren Moleküls wird als *Polymerisationsgrad* bezeichnet. Sowohl die Molekulargewichte als auch die Molekularlängen sind in einem bestimmten Polymer statistisch verteilt. Zudem lässt sich die Länge eines linearen Moleküls sowohl durch gewickelte als auch gestreckte Konfigurationen charakterisieren. Bei vielen Polymeren nehmen Steifigkeit und Schmelzpunkt mit zunehmender Molekularlänge und Komplexität zu. Diese Komplexität wird durch strukturelle Unregelmäßigkeit, Verzweigung und Vernetzung erhöht.

Thermoplastische Polymere werden beim Erwärmen infolge der thermischen Anregung der schwachen, sekundären Bindungen zwischen benachbarten linearen Molekülen weicher. Zu den Thermoplasten gehören technische Polymere (z.B. für die Metallsubstitution) und thermoplastische Elastomere, d.h. gummiartige Werkstoffe mit den einfachen Herstellungsmöglichkeiten traditioneller Thermoplaste. Duroplaste verkörpern Netzwerkstrukturen, die sich beim Erwärmen bilden, was zu größerer Steifigkeit führt. In diese Kategorie fallen auch die herkömmlichen vulkanisierten Elastomere.

Additive sind Stoffe, die man Polymeren zusetzt, um spezielle Eigenschaften zu erzielen. Wie Copolymere und Mischungen sind Polymere mit Additiven den Metalllegierungen vergleichbar. Gebräuchliche Additive sind Weichmacher, Füllstoffe, Verstärker, Stabilisatoren, Flammhemmer und Färbemittel.

Thermoplastische Polymere werden im Allgemeinen durch Spritzgießen, Strangpressen oder Blasformen hergestellt, duroplastische Polymere durch Pressen oder Spritzpressen.

ZUSAMMENFASSUNG

POLYMERWERKSTOFFE

■ Schlüsselbegriffe

ataktisch (567)
bifunktional (559)
Blasformen (582)
Block-Copolyme (557)
Copolymer (557)
duroplastischer Polymerwerkstoff (575)
effektive Länge (565)
Elastomer (574)
Extrusion (582)
Färbemittel (581)
Farbstoff (581)
Flammhemmer (581)
Füllstoff (580)
gestreckte Länge (565)
Initiator (556)
isotaktisch (567)
Kettenwachstum (555)
Klebstoffe (576)
lineare Molekülstruktur (559)
Mer (555)
Mischung (557)
Monomer (555)
Netzwerk-Copolymer (578)
Netzwerkmolekülstruktur (559)

Pfropf-Copolymer (574)
Pigment (581)
Plastikwerkstoff (555)
Polyaddition (555)
polyfunktional (559)
Polykondensation (555)
Polymer (555)
Polymerisation (555)
Polymerisationsgrad (564)
Pressen (582)
Spritzgießen (582)
Spritzpressen (582)
Stabilisator (580)
Stufenwachstum (555)
syndiotaktisch (567)
technisches Polymer (570)
Terminator (556)
thermoplastisches Elastomer (574)
thermoplastisches Polymer (570)
Verstärker (580)
Verzweigung (568)
Vulkanisierung (568)
Weichmacher (580)

■ Quellen

Brandrup, J., **E. H. Immergut**, **E. A. Grulke**, Eds., *Polymer Handbook*, 4th ed., John Wiley & Sons, Inc., NY, 1999.

Engineered Materials Handbook, Vol. 2, *Engineering Plastics*, ASM International, Materials Park, OH, 1988.

Mark, H. F., et al., Eds., *Encyclopedia of Polymer Science and Engineering*, 2nd ed., Vols. 1-17, Index Vol., Supplementary Vol., John Wiley & Sons, Inc., NY, 1985-1989.

Aufgaben

■ **Polymerisation**

13.1 Wie groß ist das durchschnittliche Molekulargewicht eines Polypropylens mit einem Polymerisationsgrad von 500? (Beachten Sie die Tabelle.)

13.2 Wie groß ist das durchschnittliche Molekulargewicht eines Polystyrols mit einem Polymerisationsgrad von 500?

13.3 Wie viel Gramm H_2O_2 sind erforderlich, um 1 kg eines Polypropylens, $(C_3H_6)_n$, mit einem durchschnittlichen Polymerisationsgrad von 600 zu erhalten? (Verwenden Sie die gleichen Annahmen wie in Beispiel 13.2.)

13.4 Eine Mischung aus Polyethylen und PVC (siehe Abbildung 13.4) enthält 10 Gewichtsprozent PVC. Wie hoch ist der prozentuale Molekülanteil von PVC?

13.5 Eine Mischung aus Polyethylen und PVC (siehe Abbildung 13.4) enthält 10 Mol-Prozent PVC. Wie hoch ist der prozentuale Gewichtsanteil von PVC?

13.6 Berechnen Sie den Polymerisationsgrad für (a) ein Polyethylen niedriger Dichte mit einem Molekulargewicht von 20.000 u, (b) ein Polyethylen hoher Dichte mit einem Molekulargewicht von 300.000 u und (c) ein Polyethylen mit einem ultrahohen Molekulargewicht von 4.000.000 u.

13.7 Die vereinfachte Mer-Formel für Naturkautschuk (Isopren) lautet C_5H_8 (siehe auch Darstellung in der Tabelle). Berechnen Sie das Molekulargewicht für ein Molekül Isopren mit einem Polymerisationsgrad von 500.

13.8 Berechnen Sie das Molekulargewicht für ein Molekül Chloropren (ein typischer synthetischer Kautschuk) mit einem Polymerisationsgrad von 500 (siehe Tabelle).

■ **Strukturelle Merkmale von Polymeren**

13.9 Die in Abbildung 13.8 angegebenen Daten lassen sich wie folgt in Tabellenform darstellen:

Bereich von n	n_i (mittlerer Wert)	Populationsanteil
1-100	50	–
101-200	150	–
201-300	250	0,01
301-400	350	0,10
401-500	450	0,21
501-600	550	0,22
601-700	650	0,18
701-800	750	0,12
801-900	850	0,07
901-1.000	950	0,05
1.001-1.100	1.050	0,02
1.101-1.200	1.150	0,01
1.201-1.300	1.250	0,01
		$\Sigma = 1,00$

Berechnen Sie den durchschnittlichen Polymerisationsgrad für dieses System.

13.10 Wie groß ist (a) die gewickelte Länge und (b) die gestreckte Länge des durchschnittlichen Moleküls, wenn das in Aufgabe 13.9 ausgewertete Polymer ein Polypropylen ist?

13.11 Wie hoch ist der maximale Anteil von Querverbindungsplätzen, die in $1\,\text{kg}$ Chloropren bei Zugabe von $250\,\text{g}$ Schwefel verbunden sind?

13.12 Berechnen Sie die durchschnittliche (gestreckte) Moleküllänge für ein Polyethylen mit einem Molekulargewicht von $20.000\,\text{u}$.

13.13 Berechnen Sie die durchschnittliche (gestreckte) Moleküllänge für PVC mit einem Molekulargewicht von $20.000\,\text{u}$.

13.14 Wie groß ist die durchschnittliche (gewickelte) Moleküllänge, wenn $0{,}2\,\text{g}$ H_2O_2 zu $100\,\text{g}$ Ethylen hinzugefügt werden, um den Polymerisationsgrad einzustellen?

13.15 Wie groß ist die gestreckte Länge des durchschnittlichen Moleküls, das Aufgabe 13.14 beschrieben hat?

•**13.16** Das Azetal-Polymer in Abbildung 13.5 enthält $C-O$-Bindungen statt $C-C$-Bindungen entlang seines molekularen Hauptstrangs. Im Ergebnis sind zwei Bindungswinkel zu betrachten. Der $O-C-O$-Bindungswinkel ist ungefähr gleich dem $C-C-C$-Bindungswinkel ($109{,}5°$) aufgrund der tetraedrischen Bindungskonfiguration in Kohlenstoff (siehe *Abbildung 2.19*). Allerdings ist die $C-O-C$-Bindung flexibel, so dass deren Bindungswinkel bis zu $180°$ reichen kann. (a) Fertigen Sie eine Skizze wie in Abbildung 13.10 für ein vollständig erweitertes Polyazetal-Molekül an. (b) Berechnen Sie die gestreckte Länge eines Moleküls mit einem Polymerisationsgrad von 500. (Die Bindungslängen finden Sie in *Tabelle 2.2*.) (c) Berechnen Sie die gewickelte Länge des Moleküls in Teil (b).

■ **Thermoplastische Polymere**

13.17 Berechnen Sie (a) das Molekulargewicht, (b) die gewickelte Moleküllänge und (c) die gestreckte Moleküllänge für ein PTFE-Polymer mit einem Polymerisationsgrad von 500.

13.18 Wiederholen Sie Aufgabe 13.17 für ein Polypropylen-Polymer mit einem Polymerisationsgrad von 700.

13.19 Berechnen Sie den Polymerisationsgrad eines Polykarbonat-Polymers mit einem Molekulargewicht von $100.000\,\text{u}$.

13.20 Berechnen Sie das Molekulargewicht für ein Polymethylmethacrylat-Polymer mit einem Polymerisationsgrad von 500.

•**13.21** zeigt die Reaktion der beiden Moleküle, um ein Nylon-Monomer zu bilden. (Die von einer gestrichelten Linie eingeschlossenen H- und OH-Gruppen werden zu einem H_2O-Reaktionsnebenprodukt und durch eine $C-N$-Bindung in der Mitte des Monomers ersetzt.) (a) Skizzieren Sie die Reaktion von Nylon-Monomeren, um ein Nylon-Polymer zu bilden. (Dieser Vorgang findet statt, wenn ein H und ein OH an jedem Ende des Monomers ersetzt und zu einem Reaktionsnebenprodukt werden.) (b) Berechnen Sie das Molekulargewicht des Nylon-Mers.

•**13.22** Eine hochzähe Mischung aus Nylon und PPO enthält 10 Gewichtsprozent PPO. Berechnen Sie den Mol-Anteil von PPO in dieser Legierung. (Beachten Sie Beispiel 13.8 und Aufgabe 13.21.)

13.23 *Aufgabe 11.9* hat mögliche Gewichtseinsparungspotenziale bei der Entwicklung zukünftiger Fahrzeuggenerationen basierend auf Trends in der Auswahl der Metalllegierung berechnet. Um das Bild abzurunden, sei festgestellt, dass im selben Zeitraum von 1975 bis 1985 das Volumen von eingesetzten Polymeren von $0{,}064\,\text{m}^3$ auf $0{,}100\,\text{m}^3$ je Fahrzeug gestiegen ist. Schätzen Sie die Massenverringerung (verglichen mit dem Stand von 1975) einschließlich dieser zusätzlichen Polymerdaten ein. (Nähern Sie die Polymerdichte mit $1\,\text{g/cm}^3$ an.)

13.24 Wiederholen Sie Aufgabe 13.23 für mögliche Gewichtseinsparungspotenziale die Massenverringerung im Jahr 2000 mit den in *Aufgabe 11.10* angegebenen Daten und der Tatsache, dass das Gesamtvolumen von eingesetzten Polymeren zu dieser Zeit $0{,}122\,\text{m}^3$ betragen hat.

Aufgaben

■ Duroplastische Polymere

13.25 Wie groß ist das Molekulargewicht einer Platte aus Urea-Formaldehyd mit einem Volumen von 50.000 mm^3? (Die Dichte von Urea-Formaldehyd beträgt 1,50 Mg/m^3.)

13.26 Wie viel Wasser entsteht als Nebenprodukt bei der Polymerisation des in Aufgabe 13.25 beschriebenen Produkts aus Urea-Formaldehyd?

13.27 Polyisopren verliert seine elastischen Eigenschaften bei Zugabe von 1 Gewichtsprozent O_2. Welcher Anteil der Querverbindungsplätze ist besetzt, wenn man annimmt, dass dieser Verlust eine Folge des Querverbindungsmechanismus ähnlich dem für Schwefel ist?

13.28 Wiederholen Sie die Berechnung von Aufgabe 13.27 für den Fall der Oxidation von Polychloropren durch 1 Gewichtsprozent O_2.

■ Additive

13.29 Ein Epoxydharz (Dichte = 1,1 g/cm^3) wird durch 25 Volumenprozent E-Glasfasern (Dichte = 2,54 g/cm^3) verstärkt. Berechnen Sie (a) den prozentualen Gewichtsanteil von E-Glasfasern und (b) die Dichte des verstärkten Polymers.

13.30 Berechnen Sie die prozentuale Masseneinsparung, wenn man ein Getriebeteil aus Stahl durch das in Aufgabe 13.29 beschriebene glasfaserverstärkte Polymer ersetzt. (Nehmen Sie das Volumen der Getriebeteile für beide Werkstoffe als gleich an und verwenden Sie für die Dichte von Stahl näherungsweise die Dichte von reinem Eisen.)

13.31 Wiederholen Sie Aufgabe 13.30 für den Fall, dass das Polymer eine Aluminiumlegierung ersetzt. (Nehmen Sie auch hier dasselbe Volumen für beide Getriebeteile an und verwenden Sie für die Dichte der Legierung näherungsweise die Dichte von reinem Aluminium.)

13.32 Ein durch Spritzgießen hergestelltes Nylon 66 enthält 40 Gewichtsprozent Glaskugeln als Füllstoff. Das Ergebnis sind verbesserte mechanische Eigenschaften. Der mittlere Durchmesser der Glaskugeln betrage 100 μm. Schätzen Sie für derartige Partikel die Dichte (je Kubikmillimeter) ab.

13.33 Berechnen Sie den durchschnittlichen Trennungsabstand zwischen den Mittelpunkten benachbarter Glaskugeln in dem in Aufgabe 13.32 beschriebenen Nylon. (Nehmen Sie ein einfaches kubisches Array der verteilten Partikel wie in *Aufgabe 12.12* an.)

13.34 Wiederholen Sie Aufgabe 13.33 für den Fall, dass der Anteil der Kugeln in Gewichtsprozent gleich ist, aber der durchschnittliche Durchmesser der Glaskugeln 50 μm beträgt.

13.35 Lager und andere Teile, die außerordentlich geringe Reibung und Abnutzung verlangen, lassen sich aus einem Azetal-Polymer mit Zugabe von PTFE-Fasern herstellen. Die Dichten von Azetal und PTFE betragen 1,42 g/cm^3 bzw. 2,15 g/cm^3. Berechnen Sie den Anteil des PTFE-Zusatzes (in Gewichtsprozent), wenn die Dichte des Polymers mit Zusatz 1,54 g/cm^3 beträgt.

13.36 Wiederholen Sie Aufgabe 13.35 für den Fall, dass die Dichte des Polymers 1,48 g/cm^3 beträgt.

■ Herstellung von Polymerwerkstoffen

13.37 *Aufgabe 2.29* hat die bei der Herstellung von Polyethylenfolie entstehende Wärme berechnet. Berechnen Sie in ähnlicher Weise die auftretende Wärmeentwicklung für einen Zeitraum von 24 h, in dem 864 km einer Folie mit 1 mil (25,4 μm) Dicke und einer Breite von 300 mm hergestellt werden. (Die Dichte der Folie beträgt 0,910 g/cm^3.)

13.38 Wie groß ist die gesamte Wärmeentwicklung bei der Herstellung der Polyethylenfolie in Aufgabe 13.37, wenn sich diese Produktionsrate für ein ganzes Jahr aufrechterhalten lässt?

D 13.39 Wählen Sie anhand der Daten für Elastizitätsmodul (auf Zug) und Zugfestigkeit für verschiedene thermoplastische Polymere in *Tabelle 6.7* die Polymere aus, die den folgenden Entwurfsspezifikationen für ein Schaltgetriebe entsprechen:

Elastizitätsmodul: $2.000 \text{ MPa} < E < 3.000 \text{ MPa}$

und

Zugfestigkeit: > 50 MPa.

D 13.40 Verwenden Sie die für Aufgabe 13.39 angegebenen Entwurfsspezifikationen und betrachten Sie verschiedene Duroplaste von *Tabelle 6.8*. Wie viele dieser Polymere erfüllen die Entwurfsspezifikationen?

Verbundwerkstoffe

14.1 Faserverstärkte Verbundwerkstoffe 596
14.2 Verbundwerkstoffe mit Zuschlägen 607
14.3 Verbundeigenschaften 615
14.4 Mechanische Eigenschaften von
 Verbundwerkstoffen 628
14.5 Verarbeitung von Verbundwerkstoffen 636

14 VERBUNDWERKSTOFFE

❝ Der Rumpf dieser Segelyacht hat eine Sandwich-Struktur. Die Außenhaut besteht aus Epoxidharz, das mit Kevlar-Fasern verstärkt ist. Als Kern dient ein geschäumtes Polyvinylchlorid. Dieses Verbundwerkstoffsystem ist leichtgewichtig und bietet dabei hohe Schlagfestigkeit und Zerreißfestigkeit. Außerdem ist das Segel kein reines Tuch, sondern ein faserverstärkter Mylar-Film. **❞**

Unsere letzte Kategorie technischer Konstruktionswerkstoffe sind die Verbundwerkstoffe. Sie stellen eine Kombination von zwei oder mehr Komponenten der in den letzten drei Kapiteln behandelten fundamentalen Werkstofftypen dar. Bei der Auswahl von Verbundwerkstoffen verfolgt man die Philosophie, dass sie „das Beste aus beiden Welten" bieten sollen (d.h. attraktive Eigenschaften von jeder Komponente). Ein klassisches Beispiel ist Fiberglas. Die Festigkeit der dünnen Glasfasern wird mit der Duktilität der polymeren **Matrix** kombiniert. Es entsteht ein Produkt, das jeder Komponente allein überlegen ist. Bestimmte Kombinationen von Verbundwerkstoffen wie z.B. Fiberglas überschreiten die Grenzen, die die vorherigen drei Kapitel gezogen haben. Bei anderen Kombinationen wie z.B. Beton stammen die unterschiedlichen Bestandteile aus einer einzigen Werkstoffklasse (der mineralischen Werkstoffe). Im Allgemeinen sollten wir die Definition für Verbundwerkstoffe nicht allzu weit fassen, sondern nur diejenigen Werkstoffe betrachten, die unterschiedliche Komponenten auf der mikroskopischen (und nicht der makroskopischen) Ebene vereinigen. In diesem Sinne betrachten wir auch keine mehrphasigen Legierungen und Keramiken, die das Ergebnis „klassischer" Herstellungsverfahren sind, wie sie in *Kapitel 9* und *10* beschrieben wurden. Ebenso sind die in *Kapitel 17* behandelten Mikroschaltkreise hier nicht eingeschlossen, weil jede Komponente in diesen Werkstoffsystemen ihren unverkennbaren Charakter behält. Trotz dieser Einschränkungen zeigt sich, dass die Kategorie der Verbundwerkstoffe eine fast unüberschaubare Breite von Werkstoffen – angefangen bei ganz einfachen bis zu technisch ausgereiften – umfasst. Fiberglas, Holz und Beton gehören zu den meistverwendeten Konstruktionswerkstoffen. Die Luftfahrtindustrie hat die Entwicklung technisch ausgereifter Verbundwerkstoffsysteme stark vorangetrieben (z.B. den „Stealth-" Bomber mit hochleistungsfähigen, nichtmetallischen Werkstoffen). Zunehmend finden diese Hochleistungswerkstoffe Einzug in zivilen Anwendungen, beispielsweise für Brücken mit verbessertem Festigkeits-/Gewichtsverhältnis oder in Kraftstoff sparenden Motoren.

Wir betrachten hier zwei umfangreiche Klassen von Verbundwerkstoffen. Zweckmäßigerweise werden diese Kategorien anhand von zwei typischen Konstruktionswerkstoffen erläutert: Fiberglas und Beton. Fiberglas – oder glasfaserverstärktes Polymer – ist ein ausgezeichnetes Beispiel für einen synthetischen faserverstärkten Verbundwerkstoff. Für die Faserverstärkung verwendet man im Allgemeinen drei Hauptformen: ausgerichtet in einer einzigen Richtung, zufällig verteilt als Kurzfasern oder als Gewebe, das mit der Matrix laminiert ist. Holz ist dem Fiberglas strukturell ähnlich (d.h. ein natürlicher faserverstärkter Verbundwerkstoff). Die Holzfasern sind gestreckt und bestehen aus toten biologischen Zellen. Die Matrix entspricht Lignin- und Hemizellulose-Ablagerungen. Beton ist das beste Beispiel für einen teilchen- oder partikelverstärkten Verbundwerkstoff, in dem Partikel statt Fasern eine Matrix verstärken. Während Beton schon seit Jahrhunderten als Baumaterial dient, wurden in den letzten Jahrzehnten zahlreiche Verbundwerkstoffe entwickelt, die ein ähnliches Konzept auf Basis einer Partikelverstärkung verwenden.

Das Konzept der Eigenschaftsmittelung ist unabdingbar, um die Einsatzgrenzen von Verbundwerkstoffen zu beurteilen. Ein wichtiges Beispiel ist der Elastizitätsmodul eines Verbundwerkstoffs. Er ist funktionell stark von der Geometrie der verstärkenden Komponente abhängig. Ähnlich wichtig ist die Festigkeit der Grenzfläche zwischen der verstärkenden Komponente und der Matrix. Wir konzentrieren uns auf diese mechanischen Eigenschaften, da Verbundwerkstoffe sehr häufig als Konstruktionswerkstoffe eingesetzt werden. So genannte Hochleistungswerkstoffe besitzen ungewöhnlich attraktive Merkmale wie z.B. große Festigkeits-/Gewichtsverhältnisse. Allerdings ist es nicht ganz einfach, ihre Eigenschaften anzugeben, da sie naturgemäß stark gerichtet sein können.

Auf der Companion Website finden Sie das Kapitel zu *Introduction to Composites* aus dem *ASM Handbook*, Vol. 21 (Composites), ASM International, Materials Park, OH, 2001. Mit Erlaubnis verwendet.

Bei der Herstellung von Verbundwerkstoffen zeigt sich, wie eng Chemie und Mikrostrukturen in dieser mannigfaltigen Kategorie von Werkstoffen verflochten sind. Wir beschränken uns deshalb auf einige häufig anzutreffende Beispiele. So basiert die Herstellung von Polymermatrixverbundwerkstoffen größtenteils auf den Herstellungsverfahren von Polymeren, die in *Kapitel 13* beschrieben sind.

14.1 Faserverstärkte Verbundwerkstoffe

Weit verbreitet sind synthetische Verbundwerkstoffe mit Verstärkungsfasern im Mikrometerbereich. In dieser Kategorie heben sich zwei Untergruppen ab: (1) Fiberglas mit Glasfasern, deren Elastizitätsmodul mittlere Werte aufweist, und (2) Hochleistungsverbundwerkstoffe mit hochsteifen Fasern. Außerdem vergleichen wir diese synthetischen Werkstoffe mit einem wichtigen natürlichen, **faserverstärkten Verbundwerkstoff** – Holz.

14.1.1 Konventionelles Fiberglas

Fiberglas ist das klassische Beispiel für ein modernes Verbundsystem. In Abbildung 14.1 sind verstärkende Fasern zu sehen. Die typische Bruchoberfläche eines Verbundwerkstoffs (siehe Abbildung 14.2) zeigt, wie derartige Fasern in der Polymermatrix eingebettet sind. Tabelle 14.1 listet typische Glaszusammensetzungen auf, die für die Faserverstärkung verwendet werden. Jede ist das Ergebnis einer beachtlichen Entwicklung, die zu optimaler Eignung für spezifische Anwendungen geführt hat. Z.B. ist **E-Glas** eine weit verbreitete Glasfaserzusammensetzung, wobei E für „elektrisch" steht. Der niedrige Natriumgehalt von E-Glas ist für seine besonders niedrige elektrische Leitfähigkeit und seine Eignung als Dielektrikum verantwortlich und seine Verbreitung in Verbundwerkstoffen für konstruktionstechnische Anwendungen hängt mit der chemischen Beständigkeit der Borosilikat-Zusammensetzung zusammen. Tabelle 14.1 gibt ausgewählte polymere Matrixwerkstoffe an. Abbildung 14.3 veranschaulicht drei gebräuchliche Faserkonfigurationen; die Abbildungen 14.3a und 14.3b zeigen **kontinuierliche Fasern** sowie **Kurzfasern**, in Abbildung 14.3c ist ein **Fasergewebe** zu sehen, das mit dem Matrixpolymer geschichtet ist und ein **Laminat** bildet. Mit den Auswirkungen dieser verschiedenen Geometrien auf mechanische Eigenschaften beschäftigen sich die Abschnitte 14.3 und 14.4. Momentan sei nur darauf hingewiesen, dass sich optimale Festigkeit durch ausgerichtete, kontinuierliche Verstärkungsfasern erreichen lässt. Die angegebenen Werte für diese Festigkeit dürfen allerdings nicht kritiklos übernommen werden, da es sich um Maximalwerte handelt, die nur in der Richtung parallel zu den Faserachsen gelten. Mit anderen Worten ist die Festigkeit stark **anisotrop** – sie ändert sich mit der Richtung.

Abbildung 14.1: Glasfasern für die Verstärkung in einem Fiberglasverbundwerkstoff

Abbildung 14.2: Auf einer REM-Aufnahme der Bruchoberfläche ist die Glasfaserverstärkung in einem Fiberglasverbundwerkstoff deutlich zu sehen.

14 VERBUNDWERKSTOFFE

Tabelle 14.1
Zusammensetzungen von Verstärkungsfasern aus Glas

Bezeichnung	Eigenschaft	Zusammensetzung[a] (in Gewichtsprozent)								
		SiO_2	$(Al_2O_3 + Fe_2O_3)$	CaO	MgO	Na_2O	K_2O	B_2O_3	TiO_2	ZrO_2
A-Glas	Standardkalk-natronglas	72	<1	10		14				
AR-Glas	alkalibeständig (für Betonbewehrungen)	61	<1	5	<1	14	3		7	10
C-Glas	chemisch korrosionsbeständig	65	4	13	3	8	2	5		
E-Glas	chemische Zusammensetzung für elektrische Anwendungen geeignet	54	15	17	5	<1	<1	8		
S-Glas	Hohe Festigkeit und hoher Modul	65	25		10					

[a] Richtwerte ohne Berücksichtigung verschiedener Verunreinigungen

Tabelle 14.2
Polymere Matrixwerkstoffe für Fiberglas

Polymer[a]	Charakteristika und Anwendungen
Duroplaste	
Epoxyde	hohe Festigkeit (für faserverstärkte Behälter in Wickeltechnik)
Polyester	für allgemeine Strukturen (gewöhnlich faserverstärkt)
Phenole	Hochtemperaturanwendungen
Silikone	elektrische Anwendungen (z.B. Basismaterial für gedruckte Schaltungen)
Thermoplaste	
Nylon 66 Polykarbonat Polystyrol	weniger gebräuchlich, insbesondere gute Duktilität

[a] Chemische Daten siehe die Tabellen 13.1 und 13.2.

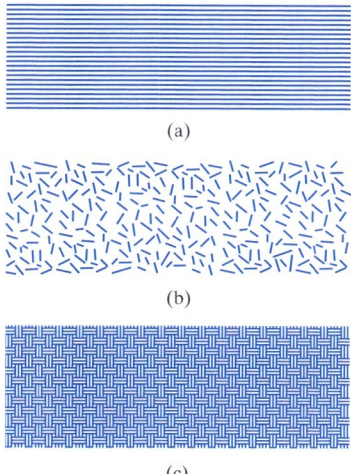

Abbildung 14.3: Drei allgemeine Faserkonfigurationen für Verstärkung von Verbundwerkstoffen: (a) durchgehende Fasern, (b) Kurzfasern und (c) Fasergewebe zur Herstellung einer laminierten Struktur.

14.1.2 Hochleistungsverbundwerkstoffe

Zu den **Hochleistungsverbundwerkstoffen** (Advanced Composites) gehören solche Systeme, in denen die verstärkenden Fasern einen höheren E-Modul haben als den von E-Glas. Beispielsweise enthält Fiberglas, das in den meisten Rotorblättern von US-Hubschraubern eingesetzt wird, Hochmodul-S-Glasfasern (siehe Tabelle 14.2). Allerdings sind in Hochleistungsverbundwerkstoffen im Allgemeinen auch Fasern aus anderen Werkstoffen als Glas enthalten. In Tabelle 14.2 sind verschiedene Hochleistungsverbundwerkstoff-Systeme aufgelistet. Hierzu gehören Systeme mit modernsten Werkstoffen, die für technische Anwendungen mit strengsten Anforderungen entwickelt wurden. Die Industrie für Hochleistungsverbundsysteme ist durch die Fortschritte in der Werkstofftechnik während des Zweiten Weltkriegs stark gewachsen. Diese Entwicklung setzte sich rasant mit dem Wettlauf zum All in den 1960er Jahren fort und hält unvermittelt an durch die gestiegenen Anforderungen bei Hochleistungsprodukten für die kommerzielle Luftfahrt und im Freizeitbereich (siehe z.B. Abbildung 1.15).

Tabelle 14.3

Hochleistungsverbundsysteme

Klasse	Faser/Matrix
Polymermatrix	Para-Aramid (Kevlar[a]) / Epoxyd
	Para-Aramid (Kevlar[b]) / Polyester
	C (Graphit) / Epoxyd
	C (Graphit) / Polyester
	C (Graphit) / Polyetheretherketon (PEEK)
	C (Graphit) / Polyphenylensulfid (PPS)

Hochleistungsverbundsysteme

Klasse	Faser/Matrix
Metallmatrix	B / Al
	C / Al
	Al_2O_3 / Al
	Al_2O_3 / Mg
	SiC / Al
	SiC / Ti (Legierungen)
Keramikmatrix	Nb / $MoSi_2$
	C / C
	C / SiC
	SiC / Al_2O_3
	SiC / SiC
	SiC / Si_3N_4
	SiC / Li-Al-Silikat (Glaskeramik)

[a] Handelsname der Firma Du Pont.
[b] Handelsname der Firma Du Pont.

Kohlenstoff- und Kevlar-Faserverstärkungen stellen Fortschritte gegenüber herkömmlichen Glasfasern für **Polymer-Matrix-Verbundwerkstoffe** dar. Der Durchmesser von Kohlenstofffasern liegt typischerweise zwischen 4 und 10 μm, wobei der Kohlenstoff aus kristallinem Graphit und nichtkristallinen Regionen besteht. Kevlar ist der Handelsname der Firma Du Pont für Poly(p-Phenylenterephthalamid) (PPD-T), einem Para-Aramid mit der Formel

$$\left(HN-\underset{}{\bigcirc}-N-\underset{\underset{O}{\parallel}}{C}-\underset{}{\bigcirc}-CO \right)_n \tag{14.1}$$

Epoxyde und Polyester (duroplastische Polymere) sind traditionelle Matrixwerkstoffe. Bei der Entwicklung von thermoplastischen Polymermatrizen wie z.B. Polyetheretherketon (PEEK) und Polyphenylensulfid (PPS) sind große Fortschritte zu verzeichnen. Diese Werkstoffe sind sowohl höher belastbar als auch wiederverwertbar. Kohlenstoff- und Kevlar-verstärkte Polymere setzt man in Druckbehältern ein und Kevlar-Verstärkung wird in Reifen genutzt. Kohlenstoff-verstärktes PEEK und PPS beweisen gute Temperaturbeständigkeit und sind deshalb auch für Luftfahrtanwendungen attraktiv.

Metall-Matrix-Verbundwerkstoffe sind für den Einsatz unter thermischen, elektrischen oder mechanischen Belastungen entwickelt worden, die über die Möglichkeiten der Polymer-Matrix-Systeme hinausgehen. Z.B. wird Bor-verstärktes Aluminium im Space Shuttle-*Orbiter* eingesetzt und Kohlenstoff-verstärktes Aluminium im Hubble-Teleskop. Aluminiumoxid-verstärktes Aluminium findet man in Motorkomponenten von Kraftfahrzeugen.

14.1 Faserverstärkte Verbundwerkstoffe

Die treibende Kraft für die Entwicklung von **Keramik-Matrix-Verbundwerkstoffen** ist ihre überlegene Hochtemperaturbeständigkeit. Diese Verbundwerkstoffe erfüllen im Unterschied zu Ingenieurkeramiken die Zähigkeitsanforderungen an Strukturelemente moderner Hochleistungs-Strahltriebwerke. Ein besonderes Hochleistungsverbundsystem in diesem Zusammenhang ist der **Kohlenstoff-Kohlenstoff-Verbundwerkstoff**. Dieser hochfeste und sehr steife Werkstoff ist aber auch vergleichsweise teuer und zwar deshalb, weil im Herstellungsprozess die langen Kohlenstoffmolekülketten in der Matrix durch Pyrolyse (Erwärmen in einer inerten Atmosphäre) eines polymeren Kohlenwasserstoffs gebildet werden. Kohlenstoff-Kohlenstoff-Verbundwerkstoffe werden derzeit in hochpreisigen Sportwagen als reibungsbeständige Werkstoffe oder in der Luft- und Raumfahrttechnik z.B. als Schutzschilde für wiedereintrittsfähige Raumfahrzeuge eingesetzt.

Als Metallfasern kommen oftmals Drähte von geringem Durchmesser zum Einsatz. Eine besonders hochfeste Verstärkung erzielt man durch **Whisker**, d.h. kleine, einkristalline Fasern, die sich mit einer nahezu fehlerfreien Kristallstruktur züchten lassen. Leider kann man Whisker nicht als durchgängige Fäden in der Art von Glasfasern oder Metalldrähten züchten. Abbildung 14.4 stellt verschiedene Querschnittsgeometrien von verstärkenden Fasern gegenüber.

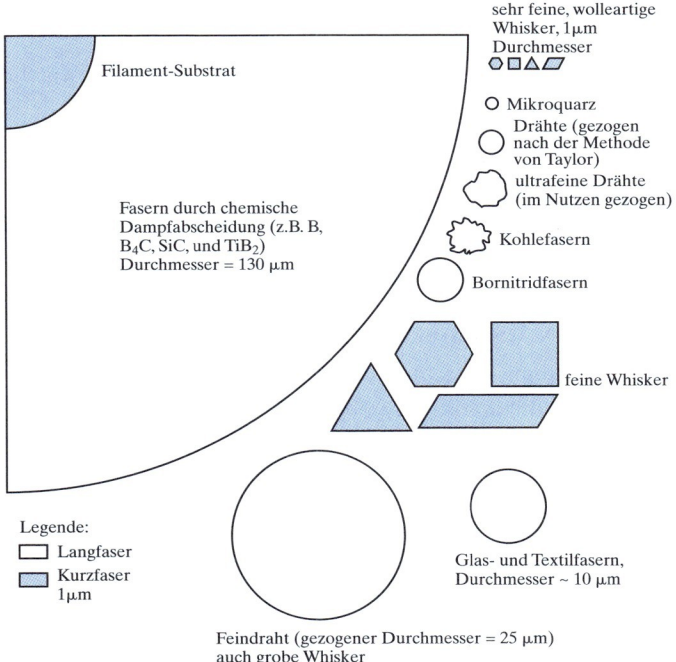

Abbildung 14.4: Relative Querschnittsflächen und Formen einer breiten Vielfalt von Verstärkungsfasern

In den achtziger Jahren hat sich die Produktion von Hochleistungsverbundwerkstoffen in den Vereinigten Staaten alle 5 Jahre verdoppelt. In den ersten 3 Jahren der Neunziger ist allerdings die Produktion plötzlich um 20% zurückgegangen, was mit dem Ende des Kalten Krieges und entsprechenden Auswirkungen auf Verteidigungsbudgets zusammenhängt. Auf dem Gebiet der Hochleistungsverbundwerkstoffe zeichnen sich als Reaktion auf diese Änderungen verschiedene Trends ab. Zu den Innovationen gehören unter anderem der Marinemarkt (z.B. Hochleistungs-Power-Boote), verbesserte Festigkeits-/Gewichtsverhältnisse für Strukturen im Bauwesen und die Entwicklung von Elektroautos. Eine grundlegende Herausforderung für den breiteren Einsatz von hochentwickelten Verbundwerkstoffen für den automobilen Massenmarkt ist die Forderung nach verringerten Kosten, die sich aber erst bei größeren Produktionskapazitäten einstellen können. Andererseits lässt sich die Produktionskapazität ohne größeren Bedarf im Automobilbau nicht steigern.

Spezifische technologische Entwicklungen treten als Reaktion auf den neuen Trend in Richtung ziviler Anwendungen auf. Eine Schlüsselforderung sind reduzierte Produktionskosten. Aus diesem Grund entwickelt man für den Brückenbau Verfahren, um Duroplastharze außerhalb von Autoklaven härten zu können. In ähnlicher Weise verringert das Harzinjektionsverfahren (RTM, Resin Transfer Molding) mit textilen Vorformen die Aushärtungszeiten drastisch. (Das verwandte Spritzpressen ist in *Abbildung 13.17* zu sehen.) Auch eine automatisierte Einlegetechnik für die Verstärkungsfasern führt zu schnelleren Herstellungsprozessen. Die Zugabe von Thermoplast- oder Elastomer-Mikrokugeln zu Duroplastharzen gehört zu den verschiedenen Techniken, mit denen sich die Bruchzähigkeit verbessern lässt, um die Ablösung von Schichten und Aufprallschäden zu verringern. Bismaleimid- (BMI-) Harze stellen wegen ihrer größeren Hitzebeständigkeit (über 300 °C) gegenüber Epoxyden einen Fortschritt dar.

Ein einzelner Verbundwerkstoff kann verschiedene Arten von Verstärkungsfasern enthalten. **Hybride** sind Fasergewebe, die aus zwei oder mehr Typen von Verstärkungsfasern bestehen (z.B. Kohlenstoff und Glas oder Kohlenstoff und Aramid). Durch die Kombination verschiedener Werkstoffe versucht man, die Leistung des Verbundwerkstoffs zu optimieren. Beispielsweise kann man hochfeste Nichtkohlenstofffasern zu Kohlenstofffasern hinzufügen, um die Schlagzähigkeit des Gesamtwerkstoffs zu verbessern.

14.1.3 Holz – ein natürlicher faserverstärkter Verbundwerkstoff

Die in Tabelle 14.4 aufgeführten Verbundwerkstoffe gehören zu den kreativsten Errungenschaften der Werkstofftechnologie. Dabei dient oftmals die Natur als Vorbild. So ist es auch bei den faserverstärkten Verbundwerkstoffen wie z.B. **Holz** – einem ausgezeichneten Baustoff. In der Tat übersteigt das Gewicht des jährlich in den Vereinigten Staaten im Bauwesen eingesetzten Holzes das für Stahl und Beton zusammengenommen. Tabelle 14.4 listet einige typische Holzarten auf. Man unterscheidet **Weichholz** und **Hartholz**. Diese Kategorien sind relative Begriffe, auch wenn Weichholz im Allgemeinen eine geringere Festigkeit hat. Der grundlegende Unterschied zwischen den Kategorien geht auf ihre saisonale Natur zurück. Weichholz kommt von „immergrünen" Nadelbäumen mit frei liegenden Samen, während Hartholzgewächse laubwechselnd sind (d.h. die Blätter jährlich verlieren) und bedeckte Samen haben (z.B. Nüsse).

Die Mikrostruktur von Holz veranschaulicht ihre Gemeinsamkeiten mit den synthetischen Verbundwerkstoffen des vorherigen Abschnitts. Abbildung 14.5 zeigt einen Querschnitt der Mikrostruktur der Southern Pine, einem wichtigen Weichholz. Das dominante Merkmal der Mikrostruktur ist die große Anzahl der vertikal verlaufenden röhrenähnlichen Zellen. Diese Längszellen sind mit der vertikalen Achse des Baums ausgerichtet. Der in *Kapitel 6* erwähnte brillante Robert Hooke, von dem das Hookesche Gesetz stammt, hat auch den Begriff *Zelle* für diese biologischen Bausteine geprägt. Es gibt einige radiale Zellen, die senkrecht zu den Längszellen verlaufen. Wie aus dem Namen hervorgeht, verlaufen die Radialzellen von der Mitte des Baumstamms aus strahlenförmig nach außen bis zur Oberfläche. Die Längszellen bilden Röhren, die den Saft und andere von den Pflanzenzellen benötigten Flüssigkeiten transportieren. Frühjahrszellen haben einen größeren Durchmesser als Zellen, die später im Jahresverlauf entstehen. Dieses Wachstumsmuster führt zur charakteristischen Ringstruktur, aus der man das Alter des Baums ablesen kann. Die Radialzellen speichern Nährstoffe für den wachsenden Baum. Die Zellwände bestehen aus Zellulose (siehe Tabelle 14.4). Diese röhrenförmigen Zellen übernehmen die verstärkende Rolle, die Glasfasern in Fiberglasverbundwerkstoffen spielen. Die Festigkeit der Zellen in der Längsrichtung ist eine Funktion der Faserausrichtung in dieser Richtung. Die Zellen werden durch eine Matrix von **Lignin** und **Hemizellulose** zusammengehalten. Lignin ist ein Phenol-Propan-Netzwerkpolymer und Hemizellulose eine polymere Zellulose mit einem relativ niedrigen Polymerisationsgrad (~200).

Tabelle 14.4

Gebräuchliche Holzsorten

Weichholz	Hartholz
Zeder	Esche
Douglasie	Birke
Kiefer	Lärche
Pinie	Ahorn
Mammutbaum	Eiche
Fichte	

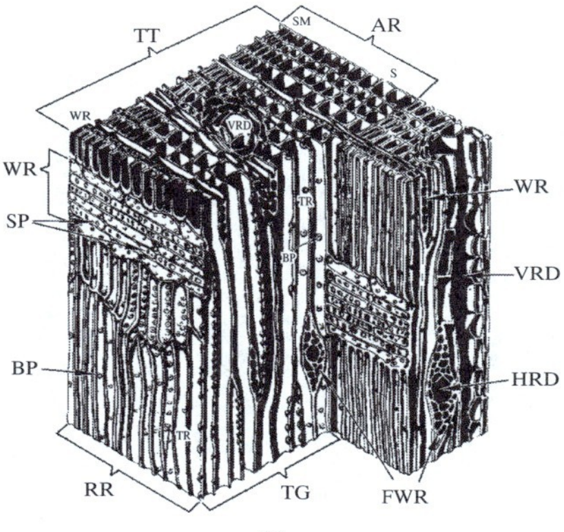

Abbildung 14.5: (a) Schematische Darstellung der Mikrostruktur von Holz (hier: Weichholz). Die strukturellen Merkmale sind TT – Querschnittsoberfläche, RR – radiale Oberfläche, TG – tangentiale Oberfläche, AR – Jahresring, S – Frühholz (Frühjahr), SM – Spätholz (Sommer), WR – Holzstrahl, FWR – spindelförmiger Holzstrahl, VRD – vertikaler Harzgang, HRD – horizontaler Harzgang, BP – Randvertiefung, SP – Einfachvertiefung und TR – Tracheide. (b) REM-Aufnahme der Mikrostruktur von Southern Pine (45fach).

Die komplexe Chemie und Mikrostruktur von Holz manifestiert sich als hoch anisotrope Makrostruktur, wie sie Abbildung 14.6 zeigt. Entsprechend diesem Konzept variieren die Eigenschaften von Holz beträchtlich mit dem Feuchtigkeitsgehalt der Atmosphäre. *Abschnitt 14.4* legt deshalb besonderes Augenmerk auf die Spezifikation der atmosphärischen Bedingungen, auf die sich die Daten für mechanische Eigenschaften beziehen.

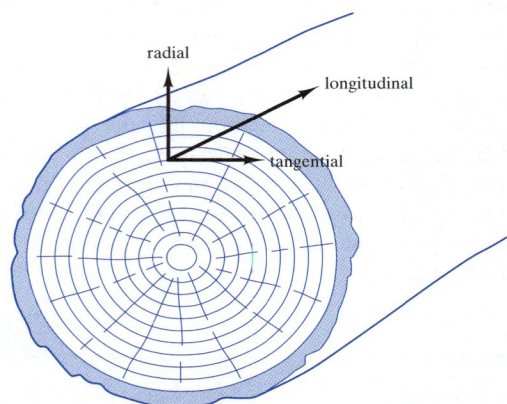

Abbildung 14.6: Anisotrope Makrostruktur von Holz

Beispiel 14.1 Ein Fiberglasverbundwerkstoff enthält 70 Volumenprozent E-Glasfasern in einer Epoxydmatrix.
(a) Berechnen Sie den Anteil der Glasfasern im Verbundwerkstoff (in Gewichtsprozent).
(b) Bestimmen Sie die Dichte des Verbundwerkstoffs. Die Dichte von E-Glas beträgt 2,54 g/cm³ und für Epoxyd 1,1 g/cm³.

Lösung

(a) Für 1 m³ Verbundwerkstoff erhält man 0,70 m³ E-Glas und $(1,00 - 0,70)$ m³ = 0,30 m³ Epoxyd. Die Masse jeder Komponente ist dann

$$m_{\text{E-Glas}} = \frac{2{,}54 \text{ g}}{\text{cm}^3} \times 0{,}70 \text{ m}^3 = 1.770 \text{ kg}$$

und

$$m_{\text{Epoxyd}} = \frac{1{,}1 \text{ g}}{\text{cm}^3} \times 0{,}30 \text{ m}^3 = 330 \text{ kg}.$$

Das ergibt

$$\text{Gew.-\% Glas} = \frac{1{,}77 \text{ Mg}}{(1{,}77 + 0{,}33) \text{ Mg}} \times 100 = 84{,}3\%.$$

(b) Die Dichte berechnet sich zu

$$\rho = \frac{m}{V} = \frac{(1{,}77 + 0{,}33) \text{ Mg}}{\text{m}^3} = 2{,}10 \text{ g/cm}^3.$$

Beispiel 14.2

Hemizellulose ist eine wichtige Komponente in Holz. Berechnen Sie ihr Molekulargewicht für einen Polymerisationsgrad von 200.

Lösung

Das Mer für Zellulose ist in *Tabelle 13.1* angegeben und lässt sich in kompakter Form als

$$C_6H_{10}O_5$$

beschreiben.

Wie in *Kapitel 13* erläutert wurde, ist das Molekulargewicht eines Polymers einfach der Polymerisationsgrad multipliziert mit dem Molekulargewicht seines Monomers. Mit den Daten aus *Anhang A* lässt sich berechnen:

$$\text{Mol-Gewicht} = (200)(6 \times 12{,}01 + 10 \times 1{,}008 + 5 \times 16{,}00) \text{ g/mol}$$

$$= 32.430 \text{ g/mol.}$$

Die Lösungen für alle Übungen finden Sie auf der Companion Website.

Übung 14.1

Beispiel 14.1 hat die Dichte eines typischen Fiberglasverbundwerkstoffs ermittelt. Wiederholen Sie die Berechnungen für (a) 50 Volumenprozent und (b) 75 Volumenprozent E-Glasfasern in einer Epoxydmatrix.

Übung 14.2

Berechnen Sie das Molekulargewicht eines Hemizellulosemoleküls mit einem Polymerisationsgrad von (a) $n = 150$ und (b) $n = 250$. (Siehe Beispiel 14.2.)

Die Welt der Werkstoffe

Ein neuartiger Verbundwerkstoff für synthetische Knochen

In *Kapitel 12* und *13* wurden in „Die Welt der Werkstoffe" eine Keramik – Hydroxyapatit (HA) – und ein Polymer – Collagen – als Hauptkomponenten des natürlichen Knochens vorgestellt. Mit dieser Kombination auf mikroskopischer Ebene (43 Gewichtsprozent HA und 36 Gewichtsprozent Collagen) ist der Knochen auch ein gutes Beispiel für einen natürlichen Verbundwerkstoff. Der Rest der Knochenzusammensetzung besteht aus viskosen Flüssigkeiten. Insgesamt lässt sich dieser Verbundwerkstoff als eines der bevorzugten Baumaterialien der Natur ansehen.

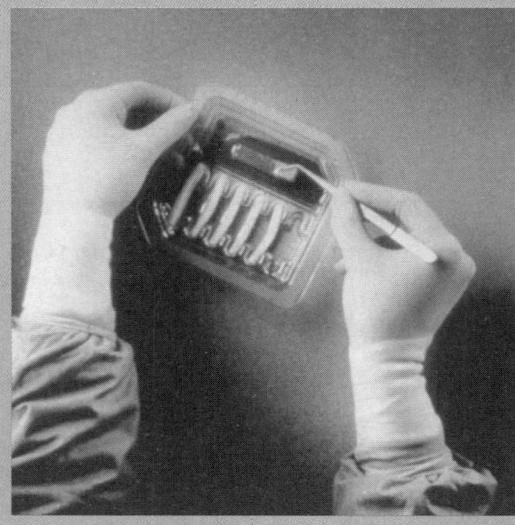

Die adäquaten mechanischen Eigenschaften des Knochens zusammen mit seiner Fähigkeit, sich selbst zu reparieren und neu zu modellieren, macht tierische und menschliche Skelette zu eindrucksvollen strukturellen Systemen. Gelegentlich auftretende Verletzungen übersteigen allerdings die Fähigkeit des Knochens, sich vollständig selbst zu reparieren. Orthopädische Chirurgen beschreiben mit *großen Defekten* zentimetergroße Lücken im Skelettsystem. In der Vergangenheit hat man derartige Defekte repariert, indem man Knochen aus einem anderen Teil des Körpers (autogene Knochentransplantate) oder Knochen von Leichen (Allotransplantate) entnommen hat. Autogene Knochentransplantate weisen hohe Morbidität und Kosten auf, während Allotransplantate ein beträchtliches Risiko in Bezug auf Immunreaktionen und Krankheitsübertragung mit sich bringen.

Ein Beispiel für einen technischen Verbundwerkstoff, der diese großen Lücken füllen kann, ist das Produkt *Collagraft* (siehe Foto). In diesem System sind millimetergroße Keramikpartikel in einer Matrix von Collagen eingebettet (siehe die Mikroaufnahme). Jedes Keramikpartikel ist tatsächlich eine feine Mischung aus mikrometerkleinen Körnern von HA und Trikalziumphosphat (TCP), einem Stoff, der HA chemisch ähnlich ist, aber wesentlich schneller auf die physiologische Umgebung reagiert. Diese Kombination ist effektiv, da TCP in wenigen Tagen durch den Körper resorbiert wird, was eine schnelle Befestigung des Implantats am natürlichen Knochen ermöglicht. Dabei behält HA seine strukturelle Integrität über mehrere Monate hinweg bei, während der neue Knochen wächst und die defekte Region füllt. Collagen scheint die Bildung des neuen Knochens zu erleichtern und spielt dabei eine ähnliche Rolle wie beim normalen Knochenwachstum. Um eine maximale Leistung des Verbundwerkstoffs zu erzielen, mengt man Knochenmark des Patienten dem kommerziellen Werkstoff bei und bildet dabei die dritte Komponente (viskose Flüssigkeiten) des natürlichen Knochens nach.

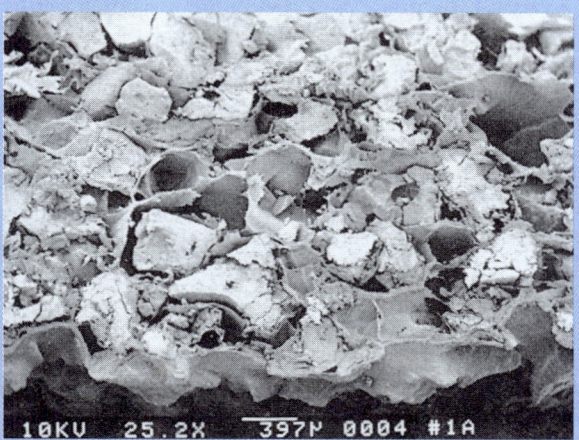

REM-Aufnahme eines partikelbasierten Verbundwerkstoffs, der aus Keramikpartikeln (Hydroxyapatit plus Trikalziumphosphat) in einer polymeren (Collagen-) Matrix besteht. Das Bild zeigt Collagen in einem dunkleren Grau.

14.2 Verbundwerkstoffe mit Zuschlägen

Fiberglas ist ein eindeutiges und bekanntes Beispiel für faserverstärkte Verbundwerkstoffe. In ähnlicher Weise ist **Beton** ein hervorragendes Beispiel für einen **Verbundwerkstoff mit Zuschlägen**, bei dem partikelförmige Zuschläge eine Matrix verstärken. Üblicherweise besteht Beton aus Stein und Sand in einer Kalziumaluminosilikat (Zement)-Matrix. Wie bei Holz wird dieser Baustoff in immensen Mengen eingesetzt. Die jährlich verbrauchte Menge von Beton überschreitet gewichtsmäßig die aller Metalle zusammengenommen.

Bei Beton ist der **Zuschlagsstoff** eine Kombination von Sand (Feinaggregat) und Kies (Grobaggregat). Diese Komponente von Beton ist ein natürliches Material im gleichen Sinne wie Holz. Gewöhnlich wählt man diese Stoffe wegen ihrer relativ hohen Dichte und Festigkeit aus. Eine Tabelle der Zusammensetzungen aller möglichen Zuschläge wäre überaus komplex und kaum aussagekräftig. Im Allgemeinen sind Zuschlagsstoffe mineralogische Silikate, die aus regional verfügbaren Lagerstätten ausgewählt werden. In diesem Sinne sind sie komplexe und relativ unreine Vertreter der kristallinen Silikate, die in *Abschnitt 12.1* eingeführt wurden. Eruptivgesteine sind hierfür typische Vertreter. *Eruptiv* heißt „in geschmolzenem Zustand erstarrt". Bei schnell abgekühlten Eruptivgesteinen kann ein gewisser Anteil des resultierenden Materials nichtkristallin sein, was den glasartigen Silikaten von *Abschnitt 12.2* entspricht. Die relative Partikelgröße von Sand und Kies wird gemessen und gesteuert, indem man diese Stoffe durch Standardsiebe schüttet. Tabelle 14.5 gibt die Maschenweite von Sieben an. Abbildung 14.7 zeigt eine typische Verteilung der Partikelgrößen sowohl von Fein- als auch Grobaggregaten. Der Grund für eine Kombination von Fein- und Grobaggregaten in einer bestimmten Betonmischung lässt sich anhand von Abbildung 14.8 erklären, die zeigt, dass der Raum durch Partikel verschiedener Größen effizienter ausgefüllt wird. Die feinen Partikel füllen die Zwischenräume zwischen den größeren Partikeln aus. Die Kombination von Fein- und Grobaggregaten macht etwa 60 bis 75% des Gesamtvolumens des endgültigen Betons aus.

Tabelle 14.5

Maschenweiten von Standardsieben[a]

Siebbezeichnung	Öffnung (mm)
Grobaggregat (Kies)	
6	152,4
3	76,2
1 1/2	38,1
3/4	19,1
3/8	9,5
Feinaggregat (Sand)	
4	4,75
8	2,36
16	1,18
30	0,6
50	0,3
100	0,15

[a] Die Siebbezeichnungen für den groben Bereich entsprechen den Abmessungen der Öffnungen in Zoll. Für den Feinbereich gibt die Bezeichnung die Anzahl der Öffnungen pro Längenzoll an.

14.2 Verbundwerkstoffe mit Zuschlägen

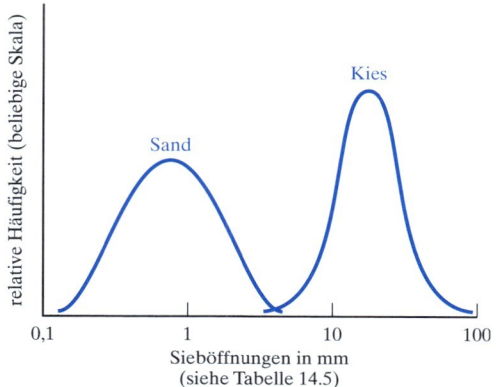

Abbildung 14.7: Typische Partikelgrößenverteilung von Betonzuschlägen. (Beachten Sie die logarithmische Skala für die Partikelgrößen, die durch die Sieböffnungen fallen.)

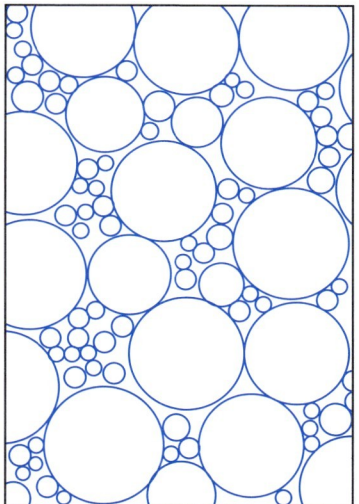

Abbildung 14.8: Die Verteilung der Zuschläge im Beton wird unterstützt durch eine breite Verteilung der Partikelgrößen. Die kleineren Partikel füllen die Räume zwischen den größeren. Diese Ansicht ist natürlich nur eine zweidimensionale Schemadarstellung.

Die Matrix, die die Zuschlagsstoffe einschließt, ist **Zement**. Er bindet die Aggregatpartikel zu einem starren Festkörper. Moderner Beton verwendet **Portlandzement** (benannt nach der Isle of Portland in England, wo ein örtlicher Kalkstein dem synthetischen Produkt nahe kommt), ein Kalziumaluminosilikat. Prinzipiell unterscheidet man fünf Arten von Portlandzement (siehe Tabelle 14.6). Sie variieren in den relativen Konzentrationen der vier Kalzium enthaltenden Mineralien. Tabelle 14.6 gibt auch die daraus resultierenden Eigenschaften an. Die Matrix wird durch Zugabe von Wasser zum Zementpulver gebildet. Die Partikelgrößen für die Zementpulver sind relativ klein verglichen mit den feinsten Anteilen der Zuschläge. Über die Zementpartikelgröße lässt sich die Geschwindigkeit beeinflussen, mit der der Zement hydratisiert bzw. abbindet. Diese Hydrationsreaktion härtet den Zement und erzeugt die chemische Bindung der Matrix zu den Zuschlagsstoffen. Sieht man sich die komplexen Zusammensetzungen von Portlandzement an (siehe Tabelle 14.7), überrascht es nicht, dass die Chemie des Hydrationsprozesses gleichermaßen komplex ist. Die Haupthydrationsreaktionen und die damit verbundenen Endprodukte sind in Tabelle 14.7 angegeben.

Tabelle 14.6

Zusammensetzungen von Portlandzement

ASTM[b]-Typ	Eigenschaften	Zusammensetzung[a] (in Gewichtsprozent)				
		C_3S	C_2S	C_3A	C_4AF	Andere[c]
I	Standard	45	27	11	8	9
II	Verringerte Hydrationswärme und verbesserte Sulfatbeständigkeit	44	31	5	13	7
III	Hohe Anfangsfestigkeit (gekoppelt mit hoher Hydrationswärme)	53	19	11	9	8
IV	Geringe Hydrationswärme (geringer als II und besonders für massive Baukörper geeignet)	28	49	4	12	7
V	Sulfatbeständig (besser als II und insbesondere für Wasser- und Abwasserbau geeignet)	38	43	4	9	6

[a] Die Kurzschreibweise für die Zementtechnologie lautet $C_3S = 3CaO * SiO_2$, $C_2S = 2CaO * SiO_2$, $C_3A = 3CaO * Al_2O_3$, $C_4AF = 4CaO * Al_2O_3 * Fe_2O_3$.
[b] ASTM – American Society for Testing and Materials.
[c] Hauptsächlich einfache Oxide (MgO, CaO, Alkalioxide) und $CaSO_4$.

Tabelle 14.7

Prinzipielle Hydrationsreaktionen[a] von Portlandzement

(1)	$2C_3S + 6H \rightarrow 3Ch + C_3S_2H_3$ (Tobermorit)
(2)	$2C_2S + 4H \rightarrow Ch + C_3S_2H_3$
(3)	$C_3A + 10H + CsH2 \rightarrow C_3ACSH_{12}$ (Kalziumaluminomonosulfathydrat)
(4)	$C_3A + 12H + Ch \rightarrow C_3AChH_{12}$ (Tetrakalziumaluminathydrat)

> **Prinzipielle Hydrationsreaktionen[a] von Portlandzement**
>
> (5) $\quad C_4AF + 10H + 2Ch \rightarrow C_6AFH_{12}$ (Kalziumaluminoferrithydrat)
>
> [a] Die Kurzschreibweise für die Zementtechnologie lautet $C_3S = 3CaO * SiO_2$, $C_2S = 2CaO * SiO_2$, $C_3A = 3CaO * Al_2O_3$, $C_4AF = 4CaO * Al_2O_3 * Fe_2O_3$, $H = H_2O$, $Ch = Ca(OH)_2$ und $Cs = CaSO_4$.

Beton wird häufig mit Armierungsstahl (Bewehrung) verstärkt, der vor dem Abbinden des Zements in den Beton eingebracht wird. Diese Technik ist besonders wirksam, wenn die Bewehrung beim Abbindevorgang unter einer hohen Zugkraft gehalten wird, bis der Beton ausgehärtet ist. Gibt man dann die angelegte Zugkraft frei, zieht sich die Bewehrung zusammen und setzt den Beton unter eine Restdruckspannung. Der spröde, keramikähnliche Beton ist im Ergebnis rissbeständiger. Der **Spannbeton** lässt sich erst brechen, wenn eine angelegte Zugspannung mindestens die Größe der Restdruckspannung überschreitet. Spannbeton setzt man regelmäßig im Brückenbau ein.

In der Polymertechnologie haben wir mehrere Additive angegeben, die dem Endprodukt bestimmte wünschenswerte Merkmale verleihen. In der Zementtechnologie verwendet man zu diesem Zweck **Zusatzstoffe**. Jede Komponente von Beton außer den Zuschlägen, Zement oder Wasser ist per Definition ein Zusatzstoff (siehe Tabelle 14.7). Unter den aufgeführten Zusatzstoffen ist ein *Luftporenbildner*, der uns daran erinnert, dass man sich Luft als eine vierte Komponente von Beton vorstellen kann. Praktisch der gesamte Baubeton enthält eingeschlossene Luft. Der Luftporenbildner erhöht die Konzentration der eingefangenen Luftblasen, um die Verarbeitbarkeit während der Formung zu verbessern und eine erhöhte Widerstandsfähigkeit gegen Frost-Tau-Angriffe zu erzielen.

Tabelle 14.8

Zusatzstoffe

Typ	Eigenschaften	Beispiel
Beschleuniger	bewirkt frühe Festigkeit und Aushärtung	$CaCl_2$
Luftporen-bildner	verringert Grenzflächenspannungen zwischen Luft und Wasser, um eingefangene Luftblasen zu bilden und die Verarbeitungsfähigkeit und Frost-Tau-Beständigkeit zu erhöhen	Natriumlaurylsulfat
Bindungszusätze	Bindungsverbesserung für gehärteten Beton	feine Eisenpartikel plus Chlorid
Farbzusätze	erzeugen Oberflächenfarben	anorganische Pigmente[a]
Expansionszusätze	verringert das Schrumpfen infolge der Bildung von sich ausdehnenden Rostpartikeln	feine Eisenpartikel plus Chlorid

Zusatzstoffe

Typ	Eigenschaften	Beispiel
Gasbildner	reagiert mit Hydroxiden, um H_2-Blasen zu bilden, wodurch eine poröse (zelluläre) Struktur entsteht	Aluminiumpulver
Puzzolane	Quarz reagiert mit freiem CaO, um zusätzliches C_2S-Hydrat zu erzeugen, das die Hydrationswärme verringert	Vulkanasche
Verzögerer	verzögert das Härten und verhindert die Bindung zwischen gehärtetem und frischem Beton	Lignosulfonatsalze
Oberflächenhärter	produziert abriebfeste Oberflächen	Schmelzkorundpartikel
Wasserreduzierer	erhöht die Verarbeitungsfähigkeit	Lignosulfonatsalze

[a] Siehe *Tabelle 16.3* für typische färbende Ionen.

Neben Beton als wichtigem technischen Werkstoff basiert eine große Anzahl anderer Verbundwerkstoffsysteme auf der Partikelverstärkung. Tabelle 14.9 gibt Beispiele an. Wie bei Tabelle 14.9 umfassen diese Systeme einige der höchstentwickelten technischen Werkstoffe. In Tabelle 14.9 lassen sich zwei Gruppen moderner Verbundwerkstoffe ausmachen. **Teilchenverstärkte Verbundwerkstoffe** beziehen sich speziell auf Systeme, in denen die verteilten Partikel relativ groß sind (mindestens mehrere Mikrometer im Durchmesser) und in relativ hohen Konzentrationen vorliegen (mehr als 25 und häufig zwischen 60 und 90 Volumenprozent). Weiter vorn haben Sie bereits ein Werkstoffsystem kennen gelernt, dass sich in diese Kategorie einreihen lässt – die in *Abschnitt 13.5* behandelten Polymere, die Füller enthalten. Beachten Sie auch, dass Autoreifen aus Gummi zu rund einem Drittel aus Rußpartikeln bestehen.

Tabelle 14.9

Partikelverstärkte Verbundwerkstoffe

teilchenverstärkte Verbundwerkstoffe	thermoplastisches Elastomer (Elastomer in thermoplastischem Polymer) SiC in Al W in Cu Mo in Cu WC in Co W in NiFe
dispersionsverfestigte Metalle	Al_2O_3 in Al Al_2O_3 in Cu Al_2O_3 in Fe ThO_2 in Ni

14.2 Verbundwerkstoffe mit Zuschlägen

Ein gutes Beispiel für einen teilchenverstärkten Verbundwerkstoff ist WC/Co, ein ausgezeichneter Werkstoff für Schneidwerkzeuge (bekannt auch als Hartmetall). Ein Carbid hoher Härte in einer duktilen Metallmatrix ist ein wichtiges Beispiel für **Cermet**, einen Keramik-Metall-Verbundwerkstoff. Das Carbid kann zwar gehärteten Stahl schneiden, benötigt aber die Zähigkeit der duktilen Matrix. Diese verhindert außerdem die Rissausbreitung, die durch Partikel-zu-Partikel-Kontakt der spröden Carbidphase auftreten würde. Sowohl die Keramik- als auch die Metallphasen sind relativ hitzebeständig; beide können hohen Temperaturen widerstehen, die bei der Bearbeitung auftreten. Die **dispersionsverfestigten Metalle** enthalten recht geringe Konzentrationen (weniger als 15 Volumenprozent) von kleinen Oxidpartikeln (0,01 bis 0,1 μm im Durchmesser). Die Oxidpartikel verstärken das Metall, indem sie als Hindernisse für Versetzungsbewegungen dienen. Dieses Konzept lässt sich mit den Erläuterungen von *Abschnitt 6.3* und *Abbildung 6.25* verstehen. Abschnitt 14.4 zeigt, dass eine Dispersion von 10 Volumenprozent Al_2O_3 in Aluminium die Zugfestigkeit um mehr als das Vierfache erhöhen kann.

Beispiel 14.3

Portlandzement ist chemisch gesehen Kalziumaluminosilikat. Berechnen Sie die gesamten Gewichtsanteile von CaO + Al_2O_3 + SiO_2 in Portlandzement vom Typ I. (Vernachlässigen Sie alle reinen Oxide wie CaO, die in unter der Rubrik „Andere" aufgeführt sind.)

Lösung

In 100 kg Zement vom Typ I wie in beschrieben sind 45 kg C_3S, 27 kg C_2S, 11 kg C_3A und 8 kg C_4AF enthalten, wobei die Schreibweise der Zementtechnologie verwendet wird (z.B. C = CaO).
Mit den Daten aus *Anhang A* lassen sich die Gewichtsanteile jeder Verbindung bestimmen:

$$\text{Gew.-Anteil CaO in } C_3S = \frac{3(\text{Molgew. CaO})}{3(\text{Molgew. CaO}) + (\text{Molgew. } SiO_2)}$$

$$= \frac{3(40,08+16,00)}{3(40,08+16,00)+(28,09+2\times 16,00)}$$

$$= 0,737$$

und

$$\text{Gew.-Anteil } SiO_2 \text{ in } C_3S = 1,000 - 0,737 = 0,263.$$

Analog

$$\text{Gew.-Anteil CaO in } C_2S = \frac{2(40{,}08+16{,}00)}{2(40{,}08+16{,}00)+(28{,}09+2\times 16{,}00)}$$

$$= 0{,}651,$$

Gew.-Anteil SiO_2 in C_2S = 1,000 - 0,651 = 0,349,

$$\text{Gew.-Anteil CaO in } C_3A = \frac{3(40{,}08+16{,}00)}{3(40{,}08+16{,}00)+(2\times 26{,}98+3\times 16{,}00)}$$

$$= 0{,}623,$$

Gew.-Anteil Al_2O_3 in C_3A = 1,000 - 0,623 = 0,377,

$$\text{Gew.-Anteil CaO in } C_4AF = \frac{4(40{,}08+16{,}00)}{4(40{,}08+16{,}00)+(2\times 26{,}98+3\times 16{,}00)}$$

$$(2 \times 55{,}85 + 3 \times 16{,}00) = 0{,}462$$

und

$$\text{Gew.-Anteil } Al_2O_3 \text{ in } C_4AF = \frac{2\times 26{,}98+3\times 16{,}00}{4(40{,}08+16{,}00)+(2\times 26{,}98+3\times 16{,}00)}$$

$$(2 \times 55{,}85 + 3 \times 16{,}00) = 0{,}210.$$

Die Gesamtmasse von CaO:

$$m_{CaO} = \left(x_{CaO/C_3S}\right)\left(m_{C_3S}\right)+\left(x_{CaO/C_2S}\right)\left(m_{C_2S}\right)+\left(x_{CaO/C_3A}\right)\left(m_{C_3A}\right)+\left(x_{CaO/C_4AF}\right)\left(m_{C_4AF}\right)$$

$$= (0{,}737)(45 \text{ kg}) + (0{,}651)(27 \text{ kg}) + (0{,}623)(11 \text{ kg}) + (0{,}462)(8 \text{ kg}) = 61{,}3 \text{ kg}.$$

Analog:

$$m_{Al_2O_3} = (0{,}377)(11 \text{ kg})+(0{,}210)(8 \text{ kg}) = 5{,}8 \text{ kg}$$

und

$$m_{SiO_2} = (0{,}263)(45 \text{ kg})+(0{,}349)(27 \text{ kg}) = 21{,}3 \text{ kg}.$$

Da es sich um 100 kg Zement handelt, sind diese Massen zahlenmäßig gleich den Gewichtsprozenten, sodass man erhält

Gesamtgewichtsprozent (CaO + Al2O3 + SiO2) = (61,3 + 5,8 +21,3)%

$$= 88{,}4\%.$$

Hinweis: Ohne die Einzeloxide besteht Portlandzement vom Typ I ungefähr zu 90 Gewichtsprozent aus Kalziumaluminosilikat.

> **Beispiel 14.4** Ein dispersionsverfestigtes Aluminium enthält 10 Volumenprozent Al_2O_3. Berechnen Sie die Dichte des Verbundwerkstoffs unter der Annahme, dass die metallische Phase praktisch reines Aluminium ist. (Die Dichte von Al_2O_3 beträgt 3,97 g/cm³.)
>
> **Lösung**
>
> Aus *Anhang A* ist ersichtlich, dass
>
> $$\rho_{Al} = 2{,}70 \text{ g/cm}^3.$$
>
> Bei 1 m³ Verbundwerkstoff sind das 0,1 m³ Al_2O_3 und 1,0 − 0,1 = 0,9 m³ Al. Die Massen der einzelnen Komponenten berechnen sich dann zu
>
> $$m_{Al_2O_3} = 3{,}97 \text{g/cm}^3 \times 0{,}1 \text{ m}^3 = 400 \text{ kg}$$
>
> und
>
> $$m_{Al} = 2{,}70 \text{g/cm}^3 \times 0{,}9 \text{ m}^3 = 243 \text{ kg}.$$
>
> Das ergibt
>
> $$\rho_{\text{Verbund}} = \frac{m}{V} = \frac{(400 + 2{,}3) \text{ kg}}{1 \text{ m}^3}$$
>
> $$= 2{,}83 \text{ g/cm}^3.$$

> **Übung 14.3** Berechnen Sie die prozentualen Gewichtsanteile von CaO + Al_2O_3 + SiO_2 in Portlandzement vom Typ III. (Siehe Beispiel 14.3.)

> **Übung 14.4** Berechnen Sie die Dichte eines teilchenverstärkten Verbundwerkstoffs, der 50 Volumenprozent W-Partikel in einer Kupfermatrix enthält. (Siehe Beispiel 14.4.)

14.3 Verbundeigenschaften

Es liegt auf der Hand, dass die Eigenschaften von Verbundwerkstoffen in gewisser Weise eine Mittelung der Eigenschaften ihrer einzelnen Komponenten darstellen müssen. Allerdings ist die konkrete Bedeutung des Begriffs „Mittelung" eine Funktion der Gefügegeometrie. Aufgrund der breiten Vielfalt derartiger Geometrien in modernen Verbundwerkstoffen muss man sich vor Verallgemeinerungen hüten. Dennoch arbeiten wir einige wichtige Beispiele heraus.

14 VERBUNDWERKSTOFFE

Abbildung 14.9 zeigt drei idealisierte Geometrien: (a) eine Richtung parallel zu durchgehenden Fasern in einer Matrix (Phasen parallel), (b) eine Richtung senkrecht zur Richtung der durchgehenden Fasern (Phasen in Reihe) und (c) eine Richtung relativ zu einem gleichmäßig verteilten partikelverstärkten Verbundwerkstoff. Die beiden ersten Fälle stellen Extreme in der stark anisotropen Natur von faserartigen Verbundwerkstoffen wie Fiberglas und Holz dar. Der dritte Fall ist ein idealisiertes Modell der relativ **isotropen** Natur von Beton (d.h. seine Eigenschaften sind in der Regel nicht richtungsabhängig). Diese Fälle betrachten wir nun einzeln. Jedes Mal verwenden wir den Elastizitätsmodul, um die **Verbundeigenschaften** entsprechend den genannten Schwerpunkten bei Konstruktionsanwendungen von Verbundwerkstoffen zu veranschaulichen.

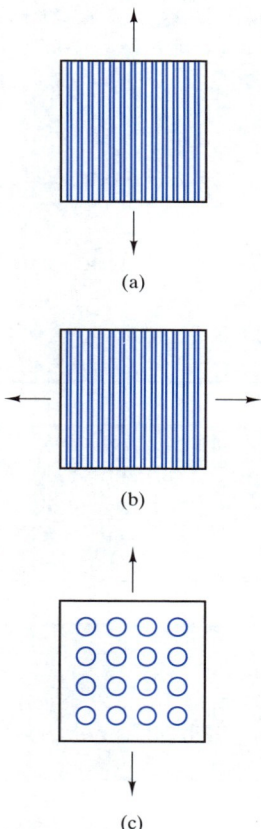

Abbildung 14.9: Drei idealisierte Verbundwerkstoffgeometrien: (a) eine Richtung parallel zu durchgehenden Fasern in einer Matrix, (b) eine Richtung senkrecht zu durchgehenden Fasern in einer Matrix und (c) eine Richtung relativ zu einem gleichmäßig verteilten Aggregatverbundwerkstoff.

14.3.1 Belastung parallel zu verstärkenden Fasern – Isostrain

Die einachsige Zugbelastung der Geometrie von Abbildung 14.9a ist in Abbildung 14.10 zu sehen. Wenn die Matrix eng mit den verstärkenden Fasern gebunden ist, muss die Dehnung sowohl der Matrix als auch der Fasern gleich sein. Diese **Isostrain**-Bedingung gilt selbst dann, wenn die Elastizitätsmoduln der Komponenten ziemlich unterschiedlich sind. Es gilt also die Beziehung

$$\varepsilon_c = \frac{\sigma_c}{E_c} = \varepsilon_m = \frac{\sigma_m}{E_m} = \varepsilon_f = \frac{\sigma_f}{E_f}, \tag{14.2}$$

wobei alle Terme in Abbildung 14.10 definiert sind. Es ist auch ersichtlich, dass die vom Verbundwerkstoff übertragene Kraft P_c einfach die Summe der von jeder Komponente getragenen Belastungen ist:

$$P_c = P_m + P_f. \tag{14.3}$$

Per Definition ist jede Kraft gleich Spannung mal Fläche, d.h.

$$\sigma_c A_c = \sigma_m A_m + \sigma_f A_f, \tag{14.4}$$

wobei auch hier die Terme in Abbildung 14.10 dargestellt sind. Kombiniert man die Gleichungen 14.2 und 14.4, ergibt sich

$$E_c \varepsilon_c A_c = E_m \varepsilon_m A_m + E_f \varepsilon_f A_f. \tag{14.5}$$

Nimmt man die Beziehung $\varepsilon_c = \varepsilon_m = \varepsilon_f$ und dividiert beide Seiten von Gleichung 14.4 durch A_c, erhält man:

$$E_c = E_m \frac{A_m}{A_c} + E_f \frac{A_f}{A_c}. \tag{14.6}$$

Aufgrund der zylindrischen Geometrie von Abbildung 14.10 ist der Flächenanteil dem Volumenanteil gleich oder

$$E_c = v_m E_m + v_f E_f, \tag{14.7}$$

wobei v_m und v_f die Volumenanteile von Matrix und Fasern sind. In diesem Fall muss natürlich $v_m + v_f = 1$ sein. Gleichung 14.7 liefert ein wichtiges Ergebnis. Es kennzeichnet die Steifigkeit eines faserartigen Verbundwerkstoffs, der axial belastet wird, als einfachen, gewichteten Durchschnitt der E-Moduln seiner Komponenten. Abbildung 14.11 zeigt den E-Modul als Anstieg der Spannungs-Dehnungskurve für einen Verbundwerkstoff mit 70 Volumenprozent Verstärkungsfasern. In diesem typischen Fiberglas (E-Glas-verstärktes Epoxyd) ist der Glasfasermodul ($72{,}4 \times 10^3$ MPa) rund 10-mal größer als der Polymermatrixmodul ($6{,}9 \times 10^3$ MPa). Der E-Modul des Verbundwerkstoffs ist zwar nicht gleich dem für Glas, doch wesentlich höher als der für die Matrix.

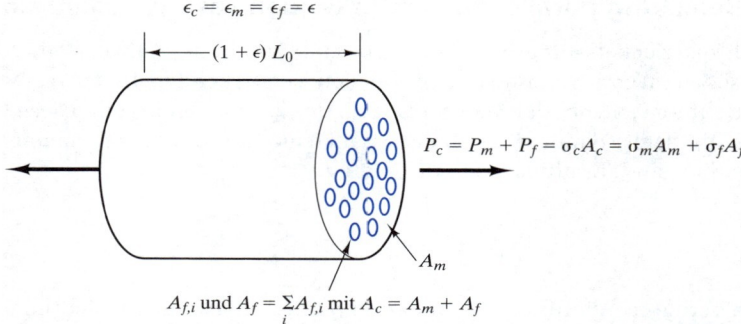

Abbildung 14.10: Einachsige Zugbelastung eines langfaserverstärkten Verbundwerkstoffs. Die Belastung verläuft parallel zu den Verstärkungsfasern. Die Abbildung zeigt die Terme der Gleichungen 14.2 und 14.4.

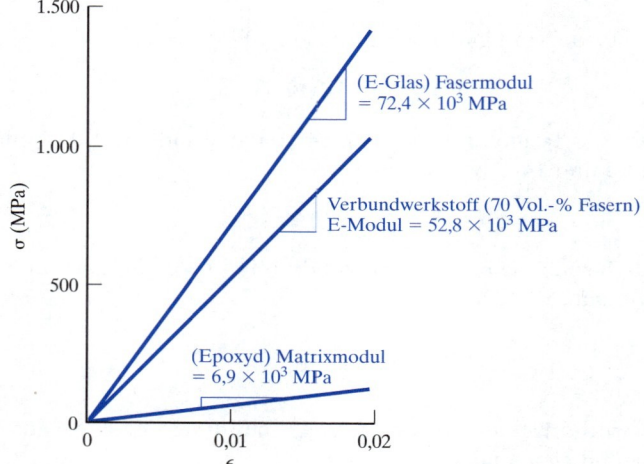

Abbildung 14.11: Einfache Spannungs-Dehnungskurven für einen Verbundwerkstoff sowie seine Faser- und Matrixkomponenten. Der Anstieg einer Kurve entspricht dem Elastizitätsmodul. Der E-Modul des Verbundwerkstoffs ist durch Gleichung 14.7 gegeben.

Gleichsam bedeutend für den relativen Beitrag der Glasfasern zum E-Modul des Verbundwerkstoffs ist der Anteil der Gesamtbelastung des Verbundwerkstoffs P_c in Gleichung 14.3, der durch die axial belasteten Fasern getragen wird. Aus Gleichung 14.3 lässt sich folgende Beziehung ableiten:

$$\frac{P_f}{P_c} = \frac{\sigma_f A_f}{\sigma_c A_c} = \frac{E_f \varepsilon_f A_f}{E_c \varepsilon_c A_c} = \frac{E_f}{E_c} v_f. \tag{14.8}$$

Für das erwähnte Fiberglas ist $P_f/P_c = 0{,}96$; d.h. 70 Volumenprozent der Hochmodulfasern tragen nahezu die gesamte einachsige Belastung. Diese Geometrie ist eine ideale Anwendung eines Verbundwerkstoffs. Der große E-Modul und die hohe Festigkeit der Fasern werden effizient auf den Verbundwerkstoff als Ganzes übertragen. Gleichzeitig gewährleistet die duktile Matrix eine deutlich geringere Sprödigkeit des Werkstoffs als Ganzes als Glas allein.

14.3 Verbundeigenschaften

Das Ergebnis von Gleichung 14.7 trifft nicht nur auf den Elastizitätsmodul zu. Auch andere wichtige Eigenschaften – insbesondere für den Transport – zeigen dieses Verhalten. Im Allgemeinen kann man schreiben

$$X_c = v_m X_m + v_f X_f, \tag{14.9}$$

wobei X die Diffusionsfähigkeit D (siehe *Abschnitt 5.3*), die thermische Leitfähigkeit k (siehe *Abschnitt 7.3*) oder die elektrische Leitfähigkeit σ (siehe *Abschnitt 15.1*) sein kann. Das Poisson-Verhältnis für die Belastung parallel zu den Verstärkungsfasern lässt sich ebenfalls aus Gleichung 14.9 vorhersagen.

Beispiel 14.5

Berechnen Sie den E-Modul der Verbundstruktur für Polyester, das mit 60 Volumenprozent E-Glas verstärkt ist, unter Isostrain-Bedingungen. Verwenden Sie die Daten aus Abschnitt 14.4.

Lösung

Auf dieses Problem lässt sich Gleichung 14.7 direkt anwenden:

$$E_c = v_m E_m + v_f E_f.$$

Die Daten für die Elastizitätsmoduln der Komponenten können Sie den Tabellen 14.10 und 14.11 entnehmen:

$$E_{\text{Polyester}} = 6{,}9 \times 10^3 \text{ MPa}$$

und

$$E_{\text{E-Glas}} = 72{,}4 \times 10^3 \text{ MPa}.$$

Damit ergibt sich

$$E_c = (0{,}4)(6{,}9 \times 10^3 \text{ MPa}) + (0{,}6)(72{,}4 \times 10^3 \text{ MPa})$$

$$= 46{,}2 \times 10^3 \text{ MPa}.$$

Beispiel 14.6

Berechnen Sie die thermische Leitfähigkeit parallel zur Langfaserverstärkung in einem Verbundwerkstoff mit 60 Volumenprozent E-Glas in einer Polyestermatrix. Die thermische Leitfähigkeit von E-Glas beträgt 0,97 W/(m * K) und von Polyester 0,17 W/(m * K). Beide Werte gelten für Raumtemperatur.

Lösung

Dieses Problem ist der Berechnung in Beispiel 14.5 analog. Ersetzt man X in Gleichung 14.9 durch die thermische Leitfähigkeit k, ergibt sich:

$$k_c = v_m k_m + v_f k_f$$

$$= (0{,}4)[0{,}17 \text{ W/(m * K)}] + (0{,}6)[0{,}97 \text{ W/(m * K)}]$$

$$= 0{,}65 \text{ W/(m * K)}.$$

> **Übung 14.5** Berechnen Sie den Modul der Gesamtstruktur für einen Verbundwerkstoff mit 50 Volumenprozent E-Glas in einer Polyestermatrix. (Siehe Beispiel 14.5.)

> **Übung 14.6** Beispiel 14.6 berechnet die thermische Leitfähigkeit eines bestimmten Fiberglas-Verbundwerkstoffs. Wiederholen Sie diese Berechnung für einen Verbundwerkstoff mit 50 Volumenprozent E-Glas in einer Polyestermatrix.

14.3.2 Belastung senkrecht zur Verstärkungsfaser – Isostress

Die Isostress-Bedingung mit senkrechter Belastung zu den verstärkenden Fasern liefert ein vollkommen anderes Ergebnis als die Isostrain-Bedingung mit paralleler Belastung. Die **Isostress**-Bedingung ist durch

$$\sigma_c = \sigma_m = \sigma_f \tag{14.10}$$

definiert. Diese Belastungsbedingung lässt sich durch ein einfaches Modell wie in Abbildung 14.12 veranschaulichen. In diesem Fall ist die gesamte Auslenkung der Verbundstruktur in der Richtung der Zuganwendung (ΔL_c) gleich der Summe der Auslenkungen von Matrix- und Faserkomponenten:

$$\Delta L_c = \Delta L_m + \Delta L_f. \tag{14.11}$$

Dividiert man durch die Gesamtlänge der Verbundstruktur (L_c) in der Zugrichtung, erhält man

$$\frac{\Delta L_c}{L_c} = \frac{\Delta L_m}{L_c} + \frac{\Delta L_f}{L_c}. \tag{14.12}$$

Aufgrund der Geometrie der Struktur in Abbildung 14.12 ist die Länge jeder Komponente in der Zugrichtung proportional ihrem Flächenanteil, d.h.

$$L_m = A_m L_c \tag{14.13}$$

und

$$L_f = A_f L_c. \tag{14.14}$$

[*Achtung:* Die Längen- (und Dehnungs-) Messungen beziehen sich jetzt auf die Richtung der Zuganwendung. Allerdings verweisen die Flächenterme immer noch auf die Querschnittsfläche, wie es Abbildung 14.10 weiter vorn definiert hat.]
Kombiniert man die Gleichungen 14.13 und 14.14 mit Gleichung 14.12, ergibt sich:

$$\frac{\Delta L_c}{L_c} = \frac{A_m \Delta L_m}{L_m} + \frac{A_f \Delta L_f}{L_f}. \tag{14.15}$$

14.3 Verbundeigenschaften

Mit der Definition der Dehnung $\varepsilon = \Delta L/L$ und unter Beachtung, dass der Flächenanteil für eine Komponente in Abbildung 14.12 gleich seinem Volumenanteil ist, lässt sich Gleichung 14.15 wie folgt schreiben:

$$\varepsilon_c = v_m \varepsilon_m + v_f \varepsilon_f. \tag{14.16}$$

Beachten Sie die Ähnlichkeit (und den Unterschied) dieses Ergebnisses hinsichtlich der Spannungsgleichung für Isostrain-Belastung (Gleichung 14.4).
Da die Isostress-Bedingung verlangt, dass $\sigma = E_c \varepsilon_c = E_m \varepsilon_m = E_f \varepsilon_f$ ist, kann man Gleichung 14.16 als

$$\frac{\sigma}{E_c} = v_m \frac{\sigma}{E_m} + v_f \frac{\sigma}{E_f} \tag{14.17}$$

schreiben. Dividiert durch σ ergibt sich

$$\frac{1}{E_c} = \frac{v_m}{E_m} + \frac{v_f}{E_f}, \tag{14.18}$$

was schließlich zum Endergebnis für die Belastung senkrecht zu den Fasern umgestellt wird:

$$E_c = \frac{E_m E_f}{v_m E_f + v_f E_m}. \tag{14.19}$$

Dieses Ergebnis kann man dem Ergebnis in Gleichung 14.7 für den Modul der Verbundstruktur bei Isostrain-Belastung gegenüberstellen. Elektrotechnikern ist sicher aufgefallen, dass die Gleichungen 14.7 und 14.19 den Umkehrungen der Formeln für Parallel- und Reihenschaltung von Widerständen (bzw. Leitwerten) entsprechen. (Siehe auch den Kommentar zu Gleichung 14.20.)

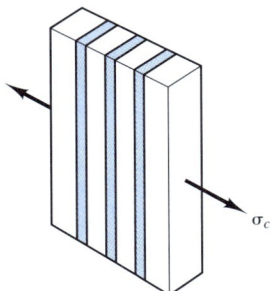

Abbildung 14.12: Einachsige Belastung eines Verbundwerkstoffs

Als praktische Konsequenz ergibt sich aus Gleichung 14.19, dass der große Elastizitätsmodul der Verstärkungsfaser nicht so effizient genutzt wird. Abbildung 14.13 veranschaulicht diese Aussage und zeigt, dass der E-Modul der Matrix – außer bei sehr hohen Faserkonzentrationen – den E-Modul der Verbundstruktur dominiert. Für das im Isostrain-Abschnitt betrachtete Beispiel ($v_f = 0{,}7$) hat der E-Modul der Verbundstruktur unter Isostress-Belastung den Wert $18{,}8 \times 10^3$ MPa und ist damit erheblich kleiner als der Wert von $52{,}8 \times 10^3$ MPa unter Isostrain-Belastung.

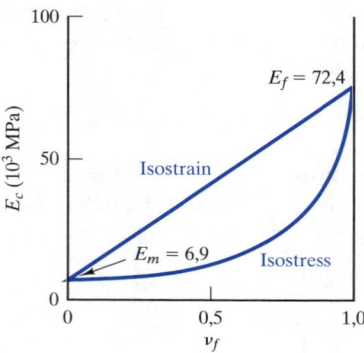

Abbildung 14.13: Der E-Modul der Gesamtstruktur E_c ist ein gewichteter Durchschnitt der E-Moduln seiner Komponenten (E_m = Matrixmodul und E_f = Fasermodul). Für den Isostrain-Fall der parallelen Belastung (Gleichung 14.7) tragen die Fasern mehr zu E_c bei als bei Isostress- (senkrechter) Belastung (Gleichung 14.19). Die dargestellte Kurve gilt speziell für den Fall des E-Glas-verstärkten Epoxyds (siehe Abbildung 14.11).

Wie bei der Ähnlichkeit zwischen den Gleichungen 14.7 und 14.9 ist festzustellen, dass der E-Modul nicht die einzige Eigenschaft ist, die formell der Gleichung 14.19 entspricht. Allgemein lässt sich schreiben

$$X_c = \frac{X_m X_f}{v_m X_f + v_f X_m}, \qquad (14.20)$$

wobei auch hier X die Diffusionsfähigkeit D, die thermische Leitfähigkeit k oder die elektrische Leitfähigkeit σ sein kann. (Beachten Sie, dass die Gleichung für die Reihenschaltung von elektrischen Leitwerten ρ wegen $\rho = 1/\sigma$ die Form der Gleichungen 14.7 und 14.9 hat.)

Beispiel 14.7 Berechnen Sie den Elastizitätsmodul und die thermische Leitfähigkeit senkrecht zur Langfaserverstärkung in einem E-Glas (60 Volumenprozent)/Polyester-Verbundwerkstoff.

Lösung

Das Isostress-Problem lässt sich mit dem in den Beispielen 14.5 und 14.6 behandelten Isostrain-Problem vergleichen. Für beide Parameter (E und k) gilt eine Gleichung in Form der Reihenschaltung. Für den Elastizitätsmodul ist das Gleichung 14.19:

$$E_c = \frac{E_m E_f}{v_m E_f + v_f E_m}.$$

Mit den für Beispiel 14.5 gesammelten Daten ergibt sich

$$E_c = \frac{(6,9 \times 10^3 \text{ MPa})(72,4 \times 10^3 \text{ MPa})}{(0,4)(72,4 \times 10^3 \text{ MPa}) + (0,6)(6,9 \times 10^3 \text{ MPa})}$$

$$= 15,1 \times 10^3 \text{ MPa}.$$

14.3 Verbundeigenschaften

Für die thermische Leitfähigkeit wenden wir Gleichung 14.20 an und übernehmen die Daten aus Beispiel 14.6:

$$k_c = \frac{k_m k_f}{v_m k_f + v_f k_m}$$

$$= \frac{[0{,}17 \text{ W/(m·K)}][0{,}97 \text{ W/(m·K)}]}{(0{,}4)[0{,}97 \text{ W/(m·K)}] + (0{,}6)[0{,}17 \text{ W/(m·K)}]}$$

$$= 0{,}34 \text{ W/(m·K)}$$

Übung 14.7 Berechnen Sie den Elastizitätsmodul und die thermische Leitfähigkeit senkrecht zu durchgehenden Verstärkungsfasern für einen Verbundwerkstoff mit 50 Volumenprozent E-Glas in einer Polyestermatrix. (Siehe Beispiel 14.7.)

14.3.3 Belastung eines partikelverstärkten Verbundwerkstoffs mit gleichmäßiger Partikelverteilung

Die einachsige Zugbelastung der isotropen Geometrie in Abbildung 14.9c ist in Abbildung 14.14 zu sehen. Eine exakte Behandlung dieses Systems kann ziemlich komplex sein, abhängig von der spezifischen Natur der verteilten und durchgängigen Phasen. Zum Glück können die Ergebnisse der beiden vorherigen Fälle (Isostrain- und Isostress-Faserverbundwerkstoffe) als obere und untere Grenzen für den Aggregatfall dienen. Die Ergebnisse für Aggregatverbundwerkstoffe kann man leicht annähern, wenn man berücksichtigt, dass sich die beiden Gleichungen 14.7 und 14.19 in der allgemeinen Form

$$E_c^n = v_l E_l^n + v_h E_h^n \quad (14.21)$$

schreiben lassen, wobei der Index l die Phase mit dem niedrigen E-Modul und h die (Fasern im vorherigen Beispiel) bezeichnet. In dieser Gleichung ist n gleich 1 für den Isostrain-Fall (Gleichung 14.7) und −1 für den Isostress-Fall (Gleichung 14.19). In erster Näherung lässt sich eine Partikelverstärkung mit größerem E-Modul in einer Matrix mit niedrigerem E-Modul durch $n = 0$ in Gleichung 14.21 darstellen und entsprechend setzt man $n = 1/2$ für eine Partikelverstärkung mit niedrigerem Modul in einer Matrix mit höherem E-Modul. Abbildung 14.15 fasst diese Fälle zusammen. Den Isostrain-Fall ($n = 1$) für verteilte Verstärkungsteilchen kann man sich bildlich wie Gummibälle in einer Stahlmatrix und den Isostress-Fall ($n = -1$) wie Stahlbälle in einer Gummimatrix vorstellen. Bei Verwendung von Abbildung 14.15 ist dahingehend Vorsicht angebracht, dass die Phase mit großem E-Modul je nach Spannungszustand das Verstärkungselement oder die Matrix sein kann. Für normalen Beton ist der E-Modul der Zuschlagskomponente nur etwas größer als der für die Zementmatrix. Auch hier lassen sich die Ergebnisse für die E-Moduln auf die verschiedenartigen Leitfähigkeitsparameter (D, k und σ) übertragen.

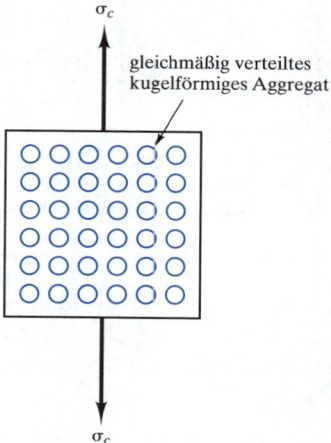

Abbildung 14.14: Einachsige Zugbelastung eines isotropen Aggregatverbundwerkstoffs

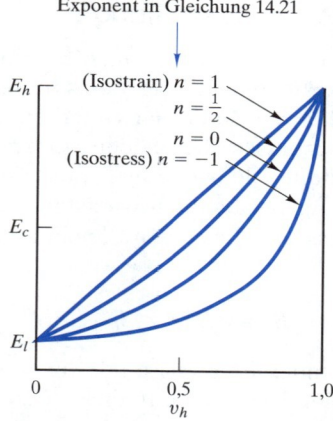

Abbildung 14.15: Die Abhängigkeit des Verbundmoduls E_c vom Volumenanteil einer Hochmodulphase v_h für einen Aggregatverbundwerkstoff liegt im Allgemeinen zwischen den Extremen von Isostrain- und Isostress-Bedingungen. Zwei einfache Beispiele sind durch Gleichung 14.21 für $n = 0$ und $1/2$ angegeben. Der Abfall von n von + 1 auf -1 repräsentiert einen Verlauf von einem Aggregat mit relativ niedrigem Modul in einer Matrix mit einem relativ hohen Modul zum inversen Fall eines Aggregats mit hohem Modul in einer Matrix mit niedrigem Modul.

14.3 Verbundeigenschaften

Beispiel 14.8

Gleichung 14.21 hat den allgemeinen Ausdruck für den E-Modul eines Aggregatverbundwerkstoffs angegeben. Der E-Modul der Verbundstruktur beträgt 366×10^3 MPa für 50 Volumenprozent WC-Aggregat in einer Co-Matrix. Der E-Modul für die WC-Phase beträgt 704×10^3 MPa und der Modul für Co 207×10^3 MPa. Berechnen Sie den Wert von n für diesen Verbundwerkstoff, der in einem Schneidwerkzeug verwendet wird.

Lösung

Der Wert von n, der Gleichung 14.21

$$E_c^n = v_l E_l^n + v_h E_h^n$$

erfüllt, lässt sich durch Ausprobieren bestimmen. Mit den (in 10^3 MPa) angegebenen Daten können wir

$$(366)^n = 0{,}5(207)^n + 0{,}5(704)^n.$$

schreiben. Wie im Text erläutert, setzt man für n typische Wert wie +1, +1/2, 0 und –1. In der Tat wird der Fall eines Hochmodulaggregats typischerweise durch $n = 0$ dargestellt. Setzt man allerdings $n = 0$ in Gleichung 14.21 ein, erhält man das triviale Ergebnis $1 = 1$. Um dieses Problem zu umgehen, kann man Werte für n in der Nähe von null betrachten, beispielsweise $n = \pm 0{,}01$.

Wir richten nun eine Tabelle ein, um die Gleichheit in Gleichung 14.21 zu überprüfen:

n	$(366)^n = A$	$0{,}5(207)^n + 0{,}5(704)^n = B$	B/A
+1	366	455,5	1,24
+1/2	19,1	20,5	1,07
+0,01	1,06	1,06	1,00
–0,01	0,943	0,942	0,999
–1	$2{,}73 \times 10^{-3}$	$3{,}13 \times 10^{-3}$	1,15

Ein Diagramm von B/A zeigt deutlich, dass sich die Kurve dem Wert 1 nähert (d.h. n löst Gleichung 14.21), wenn n gegen null geht:

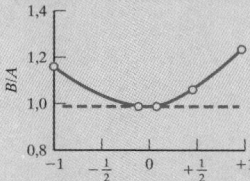

Somit gilt $n \cong 0$.

> **Übung 14.8** Beispiel 14.8 hat den Fall einer E-Modul-Berechnung mit $n = 0$ behandelt. Schätzen Sie den E-Modul des Verbundwerkstoffs für einen umgekehrten Fall, bei dem 50 Volumenprozent Co in einer WC-Matrix verteilt ist. Hier kann man den Wert von n als 1/2 annehmen.

14.3.4 Grenzflächenfestigkeit

Die Mittelung von Eigenschaften in einem technischen Verbundwerkstoff lässt sich durch die eben behandelten typischen Beispiele darstellen. Bevor wir aber diesen Abschnitt verlassen, müssen wir auf eine wichtige Betrachtung hinweisen, die wir bislang als gegeben hingenommen haben. So muss die Grenzfläche zwischen der Matrix und der diskontinuierlichen Phase stark genug sein, um die Spannung oder die Dehnung infolge einer mechanischen Belastung von einer Phase zur anderen zu übertragen. Ohne diese Festigkeit gelingt es der verteilten Phase gegebenenfalls nicht, mit der Matrix zu „kommunizieren". Anstatt das „Beste aus beiden Werkstoffen" herauszuholen, wie es die Einführung zu diesem Kapitel nahe legt, bekommt man das schlechteste Verhalten jeder Komponente. Beispielsweise können die Verstärkungsfasern leicht aus der Matrix herausgleiten. Abbildung 14.16 veranschaulicht die gegensätzlichen Mikrostrukturen von (a) schlecht gebundenen und (b) gut gebundenen Grenzflächen in einem Fiberglasverbundwerkstoff. Man hat große Anstrengungen unternommen, um diese **Grenzflächenfestigkeit** zu steuern. Um die richtigen Parameter für Oberflächenbehandlung, Chemie und Temperatur zu finden, muss man nicht nur die Mechanismen der Grenzflächenbindung verstanden haben, sondern benötigt auch eine gehörige Portion praktischer Erfahrung. Letztlich ist in allen Verbundwerkstoffen eine bestimmte Grenzflächenfestigkeit notwendig, um sicherzustellen, dass die angestrebten Eigenschaften des Verbundwerkstoffs bei relativ niedrigen Zugniveaus verfügbar sind.

Unter Isostrain-Bedingungen bewirkt die axiale Belastung der verstärkenden Faser mit endlicher Länge entlang der Faseroberfläche eine konstante Scherspannung τ, die wiederum eine Zugspannung an den Enden der Faser aufbaut. Abbildung 14.17 zeigt, wie sich diese Zugspannung σ entlang der Faser ändert. Die Länge einer „langen" Faser (siehe Abbildung 14.17b) ist größer als eine kritische Länge l_c, bei der die Mitte der Faser einen maximalen, konstanten Wert erreicht, der dem Faserausfall entspricht. Für maximale Effizienz bei der Verstärkung sollte die Faserlänge wesentlich größer als l_c sein, um sicherzustellen, dass die durchschnittliche Zugfestigkeit in der Faser nahe $\sigma_{kritisch}$ liegt.

14.3 Verbundeigenschaften

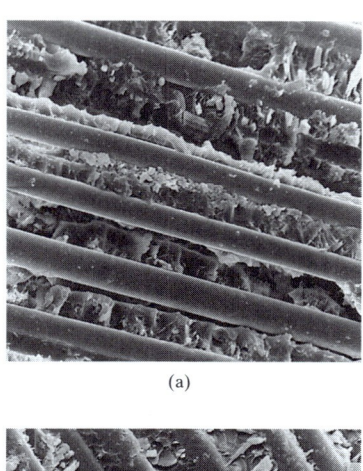

(a)

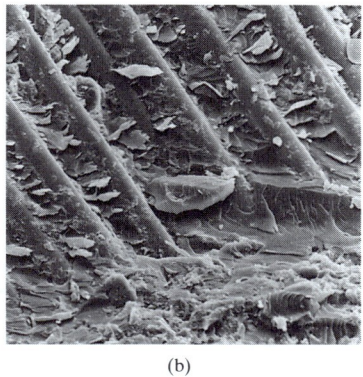

(b)

Abbildung 14.16: Die Eignung einer Verstärkungsphase in diesem Polymer-Matrix-Verbundwerkstoff hängt von der Festigkeit der Grenzflächenbindung zwischen den Verstärkungsfasern und der Matrix ab. Diese REM-Aufnahmen stellen (a) eine schlechte Bindung und (b) eine gut gebundene Grenzfläche gegenüber. In Metall-Matrix-Verbundwerkstoffen ist hohe Grenzflächenfestigkeit ebenfalls wünschenswert, um die Festigkeit des Verbundwerkstoffs als Ganzes sicherzustellen.

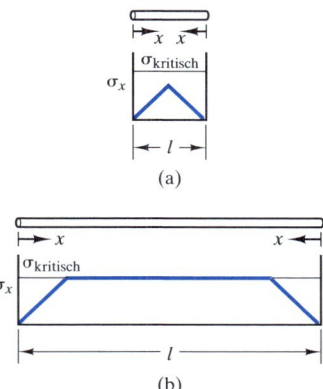

Abbildung 14.17: (a) Zugspannungsverlauf entlang einer „kurzen" Faser. Hier überschreitet der Spannungsaufbau an den Enden der Faser niemals die kritische Spannung, die mit dem Ausfall der Faser verbunden ist. (b) Ein ähnliches Diagramm für den Fall einer „langen" Faser, in der die Spannung in der Mitte der Faser den kritischen Wert erreicht.

In Bezug auf das Verhalten der Faserverbundwerkstoffe bei relativ hohen Spannungsniveaus wendet man zwei grundsätzlich verschiedene Philosophien an. Bei Polymer-Matrix- und Metall-Matrix-Verbundwerkstoffen beginnt der Ausfall in oder entlang der Verstärkungsfasern. Im Ergebnis ist eine hohe Grenzflächenfestigkeit wünschenswert, um die Gesamtfestigkeit der Verbundstruktur zu maximieren (siehe Abbildung 14.16). In Keramik-Matrix-Verbundwerkstoffen beginnt der Ausfall im Allgemeinen in der Matrixphase. Um die Bruchzähigkeit für diese Werkstoffe zu maximieren, strebt man eine relativ schwache Grenzflächenbindung an, damit die Fasern herausgleiten können. Im Ergebnis wird ein Riss, der in der Matrix entsteht, entlang der Faser-Matrix-Grenzfläche abgelenkt. Die vergrößerte Risspfadlänge verbessert die Bruchzähigkeit erheblich (siehe Abbildung 14.18). Dieser Mechanismus lässt sich vergleichen mit den beiden Mechanismen für nicht verstärkte Keramiken, die in *Abbildung 8.7* veranschaulicht wurden. Im Allgemeinen erreichen Keramikverbundwerkstoffe wesentlich höhere Bruchzähigkeitsniveaus im Vergleich zu unverstärkten Keramiken, wobei Werte zwischen 20 und 30 MPa$\sqrt{m}$ üblich sind.

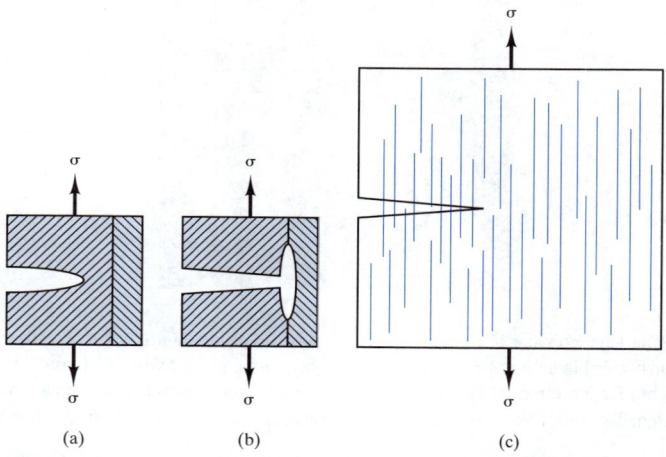

Abbildung 14.18: Für Keramik-Matrix-Verbundwerkstoffe ist eine geringe Grenzflächenfestigkeit wünschenswert (im Unterschied zu duktilen Matrixverbundwerkstoffen wie in Abbildung 14.16). Es zeigt sich, dass ein Matrixriss, der sich einer Faser nähert (a), entlang der Faser-Matrix-Grenzfläche abgelenkt wird (b). Insgesamt verbessert sich die Bruchzähigkeit für die Verbundstruktur beträchtlich, weil durch das Herausziehen der Fasern eine höhere Risspfadlänge entsteht (c). (*Abbildung 8.7* veranschaulicht zwei Mechanismen, mit denen sich die Bruchzähigkeit für unverstärkte Keramiken steigern lässt.)

14.4 Mechanische Eigenschaften von Verbundwerkstoffen

Wie Abschnitt 14.3 deutlich gemacht hat, kann ein falsches Bild entstehen, wenn man nur einen einzigen Kennwert für eine bestimmte mechanische Eigenschaft eines Verbundwerkstoffs nennt. Wichtig sind auch Konzentration und Geometrie der diskontinuierlichen Phase. Sofern nicht anderweitig festgestellt, entsprechen die in diesem Kapitel angeführten Eigenschaften von Verbundwerkstoffen optimalen Bedingungen (z.B. Belastung parallel zu Verstärkungsfasern). Zudem sind separate Angaben zu den Komponentenwerkstoffen unabhängig vom Verbundwerkstoff hilfreich. Tabelle 14.10

14.4 Mechanische Eigenschaften von Verbundwerkstoffen

gibt einige mechanische Haupteigenschaften für typische Matrixwerkstoffe an. Tabelle 14.10 stellt eine ähnliche Liste für typische Verstärkungswerkstoffe dar. In Tabelle 14.10 sind Eigenschaften für verschiedene Verbundwerkstoffe aufgeführt. Die in diesen Tabellen genannten mechanischen Eigenschaften sind diejenigen, die in *Abschnitt 6.1* zunächst für Metalle definiert wurden. Vergleicht man die Daten in Tabelle 14.10 mit den Daten für Metalle, Keramiken und Gläser sowie Polymere in den Tabellen 14.10 und 14.11, erhält man eine Vorstellung für die Veränderung der mechanischen Eigenschaften von Verbundwerkstoffen. Die drastische Verbesserung der Bruchzähigkeit für Keramik-Matrix-Verbundwerkstoffe verglichen mit denen für unverstärkte Keramiken ist in Abbildung 14.19 veranschaulicht. Einen noch deutlicheren Vergleich, der die Bedeutung der Verbundwerkstoffe in der Luftfahrttechnik hervorhebt, erlauben die Werte für die **spezifische Festigkeit** (Festigkeit/Dichte) in Tabelle 14.10. Die spezifische Festigkeit bezeichnet man auch als **Festigkeits-/Gewichtsverhältnis**. Der wesentliche Punkt ist, dass die beträchtlichen Kosten, die mit vielen „Hochleistungsverbundwerkstoffen" verbunden sind, nicht so sehr durch ihre absolute Festigkeit gerechtfertigt sind, sondern durch die Tatsache, dass sie eine auf die Belastung angepasste Festigkeit bei niedriger Dichte bieten können. Schon allein Kraftstoffeinsparungen können häufig die höheren Werkstoffkosten rechtfertigen. Abbildung 14.20 veranschaulicht (mit den Daten von Tabelle 14.10) den markanten Vorteil von Hochleistungsverbundwerkstoffen in dieser Hinsicht. Schließlich sei angemerkt, dass die höheren Werkstoffkosten von Hochleistungsverbundwerkstoffen durch geringere Montagekosten (z.B. Automobilrahmen aus einem Stück) sowie durch die hohen spezifischen Festigkeitswerte wettgemacht werden können.

Tabelle 14.10
Mechanische Eigenschaften gebräuchlicher Matrixwerkstoffe

Klasse	Beispiel	E (MPa)	Zugfestigkeit (MPa)	Biegefestigkeit (MPa)	Druckspannung (nach 28 Tagen) (MPa)	Prozentuale Bruchdehnung	K_{IC} (MPa$\sqrt{m}$)
Polymer[a]	Epoxyd	6.900	69	–	–	0	0,3-0,5
	Polyester	6.900	28	–	–	0	–
Metall[b]	Al	69×10^3	76	–	–	–	–
	Cu	115×10^3	170	–	–	–	–
Keramik[c]	Al$_2$O$_3$	–	–	550	–	–	4-5
	SiC	–	–	500	–	–	4,0
	Si$_3$N$_4$ (reaktionsgebunden)	–	–	260	–	–	2-3

Mechanische Eigenschaften gebräuchlicher Matrixwerkstoffe

Klasse	Beispiel	E (MPa)	Zugfestigkeit (MPa)	Biegefestigkeit (MPa)	Druckspannung (nach 28 Tagen) (MPa)	Prozentuale Bruchdehnung	K_{IC} (MPa$\sqrt{m}$)
Portland-	Typ I	–	2,4	–	24	–	–
zement[d]	Typ II	–	2,3	–	24	–	–
	Typ III	–	2,6	–	21	–	–
	Typ IV	–	2,1	–	14	–	–
	Typ V	–	2,3	–	21	–	–

[a] Aus den Tabellen 6.8 und 8.3.
[b] Für hochreine Legierungen ohne beträchtliche Kaltumformung aus Metals Handbook, 9th ed., Vol. 2, American Society for Metals, Metals Park, OH 1979.
[c] Quelle: Daten aus A. J. Klein, Advanced Materials and Processes, 2, 26 (1986).
[d] Quelle: Daten aus R. Nicholls, Composite Construction Materials Handbook, Prentice Hall, Inc., Englewood Cliffs, NJ 1976.

Tabelle 14.11

Mechanische Eigenschaften typischer Verstärkungsphasen

Gruppe	Verstärkungsphase	E (MPa)	Zugfestigkeit (MPa)	Druckspannung (MPa)	Prozentuale Bruchdehnung
Glasfasern[a5]	C-Glas	69×10^3	3.100	–	4,5
	E-Glas	$72,4 \times 10^3$	3.400	–	4,8
	S-Glas	$85,5 \times 10^3$	4.800	–	5,6
Keramikfasern[b]	C (Graphit)	$340\text{-}380 \times 10^3$	2.200-2.400	–	–
	SiC	430×10^3	2.400	–	–
Keramikwhisker[c]	Al$_2$O$_3$	430×10^3	21×10^3	–	–
Polymerfasern[d]	Kevlar[e]	131×10^3	3.800	–	2,8
Metallfäden[f]	Bor	410×10^3	3.400	–	–

14.4 Mechanische Eigenschaften von Verbundwerkstoffen

Mechanische Eigenschaften typischer Verstärkungsphasen

Gruppe	Verstärkungsphase	E (MPa)	Zugfestigkeit (MPa)	Druckspannung (MPa)	Prozentuale Bruchdehnung
Betonaggregate[g]	Splitt und Sand	34-69 × 10³	1,4-14	69-340	–

[a] Quelle: Daten aus L. J. Broutman und R. H. Krock, Eds., Modern Composite Materials, Addison-Wesley Publishing Co., Inc., Reading, MA 1967.
[b] Quelle: ~
[c] Quelle: ~
[d] Quelle: Daten aus A. K. Dhingra, Du Pont Company.
[e] Handelsname, Du Pont.
[f] Quelle: Daten aus L. J. Broutman und R. H. Krock, Eds., Modern Composite Materials, Addison-Wesley Publishing Co., Inc., Reading, MA 1967.
[g] Quelle: Daten aus R. Nicholls, Composite Materials Handbook, Prentice Hall, Inc., Englewood Cliffs, NJ 1976.

Tabelle 14.12

Mechanische Eigenschaften typischer Verbundwerkstoffsysteme

Klasse	E (MPa)	Zugfestigkeit (MPa)	Biegefestigkeit (MPa)	Druckspannung (nach 28 Tagen) (MPa)	Prozentuale Bruchdehnung	K_{IC}[a] (MP$\sqrt{m}$)
Polymermatrix						
E-Glas (73,3 Vol.-%) in Epoxidharz (parallele Belastung durchgängiger Fasern)[b]	56 × 10³	1.640	–	–	2,9	42-60
Al₂O₃-Whisker (14 Vol.-%) in Epoxidharz[b]	41 × 10³	779	–	–	–	–
C (67 Vol.-%) in Epoxidharz (parallele Belastung)[c]	221 × 10³	1.206	–	–	–	–
Kevlar[d] (82 Vol.-%) in Epoxidharz (parallele Belastung)[c]	86 × 103	1.517	–	–	–	–

Mechanische Eigenschaften typischer Verbundwerkstoffsysteme

Klasse	E (MPa)	Zugfestigkeit (MPa)	Biegefestigkeit (MPa)	Druckspannung (nach 28 Tagen) (MPa)	Prozentuale Bruchdehnung	$K_{IC}{}^a$ (MP$\sqrt{m}$)
B (70 Vol.-%) in Epoxidharz (parallele Belastung der durchgehenden Fäden)[b]	210-280 × 10³[c]	1.400-2.100[c]	–	–	–	46
Metallmatrix						
Al_2O_3 (10 Vol.-%) dispersionsverfestigtes Aluminium[b]	–	330	–	–	–	–
W (50 Vol.-%) in Kupfer (parallele Belastung der durchgehenden Fäden)[b]	260 × 10³	1.100	–	–	–	–
W-Partikel (50 Vol.-%) in Kupfer[b]	190 × 10³	380	–	–	–	–
Keramikmatrix						
SiC-Whisker in Al_2O_3[e]	–	–	800	–	–	8,7
SiC-Fasern in SiC[e]	–	–	750	–	–	25,0
SiC-Whisker in reaktionsgebundenem Si_3N_4[e]	–	–	900	–	–	20,0
Holz						
Douglasie, ofengetrocknet bei 12% Luftfeuchtigkeit (parallel zur Holzfaser belastet)[d]	13,4 × 10³[f]	85,5[f]	–	49,9	–	11-13
Douglasie, ofengetrocknet bei 12% Luftfeuchtigkeit (senkrecht zur Holzfaser belastet)[d]	–	–	–	5,5	–	0,5-1

14.4 Mechanische Eigenschaften von Verbundwerkstoffen

Mechanische Eigenschaften typischer Verbundwerkstoffsysteme

Klasse	E (MPa)	Zugfestigkeit (MPa)	Biegefestigkeit (MPa)	Druckspannung (nach 28 Tagen) (MPa)	Prozentuale Bruchdehnung	$K_{IC}{}^a$ (MP$\sqrt{m}$)
Beton						
Standardbeton, Wasser/Zementverhältnis 4 (nach 28 Tagen)[g]	–	–	–	41	–	0,2
Standardbeton, Wasser/Zementverhältnis 4 (nach 28 Tagen) mit Luftporenbildner[g]	–	–	–	33	–	–

[a] Quelle: Daten aus M. F. Ashby und D. R. H. Jones, *Engineering Materials - An Introduction to Their Properties and Applications*, Pergamon Press, Inc., Elmsford, NY 1980.
[b] L. J. Broutman und R. H. Krock, Eds., *Modern Composite Materials*, Addison-Wesley Publishing Co., Inc., Reading, MA 1967.
[c] A. K. Dhingra, Du Pont Company.
[d] Handelsname, Du Pont.
[e] A. J. Klein, *Advanced Materials and Processes*, 2, 26 (1986).
[f] auf Biegung gemessen, *siehe Abbildung 6.14*.
[g] R. Nicholls, *Composite Construction Materials Handbook*, Prentice Hall, Englewood Cliffs, NJ 1976.

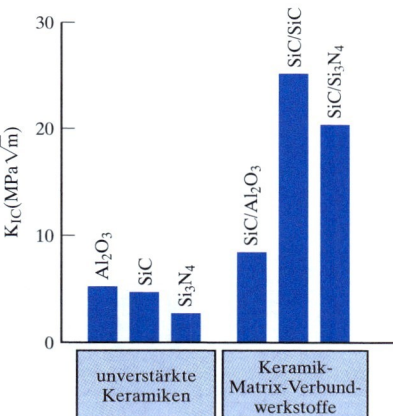

Abbildung 14.19: Die Bruchzähigkeit dieser Strukturkeramiken wird durch eine Verstärkungsphase beträchtlich erhöht. (Beachten Sie die Mechanismen zur Verbesserung der Bruchzähigkeit in Abbildung 14.18.)

Tabelle 14.13

Spezifische Festigkeiten (Festigkeit/Dichte)

Gruppe	Werkstoff	Spezifische Festigkeit (mm)
Nichtverbundwerkstoffe	1.040-Stahl[a]	$9{,}9 \times 10^6$
	2.048-Aluminiumblech[a]	$16{,}9 \times 10^6$
	Ti-5Al-2,5Sn[a]	$19{,}7 \times 10^6$
	Epoxidharz[b]	$6{,}4 \times 10^6$
Verbundwerkstoffe	E-Glas (73,3 Vol.-%) in Epoxidharz (parallele Belastung der Langfasern)[c]	$77{,}2 \times 10^6$
	Al_2O_3-Whisker (14 Vol.-%) in Epoxidharz[c]	$48{,}8 \times 10^6$
	C (67 Vol.-%) in Epoxidharz (parallele Belastung)[d]	$76{,}9 \times 10^6$
	Kevlar[e] (82 Vol.-%) in Epoxidharz (parallele Belastung)[d]	112×10^6
	Douglasie, ofengetrocknet auf 12% Feuchtigkeit (auf Biegung belastet)[c]	$18{,}3 \times 10^6$

[a] Quellen: Daten aus Metals Handbook, 9th ed., Vols. 1-3, und 8th ed., Vol. 1, American Society for Metals, Metals Park, OH 1961, 1978, 1979 und 1980.
[b] R. A. Flinn und P. K. Trojan, Engineering Materials and Their Applications, 2nd ed., Houghton Mifflin Company, Boston, MA, 1981; und M. F. Ashby und D. R. H. Jones, Engineering Materials, Pergamon Press, Inc., Elmsford, NY 1980.
[c] R. A. Flinn und P. K. Trojan, Engineering Materials and Their Applications, 2nd ed., Houghton Mifflin Company, Boston, MA 1981.
[d] A. K. Dhingra, Du Pont Company.
[e] Handelsname, Du Pont

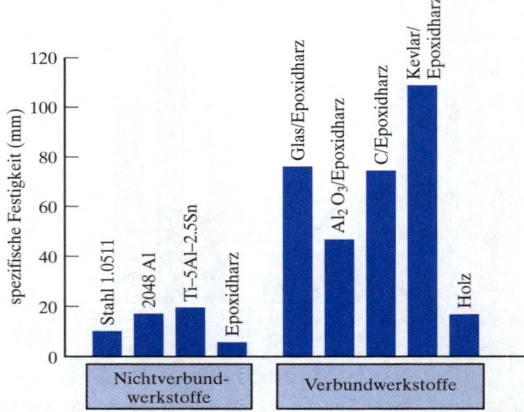

Abbildung 14.20: Ein Säulendiagramm der Daten von Tabelle 14.10 verdeutlicht die beträchtliche Erhöhung der spezifischen Festigkeit, die mit Verbundwerkstoffen möglich ist.

14.4 Mechanische Eigenschaften von Verbundwerkstoffen

Beispiel 14.9 Berechnen Sie den Isostrain-Modul des mit 73 Volumenprozent E-Glasfasern verstärkten Epoxidharz und vergleichen Sie Ihr Ergebnis mit den in angegebenen Messwerten.

Lösung

Mit Gleichung 14.7 und den Daten aus den Tabellen 14.10 und 14.11 erhält man

$$E_c = v_m E_m + v_f E_f$$

$$= (1{,}000 - 0{,}733)(6{,}9 \times 10^3 \text{ MPa}) + (0{,}733)(72{,}4 \times 10^3 \text{ MPa})$$

$$= 54{,}9 \times 10^3 \text{ MPa}.$$

nennt für diesen Fall $E_c = 56 \times 10^3$ MPa oder

$$\% \text{ Fehler} = \frac{56 - 54{,}9}{56} \times 100 = 2{,}0\%.$$

Der berechnete Wert weicht 2% vom gemessenen Wert ab.

Beispiel 14.10 Die Zugfestigkeit des dispersionsverfestigten Aluminiums in Beispiel 14.4 beträgt 350 MPa, die Zugfestigkeit des reinen Aluminiums 175 MPa. Berechnen Sie die spezifischen Festigkeiten für diese beiden Werkstoffe.

Lösung

Die spezifische Festigkeit ist einfach

$$\text{Spezifische Festigkeit} = \frac{\text{Zugfestigkeit}}{\rho}.$$

Mit den in Beispiel 14.4 angegebenen Festigkeiten und Dichten erhält man

$$\text{Spez. Fest., Al} = \frac{(175 \text{ MPa}) \times (1{,}02 \times 10^{-1} \text{ kg/mm}^2)/\text{MPa}}{(2{,}70 \text{ Mg/m}^3)(10^3 \text{ kg/Mg})(1 \text{ m}^3/10^9 \text{ mm}^3)}$$

$$= 6{,}61 \times 10^6 \text{ mm}$$

und

$$\text{Spez. Fest., Al/10 Vol.-\% Al}_2\text{O}_3 = \frac{(350)(1{,}02 \times 10^{-1})}{(2{,}83)(10^{-6})} \text{ mm}$$

$$= 12{,}6 \times 10^6 \text{ mm}.$$

> *Hinweis:* Wenn Sie dieses Beispiel nachvollziehen, stört Sie vielleicht die ziemlich saloppe Verwendung von Einheiten. Wir haben die kg im Festigkeitsterm (Zähler) und Dichteterm (Nenner) gekürzt. Streng genommen ist das natürlich nicht korrekt, weil der Festigkeitsterm kg-Kraft und der Dichteterm kg-Masse verwendet. Allerdings ist diese Konvention gebräuchlich und bildet in der Tat die Basis für die Zahlen in. Wichtig in Bezug auf spezifische Festigkeit sind nicht die absoluten Zahlenwerte, sondern die relativen Werte für konkurrierende Konstruktionswerkstoffe.

> **Übung 14.9** Beispiel 14.9 hat gezeigt, dass der gemessene Wert für den Isostrain-Modul eines Fiberglasverbundwerkstoffs nahe beim berechneten Wert liegt. Wiederholen Sie diesen Vergleich für den Isostrain-Modul des B (70 Volumenprozent)/Epoxidharz-Verbundwerkstoffs in.

> **Übung 14.10** Beispiel 14.10 hat gezeigt, dass dispersionsverfestigtes Aluminium eine wesentlich höhere spezifische Festigkeit als reines Aluminium hat. Berechnen Sie in ähnlicher Weise die spezifische Festigkeit des E-Glas/Epoxidharz-Verbundwerkstoffs von im Vergleich zur Festigkeit des reinen Epoxyds von. Dichteangaben finden Sie in Beispiel 14.1. (Vergleichen Sie Ihre Berechnungen mit den Werten in.)

14.5 Verarbeitung von Verbundwerkstoffen

Verbundwerkstoffe repräsentieren einen breiten Bereich von Konstruktionswerkstoffen, sodass eine kurze Liste von Verarbeitungsverfahren dem gesamten Gebiet eigentlich nicht gerecht werden kann. Tabelle 14.14 beschränkt sich auf die Schlüsselbeispiele von Verbundwerkstoffen, die dieses Kapitel weiter vorn eingeführt hat. Selbst diese wenigen Werkstoffe stellen einen facettenreichen Satz von Verarbeitungsverfahren dar. Abbildung 14.21 veranschaulicht die Herstellung von typischen Fiberglaskonfigurationen. Diesen Konfigurationen entsprechen oftmals Standardmethoden der Polymerherstellung, wobei zum geeigneten Zeitpunkt im Ablauf Glasfasern hinzugefügt werden. Ein Hauptfaktor, der die Eigenschaften beeinflusst, ist die Ausrichtung der Fasern. Die Frage der Anisotropie von Eigenschaften hat Abschnitt 14.3 erörtert. Beachten Sie, dass zu den offenen Infiltrationsprozessen auch die Pultrusionsverfahren gehören, die speziell für die fortlaufende Herstellung von Produkten mit komplizierter Querschnittsfläche geeignet sind.

14.5 Verarbeitung von Verbundwerkstoffen

Tabelle 14.14

Hauptverarbeitungsmethoden für drei repräsentative Verbundwerkstoffe

Verbundwerkstoff	Verarbeitungsmethoden
Fiberglas	Offene Infiltration Vorformen Geschlossenes Formen
Holz	Sägen Ofentrocknung
Beton	Herstellung von Portlandzement Mischkonzept (Mischen von Zement, Aggregat und Wasser) Verstärkung (z.B. mit Bewehrungsstahl)

Sägevorrichtungen können die Holzstruktur beeinflussen und damit auch die Eigenschaften des Produkts. Es ist auch eine Variation in der Dichte zu verzeichnen, die beim Ausgleich mit verschiedenen Luftfeuchtigkeitsniveaus in der Atmosphäre auftritt. Mechanische Eigenschaften (siehe Tabelle 14.14) werden allgemein bei einem Standardzustand spezifiziert, beispielsweise getrocknet bis 12% Feuchtigkeit. Die Herstellung von Portlandzement ist ein komplexer Fertigungsprozess. Die letzte Stufe der Zementproduktion erfolgt im bekannten Zementmischer, in dem der Portlandzement mit Aggregat und Wasser kombiniert wird. Zu den Hauptbetrachtungen auf dieser letzten Stufe gehören das Wasser/Zementverhältnis und der Umfang der eingeschlossenen Luft (Porosität). Abbildung 14.22 fasst die Variation in der Festigkeit mit dem Wasser/Zementverhältnis für typische Betone zusammen.

Offene Infiltrationsprozesse

Kontaktpressverfahren
Das Kunstharz hat Kontakt mit der Luft. Die Laminierung härtet normalerweise bei Raumtemperatur aus. Wärme kann die Aushärtung beschleunigen. Durch Aufziehen von Zellophan kann eine glattere Oberfläche erzielt werden.

Vakuumsack
Zellophan oder Polyvinylazetat wird über die Laminierung gelegt. Die Nähte werden mit Kunststoff luftdicht verschlossen. Die Luft wird abgesaugt. Der resultierende Luftdruck schließt Hohlräume und treibt eingeschlossene Luft und überflüssiges Harz aus.

Drucksack
Zugeschnittener Sack - normalerweise aus Gummiplatten - wird gegen die Laminierung gedrückt. Luft- oder Dampfdruck (bis 0,35 MPa) wird zwischen Druckplatte und Sack aufgebaut.

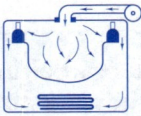
Autoklav
Abwandlung des Drucksack-Verfahrens: Nach der Laminierung wird der gesamte Aufbau in einem Autoklaven bei 0,35 bis 0,70 MPa Dampfdruck platziert. Zusätzlicher Druck bewirkt höhere Glasbelastung und bessere Luftaustreibung.

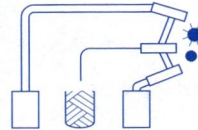
Aufsprühen
Rovingband (Faserbündel) wird durch einen Häcksler geführt und in einen Kunstharzstrom ausgeworfen, der auf die Form durch eines von zwei Sprühsystemen gerichtet wird: (1) Eine Spritzeinrichtung führt Harz vorgemischt mit Katalysator, eine andere Spritzeinrichtung führt Harz vorgemischt mit Beschleuniger. (2) Die Zutaten werden in einer Durchlaufmischkammer vor der Spritzdüse vermengt. Bei beiden Methoden werden die Fäden durch die Harzmischung vorbeschichtet und der Mischstrahl wird durch den Bediener in die Form geleitet. Die Glas-Harz-Mischung wird von Hand gewalzt, um Lufteinschlüsse auszutreiben, die Fasern zu legen und die Oberfläche zu glätten. Das Aushärten ist dem manuellen Laminieren ähnlich.

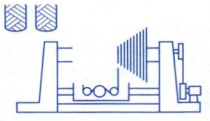
Präzisionswickelverfahren
Verwendet kontinuierliche Verstärkung, um die Festigkeit der Glasfaser effizienter zu nutzen. Rovingbänder oder einzelne Stränge werden von einem Gatter aus durch ein Kunstharzbad gezogen und auf einen Dorn gewickelt. Es werden auch vorimprägnierte Rovingstränge verwendet. Spezielle Kämme richten Glas nach einem vorgegebenen Muster aus, um maximale Festigkeit in den geforderten Richtungen zu erreichen. Wurde die gewünschte Anzahl der Schichten aufgetragen, wird der gewickelte Dorn bei Raumtemperatur oder im Ofen ausgehärtet.

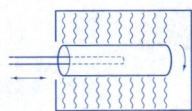
Schleuderguss
Mit diesem Verfahren können runde Objekte, wie z.B. Rohre, hergestellt werden. Eine Kurzfasermatte wird in einen hohlen Formkern gelegt. Die gesamte Vorrichtung wird dann in einem Ofen gedreht. Die Kunstharzmischung verteilt sich gleichmäßig über die Glasfaserverstärkung. Vor und während der Aushärtung drückt die Zentrifugalkraft Glas und Kunstharz gegen die Wände des rotierenden Formkerns. Um die Aushärtung zu beschleunigen, wird heiße Luft durch den Ofen geführt.

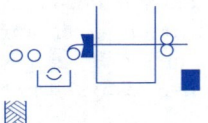
Pultrusionstechnik
Eine Endloslitze (Rovingband oder andere Verstärkung) wird in einem Kunstharzbad getränkt und durch ein Formwerkzeug gezogen, das das Profil festlegt und den Harzgehalt bestimmt. Die endgültige Aushärtung geschieht in einem Ofen, durch den das Produkt mittels einer geeigneten Vorrichtung gezogen wird.

Einbettung
Kurz geschnittene Litzestücke werden zusammen mit Kunstharzbeschleuniger in offene Formen gegossen. Die Aushärtung erfolgt bei Raumtemperatur. Üblich ist eine Nachhärtung von 30 Minuten bei 100 °C.

(a)

Abbildung 14.21: Zusammenfassung verschiedener Herstellungsverfahren von Fiberglas: (a) Offene Infiltrationsprozesse

Vorform-Methoden

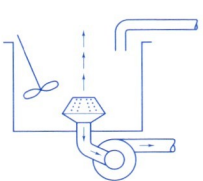

Gerichtete Faser

Der Roving wird in Litzestücke von 2 bis 5 cm Länge geschnitten, die danach mittels eines biegsamen Schlauchs auf eine rotierende Vorform geblasen werden. Der Sog hält die Litzestücke fest, während ein Binder auf die Vorform gesprüht und das Ganze im Ofen getrocknet wird. Der Bediener steuert die Abscheidung der Litzestücke und des Binders.

Luftkammer

Der Roving wird in eine Schneidevorrichtung oberhalb der Kammer eingefüllt. Die geschnittenen Litzeteile gelangen zu einem rotierenden Faserverteiler, der die zerhackten Litzestücke trennt und gleichmäßig in der Kammer verteilt. Die herunterfallenden Litzestücke werden vom Vorformsieb angesaugt. Harziges Bindemittel wird aufgesprüht. Die Vorform wird in einen Härtungsofen gebracht. Für einen wiederholten Zyklus wird ein neues Sieb in der Kammer festgemacht.

Wasser-Aufschlämmung

Geschnittene Litze wird mit pigmentiertem Polyesterharz vorimprägniert und in einer Wasseraufschlämmung mit Zellulosefaser vermischt. Das Wasser wird durch eine profilierte Siebform abgepumpt und die Glasfasern und die Zellulose lagern sich auf der Oberfläche ab. Die nasse Vorform wird in einen Ofen gebracht, wo heiße Luft durch die Vorform gesaugt wird. Die getrocknete Vorform ist fest genug, um bearbeitet und geformt zu werden.

(b)

Geschlossene Infiltrationsprozesse

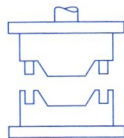
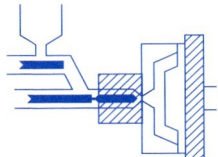
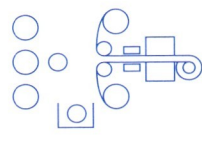

Vorgemisch/Pressmischung

Vor der Formgebung wird die Glasverstärkung (üblicherweise geschnittener Spinnroving) gründlich mit Kunstharz, Pigment, Füllmittel und Katalysator vermischt. Das vorgemischte Material kann zur einfacheren Verarbeitung in eine seilähnliche Form extrudiert oder als Masse verwendet werden. Das Vorgemisch wird in genau abgewogene Chargen aufgeteilt und unter Hitze und Druck in die Formhohlräume gefüllt. Der Druck liegt zwischen 0,7 und 10,5 MPa. Die Zyklenlänge hängt von der Aushärtungstemperatur, dem Kunstharz und der Wanddicke ab. Die Aushärtungstemperatur liegt zwischen 110 und 150 °C, die Dauer zwischen 30 Sekunden und 5 Minuten.

Spritzgussverfahren

Für thermoplastische Werkstoffe verwendet. Die Formmasse aus Glas und Kunstharz wird in eine Heizkammer gebracht und dort erweicht. Diese Masse wird in einen Formhohlraum eingespritzt, dessen Temperatur unter dem Erweichungspunkt des Kunstharzes gehalten wird. In der Folge kühlt das Teil ab und verfestigt sich.

Laminieren

Gewebe oder Matten werden durch ein Kunstharz-Tauchbecken geführt und mit zwischengelegten Zellophanfolien zusammengebracht. Die Laminierung durchläuft eine Heizzone und das Kunstharz härtet aus. Schichtdicke und Kunstharzgehalt werden durch Pressrollen gesteuert, während die verschiedenen Lagen zusammen gebracht werden.

(c)

Abbildung 14.21: Zusammenfassung verschiedener Herstellungsverfahren von Fiberglas: (b) Vorform-Methoden und (c) Geschlossene Infiltrationsprozesse

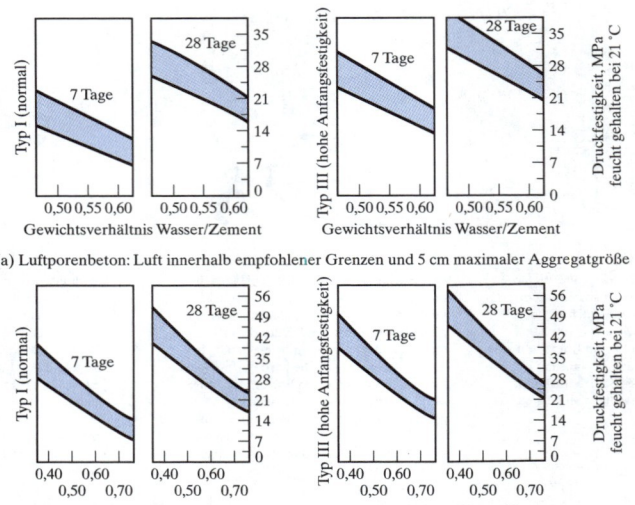

Abbildung 14.22: Variation in der Druckspannung für typische Betone (unterschiedlicher Zementtypen, Härtezeiten und Lufteinschlüsse) als Funktion des Wasser/Zementverhältnisses.

Beispiel 14.11

Abbildung 14.22a gibt die Variation in der Festigkeit eines Betons mit Lufteinschlüssen als Funktion seines Wasser/Zementverhältnisses an. Welchen prozentualen Zuwachs in der Druckspannung erwarten Sie 28 Tage nach Eingießen des Betons für Zement vom Typ I, wenn das Wasser/Zementverhältnis 0,60 statt 0,50 beträgt? (Verwenden Sie die mittleren Werte für Ihre Einschätzung.)

Lösung

Aus dem 28-Tage-Verlauf auf der linken Seite von Abbildung 14.22a lassen sich die folgenden mittleren Festigkeitswerte ablesen:

Wasser/Zementverhältnis	Festigkeit (MPa)
0,50	28,27
0,60	21,37

Somit ergibt sich der prozentuale Zuwachs in der Festigkeit zu

$$\frac{28{,}27 - 21{,}37}{21{,}37} \times 100 = 32{,}3\,\%.$$

14.5 Verarbeitung von Verbundwerkstoffen

Übung 14.11 Welchen prozentualen Zuwachs der Druckspannung erwarten Sie für einen Beton ohne Lufteinschlüsse mit Zement vom Typ I 28 Tage nach dem Eingießen, wenn Sie ein Wasser/Zementverhältnis von 0,60 statt 0,50 verwenden? (Siehe Beispiel 14.11.)

ZUSAMMENFASSUNG

Verbundwerkstoffe bringen in ein und demselben Werkstoff die Vorteile verschiedener Komponenten zusammen, die in den vorangegangenen Abschnitten behandelt wurden. Fiberglas steht exemplarisch für faserverstärkte Verbundwerkstoffe. Glasfasern bieten hohe Festigkeit und einen hohen Elastizitätsmodul in einer Polymermatrix, die für die Duktilität zuständig ist. Häufig verwendet man verschiedene Fasergeometrien. In jedem Fall spiegeln die Eigenschaften die stark anisotrope Geometrie der Verbundwerkstoffmikrostruktur wider. Um Konstruktionswerkstoffe herzustellen, deren Eigenschaften über den Fähigkeiten von Polymermatrixverbundwerkstoffen liegen, unternimmt man beträchtliche Anstrengungen bei der Entwicklung von neuen Hochleistungswerkstoffen wie z.B. Metallmatrix- und Keramikmatrixverbundstrukturen. Holz ist ein natürlicher faserverstärkter Verbundwerkstoff. Sowohl Weichholz als auch Hartholz zeigen ähnliche Mikrostrukturen von röhrenartigen Zellen (die die strukturellen Entsprechungen von Glasfasern sind) in einer Matrix aus Lignin und Hemizellulose. Beton ist ein wichtiges Beispiel für einen teilchenverstärkten Verbundwerkstoff. Mit Zuschlägen im Beton sind speziell der übliche Sand und Kies gemeint. Diese geologischen Silikate werden in einer Matrix aus Portlandzement gehalten, einem synthetischen Kalziumaluminosilikat. Das Aushärten von Zement bei der Herstellung von Betonformen ist ein komplizierter Prozess, an dem mehrere Hydrationsreaktionen beteiligt sind. Bestimmte Beimengungen werden dem Zement zugesetzt, um ein spezifisches Verhalten zu erreichen. Beispielsweise sorgen Luftporenbildner für eine hohe Konzentration von gebundenen Luftblasen.

Die Mittelung von Eigenschaften, die aus der Kombination von mehr als einer Komponente in einem Verbundwerkstoff resultieren, ist in hohem Maße abhängig von der Mikrostruktur des Verbundwerkstoffs. Dieses Kapitel hat drei repräsentative Beispiele behandelt. Die Belastung parallel zu den Verstärkungsfasern liefert eine Isostrain-Bedingung. Der Elastizitätsmodul (und mehrere Transporteigenschaften) sind einfach die auf das Volumen bezogenen Durchschnittswerte für jede Komponente. Das Ergebnis ist analog zur Formel für die Parallelschaltung in der Elektronik. Das Analogon zu einer Reihenschaltung ist die Isostress-Bedingung, die durch senkrechte Belastung zu den verstärkenden Fasern hervorgerufen wird, was den verstärkenden Fasermodul weitaus ineffizienter ausnutzt. Das Ergebnis der Belastung einer gleichförmig verteilten Aggregatverbundstruktur liegt zwischen den Isostrain- und Isostress-Fällen. Bei duktilen Matrixverbundwerkstoffen hängt die effektive Mittelung der Eigenschaften von guter Grenzflächenbindung zwischen Matrix und verteilter Phase und entsprechend hoher Grenzflächenfestigkeit ab. Bei spröden Keramikmatrixverbundwerkstoffen strebt man eine niedrige Grenzflächenfestigkeit an, um hohe Bruchzähigkeit durch das Herausziehen von Fasern bereitzustellen. Die für Baustoffe wichtigen mechanischen Haupteigenschaften werden für verschiedene Verbundwerkstoffe zusammengefasst. Ein zusätzlicher Parameter von Bedeutung für Luft- und Raumfahrtanwendungen (neben anderen) ist die spezifische Festigkeit oder das Festigkeits-/Gewichtsverhältnis, das für viele Hochleistungsverbundsysteme charakteristischerweise groß ist. Die Herstellung von Verbundwerkstoffen umfasst einen breiten Bereich von Methoden, die die besonders vielfältige Natur dieser Klasse von Werkstoffen verkörpern. Dieses Kapitel hat nur einige repräsentative Beispiele für Fiberglas, Holz und Beton vorgestellt.

ZUSAMMENFASSUNG

14 VERBUNDWERKSTOFFE

■ Schlüsselbegriffe

Advanced Composites (599)
anisotrop (597)
Beton (607)
Cermet (613)
dispersionsverfestigtes Metall (613)
E-Glas (596)
Fasergewebe (596)
faserverstärkter Verbundwerkstoff (596)
Festigkeits-/Gewichtsverhältnis (629)
Fiberglas (595)
Grenzflächenfestigkeit (626)
Hartholz (602)
Hemizellulose (603)
Hochleistungsverbundwerkstoff (599)
Holz (602)
Hybrid (602)
Isostrain (617)
Isostress (620)
isotrop (616)
Keramik-Matrix-Verbundwerkstoff (601)

Kohlenstoff-Kohlenstoff-Verbundwerkstoff (601)
kontinuierliche Faser (596)
Kurzfaser (596)
Laminat (596)
Lignin (603)
Matrix (595)
Metall-Matrix-Verbundwerkstoff (600)
Polymer-Matrix-Verbundwerkstoff (600)
Portlandzement (609)
Spannbeton (611)
spezifische Festigkeit (629)
teilchenverstärkter Verbundwerkstoff (612)
Verbundeigenschaften (616)
Verbundwerkstoff mit Zuschlägen (607)
Weichholz (602)
Whisker (601)
Zement (609)
Zusatzstoff (611)
Zuschlagsstoff (608)

■ Quellen

Agarwal, B. D., und **L. J. Broutman**, *Analysis and Performance of Fiber Composites*, 2nd ed., John Wiley & Sons, Inc., NY, 1990.
Chawla, K. K., *Composite Materials: Science and Engineering*, 2nd ed., Springer-Verlag, NY, 1998.
ASM Handbook, Vol. 21, *Composites*, ASM International Materials Park, OH, 2001.
Jones, R. M., *Mechanics of Composite Materials*, 2nd ed., Taylor and Francis, Philadelphia, PA, 1999.
Nicholls, R., *Composite Construction Materials Handbook*, Prentice Hall, Inc., Englewood Cliffs, NJ, 1976.

Aufgaben

■ Faserverstärkte Verbundwerkstoffe

14.1 Berechnen Sie die Dichte eines faserverstärkten Verbundwerkstoffs, der aus 14 Volumenprozent Al_2O_3-Whiskern in einer Epoxydharzmatrix besteht. Die Dichte von Al_2O_3 beträgt 3,97 g/cm³ und von Epoxyd 1,1 g/cm³.

14.2 Berechnen Sie die Dichte eines Bor-Filament-verstärkten Epoxyd-Verbundwerkstoffs, der 70 Volumenprozent Filamente enthält. Die Dichte von Epoxyd beträgt 1,1 g/cm³.

14.3 Berechnen Sie mit den Angaben von Gleichung 14.1 das Molekulargewicht eines Aramid-Polymers mit einem durchschnittlichen Polymerisationsgrad von 500.

14.4 Berechnen Sie die Dichte des Kevlar-faserverstärkten Epoxyd-Verbundwerkstoffs in. Die Dichte von Kevlar beträgt 1,44 g/cm³ und von Epoxyd 1,1 g/cm³.

14.5 In einem modernen Flugzeug bestehen 0,25 m³ der Außenhaut aus einem Kevlar-/Epoxyd-Verbundwerkstoff anstelle einer konventionellen Aluminiumlegierung. Berechnen Sie die Masseneinsparungen mit den in Aufgabe 14.4 angegebenen Dichtewerten und nähern Sie die Legierungsdichte durch die von reinem Aluminium an.

14.6 Wie hoch sind die Masseneinsparungen (bezogen auf die Aluminiumlegierung), wenn ein Kohlenstoff-/Epoxydverbundwerkstoff mit einer Dichte von 1,5 g/cm³ anstelle des Kevlar-/Epoxydverbundwerkstoffs von Aufgabe 14.5 eingesetzt wird?

14.7 Berechnen Sie den Polymerisationsgrad eines Zellulosemoleküls in der Zellwand von Holz. Das durchschnittliche Molekulargewicht beträgt 95.000 u.

14.8 Der Rohbau einer kleinen Werkhalle lässt sich aus Stahl oder Holz konstruieren. Aus Gründen des Brandschutzes wählt man Stahl. Welche Masse hat das Gebäude aufgrund dieser Entscheidung, wenn für die gleichen Tragelemente 0,60 m³ Stahl anstelle von 1,25 m³ Holz erforderlich sind? (Nehmen Sie die Dichte von Stahl als die von reinem Eisen an. Für die Dichte von Holz können Sie mit dem Wert 0,42 g/cm³ rechnen.)

■ Verbundwerkstoffe mit Zuschlägen

14.9 Berechnen Sie den prozentualen Gewichtsanteil der Kombination aus CaO, Al_2O_3 und SiO_2 in Portlandzement vom Typ II.

14.10 Ein verstärkter Betonträger hat eine Querschnittsfläche von 0,0323 m² einschließlich der vier Bewehrungsstäbe aus Stahl mit einem Durchmesser von je 19 mm. Wie hoch ist die Gesamtdichte dieser Trägerkonstruktion, wenn man einen einheitlichen Querschnitt annimmt? (Die Dichte des nicht verstärkten Betons beträgt 2,30 g/cm³. Für die Dichte von Stahl können Sie näherungsweise die Dichte von reinem Eisen annehmen.)

14.11 Für die Betonkonstruktion nach Aufgabe 14.10 sollen größere Bewehrungsstähle eingesetzt werden. Wie groß ist die Gesamtdichte der Struktur, wenn man die Bewehrung aus Stahl mit einem Durchmesser von je 31,8 mm herstellt?

14.12 Berechnen Sie die Dichte eines Verbundwerkstoffs, der aus 50 Volumenprozent Mo in einer Kupfermatrix besteht.

14.13 Berechnen Sie die Dichte eines mit 10 Volumenprozent Al_2O_3 dispersionsverfestigten Kupfers.

14.14 Berechnen Sie die Dichte eines Schneidwerkstoffs aus WC/Co mit 60 Volumenprozent WC in einer Co-Matrix. (Die Dichte von WC beträgt 15,7 g/cm³.)

Verbundeigenschaften

14.15 Berechnen Sie den E-Modul eines Verbundwerkstoffs für Epoxyd, das mit 70 Volumenprozent Filamenten unter Isostrain-Bedingungen verstärkt wird.

14.16 Berechnen Sie den E-Modul eines Verbundwerkstoffs für Aluminium, das mit 50 Volumenprozent Filamenten unter Isostrain-Bedingungen verstärkt wird.

14.17 Berechnen Sie den Elastizitätsmodul eines Metallmatrixverbundwerkstoffs unter Isostrain-Bedingungen. Nehmen Sie eine Aluminiummatrix an, die durch 60 Volumenprozent SiC-Fasern verstärkt wird.

14.18 Berechnen Sie den Elastizitätsmodul eines Keramikmatrixverbundwerkstoffs unter Isostrain-Bedingungen. Nehmen Sie eine Al_2O_3-Matrix an, die durch 60 Volumenprozent SiC-Fasern verstärkt wird.

14.19 Zeigen Sie in einem Diagramm wie in Abbildung 14.11 den E-Modul eines Verbundwerkstoffs für (a) 60 Volumenprozent Fasern (das Ergebnis von Beispiel 14.5) und (b) 50 Volumenprozent Fasern (das Ergebnis von Übung 14.5). Stellen Sie in diesem Diagramm auch die einzelnen Glas- und Polymerkurven dar.

14.20 Zeigen Sie in einem Diagramm wie in Abbildung 14.11 den E-Modul eines Verbundwerkstoffs für ein Epoxyd unter Isostrain-Bedingungen, das mit 70 Volumenprozent Kohlenstofffasern verstärkt wird. (Verwenden Sie den mittleren Wert für den Kohlenstoffmodul von. Die Epoxyd-Daten sind in angegeben. Verwenden Sie dieselben Spannungs- und Dehnungsskalen wie in Abbildung 14.11, um den Vergleich effizient durchführen zu können. Tragen Sie in das Diagramm auch die einzelnen Matrix- und Faserkurven ein.)

14.21 Berechnen Sie den Modul der Verbundstruktur für Polyester, das mit 10 Volumenprozent Al_2O_3-Whiskern verstärkt wird, unter Isostrain-Bedingungen. (Die passenden Moduln können Sie den Tabellen 14.10 und 14.11 entnehmen.)

14.22 Berechnen Sie den E-Modul der Verbundstruktur für Epoxidharz, das mit 70 Volumenprozent Bor-Filamenten verstärkt wird, unter Isostress-Bedingungen.

14.23 Berechnen Sie den Elastizitätsmodul eines Metallmatrixverbundwerkstoffs unter Isostress-Bedingungen. Nehmen Sie eine Aluminiummatrix an, die mit 60 Volumenprozent SiC-Fasern verstärkt wird.

14.24 Berechnen Sie den Elastizitätsmodul eines Keramikmatrixverbundwerkstoffs unter Isostress-Bedingungen. Nehmen Sie eine Al_2O_3-Matrix an, die mit 60 Volumenprozent SiC-Fasern verstärkt wird.

14.25 Zeigen Sie in einem Diagramm wie in Abbildung 14.11 den Isostress-Modul eines Verbundwerkstoffs für 50 Volumenprozent E-Glasfasern in einer Polyestermatrix (das Ergebnis von Aufgabe 14.19). Es ist interessant, das Aussehen des resultierenden Diagramms mit dem aus Aufgabe 14.19b zu vergleichen.

14.26 Wiederholen Sie Aufgabe 14.25 für ein Epoxidharz, das mit 70 Volumenprozent Kohlenstofffasern verstärkt ist, und vergleichen Sie das Ergebnis mit den Isostrain-Ergebnissen von Aufgabe 14.20.

14.27 Stellen Sie den Verlauf des Poisson-Verhältnisses als Funktion des Gehalts von verstärkenden Fasern für ein mit SiC-Fasern verstärktes Si_3N_4-Verbundsystem dar, das parallel zur Faserrichtung belastet wird. Der SiC-Gehalt soll zwischen 50 und 70 Volumenprozent liegen. (Beachten Sie die Erläuterung zu Gleichung 14.9 und die Daten in Tabelle 6.6.)

14.28 Berechnen Sie den E-Modul eines Verbundwerkstoffs aus Polyester, der mit 10 Volumenprozent Al_2O_3-Whiskern verstärkt wird, unter Isostress-Bedingungen. (Beachten Sie Aufgabe 14.21.)

14.29 Erstellen Sie ein Diagramm wie in Abbildung 14.13 für den Fall eines Epoxyds, das mit Al_2O_3-Whiskern verstärkt ist. (Beachten Sie die Aufgaben 14.21 und 14.28.)

14.30 Berechnen Sie den Elastizitätsmodul eines Metallmatrixverbundwerkstoffs, der aus 50 Volumenprozent SiC-Whiskern in einer Aluminiummatrix besteht. Nehmen Sie an, dass der Modul genau in der Mitte zwischen den Isostress- und Isostrain-Werten liegt.

Aufgaben

14.31 Berechnen Sie den E-Modul eines Verbundwerkstoffs für 20 Volumenprozent SiC-Whisker in einer Al_2O_3-Matrix. Nehmen Sie an, dass der Modul genau in der Mitte zwischen den Isostress- und Isostrain-Werten liegt.

14.32 Erstellen Sie ein Diagramm wie in Abbildung 14.15 für den Fall von Co-WC-Verbundwerkstoffen. Besteht die Matrix aus Co, ist der Wert von n in Gleichung 14.20 null (siehe Beispiel 14.8). Besteht die Matrix aus WC, beträgt der Wert von n gleich $1/2$ (siehe Übung 14.8). Die Extremfälle von $n = 1$ und $n = -1$ brauchen nicht für dieses System, dessen Komponenten relativ kleine Modul-Werte haben, dargestellt zu werden.)

•**14.33** Führen Sie die Diskussion der Grenzflächenfestigkeit in Bezug auf Abbildung 14.17 fort. (a) Nehmen Sie die Zugspannung in der Faser (mit dem Radius r) bei einem Abstand x von einem Ende der Faser mit σ_x an und verwenden Sie ein Kräftegleichgewicht zwischen Zug- und Scherkomponenten, um einen Ausdruck für σ_x in Form der Fasergeometrie und der Grenzflächenscherspannung τ (die entlang der gesamten Grenzfläche einheitlich ist) abzuleiten. (b) Zeigen Sie, wie dieser Ausdruck analog zu Abbildung 14.17a den Verlauf der Zugspannung in einer kurzen Faser (in der σ_x immer kleiner als $\sigma_{kritisch}$, der Ausfallspannung der Faser, ist) ergibt.

•**14.34** (a) Beachten Sie Aufgabe 14.33 und zeigen Sie, wie dieser Ausdruck die Kurve der Zugspannungsverteilung in einer langen Faser (in der die Spannung im mittleren Abschnitt der Faser einen maximalen, konstanten Wert erreicht, der dem Ausfall der Faser entspricht) ergibt, wie in Abbildung 14.17b dargestellt. (b) Verwenden Sie das Ergebnis von Aufgabe 14.33a und bestimmen Sie einen Ausdruck für die kritische Zugübertragungslänge l_c, der minimalen Faserlänge, die überschritten werden muss, wenn der Faserausfall auftritt (d.h. wenn σ_x den Wert $\sigma_{kritisch}$ erreicht).

■ **Mechanische Eigenschaften von Verbundwerkstoffen**

14.35 Vergleichen Sie den berechneten Wert für den Isostrain-E-Modul eines W-Faser (50 Volumenprozent)/Kupfer-Verbundwerkstoffs mit dem in angegebenen. Der Modul von Wolfram beträgt 407×10^3 MPa.

14.36 Bestimmen Sie den Fehler, der in Aufgabe 14.15 bei der Berechnung des Istostrain-E-Moduls des B/Epoxyd-Verbundwerkstoffs von entsteht.

14.37 Bestimmen Sie den Fehler aufgrund der Annahme, dass der Isostrain-E-Modul eines mit 67 Volumenprozent C-Fasern verstärkten Epoxidharzes durch Gleichung 14.7 gegeben ist. (Experimentelle Daten finden Sie in.)

14.38 (a) Berechnen Sie den Fehler aufgrund der Annahme, dass der E-Modul für den Al_2O_3-Whisker (14 Volumenprozent)/Epoxyd-Verbundwerkstoff in durch Isostrain-Bedingungen dargestellt wird. (b) Berechnen Sie den Fehler aufgrund der Annahme, dass der Verbundwerkstoff Isostress-Bedingungen darstellt. (c) Kommentieren Sie die Gründe für Übereinkunft oder Ablehnung, die sich aus Ihren Antworten in den Teilen (a) und (b) ergeben.

•**14.39** Bestimmen Sie den geeigneten Wert von n in Gleichung 14.21, um den E-Modul des W-Teilchen (50 Volumenprozent)/Kupfer-Verbundwerkstoffs gemäß zu beschreiben. (Der Modul von Wolfram beträgt 407×10^3 MPa.)

14.40 Berechnen Sie die prozentuale Zunahme des E-Moduls des Verbundwerkstoffs, die infolge der Änderung von einem verteilten Aggregat zu einer Isostrain-Faserbelastung von 50 Volumenprozent W in einer Kupfermatrix auftritt.

14.41 Berechnen Sie den Anteil der im Verbundwerkstoff durch die W-Fasern im Isostrain-Fall von Aufgabe 14.40 übertragenen Kraft.

14.42 Berechnen Sie die spezifische Festigkeit des Kevlar/Epoxyd-Verbundwerkstoffs in. (Beachten Sie Aufgabe 14.4.)

14.43 Berechnen Sie die spezifische Festigkeit des B/Epoxyd-Verbundwerkstoffs in. (Beachten Sie Aufgabe 14.2.)

14.44 Berechnen Sie die spezifische Festigkeit des W-Teilchen (50 Volumenprozent)/Kupfer-Verbundwerkstoffs, der in aufgeführt ist. (Beachten Sie Übung 14.4.)

14.45 Berechnen Sie die spezifische Festigkeit für den W-Faser (50 Volumenprozent)/Kupfer-Verbundwerkstoff, der in aufgeführt ist.

14.46 Berechnen Sie die spezifische (Biege-) Festigkeit des SiC/Al_2O_3-Keramikmatrixverbundwerkstoffs in unter der Annahme von 50 Volumenprozent Whiskern. (Die Dichte von SiC beträgt 3,21 g/cm^3 und die Dichte von Al_2O_3 3,97 g/cm^3.)

14.47 Berechnen Sie die spezifische (Zug-) Festigkeit der Douglasie (parallel zur Holzfaser belastet) in. (Die Dichte dieses Holzes beträgt 0,42 Mg/m^3.)

14.48 Berechnen Sie die spezifische (Druck-) Festigkeit von Standardbeton (ohne Lufteinschlüsse) in. (Die Dichte dieses Betons beträgt 2,30 g/cm^3.)

14.49 Zeichnen Sie die Bruchspannung über der Mängelgröße a für (a) Siliziumcarbid, (b) teilstabilisiertes Zirkonoxid und (c) Siliziumcarbid, das mit SiC-Fasern verstärkt ist, um die relative Zähigkeit von (i) herkömmlichen Keramiken, (ii) hochzähen nicht verstärkten Keramiken und (iii) Keramikmatrixverbundwerkstoffen abzuschätzen. Verwenden Sie Gleichung 8.1 und nehmen Sie $Y = 1$ an. Stellen Sie den Verlauf in einem Bereich für a von 1 bis 100 mm auf einer logarithmischen Skala dar. (Daten finden Sie in den Tabellen 8.3 und 14.12.)

D 14.50 In Aufgabe 6.9 wurde ein Wettbewerb unter verschiedenen metallischen Druckkesselwerkstoffen veranschaulicht. Dieser Auswahlprozess lässt sich erweitern, indem man verschiedene Verbundwerkstoffe einschließt, wie sie in der folgenden Tabelle aufgeführt sind:

Werkstoff	ρ (g/cm³)	Kosten (€/kg)	Streckgrenze (MPa)
1040-Kohlenstoffstahl	7,80	0,63	
304-Edelstahl	7,80	3,70	
3003-H14-Aluminium	2,73	3,00	
Ti-5Al-2,55Sn	4,46	15,00	
Verstärkter Beton	2,50	0,40	200
Fiberglas	1,80	3,30	200
Kohlenstofffaserverstärktes Polymer	1,50	70,00	600

(a) Wählen Sie aus dieser erweiterten Liste den Werkstoff aus, der den leichtesten Druckbehälter ergibt. (b) Wählen Sie den Werkstoff aus, mit dem sich der Kessel bei minimalen Kosten herstellen lässt.

Verarbeitung von Verbundwerkstoffen

14.51 Schätzen Sie bei der Herstellung von Beton mit Lufteinschlüssen die Druckfestigkeit 28 Tage nach Einfüllen ab, wenn Sie 16.500 kg Wasser mit 30.000 kg Zement vom Typ I mischen.

14.52 Schätzen Sie bei der Herstellung von Beton ohne Lufteinschlüsse die Druckfestigkeit 28 Tage nach Einfüllen ab, wenn Sie 16.500 kg Wasser mit 30.000 kg Zement vom Typ I mischen.

D 14.53 Betrachten Sie das Spritzgießen von billigen Gehäusen mit einem Polyethylen-Tonpartikel-Verbundsystem. Bei folgenden Volumenanteilen von Ton nimmt der Elastizitätsmodul des Verbundwerkstoffs zu und die Zugfestigkeit ab:

Volumenanteil Ton	Elastizitätsmodul (MPa)	Zugfestigkeit (MPa)
0,3	830	24,0
0,6	2.070	3,4

Nehmen Sie an, dass sich sowohl E-Modul als auch Festigkeit mit dem Anteil von Ton linear ändern. Bestimmen Sie den zulässigen Zusammensetzungsbereich, der ein Produkt mit einem Modul von mindestens 1.000 MPa und einer Festigkeit von mindestens 10 MPa gewährleistet.

D 14.54 Welche spezifische Zusammensetzung ist für den in Aufgabe 14.53 beschriebenen Spritzguss vorzuziehen, wenn die Kosten je kg Polyethylen das 10fache der Kosten von Ton betragen?

TEIL III

Die elektronischen, optischen und magnetischen Werkstoffe

- 15 Elektrisches Verhalten 651
- 16 Optisches Verhalten 699
- 17 Halbleiterwerkstoffe 731
- 18 Magnetische Werkstoffe 783

Teil III — DIE ELEKTRONISCHEN, OPTISCHEN UND MAGNETISCHEN WERKSTOFFE

Die Herstellung von Halbleiterbauelementen basiert auf technologisch besonders anspruchsvollen Verfahren. Ein Beispiel ist dieser Elektronenstrahlverdampfer, mit dem sich hochqualitative Beschichtungen auf Halbleiter-Wafern erzeugen lassen.

Die Werkstoffauswahl beschränkt sich nicht nur auf Strukturbauteile. Oftmals setzt man Werkstoffe wegen ihrer Leistungsmerkmale in elektronischen, optischen oder magnetischen Anwendungen ein. Obwohl die in *Teil II* detailliert dargestellte Werkstoffpalette für viele Einsatzbereiche genügt, zeigt *Kapitel 15*, dass eine Klassifizierung von Werkstoffen basierend auf elektrischer Leitfähigkeit statt chemischer Bindung eine zusätzliche Kategorie – nämlich die der Halbleiter – hervorbringt. Die Leitfähigkeitswerte derartiger Werkstoffe liegen zwischen den im Allgemeinen gut leitenden Metallen und den im Allgemeinen gut isolierenden Keramiken, Gläsern und Polymeren. Supraleiter nehmen eine Sonderstellung ein: Bestimmte Metalle und Keramiken haben unter bestimmten Bedingungen keinen elektrischen Widerstand, was faszinierende Anwendungen eröffnet. *Kapitel 16* veranschaulicht das optische Verhalten, das bei vielen Anwendungen im Vordergrund steht – angefangen bei normalem Fensterglas bis hin zu modernsten Glasfaserkabeln für die Kommunikation. Der Laser ist für viele optische Geräte ein zentrales Bauelement. *Kapitel 17* konzentriert sich auf die breite Palette der Halbleiterwerkstoffe und die einzigartigen Herstellungstechnologien, die sich bei der Fabrikation von Festkörperbauelementen herausgebildet haben. Mit diesen Technologien verbunden sind außergewöhnlich hohe Niveaus von struktureller Perfektion und chemischer Reinheit. Dadurch ist es möglich, Verunreinigungen zielgerichtet einzubringen – ein ausgezeichnetes Beispiel für die Festkörperdiffusion, die *Kapitel 5 in Teil I* behandelt hat. *Kapitel 18* umreißt zahlreiche metallische und keramische Magnetwerkstoffe. Der Ferromagnetismus in Metallen und der Ferrimagnetismus in Keramiken sind Ausgangspunkte für eine breite Vielfalt gebräuchlicher Magnetanwendungen. Zudem zeigt sich, dass viele Anwendungen der in *Kapitel 15* eingeführten Supraleiter speziell die magnetischen Eigenschaften nutzen.

Elektrisches Verhalten

15.1 Ladungsträger und Leitung 653
15.2 Energieniveaus und Energiebänder 658
15.3 Leiter 666
15.4 Isolatoren 679
15.5 Halbleiter 687
15.6 Verbundwerkstoffe 690
15.7 Elektrische Klassifikation von Werkstoffen 692

15 ELEKTRISCHES VERHALTEN

❝ Das elektrische Verhalten ist oftmals ein entscheidender Faktor bei der Werkstoffauswahl. Ein Beispiel ist die flexible elektrische Verbindung in der unteren linken Ecke dieses Festplattenlaufwerks. Die Platten im Laufwerk drehen sich mit 7200 Umdrehungen pro Minute, wodurch eine Temperatur zwischen 260 und 315 °C entsteht. Für den Verbinder wurde ein PPS-Polymer wegen seiner einzigartigen Kombination von guter elektrischer Isolation und Kriechstromfestigkeit gewählt. ❞

In Kapitel 2 wurde gezeigt, wie sich anhand der atomaren Bindung ein nützliches Klassifikationssystem für technische Werkstoffe aufbauen lässt. Thema dieses Kapitels ist die elektrische Leitung, eine spezielle Werkstoffeigenschaft, die unsere Klassifizierung untermauert. Diese Gemeinsamkeit sollte angesichts der elektrischen Verhältnisse in der Bindung nicht überraschen. Elektrische Leitung entsteht durch Bewegung von Ladungsträgern (beispielsweise Elektronen) innerhalb des Werkstoffs. Auch dies bestätigt das Konzept, dass sich Eigenschaften aus den Strukturen ergeben. In *Kapitel 6* wurde dargestellt, dass Strukturen auf atomarer und mikrostruktureller Ebene zu verschiedenen mechanischen Eigenschaften führen. Elektrische Eigenschaften ergeben sich demgegenüber aus der Elektronenstruktur.

Die elektrische Leitfähigkeit lässt sich anhand der in *Kapitel 2* eingeführten Energieniveaus verstehen. In Festkörpern gehen diskrete Energieniveaus in Energiebänder über. Der relative Abstand dieser Bänder (bezogen auf eine Energieskala) bestimmt die Leitfähigkeit. Metalle mit großen Leitfähigkeitswerten heißen *Leiter*. Als *Isolatoren* bezeichnet man Keramiken, Gläser und Polymere mit kleinen Leitfähigkeitswerten. *Halbleiter* mit mittleren Leitfähigkeitswerten besitzen ganz spezifische Leitfähigkeitsverhältnisse.

Die Companion Website enthält einen Link zur Materials Research Society-Website, die ein exzellentes Portal zu den Anwendungen von Werkstoffen in der Elektronikindustrie darstellt.

15.1 Ladungsträger und Leitung

Für die Leitung der Elektrizität in Werkstoffen sind einzelne Teilchen auf der atomaren Ebene, die so genannten **Ladungsträger**, zuständig. Das einfachste Beispiel eines Ladungsträgers ist das *Elektron*, ein Teilchen mit einer negativen Ladung von $0{,}16 \times 10^{-18}$ C (siehe *Abschnitt 2.1*). Eher abstrakt ist das als **Defektelektron**, **Elektronenfehlstelle** oder **Loch** bezeichnete Konzept, das ein fehlendes Elektron in einer Elektronenwolke verkörpert. Durch das fehlende negativ geladene Elektron hat das Defektelektron eine effektive positive Ladung von $0{,}16 \times 10^{-18}$ C bezogen auf seine Umgebung. Die Lochleitung spielt eine zentrale Rolle im Verhalten von Halbleitern und wird detailliert in Abschnitt 15.5 behandelt. In ionischen Werkstoffen können Anionen als negative Ladungsträger und Kationen als positive Ladungsträger dienen. Wie in *Abschnitt 2.2* erläutert wurde, stellt die Valenz jedes Ions die positive oder negative Ladung in Vielfachen von $0{,}16 \times 10^{-18}$ C dar.

Abbildung 15.1 skizziert ein einfaches Verfahren, um die elektrische Leitfähigkeit zu messen. Der durch den Schaltkreis fließende **Strom** I steht mit dem gegebenen **Widerstand** R und der angelegten **Spannung** U durch das **Ohmsche**[1] **Gesetz** in Beziehung:

$$U = IR, \qquad (15.1)$$

---

[1] Georg Simon Ohm (1787–1854), deutscher Physiker, der als Erster die Beziehung gemäß Gleichung 15.1 veröffentlichte. Ihm zu Ehren ist die Einheit des Widerstands benannt.

wobei die Spannung U in Volt[1] (V), der Strom I in Ampere[2] (1 A = 1 C/s) und der Widerstand R in Ohm (Ω) gemessen wird. Der Widerstandswert hängt von der spezifischen Probengeometrie ab; R nimmt mit der Probenlänge l zu und mit dem Probenquerschnitt A ab. Deshalb definiert man eine charakteristische Eigenschaft für ein bestimmtes Material unabhängig von seiner Geometrie mit dem **spezifischen Widerstand** ρ als

$$\rho = \frac{RA}{l}. \tag{15.2}$$

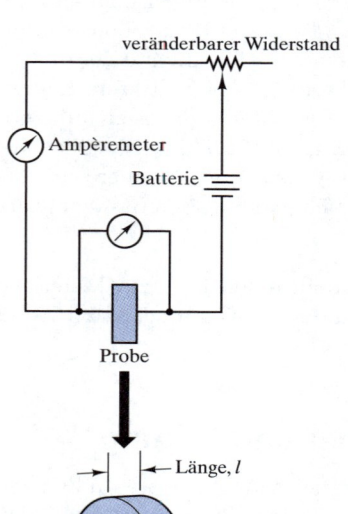

Abbildung 15.1: Schematische Darstellung einer Schaltung zur Messung der elektrischen Leitfähigkeit. Die Probenabmessungen sind in Bezug auf Gleichung (15.2) angegeben.

Die Einheit des spezifischen Widerstands ist $\Omega * m$. Eine ebenfalls nützliche Materialeigenschaft ist der Kehrwert des spezifischen Widerstands, die **spezifische Leitfähigkeit** σ

$$\sigma = \frac{1}{\rho}, \tag{15.3}$$

mit der Einheit $\Omega^{-1} * m^{-1}$. Die spezifische Leitfähigkeit ist ein geeigneter Parameter, mit dem sich ein Klassifikationssystem für Werkstoffe im Hinblick auf ihre elektrischen Eigenschaften aufstellen lässt (siehe Abschnitt 15.7).

---

[1] Alessandro Giuseppe Antonio Anastasio Volta (1745–1827), italienischer Physiker, leistete wichtige Beiträge zur Elektrizität, einschließlich der ersten Batterie oder »Spannungsquelle«.
[2] André Marie Ampère (1775–1836), französischer Mathematiker und Physiker, leistete ebenfalls wichtige Beiträge auf dem Gebiet der *Elektrodynamik* (ein von ihm eingeführter Begriff).

Die spezifische Leitfähigkeit ist das Produkt aus Dichte der Ladungsträger n, der Ladung jedes Ladungsträgers q und der Beweglichkeit jedes Ladungsträgers μ:

$$\sigma = nq\mu. \tag{15.4}$$

Die Einheit für n ist m^{-3}, für q Coulomb und für μ m^2/(V * s). Die Beweglichkeit gibt die durchschnittliche Ladungsträgergeschwindigkeit oder **Driftgeschwindigkeit** $\overline{v}$ dividiert durch die elektrische Feldstärke E an:

$$\mu = \frac{\overline{v}}{E}. \tag{15.5}$$

Die Einheit der Driftgeschwindigkeit ist m/s und die Einheit der **elektrischen Feldstärke** ($E = U/l$) V/m.

Wenn sowohl positive als auch negative Ladungsträger zur Leitung beitragen, muss Gleichung 15.4 erweitert werden, um beide Beiträge einzubeziehen:

$$\sigma = n_n q_n \mu_n + n_p q_p \mu_p. \tag{15.6}$$

Die Indizes n und p bezeichnen die negativen und positiven Ladungsträger. Für Elektronen, Löcher und einwertige Ionen ist die Größe von q gleich $0{,}16 \times 10^{-18}$ C, für mehrwertige Ionen gleich $|Z_i| \times (0{,}16 \times 10^{-18}$ C$)$, wobei $|Z_i|$ die Valenz (d.h. 2 für O^{2-}) angibt.

Tabelle 15.1 listet Werte der spezifischen Leitfähigkeit für verschiedene technische Werkstoffe auf. Es ist ersichtlich, dass sich aus der Größe der spezifischen Leitfähigkeit bestimmte Kategorien von Werkstoffen ergeben, die den in *Kapitel 1* und *2* genannten Typen entsprechen. Dieses Kapitel geht am Ende ausführlich auf dieses elektrische Klassifikationssystem ein, doch zuerst ist ein Blick auf das Wesen der elektrischen Leitung erforderlich, um zu verstehen, warum die spezifischen Leitfähigkeiten bei den technischen Werkstoffen um mehr als 20 Größenordnungen variieren.

Tabelle 15.1

Spezifische elektrische Leitfähigkeiten einiger Werkstoffe bei Raumtemperatur

Leitfähigkeitsbereich	Werkstoff	Spezifische Leitfähigkeit σ ($\Omega^{-1} * $m^{-1})
Leiter	Aluminium (geglüht)	$35{,}36 \times 10^6$
	Kupfer (normal geglüht)	$58{,}00 \times 10^6$
	Eisen (99,99+ %)	$10{,}30 \times 10^6$
	Stahl (Draht)	$5{,}71$-$9{,}35 \times 10^6$
Halbleiter	Germanium (hochrein)	$2{,}0$
	Silizium (hochrein)	$0{,}40 \times 10^{-3}$
	Bleisulfid (hochrein)	$38{,}4$
Isolatoren	Aluminiumoxid	10^{-10}-10^{-12}
	Borosilikatglas	10^{-13}
	Polyethylen	10^{-13}-10^{-15}
	Nylon 66	10^{-12}-10^{-13}

Beispiel 15.1

Eine Drahtprobe (Durchmesser 1 mm, Länge 1 m) aus einer Aluminiumlegierung (mit 1,2% Mn) befindet sich analog Abbildung 15.1 in einem elektrischen Stromkreis. Über der Länge des Drahtes wird bei einem Strom von 10 A ein Spannungsabfall von 432 mV gemessen. Berechnen Sie die spezifische Leitfähigkeit dieser Legierung.

Lösung

Mit Gleichung 15.1 ergibt sich

$$R = \frac{U}{I} = \frac{432 \times 10^{-3} \text{ V}}{10 \text{ A}} = 43{,}2 \times 10^{-3} \text{ }\Omega.$$

Aus Gleichung 15.2 berechnet man

$$\rho = \frac{RA}{l} = \frac{(43{,}2 \times 10^{-3} \text{ }\Omega)\left[\pi(0{,}5 \times 10^{-3} \text{ m})^2\right]}{1 \text{ m}}$$

$$= 33{,}9 \times 10^{-9} \text{ }\Omega \cdot \text{m}.$$

Mit Gleichung 15.3 ergibt sich

$$\sigma = \frac{1}{\rho}$$

$$= \frac{1}{33{,}9 \times 10^{-9} \text{ }\Omega \cdot \text{m}}$$

$$= 29{,}5 \times 10^6 \text{ }\Omega^{-1} \cdot \text{m}^{-1}.$$

Beispiel 15.2

Berechnen Sie die Dichte der freien Elektronen in Kupfer bei Raumtemperatur unter der Annahme, dass die spezifische Leitfähigkeit für Kupfer in vollständig durch freie Elektronen mit einer Beweglichkeit von 3,5 × 10⁻³ m²/(V * m) bestimmt wird.

Lösung

Mit Gleichung 15.4 lässt sich berechnen:

$$n = \frac{\sigma}{q\mu}$$

$$= \frac{58{,}00 \times 10^6 \text{ }\Omega^{-1} \cdot \text{m}^{-1}}{0{,}16 \times 10^{-18} \text{ C} \times 3{,}5 \times 10^{-3} \text{ m}^2/(\text{V} \cdot \text{s})}$$

$$= 104 \times 10^{27} \text{ m}^{-3}.$$

15.1 Ladungsträger und Leitung

Beispiel 15.3 Vergleichen Sie die Dichte von freien Elektronen in Kupfer nach Beispiel 15.2 mit der Dichte der Atome.

Lösung

Mit den Daten aus *Anhang A* ergibt sich

$$\rho_{Cu} = 8,93 \text{ g} * \text{cm}^{-3} \text{ mit einer Atommasse} = 63,55 \text{ u}$$

und

$$\rho = 8,93 \frac{\text{g}}{\text{cm}^3} \times 10^6 \frac{\text{cm}^3}{\text{m}^3} \times \frac{1 \text{ g} \cdot \text{Atom}}{63,55 \text{ g}} \times 0,6023 \times 10^{24} \frac{\text{Atome}}{\text{g} \cdot \text{Atom}}$$

$$= 84,6 \times 10^{27} \text{ Atome/m}^3.$$

Vergleicht man diesen Wert mit dem Ergebnis 104×10^{27} Elektronen/m³ aus Beispiel 15.2, erhält man:

$$\frac{\text{freie Elektronen}}{\text{Atom}} = \frac{104 \times 10^{27} \text{ m}^{-3}}{84,6 \times 10^{27} \text{ m}^{-3}} = 1,23.$$

Mit anderen Worten ist die spezifische Leitfähigkeit von Kupfer hoch, weil jedes Atom ungefähr ein freies (leitendes) Elektron beisteuert. Wie Beispiel 15.13 zeigt, ist in Halbleitern die Anzahl der von jedem Atom durchschnittlich beigesteuerten Leitungselektronen beträchtlich kleiner.

Beispiel 15.4 Berechnen Sie die Driftgeschwindigkeit der freien Elektronen in Kupfer für eine elektrische Feldstärke von 0,5 V/m.

Lösung

Mit Gleichung 15.5 ergibt sich:

$$\overline{v} = \mu E$$

$$= \left[3,5 \times 10^{-3} \text{ m}^2/(\text{V} \cdot \text{s})\right] \left(0,5 \text{ V} \cdot \text{m}^{-1}\right)$$

$$= 1,75 \times 10^{-3} \text{ m/s}.$$

Die Lösungen zu allen Übungen finden Sie auf der Companion Website.

> **Übung 15.1** (a) Der in Beispiel 15.1 beschriebene Draht bewirkt einen Spannungsabfall von 432 mV. Berechnen Sie den zu erwartenden Spannungsabfall in einem Draht mit dem Durchmesser 0,5 mm und der Länge 1 m derselben Legierung, der ebenfalls einen Strom von 10 A führt. (b) Wiederholen Sie Teil (a) für einen Draht von 2 mm Durchmesser.

> **Übung 15.2** Wie viele freie Elektronen befinden sich in einer Rolle aus hochreinem Kupferdraht (Durchmesser 1 mm, Länge 10 m)? (Siehe Beispiel 15.2.)

> **Übung 15.3** Beispiel 15.3 vergleicht die Dichte der freien Elektronen in Kupfer mit der Dichte der Atome. Wie viele Kupferatome befinden sich in der Drahtrolle, die Übung 15.2 beschrieben hat?

> **Übung 15.4** Beispiel 15.4 berechnet die Driftgeschwindigkeit der freien Elektronen in Kupfer. Wie viel Zeit benötigt ein typisches freies Elektron, um sich bei einem Spannungsgradienten von 0,5 V/m durch die gesamte Länge der in Übung 15.2 beschriebenen Drahtrolle zu bewegen?

15.2 Energieniveaus und Energiebänder

In *Abschnitt 2.1* wurde erläutert, wie Elektronenorbitale in einem einzelnen Atom mit diskreten Energieniveaus verknüpft sind (siehe *Abbildung 2.3*). Wenden wir uns jetzt einem ähnlichen Beispiel zu. Abbildung 15.2 zeigt ein Energieniveaudiagramm für ein einzelnes Natriumatom. Wie in *Anhang A* angegeben lautet die elektronische Konfiguration $1s^2 2s^2 2p^6 3s^1$. Das Energieniveaudiagramm zeigt an, dass es tatsächlich drei Orbitale gibt, die mit dem 2p-Energieniveau verbunden sind, und dass jedes der 1s-, 2s- und 2p-Orbitale von zwei Elektronen besetzt ist. Diese Verteilung von Elektronen auf die verschiedenen Orbitale ist ein Ausdruck des **Paulischen**[1] **Ausschließungsprinzips**, einem wichtigen Konzept aus der Quantenmechanik. Es besagt, dass keine zwei Elektronen genau denselben Zustand einnehmen können. Jede waagerechte Linie in Abbildung 15.2 stellt ein anderes Orbital dar (d.h. einen eindeutigen Satz von drei

---

[1] Wolfgang Pauli (1900–1958), österreichisch-amerikanischer Physiker, der wesentlich an der Entwicklung der Atomphysik beteiligt war. Das Verständnis für die Besetzung der äußeren Elektronenschale (wie durch das Ausschlussprinzip verkörpert) erlaubt es uns, die Ordnung des Periodensystems zu verstehen. Diese äußere Elektronenschale spielt eine zentrale Rolle im chemischen Verhalten der Elemente.

Quantenzahlen). Jedes derartige Orbital kann durch zwei Elektronen besetzt werden, weil sie sich in zwei unterschiedlichen Zuständen befinden; d.h. sie haben entgegengesetzte oder antiparallele Elektronen-Spins (die unterschiedliche Werte für eine vierte Quantenzahl repräsentieren). Im Allgemeinen können Elektronen-Spins parallel oder antiparallel sein. Das äußere Orbital (3s) ist durch ein einzelnes Elektron halb gefüllt. Wie ein Blick in *Anhang A* zeigt, füllt das nächste Element im Periodensystem (Mg) das 3s-Orbital mit zwei Elektronen (die gemäß dem Paulischen Ausschließungsprinzip entgegengesetzte Elektronen-Spins haben).

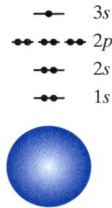

isoliertes Na-Atom

Abbildung 15.2: Energieniveaudiagramm für ein isoliertes Natriumatom

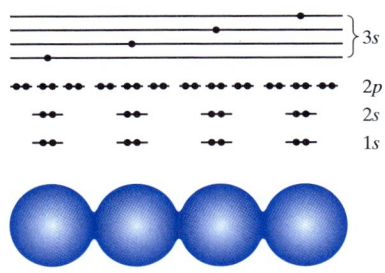

hypothetisches Na₄-Molekül

Abbildung 15.3: Energieniveaudiagramm für ein hypothetisches Na_4-Molekül. Die vier gemeinsamen äußeren Orbitalelektronen sind auf vier leicht unterschiedliche Energieniveaus „aufgeteilt", wie es durch das Paulische Ausschließungsprinzip vorhergesagt wird.

Sehen Sie sich als Nächstes ein hypothetisches Natriummolekül mit vier Atomen an, Na_4 (siehe Abbildung 15.3). Die Energiediagramme für die Kernelektronen des Atoms ($1s^2 2s^2 2p^6$) bleiben praktisch unverändert. Allerdings wird die Situation für die vier äußeren Orbitalelektronen durch das Paulische Ausschließungsprinzip beeinflusst, weil die freien Elektronen jetzt zwischen allen vier Atomen im Molekül ausgetauscht werden. Diese Elektronen können nicht alle ein einziges Orbital besetzen. Das Ergebnis ist ein „Aufteilen" des 3s-Energieniveaus in vier leicht unterschiedliche Niveaus. Dadurch ist jedes Niveau eindeutig und entspricht dem Paulischen Ausschließungsprinzip. Es wäre auch möglich, dass die Aufteilung nur zwei Niveaus hervorbringt, die jeweils von zwei Elektronen mit entgegengesetzten Spins besetzt sind. In der Tat wird die Elektronenpaarung in einem gegebenen Orbital verzögert, bis alle Niveaus einer bestimmten Energie ein einzelnes Elektron enthalten. Das ist die so genannte **Hundsche**[1] **Regel**. Als weiteres Beispiel hat Stickstoff (Element 7) drei 2p-Elektronen,

---

1 Friedrich Hund, *Z. Physik* 42, 93 (1927)

jedes in einem anderen Orbital gleicher Energie. Die Paarung von zwei $2p$-Elektronen von entgegengesetztem Spin in einem einzelnen Orbital tritt erst bei Element 8 (Sauerstoff) auf. Diese Aufteilung führt zu einem engen *Band* von Energieniveaus, das einem einzelnen $3s$-Niveau im isolierten Atom entspricht. Ein wichtiger Aspekt dieser Elektronenstruktur ist, dass das $3s$-Band des Na_4-Moleküls – wie im $3s$-Niveau des isolierten Atoms – nur halb gefüllt ist. Die Elektronenbeweglichkeit zwischen benachbarten Atomen ist dadurch recht hoch.

Eine einfache Erweiterung des im hypothetischen 4-Atom-Molekül beobachteten Effekts ist in Abbildung 15.3 zu sehen. Hier sind viele Natriumatome metallisch gebunden und bilden einen Festkörper. In diesem metallischen Festkörper sind die Kernelektronen des Atoms wieder nicht direkt an der Bindung beteiligt und ihre Energiediagramme bleiben praktisch unverändert. Allerdings ruft die große Anzahl der beteiligten Atome (z.B. in der Größenordnung der Avogadro-Zahl) eine gleich große Anzahl von Energieniveauaufteilungen für die äußeren ($3s$-) Orbitale hervor. Der Gesamtbereich der Energiewerte für die verschiedenen $3s$-Orbitale ist nicht groß. Der Abstand zwischen benachbarten $3s$-Orbitalen ist sogar äußerst gering. Das Ergebnis ist ein pseudokontinuierliches **Energieband**, das dem $3s$-Energieniveau des isolierten Atoms entspricht. Wie beim isolierten Na-Atom und dem hypothetischen Na_4-Molekül ist das Valenzelektronenband im metallischen Festkörper nur halb gefüllt, was hohe Beweglichkeit der äußeren Orbitalelektronen durch den Festkörper hindurch ermöglicht. Das von Valenzelektronen gebildete Energieband gemäß Abbildung 15.4 heißt auch **Valenzband**. Daraus ergibt sich der wichtige Schluss, dass Metalle gute elektrische Leiter sind, weil ihr Valenzband nur teilweise gefüllt ist. Diese Aussage ist gültig, obwohl die exakten Zustände des teilweise gefüllten Valenzbandes in manchen Metallen abweichen. Z.B. gibt es in Mg (Element 12) zwei $3s$-Elektronen, die das Energieband füllen, das in Na (Element 11) nur halb gefüllt ist. Allerdings hat Mg ein leeres Band in einem höheren Energieniveau, das das gefüllte überlappt. Letztlich ist das äußere Valenzband nur teilweise gefüllt.

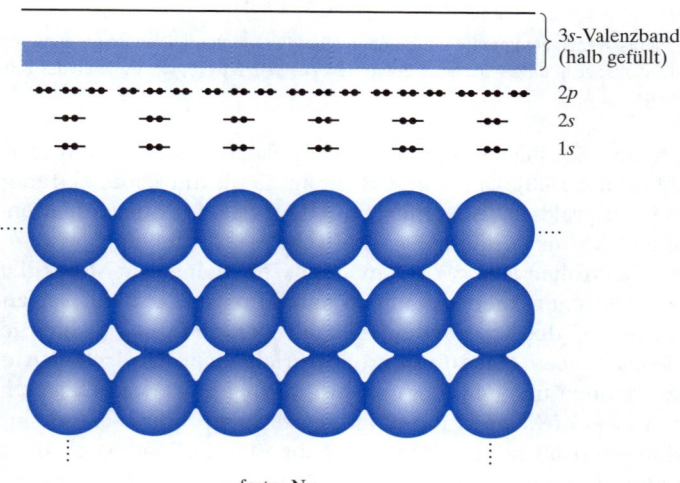

Abbildung 15.4: Energieniveaudiagramm für festes Natrium. Das diskrete $3s$-Energieniveau von Abbildung 15.2 hat zu einem pseudokontinuierlichen Energieband (halb gefüllt) geführt. Auch hier lässt sich die Teilung der $3s$-Energieniveaus durch das Paulische Ausschließungsprinzip vorhersagen.

15.2 Energieniveaus und Energiebänder

Ein genaueres Bild der elektrischen Leitung in Metallen erhält man, wenn man betrachtet, wie sich die Energiebänder mit der Temperatur verändern. Aus Abbildung 15.4 geht hervor, dass die Energieniveaus im Valenzband vollständig bis zur Bandmitte gefüllt und darüber vollkommen leer sind. In der Tat gilt dieses Konzept nur bei einer Temperatur von absolut null (0 K). Abbildung 15.5 veranschaulicht diese Bedingung. Die Energie des höchsten gefüllten Zustands im Energieband (bei 0 K) heißt **Fermi**[1]**-Niveau** (E_F). Den Umfang, bis zu dem ein gegebenes Energieniveau gefüllt wird, beschreibt die **Fermi-Funktion** $f(E)$. Die Fermi-Funktion repräsentiert die Wahrscheinlichkeit, dass ein Energieniveau E von einem Elektron besetzt ist. Sie kann Werte zwischen 0 und 1 annehmen. Bei 0 K ist $f(E)$ gleich 1 bis zu E_F und gleich 0 oberhalb von E_F. Dieser Grenzfall (0 K) trägt nicht zur elektrischen Leitung bei. Da die Energieniveaus unterhalb von E_F voll besetzt sind, erfordert die Leitung, dass Elektronen ihre Energie bis auf ein Niveau unmittelbar oberhalb von E_F (d.h. auf nicht besetzte Niveaus) anheben. Diese Energieanhebung verlangt eine externe Energiequelle. Das kann beispielsweise thermische Energie sein, indem der Werkstoff auf eine Temperatur oberhalb von 0 K erwärmt wird. Die resultierende Fermi-Funktion $f(E)$ ist in Abbildung 15.6 dargestellt. Für $T > 0$ K werden einige Elektronen unmittelbar unterhalb von E_F auf nicht besetzte Niveaus unmittelbar oberhalb von E_F angehoben. Die Beziehung zwischen der Fermi-Funktion $f(E)$ und der absoluten Temperatur T lautet:

$$f(E) = \frac{1}{e^{(E-E_F)/kT}+1}, \quad (15.7)$$

wobei k die Boltzmann-Konstante (13,8 × 10^{-24} J/K) ist. Für den Grenzfall von $T = 0$ K liefert Gleichung 15.7 genau die Treppenfunktion von Abbildung 15.5. Für $T > 0$ K zeigt sie an, dass $f(E)$ weit unterhalb von E_F praktisch 1 und weit darüber praktisch 0 ist. Nahe E_F wechselt der Wert von $f(E)$ allmählich zwischen diesen beiden Extremwerten. Bei E_F ist der Wert von $f(E)$ genau 0,5. Mit steigender Temperatur streckt sich der Bereich, über dem $f(E)$ von 1 auf 0 fällt (siehe Abbildung 15.7), und liegt in der Größenordnung von kT. Insgesamt sind Metalle gute elektrische Leiter, weil thermische Energie ausreicht, um Elektronen über das Fermi-Niveau auf ansonsten nicht besetzte Energieniveaus anzuheben. Bei diesen Niveaus ($E > E_F$) sind nicht besetzte Niveaus in benachbarten Atomen zugänglich. Das bewirkt eine höhere Beweglichkeit der **Leitungselektronen** – der so genannten **freien Elektronen** – im Festkörper.

---

[1] Enrico Fermi (1901–1954), italienischer Physiker, lieferte zahlreiche Beiträge zur Wissenschaft des 20. Jahrhunderts, einschließlich des ersten Kernreaktors im Jahre 1942. Seine Arbeit, die das Verständnis für das Wesen der Elektronen in Festkörpern verbessert hat, ist fast 20 Jahre früher erschienen.

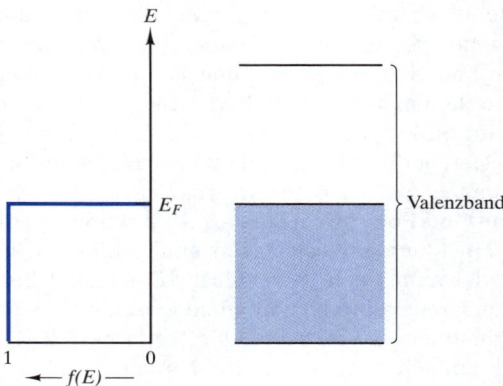

Abbildung 15.5: Die Fermi-Funktion $f(E)$ beschreibt das relative Auffüllen der Energieniveaus. Bei 0 K sind alle Energieniveaus vollständig bis zum Fermi-Niveau E_F gefüllt und oberhalb von E_F vollkommen leer.

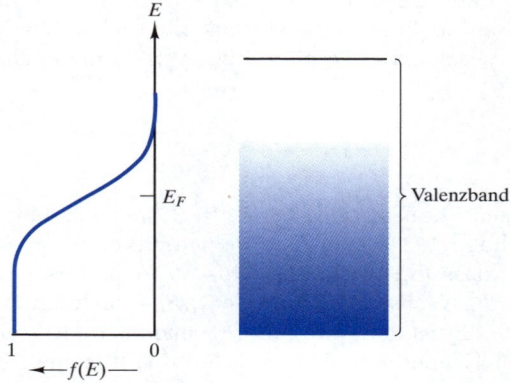

Abbildung 15.6: Bei $T > 0$ K zeigt die Fermi-Funktion $f(E)$ den Übergang einiger Elektronen über E_F an.

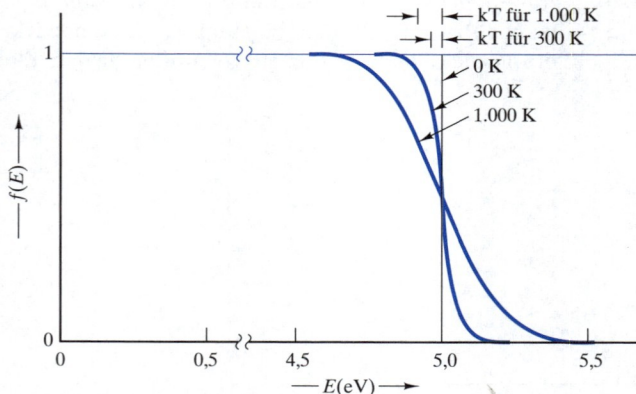

Abbildung 15.7: Variation der Fermi-Funktion $f(E)$ mit der Temperatur für ein typisches Metall (mit $E_F = 5$ eV). Beachten Sie, dass der Energiebereich, über dem $f(E)$ von 1 auf 0 abfällt, gleich einem Vielfachen von kT ist.

15.2 Energieniveaus und Energiebänder

Energiebänder haben wir bisher nur in Bezug auf Metalle und ihre gute elektrische Leitfähigkeit behandelt. Jetzt kommen wir zum Fall eines nichtmetallischen Festkörpers, Kohlenstoff in der Diamantstruktur, der ein sehr schlechter elektrischer Leiter ist. In *Kapitel 2* wurde gezeigt, dass die Valenzelektronen in diesem kovalent gebundenen Werkstoff unter den benachbarten Atomen ausgetauscht werden. Im Ergebnis ist das Valenzband von Kohlenstoff (Diamant) voll besetzt. Dieses Valenzband entspricht dem sp^3-Hybridenergieniveau eines isolierten Kohlenstoffatoms (siehe *Abbildung 2.3*). Um Elektronen auf Energieniveaus oberhalb des sp^3-Niveaus in einem isolierten Kohlenstoffatom anzuheben, müssen diese über einen verbotenen Energiebereich hinaus gelangen. Analog verlangt die Anhebung eines Elektrons vom Valenzband in das **Leitungsband** das Überwinden einer **Energiebandlücke** E_g (siehe Abbildung 15.8). Auch hier gilt das Konzept eines Fermi-Niveaus. Allerdings fällt E_F nun in die Mitte der Bandlücke. In Abbildung 15.8 entspricht die Fermi-Funktion $f(E)$ der Raumtemperatur (298 K). Denken Sie daran, dass die von $f(E)$ vorhergesagte Wahrscheinlichkeit nur im Valenzband und im Leitungsband realisierbar ist. Elektronen ist es verboten, Energieniveaus innerhalb der Bandlücke einzunehmen. Aus Abbildung 15.8 geht hervor, dass $f(E)$ das gesamte Valenzband hindurch praktisch gleich 1 und das Leitungsband hindurch 0 ist. Durch thermische Energie lässt sich keine nennenswerte Anzahl von Elektronen in das Leitungsband anheben, was die charakteristisch schlechte elektrische Leitfähigkeit von Diamant erklärt.

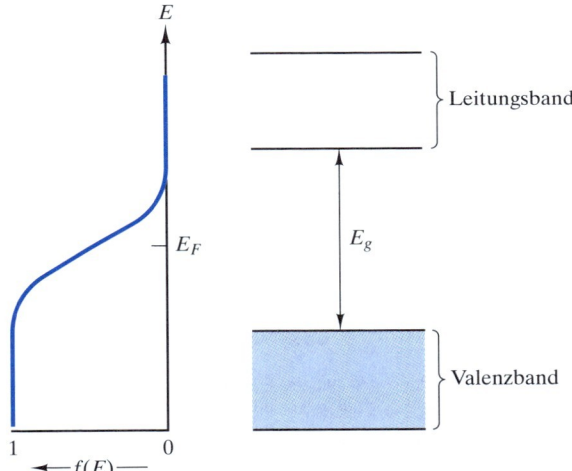

Abbildung 15.8: Vergleich der Fermi-Funktion $f(E)$ mit der Energiebandstruktur für einen Isolator. Aufgrund der Größe der Bandlücke (> 2 eV) gehen praktisch keine Elektronen in das Leitungsband über. Dort gilt also $f(E) = 0$.

Sehen Sie sich als letztes Beispiel Silizium (Element 14) an, das sich im Periodensystem der Elemente unmittelbar unter Kohlenstoff befindet (siehe *Abbildung 2.2*). In derselben Gruppe des Periodensystems verhält sich Silizium chemisch in ähnlicher Weise wie Kohlenstoff. In der Tat bildet Silizium einen kovalent gebundenen Festkörper mit der gleichen Kristallstruktur wie Diamant. Die auch Diamantstruktur genannte kubische Struktur wurde in *Abschnitt 3.5* erläutert. Die Energiebandstruktur von Silizium (siehe Abbildung 15.9) ähnelt ebenfalls der von Diamant (siehe Abbildung 15.8). Der Hauptunterschied ist, dass Silizium eine kleinere Bandlücke hat ($E_g =$

1,107 eV gegenüber ~6 eV für Diamant). Dadurch hebt die thermische Energie bei Raumtemperatur (298 K) eine kleine aber merkliche Anzahl von Elektronen aus dem Valenzband in das Leitungsband. Jeder Elektronenübergang erzeugt ein Ladungsträgerpaar – ein so genanntes **Elektron-Loch-Paar**. Folglich entstehen im Valenzband Löcher, deren Anzahl gleich der Anzahl der Leitungselektronen ist. Diese Löcher sind positive Ladungsträger, wie in Abschnitt 15.1 erwähnt. Mit einer mittleren Anzahl sowohl positiver als auch negativer Ladungsträger zeigt Silizium eine mittlere elektrische Leitfähigkeit, die zwischen der für Metalle und Isolatoren liegt (siehe Tabelle 15.1). Abschnitt 15.5 geht näher auf diesen einfachen Halbleiter ein.

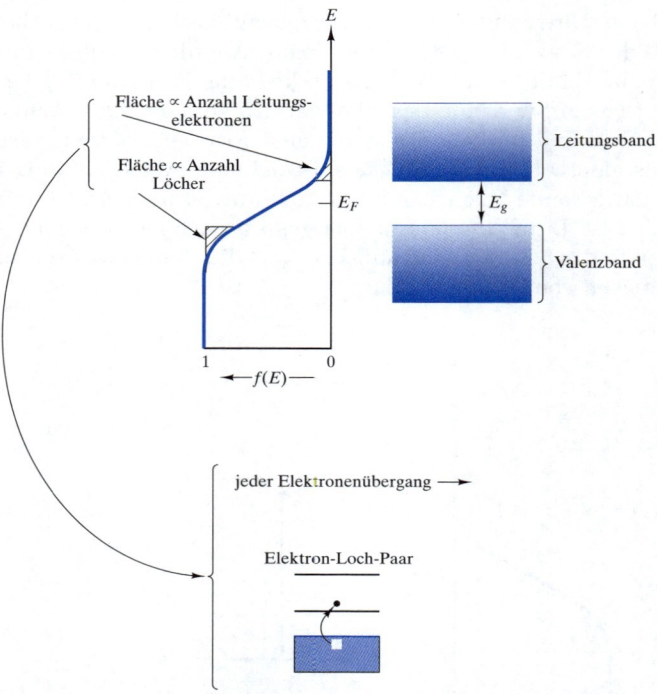

Abbildung 15.9: Vergleich der Fermi-Funktion $f(E)$ mit der Energiebandstruktur für einen Halbleiter. Aufgrund der relativ kleinen Bandlücke (< 2 eV) geht eine erhebliche Anzahl von Elektronen in das Leitungsband über. Jeder Elektronenübergang erzeugt ein Ladungsträgerpaar (d.h. ein Elektron-Loch-Paar).

15.2 Energieniveaus und Energiebänder

Beispiel 15.5 Wie hoch ist in Diamant (E_g = 5,6 eV) die Wahrscheinlichkeit, dass bei Raumtemperatur (25 °C) ein thermisch angeregtes Elektron in das Leitungsband übergeht?

Lösung

Aus Abbildung 15.8 ist ersichtlich, dass der untere Teil des Leitungsbandes der Beziehung

$$E - E_F = \frac{5{,}6}{2}\,\text{eV} = 2{,}8\,\text{eV}$$

entspricht. Mit Gleichung 15.7 und T = 25 °C = 298 K ergibt sich:

$$f(E) = \frac{1}{e^{(E-E_F)/kT}+1}$$

$$= \frac{1}{e^{(2{,}8\,\text{eV})/(86{,}2\times 10^{-6}\,\text{eV}\cdot\text{K}^{-1})(298\,\text{K})}+1}$$

$$= 4{,}58 \times 10^{-48}.$$

Beispiel 15.6 Wie hoch ist in Silizium (E_g = 1,07 eV) die Wahrscheinlichkeit, dass bei Raumtemperatur (25 °C) ein thermisch angeregtes Elektron in das Leitungsband übergeht?

Lösung

Wie in Beispiel 15.5 berechnet man

$$E - E_F = \frac{1{,}107}{2}\,\text{eV} = 0{,}5535\,\text{eV}$$

und

$$f(E) = \frac{1}{e^{(E-E_F)/kT}+1}$$

$$= \frac{1}{e^{(0{,}5535\,\text{eV})/(86{,}2\times 10^{-6}\,\text{eV}\cdot\text{K}^{-1})(298\,\text{K})}+1}$$

$$= 4{,}39 \times 10^{-10}.$$

Diese Zahl ist zwar klein, liegt aber immer noch 38 Größenordnungen über dem Wert für Diamant (siehe Beispiel 15.5). Damit können genügend Ladungsträger (Elektron-Loch-Paare) erzeugt werden, denen Silizium seine Halbleitereigenschaften verdankt.

> **Übung 15.5** Wie hoch ist in Diamant die Wahrscheinlichkeit, dass ein Elektron bei 50 °C in das Leitungsband angehoben wird? (Siehe Beispiel 15.5.)

> **Übung 15.6** Wie hoch ist in Silizium die Wahrscheinlichkeit, dass ein Elektron bei 50 °C in das Leitungsband angehoben wird? (Siehe Beispiel 15.6.)

15.3 Leiter

Leiter sind Werkstoffe mit hohen elektrischen Leitfähigkeitswerten. gibt die Größenordnung der elektrischen Leitfähigkeit für typische Leiter mit etwa $10 \times 10^6 \, \Omega^{-1} * m^{-1}$ an. Die Ursache für diesen großen Wert hat der vorherige Abschnitt erläutert. Entsprechend Gleichung 15.6 als allgemeiner Ausdruck für die elektrische Leitfähigkeit kann man die spezifische Form für Leiter als

$$\sigma = n_e q_e \mu_e \tag{15.8}$$

schreiben, wobei der Index e für die reine **Elektronenleitung** steht. Das heißt, dass σ speziell auf die Bewegung von Elektronen zurückgeht. (**Elektrische Leitung** meint einen messbaren Wert von σ, der aus der Bewegung eines beliebigen Ladungsträgertyps resultieren kann.) Die dominierende Rolle des im vorherigen Abschnitt erläuterten Bändermodells weist auf die Bedeutung der Elektronenbeweglichkeit μ_e für die Leitfähigkeit von metallischen Leitern hin. Dieses Konzept lässt sich gut anhand der Wirkung von zwei Variablen (Temperatur und Zusammensetzung) auf die spezifische Leitfähigkeit in Metallen veranschaulichen.

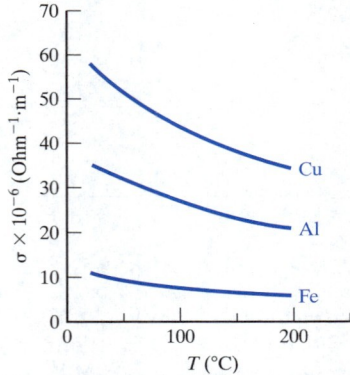

Abbildung 15.10: Verlauf der elektrischen Leitfähigkeit über der Temperatur für einige Metalle

Abbildung 15.10 zeigt den Einfluss der Temperatur auf die Leitfähigkeit von Metallen. Bei Temperaturerhöhung über Raumtemperatur sinkt im Allgemeinen die Leitfähigkeit. Dieser Abfall der Leitfähigkeit ist vorwiegend auf den Rückgang der Elektronenbeweglichkeit μ_e bei steigender Temperatur zurückzuführen. Der Rückgang der Elektronenbeweglichkeit kann seinerseits von zunehmender thermischer Anregung der kristallinen Struktur des Metalls bei steigender Temperatur begleitet werden. Unter Anwendung des Wellenmodells für Elektronen können sich diese „Wellenpakete" durch die kristalline Struktur am effizientesten bewegen, wenn der Kristall nahezu perfekt ist. Durch thermische Schwingungen hervorgerufene Unregelmäßigkeiten verringern die Elektronenbeweglichkeit.

Gleichung 15.3 hat gezeigt, dass sich spezifischer Widerstand und spezifische Leitfähigkeit umgekehrt proportional zueinander verhalten. Somit liegt der spezifische Widerstand für typische Leiter in der Größenordnung von $0{,}1 \times 10^{-6}\ \Omega * m$. Analog nimmt der spezifische Widerstand mit steigender Temperatur über Raumtemperatur zu. Diese Beziehung [$\rho(T)$] verwendet man häufiger als $\sigma(T)$, weil sich in Experimenten gezeigt hat, dass der spezifische Widerstand ziemlich linear mit der Temperatur über diesen Bereich ansteigt, d.h.

$$\rho = \rho_{rt}\left[1 + \alpha\left(T - T_{rt}\right)\right], \qquad (15.9)$$

wobei ρ_{rt} der Wert des spezifischen Widerstands bei Raumtemperatur, α der **Temperaturkoeffizient des spezifischen Widerstands**, T die Temperatur und T_{rt} die Raumtemperatur ist. Die Daten in Abbildung 15.10 sind in Abbildung 15.11 neu dargestellt, um Gleichung 15.9 zu veranschaulichen. Tabelle 15.2 gibt einige repräsentative Werte von ρ_{rt} und α für metallische Leiter an.

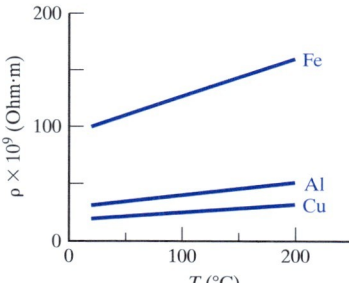

Abbildung 15.11: Verlauf des spezifischen elektrischen Widerstands über der Temperatur für dieselben Metalle wie in Abbildung 15.10. Die Linearität dieser Daten definiert den Temperaturkoeffizienten α des spezifischen Widerstands.

Tabelle 15.2

Spezifische Widerstände und Temperaturkoeffizienten für ausgewählte metallische Leiter

Werkstoff	Spezifischer Widerstand ρ_{rt} bei 20 °C ($\Omega \cdot m$)	Temperaturkoeffizient der spezifischen Leitfähigkeit α bei 20 °C (°C^{-1})
Aluminium (geglüht)	$28{,}28 \times 10^{-9}$	0,0039
Kupfer (normal angelassen)	$17{,}24 \times 10^{-9}$	0,00393
Gold	$24{,}4 \times 10^{-9}$	0,0034
Eisen (99,99+ %)	$97{,}1 \times 10^{-9}$	0,00651
Blei (99,73+ %)	$206{,}48 \times 10^{-9}$	0,00336
Magnesium (99,80%)	$44{,}6 \times 10^{-9}$	0,01784
Quecksilber	958×10^{-9}	0,00089
Nickel (99,95% + Co)	$68{,}4 \times 10^{-9}$	0,0069
Nichrome (66% Ni + Cr und Fe)	1.000×10^{-9}	0,0004
Platin (99,99%)	106×10^{-9}	0,003923
Silber (99,78%)	$15{,}9 \times 10^{-9}$	0,0041
Stahl (Draht)	$107\text{-}175 \times 10^{-9}$	0,006-0,0036
Wolfram	$55{,}1 \times 10^{-9}$	0,0045
Zink	$59{,}16 \times 10^{-9}$	0,00419

In Tabelle 15.2 fällt auf, dass ρ_{rt} eine Funktion der Zusammensetzung ist, wenn es sich um Mischkristalle handelt (d.h. $\rho_{rt,\,reines\,Fe} < \rho_{rt,\,Stahl}$). Bei kleinen Zugaben von Verunreinigungen zu einem nahezu reinen Metall nimmt ρ nahezu linear mit dem Anteil der hinzugefügten Verunreinigung zu (siehe Abbildung 15.12). Diese Beziehung, die an Gleichung 15.9 erinnert, lässt sich als

$$\rho = \rho_0 (1 + \beta x) \qquad (15.10)$$

ausdrücken, wobei ρ_0 der spezifische Widerstand des reinen Metalls, β eine Konstante für ein gegebenes System aus Wirtsmetall und Verunreinigung bezogen auf den Anstieg einer Kurve wie der in Abbildung 15.12 gezeigten) und x der Anteil der hinzugefügten Verunreinigung ist. Natürlich gilt Gleichung 15.10 für eine feststehende Temperatur. Variiert man Temperatur und Zusammensetzung, machen sich die Effekte sowohl von α (aus Gleichung 15.9) als auch von β (aus Gleichung 15.10) bemerkbar. Man darf auch nicht vergessen, dass Gleichung 15.10 nur für kleine Werte von x gilt. Für große Werte wird ρ zu einer nichtlinearen Funktion von x. Abbildung 15.13 zeigt ein gutes Beispiel für das Gold-Kupfer-Legierungssystem. Wie bei Abbildung 15.12

gelten diese Daten für eine feststehende Temperatur. Zu Abbildung 15.13 ist anzumerken, dass – wie in Abbildung 15.12 – reine Metalle (entweder Gold oder Kupfer) geringere spezifische Widerstände haben als Legierungen mit zugesetzten Verunreinigungen. Z.B. ist der spezifische Widerstand von reinem Gold geringer als der für Gold mit 10 Atomprozent Kupfer. Analog ist der spezifische Widerstand von reinem Kupfer kleiner als der für Kupfer mit 10 Atomprozent Gold. Das Ergebnis dieses Trends ist, dass der maximale spezifische Widerstand für das Gold-Kupfer-Legierungssystem bei einer mittleren Zusammensetzung (~45 Atomprozent Gold, 55 Atomprozent Kupfer) auftritt. Dass der spezifische Widerstand durch hinzugefügte Verunreinigungen steigt, entspricht dem Trend, dass die Temperatur den spezifischen Widerstand erhöht. Verunreinigungsatome vermindern den Grad der kristallinen Perfektion eines ansonsten reinen Metalls.

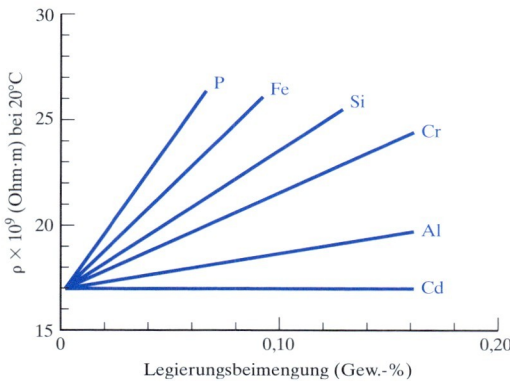

Abbildung 15.12: Variation des spezifischen elektrischen Widerstands für verschiedene Kupferlegierungen mit geringen Mengen von zugesetzten Elementen. Beachten Sie, dass sich alle Daten auf eine konstante Temperatur (20 °C) beziehen.

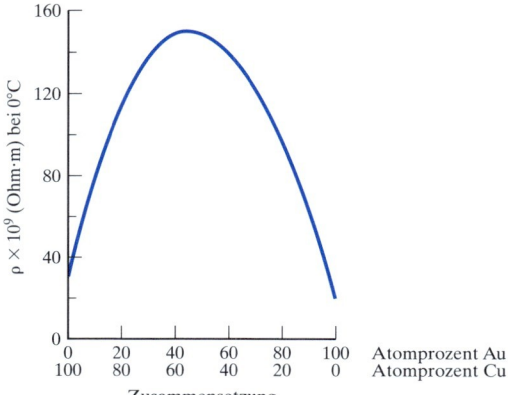

Abbildung 15.13: Änderung des spezifischen Widerstands über der Zusammensetzung im Gold-Kupfer-Legierungssystem. Der spezifische Widerstand steigt mit Legierungszusätzen für beide reinen Metalle. Im Ergebnis tritt der maximale spezifische Widerstand im Legierungssystem bei einer Zwischenzusammensetzung (~45 Atomprozent Gold, 55 Atomprozent Kupfer) auf. Beachten Sie analog zu Abbildung 15.12, dass die Daten für eine feste Temperatur (0 °C) gelten.

Die Wirkung kristalliner Verunreinigungen auf die elektrische Leitfähigkeit lässt sich mit dem Konzept der mittleren freien Weglänge eines Elektrons veranschaulichen. Wie weiter vorn für die Wirkung der Temperatur erwähnt, behindern strukturelle Unregelmäßigkeiten die wellenartige Bewegung eines Elektrons durch eine atomare Struktur. Der durchschnittliche Abstand, den eine Elektronenwelle ohne Reflexion zurücklegen kann, heißt **mittlere freie Weglänge**. Störungen in der Struktur verringern die mittlere freie Weglänge, wodurch wiederum die Driftgeschwindigkeit, die Beweglichkeit und schließlich die Leitfähigkeit zurückgehen (siehe die Gleichungen 15.5 und 15.8). In *Abschnitt 4.1* wurde der Einfluss chemischer Verunreinigungen ausführlich behandelt. Hier müssen Sie nur wissen, dass jede Verringerung der Periodizität in der Atomstruktur des Metalls die Bewegung der periodischen Elektronenwelle behindert. Aus diesem Grund rufen viele der in *Kapitel 4* behandelten strukturellen Verunreinigungen (z.B. Punktdefekte und Versetzungen) einen höheren spezifischen Widerstand in metallischen Leitern hervor.

15.3.1 Thermoelemente

Eine wichtige Anwendung von Leitern ist die Temperaturmessung. Abbildung 15.14 zeigt ein so genanntes **Thermoelement** – ein einfacher Stromkreis aus zwei Metalldrähten, der eine derartige Messung erlaubt. Die Wirksamkeit des Thermoelements lässt sich letztlich auf die Temperaturabhängigkeit der Fermi-Funktion zurückführen (siehe z.B. Abbildung 15.7). Für einen gegebenen Metalldraht (z.B. Metall A in Abbildung 15.14), der zwei Punkte unterschiedlicher Temperaturen – T_1 (heiß) und T_2 (kalt) – verbindet, werden am heißen Ende mehr Elektronen auf höhere Energien angeregt als am kalten Ende. Dadurch entsteht eine treibende Kraft für den Elektronentransport vom heißen zum kalten Ende. Das kalte Ende ist dann negativ und das heiße Ende positiv geladen – zwischen den Drahtenden entsteht eine Spannung U_A. Ein messtechnisch wichtiges Merkmal dieses Phänomens ist, dass U_A nur von der Temperaturdifferenz $T_1 - T_2$ abhängig ist und nicht von der Temperaturverteilung entlang des Drahtes. Für eine Spannungsmessung ist allerdings ein zweiter Draht (Metall B in Abbildung 15.14) erforderlich, um ein Voltmeter anzuschließen. Wenn Metall B derselbe Werkstoff wie Metall A ist, wird auch eine Spannung U_A in Metall B induziert und das Voltmeter zeigt die Differenzspannung (= $U_A - U_A$ = 0 V) an. Allerdings entwickeln unterschiedliche Metalle auch unterschiedliche Spannungswerte zwischen einer gegebenen Temperaturdifferenz ($T_1 - T_2$). Wenn sich Metall B von Metall A unterscheidet, zeigt das Voltmeter in Abbildung 15.1 im Allgemeinen auch eine Nettospannung $U_{12} = U_A - U_B$ an. Die Größe von U_{12} nimmt mit steigender Temperaturdifferenz $T_1 - T_2$ zu. Die induzierte Spannung U_{12} bezeichnet man als **Seebeck[1]-Potenzial** und das in Abbildung 15.14 veranschaulichte Phänomen als **Seebeck-Effekt**. Die Eignung des einfachen Schaltungsaufbaus für die Temperaturmessung ist offensichtlich. Bei einer geeigneten Referenztemperatur für T_2 (gewöhnlich eine feste Umgebungstemperatur oder ein Eiswasserbad bei 0 °C) ist die gemessene Spannung

---

[1] Thomas Johann Seebeck (1770–1831), russisch-deutscher Physiker, beobachtete 1821 den bedeutenden Effekt, der immer noch seinen Namen trägt. Seine Beschäftigung mit eng verwandten Problemen in der Thermoelektrizität (gegenseitige Umwandlung von Wärme und Elektrizität) war weniger von Erfolg gekrönt und die Lösung derartiger Probleme wird anderen Wissenschaftlern zugeschrieben (z.B. die Peltier- und Thomson-Effekte).

U_{12} eine nahezu lineare Funktion von T_1. Die genaue Abhängigkeit der Spannung U_{12} von der Temperatur ist für mehrere gebräuchliche Thermoelementsysteme (wie die in Tabelle 15.3 aufgeführten) tabelliert. Abbildung 15.15 zeigt den Verlauf von U_{12} über der Temperatur für diese gängigen Systeme.

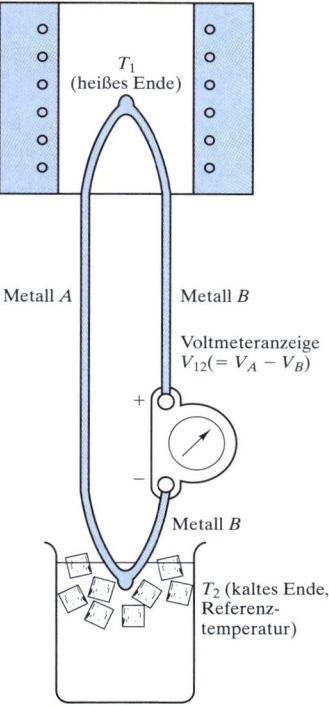

Abbildung 15.14: Schematische Darstellung eines Thermoelements. Die gemessene Spannung U_{12} ist eine Funktion der Temperaturdifferenz $T_1 - T_2$. Das Phänomen wird als *Seebeck-Effekt* bezeichnet.

Tabelle 15.3

Gängige Thermoelementpaare

Typ	Üblicher Name	Positives Element[a]	Negatives Element[b]	Empfohlene Betriebsumgebung(en)	Maximale Betriebstemperatur (°C)
B	Platin-Rhodium/ Platin-Rhodium	70Pt-30Rh	94Pt-6Rh	oxidierend Vakuum chemisch inert	1.700
E	Chromel/ Konstantan	90Ni-9Cr	44Ni-55Cu	oxidierend	870
J	Eisen/Konstantan	Fe	44Ni-55Cu	oxidierend reduzierend	760

15 ELEKTRISCHES VERHALTEN

Gängige Thermoelementpaare

Typ	Üblicher Name	Positives Element[a]	Negatives Element[b]	Empfohlene Betriebsumgebung(en)	Maximale Betriebstemperatur (°C)
K	Chromel/Alumel	90Ni-9Cr	94Ni-Al, Mn, Fe, Si, Co	oxidierend	1.260
R	Platin/Platin-Rhodium	87Pt-13Rh	Pt	oxidierend chemisch inert	1.480
S	Platin/Platin-Rhodium	90Pt-10Rh	Pt	oxidierend chemisch inert	1.480
T	Kupfer/Konstantan	Cu	44Ni-55Cu	oxidierend reduzierend	370

[a] Legierungszusammensetzungen in Gewichtsprozent
[b] wie a

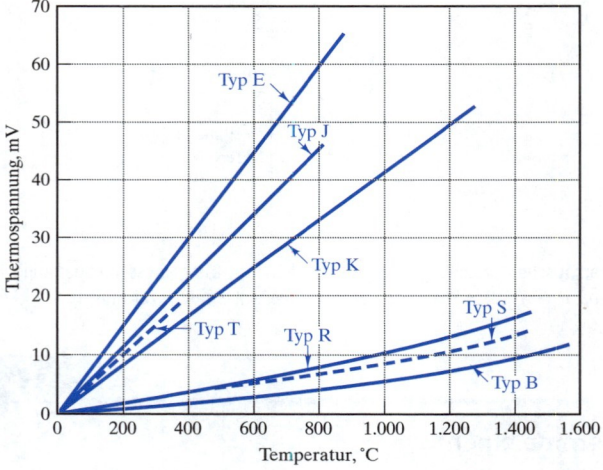

Abbildung 15.15: Diagramm der elektromotorischen Kraft eines Thermoelements (= U_{12} in Abbildung 15.14) als Funktion der Temperatur für die in genannten gängigen Thermoelementpaare.

Kapitel 17 stellt mehrere Beispiele für Halbleiter vor, die herkömmlichen Elektronikwerkstoffen ebenbürtig oder überlegen sind. Auf dem Gebiet der Temperaturmessung zeigen Halbleiter in der Regel einen wesentlich ausgeprägteren Seebeck-Effekt als Metalle. Das hängt mit der exponentiellen (Arrhenius-) Natur der Leitfähigkeit als Funktion der Temperatur in Halbleitern zusammen. Im Ergebnis lassen sich mit temperaturabhängigen Halbleitern – oder *Thermistoren* – extrem kleine Temperaturänderungen messen (bis hinab zu etwa 10^{-6} °C). Allerdings haben Thermistoren infolge ihres begrenzten Betriebstemperaturbereichs die herkömmlichen Thermoelemente für allgemeine Anwendungen der Temperaturmessungen noch nicht ersetzt.

15.3.2 Supraleiter

Abbildung 15.10 hat gezeigt, wie die Leitfähigkeit von Metallen allmählich ansteigt, wenn die Temperatur fällt. Dieser Trend setzt sich auch fort, wenn die Temperatur deutlich unter Raumtemperatur sinkt. Doch selbst bei extrem niedrigen Temperaturen (z.B. einigen Grad Kelvin) zeigen typische Metalle immer noch eine endliche Leitfähigkeit (d.h. einen spezifischen Widerstand ungleich null). Einige Werkstoffe verhalten sich gänzlich anders. Abbildung 15.16 zeigt einen derartigen Fall. Bei einer kritischen Temperatur (T_c) fällt der spezifische Widerstand plötzlich auf null ab und Quecksilber wird zu einem **Supraleiter**. Quecksilber war der erste Werkstoff, für den dieses Verhalten bekannt wurde. Im Jahre 1911 berichtete H. Kamerlingh Onnes zuerst die in Abbildung 15.16 dargestellten Ergebnisse als Nebenprodukt seiner Forschungen zur Verflüssigung und Verfestigung von Helium. Seitdem hat man zahlreiche andere Werkstoffe gefunden (z.B. Niob, Vanadium, Blei und deren Legierungen). Durch die frühen Untersuchungen wurden mehrere empirische Fakten über die Supraleitfähigkeit bekannt. Der Effekt ist umkehrbar. Er zeigt sich im Allgemeinen bei Metallen, die bei Raumtemperatur relativ schlechte Leiter sind. Bei reinen Metallen ist der Widerstandsabfall bei T_c steil, kann sich aber bei Legierungen über 1 bis 2 K erstrecken. Für einen bestimmten Supraleiter reduziert sich die Übergangstemperatur, wenn die Stromdichte oder die magnetische Feldstärke erhöht wird. Bis in die 1980er hat man sich auf Metalle und Legierungen (insbesondere Nb-Systeme) konzentriert; T_c lag unter 25 K. Die Entwicklung zu Werkstoffen in Richtung höherer T_c folgte fast einer Geraden auf der Zeitskala von 4,12 K im Jahre 1911 (für Hg) auf 23,3 K im Jahre 1975 (für Nb$_3$Ge). Wie Abbildung 15.17 zeigt, erfolgte 1986 ein deutlicher Sprung bei T_c mit der Entdeckung, dass eine (La, Ba)$_2$CuO$_4$-Keramik Supraleitfähigkeit bei 35 K zeigt. Im Jahre 1987 hat man mit YBa$_2$Cu$_3$O$_7$ eine T_c von 95 K gefunden. Das war ein Meilenstein, da dieser Werkstoff deutlich über der Temperatur von flüssigem Stickstoff (77 K) – einem relativ wirtschaftlichen kältetechnischen Niveau – supraleitend ist. Im Jahr 1988 wurde eine Tl-Ba-Ca-Cu-O-Keramik mit einer T_c von 127 K gefunden. Trotz intensiver Forschung mit einer breiten Palette von Keramikverbindungen wurde der Rekord von 127 K für T_c erst nach 5 Jahren gebrochen, als man 1993 Tl durch Hg ersetzt und damit eine T_c von 133 K erzielt hat. Unter extrem hohem Druck (z.B. 235.000 atm bzw. 23.811 MPa) lässt sich die T_c dieses Werkstoffs bis auf 150 K steigern. Da dieser Umgebungsdruck nicht praxisgerecht ist und Tl und Hg giftig sind, ist YBa$_2$Cu$_3$O$_7$ weiterhin der am meisten erforschte Werkstoff für eine hohe T_c. Die Arbeiten setzen sich allerdings unvermindert fort, um T_c allmählich steigern zu können, wobei man hofft, einen weiteren Durchbruch zu erzielen, um sich dem höchsten Ziel eines Supraleiters bei Raumtemperatur schneller nähern zu können.

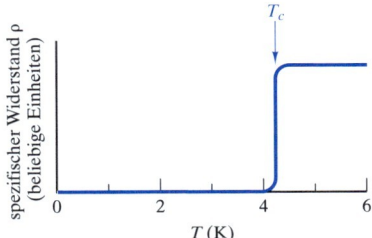

Abbildung 15.16: Der spezifische Widerstand von Quecksilber fällt bei einer kritischen Temperatur T_c = 4,12 K plötzlich auf null. Unterhalb von T_c ist Quecksilber ein Supraleiter.

15 ELEKTRISCHES VERHALTEN

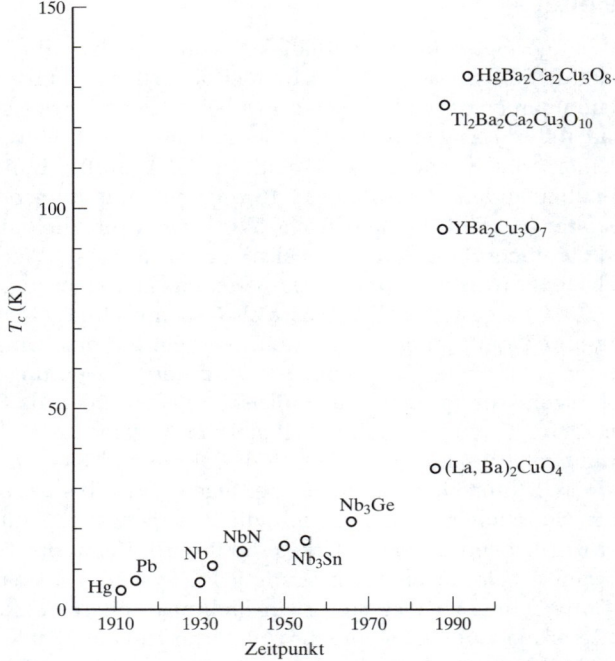

Abbildung 15.17: Der höchste Wert von T_c nahm im Laufe der Zeit bis zur Entwicklung des Keramikoxid-Supraleiters im Jahre 1986 ständig zu.

Abbildung 15.16 zeigt den spezifischen Widerstand eines $YBa_2Cu_3O_7$-Keramiksupraleiters. Für die eben beschriebenen metallischen Supraleiter stellt man fest, dass der Widerstandsabfall über einem breiteren Temperaturbereich ($\approx$ 5 K) für diesen Werkstoff mit einer relativ hohen T_c auftritt. Schon schlecht leitende Metalle zeigen Supraleitfähigkeit, doch ist bei den noch schlechter leitenden Keramikoxiden Supraleitfähigkeit bis zu noch höheren Temperaturen zu erreichen.

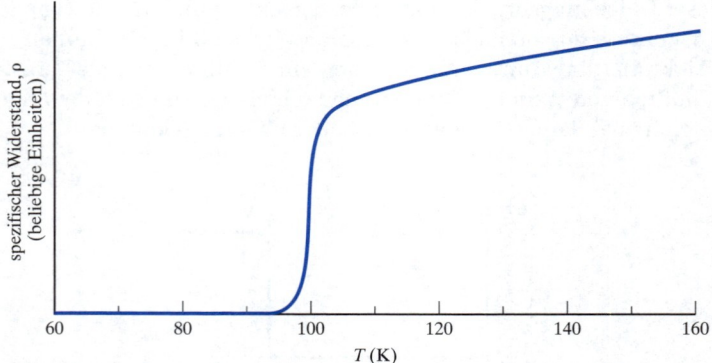

Abbildung 15.18: Der spezifische Widerstand von $YBa_2Cu_3O_7$ als Funktion der Temperatur mit einer T_c von ungefähr 95 K.

15.3 Leiter

Abbildung 15.19 zeigt die Elementarzelle von $YBa_2Cu_3O_7$. Aufgrund der Indizes der drei Metallionen bezeichnet man diesen Werkstoff auch als **1-2-3-Supraleiter**. Obwohl die Struktur dieses Supraleiters relativ komplex aussieht, ist sie eng mit der Perowskit-Struktur verwandt (siehe *Abbildung 3.14*). In einfachem Perowskit kommen auf zwei Metallionen drei Sauerstoffionen. Beim 1-2-3-Supraleiter beträgt das Verhältnis sechs Metallionen zu nur sieben Sauerstoffionen. Ein Mangel von zwei Sauerstoffionen wird durch leichte Verzerrung der Perowskit-Anordnung ausgeglichen. In der Tat kann man sich die Elementarzelle in Abbildung 15.19 wie drei verzerrte Perowskit-Elementarzellen vorstellen, wobei sich Ba^{2+}-Ionen zentriert in der obersten und untersten Zelle sowie ein Y^{3+} zentriert in der mittleren Zelle befinden. Die Grenzen zwischen den Perowskit-ähnlichen Subzellen sind verzerrte Ebenen von Kupfer- und Sauerstoffionen. Eine nähere Analyse des Ladungsausgleichs zwischen den Kationen und Anionen in der Elementarzelle von Abbildung 15.19 zeigt, dass zur Aufrechterhaltung der Ladungsneutralität eines von den drei Kupferionen die ungewöhnliche Valenz 3+ besitzen muss, während die anderen beiden den üblichen Wert von 2+ haben. Die Elementarzelle ist orthorhombisch. Ein chemisch äquivalenter Werkstoff mit einer tetragonalen Elementarzelle ist nicht supraleitend. Obwohl die Struktur nach Abbildung 15.19 zu den kompliziertesten in diesem Buch gehört, ist sie immer noch idealisiert dargestellt. Der 1-2-3-Supraleiter weicht in der Tat etwas von der Stöchiometrie ab, d.h. $YBa_2Cu_3O_{7-x}$ mit einem Wert von $x \approx 0{,}1$.

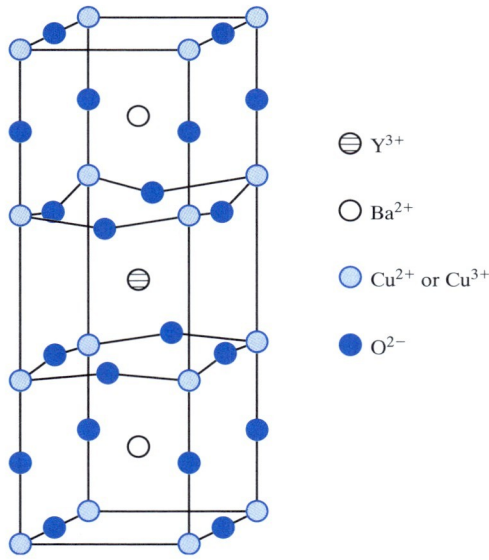

Abbildung 15.19: Elementarzelle von $YBa_2Cu_3O_7$. Sie ist nahezu äquivalent mit drei verzerrten Perowskit-Elementarzellen des in *Abbildung 3.14* gezeigten Typs.

In der theoretischen Modellierung der Supraleitfähigkeit sind große Fortschritte zu verzeichnen. Interessanterweise bilden die Gitterschwingungen, die für den spezifischen Widerstand bei normalen Leitern verantwortlich sind, die Basis der Supraleitfähigkeit in Metallen. Bei ausreichend niedrigen Temperaturen tritt ein Ordnungseffekt zwischen Gitteratomen und Elektronen auf. Insbesondere ist der Ordnungseffekt eine Synchronisation zwischen den Schwingungen der Gitteratome und der wellenartigen

Bewegung der Leitelektronen (verbunden in Paaren von entgegengesetztem Spin). Diese gekoppelte Bewegung resultiert im vollständigen Verlust des spezifischen Widerstands. Die empfindliche Natur der Gitterelektronenordnung trägt zu den traditionell niedrigen Werten von T_c in Metallen bei. Obwohl Supraleitfähigkeit in Supraleitern mit hoher T_c ebenfalls mit Elektronenpaaren zu tun hat, ist die Natur des Leitungsmechanismus noch nicht vollständig geklärt. Insbesondere scheint die Elektronenpaarung nicht auf denselben Synchronisationstyp wie die Gitterschwingungen zurückzugehen. Was allerdings als geklärt angesehen werden kann ist, dass die Kupfer-Sauerstoff-Ebenen in Abbildung 15.19 das Medium für den Suprastrom darstellen. Im 1-2-3-Supraleiter sind die Fehlstellen für den Stromtransport zuständig. Es sind andere Keramikoxide entwickelt worden, in denen der Strom durch Elektronen und nicht durch Löcher transportiert wird.

Egal ob Elektronen oder Löcher den Strom führen – die an Supraleiter durch die drastische Steigerung von T_c geknüpften Erwartungen sind auf eine Hürde in Form eines anderen wichtigen Werkstoffparameters gestoßen: die **kritische Stromdichte**. Diese ist definiert als Stromfluss, bei dem der Werkstoff nicht mehr supraleitend ist. Metallische Supraleiter, die man beispielsweise in Magneten von großen Teilchenbeschleunigern einsetzt, haben kritische Stromdichten in der Größenordnung von 10^{10} A/m^2. Derartige Größen hat man in dünnen Schichten aus Keramiksupraleitern erreicht, während großvolumige Probenkörper lediglich Werte von einem Hundertstel dieser Größe liefern. Ironischerweise nimmt die Begrenzung der Stromdichte mit steigenden Werten von T_c drastisch zu. Das Problem entsteht durch das Eindringen eines umgebenden Magnetfelds in den Werkstoff, was einen effektiven Widerstand infolge der Wechselwirkung zwischen Strom und den veränderlichen magnetischen Flusslinien erzeugt. In metallischen Supraleitern existiert dieses Problem nicht, weil die magnetischen Flusslinien bei derartig niedrigen Temperaturen nicht veränderlich sind. In den wichtigen Temperaturbereichen oberhalb von 77 K tritt dieser Effekt deutlicher zutage und wird mit steigender Temperatur zunehmend wichtiger. Das Ergebnis scheint für T_c-Werte größer als die im 1-2-3-Werkstoff gefundenen wenig vorteilhaft zu sein und selbst dort erfordert die Kontrolle der magnetischen Flusslinien den Einsatz dünner Schichten oder speziell angepasster Mikrogefüge.

Betrachtet man die Begrenzung der kritischen Stromdichte als Herausforderung der Werkstoffwissenschaft, besteht in der Werkstofftechnologie die Herausforderung darin, diese relativ komplexen und naturgemäß spröden Keramikverbundwerkstoffe in geeignete Produktformen zu bringen. Die in *Abschnitt 6.1* angerissenen Fragen in Bezug auf das Eigenschaftsprofil von Keramiken als Konstruktionswerkstoffe kommen hier ebenso ins Spiel. Wie bei der Begrenzung der Stromdichte richten sich in der Werkstoffherstellung die Anstrengungen bei der Kommerzialisierung von Supraleitern mit hoher T_c auf Anwendungen als Dünnschichten und auf die Produktion von Drähten mit kleinem Durchmesser für Kabel- und Spulenanwendungen. Bei der Drahtherstellung setzt man 1-2-3-Supraleiterpartikeln gewöhnlich Silber zu. Der resultierende Verbundwerkstoff ist mechanisch ausreichend stabil ohne bei den supraleitenden Eigenschaften deutliche Abstriche machen zu müssen.

Der Anreiz zur Entwicklung von Supraleitern im großen Maßstab für die Energieübertragung ist beachtlich. Durch ölgekühlte Kupferleitungen ließe sich gegenüber herkömmlichen Leitungen, die mit flüssigem Stickstoff gekühlt werden, die elektrische Übertragungskapazität bis zum Fünffachen anheben, was sowohl wirtschaftlich als auch für die Umwelt vorteilhaft ist. Zu diesem Zweck werden Prototypen von supraleitenden Bändern bis zu 100 m Länge produziert.

Zu den Erfolg versprechendsten Anwendungen von Supraleitern gehören inzwischen dünne Schichten als Filter für Basisstationen von Mobiltelefonen. Verglichen mit der konventionellen Kupfer-Metall-Technologie können die Supraleiterfilter die Reichweite der Basisstationen erweitern, Zwischenkanalstörungen verringern und die Anzahl der ausgefallenen Anrufe verringern. Andere Anwendungen von – sowohl metallischen als auch keramischen – Supraleitern beruhen im Allgemeinen auf ihrem magnetischen Verhalten und werden in den *Abschnitten 18.4* und *18.5* näher behandelt.

Ob nun Supraleiter mit hoher T_c zu einer technologischen Revolution in dem Umfang wie Halbleiter führen oder nicht – der Durchbruch bei der Entwicklung der neuen Familie von Werkstoffen mit hoher T_c in den späten 80ern markiert immer noch eine der aufregendsten Entwicklungen in der Werkstoffwissenschaft und Werkstofftechnologie seit der Entwicklung des Transistors.

Beispiel 15.7

Berechnen Sie die Leitfähigkeit von Gold bei 200 °C.

Lösung

Aus Gleichung 15.9 ergibt sich:

$$\rho = \rho_{rt}\left[1+\alpha\left(T-T_{rt}\right)\right]$$

$$= \left(24{,}4\times 10^{-9}\ \Omega\cdot m\right)\left[1+0{,}0034\,°C^{-1}(200-20)\,°C\right]$$

$$= 39{,}3\times 10^{-9}\ \Omega\cdot m.$$

Mit Gleichung 15.3 berechnet man:

$$\sigma = \frac{1}{\rho}$$

$$= \frac{1}{39{,}3\times 10^{-9}\ \Omega\cdot m}$$

$$= 24{,}4\times 10^{6}\ \Omega^{-1}\cdot m^{-1}.$$

Übung 15.7

Berechnen Sie die Leitfähigkeit bei 200 °C von (a) Kupfer (normal geglüht) und (b) Wolfram. (Siehe Beispiel 15.7.)

Beispiel 15.8

Schätzen Sie den spezifischen Widerstand einer Kupfer-Silizium- (0,1 Gewichtsprozent) Legierung bei 100 °C.

Lösung

Nehmen Sie an, dass die Einflüsse von Temperatur und Zusammensetzung unabhängig sind und dass der Temperaturkoeffizient des spezifischen Widerstands von reinem Kupfer eine gute Näherung für Cu-Si (0,1 Gew.-%) darstellt. Somit lässt sich schreiben:

$$\rho_{100°C,\ Cu\text{-}0,1\ Si} = \rho_{20°C,\ Cu\text{-}0,1\ Si}\left[1+\alpha(T-T_{rt})\right].$$

Aus Abbildung 15.12 entnimmt man:

$$\rho_{20°C,\ Cu\text{-}0,1\ Si} \cong 23{,}6\times 10^{-9}\ \Omega\cdot m.$$

Dann ist

$$\rho_{100°C,\ Cu\text{-}0,1\ Si} = (23{,}6\times 10^{-9}\ \Omega\cdot m)\left[1+0{,}00393°C^{-1}(100-20)°C\right]$$

$$= 31{,}0\times 10^{-9}\ \Omega\cdot m.$$

Hinweis: Die Annahme, dass der Temperaturkoeffizient des spezifischen Widerstands für die Legierung gleich dem für das reine Metall ist, gilt im Allgemeinen nur für kleine Legierungszusätze.

Übung 15.8

Schätzen Sie die spezifische Leitfähigkeit einer Kupfer-Phosphor- (0,06 Gewichtsprozent) Legierung bei 200 °C. (Siehe Beispiel 15.8.)

Beispiel 15.9

Mit einem Chromel/Konstantan-Thermoelement wird die Temperatur eines Wärmebehandlungsofens überwacht. Die Ausgangsspannung bezogen auf ein Eiswasserbad beträgt 60 mV.
(a) Wie hoch ist die Temperatur im Ofen?
(b) Wie groß ist die Ausgangsspannung bezogen auf ein Eiswasserbad für ein Chromel/Alumel-Thermoelement?

Lösung

(a) zeigt, dass das Chromel/Konstantan-Thermoelement vom „Typ E" ist. Aus Abbildung 15.15 geht hervor, dass ein Thermoelement vom Typ E eine Ausgangsspannung von 60 mV bei 800 °C liefert.
(b) zeigt, dass das Chromel/Konstantan-Thermoelement vom „Typ K" ist. Aus Abbildung 15.15 geht hervor, dass ein Thermoelement vom Typ K bei 800 °C eine Ausgangsspannung von 33 mV liefert.

> **Beispiel 15.10**
>
> Ein YBa$_2$Cu$_3$O$_7$-Supraleiter wird als Dünnschichtstreifen mit 1 μm Dicke, 1 mm Breite und 10 mm Länge hergestellt. Bei 77 K geht die Supraleitfähigkeit verloren, wenn der Strom in Längsrichtung einen Wert von 17 A erreicht. Wie hoch ist die kritische Stromdichte für diese Dünnschicht?
>
> **Lösung**
>
> Der Strom bezogen auf die Querschnittsfläche beträgt:
>
> $$\text{kritische Stromdichte} = \frac{17 \text{ A}}{(1 \times 10^{-6} \text{ m})(1 \times 10^{-3} \text{ m})}$$
>
> $$= 1{,}7 \times 10^{10} \text{ A/m}^2.$$

> **Übung 15.9**
>
> Beispiel 15.9 hat die Ausgangsspannung eines Thermoelements vom Typ K bei 800 °C ermittelt. Wie hoch ist die Ausgangsspannung eines Pt/90Pt-10Rh-Thermoelements?

> **Übung 15.10**
>
> Wird der 1-2-3-Supraleiter von Beispiel 15.10 als großvolumiger Probekörper mit den Abmessungen 5 mm × 5 mm × 20 mm hergestellt, beträgt der Strom in Längsrichtung beim Verlust der Supraleitfähigkeit 3,25 × 10^3 A. Wie groß ist die kritische Stromdichte für diese Konfiguration?

15.4 Isolatoren

Isolatoren sind Werkstoffe mit geringer Leitfähigkeit. gibt Größenordnungen für die Leitfähigkeit in typischen Isolatoren von ungefähr 10^{-10} bis 10^{-16} $\Omega^{-1} * \text{m}^{-1}$ an. Dieser Abfall der Leitfähigkeit von rund 20 Größenordnungen (verglichen mit typischen Metallen) ist das Ergebnis von Energiebandlücken größer als 2 eV (im Unterschied zu null bei Metallen). Diese Werkstoffe mit niedriger Leitfähigkeit sind ein wichtiger Bestandteil der Elektronikindustrie. Beispielsweise machen die industriellen Keramiken in dieser Kategorie rund 80% des Weltmarkts aus, wobei die in *Kapitel 12* eingeführten Strukturkeramiken lediglich die verbleibenden 20% umfassen. Wie *Abschnitt 18.5* zeigt, basiert die industrielle Nutzung der Elektrokeramiken vorwiegend auf ihrem eng verwandten magnetischen Verhalten.

Es genügt nicht, Gleichung 15.6 anders zu formulieren, um eine Gleichung der spezifischen Leitfähigkeit für Isolatoren zu erhalten, wie es bei Gleichung 15.8 für Metalle der Fall gewesen ist. Offensichtlich ist die Dichte der Elektronenladungsträger n_e aufgrund der großen Bandlücke äußerst gering. In vielen Fällen ist die geringe Leitfähigkeit bei Isolatoren nicht darauf zurückzuführen, dass thermisch angeregte Elektronen die Bandlücke überwinden. Oftmals beruht sie auf Elektronen, die zu Verunreinigungen im Werkstoff gehören. Außerdem kann sie das Ergebnis des ionischen Transports sein (z.B. Na^+ in NaCl). Deshalb hängt die besondere Form von Gleichung 15.6 von den spezifischen Ladungsträgern ab.

Abbildung 15.20 zeigt, wie sich Ladungen in einer typischen Isolatoranwendung – im **Dielektrikum** eines **Plattenkondensators** – aufbauen. Auf der atomaren Ebene entspricht der Ladungsaufbau der Ausrichtung von elektrischen Dipolen innerhalb des Dielektrikums. Dieses Konzept lässt sich detailliert im Zusammenhang mit Ferro- und Piezoelektrika erklären. Es entsteht eine **Ladungsdichte** D (mit der Einheit C/m^2), die der elektrischen Feldstärke E (in V/m) entsprechend der Beziehung

$$D = \varepsilon E, \qquad (15.11)$$

direkt proportional ist. Die Proportionalitätskonstante ε ist die **elektrische Feldkonstante** des Dielektrikums mit der Einheit C/(V * m). Nimmt man zwischen den Platten gemäß Abbildung 15.20 ein Vakuum an, hat die Ladungsdichte die Form

$$D = \varepsilon_0 E, \qquad (15.12)$$

wobei ε_0 die elektrische Feldkonstante im Vakuum ist und den Wert $8{,}854 \times 10^{12}$ C/(V * m) hat. Für ein beliebiges Dielektrikum lässt sich Gleichung 15.11 als

$$D = \varepsilon_0 \kappa E \qquad (15.13)$$

formulieren, wobei κ eine dimensionslose Stoffkonstante ist, die man als relative Dielektrizitätskonstante oder – gebräuchlicher – **Dielektrizitätskonstante** bezeichnet. Sie stellt den Faktor dar, um den sich die Kapazität des Systems in Abbildung 15.20 erhöht, wenn man anstelle des Vakuums ein Dielektrikum einfügt. Für jedes Dielektrikum existiert eine Grenzspannung, die so genannte **dielektrische Durchschlagsfestigkeit**, bei der ein merklicher Stromfluss (oder Stromdurchbruch) auftritt und das Dielektrikum ausfällt. Tabelle 15.4 gibt repräsentative Werte von Dielektrizitätskonstante und Durchschlagsfestigkeit für verschiedene Isolatoren an.

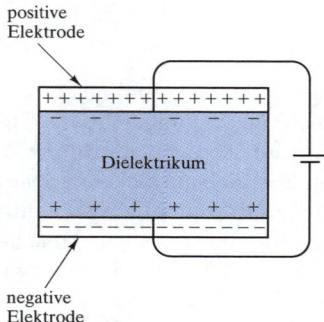

Abbildung 15.20: Ein Plattenkondensator besteht aus einem Isolator oder Dielektrikum zwischen zwei Metallelektroden. Die an der Kondensatoroberfläche entstehende Ladungsdichte ist nach Gleichung 15.13 mit der Dielektrizitätskonstanten des Werkstoffs verknüpft.

Tabelle 15.4

Dielektrizitätskonstante und Durchschlagsfestigkeit für verschiedene Isolatoren

Werkstoff	Dielektrizitäts-konstante[a] κ	Durchschlagsfestigkeit (kV/mm)
Al_2O_3 (99,9%)	10,1	9,1[b]
Al_2O_3 (99,5%)	9,8	9,5[b]
BeO (99,5%)	6,7	10,2[b]
Cordierit	4,1-5,3	2,4-7,9[b]
Nylon 66 – mit 33% Glasfasern verstärkt	3,7	20,5
Nylon 66 – mit 33% Glasfasern verstärkt (50% relative Feuchtigkeit)	7,8	17,3
Azetal (50% relative Feuchtigkeit)	3,7	19,7
Polyester	3,6	21,7

[a] bei 103 Hz
[b] Durchschnittliche Effektivwerte bei 60 Hz.

15.4.1 Ferroelektrika

Wir kommen nun zu einer Klasse von Isolatoren, die sich durch besondere elektrische Eigenschaften auszeichnen. Dabei konzentrieren wir uns auf Bariumtitanat ($BaTiO_3$) als repräsentativen Keramikwerkstoff. Die Kristallstruktur hat den Perowskit-Typ, den Abbildung 3.14 (für $CaTiO_3$) zeigt. Bei $BaTiO_3$ findet man die in Abbildung 3.14 gezeigte kubische Struktur oberhalb von 120 °C. Beim Abkühlen unmittelbar unter 120 °C durchläuft $BaTiO_3$ eine Phasenumwandlung in eine tetragonale Modifikation (siehe Abbildung 15.21). Die Umwandlungstemperatur (120 °C) bezeichnet man in Anlehnung an die Supraleitfähigkeit als kritische Temperatur T_c. Unterhalb von T_c verhält sich $BaTiO_3$ **ferroelektrisch** (d.h. es kann einer spontanen Polarisation unterliegen). Um diesen Zustand zu verstehen, muss man wissen, dass die tetragonale Struktur von $BaTiO_3$ bei Raumtemperatur (siehe Abbildung 15.21b) asymmetrisch ist. Dadurch liegen die Zentren der positiven Gesamtladung für die Verteilung der Kationen innerhalb der Elementarzelle und der negativen Gesamtladung für die Verteilung der Anionen räumlich auseinander. Diese Struktur entspricht einem permanenten elektrischen Dipol in der tetragonalen $BaTiO_3$-Elementarzelle (siehe Abbildung 15.22). Abbildung 15.23 zeigt, dass im Unterschied zu einem kubischen Stoff die Dipolstruktur der tetragonalen Elementarzelle eine große Polarisation des Werkstoffs als Reaktion auf ein angelegtes elektrisches Feld erlaubt, was sich sowohl als mikrostruktureller als auch kristallographischer Effekt äußert.

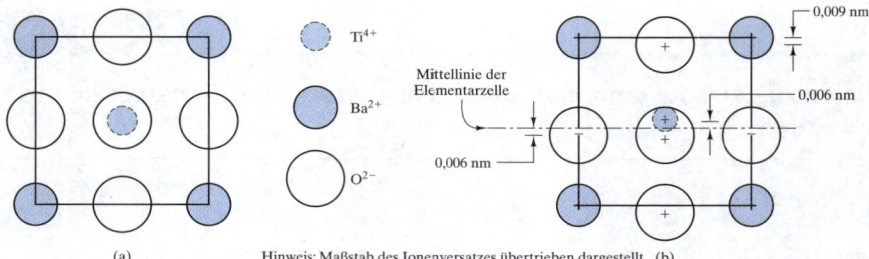

(a)   Hinweis: Maßstab des Ionenversatzes übertrieben dargestellt   (b)

Abbildung 15.21: (a) Vorderansicht der kubischen $BaTiO_3$-Struktur, die mit der in *Abbildung 3.14* gezeigten Struktur vergleichbar ist. (b) Unterhalb von 120 °C tritt eine tetragonale Modifikation der Struktur auf. Dadurch verschieben sich die Kationen nach oben und die Anionen nach unten.

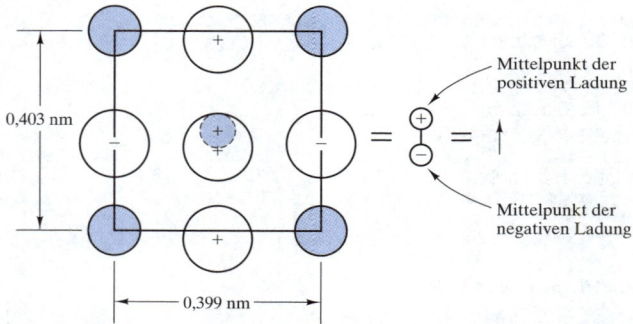

Abbildung 15.22: Die in Abbildung 15.21b dargestellte tetragonale Elementarzelle entspricht einem elektrischen Dipol (mit einer Größe, die sich aus der Ladung multipliziert mit dem Trennungsabstand errechnet).

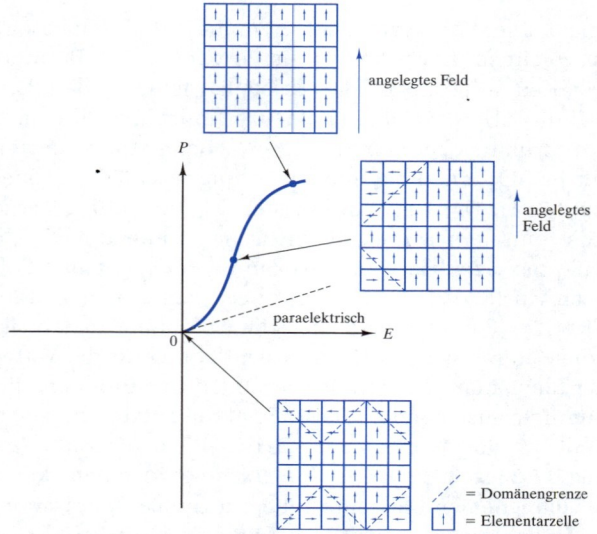

Abbildung 15.23: Der in einem Diagramm dargestellte Verlauf der Polarisation (P) über der angelegten elektrischen Feldstärke (E) zeigt für einen paraelektrischen Stoff nur ein mittleres Niveau der Polarisation bei angelegten Feldern. Im Unterschied dazu zeigt ein ferroelektrischer Stoff spontane Polarisation, bei der Domänen ähnlich orientierter Elementarzellen unter dem Einfluss zunehmender Felder entsprechender Orientierung wachsen.

Ohne angelegtes Feld kann die Polarisation des ferroelektrischen Stoffs null sein, da sich auf der mikroskopischen Ebene so genannte **Domänen** – Bereiche, in denen die c-Achsen der benachbarten Elementarzellen eine gemeinsame Ausrichtung haben – zufällig ausrichten. Unter einem angelegten Feld werden die Ausrichtungen der Elementarzellendipole, die ungefähr parallel zur Richtung des angelegten Felds liegen, bevorzugt. In diesem Fall „wachsen" Domänen mit derartigen Orientierungen auf Kosten anderer, weniger bevorzugt orientierter Dipole. Die Domänenwandbewegung ist einfach eine kleine Verschiebung der Ionenpositionen innerhalb von Elementarzellen, wodurch sich die Gesamtorientierung der tetragonalen c-Achse ändert. Eine derartige Domänenwandbewegung resultiert in **spontaner Polarisation**. Im Unterschied dazu sind Werkstoffe mit symmetrischer Elementarzelle **paraelektrisch** und nur eine kleine Polarisation ist möglich, da das angelegte elektrische Feld einen kleinen induzierten Dipol hervorruft (d.h. Kationen werden etwas zur negativen Elektrode und Anionen werden zur positiven Elektrode gezogen).

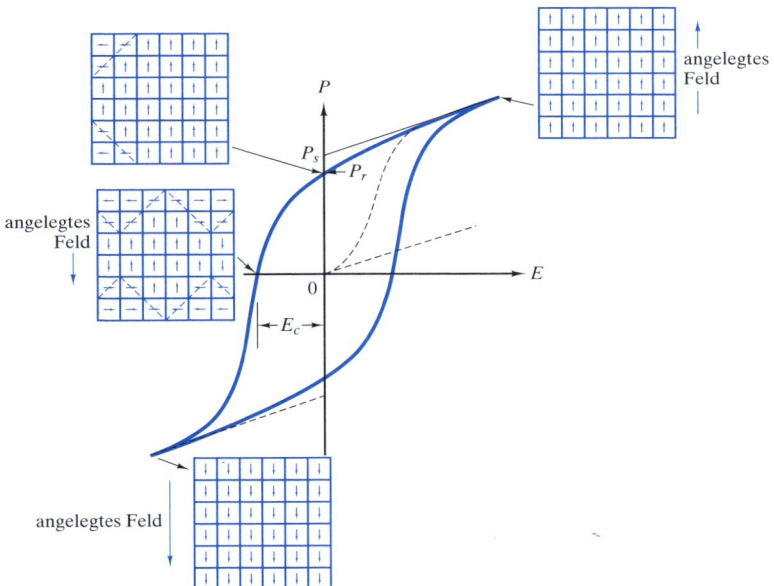

Abbildung 15.24: Eine ferroelektrische Hystereseschleife ist das Ergebnis eines elektrischen Wechselfeldes. Die gestrichelte Linie zeigt die anfängliche spontane Polarisation wie in Abbildung 15.23. Die Sättigungspolarisation (P_s) ist das Ergebnis maximalen Domänenwachstums (extrapoliert auf Nullfeld zurück). Wird das Feld tatsächlich entfernt, bleibt eine remanente Polarisation (P_r) zurück. Ein Koerzitivfeld (E_c) ist erforderlich, um Nullpolarisation zu erreichen (gleicher Anteil von entgegengesetzten Domänen).

Abbildung 15.24 zeigt die resultierende **Hystereseschleife**, wenn das elektrische Feld wiederholt wechselt (d.h. ein Wechselstrom angelegt wird). Es wird deutlich, dass die Kurve der Polarisation über dem Feld nicht auf sich selbst zurückläuft. Die Hystereseschleife bestimmt sich aus mehreren Schlüsselparametern. Die **Sättigungspolarisation** P_s ist die Polarisation infolge maximalen Domänenwachstums. Beachten Sie, dass P_s zum Nullfeld ($E = 0$) extrapoliert wird, um die induzierte Polarisation zu berücksichtigen, die nicht auf Domänenumorientierung zurückgeht. Die **remanente Polarisation** P_r bleibt zurück, wenn das Feld tatsächlich entfernt wird. Wie Abbildung 15.24 zeigt, kehrt die Domänenstruktur nicht zur gleichen Größe der entgegengesetzten Polarisation zurück, wenn E auf null verringert wird. Um dies zu erreichen, muss man das Feld bis zu einem Niveau E_c (dem **Koerzitivfeld**) umkehren. Die charakteristische Hystereseschleife hat der Ferroelektrizität ihren Namen gegeben. Natürlich bezieht sich das Präfix *Ferro* auf eisenhaltige Werkstoffe. Jedoch ist der Verlauf der *P-E*-Kurve in Abbildung 15.24 dem Kurvenverlauf von Induktion (B) über magnetischem Feld (H) für ferromagnetische Werkstoffe (siehe z.B. *Abbildung 18.5*) überraschend ähnlich. Ferromagnetische Werkstoffe enthalten normalerweise Eisen. Ferroelektrika sind nach der ähnlichen Hystereseschleife benannt und enthalten nur selten Eisen als wesentlichen Bestandteil.

15.4.2 Piezoelektrika

Obwohl Ferroelektrizität ein faszinierendes Phänomen ist, hat sie nicht die praktische Bedeutung wie die ferromagnetischen Werkstoffe (beispielsweise auf dem Gebiet der magnetischen Informationsspeicherung). Die wichtigsten Anwendungen der Ferroelektrika stammen von einem eng verwandten Phänomen, der **Piezoelektrizität**. Das Präfix *Piezo* kommt vom griechischen Wort für Druck. Piezoelektrische Werkstoffe reagieren elektrisch auf mechanische Druckausübung. Umgekehrt lassen sie sich durch elektrische Signale zu Druckgeneratoren machen. Diese Fähigkeit, elektrische in mechanische Energie und umgekehrt umzuwandeln, ist ein gutes Beispiel für einen **Energiewandler** (Transducer) – allgemein eine Einrichtung zur Umwandlung einer Energieform in eine andere. Abbildung 15.25 veranschaulicht die Funktionen eines piezoelektrischen Umformers. Insbesondere ist in Abbildung 15.25a der **piezoelektrische Effekt** zu sehen, bei dem die Anwendung von mechanischer Spannung eine messbare (elektrische) Spannungsänderung über dem piezoelektrischen Material hervorruft. Abbildung 15.25b zeigt den **umgekehrten piezoelektrischen Effekt**, bei dem eine angelegte elektrische Spannung das Ausmaß der Polarisation im piezoelektrischen Stoff und folglich seine Dicke ändert. Durch Beschränkung der Dickenänderung (indem z.B. der piezoelektrische Stoff gegen einen Block aus festem Material gepresst wird), ruft die angelegte elektrische Spannung eine mechanische Spannung hervor. Aus Abbildung 15.25 ist ersichtlich, dass die Funktionsweise eines piezoelektrischen Umformers von einer gemeinsamen Orientierung der Polarisation benachbarter Elementarzellen abhängt. Diese Orientierung lässt sich am einfachsten mithilfe eines Einkristallwandlers gewährleisten. Kurz nach dem Zweiten Weltkrieg hat man vor allem Einkristallquarz (SiO_2) eingesetzt. $BaTiO_3$ hat einen höheren **piezoelektrischen Kopplungskoeffizienten** k (= Anteil der mechanischen Energie, die in elektrische Energie umgewandelt wird) als SiO_2. Für $BaTiO_3$ hat k den Wert 0,5, für Quarz (SiO_2) dagegen nur 0,1. Allerdings lässt sich $BaTiO_3$ nicht ohne weiteres in einkristalliner Form herstellen. Um $BaTiO_3$ als piezoelektrischen Umformer zu nutzen, wird der Werkstoff in einer Pseudoeinkristallkonfiguration hergestellt. Dieser Prozess richtet die Partikel eines feinen $BaTiO_3$-Pulvers unter einem starken elektrischen Feld in einer einzigen kristallographischen Orientierung aus. Durch darauf folgendes Sintern entsteht aus dem Pulver ein dichter Festkörper. Das resultierende polykristalline Material mit einer einzigen Kristallorientierung ist **elektrisch polarisiert**. In den 50er Jahren ist $BaTiO_3$ durch diese Technologie zum vorherrschenden Werkstoff für Bauteile zur Energiewandlung geworden. Man setzt $BaTiO_3$ zwar immer noch ein, doch wird seit den 60er Jahren eine Mischung aus $PbTiO_3$ und $PbZrO_3$ – Blei-Zirkonat-Titanat (**PZT**), Pb(Ti, Zr)O$_3$ – verwendet (bei dem genannten System handelt es sich um ein System mit vollständiger Löslichkeit im festen Zustand). Dieser Wechsel hängt vor allem mit der wesentlich höheren kritischen Temperatur T_c zusammen. Wie bereits erwähnt ist T_c für BaTiO$_3$ gleich 120 °C. Für verschiedene PbTiO$_3$/PbZrO$_3$-Mischungen lassen sich T_c-Werte von mehr als 200 °C erreichen.

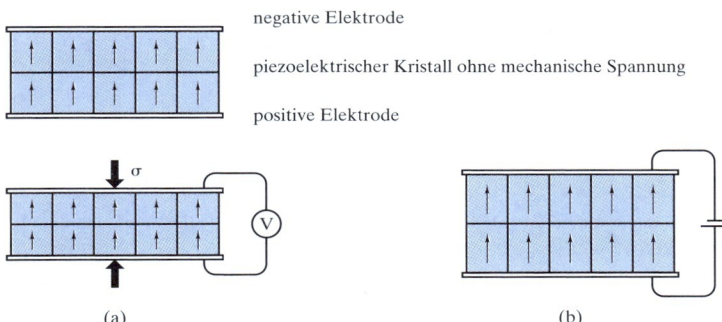

Abbildung 15.25: Anhand von Schemadarstellungen piezoelektrischer Wandler ist zu erkennen, dass (a) die Abmessungen der Elementarzellen in einem piezoelektrischen Kristall durch eine angelegte mechanische Spannung geändert werden und sich dabei die elektrischen Dipole ändern. Das Ergebnis ist eine messbare elektrische Spannungsänderung – der piezoelektrische Effekt. (b) Umgekehrt richtet eine angelegte elektrische Spannung die Dipole anders aus und produziert dabei eine messbare Änderung der räumlichen Abmessungen – das ist der umgekehrte piezoelektrische Effekt.

Schließlich zeigt Abbildung 15.26 eine typische Konstruktion für einen piezoelektrischen Wandler, der sich als Ultraschallsender und/oder -empfänger einsetzen lässt. Je nach Betriebsweise werden elektrische Signale (Spannungsschwingungen) im MHz-Bereich in Ultraschallwellen derselben Frequenz umgesetzt oder empfangene Ultraschallwellen in elektrische Schwingungen umgewandelt.

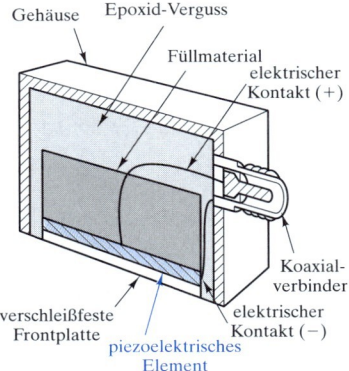

Abbildung 15.26: Piezoelektrische Werkstoffe setzt man beispielsweise in Ultraschallwandlern ein. Wie diese Schnittdarstellung zeigt, sitzt der piezoelektrische Kristall (oder das „Element") in einem geeigneten Gehäuse. Die Beschränkung des Füllmaterials bewirkt, dass der umgekehrte piezoelektrische Effekt (siehe Abbildung 15.25b) einen Druck erzeugt, wenn die Frontplatte gegen einen zu untersuchenden festen Stoff gedrückt wird. In dieser Betriebsweise des Wandlers (als Ultraschallsender) generiert ein Wechselspannungssignal (gewöhnlich im MHz-Bereich) ein Ultraschallsignal (elastische Welle) derselben Frequenz. Betreibt man den Wandler als Ultraschallempfänger, wird der piezoelektrische Effekt (siehe Abbildung 15.25a) genutzt. In diesem Fall erzeugt die auf die Frontplatte auftreffende hochfrequente elastische Welle eine messbare Spannungsschwingung derselben Frequenz.

Beispiel 15.11 Die Natur der Polarisation in BaTiO$_3$ lässt sich mit dem Konzept eines *Dipolmoments* quantifizieren, das als Produkt von Ladung Q und Trennungsabstand d definiert ist. Berechnen Sie das Gesamtdipolmoment für
(a) die tetragonale BaTiO$_3$-Elementarzelle und
(b) die kubische BaTiO$_3$-Elementarzelle.

Lösung

(a) Anhand von Abbildung 15.21b lässt sich die Summe aller Dipolmomente relativ zur mittleren Ebene der Elementarzelle (in der Abbildung durch die gestrichelte Linie in der Mitte gekennzeichnet) berechnen. Die Summe ΣQd ließe sich direkt berechnen, indem man das Produkt Qd für jedes Ion oder den jeweiligen Anteil davon relativ zur mittleren Ebene bildet und summiert. Allerdings lässt sich das Ganze vereinfachen, wenn man feststellt, dass eine derartige Summation letztlich die relativen Ionenverschiebungen erfasst. Z.B. muss man die Ba^{2+}-Ionen nicht berücksichtigen, weil sie symmetrisch in der Elementarzelle liegen. Das Ti^{4+}-Ion ist um 0,006 nm nach oben verschoben, was

$$\text{Ti}^{4+}\text{-Moment} = (+4q)(+0{,}006 \text{ nm})$$

ergibt.
Kapitel 2 hat den Wert von q als Elementarladung ($= 0{,}16 \times 10^{-18}$ C) definiert. Somit erhält man:

$$\text{Ti}^{4+}\text{-Moment} = (1 \text{ Ion})(+4 \times 0{,}16 \times 10^{-18} \text{ C/Ion})(+6 \times 10^{-3} \text{ nm})(10^{-9} \text{ m/nm})$$

$$= +3{,}84 \times 10^{-30} \text{ C} * \text{m}.$$

Sieht man sich die Perowskit-Elementarzelle in *Abbildung 3.14* an, kann man sich vorstellen, dass zwei Drittel der O^{2-}-Ionen in BaTiO$_3$ mit den mittleren Positionen verbunden sind. Für eine Verschiebung nach unten um 0,006 nm erhält man:

$$\text{O}^{2-}\text{(mittl. Ebene)-Moment}$$

$$= (2 \text{ Ionen})(-2 \times 0{,}16 \times 10^{-18} \text{ C/Ion})(-6 \times 10^{-3} \text{ nm})(10^{-9} \text{ m/nm})$$

$$= +3{,}84 \times 10^{-30} \text{ C} * \text{m}.$$

Das verbleibende O^{2-}-Ion sitzt an einer Position der Basisebene, die um 0,009 nm nach unten verschoben ist. Damit ergibt sich

$$\text{O}^{2-}\text{(Basis)-Moment} = (1 \text{ Ion})(-2 \times 0{,}16 \times 10^{-18} \text{ C/Ion})(-9 \times 10^{-3} \text{ nm})(10^{-9} \text{ m/nm})$$

$$= +2{,}88 \times 10^{-30} \text{ C} * \text{m}.$$

Als Summe erhält man also

$$\Sigma Qd = (3{,}84 + 3{,}84 + 2{,}88) \times 10^{-30} \text{ C} \cdot \text{m} = 10{,}56 \times 10^{-30} \text{ C} * \text{m}.$$

(b) Für kubisches BaTiO$_3$ (siehe Abbildung 15.21a) gibt es keine resultierenden Verschiebungen und somit ist nach Definition

$$\Sigma Qd = 0.$$

> **Beispiel 15.12**
>
> Die Polarisation für einen ferroelektrischen Stoff ist als die Dichte der Dipolmomente definiert. Berechnen Sie die Polarisation für tetragonales BaTiO$_3$.
>
> **Lösung**
>
> Mit den Ergebnissen von Beispiel 15.11a und der Geometrie der Elementarzelle in Abbildung 15.21 erhält man
>
> $$P = \frac{\Sigma Q d}{V}$$
>
> $$= \frac{10{,}56 \times 10^{-30} \text{ C} \cdot \text{m}}{(0{,}403 \times 10^{-9} \text{ m})(0{,}399 \times 10^{-9} \text{ m})^2}$$
>
> $$= 0{,}165 \text{ C/m}^2.$$

> **Übung 15.11**
>
> Berechnen Sie mit dem Ergebnis von Beispiel 15.11 das gesamte Dipolmoment für eine 2 mm dicke Scheibe mit dem Durchmesser 2 cm aus BaTiO$_3$, die in einem Ultraschallwandler eingesetzt wird.

> **Übung 15.12**
>
> Beispiel 15.12 hat die inhärente Polarisation der Elementarzelle von BaTiO$_3$ berechnet. Unter einem angelegten elektrischen Feld steigt die Polarisation der Elementarzelle auf 0,180 C/m^2. Berechnen Sie die Geometrie der Elementarzelle unter dieser Bedingung und stellen Sie Ihre Ergebnisse mit Skizzen wie in den Abbildungen 15.21b und 15.22 grafisch dar.

15.5 Halbleiter

Halbleiter sind Stoffe, deren Leitfähigkeit zwischen der von Leitern und Isolatoren liegt. Die Größenordnungen der Leitfähigkeit in den Halbleitern von fallen in den Bereich 10^{-4} bis 10^{+4} $\Omega^{-1} * \text{m}^{-1}$. Dieser Zwischenbereich entspricht Bandlücken von kleiner als 2 eV. Wie Abbildung 15.9 zeigt, sind in einem einfachen Halbleiter sowohl Leitungselektronen als auch Löcher Ladungsträger. Für das Beispiel von reinem Silizium in Abbildung 15.9 ist die Anzahl der Leitungselektronen gleich der Anzahl der Löcher. Reine, elementare Halbleiter dieses Typs heißen *Eigenhalbleiter* (intrinsische Halbleiter). In diesem Kapitel geht es ausschließlich um diesen Fall. *Kapitel 17* erläutert dann die wichtige Rolle von Störstellen bei *Störstellenhalbleitern* (extrinsischen

ELEKTRISCHES VERHALTEN

Halbleitern) – d.h. Halbleitern mit gezielt eingebrachten winzigen Mengen von Fremdatomen. Fürs Erste lässt sich der allgemeine Ausdruck für die Leitfähigkeit (Gleichung 15.6) in eine spezielle Form für Eigenhalbleiter

$$\sigma = nq(\mu_e + \mu_h)$$

überführen, wobei n die Dichte der Leitungselektronen (= Dichte der Löcher), q die Größe der Elektronenladung (= Größe der Lochladung = 0,16 × 10^{-18} C), μ_e die Beweglichkeit eines Leitungselektrons und μ_h die Beweglichkeit eines Lochs[1] ist. Tabelle 15.5 gibt einige repräsentative Werte von μ_e und μ_h zusammen mit der Bandlücke E_g und der Ladungsträgerdichte bei Raumtemperatur an. Die Beweglichkeitsdaten zeigen, dass μ_e durchweg höher als μ_h ist, manchmal sogar beträchtlich höher. Für die Leitung von Löchern im Valenzband besteht eine direkte Abhängigkeit: Löcher existieren nur in Zusammensetzung mit Valenzelektronen; d.h. ein Loch ist ein fehlendes Valenzelektron. Wenn man sagt, dass sich Löcher in eine bestimmte Richtung bewegen, heißt das nichts anderes als dass sich Valenzelektronen in die entgegengesetzte Richtung bewegt haben (siehe Abbildung 15.27). Die abhängige Bewegung der Valenzelektronen (dargestellt durch μ_h) ist naturgemäß ein langsamerer Vorgang als die Bewegung der Leitungselektronen (dargestellt durch μ_e).

Tabelle 15.5

Eigenschaften typischer Halbleiter bei Raumtemperatur (300 K)

Werkstoff	Energielücke E_g (eV)	Elektronenbeweglichkeit μ_e [m²/(V * s)]	Löcherbeweglichkeit μ_h [m²/(V * s)]	Ladungsträgerdichte n_e (= n_h) (in m^{-3})
Si	1,107	0,140	0,038	14 × 10^{15}
Ge	0,66	0,364	0,190	23 × 10^{18}
CdS	2,59[a]	0,034	0,0018	–
GaAs	1,47	0,720	0,020	1,4 × 10^{12}
InSb	0,17	8,00	0,045	13,5 × 10^{21}

[a] Dieser Wert liegt über der oberen Grenze von 2 eV, die man für die Definition eines Halbleiters heranzieht. Eine derartige Grenze ist etwas willkürlich gewählt. Außerdem umfassen die meisten kommerziellen Bauelemente Störstellenniveaus, die die Natur der Bandlücke merklich ändern (siehe *Kapitel 17*).

---

[1] Der Index h steht für »hole« (engl., Loch).

15.5 Halbleiter

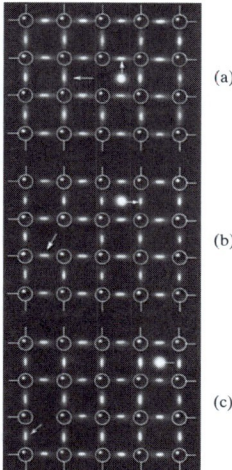

Abbildung 15.27: Entstehung und Bewegung eines Leitungselektrons und eines Lochs in einem Halbleiter. (a) Ein Elektron bricht aus der kovalenten Bindung aus und lässt dabei einen freien Bindungszustand – oder ein Loch – zurück. Das Elektron kann sich jetzt in einem elektrischen Feld bewegen. In Bezug auf das Bändermodell ist das Elektron aus dem Valenzband in das Leitungsband übergegangen und hat im Valenzband ein Loch zurückgelassen. Die Abbildung zeigt ein sich nach oben bewegendes Elektron, während sich das Loch nach links bewegt. (b) Das Leitungselektron bewegt sich jetzt nach rechts und das Loch nach links unten. (c) Die Bewegungen von (b) sind abgeschlossen; Loch und Elektron wandern weiter nach außen.

Beispiel 15.13 Berechnen Sie den Anteil der Si-Atome, die bei Raumtemperatur ein Leitungselektron abgeben.

Lösung

Wie in Beispiel 15.3 lässt sich die Atomdichte mithilfe der Daten von *Anhang A* berechnen:

$$\rho_{Si} = 2{,}33 \text{ g} \cdot \text{cm}^{-3} \text{ mit einer Atommasse} = 28{,}09 \text{ u}$$

$$\rho = 2{,}33 \frac{\text{g}}{\text{cm}^3} \times 10^6 \frac{\text{cm}^3}{\text{m}^3} \times \frac{1 \text{ g} \cdot \text{Atom}}{28{,}09 \text{ g}} \times 0{,}6023 \times 10^{24} \frac{\text{Atome}}{\text{g} \cdot \text{Atom}}$$

$$= 50{,}0 \times 10^{27} \text{ Atome/m}^3.$$

gibt an, dass

$$n_e = 14 \times 10^{15} \text{ m}^{-3}.$$

Dann ergibt sich der Anteil der Atome, die Leitungselektronen abgeben, zu

$$\text{Anteil} = \frac{14 \times 10^{15} \text{ m}^{-3}}{50 \times 10^{27} \text{ m}^{-3}} = 2{,}8 \times 10^{-13}.$$

Hinweis: Dieses Ergebnis lässt sich mit dem 1:1-Verhältnis von Leitungselektronen zu Atomen in Kupfer vergleichen (siehe Beispiel 15.3).

15 EKTRISCHES VERHALTEN

> **Übung 15.13** Berechnen Sie mit den Daten von (a) die gesamte Leitfähigkeit und (b) den spezifischen Widerstand von Si bei Raumtemperatur. (Siehe Beispiel 15.13.)

15.6 Verbundwerkstoffe

Für Verbundwerkstoffe gibt es keine speziellen Wertebereiche der Leitfähigkeit. Wie in *Kapitel 14* erläutert wurde, sind Verbundwerkstoffe als Kombinationen der vier grundlegenden Werkstofftypen definiert. Ein Verbundwerkstoff aus zwei oder mehr Metallen ist ein Leiter. Ein Verbundwerkstoff aus zwei oder mehr Isolatoren ist wieder ein Isolator. Allerdings kann ein Verbundwerkstoff, der sowohl ein Metall als auch einen Isolator enthält, die Leitfähigkeitscharakteristik eines Extrem- oder eines Zwischenwertes aufweisen, je nach der geometrischen Verteilung der leitenden und nichtleitenden Phasen. *Abschnitt 14.3* hat gezeigt, dass viele Eigenschaften von Verbundwerkstoffen, einschließlich der elektrischen Leitfähigkeit, von der Geometrie abhängig sind (z.B. *Gleichungen 14.9* und *14.20*).

> **Beispiel 15.14** Berechnen Sie die elektrische Leitfähigkeit in Richtung der Verstärkungsfasern für Aluminium, das mit 50 Volumenprozent Al_2O_3-Fasern verstärkt ist.
>
> ### Lösung
>
> Mit *Gleichung 14.9* und den Daten von (mit dem mittleren Wert für Al_2O_3) erhält man
>
> $$\sigma_c = v_m \sigma_m + v_f \sigma_f$$
>
> $$= (0{,}5)(35{,}36 \times 10^6 \; \Omega^{-1} * m^{-1}) + (0{,}5)(10^{-11} \; \Omega^{-1} * m^{-1})$$
>
> $$= 17{,}68 \times 10^6 \; \Omega^{-1} * m^{-1}.$$

> **Übung 15.14** Beispiel 15.14 hat die elektrische Leitfähigkeit eines Al/Al_2O_3-Verbundwerkstoffs in Richtung der Verstärkungsfasern berechnet. Berechnen Sie die Leitfähigkeit dieses Verbundwerkstoffs senkrecht zur Faserverstärkung.

Die Welt der Werkstoffe

Mikroelektromechanische Systeme

Die letzten drei Jahrzehnte beschreibt man oftmals als die *Siliziumrevolution*, da die auf Siliziumchips hergestellten integrierten Schaltkreise zu einem bestimmenden Teil des täglichen Lebens geworden sind. Siliziumhalbleiter und integrierte Schaltkreise wurden in *Kapitel 1* eingeführt. Mehr zu Halbleitern haben Sie in diesem Kapitel erfahren; auf die Herstellung integrierter Schaltkreise geht *Kapitel 17* näher ein. Es wird vermutet, dass der nächste Schritt in der Siliziumrevolution die Herstellung von mikroelektromechanischen Systemen (MEMS) ist. Diese *Mikromaschinen*, die auf der Technologie der Festkörperelektronik beruhen, sind für das menschliche Auge nicht wahrnehmbar und lassen sich zu Tausenden als Massenprodukte für wenige Cent das Stück herstellen.

Während sich die Entwicklung der integrierten Schaltkreise in den letzten drei Jahrzehnten auf die exponentielle Zunahme in der Anzahl der Transistoren auf einem gegebenen Chip konzentriert hat, repräsentiert MEMS eine neue Richtung, in der die Siliziumtechnologie *intelligente Maschinen* im Mikrometerbereich ermöglicht, die Messwerte erfassen, agieren und kommunizieren können. Viele MEMS werden aus polykristallinem Silizium (statt aus einem Einkristall) hergestellt, das gute mechanische Eigenschaften hat und vollkommen kompatibel mit den Herstellungsverfahren moderner integrierter Schaltkreise ist.

In der MEMS-Technologie lassen sich die komplexen mechanischen Systeme auf einem Chip zusammen mit der Steuerungs- und Kommunikationselektronik integrieren. Diese intelligenten Mikrosysteme wissen, wo sie sich befinden und was sie umgibt. Ein aktuelles Beispiel einer MEMS-Anwendung ist ein Beschleunigungsmesser in Airbag-Systemen von Kraftfahrzeugen. MEMS erweisen sich als kleiner, leichter, zuverlässiger und wirtschaftlicher als herkömmliche Systeme. Zu den potenziellen Anwendungen gehören Trägheitssensoren für technische Bauteile der Makrowelt und Sperrmechanismen für hoch entwickelte Waffen. Keramiken kommen als Ersatzwerkstoffe für Silizium zur Herstellung von MEMS infrage, die in aggressiven Umgebungen oder thermisch belasteten Hochgeschwindigkeitsanwendungen eingesetzt werden.

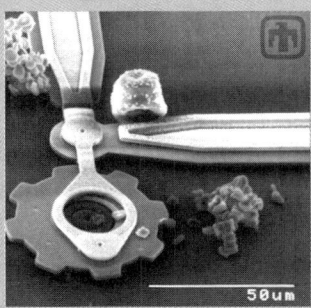

Eine MEMS-Einheit als „Schaltgetriebe"

15.7 Elektrische Klassifikation von Werkstoffen

Wir können jetzt das Klassifikationssystem zusammenfassen, das durch die Daten von gegeben ist. Abbildung 15.28 zeigt diese Daten auf einer logarithmischen Skala. Die vier Hauptkategorien, die durch die atomare Bindung in *Kapitel 2* definiert wurden, sind jetzt nach ihrer elektrischen Leitfähigkeit eingeordnet. Metalle sind gute Leiter. Halbleiter lassen sich am besten durch ihre Zwischenwerte von σ definieren, die durch kleine, aber messbare Energiebarrieren gegen die Elektronenleitung (die Bandlücke) entstehen. Keramiken, Gläser und Polymere sind Isolatoren, die durch eine große Barriere gegen Elektronenleitung charakterisiert sind. Beachten Sie, dass bestimmte Werkstoffe wie z.B. ZnO nach einer elektrischen Klassifikation als Halbleiter und nach einer Bindungsklassifikation (wie in *Kapitel 2*) als Keramik einzuordnen sind. Wie in Abschnitt 15.3 erläutert wurde, existieren bestimmte Oxide, die supraleitfähig sind. Allerdings wurde in *Kapitel 12* auch gezeigt, dass Keramiken als Ganzes gesehen normalerweise Isolatoren sind. Verbundwerkstoffe finden sich auf der Leitfähigkeitsskala irgendwo dazwischen, je nach der Natur der Komponenten und ihrer geometrischen Verteilung.

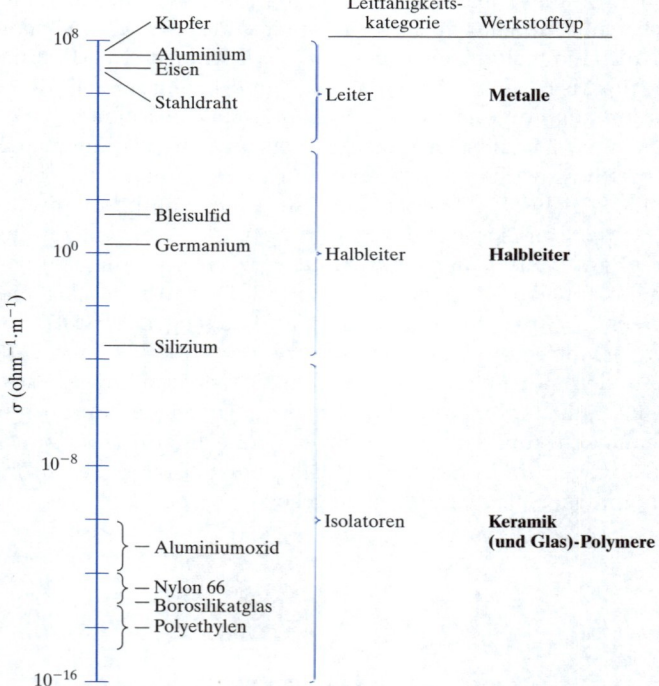

Abbildung 15.28: Diagramm der elektrischen Leitfähigkeitsdaten aus . Die Leitfähigkeitsbereiche entsprechen den vier grundsätzlichen Klassen technischer Werkstoffe.

15.7 Elektrische Klassifikation von Werkstoffen

ZUSAMMENFASSUNG

Elektrische Leitfähigkeit bietet wie die atomare Bindung eine Grundlage für die Klassifizierung von technischen Werkstoffen. Die Größenordnung der elektrischen Leitfähigkeit hängt sowohl von der Anzahl der verfügbaren Ladungsträger als auch der relativen Beweglichkeit dieser Ladungsträger ab. Unterschiedlich geladene Teilchen können als Ladungsträger dienen, doch gilt unser Hauptaugenmerk dem Elektron. In einem Festkörper existieren Energiebänder, die den diskreten Energieniveaus in isolierten Atomen entsprechen. Metalle werden aufgrund ihrer hohen Werte der elektrischen Leitfähigkeit, die das Ergebnis eines nicht gefüllten Valenzbandes ist, als *Leiter* bezeichnet. Die thermische Energie ist selbst bei Raumtemperatur ausreichend, um eine große Anzahl von Elektronen über das Fermi-Niveau in die obere Hälfte des Valenzbandes zu heben. Durch höhere Temperaturen oder eingebrachte Störstellen fällt die Leitfähigkeit von Metallen (und der spezifische Widerstand steigt). Jede derartige Störung einer fehlerfreien Kristallstruktur hindert die Elektronen „wellen" daran, durch das Metall zu laufen. Wichtige Beispiele für Leiter sind Thermoelemente und Supraleiter.

Keramiken und Gläser sowie Polymere bezeichnet man als Isolatoren, weil ihre elektrische Leitfähigkeit typischerweise 20 Größenordnungen niedriger liegt als die für metallische Leiter. Dieser Unterschied tritt auf, weil es eine große Energielücke (größer als 2 eV) zwischen ihren gefüllten Valenzbändern und ihren Leitungsbändern gibt, sodass die thermische Energie nicht genügt, um eine nennenswerte Anzahl von Elektronen über das Fermi-Niveau in das Leitungsband zu heben. Wichtige Beispiele von Isolatoren sind die Ferroelektrika und Piezoelektrika. (Eine bemerkenswerte Ausnahme ist die Supraleitfähigkeit bestimmter Oxidkeramiken bei relativ hohen Temperaturen.)

Halbleiter mit mittleren Werten der Leitfähigkeit lassen sich am besten durch die Natur dieser Leitfähigkeit definieren. Ihre Energielücke ist genügend klein (im Allgemeinen kleiner als 2 eV), sodass eine kleine und doch ausreichende Anzahl von Elektronen über das Fermi-Niveau in das Leitungsband bei Raumtemperatur gehoben wird. Die Ladungsträger sind in diesem Fall sowohl die Leitungselektronen als auch die Löcher, die im Valenzband durch die angeregten Elektronen entstehen. Im Unterschied dazu liegen die Leitfähigkeitswerte von Verbundwerkstoffen zwischen leitenden und isolierenden Werkstoffen, je nach den beteiligten Komponenten und ihrer geometrischen Verteilung.

ZUSAMMENFASSUNG

15 ELEKTRISCHES VERHALTEN

■ Schlüsselbegriffe

1-2-3-Supraleiter (675)
Defektelektron (653)
Dielektrikum (680)
Dielektrizitätskonstante (680)
dielektrische Durchschlags-
festigkeit (680)
Domäne (683)
Driftgeschwindigkeit (655)
elektrisch polarisiert (684)
elektrische Feldkonstante (680)
elektrische Feldstärke (655)
elektrische Leitung (666)
Elektronenfehlstelle (653)
Elektronenleitung (666)
Elektron-Loch-Paar (664)
Energieband (660)
Energiebandlücke (663)
Energiewandler (684)
Fermi-Funktion (661)
Fermi-Niveau (661)
ferroelektrisch (681)
freies Elektron (661)
Halbleiter (687)
Hundsche Regel (659)
Hystereseschleife (683)
Isolator (679)
Koerzitivfeld (684)
Kondensator (680)
kritische Stromdichte (676)
Ladungsdichte (680)
Ladungsträger (653)
Leiter (687)

Leitungsband (663)
Leitungselektron (661)
Loch (653)
mittlere freie Weglänge (670)
Ohmsches Gesetz (653)
paraelektrisch (683)
Paulisches Ausschließungsprinzip (658)
piezoelektrischer Effekt (684)
piezoelektrischer Kopplungs-
koeffizient (684)
Piezoelektrizität (684)
Plattenkondensator (680)
PZT (Blei-Zirkonat-Titanat) (685)
remanente Polarisation (683)
Sättigungspolarisation (683)
Seebeck-Effekt (670)
Seebeck-Potenzial (670)
Spannung (653)
spezifische Leitfähigkeit (654)
spezifischer Widerstand (654)
spontane Polarisation (683)
Strom (653)
Supraleiter (673)
Temperaturkoeffizient des
spezifischen Widerstands (667)
Thermoelement (670)
Transducer (684)
umgekehrter piezoelektrischer
Effekt (684)
Valenzband (660)
Widerstand (653)

Quellen

Harper, C. A. und **R. N. Sampson**, *Electronic Materials and Processes Handbook*, 3rd ed., McGraw-Hill, NY, 2004.
Kittel, C., *Introduction to Solid State Physics*, 7th ed., John Wiley & Sons, Inc., NY, 1996. Obwohl dieses Buch ein gehobenes Niveau verkörpert, gilt es als klassische Quelle für die Eigenschaften von Festkörpern.
Mayer, J. W. und **S. S. Lau**, *Electronic Materials Science: For Integrated Circuits in Si and GaAs*, Macmillan Publishing Company, NY, 1990.
Tu, K. N., J. W. Mayer und **L. C. Feldman**, *Electronic Thin Film Science*, Macmillan Publishing Company, NY, 1992.

Aufgaben

Ladungsträger und Leitung

15.1 (a) Nehmen Sie an, dass das Messobjekt in der Schaltung nach Abbildung 15.1 ein zylindrischer Stab von 1 cm Durchmesser und 10 cm Länge mit einer Leitfähigkeit von $7{,}00 \times 10^6\ \Omega^{-1} * m^{-1}$ ist. Wie groß ist der Strom in diesem Stab bei einer Spannung von 10 mV? (b) Wiederholen Sie Teil (a) für einen Stab aus hochreinem Silizium der gleichen Abmessungen. (Siehe) (c) Wiederholen Sie Teil (a) für einen Stab aus Borosilikatglas der gleichen Abmessungen. (Siehe)

15.2 Eine Glühbirne wird bei einer Netzspannung von 110 V betrieben. Berechnen Sie die Anzahl der Elektronen, die pro Sekunde durch den Glühdraht wandern, wenn dessen Widerstand 200 Ω beträgt.

15.3 Ein Halbleiter-Wafer ist 0,5 mm dick. Über dieser Dicke liegt ein Potenzial von 100 mV an. (a) Wie groß ist die Driftgeschwindigkeit der Elektronen, wenn ihre Beweglichkeit gleich $0{,}2\ m^2/(V*s)$ beträgt? (b) Wie viel Zeit benötigt ein Elektron, um sich durch diese Dicke zu bewegen?

D 15.4 Ein Draht mit einem Durchmesser von 1 mm muss einen Strom von 10 A führen. Die Verlustleistung (I^2R) des Drahtes darf nicht größer als 10 W/m werden. Welcher Werkstoff von kommt für diesen Draht infrage?

15.5 Ein Streifen einer Aluminiummetallisierung auf einem Festkörperbauelement hat eine Länge von 1 mm, eine Dicke von 1 μm und eine Breite von 5 μm. Wie groß ist der Widerstand dieses Streifens?

15.6 Berechnen Sie für den Aluminiumstreifen nach Aufgabe 15.5 und einen Strom von 10 mA (a) die Spannung über der Länge des Streifens und (b) die Verlustleistung (I^2R).

D 15.7 In einer Konstruktion führt ein Stahldraht von 2 mm Durchmesser einen elektrischen Strom. Berechnen Sie die maximale Länge des Drahtes, wenn sein Widerstand kleiner als 25 Ω sein muss. Verwenden Sie die Daten von .

D 15.8 Berechnen Sie die zulässige Länge des Drahtes nach Aufgabe 15.7, wenn der Durchmesser maximal 3 mm betragen darf.

Energieniveaus und Energiebänder

15.9 Bei welcher Temperatur wird das 5,60 eV-Energieniveau für Elektronen in Silber zu 25% aufgefüllt? (Das Fermi-Niveau für Silber beträgt 5,48 eV.)

15.10 Erstellen Sie ein Diagramm wie in Abbildung 15.7 bei einer Temperatur von 1.000 K für Kupfer, das ein Fermi-Niveau von 7,04 eV hat.

15.11 Wie groß ist die Wahrscheinlichkeit, dass ein Elektron in Indium-Antimonid (InSb) in das Leitungsband angehoben wird, bei (a) 25 °C und (b) 50 °C? (Die Bandlücke von InSb beträgt 0,17 eV.)

15.12 Bei welcher Temperatur ist in Diamant die Wahrscheinlichkeit, dass ein Elektron in das Leitungsband angehoben wird, gleich der in Silizium bei 25 °C? (Die Antwort auf diese Frage weist auf den Temperaturbereich hin, in dem man Diamant ohne weiteres als Halbleiter statt als Isolator ansehen kann.)

15.13 Gallium bildet halbleitende Verbindungen mit verschiedenen Elementen der Gruppe VA. Die Bandlücke fällt systematisch mit steigender Atomzahl der VA-Elemente. Beispielsweise haben die III-V-Halbleiter GaP, GaAs und GaSb Bandlücken von 2,25 eV, 1,47 eV bzw. 0,68 eV. Berechnen Sie für jeden dieser Halbleiter die Wahrscheinlichkeit, dass ein Elektron bei 25 °C in das Leitungsband angehoben wird.

15.14 Der in Aufgabe 15.13 beschriebene Trend ist allgemeiner Natur. Berechnen Sie für die II-VI-Halbleiter CdS und CdTe, die Bandlücken von 2,59 eV bzw. 1,50 eV haben, die Wahrscheinlichkeit, dass ein Elektron bei 25 °C in das Leitungsband angehoben wird.

■ Leiter

15.15 Ein Streifen einer Kupfermetallisierung auf einem Festkörperbauelement ist 1 mm lang, 1 μm dick und 5 μm breit. Welcher Strom fließt, wenn über die Länge des Streifens eine Spannung von 0,1 V angelegt wird?

15.16 Ein Metalldraht mit einem Durchmesser von 1 mm und einer Länge von 10 m führt einen Strom von 0,1 A. Wie hoch ist der Spannungsabfall über diesem Draht, wenn er aus reinem Kupfer besteht und eine Temperatur von 30 °C herrscht?

15.17 Wiederholen Sie Aufgabe 15.16 für einen Draht aus einer Cu-0,1 Gew.-% Al-Legierung bei einer Temperatur von 30 °C.

15.18 Ein Thermoelement vom Typ K wird mit einer Referenztemperatur von 100 °C (durch Kochen von destilliertem Wasser eingerichtet) betrieben. Wie hoch ist die Temperatur in einem Schmelztiegel, für den eine Thermospannung von 30 mV gemessen wird?

15.19 Wiederholen Sie Aufgabe 15.18 für den Fall eines Chromel/Konstantan-Thermoelements.

15.20 Ein Ofen für die Oxidation von Silizium wird bei 1.000 °C betrieben. Wie groß ist die Ausgangsspannung (bezogen auf ein Eiswasserbad) für ein Thermoelement des Typs (a) S, (b) K und (c) J?

15.21 Metallische Leiter setzt man beispielsweise bei der Werkstoffverarbeitung für widerstandsgeheizte Ofenelemente ein. Manche Legierungen, die als Thermoelemente verwendet werden, dienen ebenso als Heizelemente. Betrachten Sie als Beispiel einen Chromel-Draht mit einem Durchmesser von 1 mm, der in einer Laborofen-Heizspule für 1 kW bei 110 V eingesetzt wird. Wie lang muss der Draht in dieser Ofenkonstruktion sein? (*Hinweis:* Die Leistung des widerstandsgeheizten Drahtes ist gleich I^2R und der spezifische Widerstand des Chromel-Drahtes beträgt $1,08 \times 10^6 \, \Omega \cdot m$.)

15.22 Berechnen Sie mit den Angaben von Aufgabe 15.21 die erforderliche Leistung für einen Ofen, dessen Heizspule aus einem Chromel-Draht von 5 m Länge und 1 mm Durchmesser besteht und bei 110 V arbeitet.

15.23 Wie hoch ist die erforderliche Leistung für den Ofen nach Aufgabe 15.22, wenn die Betriebsspannung 208 V beträgt?

15.24 Ein Wolframglühfaden für eine Glühbirne ist 10 mm lang und hat einen Durchmesser von 100 μm. Wie hoch ist der Strom im Glühfaden bei einer Betriebstemperatur von 1.000 °C und einer Netzspannung von 110 V?

15.25 Wie hoch ist die Verlustleistung (I^2R) im Glühdraht von Aufgabe 15.24?

15.26 Ein 1-2-3-Supraleiter aus Vollmaterial habe eine kritische Stromdichte von 1×10^8 A/m^2. Wie groß ist der maximale Suprastrom, der in einem Draht dieses Werkstoffs von 1 mm Durchmesser fließen kann?

15.27 In welchem Jahr wäre eine kritische Temperatur (T_c) von 95 K zu erwarten, wenn man annimmt, dass sich die Erhöhung der T_c für Supraleiter auch über das Jahr 1975 hinaus linear entwickelt?

15.28 Verifizieren Sie die Aussage in Bezug auf die Anwesenheit einer Cu^{3+}-Valenz in der $YBa_2Cu_3O_7$-Elementarzelle, die Abschnitt 15.3 bei der Behandlung der Supraleiter getroffen hat.

15.29 Verifizieren Sie die chemische Formel für $YBa_2Cu_3O_3$ mithilfe der Elementarzellengeometrie von Abbildung 15.19.

•15.30 Beschreiben Sie Ähnlichkeiten und Unterschiede zwischen der Perowskit-Elementarzelle von Abbildung 3.14 und (a) dem oberen und unteren Drittel und (b) dem mittleren Drittel der $YBa_2Cu_2O_7$-Elementarzelle von Abbildung 15.19.

■ Isolatoren

15.31 Berechnen Sie die Ladungsdichte eines Kondensators, der 2 mm dick ist und aus 99,5% Al_2O_3 besteht, bei einer angelegten Spannung von 1 kV.

15.32 Wiederholen Sie Aufgabe 15.31 für denselben Werkstoff bei seiner Durchbruchspannung (= dielektrische Festigkeit).

15.33 Berechnen Sie die Ladungsdichte eines Kondensators aus Cordierit bei seiner dielektrischen Durchschlagsfestigkeit von 3 kV/mm. Die Dielektrizitätskonstante beträgt 4,5.

•15.34 Durch verbesserte Verfahren lässt sich ein neuer Cordierit-Kondensator mit Eigenschaften herstellen, die denen des Kondensators aus Aufgabe 15.33 überlegen sind. Berechnen Sie die Ladungsdichte auf einem Kondensator bei einem Spannungsgradienten von 3 kV/mm (der jetzt unterhalb der Durchschlagsfestigkeit liegt), wenn die Dielektrizitätskonstante auf 5,0 erhöht wurde.

15.35 Eine (in den Beispielen 15.11 und 15.12 eingeführte) alternative Definition der Polarisation lautet

$$P = (\kappa - 1)\varepsilon_0 E,$$

wobei κ, ε_0 und E bezogen auf die Gleichungen 15.11 und 15.13 definiert sind. Berechnen Sie die Polarisation für 99,9% Al_2O_3 bei einer Feldstärke von 5 kV/mm. (Beachten Sie die Größenordnung Ihrer Antwort im Vergleich zur inhärenten Polarisation von tetragonalem $BaTiO_3$ in Beispiel 15.12.)

15.36 Berechnen Sie die Polarisation des technischen Azetal-Polymers in bei seiner Durchbruchspannung (= dielektrische Feldstärke). (Siehe Aufgabe 15.35.)

15.37 Betrachten Sie wie in Aufgabe 15.36 die Polarisation bei der Durchbruchspannung. Um wie viel erhöht sich dieser Wert für das Nylon-Polymer in in einer feuchten Umgebung verglichen mit trockenen Bedingungen?

15.38 Durch Erwärmen von $BaTiO_3$ auf 100 °C ändern sich die Abmessungen der Elementarzelle auf $a = 0{,}400$ nm und $c = 0{,}402$ nm (verglichen mit den Werten in Abbildung 15.21). Außerdem reduzieren sich die in Abbildung 15.20b gezeigten Ionenverschiebungen um die Hälfte. Berechnen Sie (a) das Dipolmoment und (b) die Polarisation der $BaTiO_3$-Elementarzelle bei 100 °C.

15.39 Der Elastizitätsmodul von $BaTiO_3$ betrage in der c-Richtung 109×10^3 MPa. Welche mechanische Spannung ist notwendig, um die Polarisation um 0,1% zu verringern?

•15.40 Um die Mechanismen der Ferroelektrizität und Piezoelektrizität zu verstehen, ist es wichtig, die Kristallstruktur der Werkstoffe zu visualisieren. Skizzieren Sie für den Fall der tetragonalen Modifikation der Perowskit-Struktur (siehe Abbildung 15.21b) die Atomanordnungen in den Ebenen (a) (100), (b) (001), (c) (110), (d) (101), (e) (200) und (f) (002).

•**15.41** Skizzieren Sie wie in Aufgabe 15.40 die Atomanordnungen in den Ebenen (a) (100), (b) (001), (c) (110) und (d) (101) in der *kubischen* Perowskit-Struktur (siehe Abbildung 15.21a).

•**15.42** Skizzieren Sie wie in Aufgabe 15.40 die Atomanordnungen in den Ebenen (a) (200), (b) (002) und (c) (111) in der *kubischen* Perowskit-Struktur (siehe Abbildung 15.21a).

■ **Halbleiter**

15.43 Berechnen Sie den Anteil der Ge-Atome, die bei Raumtemperatur ein Leitungselektron abgeben.

15.44 Welcher Anteil der Leitfähigkeit von eigenleitendem Silizium bei Raumtemperatur geht auf (a) Elektronen und (b) Löcher zurück?

15.45 Geben Sie für (a) Germanium und (b) CdS die Anteile an, die (i) Elektronen und (ii) Löcher zur Leitfähigkeit bei Raumtemperatur beitragen.

15.46 Berechnen Sie anhand der Daten von die Leitfähigkeit bei Raumtemperatur von eigenleitendem Galliumarsenid.

15.47 Berechnen Sie anhand der Daten von die Leitfähigkeit bei Raumtemperatur von eigenleitendem InSb.

15.48 Welcher Anteil der in Aufgabe 15.47 berechneten Leitfähigkeit stammt (a) von Elektronen und (b) von Löchern?

■ **Verbundwerkstoffe**

15.49 Berechnen Sie die Leitfähigkeit bei 20 °C (a) parallel und (b) senkrecht zu den W-Fasern im Cu-Matrix-Verbundwerkstoff von *Tabelle 14.12*.

15.50 Verwenden Sie die Form von *Gleichung 14.21* als Richtlinie und schätzen Sie die elektrische Leitfähigkeit des dispersionsverfestigten Aluminiums in *Tabelle 14.12* ab. (Nehmen Sie für den Exponenten n in *Gleichung 14.21* den Wert 0,5 an.)

15.51 Berechnen Sie die Leitfähigkeit bei 20 °C für den Verbundwerkstoff in *Tabelle 14.12*, in dem W-Teilchen in einer Kupfermatrix verteilt sind. (Verwenden Sie die gleichen Annahmen wie in Aufgabe 15.50.)

15.52 Stellen Sie die Leitfähigkeit bei 20 °C einer Reihe von Verbundwerkstoffen aus W-Fasern in einer Cu-Matrix in einem Diagramm dar. Zeigen Sie die Extremfälle der Leitfähigkeit (a) parallel und (b) senkrecht zu den Fasern. Lassen Sie wie in *Abbildung 14.13* eine Variation des Volumenanteils der Fasern von 0 bis 1,0 zu.

Optisches Verhalten

16.1 **Sichtbares Licht** 701
16.2 **Optische Eigenschaften** 704
16.3 **Optische Systeme und Geräte** 717

16 OPTISCHES VERHALTEN

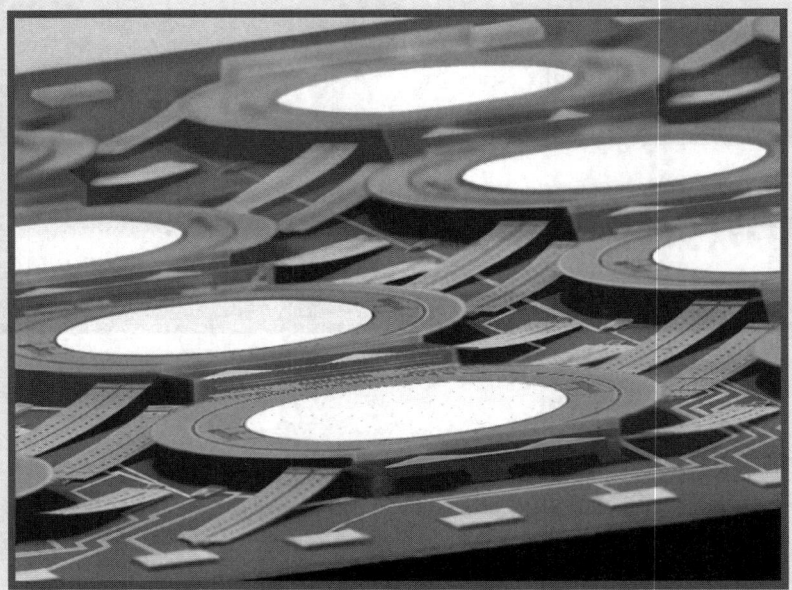

❚❚   Ein optischer Schalter mit winzigen Spiegeln leitet Photonenströme (Daten) an ihr vorgesehenes Ziel. ❚❚

Bei bestimmten Werkstoffen ist das optische Verhalten – die Art und Weise, in der sie *sichtbares Licht* reflektieren, absorbieren oder aussenden – wichtiger als ihre mechanischen Eigenschaften (*Kapitel 6*). Optisches Verhalten ist aufs Engste verwandt mit elektrischem Verhalten (*Kapitel 15*). Die in *Kapitel 12* behandelten Gläser sind klassische Beispiele dafür, dass man bei einem Konstruktionswerkstoff besonderen Wert auf die optischen Eigenschaften legt. Und auch die Telekommunikationsindustrie setzt modernste Entwicklungen mit neuen Formen von optischem Verhalten ein.

Zusammen mit den in *Kapitel 3* eingeführten Röntgenstrahlen gehört sichtbares Licht zum Spektrum der elektromagnetischen Strahlung. Der breite Einsatzbereich von Gläsern und bestimmten kristallinen Keramiken sowie organischen Polymeren für optische Zwecke verlangt, dass die optischen Eigenschaften genau bekannt sind. Der Brechungsindex ist eine fundamental wichtige Eigenschaft, die sich auf die Lichtbrechung an der Materialoberfläche und die Übertragung durch das Volumen auswirkt. Die Transparenz eines bestimmten Werkstoffs wird durch eine sekundäre Mikrostruktur (Porosität oder eine feste Phase mit einem Brechungsindex, der sich von dem der Matrix unterscheidet) beschränkt. Die Färbung von lichtdurchlässigen Werkstoffen beruht darauf, dass Teilchen wie ionisches Fe^{2+} und C^{2+} Licht bestimmter Wellenlängen absorbieren. Viele moderne optische Anwendungen stützen sich auf Lumineszenz, d.h. die Fähigkeit eines Werkstoffs, Energie zu absorbieren und daraufhin sichtbares Licht auszusenden. Die für Metalle charakteristischen Eigenschaften wie Reflexionsvermögen und Opazität (optische Undurchlässigkeit) ergeben sich direkt aus der hohen Dichte von Leitungselektronen in diesen Werkstoffen.

Einige der wichtigsten Systeme und Bauelemente in der modernen Technologie sind für uns vor allem wegen ihrer optischen Eigenschaften interessant. Das trifft beispielsweise auf Laser, optische Fasern, Flüssigkristallanzeigen und Photoleiter zu.

Auf der Companion Website finden Sie einen Link zur American Ceramic Society-Website, die Sie in die Welt der optischen Werkstoffe führt.

16.1 Sichtbares Licht

Um optisches Verhalten zu verstehen, müssen wir zum Spektrum der elektromagnetischen Strahlung zurückkommen, das in *Abschnitt 3.7* eingeführt wurde. Abbildung 16.1 ist zu Abbildung 3.34 nahezu identisch, außer dass jetzt der Bereich von **sichtbarem Licht** statt Röntgenstrahlung markiert ist. Sichtbares Licht ist der Teil des elektromagnetischen Spektrums, den das menschliche Auge wahrnehmen kann – im Wellenlängenbereich von 400 bis 700 nm. Abbildung 16.2 zeigt die wellenartige Natur von Licht, wobei die periodischen Änderungen der elektrischen und magnetischen Feldkomponenten in der Ausbreitungsrichtung dargestellt sind. Die Lichtgeschwindigkeit c beträgt im Vakuum $0{,}2998 \times 10^9$ m/s. Die enge Beziehung von Licht zu den elektrischen und magnetischen Eigenschaften zeigt sich darin, dass man die Lichtgeschwindigkeit genau in Form von zwei grundlegenden Konstanten

$$c = \frac{1}{\sqrt{\varepsilon_0 \mu_0}} \tag{16.1}$$

angeben kann, wobei ε_0 die Dielektrizitätskonstante und μ_0 die magnetische Permeabilität im Vakuum ist. Wie bei jeder Wellenform ist die Frequenz f mit der Wellenlänge λ über die Geschwindigkeit der Welle verknüpft. Im Fall von Lichtwellen gilt

$$f = c/\lambda. \tag{16.2}$$

In *Abschnitt 2.1* wurden Elektronen als Beispiele für den Welle-Teilchen-Dualismus eingeführt, die sowohl wellenartiges als auch teilchenartiges Verhalten zeigen. Die elektromagnetische Strahlung lässt sich in ähnlicher Weise ansehen, wobei ihr teilchenähnliches Verhalten aus Energiepaketen – den so genannten **Photonen** – besteht. Die Energie E eines gegebenen Photons wird durch

$$E = hf = h(c/\lambda) \tag{16.3}$$

ausgedrückt, wobei h die Plancksche Konstante (= $0{,}6626 \times 10^{-33}$ J * s) ist.

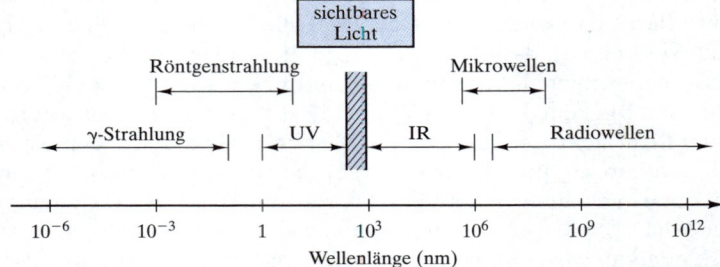

Abbildung 16.1: Darstellung des elektromagnetischen Spektrums. Hervorgehoben ist der Bereich des sichtbaren Lichts (Wellenlängen zwischen 400 und 700 nm).

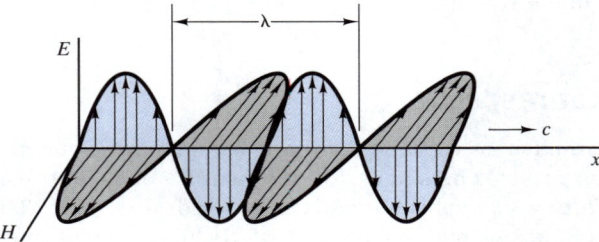

Abbildung 16.2: Die Natur einer elektromagnetischen Welle wie z.B. Licht. Sowohl die elektrische (E) als auch die magnetische (H) Feldkomponente verläuft sinusförmig. Die Schwingungsebenen von E und H stehen senkrecht aufeinander.

Die Welt der Werkstoffe

Ein Flachbildschirm für ein medizinisches Röntgengerät

Zu den Hauptanwendungen moderner optischer Werkstoffe gehören Flachbildschirme (FPD, Flat Panel Display), die in zunehmendem Maße die Kathodenstrahlröhren (CRT, Cathode-Ray Tube) in Monitoren verdrängen. Die später in diesem Kapitel behandelten Flüssigkristallanzeigen werden vor allem in den Flachdisplays von Laptop-Computern eingesetzt. Modernste Flachbildschirme in medizinischen Röntgengeräten können Röntgenaufnahmen in einer mit herkömmlichen Filmen vergleichbaren Qualität anzeigen.

Die Abbildung zeigt einen ultrahoch auflösenden Flachbildschirm mit den Abmessungen 300 mm mal 400 mm, der Röntgenaufnahmen mit filmähnlicher Qualität erzeugt und es den Ärzten und dem medizinischen Personal erleichtert, Röntgenaufnahmen von Patienten und medizinische Aufzeichnungen online zu betrachten und zu analysieren. Bisher war die Zusammenarbeit in Krankenhäusern und Ambulanzen wegen der geringen Auflösung und Deutlichkeit der Kathodenstrahlröhren eingeschränkt. Dieser Flachbildschirm mit einer Auflösung von 3,1 Millionen Pixel (jedes mit 4.096 Graustufen) kann scharfe, klare und verzerrungsfreie Bilder erzeugen. Dieses System kombiniert die Vorteile der digitalen Archivierung und Auswertung mit dem „Gefühl", einen konventionellen Schwarzweiß-Filmbetrachter vor sich zu haben.

Digitale Röntgeneinrichtungen sind eindrucksvolle Beispiele für Tendenzen auf dem Gebiet der Telemedizin. Durch die digitale Radiographie sind nicht nur die lebenswichtigen Patientendaten besser zugänglich, auch der Aufwand (Zeit, Kosten, Materialverbrauch) bei der herkömmlichen Filmverarbeitung entfällt völlig. Der hier gezeigte Flachbildschirm ist für große Graustufenbilddateien, einschließlich Thoraxaufnahmen und Mammographien optimiert. Zudem eignet er sich für die Anzeige mehrerer Bilder von Ultraschallgeräten (z.B. bei der fötalen Überwachung). Auch für CAT-Scans (Computer-Aided Tomography) und der damit eng verwandten Kernspinresonanztomographie (MRI) lässt sich dieser Flachbildschirm effizient einsetzen. Bei den zuletzt genannten Fällen kann man eine komplette Serie von Bildern bei hoher Auflösung und Qualität darstellen. Schließlich unterstützt der Flachbildschirm Videoaufnahmen für Röntgenuntersuchung in Echtzeit.

Beispiel 16.1 Berechnen Sie die Energie eines einzelnen Photons vom kurzwelligen (blauen) Ende des sichtbaren Spektrums (bei 400 nm).

Lösung

Gleichung 16.3 liefert

$$E = \frac{hc}{\lambda}$$

$$= \frac{(0{,}6626 \times 10^{-33}\ \text{J} \cdot \text{s})(0{,}2998 \times 10^{9}\ \text{m/s})}{400 \times 10^{-9}\ \text{m}} \times \frac{6{,}242 \times 10^{18}\ \text{eV}}{\text{J}}$$

$$= 3{,}1\ \text{eV}.$$

Da sich E und λ umgekehrt proportional zueinander verhalten, ist dieses Photon das energiereichste Photon für sichtbares Licht.

Die Lösungen für alle Übungen finden Sie auf der Companion Website.

Übung 16.1 Berechnen Sie die Energie eines einzelnen Photons vom langwelligen (roten) Ende des sichtbaren Spektrums (bei 700 nm). (Siehe Beispiel 16.1.)

16.2 Optische Eigenschaften

Am Anfang gehen wir der Frage nach, wie sichtbares Licht mit typischen optischen Werkstoffen interagiert – und zwar mit den oxidischen Gläsern, die in *Kapitel 12* eingeführt wurden. Diese **optischen Eigenschaften** gelten gleichermaßen für viele andere nichtmetallische Werkstoffe wie z.B. lichtdurchlässige kristalline Keramiken (*Kapitel 12*) und organische Polymere (*Kapitel 13*). Schließlich sei darauf hingewiesen, dass Metalle (*Kapitel 11*) im Allgemeinen kein sichtbares Licht aussenden, jedoch charakteristisches Reflexionsvermögen und eine metalltypische Färbung haben.

16.2.1 Brechungsindex

Wenn Licht von Luft in ein transparentes Material unter einem Winkel eintritt, wird das Licht gebrochen (d.h. sein Weg verändert). Eine wichtige optische Eigenschaft in diesem Zusammenhang ist der **Brechungsindex** n, der als

$$n = \frac{v_{\text{Vak}}}{v} = \frac{\sin \theta_i}{\sin \theta_r} \tag{16.4}$$

definiert ist, wobei v_{Vak} die Lichtgeschwindigkeit im Vakuum (praktisch gleich der Geschwindigkeit in Luft), v die Lichtgeschwindigkeit in einem transparenten Werkstoff und θ_i und θ_r Einfalls- bzw. Brechungswinkel sind, wie sie Abbildung 16.3 definiert. Typische Werte von n für Keramiken und Gläser reichen von 1,5 bis 2,5 und für Polymere von 1,4 bis 1,6. Das heißt, dass die Lichtgeschwindigkeit im Festkörper beträchtlich kleiner als im Vakuum ist. Tabelle 16.1 gibt Werte von n für verschiedene Keramiken und Gläser an. Die meisten Silikatgläser haben einen Wert nahe $n = 1{,}5$. In Tabelle 16.2 finden Sie Werte von n für ausgewählte Polymere.

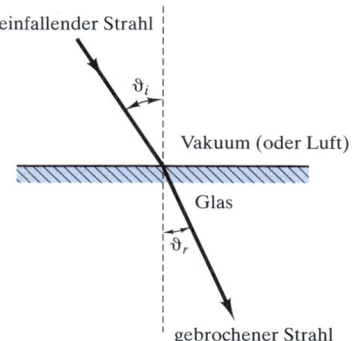

Abbildung 16.3: Brechung von Licht beim Übergang vom Vakuum (oder von Luft) in einen transparenten Werkstoff

Tabelle 16.1

Brechungsindices für verschiedene Keramiken und Gläser

Werkstoff	Durchschnittlicher Brechungsindex
Quarz (SiO_2)	1,55
Mullit ($3Al_2O_3 * 2SiO_2$)	1,64
Orthoklas ($KAlSi_3O_8$)	1,525
Albit ($NaAlSi_3O_8$)	1,529
Korund (Al_2O_3)	1,76
Periklas (MgO)	1,74
Spinell ($MgO * Al_2O_3$)	1,72
Silikatglas (SiO_2)	1,458
Borosilikatglas	1,47
Kalknatronglas	1,51-1,52
Glas aus Orthoklas	1,51
Glas aus Albit	1,49

Tabelle 16.2

Brechungsindices für verschiedene Polymere

Werkstoff	Durchschnittlicher Brechungsindex
Thermoplastische Polymere	
Polyethylen hoher Dichte	1,545
Polyethylen niedriger Dichte	1,51
Polyvinylchlorid	1,54-1,55
Polypropylen	1,47
Polystyrol	1,59
Cellulose	1,46-1,50
Polyamid (Nylon 66)	1,53
Polytetrafluorethylen (Teflon)	1,35-1,38
Duroplastische Polymere	
Phenol (Phenol-Formaldehyd)	1,47-1,50
Urethane	1,5-1,6
Epoxidharze	1,55-1,60
Elastomere	
Polybutadien/Polystyrol-Copolymer	1,53
Polyisopren (Naturkautschuk)	1,52
Polychloropren	1,55-1,56

Die Größe des Brechungsindex n weist implizit auf das äußere Erscheinungsbild eines Werkstoffs hin. Das markante „Funkeln" bei Diamanten und Glasteilen kommt durch einen hohen Wert von n, der mehrere interne Brechungen des Lichts erlaubt. Beimengungen von Blei (n = 2,60) zu Silikatgläsern erhöhen den Brechungsindex, was die unverwechselbare Erscheinung (und die damit verbundenen Kosten) von edlem Kristallglas ausmacht.

16.2.2 Reflexionskoeffizient

Nicht das gesamte Licht, das auf einen transparenten Stoff auftrifft, wird wie eben beschrieben gebrochen. Stattdessen wird ein Teil an der Oberfläche reflektiert, wie es in Abbildung 16.4 zu sehen ist. Der Reflexionswinkel ist gleich dem Einfallswinkel. Der **Reflexionskoeffizient** R ist als Anteil des Lichts, das an einer derartigen Oberfläche reflektiert wird, definiert und steht mit dem Brechungsindex über die **Fresnel[1]-Formel** in Beziehung:

---

[1] Augustin Jean Fresnel (1788–1827), französischer Physiker, der viel zur Theorie des Lichts beigetragen hat. Vor allem ist seine Leistung hervorzuheben, den transversalen Modus der Lichtwellenausbreitung erkannt zu haben.

$$R = \left(\frac{n-1}{n+1}\right)^2. \tag{16.5}$$

Gleichung 16.5 ist im strengen Sinne nur für senkrechten Einfall ($\theta_i = 0$) gültig, liefert aber eine gute Näherung über einen weiten Bereich von θ_i. Es liegt auf der Hand, dass Werkstoffe mit hohem n ebenso reflektierend sind. In manchen Fällen ist diese Reflexion erwünscht, beispielsweise in glänzenden Emaille-Beschichtungen. In anderen Fällen, wie z.B. bei Linsen, kommt es durch einen hohen Reflexionskoeffizienten zu unerwünschten Lichtverlusten. Häufig verwendet man spezielle Beschichtungen, um dieses Problem zu minimieren (siehe Abbildung 16.5).

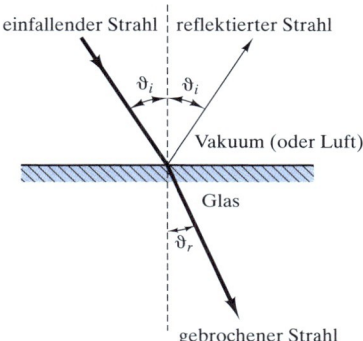

Abbildung 16.4: An der Oberfläche eines transparenten Werkstoffs wird Licht sowohl gebrochen als auch reflektiert.

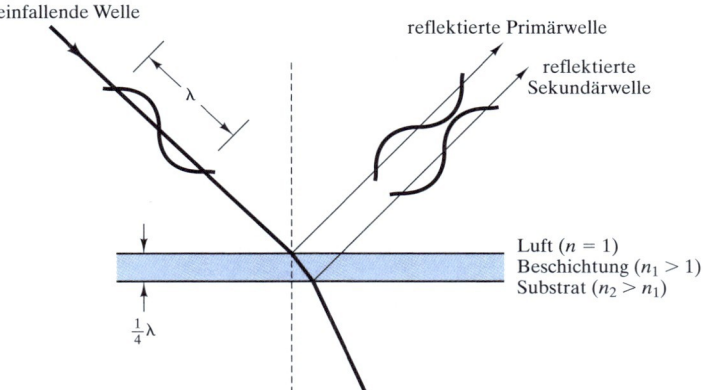

Abbildung 16.5: Beschichtungen mit einer Dicke von einem „Viertel der Wellenlänge" minimieren Oberflächenreflexionen. Die Beschichtung hat einen mittleren Brechungsindex und die gebrochene Primärwelle wird einfach durch die reflektierte Sekundärwelle gleicher Größe und entgegengesetzter Phase ausgelöscht. Derartige Beschichtungen findet man häufig auf Mikroskoplinsen.

Das äußere Erscheinungsbild eines Werkstoffs wird durch die relativen Anteile von gerichteter und diffuser Reflexion geprägt. **Gerichtete Reflexion** ist gemäß Abbildung 16.6 als Brechung relativ zur „durchschnittlichen" Oberfläche definiert. Dagegen entsteht **diffuse Reflexion** durch Oberflächenrauheit, wobei die wahre Oberfläche lokal nicht parallel zur durchschnittlichen Oberfläche ist. Das Gleichgewicht zwischen gerichteter und diffuser Reflexion für eine gegebene Oberfläche lässt sich am besten durch **Polardiagramme** veranschaulichen. Derartige Diagramme zeigen die Intensität der Reflexion in einer bestimmten Richtung durch die relative Länge eines Vektors an. In Abbildung 16.7 sind zwei Polardiagramme für (a) eine „glatte" oder „spiegelartige" Oberfläche mit vorherrschend gerichteter Reflexion und (b) für eine „raue" Oberfläche mit vollständig diffuser Reflexion gegenübergestellt. Das perfekt kreisförmige Polardiagramm für Abbildung 16.7b ist ein Beispiel für das **Kosinusgesetz** der Brechung. Die relative Intensität der Brechung variiert mit dem Kosinus des Winkels θ, der wie in Abbildung 16.7b als

$$I = I_0 \cos\theta \tag{16.6}$$

definiert ist, wobei I_0 die Streuungsintensität bei $\theta = 0°$ ist. Da jedes Flächensegment A verkürzt wird, wenn man es unter dem Winkel θ betrachtet, ist die Helligkeit der diffusen Oberfläche von Abbildung 16.7b eine Konstante unabhängig vom Betrachtungswinkel:

$$\text{Helligkeit} = \frac{I}{A} = \frac{I_0 \cos\theta}{A_0 \cos\theta} = \text{konstant}. \tag{16.7}$$

Wir können nun zusammenfassen, dass Gläser und glasartige Beschichtungen (Glasuren und Emaillen) einen hohen **Oberflächenglanz** infolge ihres großen Brechungsindex (Gleichung 16.5) und einer glatten Oberfläche (siehe Abbildung 16.7a) haben.

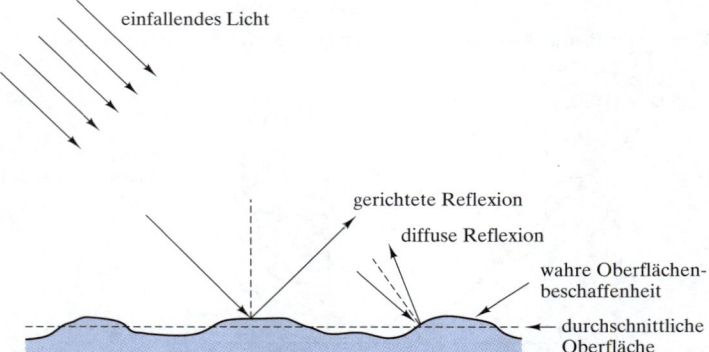

Abbildung 16.6: Gerichtete Reflexion tritt relativ zur „durchschnittlichen" Oberfläche auf und diffuse Reflexion relativ zu lokal nicht parallelen Oberflächenelementen.

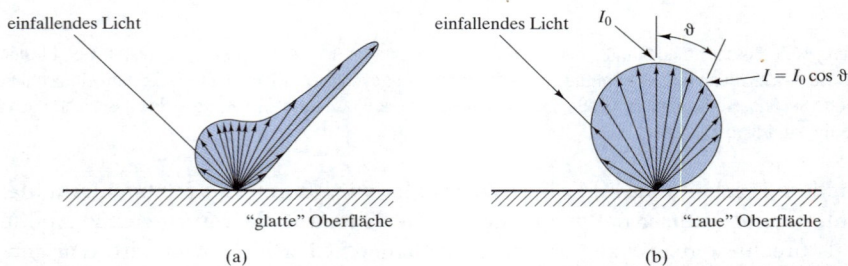

Abbildung 16.7: Polardiagramme, die die Richtcharakteristik der Reflexion einer „glatten" Oberfläche mit vorherrschend gerichteter Reflexion (a) und einer „rauen" Oberfläche mit vollständig diffuser Reflexion (b) veranschaulichen.

16.2.3 Transparenz, Transluzenz und Opazität

Viele Keramiken, Gläser und Polymere übertragen Licht effizient. Der Grad der Übertragung wird durch die Begriffe *Transparenz*, *Transluzenz* und *Opazität* beschrieben. **Transparenz** meint einfach die Fähigkeit, ein deutliches Bild zu übertragen. In *Kapitel 1* wurde erläutert, dass polykristallines Al_2O_3 zu einem nahezu transparenten Werkstoff wird, wenn sich die Porosität beseitigen lässt. Lichtdurchlässigkeit und Opazität sind subjektive Begriffe für Werkstoffe, die nicht transparent sind. Im Allgemeinen bedeutet **Transluzenz**, dass ein diffuses Bild übertragen wird, während **Opazität** einen Totalverlust der Bildübertragung bedeutet. Die *Abbildungen 1.20c* und *d* sowie *16.8* veranschaulichen den Fall der Transluzenz. Auf mikroskopischer Ebene entsteht die Streuung von Licht durch kleine Poren oder Partikeln einer Sekundärphase. Abbildung 16.9 zeigt, wie Streuung an einer einzelnen Pore durch Brechung auftreten kann. Wenn Porosität zu Opazität führt, ist die Brechung die Folge der unterschiedlichen Brechungsindizes mit $n = 1$ für die Pore und $n > 1$ für den Festkörper. Viele Gläser und Glasuren enthalten *opazitätserhöhende Mittel*, d.h. Partikel einer sekundären Phase wie SnO_2, deren Brechungsindex ($n = 2,0$) größer als der von Glas ($n \cong 1,5$) ist. Der von den Poren oder Partikeln hervorgerufene Trübungsgrad hängt von ihrer durchschnittlichen Größe und Konzentration sowie den nicht übereinstimmenden Brechungsindizes ab. Wenn einzelne Poren oder Partikel bedeutend kleiner sind als die Lichtwellenlänge (400 bis 700 nm), wirken sie kaum als Streuungszentren. Der größte Streuungseffekt ergibt sich bei Poren- oder Partikelgrößen im Bereich von 400 bis 700 nm. Porenfreie Polymere sind relativ leicht herzustellen. In Polymeren beruht die Opazität häufig auf der Anwesenheit von inerten Additiven (siehe *Abschnitt 13.5*).

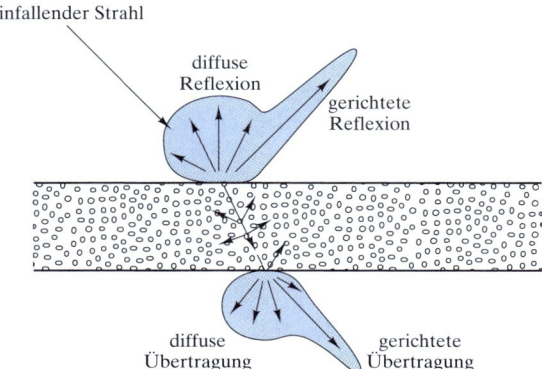

Abbildung 16.8: Polardiagramme veranschaulichen Reflexion und Übertragung von Licht durch eine transluzente Glasplatte.

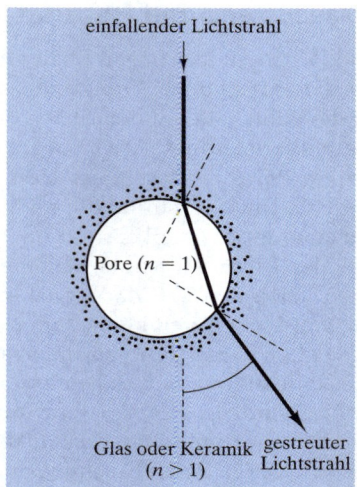

Abbildung 16.9: Lichtstreuung ist das Ergebnis lokaler Brechung an Grenzflächen von Partikeln oder Poren einer zweiten Phase. Hier ist dieser Fall für die Streuung durch eine Pore dargestellt.

16.2.4 Farbe

Die Opazität von Keramiken, Gläsern und Polymeren basiert wie eben gezeigt auf einem Streuungsmechanismus. Im Unterschied dazu ist die Opazität von Metallen das Ergebnis eines Absorptionsmechanismus, der eng mit ihrer elektrischen Leitfähigkeit zusammenhängt. Die Leitungselektronen absorbieren Photonen im Bereich des sichtbaren Lichts, was allen Metallen ihre charakteristische Lichtundurchlässigkeit (Opazität) verleiht. In Keramiken und Gläsern sind keine Leitungselektronen vorhanden, was zur Transparenz dieser Stoffe beiträgt. Allerdings gibt es hier einen Absorptionsmechanismus, der zu einer wichtigen optischen Eigenschaft führt: **Farbe**.

In Keramiken und Gläsern entsteht die Färbung durch selektive Absorption bestimmter Wellenlängenbereiche innerhalb des sichtbaren Spektrums infolge von Elektronenübergängen in Metallionen. Als Beispiel zeigt Abbildung 16.10 eine Absorptionskurve für ein Silikatglas, das rund 1% Kobaltoxid enthält (wobei das Kobalt in der Form von Co^{2+}-Ionen vorliegt). Während der größte Teil des sichtbaren Spektrums effizient übertragen wird, wird ein Teil am roten (oder langwelligen) Ende des Spektrums absorbiert. Da nun der rote Anteil im Spektrum fehlt, ist Blau die resultierende Glasfarbe. Tabelle 16.3 fasst die von verschiedenen Metallionen produzierten Farben zusammen. Ein einzelnes Ion (wie z.B. Co^{2+}) kann in unterschiedlichen Gläsern unterschiedliche Färbungen hervorrufen. Der Grund dafür ist, dass das Ion unterschiedliche Koordinationszahlen in unterschiedlichen Gläsern hat. Die Größe des Energieübergangs bei einem Photonen-absorbierenden Elektron wird durch ionische Koordination beeinflusst. Demzufolge variiert die Absorptionskurve und mithin auch die resultierende Farbe.

16.2 Optische Eigenschaften

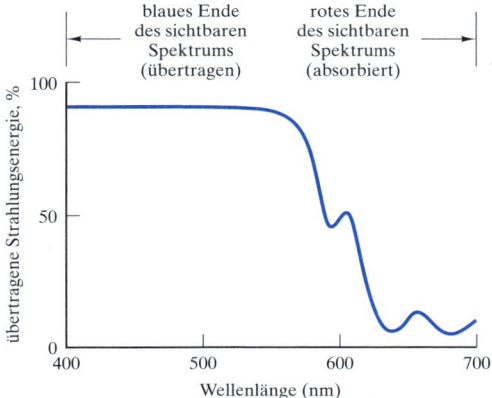

Abbildung 16.10: Absorptionskurve für ein Silikatglas, das ungefähr 1% Kobaltoxid enthält. Die charakteristische Blaufärbung dieses Stoffs entsteht dadurch, dass ein Teil des Spektrums am roten Ende des sichtbaren Lichts absorbiert wird.

Tabelle 16.3

Von verschiedenen Metallionen in Silikatgläsern hervorgerufene Farben

Ion	Im Glasnetzwerk Koordinationszahl	Farbe	In Wandler-Position Koordinationszahl	Farbe
Cr^{2+}				blau
Cr^{3+}			6	grün
Cr^{6+}	4	gelb		
Cu^{2+}	4		6	blaugrün
Cu^{+}			8	farblos
Co^{2+}	4	blau-violett	6-8	rosa
Ni^{2+}		violett	6-8	gelbgrün
Mn^{2+}		farblos	8	schwach orange
Mn^{3+}		violett	6	
Fe^{2+}			6-8	blaugrün
Fe^{3+}		tief braun	6	schwach gelb
U^{6+}		orange	6-10	schwach gelb
V^{3+}			6	grün
V^{4+}			6	blau
V^{5+}	4	farblos		

Das allgemeine Problem der Lichtübertragung ist entscheidend für die Glasfasern, die in modernen faseroptischen Telekommunikationssystemen eingesetzt werden (siehe Abschnitt 16.3). Einzelne Fasern von mehreren Kilometern Länge müssen mit einem Minimum an Streuungszentren und Licht absorbierenden Verunreinigungsionen hergestellt werden.

Bei Polymeren gehören **Färbemittel** zu den Additiven, wie in *Abschnitt 13.5* dargestellt wurde. Dabei handelt es sich um inerte **Pigmente** wie z.B. Titanoxid, die opake Farben erzeugen. Transparente Farben sind mit **Farbstoffen** möglich, die sich im Polymer lösen und dabei den Mechanismus der Lichtstreuung beseitigen. Der spezifische Mechanismus der Farbenherstellung in Farbstoffen ist ähnlich der für Pigmente (und Keramiken); d.h. ein Teil des sichtbaren Lichtspektrums wird absorbiert. Für Farbstoffe lässt sich im Unterschied zu Tabelle 16.3 (für die Farben in Silikatgläsern) keine so einfache Tabelle zu Farbquellen angeben. Die Lichtabsorption funktioniert zwar in der gleichen Weise, doch die Farbgebung unter Zuhilfenahme von Farbstoffen ist ein komplexer Zusammenhang, der von chemischen und geometrischen Randbedingungen abhängt.

16.2.5 Lumineszenz

Wir haben eben erfahren, dass Farbe ein Ergebnis der Absorption bestimmter Photonen innerhalb des sichtbaren Lichtspektrums ist. Eine andere Begleiterscheinung ist die **Lumineszenz**, bei der neben der Photonenabsorption auch eine Reemission bestimmter Photonen sichtbaren Lichts erfolgt. Mit dem Begriff *Lumineszenz* beschreibt man auch die Emission sichtbaren Lichts, das die Absorption anderer Energieformen (thermischer, mechanischer und chemischer) oder Partikel (z.B. hochenergetische Elektronen) begleitet. In der Tat lässt sich jede Emission von Licht aus einer Substanz – von einer Temperaturerhöhung abgesehen – als *Lumineszenz* bezeichnen. Wenn Atome durch Absorption von Energie in einen angeregten Zustand gelangt sind und dann in den Grundzustand zurückkehren, emittieren sie im Allgemeinen elektromagnetische Energie in Form von Photonen (siehe Abbildung 16.11).

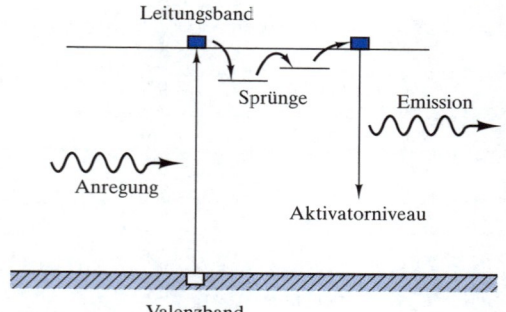

Abbildung 16.11: Schematische Darstellung eines Mechanismus für Lumineszenz. Verschiedene Sprünge zwischen den Energieniveaus innerhalb der Bandlücke werden durch in den Isolator eingebrachte Verunreinigungen hervorgerufen. Nach der Anregung eines Elektrons vom Valenzband in das Leitungsband bewegt sich das Elektron entlang der Traps ohne Strahlung auszusenden, wird thermisch zurück in das Leitungsband gehoben und fällt schließlich auf das Aktivatorniveau mit der Emission eines Lichtphotons zurück.

Abhängig von der Zeit unterscheidet man zwei Arten der Lumineszenz: Wenn Reemission schnell auftritt (in weniger als etwa 10 Nanosekunden), bezeichnet man das Phänomen allgemein als **Fluoreszenz**. Bei längeren Zeiten spricht man von **Phosphoreszenz**. Diese Phänomene finden sich bei den unterschiedlichsten Werkstoffen, einschließlich vieler Keramiksulfide und -oxide. Um derartige Lumineszenz-Eigenschaften zu erzeugen, setzt man gezielt Verunreinigungen zu.

Ein bekanntes Beispiel für die Lumineszenz ist die fluoreszierende Lampe, bei der das Glasgehäuse auf der Innenseite mit einem Wolfram- oder Silikatfilm beschichtet ist. Ultraviolettes Licht, das in der Lampe durch Quecksilberglimmentladung erzeugt wird, bewirkt, dass die Beschichtung fluoresziert und weißes Licht aussendet. In ähnlicher Form ist die Innenseite von Fernsehbildröhren mit einem Werkstoff beschichtet, der fluoresziert, wenn ein Elektronenstrahl mit hoher Geschwindigkeit zeilenweise von oben nach unten darüber läuft.

Je nach der konkreten Energiequelle, die die Anregung im Atom auslöst, sind weitere Begriffe üblich. Beispielsweise spricht man bei einer Photonenquelle von **Photolumineszenz** und bei einer Elektronenquelle von **Elektrolumineszenz**.

16.2.6 Reflexionsvermögen und Opazität von Metallen

Bei der Behandlung der Farbe haben wir darauf hingewiesen, dass die Opazität von Metallen darauf beruht, dass die Leitungselektronen des Metalls das gesamte sichtbare Lichtspektrum absorbieren. Metallfilme größer als etwa 100 nm wirken vollständig absorbierend. Es wird der gesamte Wellenlängenbereich des sichtbaren Lichts aufgrund der fortwährend leeren Elektronenzustände, die in *Abbildung 15.6* durch das nicht besetzte Valenzband dargestellt sind, absorbiert. Zwischen 90% und 95% des an der äußeren Oberfläche des Metalls absorbierten Lichts wirft die Oberfläche in Form von sichtbarem Licht derselben Wellenlänge zurück. Die verbleibenden 10% bis 5% der Energie werden als Wärme freigesetzt. Abbildung 16.12 veranschaulicht das Reflexionsvermögen der Metalloberfläche.

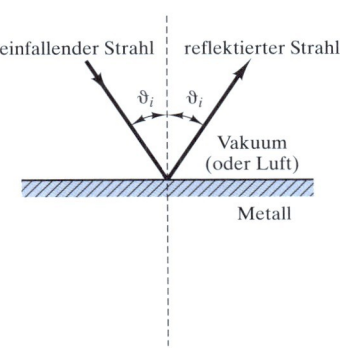

Abbildung 16.12: Reflexion von Licht an der Oberfläche eines opaken Metalls findet ohne Brechung statt.

Die markante Farbe bestimmter Metalle entsteht durch eine Wellenlängenabhängigkeit des Reflexionsvermögens. Bei Kupfer (rot-orange) und Gold (gelb) ist die Reemission des kurzwelligen (blauen) Endes des sichtbaren Spektrums geringer. Die helle, silbrige Erscheinung von Aluminium und Silber ist das Ergebnis der einheitlichen Reemission von Wellenlängen über das gesamte Spektrum (d.h. weißes Licht).

Beispiel 16.2 Wenn Licht von einem Medium mit hohem Brechungsindex in ein Medium mit niedrigem Brechungsindex übergeht, gibt es einen kritischen Einfallswinkel θ_c, unter dem kein Licht die Grenzfläche passiert. Dieser θ_c wird bei $\theta_{Brechung} = 90°$ definiert. Wie groß ist θ_c für Licht, das von Quarzglas in Luft übergeht?

Lösung

Dieses Problem ist die Umkehrung des in Abbildung 16.3 gezeigten Falls. Hier wird θ_i im Glas und θ_r in Luft gemessen. Das sieht wie folgt aus:

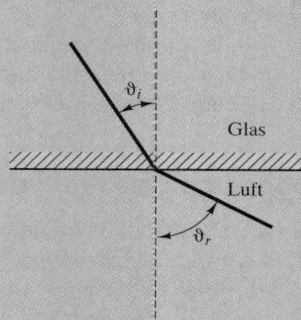

Dementsprechend hat Gleichung 16.4 die Form

$$\frac{\sin\theta_i}{\sin\theta_r} = \frac{v_{Glas}}{v_{Luft}} = \frac{1}{n}.$$

Bei der kritischen Bedingung gilt:

$$\frac{\sin\theta_c}{\sin 90°} = \frac{1}{n}$$

oder

$$\theta_c = \arcsin\frac{1}{n}.$$

Mit dem Wert von n für Quarzglas in ergibt sich:

$$\theta_c = \arcsin\frac{1}{1{,}458} = 43{,}3°.$$

Hinweis: Das ist die Begründung für die ausgezeichnete Effizienz von Quarzglasfasern für die Lichtübertragung. Licht in Fasern von kleinem Durchmesser läuft entlang eines Pfads nahezu parallel zur Glas/Luft-Oberfläche und bei einem θ_i weit oberhalb von 43,3°. Im Ergebnis lässt sich das Licht in derartigen Fasern über mehrere Kilometer hinweg bei nur mäßigen Verlusten übertragen. Das ist möglich durch innere Totalreflexion ohne Verluste infolge Brechung an der Grenzfläche zur Umgebung.

16.2 Optische Eigenschaften

Beispiel 16.3 Berechnen Sie mithilfe der Fresnel-Formel den Reflexionskoeffizienten R einer Folie aus Polystyrol.

Lösung

Nach Gleichung 16.5 ergibt sich

$$R = \left(\frac{n-1}{n+1}\right)^2.$$

Mit dem Wert von n aus berechnet man

$$R = \left(\frac{1{,}59-1}{1{,}59+1}\right)^2$$

$$= 0{,}0519.$$

Beispiel 16.4 Vergleichen Sie den Reflexionskoeffizienten von Quarzglas mit dem für reines PbO ($n = 2{,}60$).

Lösung

Dieses Problem ist eine Anwendung von Gleichung 6.5:

$$R = \left(\frac{n-1}{n+1}\right)^2.$$

Mit dem Wert von n für Quarzglas aus ergibt sich

$$R_{\text{SiO}_2,\text{Gl}} = \left(\frac{1{,}458-1}{1{,}458+1}\right)^2 = 0{,}035.$$

Für PbO erhält man

$$R_{\text{PbO}} = \left(\frac{2{,}60-1}{2{,}60+1}\right)^2 = 0{,}198$$

oder

$$\frac{R_{\text{PbO}}}{R_{\text{SiO}_2,\text{Gl}}} = \frac{0{,}198}{0{,}035} = 5{,}7.$$

Übung 16.2 Beispiel 16.2 berechnet einen kritischen Einfallswinkel für die Lichtbrechung von Quarzglas zu Luft. Wie groß ist der kritische Winkel, wenn man die Luft durch eine Wasserumgebung (mit $n = 1{,}333$) ersetzt?

Beispiel 16.5

Berechnen Sie den Größenbereich der Energieübergänge, die bei der Absorption von sichtbarem Licht durch Übergang von Metallionen beteiligt sind.

Lösung

In jedem Fall umfasst der Absorptionsmechanismus ein Photon, das verbraucht wird, indem es seine Energie (die durch Gleichung 16.3 mit $E = hc/\lambda$ gegeben ist) an ein Elektron abgibt, das auf ein höheres Energieniveau übergeht. Die ΔE des Elektrons hat die gleiche Größe wie E des Photons.

Der Wellenlängenbereich des sichtbaren Lichts erstreckt sich von 400 bis 700 nm. Somit berechnet man

$$\Delta E_{\text{Blaues Ende}} = E_{400 \text{ nm}} = \frac{hc}{400 \text{ nm}}$$

$$= \frac{(0{,}663 \times 10^{-33} \text{ J} \cdot \text{s})(3{,}00 \times 10^8 \text{ m/s})}{400 \times 10^{-9} \text{ m}}$$

$$= 4{,}97 \times 10^{-19} \text{ J} \times 6{,}242 \times 10^{18} \text{ eV/J} = 4{,}88 \text{ eV},$$

$$\Delta E_{\text{Rotes Ende}} = E_{700 \text{ nm}} = \frac{hc}{700 \text{ nm}}$$

$$= \frac{(0{,}663 \times 10^{-33} \text{ J} \cdot \text{s})(3{,}00 \times 10^8 \text{ m/s})}{700 \times 10^{-9} \text{ m}}$$

$$= 2{,}84 \times 10\text{-}19 \text{ J} \times 6{,}242 \times 1018 \text{ eV/J} = 1{,}77 \text{ eV},$$

und ΔE läuft von $2{,}84 \times 10^{-19}$ bis $4{,}97 \times 10^{-19}$ J (= 1,77 bis 4,88 eV).

Übung 16.3

Berechnen Sie mithilfe der Fresnel-Formel den Reflexionskoeffizienten R von (a) einer Folie aus Polypropylen und (b) einer Folie aus Polytetrafluorethylen (mit einem durchschnittlichen Brechungsindex von 1,35). (Siehe Beispiel 16.3.)

Übung 16.4

Wie groß ist der Reflexionskoeffizient eines Einkristall-Saphirs, der häufig als optischer und elektronischer Werkstoff eingesetzt wird? (Saphir ist nahezu reines Al_2O_3.) (Siehe Beispiel 16.4.)

> **Übung 16.5**
>
> In Beispiel 16.5 wurde die Beziehung zwischen Photonenenergie und Wellenlänge erörtert. Als brauchbare Faustregel gilt E (in eV) $= K\lambda$, wobei λ in nm angegeben wird. Wie groß ist der Wert von K?

16.3 Optische Systeme und Geräte

Wir kommen nun zu einigen Systemen und Geräten, die sich den letzten Jahrzehnten von Forschungsobjekten zu technologisch bedeutsamen Komponenten entwickelt haben. Die aktive Forschung lässt auch weiterhin neue optische Werkstoffe erwarten, die in den nächsten Jahrzehnten zu dramatisch neuen Entwicklungen führen werden.

16.3.1 Laser

Abschnitt 16.2 hat fluoreszierendes Licht als Beispiel für Lumineszenz angeführt. Eine herkömmliche Lichtquelle liefert **inkohärente** Lichtwellen, weil die Elektronenübergänge zufällig auftreten, sodass die Lichtwellen untereinander nicht in Phase sind. Eine wichtige Entdeckung in den späten 1950ern[1] war die Lichtverstärkung durch stimulierte Emission von Strahlung (engl.: Light Amplification by Stimulated Emission of Radiation), die heute einfach unter dem Akronym **Laser** bekannt ist. Ein Laser stellt eine **kohärente** Lichtquelle mit gleichphasigen Lichtwellen dar.

Es sind verschiedene Arten von Lasern entwickelt worden, doch das Wirkprinzip lässt sich anhand des Konzepts für einen Festkörper-Laser zeigen. Einen Al_2O_3-Einkristall bezeichnet man auch als Saphir, wenn er relativ rein ist, und als Rubin, wenn er genügend Cr_2O_3 in fester Lösung enthält und durch die Cr^{3+}-Ionen eine charakteristische rote Farbe hervorgerufen wird. (Erinnern Sie sich an die Ausführungen zur Farbe in Abschnitt 16.2.) Abbildung 16.13 zeigt einen Rubinlaser. Der Rubin wird durch Photonen mit einer Wellenlänge von 560 nm aus der umgebenden Xenon-Blitzlampe angestrahlt, wobei Elektronen in Cr^{3+}-Ionen von ihrem Grundzustand in einen angeregten Zustand übergehen (siehe Abbildung 16.14). Obwohl einige Elektronen direkt in den Grundzustand zurückfallen können, fallen andere in einen metastabilen Zwischenzustand, wie es Abbildung 16.14 zeigt, wo sie bis zu 3 ms verweilen, bevor sie in den Grundzustand übergehen. Die Zeitspanne von 3 ms ist genügend lang, sodass mehrere Cr^{3+}-Ionen gleichzeitig in diesem metastabilen angeregten Zustand verbleiben. Einige dieser Elektronen fallen dann spontan in den Grundzustand zurück und erzeugen eine Photonenemission, die eine Lawine von Emissionen von den im metastabilen Zustand verbliebenen Elektronen auslöst.

---

[1] C. H. Townes und A. L. Schawlow, U.S.-Patent Nr. 2.929.922 vom 22. März 1960.

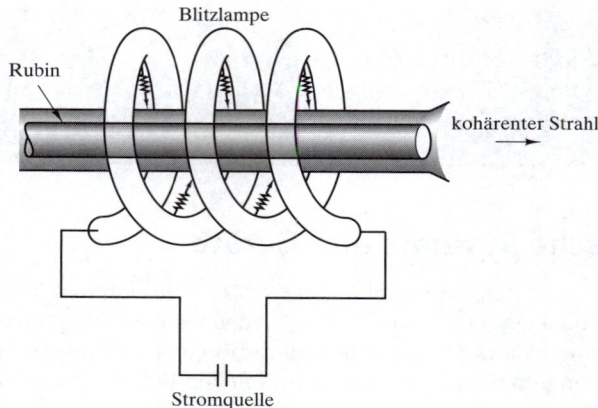

Abbildung 16.13: Schematische Darstellung eines Rubinlasers

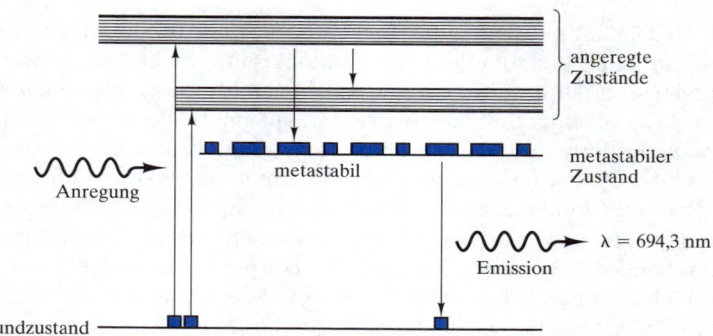

Abbildung 16.14: Schematische Darstellung des Mechanismus für Anregung und Rücksprung von Elektronen eines Cr^{3+}-Ions in einem Rubinlaser. Obwohl ein Elektron im Grundzustand auf verschiedene aktivierte Zustände angehoben werden kann, produziert nur der letzte Rücksprung vom metastabilen Zustand in den Grundzustand Laser-Photonen der Wellenlänge 694,3 nm. Durch eine Verweilzeit von bis zu 3 ms im metastabilen Zustand werden eine große Anzahl von Cr^{3+}-Ionen zu zeitgleicher Emission angeregt, was einen intensiven Lichtpuls hervorruft.

Abbildung 16.15 stellt die Gesamtsequenz der stimulierten Emission und Lichtverstärkung schematisch dar. Beachten Sie, dass ein Ende des zylindrischen Rubinkristalls vollständig und das andere Ende teilweise versilbert ist. Photonen können in alle Richtungen abstrahlen, aber nur diejenigen, die sich nahezu parallel zur Längsachse des Rubinkristalls bewegen, tragen zum Lasereffekt bei. Der Lichtstrahl wird entlang des Stabes hin und her reflektiert, wobei seine Intensität zunimmt, wenn mehr Emissionen stimuliert werden. Somit entsteht ein sehr intensiver, kohärenter und stark gebündelter Laserstrahl, der durch das teilweise versilberte Ende austritt. Die resultierende einzige (**monochromatische**) Wellenlänge von 694,3 nm liegt am roten Ende des sichtbaren Spektrums.

16.3 Optische Systeme und Geräte

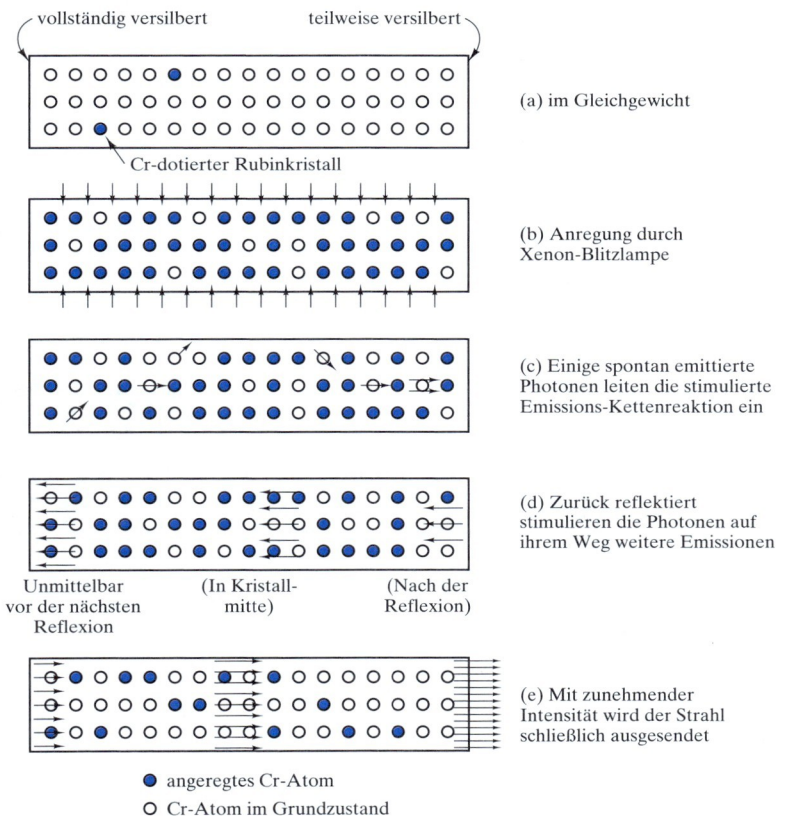

Abbildung 16.15: Schematische Darstellung der stimulierten Emission und Lichtverstärkung in einem Rubinlaser.

Halbleiter wie Galliumarsenid eignen sich ebenfalls für Laser. In diesem Fall entstehen die sichtbaren Lichtphotonen durch Rekombination von Elektronen und Löchern über die Bandlücke, nachdem Elektron-Loch-Paare durch eine angelegte Spannung erzeugt wurden (siehe dazu *Abbildung 15.9*). Die Bandlücke E_g muss einen geeigneten Bereich aufweisen, wenn die resultierende Photonenwellenlänge im sichtbaren Bereich von 400 nm bis 700 nm liegen soll. Um die Photonenwellenlänge zu bestimmen, stellt man Gleichung 16.3 um:

$$\lambda = hc / E_g. \qquad (16.8)$$

Tabelle 16.4 fasst verschiedene Typen von kommerziellen Lasern zusammen. Weltweit hat man in Laboratorien Laser aus Hunderten von Werkstoffen konstruiert, die mehrere Tausend unterschiedliche Wellenlängen emittieren. In der Praxis durchgesetzt haben sich vor allem Laser, die relativ einfach zu betreiben sind, eine hohe Ausgangsleistung aufweisen und eine guten Wirkungsgrad bieten (wobei schon eine Umwandlung von 1% der Eingangsenergie in Licht als gut anzusehen ist). Als Lasermedium kommen Gas, Flüssigkeiten, Glas oder kristalline Festkörper (Isolator oder Halbleiter) infrage. Die Leistung bei kommerziellen Lasern mit kontinuierlichem Strahl (Dauerstrichlaser) reicht von wenigen Mikrowatt bis zu einigen zehn Kilowatt, bei militärischen Anwendungen bis zu 1 Megawatt. Gepulste Laser liefern eine wesentlich höhere Spitzenleistung, geben aber im zeitlichen Mittel eine Leistung ab, die kontinuierlich strahlenden Lasern vergleichbar ist. Die meisten Gas- und Festkörperlaser emittieren Strahlen mit einem geringen Divergenzwinkel von rund einem Millirad, obwohl Halbleiterlaser typischerweise Strahlen erzeugen, die sich über einen Winkel von 20 bis 40 Grad verteilen. Das Laserprinzip ist nicht an das sichtbare Spektrum gebunden und einige Laser geben Strahlung im Infrarot-, Ultraviolett- und sogar im Röntgenbereich ab. Laser sind Lichtquellen für verschiedene optische Kommunikationssysteme. Aufgrund der hoch kohärenten Natur des Strahls, lassen sich Laser für präzise Entfernungsmessungen verwenden. Fokussierte Laserstrahlen können lokal hohe Temperaturen zum Schneiden, Schweißen und sogar für chirurgische Operationen erzeugen.

Tabelle 16.4

Ausgewählte kommerzielle Laser

Laser	Wellenlängen (μm)	Ausgangstyp und Leistung
Gas		
He-Ne	0,5435-3,39	CW[a], 1-50mW
Flüssig		
Farbstoff	0,37-1,0	CW, bis zu einigen Watt
Farbstoff	0,32-1,0	gepulst, bis zu einigen zehn Watt
Glas		
Nd-Silikat	1,061	gepulst, bis 100 W
Festkörper		
Rubin	0,694	gepulst, bis zu einigen Watt
Halbleiter		
InGaAsP	1,2-1,6	CW, bis zu 100 mW

[a] CW – Continuous Wave (Dauerstrichlaser)

16.3.2 Optische Fasern

Wie in den *Kapiteln 11* bis *14* erläutert wurde, stellt der Ersatz von Metallen durch Nichtmetalle als Konstruktionswerkstoff eine zentrale Frage dar. Ein ähnliches Phänomen ist im Bereich der Telekommunikation zu verzeichnen, obwohl aus gänzlich anderen Gründen. Eine Revolution auf diesem Gebiet hat mit dem Übergang vom traditionellen Metallkabel zur optischen Glasfaser stattgefunden (siehe Abbildung 16.16). Obwohl schon Alexander Graham Bell kurz nach seiner Erfindung des Telefons die Sprache mehrere Hundert Meter über einen Lichtstrahl übertragen hatte, ließ es die Technologie nahezu ein Jahrhundert lang nicht zu, dieses praktische Verfahren in großem Maßstab zu nutzen. Der Schlüssel zur Wiedergeburt dieses Konzepts war die Erfindung des Lasers im Jahre 1960. Um 1970 hatten Forscher am Corning Glass Works eine **optische Faser** mit einem äußerst geringen Verlust von 20 dB/km bei einer Wellenlänge von 630 nm (innerhalb des sichtbaren Bereichs) entwickelt. Mitte der 80er Jahre wurden Quarzglasfasern hergestellt, deren Verluste nur noch 0,2 dB/km bei 1,6 μm Wellenlänge (im infraroten Bereich) lagen. Somit konnte man Telefongespräche und praktisch alle Formen von digitalen Daten als Laserlichtimpulse übertragen im Unterschied zu den analogen elektrischen Signalen, wie sie bisher in Kupferkabeln übertragen wurden. Glasfasern sind ausgezeichnete Beispiele für **Photonenwerkstoffe**, in denen die Signale durch Photonen und nicht durch die Elektronen der Elektrowerkstoffe übertragen werden.

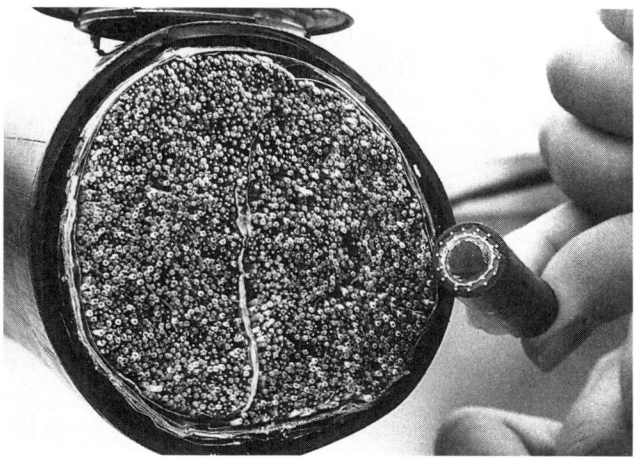

Abbildung 16.16: Das kleine Kabel auf der rechten Seite enthält 144 Glasfasern und kann mehr als dreimal so viel Telefongespräche übertragen wie das herkömmliche (und wesentlich dickere) Kabel mit Kupferdrähten auf der linken Seite.

Glasfaserbündel wie in Abbildung 16.16 wurden von Bell Systems seit Mitte der 1970er Jahre kommerziell eingesetzt. Die verringerten Kosten und die geringere Größe führten in Verbindung mit einer enormen Kapazität zu einem schnellen Wachstum bei optischen Kommunikationssystemen. Jetzt werden praktisch alle Telefongespräche auf diese Weise übertragen. Moderne Systeme übertragen je Sekunde zehn Milliarden Bits über eine optische Faser, was Zehntausende von Telefongesprächen ermöglicht.

Wie Beispiel 16.2 gezeigt hat, kann sich Licht in einer Glasfaser aufgrund der internen Totalreflexion und der fehlenden Brechungsverluste zur Umgebung mit großer Effizienz bewegen. Dies folgt direkt aus dem kritischen Einfallswinkel für Licht, das von einem Medium mit hohem Brechungsindex in ein Medium mit niedrigem Brechungsindex übergeht. In der Praxis bestehen kommerzielle optische Fasern nicht aus reinem Glas. Das Glas bildet einen Kern, den ein Mantel umgibt, der seinerseits mit einer Beschichtung versehen ist (siehe Abbildung 16.17). Die Lichtimpulssignale laufen durch den Kern. Der Mantel besteht aus Glas mit einem geringeren Brechungsindex, der für das Phänomen der inneren Totalreflexion ähnlich wie in Beispiel 16.2 verantwortlich ist. Und das, obwohl der kritische Winkel größer ist, weil der Brechungsindex des Mantels wesentlich näher am Brechungsindex für den Kern als an dem für Luft liegt. Die Beschichtung schützt den Kern und den Mantel gegen Außeneinwirkungen.

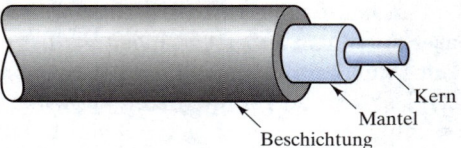

Abbildung 16.17: Schema des koaxialen Aufbaus kommerzieller optischer Fasern

Der Kern besteht aus einem hochreinen Quarzglas mit einem Durchmesser zwischen 5 µm bis 100 µm. Abbildung 16.18 stellt drei typische Konfigurationen für kommerzielle optische Fasern dar. Abbildung 16.18a zeigt die **Stufenprofilfaser**, die einen großen Kern (bis zu 100 µm) und einen scharfen stufenförmigen Abfall des Brechungsindex an der Kern/Mantel-Grenzfläche hat. Die Lichtstrahlen, die verschiedene zickzackförmige Wege durch den Kern zurücklegen, brauchen unterschiedliche Zeiten, um die gesamte Faser zu durchlaufen. Diese Erscheinung führt zu einer Strahlaufweitung und begrenzt die Anzahl der Impulse, die sich je Sekunde übertragen lassen. Dieser Fasertyp ist vor allem für relativ kleine Übertragungsentfernungen wie z.B. in medizinischen Endoskopen geeignet.

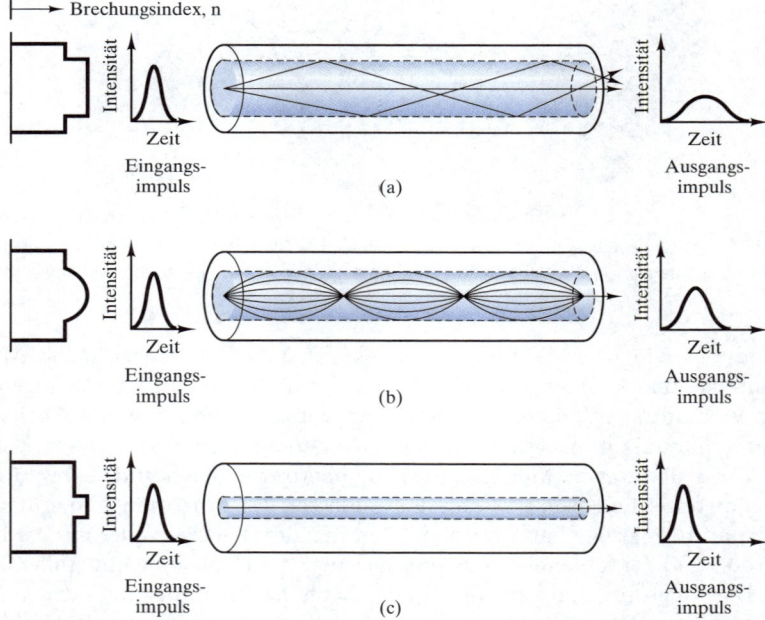

Abbildung 16.18: Schematische Darstellung des Aufbaus optischer Fasern: (a) Stufenprofil-, (b) Gradientenprofil- und (c) Einmodenfasern

In Abbildung 16.18b ist die **Gradientenprofilfaser** zu sehen, in der eine parabolische Variation des Brechungsindex innerhalb des Kerns (hervorgerufen durch gezielte Beimengungen anderer Glasbildner wie z.B. B_2O_3 und GeO_2 zum Quarzglas) zu spiralförmigen Wegen anstelle der Zickzack-Kurse führt. Die auf verschiedenen Pfaden laufenden Strahlen treffen beim Empfänger fast gleichzeitig mit dem Strahl, der durch die Faserachse verläuft, ein. (Beachten Sie, dass der Weg in der Faserachse zwar kürzer, aber infolge des höheren Brechungsindex im Zentrum auch langsamer ist). Der digitale Impuls ist dann weniger verzerrt, wodurch sich eine höhere Informationsdichte übertragen lässt. Diese Fasern setzt man häufig in lokalen Netzwerken ein.

Abbildung 16.18c zeigt die **Einmodenfaser** mit einem dünnen Kern (5 μm bis 8 μm), in der Licht größtenteils parallel zur Faserachse verläuft und die Verzerrung des digitalen Impulses entsprechend gering ist. Die Bezeichnung Einmodenfaser bezieht sich auf den praktisch singulären axialen Pfad und die entsprechend unverzerrte Impulsform. Im Unterschied dazu spricht man bei Stufenprofil- und Gradientenprofilfasern von Mehrmodenfasern. Einmodenfasern findet man in Millionen von Kilometern von Telefon- und Kabelfernsehnetzen.

16.3.3 Flüssigkristallanzeigen

Flüssigkristallpolymere fallen aus den konventionellen Definitionen der kristallinen und nichtkristallinen Strukturen heraus. Abbildung 16.19 veranschaulicht ihren einzigartigen Charakter. Zusammengesetzt aus gestreckten und festen stäbchenförmigen Molekülen sind die Flüssigkristallmoleküle selbst in der Schmelze stark gerichtet. Bei Verfestigung bleibt die molekulare Ausrichtung mit Domänenstrukturen, die charakteristische zwischenmolekulare Abstände haben, erhalten. Diese besonderen Polymere setzt man vor allem in **Flüssigkristallanzeigen** (Liquid Crystal Displays, LCDs) ein, die man in verschiedensten Formen findet, insbesondere bei Armbanduhren und Notebooks. In diesem System ist eine Flüssigkristallschmelze bei Raumtemperatur zwischen zwei Glasplatten (die mit einem transparenten, elektrisch leitenden Film beschichtet sind) angeordnet. In die Anzeigeoberfläche sind Elemente für Ziffern, Buchstaben und andere Zeichen geätzt. Eine über den zeichenbildenden Bereichen angelegte Spannung stört die Ausrichtung der Flüssigkristallmoleküle, wodurch das Material dunkler wird und sichtbare Zeichen entstehen.

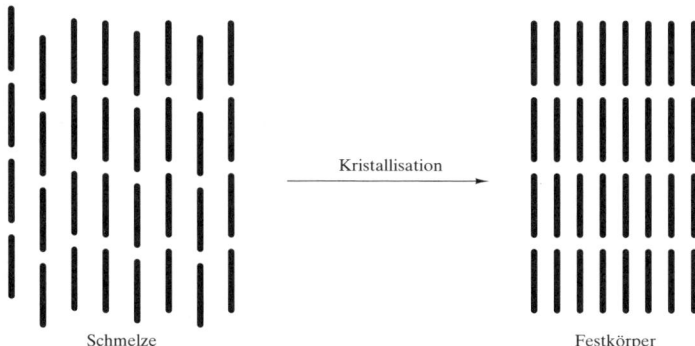

Abbildung 16.19: Schematische Darstellung des strukturellen Aufbaus von Flüssigkristallpolymeren.

16.3.4 Photohalbleiter

Abbildung 15.9 hat gezeigt, dass Elektronen durch thermische Energie vom Valenzband in das Leitungsband übergehen können, wobei sowohl ein Leitungselektron als auch ein Loch im Valenzband entsteht. Andere Energieformen können ebenso das Elektron anheben. Wenn auf einen Halbleiter Licht mit Photonenenergien größer oder gleich der Bandlücke fällt, kann jedes Photon ein Elektron-Loch-Paar erzeugen (siehe *Abbildung 16.20*). Diese **Photoleiter** findet man beispielsweise im fotografischen Bereich bei Belichtungsmessern. Der durch Photonen induzierte Strom ist eine direkte Funktion der Intensität des einfallenden Lichts (Anzahl der Photonen), die den Belichtungsmesser je Zeiteinheit treffen. (Die weiter vorn behandelten Halbleiterlaser, die beispielsweise mit GaAs arbeiten, verwenden das Prinzip der Elektronenanregung bei der Photoleitung, beruhen aber auf der Rekombination der Elektron-Loch-Paare, um die Laserphotonen zu erzeugen.) In Belichtungsmessern setzt man vor allem Cadmiumsulfid (CdS) ein.

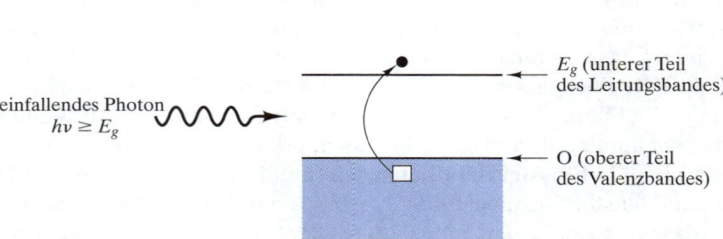

Abbildung 16.20: Schematische Darstellung der Photoleitung

Beispiel 16.6 Berechnen Sie für einen GaAs-Halbleiterlaser die Photonenwellenlänge, die der in *Tabelle 15.5* angegebenen Bandlücke für GaAs entspricht.

Lösung

Mithilfe von Gleichung 16.8 und dem Wert für die GaAs-Bandlücke aus *Tabelle 15.5* lässt sich berechnen:

$$\lambda = hc/E_g$$

$$= \left(\left[0{,}663 \times 10^{-33}\ \text{J} \cdot \text{s}\right]\left[0{,}300 \times 10^9\ \text{m/s}\right]/[1{,}47\ \text{eV}]\right) \times \left(6{,}242 \times 10^{18}\ \text{eV/J}\right)$$

$$= 844 \times 10^{-9}\ \text{m} = 844\ \text{nm}.$$

Hinweis: Diese Wellenlänge liegt im infraroten Bereich des elektromagnetischen Spektrums. Durch Variationen der Temperatur und der chemischen Zusammensetzung des Halbleiters lässt sich die Bandlücke vergrößern, wodurch sich die Wellenlänge in den Bereich des sichtbaren Lichts verschiebt.

16.3 Optische Systeme und Geräte

Beispiel 16.7

Berechnen Sie in Bezug auf Beispiel 16.2 den kritischen Einfallswinkel θ_c in einer Stufenprofilfaser für einen Lichtstrahl, der von einem Glasfaserkern (mit dem Brechungsindex $n = 1{,}470$) in den Mantel (mit n = 1,460) übergeht.

Lösung

In diesem Fall nimmt Gleichung 16.4 die Form

$$\frac{\sin\theta_i}{\sin\theta_r} = \frac{v_{\text{Kern}}}{v_{\text{Mantel}}} = \frac{n_{\text{Mantel}}}{n_{\text{Kern}}}$$

an.

Für die kritische Bedingung berechnet man

$$\frac{\sin\theta_c}{\sin 90°} = \frac{n_{\text{Mantel}}}{n_{\text{Kern}}}$$

oder

$$\theta_c = \arcsin\frac{n_{\text{Mantel}}}{n_{\text{Kern}}}$$

$$= \arcsin\left(\frac{1{,}460}{1{,}479}\right) = 83{,}3°.$$

Beispiel 16.8

Berechnen Sie die maximal erforderliche Photonenwellenlänge, um ein Elektron-Loch-Paar im Photoleiter CdS zu erzeugen. Der Wert für die Bandlücke ist in *Tabelle 15.5* angegeben.

Lösung

Wie in Beispiel 16.6 setzen wir die Bandlücke und die Wellenlänge mit Gleichung 16.8 in Beziehung. Mit dem Wert für die Bandlücke aus *Tabelle 15.5* lässt sich berechnen:

$$\lambda = hc/E_g$$

$$= \left(\left[0{,}663 \times 10^{-33}\ \text{J}\cdot\text{s}\right]\left[0{,}300 \times 10^9\ \text{m/s}\right]/[2{,}59\ \text{eV}]\right) \times \left(6{,}242 \times 10^{18}\ \text{eV/J}\right)$$

$$= 479 \times 10^{-9}\ \text{m} = 479\ \text{nm}.$$

Übung 16.6

Wie in Beispiel 16.6 erwähnt, ist die Bandlücke eines Halbleiters eine Funktion seiner Zusammensetzung. Durch Zugabe von GaP zu GaAs lässt sich die Bandlücke auf 1,78 eV vergrößern. Berechnen Sie die Laserphotonenwellenlänge, die dieser größeren Bandlücke entspricht.

Übung 16.7 In Beispiel 16.7 wurde der kritische Einfallswinkel für einen Lichtstrahl, der von einem Glasfaserkern in seinen Mantel übergeht, ermittelt. Berechnen Sie den kritischen Einfallswinkel für eine Einmodenfaser, in der der Brechungsindex des Kerns $n = 1{,}460$ beträgt und der Brechungsindex des Mantels mit $n = 1{,}458$ etwas kleiner ist.

Übung 16.8 Wiederholen Sie die Wellenlängenberechnung von Beispiel 16.8 für einen ZnSe-Photoleiter mit einer Bandlücke von 2,6 eV.

ZUSAMMENFASSUNG

Viele technische Anwendungen hängen vom optischen Verhalten der Werkstoffe ab, und zwar entweder im sichtbaren Lichtanteil des elektromagnetischen Spektrums (Wellenlängen von 400 bis 700 nm) oder in den angrenzenden ultravioletten oder infraroten Bereichen. Viele optische Eigenschaften lassen sich leicht durch die Art und Weise veranschaulichen, in der sichtbares Licht mit herkömmlichem Glas interagiert, obwohl diese Eigenschaften im Allgemeinen gleichermaßen auch für verschiedene kristalline Keramiken und organische Polymere zutreffen. Der Brechungsindex (n) hat eine starke Wirkung auf die subjektive Erscheinung transparenter Festkörper oder Beschichtungen. Zudem ist n mit dem Brechungsvermögen der Oberfläche über die Fresnel-Formel verknüpft. Die Oberflächenrauheit bestimmt den relativen Anteil von gerichteter und diffuser Reflexion. Die Transparenz ist durch die Natur der Poren oder Partikel einer sekundären Phase begrenzt, die als Streuungszentren wirken. Farbe entsteht durch die selektive Absorption bestimmter Wellenlängenbereiche im Spektrum des sichtbaren Lichts. Lumineszenz ist wie die Farbe eine Begleiterscheinung der Photonenabsorption, wobei in diesem Fall die Reemission von Photonen sichtbaren Lichts beteiligt ist. Schnelle Reemission bezeichnet man als Fluoreszenz, während man bei längeren Zeiten von Phosphoreszenz spricht. Die elektrische Leitfähigkeit von Metallen führt zu ihrer charakteristischen Opazität und ihrem Reflexionsvermögen. Eine bestimmte Wellenlängenabhängigkeit für das Reflexionsvermögen eines Metalls kann eine charakteristische Farbe erzeugen.

In den letzten Jahrzehnten haben verschiedene optische Werkstoffe das Versuchsstadium im Labor verlassen und sich zu wesentlichen Komponenten der High-Tech-Industrie entwickelt. Ein herausragendes Beispiel ist der Laser, der einen kohärenten, monochromatischen und stark gebündelten Lichtstrahl hoher Intensität erzeugen kann. Laser findet man in verschiedensten Produkten, beispielsweise in Kommunikationssystemen oder chirurgischen Werkzeugen. Optische Fasern, die eine sehr effiziente Übertragung von digitalen Lichtsignalen bieten, sind ausgezeichnete Beispiele für Photonenwerkstoffe. Verschiedene Faserkonzepte findet man in einer ganzen Palette von Anwendungen, was praktisch die gesamte moderne Telekommunikation betrifft. Die beispielsweise in Armbanduhren und Notebooks eingesetzten Flüssigkristallanzeigen sind das Ergebnis von neuartigen polymeren Systemen, die aus den konventionellen Definitionen von kristallinen und nichtkristallinen Werkstoffen herausfallen. Photoleiter, wie man sie in Belichtungsmessern einbaut, sind Halbleiter, bei denen Elektron-Loch-Paare durch Bestrahlung mit Lichtphotonen entstehen.

ZUSAMMENFASSUNG

16.3 Optische Systeme und Geräte

■ **Schlüsselbegriffe**

Brechungsindex (704)
diffuse Reflexion (707)
Einmodenfaser (723)
Elektrolumineszenz (713)
Farbe (710)
Färbemittel (712)
Farbstoff (712)
Fluoreszenz (713)
Flüssigkristallanzeige (LCD) (723)
Fresnel-Formel (706)
gerichtete Reflexion (707)
Gradientenprofilfaser (722)
inkohärent (717)
kohärent (717)
Kosinusgesetz (708)
Laser (717)
Lumineszenz (712)

monochromatisch (718)
Oberflächenglanz (708)
Opazität (709)
optische Eigenschaft (704)
optische Faser (721)
Phosphoreszenz (713)
Photoleiter (724)
Photolumineszenz (713)
Photon (702)
Photonenwerkstoff (721)
Pigment (712)
Polardiagramm (708)
Reflexionskoeffizient (706)
sichtbares Licht (701)
Stufenprofilfaser (722)
Transluzenz (709)
Transparenz (709)

■ **Quellen**

Doremus, R. H., *Glass Science*, 2nd ed., John Wiley & Sons, Inc., NY, 1994.
Dorf, R. C., *Electrical Engineering Handbook*, 2nd ed., CRC Press, Boca Raton, FL, 2000.
Kingery, W. D., **H. K. Bowen** und **D. R. Uhlmann**, *Introduction to Ceramics*, 2nd ed., John Wiley & Sons, Inc., NY, 1976.
Mark, H. F. et al., Eds., *Encyclopedia of Polymer Science and Engineering*, 2nd ed., Vols. 1-7, Index Vol., Supplementary Vol., John Wiley & Sons, Inc., NY, 1985-1989.

Aufgaben

■ **Sichtbares Licht**

16.1 Ein Rubinlaser erzeugt einen Strom monochromatischer Photonen mit einer Wellenlänge von 694,3 nm. Berechnen Sie (a) die entsprechende Photonenfrequenz und (b) die Photonenenergie.

16.2 Die magnetische Permeabilität des Vakuums beträgt $4\pi \times 10^{-7}$ N/A². Verwenden Sie die Konstanten und Umrechnungsfaktoren aus *Anhang C*, um die Qualität von Gleichung 16.1 nachzuweisen.

■ **Optische Eigenschaften**

16.3 Um welchen Prozentsatz unterscheidet sich der kritische Einfallswinkel für ein „Kristallglas", das Bleioxid enthält (mit $n = 1{,}7$), im Vergleich zu reinem Quarzglas?

16.4 Wie groß ist der kritische Einfallswinkel für die Lichtübertragung von einem Al_2O_3-Einkristall in eine Beschichtung aus Quarzglas?

•**16.5** (a) Betrachten Sie eine transluzente Orthoklas-Keramik mit einer dünnen Orthoklas-Beschichtung (Glasur). Wie groß darf der maximale Einfallswinkel an der Keramik-Glasur-Grenzfläche sein, um sicherzustellen, dass ein Betrachter jedes sichtbare Licht sehen kann, das durch das Produkt (in eine Luftatmosphäre) ausgesendet wird? (Berücksichtigen Sie nur die gerichtete Übertragung durch die Keramik.) (b) Würde sich das Ergebnis zu Teil (a) ändern, wenn die Glasur entfernt wird? Begründen Sie kurz Ihre Antwort. (c) Würde sich das Ergebnis zu Teil (a) ändern, wenn das Produkt aus einem Orthoklas-Glas mit einer dünnen transzulenten Beschichtung aus kristallinem Orthoklas besteht? Begründen Sie kurz Ihre Antwort.

16.6 Um welchen Prozentsatz unterscheidet sich der Reflexionskoeffizient für ein „Kristallglas", das Bleioxid enthält (mit $n = 1{,}7$), im Vergleich zu reinem Quarzglas?

16.7 Quarzglas bezeichnet man häufig und fälschlicherweise als Quarz. Dieser Fehler ist das Ergebnis aus der Kürzung des Begriffs *geschmolzener Quarz*, der die ursprüngliche Technik beschreibt, Quarzglas durch Schmelzen von Quarzpulver herzustellen. Wie groß ist der prozentuale Fehler bei der Berechnung des Reflexionskoeffizienten von Quarzglas, wenn man den Brechungsindex von Quarz verwendet?

16.8 Eine Scheibe aus einem Al_2O_3-Einkristall wird in einem optischen Präzisionsgerät eingesetzt. Berechnen Sie (a) den Brechungswinkel für einen Lichtstrahl, der mit einem Winkel von $\theta_i = 30°$ aus einem Vakuum einfällt, und (b) den Anteil des Lichts, das bei diesem Winkel in den Al_2O_3-Kristall gesendet wird.

16.9 Berechnen Sie den kritischen Einfallswinkel für eine Grenzfläche von Luft zu Nylon 66.

16.10 Berechnen Sie den kritischen Winkel, wenn man in Aufgabe 16.9 Wasser ($n = 1{,}333$) statt Luft annimmt.

16.11 *Kapitel 19* zeigt, dass Polymere für Schäden durch ultraviolettes Licht anfällig sind. Berechnen Sie die erforderliche Wellenlänge des ultravioletten Lichts, um die C—C-Einfachbindung aufzubrechen. (Bindungsenergien finden Sie in *Tabelle 2.2*.)

16.12 Wiederholen Sie Aufgabe 16.11 für die C=C-Doppelbindung.

16.13 Das Photon mit der höchsten Energie bei sichtbarem Licht hat die kürzeste Wellenlänge am blauen Ende des Spektrums. Wie viel Mal größer ist die Energie des CuK_α-Röntgenphotons, das *Abschnitt 3.7* für die Analyse der Kristallstruktur verwendet hat? (Beachten Sie Beispiel 16.5.)

16.14 Das Photon mit der niedrigsten Energie bei sichtbarem Licht hat die längste Wellenlänge am roten Ende des Spektrums. Wie viel Mal größer ist diese Energie als die eines typischen Mikrowellenphotons mit einer Wellenlänge von 10^7 nm?

16.15 Um welchen Faktor ist die Energie eines Photons bei rotem sichtbaren Licht ($\lambda = 700$ nm) größer als die eines Photons von Infrarotlicht mit $\lambda = 5\,\mu$m?

16.16 Welcher Bereich der Photonenenergien wird im blauen Glas gemäß *Abbildung 16.10* absorbiert?

■ **Optische Systeme und Geräte**

16.17 Wie in Beispiel 16.6 festgestellt wurde, ist die Bandlücke von Halbleitern eine Funktion der Temperatur. Berechnen Sie die Wellenlänge des Laserphotons, die der GaAs-Bandlücke bei der Temperatur von flüssigem Stickstoff (77 K) von $E_g = 1{,}508$ eV entspricht.

16.18 Übung 16.6 hat gezeigt, dass Änderungen in der chemischen Zusammensetzung dazu führen, dass sich die Wellenlängen von Laserphotonen ändern. In der Praxis sind GaAs und GaP in allen Verhältnissen löslich und die Bandlücke der Legierung wächst nahezu linear mit der molaren Zugabe von GaP. Die Bandlücke von reinem GaP beträgt 2,25 eV. Berechnen Sie den molaren Anteil von GaP, der erforderlich ist, um die in Übung 16.6 beschriebene Bandlücke von 1,78 eV zu erzeugen.

16.19 Eine Einmodenglasfaser habe einen Kernbrechungsindex von $n = 1{,}460$. Wie viel Zeit benötigt ein einzelner Lichtimpuls, um eine Länge von 1 km in einer Kabelfernsehleitung zurückzulegen?

16.20 Eine Schrittindexfaser habe einen Kernbrechungsindex von $n = 1{,}470$. Wie viel Zeit benötigt ein einzelner Lichtimpuls, um in einem Endoskop bei der Untersuchung der Magenschleimhaut eines Patienten eine Länge von 1 m zurückzulegen?

16.21 In welchem Wellenlängenbereich des sichtbaren Lichts ist ZnTe mit einer Bandlücke von 2,26 eV ein Photoleiter?

16.22 Wiederholen Sie Aufgabe 16.21 für CdTe, das eine Bandlücke von 1,50 eV hat.

Halbleiterwerkstoffe

17.1 Elementare Eigenhalbleiter 733
17.2 Elementare Störstellenhalbleiter 739
17.3 Halbleitende Verbindungen 754
17.4 Amorphe Halbleiter 758
17.5 Herstellung von Halbleitern 760
17.6 Halbleiterbauelemente 764

17 HALBLEITERWERKSTOFFE

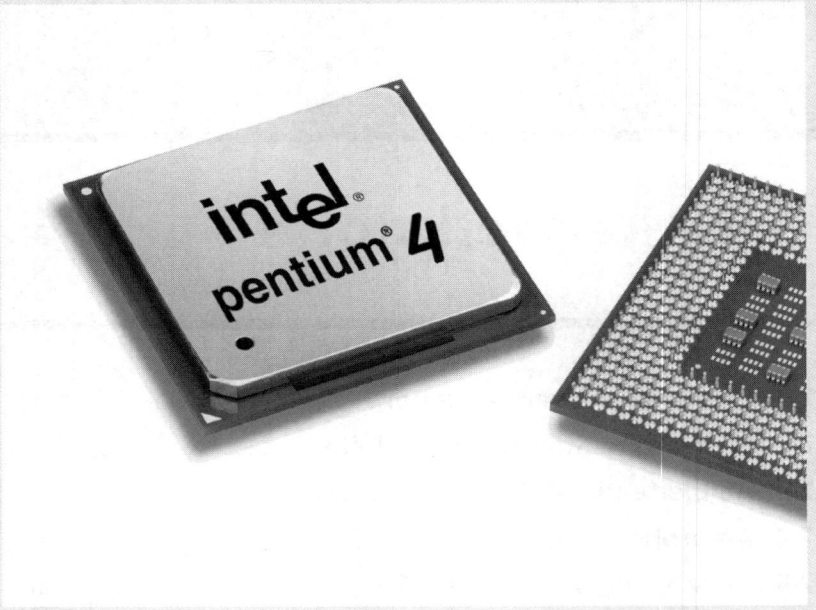

❚❚ Der moderne Mikroprozessor verkörpert den neuesten Stand der Halbleitertechnik. Das Gehäuse besteht aus konventionellen Konstruktionswerkstoffen. Diese Prozessoren für einen 800-MHz-Systembus enthalten mehr als 40 Millionen Transistoren auf einem einzelnen Siliziumchip. ❚❚

Teil II dieses Buchs hat die vier Kategorien von Konstruktionswerkstoffen behandelt. Als fünften Typ hat *Kapitel 15* die Halbleiter eingeführt, bei denen nicht die mechanischen Eigenschaften, sondern das elektrische Verhalten im Vordergrund steht. Die Kristallstrukturen typischer Halbleiter sind in *Abschnitt 3.5* zur Sprache gekommen. In *Kapitel 15* wurde das Wesen der Halbleitung anhand der *elementaren Eigenhalbleiter* wie z.B. reinem (von Verunreinigungen freiem) Silizium dargestellt. Dieses Kapitel geht darüber hinaus auf eine breite Palette anderer halbleitender Werkstoffe ein. Dabei lernen Sie *elementare Störstellenhalbleiter* kennen, wie z.B. Silizium, das mit winzigen Mengen von Bor „dotiert" ist. Die beigefügten Verunreinigungen bestimmen die Art der Halbleitung: entweder *n*-leitend (mit vorherrschend negativen Ladungsträgern) oder *p*-leitend (mit vorherrschend positiven Ladungsträgern). Die wichtigsten elementaren Halbleiter finden sich in der Gruppe IV A des Periodensystems. *Verbindungshalbleiter* sind keramikartige Verbindungen aus Elementen, die um die Gruppe IV A angesiedelt sind. Die meisten Halbleiter besitzen eine kristalline Struktur hoher Qualität, aber auch *amorphe Halbleiter* werden kommerziell genutzt. Bei der Herstellung von Halbleitern hat man ein außerordentlich hohes Niveau von struktureller und chemischer Qualität erreicht. Dieses Lehrbuch beschäftigt sich zwar in erster Linie mit Werkstoffen und nicht mit Elektronik, doch werden wichtige Bauelemente kurz vorgestellt, weil sich damit die Einsatzmöglichkeiten von Halbleiterwerkstoffen besser verstehen lassen.

Auf der Companion Website finden Sie einen Link zur Materials Research Society-Website, die ein hervorragendes Portal zu den Anwendungen von Werkstoffen in der Halbleiterindustrie ist.

17.1 Elementare Eigenhalbleiter

Einige Elemente aus dem Periodensystem der Elemente haben mittlere Leitfähigkeitswerte im Vergleich zu den Metallen mit hoher Leitfähigkeit und den Isolatoren (Keramiken, Gläser und Polymere) mit niedriger Leitfähigkeit. Die Prinzipien dieser inhärenten Halbleitung – oder **Eigenhalbleitung** – in elementaren Festkörpern (praktisch frei von Verunreinigungen) hat *Kapitel 15* dargestellt. Kurz gesagt ist die Leitfähigkeit (σ) eines Festkörpers die Summe der negativen und positiven Ladungsträger

$$\sigma = n_n q_n \mu_n + n_p q_p \mu_p, \qquad (15.6)$$

wobei n die Ladungsträgerdichte, q die Ladung eines einzelnen Ladungsträgers und μ die Ladungsträgerbeweglichkeit ist. Die Indizes n und p bezeichnen negative bzw. positive Ladungsträger. Für einen Festkörper wie z.B. elementares Silizium resultiert die Leitung aus der thermischen Anregung der Elektronen eines gefüllten Valenzbandes in ein leeres Leitungsband. Die Elektronen bilden dort die negativen Ladungsträger. Durch das Entfernen der Elektronen aus dem Valenzband entstehen Elektronenfehlstellen (kurz *Löcher* genannt) als positive Ladungsträger. Da die Dichte der **Leitungselektronen** (n_n) identisch ist mit der Dichte der Löcher (n_p), können wir *Gleichung 15.6* als

$$\sigma = nq(\mu_e + \mu_h), \qquad (15.14)$$

neu schreiben, wobei jetzt n die Dichte der Leitungselektronen ist und die Indizes e und h Elektronen bzw. Löcher (engl. Holes, deshalb der Index h) kennzeichnen. Dieses Leitungsprinzip ist aufgrund der relativ kleinen Bandlücke zwischen Leitungs- und Valenzband in Silizium (siehe *Abbildung 15.9*) möglich.

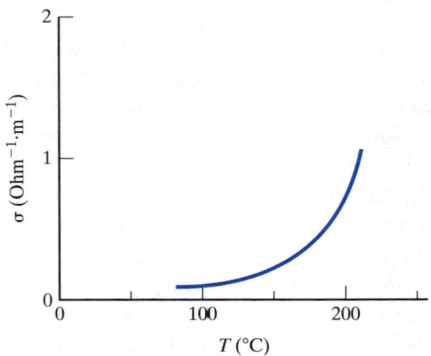

Abbildung 17.1: Verlauf der elektrischen Leitfähigkeit über der Temperatur für den Halbleiter Silizium. Vergleichen Sie diese Kurve mit der, die *Abbildung 15.10* für Metalle gezeigt hat. (Dieses Diagramm basiert auf den Daten von unter Anwendung der *Gleichungen 15.14* und *17.2*.)

Abschnitt 15.3 hat gezeigt, dass die Leitfähigkeit von metallischen Leitern mit steigender Temperatur fällt. Im Gegensatz dazu nimmt die Leitfähigkeit von Halbleitern mit steigender Temperatur zu (siehe Abbildung 17.1). Der Grund für diesen gegenläufigen Trend lässt sich anhand von *Abbildung 15.9* verständlich machen. Die Anzahl der Ladungsträger hängt von der Überlappung der Randbereiche in der Fermi-Funktion mit den Valenz- und Leitungsbändern ab. Abbildung 17.2 zeigt, wie sich der Verlauf der Fermi-Funktion bei steigender Temperatur streckt, was eine größere Überlappung (d.h. mehr Ladungsträger) bedeutet. Die spezifische Temperaturabhängigkeit der Leitfähigkeit für Halbleiter [d.h. $\sigma(T)$] folgt aus dem Mechanismus der thermischen Aktivierung, wie er aus den Darstellungen in den *Abbildungen 15.9* und *17.2* hervorgeht. Für diesen Mechanismus nimmt die Dichte der Ladungsträger exponentiell mit der Temperatur zu, d.h.

$$n \alpha e^{-E_g/2kT}, \tag{17.1}$$

wobei E_g die Bandlücke, k die Boltzmann-Konstante und T die absolute Temperatur ist. In dieser Gleichung finden Sie erneut ein Beispiel für das Arrhenius-Verhalten (siehe *Abschnitt 5.1*). Beachten Sie, dass sich Gleichung 17.1 gegenüber der allgemeinen Arrhenius-Form gemäß *Gleichung 5.1* etwas unterscheidet: Der Faktor im Exponent von Gleichung 17.1 spiegelt die Tatsache wider, dass jede thermische Anregung eines Elektrons zwei Ladungsträger – ein Elektron-Loch-Paar – erzeugt.

17.1 Elementare Eigenhalbleiter

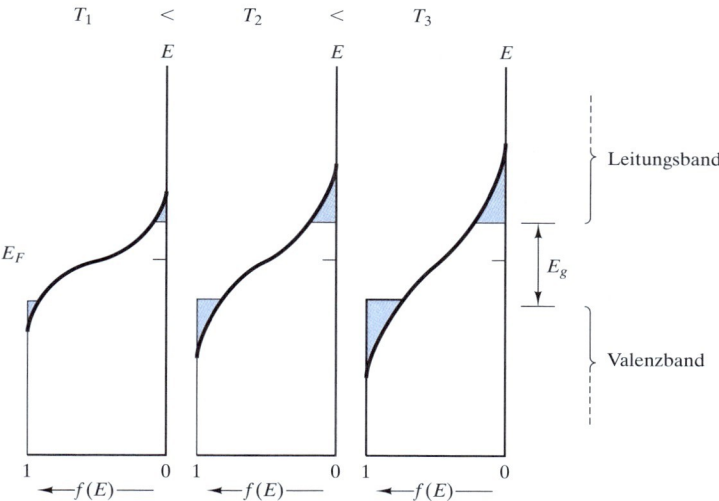

Abbildung 17.2: Schematische Darstellung, wie sich durch steigende Temperaturen die Überlappung der Fermi-Funktion $f(E)$ vergrößert, wobei die Leitungs- und Valenzbänder eine höhere Anzahl von Ladungsträgern liefern. (Beachten Sie auch *Abbildung 15.9*.)

Sehen Sie sich noch einmal *Gleichung 15.14* an. Aus ihr geht hervor, dass $\sigma(T)$ durch die Temperaturabhängigkeit von μ_e und μ_h sowie n bestimmt wird. Wie bei metallischen Leitern fallen μ_e und μ_h leicht mit steigender Temperatur ab. Allerdings dominiert der exponentielle Anstieg in n die Gesamttemperaturabhängigkeit σ, sodass man schreiben kann

$$\sigma = \sigma_0 e^{-E_g/2kT}, \tag{17.2}$$

wobei σ_0 eine Konstante wie in Arrhenius-Gleichungen (siehe *Abschnitt 5.1*) ist. Bildet man auf beiden Seiten von Gleichung 17.2 den Logarithmus, erhält man

$$\ln \sigma = \ln \sigma_0 - \frac{E_g}{2k}\frac{1}{T}. \tag{17.3}$$

Diese Gleichung zeigt an, dass eine halblogarithmische Darstellung von $\ln \sigma$ über T^{-1} eine Gerade mit dem Anstieg $-E_g/2k$ liefert. Abbildung 17.3 demonstriert diese Linearität mit den Daten von Abbildung 17.1 in einem Arrhenius-Diagramm.

Die elementaren Eigenhalbleiter in der Gruppe IV A des Periodensystems sind Silizium (Si), Germanium (Ge) und Zinn (Sn) – eine bemerkenswert kurze Liste. Es sind keine Verunreinigungsniveaus anzugeben, da diese Stoffe gezielt mit einem außergewöhnlich hohen Reinheitsgrad hergestellt werden. Auf die Rolle der Verunreinigungen geht der nächste Abschnitt ein. Die drei Stoffe gehören zur Gruppe IV A des Periodensystems und haben kleine E_g-Werte. Auch wenn die Liste nur wenige Elemente umfasst, hat sie eine enorme Bedeutung für die High Tech-Industrie. Silizium ist für die Elektronikindustrie das, was Stahl für den Automobilbau und das Bauwesen ist. Pittsburgh ist die „Stahlstadt" und das einst für seine Landwirtschaft bekannte Santa Clara Valley in Kalifornien ist jetzt als „Silicon Valley" berühmt, weil aus dieser Region die wesentlichen Entwicklungen der Festkörpertechnologie kommen.

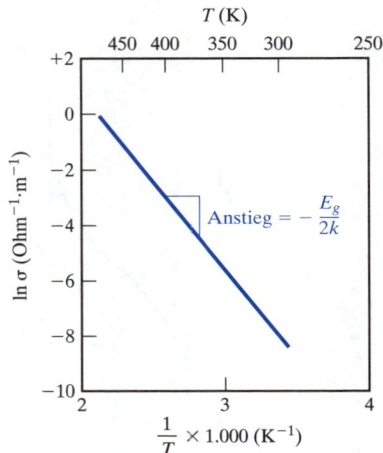

Abbildung 17.3: Arrhenius-Diagramm für die in Abbildung 17.1 angegebenen elektrischen Leitfähigkeitsdaten von Silizium. Der Anstieg der Geraden ist $-E_g/2k$.

Einige Elemente in der Nachbarschaft der Gruppe IV A (z.B. B aus der Gruppe III A und Te aus der Gruppe VI A) sind ebenfalls Halbleiter. Von kommerzieller Bedeutung sind allerdings vor allem Si und Ge aus der Gruppe IV A. Graues Zinn (Sn) wandelt sich bei 13 °C in weißes Zinn um. Da die Umwandlung von der kubischen Diamantstruktur in eine tetragonale Struktur fast bei Raumtemperatur stattfindet, ist graues Zinn für Bauelemente nicht von Bedeutung.

Tabelle 17.1 gibt Werte für die Bandlücke (E_g), die Elektronenbeweglichkeit (μ_e), die Löcherbeweglichkeit (μ_h) und die Leitungselektronendichte bei Raumtemperatur (n) für zwei elementare Eigenhalbleiter an. Da zwischen den Mobilitätsgrößen und der Zusammensetzung keine allzu großen Abhängigkeiten existieren, gelten diese Werte auch für die leicht unreinen Störstellenhalbleiter, mit denen sich der nächste Abschnitt beschäftigt.

Tabelle 17.1

Elektrische Eigenschaften für elementare Eigenhalbleiter bei Raumtemperatur (300 K)

Gruppe	Halbleiter	E_g [eV]	μ_e [m²/(V * s)]	μ_h [m²/(V * s)]	$n_e (= n_h)$ [m⁻³]
IV A	Si	1,107	0,140	0,038	14×10^{15}
	Ge	0,66	0,364	0,190	23×10^{18}

17.1 Elementare Eigenhalbleiter

Beispiel 17.1 Auf je 10^{14} Atome in reinem Silizium geben 28 Si-Atome ein Leitungselektron ab. Welchen Wert hat n, wenn n die Dichte der Leitungselektronen bezeichnet?

Lösung

Zuerst berechnen wir die Atomdichte mit den Daten aus *Anhang A*:

$$\rho_{Si} = 2{,}33\,\text{g}\cdot\text{cm}^{-3}$$

mit einer Atommasse = 28,09 u
oder

$$\rho = 2{,}33\,\frac{\text{g}}{\text{cm}^3}\times 10^6\,\frac{\text{cm}^3}{\text{m}^3}\times\frac{1\,\text{g}\cdot\text{Atom}}{28{,}09\,\text{g}}\times 0{,}6023\times 10^{24}\,\frac{\text{Atome}}{\text{g}\cdot\text{Atom}}$$

$$= 50{,}0\times 10^{27}\,\text{Atome/m}^3.$$

Dann ist

$$n = \frac{28\,\text{Leitungselektronen}}{10^{14}\,\text{Atome}}\times 50{,}0\times 10^{27}\,\text{Atome/m}^3$$

$$= 14\times 10^{15}\,\text{m}^{-3}.$$

Hinweis: Dieses Beispiel ist die Umkehrung von *Beispiel 15.13*. Das Ergebnis für n erscheint sowohl in *Tabelle 15.5* als auch in Tabelle 17.1.

Beispiel 17.2 Berechnen Sie die Leitfähigkeit von Germanium bei 200 °C.

Lösung

Mit *Gleichung 15.14*

$$\sigma = nq(\mu_e + \mu_h)$$

und den Daten aus *Tabelle 15.5* erhalten wir

$$\sigma_{300\,\text{K}} = (23\times 10^{18}\,\text{m}^{-3})(0{,}16\times 10^{-18}\,\text{C})(0{,}364 + 0{,}190)\,\text{m}^2/(\text{V}\cdot\text{s})$$

$$= 2{,}04\,\Omega^{-1}\cdot\text{m}^{-1}.$$

Gleichung 17.2

$$\sigma = \sigma_0 e^{-E_g/2kT}$$

wird umgestellt, um σ_0 zu berechnen:

$$\sigma_0 = \sigma e^{+E_g/2kT}.$$

Mit den Daten aus *Tabelle 15.5* ergibt sich

$$\sigma_0 = (2{,}04\,\Omega^{-1} \cdot m^{-1}) e^{+(0{,}66\ \text{eV})/2(86{,}2\times 10^{-6}\ \text{eV/K})(300\ \text{K})}$$

$$= 7{,}11 \times 10^5\,\Omega^{-1} \cdot m^{-1}$$

Somit lässt sich berechnen

$$\sigma_{200°C} = (7{,}11 \times 10^5\,\Omega^{-1} \cdot m^{-1}) e^{-(0{,}66\ \text{eV})/2(86{,}2\times 10^{-6}\ \text{eV/K})(473\ \text{K})}$$

$$= 217\,\Omega^{-1} \cdot m^{-1}.$$

Beispiel 17.3

Sie sollen einen neuen Halbleiter beurteilen. Wie groß ist seine Bandlücke E_g, wenn die Leitfähigkeit bei 20 °C gleich 250 $\Omega^{-1} \cdot m^{-1}$ und bei 100 °C gleich 1.100 $\Omega^{-1} \cdot m^{-1}$ beträgt?

Lösung

Gleichung 17.3 lässt sich als

$$\ln \sigma = \ln \sigma_0 - \frac{E_g}{2k}\frac{1}{T}$$

und

$$\ln \sigma_{T_2} = \ln \sigma_0 - \frac{E_g}{2k}\frac{1}{T_2}$$

schreiben.
Subtrahiert man (b) von (a), erhält man

$$\ln \sigma_{T_1} - \ln \sigma_{T_2} = \ln \frac{\sigma_{T_1}}{\sigma_{T_2}} = -\frac{E_g}{2k}\left(\frac{1}{T_1} - \frac{1}{T_2}\right).$$

Dann ergibt sich

$$-\frac{E_g}{2k} = \frac{\ln(\sigma_{T_1}/\sigma_{T_2})}{1/T_1 - 1/T_2}$$

oder

$$E_g = \frac{(2k)\ln(\sigma_{T_2}/\sigma_{T_1})}{1/T_1 - 1/T_2}.$$

Mit den Werten für $T_1 = 20\ °C\ (=293\ K)$ und $T_2 = 100\ °C\ (=373\ K)$ berechnet man

$$E_g = \frac{(2\times 86{,}2\times 10^{-6}\ \text{eV/K})\ln(1.100/250)}{\frac{1}{373}K^{-1} - \frac{1}{293}K^{-1}} = 0{,}349\ \text{eV}.$$

Die Lösungen für alle Übungen finden Sie auf der Companion-Website.

Übung 17.1 In Beispiel 17.1 wird die Dichte der Leitungselektronen in Silizium berechnet. Das Ergebnis stimmt mit den Daten in den *Tabellen 15.5* und *17.5* überein. In *Aufgabe 15.43* haben Sie den Anteil der Germaniumatome, die Leitungselektronen bei Raumtemperatur abgeben, berechnet. Stellen Sie eine ähnliche Berechnung für Germanium bei 150 °C an. (Ignorieren Sie die Wirkung der thermischen Ausdehnung von Germanium.)

Übung 17.2 (a) Berechnen Sie die Leitfähigkeit von Germanium bei 100 °C und (b) zeichnen Sie die Leitfähigkeit über dem Bereich von 27 bis 200 °C als Arrhenius-Diagramm ähnlich dem in Abbildung 17.3. (Siehe Beispiel 17.2.)

Übung 17.3 Bei der Beurteilung eines Halbleiters in Beispiel 17.3 haben Sie seine Bandlücke berechnet. Berechnen Sie mit diesem Ergebnis die Leitfähigkeit bei 50 °C.

17.2 Elementare Störstellenhalbleiter

Eigenhalbleitung ist eine Eigenschaft des reinen Stoffs. **Störstellenhalbleitung** entsteht durch beigefügte Verunreinigungen, die so genannten **Dotierungen**, während man das Beifügen dieser Komponenten als *Dotieren* bezeichnet. Der Begriff *Verunreinigung* hat hier eine andere Bedeutung als in vorhergehenden Kapiteln. Beispielsweise werden viele Verunreinigungen in Metalllegierungen und technischen Keramiken aus den Rohstoffen „eingeschleppt". Dagegen fügt man Verunreinigungen in Halbleitern gezielt hinzu, nachdem das eigenleitende Ausgangsmaterial mit einem hohen Reinheitsgrad vorbereitet wurde. *Kapitel 15* hat die Abhängigkeit der Leitfähigkeit von der Legierungszusammensetzung bei metallischen Leitern gezeigt. Jetzt untersuchen wir die Wirkung der Zusammensetzung bei Halbleitern. Es gibt zwei unterschiedliche Arten von Störstellenhalbleitung: (1) *n-leitend*, wobei die negativen Ladungsträger dominieren und (2) *p-leitend*, wobei die positiven Ladungsträger dominieren. Abbildung 17.4 zeigt die Prinzipien, wie die einzelnen Typen entstehen. Die Abbildung gibt einen kleinen Ausschnitt aus dem Periodensystem der Elemente in der Nachbarschaft von Silizium wieder. Der Eigenhalbleiter Silizium hat vier Valenzelektronen (in der äußeren Schale). Phosphor ist mit fünf Valenzelektronen ein Dotierungselement des *n*-Typs. Das eine überschüssige Elektron kann leicht zu einem Leitungselektron (d.h. zu einem negativen Ladungsträger) werden. Dagegen ist Aluminium mit nur drei Valenzelektronen ein Dotierungselement des p-Typs. Durch den Mangel von einem Elektron (im Vergleich zu Silizium mit vier Valenzelektronen) entsteht leicht ein Loch (ein positiver Ladungsträger).

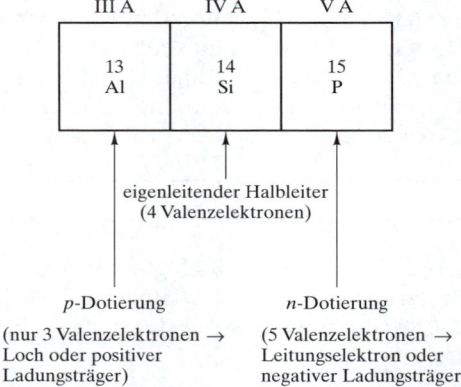

Abbildung 17.4: Kleiner Ausschnitt aus dem Periodensystem der Elemente. Silizium in Gruppe IV A ist ein Eigenhalbleiter. Die Zugabe einer geringen Menge von Phosphor aus der Gruppe V A liefert ein zusätzliches Elektron (das nicht für die Bindung an Si-Atome benötigt wird). Somit ist Phosphor eine n-Dotierung (d.h. eine Zugabe, die negative Ladungsträger erzeugt). Analog ist Aluminium aus der Gruppe III A eine p-Dotierung, da es einen Mangel an Valenzelektronen hat, was positive Ladungsträger (Löcher) hervorbringt.

17.2.1 n-Halbleiter

Werden einem Kristall der Gruppe IV A (z.B. Silizium) Atome der Gruppe V A in fester Lösung zugesetzt, wird die Energiebandstruktur des Halbleiters beeinflusst. Im Phosphoratom sind vier der fünf Valenzelektronen für die Bindung mit vier benachbarten Siliziumatomen in der vierfach koordinierten kubischen Diamantstruktur (siehe *Abschnitt 3.5*) erforderlich. Abbildung 17.5 zeigt, dass das nicht für die Bindung notwendige Überschusselektron relativ unstabil ist und ein (Elektronen-) **Donatorniveau** (E_d) nahe dem Leitungsband hervorruft. Somit ist die Energiebarriere zur Bildung eines Leitungselektrons ($E_g - E_d$) beträchtlich kleiner als im eigenleitenden Stoff (E_g). Abbildung 17.6 zeigt die relative Lage der Fermi-Funktion. Infolge der überschüssigen Elektronen von der Dotierung wird das Fermi-Niveau (E_F) nach oben verschoben.

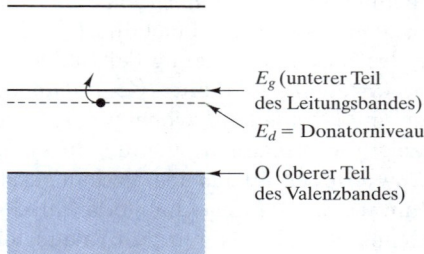

Abbildung 17.5: Energiebandstruktur eines n-Halbleiters. Das zusätzliche Elektron vom Dotierungselement aus der Gruppe V A erzeugt ein Donatorniveau (E_d) nahe dem Leitungsband, wodurch relativ einfach Leitungselektronen entstehen. Vergleichen Sie diese Abbildung mit der Energiebandstruktur eines Eigenhalbleiters in *Abbildung 15.9*.

17.2 Elementare Störstellenhalbleiter

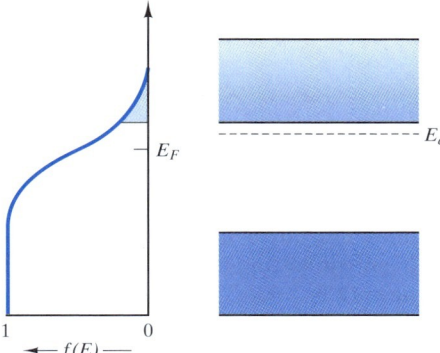

Abbildung 17.6: Vergleich der Fermi-Funktion $f(E)$ mit der Energiebandstruktur für einen n-Halbleiter. Die zusätzlichen Elektronen verschieben das Fermi-Niveau (E_F) nach oben, während es bei einem Eigenhalbleiter (siehe *Abbildung 15.9*) in der Mitte der Bandlücke liegt.

Da die von den Atomen der Gruppe V A abgegebenen Leitungselektronen als Ladungsträger überwiegen, nimmt die Leitfähigkeitsgleichung die Form

$$\sigma = nq\mu_e \quad (17.4)$$

an, wobei alle Terme wie in *Gleichung 15.14* definiert sind und n die Anzahl der von den Dotierungsatomen abgegebenen Elektronen bezeichnet. Abbildung 17.7 zeigt schematisch, wie ein Leitungselektron von einem Dotierungselement der Gruppe V A erzeugt wird. Vergleichen Sie diese Darstellung mit dem Schema eines Eigenhalbleiters in *Abbildung 15.27*.

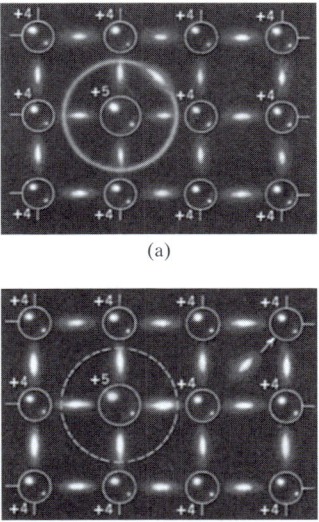

Abbildung 17.7: Schematische Darstellung der Erzeugung eines Leitungselektrons in einem n-Halbleiter. Das zum Atom der Gruppe V A gehörende zusätzliche Elektron (a) kann leicht ausbrechen (b), wird damit zu einem Leitungselektron und lässt einen leeren Donatorzustand zurück, der zum Verunreinigungsatom gehört. Vergleichen Sie diese Abbildung mit *Abbildung 15.27* für einen Eigenhalbleiter.

Die Störstellenhalbleitung ist ebenfalls ein thermisch aktivierter Prozess, der dem Arrhenius-Verhalten folgt. Für einen **n-Halbleiter** können wir schreiben

$$\sigma = \sigma_0 e^{-(E_g - E_d)/kT}, \qquad (17.5)$$

wobei auch hier die einzelnen Terme aus Gleichung 17.2 gelten und E_d durch Abbildung 17.4 definiert wird. Beachten Sie, dass im Exponenten von Gleichung 17.5 genau wie in Gleichung 17.2 der Faktor 2 steht. Bei Störstellenhalbleitung erzeugt die thermische Aktivierung einen einzelnen Ladungsträger im Unterschied zu den zwei Ladungsträgern, die bei Eigenhalbleitung entstehen. Abbildung 17.8 zeigt ein Arrhenius-Diagramm für Gleichung 17.5.

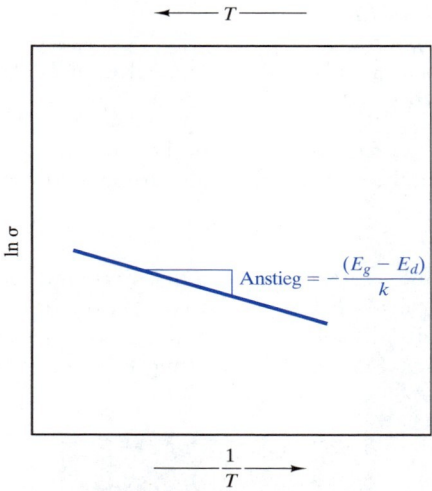

Abbildung 17.8: Arrhenius-Diagramm der elektrischen Leitfähigkeit für einen *n*-Halbleiter. Vergleichen Sie diesen Verlauf mit dem für eigenleitende Stoffe in Abbildung 17.3.

Der Temperaturbereich für *n*-Störstellenleitung ist beschränkt. Die von Atomen der Gruppe V A abgegebenen Leitungselektronen sind durch thermische Anregung viel leichter zu erzeugen als Leitungselektronen durch den Eigenleitungsprozess. Allerdings kann die Anzahl der Störstellenelektronen nicht größer als die Anzahl der Dotierungsatome werden (d.h. ein Leitungselektron je Dotierungsatom). Somit hat das Arrhenius-Diagramm in Abbildung 17.8 eine obere Grenze entsprechend der Temperatur, bei der alle möglichen Störstellenelektronen in das Leitungsband angehoben wurden. Abbildung 17.9 veranschaulicht dieses Konzept und zeigt den Verlauf sowohl von Gleichung 17.5 für Störstellenverhalten als auch Gleichung 17.2 für Eigenleitung. Beachten Sie, dass der Wert von σ_0 für jeden Bereich unterschiedlich ist. Bei niedrigen Temperaturen (großen $1/T$-Werten) dominiert die Eigenleitung (Gleichung 17.5). Der **Verarmungsbereich** ist ein nahezu waagerechtes Plateau, in dem die Anzahl der Ladungsträger (= Anzahl der Dotierungsatome) fixiert ist. In der Praxis fällt die Leitfähigkeit aufgrund der zunehmenden thermischen Bewegung mit steigender Temperatur (fallendem $1/T$) geringfügig ab. Diese Änderung ist mit dem Verhalten von Metallen vergleichbar, bei denen die Anzahl der Leitungselektronen feststeht, doch die Beweglichkeit mit der Temperatur etwas fällt (siehe *Abschnitt 15.3*). Bei weiter steigender Temperatur wird schließlich die Leitfähigkeit vom eigenleitenden Material (reinem Silizium) und nicht mehr von den Störstellenladungsträgern bestimmt (siehe Abbildung 17.9). Der Verarmungsbereich ist ein praktisches Instrument für den Techniker, der Maßnahmen zur Temperaturkompensation in elektronischen Schaltungen minimieren möchte – die Leitfähigkeit ist in diesem Bereich fast unabhängig von der Temperatur.

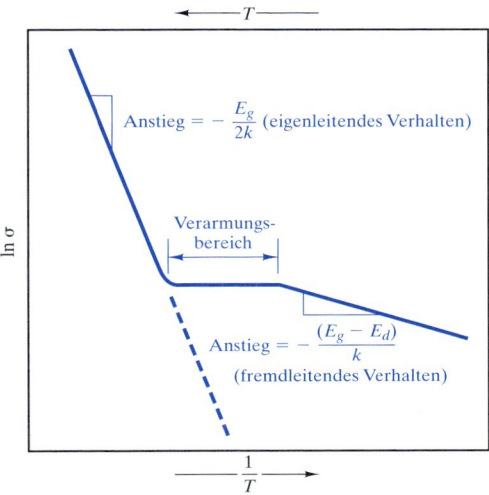

Abbildung 17.9: Arrhenius-Diagramm der elektrischen Leitfähigkeit für einen n-Halbleiter über einem größeren Temperaturbereich als in Abbildung 17.8. Bei niedrigen Temperaturen (hohen $1/T$-Werten) ist das Material fremdleitend und bei hohen Temperaturen (niedrigen $1/T$-Werten) eigenleitend. Dazwischen liegt der Verarmungsbereich, in dem alle „Überschusselektronen" in das Leitungsband angehoben wurden.

17.2.2 p-Halbleiter

Bildet ein Atom der Gruppe III A (wie z.B. Aluminium), das drei Valenzelektronen hat, einen Mischkristall mit Silizium, fehlt eines der Elektronen, die für die Bindung zu den vier benachbarten Siliziumatomen notwendig sind. Abbildung 17.10 zeigt, dass das Ergebnis für die Energiebandstruktur von Silizium ein **Akzeptorniveau** nahe dem Valenzband ist. Ein Valenzelektron von Silizium lässt sich leicht auf dieses Akzeptorniveau anheben, wodurch ein Loch (d.h. ein positiver Ladungsträger) entsteht. Wie bei n-leitenden Stoffen ist die Energiebarriere zur Bildung eines Ladungsträgers (E_a) wesentlich kleiner als im eigenleitenden Stoff (E_g). Die relative Lage der Fermi-Funktion wird im p-leitenden Stoff nach unten verschoben (siehe Abbildung 17.11). Die entsprechende Leitfähigkeitsgleichung lautet

$$\sigma = nq\mu_h, \tag{17.6}$$

wobei n die Löcherdichte ist. Abbildung 17.12 zeigt schematisch, wie ein Loch von einem Atom der Gruppe III A erzeugt wird.

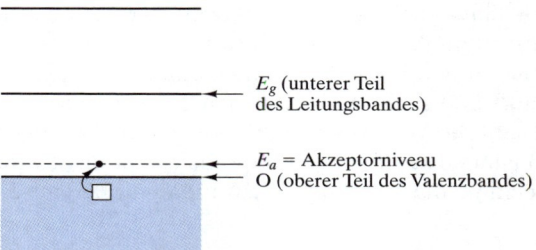

Abbildung 17.10: Energiebandstruktur eines p-Halbleiters. Der Mangel von Valenzelektronen bei Dotierungselementen der Gruppe III A erzeugt ein Akzeptorniveau (E_a) nahe dem Valenzband. Aufgrund der thermischen Anregung über diese relative kleine Energiebarriere werden Löcher erzeugt.

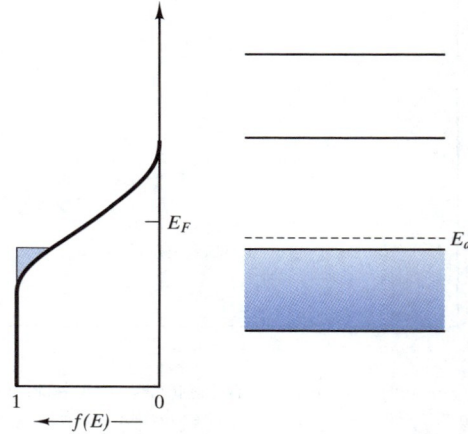

Abbildung 17.11: Vergleich der Fermi-Funktion mit der Energiebandstruktur für einen p-Halbleiter. Dieser Elektronenmangel verschiebt das Fermi-Niveau gegenüber dem in *Abbildung 15.9* gezeigten nach unten.

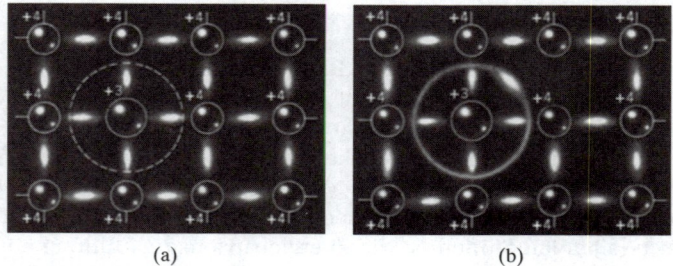

Abbildung 17.12: Schematische Darstellung der Erzeugung eines Lochs in einem p-Halbleiter. (a) Der Mangel an Valenzelektronen beim Atom der Gruppe III A erzeugt einen leeren Zustand – ein Loch, das um das Akzeptoratom kreist. (b) Das Loch wird zu einem positiven Ladungsträger, wenn es das Akzeptoratom mit einem gefüllten Akzeptorzustand zurücklässt. (Die Bewegung von Löchern geschieht natürlich durch die gegenläufige Bewegung von Elektronen.)

Die Arrhenius-Gleichung für **p-Halbleiter** lautet

$$\sigma = \sigma_0 e^{-E_a/kT}, \tag{17.7}$$

wobei auch hier die Terme für Gleichung 17.5 gelten und E_a durch Abbildung 17.10 definiert ist. Wie bei Gleichung 17.5 steht im Exponenten kein Faktor 2, da nur ein einzelner (positiver) Ladungsträger beteiligt ist. Abbildung 17.13 zeigt das Arrhenius-Diagramm von $\ln \sigma$ über $1/T$ für einen p-leitenden Stoff. Dieser Verlauf ist ähnlich dem in Abbildung 17.9 für n-Halbleiter. Das Leitfähigkeitsplateau zwischen den fremd- und eigenleitenden Bereichen heißt beim p-Halbleiter **Sättigungsbereich** (statt Verarmungsbereich). Die Sättigung tritt ein, wenn alle Akzeptorniveaus (= Anzahl von Atomen der Gruppe III A) mit Elektronen besetzt wurden.

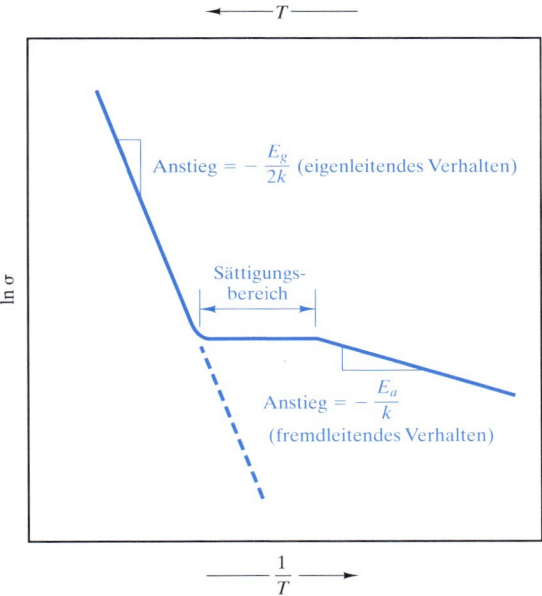

Abbildung 17.13: Arrhenius-Diagramm der elektrischen Leitfähigkeit für einen *p*-Halbleiter über einem großen Temperaturbereich. Dieser Verlauf ist ähnlich dem in Abbildung 17.9. Der Bereich zwischen fremd- und eigenleitendem Verhalten ist der so genannte *Sättigungsbereich*, bei dem alle Akzeptorniveaus mit Elektronen besetzt oder „gesättigt" sind.

Die Ähnlichkeit zwischen den Verläufen in Abbildung 17.9 und Abbildung 17.13 führt zu der nahe liegenden Frage, wie man ermitteln kann, ob ein bestimmter Halbleiter n-leitend oder p-leitend ist. Mit einem klassischen Experiment – Messung des **Halleffekts**[1] (siehe Abbildung 17.14) – lässt sich dies leicht bestimmen. Dieser Effekt drückt die enge Beziehung zwischen elektrischem und magnetischem Verhalten aus. Insbesondere bewirkt ein Magnetfeld, das rechtwinklig zu einem fließenden Strom

---

[1] Edwin Herbert Hall (1855–1938), amerikanischer Physiker. Seine berühmteste Entdeckung, der nach ihm benannte Effekt, war die Grundlage für seine Doktorarbeit im Jahre 1880. In seiner weiteren Laufbahn als Professor der Physik war er sehr produktiv und entwickelte sogar einen bekannten Satz von Physikexperimenten für Oberschulen. Diese sollten den Schülern helfen, sich auf die Aufnahmeprüfung der Harvard-Universität (an der Hall lehrte) vorzubereiten.

angelegt wird, eine seitliche Auslenkung der Ladungsträger und infolgedessen einen Spannungsaufbau über dem Leiter. Für negative Ladungsträger (z.B. Elektronen in Metallen oder n-Halbleitern) ist die Hallspannung (U_H) positiv (siehe Abbildung 17.14a) und für positive Ladungsträger (z.B. Löcher in einem p-Halbleiter) negativ (siehe Abbildung 17.14b). Die Hallspannung ist gegeben durch

$$U_H = \frac{R_H I H}{d}, \tag{17.8}$$

wobei R_H der Hallkoeffizient (kennzeichnend für Größe und Vorzeichen des Halleffekts), I der Strom, H die magnetische Feldstärke und d die Probendicke ist. gibt typische elementare Störstellenhalbleitersysteme der Festkörperphysik wieder. enthält Werte des Donatorniveaus relativ zu den Bandlücken ($E_g - E_d$) und des Akzeptorniveaus (E_a) für verschiedene n-leitende bzw. p-leitende Dotierungselemente.

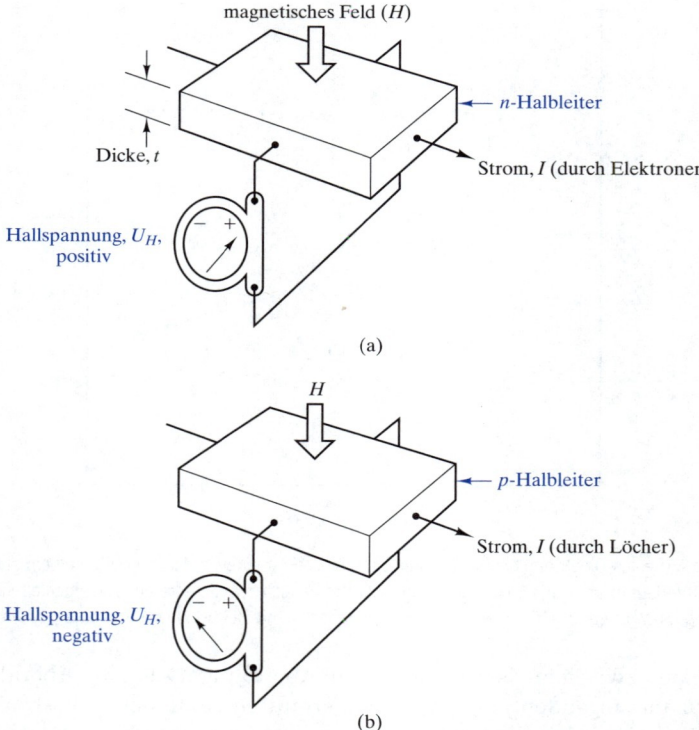

Abbildung 17.14: Legt man ein Magnetfeld (mit der Feldstärke H) senkrecht zu einem Strom I an, werden Ladungsträger seitlich ausgelenkt und es entsteht eine Spannung U_H. Dieses Phänomen heißt Halleffekt. Gleichung 17.8 gibt die Hallspannung an. Für einen n-Halbleiter (a) ist die Hallspannung positiv, für einen p-Halbleiter (b) negativ.

Tabelle 17.2

Einige Störstellenhalbleiter

Element	Dotierungs-elemente	Gruppe im Periodensystem der Elemente des Dotierungselementes	Maximale feste Löslichkeit des Dotierungselementes [Atome/m^3]
Si	B	III A	600×10^{24}
	Al	III A	20×10^{24}
	Ga	III A	40×10^{24}
	P	V A	1.000×10^{24}
	As	V A	2.000×10^{24}
	Sb	V A	70×10^{24}
Ge	Al	III A	400×10^{24}
	Ga	III A	500×10^{24}
	In	III A	4×10^{24}
	As	V A	80×10^{24}
	Sb	V A	10×10^{24}

Tabelle 17.3

Energieniveaus der Verunreinigungen für Störstellenhalbleiter

Halbleiter	Dotierungselement	$E_g - E_d$ [eV]	E_a [eV]
Si	P	0,044	–
	As	0,049	–
	Sb	0,039	–
	Bi	0,069	–
	B	–	0,045
	Al	–	0,057
	Ga	–	0,065
	In	–	0,160
	Tl	–	0,260
Ge	P	0,012	–
	As	0,013	–
	Sb	0,096	–
	B	–	0,010
	Al	–	0,010
	Ga	–	0,010
	In	–	0,011
	Tl	–	0,010
GaAs	Se	0,005	–
	Te	0,003	–
	Zn	–	0,024
	Cd	–	0,021

Abschließend ist ein Vergleich zwischen Halbleitern und Metallen angebracht. Die Wirkungen von Temperatur und Zusammensetzung auf Halbleiter sind denen auf Metalle entgegengesetzt. Bei Metallen verringern kleine Verunreinigungen die Leitfähigkeit [beispielsweise zeigt *Abbildung 15.12*, wie $\rho(= 1/\sigma)$ mit dem Anteil der Beimischungen zunimmt]. In ähnlicher Weise geht die Leitfähigkeit mit steigender Temperatur zurück (siehe *Abbildung 15.10*). Beide Effekte beruhen auf einer Verringerung der Elektronenbeweglichkeit, die auf eine geringere kristalline Ordnung zurückgeht. Für Halbleiter wurde gezeigt, dass mit geeigneten Verunreinigungen und steigender Temperatur die Leitfähigkeit zunimmt. Beide Effekte werden durch das Energiebändermodell und das Arrhenius-Verhalten beschrieben.

Beispiel 17.4 Ein fremdleitendes Silizium hat einen Gewichtsanteil von 100 ppb Al. Wie groß ist der Anteil von Al in Atomprozent?

Lösung

In 100 g dotiertem Silizium sind

$$\frac{100}{10^9} \times 100 \text{ g Al} = 1 \times 10^{-5} \text{ g Al}$$

enthalten. Mit den Daten von *Anhang A* können wir berechnen

$$\text{Anz. g} \cdot \text{Atome Al} = \frac{1 \times 10^{-5} \text{ g Al}}{26{,}98 \text{ g/g} \cdot \text{Atom}} = 3{,}71 \times 10^{-7} \text{ g} \cdot \text{Atom}$$

und

$$\text{Anz. g} \cdot \text{Atome Si} = \frac{(100 - 1 \times 10^{-5}) \text{g Al}}{28{,}09 \text{ g/g} \cdot \text{Atom}} = 3{,}56 \text{ g} \cdot \text{Atom},$$

was

$$\text{Atomprozent Al} = \frac{3{,}71 \times 10^{-7} \text{g} \cdot \text{Atom}}{(3{,}56 + 3{,}7 \times 10^{-7}) \text{ g} \cdot \text{Atom}} \times 100$$

$$= 10{,}4 \times 10^{-6} \text{ Atomprozent}$$

ergibt.

Übung 17.4 In Beispiel 17.4 wurde für eine Dotierung von 100 ppb Al eine Beimischung von $10{,}4 \times 10^{-6}$ Molprozent berechnet. Wie hoch ist die Atomdichte von Al-Atomen in diesem fremdleitenden Halbleiter? (Vergleichen Sie Ihr Ergebnis mit dem maximalen Niveau der festen Löslichkeit, das in Tabelle 17.2 angegeben ist.)

Beispiel 17.5

In einem Phosphor-dotierten (n-leitenden) Silizium wird das Fermi-Niveau (E_F) um 0,1 eV nach oben verschoben. Wie hoch ist die Wahrscheinlichkeit in Silizium (E_g = 1,107 eV), dass ein Elektron bei Raumtemperatur (25 °C) thermisch in das Leitungsband angehoben wird?

Lösung

Aus Abbildung 17.6 und Gleichung 15.7 geht hervor, dass

$$E - E_F = \frac{1{,}107}{2}\,\text{eV} - 0{,}1\,\text{eV} = 0{,}4535\,\text{eV}$$

und dann

$$f(E) = \frac{1}{e^{(E-E_F)/kT} + 1}$$

$$= \frac{1}{e^{(0{,}4535\,\text{eV})/(86{,}2\times 10^{-6}\,\text{eV}\cdot\text{K}^{-1})(298\,\text{K})} + 1}$$

$$= 2{,}20 \times 10^{-8}.$$

Diese Zahl ist zwar klein, aber immer noch rund zwei Größenordnungen über dem Wert für eigenleitendes Silizium, wie Beispiel 15.6 berechnet hat.

Beispiel 17.6

Für einen hypothetischen Halbleiter mit n-Dotierung und E_g = 1 eV bei E_d = 0,9 eV betrage die Leitfähigkeit bei Raumtemperatur (25 °C) gleich 100 $\Omega^{-1} \cdot \text{m}^{-1}$. Berechnen Sie die Leitfähigkeit bei 30 °C.

Lösung

Unter der Annahme, dass sich das fremdleitende Verhalten bis zu 30 °C erweitert, lässt sich Gleichung 17.5 anwenden:

$$\sigma = \sigma_0 e^{-(E_g - E_d)/kT}.$$

Bei 25 °C ergibt sich

$$\sigma_0 = \sigma e^{+(E_g - E_d)/kT}$$

$$= \left(100\,\Omega^{-1}\cdot\text{m}^{-1}\right) e^{+(1{,}0 - 0{,}9)\,\text{eV}/(86{,}2\times 10^{-6}\,\text{eV}\cdot\text{K}^{-1})(298\,\text{K})}$$

$$= 4{,}91 \times 10^3\,\Omega^{-1} \cdot \text{m}^{-1}.$$

Dann berechnet man für 30 °C:

$$\sigma = \left(4{,}91 \times 10^3\,\Omega^{-1}\cdot\text{m}^{-1}\right) e^{-(0{,}1)\,\text{eV}/(86{,}2\times 10^{-6}\,\text{eV}\cdot\text{K}^{-1})(303\,\text{K})}$$

$$= 107\,\Omega^{-1} \cdot \text{m}^{-1}.$$

17 HALBLEITERWERKSTOFFE

Übung 17.5 In Beispiel 17.4 wurde für eine Dotierung von 100 ppb Al eine Beimischung von $10{,}4 \times 10^{-6}$ Molprozent berechnet. Wie hoch ist die Atomdichte von Al-Atomen in diesem fremdleitenden Halbleiter? (Vergleichen Sie Ihr Ergebnis mit dem maximalen Niveau der festen Löslichkeit, das in angegeben ist.)

Übung 17.6 Beispiel 17.5 hat die Wahrscheinlich berechnet, mit der ein Elektron in einem P-dotierten Silizium bei 25 °C thermisch in das Leitungsband angehoben wird. Wie hoch ist die Wahrscheinlichkeit bei 50 °C?

Beispiel 17.7 Für einen Phosphor-dotierten Germaniumhalbleiter beträgt die obere Temperaturgrenze für fremdleitendes Verhalten 100 °C. Die Leitfähigkeit bei Fremdleitung an diesem Punkt beträgt 60 Ω^{-1} * m^{-1}. Berechnen Sie den Gewichtsanteil der Phosphordotierung in ppb.

Lösung

In diesem Fall haben alle Dotierungsatome ein Elektron abgegeben. Dadurch ist die Dichte der Donatorelektronen gleich der Dichte der Phosphorverunreinigung. Die Dichte der Donatorelektronen lässt sich durch Umstellen von Gleichung 17.4 berechnen:

$$n = \frac{\sigma}{q\mu_e}.$$

Mit den Daten aus erhalten wir

$$n = \frac{60\,\Omega^{-1} \cdot m^{-1}}{(0{,}16 \times 10^{-18}\,C)\left[0{,}364\,m^2/(V \cdot s)\right]} = 1{,}03 \times 10^{21}\,m^{-3}.$$

Wichtiger Hinweis: Wie im Text hervorgehoben, gelten die Mobilitätswerte für Ladungsträger in den Tabellen 17.1 und 17.5 sowohl für fremd- als auch für eigenleitende Stoffe. Z.B. ändert sich die Leitungselektronenbeweglichkeit in Germanium nicht wesentlich mit der Zugabe von Verunreinigungen, solange der Anteil der Beimischungen nicht zu groß ist.

Mit den Daten aus *Anhang A* berechnet man

$$[P] = 1{,}03 \times 10^{21}\,\frac{\text{Atome P}}{m^3} \times \frac{30{,}97\,g\,P}{0{,}6023 \times 10^{24}\,\text{Atome P}} \times \frac{1\,cm^3\,Ge}{5{,}32\,g\,Ge} \times \frac{1\,m^3}{10^6\,cm^3}$$

$$= 9{,}96 \times 10^{-9}\,\frac{g\,P}{g\,Ge} = \frac{9{,}96\,g\,P}{10^9\,g\,Ge} = 9{,}96\,\text{ppb P}.$$

17.2 Elementare Störstellenhalbleiter

Beispiel 17.8 Für den Halbleiter in Beispiel 17.7 sind folgende Aufgaben zu lösen:
(a) Berechnen Sie die obere Temperatur für den Verarmungsbereich.
(b) Bestimmen Sie die Leitfähigkeit bei Fremdleitung für 300 K.

Lösung

(a) Die obere Temperatur für den Verarmungsbereich (siehe Abbildung 17.9) entspricht dem Punkt, an dem die Leitfähigkeit bei Eigenleitung gleich der maximalen Leitfähigkeit bei Fremdleitung ist. Mit den Gleichungen 15.14 und 17.2 sowie den Daten aus erhält man:

$$\sigma_{300\,K} = (23 \times 10^{18}\,\text{m}^{-3})(0{,}16 \times 10^{-18}\,\text{C})(0{,}364 + 0{,}190)\,\text{m}^2/(\text{V}\cdot\text{s})$$

$$= 2{,}04\,\Omega^{-1} * \text{m}^{-1}$$

und

$$\sigma = \sigma_0 e^{-E_g/2kT} \quad \text{oder} \quad \sigma_0 = \sigma e^{+E_g/2kT},$$

was

$$\sigma_0 = (2{,}04\,\Omega^{-1}\cdot\text{m}^{-1}) e^{+(0{,}66\,\text{eV})/2(86{,}2\times 10^{-6}\,\text{eV/K})(300\,\text{K})}$$

$$= 7{,}11 \times 10^5\,\Omega^{-1} * \text{m}^{-1}$$

ergibt.
Mit dem Wert aus Beispiel 17.7 erhält man dann

$$60\,\Omega^{-1}\cdot\text{m}^{-1} = (7{,}11 \times 10^5\,\Omega^{-1}\cdot\text{m}^{-1}) e^{-(0{,}66\,\text{eV})/2(86{,}2\times 10^{-6}\,\text{eV/K})T},$$

was

$$T = 408\,\text{K} = 135\,°\text{C}$$

ergibt.
(b) Die Leitfähigkeit für Fremdleitung dieses n-Halbleiters ist mit Gleichung 17.5 zu berechnen:

$$\sigma = \sigma_0 e^{-(E_g - E_d)/kT}.$$

Beispiel 17.7 hat $\sigma = 60\,\Omega^{-1} * \text{m}^{-1}$ bei 100 °C angegeben. Aus geht hervor, dass $E_g - E_d$ gleich 0,012 eV für P-dotiertes Ge ist. Somit berechnet man

$$\sigma_0 = \sigma e^{+(E_g - E_d)/kT}$$

$$= (60\,\Omega^{-1}\cdot\text{m}^{-1}) e^{+(0{,}012\,\text{eV})/(86{,}2\times 10^{-6}\,\text{eV/K})(373\,\text{K})}$$

$$= 87{,}1\,\Omega^{-1} * \text{m}^{-1}.$$

Bei 300 K ergibt sich

$$\sigma = (87{,}1\,\Omega^{-1}\cdot\text{m}^{-1}) e^{-(0{,}012\,\text{eV})/(86{,}2\times 10^{-6}\,\text{eV/K})(300\,\text{K})}$$

$$= 54{,}8\,\Omega^{-1} * \text{m}^{-1}.$$

Beispiel 17.9

Skizzieren Sie die Leitfähigkeit des Phosphor-dotierten Germaniums aus den Beispielen 17.7 und 17.8 wie in Abbildung 17.9 zu sehen.

Lösung

Benötigt werden die Daten für Fremd- und Eigenleitung:
Daten für Fremdleitung:

$$\sigma_{100°C} = 60\,\Omega^{-1}\cdot m^{-1} \text{ oder } \ln\sigma = 4{,}09\,\Omega^{-1}\cdot m^{-1}$$

bei $T = 100\,°C = 373\,K$ oder $1/T = 2{,}68 \times 10^{-3}\,K^{-1}$
und

$$\sigma_{300K} = 54{,}8\,\Omega^{-1}\cdot m^{-1} \text{ oder } \ln\sigma = 4{,}00\,\Omega^{-1}\cdot m^{-1}$$

bei $T = 300\,K$ oder $1/T = 3{,}33 \times 10^{-3}\,K^{-1}$.
Daten für Eigenleitung:

$$\sigma_{408K} = 60\,\Omega^{-1}\cdot m^{-1} \text{ oder } \ln\sigma = 4{,}09\,\Omega^{-1}\cdot m^{-1}$$

bei $T = 408\,K$ oder $1/T = 2{,}45 \times 10^{-3}\,K^{-1}$
und

$$\sigma_{300K} = 2{,}04\,\Omega^{-1}\cdot m^{-1} \text{ oder } \ln\sigma = 0{,}713\,\Omega^{-1}\cdot m^{-1}$$

bei $T = 300\,K$ oder $1/T = 3{,}33 \times 10^{-3}\,K^{-1}$.
Diese Daten lassen sich wie folgt als Diagramm darstellen:

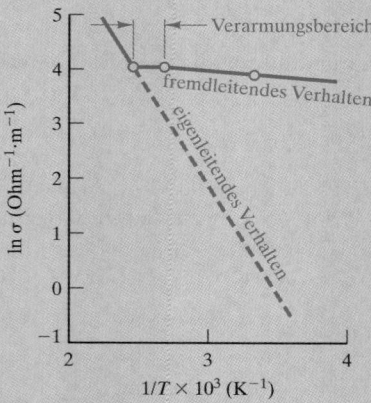

Hinweis: Mit Diagrammen lassen sich diese Berechnungen „visualisieren".

17.2 Elementare Störstellenhalbleiter

Beispiel 17.10 (a) Berechnen Sie die erforderliche Photonenwellenlänge (in nm), um ein Elektron in das Leitungsband in eigenleitendem Silizium anzuheben.
(b) Berechnen Sie die erforderliche Photonenwellenlänge (in nm), um ein Donatorelektron in das Leitungsband von Arsen-dotiertem Silizium anzuheben.

Lösung

(a) Setzt man die Bandlücke E_g für eigenleitendes Silizium aus in *Gleichung 16.3* ein, erhält man

$$E_g = 1{,}107 \text{ eV} = E = \frac{hc}{\lambda}$$

oder

$$\lambda = \frac{hc}{1{,}107 \text{ eV}}$$

$$= \frac{(0{,}663 \times 10^{-33} \text{ J}\cdot\text{s})(3{,}00 \times 10^8 \text{ m/s})}{(1{,}107 \text{ eV}) \times 0{,}16 \times 10^{-18} \text{ J/eV}} \times 10^9 \frac{\text{nm}}{\text{m}}$$

$$= 1.120 \text{ nm}.$$

(b) Um das Elektron anzuheben, ist nur $E_g - E_d$ zu überwinden. Mit dem in angegebenen Wert erhält man:

$$E_g - E_d = 0{,}049 \text{ eV} = E = \frac{hc}{\lambda}$$

oder

$$\lambda = \frac{(0{,}663 \times 10^{-33} \text{ J}\cdot\text{s})(3{,}00 \times 10^8 \text{ m/s})}{(0{,}049 \text{ eV}) \times 0{,}16 \times 10^{-18} \text{ J/eV}} \times 10^9 \frac{\text{nm}}{\text{m}}$$

$$= 25.400 \text{ nm}.$$

Übung 17.7 In Beispiel 17.6 wurde die Leitfähigkeit eines n-Halbleiters bei 25 °C und 30 °C berechnet. (a) Stellen Sie eine ähnliche Berechnung für 50 °C an und (b) zeichnen Sie die Leitfähigkeit über dem Bereich von 25 °C bis 50 °C als Arrhenius-Diagramm wie in Abbildung 17.8. (c) Welcher wichtigen Annahme unterliegt die Gültigkeit Ihrer Ergebnisse in den Teilen (a) und (b)?

> **Übung 17.8** Die Beispiele 17.7 bis 17.9 haben detaillierte Berechnungen über einen P-dotierten Ge-Halbleiter angestellt. Nehmen Sie nun die obere Temperaturgrenze für fremdleitendes Verhalten bei einem Aluminium-dotierten Germanium ebenfalls mit 100 °C an, wobei die Leitfähigkeit bei Fremdleitung an diesem Punkt auch hier 60 $\Omega^{-1} * m^{-1}$ betrage. Berechnen Sie (a) den Gewichtsanteil der Aluminiumdotierung in ppb, (b) die obere Temperatur für den Sättigungsbereich und (c) die Leitfähigkeit bei Fremdleitung für 300 K. Erstellen Sie dann (d) ein Diagramm der Ergebnisse analog zu Beispiel 17.9 und Abbildung 17.13.

> **Übung 17.9** Berechnen Sie wie in Beispiel 17.10 (a) die erforderliche Photonenwellenlänge (in nm), um ein Elektron in das Leitungsband in eigenleitendem Germanium anzuheben, und (b) die erforderliche Wellenlänge, um ein Donatorelektron in das Leitungsband von Arsen-dotiertem Germanium anzuheben.

> **Übung 17.10** Beispiel 17.11 beschreibt einen GaAs-Halbleiter mit einer Se-Dotierung von 100 ppb. Wie groß ist die Atomdichte von Se-Atomen in diesem Störstellenhalbleiter? (Die Dichte von GaAs beträgt 5,32 Mg/m³.)

17.3 Halbleitende Verbindungen

Viele Verbindungen aus den Elementen um die Gruppe IV A im Periodensystem der Elemente sind Halbleiter. Wie Kapitel 3 erläutert hat, sehen diese **halbleitende Verbindungen** „im Durchschnitt" wie Elemente der Gruppe IV A aus. Viele Verbindungen haben die Zinkblende-Struktur (siehe *Abbildung 3.24*), die der kubischen Diamantstruktur entspricht, wobei sich Kationen und Anionen an den Atompositionen abwechseln. Aus elektrischer Sicht entsprechen diese Verbindungen im Mittel den Elementen der IV A-Gruppe. Die **III-V-Verbindungen** sind MX-Verbindungen, wobei M ein Element mit der Valenz 3+ und X ein Element mit der Valenz 5+ ist. Der Durchschnitt von 4+ stimmt mit der Valenz der Elemente in Gruppe IV A überein und führt vor allem zu einer Bandstruktur, die mit der in *Abbildung 15.9* gezeigten vergleichbar ist. In ähnlicher Weise kombinieren **II-VI-Verbindungen** ein Element mit der Valenz 2+ und ein Element mit der Valenz 6+. Ein Durchschnitt von vier Valenzelektronen je Atom ist eine gute Faustregel für Halbleiterverbindungen. Allerdings gibt es wie bei allen Regeln bestimmte Ausnahmen, so bei einigen IV-VI-Verbindungen (beispielsweise GeTe). Ein anderes Beispiel ist Fe_3O_4 (= $FeO * Fe_2O_3$). Der $Fe^{2+}-Fe^{3+}$-Austausch ist durch große Elektronenbeweglichkeiten gekennzeichnet.

17.3 Halbleitende Verbindungen

Reine III-V- und II-VI-Verbindungen sind Eigenhalbleiter. Man kann sie zu Störstellenhalbleitern machen, indem man sie in der gleichen Weise wie elementare Halbleiter dotiert (siehe den vorhergehenden Abschnitt). Tabelle 17.4 gibt typische halbleitende Verbindungen an. In Tabelle 17.5 finden Sie die Werte von Bandlücke (E_g), Elektronenbeweglichkeit (μ_e), Löcherbeweglichkeit (μ_h) und Leitungselektronendichte bei Raumtemperatur (n) für verschiedene eigenleitende Verbindungshalbleiter. Wie bei elementaren Halbleitern gelten die Beweglichkeitswerte auch für fremdleitende Verbindungshalbleiter.

Tabelle 17.4

Ausgewählte halbleitende Verbindungen

Gruppe	Verbindung	Gruppe	Verbindung
III-V	BP	II-VI	ZnS
	AlSb		ZnSe
	GaP		ZnTe
	GaAs		CdS
	GaSb		CdSe
	InP		CdTe
	InAs		HgSe
	InSb		HgTe

Tabelle 17.5

Elektrische Eigenschaften für ausgewählte eigenleitende Verbindungshalbleiter bei Raumtemperatur (300 K)

Gruppe	Halbleiter	E_g [eV]	μ_e [m²/(V·s)]	μ_h [m²/(V·s)]	$n_e (= n_h)$ [m^{-3}]
III-V	AlSb	1,60	0,090	0,040	–
	GaP	2,25	0,030	0,015	–
	GaAs	1,47	0,720	0,020	$1,4 \times 10^{12}$
	GaSb	0,68	0,500	0,100	–
	InP	1,27	0,460	0,010	–
	InAs	0,36	3,300	0,045	–
	InSb	0,17	8,000	0,045	$13,5 \times 10^{21}$
II-VI	ZnSe	2,67	0,053	0,002	–
	ZnTe	2,26	0,053	0,090	–
	CdS	2,59	0,034	0,002	–
	CdTe	1,50	0,070	0,007	–
	HgTe	0,025	2,200	0,016	–

HALBLEITERWERKSTOFFE

Beispiel 17.11 Ein eigenleitender GaAs- (n-) Halbleiter enthält Se mit einem Gewichtsanteil von 100 ppb. Geben Sie den Anteil von Se in Molprozent an.

Lösung

Für 100 g dotiertes GaAs ergibt sich mit der Methode von Beispiel 17.4:

$$\frac{100}{10^9} \times 100 \text{ g Se} = 1 \times 10^{-5} \text{ g Se}.$$

Mit den Daten aus *Anhang A* lässt sich berechnen

$$\text{Anz. g} \cdot \text{Atom Se} = \frac{1 \times 10^{-5} \text{ g Se}}{78{,}96 \text{ g/g} \cdot \text{Atom}} = 1{,}27 \times 10^{-7} \text{ g} \cdot \text{Atom}$$

und

$$\text{Anz. Mole GaAs} = \frac{(100 - 1 \times 10^{-5}) \text{ g GaAs}}{(69{,}72 + 74{,}92) \text{ g/mol}} = 0{,}691 \text{ mol}.$$

Schließlich erhält man das Ergebnis:

$$\text{Mol-\% Se} = \frac{1{,}27 \times 10^{-7} \text{ g} \cdot \text{Atom}}{(0{,}691 + 1{,}27 \times 10^{-7}) \text{ mol}} \times 100$$

$$= 18{,}4 \times 10^{-6} \text{ Mol-\%}.$$

Beispiel 17.12 Berechnen Sie die Eigenleitfähigkeit von GaAs bei 50 °C.

Lösung

Nach Gleichung 15.14

$$\sigma = nq(\mu_e + \mu_h)$$

und mit den Daten aus Tabelle 17.5 erhält man

$$\sigma_{300\text{ K}} = (1{,}4 \times 10^{12} \text{ m}^{-3})(0{,}16 \times 10^{-18} \text{ C})(0{,}720 + 0{,}020) \text{ m}^2/(\text{V} \cdot \text{s})$$

$$= 1{,}66 \times 10^{-7} \text{ } \Omega^{-1} * \text{m}^{-1}.$$

Nach Gleichung 17.2

$$\sigma = \sigma_0 e^{-E_g/2kT}$$

oder

$$\sigma_0 = \sigma e^{+E_g/2kT}$$

und mit den Daten aus Tabelle 17.5 erhält man

$$\sigma_0 = \left(1{,}66 \times 10^{-7}\ \Omega^{-1} \cdot \text{m}^{-1}\right) e^{+(1{,}47\ \text{eV})/2\left(86{,}2 \times 10^{-6}\ \text{eV/K}\right)(300\ \text{K})}$$

$$= 3{,}66 \times 10^5\ \Omega^{-1} * \text{m}^{-1}.$$

Damit ergibt sich

$$\sigma_{50°C} = \left(3{,}66 \times 10^5\ \Omega^{-1} \cdot \text{m}^{-1}\right) e^{-(1{,}47\ \text{eV})/2\left(86{,}2 \times 10^{-6}\ \text{eV/K}\right)(323\ \text{K})}$$

$$= 1{,}26 \times 10^{-6}\ \Omega^{-1} * \text{m}^{-1}.$$

Beispiel 17.13 Welcher Anteil des Stroms wird im Eigenhalbleiter CdTe durch Elektronen und welcher Anteil durch Löcher transportiert?

Lösung

Aus Gleichung 15.14

$$\sigma = nq(\mu_e + \mu_h)$$

lässt sich ableiten, der

$$\text{Anteil durch Elektronen} = \frac{\mu_e}{\mu_e + \mu_h}$$

und

$$\text{Anteil durch Löcher} = \frac{\mu_h}{\mu_e + \mu_h}.$$

Mit den Daten aus Tabelle 17.5 erhält man

$$\text{Anteil durch Elektronen} = \frac{0{,}070}{0{,}070 + 0{,}007} = 0{,}909$$

und

$$\text{Anteil durch Löcher} = \frac{0{,}007}{0{,}070 + 0{,}007} = 0{,}091.$$

> **Übung 17.11** Berechnen Sie die Eigenleitfähigkeit von InSb bei 50 °C. (Siehe Beispiel 17.12.)

> **Übung 17.12** Berechnen Sie für InSb die von Elektronen und Löchern transportierten Stromanteile. (Siehe Beispiel 17.13.)

17.4 Amorphe Halbleiter

In *Abschnitt 4.5* wurde der wirtschaftliche Vorteil von **amorphen** (nichtkristallinen) **Halbleitern** herausgearbeitet. Sowohl die technologischen wie auch wissenschaftlichen Erkenntnisse zu diesen amorphen halbleitenden Werkstoffen sind nicht so weit fortgeschritten wie bei den kristallinen Pendants. Trotzdem hat sich bereits ein wichtiger Markt für amorphe Halbleiter entwickelt. Diese Werkstoffe machen mehr als ein Viertel des photovoltaischen Marktes (Solarzellen) aus und man findet sie in portablen Produkten der Konsumelektronik wie z.B. Solaruhren und Laptop-Displays. Tabelle 17.6 gibt einige Beispiele für amorphe Halbleiter an. Beachten Sie, dass amorphes Silizium häufig durch Zersetzung von Silan (SiH_4) erzeugt wird. Dieser Prozess läuft oftmals nicht komplett ab und „amorphes Silizium" stellt dann eigentlich eine Silizium-Wasserstoff-Legierung dar. In Tabelle 17.6 sind auch Chalcogenide (S, Se und Te sowie ihre Verbindungen) angegeben. Amorphes Selen hat im Xerographie-Prozess eine zentrale Rolle gespielt (als photoelektrische Beschichtung der Trommel, die mit den Bildinformationen aufgeladen wird).

Tabelle 17.6

Ausgewählte amorphe Halbleiter

Gruppe	Halbleiter	Gruppe	Halbleiter
IV A	Si	III-V	GaAs
	Ge		
VI A	S	IV-VI	GeSe
	Se		GeTe
	Te	V-VI	As_2Se_3

Beispiel 17.14 Ein amorphes Silizium enthalte 20 Atomprozent Wasserstoff. In erster Näherung sind die Wasserstoffatome in interstitieller fester Lösung vorhanden. Welche Wirkung hat die Zugabe von Wasserstoff auf die Dichte, wenn die Dichte des reinen amorphen Siliziums 2,3 g * cm^{-3} beträgt?

Lösung

In 100 g der Si-H-„Legierung" sind x g H und $(100 - x)$ g Si enthalten. Mit den Daten aus *Anhang A* können wir auch sagen, dass

$$\frac{x \text{ g}}{1{,}008 \text{ g}} \text{g} \cdot \text{Atom H}$$

und

$$\frac{(100 - x)\text{g}}{28{,}09\text{g}} \text{g} \cdot \text{Atom Si}$$

enthalten sind.
Allerdings gilt

$$\frac{x / 1{,}008}{(100 - x)/28{,}09} = \frac{0{,}2}{0{,}8}$$

oder

$$x = 0{,}889 \text{ g H}$$

und

$$100 - x = 99{,}11 \text{ g Si}.$$

Das Silizium nimmt ein Volumen von

$$V = \frac{99{,}11 \text{ g Si}}{2{,}3 \text{ g}} \text{cm}^3 = 43{,}09 \text{ cm}^3$$

ein. Somit beträgt die Dichte der „Legierung"

$$\rho = \frac{100 \text{ g}}{43{,}09 \text{ cm}^3} = 2{,}32 \text{ g} \cdot \text{cm}^{-3},$$

was einer Zunahme von

$$\frac{2{,}32 - 2{,}30}{2{,}30} \times 100 = 0{,}90\%$$

entspricht.
Hinweis: Wegen dieses geringen Unterschieds hat man anfangs nicht erkannt, dass „amorphes Silizium" im Allgemeinen große Mengen von Wasserstoff enthält. Außerdem ist Wasserstoff ein Element, das man in chemischen Routineuntersuchungen leicht übersieht.

> **Übung 17.13** Beispiel 17.14 hat gezeigt, dass 20 Molprozent Wasserstoff einen geringen Einfluss auf die endgültige Dichte von amorphem Silizium hat. Nehmen Sie nun an, dass amorphes Silizium durch Abscheidung von Siliziumtetrachlorid $SiCl_4$ anstelle von Silan SiH_4 erzeugt wird. Berechnen Sie mit ähnlichen Annahmen die Wirkung von 20 Molprozent Cl auf die endgültige Dichte eines amorphen Siliziums.

17.5 Herstellung von Halbleitern

Das eindrucksvollste Merkmal der Halbleiterherstellung ist die Möglichkeit, Werkstoffe von unvergleichlicher struktureller und chemischer Reinheit herzustellen. Die Abschnitte *„Die Welt der Werkstoffe"* in den *Kapiteln 3* und *9* haben gezeigt, wie sich diese Perfektion erreichen lässt. Tabelle 17.7 fasst wichtige Techniken der Kristallzüchtung zusammen, um hochqualitative Halbleitereinkristalle durch Ziehen aus der Schmelze herzustellen. Die fertigen Kristalle werden mit Diamant-besetzten Sägeblättern oder Drähten in dünne Scheiben, so genannte *Wafer*, geschnitten und schließlich geschliffen und poliert. Die Wafer stehen damit bereit für die komplexen Fertigungsschritte, die für mikroelektronische Schaltkreise erforderlich sind. Abschnitt 17.6 geht näher auf diese Abläufe ein. Die strukturelle Perfektion des ursprünglichen Halbleiterkristalls ergibt sich aus der hoch entwickelten Technologie des Kristallwachstums. Die chemische Perfektion wird durch **Zonenreinigen** erzielt, wie es der Abschnitt *„Die Welt der Werkstoffe"* in *Kapitel 9* veranschaulicht hat. Im dort gezeigten Phasendiagramm ist zu erkennen, dass der Verunreinigungsgehalt in der Flüssigkeit beträchtlich größer als im Festkörper ist. Mit diesen Daten können wir einen **Segregationskoeffizienten** K als

$$K = \frac{C_s}{C_l} \qquad (17.9)$$

definieren, wobei C_s und C_l die Verunreinigungskonzentrationen in der festen (s = solid) und der flüssigen (l = liquid) Phase bezeichnen. Natürlich ist K für den im Abschnitt *Die Welt der Werkstoffe* von *Kapitel 9* gezeigten Fall wesentlich kleiner als 1; nahe am Rand des Phasendiagramms sind die Solidus- und Liquiduslinien fast gerade, was einen konstanten Wert von K über einen weiten Temperaturbereich ergibt.

Tabelle 17.7

Wichtige Verfahren der Kristallzüchtung von Halbleitern

Beschreibung	Bild	Verwendet für
Czochralski oder Teal-Little	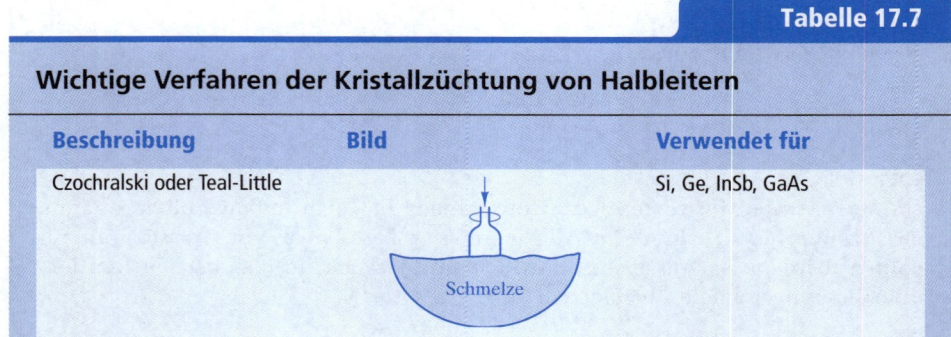	Si, Ge, InSb, GaAs

17.5 Herstellung von Halbleitern

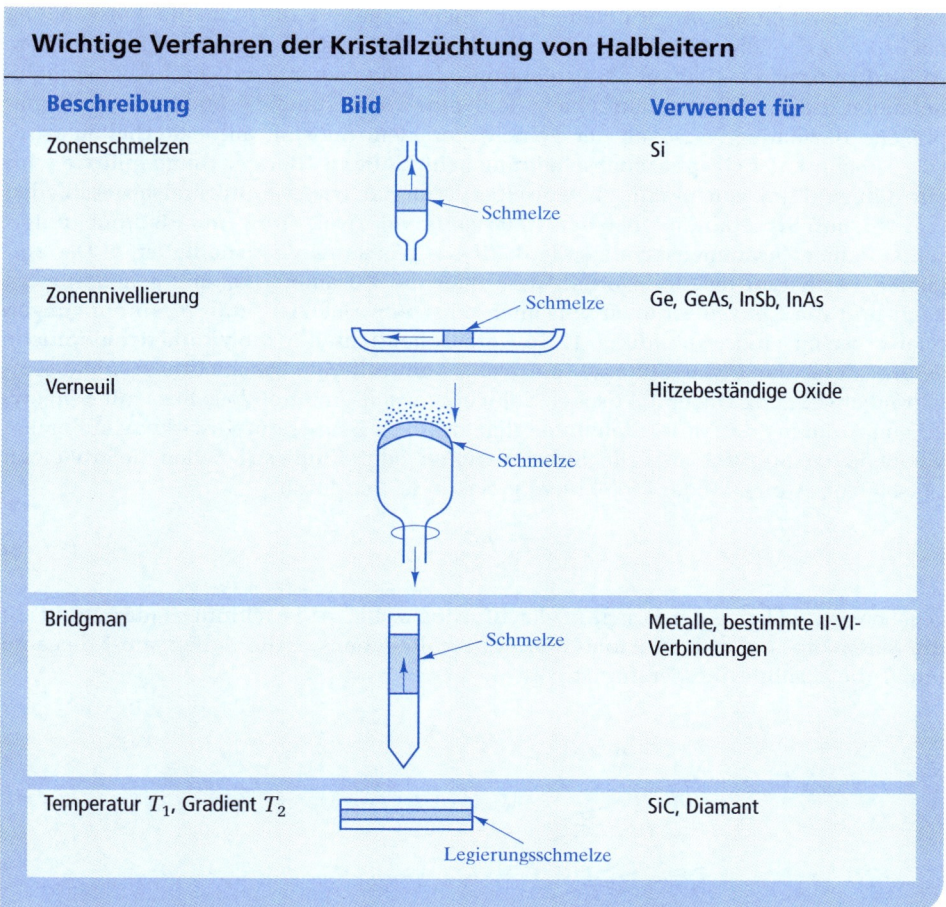

Strukturdefekte wie z.B. Versetzungen beeinflussen die Leistung der im nächsten Abschnitt behandelten Siliziumbauelemente nachteilig. Derartige Defekte treten häufig als Nebenprodukt der Sauerstofflöslichkeit im Silizium auf. In einem als **Gettern** bezeichneten Prozess wird der Sauerstoff gebunden und damit aus dem Bereich des Siliziums entfernt, in dem die elektronische Schaltung entsteht. Ironischerweise wird oftmals der für die Versetzungen verantwortliche Sauerstoff entfernt, indem man Versetzungen auf der „Rückseite" des Wafers einbringt und die Seite als „Vorderseite" des Wafers definiert, auf der die Schaltung erzeugt wird. Mechanische Beschädigungen (z.B. durch Abrieb oder Lasereinwirkung) produzieren Versetzungen, die als Getterzentren für die Bildung von SiO_2-Ausscheidungen dienen. Diesen Vorgang bezeichnet man als **fremdleitendes Gettern**. Etwas heikler ist die Lösung, den Silizium-Wafer zu tempern, sodass sich SiO_2-Ausscheidungen innerhalb des Wafers im elektrisch nicht aktiven Teil bilden, doch weit genug von der Vorderseite des Wafers entfernt, um die Funktion der Schaltung nicht zu stören. Dieses zweite Verfahren heißt **eigenleitendes Gettern** und umfasst bis zu drei separate Temper-Schritte zwischen 600 und 1.250 °C über einen Zeitraum von mehreren Stunden. In der Halbleiterindustrie wird sowohl fremd- als auch eigenleitendes Gettern eingesetzt.

17 HALBLEITERWERKSTOFFE

Bei der Herstellung von Halbleiterbauelementen gehört die schnelle Entwicklung neuer Prozesse zum Alltagsgeschäft. Abschnitt 17.6 gibt hierfür einige Beispiele an. Außerdem basieren viele moderne elektronische Bauelemente auf geschichteten halbleitenden Dünnschichten auf einem anderen, wobei eine besondere kristallographische Beziehung zwischen der Schicht und dem Substrat aufrechterhalten wird. Diese Technik der **Gasphasenabscheidung** heißt **Epitaxie**. Bei der **Homoepitaxie** wird ein dünner Film von praktisch demselben Material wie das Substrat abgeschieden (z.B. Si auf Si), während bei der **Heteroepitaxie** zwei Stoffe mit deutlich unterschiedlichen Zusammensetzungen (z.B. $Al_xGa_{1-x}As$ auf GaAs) beteiligt sind. Das epitaxiale Wachstum hat den Vorteil, dass man die Zusammensetzung genau steuern kann und die Konzentrationen von unerwünschten Defekten und Verunreinigungen relativ gering sind. Abbildung 17.15 veranschaulicht die **Molekularstrahlepitaxie** (MBE, Molecular Beam Epitaxy), ein exakt kontrollierter Beschichtungsvorgang im Ultrahochvakuum. Die epitaktischen Schichten wachsen durch Beschuss mit den jeweiligen Atomen oder Molekülen unter gleichzeitiger Temperatureinwirkung auf einem vorgeheizten Substrat auf. Die **Effusionszellen** oder **Knudsen**[1]**-Zellen** liefern einen Fluss F von Atomen (oder Molekülen) je Sekunde, der durch

$$F = \frac{pA}{\sqrt{2\pi mkT}} \qquad (17.10)$$

gegeben ist, wobei p der Druck in der Effusionszelle, A der Öffnungsquerschnitt, m die Masse eines einzelnen Atom- oder Molekülteilchens, k die Boltzmann-Konstante und T die absolute Temperatur ist.

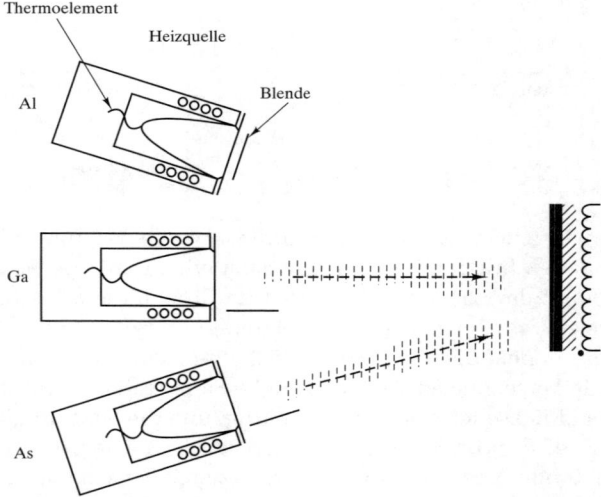

Abbildung 17.15: Schematische Darstellung der Molekularstrahlepitaxie. Widerstandsbeheizte Heizquellen (auch Effusions- oder Knudsen-Zellen genannt) liefern den atomaren oder molekularen Beschuss (mit etwa 10 mm Radius). Blenden steuern die Abscheidung jedes Strahls auf dem geheizten Substrat.

---

[1] Martin Hans Christian Knudsen (1871–1949), dänischer Physiker. Während seiner brillanten Laufbahn an der Universität Kopenhagen beschäftigte er sich mit Grundlagenuntersuchungen zur Natur der Gase bei niedrigem Druck. Gleichzeitig interessierte er sich für Hydrographie und entwickelte Methoden, um die verschiedenen Eigenschaften von Meerwasser zu definieren.

Beispiel 17.15 Anhand des Al-Si-Phasendiagramms (siehe *Abbildung 9.13*) lässt sich das Prinzip der Zonenreinigung veranschaulichen. Nehmen Sie einen Siliziumstab an, der Aluminium als einzige Verunreinigung enthält. Berechnen Sie (a) den Segregationskoeffizienten K im Si-reichen Bereich und (b) die Reinheit eines Si-Stabs mit 99 Gewichtsprozent nach einem einzelnen Durchgang durch die geschmolzene Zone. (Beachten Sie, dass die Soliduslinie als Gerade zwischen einer Zusammensetzung von 99,985 Gewichtsprozent Si bei 1.190 °C und 100 Gewichtsprozent Si bei 1.414 °C angenommen werden kann.)

Lösung

(a) Ein genauerer Blick auf *Abbildung 9.13* zeigt, dass die Liquiduslinie die Linie der 90%-Si-Zusammensetzung bei einer Temperatur von 1.360 °C schneidet. Die Soliduslinie lässt sich in der Form

$$y = mx + b$$

ausdrücken, wobei y die Temperatur und x die Siliziumzusammensetzung (in Gewichtsprozent) ist. Für die angegebene Bedingung gilt

$$1.190 = m(99,985) + b$$

und

$$1.414 = m(100) + b.$$

Die Lösung des Gleichungssystems liefert

$$m = 1{,}493 \times 10^4 \text{ und } b = -1{,}492 \times 10^6.$$

Bei 1.360 °C (mit der Liquiduszusammensetzung von 90% Si), wird die Zusammensetzung der festen Phase durch

$$1.360 = 1{,}493 \times 10^4 \, x - 1{,}492 \times 10^6$$

oder

$$x = \frac{1{,}360 + 1{,}492 \times 10^6}{1{,}493 \times 10^4}$$

$$= 99{,}99638$$

gegeben.

Der Segregationskoeffizient wird in Form von Verunreinigungsniveaus berechnet, d.h.

$$c_s = 400 - 99{,}99638 = 0{,}00362 \text{ Gew.-\% Al}$$

und

$$c_l = 100 - 90 = 10 \text{ Gew.-\% Al},$$

was

$$K = \frac{c_s}{c_l} = \frac{0{,}00362}{10} = 3{,}62 \times 10^{-4}$$

liefert.

(b) Für die Liquiduslinie nimmt ein ähnlich geradliniger Ausdruck die Werte

$$1.360 = m(90) + b$$

und

$$1.414 = m(100) + b$$

an, was

$$m = 5{,}40 \text{ und } b = 874$$

liefert.
Ein Stab mit 99 Gew.-% Si hat eine Liquidustemperatur von

$$T = 5{,}40(99) + 874 = 1.408{,}6 \text{ °C}.$$

Die korrespondierende Soliduszusammensetzung ist durch

$$1.408{,}6 = 1{,}493 \times 10^4 \, x - 1{,}492 \times 10^6$$

oder

$$x = \frac{1408{,}6 + 1{,}492 \times 10^6}{4924} = 99{,}999638 \text{ Gew.-% Si}$$

gegeben.
Ein alternativer Zusammensetzungsausdruck lautet

$$\frac{(100 - 99{,}999638)\% \text{ Al}}{100\%} = 3{,}62 \times 10^{-6} \text{ Al}$$

oder 3,62 ppm Al.
Hinweis: Diese Berechnungen sind anfällig für Rundungsfehler. Die Werte für m und b in der Gleichung für die Soliduslinie müssen an mehrere Stellen übertragen werden.

Übung 17.14 In Beispiel 17.15 wurde die Reinheit eines Stabes aus 99 Gew.-% Si nach einem Zonenreinigungsdurchgang berechnet. Wie groß ist die Reinheit nach zwei Durchgängen?

17.6 Halbleiterbauelemente

Dieses Buch widmet den Details der endgültigen Anwendungen von technischen Werkstoffen nur wenig Platz und konzentriert sich auf die Werkstoffeigenschaften. Für Konstruktions- und optische Anwendungen sind genaue Beschreibungen oftmals unnötig. Der Baustahl und die Glasfenster von modernen Gebäuden sind uns allen bekannt, während das bei den miniaturisierten Anwendungen von Halbleiterwerkstoffen im Allgemeinen nicht so ist. Dieser Abschnitt beschäftigt sich deshalb mit einigen Festkörper**bauelementen**.

Miniaturisierte elektrische Schaltungen sind das Ergebnis der kreativen Kombination von p-leitenden und n-leitenden Halbleiterwerkstoffen. Ein besonders einfaches Beispiel ist der **Gleichrichter** oder die **Diode** wie in Abbildung 17.16 dargestellt. Die Diode enthält einen einzelnen **p-n-Übergang** (d.h. eine Grenzfläche zwischen benach-

17.6 Halbleiterbauelemente

barten Gebieten von p-leitenden und n-leitenden Stoffen). Dieser Übergang lässt sich durch physikalische Verbindung eines p-leitenden und eines n-leitenden Stoffs herstellen. Später zeigen wir kompliziertere Verfahren, um derartige Übergänge zu bilden – und zwar durch Diffusion von unterschiedlichen Dotierungselementen (p-Typ und n-Typ) in benachbarte Gebiete eines (anfangs) eigenleitenden Stoffs. Legt man eine Spannung an das Bauelement an, wie es Abbildung 17.16b zeigt, werden die Ladungsträger vom Übergang weggetrieben (die positiven Löcher zur negativen Elektrode und die negativen Elektronen zur positiven Elektrode). Diese **Sperrspannung** führt schnell zur Polarisierung des Gleichrichters. Die Majoritätsladungsträger werden in jedem Bereich zu den angrenzenden Elektroden getrieben und es kann nur ein minimaler Strom (infolge der eigenleitenden Ladungsträger) fließen. Kehrt man die Polarität der angelegten Spannung um, entsteht eine **Durchlassspannung** wie in Abbildung 17.16c dargestellt. In diesem Fall fließen die Majoritätsladungsträger in jedem Gebiet zum Übergang, wo sie fortlaufend rekombinieren (jedes Elektron füllt ein Loch). Dieser Vorgang erlaubt einen beständigen Stromfluss im äußeren Stromkreis. Dieser ständige Stromfluss wird an den Elektroden abgeleitet. Der Elektronenfluss im äußeren Stromkreis liefert ständig neue Löcher (entfernt Elektronen) an der positiven Elektrode und neue Elektronen an der negativen Elektrode. Abbildung 17.17a zeigt den Stromfluss als Funktion der Spannung in einem idealen Gleichrichter, während Abbildung 17.17b den Stromfluss in einem realen Bauelement darstellt. Beim idealen Gleichrichter fließt bei angelegter Sperrspannung ein Strom von null und in Durchlassrichtung ist der Widerstand gleich null. Im realen Bauelement fließt ein kleiner Strom in Sperrrichtung (von den Minoritätsladungsträgern) und in Durchlassrichtung ist ein geringer Widerstand vorhanden. Dieses einfache Festkörperbauelement ersetzt die relativ voluminöse Gleichrichterröhre (siehe Abbildung 17.18). Dadurch wurde Anfang der 50er Jahre eine beträchtliche Miniaturisierung von elektronischen Schaltungen möglich.

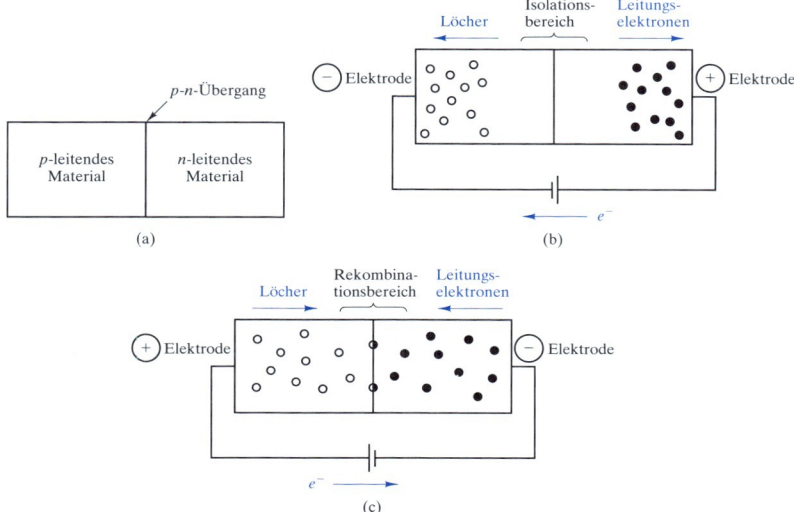

Abbildung 17.16: (a) Ein Festkörpergleichrichter (Diode) enthält einen einzelnen p-n-Übergang. (b) Bei angelegter Sperrspannung tritt eine Polarisation auf und es fließt ein geringer Strom. (c) Bei angelegter Durchlassspannung wandern die Majoritätsladungsträger in jedem Gebiet in Richtung des Übergangs, wo sie fortlaufend rekombinieren.

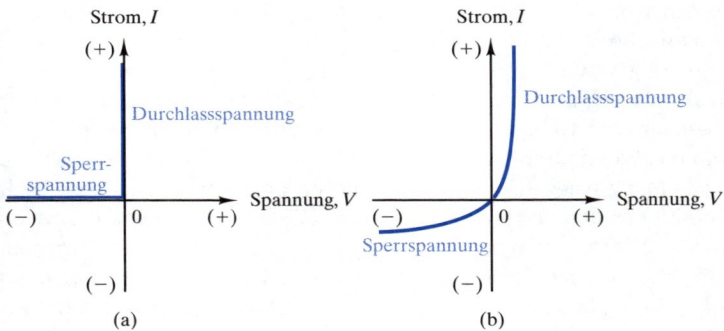

Abbildung 17.17: Stromfluss als Funktion der Spannung in (a) einem idealen Gleichrichter und (b) in einem realen Bauelement wie es z.B. Abbildung 17.18 zeigt.

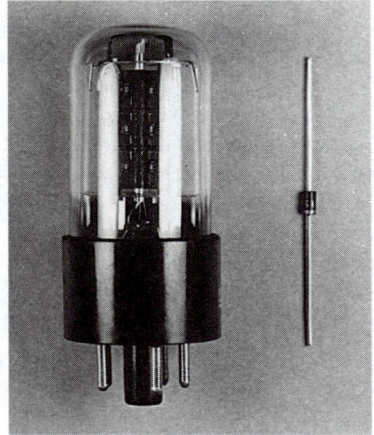

Abbildung 17.18: Vergleich einer Gleichrichterröhre (Vakuumröhre) mit einem entsprechenden Festkörperbauelement. Derartige Bauelemente erlaubten bereits eine beträchtliche Miniaturisierung in den Anfangstagen der Festkörpertechnologie.

Das vielleicht berühmteste Bauelement in dieser Festkörperrevolution ist der in Abbildung 17.19 dargestellte **Transistor**. Dieses Bauelement besteht aus einem Paar eng beieinander liegender p-n-Übergänge. Beachten Sie, dass die drei Gebiete des Transistors mit **Emitter**, **Basis** und **Kollektor** benannt sind. Am Übergang 1 (zwischen Emitter und Basis) liegt eine Durchlassspannung an. Dieser Übergang ist damit identisch zum Gleichrichter in Abbildung 17.16c. Allerdings erfordert die Funktion des Transistors ein Verhalten, das die Beschreibung des Gleichrichters noch nicht berücksichtigt hat. Insbesondere tritt die Rekombination der Elektronen und Löcher wie in Abbildung 17.16 dargestellt nicht sofort auf. In der Tat bewegen sich viele Ladungsträger über den Übergang. Wenn der Basisbereich (n-leitend) genügend schmal ist, kann eine große Anzahl von Löchern (Überschussladungsträger) über Übergang 2 gelangen. Ein typischer Basisbereich ist weniger als 1 μm breit. Nachdem die Löcher im Kollektor angelangt sind, können sie sich wieder frei (als Majoritätsladungsträger)

17.6 Halbleiterbauelemente

bewegen. Der Umfang des „Überschusses" von Löchern jenseits von Übergang 1 ist eine exponentielle Funktion der Emitterspannung U_e. Im Ergebnis ist der Strom im Kollektor I_c eine exponentielle Funktion von U_e

$$I_c = I_0 e^{U_e/B}, \qquad (17.11)$$

wobei I_0 und B Konstanten sind. Der Transistor ist ein **Verstärker**, da ein leichter Anstieg der Emitterspannung einen wesentlich größeren Anstieg des Kollektorstroms hervorruft. Die in Abbildung 17.19 dargestellte Schichtenfolge p–n–p ist nicht die einzige Möglichkeit für den Transistoraufbau. Ein n–p–n-System funktioniert in ähnlicher Weise mit Elektronen statt Löchern als Gesamtstromquelle. Die Konfiguration nach Abbildung 17.19 bezeichnet man auch als **Bipolartransistor** oder **Sperrschichttransistor**.

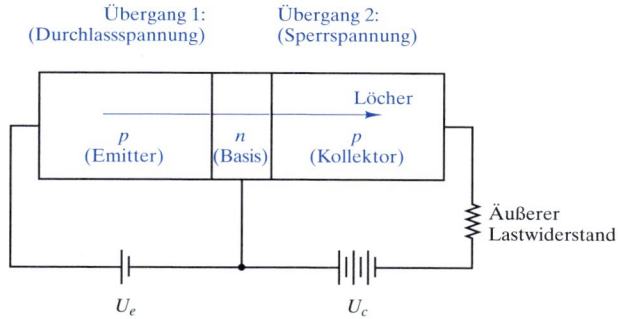

Abbildung 17.19: Schematischer Aufbau eines Transistors (mit der Schichtenfolge p–n–p). Der Überschuss an Löchern über der Basis (n-leitendes Gebiet) ist eine exponentielle Funktion der Emitterspannung U_e. Da der Kollektorstrom (I_c) ebenso eine exponentielle Funktion von U_e ist, kann dieses Bauelement als Verstärker dienen. Ein n–p–n-Transistor funktioniert ähnlich, außer dass Elektronen statt Löcher die Stromquelle bilden.

Eine modernere Variante des Transistordesigns ist in Abbildung 17.20 zu sehen. Der **Feldeffekttransistor (FET)** enthält einen „Kanal" zwischen einem **Source**- und einem **Drain**-Anschluss (die dem Emitter bzw. Kollektor in Abbildung 17.19 entsprechen). Der p-Kanal (unter einer isolierenden Schicht aus Siliziumoxid) wird beim Anlegen einer negativen Spannung am **Gate** (entsprechend der Basis in Abbildung 17.19) leitend. Das Feld des Kanals, das aus der negativen Gate-Spannung resultiert, zieht Löcher aus dem Substrat an. (Praktisch wird der n-leitende Stoff unmittelbar unter der Oxidschicht durch das Feld gestört und nimmt p-leitende Eigenschaften an.) Das Ergebnis ist der freie Fluss von Löchern von der p-leitenden Source zum p-leitenden Drain. Entfernt man die Spannung am Gate, stoppt praktisch der Gesamtstrom.

Ein n-Kanal-FET ist vergleichbar mit dem in Abbildung 17.20 gezeigten Aufbau, wobei aber die p- und n-leitenden Gebiete vertauscht sind und Elektronen statt Löcher als Ladungsträger dienen. Die Betriebsfrequenz von elektronischen Hochgeschwindigkeitsbauelementen ist durch die Zeit begrenzt, die ein Elektron benötigt, um sich von Source zu Drain über einen derartigen n-Kanal zu bewegen. In der Silizium-basierten Technologie der **integrierten Schaltkreise** (IS, engl. integrated circuit, IC) strebt man vor allem danach, die Gate-Länge mit einem typischen Wert von $< 1\,\mu m$ und einem derzeitigen Minimum von $\approx 0{,}1\,\mu m$ weiter zu reduzieren. Alternativ kann man zu einem Halbleiter mit einer höheren Elektronenbeweglichkeit wie z.B. GaAs übergehen. (Beachten Sie die relativen Werte von μ_e für Si und GaAs in den Tabellen 17.1 und 17.5.) Die Vorteile von GaAs muss man im Vergleich zu den höheren Kosten und der komplizierteren Herstellungstechnologie abwägen.

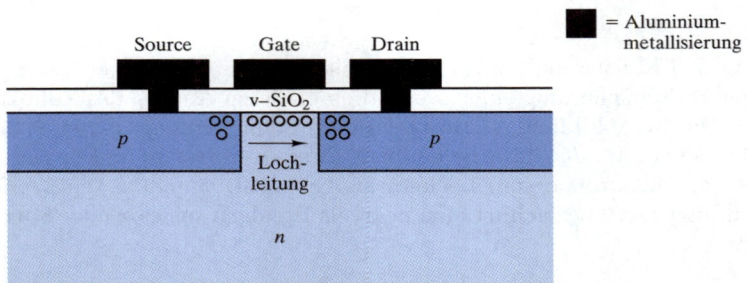

Abbildung 17.20: Schematischer Aufbau eines Feldeffekttransistors (FET). Eine negative Spannung am Gate erzeugt ein Feld unter der Siliziumoxidschicht und es bildet sich ein p-leitender Kanal zwischen Source und Drain aus. In modernen integrierten Schaltkreisen ist das Gate weniger als 1 μm breit.

Die Technik hat sich in jüngster Zeit mit rasanter Geschwindigkeit weiterentwickelt, doch nirgendwo sonst waren so große Schritte zu verzeichnen wie in der Festkörpertechnologie. Festkörperbauelemente wie Dioden und Transistoren führten zu einer deutlichen Miniaturisierung und konnten Vakuumröhren ersetzen. Die Miniaturisierung hat sich weiter fortgesetzt, indem individuelle Festkörperbauelemente zusammengefasst wurden. Um einen komplexen **Mikroschaltkreis** wie den in *Abbildung 1.17* gezeigten herzustellen, erzeugt man hochgenaue Muster von diffusionsfähigen Dotierungselementen des n- und p-Typs und erhält somit eine große Anzahl von Bauelementen auf einem einzelnen **Chip** aus Siliziumeinkristall. Abbildung 17.21 zeigt ein Array von vielen derartigen Chips, die auf einem einzelnen Silizium-**Wafer** hergestellt wurden, d.h. einer dünnen Scheibe aus einem zylindrischen Einkristall aus hochreinem Silizium. Ein typischer Wafer hat einen Durchmesser von 150 mm (6 Zoll), 200 mm (8 Zoll) oder 300 mm (12 Zoll), ist 250 μm dick und enthält Chips mit einer Kantenlänge von 5 bis 10 mm. Die einzelnen Schaltkreismuster werden durch **Lithographie** erzeugt. Diese Bezeichnung geht auf ein Druckverfahren zurück, bei dem Farbmuster auf einem porösen Stein erzeugt werden (das Präfix *Litho* kommt vom griechischen Wort *lithos* – „Stein"). Abbildung 17.22 zeigt die Schrittfolge, um ein Siliziumoxidmuster (SiO_2) auf Silizium zu erzeugen. Die ursprünglich einheitliche SiO_2-Schicht wird durch thermische Oxidation des Si zwischen 900 und 1.100 °C erzeugt. Bestimmend für den Lithographieprozess bei integrierten Schaltkreisen ist ein polymerer **Fotolack**. In Abbildung 17.22a wird ein „positiver" Fotolack verwendet, in dem das Material durch Belichtung mit ultravioletter Strahlung depolymerisiert wird. Mit einem Lösungsmittel wird der *belichtete* Fotolack entfernt. Für den Metallisierungsprozess kommt ein „negativer" Fotolack zum Einsatz (siehe Abbildung 17.23), bei dem die ultraviolette Strahlung eine Vernetzung des Polymers bewirkt. Das Lösungsmittel entfernt dann das *nicht belichtete* Material. Die Herstellung einer gezielten Oberflächendotierung zeigt Abbildung 17.24. Dabei handelt es sich um ein Zweischrittverfahren der Ionenimplantation durch eine Siliziumoxidmaske (SiO_2), gefolgt von der Diffusion des Dotierungselements in einem Temperaturbereich von 950 bis 1.050 °C.

17.6 Halbleiterbauelemente

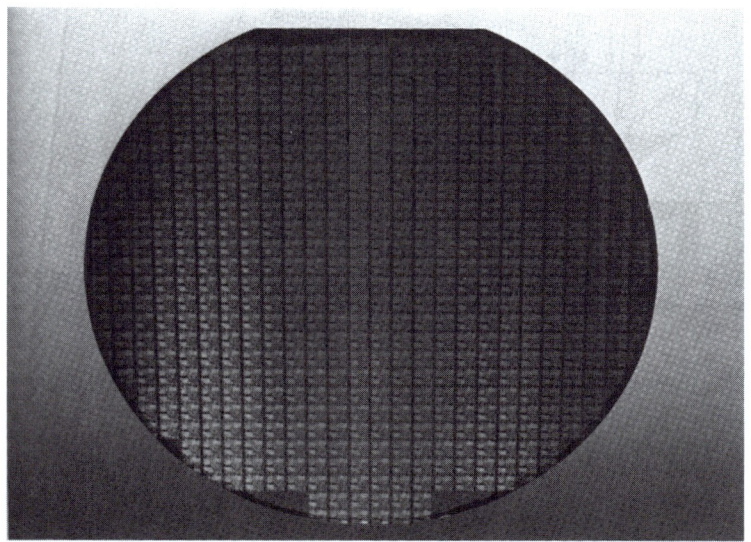

Abbildung 17.21: Ein Silizium-Wafer (1,5 mm dick × 150 mm Durchmesser), der viele Chips des in Abbildung 1.17 gezeigten Typs enthält.

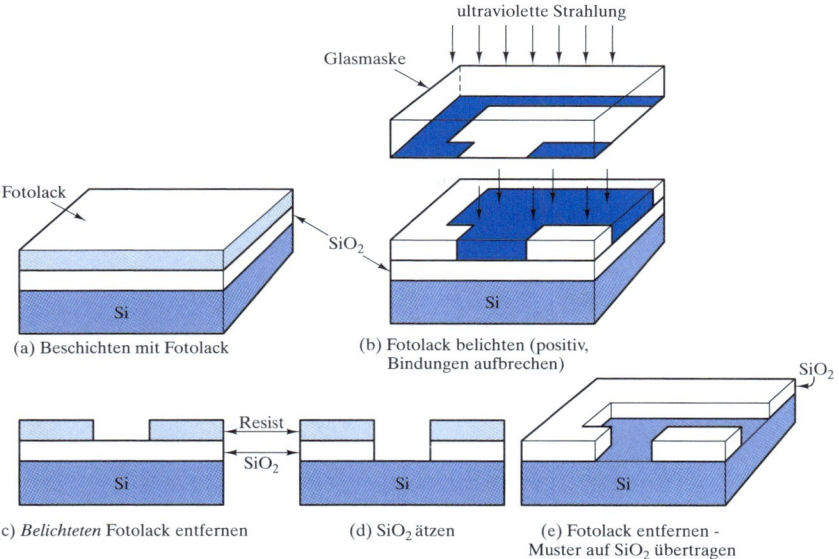

Abbildung 17.22: Schematische Darstellung der Lithographie-Prozessschritte, um Siliziumoxidmuster (SiO$_2$) auf einem Silizium-Wafer herzustellen

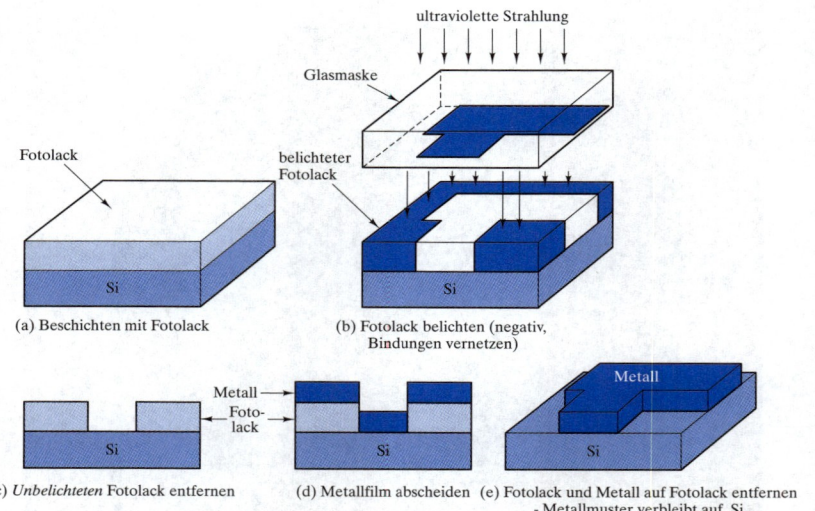

Abbildung 17.23: Schematische Darstellung der Lithographie-Prozessschritte, um Metallmuster auf einem Silizium-Wafer herzustellen.

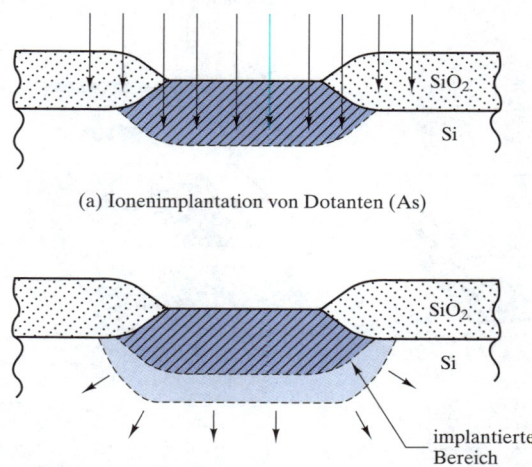

Abbildung 17.24: Schematische Darstellung der Zweischrittdotierung eines Silizium-Wafers. Die Dotierung mit Arsen ergibt ein n-leitendes Gebiet unterhalb der Siliziumoxidmaske (aus SiO_2).

In den späteren Herstellungsstufen werden oftmals Oxid- und Nitrid-Schichten auf Silizium aufgebracht. Diese dienen als Isolationsschichten zwischen Metallleitungen oder als isolierende Schutzschichten. Im Allgemeinen werden diese Schichten durch **chemische Gasphasenabscheidung** (Chemical Vapor Deposition, CVD) aufgebracht.

SiO$_2$-Filme lassen sich zwischen 250 und 450 °C durch Reaktion von Silan und Sauerstoff erzeugen:

$$\mathrm{SiH_4 + O_2 \rightarrow SiO_2 + 2H_2}. \tag{17.12}$$

Bei Siliziumnitridfilmen reagieren Silan und Ammoniak:

$$\mathrm{3SiH_4 + 4NH_3 \rightarrow Si_3N_4 + 12H_2}. \tag{17.13}$$

Schließlich sind die Schaltkreismuster im Submikrometerbereich mit den makroskopischen „Gehäuseanschlüssen" zu verbinden. Das geschieht durch das so genannte *Bonden* mit relativ dicken Drähten, die einen Durchmesser von 25 bis 75 μm haben (siehe Abbildung 17.25).

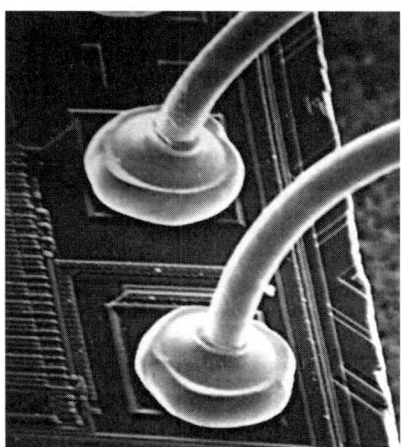

Abbildung 17.25: Typische Drahtverbindungen („Bond"-Drähte) eines integrierten Schaltkreises

Gegenwärtig arbeitet man an der Herstellung von **Quantentrögen** (Quantum Wells). Das sind dünne Schichten von halbleitendem Material, in dem die wellenartigen Elektronen innerhalb der Schichtdicke von etwa 2 nm „gefangen" sind. Mit fortgeschrittenen Herstellungsverfahren entwickelt man derartige Barrieren in zwei Dimensionen (**Quantendrähte**) oder in drei Dimensionen (**Quantenpunkte**, auch hier nur 2 nm auf einer Seite „groß"). Diese geringen Abmessungen erlauben Elektronen-Übergangszeiten von weniger als einer Pikosekunde und dementsprechend hohe Arbeitsgeschwindigkeiten.

Alles in allem haben Halbleiterbauelemente das moderne Leben revolutioniert, da sie die Miniaturisierung von elektronischen Schaltungen ermöglichen. Schon der Ersatz herkömmlicher Bauelemente durch Dioden und Transistoren war ein Fortschritt. Die eigentliche Revolution wurde mit der Entwicklung von integrierten Mikroschaltkreisen eingeleitet. Abbildung 17.26 zeigt das berauschende Tempo, in dem separate Elemente durch integrierte Chips ersetzt werden. Die fortschreitende Miniaturisierung zielt darauf ab, die Größe der mikroelektronischen Elemente zu verringern. Die treibende Kraft zur Miniaturisierung ging ursprünglich von der Raumfahrtindustrie aus, die nach Computern und elektronischen Schaltungen mit möglichst geringen Abmessungen und niedrigem Stromverbrauch verlangt hat. Diese Entwicklungen werden von einem ständigen und drastischen Kostenrückgang begleitet, der zur Übernahme der Technologien und Anwendungen in die industrielle Fertigung und Steuerung sowie die Konsumelektronik geführt hat.

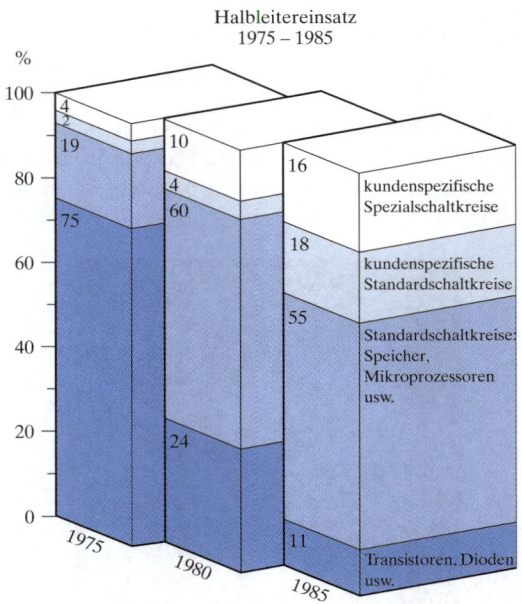

Abbildung 17.26: Obwohl bereits separate Festkörperbauelemente wie Transistoren und Dioden (siehe z.B. Abbildung 17.18) eine Miniaturisierung im Vergleich zu Vakuumröhren erlaubt haben, ist mit Mikroschaltkreisen (siehe z.B. *Abbildung 1.17*) eine noch deutlichere Größenreduzierung möglich. Die Abbildung stellt den Trend dar, mit dem die Industrie zu mikroelektronischen Chips übergeht. Kundenspezifische Schaltkreise (Custom Chips) werden speziell für bestimmte Anwendungen hergestellt, während Standardchips den Charakter von Universalschaltkreisen verkörpern. Kundenspezifische Schaltkreise werden zu gewissen Teilen wie Standardchips hergestellt und erhalten erst in den letzten Produktionsstufen ihr spezifisches Design. Die Kosten für einen echten kundenspezifischen Schaltkreis können das Fünffache eines Standardchips betragen.

Die rasanten Änderungen in der Technik zeigen sich nirgends so deutlich wie im Computerbereich. Neben den bereits erwähnten elektrischen Signalverstärkungen eignen sich Transistoren und Dioden auch als Schaltelemente. Diese Anwendung bildet die Grundlage für die Rechen- und Speicherfunktionen des Computers. Die Elemente des digitalen Schaltkreises stellen die beiden Zustände „Aus" und „An" der binären Arithmetik dar. Auf dem Gebiet der Rechentechnik hat die Miniaturisierung zu einem Trend weg von Großrechnern hin zu Personalcomputern und weiter zu portablen Computern (Laptops) geführt. Parallel dazu ist eine ständige Kostenreduzierung bei gleichzeitig höherer Rechenleistung zu verzeichnen.

Abbildung 17.27 veranschaulicht den dramatischen Fortschritt bei der Miniaturisierung von Computerchips. Die Anzahl der auf einem einzelnen Chip untergebrachten Transistorfunktionen ist in den letzten drei Jahrzehnten von wenigen Tausend bis zu mehreren zehn Millionen angestiegen und hat sich damit etwa alle zwei Jahre verdoppelt. Dieses konstante Tempo der Miniaturisierung bezeichnet man als **Mooresches Gesetz** nach dem Mitbegründer der Firma Intel, Gordon Moore, der diesen Effekt bereits in den Anfangstagen der Chiptechnologie vorausgesagt hat. Während mit den aktuellen Lithographieverfahren Strukturen in der Größenordnung von wenigen zehn μm (einigen Hundert nm) Breite realisierbar sind, arbeitet man intensiv an der Weiterentwicklung von kurzwelliger Ultraviolett- und Röntgenstrahllithographie. Wie *Abbildung 16.1* gezeigt hat, sind die Wellenlängen von Ultraviolett- und Röntgenstrahlung wesentlich kürzer als die von sichtbarem Licht und erlauben damit die Herstellung von lithographischen Strukturen in der Größenordnung von 0,1 μm (100 nm). Auf diese Weise könnte sich die Mikroelektronik entsprechend dem Mooreschen Gesetz auf das Niveau von einer Milliarde Transistorfunktionen je Chip entwickeln.

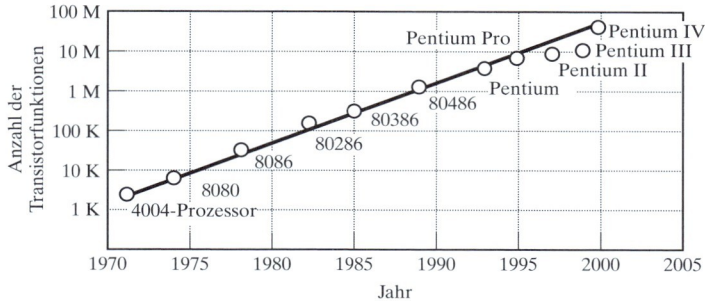

Abbildung 17.27: Die Anzahl der auf einem einzelnen Mikrochip realisierten Transistorfunktionen ist stetig gewachsen und hat sich entsprechend dem Mooreschen Gesetz ungefähr alle zwei Jahre verdoppelt.

Die Welt der Werkstoffe

Eine kurze Geschichte des Elektrons

Angesichts der allgegenwärtigen Rolle der Elektronik im modernen Leben ist es vielleicht überraschend, dass das Elektron selbst erst gegen Ende des 19. Jahrhunderts „entdeckt" wurde. Im Jahre 1897 hat Professor J. J. Thomson an der Cambridge-Universität in England gezeigt, dass die Kathodenstrahlen in einem Gerät, das man als primitiven Vorläufer der Fernsehbildröhre ansehen kann, Ströme von negativ geladenen Teilchen sind. Er nannte diese Teilchen *Korpuskeln*. Thomson veränderte die Stärke der elektrischen und magnetischen Felder, durch die sich die Korpuskeln bewegten, und konnte so das Verhältnis von Masse m zu Ladung q bestimmen. Darüber hinaus war Thomson der festen Überzeugung, dass seine Korpuskeln einen grundlegenden Bestandteil der gesamten Materie ausmachten und dass sie mehr als 1.000 Mal leichter als das leichteste bekannte Atom, Wasserstoff, seien. In beiden Punkten hatte er Recht. (Die Massen von Elektron und Wasserstoffatom verhalten sich wie 1/1.836,15.) Wegen seiner m/q-Messung in Verbindung mit seinen mutigen und genauen Feststellungen gilt Thomson als Entdecker des Elektrons.

> THE
> LONDON, EDINBURGH, AND DUBLIN
> PHILOSOPHICAL MAGAZINE
> AND
> JOURNAL OF SCIENCE.
>
> [FIFTH SERIES.]
>
> OCTOBER 1897.
>
> XL. *Cathode Rays.* By J. J. THOMSON, *M.A., F.R.S.,
> Cavendish Professor of Experimental Physics, Cambridge*.
>
> THE experiments discussed in this paper were undertaken in the hope of gaining some information as to the nature of the Cathode Rays. The most diverse opinions are held as to these rays; according to the almost unanimous opinion of German physicists they are due to some process in the æther to which—inasmuch as in a uniform magnetic field their course is circular and not rectilinear—no phenomenon hitherto observed is analogous : another view of these rays is that, so far from being wholly æthereal, they are in fact

Fünfzig Jahre später entdeckten John Bardeen, Walter Brattain und William Shockley an den Bell Labs in New Jersey, dass ein kleiner Germaniumeinkristall eine Signalverstärkung erlaubte. Der erste Transistor läutete die Ära der Festkörperelektronik ein. Dr. Shockley verließ 1955 die Bell Labs und gründete das Shockley Semiconductor Laboratory als Teil von Beckman Instruments in Mountain View, Kalifornien. Im Jahre 1963 kehrte er in den Hochschulbereich an die Stanford-Universität zurück, wo er viele Jahre als Professor für Ingenieurwissenschaften tätig war. Shockley erlebte 1957 am Shockley Semiconductor Laboratory einen Rückschlag, als sich eine Gruppe junger Ingenieure, die er als die „acht Verräter" titulierte, von ihm trennte und eine eigene Firma gründete – Fairchild Semiconductor mit Unterstützung durch die Fairchild Camera and Instrument Company. Unter diesen jungen Rebellen waren auch Gordon Moore und Robert Noyce.

Im Jahre 1968 wurden Moore und Noyce von Fairchild enttäuscht. Sie waren nicht allein. Viele Ingenieure verließen die Firma mit dem Gefühl, dass die Technologie durch das Klima am Arbeitsplatz verdrängt wurde. Moore und Noyce verließen Fairchild, um eine neue Firma zu gründen: Intel. Bei diesem Unternehmen wurden sie von einem anderen ehemaligen Mitarbeiter von Fairchild namens Andrew Grove begleitet. Zu dieser Zeit gab es 30.000 Computer in der Welt. Die meisten waren Großrechner, groß genug, um einen Raum zu füllen; der Rest waren Minicomputer von etwa der Größe eines Kühlschranks. Computercodes wurden mechanisch über Lochkarten eingegeben. Die junge Firma Intel hatte halbwegs guten Erfolg bei der Herstellung von Computerspeichern, doch 1971 unternahm sie einen kühnen Schritt und entwickelte für einen Kunden – Busicom aus Japan – ein radikal neues Produkt namens *Mikroprozessor*. Der 4004-Prozessor brauchte eine Entwicklungszeit von neun Monaten und enthielt 2300 Transistoren auf einem einzelnen Siliziumchip.

Auch wenn sich der 4004 verglichen mit heutigen Standards bescheiden ausnimmt, er hatte immerhin so viel Rechenleistung wie der bahnbrechende ENIAC-Computer, der 1946 gebaut wurde, 27 Tonnen wog und 18.000 Vakuumröhren enthielt. Intel erkannte das riesige Potenzial des Produkts und kaufte die Entwurfs- und Marketing-Rechte am 4004 für 60.000 Dollar von Busicom zurück. Kurz darauf ging Busicom Pleite. Der Rest ist, wie man sagt, Geschichte.

Andrew Grove, Robert Noyce und Gordon Moore im Jahre 1975

Beispiel 17.16 Ein Transistor habe einen Kollektorstrom von 50 mA bei einer Emitterspannung von 1 V. Erhöht man die Emitterspannung auf 2 V (um den Faktor 2), steigt der Kollektorstrom auf 200 mA (um den Faktor 4). Berechnen Sie den Kollektorstrom, der bei weiterer Erhöhung der Emitterspannung auf 3 V fließt.

Lösung

Entsprechend Gleichung 17.11

$$I_c = I_0^{U_e/B}$$

liefert die Aufgabenstellung folgende Werte:
$I_C = 50$ mA bei $U_e = 1$ V
und $I_C = 200$ mA bei $U_e = 2$ V.

Damit berechnet man

$$\frac{200 \text{ mA}}{50 \text{ mA}} = e^{2V/B - 1\,V/B}$$

und erhält

$$B = 0{,}721 \text{ V}$$

sowie

$$I_0 = 50 \text{ mA} e^{-(1\,V)/(0{,}721\,V)}$$

$$= 12{,}5 \text{ mA.}$$

Der gesuchte Kollektorstrom beträgt demnach

$$I_{c,\,3\,V} = (12{,}5 \text{ mA}) e^{3\,V/0{,}721\,V}$$

$$= 802 \text{ mA.}$$

Übung 17.15 In Beispiel 17.16 haben wir für einen bestimmten Transistor den Kollektorstrom berechnet, der durch Erhöhen der Emitterspannung auf 3 V fließt. Stellen Sie für dieses Bauelement den Kollektorstrom über der Emitterspannung für den Bereich von 1 bis 3 V als durchgehende Kurve in einem Diagramm dar.

ZUSAMMENFASSUNG

Im Anschluss an die Behandlung von eigenleitenden und fremdleitenden (Störstellen-) Halbleitern in *Kapitel 15* stellen wir fest, dass die Fermi-Funktion anzeigt, dass die Anzahl der Ladungsträger exponentiell mit der Temperatur zunimmt. Dieser Effekt dominiert die Leitfähigkeit von Halbleitern so, dass die Leitfähigkeit mit steigender Temperatur ebenfalls exponentiell zunimmt (ein Beispiel für eine Arrhenius-Gleichung). Dieser Anstieg steht in scharfem Kontrast zum Verhalten von Metallen.

Wir betrachten die Wirkung von Verunreinigungen in elementaren Störstellenhalbleitern. Dotiert man einen Stoff der Gruppe IV A wie z.B. Si mit einer Verunreinigung aus der Gruppe V A wie z.B. P, entsteht ein n-Halbleiter, in dem die negativen Ladungsträger (Leitungselektronen) vorherrschen. Das „überschüssige" Elektron aus der Zugabe von Elementen der Gruppe V A führt zu einem Donatorzustand in der Energiebandstruktur des Halbleiters. Wie Eigenhalbleiter zeigen auch Störstellenhalbleiter ein Arrhenius-Verhalten. In n-leitendem Material bezeichnet man den Temperaturbereich zwischen den Gebieten von eigen- und fremdleitendem Verhalten als Verarmungsbereich. Einen p-Halbleiter erhält man durch Dotieren eines Materials aus der Gruppe IV A mit einer Verunreinigung aus der Gruppe III A wie z.B. Al. Das Element der Gruppe III A hat ein „fehlendes" Elektron, was zu einem Akzeptorniveau in der Energiebandstruktur und zur Bildung von positiven Ladungsträgern (Löchern) führt. Der Bereich zwischen fremd- und eigenleitendem Verhalten bei p-Halbleitern wird als Sättigungsbereich bezeichnet. Durch Halleffekt-Messungen kann man zwischen n-Leitung und p-Leitung unterscheiden.

17.6 Halbleiterbauelemente

Die wichtigsten elektrischen Eigenschaften zur Kennzeichnung eines Eigenhalbleiters sind Bandlücke, Elektronenbeweglichkeit, Löcherbeweglichkeit und Leitungselektronendichte (= Löcherdichte) bei Raumtemperatur. Für Störstellenhalbleiter muss man entweder das Donatorniveau (bei n-leitendem Material) oder das Akzeptorniveau (bei p-leitendem Material) angeben.

Verbindungshalbleiter haben gewöhnlich eine MX-Zusammensetzung mit durchschnittlich vier Valenzelektronen je Atom. Typische Beispiele sind die III-V- und II-VI-Verbindungen. Amorphe Halbleiter sind die nichtkristallinen Werkstoffe mit Halbleiterverhalten. In diese Kategorie fallen elementare und Verbindungswerkstoffe. Chalcogenide sind wichtige Vertreter dieser Gruppe.

Die Herstellung von Halbleitern zeichnet sich gegenüber der Produktion anderer kommerzieller Werkstoffe dadurch aus, dass eine qualitativ außerordentlich hochwertige kristalline Struktur gefordert wird und die chemischen Verunreinigungen im ppb-Bereich liegen müssen. Die strukturelle Perfektion erzielt man durch verschiedene Kristallzüchtungsverfahren, die chemische Perfektion durch das Zonenreinigen. Mithilfe von Dampfabscheidungsverfahren wie z.B. der Molekularstrahlepitaxie erzeugt man dünne Schichten für hoch komplexe elektronische Bauelemente.

Um den Einsatz von Halbleitern zu verstehen, haben wir einige Festkörperbauelemente beschrieben, die in den letzten Jahrzehnten entwickelt wurden. Der Festkörpergleichrichter – oder die Diode – enthält einen einzelnen p-n-Übergang. Der Strom kann ungehindert fließen, wenn am Übergang eine Durchlassspannung anliegt, und wird bei einer Sperrspannung fast vollständig gestoppt. Der Transistor ist ein Bauelement, das aus einem Paar eng beieinander liegender p-n-Übergänge besteht. Das Ergebnis ist ein Festkörperverstärkerbauelement. Der Ersatz von Vakuumröhren durch derartige Festkörperbauelemente hat zu einer enormen Miniaturisierung von elektronischen Schaltungen geführt. Weitere Miniaturisierung lässt sich durch Mikroschaltkreise (integrierte Schaltkreise, IS) erreichen, die aus hochgenauen Mustern von n-leitenden und p-leitenden Gebieten auf einem Einkristallchip bestehen. In der Entwicklung der IS-Technologie verfolgt man ständig das Ziel, den Miniaturisierungsgrad weiter zu verbessern.

ZUSAMMENFASSUNG

Schlüsselbegriffe

Akzeptorniveau (743)
amorpher Halbleiter (758)
Basis (766)
Bauelement (764)
Bipolartransistor (767)
chemische Gasphasen-
abscheidung (CVD) (770)
Chip (768)
Diode (764)
Donatorniveau (740)
Dotierung (739)
Drain (767)
Durchlassspannung (765)
Effusionszelle (762)
Eigenhalbleitung (733)
eigenleitendes Gettern (761)
Emitter (766)
Epitaxie (762)
Feldeffekttransistor (FET) (767)
Fotolack (768)
fremdleitendes Gettern (761)
Gasphasenabscheidung (762)
Gate (767)
Gettern (761)
Gleichrichter (764)
halbleitende Verbindung (754)
Halleffekt (745)
Heteroepitaxie (762)
Homoepitaxie (762)

III-V-Verbindung (754)
II-VI-Verbindung (754)
integrierter Schaltkreis (767)
Knudsen-Zelle (762)
Kollektor (766)
Lithographie (768)
Mikroschaltkreis (768)
Molekularstrahlepitaxie (MBE) (762)
Mooresches Gesetz (772)
n-Halbleiter (742)
p-Halbleiter (745)
p-n-Übergang (764)
Quantendraht (771)
Quantenpunkt (771)
Quantentrog (771)
Sättigungsbereich (745)
Segregationskoeffizient (760)
Source (767)
Sperrschichttransistor (767)
Sperrspannung (765)
Störstellenhalbleitung (739)
Transistor (766)
Verarmungsbereich (742)
Verstärker (767)
Wafer (768)
Zonenreinigen (760)

Quellen

Harper, C. A. und **R. N. Sampson**, *Electronic Materials and Processes Handbook*, 2nd ed., McGraw-Hill, NY, 1994.
Kittel, C., *Introduction to Solid State Physics*, 7th ed., John Wiley & Sons, Inc., NY, 1996.
Mayer, J. W. und **S. S. Lau**, *Electronic Materials Science: For Integrated Circuits in Si and GaAs*, Macmillan Publishing Company, NY, 1990.
Tu, K. N., **J. W. Mayer** und **L. C. Feldman**, *Electronic Thin Film Science*, Macmillan Publishing Company, NY, 1992.

Aufgaben

■ Elementare Eigenhalbleiter

17.1 Berechnen Sie für einen Silizium-Wafer mit einem Durchmesser von 150 mm und einer Dicke von 0,5 mm, (a) wie viele Leitungselektronen und (b) wie viele Löcher bei Raumtemperatur vorhanden sind.

17.2 Berechnen Sie für einen Wafer aus reinem Germanium mit einem Durchmesser von 50 mm und einer Dicke von 0,5 mm, (a) wie viele Leitungselektronen und (b) wie viele Löcher bei Raumtemperatur vorhanden sind.

17.3 Erstellen Sie mit den Daten aus ein Diagramm ähnlich dem in Abbildung 17.3, das sowohl eigenleitendes Silizium als auch eigenleitendes Germanium über dem Temperaturbereich von 27 bis 200 °C darstellt.

17.4 Überlagern Sie dem Ergebnis von Aufgabe 17.3 ein Diagramm für die Leitfähigkeit bei Eigenleitung von GaAs.

17.5 Welche Temperaturerhöhung ist notwendig, um die Leitfähigkeit von reinem Silizium zu verdoppeln, wenn man von einer Umgebungstemperatur von 300 K ausgeht?

17.6 Welche Temperaturerhöhung ist notwendig, um die Leitfähigkeit von reinem Germanium zu verdoppeln, wenn man von einer Umgebungstemperatur von 300 K ausgeht?

17.7 Die Bandlücke eines Halbleiters ist geringfügig von der Temperatur abhängig. Für Silizium lässt sich diese Abhängigkeit durch

$$E_g(T) = 1{,}152 \text{ eV} - \frac{AT^2}{T+B}$$

ausdrücken, wobei $A = 4{,}73 \times 10^{-4}$ eV/K und $B = 636$ K ist sowie T in Kelvin angegeben wird. Wie groß ist der prozentuale Fehler, wenn man die Bandlücke bei 200 °C gleich der bei Raumtemperatur setzt?

17.8 Wiederholen Sie Aufgabe 17.7 für GaAs, für das

$$E_g(T) = 1{,}567 \text{ eV} - \frac{AT^2}{T+B}$$

gilt und die Werte für $A = 5{,}405 \times 10^{-4}$ eV/K und $B = 204$ K lauten.

■ Elementare Störstellenhalbleiter

17.9 Ein n-Halbleiter enthält eine P-Dotierung mit einem Gewichtsanteil von 100 ppb in Silizium. Wie groß ist (a) der Anteil von P in Molprozent und (b) die Atomdichte der P-Atome? Vergleichen Sie Ihre Antwort zu Teil (b) mit der maximalen festen Löslichkeit, die in angegeben ist.

17.10 Ein As-dotiertes Silizium hat eine Leitfähigkeit von $2{,}00 \times 10^{-2}$ $\Omega^{-1} \cdot$ m^{-1} bei Raumtemperatur. (a) Welche Ladungsträger sind in diesem Stoff vorherrschend? (b) Wie groß ist die Dichte dieser Ladungsträger? (c) Wie hoch ist die Driftgeschwindigkeit dieser Ladungsträger bei einer elektrischen Feldstärke von 200 V/m? (Die in Tabelle 15.5 angegebenen Werte für μ_e und μ_h gelten auch für ein fremdleitendes Material mit niedrigen Verunreinigungsniveaus.)

17.11 Wiederholen Sie Aufgabe 17.10 für Ga-dotiertes Silizium mit einer Leitfähigkeit von $2{,}00 \times 10^{-2}$ $\Omega^{-1} \cdot$ m^{-1} bei Raumtemperatur.

17.12 Berechnen Sie die Leitfähigkeit für den Sättigungsbereich von Silizium, das mit 10 ppb Bor dotiert ist.

17.13 Berechnen Sie die Leitfähigkeit für den Sättigungsbereich von Silizium, das mit 20 ppb Bor dotiert ist. (Beachten Sie Aufgabe 17.12.)

17.14 Berechnen Sie die Leitfähigkeit für den Verarmungsbereich von Silizium, das mit 10 ppb Antimon dotiert ist.

17.15 Berechnen Sie die obere Temperaturgrenze des Sättigungsbereichs für Silizium, das mit 10 ppb Bor dotiert ist. (Beachten Sie Aufgabe 17.12.)

17.16 Berechnen Sie die obere Temperaturgrenze des Verarmungsbereichs für Silizium, das mit 10 ppb Antimon dotiert ist. (Beachten Sie Aufgabe 17.14.)

17.17 Berechnen Sie die Störstellenleitfähigkeit bei 300 K, wenn die untere Temperaturgrenze des Sättigungsbereichs für Silizium, das mit 10 ppb Bor dotiert ist, 110 °C beträgt. (Beachten Sie die Aufgaben 17.12 und 17.15.)

17.18 Stellen Sie die Leitfähigkeit des B-dotierten Si von Aufgabe 17.17 in einem Diagramm wie in Abbildung 17.13 dar.

17.19 Berechnen Sie die Störstellenleitfähigkeit bei 300 K, wenn die untere Temperaturgrenze des Verarmungsbereichs für Silizium, das mit 10 ppb Antimon dotiert ist, 80 °C beträgt. (Beachten Sie die Aufgaben 17.14 und 17.16.)

17.20 Stellen Sie die Leitfähigkeit des Sb-dotierten Si von Aufgabe 17.19 in einem Diagramm wie in Abbildung 17.9 dar.

D 17.21 Beim Entwurf eines Festkörperbauelements mit einem B-dotierten Si ist zu beachten, dass die Leitfähigkeit im Betrieb während der vorgesehenen Lebensdauer um nicht mehr als 10% (bezogen auf den Wert bei Raumtemperatur) steigen darf. Welche maximale Betriebstemperatur ist für diesen Entwurf zu spezifizieren, wenn man nur die genannte Bedingung berücksichtigt?

D 17.22 Beim Entwurf eines Festkörperbauelements mit einem As-dotierten Si ist zu berücksichtigen, dass die Leitfähigkeit im Betrieb während der vorgesehenen Lebensdauer um nicht mehr als 10% (bezogen auf den Wert bei Raumtemperatur) zunehmen darf. Welche maximale Betriebstemperatur ist für diesen Entwurf zu spezifizieren, wenn man nur die genannte Bedingung berücksichtigt?

•17.23 (a) In *Abschnitt 15.3* wurde betont, dass Halbleiter aufgrund ihrer temperaturabhängigen Leitfähigkeit herkömmlichen Thermoelementen bei bestimmten hochgenauen Temperaturmessungen überlegen sind. Derartige Bauelemente bezeichnet man als Thermistoren. Betrachten Sie als einfaches Beispiel einen Draht von 0,5 mm Durchmesser und 10 mm Länge aus eigenleitendem Silizium. Berechnen Sie die Temperaturabhängigkeit bei 300 K, wenn sich der Widerstand des Drahtes auf 10^{-3} Ω genau messen lässt. (*Hinweis:* Aufgrund der geringen Differenzen ist es vorteilhaft, einen Ausdruck für $d\sigma/dT$ zu entwickeln.) (b) Wiederholen Sie die Berechnung für einen eigenleitenden Germaniumdraht derselben Abmessungen. (c) Wiederholen Sie zu Vergleichszwecken die Berechnung für einen Kupferdraht (normal angelassen) derselben Abmessungen. (Die erforderlichen Daten für diesen Fall finden Sie in *Tabelle 15.2*.)

17.24 Von großer Bedeutung für den Halbleitertechniker ist das „Lithium-gedriftete Silizium" Si(Li) als Festkörper-Photonendetektor. Dieser Detektor bildet die Basis für die Analyse von Elementverteilungen auf der mikroskopischen Ebene, wie in *Abbildung 4.33* dargestellt. Ein charakteristisches Röntgenphoton, das auf das Si(Li) trifft, hebt eine Anzahl von Elektronen (N) in das Leitungsband und erzeugt damit einen Stromimpuls, wobei

$$N = \frac{\text{Photonenenergie}}{\text{Bandlücke}}$$

gilt. Für einen Si(Li)-Detektor, der bei der Temperatur von flüssigem Stickstoff (77 K) arbeitet, hat die Bandlücke einen Wert von 3,8 eV. Wie groß ist der Stromimpuls (N), den (a) ein charakteristisches Röntgenphoton von Kupfer K_α ($\lambda = 0{,}1542$ nm) und (b) ein charakteristisches Röntgenphoton von Eisen K_α ($\lambda = 0{,}1938$ nm) erzeugt? (Übrigens bezieht sich der Ausdruck „Lithium-gedriftet" auf die Li-Dotierung, die unter einem elektrischen Potenzial in Si diffundiert. Das Ergebnis ist eine sehr gleichmäßige Verteilung des Dotierungsstoffs.)

•**17.25** Skizzieren Sie mit den Angaben aus Aufgabe 17.24 ein „Spektrum", das bei der chemischen Analyse von Edelstahl mit charakteristischen Röntgenstrahlen entsteht. Nehmen Sie an, dass die Ausbeute des Röntgenstrahls proportional zum atomaren Anteil der Elemente in der Probe ist, auf die ein Elektronenstrahl trifft. Das Spektrum selbst besteht aus eng begrenzten Ausschlägen, deren Höhe proportional zur Ausbeute des Röntgenstrahls (Anzahl der Photonen) ist. Die Ausschläge werden entlang einer „Stromimpuls- (N)" Achse aufgetragen. Für einen „18-8" Edelstahl (18 Gewichtsprozent Cr, 8 Gewichtsprozent Ni, Rest Fe) beobachtet man die folgenden Spikes:

FeK_α ($\lambda = 0{,}1938$ nm),
FeK_β ($\lambda = 0{,}1757$ nm),
CrK_α ($\lambda = 0{,}2291$ nm),
CrK_β ($\lambda = 0{,}2085$ nm),
NiK_α ($\lambda = 0{,}1659$ nm)   und
NiK_β ($\lambda = 0{,}1500$ nm).

(K_β-Photonenerzeugung ist weniger wahrscheinlich als K_α-Erzeugung. Nehmen Sie die Höhe eines K_β-Ausschlags mit nur 10% der Höhe des K_α-Ausschlags für dasselbe Element an.)

•**17.26** Skizzieren Sie mit den Angaben aus Aufgabe 17.24 ein Spektrum, das bei der chemischen Analyse einer Speziallegierung (75 Gewichtsprozent Ni, 25 Gewichtsprozent Cr) mithilfe von charakteristischen Röntgenstrahlen entsteht.

■ Halbleitende Verbindungen

17.27 Berechnen Sie die atomare Dichte von Cd in einem mit 100 ppb dotierten GaAs.

17.28 Die Bandlücke von eigenleitendem InSb beträgt 0,17 eV. Welche Temperaturerhöhung ist (relativ zur Raumtemperatur = 25 °C) erforderlich, um seine Leitfähigkeit um (a) 10%, (b) 50% und (c) 100% zu erhöhen?

17.29 Stellen Sie die Ergebnisse von Aufgabe 17.28 in einem Arrhenius-Diagramm grafisch dar.

17.30 Die Bandlücke von eigenleitendem ZnSe beträgt 2,67 eV. Welche Temperaturerhöhung ist (relativ zur Raumtemperatur = 25 °C) erforderlich, um seine Leitfähigkeit um (a) 10%, (b) 50% und (c) 100% zu erhöhen?

17.31 Stellen Sie die Ergebnisse von Aufgabe 17.30 in einem Arrhenius-Diagramm grafisch dar.

17.32 Welche Temperaturerhöhung ist erforderlich, um die Leitfähigkeit von eigenleitendem InSb zu verdoppeln, wenn man von einer Umgebungstemperatur von 300 K ausgeht?

17.33 Welche Temperaturerhöhung ist erforderlich, um die Leitfähigkeit von eigenleitendem GaAs zu verdoppeln, wenn man von einer Umgebungstemperatur von 300 K ausgeht?

17.34 Welche Temperaturerhöhung ist erforderlich, um die Leitfähigkeit von eigenleitendem CdS zu verdoppeln, wenn man von einer Umgebungstemperatur von 300 K ausgeht?

17.35 Welche Temperaturerhöhung (bezogen auf Raumtemperatur) ist erforderlich, um die Leitfähigkeit von eigenleitendem GaAs um 1% zu erhöhen?

17.36 Welche Temperaturerhöhung (bezogen auf Raumtemperatur) ist erforderlich, um die Leitfähigkeit von (a) Se-dotiertem GaAs und (b) Cd-dotiertem GaAs um 1% zu erhöhen?

17.37 Welche Anteile des Stroms werden im Eigenhalbleiter GaAs von Elektronen und von Löchern transportiert?

17.38 Welche Anteile des Stroms werden in (a) Se-dotiertem GaAs und (b) Cd-dotiertem GaAs im Bereich der Störstellenleitung von Elektronen und von Löchern transportiert?

Amorphe Halbleiter

17.39 Schätzen Sie die atomare Packungsdichte (APF) von amorphem Germanium, wenn seine Dichte um 1% bezogen auf den kristallinen Zustand verringert wird. (Siehe *Übung 4.7*.)

17.40 Bei der Ionenimplantation von kristallinem Silizium kann sich eine amorphe Oberflächenschicht herausbilden, die sich von der äußeren Oberfläche bis zur Eindringtiefe der Ionen erweitert. Diese Schicht gilt als Strukturdefekt für das kristalline Bauelement. Durch welche Maßnahmen lässt sich dieser Defekt vermeiden?

Herstellung von Halbleitern

17.41 Wie hoch ist die Reinheit der Flüssigkeit im letzten Durchlauf gewesen, wenn das Niveau der Aluminiumverunreinigung in einem Siliziumstab 1 ppb erreicht hat?

17.42 Nehmen Sie einen Stab mit 99 Gewichtsprozent Sn und einer Pb-Verunreinigung an. Bestimmen Sie das Verunreinigungsniveau nach einem Durchgang der Zonenreinigung. (Sehen Sie sich dazu das Phasendiagramm für das Pb-Sn-System in *Abbildung 9.16* an.)

17.43 Wie hoch ist das Verunreinigungsniveau nach (a) zwei Durchläufen und (b) drei Durchläufen für den Stab von Aufgabe 17.42?

17.44 (a) Berechnen Sie den Fluss von Galliumatomen aus einer MBE-Effusionszelle bei einem Druck von $2{,}9 \times 10^{-6}$ atm und einer Temperatur von 970 °C mit einer Blendenfläche von 500 mm². (b) Wie viel Zeit ist erforderlich, um eine einlagige Schicht aus Galliumatomen aufzubauen, wenn der atomare Fluss in Teil (a) auf einen Bereich von 45.000 mm² auf der Substratseite der Wachstumskammer gerichtet wird? (Nehmen Sie der Einfachheit halber ein quadratisches Raster der benachbarten Ga-Atome an.)

Halbleiterbauelemente

17.45 Der Hochfrequenzbetrieb von Festkörperbauelementen wird von der Transitzeit eines Elektrons durch das Gate zwischen Source und Drain eines FET begrenzt. Bei einem Bauelement für eine Arbeitsfrequenz von 1 GHz (10^9 s^{-1}) ist eine Transitzeit von 10^{-9} s zulässig. (a) Wie hoch muss die Elektronengeschwindigkeit sein, um diese Transitzeit durch ein Gate von $1\,\mu$m Breite zu gewährleisten? (b) Welche elektrische Feldstärke ist erforderlich, um diese Elektronengeschwindigkeit in Silizium zu erreichen? (c) Welche Betriebsfrequenz lässt sich mit GaAs – einem Halbleiter mit höherer Elektronenbeweglichkeit – bei derselben Gate-Breite und elektrischen Feldstärke realisieren?

17.46 Stellen Sie einen n–p–n-Transistor analog zur p–n–p-Version von Abbildung 17.19 schematisch dar.

17.47 Stellen Sie einen n-Kanal-FET analog zum p-Kanal-FET in Abbildung 17.20 schematisch dar.

17.48 Abbildung 17.25 zeigt die relativ großen Metallverbindungen, die für den Anschluss eines integrierten Schaltkreises erforderlich sind. Höhere Integrationsdichten bei integrierten Schaltkreisen werden durch die Zwischenverbindungen begrenzt. Die Anzahl der Ein-/Ausgabesignalleitungen (Pins) in einem Bauelementgehäuse lässt sich nach der empirischen Beziehung $P = KG^\alpha$ abschätzen, wobei K und α empirische Konstanten sind und G die Anzahl der Gatterfunktionen im integrierten Schaltkreis angibt. (Ein Gatter entspricht ungefähr vier Transistoren.) Berechnen Sie die Anzahl der Pins für Bauelemente mit (a) 1.000, (b) 10.000 und (c) 100.000 Gattern, wobei Sie für K und α die Werte 7 bzw. $0{,}2$ annehmen.

17.49 Wie dieses Kapitel erläutert hat, ist der Fortschritt in Richtung höherer Arbeitsfrequenzen von elektronischen Hochgeschwindigkeitsbauelementen direkt an die Verringerung der Gate-Länge in integrierten Schaltkreisen gekoppelt. Berücksichtigen Sie diese Tatsache und wiederholen Sie Aufgabe 17.45 für ein 2 GHz-Siliziumbauelement mit einem $0{,}5\,\mu$m-Gate.

17.50 Wiederholen Sie Aufgabe 17.49 für ein 10 GHz-Siliziumbauelement, das nach dem Stand der Technik eine Gate-Breite von $0{,}1\,\mu$m hat.

Magnetische Werkstoffe

18.1 **Magnetismus** 785
18.2 **Ferromagnetismus** 791
18.3 **Ferrimagnetismus** 799
18.4 **Metallische Magnete** 802
18.5 **Keramische Magnete** 808

MAGNETISCHE WERKSTOFFE

❝ Jeder dieser Stahlrohlinge wird kostensparend von zwei benachbarten Spulen gleichmäßig erhitzt. Die Spulen durchfließt ein Wechselstrom, um einen oszillierenden Magnetfluss und aufgrund der „Hysterese" des eingesetzten ferromagnetischen Kernmaterials Wärme zu erzeugen. ❞

Nachdem wir uns bisher auf die wichtigsten elektrotechnischen und optischen Werkstoffe konzentriert haben, beenden wir Teil III des Buchs mit einer Diskussion der magnetischen Werkstoffe. Das Thema erfordert, dass wir uns vorab ein wenig mit der Physik des Magnetismus beschäftigen, der mit dem elektronischen Phänomen, dem die vorangehenden drei Kapitel gewidmet waren, eng verbunden ist. Die Einführung wird etwas ausführlicher ausfallen, da nicht davon auszugehen ist, dass die zugehörigen Fachbegriffe und Einheiten dem Leser in gleichem Maße vertraut sind wie dies bei anderen Themen dieses Buchs (etwa grundlegenden chemischen und mechanischen Konzepten) der Fall war.

Werkstoffe können eine Reihe von magnetischen Verhaltensweisen aufweisen. Mit eine der wichtigsten ist der *Ferromagnetismus*, der – wie der Name besagt – bei eisenhaltigen Metalllegierungen vorkommt. Die charakteristische Reaktion dieser Werkstoffe auf magnetische Felder ist in ihrer mikroskopischen *Domänenstruktur* begründet. Eine leicht abgewandelte Form des ferromagnetischen Verhaltens ist der *Ferrimagnetismus*, der bei einer Vielzahl von keramischen Verbundwerkstoffen zu finden ist. *Metallische Magnete* werden traditionell nach ihrem relativen ferromagnetischen Verhalten als „weich" oder „hart" charakterisiert – eine Einteilung, die erfreulicherweise mit dem Begriff der mechanischen Härte übereinstimmt. Die wichtigsten Vertreter *weichmagnetischer Werkstoffe* sind die Eisen-Silizium-Legierungen, die typischerweise in Elektrogeräten eingesetzt werden, wo die Magnetisierung der Legierung leicht umzukehren sein muss (z.B. in Transformatorkernen). Andere Legierungen sind *hartmagnetische Werkstoffe* und werden als *Dauermagnete* eingesetzt. *Keramische Magnete* sind in der Technik weit verbreitet. Typische Vertreter sind die vielen Ferrit-Verbindungen, die auf der *inversen Spinell*-Kristallstruktur basieren. Einige keramische Magnete weisen die einzigartige Eigenschaft der *Supraleitfähigkeit* auf. Keramische Supraleiter haben im Vergleich zu ihren metallischen Verwandten relativ hohe Betriebstemperaturen, was ihnen ein größeres potenzielles Anwendungsfeld eröffnet. Um die Natur der verschiedenen magnetischen Werkstoffe besser verstehen und einschätzen zu können, folgt an dieser Stelle eine kurze Einführung in die Grundlagen magnetischen Verhaltens.

Auf der Companion Website finden Sie einen Link zur Materials Research Society-Website, die umfangreiche Quellen zu magnetischen Werkstoffen nennt.

18.1 Magnetismus

Ein einfaches Beispiel für das physikalische Phänomen des **Magnetismus**, welches mit der Anziehung bestimmter Materialien zu tun hat, ist in Abbildung 18.1 zu sehen. Eine stromdurchflossene Leiterschleife erzeugt einen Bereich physikalischer Anziehung, ein **Magnetfeld**, dargestellt durch die **magnetischen Feldlinien**. Stärke und Richtung des Magnetfeldes an einem gegebenen Punkt in der Umgebung der Stromschleife werden durch die Vektorgröße **H** beschrieben. Einige Werkstoffe sind von Natur aus magnetisch, d.h. sie erzeugen auch ohne makroskopischen Strom ein Magnetfeld. Stabmagnete wie in Abbildung 18.2 sind hierfür ein einfaches Beispiel. Sie weisen eine erkennbare **Dipol**-Orientierung (Nord-Süd) auf. Der praktische Nutzen des Magnetismus beruht natürlich weitgehend auf der Anziehungskraft, die er erzeugt. Abbildung 18.3 zeigt dies am Beispiel der Anziehung zweier benachbarter Stabmagnete. Beachten Sie die Orientierung der beiden Stabmagnete. Die „Paarung" der Dipole ist Ausdruck der Wechselwirkung zwischen den Elektronenorbitalen, die in den magnetischen Stoffen auf Atomebene stattfindet. Wir werden auf diesen Punkt noch einmal im nächsten Abschnitt zurückkommen, wenn wir definieren, was Ferromagnetismus ist.

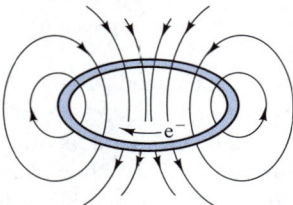

Abbildung 18.1: Ein einfaches Beispiel für Magnetismus ist das Magnetfeld (dargestellt als magnetische Feldlinien), wie es um eine stromdurchflossene Leiterschleife herum erzeugt wird.

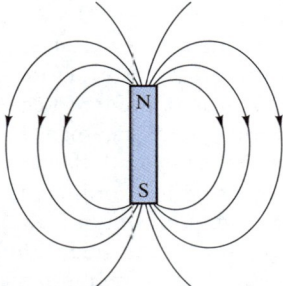

Abbildung 18.2: Magnetische Stoffe können Magnetfelder ohne elektrischen Strom erzeugen. Der einfache Stabmagnet ist hierfür ein Beispiel.

Abbildung 18.3: Anziehung zweier benachbarter Stabmagneten

Für den freien Raum, der eine Magnetfeldquelle umgibt, können wir eine **Induktion B** definieren, deren Größe die **Flussdichte** ist. Die Beziehung zwischen Induktion und **magnetischer Feldstärke H** ist gegeben durch

$$B = \mu_0 H, \tag{18.1}$$

wobei μ_0 die **Permeabilität** des Vakuums ist. Wird ein Festkörper in das Magnetfeld eingeführt, ändert sich die Stärke der Induktion, kann aber immer noch in gleicher Weise ausgedrückt werden:

$$B = \mu H \tag{18.2}$$

μ gibt hier die Permeabilität des Festkörpers an. Zum besseren Verständnis sei darauf hingewiesen, dass diese Grundgleichung magnetischen Verhaltens ihre Entsprechung in der weitaus geläufigeren Beziehung für elektrisches Verhalten hat – dem Ohmschen Gesetz. Durch Kombination der Grundgleichung des Ohmschen Gesetzes aus *Kapitel 15*

$$U = IR \tag{15.1}$$

mit den Definitionen für Widerstand und Leitfähigkeit (ebenfalls aus *Kapitel 15*)

$$\rho = \frac{RA}{l} \tag{15.2}$$

und

$$\sigma = \frac{1}{\rho}, \tag{15.3}$$

erhalten wir eine alternative Formulierung für das Ohmsche Gesetz:

$$\frac{I}{A} = \sigma \frac{U}{l} \tag{18.3}$$

Hier ist I/A die Stromdichte und U/l der Spannungsgradient. Wie aus der Formel ersichtlich ist, entspricht die magnetische Induktion (**B**) der Stromdichte, die magnetische Feldstärke (**H**) dem Spannungsgradienten (elektrische Feldstärke) und die Permeabilität (μ) der Leitfähigkeit. Der eingeführte Festkörper hat die Induktion verändert. Der Beitrag des Festkörpers kann durch die folgende Formel beschrieben werden:

$$\mathbf{B} = \mu \mathbf{H} = \mu_0(\mathbf{H} + \mathbf{M}), \tag{18.4}$$

wobei **M** als **Magnetisierung** des Festkörpers bezeichnet wird und der Term $\mu_0 \mathbf{M}$ das „zusätzliche", auf den Festkörper zurückgehende magnetische Induktionsfeld repräsentiert. Die Magnetisierung **M** ist die Volumendichte der magnetischen Dipolmomente, die mit dem elektrischen Aufbau eines Festkörpers verbunden sind.

Die Einheiten für die verschiedenen magnetischen Terme sind Wb/m² (Wb ist das Einheitenzeichen von Weber[1]) für B (die Größe von **B**), Wb/Am oder H/m (H ist das Einheitenzeichen von Henry[2]) für μ und A/m für H und M. Der Wert von μ_0 beträgt

---

[1] Wilhelm Eduard Weber (1804–1891), deutscher Physiker, war ein langjähriger Mitarbeiter von Gauß. Er entwickelte ein logisches System für elektrische Einheiten, welches das von Gauß entworfene System für magnetische Einheiten ergänzt. Außerdem konstruierte er zusammen mit Gauß einen der ersten Telegraphen.

[2] Joseph Henry (1797–1891), amerikanischer Physiker, entwickelte wie Weber einen Telegraphen. Weil er an finanzieller Entlohnung nicht interessiert war, überließ er es Samuel Morse, die Idee zu patentieren. Er baute den stärksten Elektromagneten seiner Zeit und entwarf später das Konzept des Elektromotors.

$4\pi \times 10^{-7}$ H/m (= N/A²). Manchmal ist es zweckmäßig, das magnetische Verhalten eines Festkörpers durch seine **relative Permeabilität** μ_r auszudrücken:

$$\mu_r = \frac{\mu}{\mu_0} \qquad (18.5)$$

die naturgemäß dimensionslos ist. Die Einheiten sind im SI-System angegeben (auch MKS-System für Meter-Kilogramm-Sekunde).

Einige feste Stoffe, wie z.B. die gut leitenden Metalle Kupfer und Gold, weisen relative Permeabilitäten von etwas unter 1 auf (etwa 0,99995, um genauer zu sein). Diese Werkstoffe zeigen ein Verhalten, das man als **Diamagnetismus** bezeichnet. In diamagnetischen Werkstoffen baut die Elektronenstruktur als Reaktion auf das angelegte Magnetfeld ein schwaches Gegenfeld auf. Weit mehr Werkstoffe haben relative Permeabilitäten, die etwas über 1 liegen (zwischen 1,00 und 1,01). Diese Werkstoffe zeigen ein Verhalten, das man als **Paramagnetismus** bezeichnet. Ihre Elektronenstruktur erlaubt ihnen, parallel zum angelegten Magnetfeld ein verstärkendes Feld aufzubauen. Der magnetische Effekt sowohl bei dia- als auch paramagnetischen Werkstoffen ist allerdings nur gering. Abbildung 18.4 zeigt für beide Kategorien die $B(H)$-Kurven. Die $B(H)$-Kurve für magnetisches Materialverhalten ist vergleichbar mit der $\sigma(\varepsilon)$-Kurve für mechanisches Materialverhalten und wird im weiteren Verlauf dieses Kapitels noch mehrfach herangezogen. Neben Dia- und Paramagnetismus gibt es allerdings noch eine weitere Kategorie magnetischen Verhaltens, bei der die relative Permeabilität wesentlich größer ist als 1 (bis zu 10^6). Solche Größenordnungen sind für technische Anwendungen natürlich weitaus interessanter. Wir werden uns im nächsten Abschnitt mit ihnen beschäftigen.

Die Welt der Werkstoffe

Das National High Magnetic Field Laboratory

In den USA wird ein wichtiger Beitrag zur Forschung in den Ingenieur- und Naturwissenschaften durch zehn nationale Forschungslaboratorien geleistet, die dem Energieministerium (DOE – Department of Energy) unterstehen. Jedes dieser Institute verfügt über hervorragende Einrichtungen, die Experimente ermöglichen, wie sie sonst nirgends durchführbar sind. Ein gutes Beispiel ist das National High Magnetic Field Laboratory (NHMFL) der Los Alamos National Laboratory (LANL). Das NHMFL, welches gemeinsam von DOE und der National Science Foundation (NSF) getragen wird und mit ähnlichen Einrichtungen der Florida State University und der University of Florida zusammenarbeitet, wird vom größten Stromgenerator der USA versorgt (1,4 Milliarden Voltampere).

18.1 Magnetismus

Der 1,4-Milliarden-VA-Stromerzeuger des National High Magnetic Field Laboratory

Das NHMFL ist eines der weltweit führenden Forschungszentren auf dem Gebiet der gepulsten Magnetfelder und nimmt jedes Jahr an die 150 Gastforscher auf. Das Foto weiter unten zeigt Forscher bei der Auswertung von Daten, die von 60-Tesla-Magneten stammen, die 25-Millisekunden-Pulse erzeugen. (1 Tesla = 1 N/A * m. Labormagnete anderer Universitäten weisen im Vergleich dazu meist nur eine Stärke von 0,1 bis 1 Tesla auf.) Mithilfe der 60-Tesla-Magneten werden Untersuchungen auf dem Gebiet des Magnetotransports, der Magnetisierung und der Hochfrequenzleitfähigkeit durchgeführt.

Unter Spitzenbelastung erzeugen die verschiedenen Magnete am NHMFL magnetische Energie im Bereich von 0,5 bis 100 Megajoule. Vergegenwärtigt man sich, dass 1 Megajoule ungefähr der Energie zweier Dynamitstangen entspricht, wird klar, dass die am NHMFL durchgeführten Experimente eine gewaltige Herausforderung an die eingesetzten Werkstoffe darstellen. LANL-Ingenieure und -Metallurgen haben zusammen mit dem NHMFL eine Reihe von Nanostruktur-Leitern und neuartigen Verstärkungswerkstoffen entwickelt, um die unter diesen Bedingungen erforderliche mechanische Festigkeit zu gewährleisten.

Forscher werten Daten von 60-Tesla-„Kurzimpuls"-Magneten aus.

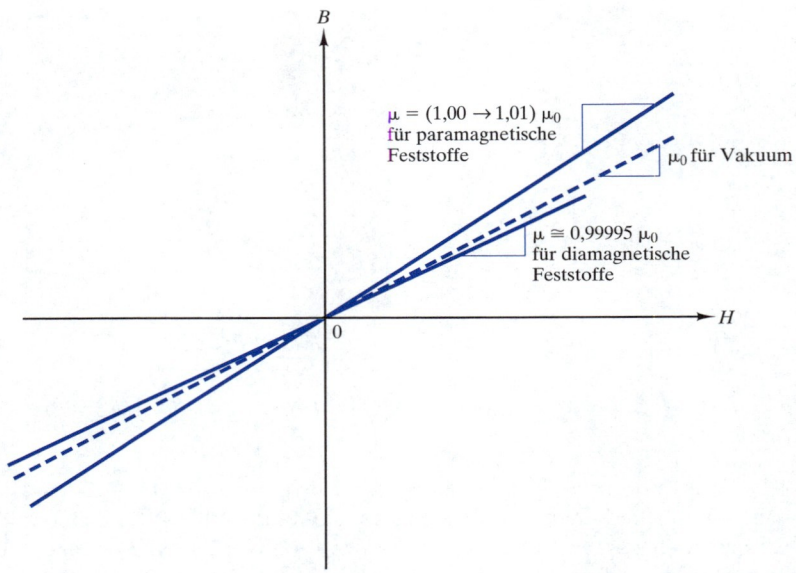

Abbildung 18.4: Gegenüberstellung von Diamagnetismus und Paramagnetismus in einem Diagramm, das die Induktion B als Funktion der magnetischen Feldstärke H beschreibt. Wegen der bescheidenen Effekte auf die Induktion ist jedoch keines dieser Phänomene von praktischer technischer Bedeutung.

Beispiel 18.1

Eine magnetische Feldstärke von $2{,}0 \times 10^5$ A/m (erzeugt von einem gewöhnlichen Stabmagneten) wird auf einen paramagnetischen Werkstoff mit einer relativen Permeabilität von 1,01 angewendet. Berechnen Sie die Werte von $|\mathbf{B}|$ und $|\mathbf{M}|$.

Lösung

Gleichung 18.4 kann umgeschrieben werden zu

$$B = \mu H = \mu_0 (H + M)$$

mit

$$B = |\mathbf{B}| \text{ und } M = |\mathbf{M}|$$

Durch Einsetzen in die erste Gleichung erhalten wir:

$$B = \mu H$$
$$= \mu_r \mu_0 H$$
$$= (1{,}01)(4\pi \times 10^{-7} \text{ H/m})(2{,}0 \times 10^5 \text{ A/m})$$
$$= 0{,}254 \text{ H} \cdot \text{A/m}^2$$
$$= 0{,}254 \text{ Wb/m}^2 = |\mathbf{B}|$$

Durch Umformen der zweiten Gleichung wird aus:

$$\mu H = \mu_0(H + M)$$

die Gleichung

$$\mu H - \mu_0 H = \mu_0 M$$

oder

$$\frac{\mu}{\mu_0} H - H = M$$

und schließlich

$$M = \left(\frac{\mu}{\mu_0} - 1\right) H = (\mu_r - 1) H$$

$$= (1{,}01 - 1)(2{,}0 \times 10^5 \text{ A/m})$$

$$= 2{,}0 \times 10^3 \text{ A/m} = |\mathbf{M}|$$

Die Lösungen für alle Übungen finden Sie auf der Companion Website.

Übung 18.1 In Beispiel 18.1 haben wir Induktion und Magnetisierung eines paramagnetischen Werkstoffs in einem Feld von $2{,}0 \times 10^5$ A/m berechnet. Wiederholen Sie diese Berechnung für einen weiteren paramagnetischen Werkstoff mit einer relativen Permeabilität von 1,005.

18.2 Ferromagnetismus

Für bestimmte Werkstoffe steigt die Induktion in Abhängigkeit von der Feldstärke drastisch an. Abbildung 18.5 zeigt dieses als **Ferromagnetismus** bezeichnete Phänomen, das sich deutlich von dem einfachen, linearen Verhalten in Abbildung 18.4 unterscheidet. Der Begriff *Ferromagnetismus* stammt noch aus einer Zeit, als dieses Phänomen ausschließlich an Eisen- oder eisenhaltigen Werkstoffen beobachtet wurde. Erinnern Sie sich in diesem Zusammenhang auch an *Abschnitt 15.4*, wo dargestellt wurde, dass die ferroelektrischen Werkstoffe, die im Allgemeinen keine signifikanten Eisenanteile enthalten, ihren Namen daher haben, dass sie eine Polarisierungskurve (als Funktion des elektrischen Feldes) aufweisen, die der $B(H)$-Kurve in Abbildung 18.5 gleicht.

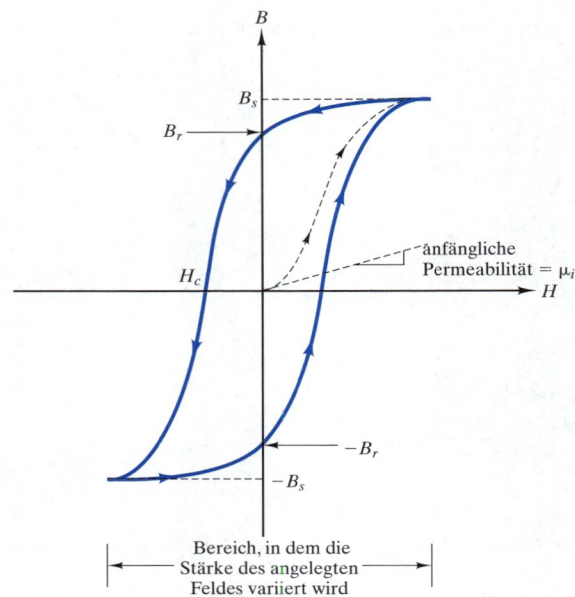

Abbildung 18.5: Anders als die Kurve in Abbildung 18.4 zeigt die $B(H)$-Kurve für ferromagnetische Materialien beachtliches technologisches Potenzial. Während der Erstmagnetisierung kommt es zu einem starken Anstieg von B (gestrichelte Linie). Ist das angelegte Feld stark genug, erreicht die Induktion einen hohen „Sättigungswert" (B_s). Nach Abschalten des angelegten Feldes bleibt ein beachtliches Maß an Induktion erhalten (B_r = Restmagnetisierung oder Remanenz). Um die Induktion auf null zurückzubringen, muss ein Koerzitivfeld (H_c) angelegt werden. Lässt man die Feldstärke den eingezeichneten Bereich zyklisch durchlaufen, folgt die $B(H)$-Kurve der durchgezogenen Linie. Dieser Pfad wird Hystereseschleife genannt.

Anhand der Pfeile in Abbildung 18.5 können Sie verfolgen, wie die Induktion B als Funktion der magnetischen Feldstärke H ab- und zunimmt. Zu Beginn war die Probe „entmagnetisiert", mit $B = 0$ in Abwesenheit eines äußeren Feldes ($H = 0$). Das erstmalige Anlegen des Feldes erzeugt ein leichtes Anwachsen der Induktion, so wie man es von paramagnetischen Materialien her kennt. Wird die Feldstärke weiter angehoben, ändert sich das Bild. Bereits kleine Erhöhungen der Feldstärke führen zu einem starken Anstieg der Induktion. Erhöht man die Feldstärke noch weiter, wird die Kurve flacher und nähert sich der **Sättigungsinduktion** B_s. Die Magnetisierung M, die in Gleichung 18.4 eingeführt wurde, ist letztlich nichts anderes als die Größe, die zur Sättigung führt. Dieselbe Gleichung besagt aber auch, dass B einen $\mu_0 H$-Term enthält und daher mit zunehmendem H immer weiter ansteigt. Da jedoch am Sättigungspunkt der Betrag von B wesentlich größer ist als der Betrag von $\mu_0 H$, scheint B ein Plateau zu erreichen. Der Begriff der *Sättigungsinduktion* ist daher weit verbreitet, obwohl eine wirkliche Sättigung in der Praxis nie erreicht wird.

Nahezu ebenso bedeutsam wie der hohe Wert von B_s ist, dass die Induktion nach Entfernen des Feldes weitgehend erhalten bleibt. Folgt man dem Verlauf der $B(H)$-Kurve, während das angelegte Feld abgebaut wird (nach links gerichtete Pfeile), fällt die Induktion, bis bei $H = 0$ ein Wert ungleich null – die **Remanenz** oder **Restmagnetisierung** (B_r) – erreicht wird. Um diese zurückbleibende Induktion abzubauen, muss ein entgegengesetztes Feld angelegt werden. Das Feld, das B auf null zurückbringt, heißt **Koerzitivfeld** H_c. Erhöht man die Stärke des entgegengesetzten Feldes weiter, wird der Werkstoff erneut gesättigt (bis zur Induktion $-B_s$). Wie zuvor bleibt eine Restmagnetisierung ($-B_r$) zurück, wenn das Feld auf null verringert wird. Im Gegensatz zur gestrichelten Linie in Abbildung 18.5, die die Erstmagnetisierung darstellt, gibt die durchgezogene Linie einen vollständig reversiblen Pfad an, der immer wieder durchlaufen wird, wenn das Feld zwischen den eingezeichneten Extrema hin und her wechselt. Die durchgezogene Linie ist die so genannte **Hystereseschleife**.

Um zu verstehen, woher die Hystereseschleife ihre charakteristische Form hat, muss man die atomare und mikroskopische Struktur des Werkstoffs betrachten. Wie in Abschnitt 18.1 angesprochen, ist eine Stromschleife für die Orientierung eines Magnetfelds verantwortlich (siehe Abbildung 18.1). Diese Schleife kann als vereinfachtes Modell für den Beitrag angesehen werden, den die Orbitalbewegung der Elektronen in einem Atom zur magnetischen Wirkung beisteuert. Für unsere aktuelle Betrachtung bedeutsamer ist jedoch der **Elektronenspin** – ein Phänomen, das manchmal mit der Rotation eines Planeten verglichen wird, die unabhängig von seiner Umlaufbahn ist. So anschaulich dieser Vergleich auch ist, darf man dabei nicht vergessen, dass der Elektronenspin ein relativistischer Effekt ist, der mit dem Eigendrehimpuls des Elektrons zusammenhängt. Die Stärke des magnetischen Dipols, oder **magnetischen Moments**, das durch den Elektronenspin hervorgerufen wird, ist das **Bohrsche**[1] **Magneton** μ_B (= $9{,}27 \times 10^{-24}$ A * m²). Dabei kann es sich um eine positive (Spin $+1/2$) oder negative (Spin $-1/2$) Größe handeln. Die Orientierung der Spins ist selbstverständlich relativ. Nichtsdestotrotz spielt sie eine entscheidende Rolle bei dem Beitrag, den benachbarte Elektronen zur magnetischen Wirkung beisteuern. In einer gefüllten Elektronenschale sind die Elektronen paarweise angeordnet. Jedes Paar besteht aus Elektronen von entgegengesetztem Spin, deren magnetisches Nettomoment gleich null ist ($+\mu_B - \mu_B = 0$). Die Elektronenkonfiguration der Atome wurde bereits in *Abschnitt 2.1* besprochen; Detailangaben zu den einzelnen Elementen finden Sie in *Anhang A*. Wie aus der Übersicht in *Anhang A* leicht abzulesen ist, werden die Orbitalschalen nach einem einfachen Schema von Element 1 (Wasserstoff) bis Element 18 (Argon) mit Elektronen besetzt. Danach ändert sich das Schema. Die Elektronen für die Elemente 19 (Kalium) und 20 (Kalzium) werden zuerst in das $4s$-Orbital eingefügt. Danach wird zurückgesprungen und das $3d$-Orbital aufgefüllt. Ein inneres, nicht voll besetztes Orbital ist aber die Grundvoraussetzung für ungepaarte Elektronen, und genau diese findet man bei den Elementen 21 (Scandium) bis 28 (Nickel). Diese Elemente werden auch **Übergangsmetalle** genannt, weil sie im Periodensystem einen allmählichen Übergang von den stark elektropositiven Elementen der Gruppen I A und II A zu den elektronegativeren Elementen der Gruppen I B und II B bilden. Tatsächlich repräsentieren die Elemente 21 bis 28 nur die erste Gruppe der Übergangsmetalle. Wenn Sie sich *Anhang A* genauer anschauen, werden Sie weitere Gruppen von Elementen entdecken, deren innere Orbitale systematisch gefüllt werden und die ungepaarte Elektronen aufweisen. Abbildung 18.6 verdeutlicht, wie die Elektronenstruktur des $3d$-Orbitals für die Elemente der Übergangsmetalle aussieht. Jedes ungepaarte Elektron trägt mit einem Bohrschen Magneton zur „magnetischen Natur" des Metalls bei. Die Anzahl von Bohrschen Magnetons, die ein Element aufweist, ist ebenfalls in der Abbildung angegeben. Wie Sie sehen können, ist Eisen (Element 26) ein

---

[1] Niels Henrik David Bohr (1885–1962), dänischer Physiker, trug entscheidend zur Entwicklung der Atomphysik bei. Bekannt wurde er vor allem für sein Modell des einfachen Wasserstoffatoms, anhand dessen er das charakteristische Spektrum des Wasserstoffs erklären konnte.

Übergangsmetall, das vier ungepaarte $3d$-Elektronen besitzt, die damit $4\mu_B$ zur magnetischen Wirkung beitragen. Ferromagnetismus ist also eindeutig ein Verhalten, das im Eisen zu finden ist, aber auch von anderen Übergangsmetallen gezeigt wird.

Ordnungszahl	Element	Elektronische Struktur von $3d$	Moment (μ_B)
21	Sc	↑	1
22	Ti	↑ ↑	2
23	V	↑ ↑ ↑	3
24	Cr	↑ ↑ ↑ ↑ ↑	5
25	Mn	↑ ↑ ↑ ↑ ↑	5
26	Fe	↑↓ ↑ ↑ ↑ ↑	4
27	Co	↑↓ ↑↓ ↑ ↑ ↑	3
28	Ni	↑↓ ↑↓ ↑↓ ↑ ↑	2
29	Cu	↑↓ ↑↓ ↑↓ ↑↓ ↑↓	0

↑ = Elektronenspinorientierung

Abbildung 18.6: Die Elektronenstruktur des $3d$-Orbitals für Übergangsmetalle. Ungepaarte Elektronen tragen zur magnetischen Natur dieser Metalle bei.

Damit wird klar, warum Übergangsmetalle so hohe Induktionswerte aufweisen können. Wenn Atome, die in der Kristallstruktur benachbart sind, ihre magnetischen Nettomomente parallel ausrichten, ergibt sich für den gesamten Kristallkörper ein beträchtliches magnetisches Moment (siehe Abbildung 18.7). Die Tendenz benachbarter Atome, ihre magnetischen Momente parallel zueinander auszurichten, ist eine Folge der **Austauschwechselwirkung** zwischen benachbarten Elektronenspins von nebeneinander liegenden Atomen. Das ist einfach eine Elektronenkonfiguration, die das System als Ganzes stabilisiert. In dieser Hinsicht haben wir es hier also mit einem ähnlichen Fall zu tun wie bei der Bildung gemeinsamer Elektronen, die die Grundlage für die kovalente Bindung darstellt (siehe *Abschnitt 2.3*). Die Austauschwechselwirkung hängt stark von der Kristallographie ab. So variiert in α (krz)-Eisen die Stärke der Wechselwirkung (und der resultierenden Sättigungsinduktion) mit der kristallographischen Ausrichtung, während γ (kfz)-Eisen sogar paramagnetisch ist, wodurch es möglich wird, austenitische Edelstähle (siehe *Abschnitt 11.1*) in Konstruktionen einzusetzen, wo „nicht-magnetische" Stähle benötigt werden.

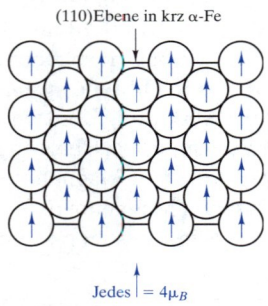

Abbildung 18.7: Durch die Ausrichtung der magnetischen Momente benachbarter Atome ergibt sich für den gesamten Kristallkörper ein beträchtliches Netto-Magnetmoment (und eine hohe Induktion B_s in der $B(H)$-Kurve). Das hier dargestellte Beispiel zeigt reines krz-Eisen bei Raumtemperatur.

18.2 Ferromagnetismus

Abbildung 18.7 verdeutlicht, wie hohe Induktionswerte (B_s) entstehen können, wirft aber auch eine neue Frage auf: Wie kann die Induktion überhaupt je null sein? Die Antwort auf diese Frage –einschließlich der Erklärung der Form der ferromagnetischen Hystereseschleife – liegt in der Mikrostruktur verborgen. Abbildung 18.8 zeigt einen Eisenkristall, der noch nicht magnetisiert wurde. Seine Mikrostruktur ist aus **Domänen** aufgebaut, die wie polykristalline Körner aussehen. Die Abbildung zeigt jedoch nur einen einzigen Kristall. Alle Domänen haben dieselbe kristallographische Orientierung. Benachbarte Domänen unterscheiden sich nicht in der kristallographischen Orientierung, sondern in der Orientierung ihrer magnetischen Momente. Dadurch, dass es zu jedem Volumen ein gleich großes Volumen mit entgegengesetzter Richtung des magnetischen Moments gibt, heben sich die magnetischen Effekte auf und die Nettoinduktion ist null. Der dramatische Anstieg der Induktion während der Erstmagnetisierung ist darauf zurückzuführen, dass sich große Teile der individuellen atomaren Momente parallel zur Richtung des angelegten Feldes ausrichten (Abbildung 18.9). Dabei „dehnen" sich Domänen, die die gleiche Vorzugsorientierung haben wie das angelegte Magnetfeld, auf Kosten der nicht so günstig orientierten Domänen aus. Die Leichtigkeit, mit der diese Domänenausdehnung vonstatten geht, erklärt sich aus der magnetischen „Struktur" der Grenzfläche zwischen benachbarten Domänen. Eine **Bloch[1]-Wand** (siehe Abbildung 18.10) ist der schmale Bereich, in dem das atomare Moment systematisch um 180° kippt. Während der Domänenausdehnung verschiebt sich die **Domänenwand** so, dass diejenige Domäne anwächst, deren Orientierung günstiger zum Feld ausgerichtet ist. Abbildung 18.11 zeigt, wie sich die Mikrostruktur während des Durchlaufs der ferromagnetischen Hystereseschleife verändert.

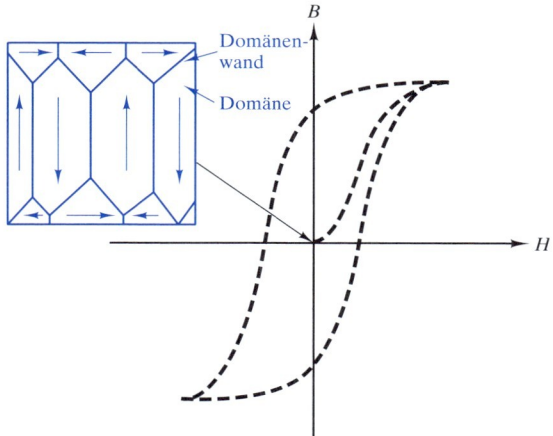

Abbildung 18.8: Obwohl einzelne Domänen ein großes magnetisches Moment aufweisen können (siehe Abbildung 18.7), führt die besondere Domänenstruktur eines nicht magnetisierten Eisenkristalls dazu, dass der Kristall als Ganzes eine Nettoinduktion von $B = 0$ hat.

---

[1] Felix Bloch (1905–1983), schweizerisch-amerikanischer Physiker. Blochs Arbeiten auf dem Gebiet der Atomphysik trugen nicht nur zum Verständnis des Festkörpermagnetismus bei, sondern führten auch zur Entwicklung der magnetischen Kernresonanz (NMR), die zu einem wichtigen Hilfsmittel der analytischen Chemie wurde und heute mehr und mehr als medizinisches Bildgebungsverfahren genutzt wird.

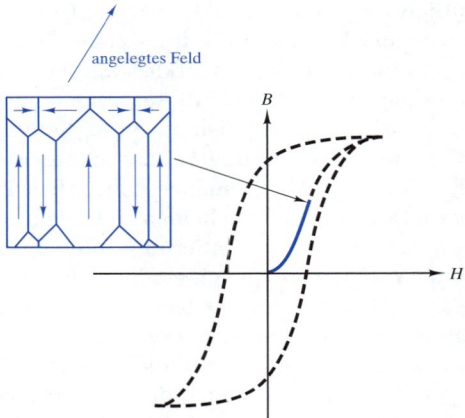

Abbildung 18.9: Die Ursache für den starken Anstieg der Induktion während der Erstmagnetisierung ist die Ausdehnung der Domänen.

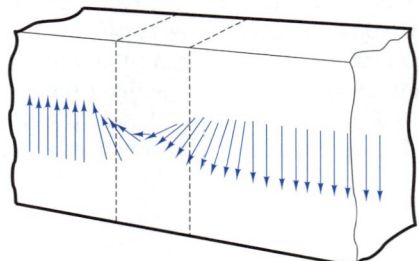

Abbildung 18.10: Die Domänenwand (auch Bloch-Wand genannt) ist ein schmaler Grenzbereich, innerhalb dessen die Orientierung der atomaren Momente um 180° kippt. Die Domänenwandverschiebung (implizit dargestellt in Abbildung 18.8 und Abbildung 18.9) beruht einfach auf der Verschiebung dieses Bereichs neuer Orientierung. Atomare Bewegungen sind nicht erforderlich.

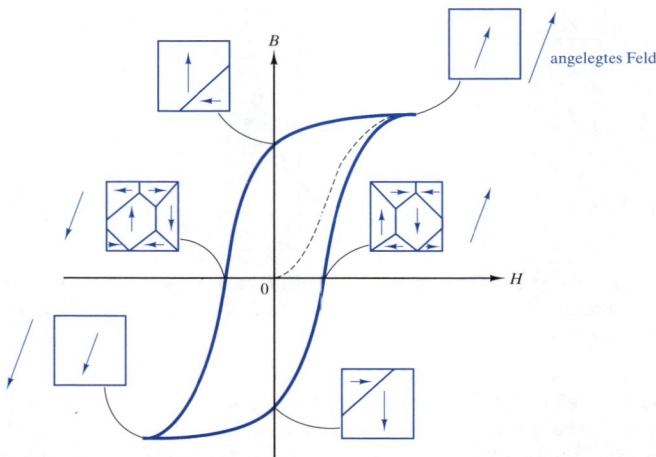

Abbildung 18.11: Übersicht über die Domänenmikrostruktur an verschiedenen Punkten der ferromagnetischen Hystereseschleife

18.2 Ferromagnetismus

Beispiel 18.2 Abbildung 18.6 zeigt die Elektronenstruktur des $3d$-Orbitals für eine Reihe von Übergangsmetallen (Sc bis Cu). Erstellen Sie eine ebensolche Abbildung für die $4d$-Orbitale (und die resultierenden magnetischen Momente) der Elemente von Y bis Pb.

Lösung

Alle Informationen zur Auffüllung der $4d$-Orbitale, die Sie zur Lösung dieser Aufgabe benötigen, finden Sie in *Anhang A*. Beachten Sie, dass sich die Elektronen beim Auffüllen der d-Orbitale nur als „letzte Zuflucht", wenn mehr als fünf Elektronen beteiligt sind, zu Paaren zusammenfinden.

Ordnungs-zahl	Element	Elektronische Struktur von $4d$	Moment (μ_B)
39	Y	[↑][ ][ ][ ][ ]	1
40	Zr	[↑][↑][ ][ ][ ]	2
41	Nb	[↑][↑][↑][↑][ ]	4
42	Mg	[↑][↑][↑][↑][↑]	5
43	Tc	[↑↓][↑][↑][↑][↑]	4
44	Ru	[↑↓][↑↓][↑][↑][↑]	3
45	Rh	[↑↓][↑↓][↑↓][↑][↑]	2
46	Pd	[↑↓][↑↓][↑↓][↑↓][↑↓]	0

18 MAGNETISCHE WERKSTOFFE

Beispiel 18.3 Die folgenden Daten wurden während der Erzeugung einer stationären, ferromagnetischen Hystereseschleife (vgl. Abbildung 18.5) für eine CuNiFe-Legierung (Kupfer – Nickel – Eisen) aufgenommen.

H [A/m]	B [Wb/m^2]
6×10^4	0,65 (Sättigungspunkt)
1×10^4	0,58
0	0,56
-1×10^4	0,53
-2×10^4	0,46
-3×10^4	0,30
-4×10^4	0
-5×10^4	$-0,44$
-6×10^4	$-0,65$

(a) Stellen Sie die Daten als Diagramm dar.
(b) Wie hoch ist die Remanenz?
(c) Wie groß ist das Koerzitivfeld?

Lösung

(a) Als Kurve aufgetragen, ergeben die Werte eine Hälfte der Hystereseschleife. Die andere Hälfte kann spiegelbildlich eingezeichnet werden:

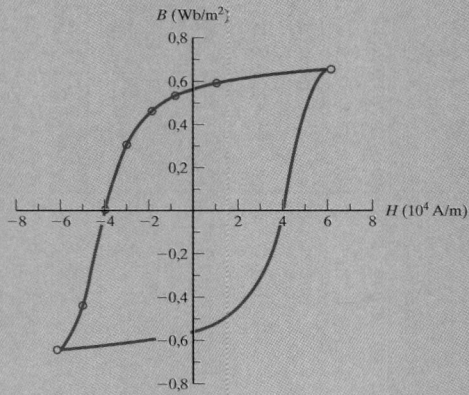

(b) $B_r = 0{,}56$ Wb/m^2 (bei $H = 0$)
(c) $H_c = -4 \times 10^4$ A/m (bei $B = 0$)
Hinweis: Die Angabe des Minuszeichens für H_c ist wegen der Symmetrie der Hystereseschleife mehr oder weniger willkürlich.

> **Übung 18.2** In Beispiel 18.2 haben wir eine Übersicht über die Elektronenstruktur und die sich ergebenden magnetischen Momente für die 4d-Orbitale einer Gruppe von Übergangsmetallen erstellt. Geben Sie eine ähnliche Darstellung für die 5d-Orbitale der Elemente von Lu bis Au an.

> **Übung 18.3** Wie zu Beginn von Abschnitt 18.2 erläutert, ist es nicht die Induktion, die im Verlauf der ferromagnetischen Hystereseschleife ihren Sättigungspunkt erreicht, sondern vielmehr die Magnetisierung. (a) Wie hoch ist in Beispiel 18.3 die Sättigungsinduktion? (b) Wie hoch ist die Sättigungsmagnetisierung an diesem Punkt?

18.3 Ferrimagnetismus

Die meisten der technisch bedeutsamen metallischen Magnete, die Abschnitt 18.4 besprochen hat, verdanken ihre magnetischen Eigenschaften dem Ferromagnetismus. Den keramischen Magneten (siehe Abschnitt 18.5) liegt dagegen ein leicht abgewandelter Mechanismus zugrunde. Ihr Hystereseverhalten ist im Wesentlichen das gleiche wie in Abbildung 18.5. Was sie unterscheidet ist, dass die Kristallstruktur der am weitesten verbreiteten magnetischen Keramiken zu **antiparallelen Spinpaarungen** führt (wobei antiparallel definiert ist als parallel, aber von entgegengesetzter Richtung). Das resultierende magnetische Nettomoment liegt daher unter dem Moment, das in Metallen möglich wäre. Um dieses Verhalten von dem sehr ähnlichen Phänomen des Ferromagnetismus zu unterscheiden, wurde der Begriff des **Ferrimagnetismus** geprägt. (Man beachte die leicht abgewandelte Schreibweise.) Da es bezüglich Domänenstruktur und Domänenbewegung (in Verbindung mit Hysterese wie in Abbildung 18.11) keine Unterschiede gibt, wenden wir uns direkt den Besonderheiten auf der atomaren Ebene zu. Die technisch bedeutsamsten keramischen Magnete basieren auf der *Spinell*-Kristallstruktur ($MgAl_2O_4$) – einer der komplexeren Kristallstrukturen, die in *Kapitel 3* behandelt wurde (siehe *Abbildung 3.15*). Die kubische Elementarzelle enthält 56 Ionen, von denen 32 O^{2-}-Ionen sind. Für das magnetische Verhalten sind die restlichen 24 Kationenpositionen verantwortlich. Spinell selbst ist nicht magnetisch, da weder Mg^{2+}- noch Al^{3+}-Ionen von Übergangsmetallen stammen. Es gibt aber Verbindungen, die Ionen von Übergangsmetallen enthalten und in dieser Struktur kristallisieren. Die bei diesen Verbindungen sogar noch häufiger vorkommende inverse *Spinell*-Struktur wurde ebenfalls in *Abschnitt 3.3* behandelt. In der „normalen" Spinell-Struktur bilden die zweiwertigen (M_I^{2+}) Ionen mit vier umgebenden O^{2-}-Ionen einen Tetraeder; die dreiwertigen (M_{II}^{3+}) Ionen bilden sechs Bindungen in Form eines Oktaeders. Diese Struktur entspricht 8 zweiwertigen und 16 dreiwertigen Ionen pro Elementarzelle. In der inversen Spinell-Struktur nehmen die dreiwertigen Ionen die Tetraederpositionen und die Hälfte der Oktaederpositionen ein. Die zweite Hälfte der Oktaederpositionen belegen die zweiwertigen Ionen. Für die 16 dreiwertigen Ionen bedeutet dies, dass sie zu gleichen Anteilen auf Tetraeder- und Oktaederpositionen verteilt werden. Die acht zweiwertigen Ionen nehmen danach die restlichen Oktaederpositionen ein.

18 MAGNETISCHE WERKSTOFFE

Das klassische Beispiel für einen magnetischen Werkstoff ist der **Magnetit** (Fe_3O_4 = $FeFe_2O_4$), dessen Fe^{2+}- und Fe^{3+}-Ionen nach der inversen Spinell-Konfiguration verteilt sind. Warum ist es überhaupt nötig, einen so detaillierten Blick auf die Verteilung der Kationen zu werfen? Die magnetischen Momente der Kationen, die auf Tetraeder- und Oktaederpositionen liegen, sind zueinander antiparallel. Die gleichmäßige Verteilung der dreiwertigen Ionen zwischen diesen Positionen führt daher dazu, dass sich ihre Beiträge zum magnetischen Moment des Kristalls gegenseitig aufheben. Das Nettomoment wird folglich allein von den zweiwertigen Ionen erzeugt. Tabelle 18.1 gibt für eine Reihe von Übergangsmetallionen an, wie viele Bohrsche Magnetons diese beisteuern. Anhand dieser Tabelle können Sie das magnetische Nettomoment von einer Elementarzelle Magnetit als das Achtfache des magnetischen Moments von zweiwertigem Fe^{2+} berechnen (= $8 \times 4\,\mu_B = 32\,\mu_B$), was mit dem für gesättigtes Magnetit gemessenen Wert von $32{,}8\,\mu_B$ gut übereinstimmt.

Tabelle 18.1

Magnetische Momente verschiedener Übergangsmetallionen

Ion	Moment (μ_B)[a]
Mn^{2+}	5
Fe^{2+}	4
Fe^{3+}	5
Co^{2+}	3
Ni^{2+}	2
Cu^{2+}	1

[a] μ_B = 1 Bohrsches Magneton = $9{,}27 \times 10^{-24}$ A · m²

Beispiel 18.4

Das magnetische Moment, das wir im vorangehenden Abschnitt für eine Elementarzelle Magnetit berechnet haben ($32\,\mu_B$), lag nahe beim gemessenen Wert von $32{,}8\,\mu_B$. Führen Sie eine analoge Berechnung für Nickelferrit durch, dessen gemessener Wert bei $18{,}4\,\mu_B$ liegt.

Lösung

Wie bei Magnetit sind die Fe^{3+}-Ionen zu gleichen Teilen auf die Tetraeder- und die (antiparallelen) Oktaederpositionen verteilt. Das magnetische Nettomoment wird folglich allein von den acht zweiwertigen Ionen (Ni^{2+}) bestimmt. Durch Einsetzen der Daten aus Tabelle 18.1 ergibt sich daher für das magnetische Moment/Elementarzelle

$$= (\text{Anzahl Ni}^{2+}/\text{Elementarzelle})(\text{Moment von Ni}^{2+})$$

$$= 8 \times 2\,\mu_B = 16\,\mu_B$$

18.3 Ferrimagnetismus

Hinweis: In diesem Fall weicht der errechnete Wert relativ stark von dem Messwert ab. Der Fehler liegt bei:

$$\frac{18{,}4-16}{18{,}4} \times 100\ \% = 13\ \%$$

Der Grund für diese Abweichung ist, dass handelsübliches Ferrit-Material keine perfekte Stöchiometrie aufweist und daher auch die Fe^{3+}-Ionen zum magnetischen Nettomoment beitragen.

Beispiel 18.5 Wie groß ist die Sättigungsmagnetisierung $|M_S|$ für den Nickelferrit aus Beispiel 18.5? (Der Gitterparameter von Nickelferrit beträgt 0,833 nm.)

Lösung

Die Magnetisierung ist gemäß Gleichung 18.4 als die Volumendichte der magnetischen Dipolmomente definiert. Das magnetische Moment pro Elementarzelle bei Sättigung (d.h. paralleler Ausrichtung der acht Ni^{2+}-Momente) ist in Beispiel 18.4 mit $18{,}4\,\mu_B$ angegeben. Die Sättigungsmagnetisierung beträgt daher:

$$|M_S| = \frac{18{,}4\,\mu_B}{\text{Vol. der Elementarzelle}}$$

$$= \frac{(18{,}4)(9{,}274 \times 10^{-24}\,\text{A}\cdot\text{m}^2)}{(0{,}833 \times 10^{-9}\,\text{m})^3}$$

$$= 2{,}95 \times 10^5\,\text{A/m}$$

Übung 18.4 Berechnen Sie das magnetische Moment einer Elementarzelle von Kupferferrit. (Siehe Beispiel 18.4.)

Übung 18.5 Berechnen Sie die Sättigungsmagnetisierung für das in Übung 18.4 angesprochene Kupferferrit. (Der Gitterparameter für Kupferferrit beträgt 0,838 nm.) (Siehe Beispiel 18.5.)

18.4 Metallische Magnete

Die technisch bedeutenden metallischen Magnete sind ferromagnetisch und werden üblicherweise in weich- und hartmagnetische Werkstoffe unterschieden. Ferromagnetische Werkstoffe, deren Domänenwände durch ein angelegtes Feld leicht zu verschieben sind, werden als **Weichmagnete** bezeichnet. Sind die Domänenwände schwerer zu bewegen, spricht man von **Hartmagneten**. Die kompositorischen und strukturellen Faktoren, die zu magnetischer Härte führen, sind die gleichen, die auch die mechanische Härte bedingen (siehe *Abschnitt 6.4*). Wie sich die Hystereseschleife für weich- und hartmagnetische Werkstoffe unterscheidet, zeigt Abbildung 18.12. Bis vor kurzem bestanden die besten supraleitenden Magnete aus bestimmten Metallen, beispielsweise Nb und seinen Legierungen. Erst die Entwicklung keramischer Supraleiter hat noch leistungsfähigere Magnete hervorgebracht.

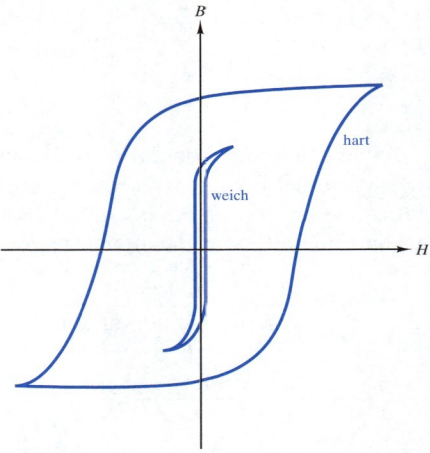

Abbildung 18.12: Gegenüberstellung der charakteristischen Hystereseschleifen von „weichmagnetischen" und „hartmagnetischen" Werkstoffen

18.4.1 Weichmagnetische Werkstoffe

Das wichtigste Anwendungsgebiet für magnetische Werkstoffe ist die Stromerzeugung. Typisches Beispiel ist der ferromagnetische Kern eines Transformators – eine Anwendung, die geradezu nach dem Einsatz eines Weichmagneten verlangt. Die Fläche, die von einer ferromagnetischen Hystereseschleife eingeschlossen wird, repräsentiert die Energie, die beim Durchlaufen der Schleife verbraucht wird. In Wechselstrom-Anwendungen kann die Schleife mit Frequenzen von 50 bis 60 Hz (Hertz[1], oder Zyklen pro Sekunde) und mehr durchlaufen werden. Der resultierende **Energieverlust** lässt sich daher durch die Wahl eines Weichmagneten (mit seiner kleinflächigen Hystereseschleife, siehe Abbildung 18.12) erheblich senken. Neben einer kleinen Hystereseflache ist aber auch eine hohe Sättigungsinduktion (B_s) wünschenswert, um die Größe des Transformatorkerns zu minimieren.

---

[1] Heinrich Rudolf Hertz (1857–1894), deutscher Physiker. Obwohl er früh starb, gehörte Hertz zu den führenden Wissenschaftlern des 19. Jahrhunderts. Eine seiner herausragendsten Leistungen war der experimentelle Nachweis elektromagnetischer Wellen.

18.4 Metallische Magnete

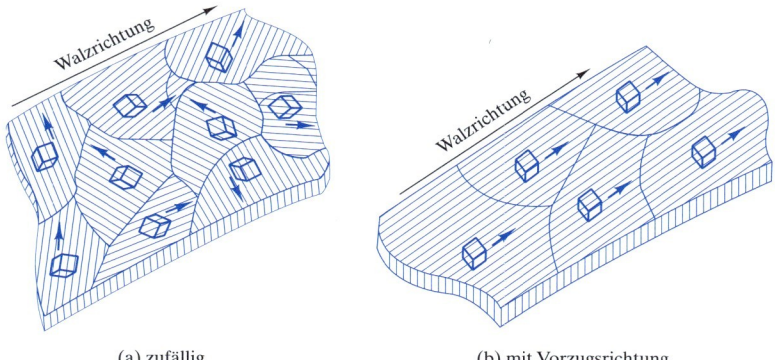

(a) zufällig   (b) mit Vorzugsrichtung

Abbildung 18.13: Vergleich der Mikrostrukturen von Blechen aus polykristallinen Eisen-Silizium-Legierungen mit (a) zufälliger und (b) bevorzugter Ausrichtung (texturiert). Die Vorzugsrichtung ist das Ergebnis des Kaltwalzens. Die kleinen Würfel repräsentieren die Orientierung (aber nicht die Größe) der Elementarzellen in der Kristallstruktur der einzelnen Körner. Die Vorzugsrichtung (b) wird nach der Ebene und der Ausrichtung der Elementarzellen relativ zur Blechgeometrie als (100)[001] klassifiziert. Abbildung 18.14 illustriert, wie Mikrostrukturen mit Vorzugsrichtung von der kristallographischen Anisotropie der magnetischen Eigenschaften profitieren.

In Wechselstrom-Anwendungen kommt noch eine zweite Ursache für Energieverluste hinzu: Durch das schwankende Magnetfeld werden wechselnde elektrische Ströme (**Wirbelströme**) induziert. Der Energieverlust entsteht als **Joulesche**[1] **Wärme** ($= I^2 R$, wobei I für den Strom und R für den Widerstand steht) und kann durch Auswahl eines Werkstoffs mit höherem spezifischem Widerstand reduziert werden. Dies mag verwundern, denn auf den ersten Blick würde man erwarten, dass ein erhöhter spezifischer Widerstand (wegen der Proportionalität von Widerstand und spezifischem Widerstand) zu einen Anwachsen des Ausdrucks $I^2 R$ führen würde. Ausschlaggebend ist aber die Reduzierung des Stroms I, der zum Quadrat in den Ausdruck eingeht und den höheren Widerstand R mehr als ausgleicht ($I^2 R = \left[U^2 / R^2 \right] R = U^2 / R$). Aus diesem Grund haben Eisen-Silizium-Legierungen mit höherem Widerstand die reinen Kohlenstoffstähle aus der Niederfrequenz-Stromerzeugung[2] verdrängt. Der Zusatz von Silizium erhöht zudem die magnetische Permeabilität und damit B_s. Noch bessere magnetische Eigenschaften erzielt man, wenn man die Siliziumstahlbleche kaltwalzt und dabei die größere Permeabilität entlang bestimmter kristallographischer Richtungen nutzt. Die Erzeugung von Mikrostrukturen mit **Vorzugsrichtung** (**texturierte Mikrostrukturen**) ist in Abbildung 18.13 dargestellt. Abbildung 18.14 vergleicht die Erstmagnetisierung dreier Werkstoffe: eines unlegierten Gusseisens (mit 3 Gewichts-

---

[1] James Prescott Joule (1818–1889), englischer Physiker. Zu seinen frühen Erfolgen – Joule war Anfang Zwanzig – gehört die Bestimmung der Wärmemenge, die von elektrischem Strom erzeugt wird. Seine entschlossenen Bemühungen, die Messung des mechanischen Äquivalents zur Wärme zu perfektionieren, führten dazu, dass die Einheit der Energie in Anerkennung seiner Leistungen nach ihm benannt wurde. Joule wurde gegen Ende seines Lebens zu einem der bekanntesten Wissenschaftler Englands. Einer früheren Anerkennung stand für einige Zeit seine eigentliche Haupttätigkeit entgegen: Neben seinen wissenschaftlichen Forschungen führte er das Familiengeschäft – eine Brauerei.

[2] Sie erinnern sich vielleicht an die Fußnote zu Augustin Charpy, dem Erfinder der Kerbschlagbiegeprüfung. Die Entwicklung von Siliziumstählen für elektrische Anwendungen ist eine von vielen Errungenschaften, die die Welt ihm zu verdanken hat.

prozent C), einer zufällig ausgerichteten Fe-Si-Legierung (mit 3,25 Gewichtsprozent Si) und einer (100)[001]-texturierten Fe-Si-Legierung (mit 3,25 Gewichtsprozent Si). Eine Übersicht über einige charakteristische magnetische Eigenschaften weichmagnetischer Werkstoffe gibt. Die aufgeführten Eisen-Nickel-Legierungen führen zu einer höheren Permeabilität in schwachen Feldern, was wiederum zu einer besseren Leistung in HiFi-Anwendungen führt. Erkauft wird die erhöhte Klangtreue mit Einbußen bei der Sättigungsinduktion.

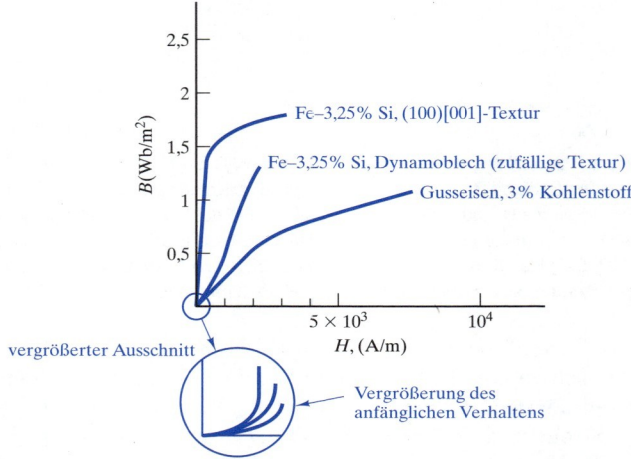

Abbildung 18.14: Vergleich der Erstmagnetisierung für drei Eisenlegierungen. Zusatz von Silizium erhöht die Permeabilität und damit B_s. Durch Ausprägung einer Vorzugsrichtung oder Textur, siehe Abbildung 18.13, wird die Erstmagnetisierung erheblich verstärkt.

Tabelle 18.2

Charakteristische magnetische Eigenschaften verschiedener weichmagnetischer Werkstoffe

Werkstoff	relative Anfangspermeabilität (μ_r bei $B \sim 0$)	Hystereseverlust [J/m³ pro Zyklus]	Sättigungsinduktion [Wb/m²]
technisch reines Eisen	250	500	2,16
Fe – 4% Si, zufällig	500	50-150	1,95
Fe – 4% Si, ausgerichtet	15.000	35-140	2,00
45 Permalloy (45% Ni – 55% Fe)	2.700	120	1,60
Mumetall (75% Ni – 5% Cu – 2% Cr – 18% Fe)	30.000	20	0,80
Supermalloy (79% Ni – 15% Fe – 5% Mo)	100.000	2	0,79

Charakteristische magnetische Eigenschaften verschiedener weichmagnetischer Werkstoffe

Werkstoff	relative Anfangspermeabilität (μ_r bei $B \sim 0$)	Hystereseverlust [J/m³ pro Zyklus]	Sättigungsinduktion [Wb/m²]
Amorphe Eisenlegierungen			
(80% Fe – 20% B)	–	25	1,56
(82% Fe – 10% B – 8% Si)	–	15	1,63

Eines der ersten technischen Einsatzgebiete für amorphe Metalle (siehe die *Abschnitte 4.5* und *11.1*) war die Fertigung von Bändern für Anwendungen mit weichmagnetischen Werkstoffen. Chemisch unterscheiden sich die amorphen Eisenlegierungen von normalen Stählen dadurch, dass nicht Kohlenstoff, sondern Bor das Hauptlegierungselement ist. Die fehlenden Korngrenzen dieses Werkstoffs sind offensichtlich der Grund für die leichte Verschiebbarkeit der Domänenwände. Diese Eigenschaft, in Kombination mit dem relativ hohen spezifischen Widerstand, macht diese Werkstoffe für Anwendungen wie Transformatorkerne äußerst attraktiv. Für Daten zu amorphen Eisenlegierungen siehe Tabelle 18.2 Eine Designstudie, die auch den Einsatz von amorphen Metallen als Transformatorkern in Elektroenergieverteilern umfasst, finden Sie in *Abschnitt 20.3*.

18.4.2 Hartmagnetische Werkstoffe

Für Wechselstrom-Anwendungen ungeeignet (siehe Abbildung 18.12), sind hartmagnetische Werkstoffe für **Dauermagnete** ideal. Denn die große Fläche innerhalb der Hystereseschleife, die für große Wechselstromverluste steht, definiert gleichzeitig die „Leistungsfähigkeit" als Dauermagnet. Um genauer zu sein: Der Maximalwert, den das Produkt aus B und H im Entmagnetisierungsteil der Hystereseschleife erreicht, $(BH)_{max}$, ist ein gutes Maß für die „Leistung" des Dauermagneten. Tabelle 18.3 gibt die $(BH)_{max}$-Werte einiger hartmagnetischer Werkstoffe an. Technisch bedeutsam sind vor allem die AlNiCo-Legierungen.

Tabelle 18.3

Maximale *BH*-Produkte für verschiedene hartmagnetische Werkstoffe

Legierung	$(BH)_{max}$ [A × Wb/m³]
Samarium-Kobalt	120.000
Platin-Kobalt	70.000
AlNiCo	36.000

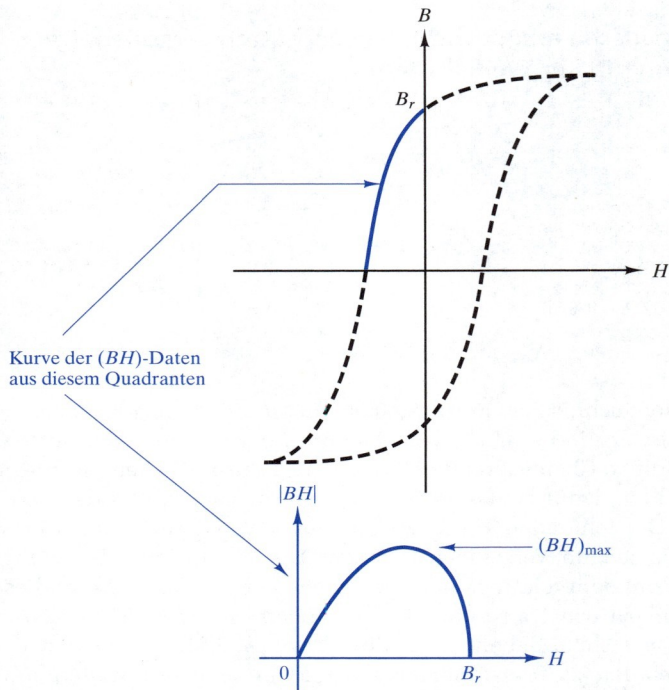

Abbildung 18.15: Trägt man den „Entmagnetisierungsquadranten" der Hystereseschleife in einem eigenen Koordinatensystem auf, ergibt sich ein Maximalwert für das |BH|-Produkt: $(BH)_{max}$. Dieser Wert ist eine zweckmäßige Kenngröße für die „Leistung" eines Dauermagneten. gibt die $(BH)_{max}$-Werte verschiedener hartmagnetischer Werkstoffe an.

18.4.3 Supraleitende Magnete

Was unter der äußerst interessanten Eigenschaft der Supraleitfähigkeit zu verstehen ist, wurde bereits in *Abschnitt 15.3* erläutert. Für **supraleitende Magnete** gibt es verschiedene mögliche Anwendungen. Metallische supraleitende Magnete ermöglichen die Herstellung von Hochgeschwindigkeitsschaltern für Hochleistungsrechner und starker Magnetspulen ohne stationäre Leistungsaufnahme. Die größte Hürde, die einer weiten Verbreitung entgegensteht, war bisher die relativ niedrige kritische Temperatur T_C, oberhalb der die Supraleitfähigkeit verloren geht. Höhere T_C-Werte für Oxid-Supraleiter haben hier die Chancen für eine breitere Anwendung magnetischer Werkstoffe vergrößert. Die Entwicklung von Supraleitern mit hohen T_C-Werten ist in *Abschnitt 15.3* skizziert. Supraleitende keramische Magnete werden in *Abschnitt 18.5* behandelt.

18.4 Metallische Magnete

Beispiel 18.6 Die Daten aus Beispiel 18.3 sind repräsentativ für einen harten Magneten. Berechnen Sie den Energieverlust dieses Magneten (d.h., die Fläche innerhalb der Schleife).

Lösung

Misst man die Fläche im Diagramm von Beispiel 18.3 genau aus, erhält man:

$$\text{Fläche} = 8{,}9 \times 10^4 (\text{A/m})(\text{Wb/m}^2)$$

$$= 8{,}9 \times 10^4 \frac{\text{A} \cdot \text{Wb}}{\text{m}^3}.$$

Ein A * Wb ist gleich 1 J. Die Fläche repräsentiert damit die Energiedichte oder einen

$$\text{Energieverlust} = 8{,}9 \times 10^4 \, \text{J/m}^3$$

$$= 89 \, \text{kJ/m}^3 \text{ (pro Zyklus)}$$

Hinweis: Vergleicht man dieses Ergebnis mit den Werten für weichmagnetische Werkstoffe in, wird deutlich, warum harte Magnete für Wechselstrom-Anwendungen ungeeignet sind.

Beispiel 18.7 Berechnen Sie die Leistung des Hartmagneten aus Beispiel 18.6 (d.h. den $(BH)_{max}$-Wert).

Lösung

Wenn Sie die Daten aus Beispiel 18.3 nach dem Vorbild von Abbildung 18.15 in ein eigenes Koordinatensystem eintragen, erhalten Sie

B [Wb/m²]	H [A/m]	|BH| [Wb * A/m³ = J/m³]
0	-4×10^4	0
0,30	-3×10^4	9×10^3
0,46	-2×10^4	$9{,}2 \times 10^3$
0,53	-1×10^4	$5{,}3 \times 10^3$

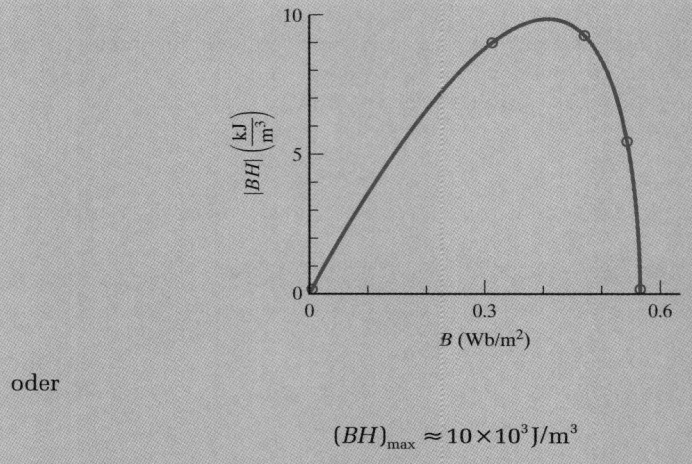

oder

$$(BH)_{max} \approx 10 \times 10^3 \, J/m^3$$

Hinweis: Während der starke Energieverlust, den wir für diesen Werkstoff in Beispiel 18.6 berechnet haben, ein klarer Nachteil war, ist der hohe Wert, der sich aus dieser Berechnung ergeben hat, der Grund, warum diese Legierung für Dauermagneten verwendet wird.

Übung 18.6 In Beispiel 18.6 haben wir die Daten eines Hartmagneten (CuNiFe) analysiert. Entnehmen Sie Beispiel 18.7 die vergleichbaren Daten eines Weichmagneten (Armco-Eisen) und berechnen Sie den Energieverlust.

Übung 18.7 Berechnen Sie für den Weichmagneten aus Übung 18.6 die Leistung des Magneten. (Siehe Beispiel 18.7.)

18.5 Keramische Magnete

Keramische Magnete können in zwei Kategorien aufgeteilt werden. Die herkömmlichen keramischen Magnete besitzen die gleiche geringe Leitfähigkeit wie die meisten Keramiken. (Wie in *Abschnitt 15.4* angemerkt, werden weltweit etwa 80% der technischen Keramiken wegen ihres elektrischen oder magnetischen Verhaltens eingesetzt.) Die zweite Kategorie bilden die äußerst reizvollen supraleitenden Magnete, die zu den Oxidkeramiken zu zählen sind.

18.5.1 Magnete mit geringer Leitfähigkeit

Die klassischen, technisch bedeutsamen keramischen Magnete sind ferrimagnetisch. Ihre wichtigsten Vertreter sind **Ferrite** mit inverser Spinell-Struktur (vergleiche Abschnitt 18.3). Im vorangehenden Abschnitt wurde dargestellt, dass für Transformatorkerne üblicherweise Stahllegierungen ausgewählt werden, um Wirbelstromverluste durch den hohen spezifischen Widerstand des Werkstoffs zu minimieren. Keine metallische Legierung besitzt jedoch einen genügend hohen spezifischen Widerstand um empfindliche Wirbelstromverluste in Hochfrequenzanwendungen zu vermeiden. Die hohen spezifischen Widerstände, die für Keramiken so charakteristisch sind (siehe *Abschnitt 15.4*), machen die Ferrite zum Werkstoff der Wahl für solche Anwendungen. So werden z.B. in der Nachrichtentechnik viele Übertrager aus Ferriten gefertigt. Die Ablenkungsspulen, die zum Aufbau von Bildern auf Fernsehbildschirmen eingesetzt werden, sind hierfür ein gängiges Beispiel. Tabelle 18.4 listet einige repräsentative handelsübliche Ferrite auf. Auch wenn der Begriff *Ferrit* gelegentlich als Synonym für *magnetische Keramik* verwendet wird, so ist dies nicht ganz korrekt. Die Ferrite bilden lediglich *eine* Gruppe von keramischen Kristallstrukturen, die ferrimagnetisches Verhalten aufweisen. Eine andere Gruppe sind die **Granate**, die eine relativ komplexe Kristallstruktur haben, ähnlich der von natürlichem Edelgranat: $Al_2Mg_3Si_3O_{12}$. In dieser Struktur gibt es drei verschiedene Kristallumgebungen für Kationen. Das Si^{4+}-Kation ist tetraedrisch koordiniert, Al^{3+} ist oktaedrisch koordiniert und Mg^{2+} sitzt an einem dodekaedrisch koordinierten (achtfachen) Gitterplatz. Ferrimagnetische Granate enthalten Fe^{3+}-Ionen. Yttrium-Eisen-Granat (YIG) z.B. hat die Formel $Fe_2^{3+}\left[Y_3^{3+}Fe_3^{3+}\right]O_{12}^{2-}$. Die ersten beiden Fe^{3+}-Ionen aus dieser Formel liegen an Oktaederpositionen, die restlichen drei an Tetraederpositionen. Die drei Y^{3+}-Ionen befinden sich an Dodekaederplätzen. Granate sind der bevorzugte Werkstoff für Wellenleiter-Bauelemente in der Höchstfrequenztechnik. In Tabelle 18.5 sind einige handelsübliche Granat-Verbindungen aufgeführt.

Tabelle 18.4

Ausgewählte handelsübliche Ferrite

Name	Zusammensetzung	Bemerkungen
Magnesiumferrit	$MgFe_2O_4$	
Magnesiumzinkferrit	$Mg_xZn_{1-x}Fe_2O_4$	$0 < x < 1$
Manganferrit	$MnFe_2O_4$	
Manganeisenferrit	$Mn_xFe_{3-x}O_4$	$0 < x < 3$
Manganzinkferrit	$Mn_xZn_{1-x}Fe_2O_4$	$0 < x < 1$
Nickelferrit	$NiFe_2O_4$	
Lithiumferrit	$Li_{0,5}Fe_{2,5}O_4$	Li^+ kommt in Kombination mit Fe^{3+} vor und führt zur Konfiguration $(Li_{0,5}Fe_{0,5})^{2+} Fe_2^{3+}O_4$

Tabelle 18.5

Ausgewählte handelsübliche Granate

Name	Zusammensetzung	Bemerkungen
Yttrium-Eisen-Granat (YIG)	$Y_3Fe_5O_{12}$	
Aluminium-substituierter YIG	$Y_3Al_xFe_{5-x}O_{12}$	Al^{3+} bevorzugt Tetraederpositionen
Chrom-substituierter YIG	$Y_3Cr_xFe_{5-x}O_{12}$	Cr^{3+} bevorzugt Oktaederpositionen
Lanthan-Eisen-Granat (LaIG)	$La_3Fe_5O_{12}$	
Praseodym-Eisen-Granat (PrIG)	$Pr_3Fe_5O_{12}$	Die meisten reinen Granate sind nicht technisch aufbereitet; alle bilden untereinander zumindest begrenzte Mischkristalle (z.B. $Pr_xY_{3-x}Fe_5O_{12}$ mit $x_{max} = 1,5$)

Während Ferrite und Granate stets weichmagnetisch sind, gibt es unter den Keramiken auch hartmagnetische Vertreter, allen voran die **Magnetoplumbite**. Die Magnetoplumbite besitzen eine hexagonale Kristallstruktur der chemischen Zusammensetzung $MO \cdot 6Fe_2O_3$ (M = zweiwertiges Kation), ähnlich der Struktur mineralischen Magnetoplumbits. Diese Kristallstruktur ist – ebenso wie die Struktur der Granate – weitaus komplexer als die der Ferrit-Spinelle. So gibt es insgesamt fünf verschiedene Kristallumgebungen für Kationen (im Vergleich zu zwei Umgebungen im inversen Spinell und drei für Granate). Für technische Anwendungen sind vor allem drei zweiwertige Kationen interessant: Strontium (Sr^{2+}), Barium (Ba^{2+}) und Blei (Pb^{2+}). Dauermagnete, die aus diesen Werkstoffen hergestellt werden, zeichnen sich durch hohe Koerzitivfelder und geringe Fertigungskosten aus. Sie werden in kleinen Gleichstrommotoren, Radiolautsprechern und magnetischen Türöffnern eingesetzt.

Eines der bekanntesten Einsatzgebiete für keramische Magnete sind Tonbänder, die aus feinen $\gamma\text{-}Fe_2O_3$-Partikeln bestehen (siehe *Abbildung 3.13* für eine vergleichbare Kristallstruktur), die auf einem Kunststoffband ausgerichtet werden. Der resultierende dünne Film von Fe_2O_3 weist eine „harte" Hystereseschleife auf. Die Restmagnetisierung des Films ist proportional zu dem elektrischen Signal, das von einer Schallquelle umgewandelt wurde, und ermöglicht so klangtreue HiFi-Aufnahmen. Das gleiche Konzept wurde bei der Produktion von biegsamen („Floppy", 5¼-Zoll-) und steifen (3½-Zoll-) Computerdisketten angewendet. Die 5¼-Zoll-Disketten bestehen aus einer Eisenoxid-Beschichtung (ähnlich dem Fe_2O_3-Film des Tonbands), die auf einen biegsamen Kunststoffträger aufgebracht wird. Für die 3½-Zoll-Disketten wird als Trägermaterial dagegen meist eine besonders flache und glatte Aluminium-Legierung verwendet.

Abbildung 18.16 zeigt das allgemeine Prinzip der magnetischen Aufzeichnung. Ausgerichtete, nadelförmige $\gamma\text{-}Fe_2O_3$-Partikel speichern binäre Informationen (Nullen und Einsen) durch ihre Orientierung (in der Abbildung durch Pfeile nach links oder rechts dargestellt). Beim Schreiben erzeugt das elektrische Eingangssignal in der Spule ein magnetisches Feld, das den Spalt im Schreibkopf überbrückt und die Daten auf das Band oder die Diskette „schreibt". Dabei wird nur ein kleiner Bereich des Aufzeichnungsmediums in der Nähe des Spalts magnetisiert. Hat der betreffende Bereich den Schreibkopf passiert, bleibt die Magnetisierung erhalten und das Signal ist gespeichert. Wie Abbildung 18.16 zeigt, lassen sich auch mit demselben Kopf die gespeicherten Daten „lesen".

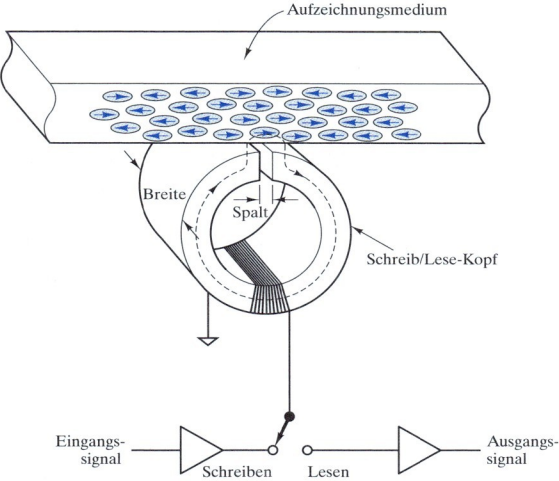

Abbildung 18.16: Schematische Darstellung der magnetischen Informationsspeicherung auf einem Aufzeichnungsmedium mit nadelförmigen Partikeln aus $\gamma\text{-Fe}_2\text{O}_3$

Schreib-/Lese-Köpfe werden aus keramischen Ferriten wie z.B. Nickel-Zink-Ferrit oder Mangan-Zink-Ferrit hergestellt. Für die ersten Schreib/Lese-Köpfe waren diese Keramiken absolut ausreichend. Magnetische Aufzeichnungen mit hoher Dichte (HDDR) erforderten jedoch stärkere Koerzitivfelder, was dazu führte, dass der Spalt mit dünnen Filmen bestimmter metallischer Legierungen – Permalloy (NiFe) oder Sendust (FeAlSi) – ausgekleidet wurde. Abbildung 18.17 zeigt, wie ein *Metal-in-Gap* (MiG)-Magnetkopf aufgebaut ist.

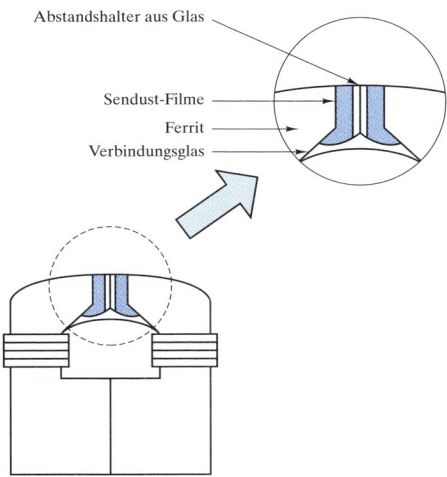

Abbildung 18.17: Schematische Darstellung eines Metal-in-Gap-Designs (MiG) mit einem dünnen Film einer metallischer Legierung, Sendust (FeAlSi), auf den Polflächen des Ferrit-Magnetkopfes

18.5.2 Supraleitende Magnete

Wie in *Abschnitt 15.3* bereits angesprochen, gibt es unter den keramischen Werkstoffen eine besondere Gruppe von Keramiken, die die höchst bemerkenswerte Eigenschaft der Supraleitfähigkeit zeigen. Supraleitfähigkeit in Metallen konnte nur bei einer beschränkten Gruppe von Elementen und Legierungen festgestellt werden, die oberhalb von T_C relativ schlechte Leiter sind. Analog zu dieser Gruppe wurde auch eine spezielle Familie von Oxid-Keramiken gefunden (aus der Kategorie der Isolatoren), die supraleitend sind, und zwar bereits bei kritischen Temperaturen, die weit über den T_C-Werten der besten metallischen Supraleiter liegen. Diesem ermutigenden Anstieg der kritischen Temperatur wurde in *Abschnitt 15.3* die entmutigende Abnahme der kritischen Stromdichte gegenübergestellt. Daneben gibt es noch eine dritte wichtige Eigenschaft von Supraleitern: das **kritische Magnetfeld**, oberhalb dessen der Werkstoff aufhört, supraleitend zu sein. Während die kritische Stromdichte bei Werkstoffen mit hohem T_C-Wert niedriger ist, liegt der Wert für das kritische Magnetfeld umso höher, je höher die kritische Temperatur ist (siehe Abbildung 18.18). Für den großtechnischen Einsatz, insbesondere bei der Energieübertragung, bleibt aber nach wie vor die begrenzte Stromdichte (infolge des eindringenden Magnetfelds) das Haupthindernis. Einige der viel versprechendsten Anwendungen für diese neuen Werkstoffe findet man derzeit, wie in *Abschnitt 15.3* erwähnt, im Bereich der Dünnfilmbauelemente, beispielsweise als **Josephson[1]-Kontakte**, die aus einer dünnen Isolierschicht zwischen supraleitenden Schichten bestehen. Diese Bauelemente können Spannungen bei sehr hohen Frequenzen schalten und verbrauchen dabei weit weniger Energie als konventionelle Bauelemente. Zu den möglichen Anwendungen dieser Technologie gehören noch kompaktere Computer, hochempfindliche Magnetfelddetektoren oder die ebenfalls in *Abschnitt 15.3* erwähnte Entwicklung von Verbundwerkstoffen (Silbermetall/$YBa_2Cu_3O_7$) für supraleitende Drähte mit den erforderlichen mechanischen und supraleitenden Eigenschaften für die Fertigung von Zylinderspulen wie auch die Entwicklung von Dünnschichtfiltern für Mobilfunk-Basisstationen. Die großtechnische Energieübertragung bleibt vorerst noch ein Wunschtraum und eines der großen Ziele.

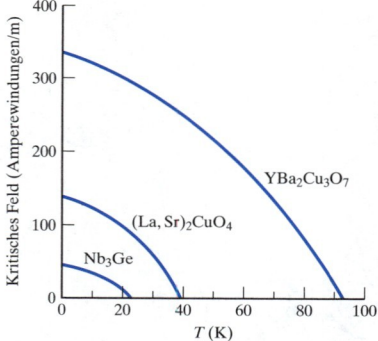

Abbildung 18.18: Temperaturabhängigkeit des kritischen Magnetfeldes für einen metallischen (Nb_3Ge) und zwei keramische Supraleiter

---

[1] Brian David Josephson (geb. 1940), englischer Physiker, entwickelte bereits als Hochschulabsolvent an der Universität von Cambridge das Konzept des geschichteten Kontakts, welches heute seinen Namen trägt. Spätere Experimente bestätigten frühere theoretische Modelle zur Leitung in metallischen Supraleitern.

18.5 Keramische Magnete

Beispiel 18.8 Die γ-Fe_2O_3-Keramiken, die zur magnetischen Aufzeichnung verwendet werden, haben die gleiche Struktur wie der Korund (siehe *Abbildung 3.13*). Bestätigen Sie mithilfe der Daten aus *Anhang B* und den in *Abschnitt 2.2* dargelegten Prinzipien, dass das Fe^{3+}-Ion in einem Oktaeder liegen muss.

Lösung

In *Anhang B* finden Sie die Radien für

$$r_{Fe^{3+}} = r = 0{,}067 \text{ nm}$$

und

$$r_{O^{2-}} = R = 0{,}132 \text{ nm}$$

Daraus ergibt sich ein Radienverhältnis von

$$\frac{r}{R} = \frac{0{,}067 \text{ nm}}{0{,}132 \text{ nm}} = 0{,}508$$

welches im Bereich von 0,414 bis 0,732 liegt, der laut *Tabelle 2.1* für eine sechsfache (oktahedrische) Koordination steht.

Beispiel 18.9 Eine ganze Reihe von technischen Ferriten können als Kombination von normalen und inversen Spinell-Strukturen hergestellt werden. Berechnen Sie das magnetische Moment einer Elementarzelle aus Manganferrit für (a) die inverse Spinell-Struktur, (b) die normale Spinell-Struktur und (c) eine 50:50-Mischung aus inverser und normaler Spinell-Struktur.

Lösung

(a) Für den inversen Spinell brauchen Sie nur dem Beispiel 18.4 zu folgen und in das Moment für Mn^{2+} (= $5\,\mu_B$) nachzuschlagen.

magnetisches Moment/Elementarzelle

$$= 8 \times 5\mu_B = 40\mu_B$$

(b) Im normalen Spinell liegen alle Mn^{2+}-Ionen an Tetraederpositionen und alle Fe^{3-}-Ionen an Oktaederpositionen. Wie im Falle der inversen Spinell-Struktur sind die magnetischen Momente an den Tetraeder- und Oktaederpositionen zueinander antiparallel. Entscheidet man sich dazu, die magnetischen Momente für die Tetraederpositionen als negativ und diejenigen für die Oktaederpositionen als positiv anzusehen, ergibt sich:

$$\text{magnetisches Moment/Elementarzelle}$$

$$= - \text{(Anzahl Mn}^{2+}/\text{Elementarzelle)} \text{(Moment von Mn}^{2+})$$

$$+ \text{(Anzahl Fe}^{3+}/\text{Elementarzelle)} \text{(Moment von Fe}^{3+})$$

$$= -(8)(5\mu_B) + (16)(5\mu_B) = 40\mu_B$$

(c) Für die 50:50-Mischung ergibt sich:

$$\text{magnetisches Moment/Elementarzelle}$$

$$= (0{,}5)(40\mu_B) + (0{,}5)(40\mu_B) = 40\mu_B$$

Hinweis: In diesem speziellen Fall ist das Gesamtmoment für alle Kombinationen der beiden Strukturen gleich. Grundsätzlich ergeben sich aber, wenn das Moment des zweiwertigen Ions nicht gleich 5 μ_B ist, unterschiedliche Werte. Im Übrigen sei angemerkt, dass die Struktur von Manganferrit im Allgemeinen zu 80% aus normalem Spinell und zu 20% aus inversem Spinell zusammengesetzt ist.

Übung 18.8 In Beispiel 18.8 wurde mittels einer Radienverhältnisberechnung die oktaedrische Koordination von Fe^{3+} in γ-Fe_2O_3 bestätigt. Führen Sie die gleiche Berechnung für Ni^{2+} und Fe^{3+} im inversen Spinell des Nickelferrits (siehe Beispiel 18.4) durch.

Übung 18.9 (a) Berechnen Sie das magnetische Moment einer Elementarzelle von $MgFe_2O_4$ in einer inversen Spinell-Struktur. (b) Wiederholen Sie Teil (a) für den Fall einer normalen Spinell-Struktur. (c) Schätzen Sie, ausgehend von dem experimentell bestimmten Wert für das $MgFe_2O_4$-Elementarzellenmoment von 8,8 μ_B, den Anteil von Ferrit in der inversen Spinell-Struktur. (Siehe Beispiel 18.9.)

ZUSAMMENFASSUNG

Das mit Abstand wichtigste Mittel zur Charakterisierung von magnetischen Werkstoffen ist die $B(H)$-Kurve, die angibt, wie sich die Induktion (B) als Funktion der magnetischen Feldstärke (H) verhält. Was die $\sigma(\varepsilon)$-Kurve für mechanische Anwendungen, ist die $B(H)$-Kurve für magnetische Anwendungen. Diamagnetismus und Paramagnetismus zeigen lineare $B(H)$-Kurven mit kleiner Steigung und wenig Potenzial für technische Anwendungen. Eine auffällig nicht-lineare $B(H)$-Kurve, die so genannte Hystereseschleife, ist das Kennzeichen des Ferromagnetismus. Diese Charakteristik zusammen mit der hohen Sättigungsinduktion (B_s), die für ferromagnetische Werkstoffe erreicht werden kann, ist für die technische Anwendung von großer Bedeutung. Die Größe des Koerzitivfeldes (H_c) zeigt an, ob ein Werkstoff weichmagnetischer (kleiner H_c-Wert) oder hartmagnetischer (großer H_c-Wert) Natur ist. Wie der Name andeutet, findet man Ferromagnetismus bei eisenhaltigen Legierungen, aber auch bei einer Vielzahl von Übergangsmetallen, die aufgrund einer ähnlichen Elektronenstruktur das gleiche Verhalten zeigen. Übergangsmetalle besitzen ungefüllte innere Orbitale, sodass ungepaarte Elektronenspins ein oder mehr Bohrsche Magnetons zum magnetischen Nettomoment des Atoms beitragen können. Diese spezielle Elektronenstruktur erklärt die Größe von B_s, nicht aber die Form der Hystereseschleife. Diese ist das Resultat eines mikrostrukturellen Phänomens: der Domänenwandbewegung. Eisen-Silizium-Legierungen sind ausgezeichnete Beispiele für Weichmagneten. Die für Weichmagneten typische kleine Fläche innerhalb der Hystereseschleife ist gleichbedeutend mit geringen Energieverlusten in Wechselstrom-Anwendungen. Der im Vergleich zu reinem Kohlenstoffstahl (unlegiertem Stahl) hohe spezifische Widerstand reduziert Wirbelstromverluste. Für Dauermagnete wie z.B. AlNiCo-Legierungen sind hingegen große Hystereseschleifenflächen und $(BH)_{max}$-Werte charakteristisch. Supraleitende metallische Magnete haben mittlerweile praktische Anwendung gefunden, ihre Verwendung wird vor allem durch die relativ niedrige Betriebstemperatur begrenzt.

Ein dem Ferromagnetismus nahe verwandtes Phänomen ist der Ferrimagnetismus, der in magnetischen Keramikverbindungen vorkommt. In diesen Systemen liefern die Übergangsmetallionen magnetische Momente – so wie es beim Ferromagnetismus die Übergangsmetallatome tun. Anders ist allerdings, dass die magnetischen Momente bestimmter Kationen aufgrund antiparalleler Spinpaarung wegfallen. Die resultierende Gesamtsättigungsinduktion ist daher im Vergleich zu ferromagnetischen Metallen kleiner. Keramische Magnete können ebenso wie ferromagnetische Metalle weich oder hartmagnetische Werkstoffe sein. Wichtigste Vertreter sind die Ferrite mit inverser Spinell-Kristallstruktur. YIG ist ein Beispiel für eine ferrimagnetische Keramik, das auf der Kristallstruktur von Edelgranat basiert. Sowohl Ferrite als auch Granate sind weichmagnetische Werkstoffe. Hexagonale Keramikverbindungen, die auf der Struktur von mineralischem Magnetoplumbit basieren, sind harte Magnete mit hohen Koerzitivfeldern und geringen Fertigungskosten. Hartmagnetische Werkstoffe finden insbesondere als Dünnschichten aus von feinen $\gamma\text{-}Fe_2O_3$-Partikeln breite Anwendung (beispielsweise zur Informationsspeicherung auf Magnetbändern oder Computerdisketten). Supraleitende keramische Magnete, die wesentlich höhere Betriebstemperaturen aufweisen als ihre metallischen Gegenstücke, zeigen Ansätze zu einer breiteren technischen Anwendung von Supraleitern, insbesondere auf dem Gebiet der Dünnschichtfilter, kompakterer Computer, hochempfindlicher Magnetfelddetektoren sowie der Entwicklung von Drähten für Zylinderspulen.

ZUSAMMENFASSUNG

18 MAGNETISCHE WERKSTOFFE

■ Schlüsselbegriffe

antiparallele Spinpaarung (799)
Austauschwechselwirkung (794)
Bloch-Wand (795)
Bohrsches Magneton (793)
Dauermagnet (805)
Diamagnetismus (788)
Dipol (785)
Domäne (795)
Domänenwand (795)
Elektronenspin (793)
Energieverlust (802)
Ferrimagnetismus (799)
Ferrit (809)
Ferromagnetismus (791)
Flussdichte (786)
Granat (809)
Hartmagnet (802)
Hystereseschleife (793)
Induktion (786)
Josephson-Kontakt (812)
Joulesche Wärme (803)

keramischer Magnet (808)
Koerzitivfeld (792)
kritisches Magnetfeld (812)
Magnetfeld (785)
magnetische Feldlinie (785)
magnetische Feldstärke (786)
magnetisches Moment (793)
Magnetisierung (787)
Magnetismus (785)
Magnetit (800)
Magnetoplumbit (810)
Paramagnetismus (788)
Permeabilität (787)
relative Permeabilität (788)
Remanenz (792)
Restmagnetisierung (792)
Sättigungsinduktion (792)
supraleitender Magnet (806)
texturierte Mikrostruktur (803)
Übergangsmetall (793)
Vorzugsrichtung (803)
Weichmagnet (802)
Wirbelstrom (803)

■ Quellen

Cullity, B. D., *Introduction to Magnetic Materials*, Addison-Wesley Publishing Co., Inc., Reading, Ma, 1972.
Kittel, C., *Introduction to Solid State Physics*, 7th ed., John Wiley & Sons, Inc., NY, 1996.
Suzuki, T., et al., Magnetic *Materials – Microstructure and Properties*, Materials Research Society, Pittsburgh, PA, 1991.

Aufgaben

■ **Magnetismus**

18.1 Berechnen Sie die Induktion und Magnetisierung eines diamagnetischen Werkstoffs (mit $\mu_r = 0{,}99995$) bei einem angelegten Feld der Stärke $2{,}0 \times 10^5$ A/m.

18.2 Berechnen Sie die Induktion und Magnetisierung eines paramagnetischen Werkstoffs (mit $\mu_r = 1{,}001$) bei einem angelegten Feld der Stärke $5{,}0 \times 10^5$ A/m

18.3 Zeichnen Sie die (BH)-Kurve des paramagnetischen Werkstoffs aus Aufgabe 18.2 für den Bereich von $-5{,}0 \times 10^5$ A/m $< H < 5{,}0 \times 10^5$ A/m. Tragen Sie zusätzlich als gestrichelte Linie das magnetische Verhalten eines Vakuums ein.

18.4 Zeichnen Sie über die Kurve aus Aufgabe 18.3 die Kurve für den diamagnetischen Werkstoff aus Aufgabe 18.1.

18.5 Die folgenden Daten wurden für ein Metall gemessen, das einem magnetischen Feld ausgesetzt wurde:

H [A/m]	B [Wb/m^2]
0	0
4×10^5	0,50263

(a) Berechnen Sie die relative Permeabilität dieses Metalls.

(b) Welche Art von Magnetismus weisen diese Daten aus?

18.6 Die folgenden Daten wurden für eine Keramik gemessen, die einem magnetischen Feld ausgesetzt wurde:

H [A/m]	B [Wb/m^2]
0	0
4×10	0,50668

(a) Berechnen Sie die relative Permeabilität dieser Keramik.

(b) Welche Art von Magnetismus weisen diese Daten aus?

Ferromagnetismus

18.7 Die folgenden Daten wurden während der Erzeugung einer stationären ferromagnetischen Hystereseschleife für eine Armco-Eisen-Legierung gewonnen:

H [A/m]	B [Wb/m^2]
56	0,50
30	0,46
10	0,40
0	0,36
−10	0,28
−20	0,12
−25	0
−40	−0,28
−56	−0,50

(a) Tragen Sie die Daten als Kurve in ein Koordinatensystem ein.
(b) Wie groß ist die Remanenz?
(c) Wie groß ist das Koerzitivfeld?

18.8 Bestimmen Sie für das Armco-Eisen aus Aufgabe 18.7 (a) die Sättigungsinduktion und (b) die Sättigungsmagnetisierung.

18.9 Die folgenden Daten wurden während der Erzeugung einer stationären ferromagnetischen Hystereseschleife für eine Nickel-Eisen-Legierung gewonnen:

H [A/m]	B [Wb/m^2]
56	0,95
25	0,94
0	0,92
−10	0,90
−15	0,75
−20	−0,55
−25	−0,87
−50	−0,95

(a) Tragen Sie die Daten als Kurve in ein Koordinatensystem ein.

(b) Wie groß ist die Remanenz?

(c) Wie groß ist das Koerzitivfeld?

18.10 Bestimmen Sie für die Nickel-Eisen-Legierung aus Aufgabe 18.9 (a) die Sättigungsinduktion und (b) die Sättigungsmagnetisierung.

18.11 Veranschaulichen Sie die Elektronenstruktur der schweren Elemente No und Lw (die ein nicht gefülltes $6d$-Orbital besitzen) und geben Sie die resultierenden magnetischen Momente an.

•18.12 Diese Aufgabe soll den Unterschied zwischen der Induktion, die niemals, und der Magnetisierung, die an einem bestimmten Punkt Sättigung erreicht, vertiefen. (a) Wie hoch wäre für den Magneten aus Übung 18.3 die Induktion bei einer Feldstärke von 60×10^4 A/m – also dem Zehnfachen der zum Erreichen der Sättigungsinduktion benötigten Feldstärke? (b) Skizzieren Sie die Hystereseschleife für den Fall, dass die Magnetfeldstärke zwischen -60×10^4 und $+60 \times 10^4$ A/m pendelt.

■ Ferrimagnetismus

18.13 (a) Berechnen Sie das magnetische Moment einer Elementarzelle von Manganferrit. (b) Berechnen Sie die zugehörige Sättigungsmagnetisierung bei einem Gitterparameter von 0,859 nm.

18.14 Fertigen Sie eine Kopie von *Abbildung 3.15* an und beschriften Sie die Ionen neu, sodass die dargestellte Elementarzelle die Struktur eines inversen Spinells ($CoFe_2O_4$) repräsentiert. (Sie müssen nicht alle Gitterplätze neu beschriften.)

18.15 Berechnen Sie das magnetische Moment der Elementarzelle aus Aufgabe 18.14.

18.16 Schätzen Sie die Sättigungsmagnetisierung der Elementarzelle aus Aufgabe 18.14.

18.17 Ein wichtiger Aspekt der auf dem Spinell ($MgAl_2O_4$, siehe *Abbildung 3.15*) basierenden Ferrit-Kristallstruktur ist die Tendenz, Metallionen tetraedisch oder oktaedrisch zu koordinieren und mit O^{2-} zu umgeben. Berechnen Sie das Radienverhältnis für (a) Mg^{2+} und (b) Al^{3+}. Kommentieren Sie in beiden Fällen die zugehörige Koordinationszahl. (Die Beziehung zwischen Radienverhältnis und Koordinationszahl wurde in *Abschnitt 2.2* erläutert.)

18.18 Berechnen Sie analog zu Aufgabe 18.17 das Radienverhältnis für (a) Fe^{2+} und (b) Fe^{3+}. Kommentieren Sie in beiden Fällen die zugehörige Koordinationszahl in der inversen Spinell-Struktur von Magnetit, Fe_3O_4.

■ Metallische Magnete

18.19 Angenommen, die Hystereseschleife aus Übung 18.6 wird mit einer Frequenz von 60 Hz durchlaufen. Berechnen Sie die Energieverlustrate (d.h. den Leistungsverlust) des Magneten.

18.20 Wiederholen Sie Aufgabe 18.19 für die harten Magnete aus den Beispielen 18.3 und 18.6.

18.21 Berechnen Sie den Energieverlust (d.h. die Fläche innerhalb der Schleife) für die Nickel-Eisen-Legierung aus Aufgabe 18.9.

18.22 Ist die Nickel-Eisen-Legierung nach Maßgabe des Ergebnisses von Aufgabe 18.21 ein weich- oder hartmagnetischer Werkstoff?

18.23 Angenommen, die Hystereseschleife aus Aufgabe 18.9 wird mit einer Frequenz von 60 Hz durchlaufen. Berechnen Sie die Energieverlustrate (d.h. den Leistungsverlust) des Magneten.

18.24 Angenommen, die Hystereseschleife aus Aufgabe 18.9 wird mit einer Frequenz von 1 kHz durchlaufen. Berechnen Sie die Energieverlustrate (d.h. den Leistungsverlust) des Magneten.

18.25 Der Hystereseverlust für Weichmagnete wird im Allgemeinen in Wb/m^3 angegeben. Berechnen Sie in diesen Einheiten den Verlust für das amorphe Fe-B-Metall aus bei einer Frequenz von 60 Hz.

18.26 Wiederholen Sie Aufgabe 18.25 für das amorphe Fe-B-Si-Metall aus.

•18.27 Viele der metallischen Supraleiter mit besonders hohen T_C und H_C-Werten, beispielsweise Nb_3Sn mit $T_C = 18{,}5$ K, besitzen die A_3B- Struktur („β-Wolfram"-Struktur), bei der A Atome an Tetraederpositionen [Positionen vom Typ (0 1/2 1/4)] in einer krz-Elementarzelle von B Atomen liegen. Skizzieren Sie die Elementarzelle eines solchen Metalls. (*Hinweis*: Nur zwei von vier solcher A-Positionen sind pro Zellenfläche belegt. Außerdem würden die A-Atome mit benachbarten Elementarzellen drei orthogonale Ketten bilden.)

•18.28 Verifizieren Sie, dass die Zusammensetzung der in Aufgabe 18.28 beschriebenen β-Wolfram-Struktur gleich A_3B ist.

■ Keramische Magnete

18.29 Beschreiben Sie die Ionenkoordination der Kationen in YIG auf der Basis von Radienverhältnisberechnungen.

18.30 Beschreiben Sie die Ionenkoordination der Kationen in Aluminium-substituiertem YIG auf der Basis von Radienverhältnisberechnungen.

18.31 Beschreiben Sie die Ionenkoordination der Kationen in Chrom-substituiertem YIG auf der Basis von Radienverhältnisberechnungen.

• D 18.32 (a) Leiten Sie einen allgemeinen Ausdruck her, der das magnetische Moment einer Elementarzelle eines Ferrits mit einem zweiwertigen Ionenmoment von $n\mu_B$ und einem Anteil an inverser Spinell-Struktur von y angibt. ($[1 - y]$ sei der Anteil an normaler Spinell-Struktur.) (b) Verwenden Sie den in Teil (a) hergeleiteten Ausdruck, um das Moment eines Kupfer-Ferrits zu berechnen, welches unter Wärmebehandlung eine Struktur ausgebildet hat, die zu 25% aus normalem und zu 75% aus inversem Spinell zusammengesetzt ist.

18.33 Die $H_c(T)$-Kurve einer metallischen Verbindung, beispielsweise Nb_3Ge in Abbildung 18.18, kann durch die Gleichung einer Parabel angenähert werden:

$$H_C = H_0\left[1-\left(\frac{T^2}{T_c^2}\right)\right]$$

wobei H_0 das kritische Feld bei 0 K ist. H_c für Nb_3Ge sei 22×10^4 Amperewindungen /m bei 15 K. Berechnen Sie (a) mithilfe obiger Gleichung den Wert von H_0 und (b) den prozentualen Fehler Ihres Ergebnisses beim Vergleich mit dem experimentellen Wert von $H_0 = 44 \times 10^4$ Amperewindungen /m.

18.34 Wiederholen Sie Aufgabe 18.33 mit den Werten für den 1-2-3-Supraleiter aus Abbildung 18.18, um abschätzen zu können, ob sich die Parabelgleichung auch für diesen Supraleiter zur Beschreibung des Verhältnisses von H_c und T eignet. Für den speziellen Supraleiter in der Abbildung ist T_C gleich 93 K, H_0 gleich 328×10^4 Amperewindungen/m und H_c gleich 174×10^4 Amperewindungen/m bei 60 K.

18.35 Ein handelsüblicher keramischer Magnet, Ferroxcube A, hat einen Hystereseverlust von 40 J/m³ pro Zyklus. (a) Nehmen Sie an, dass die Hystereseschleife mit einer Frequenz von 60 Hz durchlaufen wird. Berechnen Sie den Leistungsverlust des Magneten. (b) Handelt es sich um einen weich- oder hartmagnetischen Werkstoff?

18.36 Ein handelsüblicher keramischer Magnet, Ferroxdur, hat einen Hystereseverlust von 180 kJ/m³ pro Zyklus. (a) Nehmen Sie an, dass die Hystereseschleife mit einer Frequenz von 60 Hz durchlaufen wird. Berechnen Sie den Leistungsverlust des Magneten. (b) Handelt es sich um einen weich- oder hartmagnetischen Werkstoff?

TEIL IV

Werkstoffe im technischen Entwurf

19 Umgebungsbedingter Materialverlust 823

20 Werkstoffauswahl 877

Teil IV — WERKSTOFFE IM TECHNISCHEN ENTWURF

Kreative technische Designs wie dieses Elektroauto für den Stadtverkehr verlangen eine gleichermaßen kreative Auswahl von technischen Werkstoffen.

Wir schließen unsere Untersuchungen auf dem Gebiet der *Werkstoffwissenschaft und Werkstofftechnik* mit einem Blick auf die *Werkstofftechnik* ab. Die *Kapitel 19* und *20* widmen sich dem Thema *Werkstoffe im technischen Entwurf*. Chemische Zersetzung, Strahlenschädigung und mechanischer Verschleiß sind Formen der Umwelteinflüsse, auf die *Kapitel 19* eingeht. Diese Formen der Schädigung weisen auf die Beschränkungen des Werkstoffeinsatzes in technischen Konstruktionen hin. Um das Wesen dieser verschiedenen Formen von chemischer Schädigung zu verstehen, sind Grundkenntnisse der Elektrochemie erforderlich. Das Verständnis von Strahlenschäden baut auf den Konzepten auf, die *Kapitel 16* in *Teil III* dieses Buchs eingeführt hat. Verschleißmechanismen hängen eng mit bestimmten Formen des Werkstoffausfalls zusammen, wie sie *Kapitel 8* in *Teil I* beschrieben hat. Um die auf die Oberfläche bezogenen Schäden durch Umwelteinflüsse zu erfassen, machen sich komplizierte Verfahren der Oberflächenanalyse erforderlich. Auger-Elektronenspektroskopie (AES) und Röntgenstrahlphotoelektronenspektroskopie (XPS) sind wichtige Beispiele. *Kapitel 20* geht im Rahmen der *Werkstoffauswahl* darauf ein, wie die das ganze Buch hindurch beschriebenen Werkstoffeigenschaften als Parameter für den technischen Entwurfsprozess herangezogen werden. So genannte Ashby-Diagramme, in denen mechanische Eigenschaften paarweise gegenübergestellt werden, sind besonders geeignet, um die relative Leistung von unterschiedlichen Werkstoffklassen visuell darzustellen. Die Werkstoffauswahl wird anhand mehrerer Fallstudien sowohl für Konstruktionswerkstoffe als auch für elektronische, optische und magnetische Werkstoffe veranschaulicht. Diese Fallstudien umfassen Anwendungen vom Freizeitsport (Surfbrett-Masten) bis zur Medizin (Hüftgelenkprothesen) und von Energieverteilern (mit amorphen Metallen) bis zu speziellen Leitern (elektrisch leitenden Polymeren).

Umgebungsbedingter Materialverlust

19

19.1	Oxidation – direkter atmosphärischer Angriff	826
19.2	Wässrige Korrosion – elektrochemischer Angriff	832
19.3	Galvanische Korrosion	835
19.4	Korrosion durch Gasreduktion	839
19.5	Wirkung von mechanischer Spannung auf Korrosion	844
19.6	Methoden des Korrosionsschutzes	845
19.7	Polarisationskurven	848
19.8	Chemische Zersetzung von Keramiken und Polymeren	852
19.9	Strahlenschäden	854
19.10	Verschleiß	856
19.11	Oberflächenanalyse	861

ÜBERBLICK

19 UMGEBUNGSBEDINGTER MATERIALVERLUST

❝ Dieser Wärmetauscher für die chemische Industrie verfügt über ein Zirkoniumröhrensystem von mehr als 17 km Länge. Zirkonium ist aufgrund seiner hohen Korrosionsbeständigkeit in vielen sauren und basischen Umgebungen das Material der Wahl. ❞

In den ersten drei Teilen dieses Buchs haben wir uns intensiv mit den wissenschaftlichen Prinzipien beschäftigt, die für die verschiedenen Kategorien der Ingenieurwerkstoffe gelten. Wir haben festgestellt, dass in jeder Kategorie die wichtigen Materialeigenschaften auf den atomaren und mikroskopischen Strukturen basieren. Der letzte Teil dieses Buchs soll allgemein den praktischen Einsatz der verschiedenen Werkstoffe in technischen Konstruktionen beleuchten. Das vorliegende Kapitel widmet sich dabei der vornehmlich negativen Tatsache, dass alle Werkstoffe in gewissem Maße anfällig für umgebungsbedingten Materialverlust sind. Im letzten Kapitel wollen wir uns dann wieder einem etwas positiveren Thema zuwenden und eruieren, welches Material für welche Anwendung am besten geeignet ist. Hierbei sollten wir auf alle Fälle unser Wissen, warum bestimmte Werkstoffe in verschiedenen Umgebungen widerstandsfähiger sind als andere mit einfließen lassen. Umgebungsbedingter Materialverlust wird nach vier Kriterien unterschieden: chemisch, elektrochemisch, strahlungsinduziert oder verschleißbedingt.

Der erste Teil dieses Kapitels konzentriert sich auf die Oxidation und Korrosion von Metallen. Unter *Oxidation* versteht man die direkte chemische Reaktion von Metall mit Luftsauerstoff (O_2). Es gibt mehrere Mechanismen zur Ausbildung einer Oxidschicht auf Metallen. Jeder einzelne Mechanismus zeichnet sich durch eine spezifische Art der Diffusion durch die Oxidschicht aus. Bei einigen Metallen ist die Oxidschicht sehr fest haftend, mit guter Schutzwirkung gegen weitere Angriffe seitens der Umgebung. Andere wiederum weisen eine Schicht auf, die zu Rissen neigt und deshalb nur geringen Schutz bietet. Sauerstoff ist nicht das einzige atmosphärische Gas, das für den direkten chemischen Angriff verantwortlich gemacht werden kann. Ähnliche Probleme tauchen z.B. auch bei Stickstoff und Schwefel auf. *Wasserkorrosion* ist eine typische Form des elektrochemischen Angriffs. Eine Schwankung in der Metallionenkonzentration in wässriger Lösung über zwei verschiedene Bereiche einer Metalloberfläche bewirkt einen Stromfluss durch das Metall. Dabei korrodiert der Bereich mit der niedrigen Ionenkonzentration (d.h. er verliert Material an die Lösung). Von *galvanischer Korrosion* spricht man, wenn ein aktiveres Metall in einer wässrigen Umgebung in Kontakt mit einem edleren Metall kommt. Das aktive Metall fungiert als Anode und wird zerstört. Die bezogene Wirkung von so genannten „aktiven" oder „edlen" Metallen und Legierungen hängt von der spezifischen wässrigen Umgebung ab. Doch auch ohne galvanische Elemente oder Unterschiede in der Ionenkonzentration kann es durch *Reduktion aus der Gasphase* zu Korrosion kommen. In diesen Fällen führt die Reduktionsreaktion zur Ausbildung eines kathodischen Bereiches. Beispielhaft hierfür lässt sich das Entstehen von Rost und Korrosion unter Oxid- und Schmutzschichten anführen. Korrosion kann durch *mechanische Beanspruchung* verstärkt werden. Dies gilt sowohl für externe Beanspruchungen als auch für interne, die mit der Mikrostruktur zusammenhängen (z.B. den Korngrenzen). Durch sorgfältige *Materialauswahl*, angepasste konstruktive Lösungen, Schutzschichten, galvanischen Schutz (*Opferanoden* oder *zusätzliche elektrische Spannungsbeaufschlagung*) und chemische *Inhibitoren* kann Korrosion verhindert werden.

19 UMGEBUNGSBEDINGTER MATERIALVERLUST

Die Überlegenheit von Keramiken und Polymeren im Kampf gegen umgebungsbedingte Angriffe zeigt sich in der Verwendung von nichtmetallischen Schutzschichten zur Verhütung von Korrosion. Ihre niedrige elektrische Leitfähigkeit schließt eine Korrosion, bei der es sich um einen elektrochemischen Prozess handelt, quasi aus. Natürlich ist kein Werkstoff völlig inert. So zeigen Silikate unter feuchten Bedingungen deutliche Zersetzungsreaktionen und Polymere sind – als organische Verbindungen – empfänglich für Angriffe durch verschiedene Lösungsmittel.

Alle Werkstoffkategorien können durch *Strahlung* Schaden nehmen. Der Schaden selbst hängt von der jeweiligen Kategorie und der Art der Strahlung ab. Eine weitere Form der Werkstoffzerrüttung ist der *Verschleiß*, der im Allgemeinen eher physikalischer als chemischer Natur ist. Ein wichtiges Verfahren der Werkstoffanalyse mit starkem Bezug zu diesem Kapitel ist die *Oberflächenanalyse* mittels der *Augerelektronenspektroskopie* sowie verwandter Techniken.

19.1 Oxidation – direkter atmosphärischer Angriff

Im Allgemeinen bilden Metalle und Legierungen unter Lufteinwirkung und bei erhöhten Temperaturen stabile Oxidverbindungen. Einige wenige nennenswerte Ausnahmen, wie z.B. Gold, haben ihren Preis. Die Stabilität der Metalloxide zeigt sich in ihren Schmelzpunkten, die im Vergleich zu dem reinen Metall relativ hoch sind. So schmilzt Al beispielsweise bei 660°C während der Schmelzpunkt von Al_2O_3 bei 2.054°C liegt. Sogar bei Raumtemperatur bilden sich auf der Oberfläche einiger Metalle dünne Oxidschichten. Die Reaktivität mit Luftsauerstoff (**Oxidation**) kann den Einsatz einiger Metalle als technische Werkstoffe wesentlich beeinträchtigen. Bei anderen Metallen können die Oberflächenoxidschichten als Schutz vor Angriffen durch eine stark korrosiv wirkende Umgebung dienen.

Es gibt vier Mechanismen, die typisch für die Metalloxidation sind (siehe Abbildung 19.1). Die Oxidation eines gegebenen Metalls oder einer Legierung kann normalerweise durch einen der folgenden vier Diffusionsprozesse charakterisiert werden: (a) eine „nichtschützende" poröse Oxidschicht, durch die molekularer Sauerstoff (O_2) eindringen kann, um dann mit der Metall-Oxid-Grenzfläche zu reagieren, (b) eine nichtporöse Schicht, durch die Kationen diffundieren, um mit dem Sauerstoff an der äußeren (Luft-Oxid)-Grenzfläche zu reagieren, (c) eine nichtporöse Schicht, durch die O^{2-}-Ionen diffundieren, um mit dem Metall an der Metall-Oxid-Grenzfläche zu reagieren, und (d) eine nichtporöse Schicht, durch die ungefähr gleich schnell Kationen als auch O^{2-}-Anionen diffundieren, sodass die Oxidationsreaktion primär in der Oxidschicht und nicht an einer Grenzfläche stattfindet. Wer möchte, kann hierzu das Thema der Ionendiffusion in *Abschnitt 5.3* wiederholen. Denken Sie daran, dass die Ladungsneutralität in den Mechanismen (b)-(d) eine gekoppelte Wanderung der Elektronen mit den Ionen voraussetzt. Dabei soll noch einmal darauf hingewiesen werden, dass die diffundierenden Ionen in den Mechanismen (b)-(d) das Ergebnis von zwei verschiedenen Mechanismen sind: $M \rightarrow M^{n+} + ne^-$ an der Metall-Oxid-Grenzfläche und $O_2 + 4e^- \rightarrow 2O^{2-}$ an der Luft-Oxid-Grenzfläche.

19.1 Oxidation – direkter atmosphärischer Angriff

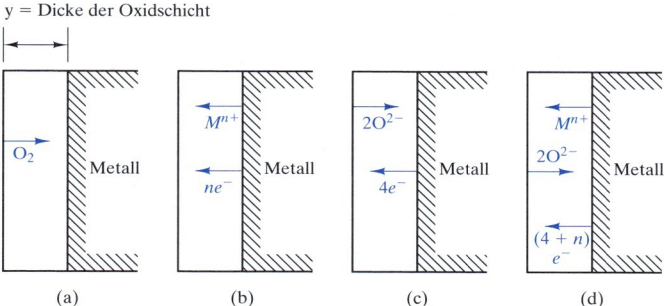

Abbildung 19.1: Vier mögliche Mechanismen der Metalloxidation. (a) Die „nichtschützende" Schicht ist ausreichend porös, um stetig molekulares O_2 an die Metalloberfläche durchzulassen. Die Mechanismen (b)-(d) erzeugen nichtporöse Schichten, die einen Schutz gegen das Eindringen von O_2 bieten. In (b) diffundieren Kationen durch die Schicht und reagieren mit dem Sauerstoff an der äußeren Oberfläche. In (c) diffundieren O_2-Ionen bis zur Metalloberfläche. In (d) diffundieren Kationen und Anionen annähernd gleich schnell, sodass die Oxidationsreaktion innerhalb der Oxidschicht stattfindet.

Die Geschwindigkeit der Oxidation ist für den Ingenieur, dem die Materialauswahl obliegt, natürlich von primärer Bedeutung. Bei einem nichtschützenden Oxid (Abbildung 19.1a) gelangt der Sauerstoff (wegen der porösen Schutzschicht) mit fast gleichbleibender Geschwindigkeit an die Metalloberfläche. Als Ergebnis errechnet sich die Wachstumsgeschwindigkeit der Oxidschicht wie folgt:

$$\frac{dy}{dt} = c_1 \tag{19.1}$$

wobei y die Dicke der Oxidschicht, t die Zeit und c_1 eine Konstante ist. Die Integration der Gleichung 19.1 ergibt

$$y = c_1 t + c_2 \tag{19.2}$$

wobei c_2 eine Konstante für die Schichtdicke bei $t = 0$ ist. Diese Zeitabhängigkeit wird entsprechend als **lineares Zeitgesetz** bezeichnet.

Bei einem Schichtwachstum, das durch Ionendiffusion begrenzt wird (Abbildung 19.1b-d), nimmt die Wachstumsgeschwindigkeit mit zunehmender Schichtdicke ab. Wie Abbildung 19.2 zeigt, nimmt die O^{2-}-Konzentration zu einem gegebenen Zeitpunkt während des Oxidationsprozesses gleichmäßig ab. Gemäß dem ersten Fickschen Gesetz (Gleichung 5.8) ist die Wachstumsgeschwindigkeit der Schicht umgekehrt proportional zur Schichtdicke

$$\frac{dy}{dt} = c_3 \frac{1}{y} \tag{19.3}$$

wobei C_3 eine Konstante ist, die sich im Allgemeinen von denen der Gleichungen 19.1 und 19.2 unterscheidet. Die Integration ergibt

$$y^2 = c_4 t + c_5 \tag{19.4}$$

wobei C_4 und C_5 zwei weitere Konstanten sind. Es lässt sich leicht zeigen, dass $C_4 = 2C_3$ und C_5 das Quadrat der Schichtdicke bei t = 0 ist. Die Zeitabhängigkeit in Gleichung 19.4 wird auch als parabolisches Zeitgesetz bezeichnet, was sich in der parabolischen Kurve von Abbildung 19.3 widerspiegelt. In dieser Abbildung werden, über

Zeitachse und y aufgetragen, die Graphen für das parabolische und das lineare Zeitgesetz (Gleichung 19.2) verglichen. Da die Oxidschicht im Allgemeinen überall gleich dicht ist, deckt sich der Graph für die Gewichtszunahme während der Oxidation in ungefähr mit dem Graphen in Abbildung 19.3. Manchmal ist die Gewichtszunahme einfacher zu messen als die relativ kleine Schichtdicke. Abbildung 19.3 veranschaulicht den großen Unterschied zwischen dem Verhalten einer völlig nichtschützenden Schicht und einer Schicht, die mit zunehmender Schichtdicke eine weitere Oxidation erschwert.

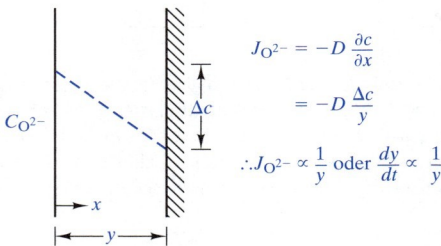

Abbildung 19.2: Bei einer linear abnehmenden Sauerstoffkonzentration in der Oxidschicht verhält sich die Schichtwachstumsgeschwindigkeit umgekehrt proportional zur Schichtdicke.

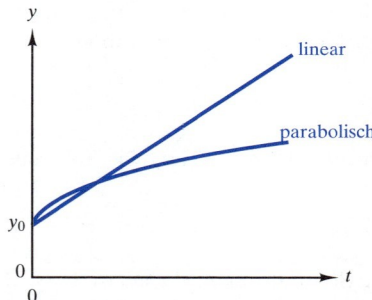

Abbildung 19.3: Vergleich der Schichtwachstumskinetik beim linearen und parabolischen Zeitgesetz. Das über die Zeit immer langsamer werdende Wachstum beim parabolischen Zeitgesetz schützt gegen weitere Oxidation.

Bei dünnen Oxidschichten (weniger als 100 nm) und relativ niedrigen Temperaturen (einige wenige hundert °C) folgen einige Metalle und Legierungen einem **logarithmischen Zeitgesetz**:

$$y = c_6 \ln(c_7 t + 1) \tag{19.5}$$

wobei sich die Konstanten c_6 und c_7 von denen der Gleichungen 19.1 bis 19.4 unterscheiden. Abbildung 19.4 ergänzt die Diagramme für lineares und parabolisches Wachstum in Abbildung 19.3 um einen Verlauf für die langsame Zunahme der Schichtdicke bei logarithmischem Wachstum. Es wird vermutet, dass der Mechanismus für logarithmisches Schichtwachstum mit den elektrischen Feldern in der Schicht zusammenhängt, weil die elektrische Leitfähigkeit nur sehr gering ist. Doch davon abgesehen spielen die daraus resultierenden dünnen Schichten bei der Auswahl korrosionsbeständiger Werkstoffe kaum eine Rolle. Denn diese oxidischen Systeme zeigen im Falle dickerer Schichten und höherer Temperaturen eher eine parabolische Wachstumskinetik.

19.1 Oxidation – direkter atmosphärischer Angriff

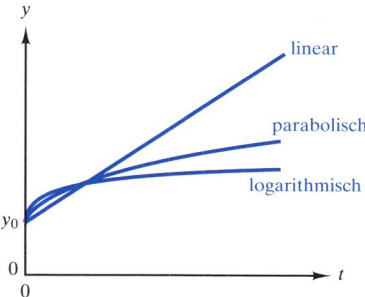

Abbildung 19.4: Die linearen und parabolischen Kurven der Abbildung 19.3 wurden um eine Kurve ergänzt, die dem logarithmischen Zeitgesetz folgt. Ein logarithmisches Wachstum zeigen vornehmlich dünne Oxidschichten bei niedrigen Temperaturen, die als Korrosionsschutz nur von geringem Nutzen sind.

Tabelle 19.1
Pilling-Bedworth-Verhältnisse für verschiedene Metalloxide

Schützende Oxide	Nichtschützende Oxide
Be – 1,59	Li – 0,57
Cu – 1,68	Na – 0,57
Al – 1,28	K – 0,45
Si – 2,27	Ag – 1,59
Cr – 1,99	Cd – 1,21
Mn – 1,79	Ti – 1,95
Fe – 1,77	Mo – 3,40
Co – 1,99	Hf – 2,61
Ni – 1,52	Sb – 2,35
Pd – 1,60	W – 3,40
Pb – 1,40	Ta – 2,33
Ce – 1,16	U – 3,05
	V – 3,18

Die Bereitschaft eines Metalls, eine schützende Oxidschicht auszubilden, wird durch einen besonders einfachen Parameter ausgedrückt, der als **Pilling-Bedworth-Verhältnis**[1] R bezeichnet wird:

$$R = \frac{Md}{amD} \tag{19.6}$$

wobei M die relative Molekülmasse des Oxids (der Formel M_aO_b und der Dichte D) und m die relative Atommasse des Metalls (mit der Dichte d) ist. Eine sorgfältige Analyse der Gleichung 19.6 enthüllt, dass R einfach das Verhältnis der erzeugten Oxidmenge zur verbrauchten Metallmenge ist. Bei R < 1 reicht die Oxidmenge in der Regel nicht aus, um das Metallsubstrat abzudecken. Die resultierende Oxidschicht ist eher porös und bietet nur geringen Schutz. Bei R gleich oder etwas größer als 1, weist das Oxid Schutzverhalten auf. Bei R größer als 2 ist mit großen Druckspannungen im Oxid zu rechnen, die dazu führen, dass die Schicht gestaucht wird und abblättert, ein Prozess, der auch als Abplatzung oder Spallation (engl. Spalling) bezeichnet wird. Der allgemeine Nutzen des Pilling-Bedworth-Verhältnisses besteht darin, die Schutzwirkung einer Oxidschicht vorherzusagen (siehe Tabelle 19.1). Bei den Oxiden mit Schutzfunktion liegen die R-Werte in der Regel zwischen 1 und 2. Die nichtschützenden Oxide weisen meistens R-Werte kleiner 1 oder größer 2 auf. Es gibt jedoch auch Ausnahmen, wie beispielsweise Ag und Cd. Denn bei der Erzeugung einer Schutzschicht spielen neben R noch eine Reihe anderer Faktoren eine Rolle. Hierzu gehören unter anderem ähnliche Wärmeausdehnungskoeffizienten und gute Haftfähigkeit.

Zu den beiden am weitesten verbreiteten Oxidschichten in der täglichen Praxis gehören die anodisch hergestellte Aluminiumoxidschicht und die Schutzschicht auf rostfreiem Stahl. Anodisch beschichtetes Aluminium umfasst eine große Palette an Aluminiumlegierungen mit Al_2O_3 als Schutzoxid. Allerdings erfolgt dabei die Bildung der Oxidschicht durch einen sauren Elektrolyten und nicht durch normale Luftoxidation. Rostfreie Stähle wurden in Abschnitt 11.1 vorgestellt. Hier ist der kritische Legierungszusatz Chrom und die Schutzschicht folglich ein Eisen-Chrom-Oxid. Wir werden diese Schutzschichten im Abschnitt Zusammenfassung in Zusammenhang mit verschiedenen Arten des Korrosionsschutzes noch näher behandeln.

Bevor wir das Thema Oxidation abschließen, sollte darauf hingewiesen werden, dass in den Umgebungen, denen technische Werkstoffe ausgesetzt sind, Sauerstoff nicht die einzige chemisch reaktive Komponente ist. Unter bestimmten Bedingungen kann es zu Reaktionen mit Luftstickstoff, d.h. der Bildung von Nitridschichten kommen. Häufiger noch tritt jedoch das Problem auf, dass Metalle mit dem Schwefel aus Schwefelwasserstoff und anderen schwefelhaltigen Gasen aus Industrieabgasen reagieren. In Strahltriebwerken zeigen sogar Superlegierungen auf Nickelbasis eine schnelle Reaktion mit schwefelhaltigen Verbrennungsprodukten. Als Alternative bieten sich Superlegierungen auf Kobaltbasis an, wobei Kobalt jedoch nur eingeschränkt verfügbar ist. Eine besonders heimtückische Form des atmosphärischen Angriffs ist die Wasserstoffversprödung. Hierbei dringt Wasserstoffgas, das ebenfalls häufig in vielen Industrieabgasen zu finden ist, in Metalle wie beispielsweise Titan ein und erzeugt einen erheblichen Innendruck bis hin zur Ausbildung von spröden Hydridverbindungen. In beiden Fällen ist grundsätzlich eine allgemeine Abnahme der Duktilität zu verzeichnen.

---

[1] N.B. Pilling und R.E. Bedworth, *J. Inst. Met. 29*, 529 (1923).

19.1 Oxidation – direkter atmosphärischer Angriff

Beispiel 19.1 Eine Nickelbasislegierung weist zur Zeit $(t) = 0$ eine 100 nm dicke Oxidschicht auf, nachdem sie in einen Oxidationsofen bei 600 °C gelegt wurde. Nach 1 Stunde ist die Schicht auf eine Dicke von 200 nm angewachsen. Wie dick ist die Schicht nach einem Tag, wenn man das parabolische Zeitgesetz zugrunde legt?

Lösung

Hier lässt sich Gleichung 19.4 anwenden:
$$y^2 = c_4 t + c_5.$$

Für $t = 0$, $y = 100$ nm oder
$$(100 nm)^2 = c_4(0) + c_5$$

erhält man
$$c_5 = 10^4 \, nm^2$$

Für $t = 1$ h, $y = 200$ nm oder
$$(200 nm)^2 = c_4(1h) + 10^4 \, nm^2$$

erhalten wir nach Auflösung der Gleichung
$$c_4 = 3 \times 10^4 \, nm^2 / h$$

Daraus ergibt sich bei $t = 24$ h
$$y^2 = 3 \times 10^4 \, nm^2 / h (24h) + 10^4 \, nm^2$$
$$= 73 \times 10^4 \, nm^2$$

oder $y = 854$ nm (0,854 µm)

Beispiel 19.2 Berechnen Sie das Pilling-Bedworth-Verhältnis für Kupfer, wenn die Dichte von Cu_2O 6,00 Mg/m³ ist.

Lösung

Das Pilling-Bedworth-Verhältnis lässt sich durch Gleichung 19.6 ausdrücken:
$$R = \frac{Md}{amD}$$

In *Anhang A* finden Sie neben der Dichte noch weitere Daten zu Cu_2O:
$$R = \frac{[2(63,55) + 16,00](8,93)}{(2)(63,55)(6,00)}$$
$$= 1,68$$

Dieser Wert entspricht dem Wert für Kupfer in Tabelle 19.1.

Die Lösungen für alle Übungen finden Sie auf der Companion Website.

> **Übung 19.1** In Beispiel 19.1 berechnen wir die Dicke einer Oxidschicht nach einem Tag in oxidierender Atmosphäre. Wie dick wäre die Schicht, wenn bei gleichen Maßvorgaben die Oxidschicht nach dem linearen Zeitgesetz anwachsen würde?

> **Übung 19.2** (a) In Beispiel 19.2 wird das Pilling-Bedworth-Verhältnis für Kupfer berechnet, wobei wir davon ausgegangen sind, dass das Kupfer(I)-Oxid (Cu_2O) gebildet wird. Berechnen Sie das Pilling-Bedworth-Verhältnis für die Möglichkeit, dass sich Kupfer(II)-Oxid (CuO) bildet. (Die Dichte von CuO beträgt 6,40 Mg/m^3.) (b) Hat eine CuO-Schicht Ihrer Meinung nach eine schützende Funktion? Erläutern Sie kurz Ihre Antwort.

19.2 Wässrige Korrosion – elektrochemischer Angriff

Auf der Companion Website finden Sie einen Link zur National Association of Corrosion Engineers (NACE)-Website, die einen guten Ausgangspunkte für das Thema Korrosion bietet.

Korrosion ist die Auflösung von Metall in einer wässrigen Umgebung. Die Metallatome gehen als Ionen in die Lösung. Ein einfaches Modell einer solchen wässrigen Korrosion finden Sie in Abbildung 19.5. In diesem elektrochemischen Element wird die chemische Umwandlung (d.h. die Korrosion der Eisenanode) von einem elektrischen Strom begleitet. In den nächsten Abschnitten dieses Kapitels werden verschiedene Arten von elektrochemischen Elementen beschrieben. Das spezielle Element in Abbildung 19.5 wird auch als Konzentrationszelle bezeichnet, weil die Korrosion und der damit verbundene elektrische Strom auf einen Unterschied in der Ionenkonzentration zurückzuführen ist. Der linke Metallstab des elektrochemischen Elements bildet die so genannte Anode, die Elektronen an den äußeren Stromkreis abgibt und sich auflöst bzw. korrodiert. Die anodische Reaktion lässt sich wie folgt ausdrücken:

$$Fe^0 \to Fe^{2+} + 2e^- \tag{19.7}$$

19.2 Wässrige Korrosion – elektrochemischer Angriff

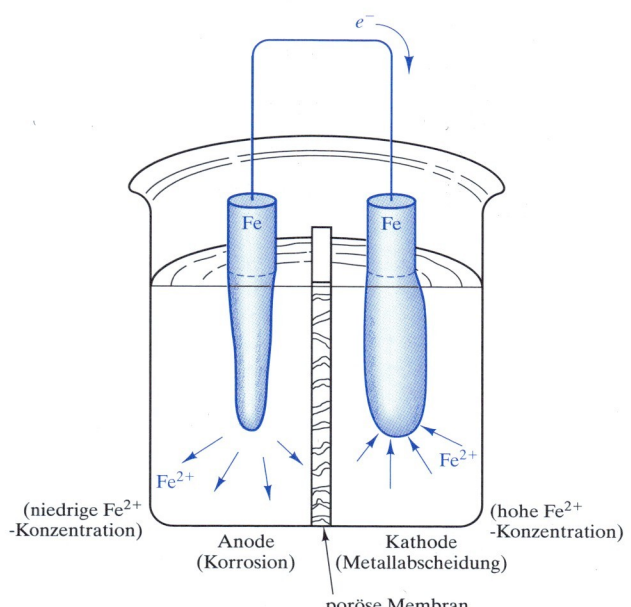

Abbildung 19.5: In diesem elektrochemischen Element findet an der Anode die Korrosion und an der Kathode die Metallabscheidung statt. Die beiden „Halbzellenreaktionen" werden durch unterschiedliche Ionenkonzentrationen ausgelöst.

Diese Reaktion beruht auf der Tendenz, die Ionenkonzentration auf beiden Seiten des elektrochemischen Elements auszugleichen. Die poröse Membran erlaubt den Transport der Fe^{2+}-Ionen zwischen den beiden Halbzellen des Elements (womit der elektrische Kreis geschlossen wäre), wobei sich die Konzentrationen weiterhin deutlich voneinander unterscheiden. Ein Metallstab auf der rechten Seite des galvanischen Elements stellt die **Kathode** dar, die die Elektronen von dem äußeren Kreis aufnimmt und die Ionen in einer **kathodischen Reaktion** neutralisiert:

$$Fe^{2+} + 2e^- \rightarrow Fe^0 \tag{19.8}$$

Im Gegensatz zu dem Auflöseprozess an der Anode findet an der Kathode eine Metallabscheidung statt. Dieser Vorgang wird auch Galvanisierung genannt. Die beiden Teile des elektrochemischen Elements werden jeweils als Halbzelle bezeichnet, das heißt, die Gleichungen 19.7 und 19.8 sind Halbzellenreaktionen. Abbildung 19.6 zeigt ein Beispiel für ein reales Korrosionsproblem infolge unterschiedlicher Ionenkonzentrationen. Damit können wir uns jetzt einer Reihe von Korrosionsbeispielen zuwenden, bei denen noch andere elektrochemische Elemente zum Einsatz kommen.

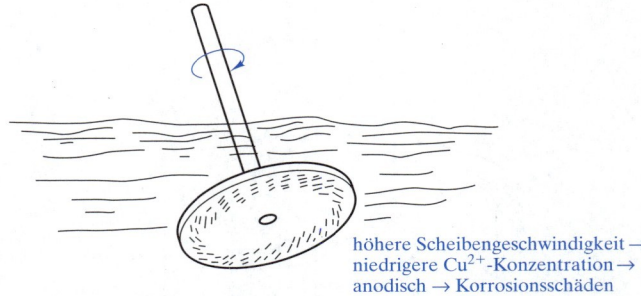

höhere Scheibengeschwindigkeit → niedrigere Cu^{2+}-Konzentration → anodisch → Korrosionsschäden

Abbildung 19.6: Eine rotierende Messingscheibe in einer wässrigen Lösung mit Cu^{2+}-Ionen erzeugt in der Nähe ihrer Oberfläche ein Ionenkonzentrationsgefälle. Die Cu^{2+}-Konzentration ist zum Scheibenrand hin aufgrund der dort höheren Geschwindigkeit niedriger. Folglich ist dieser Bereich anodisch und korrodiert. Dieses Problem entspricht dem der Zelle mit unterschiedlichen Ionenkonzentrationen aus Abbildung 19.5.

Beispiel 19.3

In einem Laborversuch mit einer Ionenkonzentrationszelle (wie in Abbildung 19.5) wird ein elektrischer Strom von 10 mA gemessen. Wie oft pro Sekunde läuft die in Gleichung 19.7 beschriebene Reaktion ab?

Lösung

Der Strom weist folgende Elektronenstromgeschwindigkeit auf:

$$I = 10 \times 10^{-3} A = 10 \times 10^{-3} \frac{C}{s} \times \frac{1 \text{ Elektron}}{0{,}16 \times 10^{-18} C}$$

$$= 6{,}25 \times 10^{16} \text{ Elektronen/s}$$

Da die Oxidation jedes Eisenatoms (Gleichung 19.7) jeweils zwei Elektronen erzeugt, beträgt die

$$\text{Reaktionsgeschwindigkeit} = \left(6{,}25 \times 10^{16} \text{ Elektronen/s}\right)\left(1 \text{ Reaktion} / 2 \text{ Elektronen}\right)$$

$$= 3{,}13 \times 10^{16} \text{ Reaktionen/s}.$$

Übung 19.3

Wie oft pro Sekunde erfolgt für das in Beispiel 19.3 beschriebene Experiment die Reduktionsreaktion (Metallabscheidung), die in Gleichung 19.8 beschrieben ist?

19.3 Galvanische Korrosion

Im vorhergehenden Abschnitt haben wir ein elektrochemisches Element erzeugt, indem wir in der Nähe eines gegebenen Metalls für zwei unterschiedliche Ionenkonzentrationen sorgten. Abbildung 19.7 zeigt, dass ein Element mit zwei verschiedenen Metallen erzeugt werden kann, auch wenn jedes Metall von einer gleich hohen Konzentration seiner Ionen und einer wässrigen Lösung umgeben ist. In diesem **galvanischen**[1] **Element** bildet der Eisenstab, der von einer einmolaren Fe^{2+}-Lösung umgeben ist, die Anode und korrodiert. (Zur Erinnerung: eine einmolare Lösung enthält 1 Gramm relative Atommasse der Ionen in 1 Liter Lösungsvolumen.) Der Kupferstab, der von einer einmolaren Cu^{2+}-Lösung umgeben ist, bildet die Kathode, an der sich Cu^0 abscheidet. Die anodische Reaktion folgt der Gleichung 19.7 und die kathodische Reaktion lautet

$$Cu^{2+} + 2e^- \rightarrow Cu^0 \qquad (19.9)$$

Die treibende Kraft bei dem galvanischen Element in Abbildung 19.7 ist die relative Neigung beider Metalle zur Ionisation. Der Nettofluss der Elektronen vom Eisenstab zum Kupferstab beruht darauf, dass Eisen eine stärkere Neigung zur Ionisierung hat. Während des gesamten elektrochemischen Prozesses entsteht eine Spannung von 0,777 Volt. Aufgrund der Häufigkeit von galvanischen Elementen wurden die Spannungswerte der Halbzellenreaktionen systematisch geordnet. Diese elektrochemische Spannungsreihe (EMK-Reihe) finden Sie in Tabelle 19.2. Natürlich treten Halbzellen nur paarweise auf. Alle EMK-Werte in Tabelle 19.2 werden relativ zu einer Bezugselektrode definiert, die per Konvention die Ionisation von H2-Gas über einer Platin-Oberfläche darstellen. Die Metalle weiter hinten in der EMK-Reihe werden als zunehmend aktiv (d.h. anodisch) bezeichnet. Die Metalle weiter vorn sind zunehmend edel (d.h. kathodisch). Die in Abbildung 19.7 gemessene Gesamtspannung ist die Differenz aus den beiden Halbzellenpotenzialen [+0,337 V - (-0,440 V) = 0,777 V].

---

[1] Luigi Galvani (1737–1798), italienischer Anatom. In *Abschnitt 5.3* konnten wir sehen, dass die Medizin mit den Diffusionsgesetzen von Adolf Fick einen bedeutenden Beitrag zu den Werkstoffwissenschaften geleistet hat. In gleicher Weise verdanken wir auch unser Grundverständnis der Elektrizität zu einem großen Teil Luigi Galvani, einem Professor der Anatomie an der Universität Bologna. Er verwendete die Kontraktion der Froschschenkelmuskulatur, um den elektrischen Strom zu beobachten. In Anlehnung an das Blitzexperiment von Benjamin Franklin hängte Galvani die Froschschenkel auf Messinghaken an ein Eisengitter. Bei Gewitter kam es bei der Muskulatur tatsächlich zu Kontraktionen, was ein weiterer Beweis für die elektrische Natur des Blitzes war. Allerdings stellte Galvani nebenbei fest, dass die Froschschenkel auch dann zuckten, wenn die Muskeln gleichzeitig das Messing und das Eisen berührten. Damit entdeckte Galvani die Urform des *galvanischen Elements*. Als 1820 ein Instrument zur Messung elektrischer Ströme erfunden wurde, schlug Ampère (siehe *Abschnitt 15.1*) dafür die Bezeichnung *Galvanometer* vor.

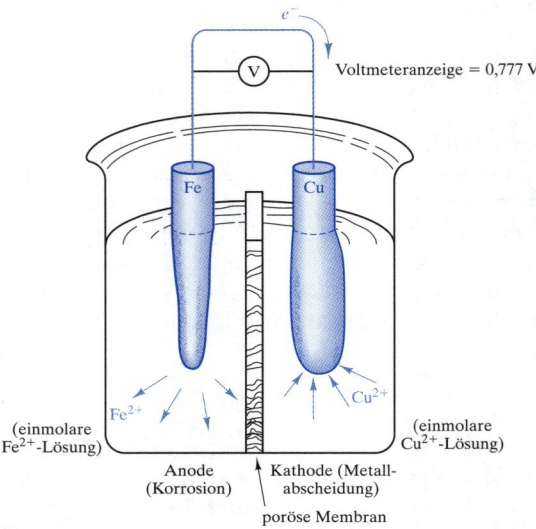

Abbildung 19.7: Ein galvanisches Element wird durch zwei unterschiedliche Metalle gebildet. Das eher „anodische" Metall korrodiert.

Tabelle 19.2

Die elektrochemische Spannungsreihe

	Metall-Metallionengleich-gewicht (Einheitsaktivität)	Elektrodenpotenzial gegenüber normaler Wasserstoffelektrode bei 25 °C [V]
↑ Edel oder kathodisch	Au-Au^{3+}	+1,498
	Pt-Pt^{2+}	+1,200
	Pd-Pd^{2+}	+0,987
	Ag-Ag^{+}	+0,799
	Hg-Hg$_2^{2+}$	+0,788
	Cu-Cu^{2+}	+0,337
	H$_2$-H^{+}	0,000
	Pb-Pb^{2+}	−0,126
	Sn-Sn^{2+}	−0,136
	Ni-Ni^{2+}	−0,250
Aktiv oder anodisch ↓	Co-Co^{2+}	−0,277
	Cd-Cd^{2+}	−0,403
	Fe-Fe^{2+}	−0,440
	Cr-Cr^{3+}	−0,744
	Zn-Zn^{2+}	−0,763
	Al-Al^{3+}	−1,662
	Mg-Mg^{2+}	−2,363
	Na-Na^{+}	−2,714
	K-K^{+}	−2,925

19.3 Galvanische Korrosion

Auch wenn Tabelle 19.2 einen guten Überblick über die Tendenzen zu möglichen galvanisch bedingten Korrosionserscheinungen gibt, so geht sie doch von sehr idealisierten Bedingungen aus. In technischen Konstruktionen werden nur selten reine Metalle in Standardkonzentrations-Lösungen verwendet. Vielmehr hat man es dort mit handelsüblichen Legierungen in einer Vielzahl von wässrigen Umgebungen zu tun. Für diese Fälle ist eine Tabelle der Standardspannungen weit weniger nützlich als eine einfache qualitative Einstufung der Legierungen nach ihrer relativen Neigung, sich eher aktiv oder eher edel zu verhalten. Als Beispiel wird in Tabelle 19.2 die galvanische Spannungsreihe für Seewasser aufgeführt. Diese Tabelle ist für den Konstrukteur eine wertvolle Hilfe, um das relative Verhalten von Werkstoffkombinationen in Meeresanwendungen vorherzusagen. Eine genaue Betrachtung dieser galvanischen Reihe zeigt, dass die Zusammensetzung der Legierung die Korrosionsneigung stark beeinflussen kann. So liegt z.B. (unlegierter Kohlenstoff-) Stahl am aktiven Ende der Reihe, während einige passive rostfreie Stähle zu den korrosionsbeständigsten Legierungen zählen. Stahl und Messing liegen recht weit auseinander; Abbildung 19.8 zeigt ein klassisches Beispiel für eine galvanische Korrosion, wobei der Einsatz eines Stahlbolzens zur Sicherung einer Messingplatte in einer salzwasserhaltigen Umgebung denkbar ungünstig ist. Abbildung 19.9 macht noch einmal deutlich, dass eine zweiphasige Mikrostruktur ein winziges galvanisches Element ausbilden kann, das auch dann mit Korrosion reagiert, wenn makroskopisch gesehen keine getrennte Elektrode vorhanden ist.

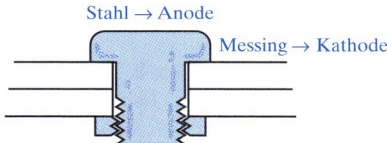

Abbildung 19.8: Ein Stahlbolzen in einer Messingplatte bildet ein galvanisches Element, das dem Modellsystem in Abbildung 19.7 entspricht.

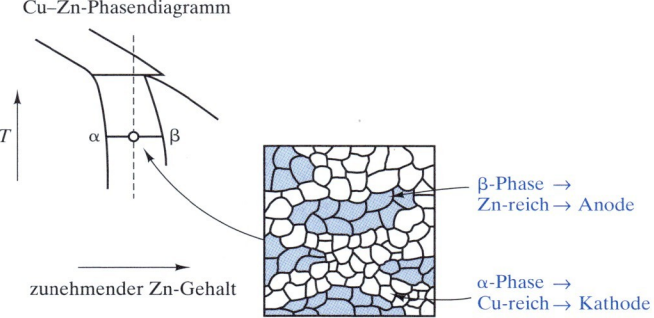

Abbildung 19.9: Galvanische Elemente lassen sich auch im mikroskopisch kleinen Maßstab erzeugen. Hier ist β-Messing (krz-Struktur) zinkreich und reagiert anodisch in Bezug auf das α-Messing (kfz-Struktur), das kupferreich ist.

Tabelle 19.3

Die galvanische Spannungsreihe in Seewasser

Edel oder kathodisch ↑

Aktiv oder anodisch ↓

Platin
Gold
Graphit
Titan
Silber
– Chlorimet 3 (62 Ni, 18 Cr, 18 Mo)
– Hastelloy C (62 Ni, 17 Cr, 15 Mo)

– 18-8 Mo rostfreier Stahl (passiv[a])
– 18-8 rostfreier Stahl (passiv)
– Chrom rostfreier Stahl 11-30% Cr (passiv)

– Inconel (passiv) (80 Ni, 13 Cr, 7 Fe)
– Nickel (passiv)
Silberlot
– Monel (70 Ni, 30 Cu)
– Cupronickels (60-90 Cu, 40-10 Ni)
– Bronzen (Cu-Sn)
– Kupfer
– Messinge (Cu-Zn)

– Chlorimet 2 (66 Ni, 32 Mo, 1 Fe)
– Hastelloy B (60 Ni, 30 Mo, 6 Fe, 1 Mn)

– Inconel (aktiv)
– Nickel (aktiv)
Zinn
Blei
Blei-Zinn-Lot
– 18-8 Mo rostfreier Stahl (aktiv)
– 18-8 rostfreier Stahl (aktiv)
Hochnickelhaltiges Gusseisen
Cr-haltiger rostfreier Stahl 13% Cr (aktiv)
– Gusseisen
– Stahl oder Eisen
2024 Aluminium (4,5 Cu, 1,5 Mg, 0,6 Mn)
Kadmium
Handelsübliches reines Aluminium (1100)
Zink
Magnesium und Magnesiumlegierungen

[a] Die Bezeichnungen (aktiv) und (passiv) geben an, ob sich ein passiver Oxidfilm auf der Legierungsoberfläche gebildet hat oder nicht.

> **Beispiel 19.4** Angenommen, Ihr Versuchsaufbau eines galvanischen Elements entspricht dem in Abbildung 19.7, wobei Sie jedoch gezwungen sind, Zink und Eisen als Elektroden zu verwenden. (a) Welche Elektrode korrodiert? (b) Welche Spannungen messen Sie zwischen den Elektroden, wenn beide in eine einmolare Lösung ihrer jeweiligen Ionen getaucht werden?
>
> **Lösung**
>
> (a) zeigt, dass Zink in Bezug auf Eisen anodisch ist. Deshalb korrodiert das Zink. (b) Ebenfalls gemäß errechnet sich die Spannung wie folgt:
>
> $$\text{Spannung} = (-0{,}440\,V) - (-0{,}763\,V).$$
>
> $$= 0{,}323\,V.$$

> **Übung 19.4** In Beispiel 19.4 haben wir ein einfaches galvanisches Element analysiert, das aus Zink- und Eisenelektroden bestand. Führen Sie diese Analyse auch für ein galvanisches Element aus, das aus Kupfer- und Zinkelektroden besteht, die in einmolare Ionenlösungen getaucht sind.

19.4 Korrosion durch Gasreduktion

In unseren Beispielen zur Wasserkorrosion fand bisher an der Anode eine Korrosion und an der Kathode eine Metallabscheidung (Galvanisierung) statt. Aus eigenen Erfahrungen wissen Sie vielleicht, dass es auch Korrosionen gibt, die nicht von einem Plattiervorgang begleitet werden. Diese Fälle treten in der Tat recht häufig auf (z.B. Rosten). Kathodische Reaktionen sind demnach nicht auf Metallabscheidung beschränkt. Jeder chemische Reduktionsprozess, der Elektronen verbraucht, erfüllt diesen Zweck. Abbildung 19.10 zeigt ein elektrochemisches Element, das auf einer Gasreduktion basiert. Die anodische Reaktion wird erneut durch Gleichung 19.7 beschrieben. Die kathodische Reaktion dazu lautet

$$O_2 + 2H_2O + 4e^- \rightarrow 4OH^- \tag{19.10}$$

wobei zwei Wassermoleküle zusammen mit vier Elektronen des äußeren Kreislaufs verbraucht werden, um ein Sauerstoffmolekül zu vier Hydroxyl-Ionen zu reduzieren. Das Eisen an der Kathode dient nur als Elektronenquelle und ist, zumindest in diesem Fall, kein Substrat für die Metallabscheidung. Im Gegensatz zu der **Ionenkonzentrationszelle** in Abbildung 19.5 könnte man Abbildung 19.10 als **Sauerstoffkonzentrationszelle** (bzw. Belüftungselement) bezeichnen. In Abbildung 19.11 finden Sie einige Oxidationszellen, wie sie in der Praxis vorkommen. Diese Beispiele sind besonders lästige Auslöser für Korrosionsschäden. So ist z.B. ein Spalt in der Oberfläche (Abbildung 19.11a) ein Bereich mit bleibender Feuchtigkeit, an dem eine relativ niedrige

Sauerstoffkonzentration vorliegt. Als Folge kommt es zu einer Korrosion an der Spitze des Spalts, was wiederum den Spalt vergrößert. Und je größer der Spalt wird, umso größer wird die Sauerstoffverarmung, was den Korrosionsmechanismus dann weiter vorantreibt. Das bei uns am weitesten verbreitete Korrosionsproblem, das **Rosten** von eisenhaltigen Legierungen, ist ein weiteres Beispiel für eine Sauerstoffreduktion als kathodische Reaktion. Den Ablauf des Gesamtprozesses zeigt Abbildung 19.12. Rost ist das Reaktionsprodukt $Fe(OH)_3$, das auf der Eisenoberfläche ausfällt. Neben der Sauerstoffreduktion, die wir hier beschrieben haben, gibt es noch viele Gasreaktionen, die als Kathode fungieren. Für in Säure getauchte Metalle kann die kathodische Reaktion wie folgt aussehen:

$$2H^+ + 2e^- \rightarrow H_2 \tag{19.11}$$

Hierbei wird ein Teil der hochkonzentrierten Wasserstoffionen zu Wasserstoffgas reduziert, das dann von der wässrigen Lösung abgegeben wird.

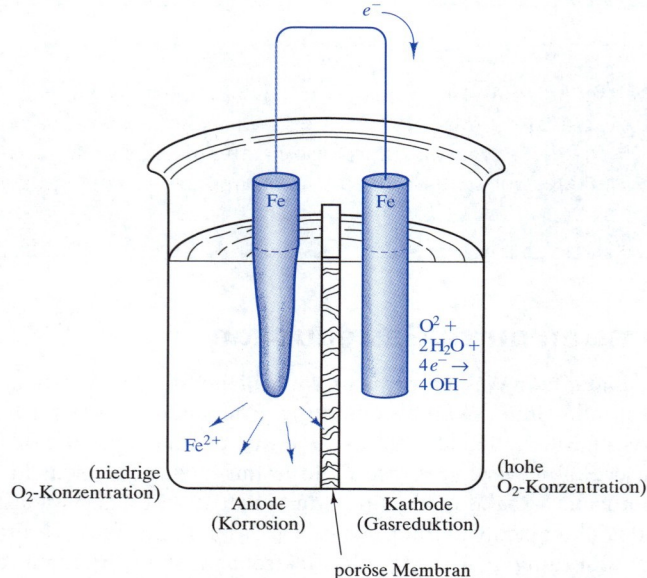

Abbildung 19.10: In einer Sauerstoffkonzentrationszelle ist der Unterschied in der Sauerstoffkonzentration die treibende Kraft der Reaktion. Dabei kommt es an der sauerstoffarmen Anode zu Korrosion. Die Reaktion an der Kathode ist eine Gasreduktion.

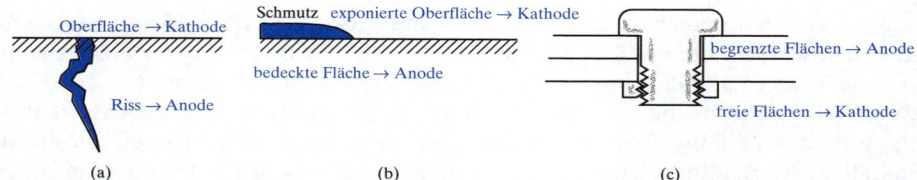

Abbildung 19.11: Einige Praxis-Beispiele für Korrosion aufgrund von Sauerstoffkonzentrationszellen. In allen Fällen korrodiert das Metall in der Nähe des sauerstoffarmen Bereiches einer wässrigen Umgebung.

19.4 Korrosion durch Gasreduktion

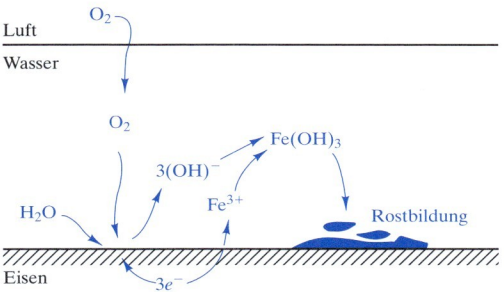

Abbildung 19.12: Das Rosten eisenhaltiger Legierungen ist eine weitere Korrosionsreaktion, die mit der Gasreduktion verbunden ist.

In den vorangehenden Abschnitten haben wir im Zusammenhang mit Korrosion eine Reihe von elektrochemischen Elementen kennen gelernt. Dabei haben wir zu den Konzentrationen keine speziellen Angaben gemacht, sondern sind von einmolaren Lösungen (1 M) relativ zur galvanischen Korrosion ausgegangen. Die Auswirkung von Schwankungen in der Konzentration der Lösungen wird durch die **Nernst[1]-Gleichung** ausgedrückt, nach der die Zellspannung U gegeben ist durch

$$U = U^0 - (RT/nF)\ln K \tag{19.12}$$

wobei U^0 die Spannung unter Normalbedingungen ist. R ist die universelle Gaskonstante, T die absolute Temperatur, n die Anzahl der Elektronen, die in der Korrosionsgleichung übergehen, F die Faraday[2]-Konstante und K ein Quotient, der von der jeweiligen Reaktion abhängt. Die Faraday-Konstante beschreibt die Menge der elektrischen Ladungen auf einem Mol Elektronen (= 96.500 C/mol). Der Reaktionsquotient wird für eine gegebene chemische Reaktion wie

$$aA + bB \rightarrow cC + dD \tag{19.13}$$

definiert als

$$K = \frac{[C]^c [D]^d}{[A]^a [B]^b} \tag{19.14}$$

wobei [A] bis [D] die „Aktivitäten" der gegebenen Reaktanden repräsentieren. Bei Ionenlösungen ist die Aktivität die molare Konzentration. Bei Gasen ist die Aktivität der Druck in atm. Die Aktivität eines reinen, festen Metalls wird mit 1,0 angesetzt.

---

1 Hermann Walther Nernst (1864–1941), deutscher Chemiker. Ursprünglich als Physiker ausgebildet, beherrschte Nernst die theoretischen Grundlagen der physikalischen Chemie wie kein anderer. Ihm verdankt die Wissenschaft zahlreiche Beiträge zur Elektrochemie, einschließlich der berühmten, nach ihm benannten Gleichung.

2 Michael Faraday (1791–1867), englischer Chemiker und Physiker. In Armut geboren, trat Faraday mit 14 Jahren eine Lehre als Buchbinder an. Er nutzte die sich ihm bietende Gelegenheit, viele Bücher zu lesen. Außerdem besuchte er Rhetorikkurse und populärwissenschaftliche Vorträge in London. Schnell zeigte sich seine herausragende Intelligenz, was ihm schließlich 1812 eine Stellung als Laborassistent an der Royal Institution einbrachte. Als berühmtester und einflussreichster Wissenschaftler Englands wurde er der Nachfolger seines Mentors Humphry Davy. Er leistete zahlreiche Beiträge zur Chemie und zur Theorie der Elektrizität und führte diese Gebiete zum Bereich der Elektrochemie zusammen.

Der Einfachheit halber wird der Term $(RT/nF)\ln K$ in Gleichung 19.12 normalerweise bei 25°C berechnet und der natürliche Logarithmus wird durch den dekadischen Logarithmus (zur Basis 10) ersetzt, sodass man Folgendes erhält

$$U = U^0 - (0{,}059/n)\log_{10} K. \quad (19.15)$$

Als Beispiel für die Anwendung der Nernst-Gleichung betrachten Sie die Kombination der Gleichungen 19.7 und 19.11:

$$\begin{array}{r} Fe^0 \rightarrow Fe^{2+} + 2e^- \\ +\quad 2H^+ + 2e^- \rightarrow H_2 \uparrow \\ \hline Fe^0 + 2H^+ \rightarrow Fe^2 + H_2 \uparrow \end{array} \quad (19.16)$$

Für diese Gesamtzellenreaktion wird Gleichung 19.15 zu

$$U = U^0 - (0{,}059/2)\log_{10}\frac{[Fe^{2+}][H_2]}{[Fe^0][H^+]^2} \quad (19.17)$$

An der Gleichung 19.17 lässt sich ablesen, dass die Zellspannung eine Funktion ist, die vom pH-Wert abhängt ($\equiv -\log_{10}[H^+]$). Genau genommen ist der normale pH-Messer ein spezielles elektrochemisches Element mit einem entsprechend kalibrierten Voltmeter, damit sich die pH-Werte direkt ablesen lassen.

Beispiel 19.5 Welche Menge an Sauerstoffgas (bei NTP) muss in der Sauerstoffkonzentrationszelle aus Abbildung 19.10 an der Kathode verbraucht werden, um 100 g Eisen zu korrodieren? [NTP ist 0°C (= 273 K) und 1 atm.]

Lösung

Die allgemeine Verbindung zwischen der Korrosionsreaktion (Gleichung 19.7) und der Gasreduktionsreaktion (Gleichung 19.10) ist die Erzeugung (und der Verbrauch) von Elektronen:

$$Fe^0 \rightarrow Fe^{2+} + 2e^- \quad (19.7)$$

und

$$O_2 + 2H_2O + 4e^- \rightarrow 4OH^- \quad (19.10)$$

Ein Mol Eisen erzeugt 2 Mol Elektronen, aber es werden nur 1/2 Mol O_2-Gas benötigt, um 2 Mol Elektronen zu verbrauchen. Unter Verwendung von Daten aus *Anhang A* können wir schreiben:

$$\text{Mol } O_2\text{-Gas} = \frac{100 \text{ g Fe}}{(55{,}85 \text{ g Fe}/g\cdot atom\, Fe)} \times \frac{\frac{1}{2}\, Mol\, O_2}{1\, Mol\, Fe}$$

$$= 0{,}895\, Mol\, O_2$$

Legen wir das Gesetz des idealen Gases zugrunde, erhalten wir

$$pV = nRT \text{ oder } V = \frac{nRT}{p}$$

Bei NTP

$$V = \frac{(0,895 \, Mol)(8,314 \, J/Mol \cdot K)(273 \, K)}{(1 \, atm)(1 \, Pa/9,869 \times 10^{-6} \, atm)}$$

$$= 0,0201 \frac{J}{Pa} = 0,0201 \frac{N \cdot m}{N/m^2} = 0,0201 \, m^3$$

Beispiel 19.6 Gleichung 19.16 repräsentiert eine Fe/H$_2$-Zelle. Betrachten wir eine ähnliche Zn/H$_2$-Zelle, die eine Zellspannung von 0,45 V bei 25°C aufweist, wenn [Zn^{2+}] = 1,0 M und p_{H_2} = 1,0 atm. Berechnen Sie den entsprechenden pH-Wert.

Lösung

Für diese Zelle können wir die Gleichung 19.16 wie folgt umschreiben

$$Zn^0 + 2H^+ \rightarrow Zn^{2+} + H_2 -$$

Den Daten in können wir die Standard-Zellspannung entnehmen

$$U^0 = 0,000 \, V - (-0,763 \, V) = 0,763 \, V$$

Da pro Zn-Atom 2 Elektronen übergehen, ist $n = 2$. Für diese Zelle können die Gleichungen 19.14 und 19.15 wie folgt kombiniert werden:

$$U = U^0 = (0,059/2)\log_{10} \frac{[Zn^{2+}]p_{H2}}{[Zn^0][H^+]^2}$$

oder

$$0,45 \, V = 0,763 \, V - (0,59/2)\log_{10} \frac{[1,0][1,0]}{[1,0][H^+]^2}$$

Durch Umstellung erhält man

$$\frac{0,45 \, V - 0,763 \, V}{(-0,059)/2} = \log_{10} \frac{1}{[H^+]^2} = \log_{10}[H^+]^{-2} = -2\log_{10}[H^+]$$

oder

$$-\log_{10}[H^+] = \frac{(0,45 \, V - 0,763 \, V)2}{(-0,059)2} = 5,29$$

oder per definitionem pH = 5,29.

Übung 19.5

Berechnen Sie das Volumen von O_2-Gas, das bei der Korrosion von 100 g Chrom verbraucht wird (bei NTP). (In diesem Fall werden dreiwertige Cr^{3+}-Ionen an der Anode festgestellt.) (Siehe Beispiel 19.5.).

Übung 19.6

Wenn die Konzentration von Zn^{2+} in der Zn/H_2-Zelle im Beispiel 19.6 auf 0,1 M reduziert wird, erhöht sich die Zellspannung auf 0,542 V. Wie lautet der dazugehörige pH-Wert?

19.5 Wirkung von mechanischer Spannung auf Korrosion

Neben verschiedenen chemischen Faktoren können auch **mechanische Spannungen** Korrosionsvorgänge begünstigen. Bereiche eines gegebenen Materials, die unter hoher Spannung stehen, reagieren anodisch im Vergleich zu Bereichen, die einer niedrigen Spannung ausgesetzt sind. Genau genommen senkt der hochenergetische Zustand des beanspruchten Metalls die Energieschranke für die Ionisierung. Abbildung 19.13a veranschaulicht eine elektrochemische **Spannungskorrosionszelle** im Modell, während Abbildung 19.13b ein praktisches Beispiel für eine solche Zelle zeigt. Bei diesem Beispiel sind bestimmte Bereiche eines Nagels, der während der Fertigung beansprucht wurde, anfällig für lokale korrodierende Angriffe.

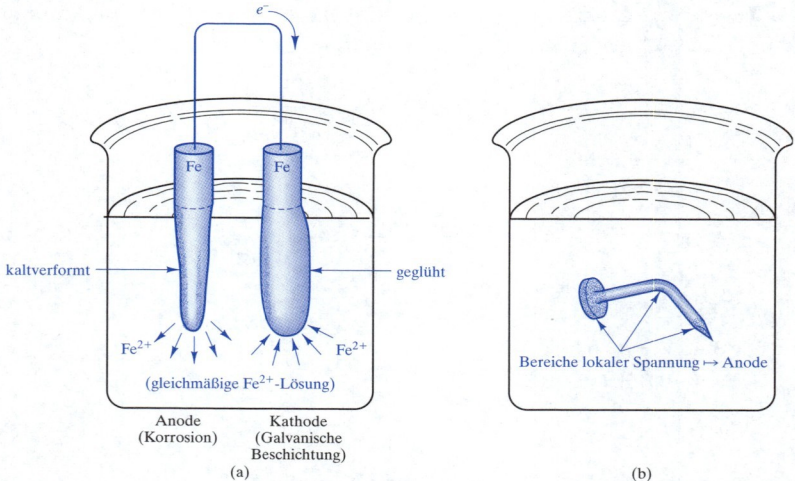

Abbildung 19.13: (a) Modell einer elektrochemischen Spannungskorrosionszelle. Die höher beanspruchte Elektrode ist anodisch und korrodiert. (b) Praktisches Beispiel für eine Spannungskorrosionszelle. In einer wässrigen Umgebung kommt es in den Bereichen eines Nagels zu lokalen Korrosionen, die während der Fertigung oder der Nutzung mechanischer Spannung ausgesetzt waren.

19.6 Methoden des Korrosionsschutzes

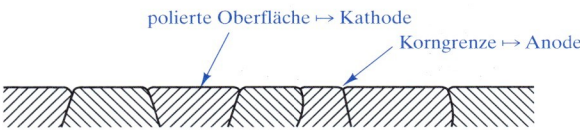

Abbildung 19.14: Mikroskopisch betrachtet sind Korngrenzen Bereiche mit örtlich begrenzter Spannungsüberhöhung und deshalb anfällig für beschleunigte Angriffe.

Korngrenzen sind mikrostrukturelle Bereiche hoher Energie (siehe *Abschnitt 4.4*). Folglich sind sie in einer korrosiven Umgebung anfällig für beschleunigte Angriffe (Abbildung 19.14). Solche Angriffe können sowohl unerwünschte Folgen haben, wie beispielsweise interkristalline Brüche, sie können aber auch die Grundlage für technologische Prozesse sein, wie beispielsweise das Ätzen von polierten Probekörpern für mikroskopische Untersuchungen.

19.6 Methoden des Korrosionsschutzes

Die Abschnitte 19.2 bis 19.5 haben eine so breite Palette an Korrosionsmechanismen vorgestellt, dass wir uns über die vielen Milliarden Euro, die Industrienationen jährlich für Korrosionsschutz aufwenden müssen, nicht wundern dürfen. Schon dünne Schichten kondensierter Luftfeuchtigkeit sind für metallische Legierungen ausreichend wässrige Umgebungen, um durch einige dieser Mechanismen beträchtliche Korrosionsschäden zu verursachen. Für alle Ingenieure, die Metalle in ihren Konstruktionen verwenden, ist die Verhinderung dieser Korrosionsangriffe eine wichtige Herausforderung. Wenn eine vollständige Verhütung nicht möglich ist, sollten die Verluste zumindest so gering wie möglich gehalten werden. So vielfältig die Korrosionsprobleme sind, so vielfältig sind auch die zur Verfügung stehenden präventiven Maßnahmen.

Unser primäres Mittel des Korrosionsschutzes ist die **Werkstoffauswahl**. So lernen Hobby-Bootsbauer schnell, Stahlbolzen für Messingteile zu vermeiden. Die sorgfältige Anwendung der Prinzipien in diesem Kapitel ermöglicht es dem Werkstoffingenieur, die für gegebene korrosive Umgebungen die am wenigsten anfälligen Legierungen zu finden. Aber auch die richtige **konstruktive Gestaltung** kann Schäden minimieren. So sollte z.B. weitestgehend auf Schraubverbindungen und andere mechanisch gespannte Bauteile verzichtet werden. Sind galvanische Elemente erforderlich, sollten möglichst keine kleinflächigen Anoden neben großflächigen Kathoden verwendet werden. Die resultierende große Stromdichte an der Anode beschleunigt die Korrosion.

Tabelle 19.4

Korrosionsschutzschichten

Kategorie	Beispiele
metallisch	Verchromen Verzinkter Stahl
keramisch	Rostfreier Stahl Emaillieren
polymer	Farbe

19 UMGEBUNGSBEDINGTER MATERIALVERLUST

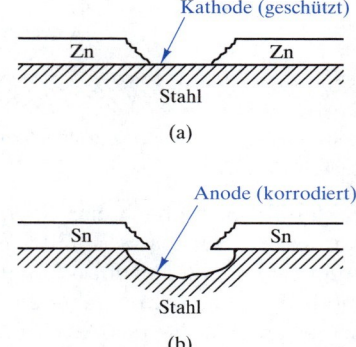

Abbildung 19.15: (a) Verzinkter Stahl besteht aus einer Zink-Schicht auf einem Stahlsubstrat. Da Zink im Verhältnis zu Eisen anodisch ist, führt ein Riss in der Schutzschicht nicht zu einer Korrosion des Substrats. (b) Im Vergleich dazu bietet eine Schicht aus „Weißblech" nur so lange einen Schutz, wie die Schicht keine Risse aufweist. Bei einem Riss wird bevorzugt das anodische Substrat attackiert.

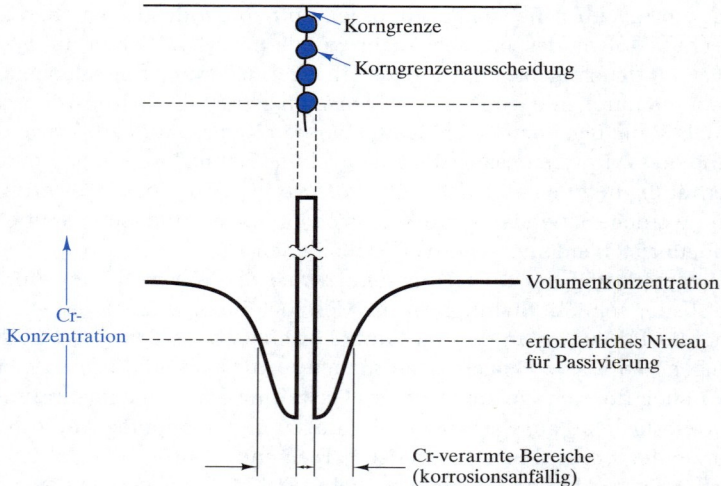

Abbildung 19.16: Das Erhitzen von rostfreiem Stahl kann die Ausscheidung von Chromkarbiden verursachen, was zu einer Cr-Verarmung der benachbarten Mikrostrukturbereiche führt und diese anfällig für Korrosion macht. Aufgrund dieses Effekts wird häufig davor gewarnt, Edelstahlkomponenten zu schweißen.

Wenn eine Legierung in einer wässrigen Umgebung verwendet werden muss, in der es zu Korrosion kommen kann, gibt es weitere Techniken, um die Zersetzung zu verhindern. **Schutzschichten** sind eine Barriere zwischen dem Metall und seiner Umgebung. führt einige Beispiele auf. Diese Schichten sind in drei Kategorien unterteilt, die den Konstruktionswerkstoffklassen entsprechen: Metalle, Keramiken, Polymere. Verchromung war traditionell die Beschichtung der Wahl für Zierleisten an Kraftfahrzeugen. **Verzinkter Stahl** funktioniert nach einem etwas anderen Prinzip. Wie in Abbildung 19.15 zu sehen, wird der Schutz durch eine Zinkschicht gewährleistet. Da Zink in Relation zu Stahl anodisch ist, führen Risse in der Schutzschicht nicht zu einer Korrosion des Stahls, der kathodisch ist und dadurch geschützt wird. Im Unterschied zu Zink führen Risse in Schutzschichten aus weitaus edleren Metallen (z.B. Zinn auf

Stahl in Abbildung 19.15), zu einer beschleunigten Korrosion des Substrats. Wie in Abschnitt 19.1 besprochen, können stabile Oxidschichten auf einem Metall Schutzwirkung haben. Ein klassisches Beispiel dafür ist die (Fe, Cr)-Oxidschicht auf Edelstahl. Abbildung 19.16 zeigt jedoch die Grenzen für dieses Material. Übermäßiges Erhitzen (z.B. Schweißen) kann die Ausscheidung von Chromkarbiden an den Korngrenzen herbeiführen. Als Folge kommt es zu einer Chromverarmung in der Nähe der Ausscheidungen und damit zu einer höheren Anfälligkeit gegenüber Korrosionsangriffen in diesem Bereich. Eine Alternative zu den Oxidreaktionsschichten sind keramische Schutzschichten. **Emaillen** sind Silikatglasschichten, deren Wärmeausdehnungskoeffizienten denen ihrer Metallsubstrate relativ nahe kommen. Polymerschichten können einen ähnlichen Schutz zu einem normalerweise günstigeren Preis bieten. Das bei uns am weitesten verbreitete Beispiel ist Lack. (Wir dürfen Emaillelacke, bei denen es sich um organische Polymerschutzschichten handelt, nicht mit Emaillen verwechseln, die aus Silikatgläsern bestehen.)

Verzinkter Stahl (siehe Tabelle 19.4) ist ein spezieller Fall einer **Opferanode**. Ein typisches Beispiel für den **kathodischen Korrosionsschutz**, bei dem der Korrosionsschutz nicht auf einer Beschichtung basiert, ist in Abbildung 19.17 wiedergegeben. Ein weiteres Beispiel ist das Anlegen einer **externen elektrischen Spannung**, um dem Spannungspotenzial entgegenzuwirken, das sich bei der elektrochemischen Reaktion entwickelt. Die aufgeprägte Spannung stoppt den Elektronenfluss, der für den weiteren Ablauf der Korrosionsreaktion benötigt wird. Abbildung 19.18 veranschaulicht diese Technik anhand eines bekannten Alltagsbeispiels.

Ein letzter Ansatz zur Korrosionsverhütung ist die Verwendung von Inhibitoren. **Inhibitoren** sind Substanzen, die in kleinen Konzentrationen verwendet die Korrosionsgeschwindigkeit verringern. Die meisten Inhibitoren sind organische Verbindungen, die Adsorptionsschichten auf der Metalloberfläche bilden, sodass sich ein ähnliches System ausbildet, wie die zuvor besprochenen Schutzschichten. Andere Inhibitoren beeinflussen die Gasreduktionsreaktionen, die an der Kathode ablaufen (siehe Abschnitt 19.4).

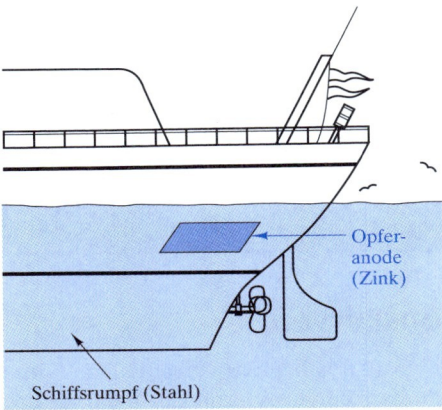

Abbildung 19.17: Eine Opferanode ist eine einfache Form des kathodischen Schutzes. Der verzinkte Stahl in Abbildung 19.15a ist eine Sonderform davon.

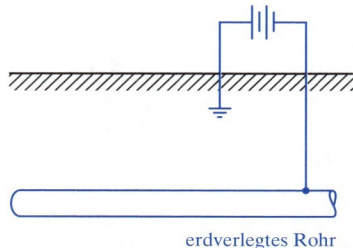

Abbildung 19.18: Eine aufgeprägte elektrische Spannung ist eine Form des kathodischen Korrosionsschutzes, der der korrodierenden Potenzialdifferenz entgegenwirkt.

> **Beispiel 19.7**
>
> An den Rumpf eines Schiffes wird eine 2 kg schwere Opferanode aus Magnesium angebracht (siehe Abbildung 19.17). Wie hoch ist der durchschnittliche Korrosionsstrom bei einer Lebensdauer der Anode von 3 Monaten?
>
> **Lösung**
>
> Unter Verwendung der Daten aus *Anhang A* können wir Folgendes schreiben:
>
> $$\text{Strom} = \frac{2\ kg}{3\ \text{Monate}} \times \frac{1.000\ g}{1\ kg} \times \frac{0{,}6032 \times 10^{24}\ \text{Atome}}{24{,}31\ g}$$
>
> $$\times \frac{2\ \text{Elektronen}}{\text{Atom}} \times \frac{0{,}16 \times 10^{-18}\ C}{\text{Elektron}}$$
>
> $$\times \frac{1\ \text{Monat}}{31\ d} \times \frac{1\ d}{24\ h} \times \frac{1\ h}{1.600\ s} \times \frac{1\ A}{1\ C/s} = 1{,}97\ A$$

> **Übung 19.7**
>
> In Beispiel 19.7 berechnen wir den durchschnittlichen Strom für eine Opferanode. Angenommen, die Korrosionsgeschwindigkeit könnte durch die Verwendung eines geglühten Magnesiumblocks um 25% gesenkt werden. Wie schwer müsste eine solche geglühte Anode sein, um vollen Korrosionsschutz für **(a)** 3 Monate und **(b)** ein ganzes Jahr zu bieten?

19.7 Polarisationskurven

In den Abschnitten 19.2 bis 19.6 haben wir verschiedene Formen der Korrosion sowie Methoden zu ihrer Verhütung kennen gelernt. Zur Beobachtung des Korrosionsverhaltens wird häufig das Verhältnis zwischen dem elektrochemischen Potenzial (in Volt) einer gegebenen Halbzellenreaktion zu der resultierenden Korrosionsgeschwindigkeit in einer Kurve aufgetragen. Abbildung 19.19 zeigt eine solche Kurve für eine anodische Halbzelle. Auffällig ist, dass das Verhältnis linear ist, wenn für die Korrosionsgeschwindigkeit eine logarithmische Skalierung gewählt wird. Abbildung 19.20 zeigt, dass der Schnittpunkt der Kurven für die jeweilige kathodische und anodische Halbzellenreaktion ein Korrosionspotenzial U_c definiert. In Abbildung 19.20 können wir uns auf die anodische Halbzellenreaktion konzentrieren, die eine anodische **Polarisation** als eine **Überspannung** (η) oberhalb des Korrosionspotenzials definiert. Physikalisch betrachtet ist die anodische Polarisation ein Mangel an Elektronen, die in einer Metalloxidationsreaktion wie in Gleichung 19.7 durch Anlegen einer Überspannung erzeugt werden. Entsprechend ist die kathodische Polarisation oder auch negative Überspannung aus Abbildung 19.20 gleichbedeutend mit einer Konzentration der Elektronen auf der Metalloberfläche für eine Reduktionsreaktion wie in Gleichung 19.8.

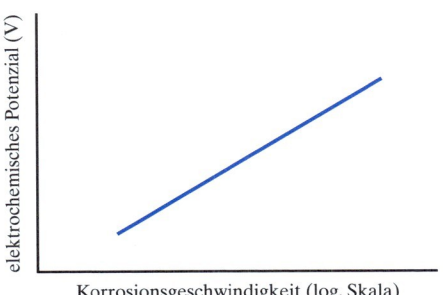

Abbildung 19.19: Schematische Darstellung der linearen, halblogarithmischen Kurve des elektrochemischen Potenzials aufgetragen über die Korrosionsgeschwindigkeit für eine anodische Halbzelle.

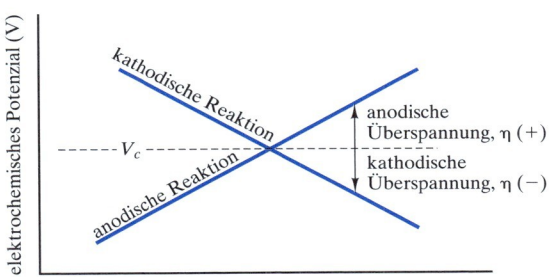

Abbildung 19.20: Schematische Darstellung der Ausbildung eines Korrosionspotenzials U_c an dem Schnittpunkt der anodischen und kathodischen Reaktionskurven. Die anodische Polarisation entspricht einer positiven Überspannung η.

Für Metalle wie Chrom und Legierungen wie Edelstahl zeigt die Kurve des Potenzials aufgetragen über der Korrosionsgeschwindigkeit außerhalb des Bereichs in Abbildung 19.20 einen plötzlichen starken Rückgang der Korrosionsgeschwindigkeit oberhalb eines kritischen Potenzials U_P (Abbildung 19.21). Dass trotz des hohen Niveaus der anodischen Polarisation oberhalb U_P die Korrosionsgeschwindigkeit steil abfällt, liegt daran, dass sich ein dünner Oxidschutzfilm ausbildet, der als Barriere für die anodische Auflösungsreaktion fungiert. Den Widerstand gegen die Korrosion oberhalb von U_P bezeichnet man als **Passivität**. Die Korrosionsgeschwindigkeit oberhalb U_P kann bis zum Faktor 10^3 bis 10^6 unter der Maximalgeschwindigkeit im aktiven Zustand fallen. Bei wachsendem Korrosionspotenzial bleibt die niedrige Korrosionsgeschwindigkeit konstant, bis der passive Oxidfilm bei relativ hohem Potenzial durchbrochen wird und die Korrosionsgeschwindigkeit in einem **transpassiven** Bereich wieder normal ansteigt.

Abbildung 19.22 zeigt, wie eine gegebene Anode in Abhängigkeit von der spezifischen korrosiven Umgebung entweder aktives oder passives Verhalten zeigen kann. So wird die Kurve aus Abbildung 19.21 von zwei kathodischen Kurven der Umgebungen A bzw. P geschnitten. Der Schnittpunkt für Umgebung A, r_A, liegt bei einer relativ hohen Korrosionsgeschwindigkeit und damit im aktiven Bereich. Umgebung P hingegen weist einen Schnittpunkt r_P bei einer relativ niedrigen Korrosionsgeschwindigkeit auf, der damit im passiven Bereich liegt. Ein spezielles Beispiel für Abbildung 19.22 ist der austenitische Cr-Ni-Stahl (1.4301), der in entgastem Salzwasser aktiv und in belüftetem Salzwasser passiv ist.

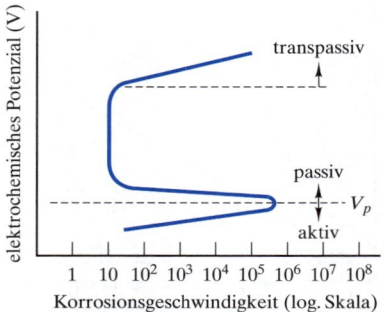

Abbildung 19.21: Schematische Darstellung der Passivität. Die Korrosionsgeschwindigkeit für ein gegebenes Metall geht oberhalb eines Oxidationspotenzials U_P stark zurück.

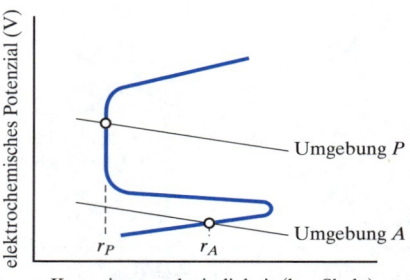

Abbildung 19.22: Die Lage der Kurve einer kathodischen Halbzelle kann einen Einfluss auf die Metallkorrosion haben. Umgebung A schneidet die anodische Polarisationskurve im aktiven Bereich und Umgebung P im passiven Bereich.

In den schematischen Darstellungen von Abbildung 19.19 bis Abbildung 19.22 wurde die Korrosionsgeschwindigkeit auf einer logarithmisch skalierten, horizontalen Achse aufgetragen. Die Korrosionsgeschwindigkeit r (in mol/m² · s) kann durch folgende Formel in Bezug zu der dazu gehörigen Stromdichte i (in A/m²) gesetzt werden

$$r = \frac{i}{nF} \qquad (19.18)$$

wobei n und F relativ zu Gleichung 19.12 definiert wurden.

Im Allgemeinen kann eine Überspannung zu einer Standard-Stromdichte i_0 in Bezug gesetzt werden durch

$$\eta = \beta \log_{10}(i/i_0) \qquad (19.19)$$

wobei b eine Konstante ist, die der Neigung der Kurve für das elektrochemische Potenzial entspricht. Ihr Wert ist für eine anodische Halbzelle positiv und für eine kathodische Halbzelle negativ. Abbildung 19.23 zeigt verschiedene Kurven der Gleichung 19.19 für die Korrosion von Zink in einer sauren Lösung. Das Korrosionspotenzial U_C und die Korrosionsstromdichte i_C werden durch den Schnittpunkt der anodischen und kathodischen Kurven bestimmt. Die Standardpotenziale für die Zink- und Wasserstoff-Halbzellen in Abbildung 19.23 stimmen mit den Werten in überein.

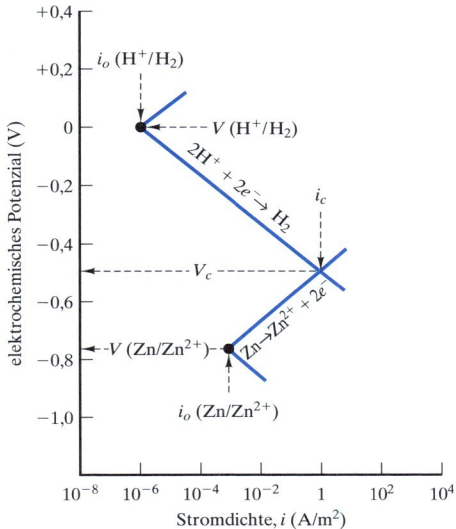

Abbildung 19.23: Die Reaktionen der anodischen und kathodischen Halbzelle für Zink in einer sauren Lösung zeigen anhand ihrer Schnittpunkte das Korrosionspotential U_C und die Korrosionsstromdichte i_C.

Beispiel 19.8

Bei der Korrosion von Zink in einer sauren Lösung beträgt die Standard-Stromdichte der Zink-Halbzelle 10^{-3} A/m² und die Neigung b in Gleichung 19.19 +0,09 V. Berechnen Sie das elektrochemische Potenzial dieser Halbzelle bei einer Stromdichte von 1 A/m².

Lösung

Zuerst können wir entnehmen, dass die Zink-Halbzelle ein Standard-Potenzial von $-0,763$ V aufweist. Nach Gleichung 19.19 beträgt die Überspannung für die gegebene Bedingung:

$$\eta = \beta \log_{10}(i/i_o)$$

$$= (+0,09\,V)\log_{10}(1/10^{-3})$$

$$= (+0,09\,V)(3,0) = 0,27\,V$$

was bei 1 A/m² zu folgendem elektrochemischen Potenzial führt:

$$U = -0,763\,V + 0,27\,V = -0,493\,V$$

> **Übung 19.8** Bei einer Korrosion von Zink in einer sauren Lösung beträgt die Standard-Stromdichte für die Wasserstoff-Halbzelle 10^{-6} A/m² und die Neigung b in Gleichung 19.19 -0,08 V. Berechnen Sie das elektrochemische Potenzial dieser Halbzelle bei einer Stromdichte von 1 A/m². (Siehe Beispiel 19.8.)

19.8 Chemische Zersetzung von Keramiken und Polymeren

Aufgrund ihres hohen spezifischen elektrischen Widerstands werden Keramiken und Polymere bei der Betrachtung der Korrosionsmechanismen nicht berücksichtigt. Diese nichtmetallischen Materialien werden allgemein als „inert" eingestuft, weil sie als keramische und polymerische Schutzschichten auf Metallen verwendet werden. Zwar kann es bei jedem Material unter geeigneten Umständen zu chemischen Reaktionen kommen, doch in der Praxis sind Keramiken und Polymere relativ resistent gegenüber den umgebungsbedingten Reaktionen, wie sie bei typischen Metallen auftreten. Auch wenn elektrochemische Mechanismen nicht von Bedeutung sind, können einige direkte chemische Reaktionen den Einsatz von Keramiken und Polymeren beschränken. Ein gutes Beispiel war die Reaktion von H_2O mit Silikaten, was zu dem Phänomen der statischen Ermüdung führte (siehe Abschnitt 8.3). So werden auch keramische Hochtemperaturwerkstoffe im Wesentlichen nach ihrer Beständigkeit gegenüber chemischen Wechselwirkungen mit den Metallschmelzen ausgewählt, mit denen sie beim Metallgießen in Kontakt kommen.

Die Welt der Werkstoffe

Elektrochemie und Brennstoffzellen

Dieses Kapitel hat gezeigt, dass die Korrosion von metallischen Werkstoffen eine Fallstudie innerhalb der Elektrochemie ist. Wir sollten uns jedoch vergegenwärtigen, dass die Elektrochemie nicht ausschließlich mit der Zersetzung von Werkstoffen befasst ist. So spielt die Elektrochemie eine Schlüsselrolle bei den Brennstoffzellen – einer viel versprechenden Technologie, die bereits im Abschnitt *Die Welt der Werkstoffe* in *Kapitel 5* vorgestellt wurde. Dort wurde deutlich, dass für die Brennstoffzellentechnologie auch die Diffusion eine wichtige Rolle spielt. Die Elektrochemie einer typischen Brennstoffzelle kann wie folgt zusammengefasst werden:
Reaktion der anodischen Halbzelle (Oxidation)

$$2H_2 \rightarrow 4H^+ + 4e^-$$

19.8 Chemische Zersetzung von Keramiken und Polymeren

Reaktion der kathodischen Halbzelle (Reduktion)

$$O_2 + 4H^+ + 4e^- \rightarrow 2H_2O$$

Brennstoffzellen-Gesamtreaktion

$$2H_2 + O_2 \rightarrow 2H_2O$$

Auch wenn diese Gleichungen relativ einfach sind, so sind die elektrochemischen Abläufe an den beiden Elektroden doch recht komplex. An der Anode muss Wasserstoffgas durch mikroskopisch kleine, gewundene Pfade diffundieren, bis es die Oberflächen von kleinen Platinteilchen erreicht. Platin ist ein hochwirksamer Katalysator, der eine intermediäre Hydridverbindung eingeht. Nicht weniger wichtig ist die leichte Aufspaltung des Platinhydrids, wodurch Wasserstoffionen (Protonen) erzeugt werden, die durch die Brennstoffzellenmembran diffundieren, sowie Elektronen, die durch einen äußeren Kreislauf fließen und Strom erzeugen. Genau genommen kann die Anodenreaktion als zweistufiger Prozess dargestellt werden:

$$2H_2 + 4Pt \rightarrow 4Pt-H$$

$$4Pt-H \rightarrow 4Pt + 4H^+ + 4e^-$$

Die Reduktion des Sauerstoffgases an der Kathode bedarf ebenfalls eines Platinkatalysators, um bei der relativ niedrigen Betriebstemperatur von ungefähr 80°C eine ausreichend hohe Reduktionsgeschwindigkeit zu erzielen. Bei Brennstoffzellen mit Polymermembran ist die kathodische Sauerstoffreduktionsreaktion die Schwachstelle (und ungefähr 100 Mal langsamer als die Wasserstoff-Reaktion).

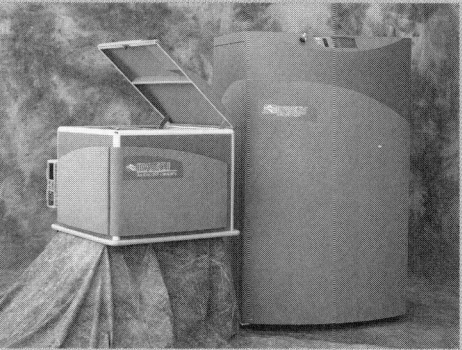

Ein typisches Brennstoffzellensystem für den Privathaushalt

Die Vernetzung von Polymeren während der Vulkanisierung war ein Beispiel für eine chemische Reaktion, die einen Einfluss auf die mechanischen Eigenschaften von Polymeren hatte (siehe *Abschnitt 6.6*). *Abbildung 6.17* veranschaulichte die Empfindlichkeit der mechanischen Eigenschaften von Nylon gegenüber Luftfeuchtigkeit. Polymere zeigen sich aber auch gegenüber verschiedenen organischen Lösungsmitteln reaktionsfreudig, was bei technischen Prozessen berücksichtigt werden muss, in denen diese Lösungsmittel zur „Umgebung" des Werkstoffs gehören.

19.9 Strahlenschäden

Dieses Kapitel hat sich bisher auf chemische Reaktionen zwischen Werkstoffen und ihren Umgebungen konzentriert. Doch Werkstoffe sind zunehmend auch Strahlungsfeldern ausgesetzt. Kernenergiegewinnung, Strahlentherapie und Kommunikationssatelliten sind nur einige der Anwendungen, in denen Materialien schwersten Strahlungen widerstehen müssen.

Tabelle 19.5

Grundsätzliche Arten von Strahlung

Kategorie	Beschreibung
Elektromagnetisch[a]	
– Ultraviolett	1 nm < λ < 400 nm
– Röntgenstrahlen	10^{-3} nm < λ < 10 nm
– γ-Strahlen	λ < 0,1 nm
Teilchen	
– α-Teilchen (α-Strahlen)	He^{2+} (Helium-Kern = 2 Protonen + 2 Neutronen)
– β-Teilchen (β-Strahlen)	e^+ oder e^- (positives oder negatives Teilchen mit der Masse eines einzelnen Elektrons)
Neutron	$_0n^1$

[a] Offensichtlich überlappen sich die Wellenlängenbereiche dieser energiereichen Photonen. Ein grundlegendes Unterscheidungskriterium ist der Mechanismus der Strahlungserzeugung. Ultraviolettes Licht wird durch äußere Elektron-Orbital-Sprünge erzeugt, Röntgenstrahlen durch allgemein energiereichere, innere Orbitalübergänge und g-Strahlen durch radioaktiven Zerfall (eher ein nuklearer als elektronischer Prozess).

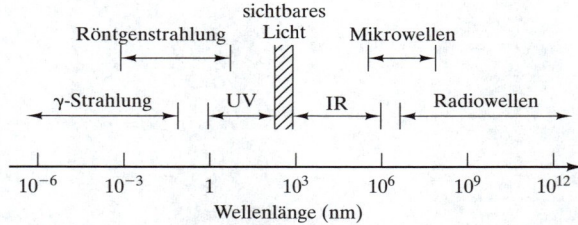

Abbildung 19.24: Spektrum der elektromagnetischen Strahlung. (Dieses Diagramm wurde bereits in *Abbildung 3.34* vorgestellt, wo Röntgenstrahlen zuerst als Mittel zur Bestimmung von Kristallstrukturen beschrieben wurden. Später, in Abbildung 16.1, diente es als Einführung in das optische Verhalten von Materialien.)

fasst einige häufige **Strahlung**sarten zusammen. In *Kapitel 16* wurde die Energie eines gegebenen Photons E für elektromagnetische Strahlen als

$$E = h\nu \qquad (16.3)$$

eingeführt, wobei h die Plancksche Konstante (= $0,6626 \times 10^{-33}$ J·s) und ν die Schwingungsfrequenz ist, die wiederum

19.9 Strahlenschäden

$$v = \frac{c}{\lambda} \qquad (16.2)$$

entspricht, wobei c die Lichtgeschwindigkeit (= $0{,}2998 \times 10^9$ m/s) und λ die Wellenlänge ist. Abbildung 19.24 fasst die Wellenlängenbereiche für elektromagnetische Strahlung zusammen. Vor allem die Strahlen, deren Wellenlängen kürzer als die des sichtbaren Lichts sind, verursachen Materialschäden. Wie die Gleichungen 16.2 und 16.3 zeigen, nimmt die Photonenenergie mit abnehmender Wellenlänge zu.

Die Reaktionen verschiedener Materialien auf eine bestimmte Strahlungsart variieren beträchtlich. In gleicher Weise kann aber auch ein bestimmtes Material auf verschiedene Strahlungsarten ganz unterschiedlich reagieren. Im Allgemeinen ist eine strahlungsinduzierte Atomverschiebung ein ineffizienter Prozess, der eine Verschiebungsenergie erfordert, die wesentlich größer ist als die in *Kapitel 2* diskutierte, einfache Bindungsenergie. Abbildung 19.25 veranschaulicht die Atomverschiebungen, die von einem einzelnen Neutron im Verlauf einer Neutronenbestrahlung eines Metalls verursacht wurden. Abbildung 19.26 zeigt die mikrostrukturellen Folgen einer Elektronenbestrahlung der Strukturkeramik Al_2O_3. Die beträchtliche Anzahl der Versetzungsbänder, die durch die Strahlung erzeugt werden, wird im Elektronenmikroskop sichtbar (siehe *Abschnitt 4.7*). Polymere sind besonders anfällig für UV-Schäden (ultraviolette Strahlung). Ein einzelnes UV-Photon hat genügend Energie, um in vielen linearen Polymeren eine einzelne C–C-Bindung aufzuspalten. Die aufgebrochenen Bindungen dienen als reaktive Stellen für Oxidationsreaktionen. So setzt man Polymeren unter anderem deshalb Ruß zu, um das Material vor UV-Strahlung zu schützen.

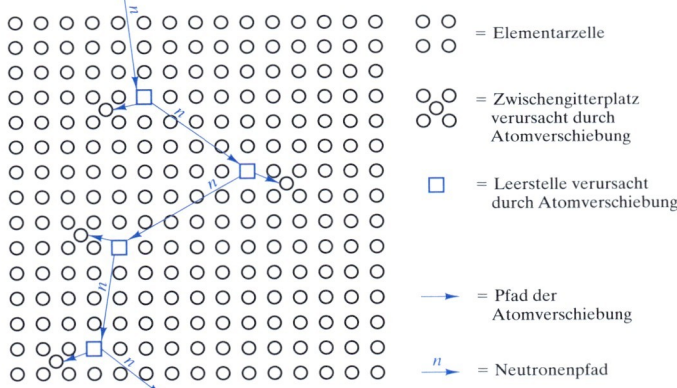

Abbildung 19.25: Schematische Darstellung von Atomverschiebungen in der Kristallstruktur eines Metalls ausgelöst durch ein einziges energiereiches Neutron.

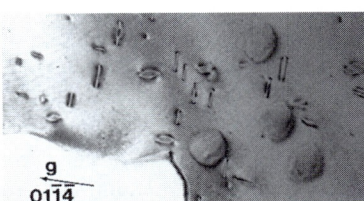

Abbildung 19.26: Elektronenmikroskopische Aufnahme von Versetzungen in Al_2O_3 als Folge einer Elektronenbestrahlung.

Obwohl wir uns auf Konstruktionswerkstoffe beschränkt haben, kann Strahlung auch die Performance von elektrischen und magnetischen Werkstoffen stark beeinträchtigen. Strahlenschäden an Halbleitern, die in Kommunikationssatelliten eingesetzt werden, können deren Anwendbarkeit in entsprechenden Strukturen wesentlich beschränken.

> **Beispiel 19.9**
>
> Elektromagnetische Strahlung mit Photonenenergien größer als 15 eV kann für einen bestimmten Halbleiter, der in einem Kommunikationssatelliten eingesetzt werden soll, schädlich sein. Kann sichtbares Licht eine solche Schadensquelle sein?
>
> **Lösung**
>
> Das energiereichste Photon des sichtbaren Lichts befindet sich am kurzwelligen (blauen) Ende des sichtbaren Spektrums (bei 400 nm). Wenn wir die Gleichungen 16.2 und 16.3 kombinieren, erhalten wir
>
> $$E = \frac{hc}{\lambda}$$
>
> $$= \frac{(0{,}6626 \times 10^{-33}\, J \cdot s)(0{,}2998 \times 10^{9}\, m/s)}{400 \times 10^{-9}\, m}$$
>
> $$\times \frac{6{,}242 \times 10^{18}\, eV}{J} = 3{,}1\, eV$$
>
> Da dieser Wert kleiner als 15 eV ist, stellt sichtbares Licht keine Schadensquelle dar.

> **Übung 19.9**
>
> In Beispiel 19.9 haben wir festgestellt, dass die Photonenenergie von sichtbarem Licht zu gering ist, um Strahlenschäden an Halbleitern hervorzurufen. (a) Welche Wellenlänge wird durch die Photonenenergie von 15 eV dargestellt? (b) Welche Art von elektromagnetischer Strahlung weist solche Wellenlängenwerte auf?

19.10 Verschleiß

Wie bei Strahlenschäden ist **Verschleiß** im Allgemeinen eher eine physikalische (denn chemische) Form des Materialverlusts. Genau genommen ist Verschleiß der Abrieb von Oberflächenmaterial infolge einer mechanischen Einwirkung. Dabei muss die Menge des durch Verschleiß abgetragenen Materials nicht groß sein, um relativ verheerende Auswirkungen zu haben. (Bereits wenige Gramm Materialverlust an den Oberflächen eines Schleifkontakts können ein 1.500-kg-Auto „lahm legen".) Die systematische Analyse des Verschleißphänomens hat einige wichtige Aspekte enthüllt. So wurden vier Hauptformen festgestellt: (1) **Adhäsiver Verschleiß** tritt auf, wenn zwei glatte Oberflächen aneinander entlanggleiten und kleinste Bruchstücke von einer Oberfläche gelöst werden und an der anderen haften bleiben. Das Adjektiv dieser Kategorie ist auf die starken bindenden oder „adhäsiven" Kräfte zwischen den benachbarten Atomen der innigen Kontaktfläche zurückzuführen. Ein typisches Beispiel für adhäsiven Verschleiß finden Sie in Abbildung 19.27. (2) **Abrasiver Verschleiß** tritt auf, wenn eine raue, feste Oberfläche über eine weichere Fläche gleitet. Als Folge erhält man eine Reihe von Furchen im weichen Material und es bilden sich Abriebpartikel. (3) **Ermüdungsverschleiß der Oberfläche** tritt bei wiederholtem Gleiten oder Walzen eines Materials über einer Spur auf. Rissbildung auf Oberflächen oder oberflächennahen Bereichen führt zum Aufbrechen der Oberfläche. (4) **Reibkorrosion** liegt beim Gleiten in einer korrosiven Umgebung vor. Hierbei wird der physikalische Effekt des Verschleißes ergänzt durch chemische Werkstoffzerrüttung. Der Gleitvorgang kann Passivierungsschichten zerstören und dadurch die Korrosionsgeschwindigkeit hoch halten.

Abbildung 19.27: Eine Kupferscheibe, die über einen Stahlstift aus Kohlenstoffstahl gleitet, erzeugt unregelmäßige Abriebpartikel.

Zusätzlich zu den vier Hauptverschleißtypen, können in bestimmten Konstruktionsanwendungen verwandte Mechanismen auftreten. **Erosion** durch einen Beschuss mit scharfkantigen Partikeln entspricht dem abrasiven Verschleiß. **Kavitation** werden Schäden an der Oberfläche genannt, die durch das Kollabieren von Gasblasen in einer Flüssigkeit entstehen. Der Oberflächenschaden ist die Folge des mechanischen Schlags, der durch die plötzliche Implosion der Gasblase ausgelöst wird.

Neben der oben wiedergegebenen qualitativen Beschreibung des Verschleißes wurden auch einige Fortschritte bei der quantitativen Beschreibung erzielt. Diese lautet für den adhäsiven Verschleiß, der am häufigsten auftritt,

$$V = \frac{kPx}{3H} \tag{19.20}$$

wobei V das Volumen des abgetragenen Materials unter einer Last P ist, die über die Strecke x gleitet. H ist die Härte der abgeriebenen Oberfläche. Der Term k wird als **Verschleißkoeffizient** bezeichnet und berücksichtigt die Wahrscheinlichkeit, dass ein adhäsives Fragment gebildet wird. Wie der Reibungskoeffizient ist auch der Verschleißkoeffizient eine dimensionslose Konstante. In Tabelle 19.6 finden Sie k-Werte für eine breite Palette an Gleitkombinationen. (Beachten Sie, dass k selten größer als 0,1 ist).

Tabelle 19.6

Werte des Verschleißkoeffizienten (k) für verschiedene Gleitkombinationen[a]

Kombination	k($\times 10^3$)
Zink auf Zink	160
Baustahl (mit geringem Kohlenstoffgehalt) auf Baustahl (mit geringem Kohlenstoffgehalt)	45
Kupfer auf Kupfer	32
Edelstahl auf Edelstahl	21
Kupfer auf Baustahl (mit geringem Kohlenstoffgehalt)	1,5
Baustahl (mit geringem Kohlenstoffgehalt) auf Kupfer	0,5
Phenolformaldehyd auf Phenolformaldehyd	0,02

[a] Quelle: Nach E. Rabinowicz, *Friction and Wear of Materials*, John Wiley & Sons, Inc., NY 1965

In Abschnitt 19.1 konnten wir sehen, welchen potenziellen Schaden eine direkte chemische Reaktion von Metall mit Umgebungsgasen wie Wasserstoff anrichten kann. In den darauf folgenden Abschnitten wurden eine ganze Reihe von umgebungsbedingten Schäden vorgestellt, die auf Wasserkorrosion zurückzuführen waren. In diesem Abschnitt sehen wir jetzt, dass mechanischer Verschleiß allein oder in Kombination mit Wasserkorrosion weitere Formen der umgebungsbedingten Werkstoffschädigung zur Folge hat. Abbildung 19.28 zeigt anhand praktischer Beispiele das breite Spektrum der umgebungsbedingten Werkstoffzerstörung bei Metallen, einschließlich der **Spannungsrisskorrosion** und der **Schwingungsrisskorrosion**, die bereits in *Kapitel 8* angesprochen wurden.

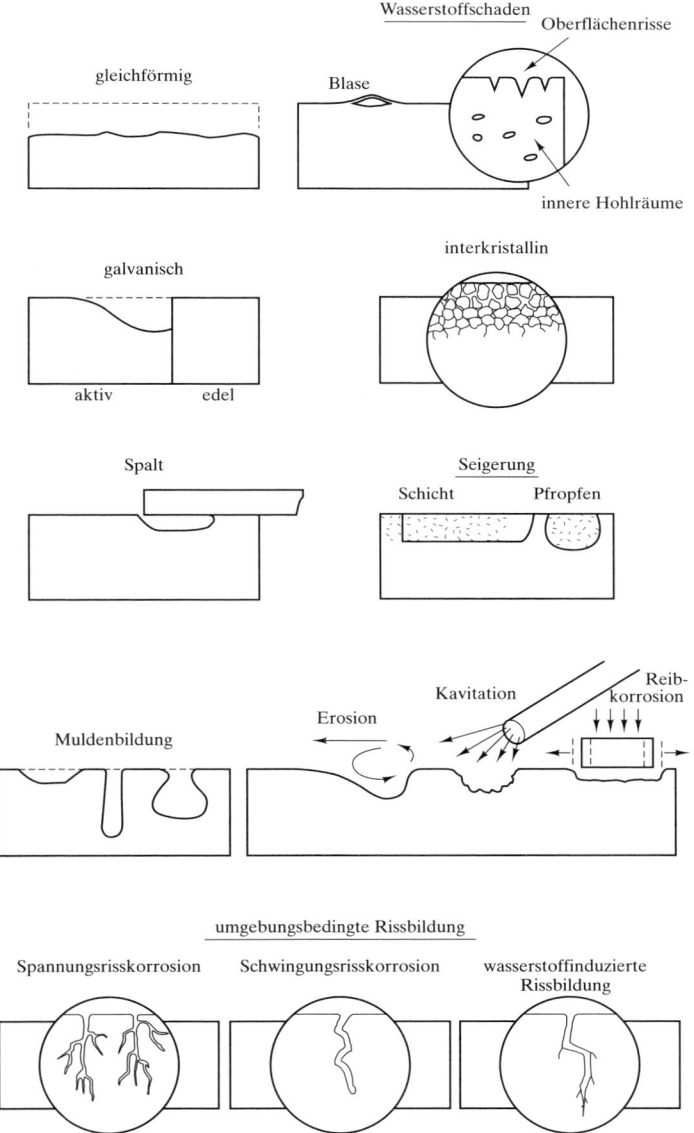

Abbildung 19.28: Schematische Zusammenfassung der verschiedenen Formen des umgebungsbedingten Materialverlusts bei Metallen

Aufgrund ihrer überlegenen Verschleißfestigkeit wird nichtmetallischen Konstruktionswerkstoffen häufig der Vorzug gewährt. Sehr harte Keramiken weisen im Allgemeinen einen ausgezeichneten Verschleißwiderstand auf. Bekannte Beispiele hierfür sind Aluminiumoxid, teilstabilisiertes Zirkonium(IV)-Oxid und Wolframkarbid (als Schutzschicht). Bei der Herstellung von Lagern, Nocken, Zahnradgetrieben und anderen Gleitkomponenten verdrängen Polymere und Polymermatrix-Verbundstoffe (PMC) in zunehmendem Maße die bisher verwendeten Metalle. PTFE ist ein Beispiel für ein selbstschmierendes Polymer, das aufgrund seiner Verschleißfestigkeit häufig verwendet wird. Zusätzliche Faserverstärkung verbessert die mechanischen Eigenschaften von PTFE, ohne dass dies zu Lasten der Verschleißfestigkeit geht.

> **Beispiel 19.10** Schätzen Sie die Größe eines Abriebpartikels, das durch adhäsiven Verschleiß von zwei Oberflächen aus kohlenstoffarmem Baustahl bei einer Last von 50 kg und einem Gleitweg von 5 mm erzeugt wurde. (Gehen Sie davon aus, dass das Teilchen eine Halbkugel mit dem Durchmesser d ist.)
>
> ### Lösung
>
> Aus erhalten wir den k-Wert für kohlenstoffarmen Baustahl auf kohlenstoffarmem Baustahl ($k = 45 \times 10^{-3}$). In *Tabelle 6.11* ist als Härte von Baustahl der Wert 235 angegeben (in kg/mm², wie in Beispiel 6.9 angemerkt).
> Unter Verwendung der Gleichung 19.20 erhalten wir
>
> $$V = \frac{kPx}{3H}$$
>
> $$= \frac{(45 \times 10^{-3})(50\,kg)(5\,mm)}{3(235\,kg/mm^2)}$$
>
> $$= 0{,}0160\,mm^3$$
>
> Da der Rauminhalt einer Halbkugel $(1/12)\pi d^3$ ist, folgt
>
> $$(1/12)\pi d^3 = 0{,}0160\,mm^3$$
>
> oder
>
> $$d = \sqrt[3]{\frac{12(0{,}0160\,mm^3)}{\pi}}$$
>
> $$= 0{,}394\,mm = 394\,\mu m$$

> **Übung 19.10** In Beispiel 19.10 wurde der Durchmesser eines Abriebpartikels für den Fall berechnet, dass zwei Stahloberflächen aufeinander gleiten. Berechnen Sie in gleicher Weise den Durchmesser eines Abriebpartikels für die gleiche Gleitkombination unter den gleichen Bedingungen, wobei jedoch der Baustahl nach einer Wärmebehandlung eine Brinellhärte von 200 BHN aufweist.

19.11 Oberflächenanalyse

Ein Großteil des in diesem Kapitel beschriebenen umgebungsbedingten Materialverlusts erfolgt an freien Oberflächen oder Grenzflächen, wie beispielsweise Korngrenzen. Die Charakterisierung dieses Materialabbaus bedarf häufig einer chemischen Analyse des Oberflächenbereichs. Ein Beispiel für die mikrostrukturelle chemische Analyse mit einem Rasterelektronenmikroskop (REM) finden Sie in *Abbildung 4.33*. Um chemische Analysen dieser Art prinzipiell zu verstehen, müssen wir zu der Beschreibung der Elektronenenergieniveaus in *Kapitel 2* zurückkehren.

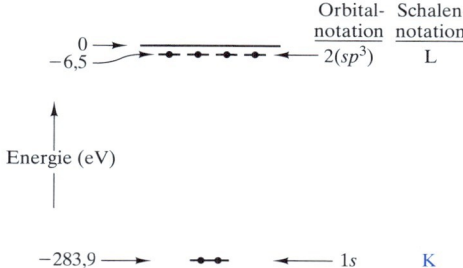

Abbildung 19.29: Das Energieniveaudiagramm für ein Kohlenstoffatom (aus *Abbildung 2.3*) bezeichnet mit K die dem Kern am nächsten liegende Elektronenschale (mit der niedrigsten Energie) und mit L die nächsthöhere Energieschale.

Abbildung 19.29 zeigt das Energieniveaudiagramm für ein Kohlenstoffatom aus *Abbildung 2.3*, ergänzt um ein zweites Kennzeichnungssystem (z.B. K für die kernnächste Elektronenorbitalschale, L für die nächsthöhere Schale und so weiter). Da Kohlenstoff nur sechs Orbitalelektronen aufweist, haben wir es nur mit den Schalen K und L zu tun. In schwereren Elementen können die Elektronen auch die Schalen M, N usw. belegen. Abbildung 19.30 veranschaulicht die beiden erforderlichen Schritte, um ein Kohlenstoffatom im Oberflächenbereich einer REM-Probe chemisch zu identifizieren. Ein Elektron des Elektronenstrahls, mit dessen Hilfe ein topographisches Bild erzeugt werden soll, hat genügend Energie, um ein Elektron aus der K-Schale herauszuschlagen (Abbildung 19.30a). Der resultierende instabile Zustand des Atoms führt dazu, dass ein Elektron von der L-Schale in die K-Schale wechselt. Gemäß dem Energieerhaltungsgesetz wird die Reduktion der Energie beim Übergang des Elektrons von der L- zur K-Schale durch die Emission eines charakteristischen Röntgenstrahl-Photons der Energie $|E_K-E_L|$ ausgeglichen. Das Photon wird als $K_\_$ bezeichnet, weil es beim Füllen einer Leerstelle in der K-Elektronenschale durch ein Elektron des nächsthöheren Elektronenorbitals ausgesendet wurde. Bei schwereren Elementen kann auch ein Elektron der M-Schale in die Leerstelle der K-Schale nachrücken, was dann die Emission eines K_b-Photons der Energie $|E_K-E_M|$ zur Folge hat. (In der Praxis ist die Wahrscheinlichkeit eines Elektronenübergangs von L nach K größer als von M nach K, und die Ausbeute von $K_\_$-Photonen ist ungefähr 10-mal größer als die von K_b-Photonen für schwerere Elemente.) Wenn diese chemische Analysetechnik zusammen mit einem REM verwendet wird, spricht man von der **energiedispersiven Röntgenspektrometrie** (EDX). Dieses Verfahren zur chemischen Identifikation von Elementen anhand ihrer charakteristischen Röntgen-Photonen, die durch Beschießen einer Probe mit Elektronen erzeugt werden, verdankt seinen Namen einer früheren Technologie, der so genannten **Röntgenfluoreszenzanalyse** (XRF). Der XRF-Mechanismus entspricht im

Großen und Ganzen dem in Abbildung 19.30, mit der Ausnahme, dass das Röntgen-Photon zum anfänglichen Herausschlagen des K-Schalenelektrons eine Energie aufweist, die größer als die Bindungsenergie des K-Schalenelektrons ist. Die Röntgenfluoreszenz-Technik hat den Nachteil, dass der einfallende Röntgenstrahl im Vergleich zum Elektronenstrahl allgemein nicht so genau auf eine mikrometergroße Stelle fokussiert werden kann.

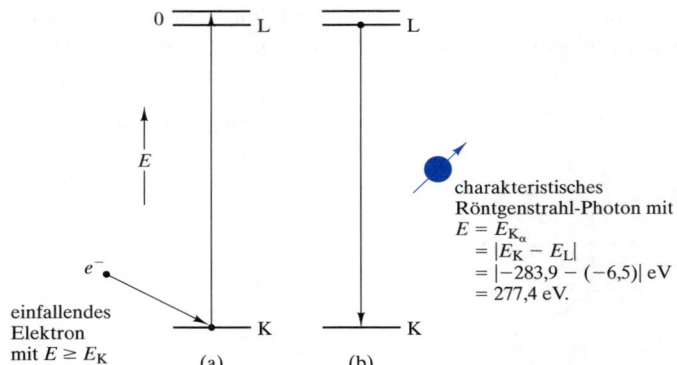

Abbildung 19.30: Der Mechanismus zur Erzeugung eines charakteristischen Röntgenstrahl-Photons für die chemische Analyse eines Atoms des Elements Kohlenstoff kann in zwei Schritten dargestellt werden. (a) Ein Elektron mit einer Energie größer gleich der Bindungsenergie eines Elektrons auf der K-Schale (283,9 eV) kann dieses Elektron aus dem Atom herauslösen. (b) Der resultierende instabile Zustand wird durch den Übergang eines Elektrons von der L- zur K-Schale aufgehoben. Die Reduktion in der Elektronenenergie erzeugt ein K-Photon mit einer spezifischen Energie, die für ein Kohlenstoffatom charakteristisch ist.

Obwohl die oben beschriebene REM-Analyse die mikrostrukturellen Verteilungen der Elemente in der Oberfläche einer Probe (z.B. *Abbildung 4.33*) darstellt, sollten wir bei der Definition des Begriffs *Oberfläche* Vorsicht walten lassen. So kann z.B. ein typischer REM-Elektronenstrahl (mit einer typischen Strahlenenergie von 25 keV) bis zu einer Tiefe von einem Mikrometer in die Oberfläche einer Probe eindringen. Das hat zur Folge, dass die charakteristischen Photonen, die einer chemischen Analyse unterzogen werden, bis zu einem Mikrometer tief liegen, was einer Distanz von einigen Tausend Atomschichten entspricht. Leider laufen viele der in diesem Kapitel beschriebenen umgebungsbedingten Reaktionen in einer Tiefe von nur einigen wenigen Atomschichten ab. Deshalb ist die chemische REM-Analyse als eher unempfindlich einzustufen. Echte Oberflächenanalysen in der Größenordnung einiger weniger Atomschichten bedürfen, wie Abbildung 19.31 zeigt, eines etwas anderen Mechanismus. In diesem Fall entweicht das charakteristische Röntgen-Photon aus Abbildung 19.30 nicht aus der Nähe des Atomkerns, sondern stößt stattdessen eines der L-Schalenelektronen heraus. Das Ergebnis ist ein **Augerelektron**[1] mit einer kinetischen Energie, die charakteristisch für das chemische Element (in diesem Falle Kohlenstoff) ist. Wie Sie

---

[1] Pierre Victor Auger (1899–1993), französischer Physiker, identifizierte in den 20ern während einer frühen Anwendung der Nebelkammermethode der experimentellen Teilchenphysik den strahlungsfreien Elektronenübergang aus Abbildung 19.31. Es mussten jedoch noch ungefähr 40 Jahre vergehen, bis die dafür notwendigen Hochvakuum-Geräte und schnellen Datenanalysesysteme verfügbar waren und das Prinzip zur Grundlage chemischer Reihenanalysen erhoben werden konnte.

19.11 Oberflächenanalyse

Abbildung 19.31 entnehmen können, lautet die entsprechende Notation für das Augerelektron KLL. Dieser Mechanismus verdankt seine Verwendung für echte Oberflächenanalysen der Tatsache, dass das Augerelektron eine wesentlich geringere Austrittstiefe aus der Oberfläche hat als ein charakteristisches Röntgen-Photon. Die Austrittstiefe – oder Tiefe der analysierten Probenoberfläche – liegt zwischen 0,5 und 5,0 nm (d.h. zwischen 1 und 10 Atomschichten). In Abbildung 19.32 sehen Sie eine handelsübliche Einrichtung zur Durchführung von Augerelektronenspektroskopie-Analysen (AES). Typische mikrostrukturelle Analysen finden Sie in Abbildung 19.33 und Abbildung 19.34. Abbildung 19.33 zeigt ein topographisches REM-Bild zusammen mit dem Auger-Spektrum für einen speziellen Punkt auf dem Bild. Die entsprechenden Elementdarstellungen der Oberflächenchemie sind in Abbildung 19.34 zu sehen.

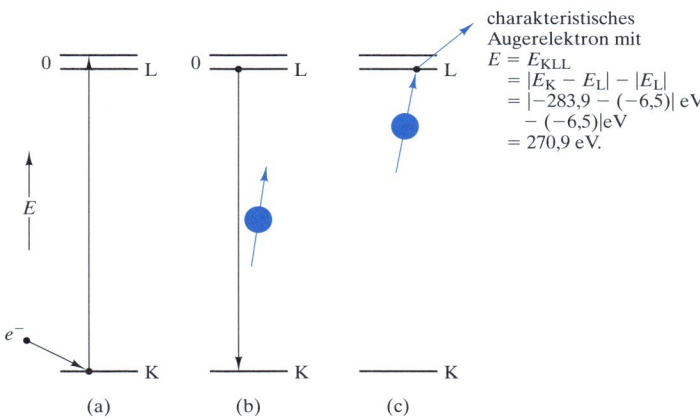

Abbildung 19.31: Der Mechanismus zur Erzeugung eines charakteristischen Elektrons für die chemische Analyse eines Kohlenstoffatoms in den obersten Atomschichten einer Probenoberfläche kann in drei Schritten dargestellt werden. Die Schritte (a) und (b) entsprechen im Wesentlichen dem Mechanismus aus Abbildung 19.30. In Schritt (c) löst das charakteristische K-Photon ein L-Schalenelektron heraus. Die resultierende kinetische Energie dieses Augerelektrons hat einen spezifischen Wert, der für das Kohlenstoffatom charakteristisch ist.

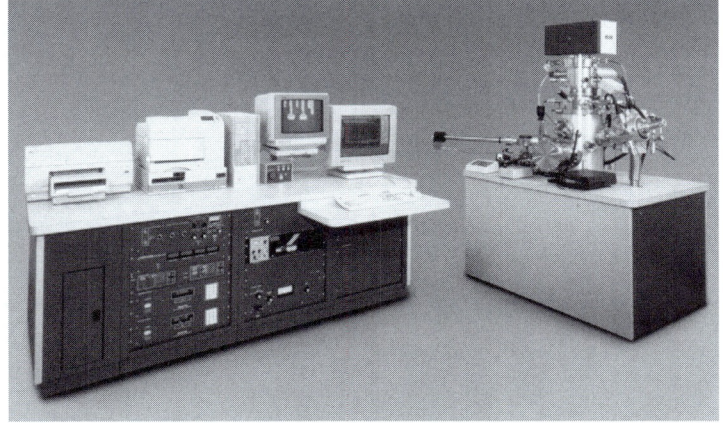

Abbildung 19.32: Eine industrielle Mikrosonde für die Raster-Augerelektronenspektroskopie. (Mit freundlicher Genehmigung von Perkin-Elmer, Physical Electronics Divison.)

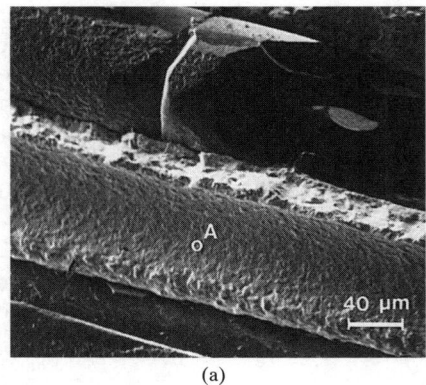

(a)

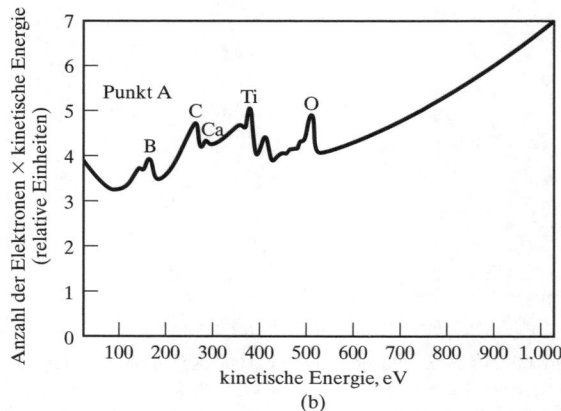

(b)

Abbildung 19.33: (a) Rasterelektronenbild der Bruchfläche eines Verbundwerkstoffs aus Borkarbidfasern in einer Titanmatrix. (b) Augerelektronenspektrum gemessen in Punkt A in Bild (a). Beachten Sie die Größenordnung der kinetischen Energie des Kohlenstoff-Augerelektrons, wie in Abbildung 19.31 berechnet. Beachten Sie außerdem das Vorhandensein von Ca- und O-Verunreinigungen an der Bruchschnittstelle. (Mit freundlicher Genehmigung von Perkin-Elmer, Physical Electronics Divison.)

19.11 Oberflächenanalyse

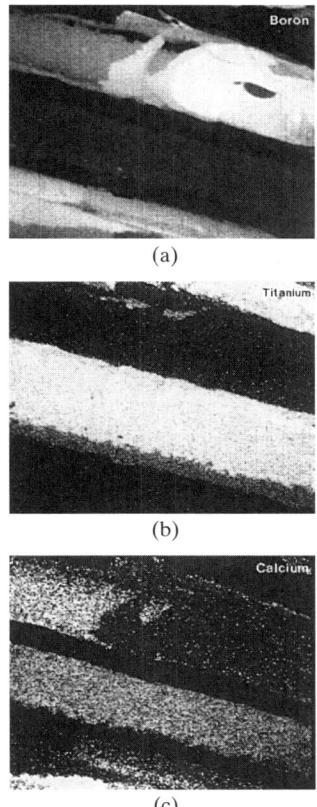

Abbildung 19.34: (a) Bor-, (b) Titan- und (c) Kalzium-Darstellungen der Bruchoberfläche aus *Abbildung 4.33a* mit gleicher Vergrößerung. Diese Augerelektronen-Bilder können gezielt auf Konzentrationen von Verunreinigungen [wie Kalzium in (c)] hinweisen, die auf nur wenige Atomschichten an der Grenzfläche zwischen der Verbundmatrix und der verstärkenden Phase beschränkt sind. Diese Grenzflächensegregation kann eine wesentliche Rolle bei den Materialeigenschaften, wie beispielsweise der Bruchfestigkeit, spielen. (Mit freundlicher Genehmigung von Perkin-Elmer, Physical Electronics Divison.)

In den letzten zehn Jahren wurden verschiedene Techniken entwickelt, die ebenso wie die Augerelektronenspektroskopie in der Lage sind, die reine Oberflächenchemie zu analysieren. Die größte Verwandtschaft zeigt die **Röntgen-Photoelektronenspektroskopie (XPS)**, die auch als **Elektronenspektroskopie für chemische Analysen (ESCA)** bezeichnet wird. Hierbei werden die charakteristischen Photonen durch ein einfallendes Röntgen-Photon und nicht durch ein einfallendes Elektron erzeugt. Abbildung 19.35 und Tabelle 19.7 geben einen Überblick über einige verwandte Techniken der oberflächenchemischen Analyse.

19 UMGEBUNGSBEDINGTER MATERIALVERLUST

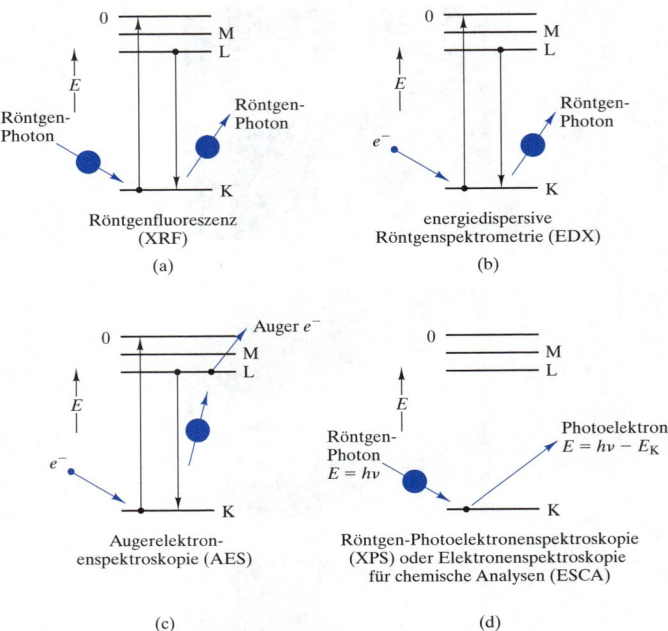

Abbildung 19.35: Schematische Darstellung der vier verwandten Techniken für die oberflächenchemische Analyse (Tabelle 19.7). Beachten Sie, dass (a) Röntgenfluoreszenz und (b) energiedispersive Röntgenspektrometrie hauptsächlich chemische Analysen größerer Volumenbereiche betreffen, während (c) Augerelektronen-Spektroskopie und (d) Röntgenphotoelektronenspektroskopie (oder Elektronenspektroskopie für chemische Analysen) reine Oberflächenanalysen sind, die sich auf die äußerste(n) Atomschicht(en) konzentrieren.

Tabelle 19.7

Techniken für oberflächenchemische Analysen[a]

Technik	Input	Output	Tiefe der Analyse	Durchmesser der Tüpfelprobe
Röntgenfluoreszenz (XRF)	Röntgen-Photon	Röntgen-Photon	$10\,\mu$	1 mm
Energiedispersive Röntgenspektrometrie (EDX)	Elektron	Röntgen-Photon	$1\,\mu$	$1\,\mu$
Augerelektronenspektroskopie (AES)	Elektron	Elektron	0,5-5 nm	50 nm
Röntgen-Photoelektronenspektroskopie (XPS) *oder* Elektronenspektroskopie für chemische Analysen (ESCA)	Röntgen-Photon	Elektron	0,5-5 nm	1 mm

[a] Siehe Abbildung 19.35.

19.11 Oberflächenanalyse

Beispiel 19.11 Die Elektronenenergieniveaus für ein Eisenatom betragen $E_K = -7.112$ eV, $E_L = -708$ eV und $E_M = -53$ eV. Berechnen Sie die Energien (a) des K_α-Photons und (b) des K_β-Photons, die in einer REM-Analyse von Eisen verwendet werden. Berechnen Sie außerdem (c) die KLL-Augerelektronenenergie für Eisen.

Lösung

(a) Wie Abbildung 19.30 zeigt, ist

$$E_{K_\alpha} = |E_K - E_L|$$

$$= |-7.112\,eV - (-708\,eV)| = 6.404\,eV$$

(b) entsprechend

$$E_{K_\beta} = |E_K - E_M|$$

$$= |-7.112\,eV - (-53\,eV)| = 7.059\,eV$$

(c) Wie Abbildung 19.31 zeigt, ist

$$E_{KLL} = |E_K - E_L| - |E_L|$$

$$= |-7.112\,eV - (-708\,eV)| - |-(-708\,eV)| = 5.696\,eV$$

Übung 19.11 In Übung 19.11 werden charakteristische Photonen- und Elektronenenergien berechnet. Berechnen Sie mit den gegebenen Daten (a) die charakteristische Photonenenergie L_α und (b) die LMM-Augerelektronenenergie.

ZUSAMMENFASSUNG

Eine Vielzahl umgebungsbedingter Reaktionen beschränkt den Einsatz der in diesem Buch besprochenen technischen Werkstoffe. Als Oxidation bezeichnet man die direkte chemische Reaktion eines Metalls mit Luftsauerstoff. Es gibt vier Mechanismen der Oxidation, abhängig von den verschiedenen Arten der Diffusion durch die Oxidablagerung. Zwei Extremfälle sind (1) das lineare Zeitgesetz für eine Oxidbelegung ohne schützende Wirkung und (2) das parabolische Zeitgesetz für die Oxidbelegung, die gleichzeitig vor weiterer Oxidation schützt. Die Schutzneigung einer Schicht kann mithilfe des Pilling-Bedworth-Verhältnisses R vorhergesagt werden. R-Werte zwischen 1 und 2 weisen auf eine Schutzschicht hin, die unter mäßigen Druckspannungen steht und deshalb eine schützende Funktion aufweisen kann. Weit verbreitete Schutzschichten sind die anodisch hergestellte Aluminiumoxidschicht und die Schutzschicht auf rostfreiem Stahl. Nichtschützende Schichten neigen zum Aufplatzen und Abblättern, ein Prozess, der auch als Spallation bezeichnet wird. Andere Gasatmosphären, wie Stickstoff, Schwefel und Wasserstoff können Metalle chemisch direkt angreifen.

UMGEBUNGSBEDINGTER MATERIALVERLUST

Korrosion ist die Auflösung eines Metalls in einer wässrigen Umgebung. Ein elektrochemisches Element ist ein einfaches Modell einer solchen Wasserkorrosion. In einer Ionenkonzentrationszelle bildet das Metall in der Umgebung mit der niedrigen Konzentration die Anode und korrodiert. Das Metall in der Umgebung mit der hohen Konzentration ist die Kathode. Dort findet die Metallabscheidung statt. Ein galvanisches Element besteht aus zwei verschiedenen Metallen mit unterschiedlichen Ionisierungsneigungen. Das aktivere oder ionisierbarere Metall ist anodisch und korrodiert. Das edlere Metall ist kathodisch und bildet die Basis der Metallabscheidung. Eine Liste der Halbzellenpotenziale mit relativer Korrosionsneigung kann man der elektrochemischen Spannungsreihe entnehmen. Eine galvanische Spannungsreihe ist eine eher qualitative Liste handelsüblicher Legierungen für ein gegebenes Korrosionsmedium wie z. B. Meerwasser. Auch die Gasreduktion kann als kathodische Reaktion dienen, wobei Metallabscheidung als Begleiterscheinung der Korrosion entfällt. Bei der Sauerstoffkonzentrationszelle findet man einen derartigen Vorgang und das Rosten von eisenhaltigen Legierungen ist hierfür ein häufiges Beispiel. Bei einfachen Korrosionszellen kann die Zellspannung mithilfe der Nernst-Gleichung berechnet werden. In einer Spannungskorrosionszelle reagiert ein mechanisch beanspruchtes Metall im Vergleich zu dem gleichen Metall in geglühtem Zustand anodisch. Auf mikrostruktureller Ebene sind die Korngrenzen anodisch im Vergleich zu den benachbarten Körnern. Metallkorrosion kann durch die entsprechende Werkstoffauswahl, Konstruktion, verschiedene Schutzschichten, galvanischen Schutz (Verwendung von Opferanoden oder externe elektrische Spannungen) und chemische Inhibitoren verhindert werden. Polarisierungskurven (Diagramme des elektrochemischen Potenzials aufgetragen über der Korrosionsgeschwindigkeit) sind eine Hilfe zur Bewertung von Korrosion und Passivierung.

Obwohl Nichtmetalle im Vergleich zu den korrosionsanfälligen Metallen relativ inert sind, kann direkter chemischer Angriff deren Konstruktionsanwendungen beeinträchtigen. Beispiele hierfür sind der Angriff von Feuchtigkeit auf Silikate und die Vulkanisierung von Gummi. Alle Werkstoffe können durch bestimmte Strahlungsarten unterschiedlich geschädigt werden. Beispiele hierfür sind Neutronenschäden bei Metallen, Elektronenschäden bei Keramiken und UV-Zerfall bei Polymeren. Verschleiß ist der Abtrag von Oberflächenmaterial als Folge mechanischer Einwirkung wie permanentes oder zyklisches Gleiten.

Viele der umgebungsbedingten Reaktionen in diesem Kapitel stehen im Zusammenhang mit Werkstoffoberflächen. Mit der Augerelektronenspektroskopie und verwandten Techniken verfügen wir über leistungsstarke Methoden, um die obersten Atomschichten einer freien Oberfläche oder Grenzfläche chemisch zu analysieren. Dabei sind die kinetischen Energien des Augerelektrons und des Photoelektrons charakteristisch für das analysierte Element.

ZUSAMMENFASSUNG

19.11 Oberflächenanalyse

■ **Schlüsselbegriffe**

Abplatzung (830)
abrasiver Verschleiß (857)
adhäsiver Verschleiß (856)
Anode (832)
anodisch beschichtetes
Aluminium (830)
anodische Reaktion (832)
Augerelektron (862)
elektrochemische Spannungsreihe (835)
elektrochemisches Element (835)
Elektronenspektroskopie für
chemische Analysen (865)
Emaille (847)
energiedispersive Röntgen-
spektrometrie (861)
Ermüdungsverschleiß der
Oberfläche (857)
Erosion (857)
externe elektrische Spannung (847)
galvanische Spannungsreihe (837)
galvanisches Element (835)
Gasreduktion (839)
Halbzelle (833)
Halbzellenreaktion (833)
Inhibitor (847)
Ionenkonzentrationszelle (839)
Kathode (833)
kathodische Reaktion (833)
kathodischer Korrosionsschutz (847)
Kavitation (857)
konstruktive Gestaltung (845)
Konzentrationszelle (832)
Korrosion (832)

lineares Zeitgesetz (827)
logarithmisches Zeitgesetz (828)
mechanische Spannung (844)
Metallabscheidung (833)
Nernst-Gleichung (841)
Opferanode (847)
Oxidation (826)
parabolisches Zeitgesetz (827)
Passivität (849)
Pilling-Bedworth-Verhältnis (830)
Polarisation (849)
Reibkorrosion (857)
Röntgenfluoreszenz (XRF) (861)
Röntgen-Photoelektronen-
spektroskopie (865)
Rosten (840)
Sauerstoffkonzentrationszelle (839)
Schutzschicht (846)
Schwingungsrisskorrosion (858)
Spallation (830)
Spannungskorrosionszelle (844)
Spannungsrisskorrosion (858)
Strahlung (854)
transpassiv (849)
Überspannung (849)
Verschleiß (856)
Verschleißkoeffizient (858)
verzinkter Stahl (846)
Wasserstoffversprödung (830)
wässrige Korrosion (832)
Werkstoffauswahl (845)

Quellen

ASM Handbook, Vol. 13A: Corrosion: Fundamentals, Testing and Protection; ASM International Materials Park, OH, 2003.
Briggs, D. und **M. P. Seah**, eds., *Practical Surface Analysis*, 2nd ed., Vol. 2, Chichester: Wiley, NY, 1990-1992.
Jones, D. A., *Principles and Prevention of Corrosion*, 2nd ed., Prentice-Hall, Upper Saddle River, NJ., 1966.
Kelly, B. T., *Irradiation Damage to Solids*, Pergamon Press, Inc., Elmsford, N.Y., 1966.
Rabinovicz, E., *Friction and Wear of materials*, 2nd ed., John Wiley & Sons, Inc., NY, 1995.

Aufgaben

Oxidation – direkter atmosphärischer Angriff

19.1 Während der Oxidation eines kleinen Stabs, der aus einer Metalllegierung besteht, wurden die folgenden Daten gemessen

Zeit	Gewichtszunahme [mg]
1 Min.	0,40
1 Std.	24,0
1 Tag	576,0

Die Gewichtszunahme ist auf die Bildung eines Oxids zurückzuführen. Aufgrund der Versuchsanordnung können Sie die Oxidablagerung nicht direkt mitverfolgen. Geben Sie an, ob die Ablagerung (1) porös und unterbrochen oder (2) dicht und fest haftend ist. Erläutern Sie kurz Ihre Antwort.

19.2 Die Dichten der drei Eisenoxide lauten FeO (5,70 g/cm^3), Fe_3O_4 (5,18 g/cm^3) und Fe_2O_3 (5,24 g/cm^3). Berechnen Sie das Pilling-Bedworth-Verhältnis für Eisen in Relation zu jedem Oxidtyp und kommentieren Sie die Auswirkungen für die Ausbildung einer Schutzschicht.

19.3 Berechnen Sie mit der Dichte von SiO_2 (Quarz) = 2,65 g/cm^3 das Pilling-Bedworth-Verhältnis für Silizium und kommentieren Sie die Auswirkung für die Bildung einer Schutzschicht, wenn Quarz die Oxidform ist.

19.4 Im Gegensatz zu der Annahme in Aufgabe 19.3 wird bei der Siliziumoxidation primär eine Quarzglasschicht der Dichte 2,20 g/cm^3 ausgebildet. Aus der Halbleiterfertigung sind diese Glasschichten nicht mehr wegzudenken. Berechnen Sie das Pilling-Bedworth-Verhältnis für diesen Fall und kommentieren Sie die Auswirkung auf die Ausbildung einer fest haftenden Schicht.

19.5 Bestätigen Sie die Aussage im Hinblick auf Gleichung 19.4, dass $c_4 = 2c_3$ und $c_5 = y^2$ bei $t = 0$ ist.

19.6 Zeigen Sie, dass das Pilling-Bedworth-Verhältnis das Verhältnis der erzeugten Oxidmenge zu der verbrauchten Metallmenge ist.

■ **Wässrige Korrosion – elektrochemischer Angriff**

19.7 In einer Ionenkonzentrationszelle, in der Nickel eingesetzt wird (Bildung von Ni^{2+}), wird ein elektrischer Strom von $5\ mA$ gemessen. Wie viele Ni-Atome pro Sekunde oxidieren an der Anode?

19.8 Wie viele Ni-Atome pro Sekunde werden an der Kathode der Ionenkonzentrationszelle aus Aufgabe 19.7 reduziert?

19.9 In einer Ionenkonzentrationszelle, in der Chrom eingesetzt wird (Bildung von Cr^{3+}), wird ein elektrischer Strom von $10\ mA$ gemessen. Wie viele Atome pro Sekunde oxidieren an der Anode?

19.10 Wie viele Cr-Atome pro Sekunde werden an der Kathode der Ionenkonzentrationszelle aus Aufgabe 19.9 reduziert?

■ **Galvanische Korrosion**

19.11 (a) Berechnen Sie das Zellenpotenzial für ein einfaches galvanisches Element, das aus Co- und Cr-Elektroden eingetaucht in einmolare Ionenlösungen besteht. **(b)** Welches Metall würde in diesem einfachen Element korrodieren?

19.12 (a) Berechnen Sie das Zellenpotenzial für ein einfaches galvanisches Element, das aus Al- und Mg-Elektroden eingetaucht in einmolare Ionenlösungen besteht. **(b)** Welches Metall würde in diesem einfachen Element korrodieren?

19.13 Identifizieren Sie die Anode in den folgenden galvanischen Elementen und diskutieren Sie jeweils Ihre Antwort: **(a)** Kupfer- und Nickelelektroden in Standardlösungen ihrer eigenen Ionen, **(b)** eine zweiphasige Mikrostruktur einer 50:50 Pb-Sn-Legierung, **(c)** ein Blei-Zinn-Lot auf einer 2024 Aluminiumlegierung in Seewasser und **(d)** ein Messingbolzen in einer Hastelloy-C-Platte, ebenfalls in Seewasser.

D 19.14 Abbildung 19.9 zeigt ein galvanisches Element auf mikrostruktureller Ebene. Verwenden Sie das Cu-Zn-Phasendiagramm aus *Kapitel 9* bei der Auswahl eines Materials für die äußere Hülle eines Seekompasses, um einen Bereich für die Messingzusammensetzung anzugeben, der das Problem vermeidet.

■ **Korrosion durch Gasreduktion**

19.15 Eine Kupfer-Nickel-Legierung (35 Gew.%-65 Gew.%) korrodiert in einer Sauerstoffkonzentrationszelle unter Verwendung von kochendem Wasser. Wie groß muss das Volumen des an der Kathode verbrauchten Sauerstoffgases (bei $1\ atm$) sein, um $10\ g$ der Legierung zu korrodieren? (Nehmen Sie an, dass nur zweiwertige Ionen erzeugt werden.)

19.16 Angenommen, Eisen korrodiert in einem sauren Elektrolyten, wobei die Kathodenreaktion durch Gleichung 19.11 definiert wird. Berechnen Sie das Volumen des H_2-Gases, das bei NTP erzeugt wird, um $100\ mg$ Eisen zu korrodieren.

19.17 Berechnen Sie für den Rostmechanismus in Abbildung 19.12 das Volumen von dem O_2-Gas, das (bei NTP) für die Erzeugung von $100\ mg$ Rost $[Fe(OH)_3]$ verbraucht wird.

19.18 Bei der Schadensanalyse eines Aluminiumbehälters werden Korrosionsgrübchen festgestellt. Die Korrosionsgrübchen haben einen durchschnittlichen Durchmesser von $0{,}1\ mm$, das Gefäß eine Wandstärke von $1\ mm$. Wenn sich die Grübchen über die Dauer eines Jahres entwickelt haben, berechnen Sie **(a)** den Korrosionsstrom, der mit den einzelnen Grübchen verbunden ist, und **(b)** die Korrosionsstromdichte (normalisiert auf die Fläche des Grübchens).

19.19 In Beispiel 19.6 wurde die Nernst-Gleichung auf eine Zn/H_2-Zelle angewendet. Berechnen Sie auf gleiche Weise die Zellspannung für ein galvanisches Zn/Fe-Element bei 25°C, wobei $[Zn^{2+}] = 0{,}5$ M und $[Fe^{2+}] = 0{,}1$ M ist.

19.20 Berechnen Sie die Zellspannung für das galvanische Zn/Fe-Element aus Aufgabe 19.19 bei 25°C für den Fall, dass die Ionenkonzentrationen $[Zn^{2+}] = 0{,}1$ M und $[Fe^{2+}] = 0{,}5$ M sind.

19.21 Berechnen Sie die Zellspannung für das galvanische Zn/Fe-Element aus Aufgabe 19.19 bei 25°C für den Fall, dass die Ionenkonzentrationen $[Zn^{2+}] = 1{,}0$ M und $[Fe^{2+}] = 10^{-3}$ M sind.

19.22 Beweisen Sie die Äquivalenz der Gleichungen 19.12 und 19.15.

■ Methoden des Korrosionsschutzes

D 19.23 Bei der Konstruktion eines neuen Fischereifahrzeugrumpfes stellen Sie bei der Gewährleistung von Korrosionsschutz fest, dass eine Opferanode aus Zink ein Jahr lang einen durchschnittlichen Korrosionsstrom von 2 A liefert. Welche Menge an Zink ist erforderlich, um diesen Schutz zu bieten?

D 19.24 Bei der Konstruktion eines Offshore-Stahlgerüsts stellen Sie bei der Überprüfung des Korrosionsschutzes fest, dass eine Opferanode aus Magnesium ein Jahr lang einen durchschnittlichen Korrosionsstrom von 1,5 A liefert. Welche Menge an Magnesium ist erforderlich, um diesen Schutz zu bieten?

D 19.25 Die maximale Korrosionsstromdichte in einem verzinkten Stahlblech, das bei der Konstruktion der neuen Technik-Labore auf dem Campus eingesetzt wurde, beträgt 5 mA/m^2. Wie dick muss eine Zinkschicht sein, um mindestens **(a)** 1 Jahr und **(b)** 5 Jahre Rostschutz zu gewährleisten?

D 19.26 Ein verzinktes Stahlblech, das bei der Konstruktion der neuen Chemie-Labore auf dem Campus eingesetzt wurde, hat eine Zinkschicht von 18 mm. Die Korrosionsstromdichte liegt bei 4 mA/m^2. Wie lange wird von diesem System Rostschutz gewährleistet?

■ Polarisationskurven

19.27 Berechnen Sie die Korrosionsstromdichte i_c für die Zn/H_2-Zelle, die in Beispiel 19.8 und Übung 19.8 betrachtet wurde.

19.28 Berechnen Sie das Korrosionspotenzial V_c für die Zn/H_2-Zelle aus Aufgabe 19.27.

19.29 Angenommen, bei der Korrosion von Blei in einer sauren Lösung wird das zweiwertige Pb^{2+} gebildet und die Standard-Stromdichten für die Blei- und Wasserstoff-Halbzellen betragen 2×10^{-5} A/m^2 bzw. 10^{-4} A/m^2. Weiterhin sei angenommen, die Neigung ß in Gleichung 19.19 hat für Blei und Wasserstoff die Werte +0,12 V bzw. −0,10 V. Berechnen Sie die Korrosionsstromdichte i_c.

19.30 Berechnen Sie das Korrosionspotenzial V_c für die Pb/H_2-Zelle aus Aufgabe 19.29.

■ Strahlenschäden

19.31 In *Aufgabe 16.11* wurde die UV-Wellenlänge berechnet, die notwendig ist, um Kohlenstoffbindungen (in Polymeren) aufzubrechen. Eine weitere Art von Strahlenschaden, der in einer Vielzahl von Festkörpern zu finden ist, hängt mit der "Paarbildung" von Elektron-Positron zusammen, die bei einer Schwellen-Photonenergie von 1,02 MeV auftreten kann. **(a)** Welche Wellenlänge hat ein solches Schwellen-Photon? **(b)** Um welche Art von elektromagnetischer Strahlung handelt es sich?

19.32 Berechnen Sie den vollen Bereich der Photonenenergien für **(a)** die ultraviolette Strahlung und **(b)** die Röntgenstrahlung aus *Tabelle 19.5*.

■ Verschleiß

19.33 Berechnen Sie den Durchmesser eines Verschleißpartikels für Kupfer, das über einen 1040 Stahl gleitet. Dabei soll die Last 40 kg und der Gleitweg 10 mm betragen (Entnehmen Sie die Härte von kohlenstoffarmem Baustahl der *Tabelle 6.11*.)

19.34 Berechnen Sie den Durchmesser eines Verschleißpartikels, das durch adhäsiven Verschleiß zweier martensitischer Edelstahloberflächen (1.4006) erzeugt wurde. Die Lastbedingungen entsprechen denen von Aufgabe 19.33 . (Daten zur Härte finden Sie in *Tabelle 6.11*.)

Aufgaben

■ **Oberflächenanalyse**

19.35 Die Energieniveaus für ein Kupferatom betragen $E_K = -8.982$ eV, $E_L = -933$ eV und $E_M = -75$ eV. Berechnen Sie **(a)** die K_α-Photonenenergie, **(b)** die K_β-Photonenenergie, **(c)** die L_α-Photonenenergie, **(d)** die KLL-Augerelektronenenergie und **(e)** die LMM-Augerelektronenenergie.

19.36 Die Energie eines K-Schalenelektrons für Nickel beträgt $E_K = -8.333$ eV und die Wellenlängen der NiK_α-Photonen und NiK_β-Photonen liegen bei 0,1660 nm bzw. bei 0,1500 nm. **(a)** Zeichnen Sie ein Energieniveaudiagramm für ein Nickelatom. Berechnen Sie **(b)** die KLL- und **(c)** die LMM-Augerelektronenenergien für Nickel.

•19.37 Charakteristische Photonenenergien werden im Allgemeinen im so genannten energiedispersiven Modus gemessen, wobei ein Festkörperdetektor die Energie direkt misst (siehe *Aufgabe 17.24*). Eine alternative Technik ist der wellenlängendispersive Modus, bei dem die Photonenenergie indirekt durch Messung der Röntgenstrahlen mittels Beugung bestimmt wird. **(a)** Berechnen Sie den Beugungswinkel (2θ), der benötigt wird, um das FeK_α-Photon mithilfe der (200) Ebenen eines NaCl-Einkristalls zu identifizieren. **(b)** Skizzieren Sie den Versuchsaufbau für diese Messung.

•19.38 Wie in diesem Abschnitt angesprochen wurde, ist XPS eine weitere alternative Oberflächenanalysetechnik. In diesem Fall wird ein "weicher" Röntgenstrahl wie AlK_α verwendet, um ein kernnahes Orbitalelektron (aus einem Atom in der Probe) herauszuschlagen, das eine charakteristische kinetische Energie abgibt. Berechnen Sie die spezifische Photoelektronenenergie, die verwendet werden könnte, um ein Eisenatom zu identifizieren. (Beachten Sie, dass die Energieniveaus für Aluminiumelektronen $E_K = -1.560$ eV und $E_L = -72,8$ eV betragen.)

19.39 Um einen Eindruck von der systematischen Entwicklung der charakteristischen Photonenenergien zu erhalten, die (von XRF und EDX) für chemische Analysen verwendet werden, tragen Sie die folgenden K_α-Energien über den Atomzahlen dieser Elemente auf, die eine breite Palette des Periodensystems abdecken:

Element	EK_α [keV]
C	0,28
Al	1,49
Ti	4,51
Ge	9,88
Ag	22,11
Ba	32,07
Gd	42,77
W	58,87
Pb	74,25
U	97,18

19.40 Um einen Eindruck von der systematischen Entwicklung der charakteristischen Augerelektronenenergien zu erhalten, die (von AES) für oberflächenchemische Analysen verwendet werden, tragen Sie die folgenden KLL-Energien über den Atomzahlen dieser Elemente auf, die eine breite Palette des Periodensystems abdecken:

Element	KLL [keV]
C	270,9
Al	1.417
Ti	4.056
Ge	8.663
Ag	18.759
Ba	26.822
Gd	35.526
W	48.668
Pb	61.207
U	80.013

19.41 Um einen Eindruck von der systematischen Entwicklung der charakteristischen Photoelektronenenergien zu erhalten, die (von XPS) für oberflächenchemische Analysen verwendet werden, tragen Sie die folgenden K-Energien über den Atomzahlen dieser Elemente auf, die eine breite Palette des Periodensystems abdecken:

Element	E_K [keV]
C	0,284
Al	1,56
Ti	4,97
Ge	11,11
Ag	25,52
Ba	37,46
Gd	50,24
W	69,52
Pb	88,02
U	115,6

19.42 Die in den Aufgaben 19.39 bis 19.41 festgestellten Entwicklungen sind eng miteinander verbunden. Zur Veranschaulichung sollten Sie die K_α-Energien von Aufgabe 19.39 und die K-Energien von Aufgabe 19.41 (auf der vertikalen Achse) über den KLL-Energien von Aufgabe 19.40 (auf der horizontalen Achse) auftragen.

Werkstoffauswahl

20.1 **Werkstoffeigenschaften als Konstruktionsparameter**.......................... 879

20.2 **Auswahl von Konstruktionswerkstoffen – Fallstudien**.. 885

20.3 **Auswahl elektronischer, optischer und magnetischer Werkstoffe – Fallstudien**.......... 897

20 WERKSTOFFAUSWAHL

❚❚   Der Hersteller dieses Fahrrads aus kohlenstofffaserverstärktem Verbundwerkstoff verwendet ein anspruchsvolles Software-Paket (Finite-Elemente-Methode), um zu analysieren, wie der Rahmen bei Belastung reagiert, sodass die Ingenieure die Steifigkeit des Rahmens individuell an jeden Fahrer anpassen können. ❚❚

Die Wahl des richtigen Werkstoffs für eine bestimmte technische Konstruktion kann sich als äußerst schwierig erweisen. Die Vielfalt der Werkstoffe, unter denen ein Konstruktionsingenieur wählen kann, ist zwar nicht unbegrenzt, aber dennoch recht groß. Deshalb ist bei der Abwägung der verschiedenen Möglichkeiten für eine optimale Wahl eine systematische Vorgehensweise empfehlenswert, die auf Kenntnissen im Bereich der Werkstoffwissenschaften und des Konstruktionswesens beruhen sollte. Die Vertiefung dieser Kenntnisse war das primäre Ziel der vorangehenden 19 Kapitel.

Ein riesiger Schritt bei der Entwicklung eines systematischen Ansatzes für die Werkstoffauswahl ist die Verwendung der fünf Werkstoffkategorien. Die in diesem Kapitel besprochenen Beispiele zur Werkstoffauswahl betreffen entweder konkurrierende Alternativen aus den fünf Kategorien oder Alternativen innerhalb einer Kategorie. Unsere Beispiele sind anschaulich und relativ kurz. Da dieses Kapitel nur eine Einführung in die Thematik bieten kann, ist es uns leider nicht möglich, auf alle Verfahren ausführlich einzugehen, die zur Erstellung einer Werkstoffspezifikation für ein gegebenes Produkt in einer spezifischen Branche notwendig sind. Auch wenn wir im Rahmen dieses Buchs nicht explizit auf die praktischen Umsetzungsdetails eingehen können, so wollen wir doch die allgemeine Philosophie der Werkstoffauswahl erläutern.

Zuerst müssen wir erkennen, dass alle Werkstoffeigenschaften, die in vorhergehenden Kapiteln besprochen wurden, in Konstruktionsparameter übersetzt werden können, mit denen der Konstrukteur dann die Werkstoffanforderungen der Konstruktion quantitativ bestimmt. Zweitens sollten wir uns daran erinnern, dass die Verarbeitung des Werkstoffs einen starken Einfluss auf seine Konstruktionsparameter haben kann. Die Beispiele zu den einzelnen Kategorien von Konstruktionswerkstoffen beinhalten eine Diskussion der Alternativen aus den anderen vier Werkstoffkategorien. Zum Schluss wird die Auswahl bei elektronischen, optischen und magnetischen Werkstoffen, einschließlich Halbleiter, besprochen.

20.1 Werkstoffeigenschaften als Konstruktionsparameter

Wenn wir uns die Grundlagen in Teil I und die Werkstoffgruppen in den Teilen II und III dieses Buchs anschauen, so stellen wir fest, dass wir Dutzende von grundlegenden Eigenschaften für Konstruktionswerkstoffe definiert haben. Für die *Werkstoffwissenschaften* ist die Natur dieser Eigenschaften bereits ein Ziel an sich, denn auf ihnen basiert unser Verständnis des Festkörperzustands. In der *Werkstofftechnologie* hingegen haben die Eigenschaften eine andere Funktion. Sie bilden als **Konstruktionsparameter** die Grundlage bei der Auswahl eines gegebenen Materials für eine gegebene Anwendung. Ein Beispiel für diesen konstruktionsorientierten Blickwinkel ist in Abbildung 20.1 zu sehen. Es zeigt, wie einige der grundlegenden mechanischen Eigenschaften, die in *Kapitel 6* definiert wurden, als Parameter in einem Ingenieurhandbuch erscheinen. Einen allgemeineren Eindruck von der Rolle der Werkstoffeigenschaften als Bindeglied zwischen den Werkstoffwissenschaften und der Werkstofftechnologie erhalten Sie in Abbildung 20.2. Außerdem veranschaulicht Abbildung 20.3 die integrale Beziehung zwischen den Werkstoffen (und ihren Eigenschaften), der Werkstoffverarbeitung und dem effektiven Einsatz der Werkstoffe in der technischen Konstruktion.

Um die Werkstoffauswahl zu erleichtern, bedient man sich am besten tabellarischer Daten geordnet nach zunehmenden Eigenschaftswerten. So enthält z.B. Tabelle 20.1 die Zugfestigkeitswerte in aufsteigender Reihenfolge für verschiedene Werkzeugstähle. In gleicher Weise gibt Tabelle 20.1 die Dehnbarkeit als %-Dehnung für die gleichen Baustähle an, wobei die Werte nach steigender Duktilität geordnet sind.

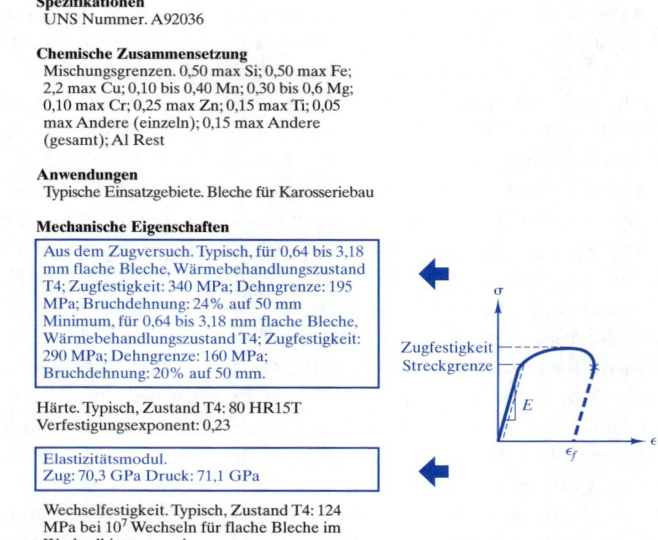

Abbildung 20.1: Die grundlegenden mechanischen Eigenschaften, die der in *Kapitel 6* vorgestellte Zugversuch liefert, führen zu einer Liste von technischen Auswahlgrößen für eine gegebene Legierung.

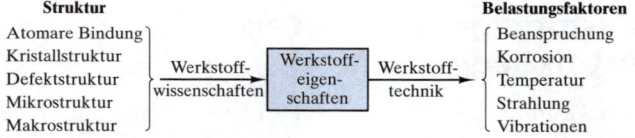

Abbildung 20.2: Schema, das die zentrale Rolle der Werkstoffeigenschaften für die Auswahl der Werkstoffe versinnbildlicht. Die Werkstoffeigenschaften sind das Bindeglied zwischen den fundamentalen Problemen der Werkstoffwissenschaften und den praktischen Herausforderungen der Werkstofftechnologie.

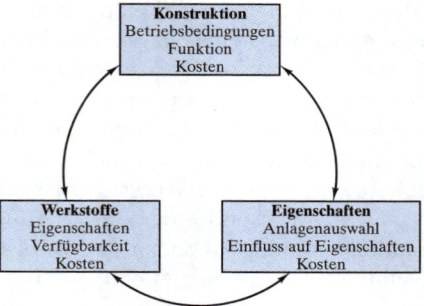

Abbildung 20.3: Schematische Darstellung der integralen Beziehung zwischen Werkstoff, Werkstoffverarbeitung und Konstruktionsanforderungen

20.1 Werkstoffeigenschaften als Konstruktionsparameter

Tabelle 20.1
Werkzeugstähle nach Zugfestigkeit geordnet

Typ	Bedingung	Zugfestigkeit [MPa]
1.2357	Geglüht	640
1.2713	Geglüht	655
1.2542	Geglüht	690
1.2210	Geglüht	710
60 SiMoCrV 8[a]	Geglüht	725
1.2210	in Öl abgeschreckt bei 855°C und angelassen bei 650°C	930
1.2713	in Öl abgeschreckt bei 845°C und angelassen bei 650°C	965
60 SiMoCrV 8[a]	in Öl abgeschreckt bei 870°C und angelassen bei 650°C	1.035
1.2357	luftgekühlt bei 940°C und angelassen bei 650°C	1.240
1.2210	in Öl abgeschreckt bei 855°C und angelassen bei 540°C	1.275
1.2713	in Öl abgeschreckt bei 845°C und angelassen bei 540°C	1.345
60 SiMoCrV 8[a]	in Öl abgeschreckt bei 870°C und angelassen bei 540°C	1.520
1.2210	in Öl abgeschreckt bei 855°C und angelassen bei 425°C	1.550
1.2713	in Öl abgeschreckt bei 845°C und angelassen bei 425°C	1.585
1.2210	in Öl abgeschreckt bei 855°C und angelassen bei 315°C	1.790
1.2357	luftgekühlt bei 940°C und angelassen bei 540°C	1.820
60 SiMoCrV 8[a]	in Öl abgeschreckt bei 870°C und angelassen bei 425°C	1.895
1.2357	luftgekühlt bei 940°C und angelassen bei 425°C	1.895
1.2357	luftgekühlt bei 940°C und angelassen bei 315°C	1.965
1.2210	in Öl abgeschreckt bei 855°C und angelassen bei 205°C	2.000
1.2713	in Öl abgeschreckt bei 845°C und angelassen bei 315°C	2.000
1.2357	luftgekühlt bei 940°C und angelassen bei 205°C	2.170
60 SiMoCrV 8[a]	in Öl abgeschreckt bei 870°C und angelassen bei 315°C	2.240
60 SiMoCrV 8[a]	in Öl abgeschreckt bei 870°C und angelassen bei 205°C	2.345

[a] Keine genormte Zusammensetzung

Tabelle 20.2

Werkzeugstähle nach Bruchdehnung geordnet

Typ	Bedingung	Bruch-dehnung (%)
1.2713	in Öl abgeschreckt bei 845°C und angelassen bei 315°C	4
1.2210	in Öl abgeschreckt bei 855°C und angelassen bei 205°C	5
60 SiMoCrV 8[a]	in Öl abgeschreckt bei 870°C und h angelassen bei 205°C	5
60 SiMoCrV 8[a]	in Öl abgeschreckt bei 870°C und angelassen bei 315°C	7
1.2357	luftgekühlt bei 940°C und angelassen bei 205°C	7
1.2713	in Öl abgeschreckt bei 845°C und angelassen bei 425°C	8
60 SiMoCrV 8[a]	in Öl abgeschreckt bei 870°C und angelassen bei 425°C	9
1.2357	luftgekühlt bei 940°C und angelassen bei 315°C	9
1.2210	in Öl abgeschreckt bei 855°C und angelassen bei 315°C	10
60 SiMoCrV 8[a]	in Öl abgeschreckt bei 870°C und angelassen bei 540°C	10
1.2357	an Luft abgeschreckt bei 940°C und angelassen bei 425°C	10
1.2357	an Luft abgeschreckt bei 940°C und angelassen bei 540°C	10
1.2210	in Öl abgeschreckt bei 855°C und h angelassen bei 425°C	12
1.2713	in Öl abgeschreckt bei 845°C und angelassen bei 540°C	12
1.2357	an Luft abgeschreckt bei 940°C und angelassen bei 650°C	14
1.2210	in Öl abgeschreckt bei 855°C und angelassen bei 540°C	15
60 SiMoCrV 8[a]	in Öl abgeschreckt bei 870°C und angelassen bei 650°C	15
1.2713	in Öl abgeschreckt bei 845°C und angelassen bei 650°C	20
1.2542	Geglüht	24
1.2210	Geglüht	25
1.2210	in Öl abgeschreckt bei 855°C und einfach angelassen bei 650°C	25
1.2713	Geglüht	25
60 SiMoCrV 8[a]	Geglüht	25
1.2357	Geglüht	25

[a] Keine genormte Zusammensetzung

20.1 Werkstoffeigenschaften als Konstruktionsparameter

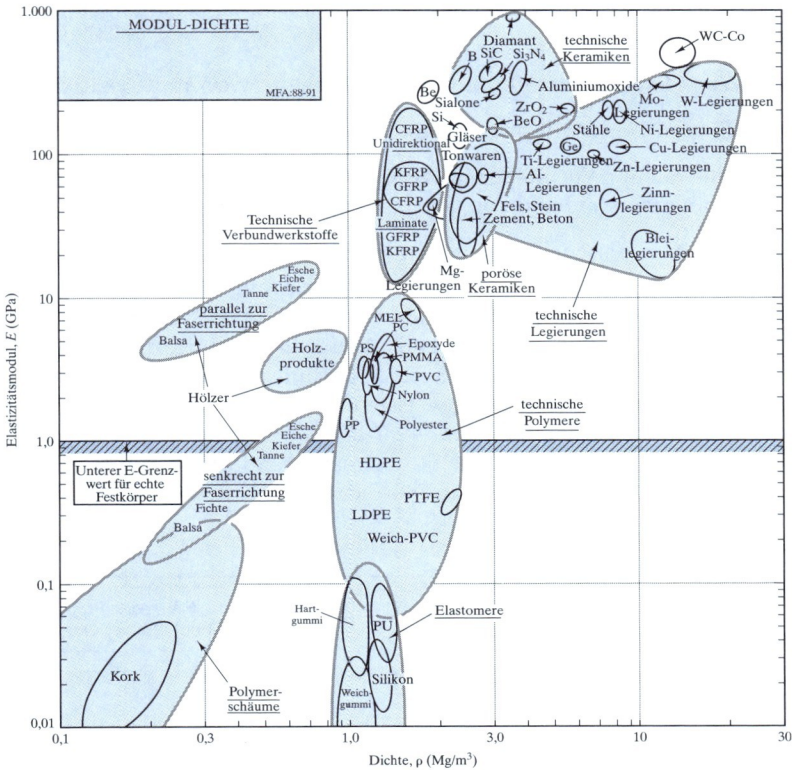

Abbildung 20.4: Vergleichendes Diagramm zu Eigenschaften unterschiedlicher Werkstoffe, in diesem Fall für Elastizitätsmodul und Dichte (logarithmische Skalen). Wie dem Diagramm zu entnehmen ist, lassen sich die Vertreter der verschiedenen strukturellen Werkstoffkategorien zu Gruppen zusammenfassen.

Eine allgemeine Übersicht über das relative Verhalten von verschiedenen Ingenieurwerkstoffklassen erhalten Sie durch die so genannten **Ashby-Diagramme**[1] (siehe Abbildung 20.4), in denen zwei Materialeigenschaften gegeneinander aufgetragen werden. In Abbildung 20.4 ist der Elastizitätsmodul E in Abhängigkeit von der Dichte p dargestellt (logarithmische Skalierung). Es zeigt sich deutlich, dass die verschiedenen Kategorien der Konstruktionswerkstoffe Gruppen bilden. So hebt sich z.B. die Gruppe der Metalllegierungen für die Elastizitätsmodul/Dichte-Kombination deutlich von den Gruppen für Keramiken und Gläser, Polymeren und Verbundwerkstoffen ab.

---

1 Michael F. Ashby (geb. 1935), englischer Werkstoffwissenschaftler und -ingenieur. Ashby ist einer unserer produktivsten Werkstoffwissenschaftler, der sich mit den grundlegenden Problemen (beispielsweise der Struktur von Korngrenzen, wie in *Abbildung 4.21* gezeigt) beschäftigt und deren Prinzipien auf die potenziellen Probleme bei der Werkstoffauswahl übertragen hat. Ein Ergebnis sind beispielsweise die nach ihm benannten Ashby-Diagramme.

Die Verwendung der Ashby-Diagramme bei der Werkstoffauswahl folgt einer allgemeinen 4-Schritte-Methode:

1 Übersetzen Sie die Konstruktionsanforderungen in Werkstoffspezifikationen

2 Sieben Sie die Werkstoffe aus, die die Bedingungen nicht erfüllen

3 Ordnen Sie die übrig gebliebenen Werkstoffe nach deren Fähigkeit, den Aufgaben gerecht zu werden (anhand von geeigneten Werkstoffindizes), und

4 Sammeln Sie zu den viel versprechenden Kandidaten weitere Informationen.

Die erste Fallstudie im nächsten Abschnitt (Werkstoffe für Surfbrett-Masten) soll diesen Prozess veranschaulichen. Abbildung 20.5 zeigt die Effektivität des Ashby-Diagramms in einer relativ einfachen und praktischen Übung, die den Kompromiss zwischen Kosten und Gewicht eines Fahrrads optimiert. Es lässt sich feststellen, dass die in diesem Diagramm zusammengefassten vielen Konstruktionen entlang einer Hüllkurve, in einem so genannten *Trade-off-Bereich* liegen, der die optimalen Möglichkeiten repräsentiert. Natürlich bleibt noch genügend Spielraum bei der Kompromissfindung zwischen einem leichten Fahrrad und den Kosten, die man dafür aufbringen möchte.

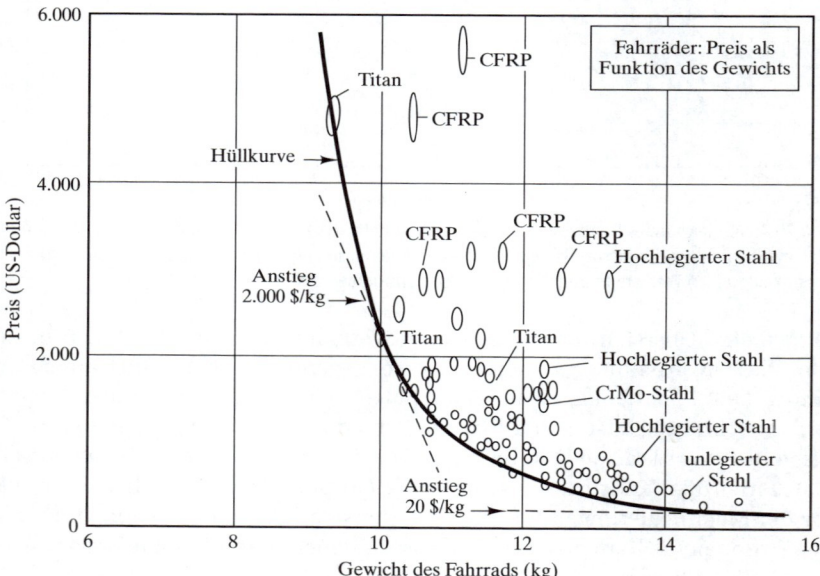

Abbildung 20.5: Trade-off-Kurve zwischen Kosten und Gewicht für Fahrräder. Die optimalen Kombinationen liegen entlang der Hüllkurve bzw. im Trade-off-Bereich.

Beispiel 20.1

Bei der Auswahl eines Werkzeugstahls für eine spanende Bearbeitung verlangt die Konstruktionsspezifikation einen Werkstoff mit einer Zugfestigkeit 1.500 MPa und eine Bruchdehnung von mehr als 10 %. Welche speziellen Legierungen erfüllen diese Voraussetzungen?

Lösung

Nach einem genauen Studium der Tabellen 20.1 und 20.2 stellen wir fest, dass die folgenden Legierungs-/Wärmebehandlungs-Kombinationen diese Spezifikationen erfüllen:

Typ	Bedingung
60 SiMoCrV 8 *	in Öl abgeschreckt bei 870°C und angelassen bei 540°C
1.2210	in Öl abgeschreckt bei 855°C und angelassen bei 425°C
1.2210	in Öl abgeschreckt bei 855°C und angelassen bei 315°C
1.2357	an Luft abgeschreckt bei 940°C und angelassen bei 540°C
1.2357	an Luft abgeschreckt bei 940°C und angelassen bei 425°C

Die Lösungen für alle Übungen finden Sie auf der Companion Website.

Übung 20.1

Beim Nachbestellen des Werkzeugstahls für die spanende Bearbeitung aus Beispiel 20.1 stellen Sie fest, dass die Konstruktionsspezifikation aktualisiert wurde. Welche Legierung würde die neuen Kriterien einer Zugfestigkeit 1.800 MPa und einer prozentualen Bruchdehnung von mehr als 10 % erfüllen?

20.2 Auswahl von Konstruktionswerkstoffen – Fallstudien

In *Kapitel 1* wurde der Themenkomplex Materialauswahl anhand der Schritte veranschaulicht, die zur Auswahl einer Metalllegierung für eine Hochdruck-Gasflasche nötig sind (siehe *Abbildung 1.24*). Das Auswahlverfahren beginnt mit der Entscheidung für eine bestimmte Werkstoffklasse (Metall, Keramik, Polymer oder Verbundwerkstoff). Fällt die Wahl auf die Kategorie „Metalle", muss noch die optimale Legierung für die gegebene Anwendung gefunden werden. Angesichts der breiten Palette an handelsüblichen Werkstoffen mit unterschiedlichen Eigenschaftsprofilen, die in den Teilen I und II vorgestellt wurden, haben wir jetzt eine genauere Vorstellung von unseren Auswahlmöglichkeiten. Die Grundlage für die Feinabstimmung der Konstruktionsparameter wurde bereits in den *Kapiteln 9* **und** *10* gelegt. Im Allgemeinen versuchen wir für eine gegebene Anwendung ein optimales Verhältnis von Festigkeit zu Duktilität zu finden. Bei einigen der typischen Beispiele für Verbundwerkstoffe in *Kapitel 14* wurde hierzu eine harte (aber spröde) dispersiv verteilte Phase mit einer duktilen (aber weichen) Matrix erfolgreich kombiniert. Viele der Polymere aus *Kapitel 13* bieten zufriedenstellende mechanische Eigenschaften zu vertretbaren Kosten und sind gleichzeitig auch noch formbar. Materialauswahl kann jedoch mehr bedeuten als nur die objektive Erfüllung der Konstruktionsanforderungen. Der subjektive Faktor, der sich in der Wirkung auf den Verbraucher zeigt, kann eine ebenso große Rolle spielen. 1939 kamen die ersten Strümpfe aus Nylon 66 auf den Markt, von denen allein im ersten Jahr über 64 Millionen Paar verkauft wurden.

Wenn Duktilität eher unwesentlich ist, können herkömmliche, spröde Keramiken (*Kapitel 12*) aufgrund ihrer positiven Eigenschaften im Bereich der Hochtemperaturbeständigkeit oder chemischen Beständigkeit verwendet werden. Viele Gläser (*Kapitel 12*) und Polymere (*Kapitel 13*) werden wegen ihrer optischen Eigenschaften wie Transparenz oder Farbe gewählt. Außerdem werden diese althergebrachten Überlegungen ständig an die Entwicklung neuer Werkstoffe, wie Keramiken mit hoher Bruchzähigkeit, angepasst.

Die Werkstoffauswahl ist jedoch erst abgeschlossen, wenn die Themen Schadensprävention und umgebungsbedingter Materialverlust berücksichtigt wurden (siehe *Kapitel 8* und *19*). Dabei ist die Auslegung der Konstruktion entscheidend (z.B. ob Spannungskonzentration auslösende Geometrien oder Ermüdung hervorrufende zyklische Lasten angegeben sind). Aber auch chemische Reaktionen, elektrochemische Korrosion, Strahlenschäden und Verschleiß können einen ansonsten attraktiven Werkstoff aus dem Rennen werfen.

Das Verfahren der Konstruktionswahl kann am besten anhand einiger spezifischer Fallstudien veranschaulicht werden. Wir werden etwas detaillierter auf die Werkstoffauswahl bei Masten von Windsurfbrettern eingehen und dann in etwas kürzerer Form eine Reihe von anderen Fallstudien vorstellen.

20.2.1 Werkstoffe für Surfbrettmasten

Windsurfing ist ein Sport, der sich zunehmend einer großen Beliebtheit erfreut, und das nicht zuletzt wegen dem erfolgreichen Zusammenspiel von Maschinenbau und Werkstofftechnik im Gesamtkonstruktionsprozess. Abbildung 20.6 zeigt die grundlegenden Elemente eines Windsurfbretts. Obwohl die Idee eines „Freesails" bereits Mitte der 60er Jahre geboren wurde, bedurfte dieses praktische System noch der Entwicklung eines Drehgelenks, über das der Mast auf dem Brett frei nach allen Seiten beweglich war. Der Mast ist wesentlicher Bestandteil der Konstruktion und die Auswahl einer bestimmten Form und eines Werkstoffs beruht auf einer sorgfältigen Abwägung der Konstruktionskriterien. Der Mast beeinflusst die Dynamik des Segels und muss bei Winddruck nachgeben. Deshalb muss nicht nur die Steifigkeit angegeben, sondern auch ein Grenzwert für den Außendurchmesser festgelegt werden, um seinen Einfluss auf den Luftströmung zu verringern.

Aus Stabilitätsgründen muss das Gewicht des Mastes so niedrig wie möglich gehalten werden. Die Konstruktionskriterien für Surfbrettmasten sind in Tabelle 20.3 zusammengefasst.

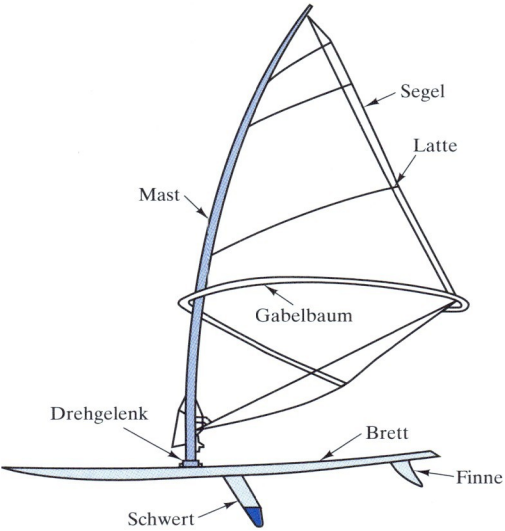

Abbildung 20.6: Konstruktionselemente eines Surfbretts. Die Steifigkeit des Mastes bestimmt die Form des Segels; die Schwenkbarkeit des Mastes im Drehgelenk bestimmt, wie das Surfbrett reagiert.

Die Länge L eines typischen Surfbrett-Mastes beträgt 4,6 m. Die Steifigkeit S des Mastes wird definiert durch

$$S = \frac{P}{\delta}. \quad (20.1)$$

Hier ist P die Last, die erzeugt wird, indem man ein Gewicht mittig an einen unten und oben abgestützten Mast hängt, und δ die resultierende Durchbiegung. Zur allgemeinen Erleichterung wird die Steifigkeit von Masten durch die IMCS[1]-Zahl definiert als

$$\text{IMCS-Zahl} = \frac{L}{\delta} \quad (20.2)$$

wobei die Durchbiegung δ von einem Standardgewicht von 30 kg erzeugt wird. Die IMCS-Zahl liegt zwischen 20 (für einen weichen Mast) und 32 (für einen harten Mast). Der Grenzwert für den Außenradius eines Mastes r_{max} kann formal beschrieben werden. Für den Außenradius des Mastes r gilt deshalb

$$r \leq r_{max} \quad (20.3)$$

---

[1] International Mast Check System

Tabelle 20.3

Konstruktionskriterien für die Masten von Windsurfbrettern

Kriterium	Art der Beschränkung	Grund für Beschränkung
Steifigkeit	Vorgeben	Segeleigenschaften
Außendurchmesser	Begrenzen	Einfluss auf Luftströmung reduzieren
Masse	Minimieren	Stabilität

Zur Erzielung einer größeren Leichtigkeit ist der Mast innen hohl und das Gewicht m, das in der Konstruktion minimiert wird, ist gegeben durch

$$m = AL\rho \tag{20.4}$$

wobei A die Querschnittsfläche des hohlen Mastes und p die Dichte ist. L wurde gemäß Gleichung 20.2 definiert. Ein typischer Mast wiegt zwischen 1,8 und 3,0 kg.

Bei Mastkonstruktionen handelt es sich um eine spezielle Anwendung eines dünnwandigen Rohres, für das wir einen Formfaktor ϕ definieren können

$$\phi = \frac{r}{t} \tag{20.5}$$

wobei t die Wandstärke ist und r gemäß Gleichung 20.3 definiert wurde. Eine Analyse der Mechanik des dünnwandigen Rohres zeigt, dass das Gewicht mit dem Formfaktor und den Werkstoffeigenschaften Elastizitätsmodul E und Dichte über die Beziehung

$$m = B\left(\frac{\rho}{[\phi E]^{1/2}}\right) \tag{20.6}$$

verknüpft ist, wobei die Konstante B spezifisch für die Belastungsbedingungen ist und die Biegesteifigkeit berücksichtigt. Aus Gleichung 20.6 geht hervor, dass das Gewicht minimiert werden kann, indem man einen Leistungsgrad M, der als

$$M = \frac{(\phi E)^{1/2}}{\rho} \tag{20.7}$$

definiert ist, maximiert.

Tabelle 20.4 fasst die Werte von Formfaktor ϕ, Leistungsgrad M und Mindestgewicht m für eine Reihe von potenziellen Mast-Werkstoffen zusammen, wobei die IMCS-Zahl mit 26 im mittleren Bereich liegt und der maximale Radius $r_{max} = 20$ mm beträgt. Zu den optimalen Werkstoffen gehören vornehmlich die Materialien, deren M-Wert am größten ist. Außerdem können wir Gleichung 20.7 umformen

$$M = \frac{(1/\phi)(\phi E)^{1/2}}{(1/\phi)\rho} = \frac{(E/\phi)^{1/2}}{(\rho/\phi)} \tag{20.8}$$

Unter Beachtung von

$$M^2(\rho/\phi)^2 = E/\phi \tag{20.9}$$

kann dann der Term E/ϕ, durch einen logarithmischen Ausdruck wiedergegeben werden:

$$\ln(E/\phi) = 2\ln(\rho/\phi) + 2\ln M \tag{20.10}$$

Tabelle 20.4

Konstruktionsergebnisse für verschiedene Mast-Werkstoffe

Werkstoff	Formfaktor $\phi\,(=r/t)$	Leistungsgrad M [GPa$^{1/2}$/[Mg/m^3]]	Gewicht[a] m [kg]
Kohlenstofffaserverstärkter Kunststoff (CFK)	14,3	22,9	2,0
Holz (Fichte)	1,7	9,0	5,0
Aluminium	8,0	8,5	5,3
Glasfaserverstärkter Kunststoff (GFK)	4,3	6,2	7,3

[a] Für r_{max} = 20 mm und IMCS-Zahl = 26

Aus Gleichung 20.10 ergibt sich für die Praxis, dass das Verhalten einer spezifischen Konstruktionsgeometrie (das dünnwandige Rohr) in das Werkstoffeigenschaften-Diagramm von Abbildung 20.4, normalisiert für den Formfaktor ϕ, eingetragen werden kann (siehe Abbildung 20.7). So entspricht z.B. die Position des kohlenstofffaserverstärkten Kunststoffs (CFK) einem Werkstoff als Vollkörper in Abbildung 20.4 einem Formfaktor $\phi = 1$. In Abbildung 20.7 ist diese Position verbunden mit der Position für einen rohrförmigen Werkstoff (Hohlkörper), die E/ϕ und ρ/ϕ entspricht, wobei $\phi = 14{,}3$ ist, wie der Tabelle 20.4 zu entnehmen ist.

Zum Schluss sei noch darauf hingewiesen, dass die Konstruktion eines Windsurfbrettes die Grenze zwischen Kunst und Wissenschaft etwas verwischt. So ist es z.B. üblich, Masten zu „tunen", indem man die Steifigkeit über die Länge variiert, um den Mast an das Gewicht des Surfers und die Art des Windsurfens (Slalom, Rennen oder Welle) anzupassen.

20.2.2 Ersatz von Metallen durch Polymere

Bereits in den *Kapiteln 1* und *13* wurde auf den zunehmenden Trend hingewiesen, Metallteile durch technische Polymere zu ersetzen. Ein Beispiel finden Sie in Abbildung 20.8, die ein Motocross-Ritzel (für Rennmotorräder) aus dispersionsverstärktem Nylon zeigt. Die weite Verbreitung dieses Nylonprodukts ist vornehmlich darauf zurückzuführen, dass es seltener Kettenbrüche verursacht. Die Zugspannungen auf die Kette können bis zu 65 MPa (9,4 ksi) und mehr (während einer Stoßbelastung) betragen. Diese Leistungssteigerung beruht darauf, dass hohe Zähigkeit mit hoher Kerbschlagfestigkeit kombiniert wurde.

Das Ritzel wird aus einer 13,7 mm dicken, spritzgegossenen Scheibe gefertigt, deren Durchmesser zwischen 130 bis 330 mm liegt. Zu seinen Vorzügen gehört die erhöhte Korrosions- und Verschleißfestigkeit sowie die erhöhte Resistenz gegenüber den meisten Lösungs- und Schmiermitteln. (Sogar der Verschleiß an der Kette konnte reduziert werden.) Ein Ritzel aus 0,34 kg Nylon ersetzt eines aus einer 0,45 kg Aluminiumlegierung bzw. aus 0,90 kg Stahl. Die Kosten für das Nylonprodukt entsprechen in etwa denen für das Aluminiumprodukt, sind aber fast ein Drittel niedriger als für die Stahl-Ritzel.

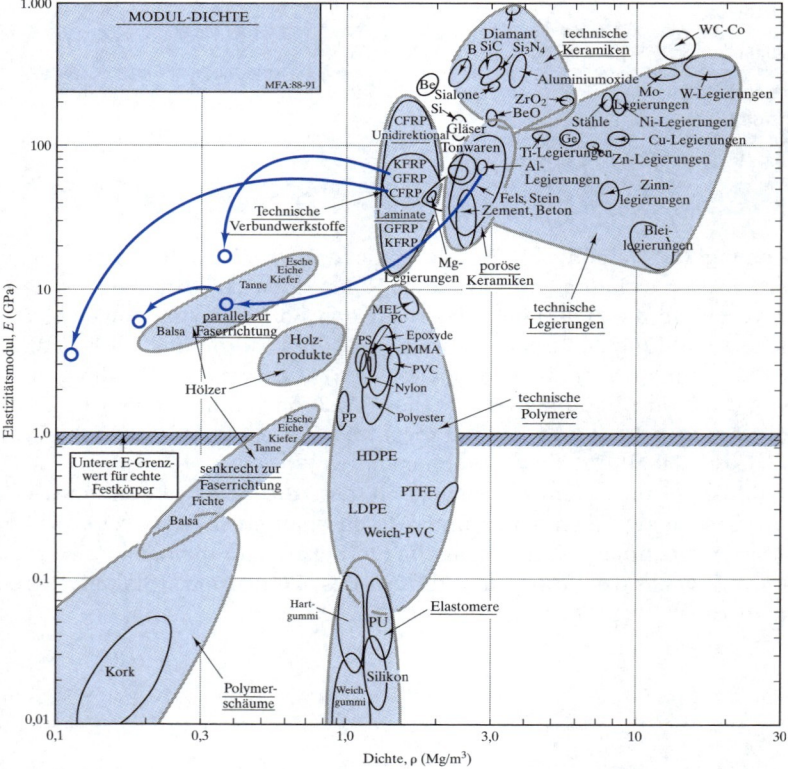

Abbildung 20.7: Hier wurde das Verhalten der Mast-Werkstoffe aus, normalisiert für den Formfaktor ϕ eines dünnwandigen Rohres, in die doppellogarithmische $E(\rho)$-Kurve aus Abbildung 20.4 eingetragen. So ergibt sich beispielsweise als Position für den CFK-Mast mit ϕ =14,3 die Position $(E/14,3; \rho/14,3)$ im Vergleich zu der $E(\rho)$-Position des massiven Werkstoffs mit ϕ =1.

Abbildung 20.8: In vielen Bauteilen für Motocross-Motorräder haben Kettenräder aus dispersionverstärktem Nylon die früheren Aluminium- und Stahlteile verdrängt.

20.2.3 Ersatz von Metallen durch Verbundwerkstoffe

Die treibende Kraft beim Ersatz von Metallen durch Verbundwerkstoffe niedrigerer Dichte war vor allem die Verkehrsflugzeugindustrie. Bereits Anfang 1970 hatten die Hersteller dieses Industriezweigs aus Kostengründen und zur Verbesserung der Dynamik Glasfaser-Teile entwickelt. Mitte der 70er ließ die „Ölkrise" die Treibstoffkosten drastisch in die Höhe schnellen – von 18% der Betriebskosten auf über 60% innerhalb weniger Jahre. (Ein Kilogramm zusätzliches Gewicht kann für ein normales Verkehrsflugzeug bis zu 830 l Mehrverbrauch an Treibstoff im Jahr bedeuten.) Beim Bau des Langstreckenflugzeugs Lockheed L-1011-500 reagierte man schon früh auf die Erkenntnis, dass sich durch den Ersatz von Werkstoffen Treibstoff einsparen ließ, und setzte mehr als 1.100 kg Kevlar-verstärkte Verbundwerkstoffe ein. Das führte bei der äußeren Sekundärstruktur zu einer Gewichtseinsparung von mehr als 366 kg. Anschließend wurden bei allen folgenden L-1011-Modellen ähnliche Ersetzungen vorgenommen. Ein ausgezeichnetes Beispiel hierfür ist auch die Konstruktion der Boeing 767, die in Abbildung 20.9 zu sehen ist. Ein beträchtlicher Teil der Außenhaut besteht aus modernen Verbundwerkstoffen, die primär mit Kevlar und Graphit verstärkt sind. Die erzielten Gewichtseinsparungen bei der Verwendung von modernen Verbundwerkstoffen betragen bis zu 570 kg.

20.2.4 Wabenstruktur

Die Honigwaben der Bienen haben die Ingenieure zu einem Strukturaufbau inspiriert, der in technischen Konstruktionen häufig eingesetzt wird. Die **Wabenstruktur** aus Abbildung 20.10 kam bereits in den 40ern beim Bau von Sandwichplatten für Flugzeuge zum Einsatz.

20 WERKSTOFFAUSWAHL

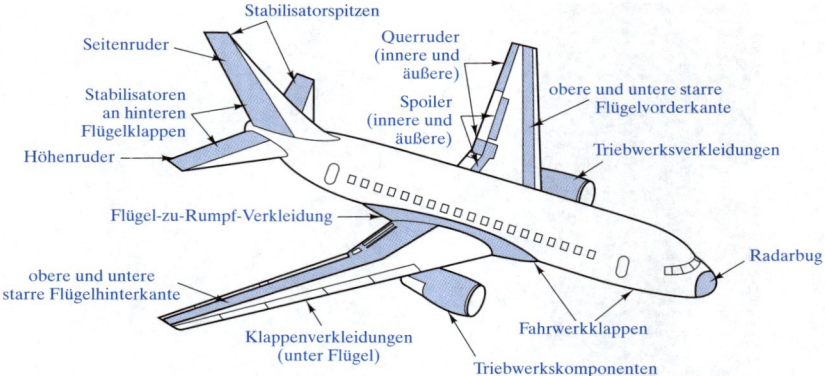

Abbildung 20.9: Einsatzbereiche für Verbundwerkstoffe an der Außenhaut einer Boeing 767

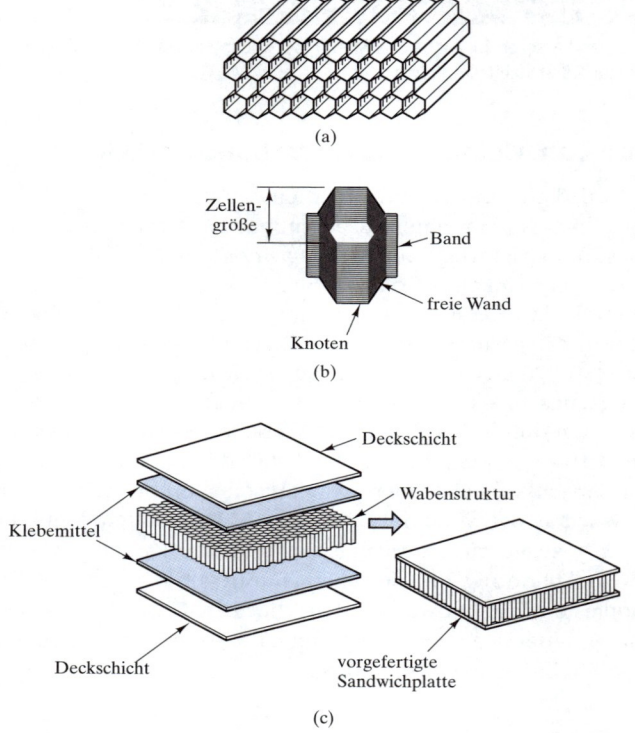

Abbildung 20.10: (a) Hexagonale Waben bestehen aus (b) einzelnen Zellen, die aus miteinander verklebten Schichten aufgebaut sind und anschließend (c) zur Bildung der endgültigen Sandwichplatten Deckschichten aufgeklebt bekommen.

Auf den verklebten hexagonalen Kern werden anschließend Deckschichten geklebt, sodass man am Ende die Sandwichplatten erhält. Die Wabenstruktur ist extrem leicht und steif und weist ein optimales Verhältnis von Festigkeit zu Flächengewicht auf. Diese weit verbreitete Flugzeug-Konstruktion wird manchmal als **struktureller Verbundwerkstoff** bezeichnet, obwohl er nicht der formalen Definition eines Verbundwerkstoffs entspricht, wie sie in *Kapitel 14* gegeben wurde. Demzufolge besteht ein

20.2 Auswahl von Konstruktionswerkstoffen – Fallstudien

Verbundwerkstoff aus verschiedenen Werkstoffkomponenten, die auf mikroskopischer Ebene verteilt sind.

Der Aufbau von Sandwich-Strukturen soll eine ganze Reihe von Konstruktionsanforderungen erfüllen, die in Abbildung 20.11 zusammengefasst sind. Kostenersparnis und Haltbarkeit unter gegebenen Einsatzbedingungen sind weitere Kriterien.

Doch Wabenstrukturen werden nicht nur in Sandwichplatten für den Flugzeug- und Hochbau verwendet, sondern auch in einer Reihe von technischen Konstruktionen zur Energieabsorption, Hochfrequenzabschirmung, Lichtstreuung und Luftstromführung. Waben werden aus einer Vielzahl von Werkstoffen hergestellt. Bereits vor 2.000 Jahren fertigten Chinesen Waben aus Papier. Papier und nichtmetallische Werkstoffe (einschließlich Graphit, Aramidpolymer und Fiberglas) finden immer noch Verwendung. Typische metallische Wabenkerne bestehen aus Aluminium, korrosionsbeständigem Stahl, Titan oder Legierungen auf Nickelbasis.

1. Die Deckschichten müssen dick genug sein, um den Zug-, Druck- und Scherkräften zu widerstehen, die von der angenommenen Last ausgeübt werden.

2. Der Kern muss den Scherkräften, die von der angenommenen Last ausgeübt werden, gewachsen sein. Das Klebemittel muss genügend Haftfestigkeit besitzen, um die Scherkräfte in den Kern abzuleiten.

3. Der Kern muss dick genug und sein Schermodul ausreichend groß sein, dass sich die Sandwichplatte unter Last weder wölbt noch kräuselt.

4. Die Druckmodule von Kern und Deckschichten müssen groß genug sein, um die Faltung der Oberfläche unter Last zu verhindern.

5. Die Zellen des Kerns müssen klein genug sein, damit es unter Last nicht zum Eindrücken der Deckschichten über einer Zelle kommen kann.

6. Der Kern muss über genügend Druckfestigkeit verfügen, dass er nicht bricht, wenn die angenommene Last senkrecht auf die Platte drückt oder Druckspannung durch Biegung erzeugt wird.

7. Die Sandwichstruktur muss über ausreichend Biege- und Schersteifigkeit verfügen, damit sich die Platte unter Last nicht übermäßig durchbiegt.

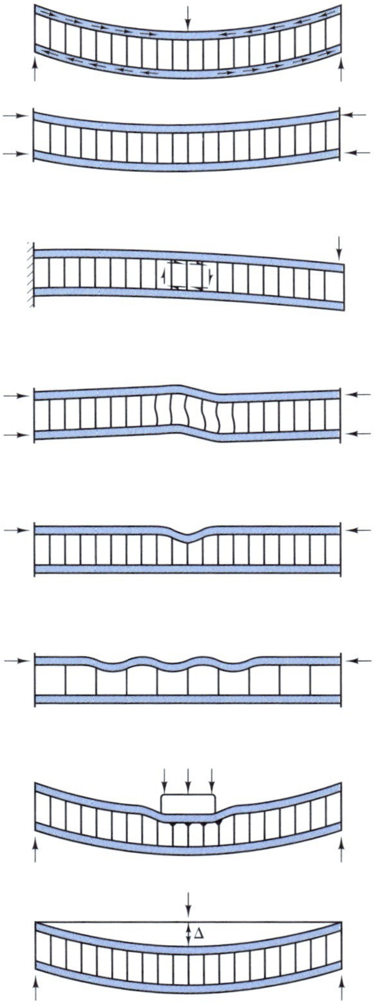

Abbildung 20.11: Strukturelle Konstruktionsanforderungen für Sandwichplatten mit Wabenkern

20.2.5 Werkstoffe für Hüftgelenkendoprothesen

Auf der Companion Website finden Sie einen Artikel zu „Medical Materials", der in der Zeitschrift *Advanced Materials and Processes* (Herausgeber ASM International) erschienen ist. Mit Erlaubnis verwendet.

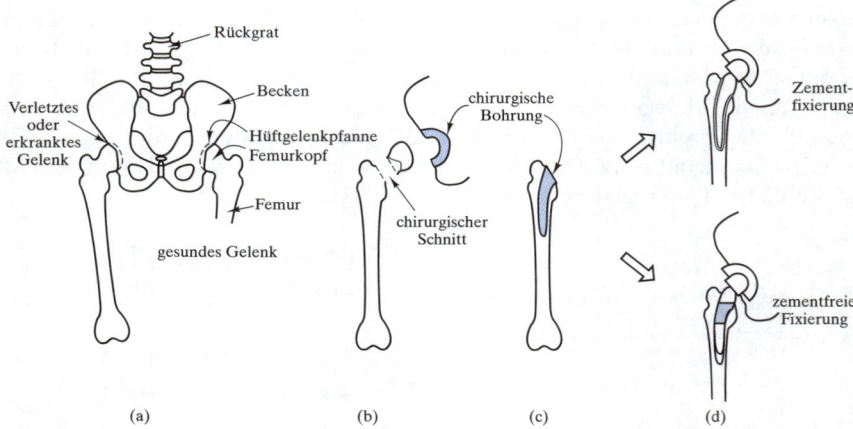

Abbildung 20.12: Schematischer Ablauf einer Hüftgelenkoperation, bei der das Hüftgelenk vollständig ersetzt wird. Im Allgemeinen wird der femorale Implantatschaft mithilfe einer dünnen Schicht (wenige Millimeter dick) eines Polymethylmethacrylat (PMMA)-Zements oder mittels einen zementfreien Pressfit-Systems im Knochen verankert. Bei der zementfreien Fixierung wird das obere Drittel des Schafts üblicherweise mit einer porösen Schicht aus gesinterten Kugeln einer metallischen Legierung überzogen. Durch Anwachsen von Knochenmaterial an die poröse Oberfläche kommt es zur mechanischen Verankerung.

Moderne Werkstoffe verzeichneten einige ihrer aufregendsten Entwicklungen im Bereich der Medizin. Die größte Erfolgsgeschichte schrieb dabei die künstliche **Prothese** für Hüftgelenke. Abbildung 20.12 beschreibt die Vorgehensweise beim operativen Ersetzen eines verletzten oder erkrankten Hüftgelenks durch eine Prothese. Abbildung 20.13 zeigt ein typisches Beispiel aus einer Kobalt-Chrom-Legierung (z.B. 50 Gew.% Co, 20 Gew.% Cr, 15 Gew.% W, 10 Gew.% Ni und 5 Gew.% andere Elemente), das aus einem Hauptschaft und einem Kopf besteht, ergänzt durch eine Schale aus Polyethylen mit ultrahohem Molekulargewicht (von 1 bis 4×10^6 u). Zusammen bilden sie das Kugel-Pfannen-System. Der Begriff „Hüfttotalendoprothese" bezeichnet den gleichzeitigen Ersatz von Gelenkpfanne und Gelenkkugel durch technische Werkstoffe. Der auf Orthopädie spezialisierte Chirurg entfernt das degenerierte Hüftgelenk und bohrt einen Hohlraum in den Oberschenkelhalsknochen (Femur), der den Metallschaft aufnimmt. Der Schaft wird entweder mithilfe eines Polymethylmethacrylat-Zements (PMMA) oder durch Anwachsen des Knochens an eine poröse Oberflächenbeschichtung („zementfreie Implantation") im Skelettsystem verankert. Die Pfanne besteht im Allgemeinen aus einem Inlay in einer Metallschale, die wiederum über Knochenschrauben aus Metall mit der Hüfte verbunden wird. Bei der zementlosen Implantation wird für den Schaft normalerweise die Titanlegierung Ti-6Al-4V (*Tabelle 6.1*) verwendet. Der Elastizitätsmodul von Ti-6Al-4V ($1{,}10 \times 10^5$ MPa) ist dem Elastizitätsmodul von Knochen ähnlicher als dies bei Kobalt-Chrom der Fall ist ($2{,}42 \times 10^5$ MPa). Der geringere Steifigkeitsunterschied bedeutet gleichzeitig eine geringere Belastung für den Knochen. (Aus dem gleichen Grund wird Kobalt-Chrom für zementierte Implantate bevorzugt. Der niedrigere Elastizitätsmodul von Ti-6Al-4V würde die Zementschicht außergewöhnlich belasten.)

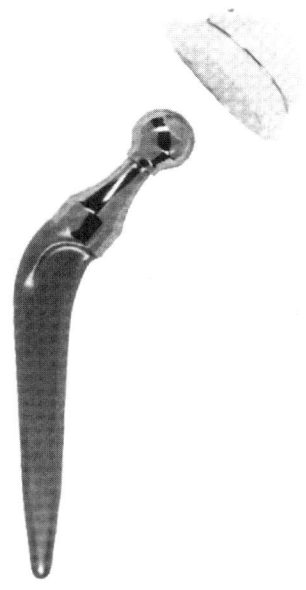

Abbildung 20.13: Schaft und Kugel aus Kobalt-Chrom bilden zusammen mit einer Polyäthylen-Schale das Kugel-Pfannen-System eines künstlichen Hüftgelenks.

Die Metall/Polymer-Paarung zeigt an der Kontaktfläche einen geringen Reibungswiderstand. Außerdem sind beide Werkstoffe (Metall und Polymer) resistent gegen Materialverlust aufgrund hochkorrosiver Körperflüssigkeiten. Frühere künstliche Hüftgelenke mit Zementverankerung hatten in der Regel eine Lebensdauer von 5 Jahren (vor allem begrenzt durch Lockerungen der Prothese), was für ältere Patienten noch hinnehmbar war, aber für jüngere oft eine weitere schmerzvolle Operation bedeutete. Die zementfreie Verankerung kann die Lebensdauer des Implantats um den Faktor drei erhöhen. Jährlich werden in Europa weit über 200.000 Hüftgelenke ersetzt, eine Zahl, die auch in den Vereinigten Staaten erreicht wird.

Die bei der Hüfttotalendoprothese verwendeten Metalllegierungen und Polymere sind Beispiele für **Biowerkstoffe**, die als so genannte maßgeschneiderte Werkstoffe speziell für den Einsatz in der Biologie und der Medizin entwickelt wurden. Biowerkstoffe sind zu unterscheiden von den **biologischen Materialien** wie z.B. natürlichem Knochenmaterial. Beide Begriffe erinnern an die biomimetischen Werkstoffe aus *Kapitel 12*. Einige dieser maßgeschneiderten Werkstoffe, die bei niedrigen Temperaturen auf dem Wege der Flüssigphasen-Verarbeitung hergestellt werden, sind Hauptkandidaten für die nächste Biowerkstoff-Generation.

Seit fast drei Jahrzehnten beschäftigt sich die Forschung mit der Verwendung von Keramiken und Gläsern als Biowerkstoffe. Die Druckbelastung auf die Hüftgelenkkugel macht eine hochdichte technische Keramik wie Al_2O_3 zu einem geeigneten Kandidaten bei der Werkstoffauswahl. Attraktiv an diesem Ersatz wäre der normalerweise geringe Oberflächenabrieb der technischen Keramiken. Genauso können auch Hüftgelenkpfannen aus Al_2O_3 gefertigt werden. Wie bei vielen potenziellen Anwendungen für Keramiken in technischen Konstruktionen hat die inhärente Sprödigkeit und die niedrige Bruchzähigkeit dieser Werkstoffe deren Einsatz in Hüftgelenkprothesen eingeschränkt.

In den letzten zehn Jahren hat man allerdings eine bedeutende biomedizinische Anwendung für ein Keramiksystem gefunden. Es wurde ein Keramikersatz für die normalerweise poröse Oberfläche von zementfreien Konstruktionen entwickelt: Hydroxyapatit-Überzüge. Es grenzt schon an Ironie, dass ein so offensichtlicher Kandidat wie Hydroxyapatit erst in letzter Zeit als Biowerkstoff entdeckt wurde. Hydroxyapatit $(Ca_{10}(PO_4)_6(OH)_2)$ ist das im Knochen vorherrschende Mineral und macht 43% seines Gewichts aus. Es hat den klaren Vorteil, stabil, inert und biokompatibel zu sein. Die erfolgreichste Anwendung von Hydroxyapatit in der Biomedizin war ein dünner Überzug über ein prothetisches Implantat (siehe Abbildung 20.14). Diese Überzüge wurden sowohl auf Co-Cr- als auch auf Ti-6Al-4V-Legierungen mittels Plasmaspritzen aufgetragen. Eine optimale Wirkung wurde mit Schichtdicken in der Größenordnung 25-30 µm erzielt. Die Implantat-Knochen-Haftung ist fünf- bis siebenmal größer als bei Prothesen ohne Beschichtung. Diese bahnbrechende Entwicklung entspricht der Mineralisierung von Knochen direkt auf die Hydroxyapatit-Oberfläche ohne Ausbildung von Zwischenschichten aus Fasergewebe. Im Gegensatz zu den bisher verwendeten porösen Metallüberzügen muss dieser keramische Ersatz nicht porös sein. Die Knochenhaftung kann direkt an einer glatten Hydroxyapatit-Oberfläche erfolgen. Der durchschlagende Erfolg dieses Überzugsystems hat zu einer weiten Verbreitung in der Hüftgelenksprothetik geführt.

Abbildung 20.14: Der Omnifit HA Hüftschaft verwendet einen Hydroxyapatit-Überzug über der Hüftgelenkprothese für eine verbesserte Haftung zwischen Prothese und Knochen. Hydroxyapatit ist die in natürlichem Knochen vorherrschende Mineralphase.

> **Beispiel 20.2** Berechnen Sie die jährliche Brennstoffersparnis aufgrund von Gewichtsreduzierungen durch Verbundwerkstoffe für eine Flotte von 50 Flugzeugen des Typs 767 einer Passagierfluglinie.
>
> **Lösung**
>
> Brennstoffersparnis
>
> $$= (\text{Gewicht Ersparnis/Flugzeug}) \times \frac{(\text{Brennstoff/Jahr})}{(\text{Gewichtsersparnis})} \times 50 \text{ Flugzeuge}$$
>
> $$= (570 \text{ kg}) \times (830 \text{ l/Jahr})/\text{kg} \times 50$$
>
> $$= 23{,}7 \times 10^6 \text{ l}$$

> **Übung 20.2** In Übung 20.2 wird die jährliche Brennstoffersparnis berechnet. Schätzen Sie, wie hoch die Brennstoffersparnis wäre, wenn die Fluglinie über eine Flotte von 50 L-1011-Flugzeugen verfügen würde. (Siehe Fallstudie in Abschnitt 20.2).

20.3 Auswahl elektronischer, optischer und magnetischer Werkstoffe – Fallstudien

In *Kapitel 15* haben wir gesehen, dass Festkörper-Werkstoffe naturgemäß in drei Kategorien unterteilt werden können: Leiter, Isolatoren oder Halbleiter. Die Auswahl eines Leiters hängt häufig von der Formbarkeit und den Kosten sowie dem spezifischen Leitfähigkeitswert ab. Diese Faktoren können auch die Auswahl eines Isolators entscheidend beeinflussen. Ein keramisches Substrat wird unter Umständen begrenzt durch seine Fähigkeit, an einem metallischen Leiter zu haften, oder eine Polymerisolation wird wegen ihres niedrigen Preises für einen Leitungsdraht gewählt. In einigen Fällen sind neue Ideen in der technischen Konstruktion der Grund, dass ganz neue Werkstoffe zur Verfügung stehen (z.B. die optischen Glasfasern, die in *Kapitel 16* besprochen wurden).

In *Kapitel 17* konnten wir feststellen, dass in der Halbleiterindustrie Konstruktion und Werkstoffauswahl mit großen synergetischen Effekten kombiniert werden. Werkstoff- und Elektronikingenieure müssen effektiv zusammenarbeiten, um sicherzustellen, dass die komplexe Anordnung von n- und p-leitenden Bereichen auf einem Chip eine optimal nutzbare Mikroschaltung ergibt.

Der Überblick über die magnetischen Werkstoffe in *Kapitel 18* war für Konstrukteure fast ein chronologischer Abriss der zunehmenden Auswahlmöglichkeiten. Bei den Weichmagneten ersetzten Eisen-Silizium-Legierungen aufgrund ihrer geringeren Jouleschen Wärmeentwicklung zum großen Teil die unlegierten Stähle. Verschiedene Legierungen mit großen Hystereseschleifen wurden als Hartmagnete entwickelt. Die hohe Widerstandsfähigkeit von Keramiken macht Werkstoffe wie Ferrite zu Favoriten bei den Hochfrequenz-Anwendungen. Entwicklungen im Bereich supraleitender Magnete eröffnen ingenieurtechnischen Anwendungen neue Horizonte.

Wie bei den Konstruktionswerkstoffen können wir das Auswahlverfahren für elektronische, optische und magnetische Werkstoffe besser nachvollziehen, wenn wir einige repräsentative Fallstudien betrachten. Wir werden etwas intensiver auf den Einsatz von amorphen Metallen bei der elektrischen Energieverteilung eingehen und in etwas kürzerer Form eine Reihe von weiteren Fallstudien vorstellen.

20.3.1 Amorphe Metalle für Stromverteilung

Wie bereits in *Abschnitt 18.4* angesprochen, verdanken wir der Entwicklung von amorphen Metallen in den letzten Jahrzehnten eine attraktive neue Palette an Werkstoffen für Transformatorkerne. Die Wettbewerbsfähigkeit von amorphen Metallen ist vor allem auf die fehlenden Korngrenzen zurückzuführen, was eine leichtere Domänenwandbewegung ermöglicht. Ein hoher spezifischer Widerstand (der Wirbelströme dämpft) und eine fehlende Kristallanisotropie tragen ebenfalls zur Domänenwandbewegung bei. Eisenhaltige „Gläser" gehören zu den ferromagnetischen Werkstoffen, die sich am leichtesten magnetisieren lassen. Abbildung 20.15 zeigt einen Transformatorkern aus einer amorphen Eisenlegierung. Wie der *Tabelle 18.2* zu entnehmen ist, weisen diese Eisenlegierungen extrem niedrige Eisenverluste auf. Sinkende Herstellungskosten für amorphe Bänder und Drähte führten dazu, dass Energieerhaltung aufgrund niedriger Eisenverluste eine immer größere Rolle in technischen Anwendungen spielte. Bereits 1982 wurden im großen Maßstab Fe-B-Si-Kerne eingesetzt und für die Stromversorgung von Privathaushalten und Industrieanlagen herangezogen. Durch Ersetzen des Siliziumstahls mit gerichteter Kornstruktur durch amorphe Metalle in den Transformatorkernen konnten die Eisenverluste um 75% reduziert werden.

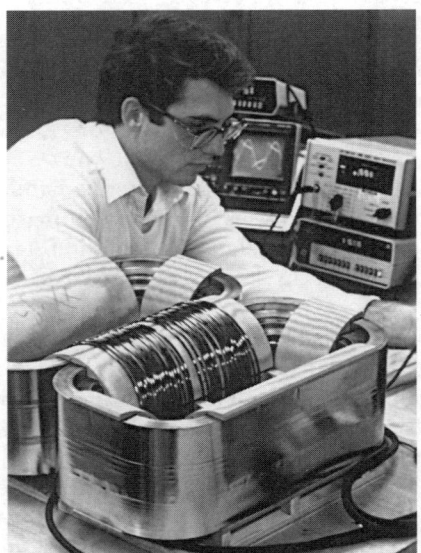

Abbildung 20.15: Ein Transformatorkern wird mit einem Draht aus einer amorphen Eisenlegierung umwickelt.

Angesichts der großen Zahl der in Betrieb befindlichen Einheiten und der ständigen Magnetisierung und Entmagnetisierung der Kerne auf Netzfrequenzniveau sind Transformatoren die Hauptverursacher der Energieverluste in den Stromverteilungssystemen. Laut Schätzungen verpuffen in den Vereinigten Staaten jährlich mehr als 50×10^9 kWh elektrischer Energie in Form von Eisenverlusten. Bei durchschnittlichen Stromkosten von $ 0,035/kWh verursachen die Eisenverluste einen Schaden von mehr als 1,5 Milliarden Dollar.

Seit 1982 wurden weltweit deutlich über eine Million Transformatoren aus amorphen Metallen in Betrieb genommen, was zu einer beträchtlichen Wirkungsgradsteigerung bei der Stromverteilung führte. Allerdings stellt die Substitution von texturiertem Siliziumstahl durch Fe-basierte amorphe Metalle die Ingenieure vor neue Herausforderungen. Amorphe Metalle sind in der Regel dünner, härter und zerbrechlicher als Siliziumstahl. Transformatoranlagen aus amorphen Metallen müssen zu den bestehenden Stromversorgungssystemen kompatibel sein und mindestens 30 Jahre wartungsfreien Dauerbetrieb garantieren. Diese grundlegenden Anforderungen haben sich auf das Herstellungsverfahren ausgewirkt sowie Labor- und Feldtests unumgänglich gemacht, mit denen sichergestellt werden soll, dass die potenziellen Energieeinsparungen auf Dauer mit vertretbaren Kosten erzielt werden können.

Schon früh beobachtete man, dass in Legierungszusammensetzungen, die bei vernünftigen Abkühlgeschwindigkeiten amorphe Strukturen ausbilden konnten, metallische Elemente die Tendenz besitzen, mit Metalloiden wechselzuwirken. Außerdem neigen solche Systeme bei einer Zusammensetzung von ungefähr 20 Atomprozent Metalloid zur Bildung eines „tiefen Eutektikums", wobei „tiefes Eutektikum" als niedrige eutektische Temperatur definiert ist, im Vergleich zu den Schmelzpunkten des reinen Metalls und des Metalloids. Das klassische Beispiel ist eine $Au_{80}Si_{20}$-Legierung, die eine eutektische Temperatur von 363 °C aufweist, während die Schmelzpunkte von Au und Si bei 1.064 °C bzw. 1.414 °C liegen. Der Vorteil ist, dass diese eutektische Zusammensetzung bei relativ niedrigen Temperaturen als flüssiges Metall vorliegt, das leichter in den amorphen Zustand „gefroren" werden kann. Aktuelle Legierungsentwicklungen von amorphen Metallen basieren noch immer auf der Verknüpfung von rascher Erstarrung und eutektischen Zusammensetzungen. Denken Sie daran, dass handelsübliche Transformatorkerne aus amorphen Metallen im Allgemeinen aus 80 Atomprozent Fe bestehen und der Rest größtenteils aus Metalloiden wie B, P und C.

Ende der 60er wurde im Labor eine amorphe $Fe_{80}P_{13}C_7$-Legierung hergestellt; das erste kommerzielle Produkt, $Fe_{40}Ni_{40}P_{14}B_6$, bekannt unter der Bezeichnung METGLAS[1] 2826, kam Anfang 1970 auf den Markt. Obwohl die Eigenschaften dieses ersten Produkts durch Glühen optimiert wurden, konnte es aufgrund der relativ niedrigen Werte für die Sättigungsinduktion und die kritische Temperatur (oberhalb der es seine magnetischen Eigenschaften verliert) nur bedingt in leistungsarmen Hochfrequenzanwendungen eingesetzt werden. Die Entwicklung von amorphen Legierungen für die Stromversorgung hat sich seither vornehmlich auf Fe-basierte Legierungen konzentriert. Tabelle 20.5 führt verschiedene Familien amorpher eisenhaltiger Legierungen auf, die mit Siliziumstahl mit gerichteter Kornstruktur verglichen werden. Die $Fe_{80}P_{13}C_7$-Legierung ist durch die Verwendung der Metalloide P und C von den Rohmaterialkosten her am günstigsten. $Fe_{80}B_{20}$- und $Fe_{86}B_8C_6$-Legierungen weisen eine höhere Sättigungsinduktion auf, weil sie P und C durch B ersetzen und über einen

---

[1] METGLAS ist ein eingetragenes Warenzeichen.

höheren Fe-Anteil verfügen. Die $Fe_{80}B_{11}Si_9$-Legierung ist thermisch am stabilsten (höchste kritische Temperatur). Thermische Stabilität hat sich bei der kommerziellen Nutzung von amorphen Legierungen in der Stromversorgung zu einem primären Konstruktionsziel entwickelt. Das Hauptaugenmerk liegt dabei auf der Kristallisierung der Legierung, entweder während der Verarbeitung oder während des Betriebs, was zu einem Leistungsabfall führt. Damit ist $Fe_{80}B_{11}Si_9$ im Bereich der Elektronik zu der am häufigsten verwendeten amorphen Legierung avanciert. Obwohl die Sättigungsinduktion der amorphen Legierung nur 20% unter der Sättigungsinduktion des zu vergleichenden Siliziumstahls liegt, erzeugt sie nur 30% des Eisenverlustes.

Tabelle 20.5

Kenndaten des traditionellen Elektrostahls und der Fe-basierten amorphen Metalle

Werkstoff	Sättigungs-induktion B_s (Wb/m^2)	Kritische Temperatur T_C [K]	Koerzitiv-feldstärke H_c [A/m]	Eisenverlust bei 60 Hz, 1,4 Wb/m^2 CL [W/kg]
Elektrostahl Fe–3,2% Si	2,01	1.019	24	0,7
Amorphes $Fe_{80}P_{13}C_7$	1,40	587	5	—
Amorphes $Fe_{80}P_{20}$	1,60	647	3	0,3
Amorphes $Fe_{86}P_8C_6$	1,75	<600	4	0,4 (geschätzt)
Amorphes $Fe_{80}P_{11}Si_9$	1,59	665	2	0,2

Die Verarbeitung von amorphen Legierungen ist von vielen ingenieurtechnischen Herausforderungen begleitet. Um die hohen Abkühlraten von 10^5 °C/s zu erreichen, die für die rasche Erstarrung dieser Legierungen notwendig sind, muss mindestens eine geometrische Dimension klein sein. Der ursprüngliche Laborversuch zur Überprüfung der Machbarkeit beruhte noch auf dem schnellen Abschrecken von flüssigen Tröpfchen auf einer Kupferplatte. Nachfolgende Entwicklungen führten zu dem Einsatz der Schmelzspinntechnik mit Abschreckblock, die seit 1870 für die Herstellung von Lötdraht verwendet wurde. Bei dieser Technik wird der Strom einer Legierungsschmelze auf die äußere Oberfläche einer sich drehenden gekühlten Trommel gespritzt. Verbesserungen an diesem Verfahren führten zu dem ersten kommerziellen Produkt ($Fe_{40}Ni_{40}P_{14}B_6$-Legierung), ein Endlosband von 50 µm Dicke und 1,7 mm Breite. Trotz weiterer technologischer Verbesserungen konnte die Breite dieser Bänder zunächst nur bis auf 5 mm erhöht werden. Erst die Verfügbarkeit von breiten Legierungsblechen anstelle von schmalen Bändern revolutionierte die Herstellung von Transformatorkernen. Die Entwicklung des Planar Flow Casting machte die Herstellung solcher Bleche möglich. Hierbei wird die Legierungsschmelze durch einen Düsenschlitz gepresst, der sich direkt ($\approx 0,5$ mm) über der Oberfläche eines sich bewegenden Substrats befindet. Die Schmelze ist von Düse und Substrat begrenzt und bildet so einen stabilen rechteckigen Querschnitt aus. Mit der Planar Flow Casting-Technik sind amorphe Metallbleche bis zu einer Breite von 300 mm realisierbar, wobei 210 mm-Breiten im Handel erhältlich sind.

20.3 Auswahl elektronischer, optischer und magnetischer Werkstoffe – Fallstudien

Abbildung 20.16: An einem Mast befestigter Verteilungstransformator aus einem amorphen Metall

In den letzten 25 Jahren des 20. Jahrhunderts hat die Stromindustrie global einen großen Wandel erfahren. Nach dem Ölembargo 1973 zeigten die Stromversorger ein verständliches Interesse an effizienteren Transformatoren, das auch in den 80ern nicht nachließ, als sich Energieversorgung und Preise allmählich wieder stabilisierten. In den Vereinigten Staaten legte das Electric Power Research Institute (EPRI) den Schwerpunkt auf die Verteilungstransformatoren, die normalerweise an Strommasten oder auf Betonfundamenten montiert sind (siehe Abbildung 20.16). Verteilungstransformatoren setzen die elektrische Spannung, die bei der Überlandübertragung 5-14 kV betragen kann, auf eine Spannung von 120-240 V herunter, wie sie in Privathaushalten und Industrie verwendet werden. Die dünnere Geometrie und das sprödere mechanische Verhalten von amorphen Legierungen hat zu Änderungen an der spezifischen Konstruktion des Transformatorkerns geführt, die noch aus den Zeiten des Si-Elektrostahls stammt. Um die Geometrie von Siliziumstahlblechen nachzubilden, werden die amorphen Bleche zu mehrschichtigen Paketen „voraufgespult". Diese dicken Pakete vereinfachen die Handhabung und die Installation des Kerns beträchtlich.

Globale politische und wirtschaftliche Faktoren motivieren die Stromerzeuger, Kosten zu senken und die Dienstleistung zu verbessern. Diese Änderungen müssen jedoch den beträchtlichen ökologischen Bedenken Rechnung tragen. Die 3. Vertragsstaaten-Konferenz der Klimarahmenkonvention der UN, die im Dezember 1997 in Kyoto, Japan, stattfand, verabschiedete ein Abkommen, das so genannte Kyoto-Protokoll, mit der Vorgabe, die Treibhausgasemissionen um 5% (bezogen auf den Stand von 1990) zu reduzieren. An der Tabelle 20.6 können Sie ablesen, welchen potenziellen Anteil hierbei die Verteilungstransformatoren aus amorphen Metallen haben. Allein in den Vereinigten Staaten konnte ein Energieäquivalent von 70 Mio Barrel Öl bei gleichzeitiger Senkung des CO_2-, NO_x- und SO_2-Ausstoßes eingespart werden.

Tabelle 20.6

Wirkung des Einsatzes von Transformatoren aus amorphen Metallen auf die Umweltbelastung

Nutzen	Land oder Region				
	USA	Europa	Japan	China	Indien
Energieeinsparungen (10^9 kWh)	40	25	11	9	2
Öl (10^6 Barrel)	70	45	20	15	4
CO_2 (10^9 kg)	32	18	9	11	3
NO_x (10^6 kg)	100	63	27	82	20
SO_2 (10^6 kg)	240	150	68	190	47

Amorphe Metalltransformatoren sind oft teurer als ihre Siliziumstahl-Vorgänger, erweisen sich jedoch langfristig in vielen Stromnetzen als wirtschaftlicher. Starkstromelektriker verwenden im Allgemeinen eine Methode zur Bewertung der Verlustleistung, bei der auch wirtschaftliche Faktoren wie Transformatorbelastung, Energiekosten, Inflation und Zinsraten berücksichtigt werden. Ziel ist es, die Transformatoranschaffungskosten mit den Betriebskosten zu kombinieren, um so die Gesamtkosten der Investition für deren gesamte Lebensdauer (TOC[1]) zu ermitteln

$$TOC = BP + (F_{CL} \times CL) + (F_{LL} \times LL) \qquad (20.11)$$

wobei BP der Anschaffungspreis ist, F_{CL} der Kernverlustfaktor, CL der Kernverlust, F_{LL} der Lastverlustfaktor und LL der Lastverlust (definiert als Energieverlust des Systems ohne den Transformatorkern). Tabelle 20.7 zeigt, dass in diesem Fall der amorphe Metalltransformator zwar 15% mehr kostet als sein traditioneller Konkurrent, aber dafür bei den Gesamtkosten um 3% niedriger liegt.

Tabelle 20.7

Wirtschaftlichkeitsvergleich von Transformatoren mit einem Kern aus traditionellem Elektrostahl und mit einem Kern aus einem Fe-basierten amorphen Metall

Verteilungstransformator bei 60 Hz, 500 kW (15 kV/480-277 V)	Amorpher Metallkern	Siliziumstahlkern
1. Eisenverlust [W]	230	610
2. Eisenverlustfaktor [$/W]	5,50 $	5,50 $
3. Lastverlust [W]	3.192	3.153

[1] TOC ist das Akronym für »total owning cost«.

20.3 Auswahl elektronischer, optischer und magnetischer Werkstoffe – Fallstudien

Wirtschaftlichkeitsvergleich von Transformatoren mit einem Kern aus traditionellem Elektrostahl und mit einem Kern aus einem Fe-basierten amorphen Metall

Verteilungstransformator bei 60 Hz, 500 kW (15 kV/480-277 V)	Amorpher Metallkern	Siliziumstahlkern
4. Lastverlustfaktor [$/W]	1,50 $	1,50 $
5. Wirkungsgrad [%]	99,6	99,4
6. Anschaffungspreis	11.500 $	10.000 $
7. Eisenverlustwert (1 x 2)	1.256 $	3.355 $
8. Lastverlustwert (3 x 4)	4.788 $	4.730 $
9. Gesamtkosten (6 + 7 + 8)	17.558 $	18.085 $

20.3.2 Ersatz eines duroplastischen Polymers durch ein Thermoplast

Obwohl technische Polymere primär mit den herkömmlichen metallischen Konstruktionswerkstoffen konkurrieren, gehört die Gruppe der duroplastischen Phenolharze, wie beispielsweise Phenolformaldehyd, zu den vorherrschenden traditionellen Dielektrika (siehe *Tabelle 13.2*). Seit ihrer Markteinführung 1905 sind Phenolharze das Material der Wahl für Gehäuse, Klemmleisten, Steckverbindungen und einer Fülle anderer dielektrischer Komponenten, die von der Elektronikindustrie benötigt werden. Mittlerweile sind jedoch besondere Thermoplaste entwickelt worden, die von den Eigenschaften her durchweg konkurrenzfähig sind und für Entwicklungsingenieure eine Alternative darstellen. Abbildung 20.17 veranschaulicht einen Anwendungsbereich für Polyäthylenterephthalat (PET), einem Polyester-Thermoplast (siehe *Tabelle 13.1*). Diese Spule wäre normalerweise aus einem duroplastischen Phenolharz hergestellt worden.

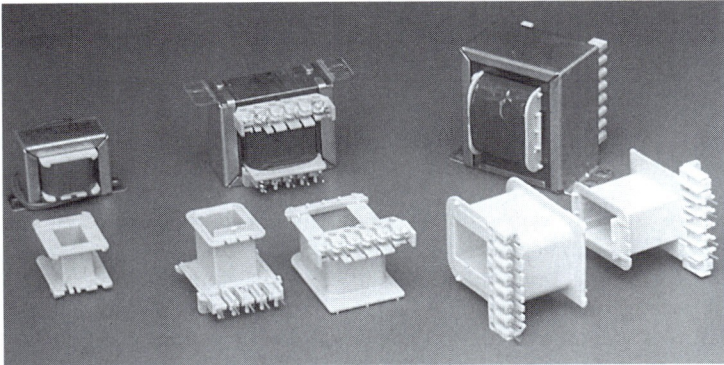

Abbildung 20.17: Im Vordergrund sind kleine Transformatorspulen aus einem Polyester-Thermoplast zu sehen, im Hintergrund drei gewickelte, fertig montierte Transformatoren.

WERKSTOFFAUSWAHL

Aber die Eigenschaften des Polyester-Thermoplasts sind vergleichbar mit denen des Duroplasts (z.B. widerstandsfähig gegen Hochspannungslichtbögen, Heißdrahtzündung, Löthitze und Spannungen aufgrund der Wicklung des leitenden Spulendrahts). Fällt in diesem Fall die Wahl auf das Thermoplast, hat das meistens wirtschaftliche Gründe. Auch wenn der Stückpreis bei Phenolharz geringer ist als bei Polyester, weist Polyester ein größeres Sparpotenzial bei den Herstellungskosten auf, weil die Verarbeitung von Thermoplasten flexibler ist (siehe hierzu *Abschnitt 13.4*).

20.3.3 Metallische Lotwerkstoffe für die Flip-Chip-Technologie

In *Abschnitt 17.6* haben wir einige bekanntere Halbleiterbauelement-Technologien einschließlich der Verwendung von Drahtbonds, um die Bauelemente mit der Außenwelt zu verbinden, kennen gelernt. Dank einer alternativen Technik mit Pb-Sn-Lotdepots (auch Bumps genannt) ist es möglich, eine größere Zahl von Kontaktstiften im Bauelementgehäuse unterzubringen. Beim Drahtbonden befinden sich die Verbindungs-Pads am Rand des Chips. Bei der „Flip-Chip"-Technologie sind die Lotdepots gleichmäßig über die ganze Fläche des Chips verteilt, sodass mehr als 100 Verbindungs-Pads möglich sind. Abbildung 20.18 zeigt, wie die Aussparungen einer auf den Chip aufmetallisierten Aluminiumschicht mit einem Lotdepot in Form einer Kugel (ungefähr 125 μm Durchmesser) bestückt sind. Danach wird der Chip umgedreht (englisch „to flip") und mit der Oberfläche nach unten auf ein metallisiertes Keramiksubstrat montiert, das die gleiche Anzahl von Eingangs- und Ausgangs-Kontakten aufweist.

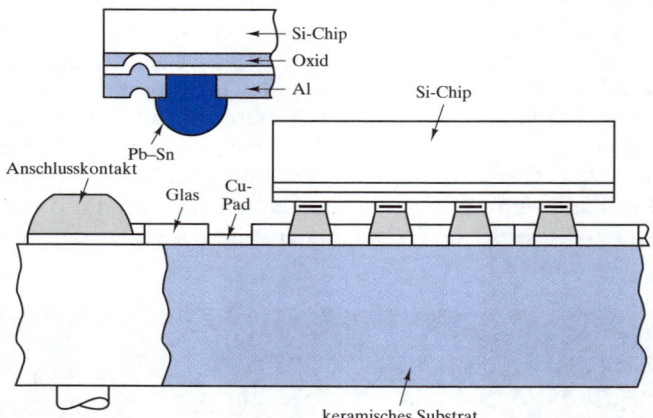

Abbildung 20.18: Schematische Darstellung eines Flip-Chip-Lotdepots, das das keramische Substrat mit dem Mikrochip kontaktiert. Die vergrößerte Ansicht zeigt das Pb-Sn-Lotdepot vor dem Bonden.

Drahtbonden beruht auf Mechanismen des Diffusionslötens im festen Zustand. Die Lotdepot-Technologie hingegen beruht auf dem Schmelzen einer Legierung. (Zur Erinnerung: Die eutektische Temperatur für das Pb-Sn-System liegt bei 183 °C.) Es wird eine Lötverbindung zu einem Cu-Pad hergestellt, dessen Schmelzpunkt natürlich viel höher liegt. Ein Glasdamm verhindert das Wegfließen des flüssigen Lots.

Die Wärmeabgabe erfolgt bei der Flip-Chip-Konfiguration über die Lötverbindungen zu dem Substrat – im Gegensatz zu den Chips, die mit dem Substrat voll verdrahtet sind. Der Umfang der Wärmeabfuhr hängt von der Anzahl und der Größe der Lötverbindungen ab.

20.3.4 Leuchtdioden (LEDs)

In *Abschnitt 16.2* wurden mehrere Mechanismen der Lumineszenz vorgestellt, die als Emission von Licht nach verschiedenen vorangehenden Formen der Energieabsorption definiert wurde. Elektrolumineszenz war der Begriff für die elektronen-induzierte Emission von Licht. Eine wichtige Form der Elektrolumineszenz liegt vor, wenn eine Durchlassspannung an einen p-n-Übergang gelegt wird (siehe *Abschnitt 17.6*). Innerhalb eines Rekombinationsbereichs in der Nähe des Übergangs können sich Elektronen und Löcher aufheben und Photonen sichtbaren Lichts aussenden. Die emittierte Wellenlänge wurde durch die *Gleichung 16.8* gegeben:

$$\lambda = hc / E_g \qquad (16.8)$$

E_g und die damit zusammenhängende emittierte Wellenlänge sind abhängig von der Halbleiterzusammensetzung. Eine Reihe von bekannten Beispielen finden Sie in Tabelle 20.8. In der Praxis erfolgt der Elektronenübergang von einem kleinen Energiebereich am unteren Ende des Leitungsbandes zu einem kleinen Energiebereich am oberen Ende des Valenzbandes (Abbildung 20.19). Der resultierende Wertebereich für E_g kann eine **spektrale Bandbreite** des Lichts in der Größenordnung von einigen wenigen nm erzeugen. Abbildung 20.20 zeigt flächen- als auch kantenstrahlende Konfigurationen für diese **Leuchtdioden** oder **LEDs** (Light Emitting Diodes). Die Konstruktion der allgegenwärtigen digitalen Anzeigen auf der Basis von LEDs veranschaulicht Abbildung 20.21. Viele der in *Abschnitt 16.3* vorgestellten Laser liefern die Trägerwellen für die meisten optischen Fasernetzwerke und sind damit wichtige Beispiele für LEDs.

Tabelle 20.8

Für LEDs eingesetzte Verbindungen und dazugehörende Wellenlängen

Verbindung	Wellenlänge [nm]	Farbe
GaP	565	Grün
GaAsP	590	Gelb
GaAsP	632	Orange
GaAsP	649	Rot
GaAlAs	850	nahe IR
GaAs	940	nahe IR
InGaAs	1.060	nahe IR
InGaAsP	1.300	nahe IR
InGaAsP	1.550	nahe IR

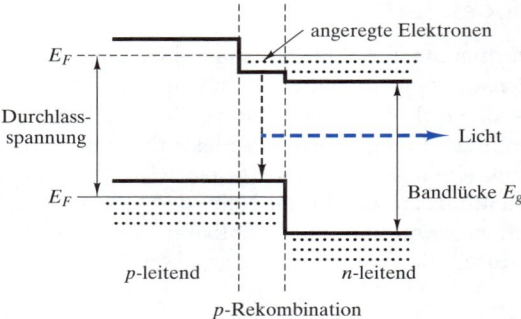

Abbildung 20.19: Schematische Darstellung der Energiebandstruktur einer LED

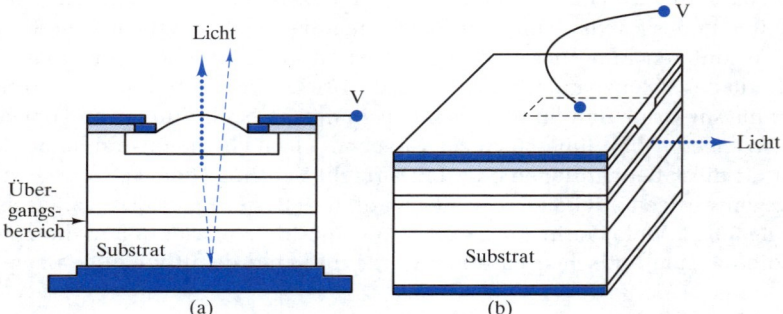

Abbildung 20.20: Schematische Darstellung von Leuchtdioden, die (a) von der Oberfläche und (b) seitlich abstrahlen

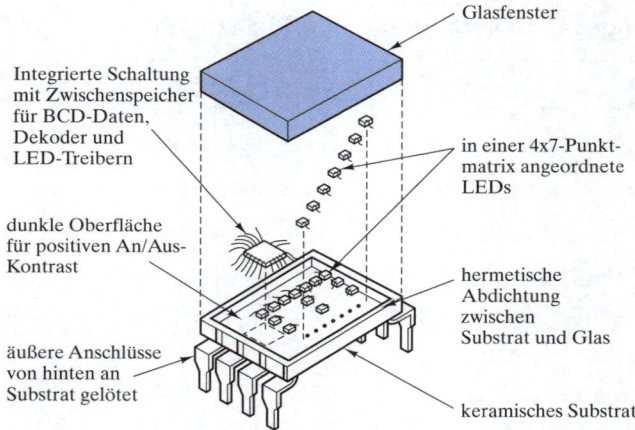

Abbildung 20.21: Schematische Darstellung einer digitalen Anzeige, die aus einem LED-Array besteht

20.3.5 Polymere als elektrische Leiter

In den *Kapiteln 13* und *15* sowie weiter vorn in diesem Abschnitt haben wir uns mit der typischen Rolle der Polymere als Isolatoren beschäftigt. Nach der Entdeckung in den späten 70ern, dass dotiertes Polyazetylen eine relativ hohe Leitfähigkeit besitzt, erschlossen sich den Polymeren gänzlich neue Einsatzbereiche in elektrischen Anwendungen. Zwanzig Jahre später hatten sich die polymeren Leiter von einer wissenschaftlichen Kuriosität zu einem Bestandteil von Elektronikbauteilen gemausert

Das Hauptmerkmal von **elektrisch leitenden Polymeren** ist ihr Rückgrat, das aus sich abwechselnden Einfach- und Doppelbindungen besteht. Die „Extra"-Elektronen, die mit den Doppelbindungen einhergehen, können sich dann relativ leicht an der polymeren Hauptkette entlangbewegen. Die dazugehörige kleine Energielücke kann zu einer Leitfähigkeit auf Halbleiterniveau führen, ja sogar metallisches Verhalten zeigen (Abbildung 20.22). Für Letzteres hat sich der Begriff *synthetische Metalle* eingebürgert.

Noch Jahre nach ihrer Entdeckung stellten elektrisch leitende Polymere Wissenschaftler vor Probleme, da sie sich an Luft instabil verhalten. Doch inzwischen wurden bedeutende Fortschritte erzielt, und diese Werkstoffe können in einer ganzen Reihe von Umgebungen verarbeitet werden, einschließlich organischen und anorganischen Lösungsmitteln sowie wässrigen Medien.

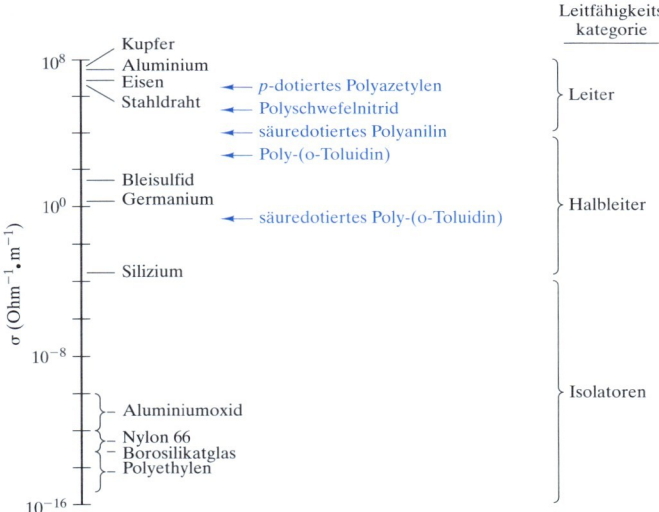

Abbildung 20.22: Elektrische Leitfähigkeiten verschiedener Elektropolymere, die die traditionelle Klassifizierung aus *Abbildung 15.28* in Frage stellen können

Intensive Forschungen in diesem Bereich haben dazu beigetragen, die Leitungsmechanismen dieser Materialien zu beschreiben und erste Anwendungsgebiete zu identifizieren. Halbleitende Polymere können als lichtemittierende Dioden (Leuchtdioden) verwendet werden. Es gibt eine Vielzahl von Anwendungen, die sich die Fähigkeit des Polymers zunutze machen, optische Eigenschaften oder Ladungstransport nach den verschiedenen Umgebungen auszurichten. Als Beispiele seien hier Transportsysteme für Medikamente, Photovoltaik und Korrosionsschutzschichten für Eisenbasislegierungen genannt. Weitere Anwendungen umfassen Membranen zur Gastrennung und antistatische Beschichtungen für fotografische Filme.

Beispiel 20.3 Beweisen Sie unter Verwendung der nachstehend aufgeführten Daten den wirtschaftlichen Vorteil von einem thermoplastischen Polyester (4,30 $/kg) gegenüber einem hitzeaushärtenden Phenolharz (1,21 $/kg). Das Herstellungsgewicht beträgt bei beiden Teilen jeweils 2,9 kg. (Es wird vorausgesetzt, dass die Maschinenkosten bei beiden Werkstoffen gleich hoch sind und dass die Arbeitskosten sich auf 10 $/Std. belaufen.)

	Phenolharz	Polyester
Produktionsrate	70%	95%
Zeit für einen Produktionszyklus pro Maschine	35 s	20 s
Anzahl geformter Teile pro Zyklus	4	4
Anzahl der Maschinen, die von einem Arbeiter bedient werden	1	5

Lösung

Die reinen Kosten pro Kilogramm (unter Berücksichtigung der Produktionsrate)

$$\text{Phenolharz: } \frac{1{,}21\ \$/kg}{0{,}70} = 1{,}73\ \$/kg$$

und

$$\text{Polyester: } \frac{4{,}30\ \$/kg}{0{,}95} = 4{,}53\ \$/kg$$

Die Netto-Materialkosten pro Teil betragen

Phenolharz: $= 1{,}73\ \$/kg \times 2{,}9\ g/Teil \times 1 kg/1.000 g = 0{,}005\ \$/Teil$

$= 0{,}5\ Cent/Teil$

und

Polyester: $= 4{,}53\ \$/kg \times 2{,}9\ g/Teil \times 1 kg/1.000 g = 0{,}013\ \$/Teil$

$= 1{,}3\ Cent/Teil$

(Die größere Produktionsrate für Polyester kann als solche noch nicht die höheren inhärenten Materialkosten kompensieren.)
Hinzu kommen die Netto-Arbeitskosten für
Phenolharz:

$$= \frac{10\ \$/Stunde}{Arbeiter} \times 1\ Arbeiter \times \frac{35\ s/Zyklus}{4\ Teile/Zyklus} \times \frac{1\ Stunde}{3.600\ s} = 0{,}024\ \$/Teil$$

$$= 2{,}4\ Cent/Teil$$

20.3 Auswahl elektronischer, optischer und magnetischer Werkstoffe – Fallstudien

und Polyester:

$$= \frac{10\ \$/\text{Stunde}}{\text{Arbeiter}} \times \frac{1}{5}\ \text{Arbeiter} \times \frac{20\ \text{s/Zyklus}}{4\ \text{Teile/Zyklus}} \times \frac{1\ \text{Stunde}}{3.600\ \text{s}} = 0{,}003\ \$/\text{Teil}$$

$$= 0{,}3\ \text{Cent/Teil}$$

Die Gesamtkosten (Material + Arbeit) belaufen sich demnach auf

Phenolharz: (0,5 Cent + 2,4 Cent)/Teil = 2,9 Cent / Teil und

Polyester: (1,3 Cent + 0,3 Cent)/Teil = 1,6 Cent/Teil.

Aufgrund der wesentlich geringeren Arbeitskosten ist Polyester, wirtschaftlich gesehen, die günstigere Alternative.

Übung 20.3 In Übung 20.3 haben wir berechnet, wie viel wir durch die ökonomischere Verarbeitung eines thermoplastischen Polymers einsparen. Der größte Einflussfaktor ist dabei die Fähigkeit eines einzigen Arbeiters, bei der Verarbeitung des thermoplastischen Polymers mehrere Maschinen gleichzeitig bedienen zu können. Um welchen Faktor müsste man diesen „Arbeiter"-Parameter für Phenolharze erhöhen, damit beide Werkstoffe gleich teuer sind?

ZUSAMMENFASSUNG

Die vielen Eigenschaften der Werkstoffe, die in den ersten 19 Kapiteln dieses Buchs definiert wurden, sind Parameter, die den Konstrukteur bei der Werkstoffauswahl für eine gegebene technische Konstruktion unterstützen sollen. Diese Parameter hängen oft von der Verarbeitung des Werkstoffs ab.

Bei der Auswahl eines Konstruktionswerkstoffs müssen wir uns zuerst für einen der vier Werkstoffkategorien entscheiden, die in Teil II dieses Buchs beschrieben sind. Sobald wir uns für eine der gegebenen Kategorien entschieden haben, muss der optimale spezifische Werkstoff gefunden werden. Im Allgemeinen ist ein ausgewogenes Verhältnis zwischen Festigkeit und Duktilität zu ermitteln. Es existieren jedoch auch für die relativ spröden Keramiken und Gläser technische Anwendungen, sofern deren Anforderungsprofil chemische bzw. thermische Beständigkeit in den Vordergrund stellt. Verbesserte Zähigkeit erschließt ihnen neue Einsatzmöglichkeiten. Gläser und Polymere werden unter anderem aufgrund ihrer optischen Eigenschaften gewählt. Abschließende Entscheidungskriterien bei der Werkstoffauswahl beziehen sich auf Fragen der Langzeitstabilität sowie der Sicherheit gegen Bauteilausfall. Die Wahl für einen Funktionswerkstoff der Elektrotechnik beginnt mit der Entscheidung für eine der drei Kategorien: Leiter, Isolator oder Halbleiter. Die Auswahl von Halbleitern ist Teil eines komplexen Designprozesses, der zu immer komplexeren und winzigeren integrierten Schaltkreisen führt. Die Auswahl von optischen Werkstoffen erfolgt oft unter gleichzeitiger Berücksichtigung ihrer strukturellen und funktionellen Eigenschaften. Die Beschreibung der metallischen und keramischen Magnetwerkstoffe in *Kapitel 18* bietet einen guten Überblick darüber, welche Werkstoffe für spezielle magnetische Anwendungen am besten geeignet sind. Für eine Anwendung als Struktur- oder Funktionswerkstoff wird die Werkstoffauswahl darüber hinaus anhand von speziellen Fallstudien veranschaulicht.

ZUSAMMENFASSUNG

WERKSTOFFAUSWAHL

■ Schlüsselbegriffe

Ashby-Diagramm (883)
biologisches Material (895)
Biowerkstoff (895)
elektrisch leitendes Polymer (907)
Energieverlust (902)
Konstruktionsparameter (879)

LED (Light Emitting Diode) (905)
Leuchtdiode (LED) (905)
Prothese (894)
spektrale Bandbreite (905)
struktureller Verbundwerkstoff (892)
Wabenstruktur (891)

■ Quellen

ASM Handbook, Vol. 20: *Materials Selection and Design*, ASM International, Materials Park, OH, 1997.
Ashby, M. F., *Materials Selection in Mechanical Design*, 2nd ed., Butterworth-Heinemann, Oxford, 1999.
Ashby, M. F. und **D. R. H. Jones**, *Engineering Materials 1 – An Introduction to Their Properties and Applications*, 2nd ed., Butterworth-Heinemann, Oxford, 1996.
Ashby, M. F. und **D. R. H. Jones**, *Engineering Materials 2 – An Introduction to Microstructures, Processing, and Design*, 2nd ed., Butterworth-Heinemann, Oxford, 1998.
Dorf, R. C., *Electrical Engineering Handbook*, 2nd ed., CRC Press, Boca Raton, FL, 2000.
Shackelford, J. F. und **W. Alexander**, *CRC Materials Science and Engineering Handbook*, 3rd ed., CRC Press, Boca Raton, FL, 2001.

Aufgaben

Am Anfang dieses Kapitels haben wir darauf hingewiesen, dass Werkstoffauswahl ein komplexes Thema ist und unsere einführenden Beispiele etwas idealisiert dargestellt sind. Wie bereits auch in den vorangegangenen Kapiteln wollen wir subjektive, individuelle Probleme vermeiden und uns stattdessen lieber den objektiveren Problemen zuwenden. Die vielen subjektiven Probleme bei der Werkstoffauswahl wollen wir weiterführenden Kursen oder Ihren eigenen praktischen Erfahrungen als Konstrukteur überlassen.

■ Werkstoffeigenschaften als Konstruktionsparameter

20.1 Ein Auftragnehmer der öffentlichen Hand benötigt für seinen Auftrag Baustähle mit einer Zugfestigkeit von ≥ 1.000 MPa und einer Bruchdehnung von ≥ 15%. Welche Legierungen in und genügen diesen Spezifikationen?

20.2 Welche weiteren Legierungen könnten angegeben werden, wenn der Auftragnehmer der öffentlichen Hand in Aufgabe 1 auch Baustähle einer Zugfestigkeit ≥ 1.000 MPa und einer Bruchdehnung von ≥ 10% bei der Auswahl zulassen würde?

D 20.3 Bei der Auswahl eines sphärolithischen Gusseisens für eine Anwendung hoher Festigkeit/niedriger Duktilität finden Sie in einer Standard-Referenz die folgenden zwei Tabellen:

Zugfestigkeit von Gusseisen mit Kugelgraphit	
Sorte oder Klasse	**Zugfestigkeit [MPa]**
Klasse C	345
Klasse B	379
Klasse A	414
65 – 45 – 12	448
80 – 55 – 06	552
100 – 70 – 03	689
120 – 90 – 02	827

Bruchdehnung von Gusseisen mit Kugelgraphit	
Sorte oder Klasse	**Bruchdehnung [%]**
120 – 90 – 02	2
100 – 70 – 03	3
80 – 55 – 06	6
Klasse B	7
65 – 45 – 12	12
Klasse A	15
Klasse C	20

Welche Legierungen in diesen Tabellen wären für ein sphärolithisches Gusseisen mit einer Zugfestigkeit ≥ 550 MPa und einer Bruchdehnung von ≥ 5% geeignet?

D 20.4 Welche der Legierungen aus Aufgabe 20.3 würden bei der Auswahl eines sphärolithischen Gusseisens für eine Anwendung hoher Festigkeit/niedriger Duktilität der Spezifikation Zugfestigkeit ≥ 350 MPa und Bruchdehnung von ≥ 15% entsprechen?

D 20.5 Bei der Auswahl eines Polymers für eine elektronische Bauteilgruppen-Anwendung finden Sie in einer Standard-Referenz die folgenden zwei Tabellen:

Spezifische Volumenwiderstände von Polymeren

Polymer	Spezifischer Widerstand [$\Omega \cdot m$]
Epoxyharz	1×10^5
Phenol-	1×10^9
Zelluloseazetat	1×10^{10}
Polyester	1×10^{10}
Polyvinylchlorid	1×10^{12}
Nylon 6/6	5×10^{12}
Akryl-	5×10^{12}
Polyäthylen	5×10^{13}
Polystyrol	2×10^{14}
Polykarbonat	2×10^{14}
Polypropylen	2×10^{15}
PTFE	2×10^{16}

Wärmeleitfähigkeit von Polymeren

Polymer	Leitfähigkeit [$J/s \cdot m \cdot K$]
Polystyrol	0,12
Polyvinylchlorid	0,14
Polykarbonat	0,19
Polyester	0,19
Akryl-	0,21
Phenol-	0,22
PTFE	0,24
Zelluloseazetat	0,26
Polyäthylen	0,33
Epoxydharz	0,52
Polypropylen	2,2
Nylon 6/6	2,9

Welche Polymere in diesen Tabellen wären für ein Polymer mit einem Volumenwiderstand $\geq 10^{13}$ $\Omega \cdot m$ und einer Wärmeleitfähigkeit $\geq 0,5$ $J/s \cdot m \cdot K$ geeignet?

D 20.6 Die Überprüfung der Leistung der in Aufgabe 5 ausgewählten Polymere führte zu der Formulierung strengerer Spezifikationen. Welche Polymere hätten einen Volumenwiderstand $\geq 10^{14}$ $\Omega \cdot m$ und eine Wärmeleitfähigkeit $\geq 0,35$ $J/s \cdot m \cdot K$?

20.7 Zeichnen Sie in eine Fotokopie von Abbildung 20.4 die Modul-Dichte-Daten für (a) 1040 unlegierten Stahl, (b) 2048 Aluminiumblech und (c) Ti-5Al-2,5Sn. Geben Sie unter Verwendung der Modul-Daten aus *Tabelle 6.2* Näherungswerte für die Legierungsdichten an, indem Sie die Werte für reines Fe, Al und Ti in *Anhang A* zugrunde legen.

20.8 Zeichnen Sie in eine Fotokopie von Abbildung 20.4 die Modul-Dichte-Daten für (a) die Sintertonerde aus *Tabelle 6.5*, (b) das Polyäthylen hoher Dichte aus *Tabelle 6.7* und (c) das E-Glas/Glasfaserepoxyd aus *Tabelle 14.12*. Als Dichten legen Sie die Werte 3,8, 1,0 und 1,8 g/cm³ zugrunde.

■ **Auswahl von Konstruktionswerkstoffen – Fallstudien**

20.9 Berechnen Sie unter Verwendung der Gleichung 20.4 das Gewicht eines Surfbrettmastes aus CFK mit einer Länge von 4,6 m, einem Außenradius von 18 mm, einem Formfaktor von $\phi = 5$ und einer Dichte von 1,5 g/cm³.

20.10 Wiederholen Sie Aufgabe 20.9 für eine Surfbrettmast aus GFK mit einer Länge von 4,6 m, einem Außenradius von 17 mm, einem Formfaktor von $\phi = 4$ und einer Dichte von 1,8 g/cm³.

20.11 Bei der Boeing 767 wird für die Frachtraumverkleidung ein Kevlar-verstärkter Verbundwerkstoff verwendet. Das Teil wiegt 125 kg. (a) Welche Gewichtseinsparung bedeutet dieses Gewicht im Vergleich zu einem Aluminiumteil derselben Größe? (Verwenden Sie der Einfachheit halber die Dichte von reinem Aluminium. Eine Berechnung der Dichte für einen Kevlar-Verbundwerkstoff erfolgte bereits in Aufgabe 14.4.) (b) Wie viel Treibstoff könnte man durch den Ersatz dieses einen Teils jährlich einsparen?

20.12 Wie hoch sind die jährlichen Treibstoffeinsparungen bei einem Ersatz durch eine Al-Li-Legierung wie in Aufgabe 11.7 beschrieben?

20.13 Betrachten wir ein Abnahmeprogramm für die Schafte femoraler Hüftgelenkimplantate aus Ti-6Al-4V. Würde es ausreichen, wenn das Programm Fehler von 1 mm Durchmesser feststellt, um einen frühen Bruch zu verhindern? Verwenden Sie die Daten aus *Tabelle 8.3* und gehen Sie von einer extrem hohen Belastung aus (5-mal das Körpergewicht eines athletischen Patienten von 100 kg). Die Querschnittsfläche des Schafts beträgt 650 mm².

20.14 Betrachten wir ein Abnahmeprogramm für eine etwas traditionellere Anwendung der Ti-6Al-4V-Legierung aus Aufgabe 20.13. Würde es ausreichen, wenn das Programm Fehler von 1 mm Durchmesser an einem Raumschiffbauteil feststellt, das auf 90% der Streckgrenze aus *Tabelle 6.2* belastet ist?

20.15 Betrachten wir die Belastung eines einfachen Kragbalkens:

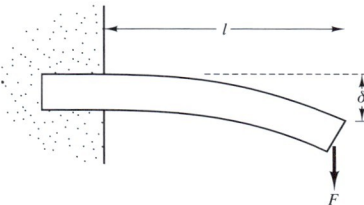

Aus den Grundlagen der Statik ist die Masse des Balkens, der unter einer Kraft F eine Biegung d erfährt, gegeben durch

$$M = (4l^5 F / \delta)^{1/2} (\rho^2 / E)^{1/2}$$

wobei p die Dichte, E der Elastizitätsmodul und die anderen Terme durch die Abbildung definiert sind. Aus der Gleichung geht deutlich hervor, dass das Gewicht des Bauteils für eine gegebene Belastung minimiert wird, indem p^2/E minimiert wird. Welche Werkstoffe (unter Verwendung der Daten aus Aufgabe 14.49) wären die optimale Wahl für diese Art von technischer Anwendung? (Die E-Moduln können allgemein den *Tabellen 6.2* und *14.12* entnommen werden. Der E-Modul von Stahlbeton kann mit 47×10^3 MPa angesetzt werden.)

20.16 Wie müsste man bei der Werkstoffauswahl in Aufgabe 20.15 vorgehen, wenn man die Kosten in die Minimierungsberechnung mit einbeziehen wollte?

■ **Auswahl elektronischer, optischer und magnetischer Werkstoffe – Fallstudien**

20.17 Verifizieren Sie die Berechnung der Gesamtkosten für den amorphen Metallkern aus.

20.18 Wiederholen Sie Aufgabe 20.17 für den Kern aus Siliziumstahl in.

D 20.19 Für den Vergleich zweier thermoplastischer Polyester, die für Sicherungshalter (Gewicht = 5 g) in einem neuen Auto vorgesehen sind, stehen die folgenden Daten zur Verfügung:

	Polyester 1	Polyester 2
Kosten/kg	4,25 $	4,50 $
Ausbeute	95%	92%
Durchlaufzeit	25 s	20 s

Angenommen, alle anderen Produktionsfaktoren sind vergleichbar und entsprechen den Parametern für das Polyester in Aufgabe 20.3. Führen Sie einen Wirtschaftlichkeitsvergleich durch und empfehlen Sie eines der beiden technischen Polymere.

20.20 Vorausgesetzt, die Wärmeleitfähigkeit k eines 95 Pb:5 Sn-Lotwerkstoffs der Flip-Chip-Technologie ist 63 J/(s·m·K). Berechnen Sie den Wärmestrom über ein Array von 100 Lötkugeln mit einem Durchschnittsdurchmesser von 100 μm und einer Dicke von 75 μm. Die Temperatur des Chips kann mit 80 °C und die des Substrats mit 25 °C angesetzt werden. (Lesen Sie hierzu *Abschnitt 7.3* zum Wärmetransfer.)

D 20.21 Betrachten Sie die folgenden Konstruktionsüberlegungen für ein typisches Halbleiterbauelement, eine Speicherzelle in einem FET. Die Zelle enthält eine dünne SiO_2-Schicht, die als kleiner Kondensator fungiert. Der Kondensator soll so klein wie möglich, aber groß genug sein, damit ein α-Strahlungsteilchen keine Fehler beim 5V-Betriebssignal auslöst. Um dies sicherzustellen, schreibt die Spezifikation einen Kondensator mit einer Kapazität (= [Ladungsdichte × Fläche]/Spannung = C/V = F) von 50×10^{-15} F vor. Wie groß muss die Fläche für den Kondensator sein, wenn die SiO_2-Schicht 1 μm dick ist? (Beachten Sie, dass die Dielektrizitätskonstante von SiO_2 gleich 3,9 ist. Die Kapazität wurde bereits in *Abschnitt 15.4* behandelt.)

D 20.22 Angenommen die Spezifikationen für das Bauelement aus Aufgabe 20.21 wurden geändert, sodass eine Kapazität von 70×10^{-15} F benötigt wird, wobei die dafür vorgesehene Fläche auf dem Schaltkreis gleich bleibt. Berechnen Sie die für die geänderten Spezifikationen benötigte Dicke der entsprechenden SiO_2-Schicht.

20.23 Berechnen Sie die Bandlücke E_g für die LEDs (a) GaP und (b) GaAsP aus.

20.24 Wiederholen Sie Aufgabe 20.23 für die LEDs (a) GaAs und (b) InGaAs aus

Physikalische und chemische Daten für die Elemente

A.1 Tabelle 916

ÜBERBLICK A

A PHYSIKALISCHE UND CHEMISCHE DATEN FÜR DIE ELEMENTE

A.1 Tabelle

Ordnungszahl	Element	Symbol	Elektronenkonfiguration[a] (Anzahl der Elektronen in jeder Gruppe)															Atommasse [u][a]	Dichte des Festkörpers (bei 20 °C) [g/cm3][b]	Kristallstruktur (bei 20 °C)[c]	Schmelzpunkt [°C]
			1s	2s	2p	3s	3p	3d	4s	4p	4d	4f	5s	5p	5d	5f	6s	6p	6d	7s				
1	Wasserstoff	H	1																	1,008			-259,34 (TP)
2	Helium	He	2																	4,003			-271,69
3	Lithium	Li		1																6,941	0.533	krz	180,6
4	Beryllium	Be		2																9,012	1.85	hdp	1.289
5	Bor	B		2	1															10,81	2,47		2.092
6	Kohlenstoff	C		2	2															12,01	2,27	hex.	3.826 (SP)
7	Stickstoff	N		2	3															14,01			-210,0042 TP)
8	Sauerstoff	O		2	4															16,00			-218,789 (TP)
9	Fluor	F		2	5															19,00			-219,67 (TP)
10	Neon	Ne		2	6															20,18			-248,587 (TP)
11	Natrium	Na				1														22,99	0,966	krz	97.8
12	Magnesium	Mg				2														24,30	1.74	hdp	650
13	Aluminium	Al				2	1													26,98	2,70	kfz	660,452
14	Silizium	Si				2	2													28,09	2.33	dia.	1.414
15	Phosphor	P				2	3													30,97	1,82 (weiß)	ortho.	44,14 (weiß)
16	Schwefel	S				2	4													32,06	2,09	ortho.	115,22
17	Chlor	Cl				2	5													35,45			-100,97 (TP)
18	Argon	Ar				2	6													39,95			-189,352 (TP)
19	Kalium	K							1											39,10	0,862	krz	63,71
20	Calcium	Ca							2											40,08	1,53	kfz	842
21	Scandium	Sc						1	2											44,96	2.99	kfz	1.541
22	Titan	Ti						2	2											47,87	4.51	hdp	1.670
23	Vanadium	V						3	2											50,94	6.09	krz	1.910
24	Chrom	Cr						5	1											52,00	7,19	krz	1.863
25	Mangan	Mn						5	2											54,94	7,47	kub.	1.246
26	Eisen	Fe						6	2											55,84	7.87	krz	1.538
27	Kobalt	Co						7	2											58,93	8,8	hdp	1.495
28	Nickel	Ni						8	2											58,69	8.91	kfz	1.455
29	Kupfer	Cu						10	1											63,55	8,93	kfz	1.084,87
30	Zink	Zn						10	2											65,39	7,13	hdp	419,58
31	Gallium	Ga						10	2											69,72	5.91	ortho.	29,7741 (TP)
32	Germanium	Ge						10	2											72,64	5.32	dia.	938,3
33	Arsen	As						10	2											74,92	5,78	rhomb.	603 (SP)
34	Selen	Se						10	2											78,96	4.81	hex.	221
35	Brom	Br						10	2											79,90			-7,25 (TP)
36	Krypton	Kr						10	2											83,80			-157,385

A.1 Tabelle

Ordnungszahl	Element	Symbol	1s	2s	2p	3s	3p	3d	4s	4p	4d	4f	5s	5p	5d	5f	6s	6p	6d	7s	Atommasse [u][a]	Dichte des Festkörpers (bei 20 °C) [g/cm3][b]	Kristallstruktur (bei 20 °C)[c]	Schmelzpunkt [°C]
37	Rubidium	Rb	\<Krypton-Kern\>										1								85,47	1.53	krz	39,48
38	Strontium	Sr	\<Krypton-Kern\>										2								87,62	2,58	kfz	769
39	Yttrium	Y	\<Krypton-Kern\>								1		2								88,91	4,48	hdp	1.522
40	Zirkon(ium)	Zr	\<Krypton-Kern\>								2		2								91,22	6.51	hdp	1.855
41	Niob	Nb	\<Krypton-Kern\>								4		1								92,91	8.58	krz	2.469
42	Molybdän	Mo	\<Krypton-Kern\>								5		1								95,94	10,22	krz	2.623
43	Technetium	Tc	\<Krypton-Kern\>								5		2								98,91	11,50	hdp	2.204
44	Ruthenium	Ru	\<Krypton-Kern\>								7		1								101,07	12,36	hdp	2.334
45	Rhodium	Rh	\<Krypton-Kern\>								8		1								102,91	12,42	kfz	1.963
46	Palladium	Pd	\<Krypton-Kern\>								10										106,42	12,00	kfz	1.555
47	Silber	Ag	\<Krypton-Kern\>								10		1								107,87	10,50	kfz	961,93
48	Cadmium	Cd	\<Krypton-Kern\>								10		2								112,41	8,65	hdp	321,108
49	Indium	In	\<Krypton-Kern\>								10		2	1							114,82	7,29	tfz	156,634
50	Zinn	Sn	\<Krypton-Kern\>								10		2	2							118,71	7.29	trz	231,9681
51	Antimon	Sb	\<Krypton-Kern\>								10		2	3							121,76	6.69	rhomb.	630,755
52	Tellur	Te	\<Krypton-Kern\>								10		2	4							127,60	6.25	hex.	449,57
53	Jod(Iod)	I	\<Krypton-Kern\>								10		2	5							126,90	4,95	ortho.	113,6 (TP)
54	Xenon	Xe	\<Krypton-Kern\>								10		2	6							131,29			-111,7582 (TP)
55	Cäsium	Cs	\<Xenon-Kern\>														1				132,91	1,91 (-10°)	krz	28,39
56	Barium	Ba	\<Xenon-Kern\>														2				137,33	3,59	krz	
57	Lanthan	La	\<Xenon-Kern\>												1		2				138,91	6,17	hex.	918
58	Cer	Ce	\<Xenon-Kern\>									2					2				141,12	6.77	kfz	798
59	Praseodym	Pr	\<Xenon-Kern\>									3					2				140,91	6,78	hex.	931
60	Neodym	Nd	\<Xenon-Kern\>									4					2				144,24	7,00	hex.	1.021
61	Promethium	Pm	\<Xenon-Kern\>									5					2				(145)		hex.	1.042
62	Samarium	Sm	\<Xenon-Kern\>									6					2				150,36	7.54	rhomb.	1.074
63	Europium	Eu	\<Xenon-Kern\>									7					2				151,96	5.25	krz	822
64	Gadolinium	Gd	\<Xenon-Kern\>									7			1		2				157,25	7,87	hdp	1.313
65	Terbium	Tb	\<Xenon-Kern\>									9					2				158,93	8,27	hdp	1.356
66	Dysprosium	Dy	\<Xenon-Kern\>									10					2				162,50	8,53	hdp	1.412
67	Holmium	Ho	\<Xenon-Kern\>									11					2				164,93	8,80	hdp	1.474
68	Erbium	Er	\<Xenon-Kern\>									12					2				167,26	9,04	hdp	1.529
69	Thulium	Tm	\<Xenon-Kern\>									13					2				168,93	9,33	hdp	1.545
70	Ytterbium	Yb	\<Xenon-Kern\>									14					2				173,04	6.97	kfz	819
71	Lutetium	Lu	\<Xenon-Kern\>									14			1		2				174,97	9,84	hdp	1.663
72	Hafnium	Hf	\<Xenon-Kern\>									14			2		2				178,49	13,28	hdp	2.231
73	Tantal	Ta	\<Xenon-Kern\>									14			3		2				180,95	16,67	krz	3.020
74	Wolfram	W	\<Xenon-Kern\>									14			4		2				183,84	19,25	krz	3.422
75	Rhenium	Re	\<Xenon-Kern\>									14			5		2				186,21	21,02	hdp	3.186
76	Osmium	Os	\<Xenon-Kern\>									14			6		2				190,23	22,58	hdp	3.033

PHYSIKALISCHE UND CHEMISCHE DATEN FÜR DIE ELEMENTE

Ordnungszahl	Element	Symbol	Elektronenkonfiguration[a] (Anzahl der Elektronen in jeder Gruppe)															Atommasse [u][a]	Dichte des Festkörpers (bei 20 °C) [g/cm3][b]	Kristallstruktur (bei 20 °C)[c]	Schmelzpunkt [°C]
			1s	2s	2p	3s	3p	3d	4s	4p	4d	4f	5s	5p	5d	5f	6s	6p	6d	7s				
77	Iridium	Ir										14			9						192,22	22,55	kfz	2.447
78	Platin	Pt										14			9		1				195,08	21,44	kfz	1.769,0
79	Gold	Au										14			10		1				196,97	19,28	kfz	1.064,43
80	Quecksilber	Hg										14			10		2				200,59			-38,836
81	Thallium	Tl										14			10		2				204,38	11,87	hdp	304
82	Blei	Pb										14			10		2				207,20	11,34	kfz	327,502
83	Bismut	Bi										14			10		2				208,98	9,80	rhomb.	271,442
84	Polonium	Po										14			10		2				(~210)	9.2	monoklin	254
85	Astat	At										14			10		2				(210)			≈302
86	Radon	Rn										14			10		2				(222)			-71
87	Francium	Fr						Radon-Kern												1	(223)		krz	≈27
88	Radium	Ra																		2	226,03		trz	700
89	Actinium	Ac																	1	2	(227)		kfz	1.051
90	Thorium	Th																	2	2	232,04		kfz	1.755
91	Protactinium	Pa																2	1	2	231,04		trz	1.572
92	Uran	U																3	1	2	238,03	19,05	ortho.	1.135
93	Neptunium	Np																4	1	2	237,05		ortho.	639
94	Plutonium	Pu																6		2	(244)	19,82	monoklin	640
95	Americium	Am																7		2	(243)		hex.	1.176
96	Curium	Cm																7		1	2	(247)		hex.	1.345
97	Berkelium	Bk																9			2	(247)		hex.	1.050
98	Californium	Cf																10			2	(251)			900
99	Einsteinium	Es																11			2	(254)			860
100	Fermium	Fm																12			2	(257)			≈1.527
101	Mendelevium	Mv																13			2	(258)			≈827
102	Nobelium	No																14			2	(259)			≈827
103	Lawrentium	Lr																14		1	2	(260)			≈1.627
104	Rutherfordium	Rf																14		2	2	(261)			
105	Dubnium	Db																14		3	2	(262)			
106	Seaborgium	Sg																14		4	2	(266)			

[a, b, c] Siehe unter „Quellen" auf der folgenden Seite.

TP = Tripelpunkt
SP = Sublimationspunkt bei Luftdruck

Quellen

[a] **Elektronenkonfiguration und Atommasse:** *Handbook of Chemistry and Physics*, 58th ed., R. C. Weast, Ed., CRC Press, Boca Raton, FL 1977.

[b] **Dichte des Festkörpers:** Röntgenbeugungsmessungen sind tabelliert in B. D. Cullity, *Elements of X-Ray Diffraction*, 2nd ed., Addison-Wesley Publishing Co., Inc., Reading, MA 1978.

[c] **Kristallstruktur:** R. W. G. Wyckoff, *Crystal Structure*, 2nd ed., Vol. 1, Interscience Publishers, NY, 1963; und *Metals Handbook*, 9th ed., Vol. 2, American Society for Metals, Metals Park, OH 1979.

Schmelzpunkt: *Binary Alloy Phase Diagrams*, Vols. 1 und 2, T. B. Massalski, Ed., American Society for Metals, Metals Park, OH 1986.

Daten für die Elemente 104 bis 106: *www.webelements.com*

Atom- und Ionenradien der Elemente

B.1 Tabelle 922

B

ÜBERBLICK

B ATOM- UND IONENRADIEN DER ELEMENTE

B.1 Tabelle

Ordnungszahl	Symbol	Atomradius [nm]	Ion	Ionenradius [nm]
1	H	0,046	H^-	0,154
2	He	–	–	–
3	Li	0,152	Li^+	0,078
4	Be	0,114	Be^{2+}	0,054
5	B	0,097	B^{3+}	0,02
6	C	0,077	C^{4+}	<0,02
7	N	0,071	N^{5+}	0,01–0,02
8	O	0,060	O^{2-}	0,132
9	F	–	F^-	0,133
10	Ne	0,160	–	–
11	Na	0,186	Na^+	0,098
12	Mg	0,160	Mg^{2+}	0,078
13	Al	0,143	Al^{3+}	0,057
14	Si	0,117	Si^{4-}	0,198
			Si^{4+}	0,039
15	P	0,109	P^{5+}	0,03–0,04
16	S	0,106	S^{2-}	0,174
			S^{6+}	0,034
17	Cl	0,107	Cl^-	0,181
18	Ar	0,192	–	–
19	K	0,231	K^+	0,133
20	Ca	0,197	Ca^{2+}	0,106
21	Sc	0,160	Sc^{2+}	0,083
22	Ti	0,147	Ti^{2+}	0,076
			Ti^{3+}	0,069
			Ti^{4+}	0,064
23	V	0,132	V^{3+}	0,065
			V^{4+}	0,061
			V^{5+}	~ 0,04
24	Cr	0,125	Cr^{3+}	0,064

Ordnungszahl	Symbol	Atomradius [nm]	Ion	Ionenradius [nm]
			Cr^{6+}	0,03–0,04
25	Mn	0,112	Mn^{2+}	0,091
			Mn^{3+}	0,070
			Mn^{4+}	0,052
26	Fe	0,124	Fe^{2+}	0,087
			Fe^{3+}	0,067
27	Co	0,125	Co^{2+}	0,082
			Co^{3+}	0,065
28	Ni	0,125	Ni^{2+}	0,078
29	Cu	0,128	Cu^{+}	0,096
			Cu^{2+}	0,072
30	Zn	0,133	Zn^{2+}	0,083
31	Ga	0,135	Ga^{3+}	0,062
32	Ge	0,122	Ge^{4+}	0,044
33	As	0,125	As^{3+}	0,069
			As^{5+}	~ 0,04
34	Se	0,116	Se^{2-}	0,191
			Se^{6+}	0,03–0,04
35	Br	0,119	Br^{-}	0,196
36	Kr	0,197	–	–
37	Rb	0,251	Rb^{+}	0,149
38	Sr	0,215	Sr^{2+}	0,127
39	Y	0,181	Y^{3+}	0,106
40	Zr	0,158	Zr^{4+}	0,087
41	Nb	0,143	Nb^{4+}	0,074
			Nb^{5+}	0,069
42	Mo	0,136	Mo^{4+}	0,068
			Mo^{6+}	0,065
43	Tc	–	–	–
44	Ru	0,134	Ru^{4+}	0,065
45	Rh	0,134	Rh^{3+}	0,068
			Rh^{4+}	0,065
46	Pd	0,137	Pd^{2+}	0,050

B ATOM- UND IONENRADIEN DER ELEMENTE

Ordnungszahl	Symbol	Atomradius [nm]	Ion	Ionenradius [nm]
47	Ag	0,144	Ag^+	0,113
48	Cd	0,150	Cd^{2+}	0,103
49	In	0,157	In^{3+}	0,092
50	Sn	0,158	Sn^{4-}	0,215
			Sn^{4+}	0,074
51	Sb	0,161	Sb^{3+}	0,090
52	Te	0,143	Te^{2-}	0,211
			Te^{4+}	0,089
53	I	0,136	I^-	0,220
			I^{5+}	0,094
54	Xe	0,218	–	–
55	Cs	0,265	Cs^+	0,165
56	Ba	0,217	Ba^{2+}	0,143
57	La	0,187	La^{3+}	0,122
58	Ce	0,182	Ce^{3+}	0,118
			Ce^{4+}	0,102
59	Pr	0,183	Pr^{3+}	0,116
			Pr^{4+}	0,100
60	Nd	0,182	Nd^{3+}	0,115
61	Pm	–	Pm^{3+}	0,106
62	Sm	0,181	Sm^{3+}	0,113
63	Eu	0,204	Eu^{3+}	0,113
64	Gd	0,180	Gd^{3+}	0,111
65	Tb	0,177	Tb^{3+}	0,109
			Tb^{4+}	0,089
66	Dy	0,177	Dy^{3+}	0,107
67	Ho	0,176	Ho^{3+}	0,105
68	Er	0,175	Er^{3+}	0,104
69	Tm	0,174	Tm^{3+}	0,104
70	Yb	0,193	Yb^{3+}	0,100
71	Lu	0,173	Lu^{3+}	0,099
72	Hf	0,159	Hf^{4+}	0,084
73	Ta	0,147	Ta^{5+}	0,068

B.1 Tabelle

Ordnungszahl	Symbol	Atomradius [nm]	Ion	Ionenradius [nm]
74	W	0,137	W^{4+}	0,068
			W^{6+}	0,065
75	Re	0,138	Re^{4+}	0,072
76	Os	0,135	Os^{4+}	0,067
77	Ir	0,135	Ir^{4+}	0,066
78	Pt	0,138	Pt^{2+}	0,052
			Pt^{4+}	0,055
79	Au	0,144	Au^{+}	0,137
80	Hg	0,150	Hg^{2+}	0,112
81	Tl	0,171	Tl^{+}	0,149
			Tl^{3+}	0,106
82	Pb	0,175	Pb^{4-}	0,215
			Pb^{2+}	0,132
			Pb^{4+}	0,084
83	Bi	0,182	Bi^{3+}	0,120
84	Po	0,140	Po^{6+}	0,067
85	At	–	At^{7+}	0,062
86	Rn	–	–	–
87	Fr	–	Fr^{+}	0,180
88	Ra	–	Ra^{+}	0,152
89	Ac	–	Ac^{3+}	0,118
90	Th	0,180	Th^{4+}	0,110
91	Pa	–	–	–
92	U	0,138	U^{4+}	0,105

Quellen

Nach einer Tabelle von R. A. Flinn und P. K. Trojan, *Engineering Materials and Their Applications*, Houghton Mifflin Company, Boston 1975.

Die Ionenradien basieren auf Berechnungen von V. M. Goldschmidt, der die Radien nach den bekannten Zwischenatomabständen in verschiedenen ionischen Kristallen zugeordnet hat.

Konstanten und Umrechnungsfaktoren

C.1 Tabelle Konstanten 928
C.2 Tabelle Vorsätze für SI-Einheiten 928
C.3 Tabelle Umrechnungsfaktoren 929

C.1 Tabelle Konstanten

Name	Formelzeichen	Wert
Avogadro-Konstante	N_A	$0{,}6023 \times 10^{24}$ mol^{-1}
Atomare Masseneinheit	$m_u = 1\,u$	$1{,}661 \times 10^{-24}$ g
Elektrische Feldkonstante	ε_0	$8{,}854 \times 10^{-12}$ C/(V * m)
Ruhemasse des Elektrons	m_e	$0{,}9110 \times 10^{-27}$ g
Elementarladung	e	$0{,}1602 \times 10^{-18}$ C
Gaskonstante	R	8,314 J/(mol * K) 1,987 cal/(mol * K)
Boltzmann-Konstante	k	$13{,}81 \times 10^{-24}$ J/K $86{,}20 \times 10^{-6}$ eV/K
Plancksche Konstante	h	$0{,}6626 \times 10^{-33}$ J * s
Lichtgeschwindigkeit (im Vakuum)	c	$0{,}2998 \times 10^{9}$ m/s
Bohrsches Magneton	μ_B	$9{,}274 \times 10^{-24}$ A * m^2
Faraday-Konstante	F	96.500 C/mol

C.2 Tabelle Vorsätze für SI-Einheiten

Bezeichnung	Kurzzeichen	Faktor
Giga	G	10^9
Mega	M	10^6
Kilo	k	10^3
Milli	m	10^{-3}
Mikro	µ	10^{-6}
Nano	n	10^{-9}
Piko	p	10^{-12}

C.3 Tabelle Umrechnungsfaktoren

Größe (Name der SI-Einheit)	Einheit	Umrechnungsfaktor
Länge (Meter)	1 m	$= 10^{10}$ Å $= 10^{9}$ nm $= 3{,}281$ ft $= 39{,}37$ in.
Masse (Kilogramm)	1 kg	$2{,}205$ lb_m
Kraft (Newton)	1 N	$= 0{,}2248$ lb_f
Druck (Pascal)	1 Pa	$= 1$ N/m^2 $= 0{,}1019 \times 10^{-6}$ kg_f/mm^2 $= 9{,}869 \times 10^{-6}$ atm $= 0{,}1450 \times 10^{-3}$ lb_f/in.^{2}
Viskosität	1 Pa * s	$= 10$ Poise
Energie (Joule)	1 J	$= 1$ W * s $= 1$ N * m $= 1$ V * C $= 0{,}2389$ cal $= 6{,}242 \times 10^{18}$ eV $= 0{,}7377$ ft lb_f
Temperatur (Kelvin)	1 K 1 °C	$=$ °C $+ 273$ $=$ (°F $- 32$)/$1{,}8$
Stromstärke (Ampere)	1 A	$= 1$ C/s $= 1$ V/Ω

Eigenschaften der Konstruktionswerkstoffe

D.1 Tabelle Physikalische Eigenschaften ausgewählter Werkstoffe 932

D.2 Tabelle Daten für Zug- und Biegeversuche von ausgewählten technischen Werkstoffen 933

D.3 Tabelle Verschiedene mechanische Eigenschaften von ausgewählten technischen Werkstoffen 938

D.4 Tabelle Thermische Eigenschaften von ausgewählten Werkstoffe 941

ÜBERBLICK

D EIGENSCHAFTEN DER KONSTRUKTIONSWERKSTOFFE

Die folgenden Tabellen sind eine komfortable Zusammenstellung der Schlüsseleigenschaften von Konstruktionswerkstoffen, die Teil II des Buchs behandelt hat. Das ganze Buch hindurch wird auf bestimmte Tabellen verwiesen.

Auf der Companion Website finden Sie zahlreiche Links zu Datenquellen. Insbesondere empfehlen sich die Links zu den professionellen Gesellschaften.

D.1 Tabelle Physikalische Eigenschaften ausgewählter Werkstoffe

Werkstoff	Dichte [g/cm³]	Schmelztemperatur [°C]	Glasübergangstemperatur [°C]
Metalle[a]			
Aluminium	2,70	660	
Blei	11,34	328	
Eisen	7,87	1.538	
Gold	19,28	1.064	
Kupfer	8,93	1.085	
Nickel	8,91	1.455	
Silber	10,50	962	
Titan	4,51	1.670	
Wolfram	19,25	3,422	
Keramiken und Gläser[b]			
Al_2O_3	3,97	2.054	
Kalknatronglas	2,5		450
MgO	3,58	2.800	
Mullit ($3Al_2O_3 \cdot 2SiO_2$)	3,16	1.890	
Quarzglas	2,2		1.100
SiO_2	2,26–2,66	1.726	
ZrO_2	5,89	2.700	
Polymere[c]			
Epoxyd (mineralisch gefüllt)	1,22		400
Nylon 66	1,13–1,15		150

[a, b, c] Siehe unter „Quellen" auf der folgenden Seite.

Werkstoff	Dichte [g/cm³]	Schmelz-temperatur [°C]	Glasübergangs-temperatur [°C]
Phenol	1,32–1,46		375
Polyethylen (hohe Dichte)	0,94–0,97		
Polypropylen	0,90–0,91		
Polytetrafluorethylen (PTFE)	2,1–2,3		

Quellen

Daten aus [a]Anhang A; [b]D. R. Lide, *Handbook of Chemistry and Physics*, 71st ed., CRC Press, Boca Raton, FL, 1990, Keramikphasendiagramme in Kapitel 9, und den Corning Glass Works; [c]J. F. Shackelford, W. Alexander, J. S. Park, *The CRC Materials Science and Engineering Handbook*, 2nd ed., CRC Press, Boca Raton, FL, 1994 sowie Abbildung 6.51.

D.2 Tabelle Daten für Zug- und Biegeversuche von ausgewählten technischen Werkstoffen

Werkstoff	E [GPa]	E_{flex} [MPa]	EDyn	Streckgrenze [MPa]	Zugfestigkeit [MPa]	Biegefestigkeit [MPa]	Druckfestigkeit [MPa]	prozentuale Bruchdehnung
Metalllegierungen[a]								
Kohlenstoffstahl 1.0511	200			600	750			17
Niedrig legierter Stahl 1.6545				680	800			22
Edelstahl 304	193			205	515			40
Edelstahl 1.4301	200			700	800			22
L2-Werkzeugstahl				1.380	1.550			12
Eisensuperlegierung	200			700	800			22
Duktiles Eisen, abgeschreckt	165			580	750			9,4
Duktiles Eisen, 60-40-18	169			329	461			15
3003-H14-Aluminium	70			145	150			8–16

EIGENSCHAFTEN DER KONSTRUKTIONSWERKSTOFFE

Werkstoff	E [GPa]	E_{flex} [MPa]	EDyn	Streckgrenze [MPa]	Zugfestigkeit [MPa]	Biegefestigkeit [MPa]	Druckfestigkeit [MPa]	prozentuale Bruchdehnung
2048, Aluminiumblech	70,3			416	457			8
AZ31B Magnesium	45			220	290			15
AM100A Gussmagnesium	45			83	150			2
Ti-5Al-2,55Sn	10107–110			827	862			15
Ti-6Al-4V	110			825	895			10
Aluminiumbronze, 9% (Kupferlegierung)	110			320	652			34
Monel 400 (Nickellegierung)	179			283	579			39,5
AC41A Zink					328			7
50:50 Lot (Bleilegierung)				33	42			60
Nb-1 Zr (hitzebeständiges Metall)	68,9			138	241			20
Zahngoldlegierung (Edelmetall)					310–380			20–35
Keramiken und Gläser[b]								
Mullit (Aluminosilikat) Porzellan	69						69	
Steatit (Megnesium-Aluminosilikat) Porzellan	60						140	
Schamotte (Aluminosilikat)	97						5,2	
Aluminiumoxidkristalle (Al_2O_3)	380						340–1.000	
Gesintertes Aluminiumoxid (~ 5% Porosität)	370						210–340	
Aluminiumoxidporzellan (90-95% Aluminiumoxid)	370						340	
Gesintertes Magnesiumoxid (~5% Porosität)	210						100	
Magnesitstein (Magnesiumoxid)	170						28	
Gesinterter Spinell (Magnesiumoxid-Aluminat) (~5% Porosität)	238						90	
Gesintertes stabilisiertes Zirkonoxid (~5% Porosität)	150						83	

D.2 Tabelle Daten für Zug- und Biegeversuche von ausgewählten technischen Werkstoffen

Werkstoff	E [GPa]	E$_{flex}$ [MPa]	EDyn	Streckgrenze [MPa]	Zugfestigkeit [MPa]	Biegefestigkeit [MPa]	Druckfestigkeit [MPa]	prozentuale Bruchdehnung
Gesintertes Berylliumoxid (~5% Porosität)	310					140–280		
Dichtes Siliziumcarbid (~5% Porosität)	470					170		
Gebundenes Siliziumcarbid (~20% Porosität)	340					14		
Heiß gepresstes Borcarbid (~5% Porosität)	290					340		
Heiß gepresstes Bornitrid (~5% Porosität)	83					48–100		
Quarzglas	72,4					107		
Borosilikatglas	69					69		
Polymere[C]								
Polyethylen								
hohe Dichte	0,830				28			15–100
niedrige Dichte	0,170				14			90–800
Polyvinylchlorid	2,80				41			2–30
Polypropylen	1,40				34			10–700
Polystyrol	3,10				48			1–2
Polyester		8.960			158			2,7
Acryl (Lucit)	2,90				55			5
Polyamid (Nylon 66)	2,80	2.830			82,7			60
Zellulose	3,40–28,0				14–55			5–40
ABS	2,10				28–48			20–80
Polykarbonat	2,40				62			110
Azetal	3,10	2.830			69			50
Polytetrafluorethylen (Teflon)	0,41				17			100–350
Polyester-artige thermoplastische Elastomere		585			46			400

EIGENSCHAFTEN DER KONSTRUKTIONSWERKSTOFFE

Werkstoff	E [GPa]	E_{flex} [MPa]	EDyn	Streckgrenze [MPa]	Zugfestigkeit [MPa]	Biegefestigkeit [MPa]	Druckfestigkeit [MPa]	prozentuale Bruchdehnung
Phenole (Phenolformaldehyd)	6,90				52			0
Urethan					34			–
Urea-Melamin	10,0				48			0
Polyester	6,90				28			0
Epoxydharze	6,90				69			0
Polybutadien/Polystyrol-Copolymer								
vulkanisiert	0,0016		0,8		1,4–3,0			440–600
vulkanisiert mit 33% Ruß	0,003–0,006		8,7		17–28			400–600
Polyisopren								
vulkanisiert	0,0013		0,4		17–25			750–850
vulkanisiert mit 33% Ruß	0,003–0,008		6,2		25–35			550–650
Polychloropren								
vulkanisiert	0,0016		0,7		25–38			800–1.000
vulkanisiert mit 33% Ruß	0,003–0,005		2,8		21–30			500–600
Polyisobuten/Polyisopren-Copolymer								
vulkanisiert	0,0010		0,4		18–21			750–950
vulkanisiert mit 33% Ruß	0,003–0,004		3,6		18–21			650–850
Silikon					7			4.000
Vinylidenfluorid/Hexafluoropropylen					12,4			
Verbundwerkstoffe[d]								
E-Glas (73,3 Vol.-%) in Epoxyd (parallele Belastung der durchgehenden Fasern)	56				1.640			
Al_2O_3-Whisker (14 Vol.-%) in Epoxy	41				779			

D.2 Tabelle Daten für Zug- und Biegeversuche von ausgewählten technischen Werkstoffen

Werkstoff	E [GPa]	E_{flex} [MPa]	EDyn	Streckgrenze [MPa]	Zugfestigkeit [MPa]	Biegefestigkeit [MPa]	Druckfestigkeit [MPa]	prozentuale Bruchdehnung
C (67%) in Epoxyd (parallele Belastung)	221				1.206			
Kevlar (82 Vol.-%) in Epoxyd (parallele Belastung)	86				1.517			
B (70 Vol.-%) in Epoxyd (parallele Belastung der durchgehenden Filamente)	210–280				1.400–2.100			
Al_2O_3 (10 Vol.-%) dispersionsverfestigtes Aluminium	–				330			
W (50 Vol.-%) in Kupfer (parallele Belastung der durchgehenden Filemente)	260				1.100			
W-Partikel (50 Vol.-%) in Kupfer	190				380			
SiC-Whisker in Al_2O_3	–				–	800		
SiC-Fasern in SiC	–				–	750		
SiC-Whisker in reaktionsgebundenem Si_3N_4	–				–	900		
Douglasfichte, getrocknet bei 12% Luftfeuchtigkeit (belastet parallel zur Holzfaser)	13,4				85,5		49,9	
Douglasfichte, getrocknet bei 12% Luftfeuchtigkeit (belastet senkrecht zur Holzfaser)	–				–		5,5	
Standardbeton, Wasser/Zement-Verhältnis 4 (nach 28 Tagen)	–				–		41	
Standardbeton, Wasser/Zement-Verhältnis 4 (nach 28 Tagen) mit Luftporenbildner	–				–		33	

[a] Aus *Tabelle 6.2*
[b] Aus *Tabelle 6.5*
[c] Aus den *Tabellen 6.7* und *6.8*
[d] Aus *Tabelle 14.12*

EIGENSCHAFTEN DER KONSTRUKTIONSWERKSTOFFE

D.3 Tabelle Verschiedene mechanische Eigenschaften von ausgewählten technischen Werkstoffen

	Poisson-Zahl ν	Brinellhärte	Rockwellhärte R-Skala	Charpy-Versuch [J]	Izod-Versuch [J]	K_{IC} [MPa]·√m	Ermüdungsgrenze [MPa]
Metalllegierungen[a]							
Kohlenstoffstahl 1.0511	0,30	235		180			280
Baustahl				140			
Baustahl mit mittlerem C-Gehalt				51			
Niedrig legierter Stahl 1.6545	0,30	220		51			400
Edelstahl 304	0,29						170
Edelstahl 1.4301		250		34			
L2-Werkzeugstahl				26			
Rotorstahl (A533; Discalloy)						204–214	
Druckkesselstähle (HY130)						170	
Schnellarbeitsstahl (HSS)						50–154	
Duktiles Eisen	0,29	167		9			
Gusseisen						6–20	
Reine duktile Metalle (z.B. Cu, Ni, Ag, Al)						100–350	
Be (sprödes hdp-Metall)						4	
3003-H14-Aluminium	0,33	40					62
2048, Aluminiumblech				10,3			
Aluminiumlegierungen (hohe Festigkeit – niedrige Festigkeit)						23–45	
AZ31B Magnesium	0,35	73		4,3			
AM100A Gussmagnesium	0,35	53		0,8			69
Ti-5Al-2,55Sn	0,35	335		23			410
Ti-6Al-4V	0,33						
Titanlegierungen						55–115	

D.3 Tabelle Verschiedene mechanische Eigenschaften von ausgewählten technischen Werkstoffen

	Poisson-Zahl ν	Brinellhärte	Rockwellhärte R-Skala	Charpy-Versuch [J]	Izod-Versuch [J]	K_{IC} [MPa$\sqrt{m}$]	Ermüdungsgrenze [MPa]
Aluminiumbronze, 9% (Kupferlegierung)	0,33	165		48			200
Monel 400 (Nickellegierung)	0,32	110–150		298			290
AC41A Zink		91					56
50:50 Lot (Bleilegierung)		14,5		21,6			
Nb-1 Zr (hitzebeständiges Metall)				174			
Zahngoldlegierung (Edelmetall)		80–90					
Keramiken und Gläser[b]							
Al_2O_3	0,26					3–5	
BeO	0,26						
CeO_2	0,27–0,31						
MgO						3	
Cordierit (2MgO × 2Al_2O_3 × 5SiO_2)	0,31						
Mullit (3Al_2O_3 × 2SiO_2)	0,25						
SiC	0,19					3	
Si_3N_4	0,24					4–5	
TaC	0,24						
TiC	0,19						
TiO_2	0,28						
Teilstabilisiertes ZrO_2	0,23					9	
Vollstabilisiertes ZrO_2	0,23–0,32						
Glaskeramik (MgO–Al_2O_3–SiO_2)	0,24						
Elektroporzellan						1	
Zement/Beton, nicht verstärkt						0,2	
Natronglas (Na_2O–SiO_2)						0,7–0,8	
Borosilikatglas	0,20						
Glas von Cordierit	0,26						

EIGENSCHAFTEN DER KONSTRUKTIONSWERKSTOFFE

	Poisson-Zahl ν	Brinellhärte	Rockwellhärte R-Skala	Charpy-Versuch [J]	Izod-Versuch [J]	K_{IC} [MPa]$\sqrt{m}$	Ermüdungsgrenze [MPa]
Polymere[c]							
Polyethylen							
hohe Dichte			40		1,4–16	2	
niedrige Dichte			10		22	1	
Polyvinylchlorid			110		1,4	–	
Polypropylen			90		1,4–15	3	
Polystyrol			75		0,4	2	
Polyester			120		1,4	0,5	40,7
Acryl (Lucit)			130		0,7	–	
Polyamid (Nylon 66)	0,41		121		1,4	3	
Zellulose			50–115		3–11	–	
ABS			95		1,4–14	4	
Polykarbonat			118		19	1,0–2,6	
Azetal	0,35		120		3	–	31
Polytetrafluorethylen (Teflon)			70		5	–	
Phenol (Phenol-formaldehyd)			125		0,4	–	
Urethan			–		–	–	
Urea-Melamin			115		0,4	–	
Polyester			100		0,5	–	
Epoxydharz			90		1,1	0,3–0,5	
Verbundwerkstoffe[d]							
E-Glas (73,3 Vol.-%) in Epoxyd (parallele Belastung der durchgehenden Fasern)						42–60	
B (70 Vol.-%) in Epoxyd (parallele Belastung der durchgehenden Filamente)						46	
SiC-Whisker in Al_2O_3						8,7	
SiC-Fasern in SiC						25,0	
SiC-Whisker in reaktionsgebundenem Si_3N_4						20,0	

	Poisson-Zahl ν	Brinellhärte	Rockwellhärte R-Skala	Charpy-Versuch [J]	Izod-Versuch [J]	K_{IC} [MPa]$\sqrt{m}$	Ermüdungsgrenze [MPa]
Douglasfichte, getrocknet bei 12% Luftfeuchtigkeit (belastet parallel zur Holzfaser)				11–13			
Douglasfichte, getrocknet bei 12% Luftfeuchtigkeit (belastet senkrecht zur Holzfaser)				0,5–1			
Standardbeton, Wasser/Zement-Verhältnis 4 (nach 28 Tagen)				0,2			

[a] Aus den *Tabellen 6.4, 6.11, 8.1, 8.3* und *8.4*
[b] Aus den *Tabellen 6.6* und *8.3*
[c] Aus den *Tabellen 6.7, 6.12, 8.2* und *8.3*
[d] Aus *Tabelle 14.12*

D.4 Tabelle Thermische Eigenschaften von ausgewählten Werkstoffe

	Spezifische Wärme c_p [J/kg * K]	Linearer Koeffizient der thermischen Ausdehnung α [mm/(mm * °C) × 10^6]			Thermische Leitfähigkeit k [J/(s * m * K)]			
		27 °C	527 °C	0–1000 °C	27 °C	100 °C	527 °C	1000 °C
Metalle[a]								
Aluminium	900	23,2	33,8		237		220	
Kupfer	385	16,8	20,0		398		371	
Gold	129	14,1	16,5		315		292	
Eisen (α)	444				80		43	

EIGENSCHAFTEN DER KONSTRUKTIONSWERKSTOFFE

	Spezifische Wärme c_p [J/kg * K]	Linearer Koeffizient der thermischen Ausdehnung α [mm/(mm * °C) × 10^6]			Thermische Leitfähigkeit k [J/(s * m * K)]			
	27 °C	27 °C	527 °C	0–1000 °C	27 °C	100 °C	527 °C	1000 °C
Blei	159							
Nickel	444	12,7	16,8		91		67	
Silber	237	19,2	23,4		427		389	
Titan	523				22		20	
Wolfram	133	4,5	4,8		178		128	
Keramiken und Gläser[b]								
Mullit (3Al$_2$O$_3$ × 2SiO$_2$)				5,3		5,9		3,8
Porzellan				6,0		1,7		1,9
Schamotte				5,5		1,1		1,5
Al$_2$O$_3$	160			8,8		30		6,3
Spinell (MgO × Al$_2$O$_3$)				7,6		15		5,9
MgO	457			13,5		38		7,1
UO$_2$				10,0				
ZrO$_2$ (stabilisiert)				10,0		2,0		2,3
SiC	344			4,7				
TiC						25		5,9
Kohlenstoff (Diamant)	519							
Kohlenstoff (Graphit)	711							
Quarzglas				0,5		2,0		2,5
Kalknatronglas				9,0		1,7		
Polymere[c]								
Nylon 66	1.260–2.090	30–31			2,9			

D.4 Tabelle Thermische Eigenschaften von ausgewählten Werkstoffe

	Spezifische Wärme c_p [J/kg * K]	Linearer Koeffizient der thermischen Ausdehnung α [mm/(mm * °C) $\times 10^6$]			Thermische Leitfähigkeit k [J/(s * m * K)]			
	27 °C	27 °C	527 °C	0–1000 °C	27 °C	100 °C	527 °C	1000 °C
Phenol	1.460–1.670	30–45			0,17–0,52			
Polyethylen (hohe Dichte)	1.920–2.300	149–301			0,33			
Polypropylen	1.880	68–104			2,1–2,4			
Polytetrafluorethylen (PTFE)	1.050	99			0,24			

[a] Aus *Tabelle 7.1*
[b] Aus *Tabelle 7.2*
[c] Aus *Tabelle 7.4*

Eigenschaften von elektronischen, optischen und magnetischen Werkstoffen

- E.1 Tabelle Elektrische Leitfähigkeiten ausgewählter Werkstoffe bei Raumtemperatur 946
- E.2 Tabelle Eigenschaften von Halbleitern bei Raumtemperatur 947
- E.3 Tabelle Dielektrizitätskonstante und Durchschlagsfestigkeit für verschiedene Isolatoren 948
- E.4 Tabelle Brechungsindices für ausgewählte optische Werkstoffe.............................. 949
- E.5 Tabelle Magnetische Eigenschaften für ausgewählte Werkstoffe 950

EIGENSCHAFTEN VON ELEKTRONISCHEN, OPTISCHEN UND MAGNETISCHEN WERKSTOFFEN

E.1 Tabelle Elektrische Leitfähigkeiten ausgewählter Werkstoffe bei Raumtemperatur

Werkstoff	Leitfähigkeit σ [$\Omega^{-1} \times m^{-1}$]
Metalle und Legierungen[a]	
Aluminium (geglüht)	$35{,}36 \times 10^6$
Kupfer (normal geglüht)	$58{,}00 \times 10^6$
Gold	$41{,}0 \times 10^6$
Eisen (99,9+%)	$10{,}3 \times 10^6$
Blei (99,73+%)	$4{,}84 \times 10^6$
Magnesium (99,80%)	$22{,}4 \times 10^6$
Quecksilber	$1{,}04 \times 10^6$
Nickel (99,95% + Co)	$14{,}6 \times 10^6$
Nichrom (66% Ni + Cr and Fe)	$1{,}00 \times 10^6$
Platin (99,99%)	$9{,}43 \times 10^6$
Silber (99,78%)	$62{,}9 \times 10^6$
Stahl (Draht)	$5{,}71\text{–}9{,}35 \times 10^6$
Wolfram	$18{,}1 \times 10^6$
Zink	$16{,}90 \times 10^6$
Halbleiter[b]	
Silizium (hochrein)	$0{,}40 \times 10^{-3}$
Germanium (hochrein)	$2{,}0$
Galliumarsenid (hochrein)	$0{,}17 \times 10^{-6}$
Indiumantimonid (hochrein)	17×10^3
Bleisulfid (hochrein)	$38{,}4$
Keramiken, Gläser und Polymere[c]	
Aluminiumoxid	$10^{-10}\text{–}10^{-12}$
Borosilikatglas	10^{-13}
Polyethylen	$10^{-13}\text{–}10^{-15}$
Nylon 66	$10^{-12}\text{–}10^{-13}$

[a] Aus den *Tabellen 15.1* und *15.2*
[b] Aus den *Tabellen 15.1* und *15.5*
[c] Aus *Tabelle 15.1*

E.2 Tabelle Eigenschaften von Halbleitern bei Raumtemperatur

Werkstoff	Energielücke E_g [eV]	Elektronenbeweglichkeit μe [m²/(V × s)]	Löcherbeweglichkeit μh [m²/(V × s)]	Ladungsträgerdichte n_e (= n_h) [m⁻³]
Elemente[a]				
Si	1,107	0,140	0,038	14×10^{15}
Ge	0,66	0,364	0,190	23×10^{18}
III-V-Verbindungen[b]				
AlSb	1,60	0,090	0,040	–
GaP	2,25	0,030	0,015	–
GaAs	1,47	0,720	0,020	$1,4 \times 10^{12}$
GaSb	0,68	0,500	0,100	–
InP	1,27	0,460	0,010	–
InAs	0,36	3,300	0,045	–
InSb	0,17	8,000	0,045	$13,5 \times 10^{21}$
II-VI-Verbindungen[c]				
ZnSe	2,67	0,053	0,002	–
ZnTe	2,26	0,053	0,090	–
CdS	2,59	0,034	0,002	–
CdTe	1,50	0,070	0,007	–
HgTe	0,025	2,200	0,016	–

[a] Aus *Tabelle 15.5*
[b] Aus *Tabelle 17.5*
[c] Aus *Tabelle 17.5*

E.3 Tabelle Dielektrizitätskonstante und Durchschlagsfestigkeit für verschiedene Isolatoren

Werkstoff[a]	Dielektrizitäts-konstante κ	Durchschlagsfestigkeit [kV/mm]
Al_2O_3 (99,9%)	10,1	9,1
Al_2O_3 (99,5%)	9,8	9,5
BeO (99,5%)	6,7	10,2
Cordierit	4,1-5,3	2,4-7,9
Nylon 66 – mit 33% Glasfasern verstärkt	3,7	20,5
Nylon 66 – mit 33% Glasfasern verstärkt (50% relative Feuchtigkeit)	7,8	17,3
Azetal (50% relative Feuchtigkeit)	3,7	19,7
Polyester	3,6	21,7

[a] Aus *Tabelle 15.4*

E.4 Tabelle Brechungsindices für ausgewählte optische Werkstoffe

Werkstoff	Durchschnittlicher Brechungsindex
Keramiken und Gläser[a]	
Quarz (SiO_2)	1,55
Mullit ($3Al_2O_3 * 2SiO_2$)	1,64
Orthoklas ($KAlSi_3O_8$)	1,525
Albit ($NaAlSi_3O_8$)	1,529
Korund (Al_2O_3)	1,76
Periklas (MgO)	1,74
Spinell ($MgO * Al_2O_3$)	1,72
Silikatglas (SiO_2)	1,458
Borosilikatglas	1,47
Kalknatronglas	1,51-1,52
Glas aus Orthoklas	1,51
Glas aus Albit	1,49
Polymere[b]	
Polyethylen hoher Dichte	1,545
Polyethylen niedriger Dichte	1,51
Polyvinylchlorid	1,54-1,55
Polypropylen	1,47
Polystyrol	1,59
Cellulose	1,46-1,50
Polyamid (Nylon 66)	1,53
Polytetrafluorethylen (Teflon)	1,35-1,38
Phenol (Phenol-Formaldehyd)	1,47-1,50
Urethane	1,5-1,6
Epoxyde	1,55-1,60
Polybutadien/Polystyrol-Copolymer	1,53
Polyisopren (Naturkautschuk)	1,52
Polychloropren	1,55-1,56

[a] Aus *Tabelle 16.1*
[b] Aus *Tabelle 16.2*

E.5 Tabelle Magnetische Eigenschaften für ausgewählte Werkstoffe

Werkstoff	relative Anfangspermeabilität [μ_r bei $B \sim 0$]	Hystereseverlust [J/m³ pro Zyklus]	Sättigungsinduktion [Wb/m²]	$(BH)_{max}$ [A · Wb/m³]
Metalle und Legierungen[a]				
technisch reines Eisen	250	500	2,16	
Fe – 4% Si, zufällig	500	50-150	1,95	
Fe – 4% Si, ausgerichtet	15.000	35-140	2,00	
45 Permalloy (45% Ni – 55% Fe)	2.700	120	1,60	
Mumetall (75% Ni – 5% Cu – 2% Cr – 18% Fe)	30.000	20	0,80	
Supermalloy (79% Ni – 15% Fe – 5% Mo)	100.000	2	0,79	
Amorphe Eisenlegierungen				
(80% Fe – 20% B)	–	25	1,56	
(82% Fe – 10% B – 8% Si)	–	15	1,63	
Samarium-Kobalt				120.000
Platin-Kobalt				70.000
AlNiCo				36.000
Keramiken[b]				
Ferroxcube III (MnFe$_2$O$_4$–ZnFe$_2$O$_4$)	1.000	–	0,25	–
Vectolit (30% Fe$_2$O$_3$ – 44% Fe$_3$O$_4$ – 26% Cr$_2$O$_3$)	–	–	–	6.000

[a] Aus den *Tabellen 18.2* und *18.3*
[b] Aus J. F. Shackelford, *Properties of Materials* in The Electronics Handbook, J. C. Whitaker, Ed., CRC Press, Boca Raton, FL, 1996, Seiten 2326-51.

Antworten zu den Übungen und Aufgaben

F

Kapitel 1	952
Kapitel 2	952
Kapitel 3	953
Kapitel 4	955
Kapitel 5	956
Kapitel 6	957
Kapitel 7	959
Kapitel 8	960
Kapitel 9	961
Kapitel 10	963
Kapitel 11	964
Kapitel 12	964
Kapitel 13	965
Kapitel 14	967
Kapitel 15	968
Kapitel 16	969
Kapitel 17	970
Kapitel 18	971
Kapitel 19	972
Kapitel 20	974

Sie finden dieses Material ebenfalls auf der Companion Website.

Kapitel 1

Keine Übungen und Aufgaben

Kapitel 2

Übungen

2.1 (a) $3{,}38 \times 10^{10}$ Atome,
(b) $2{,}59 \times 10^{10}$ Atome

2.2 $3{,}60$ kg

2.3 (a) $19{,}23$ mm,
(b) $26{,}34$ mm

2,4 (b) Mg: $1s^2 2s^2 2p^6 3s^2$, Mg^{2+}: $1s^2 2s^2 2p^6$; O: $1s^2 2s^2 2p^4$, O^{2-}: $1s^2 2s^2 2p^6$
(c) Ne sowohl für Mg^{2+} als auch O^{2-}.

2.5 $F_c = 20{,}9 \times 10^{-9}$ N, $F_R = -F_c = -20{,}9 \times 10^{-9}$ N

2.6 (a) $\sin(109{,}5°/2) = R/(r+R)$ oder $r/R = 0{,}225$
(b) $\sin(45°) = R/(r+R)$ oder $r/R = 0{,}414$

2.7 Koordinationszahl = 6 für beide Fälle

2.8
$$\begin{array}{c}H\ \ H\\|\ \ \ |\\C=C\\|\ \ \ |\\H\ \ R\end{array} \quad \text{und} \cdots \begin{array}{c}H\ \ H\ \ H\ \ H\ \ H\ \ H\\|\ \ \ |\ \ \ |\ \ \ |\ \ \ |\ \ \ |\\-C-C-C-C-C-C-\\|\ \ \ |\ \ \ |\ \ \ |\ \ \ |\ \ \ |\\H\ \ R\ \ H\ \ R\ \ H\ \ R\end{array} \cdots,\ \text{wobei}\ R = CH_3$$

2.9 Wie Übung 2.8 außer dass $R = C_6H_5$ ist.

2.10 (a) 60 kJ/mol,
(b) 60 kJ/mol

2.11 794

2.12 Ein höherer Grad der Kovalenz in der Si–Si-Bindung bewirkt eine noch stärkere Richtungsabhängigkeit und eine kleinere Koordinationszahl.

Aufgaben

2.1 $8{,}33 \times 10^{21}$ Atome

2.3 $2{,}21 \times 10^{15}$ Atome Si und $4{,}41 \times 10^{15}$ Atome O

2.5 $1{,}11 \times 10^{12}$ Atome Al und $1{,}66 \times 10^{12}$ Atome O

2.7 (a) $0{,}310 \times 10^{24}$ Moleküle O_2,
(b) $0{,}514$ mol O_2

2.9 (a) $1{,}41$ g, (b) $6{,}50 \times 10^{-4}$ g

2.11 $4{,}47$ nm

2.15 $-1{,}49 \times 10^{-9}$ N

2.17 $-8{,}13 \times 10^{-9}$ N

2.19 $-10{,}4 \times 10^{-9}$ N

2.23 Rosa

2.25 $22{,}1 \times 10^{-9}$ N

2.27 (b) 1,645

2.29 229 kJ

2.31 (b) 60 kJ/mol,
(c) 678 kJ

2.33 335 kJ/mol

2.35 50.060 u

2.37 8,99 kJ

2.39 (b) 60 kJ/mol,
(c) 32.020 u

2.49 392 m²/kg

2.51 $3{,}05 \times 10^{23}$ Atome/(m³ atm)

Kapitel 3

Übungen

3.2 (a) $a = \left(4/\sqrt{3}\right) r$,
(b) $a = 2r$

3.3 7,90 g/cm³

3.4 (a) 0,542,
(b) 0,590,
(c) 0,627

3.5 3,45 g/cm³

3.6 $5{,}70 \times 10^{24}$

3.7 Die Richtungsabhängigkeit der kovalenten Bindung dominiert über die effiziente Packung der Kugeln.

3.8 5,39 g=cm³

3.9 (a) Raumzentrierte Position: $\frac{1}{2}\frac{1}{2}\frac{1}{2}$,
(b) dito,
(c) dito

3.10 (a) 000, $\frac{1}{2}\frac{1}{2}\frac{1}{2}$, 111,
(b) dito,
(c) dito

3.12 (a) $\langle 100 \rangle = [100], [010], [001], [\bar{1}00], [0\bar{1}0], [00\bar{1}]$

3.13 (a) 45°,
(b) 54°

3.16 (a) 4,03 Atome/nm,
(b) 1,63 Atome/nm

3.17 (a) 7,04 Atome/nm^2,
(b) 18,5 Atome/nm^2

3.18 $(1{,}21\ Ca^{2+} + 1{,}21\ O^{2-})$/nm

3.19 10,2 (Ca2+ oder O2-)/nm^2

3.20 2,05 Atome/nm

3.21 7,27 Atome/nm^2

3.22 0,483 nm

3.23 78,5°, 82,8°, 99,5°, 113°, 117°

Aufgaben

3.7 1,74 g/cm^3

3.13 Durchmesser der Öffnung in der Mitte der Elementarzelle = 0,21 nm

3.17 3,75 g/cm^3

3.19 0,317

3.21 0,12

3.25 3,09 g/cm^3

3.27 3,10 g/cm^3

3.29 (a) 000, 100, 010, 001, 110, 101, 011, 111,
(b) dito

3.31 (a) $\frac{1}{2}\frac{1}{2}\frac{1}{2}$,
(b) $\frac{1}{2}\frac{1}{2}0, \frac{1}{2}\frac{1}{2}1$

3.33 oktaedrisch

3.35 $[\bar{1}10], [1\bar{1}0], [\bar{1}01], [10\bar{1}], [01\bar{1}]$ und $[0\bar{1}1]$

3.37 $[110], [\bar{1}\bar{1}0], [101], [\bar{1}0\bar{1}], [0\bar{1}1]$ und $[01\bar{1}]$

3.39 $[\bar{1}11], [\bar{1}\bar{1}1], [11\bar{1}]$ und $[1\bar{1}1]$

3.41 $[111], [\bar{1}\bar{1}1], [1\bar{1}1]$ und $[\bar{1}1\bar{1}]$

3.43 $(01\bar{1}0), (0\bar{1}10), (10\bar{1}0), (\bar{1}010), (1\bar{1}00)$ und $(\bar{1}100)$

3.45 (a) [100], [010], [$\bar{1}$00], [0$\bar{1}$0] (b) [100], [$\bar{1}$00]

3.47 (a) 000, $\frac{1}{2}\frac{1}{2}1$, 112

3.49 (a) 000, 112, 224

3.51 [110] oder [110]

3.55 (a) <112> = [112], [121], [211], [$\bar{1}$12], [$\bar{1}$2$\bar{1}$], [$\bar{2}$11]
[11$\bar{2}$], [12$\bar{1}$], [21$\bar{1}$], [$\bar{1}$1$\bar{2}$], [$\bar{1}$2$\bar{1}$], [$\bar{2}$1$\bar{1}$]
[1$\bar{1}$2], [1$\bar{2}$1], [2$\bar{1}$1], [$\bar{1}\bar{1}$2], [$\bar{1}\bar{2}$1], [$\bar{2}\bar{1}$1]
[$\bar{1}$12], [$\bar{1}$21], [$\bar{2}$11], [1$\bar{1}\bar{2}$], [1$\bar{2}\bar{1}$], [2$\bar{1}\bar{1}$]

3.57 000, $\frac{2}{3}\frac{1}{3}\frac{1}{2}$

3.59 000, $\frac{1}{2}\frac{1}{2}0$

3.63 Acht tetraedrische und vier oktaedrische Gitterplätze

3.65 $(1{,}05\ U^{4+} + 2{,}11\ O^{2-})/nm$

3.67 Cl- bei 000, $\frac{1}{2}\frac{1}{2}0, \frac{1}{2}0\frac{1}{2}, 0\frac{1}{2}\frac{1}{2}$ und Na+ bei $00\frac{1}{2}, \frac{1}{2}\frac{1}{2}\frac{1}{2}, \frac{1}{2}01, 0\frac{1}{2}1$

3.69 $(3{,}76\ Ca^{2+} + 11{,}3\ O^{2-})/nm^2$

3.73 $6{,}56(Zn^{2+}\ oder\ S^{2-})/nm^2$

3.75 Zn^{2+} bei 000, $\frac{1}{2}\frac{1}{2}0, \frac{1}{2}0\frac{1}{2}, 0\frac{1}{2}\frac{1}{2}$ und S^{2-} bei $\frac{1}{4}\frac{1}{4}\frac{1}{4}, \frac{3}{4}\frac{3}{4}\frac{1}{4}, \frac{3}{4}\frac{1}{4}\frac{3}{4}, \frac{1}{4}\frac{3}{4}\frac{3}{4}$

3.77 0,468

3.79 44,8°, 65,3°, 82,5°

3.81 (220), (310), (222)

3.85 (100), (002), (101)

3.87 48,8°, 52,5°, 55,9°

3.89 56,5°, 66,1°, 101°, 129°, 142°

3.91 Cr

3.93 38,44°, 44,83°, 65,19°

3.95 69,05°, 106,37°, 156,20°

Kapitel 4

Übungen

4.1 Nein. Der Unterschied in den Atomradien ist > 15%.

4.2 (b) Ungefähr 50% zu groß

4.3 $5{,}31 \times 10^{25}\ m^{-3}$

4.4 0,320 nm

4.5 (a) 16,4 nm,
(b) 3,28 nm

4.6 $G \cong 2$

4.7 0,337

4.8 (a) 1,05°,
(b) 1,48°

ANTWORTEN ZU DEN ÜBUNGEN UND AUFGABEN

Aufgaben

4.1   Regel 3 (Elektronegativitäten unterscheiden sich um 27%), Regel 4 (Valenzen sind unterschiedlich)

4.3   Regel 2 (unterschiedliche Kristallstrukturen), Regel 3 (Elektronegativitäten unterscheiden sich um 19%), möglicherweise Regel 4 (die gleichen Valenzen wie in *Anhang B*, obwohl Cu^+ ebenfalls stabil ist)

4.9   0 %

4.11 $0{,}6023 \times 10^{24}$ Mg^{2+}-Leerstellen

4.13   (a) $10{,}0 \times 10^{-6}$ Atomprozent, (b) $9{,}60 \times 10^{-6}$ Gewichtsprozent

4.15   (a) $10{,}0 \times 10^{-6}$ Atomprozent, (b) $11{,}0 \times 10^{-6}$ Gewichtsprozent

4.17 $5{,}00 \times 10^{21}$ m^{-3}

4.19 $0{,}269 \times 10^{24}$ m^{-3}

4.21   (a) 2,67, (b) 1,33

4.23   (a) 3,00, (c) 2,67

4.25   ≈ 5,6

4.27   170 µm, 41,3 µm

4.31   0,264 nm

4.37   (a) 15,8 mm, (b) 18,3 mm, (c) 25,8 mm

4.39   13,9 mm

4.41   Übergang von M zu L

4.43   8.049 eV

4.45   5.416 eV

Kapitel 5

Übungen

5.1 $0{,}572$ kg/(m^4 * s)

5.2   (a) $1{,}25 \times 10^{-4}$, (b) $9{,}00 \times 10^{-8}$, (c) $1{,}59 \times 10^{-12}$

5.3 $6{,}52 \times 10^{19}$ Atome/(m^2 * s)

5.4	(a) 0,79 Gewichtsprozent C, (b) 0,34 Gewichtsprozent C
5.5	(a) 0,79 Gewichtsprozent C, (b) 0,34 Gewichtsprozent C
5.6	970 °C
5.7	$2,88 \times 10^{-3}$ kg/h
5.8	21,9 mm

Aufgaben

5.1	500 kJ/mol
5.3	290 kJ/mol
5.15	179 kJ/mol
5.17	$4,10 \times 10^{-15}$ m²/s
5.19	$1,65 \times 10^{-13}$ m²/s
5.21	264 kJ/mol
5.23	Al^{3+} diffusionsgesteuert ($Q = 477$ kJ/mol)
5.25	$0,324 \times 10^{-3}$ kg/m² * h
5.27	$12,0 \times 10^{12}$ Atome/s
5.29	86,6 kJ/mol

Kapitel 6

Übungen

6.1	(d) 193×10^3 MPa, (e) 275 MPa, (f) 550 MPa, (g) 30 %
6.2	(a) $1,46 \times 10^{-3}$, (b) $2,84 \times 10^{-3}$
6.3	9,9932 mm
6.4	(a) 80 MPa, (b) 25 MPa
6.5	80,1 MPa
6.6	$3,57 \times 10^{-5}$
6.7	(a) 0,2864 nm, (b) 0,2887 nm
6.8	0,345 MPa
6.9	4,08 mm

ANTWORTEN ZU DEN ÜBUNGEN UND AUFGABEN

6.10   (a) $1{,}47 \times 10^{-3}$ % je Stunde,
       (b) $1{,}48 \times 10^{-2}$ % je Stunde,
       (c) $9{,}98 \times 10^{-2}$ % je Stunde

6.11   (a) ≈ 550 °C,
       (b) ≈ 615 °C

6.12   (a) 83,2 Tage,
       (b) 56,1 Tage

6.13   511 bis 537 °C

Aufgaben

6.1   108 GPa

6.3   (a) 4,00 GPa

6.5 $3{,}46 \times 10^5$ N

6.7   (a) 2,96 MPa,
       (b) $2{,}39 \times 10^{-5}$

6.9   (b) Ti–5Al–2,5Sn,
       (c) Kohlenstoffstahl 1.0511

6.13   (a) 78,5°,
       (b) 31,3 GPa

6.15   (a) 28,4 MPa,
       (b) $4{,}96 \times 10^4$ N

6.17   4,69 μm

6.19   8.970 MPa

6.21   (a) 1,11 GPa,
       (b) 1,54 GPa

6.23   97,5 MPa

6.25 $\left(\dfrac{dF}{da}\right)_{a_0} = -42\dfrac{K_A}{a_0^8} + 156\dfrac{K_R}{a_0^{14}}$

6.27   0,136 MPa

6.29   20,4 MPa

6.31 $(1\bar{1}1)[110]$, $(\bar{1}11)[110]$, $(11\bar{1})[101]$,
       $(\bar{1}11)[101]$, $(11\bar{1})[011]$, $(1\bar{1}1)[011]$

6.37 $(211)[\bar{1}11]$, $(121)[1\bar{1}1]$, $(112)[11\bar{1}]$
       $(\bar{2}11)[111]$, $(1\bar{2}1)[111]$, $(11\bar{2})[111]$
       $(2\bar{1}1)[11\bar{1}]$, $(\bar{1}21)[11\bar{1}]$, $(\bar{1}12)[1\bar{1}1]$
       $(21\bar{1})[1\bar{1}1]$, $(12\bar{1})[\bar{1}11]$, $(1\bar{1}2)[\bar{1}11]$

6.39   400 ± 140 MPa

6.41   26,7 MPa

6.43   Rockwell B99

6.45   Streckgrenze = 400 MPa,
       Zugfestigkeit $\cong$ 550 MPa

6.47   347 HB
6.49   (a) 252 kJ/mol,
       (b) $1{,}75 \times 10^{-5}$ % je Stunde
6.51   1,79 Stunden
6.53   (a) 30,3 h,
       (b) 303 h
6.55   (a) $8{,}13 \times 10^{-8}$ mm/mm/h,
       (b) 14 Jahre
6.57   (a) 247 Tage,
       (b) (i) 0,612 MPa, (ii) 0,333 MPa, (iii) 0,171 MPa
6.59   1,37 Tage
6.61   (a) 405 kJ/mol,
       (b) 759 bis 1.010 °C,
       (c) 1.120 bis 1.218 °C
6.63   15 °C

Kapitel 7

Übungen

7.1   392 J/kg * K ≈ 385 J/kg * K
7.2   0,517 mm
7.3 $1{,}86 \times 10^6$ J/m² * s
7.4   670 °C
7.5   ≈ 250 °C bis 1.000 °C (≈ 700 °C mittlerer Bereich)

Aufgaben

7.1   (a) 66,6 kJ,
      (b) 107 kJ,
      (c) 282 kJ
7.3   2.940
7.5   10,07 mm
7.7   49,4 °C
7.9   −11,7 kW
7.11 −43,7 kW
7.13 357 MPa (Druckbeanspruchung)
7.15 35,3 MPa (Druckbeanspruchung)
7.17 −277 MPa
7.19 Nein
7.21 −1,12 kW
7.23 155-mal

Kapitel 8

Übungen

8.1	≤ 0,20 %
8.2	(a) 12,9 mm, (b) 2,55 mm
8.3	(a) 169 MPa, (b) 508 MPa
8.4	77,5 MPa
8.5	(a) 213 s, (b) 11,6 s
8.6	(a) 0,289, (b) $1,19 \times 10^{-27}$
8.7	0,707

Aufgaben

8.1	Kohlenstoffstahl 1.0511, niedrig legierter Stahl 1.6545, L2-Werkzeugstahl, duktiles Eisen, Nb-1Zr
8.3	1,8 Gewichtsprozent Mn
8.5	≥ 11,3 mm
8.9	Ja
8.11	57 µm ≤ a ≤ 88 µm
8.13	286 µm
8.19	225 MPa
8.21	18,3 MPa
8.23	52,8%
8.25	91 °C
8.27	(a) $1,75 \times 10^6$ pro Jahr, (b) $17,5 \times 10^6$ über 10 Jahre
8.29	32,4 h
8.31	6,67 MPa
8.33	+0,14 mm, −0,13 mm
8.35	0,43 mm bis 0,68 mm
8.37	(a) 33,7 µs, (b) 36,9 µs, (c) 40,0 µs
8.39	0,046%

Kapitel 9

Übungen

9.1 (a) 2,
(b) 1,
(c) 0

9.2 Der erste auszuscheidende Phase ist β; bei der peritektischen Temperatur verfestigt sich die verbleibende Flüssigkeit und ergibt eine zweiphasige Mikrostruktur mit den festen Lösungen β und γ.

9.3 $m_L = 952$ g,
$m_{SS} = 48$ g

9.4 $m_\alpha = 831$ g,
$m_{Fe_3C} = 169$ g

9.5 38,5 Mol-% monoklin und 61,5 Mol-% kubisch

9.6 (a) 667 g,
(b) 0,50

9.7 60,8 g

9.9 (a) ≈ 680 °C,
(b) Mischkristall β mit einer Zusammensetzung von ≈ 100 Gewichtsprozent Si,
(c) 577 °C, (d) 84,7 g,
(e) 13,0 g Si in eutektischem α,
102,0 g Si in eutektischem β,
85,0 g Si in proeutektischem β.

9.11 (a) für 200 °C, (i) nur flüssig,
(ii) L gleich 60 Gewichtsprozent Sn,
(iii) 100 Gewichtsprozent L;
für 100 °C, (i) α und β,
(ii) α ≈ 5 Gewichtsprozent Sn, β ≈ 99 Gewichtsprozent Sn,
(iii) 41,5 Gewichtsprozent α, 58,5 Gewichtsprozent β.
(b) für 200 °C, (i) α und flüssig,
(ii) α ≈ 18 Gewichtsprozent Sn, L ≈ 54 Gewichtsprozent Sn,
(iii) 38,9 Gewichtsprozent α, 61,1 Gewichtsprozent L;
für 100 °C, (i) α und β,
(ii) α ≈ 5 Gewichtsprozent Sn, β ≈ 99 Gewichtsprozent Sn,
(iii) 62,8 Gewichtsprozent α, 37,2 Gewichtsprozent β

9.12 0 Mol-Prozent Al2O3 = 0 Gewichtsprozent Al2O3,
60 Mol-Prozent Al2O3 = 71,8 Gewichtsprozent Al2O3,
44,5 Mol-Prozent SiO2 = 36,1 Gewichtsprozent SiO2,
55,5 Mol-Prozent Mullit = 63,9 Gewichtsprozent Mullit

Aufgaben

9.3 (a) 2,
(b) 1,
(c) 2

ANTWORTEN ZU DEN ÜBUNGEN UND AUFGABEN

9.17 (a) $m_L = 1$ kg, $m_\alpha = 0$ kg;
(b) $m_L = 667$ g, $m_\alpha = 333$ g;
(c) $m_L = 0$ kg, $m_\alpha = 1$ kg

9.19 (a) $m_L = 1$ kg;
(b) $m_L = 611$ g, $m_{\alpha-Pb} = 389$ g;
(c) $m_{\alpha-Pb} = 628$ g, $m_{\beta-Sn} = 372$ g;
(d) $m_{\alpha-Pb} = 606$ g, $m_{\alpha-Sn} = 394$ g

9.21 (a) $m_L = 50$ kg;
(b) $m_\alpha = 20{,}9$ kg, $m_\beta = 29{,}1$ kg;
(c) $m_\alpha = 41{,}8$ kg, $m_\beta = 8{,}2$ kg;
(d) $m_\alpha = 50$ kg;
(e) $m_\alpha = 39{,}9$ kg, $m_\beta = 10{,}1$ kg;
(f) $m_\alpha = 33{,}2$ kg, $m_\beta = 16{,}8$ kg

9.23 760 g

9.25 (a) 33,8%,
(b) 6,31%

9.27 16,7 Mol-Prozent SiO2 und 83,3 Mol-Prozent Mullit

9.29 92,8 Gewichtsprozent Kaolinit und 7,2 Gewichtsprozent Quarzsand

9,31 6,9 Gewichtsprozent CaO

9.33 (a) $m_L = 1$ kg;
(b) $m_L = 867$ g, $m_{Aluminiumoxid} = 133$ g;
(c) $m_{Mullit} = 867$ g, $m_{Aluminiumoxid} = 133$ g

9.35 Mol-Anteil kubisch = 0,608, Mol-Anteil monoklin = 0,392.

9.37 (a) 0,258,
(b) 0,453

9.41 4,34 Gewichtsprozent Si

9.43 59,4 kg

9.53 97,7 kg

9.57 (a) ≈ 950 °C,
(b) Mischkristall α mit einer Zusammensetzung von ≈ 26 Gewichtsprozent Zn,
(c) = 920 °C,
(d) ≈ 920 °C bis ≈ 40 °C

9.63 ≈ 1 bis 17,1 Gewichtsprozent Mg,
≈ 42 bis ≈ 57 Gewichtsprozent Mg,
≈ 57 bis 59,8 Gewichtsprozent Mg,
87,4 bis ≈ 99 Gewichtsprozent Mg

9.65 $m_\alpha = 58{,}2$ g, $m_\beta = 58{,}8$ g

Kapitel 10

Übungen

10.1   582 °C

10.2   (a) ≈ 1 s (bei 600 °C), ≈ 80 s (bei 300 °C);
       (b) ≈ 7 s (bei 600 °C), ≈ 1.500 s = 25 min (bei 300 °C)

10.3   (a) ≈ 10% feiner Perlit + 90% γ,
       (b) ≈ 10% feiner Perlit + 90 Bainit,
       (c) ≈ 10% feiner Perlit + 90% Martensit
            (einschließlich eines kleinen Anteils von verbleibendem γ)

10.4   > 90% für 0,5 Gewichtsprozent C,
       ≈ 20% für 0,77 Gewichtsprozent C,
       0% für 1,13 Gewichtsprozent C

10.5   (a) ≈ 15 s,
       (b) ≈ 2,5 min,
       (c) ≈ 1 h

10.6   (a) ≈ 7 °C/s (bei 700 °C),
       (b) ≈ 2,5 °C/s (bei 700 °C)

10.7   (a) Rockwell C38,
       (b) Rockwell C25,
       (c) Rockwell C21.5

10.8   (a) 7,55%,
       (b) 7,55%

10.10 62 Gewichtsprozent

Aufgaben

10.1 $8{,}43 \times 10^{12}$

10.3   32,9 kJ/mol

10.5 $-2\sigma/\Delta G_V$

10.9   (a) 100% Bainit,
       (b) Zwischenstufenvergüten

10.11 (a) 100% Bainit,
       (b) > 90% Martensit, Rest beibehaltener Austenit

10.13 (b) ≈ 710 °C,
       (c) grober Perlit

10.15 (b) ≈ 225 °C,
       (c) Martensit

10.19 100% feiner Perlit

10.23 (a) > ≈ 10 °C/s (bei 700 °C),
       (b) < ≈ 10 °C/s (bei 700 °C)

10.25 84,6% Erhöhung

10.27 Rockwell C53

10.31	Legierungen 1.6565 und 1.6511
10.33	(a) 23,5%, (b) β-Phase
10.35	≈ 400 °C
10.37	93,8 kJ/mol
10.39	Nein
10.41	36% Kaltverformung
10.43	209 kJ/mol
10.45	(a) 503 °C, (b) 448 °C, (c) 521 °C
10.47	475 kJ/mol
10.49	59,9 kJ/mol

Kapitel 11

Übungen

11.1	2,75 g/cm³ (3003 Al), 2,91 g/cm³ (2048 Al)
11.2	(a) 34 < % Ni < 79, (b) 34% Ni-Legierung
11.3	(a) 63%, (b) 86%

Aufgaben

11.1	(a) 7,85 g/cm³, (b) 99,7%
11.3	9,82 g/cm³
11.5	6,72 g/cm³
11.7	(a) 5,94%, (b) 4.455 kg
11.9	332 kg
11.11	10,1 g/cm³
11.13	(a) 450 MPa, (b) 8%

Kapitel 12

Übungen

| 12.1 | 0,717 |

12.2 14,8 Gewichtsprozent Na_2O,
9,4 Gewichtsprozent CaO,
1,1 Gewichtsprozent Al_2O_3,
74,7 Gewichtsprozent SiO_2

12.3 77,1 Mol-Prozent SiO_2,
8,4 Mol-Prozent Li_2O,
9,8 Mol-Prozent Al_2O_3,
4,7 Mol-Prozent TiO_2

12.4 845 kg

12.5 876 °C bis 934 °C

Aufgaben

12.1 72,5 Gewichtsprozent Al_2O_3,
27,5 Gewichtsprozent SiO_2

12.3 36,1 Gewichtsprozent SiO_2,
63,9 Gewichtsprozent Mullit

12.5 0,462 kg

12.7 13,7 Gewichtsprozent Na_2O,
9,9 Gewichtsprozent CaO,
76,4 Gewichtsprozent SiO_2

12.9 84,4 kg

12.11 1,30 nm

12.13 0,0425 µm

12.15 4,0 Volumenprozent

12.17 0,100 µm

12.19 1.586 °C

12.21 520 °C

12.23 22,6 g

12.25 gesintertes Berylliumoxid

12.27 60,3 g

12.29 75,0 g

Kapitel 13

Übungen

13.1 400

13.2 (a) 0,243 Gewichtsprozent,
(b) 0,121 Gewichtsprozent

13.3 69,0 Mol-Prozent Ethylen,
31,0 Mol-Prozent Vinylchlorid

13.4   833
13.5   (a) 15,5 %,
        (b) 33,3 %
13.6 $3,76 \times 10^{23}$
13.7   25,1 Gewichtsprozent A,
        25,6 Gewichtsprozent B,
        49,3 Gewichtsprozent S
13.8   84.100 υ
13.9   3,37 g
13.10   0,701 Vinylidenfluorid,
        0,299 Hexafluoropropylen
13.11   1,49 g/cm³
13.12   866

Aufgaben

13.1   21.040 υ
13.3   1,35 g
13.5   19,8 Gewichtsprozent
13.7   34.060 υ
13.9   612
13.11   0,690
13.13   80,5 nm
13.15   152 nm
13.17   (a) 50.010 u,
        (b) 4,87 nm,
        (c) 126 nm
13.19   393
13.21   (b) 226,3 u
13.26   296 kg
13.25 $4,52 \times 10^{25}$ u
13.27   0,0426
13.29   (a) 43,5 Gewichtsprozent,
        (b) 1,46 g/cm³
13.31   45,9 %
13.33   0,131 mm
13.35   23,0 Gewichtsprozent
13.37 $12,8 \times 10^6$ kJ
13.39   Acryl, Polyamide, Polykarbonate

Kapitel 14

Übungen

14.1	(a) 1,82 g/cm^3, (b) 2,18 g/cm^3
14.2	(a) 24.320 g/mol, (b) 40.540 g/mol
14.3	89,0 Gewichtsprozent
14.4	14,1 g/cm^3
14.5	39,7 × 10^3 MPa
14.6	0,57 W/(m * K)
14.7	E_C = 12,6 × 10^3 MPa, k_C = 0,29 W/(m * K)
14.8	419 × 10^3 MPa
14.9	3,2 – 38% Fehler
14.10	6,40 × 10^6 mm (Epoxyd), 77,8 × 10^6 mm (Verbundwerkstoff)
14.11	26,8%

Aufgaben

14.1	1,50 g/cm^3
14.3	119.000 u
14.5	330 kg
14.7	586
14.9	88,7 Gewichtsprozent
14.11	2,85 g/cm^3
14.13	8,43 g/cm^3
14.15	289 × 10^3 MPa
14.17	286 × 10^3 MPa
14.21	49,2 × 10^3 MPa
14.23	139 × 10^3 MPa
14.31	430 × 10^3 MPa
14.35	0,38% Fehler
14.37	4,1 – 16% Fehler
14.39	$n \approx 0$
14.41	0,783
14.43	(69,3 bis 104) × 10^6 mm

14.45 $7{,}96 \times 10^6$ mm

14.47 $20{,}8 \times 10^6$ mm

14.51   22,1 bis 29,0 MPa

14.53 $0{,}341 \leq V_{Ton} \leq 0{,}504$

Kapitel 15

Übungen

15.1   (a) 1,73 V,
       (b) 108 mV

15.2 $8{,}17 \times 10^{23}$ Elektronen

15.3 $6{,}65 \times 10^{23}$ Atome

15.4   1,59 h

15.5 $2{,}11 \times 10^{-44}$

15.6 $2{,}32 \times 10^{-9}$

15.7   (a) $34{,}0 \times 10^6$ Ω^{-1} * m^{-1},
       (b) $10{,}0 \times 10^6$ Ω^{-1} * m^{-1}

15.8 $43{,}2 \times 10^{-9}$ Ω * m

15.9   7 mV

15.10 $1{,}30 \times 10^{-8}$ A/m²

15.11 $1{,}034 \times 10^{-7}$ C * m

15.13 (a) $3{,}99 \times 10^{-4}$ Ω-1 * m^{-1},
       (b) $2{,}50 \times 10^3$ Ω * m

15.14 $2{,}0 \times 10^{-11}$ Ω^{-1} * m^{-1}

Aufgaben

15.1   (a) 55,0 A,
       (b) $3{,}14 \times 10^{-9}$ A,
       (c) $7{,}85 \times 10^{-19}$ A

15.3   (a) 40,0 m/s,
       (b) 12,5 µs

15.5   5,66 Ω

15.7   734 m

15.9   994 °C

15.11 (a) 0,0353,
       (b) 0,0451

15.13 $3{,}75 \times 10^{-13}$ (für GaP),
       $1{,}79 \times 10^{-6}$ (für GaSb)

15.15   29,0 mV

15.17   24,6 mV

15.19   ≈ 500 °C

15.21   8,80 m

15.23   6,29 kW

15.25 $31,9 \times 10^{-9}$ W

15.27   ≈ 2.210

15.31 $4,34 \times 10^{-5}$ C/m²

15.33 $1,20 \times 10^{-4}$ C/m²

15.35 $4,03 \times 10^{-4}$ C/m²

15.37   112% Erhöhung

15.39   109 MPa

15.43 $5,2 \times 10^{-10}$

15.45   (a) 0,657 (Elektronen), 0,343 (Löcher); (b) 0,950 (Elektronen), 0,050 (Löcher)

15.47 $1,74 \times 10^4$ $\Omega^{-1} * m^{-1}$

15.49   (a) $38,1 \times 10^6$ $\Omega^{-1} * m^{-1}$, (b) $27,6 \times 10^6$ $\Omega^{-1} * m^{-1}$

15.51 $3,53 \times 10^7$ $\Omega^{-1} * m^{-1}$

Kapitel 16

Übungen

16.1   1,77 eV

16.2   66,1°

16.3   (a) 0,0362, (b) 0,0222

16.4   0,0758

16.5   1.240

16.6   697 nm

16.7   87,0°

16.8   464 nm

Aufgaben

16.1   (a) $3,318 \times 10^{14}$ s^{-1}, (b) 1,786 eV

16.3   16,9% kleiner

16.5   (a) 40,98°,
       (c) 41,47°

16.7   34,0%

16.9   40,8°

16.11 323 nm

16.13 2.594

16.15 7,14

16.17 822 nm

16.19 4,87 µs

16.21 400 nm ≤ λ ≤ 549 nm

Kapitel 17

Übungen

17.1 $2,1 \times 10^{-8}$

17.2   (a) 24,8 Ω-1 * m-1

17.3   474 Ω-1 * m-1

17.4 $5,2 \times 10^{21}$ Atome/m³ ($\ll 20 \times 10^{24}$ Atome/m³)

17.5 $8,44 \times 10^{-8}$

17.6   (a) 135 Ω^{-1} * m^{-1}

17.7   (a) 16,6 ppb,
       (b) 135 °C,
       (c) 55,6 Ω^{-1} * m^{-1}

17.8   (a) 1.880 nm,
       (b) 95.600 nm

17.9 $4,07 \times 10^{21}$ Atome/m³

17.10 $2,20 \times 10^4$ Ω^{-1} * m^{-1}

17.11 0,9944 (Elektronen), 0,0056 (Löcher)

17.12 31,6% Erhöhung

17.13 1,31 Teilchen je Milliarde (ppb) Al

Aufgaben

17.1   (a) $1,24 \times 10^{11}$,
       (b) $1,24 \times 10^{11}$

17.5   10 K

17.7   4,77%

17.9   (a) $9,07 \times 10^{-6}$ Mol-Prozent,
       (b) $4,54 \times 10^{21}$ Atome/m³ ($\ll 1.000 \times 10^{24}$ Atome/m³)

17.11 (a) Elektronenloch,
(b) $3{,}29 \times 10^{18}$ m^{-3},
(c) 7,6 m/s

17.13 15,8 Ω^{-1} * m^{-1}

17.15 285 °C

17.17 5,41 Ω^{-1} * m^{-1}

17.19 2,07 Ω^{-1} * m^{-1}

17.21 317 K (= 44 °C), bei angenommener Raumtemperatur = 300 K

17.23 (a) $1{,}11 \times 10^{-10}$ K,
(b) $9{,}31 \times 10^{-7}$ K,
(c) 289 K

17.27 $2{,}85 \times 10^{21}$ Atome/m^3

17.33 7,5 K

17.35 0,1 °C

17.37 0,973 (Elektronen), 0,027 (Löcher)

17.39 0,337

17.41 2,76 ppm

17.43 (a) 55,1 ppm Pb,
(b) 4,1 ppm Pb

17.45 (a) 10^3 m/s,
(b) $7{,}14 \times 10^3$ V/m,
(c) 5,14 GHz

17.49 (a) 10^3 m/s,
(b) $7{,}14 \times 10^3$ V/m,
(c) 10,3 GHz

Kapitel 18

Übungen

18.1 $B = 0{,}253$ Wb/m^2, $M = 1{,}0 \times 10^3$ A/m

18.3 (a) 0,65 Wb/m^2,
(b) $4{,}57 \times 10^5$ A/m

18.4 8 μ_β

18.5 $1{,}26 \times 10^5$ A/m

18.6 44 J/m^3

18.7 $\approx 3{,}3$ J/m^3

18.8 0,508 (Fe^{3+}), 0,591 (Ni^{2+})

18.9   (a) 0,
(b) 80 μ_β,
(c) 0,89

Aufgaben

18.1 $B = 0{,}251$ Wb/m², $M = 10$ A/m

18.5   (a) 0,99995,
(b) Diamagnetismus

18.7   (b) 0,36 Wb/m²,
(c) −25 A/m

18.9   (b) 0,92 Wb/m²,
(c) −18 A/m

18.13   (a) 40 μ_B,
(b) $6{,}04 \times 10^5$ A/m

18.15   24 μ_B

18.17   (a) 0,591,
(b) 0,432

18.19   2,64 kW/m³

18.21   67 J/m³

18.23   4,02 kW/m³

18.25   1,50 kW/m³

18.33   (a) 38×10^4 Amperewindungen/m,
(b) 14% Fehler

18.35   (a) 2,4 kW/m³,
(b) weich

Kapitel 19

Übungen

19.1   2,5 µm

19.2   (a) 1,75,
(b) ja

19.3 $3{,}13 \times 10^{16}$ s-1

19.4   (a) Zink korrodiert,
(b) 1,100 V

19.5   0,0323 m³

19.6   4,25

19.7   (a) 1,5 kg,
(b) 6,0 kg

19.8	−0,48 V
19.9	(a) 82,7 nm, (b) Ultraviolett
19.10	415 µm
19.11	$E(L_\alpha)$ = 655 eV, $E(LMM)$ = 602 eV

Aufgaben

19.3	1,88
19.7	$1{,}56 \times 10^{16}$ s^{-1}
19.9	$2{,}08 \times 10^{16}$ s^{-1}
19.11	(a) 0,467 V, (b) Cr
19.13	(a) Nickel, (b) Zinn-reiche Phase, (c) 2024-Aluminium, (d) Messing
19.15	$2{,}54 \times 10^{-3}$ m^3
19.17	0,0157 m^3
19.19	0,302 V
19.21	0,235 V
19.23	21,8 kg
19.25	(a) 7,50 µm, (b) 37,5 µm
19.27	1,19 A/m^2
19.29	$1{,}55 \times 10^{-4}$ A/m^2
19.31	(a) $1{,}22 \times 10^{-3}$ nm, (b) Röntgen- oder Gammastrahl
19.33	148 µm
19.35	(a) 8,049 eV, (b) 8,907 eV, (c) 858 eV, (d) 7,116 eV, (e) 783 eV
19.37	(a) 40,6°

Kapitel 20

Übungen

20.1 1.2357, an Luft abgeschreckt bei 940°C und angelassen bei 540°C; 1.2357, an Luft abgeschreckt bei 940°C und angelassen bei 425°C

20.2 $15{,}2 \times 10^6$ l

20.3 2,18

Aufgaben

20.1 60 SiMoCrV 8, in Öl abgeschreckt bei 870°C und angelassen bei 650°C
1.2210, in Öl abgeschreckt bei 855°C und angelassen bei 540°C

20.3 80 – 55 – 06

20.5 Polyethylen und Polypropylen

20.9 2,53 kg

20.11 (a) 120 kg,
(b) $9{,}96 \times 10^4$ l (je Flugzeug)

20.13 Angemessen

20.15 Kohlenstofffaserverstärkter Kunststoff

20.19 Polyester 1

20.21 $1{,}45 \times 10^{-9}$ m^2

20.23 (a) 2,19 eV,
(b) 1,91 bis 2,10 eV

Wegweiser zur Werkstoffauswahl

G.1 Tabelle 976

G

ÜBERBLICK

WEGWEISER ZUR WERKSTOFFAUSWAHL

Das gesamte Buch hindurch wurden die wichtigsten Werkzeuge vorgestellt, mit denen sich die Struktur und Chemie von technischen Werkstoffen charakterisieren lässt. Die folgende Tabelle gibt als kompakte Übersicht die Stellen an, wo die einzelnen Tools im Buch näher beschrieben sind.

G.1 Tabelle

Werkstoffcharakterisierung mithilfe von	Zu finden in
Röntgenbeugung	Abschnitt 3.7
optische Mikroskopie	Abschnitt 4.6
Elektronenmikroskopie (REM, TEM und mit atomarer Auflösung)	Abschnitt 4.6
Rastertunnelmikroskop (RTM) und Atomkraftmikroskop (AFM)	Abschnitt 4.6
Oberflächenanalyse [Röntgenfluoreszenzanalyse (XRF), energiedispersive Röntgenspektrometrie (EDX), Augerelektronenspektroskopie (AES) und Elektronenspektroskopie für chemische Analysen (ESCA) oder Röntgen-Photoelektronenspektroskopie (XPS)]	Abschnitt 19.11
Zerstörungsfreie Prüfung (insbesondere Röntgenprüfung und Ultraschallprüfung)	Abschnitt 8.4

Auf der Companion Website finden Sie eine Bildersammlung von optischer und elektronischer Mikroskopie sowie von Röntgenprüfungen.

Glossar

Hier finden Sie die Definitionen für die meisten der am Ende jedes Kapitels angegebenen Schlüsselbegriffe sowie für einige zusätzliche Begriffe.

1-2-3-Supraleiter Der Werkstoff $YBa_2Cu_3O_7$, der am eingehendsten untersuchte keramische Supraleiter, dessen Name sich aus den Indizes der drei Metallionen ableitet.

A

Abplatzung Stauchen und Abblättern einer Oxidbeschichtung auf einem Metall infolge großer Druckspannungen.

abrasiver Verschleiß Verschleiß, der auftritt, wenn eine raue, feste Oberfläche über eine weichere Fläche gleitet. Als Folge erhält man eine Reihe von Furchen im weichen Material und es bilden sich Abriebpartikel.

Abstoßungskraft Kraft aufgrund der Abstoßung gleicher Ladungen von sowohl (negativen) Elektronenorbitalen als auch (positiven) Kernen benachbarter Atome.

Additiv Einem Polymer zugesetzter Stoff, um bestimmte Charakteristika zu erzielen.

adhäsiver Verschleiß Verschleiß, der auftritt, wenn zwei glatte Oberflächen aneinander entlanggleiten und kleinste Bruchstücke von einer Oberfläche gelöst werden und an der anderen haften bleiben.

Aktivierungsenergie Energiebarriere, die durch Atome in einem Prozess oder einer Reaktion zu überwinden ist.

Akzeptorniveau Energieniveau nahe dem Valenzband in einem p-Halbleiter (siehe *Abbildung 17.10*).

allgemeines Phasendiagramm Ein binäres Phasendiagramm, das mehr als einen der – in *Abschnitt 9.2* behandelten – einfachen Reaktionstypen enthält.

amorphes Metall Ein Metall ohne kristalline Fernordnung.

amorpher Halbleiter Ein Halbleiter ohne kristalline Fernordnung.

angelassener Martensit Eine $\alpha+Fe_3C$-Mikrostruktur, die durch Erwärmen der spröderen Martensit-Phase erzeugt wird.

Anion Negativ geladenes Ion.

anisotrop Ein Stoff mit Eigenschaften, die richtungsabhängig sind.

Anlassen Ein thermischer Verlauf bei der Stahlherstellung, in dem Martensit erneut erwärmt wird (siehe *Abbildung 10.17*).

Anode Die Elektrode in einer elektrochemischen Zelle, die oxidiert, wobei Elektronen an einen äußeren Stromkreis abgegeben werden.

anodisch beschichtetes Aluminium Aluminiumlegierung mit einer Schutzschicht aus Al_2O_3.

anodische Reaktion Die Oxidationsreaktion, die an der Anode in einer elektrochemischen Zelle auftritt.

antiparallele Spinpaarung Die Ausrichtung von atomaren Magnetmomenten in entgegengesetzten Richtungen in ferrimagnetischen Werkstoffen.

Arrhenius-Diagramm Eine halblogarithmische Darstellung von ln(Reaktionsgeschwindigkeit) über dem Kehrwert der absoluten Temperatur ($1/T$). Der Anstieg der Geraden kennzeichnet die Aktivierungsenergie, die auf den Mechanismus der Reaktion hinweist.

Arrhenius-Gleichung Allgemeiner Ausdruck für einen thermisch aktivierten Prozess wie z.B. die Diffusion. (Siehe *Gleichung 5.1*.)

Ashby-Diagramm Diagramm wie in *Abbildung 20.4*, in dem Paare von Werkstoffeigenschaften gegeneinander aufgetragen werden, wobei sich Gruppen verschiedener Kategorien von Konstruktionswerkstoffen herausbilden.

ataktisch Unregelmäßig wechselnde Anlagerung von Seitengruppen entlang eines polymeren Moleküls. (Siehe *Abbildung 13.11*.)

atomare Masseneinheit Kurzzeichen u. Die atomare Masseneinheit beträgt $1{,}66 \times 10^{-24}$ g und ist etwa gleich der Masse eines Protons oder Neutrons.

atomare Packungsdichte Anteil des von Atomen eingenommenen Volumens der Elementarzelle.

atomarer Aufbau Strukturelle Anordnung von Atomen in einem technischen Werkstoff.

Atomkern Zentraler Bestandteil der Atomstruktur, um den sich Elektronen bewegen.

Atomkraftmikroskop (AFM) Ein Abkömmling des Rastertunnelmikroskops, bei dem eine kleine Kraft anstelle eines elektrischen Stroms verwendet wird, um die Oberflächenstruktur eines Stoffs nachzuzeichnen.

Atommasse In atomaren Masseeinheiten ausgedrückte Masse eines einzelnen Atoms.

Atomradius Abstand vom Atomkern zum äußersten Elektronenorbital.

Atomzahl Anzahl von Protonen im Kern eines Atoms.

Aufkohlen Die Diffusion von Kohlenstoffatomen in die Oberfläche von Stahl, um die Legierung zu härten.

Augerelektron Sekundärelektron mit einer charakteristischen Energie, die als Basis für die chemische Identifizierung dient (siehe *Abbildung 19.31*).

Aushärtung Siehe *Ausscheidungshärtung*.

ausscheidungsgehärteter Edelstahl Korrosionsbeständige Eisenlegierung, die durch Ausscheidungshärtung verfestigt wurde.

Ausscheidungshärtung Bilden von Versetzungshindernissen (was demzufolge zu größerer Härte führt) durch kontrollierte Ausscheidung einer zweiten Phase.

Austauschwechselwirkung Phänomen zwischen benachbarten Elektronenspins in nebeneinander liegenden Atomen, das zu ausgerichteten magnetischen Momenten führt.

Austenit Kubisch flächenzentrierte (γ) Phase von Eisen oder Stahl.

austenitischer Edelstahl Korrosionsbeständige Eisenlegierung mit einer vorherrschend kubisch flächenzentrierten (γ) Phase.

Avogadro-Zahl Gleich der Anzahl der atomaren Masseeinheiten je Gramm eines Werkstoffs ($0{,}6023 \times 10^{24}$).

B

Bainit Eine Mikrostruktur von äußerst feinen Nadeln aus Ferrit und Zementit (siehe *Abbildung 10.9*).

Basis Gebiet zwischen Emitter und Kollektor in einem Transistor.

Bauelement Eine funktionelle elektronische Einheit (z.B. ein Transistor).

Bernal-Modell Darstellung der atomaren Struktur eines amorphen Metalls als verbundene Menge von Polyedern (siehe *Abbildung 4.24*).

Beton Verbundwerkstoff aus Zuschlagstoffen, Zement, Wasser und in manchen Fällen Zusatzstoffen.

Beugungswinkel Der doppelte Bragg-Winkel (siehe *Abbildung 3.36*).

Biegefestigkeit Ausfallspannung eines Werkstoffs, wie sie beim Biegeversuch gemessen wird (siehe *Gleichung 6.10*).

Biegemodul Steifigkeit eines Werkstoffs, wie sie beim Biegeversuch gemessen wird (siehe *Gleichung 6.12*).

bifunktional Polymer mit zwei Reaktionsstellen für jedes Mer, was zu einer linearen Molekülstruktur führt.

binäres Diagramm Phasendiagramm für Zweikomponentensysteme.

Bindungsenergie Nettoenergie der Anziehung (oder Abstoßung) als Funktion des Trennungsabstands zwischen zwei Atomen oder Ionen.

Bindungskraft Nettokraft der Anziehung (oder Abstoßung) als Funktion des Trennungsabstands zwischen zwei Atomen oder Ionen.

Bindungslänge Trennungsabstand zwischen den Mittelpunkten zweier benachbarter, gebundener Atome oder Ionen.

Bindungswinkel Der von drei benachbarten, richtungsabhängig gebundenen Atomen gebildete Winkel.

biomimetische Herstellung Fertigungsstrategien für Ingenieurkeramiken, die Prozesse nachbilden, wie sie beispielsweise bei Muschelschalen stattfinden.

Biowerkstoff Ein technischer Werkstoff, der für eine biologische oder medizinische Anwendung geschaffen wurde.

Bipolartransistor Eine geschichtete Anordnung wie z.B. beim *p–n–p*-Transistor, den *Abbildung 17.20* zeigt.

Begriffe und Definitionen

Blasformen Herstellungsverfahren für thermoplastische Polymere.

Bleilegierung Metalllegierung, die vorwiegend aus Blei besteht.

Bloch-Wand Schmaler Bereich, in dem das atomare Moment systematisch um 180° kippt und benachbarte Domänen trennt (siehe *Abbildung 18.10*).

Block-Copolymer Kombination von polymeren Komponenten in »Blöcken« entlang einer einzelnen Molekülkette (siehe *Abbildung 13.3*).

Bohrsches Magneton Einheit des magnetischen Moments ($= 9{,}27 \times 10\text{-}24$ A * m^2).

Borosilikatglas Hochfestes kommerzielles Glaserzeugnis, das hauptsächlich aus Quarzglas mit einem beträchtlichen Anteil von B_2O_3 besteht.

Bragg-Gesetz Die Beziehung, die die Bedingung für Röntgenbeugung durch eine bestimmte Kristallebene definiert (*Gleichung 3.5*).

Bragg-Winkel Winkel relativ zu einer Kristallebene, an der Röntgenbeugung stattfindet (siehe *Abbildung 3.35*).

Bravais-Gitter Die 14 möglichen Anordnungen von Punkten (mit gleichwertigen Umgebungen) im dreidimensionalen Raum.

Brechungsindex Grundlegende optische Eigenschaft, wie sie durch *Gleichung 16.4* definiert ist.

Brennen Die Herstellung einer Keramik durch Aufheizen des Ausgangsstoffs auf eine hohe Temperatur, die typischerweise über 1.000 °C liegt.

Brinell-Härte Parameter, der aus einem Eindringtest erhalten wird (siehe *Tabelle 6.10*).

Bronzezeit Der Zeitraum von etwa 2000 bis 1000 v.Chr.; verkörpert die Anfänge der Metallurgie.

Bruchmechanik Ausfallanalyse von Konstruktionswerkstoffen mit bereits vorhandenen Fehlstellen.

Bruchmodul Siehe *Biegefestigkeit*.

Bruchzähigkeit Kritischer Wert des Spannungsintensitätsfaktors an einer Bruchspitze, der notwendig ist, um einen plötzlichen Bruch hervorzurufen.

Buckminsterfulleren Kohlenstoffmolekül, das man zu Ehren von R. Buckminster Fuller, dem Erfinder der korrespondierenden architektonischen Struktur, benannt hat.

Bucky-Ball Spitzname für das Buckminsterfulleren C_{60}.

Bucky-Röhre Zylindrisches Buckminsterfulleren-Molekül, das aus hexagonalen Kohlenstoffringen besteht.

Burgers-Vektor Notwendiger Versetzungsvektor, um eine schrittweise Schleife um eine Versetzung zu schließen.

C

Cäsiumchlorid Einfache Verbindungskristallstruktur, wie sie in *Abbildung 3.8* dargestellt ist.

Cermet Ein Keramik-Metall-Verbundwerkstoff.

Chalcogenid Eine Verbindung, die S, Se oder Te enthält.

Charpy-Versuch Methode für die Messung der Kerbschlagarbeit (siehe *Abbildung 8.1*).

chemisch vorgespanntes Glas Ein Glas mit hoher Bruchfestigkeit. Diese ergibt sich aus der Druckspannung eines Silikatnetzwerks, wobei auf chemischem Wege in der Oberfläche eines natriumhaltigen Silikatglases die Na^+-Ionen durch größere K^+-Ionen ausgetauscht werden.

chemische Gasphasenabscheidung (CVD) Bei der Herstellung von integrierten Schaltkreisen das Erzeugen dünner Materialschichten mithilfe spezieller chemischer Reaktionen.

Chip Eine dünne Scheibe eines kristallinen Halbleiters, auf der eine elektronische Schaltung durch gesteuerte Diffusion erzeugt wird.

Copolymer Legierungsartiges Ergebnis der Polymerisation einer Lösung aus unterschiedlichen Arten von Monomeren.

Coulomb-Anziehung Tendenz zur Bindung zwischen entgegengesetzt geladenen Teilchen.

Cristobalit Zusammengesetzte Kristallstruktur, wie sie *Abbildung 3.11* zeigt.

D

Dauermagnet Typischerweise aus Hartstahl bestehender Magnet, der seine Magnetisierung beibehält, nachdem er einmal magnetisiert wurde.

Debye-Temperatur Die Temperatur, über der sich der Wert der Wärmekapazität bei konstantem Volumen C_v bei ungefähr $3R$ einpendelt, wobei R die universelle Gaskonstante ist.

Dehnung Zunahme der Probenlänge bei einer gegebenen Belastung dividiert durch die Originallänge (ohne Zugbelastung).

Dehnungsbruch Schaden, der in Metallen infolge »Überlastung« auftritt, weil das Material über seine elastische Grenze hinaus beansprucht und infolgedessen zum Bruch gebracht wird.

dendritische Struktur Beim Gießen entstehende Nichtgleichgewichtsmikrostruktur (siehe *Abbildung 11.6*).

Diamagnetismus Magnetisches Verhalten von Stoffen, die eine relative Permeabilität von etwas unter 1 aufweisen.

Diamant Wichtige Kristallstruktur für kovalent gebundene, elementare Festkörper (siehe *Abbildung 3.23*).

Dielektrikum Elektrisch isolierendes Material.

dielektrische Durchschlagsfestigkeit Die Grenzspannung, bei der ein Dielektrikum »durchbricht« und leitend wird.

Dielektrizitätskonstante Der Faktor, um den sich die Kapazität eines Plattenkondensators erhöht, wenn man zwischen die Platten anstelle des Vakuums ein Dielektrikum einfügt.

Diffraktometer Ein elektromechanisches Abtastsystem, mit dem sich das Röntgenbeugungsmuster für eine Pulverprobe erhalten lässt.

diffuse Reflexion Lichtreflexion aufgrund von Oberflächenrauheit (siehe *Abbildung 16.6*).

Diffusion Die Bewegung von Atomen oder Molekülen aus einem Gebiet höherer Konzentration in ein Gebiet niedrigerer Konzentration.

diffusionsgesteuerte Umwandlung Phasenumwandlung mit starker Zeitabhängigkeit infolge atomarer Migrationen.

Diffusionskoeffizient Proportionalitätskonstante in der Beziehung zwischen Diffusionsstrom und Konzentrationsgradient, wie sie durch *Gleichung 5.8* ausgedrückt wird.

diffusionslose Umwandlung Phasenumwandlung, die praktisch zeitunabhängig ist, weil es keine Diffusionsvorgänge gibt.

Diode Ein einfaches elektronisches Bauelement, das den Stromfluss nur bei einer in Durchlassrichtung angelegten (positiven) Spannung erlaubt.

Dipol (1) Asymmetrische Verteilung von positiven und negativen Ladungen aufgrund einer Sekundärbindung. (2) Nord-Süd-Ausrichtung eines Magneten.

Dipolmoment Produkt von Ladung und Trennungsabstand der Mittelpunkte von positiver und negativer Ladung in einem Dipol.

dispersionsverfestigtes Metall Ein Verbundwerkstoff mit Zuschlägen, in dem das Metall geringe Konzentrationen (weniger als 15 Volumenprozent) von kleinen Oxidpartikeln (0,01 bis 0,1 μm im Durchmesser) enthält.

Domäne Mikroskopischer Bereich mit gleicher Ausrichtung der elektrischen Dipole (in einem ferroelektrischen Material) oder gleicher Ausrichtung der magnetischen Momente (in einem ferromagnetischen Material).

Domänenstruktur Mikrostrukturelle Anordnung magnetischer Domänen.

Domänenwand Siehe *Bloch-Wand*.

Donatorniveau Energieniveau nahe dem Leitungsband in einem n-Halbleiter (siehe *Abbildung 17.5*).

Doppelbindung Kovalente Bildung gemeinsamer Valenzelektronenpaare.

Dotierung Zielgerichtete Verunreinigungsbeimengung in einem fremdleitenden Halbleiter.

Drain Gebiet in einem Feldeffekttransistor, das Ladungsträger aufnimmt.

Driftgeschwindigkeit Durchschnittliche Geschwindigkeit der Ladungsträger in einem elektrisch leitenden Stoff.

duktil verformbar

Duktilität Verformbarkeit. (Ein quantitatives Maß hierfür ist die prozentuale Bruchdehnung.)

durchgehende Fasern Verstärkungsfasern für einen Verbundwerkstoff ohne Unterbrechung innerhalb der Matrixabmessungen.

Durchlassspannung Polarität des elektrischen Potentials, die einen beträchtlichen Fluss von Ladungsträgern in einem Gleichrichter hervorruft.

duroplastischer Polymerwerkstoff Polymer, das bei Erwärmung hart und steif wird.

dynamischer Elastizitätsmodul Parameter, der die Steifigkeit eines Polymerwerkstoffs unter mechanischer Schwingungsbelastung charakterisiert.

E

ebener Defekt Zweidimensionale Fehlstelle in einer Kristallstruktur (z.B. eine Korngrenze).

edel Tendenz eines Metalls oder einer Legierung, in einem elektrochemischen Element reduziert zu werden.

Edelmetall Korrosionsbeständiges Metall oder Legierung, z.B. Gold, Platin und deren Legierungen.

Edelstahl Eisenlegierung, die widerstandsfähiger gegen Rosten und Anlaufen als Kohlenstoff- und niedrig legierte Stähle ist, was hauptsächlich auf Chrom-Beimengungen zurückzuführen ist.

effektive Länge Trennungsabstand zwischen den Enden eines zufällig gewickelten Polymermoleküls (siehe *Gleichung 13.4* und *Abbildung 13.9*).

Effusionszelle Widerstandsbeheizte Quelle, die einen atomaren oder molekularen Strom für einen Abscheidungsprozess liefert.

E-Glas Weit verbreitete Glasfaserzusammensetzung für Verbundwerkstoffe (siehe *Tabelle 14.1*).

Eigenhalbleitung Halbleitendes Verhalten eines Werkstoffs, das unabhängig von hinzugefügten Verunreinigungen ist.

eigenleitendes Gettern Das Entfernen von Sauerstoff in einem Siliziumbauelement durch Wärmebehandlung des Silizium-Wafers, um SiO_2-Ausscheidungen im elektrisch nicht aktiven Teil zu bilden, ohne dadurch die Funktion der auf der Vorderseite des Wafers erzeugten elektrischen Schaltung zu stören.

Einmodenfaser Optische Faser mit einem dünnen Kern, in der Licht größtenteils parallel zur Faserachse verläuft (siehe *Abbildung 16.18*).

Eisenlegierung Metalllegierung, die hauptsächlich aus Eisen besteht.

Eisenzeit Der Zeitraum von 1000 bis 1 v.Chr., in dem Eisenlegierungen weitgehend Bronze für die Werkzeug- und Waffenherstellung in Europa verdrängt haben.

elastische Verformung Eine vorübergehende Verformung, die auf dem Strecken von Atombindungen beruht (siehe *Abbildung 6.18*).

Elastizitätsmodul Anstieg der Spannungs-Dehnungskurve im elastischen Bereich.

Elastizitätsmodul bei Biegung Siehe *Biegemodul*.

Elastomer Polymer mit einem ausgeprägten gummielastischen Verformungsbereich, der sich in der logarithmischen Darstellung des Elastizitätsmoduls über der Temperatur als Plateau zeigt.

elektrisch polarisiert Polykristallines Material mit einer einzigen Kristallorientierung, die auf der Ausrichtung von Pulverpartikeln unter einem starken elektrischen Feld beruht.

elektrische Feldkonstante Proportionalitätskonstante zwischen Ladungsdichte und elektrischer Feldstärke gemäß *Gleichung 15.11*.

elektrische Feldstärke Spannung je Abstandseinheit.

elektrische Leitung Ein messbarer Wert der elektrischen Leitfähigkeit, der aus der Bewegung eines beliebigen Ladungsträgertyps resultieren kann.

elektrisch leitendes Polymer Ein lineares Polymer, das aus sich abwechselnden Einfach- und Doppelbindungen besteht. Die »Extra«-Elektronen, die mit den Doppelbindungen einhergehen, können sich relativ leicht an der polymeren Hauptkette entlang bewegen.

elektrochemische Spannungsreihe Systematisch geordnete Spannungswerte der Halbzellenreaktionen, wie sie in *Tabelle 19.2* zusammengefasst sind.

elektrochemisches Element System für verbundene anodische und kathodische Elektrodenreaktionen.

Elektrolumineszenz Durch Elektronen hervorgerufene Lumineszenz.

Elektron Negativ geladenes subatomares Teilchen, das sich in einem Orbital um einen positiv geladenen Atomkern aufhält.

Elektronegativität Die Fähigkeit eines Atoms, Elektronen zu sich selbst anzuziehen.

Elektronendichte Konzentration der negativen Ladung in einem Elektronenorbital.

Elektronenfehlstelle Siehe *Loch*.

Elektronengas Siehe *Elektronenwolke*.

Elektronenleitung Ein messbarer Wert der elektrischen Leitfähigkeit, der speziell aus der Bewegung von Elektronen resultiert.

Elektronenmikroskop mit atomarer Auflösung Eine verfeinerte Version des Transmissionselektronenmikroskops, mit dem sich die Packungsanordnung von Atomen in einer dünnen Probe visualisieren lässt.

Elektronenorbital Ort der negativen Ladung um einen positiven Atomkern.

Elektronenpaar Die kovalente Bindung beruht auf der Bildung gemeinsamer Elektronenpaare.

Elektronenspektroskopie für chemische Analysen (ESCA) Siehe *Röntgen-Photoelektronenspektroskopie (XPS)*.

Elektronenspin Relativistischer Effekt, der mit dem Eigendrehimpuls des Elektrons zusammenhängt. Der Einfachheit halber lässt sich dieses Phänomen mit der Rotation eines Planeten vergleichen, die unabhängig von seiner Umlaufbahn ist.

Elektronenübergang Grundlage der Ionenbindung.

Elektronenwolke Gruppe von frei beweglichen Elektronen in einem metallischen Festkörper.

elektronische, optische und magnetische Werkstoffe Technische Werkstoffe, die hauptsächlich wegen ihrer elektronischen, optischen oder magnetischen Eigenschaften eingesetzt werden.

Elektron-Loch-Paar Zwei Ladungsträger, die entstehen, wenn ein Elektron in das Leitungsband angehoben wird, wobei ein Loch im Valenzband zurückbleibt.

Element Chemische Grundbausteine, die im Periodensystem der Elemente systematisch zusammengefasst sind.

Elementarzelle Struktureinheit, mit der sich durch wiederholtes und direktes Übereinanderstapeln von benachbarten Elementarzellen die Gesamtstruktur eines Kristalls im dreidimensionalen Raum beschreiben lässt.

Emaille Silikatglasbeschichtung auf einem Metallsubstrat. Dient unter anderem zum Schutz des Metalls vor einer korrosiven Umgebung.

Emitter Gebiet eines Transistors, das als Quelle von Ladungsträgern dient.

Energieband Ein Bereich von Elektronenenergien in einem Festkörper, der mit einem Energieniveau in einem isolierten Atom verbunden ist.

Energiebandlücke Bereich von Elektronenenergien oberhalb des Valenzbandes und unterhalb des Leitungsbandes.

energiedispersive Röntgenspektrometrie (EDX) Chemische Analyse mithilfe von charakteristischen Röntgen-Photonen, die durch Beschießen einer Probe mit energiereichen Elektronen erzeugt werden.

Energieniveau Feste Bindungsenergie zwischen einem Elektron und seinem Kern.

Energieverlust Bereich innerhalb der Hystereseschleife eines ferromagnetischen Stoffs.

Energiewandler Siehe *Transducer*.

entglast Kristallisiert. In Bezug auf einen Werkstoff, der sich ursprünglich in einem glasartigen (durchsichtigen) Zustand befunden hat.

Entspannungspunkt Temperatur, bei der Glas eine Viskosität von $10^{13,4}$ P hat und bei der sich interne Spannungen innerhalb von etwa 15 Minuten abbauen lassen.

Epitaxie Technik der Gasphasenabscheidung, bei der auf einem Halbleiter ein dünner Film von praktisch demselben Material wie das Substrat abgeschieden und dabei eine besondere kristallographische Beziehung zwischen der Schicht und dem Substrat aufrechterhalten wird.

Erholung Anfangszustand der Glühbehandlung, indem die Atombeweglichkeit genügt, um eine gewisse Erweichung des Werkstoffs zu ermöglichen, ohne dass deutliche mikrostrukturelle Gefügeveränderungen auftreten.

Ermüdung Das allgemeine Phänomen des Werkstoffversagens nach mehreren Belastungszyklen bis zu einem Spannungsniveau unterhalb der höchsten Zugspannung.

Ermüdungsfestigkeit (Dauerfestigkeit) Untere Grenze der angewandten Spannung, bei der eine Eisenlegierung durch zyklische Belastung bricht.

Ermüdungskurve Charakteristischer Verlauf der Spannung über der Anzahl der Belastungszyklen bis zum Ausfall (siehe *Abbildung 8.10*).

Ermüdungsversagen Der Bruch eines Metallteils durch langsames Risswachstum mit einem resultierenden »Muschelschalenmuster« der Bruchoberfläche.

Ermüdungsverschleiß der Oberfläche Verschleiß, der bei wiederholtem Gleiten oder Walzen eines Materials über einer Spur auftritt.

Erosion Verschleiß durch einen Strom von scharfen Partikeln und analog zu abrasivem Verschleiß.

Erweichungspunkt Temperatur, bei der ein Glas eine Viskosität von $10^{7,6}$ P hat und die im unteren Verarbeitungsbereich liegt.

eutektische Reaktion Der Übergang von einer Flüssigkeit in zwei feste Phasen bei Abkühlung, wie ihn *Gleichung 9.3* beschreibt.

eutektische Temperatur Kleinste Temperatur, bei der ein binäres System vollständig geschmolzen ist (siehe *Abbildung 9.11*).

eutektische Zusammensetzung Zusammensetzung bei der niedrigsten Temperatur, bei der ein binäres System vollständig geschmolzen ist (siehe *Abbildung 9.11*).

eutektisches Diagramm Binäres Phasendiagramm mit der charakteristischen eutektischen Reaktion.

eutektoides Diagramm Binäres Phasendiagramm mit der eutektoiden Reaktion gemäß *Gleichung 9.4* (siehe *Abbildung 9.18*).

externe elektrische Spannung Eine Methode des Korrosionsschutzes, um dem durch eine elektrochemische Reaktion aufgebauten Spannungspotential durch Anlegen einer externen Spannung entgegenzuwirken.

Extrusion Herstellungsverfahren für thermoplastische Polymere.

F

Farbe Visueller Eindruck, der mit verschiedenen Teilen des elektromagnetischen Spektrums bei Wellenlängen zwischen 400 und 700 nm verbunden ist.

Farbeindringprüfung Zerstörungsfreie Prüfung für die Untersuchung von Oberflächendefekten. Beruht auf der Kapillarwirkung, durch die ein feines Pulver auf der Oberfläche einer Probe eine deutlich sichtbare Flüssigkeit herauszieht, die vorher in die Oberflächendefekte eingebracht wurde.

Färbemittel Zusatz, um ein Polymer einzufärben.

Farbstoff Lösliche, organische Färbemittel für Polymere.

Fasergewebe Faserkonfiguration, die einen Verbundwerkstoff verstärkt (siehe *Abbildung 14.3*).

faserverstärkter Verbundwerkstoff Werkstoff, der mit einer faserartigen Phase verstärkt ist.

Fehlstelleninduzierter Bruch Das schlagartige Bruchversagen eines Werkstoffs infolge von Spannungskonzentrationen an bereits vorhandenen strukturellen Fehlstellen.

Feldeffekttransistor (FET) Festkörperbauelement mit Verstärkereigenschaften (siehe *Abbildung 17.21*).

Fensterglas Häufig eingesetzter Konstruktionswerkstoff, der aus ungefähr 15 Gewichtsprozent Na_2O, 10 Gewichtsprozent CaO und 75 Gewichtsprozent SiO_2 besteht.

Fermi-Funktion Temperatur-abhängige Funktion, die den Umfang beschreibt, bis zu dem ein gegebenes Elektronenenergieniveau gefüllt wird (siehe *Gleichung 15.7*).

Fermi-Niveau Die Energie eines Elektrons im höchsten gefüllten Zustand im Valenzenergieband bei 0 K.

Fernordnung Eine Struktureigenschaft von Kristallen (nicht von Gläsern).

Ferrimagnetismus Dem Ferromagnetismus ähnliches Verhalten mit antiparalleler Spinpaarung.

Ferrit Eisenlegierung, die auf der krz-Struktur von reinem Eisen bei Raumtemperatur beruht. Auch eine ferrimagnetische Keramik, die auf der inversen Spinell-Struktur basiert.

ferritischer Edelstahl Korrosionsbeständige Eisenlegierung mit einer vorherrschenden krz- (α) Phase.

ferroelektrisch Eigenschaft eines Werkstoffs, der spontane Polarisation unter einem angelegten elektrischen Feld zeigt (siehe *Abbildung 15.23*).

Ferromagnetismus Phänomen des drastischen Anstiegs der Induktion in Abhängigkeit von der Feldstärke.

feste Lösung Mischung auf atomarer Ebene von mehr als einer Atomart im festen Zustand.

Begriffe und Definitionen

Festigkeits-/Gewichtsverhältnis Siehe *spezifische Festigkeit*.

Feuerfestwerkstoff Hochtemperaturresistenter Konstruktionswerkstoff; hierzu gehören beispielsweise viele Keramikoxide.

Fiberglas Modernes Verbundsystem bestehend aus einer Polymermatrix, in die Verstärkungsfasern (Glasfasern) eingebettet sind.

Ficksches Gesetz, erstes und zweites Die grundlegenden mathematischen Beschreibungen für die Diffusionsbewegung (siehe die *Gleichungen 5.8 und 5.9*).

Flammhemmer Additiv, das die inhärente Entflammbarkeit bestimmter Polymere verringert.

Fließgrenze Siehe *obere Fließgrenze*.

Fluoreszenz Lumineszenz, bei der die Reemission von Photonen schnell auftritt (in weniger als etwa 10 Nanosekunden).

Fluorit Kristallstruktur bestimmter Keramiken (siehe *Abbildung 3.10*).

Flussdichte Größe der magnetischen Induktion.

Flüssigkeitserosionsversagen Eine spezielle Form des Verschleißes, bei dem eine Flüssigkeit für Materialabtrag verantwortlich ist.

Flüssigkristallanzeige (LCD) Ein optisches Bauelement mit einem Flüssigkristall (zusammengesetzt aus stäbchenförmigen Polymermolekülen) für die Anzeige von Zeichen. Eine über den zeichenbildenden Bereichen angelegte Spannung stört die Ausrichtung der Flüssigkristallmoleküle, wodurch das Material dunkler wird und sichtbare Zeichen entstehen.

Flüssigmetallversprödung (Lotbrüchigkeit) Eine Form des Materialabbaus. Dabei verliert der Werkstoff an Duktilität oder bricht unterhalb seiner Streckgrenze in Verbindung damit, dass seine Oberfläche mit einem flüssigen Metall mit einem niedrigen Schmelzpunkt benetzt wird.

Fotolack Im Lithographieprozess eingesetzter Polymerwerkstoff.

Fourier'sches Gesetz Beziehung zwischen Geschwindigkeit des Wärmeübergangs und Temperaturgradient gemäß *Gleichung 7.5*.

frei bewegliches Elektron Ein Elektron, das mit gleicher Wahrscheinlichkeit einem der vielen benachbarten Atome zugeordnet sein kann.

freies Elektron Leitungselektron in einem Metall.

freies Radikal Reaktives Atom oder Gruppe von Atomen, die ein ungepaartes Elektron enthalten.

freigesetzte Scherspannung Spannung, die auf ein Gleitsystem wirkt (siehe *Gleichung 6.14*).

Freiheitsgrad Anzahl der unabhängigen Variablen, die für ein System noch frei wählbar sind, um eine Gleichgewichtsmikrostruktur zu spezifizieren.

fremdleitendes Gettern Das Entfernen von Sauerstoff in einem Siliziumbauelement mithilfe mechanischer Beschädigungen, die Versetzungen als »Getterzentren« erzeugen.

Frenkel-Defekt Kombination von Leerstelle und Zwischengitterplatz (siehe *Abbildung 4.9*).

Fresnel-Formel Beschreibt den Anteil des Lichts, das an einer Oberfläche reflektiert wird, als Funktion des Brechungsindex (siehe *Gleichung 16.5*).

Fulleren Siehe *Buckminsterfulleren*.

Füllstoff Relativ inertes Additiv für ein Polymer, das als Ersatz für fehlendes Volumen dient. Zudem sind Füllstoffe formstabil und kostengünstig.

Funktionskeramik für elektrotechnische Anwendung Keramischer Werkstoff, der vorrangig wegen seiner elektronischen Eigenschaften eingesetzt wird.

G

galvanische Korrosion Durch Kontakt von zwei verschiedenen Metallen in wässriger Lösung hervorgerufene Korrosion.

galvanischer Schutz Konstruktion, in der die vor Korrosion zu schützende strukturelle Komponente zur Kathode gemacht wird.

galvanische Spannungsreihe Eine Liste von Metalllegierungen, die systematisch nach relativem Korrosionsverhalten in einer wässrigen Umgebung (z.B. Seewasser) geordnet ist.

galvanisches Element Elektrochemische Zelle, in der die Korrosion und der damit verbundene elektrische Strom auf dem Kontakt von zwei verschiedenen Metallen beruhen.

Galvanisierung Erzeugen einer Zink-Beschichtung auf einer Eisenlegierung, um einen Korrosionsschutz zu erreichen.

Gasphasenabscheidung Herstellungsverfahren für Halbleiterbauelemente, bei dem Material aus der Gasphase auf dem Substrat abgeschieden wird.

Gasreduktion Eine kathodische Reaktion, die zur Korrosion eines benachbarten Metalls führen kann.

Gate Zwischengebiet (Steuerelektrode) in einem Feldeffekttransistor (siehe *Abbildung 17.20*).

Gauß-Fehlerfunktion Mathematische Funktion, die auf der Integration der »Glockenkurve« basiert und bei der Lösung vieler Diffusions-bezogener Probleme erscheint.

Gebrauchskeramik Kommerzielle Keramiken mit einer typischen weißen und feinkörnigen Mikrostruktur, beispielsweise Kacheln und Porzellan.

Gefügestruktur Mikrostruktur, in der Konzentrationsgradienten in einzelnen Körnern auftreten (siehe *Abbildung 11.5*).

gelöster Stoff   Teilchen, die sich in einem Lösungsmittel verteilen, um eine Lösung zu bilden.

gemischte Versetzung   Versetzung mit sowohl Stufen- als auch Schraubencharakter (siehe *Abbildung 4.13*).

geordneter Mischkristall   Mischkristall, in dem die gelösten Atome in einem regelmäßigen Muster angeordnet sind (siehe *Abbildung 4.3*).

gerichtete Reflexion   Lichtbrechung relativ zur »durchschnittlichen« Oberfläche (siehe *Abbildung 16.6*).

geschwindigkeitsbestimmender Schritt   Langsamster Schritt in einem mehrere Schritte umfassenden Prozess. Die Gesamtprozessgeschwindigkeit wird dabei durch diesen einen Mechanismus bestimmt.

gesteuerte Entglasung   Herstellungsverfahren für Glaskeramiken, bei dem ein Glas in eine feinkörnige kristalline Keramik umgewandelt wird.

gestreckte Länge   Länge eines Polymermoleküls, das so weit als möglich gestreckt ist (siehe *Abbildung 13.10*).

getempertes Glas   Ein verfestigtes Glas, bei dem durch eine Wärmebehandlung die äußere Oberfläche in einen Zustand mit einer Oberflächenrestspannung versetzt wird.

Gettern   Das Einfangen und Entfernen von Sauerstoff aus dem Bereich des Silizium-Wafers, in dem die elektrische Schaltung erzeugt wird.

Gibbs'sche Phasenregel   Allgemeine Beziehung zwischen Mikrostruktur und Zustandsvariablen (siehe *Gleichung 9.1*).

Gießen   Herstellungsverfahren von Werkstoffen, bei dem Rohstoffe zusammengebracht, geschmolzen und anschließend vergossen werden. Daran schließt sich die Verfestigung der Flüssigkeit an.

Gitterebene   Ebene in einem Kristallgitter.

Gitterkonstante   Die Kantenlänge der Elementarzelle und/oder die Winkel zwischen kristallographischen Achsen.

Gitterparameter   Siehe *Gitterkonstante*.

Gitterposition   Standardnotation für einen Punkt in einem Kristallgitter (siehe *Abbildung 3.26*).

Gitterpunkt   Ein Punkt aus einer Menge von theoretischen Punkten, die periodisch im dreidimensionalen Raum angeordnet sind.

Gitterrichtung   Richtung in einem Kristallgitter. *Abbildung 3.28* gibt die Standardnotation an.

Gittertranslation   Vektor, der gleichwertige Positionen in benachbarten Elementarzellen verbindet.

Glas   Nichtkristalliner Festkörper mit einer chemischen Zusammensetzung, die (sofern nicht anders angegeben) mit einer kristallinen Keramik vergleichbar ist.

Glasbehälter Haushaltsgefäß, das aus ungefähr 15 Gewichtsprozent Na_2O, 10 Gewichtsprozent CaO und 75 Gewichtsprozent SiO_2 besteht.

Glasbildung Herstellungsverfahren für ein Glas.

Glaskeramik Feinkörnige kristalline Keramik, die durch gesteuerte Entglasung eines Glases hergestellt wird.

Glasübergangstemperatur Temperatur, oberhalb der ein Glas zu einer unterkühlten Schmelze wird und unterhalb der es ein echter, starrer Festkörper ist.

Glasur Glasüberzug, den man auf Keramiken wie z.B. Töpferwaren anwendet.

Gleichrichter Siehe *Diode*.

gleichwertige Ebenen Eine Menge von strukturell gleichwertigen kristallographischen Ebenen.

gleichwertige Richtungen Eine Menge von strukturell gleichwertigen kristallographischen Richtungen.

Gleitsystem Eine Kombination von gleichwertigen kristallographischen Ebenen und Richtungen entsprechend der Versetzungsbewegung.

Glühbehandlung Wärmebehandlung, um einen Werkstoff weich oder spannungsfrei zu machen.

Gradientenprofilfaser Optische Faser mit einer parabolischen Variation des Brechungsindex innerhalb des Kerns (siehe *Abbildung 16.18*).

Grammatom Die Avogadro-Zahl von Atomen eines bestimmten Elements.

Granat Ferrimagnetische Keramik mit einer Kristallstruktur, die ähnlich der von natürlichem Edelgranat ist.

Grauguss Eine Form von Gusseisen mit scharfen Graphitflocken, die zu einer charakteristischen Sprödigkeit beitragen.

Grenzflächenfestigkeit Festigkeit der Bindung zwischen der Matrix eines Verbundwerkstoffs und der verstärkenden Phase.

Griffith-Rissmodell Vorhersage der Spannungsintensivierung an der Rissspitze in einem spröden Material.

Gruppe Chemische Elemente in einer vertikalen Spalte des Periodensystems.

Guinier-Preston-Zone In den frühen Stufen der Ausscheidung einer Al-Cu-Legierung gebildete Struktur (siehe *Abbildung 10.28*).

gummielastisch Mechanisches Verhalten eines Polymers unmittelbar oberhalb seiner Glasübergangstemperatur (siehe *Abbildung 6.44*).

Gusseisen Eisenlegierung mit mehr als 2 Gewichtsprozent Kohlenstoff.

H

halbleitende Verbindung Ein Halbleiter, der aus einer chemischen Verbindung statt aus einem einzelnen Element besteht.

Halbleiter Stoffe, deren Leitfähigkeit zwischen der von Leitern und Isolatoren liegt (beispielsweise Leitfähigkeiten zwischen 10^{-4} bis $10^{+4}\ \Omega^{-1} * m^{-1}$).

Halbzellenreaktion Chemische Reaktion, die entweder mit der anodischen oder der kathodischen Hälfte eines elektrochemischen Elements verbunden ist.

Halleffekt Seitliche Auslenkung von Ladungsträgern (und daraus resultierende Spannung), die durch ein Magnetfeld senkrecht zu einem elektrischen Strom hervorgerufen wird.

Härtbarkeit Die Fähigkeit eines Stahls, durch Abschrecken gehärtet zu werden.

Härte Widerstand, den ein Werkstoff einem eindringenden, härteren Prüfkörper entgegensetzt.

Hartholz Relativ festes Holz von laubwechselnden Bäumen mit bedeckten Samen.

Hartkugelmodell Atomares (oder ionisches) Modell eines Atoms als Kugelteilchen mit einem festen Radius.

Hartmagnet Magnet mit relativ unbeweglichen Domänenwänden.

Hebelgesetz Mechanische Analogie zur Massenbilanzberechnung, mit der sich der Anteil jeder Phase in einer zweiphasigen Mikrostruktur berechnen lässt (siehe die *Gleichungen 9.9 und 9.10*).

heiß-isostatisches Pressen Pulvermetallurgisches Verfahren, das bei hoher Temperatur einen allseits gleichmäßigen Druck auf das zu formende Teil ausübt.

Hemizellulose Eine Komponente in der Matrix der Holzmikrostruktur.

Heteroepitaxie Abscheidung eines dünnen Films mit einer Zusammensetzung, die sich deutlich vom Substrat unterscheidet.

heterogene Keimbildung Die Ausscheidung einer neuen Phase beginnt an einer strukturellen Fehlstelle, beispielsweise von einer Grenzfläche aus.

hexagonal Eines der sieben Kristallsysteme (siehe *Tabelle 3.1*).

hexagonal dichtest gepackt (hdp) Typische Atomanordnung in Metallen (siehe *Abbildung 3.6*).

Hirth-Pound-Modell Atomistisches Modell einer Kristalloberfläche mit einem komplizierten Riffsystem statt atomar glatter Flächen (siehe *Abbildung 4.17*).

hitzebeständiges Metall Gegen hohe Temperaturen resistentes Metall (z.B. Molybdän) bzw. dessen Legierungen.

hoch legierter Stahl Eisenlegierung mit mehr als 5 Gewichtsprozent Nichtkohlenstoffbeimengungen.

hochfester niedrig legierter Stahl (HSLA) Stahl mit relativ hoher Festigkeit, aber deutlich weniger als 5 Gewichtsprozent Nichtkohlenstoffbeimengungen.

Hochleistungsverbundwerkstoff Verbundwerkstoffe, in denen die verstärkenden Fasern einen höheren E-Modul haben als den von E-Glas. Beispielsweise enthält Fiberglas, das in den meisten Rotorblättern von US-Hubschraubern eingesetzt wird, Hochmodul-S-Glasfasern

Holz Ein natürlich vorkommender faserverstärkter Verbundwerkstoff.

Homoepitaxie Abscheidung eines dünnen Films von praktisch demselben Material wie das Substrat.

homogene Keimbildung Ausscheidung einer neuen Phase innerhalb eines vollständig homogenen Mediums.

Hookesches Gesetz Die lineare Beziehung zwischen Spannung und Dehnung bei der elastischen Verformung (siehe *Gleichung 6.3*).

Hume-Rothery-Regeln Vier Kriterien für die vollständige Mischbarkeit in metallischen festen Lösungen.

Hundsche Regel Die Elektronenpaarung in einem gegebenen Orbital wird verzögert, bis alle Niveaus einer bestimmten Energie ein einzelnes Elektron enthalten.

Hybrid Fasergewebe mit zwei oder mehr Typen von Verstärkungsfasern für den Einsatz in einem einzelnen Verbundwerkstoff.

Hybridisierung Bildung von vier gleichwertigen Elektronenenergieniveaus (sp^3-Typ) aus anfangs unterschiedlichen Niveaus (s-Typ und p-Typ).

Hysterese Charakteristisches Verhalten wie z.B. beim Ferromagnetismus, bei dem der in einem Diagramm dargestellte Kurvenverlauf einer Materialeigenschaft eine geschlossene Schleife bildet.

Hystereseschleife Diagramm, in dem die Kurve einer Materialeigenschaft (z.B. Induktion) nicht auf sich selbst zurückläuft, wenn sich der Wert einer unabhängigen Variablen (z.B. magnetische Feldstärke) umkehrt.

I

III-V-Verbindung Chemische Verbindung zwischen einem metallischen Element in Gruppe III und einem nichtmetallischen Element in Gruppe V des Periodensystems. Viele dieser Verbindungen sind halbleitend.

II-VI-Verbindung Chemische Verbindung zwischen einem metallischen Element in Gruppe II und einem nichtmetallischen Element in Gruppe VI des Periodensystems. Viele dieser Verbindungen sind halbleitend.

Induktion Parameter, der den Grad des Magnetismus aufgrund einer gegebenen Feldstärke darstellt.

induzierter Dipol Eine Trennung der positiven und negativen Ladungszentren in einem Atom infolge der Coulomb-Anziehung eines benachbarten Atoms.

Inhibitor Eine Substanz, die in kleinen Konzentrationen verwendet die Korrosionsgeschwindigkeit in einer bestimmten Umgebung verringert.

Initiator Chemische Einheit, die das Kettenwachstum bei der Polymerisation einleitet.

inkohärent Eigenschaft einer Lichtquelle, bei der die Lichtwellen nicht in Phase sind.

inkongruentes Schmelzverhalten Die beim Schmelzen gebildete Flüssigkeit hat eine andere Zusammensetzung als der Festkörper, aus dem sie entsteht.

integrierter Schaltkreis Komplexe elektrische Schaltung auf einem Einkristallchip, wobei sehr viele Einzelelemente mithilfe genauer Muster von n- und p-Dotierungen durch Diffusion auf einem Substrat erzeugt werden.

intermediäres Oxid Ein Oxid, dessen strukturelle Rolle in einem Glas zwischen der eines Netzwerkbildners und eines Netzwerkwandlers liegt.

intermediäre Verbindung Eine chemische Verbindung, die zwischen zwei Komponenten in einem binären System gebildet wird.

interstitieller Mischkristall Auf atomarer Ebene eine Kombination von mehr als einer Atomart, wobei sich das kleinere Atom (Fremdatom) einfach in einen der Leerräume unter den benachbarten Atomen in der Kristallstruktur (Wirtsgitter) einlagert.

invarianter Punkt Punkt in einem Phasendiagramm, der null Freiheitsgrade hat.

inverse Spinell-Struktur Verbundkristallstruktur, die auf einer Variation der Spinell-Struktur basiert und bei ferrimagnetischen Keramiken zu finden ist.

Ion Geladenes Teilchen das entsteht, wenn ein oder mehrere Elektronen einem neutralen Atom hinzugefügt bzw. von diesem entfernt werden.

Ionenbindung Primäre chemische Bindung mit Elektronenübergang zwischen Atomen.

Ionenkonzentrationszelle Elektrochemisches Element, bei dem die Korrosion und der dazugehörende elektrische Strom auf unterschiedlichen Ionenkonzentrationen beruhen.

Ionenradius Siehe *Atomradius*. (Der Ionenradius gilt natürlich für ein Ion und nicht für ein neutrales Atom.)

ionische Packungsdichte Der Anteil des von den verschiedenen Kationen und Anionen eingenommenen Volumens der Elementarzelle.

Isolator Werkstoff mit geringer elektrischer Leitfähigkeit (z.B. eine Leitfähigkeit kleiner als $10^{-4}\ \Omega^{-1} * m^{-1}$).

Isostrain Belastungsbedingung für einen Verbundwerkstoff, bei der die Dehnung der Matrix und der verteilten Phase gleich ist.

Isostress Belastungsbedingung für einen Verbundwerkstoff, bei der die Spannung auf die Matrix und die verteilte Phase gleich ist.

isotaktisch Polymerstruktur, in der Seitengruppen regelmäßig auf derselben Seite des Moleküls angeordnet sind.

isothermes Umwandlungsdiagramm Siehe *ZTU-Diagramm*.

Isotope Verschiedene Formen eines Elements, die sich in der Anzahl der Neutronen im Atomkern unterscheiden.

isotrop Eigenschaften, die nicht richtungsabhängig sind.

Izod-Versuch Schlagversuch, der typischerweise für Polymere eingesetzt wird.

J

Josephson-Kontakt Bauelement, das aus einer dünnen Isolierschicht zwischen supraleitenden Schichten besteht.

Joulesche Wärme Erwärmung eines Werkstoffs aufgrund des elektrischen Widerstands; eine Ursache für Energieverluste in ferromagnetischen Werkstoffen.

K

Kalknatronglas Nichtkristalliner Festkörper, der aus Natrium, Kalzium und Siliziumoxiden besteht. In diese Kategorie gehört die Mehrheit der Fenster- und Behältergläser.

Kaltverfestigung Die Verfestigung einer Metalllegierung durch Verformung (da so viele Versetzungen erzeugt werden, dass die Versetzungsbewegung durch den so genannten »Versetzungswald« behindert wird).

Kaltverfestigungsexponent Der Anstieg im doppeltlogarithmischen Diagramm der realen Spannung über der realen Dehnung zwischen dem Einsetzen der plastischen Verformung einer Metalllegierung und dem Beginn der Einschnürung. Dieser Parameter weist auf die Verformungsfähigkeit der Legierung hin.

Kaltverformung Mechanische Verformung eines Werkstoffs bei relativ niedrigen Temperaturen.

Kaolinit Kristallstruktur von Silikatstoffen (siehe *Abbildung 3.16*).

Kathode Die Elektrode in einer elektrochemischen Zelle, die Elektronen aus einem externen Stromkreis aufnimmt.

kathodische Reaktion Die Reduktionsreaktion, die an der Kathode einer elektrochemischen Zelle auftritt.

Kation Positiv geladenes Ion.

Kavitation Eine Form des Verschleißes, der durch das Kollabieren von Blasen in einer umgebenden Flüssigkeit entsteht.

Keim Leitet eine Phasenumwandlung ein.

Keimbildung Erste Stufe einer Phasenumwandlung, beispielsweise eine Ausscheidung (siehe *Abbildung 10.2*).

Keramik Nichtmetallischer, anorganischer Ingenieurwerkstoff.

Keramik-Matrix-Verbundwerkstoff Verbundwerkstoff, in dem die Verstärkungsphase in einer Keramik verteilt ist.

keramischer Magnet Keramischer Stoff, der vorrangig wegen seiner magnetischen Eigenschaften eingesetzt wird.

Kerbschlagarbeit Die notwendige Energie, um einen Standardprüfkörper unter einer Schlagkraft zu brechen.

Kettenwachstum Auch als Polyaddition bezeichneter Polymerisationsprozess, bei dem eine schnelle Kettenreaktion von chemisch aktivierten Monomeren abläuft.

Kinetik Wissenschaft der zeitabhängigen Phasenumwandlungen.

Knetlegierung Metalllegierung, die zunächst gegossen, dann aber in die endgültige, relativ einfache Form gewalzt oder geschmiedet wird.

Knudsen-Zelle Siehe *Effusionszelle*.

Koerzitivfeld Größe eines umgekehrten elektrischen Feldes, das erforderlich ist, um ein polarisiertes ferroelektrisches Material zur Polarisation null zurückzubringen. Auch die Größe eines umgekehrten magnetischen Feldes, das notwendig ist, um ein magnetisiertes ferromagnetisches Material zur Induktion null zurückzubringen.

Koerzitivkraft Alternativer Begriff für das Koerzitivfeld in einem ferromagnetischen Material.

kohärent Eigenschaft einer Lichtquelle, bei der die Lichtwellen in Phase sind.

kohärente Grenzfläche Grenzfläche, an der die Kristallstrukturen der Matrix und Ausscheidung ineinander übergehen.

Kohlenstoff-Kohlenstoff-Verbundwerkstoff Ein Hochleistungsverbundsystem, das sehr fest und sehr steif ist.

Kohlenstoffstahl Eisenlegierung mit nominellem Verunreinigungsniveau und Kohlenstoff als hauptsächlicher Zusammensetzungsvariablen.

Koinzidenzgitter Regelmäßige Anordnung von Atomen zwischen benachbarten Kristallgittern in der Nähe einer Korngrenze.

Kollektor Gebiet in einem Transistor, das Ladungsträger aufnimmt.

komplexes Versagen Materialausfall durch aufeinander folgende Einwirkung von unterschiedlichen Bruchmechanismen.

Komponente Eine selbstständige chemische Substanz (z.B. Al oder Al_2O_3).

Kondensator Elektronisches Bauelement aus zwei Elektroden, die durch ein Dielektrikum getrennt sind.

kongruentes Schmelzverhalten Die beim Schmelzen gebildete Flüssigkeit hat dieselbe Zusammensetzung wie der Festkörper, aus dem sie entsteht.

Konode In einem Phasendiagramm die waagerechte Linie (entsprechend einer konstanten Temperatur), die zwei Phasenzusammensetzungen an den Grenzen eines zweiphasigen Bereichs verbindet (siehe *Abbildung 9.6*).

Konstruktionsparameter Werkstoffeigenschaft, die als Grundlage für die Auswahl eines bestimmten technischen Werkstoffs für eine bestimmte Anwendung dient.

GLOSSAR

konstruktive Gestaltung Methode für die Korrosionsprävention (z.B. das Vermeiden einer kleinflächigen Anode neben einer großflächigen Kathode).

kontinuierliches Zeit-Umwandlungs-Diagramm Ein Diagramm der prozentualen Phasentransformation unter nicht isothermen Bedingungen mit Achsen für Temperatur und Zeit.

Konzentrationsgradient Änderung der Konzentration von Diffusionspartikeln mit dem Abstand.

Konzentrationszelle Siehe *Ionenkonzentrationszelle*.

Koordinationszahl Anzahl benachbarter Ionen (oder Atome) um ein Bezugsion (oder -atom).

Korn Einzelkristall in einer polykristallinen Mikrostruktur.

Korngrenze Bereich der Nichtübereinstimmung zwischen zwei benachbarten Körnern in einer polykristallinen Mikrostruktur.

Korngrenzendiffusion Erweiterter atomarer Fluss entlang der relativ offenen Struktur des Korngrenzenbereichs.

Korngrenzenversetzung Lineardefekt innerhalb einer Korngrenze, der Bereiche guter Korrespondenz trennt.

Korngrößenzahl Index für die Beschreibung der durchschnittlichen Korngröße in einer Mikrostruktur, wie er durch *Gleichung 4.1* definiert ist.

Kornwachstum Zunahme der durchschnittlichen Korngröße einer polykristallinen Mikrostruktur infolge Festkörperdiffusion.

Korrosion Die Auflösung von Metall in einer wässrigen Umgebung.

Korund Zusammengesetzte Kristallstruktur, wie in *Abbildung 3.13* dargestellt.

Kosinusgesetz Ausdruck, der die Lichtstreuung von einer ideal »rauen« Oberfläche beschreibt (siehe *Gleichung 16.6*).

kovalente Bindung Primäre chemische Bindung mit Elektronenaustausch zwischen Atomen.

Kriech- und Spannungsbruchausfälle Materialbruch nach plastischer Verformung bei einer relativ hohen Temperatur (unter konstanter Last über einem längeren Zeitraum).

Kriechen Plastische (permanente) Verformung, die bei einer relativ hohen Temperatur unter konstanter Last über einen längeren Zeitraum auftritt.

Kriechkurve Charakteristischer Verlauf der Spannung über der Zeit für einen Werkstoff, der der Kriechverformung unterliegt (siehe *Abbildung 6.31*).

Kristallgitter Siehe *Bravais-Gitter*.

kristallin Ein Stoff, in dem die Atome in einem regelmäßigen, sich wiederholenden Muster übereinander gestapelt sind.

kristalline Keramik Ein keramischer Werkstoff mit vorherrschend kristalliner Atomstruktur.

Kristallsystem Die sieben unterscheidbaren Elementarzellformen, die sich stapeln lassen, um einen dreidimensionalen Raum zu füllen.

Kristallzüchtung Verfahren zur Herstellung von Einkristallen, wie sie *Tabelle 17.7* im Überblick zusammenfasst.

kritische Scherspannung Spannung, die auf ein Gleitsystem wirkt und groß genug ist, um Gleiten durch Versetzungsbewegung hervorzurufen (siehe *Gleichung 6.15*).

kritische Stromdichte Stromfluss, bei dem ein Werkstoff nicht mehr supraleitend ist.

kritisches Magnetfeld Feld, oberhalb dessen der Werkstoff aufhört, supraleitend zu sein.

kubisch Das einfachste der sieben Kristallsysteme (siehe *Tabelle 3.1*).

kubisch dichtest gepackt Siehe *kubisch flächenzentriert*.

kubisch flächenzentriert (kfz) Typische Atomanordnung in Metallen (siehe *Abbildung 3.5*).

kubisch raumzentriert (krz) Typische Atomanordnung in Metallen (siehe *Abbildung 3.4*).

Kupferlegierung Metalllegierung, die vorwiegend aus Kupfer besteht.

Kurzfaser In kürzere Teilstücke geschnittene Verstärkungsfasern für Verbundwerkstoffe.

L

Ladung Menge der positiven oder negativen Ladungsträger.

Ladungsdichte Anzahl der Ladungsträger je Volumeneinheit.

Ladungsneutralität Fehlen einer positiven oder negativen Nettoladung. Allgemeine »Grundregel« bei der Bildung von ionischen Verbindungen.

Ladungsträger Teilchen auf der atomaren Ebene, das für die Leitung der Elektrizität in Werkstoffen zuständig ist.

Ladungsträgerbeweglichkeit Driftgeschwindigkeit dividiert durch die elektrische Feldstärke für einen bestimmten Ladungsträger in einem leitenden Material.

Laminat Faserverstärkte Verbundstruktur, in der ein Fasergewebe mit dem Matrixpolymer geschichtet ist.

Längszelle Mit der vertikalen Achse eines Baums ausgerichtete röhrenähnliche Zellen; dominantes Merkmal der Mikrostruktur von Holz.

Laser Kohärente Lichtquelle, die auf der Lichtverstärkung durch stimulierte Emission von Strahlung (engl.: Light Amplification by Stimulated Emission of Radiation) beruht.

Laue-Kamera Gerät zur Aufnahme von Röntgenbeugungsmustern eines Einkristalls (siehe *Abbildung 3.38*).

lederartig Mechanisches Verhalten eines Polymers nahe seiner Glasübergangstemperatur (siehe *Abbildung 6.44*).

Leerstelle Ein unbesetzter Atomplatz in der kristallinen Struktur.

Leerstellenwanderung Bewegung von Leerstellen bei der atomaren Diffusion ohne größere Verzerrungen der Kristallstruktur (siehe *Abbildung 5.5*).

Legierung Ein Metall, das sich aus mehr als einem Element zusammensetzt.

Leiter Material mit großen Leitfähigkeitswerten (z.B. größer als $10^{+4} \, \Omega^{-1} * m^{-1}$).

Leitfähigkeit Siehe *spezifische Leitfähigkeit*.

Leitungsband Ein Bereich von Elektronenenergien in einem Festkörper, der mit einem nicht besetzten Energieniveau in einem isolierten Atom verbunden ist. Ein Elektron in einem Halbleiter wird zu einem Ladungsträger, wenn es in dieses Band angehoben (thermisch aktiviert) wird.

Leitungselektron Ein negativer Ladungsträger in einem Halbleiter. (Siehe auch *Leitungsband*.)

Leuchtdiode (LED) Ein elektro-optisches Bauelement (siehe *Abbildung 20.22*).

Lignin Eine Komponente in der Matrix der Holzmikrostruktur; ein Phenolpropan-Netzwerkpolymer. (Siehe auch *Hemizellulose*.)

linearer Defekt Eindimensionale Fehlstelle in einer Kristallstruktur, die hauptsächlich auf mechanischer Deformation beruht. (Siehe auch *Versetzung*.)

lineare Dichte Die Anzahl der Atome je Längeneinheit entlang einer gegebenen Richtung in einer Kristallstruktur.

lineare Molekülstruktur Polymerstruktur, die auf einem bifunktionalen Mer beruht (siehe *Abbildung 2.15*).

linearer Wärmeausdehnungskoeffizient Werkstoffparameter, der die Änderung der Abmessungen als Funktion der Temperatur beschreibt (siehe *Gleichung 7.4*).

lineares Zeitgesetz Ein Ausdruck für die Wachstumsgeschwindigkeit einer nicht schützenden Oxidschicht (siehe *Gleichung 19.2*).

Liquiduslinie In einem Phasendiagramm eine Linie, oberhalb der eine einzige flüssige Phase vorhanden ist.

Lithographie Auf ein Druckverfahren zurückgehende Technik für die Herstellung von integrierten Schaltkreisen.

Loch Fehlendes Elektron in einer Elektronenwolke. Ein Ladungsträger mit einer effektiven positiven Ladung.

logarithmisches Zeitgesetz Ein Ausdruck für das Wachstum einer dünnen Oxidschicht (siehe *Gleichung 19.5*).

Lösungsmittel Flüssigkeit, in der sich ein gelöster Stoff verteilt, um eine Lösung zu bilden.

Lösungsglühen Wiedererwärmung einer zweiphasigen Mikrostruktur zu einem Einphasenbereich.

Lumineszenz Die Reemission von Photonen sichtbaren Lichts in Verbindung mit Photonenabsorption.

M

Magnesiumlegierung Metalllegierung, die vorwiegend aus Blei besteht.

Magnetfeld Ein Bereich physikalischer Anziehung, der durch einen elektrischen Strom erzeugt wird (siehe *Abbildung 18.1*).

magnetische Feldlinie Darstellung des Magnetfelds.

magnetische Feldstärke Intensität des Magnetfelds.

magnetisches Moment Magnetischer Dipol, der durch den Elektronenspin hervorgerufen wird.

Magnetisierung Parameter für das auf einen Festkörper zurückgehende magnetische Induktionsfeld (siehe *Gleichung 18.4*).

Magnetismus Physikalisches Phänomen, das mit der Anziehung bestimmter Materialien (beispielsweise Ferromagneten) zu tun hat.

Magnetit Das klassische Beispiel für eine Eisenverbindung (Fe_3O_4) mit magnetischem Verhalten.

Magnetkeramik Siehe *keramischer Magnet*.

Magnetoplumbit Hartmagnetische Keramik, deren hexagonale Kristallstruktur und chemische Zusammensetzung dem Mineral gleichen Namens ähneln.

Magnetpulveruntersuchung Zerstörungsfreie Prüfung zur Untersuchung von Defekten, wobei ein feines Pulver aus magnetischen Teilchen durch den magnetischen Streufluss um eine Fehlstelle – beispielsweise einen Riss in oder nahe der Oberfläche – in einem magnetisierten Prüfkörper angezogen wird.

Martensit Eisen-Kohlenstoff-Mischkristallphase mit einer nadelförmigen Mikrostruktur, die durch eine diffusionslose Umwandlung beim Abschrecken von Austenit entsteht.

martensitischer Edelstahl Korrosionsbeständige Eisenlegierung mit einer vorherrschend martensitischen Phase.

martensitische Umwandlung Diffusionslose Umwandlung, die meistens mit der Bildung von Martensit durch Abschrecken von Austenit einhergeht.

Massenbilanz Methode für die Berechnung der relativen Anteile von zwei Phasen in einer binären Mikrostruktur. (Siehe auch *Hebelgesetz*.)

Matrix Der Bestandteil eines Verbundwerkstoffs, in dem eine verstärkende, verteilte Phase eingebettet ist.

Maxwell-Boltzmann-Verteilung Beschreibung der relativen Verteilung von molekularen Energien in einem Gas.

mechanische Spannung Eine Ursache für Korrosion in Metallen (siehe *Abbildung 19.13*).

Mer Baustein eines (polymeren) Ketten- oder Netzwerkmoleküls.

Metall Elektrisch leitender Festkörper mit charakteristischer Metallbindung.

Metallbindung Primäre chemische Bindung, die ungerichtet ist und auf der Bildung gemeinsamer Elektronenpaare von frei beweglichen Elektronen beruht.

metallischer Magnet Metalllegierung, die vorrangig aufgrund ihrer magnetischen Eigenschaften eingesetzt wird.

Metall-Matrix-Verbundwerkstoff Verbundwerkstoff, in dem die verstärkende Phase in einem Metall verteilt ist.

metastabil Ein Zustand, der für alle praktischen Belange stabil über die Zeit ist, aber kein echtes Gleichgewicht darstellt.

Mikroschaltkreis Eine elektrische Schaltung, die mit mikroskopisch kleinen Abmessungen auf einem Halbleitersubstrat durch gesteuerte Diffusion hergestellt wird.

mikroskopischer Aufbau Strukturelle Anordnung der verschiedenen Phasen in einem technischen Werkstoff.

Mikrostrukturentwicklung Änderungen in der Zusammensetzung und Verteilung von Phasen in der Mikrostruktur eines Werkstoffs als Ergebnis des thermischen Verlaufs.

Miller-Bravais-Indizes Notationssystem mit einem Satz von vier Ganzzahlen, um eine Kristallebene im hexagonalen System zu beschreiben.

Miller-Indizes Notationssystem mit einem Satz von Ganzzahlen, um eine Kristallebene zu beschreiben.

Mischkristallverfestigung Mechanische Verfestigung eines Materials, wobei durch Bilden fester Lösungen die plastische Verformung eingeschränkt wird.

Mischung Polymeres Gemisch auf molekularer Ebene (siehe *Abbildung 13.4*).

mittlere freie Weglänge Der durchschnittliche Abstand, den eine Elektronenwelle ohne Reflexion zurücklegen kann.

Mol Avogadro-Zahl der Atome oder Ionen in der Zusammensetzungseinheit einer Verbindung (z.B. enthält ein Mol Al_2O_3 2 Mole Al^{3+}-Ionen und 3 Mole O^{2-}-Ionen).

Molekül Gruppe von Atomen, die durch Primärbindung (gewöhnlich kovalent) verknüpft sind.

Molekulargewicht Anzahl von atomaren Masseneinheiten für ein bestimmtes Molekül.

Molekularlänge Länge eines Polymermolekül, die in zwei Formen ausgedrückt wird. (Siehe *gestreckte Länge* und *effektive Länge*.)

Molekularstrahlepitaxie (MBE) Ein exakt kontrollierter Beschichtungsvorgang im Ultrahochvakuum.

monochromatisch Strahlung mit einer einzigen Wellenlänge.

Monomer Einzelnes Molekül, das sich mit ähnlichen Molekülen zu einem Polymermolekül verbindet.

Mooresches Gesetz Drückt das konstante Tempo der Miniaturisierung aus. Seit der Beginn der Entwicklung von integrierten Schaltkreisen hat sich die Anzahl der auf einem einzelnen Chip untergebrachten Transistorfunktionen etwa alle zwei Jahre verdoppelt (siehe *Abbildung 17.28*).

N

Nahordnung Lokale »Baustein«-Struktur eines Glases (vergleichbar mit der Struktureinheit in einem Kristall derselben Zusammensetzung).

Natriumchlorid Einfache Verbundkristallstruktur (siehe *Abbildung 3.9*).

Near-Net-Shape-Herstellung Endkonturennahe Fertigung. Herstellungsverfahren mit dem Ziel, die abschließenden Bearbeitungsschritte zu minimieren.

negativer Ladungsträger Ladungsträger mit einer negativen elektrischen Ladung.

Nernst-Gleichung Ausdruck für die Spannung eines elektrochemischen Elements als Funktion der Lösungskonzentrationen (siehe *Gleichung 19.12*).

Net-Shape-Herstellung Endkonturengenaue Herstellung. Verfahren, bei dem das einmal gebildete »Produkt« keine abschließenden Bearbeitungsprozesse mehr erfordert.

Netzwerkbildner Oxide, die Oxidpolyeder mit kleinen Koordinationszahlen bilden und somit für die Netzwerkstruktur in einem Glas verantwortlich sind.

Netzwerk-Copolymer Legierungsartige Kombination von Polymeren mit einem Gesamtnetzwerk anstelle einer linearen Struktur.

Netzwerkmolekülstruktur Polymerstruktur, die auf einem polyfunktionalen Monomer beruht (siehe *Abbildung 13.7*).

Netzwerkwandler Oxide, die keine Oxidpolyeder bilden und demzufolge die Netzwerkstruktur in einem Glas aufbrechen.

Neutron Subatomares Teilchen ohne Nettoladung, das sich im Atomkern befindet.

n-Halbleiter Störstellenhalbleiter (fremdleitender Halbleiter), in dem die elektrische Leitfähigkeit von negativen Ladungsträgern dominiert wird.

Nichteisenlegierung Metalllegierung, die vorwiegend aus anderen Elementen als Eisen besteht.

nichtkristallin Atomanordnung ohne Fernordnung.

nichtkristalliner Festkörper Festkörper ohne strukturelle Fernordnung.

Nichtoxidkeramik Keramischer Werkstoff, der vorwiegend aus Verbindungen besteht, die keine Oxide sind.

nichtprimitive Elementarzelle Kristallstruktur mit Atomen an zusätzlichen Gitterplätzen entlang einer Kante der Elementarzelle, innerhalb einer Elementarzellenfläche oder im Innenbereich der Elementarzelle.

Nichtsilikatglas Glas, das vorwiegend aus Verbindungen besteht, die keine Silikate sind.

Nichtsilikat-Oxidkeramik Keramischer Werkstoff, der vorwiegend aus Oxidverbindungen und nicht aus Silikaten besteht.

nichtstöchiometrische Verbindung Chemische Verbindung, in der Variationen der ionischen Ladung zu Variationen im Verhältnis der chemischen Elemente führen (z.B. $Fe_{1-x}O$).

Nickellegierung Metalllegierung, die vorwiegend aus Nickel besteht.

niedrig legierter Stahl Eisenlegierung mit weniger als 5 Gewichtsprozent Nichtkohlenstoffbeimengungen.

Nuklearkeramik Keramischer Werkstoff, der vorrangig in der Atomindustrie eingesetzt wird.

Nylon 66 Polyhexamethylen-Adipamid, ein wichtiger technischer Polymerwerkstoff. Abbildung 3.22 zeigt die Struktur der Elementarzelle.

O

obere Fließgrenze Markanter Ausbruch aus dem elastischen Bereich in der Spannungs-Dehnungskurve für einen kohlenstoffarmen Stahl (siehe *Abbildung 6.10*).

Oberfläche Äußere ebene Grenzfläche eines Festkörpers, die als Defektstruktur angesehen werden kann (wie z.B. in *Abbildung 4.17* dargestellt).

Oberflächenanalyse Technik, mit der die ersten Atomschichten im Oberflächenbereich eines Werkstoffs chemisch analysiert werden, beispielsweise durch Augerelektronenspektroskopie.

Oberflächendiffusion Erweiterter Atomtransport entlang der relativ offenen Struktur einer Werkstoffoberfläche.

Oberflächenglanz Eine Bedingung der gerichteten – nicht der diffusen – Reflexion von einer bestimmten Oberfläche.

Ohmsches Gesetz Beziehung zwischen Spannung, Strom und Widerstand in einem elektrischen Stromkreis (siehe *Gleichung 15.1*).

Oktaederposition Gitterplatz in einer Kristallstruktur, auf dem ein Atom oder Ion von sechs benachbarten Atomen oder Ionen umgeben ist.

Opazität Optische Undurchlässigkeit; Totalverlust der Bildübertragung.

Opferanode Verwendung eines nicht so edlen Materials, um ein Konstruktionsmetall gegen Korrosion zu schützen (siehe *Abbildung 19.17*).

optische Eigenschaften Materialeigenschaft, die sich auf die Interaktion mit sichtbarem Licht bezieht.

optische Faser Eine Glasfaser von geringem Durchmesser, in der sich digitale Lichtimpulse mit äußerst geringen Verlusten übertragen lassen (siehe *Abbildung 16.17*).

optisches Mikroskop Instrument, das mithilfe von sichtbarem Licht Bilder von Stoffstrukturen erzeugt, die mit unbewaffnetem Auge nicht mehr zu erkennen sind (siehe *Abbildung 4.33a*).

Orbital Siehe *Elektronenorbital*.

Orbitalschale Die Elektronen in einem bestimmten Orbital.

Ordnung mittlerer Reichweite Strukturelle Ordnung mit einer Reichweite von wenigen Nanometern in einem sonst nichtkristallinen Stoff.

Oxid Verbindung zwischen elementarem Metall und Sauerstoff.

Oxidation Reaktion eines Metalls mit atmosphärischem Sauerstoff.

Oxidglas Nichtkristalliner Festkörper, in dem ein oder mehrere Oxide die vorherrschenden Komponenten sind.

P

parabolisches Zeitgesetz Ein Ausdruck für die Ausbildung einer schützenden Oxidschicht, wobei das Schichtwachstum durch Ionendiffusion begrenzt wird (siehe *Gleichung 19.4*).

paraelektrisch Eigenschaft eines Werkstoffs, der bei einem elektrischen Feld nur eine mittlere Polarisation zulässt (siehe die gestrichelte Linie in *Abbildung 15.23*).

Paramagnetismus Magnetisches Verhalten, bei dem eine mäßige Erhöhung der Induktion (verglichen mit der für ein Vakuum) bei einem angelegten magnetischen Feld auftritt (siehe *Abbildung 18.4*).

Passivität Der Widerstand gegen Korrosion durch die Bildung eines dünnen Oxidschutzfilms.

Paulisches Ausschließungsprinzip Quantenmechanisches Konzept, dass keine zwei Elektronen genau denselben Zustand einnehmen können.

Periodensystem Systematische grafische Anordnung der Elemente, wobei die Spalten auf chemisch ähnliche Gruppen hinweisen (siehe *Abbildung 2.2*).

peritektische Reaktion Die Umwandlung eines Festkörpers in eine Flüssigkeit und einen Festkörper einer anderen Zusammensetzung beim Erwärmen (siehe *Gleichung 9.5*).

peritektisches Diagramm Binäres Phasendiagramm mit der peritektischen Reaktion (*Gleichung 9.5*). (Siehe *Abbildung 9.22*.)

Perlit Eutektoide Zweiphasenmikrostruktur aus Eisen und Eisenkarbid (siehe *Abbildung 9.2*).

permanenter Dipol Molekularstruktur mit einer inhärenten Trennung der positiven und negativen Ladungsschwerpunkte.

Permeabilität Proportionalitätskonstante zwischen Induktion und magnetischer Feldstärke (siehe die *Gleichungen 18.1 und 18.2*).

Perowskit Kristallverbundstruktur wie sie *Abbildung 3.14* zeigt.

Pfropf-Copolymer Kombination polymerer Komponenten, bei der eine oder mehrere Komponenten auf eine Hauptpolymerkette »gepfropft« sind.

p-Halbleiter Störstellenhalbleiter (fremdleitender Halbleiter), in dem die elektrische Leitfähigkeit von positiven Ladungsträgern dominiert wird.

Phase Chemisch homogener Teil einer Mikrostruktur.

Phasendiagramm Grafische Darstellung der Zustandsvariablen, die eine Mikrostruktur charakterisieren.

Phasenfeld Bereich eines Phasendiagramms, der einer vorhandenen Phase entspricht.

Phosphoreszenz Lumineszenz, bei der die Emission von Photonen nach mehr als etwa 10 Nanosekunden auftritt. (Siehe auch *Fluoreszenz*.)

Photoleiter Halbleiter, in dem Elektron-Loch-Paare durch einfallende Photonen erzeugt werden.

Photolumineszenz Durch Photonen hervorgerufene Lumineszenz.

Photon Das teilchenähnliche Energiepaket, das einer bestimmten Wellenlänge der elektromagnetischen Strahlung entspricht.

Photonenwerkstoff Optischer Werkstoff, in dem Signale durch Photonen und nicht durch die Elektronen der Elektrowerkstoffe übertragen werden.

piezoelektrischer Effekt Erzeugen einer messbaren (elektrischen) Spannungsänderung über einem piezoelektrischen Material durch Anwendung von mechanischer Spannung.

piezoelektrischer Kopplungskoeffizient Anteil der mechanischen Energie, die ein piezoelektrischer Wandler in elektrische Energie umwandelt.

Piezoelektrizität Eine elektrische Reaktion auf die Ausübung von mechanischem Druck.

Pigment Unlösliches Farbadditiv für Polymere.

Pilling-Bedworth-Verhältnis Das Verhältnis des bei einer Oxidation erzeugten Oxidvolumens zum verbrauchten Metallvolumen (siehe *Gleichung 19.6*).

planare Dichte Die Anzahl der Atome je Flächeneinheit in einer bestimmten Ebene einer Kristallstruktur.

Plastik Siehe *Polymer*.

plastische Verformung Bleibende Verformung, die auf der Verzerrung und Rückbildung von Atombindungen beruht.

Plattierung Metallabscheidung an der Kathode eines elektrochemischen Elements.

p-n-Übergang Grenzfläche zwischen benachbarten Gebieten von p-leitenden und n-leitenden Stoffen in einem elektronischen Festkörperbauelement.

Poissonzahl Mechanische Eigenschaft; eine Kontraktion senkrecht zur Ausdehnung, die durch eine Zugspannung hervorgerufen wird (siehe *Gleichung 6.5*).

Polardiagramm Diagramm, das die Intensität des von einer Oberfläche reflektierten Lichts anzeigt (siehe *Abbildung 16.7*).

Polarisation Anlegen einer Überspannung relativ zu einem Korrosionspotential (siehe *Abbildung 19.20*).

polarisiertes Molekül Molekül mit einem permanenten Dipolmoment.

Polyaddition Siehe *Kettenwachstum*.

Polyethylen Der gebräuchlichste Polymerwerkstoff. *Abbildung 3.20* zeigt die Struktur der Elementarzelle.

polyfunktional Polymer mit mehr als zwei Kontaktpunkten je Mer, was zu einer dreidimensionalen Netzwerkmolekülstruktur führt.

Polykondensation Siehe *Stufenwachstum*.

Polymer Technischer Werkstoff, der aus langen Ketten- oder Netzwerkmolekülen besteht.

Polymerisation Chemischer Prozess, in dem einzelne Moleküle (Monomere) zu Molekülen mit großem Molekulargewicht (Polymeren) umgewandelt werden.

Polymerisationsgrad Durchschnittliche Anzahl der Mere in einem polymeren Molekül.

Polymer-Matrix-Verbundwerkstoff Verbundwerkstoff, in dem die verstärkende Phase in einem Polymer verteilt ist.

Polymermolekül Ein langes Ketten- oder Netzwerkmolekül, das aus vielen Bausteinen (Meren) besteht.

Portlandzement Kalziumaluminosilikat, das als Matrix für Zuschlagstoffe in Beton verwendet wird.

positiver Ladungsträger Ladungsträger mit einer positiven elektrischen Ladung.

Potentialtopf Der Bereich um das Energieminimum in einer Bindungsenergiekurve (siehe z.B. *Abbildung 2.18*).

Pressen Herstellungsverfahren für duroplastische Polymere.

Primärbindung Relativ starke Bindung zwischen benachbarten Atomen, indem äußere Orbitalelektronen zwischen Atomen übertragen oder gemeinsame Paare gebildet werden.

primitive Elementarzelle Kristallstruktur, in der sich Atome nur an den Ecken der Elementarzelle befinden.

Prothese Einrichtung zum Ersatz eines fehlenden Körperteils.

Proton Positiv geladenes subatomares Teilchen, das sich im Atomkern befindet.

Prüfen mit akustischer Emission Ein Verfahren der zerstörungsfreien Prüfung. Es misst die Ultraschallwellen, die von Defekten innerhalb der Mikrostruktur eines Werkstoffs als Reaktion auf eine angelegte Spannung erzeugt werden.

Pulvermetallurgie Herstellungsverfahren für Metalle, bei dem sich durch Festkörperbindung eines feinkörnigen Pulvers ein polykristallines Produkt ergibt.

Punktdefekt Nulldimensionale Fehlstelle in einer Kristallstruktur, die hauptsächlich auf Festkörperdiffusion beruht.

Punktgitter Siehe *Bravais-Gitter*.

PZT (Blei-Zirkonat-Titanat) Als piezoelektrischer Wandler eingesetzte Keramik.

Q

Quantendraht Halbleitendes Material mit dünnen Schichten in der gleichen Größenordnung wie ein Quantentrog, wobei aber die Barrieren in zwei Dimensionen ausgebildet sind.

Quantenpunkt Halbleitendes Material mit dünnen Schichten in der gleichen Größenordnung wie ein Quantentrog, wobei aber die Barrieren in drei Dimensionen ausgebildet sind.

Quantentrog Dünne Schicht von halbleitendem Material, in dem die wellenartigen Elektronen innerhalb der Schichtdicke von etwa 2 nm »gefangen« sind.

Quarz Siliziumdioxid; eine der verschiedenen stabilen Kristallstrukturen (siehe *Abbildung 3.11*).

Quarzglas Kommerzielles Glas aus nahezu reinem SiO_2.

Querkontraktionszahl Siehe *Poissonzahl*.

R

radiale Zelle Holzzelle, die von der Mitte des Baumstamms aus strahlenförmig nach außen bis zur Oberfläche verläuft.

Radiusverhältnis Der Radius eines kleineren Ions geteilt durch den Radius eines größeren Ions. Aus diesem Verhältnis ergibt sich die Anzahl der größeren Ionen, die an das kleinere angrenzen können.

Random Walk Siehe *Zufallsbewegung*.

Rasterelektronenmikroskop (REM) Instrument, das mithilfe eines Abtastelektronenstrahls Bilder von Mikrostrukturen liefern kann (siehe *Abbildung 4.36*).

Rastertunnelmikroskop (RTM) Instrument, mit dem sich direkte Bilder von einzelnen Atompackungsmustern erzeugen lassen, indem das quantenmechanische Tunneln nahe der Probenoberfläche untersucht wird.

Reflexionskoeffizient Anteil des Lichts, das an einer Oberfläche reflektiert wird (siehe *Gleichung 16.5*).

Reflexionsregeln Zusammenfassung, welche Kristallebenen in einer gegebenen Struktur Röntgenbeugung hervorrufen (siehe *Tabelle 3.4*).

Reibkorrosion Verschleiß beim Gleiten in einer korrosiven Umgebung.

reines Oxid Keramikverbindung mit einem relativ niedrigen Verunreinigungsgrad (typischerweise weniger als 1 Gewichtsprozent).

Rekristallisation Keimbildung und Wachstum einer neuen spannungsfreien Mikrostruktur bei einem kaltverformten Gefüge (siehe die *Abbildungen 10.30a bis d*).

Rekristallisationstemperatur Die Temperatur, bei der die Atombeweglichkeit ausreichend hoch ist, um mechanische Eigenschaften als Ergebnis der Rekristallisation zu beeinflussen. Diese Temperatur liegt ungefähr zwischen 33 und 50% der absoluten Schmelztemperatur.

relative Permeabilität Die magnetische Permeabilität eines Festkörpers bezogen auf die Permeabilität des Vakuums.

Relaxationszeit Die erforderliche Zeit, damit die Spannung eines Polymers auf 0,37 (= $1/e$) der anfänglichen Spannung fällt.

remanente Polarisation Die nach Entfernen des angelegten elektrischen Feldes zurückbleibende Polarisation (eines ferroelektrischen Materials).

Remanenz Die nach Entfernen eines angelegten Magnetfelds zurückbleibende Induktion (eines ferromagnetischen Materials).

Restspannung Die in einem Konstruktionswerkstoff verbleibende Spannung, nachdem alle angewandten Belastungen weggenommen wurden.

Rockwell-Härte Mechanischer Parameter, wie er in *Tabelle 6.10* definiert ist.

Röntgenbeugung Die verstärkte Streuung von Röntgen-Photonen durch eine atomare Struktur. Die Bragg-Gleichung beschreibt die strukturellen Informationen, die sich aus diesem Phänomen ableiten lassen.

Röntgenfluoreszenz (XRF) Chemische Analyse mithilfe von charakteristischen Photonen, die durch Beschuss mit Röntgen-Photonen freigesetzt werden.

Röntgen-Photoelektronspektroskopie (XPS) Chemische Analyse mithilfe von Photoelektronen charakteristischer Energie, die durch Beschuss von Röntgen-Photonen freigesetzt werden.

Röntgenprüfung Zerstörungsfreie Prüfung, bei der sich Defekte anhand der Abschwächung von Röntgenstrahlen erkennen lassen.

Röntgenstrahlung Teil des elektromagnetischen Spektrums mit Wellenlängen in der Größenordnung von 1 nm. Röntgen-Photonen werden durch Elektronenübergänge in inneren Orbitalen erzeugt.

Rosten Häufiger Korrosionsprozess bei Eisenlegierungen (siehe *Abbildung 19.12*).

S

Sättigungsbereich Temperaturbereich, in dem die Leitfähigkeit in einem p-Halbleiter relativ konstant ist, weil alle Akzeptorniveaus mit Elektronen »gesättigt« sind.

Sättigungsinduktion Der scheinbar höchste Wert der Induktion für ein ferromagnetisches Material unter dem maximalen angelegten Feld (siehe *Abbildung 18.5*).

Sättigungspolarisation Polarisation eines ferromagnetischen Materials infolge maximalen Domänenwachstums (siehe *Abbildung 15.24*).

Sauerstoffkonzentrationszelle Elektrochemisches Element, in dem die Korrosion und der damit verbundene elektrische Strom auf einen Unterschied in den Konzentrationen von gasförmigem Sauerstoff zurückzuführen sind.

Schadensanalyse Eine systematische Methodologie, um den Ausfall von technischen Werkstoffen zu charakterisieren.

Schadensprävention Die Anwendung der aus der Schadensanalyse gewonnenen Erkenntnisse, um zukünftige Ausfälle zu verhindern.

Scherspannung Kraft je Fläche (parallel zur wirkenden Kraft). Siehe *Gleichung 6.6*.

Scherung Elastische Verformung bei einer reinen Scherbeanspruchung (siehe *Gleichung 6.7*).

schlagartiger Bruch Siehe *Fehlstellen-induzierter Bruch*.

Schlickergießen Herstellungsverfahren für Keramiken, bei dem ein Pulver-Wasser-Gemisch (der »Schlicker«) in eine poröse Gussform gefüllt wird.

Schmelzbereich Temperaturbereich, in dem die Viskosität eines Glases zwischen 50 und 500 P liegt.

Schmelzgießen Herstellungsverfahren, das dem Metallguss äquivalent ist.

Schmelzpunkt Temperatur, bei der ein Übergang vom Festkörper zu einer Flüssigkeit beim Erwärmen stattfindet.

Schmiedeprozess Walzen oder Schmieden einer anfangs gegossenen Legierung in eine endgültige, relativ einfache Form. *Abbildung 11.2* zeigt Beispiele für Stahlprodukte.

schnelle Erstarrung Herstellungsverfahren, bei dem eine Schmelze schnell unter ihren Schmelzpunkt bei einer hohen Abschreckrate (von z.B. 10^6 °C/s) abgekühlt wird, was die Bildung einer amorphen Struktur oder kristalliner Phasen ermöglicht.

schnell erstarrte Legierung Metalllegierung, die durch schnelle Erstarrung gebildet wird.

Schottky-Defekt Ein Paar von entgegengesetzt geladenen Ionen-Leerstellen (siehe *Abbildung 4.9*).

Schraubenversetzung Lineardefekt, bei dem der Burgers-Vektor parallel zur Versetzungslinie steht.

Schubmodul Elastizitätsmodul unter reiner Scherbelastung (siehe *Gleichung 6.8*).

Schutzschicht Eine Barriere zwischen einem Metall und seiner korrosiven Umgebung.

Schweißen Verbinden von Metallteilen durch lokales Schmelzen im Bereich der Verbindungsstelle.

Schwingungsrisskorrosion Metallbruch durch die kombinierten Wirkungen einer zyklischen Spannung und einer korrosiven Umgebung.

Seebeck-Effekt Durch einen Temperaturunterschied in einem einfachen elektrischen Stromkreis induzierte Spannung.

Seebeck-Potential In einem Thermoelement aus zwei unterschiedlichen Metallen zwischen zwei verschiedenen Temperaturen induzierte Spannung.

Segregationskoeffizient Verhältnis der Verunreinigungskonzentrationen der flüssigen und festen Mischkristallphasen, wie sie durch *Gleichung 17.9* definiert sind.

Sekundärbindung Atombindung ohne Elektronenübergang oder Bildung von Elektronenpaaren.

Selbstausbreitende Hochtemperatursynthese (SHS) Siehe *SHS*.

Selbstdiffusion Atomare Bewegung von Teilchen in ihrer eigenen Phase.

SHS (Self-Propagating High-Temperature Synthesis) Ein Herstellungsverfahren, das die von bestimmten chemischen Reaktionen entwickelte Wärme nutzt, um eine in Gang gesetzte Reaktion aufrechtzuerhalten und so das Endprodukt zu erzeugen.

sichtbares Licht Der Teil des elektromagnetischen Spektrums, den das menschliche Auge wahrnehmen kann (der Wellenlängenbereich von 400 bis 700 nm).

Silikat Keramikverbindung mit SiO_2 als Hauptbestandteil.

Silikatglas Nichtkristalliner Festkörper mit SiO_2 als Hauptbestandteil.

Silizium Element 14; ein wichtiger Halbleiter.

Sintern Binden von Pulverteilchen durch Festkörperdiffusion.

Sol-Gel-Prozess Technologie zur Herstellung von Keramiken und Gläsern hoher Dichte bei relativ niedrigen Temperaturen mithilfe einer organometallischen Lösung.

Soliduslinie In einem Phasendiagramm eine Linie, unterhalb der eine oder mehrere feste Phasen vorhanden sind.

Source Gebiet in einem Feldeffekttransistor, das Ladungsträger liefert.

Spallation Siehe *Abplatzung*.

Spannbeton Ein Verbundwerkstoff mit Zuschlagsstoffen, in dem Armierungsstahl (Bewehrung) vor dem Abbinden des Zements in den Beton eingebracht und unter einer hohen Zugkraft gehalten wird, bis der Beton ausgehärtet ist. Gibt man die angelegte Zugkraft frei, zieht sich die Bewehrung zusammen und setzt den Beton unter eine Restdruckspannung. Der spröde, keramikähnliche Beton ist im Ergebnis rissbeständiger.

Spannung Der Unterschied zwischen zwei elektrischen Potentialen.

Spannungsintensitätsfaktor Parameter, der den größeren Grad der mechanischen Spannung an einer vorhandenen Rissspitze in einem Material unter einer mechanischen Belastung anzeigt.

Spannungskorrosionszelle Ein elektrochemisches Element, in dem die Korrosion durch variierende mechanische Spannung innerhalb einer Metallprobe auftreten kann.

Spannungsrelaxation Mechanisches Phänomen in bestimmten Polymeren, wobei die Spannung eines unter konstanter Dehnbeanspruchung stehenden Polymerwerkstoffs exponentiell mit der Zeit abnimmt.

Spannungsrisskorrosion (SKR) Kombination von mechanischem und chemischem Ausfallmechanismus, bei dem eine nicht zyklische Zugspannung (unterhalb der Streckgrenze) zum Einsetzen und Fortpflanzen eines Bruchs in einer relativ milden chemischen Umgebung führt.

Spark Plasma Sintering (SPS) Eine Sintertechnologie, bei der das Bauteil durch direkten Stromdurchgang beheizt wird. Gegenüber herkömmlichen Verfahren kann der Sintervorgang bei wesentlich niedrigeren Temperaturen in deutlich kürzeren Zeiten durchgeführt werden.

spektrale Bandbreite Ein Bereich von Wellenlängen.

Sperrspannung Polarität des elektrischen Potentials, die den Fluss von Ladungsträgern in einem Gleichrichter minimiert.

spezifische Festigkeit Festigkeit bezogen auf die Dichte.

spezifische Leitfähigkeit Kehrwert des spezifischen (elektrischen) Widerstands.

spezifische Wärmemenge Die erforderliche Wärme, um die Temperatur eines Materials bezogen auf eine Masseneinheit um 1 K (= 1 °C) zu erhöhen. (Siehe auch *Wärmekapazität*.)

spezifischer Widerstand Materialeigenschaft, die den elektrischen Widerstand normiert für die Probengeometrie beschreibt.

Spinell Verbundkristallstruktur wie sie *Abbildung 3.15* zeigt.

spontane Polarisation Ein scharfer Anstieg der Polarisation in einem ferroelektrischen Werkstoff beim Anlegen eines mittleren Feldes (siehe *Abbildung 15.23*).

Spritzgießen Herstellungsverfahren für thermoplastische Polymerwerkstoffe.

Spritzpressen Herstellungsverfahren für duroplastische Polymere.

Sprödbruch Bauteilversagen nach mechanischer Verformung infolge fehlender Duktilität.

Spröd-Duktil-Übergangstemperatur Enger Temperaturbereich, in dem sich der Bruch von krz-Legierungen von sprödem Verhalten (bei niedrigeren Temperaturen) zu duktilem Verhalten (bei höheren Temperaturen) ändert.

spröde Eigenschaft, die fehlende Verformbarkeit bezeichnet.

Stabilisator Additiv, mit dem sich die Zersetzung eines Polymers verringern lässt.

Stahl Eine Eisenlegierung mit bis zu ungefähr 2,0 Gewichtsprozent Kohlenstoff.

stationäre Diffusion Massentransport, der sich mit der Zeit nicht ändert.

statische Ermüdung Bei bestimmten Keramiken und Gläsern eine Abnahme der Festigkeit, die ohne zyklische Belastung auftritt.

statischer Elastizitätsmodul Elastizitätsmodul für ein Polymer, der aus dem Anstieg der Tangente im anfänglichen geradlinigen Teil der Kraft-Durchbiegungs-Kurve ermittelt wird bei einer Gesamtmessung der dynamisch-elastischen Eigenschaften.

Steifigkeitsmodul Siehe *Schubmodul*.

Steinzeit Vor etwa 2,5 Millionen Jahren beginnende Zeit, als die ersten Menschen oder Menschenartigen Steine behauen haben, um Jagdwaffen herzustellen.

Stirnabschreckversuch nach Jominy Standardisiertes Experiment, mit dem sich die Härtbarkeit unterschiedlicher Stähle vergleichen lässt.

Störstellenhalbleitung Eigenschaft eines Halbleiters mit einer zielgerichtet eingebrachten Verunreinigung, die das Leitfähigkeitsniveau – über einem bestimmten Temperaturbereich – einrichtet.

Strahlung Verschiedene Photonen und Teilchen auf atomarer Ebene, die als Ursache von Werkstoffschäden durch Umwelteinflüsse infrage kommen.

Streckgrenze Die Festigkeit eines Werkstoffs, die ungefähr der oberen Grenze des Verhaltens nach dem Hookeschen Gesetz entspricht (siehe *Abbildung 6.4*).

Strom Fluss von Ladungsträgern in einem elektrischen Schaltkreis.

struktureller Aufbau Siehe *atomarer Aufbau*.

struktureller Verbundwerkstoff Siehe *Wabenstruktur*.

Stufenprofilfaser Optische Faser mit einem scharfen stufenförmigen Abfall des Brechungsindex an der Kern/Mantel-Grenzfläche (siehe *Abbildung 16.18*).

Stufenversetzung Lineardefekt, bei dem der Burgers-Vektor senkrecht auf der Versetzungslinie steht.

Stufenwachstum Polymerisationsvorgang, bei dem einzelne chemische Reaktionen zwischen Paaren von reaktiven Monomeren ablaufen.

Substitutionsmischkristall Eine Kombination auf atomarer Ebene von mehr als einer Atomart, wobei ein Atom des gelösten Stoffs ein Atom auf einem Wirtsgitterplatz (im Lösungsmittel) ersetzt.

Superlegierung Umfangreiche Klasse von Metallen mit besonders hoher Festigkeit bei hohen Temperaturen.

superplastische Umformung Wirtschaftliches Verfahren für die Gestaltung von kompliziert geformten Metallteilen aus bestimmten feinkörnigen Legierungen bei hohen Temperaturen.

supraleitender Magnet Magnet, der aus einem supraleitenden Werkstoff hergestellt wird.

Supraleiter Ein Werkstoff, der im Allgemeinen ein schlechter Leiter bei höheren Temperaturen ist, jedoch bei Abkühlung unter eine kritische Temperatur keinen Widerstand mehr aufweist. Ein *Supraleiter mit hoher kritischer Temperatur* ist ein keramischer Werkstoff wie z.B. $YBa_2Cu_3O_7$, der Supraleitfähigkeit bei einer höheren Temperatur zeigt, als sie mit herkömmlichen Metallsupraleitern erreichbar ist (z.B. über 30 K).

syndiotaktisch Abwechselnd auf gegenüberliegenden Seiten eines Polymermoleküls angeordnete Seitengruppen (siehe *Abbildung 13.11*).

T

technische Spannung Belastung auf einer Probe dividiert durch den (belastungsfreien) Ausgangsquerschnitt.

technisches Polymer Polymer mit genügender Festigkeit und Steifigkeit, das in bisher von Metallen dominierten Konstruktionsanwendungen als ernsthafte Alternative infrage kommt.

teilchenverstärkter Verbundwerkstoff Verbundwerkstoff, in dem die verteilten Partikel relativ groß sind (mindestens mehrere Mikrometer im Durchmesser) und in relativ hohen Konzentrationen vorliegen (mehr als 25 Volumenprozent).

teilstabilisiertes Zirkonoxid (PSZ) ZrO_2-Keramik, der ein mittlerer Anteil einer zweiten Komponente (z.B. CaO) zugesetzt wird, was eine zweiphasige Mikrostruktur ergibt. Das Zurückhalten einer ZrO_2-reichen Phase in PSZ erlaubt eine Zähigkeitssteigerung durch Phasenübergang (Transformation Toughening).

Temperaturkoeffizient des spezifischen Widerstands Koeffizient, der die Abhängigkeit des spezifischen Widerstands eines Materials von der Temperatur beschreibt (siehe *Gleichung 15.9*).

Tempern Siehe *Anlassen*.

Terminator Chemische Einheit, die eine Kettenwachstumsreaktion bei der Polymerisation beendet.

Tetraederposition Gitterplatz in einer Kristallstruktur, auf dem ein Atom oder Ion von vier benachbarten Atomen oder Ionen umgeben wird.

texturierte Mikrostruktur Mikrostruktur mit einer Vorzugsrichtung.

theoretische kritische Scherspannung Hohes Spannungsniveau durch Gleiten einer Atomebene über einer benachbarten Ebene in einem defektfreien Kristall.

Theorie eines zufälligen Netzwerks Feststellung, dass sich ein einfaches Oxidglas als zufällige Verknüpfung von »Bausteinen« (z.B. den Silikat-Tetraeder) beschreiben lässt.

thermische Aktivierung Prozess auf atomarer Ebene, in dem eine Energiebarriere durch thermische Energie überwunden wird.

thermische Schwingungen Periodische Schwingungen von Atomen in einem Festkörper bei einer Temperatur über dem absoluten Nullpunkt.

Thermoelement Einfacher elektrischer Stromkreis zur Temperaturmessung (siehe *Abbildung 15.14*).

thermoplastisches Elastomer Polymer in der Art eines Verbundwerkstoffs aus starren gummielastischen Domänen in einer relativ weichen Matrix eines kristallinen thermoplastischen Polymers.

thermoplastisches Polymer Polymer, das bei Erwärmung weich und verformbar wird.

Thermoschock Teilweiser oder vollständiger Bruch eines Werkstoffs als Ergebnis einer Temperaturänderung (vor allem einer plötzlichen Abkühlung).

Titanlegierung Metalllegierung, die vorwiegend aus Titan besteht.

Ton Feinkörniger Stoff, der hauptsächlich aus wasserhaltigen Aluminosilikat-Mineralen besteht.

Tonware Keramik aus gebranntem Lehm.

Transducer (Energiewandler) Eine Einrichtung zur Umwandlung einer Energieform in eine andere.

Transistor Festkörperbauelement mit Verstärkereigenschaften.

Transluzenz Übertragung eines diffusen Bildes.

Transmissionselektronenmikroskop (TEM) Instrument zur Darstellung von Mikrostrukturbildern. Es ist vom Aufbau her einem konventionellen optischen Mikroskop ähnlich, verwendet aber anstelle eines Lichtstrahls, der mit Glaslinsen fokussiert wird, einen Elektronenstrahl, den Elektromagneten fokussieren (siehe *Abbildung 4.27*).

transpassiv Das Ansteigen der Korrosionsgeschwindigkeit, da bei einem relativ hohen Potential ein passiver Oxidfilm auf der Oberfläche durchbrochen wird (siehe *Abbildung 19.21*).

U

Überalterung Aushärtung, bei der sich der Ausscheidungsvorgang so lange fortsetzt, dass sich die Ausscheidungen zu einer gröberen Verteilung zusammenballen können. Diese Verteilung stellt kein wirkliches Versetzungshindernis mehr dar und führt zu einem Härteabfall.

übereutektische Zusammensetzung Zusammensetzung größer als die des Eutektikums.

übereutektoide Zusammensetzung Zusammensetzung größer als die eutektoide Zusammensetzung.

Übergangsmetall Element in einem Bereich des Periodensystems, der einen allmählichen Übergang von den stark elektropositiven Elementen der Gruppen I A und II A zu den elektronegativeren Elementen der Gruppen I B und II B bildet.

Übergangsmetallion Geladenes Teilchen, das von einem Übergangsmetallatom gebildet wird.

Überspannung Eine positive oder negative Änderung des elektrochemischen Potentials bezogen auf ein Korrosionspotential (siehe *Abbildung 19.20*).

Ultraschallprüfung Zerstörungsfreie Prüfung, bei der Defekte mithilfe von Ultraschallwellen (deren Frequenzen weit oberhalb des Hörbereichs liegen) untersucht werden.

umgekehrter piezoelektrischer Effekt Erzeugen einer Dickenänderung in einem Material als Ergebnis einer angelegten Spannung.

ungeordneter Mischkristall Mischkristall, in dem die Fremdatome unregelmäßig angeordnet sind (siehe *Abbildung 4.3*).

untere Fließgrenze Das Einsetzen der allgemeinen plastischen Verformung in einem kohlenstoffarmen Stahl (siehe *Abbildung 6.10*).

untereutektische Zusammensetzung Zusammensetzung kleiner als die des Eutektikums.

untereutektoide Zusammensetzung Zusammensetzung kleiner als die eutektoide Zusammensetzung.

V

Valenz Elektrische Ladung eines Ions.

Valenzband Ein Bereich von Elektronenenergien in einem Festkörper, der mit den Valenzelektronen eines isolierten Atoms verbunden ist.

Valenzelektron Äußeres Orbitalelektron, das an der Atombindung beteiligt ist. In einem Halbleiter ein Elektron im Valenzband.

Van-der-Waals-Bindung Siehe *Sekundärbindung*.

Verarbeitung Herstellung eines Werkstoffs in einer Form, die für technische Anwendungen geeignet ist.

Verarbeitungsbereich Temperaturbereich, in dem Glasprodukte geformt werden (entsprechend einem Viskositätsbereich von 10^4 bis 10^8 P).

Verarmungsbereich Temperaturbereich, über dem die Leitfähigkeit in einem n-Halbleiter relativ konstant ist, weil die Elektronen aller Dotierungsatome in das Leitungsband angehoben wurden.

Verbundeigenschaften Bestimmung der Gesamteigenschaft (z.B. Elastizitätsmodul) eines Verbundwerkstoffs als gewichteter Durchschnitt der Eigenschaften der einzelnen Phasen.

Verbundwerkstoff Ein Werkstoff, der auf der mikroskopischen Ebene aus einer Kombination von einzelnen Werkstoffen aus den Kategorien Metalle, Keramiken (und Gläser) und Polymere besteht.

Verbundwerkstoff mit Zuschlägen Ein Verbundwerkstoff, der mit einer verteilten partikelförmigen (statt einer faserigen) Phase verstärkt ist.

Verkippung Korngrenze, die entsteht, wenn zwei benachbarte Körner nur um wenige Grad relativ zueinander geneigt sind (siehe *Abbildung 4.19*).

Vernetzung Die Verknüpfung von benachbarten linearen Polymermolekülen durch chemische Bindung, wie beispielsweise in *Abbildung 6.46* für die Vulkanisierung von Gummi gezeigt.

Verschleiß Abrieb von Oberflächenmaterial infolge einer mechanischer Einwirkung. Der Begriff umfasst einen breiten Bereich von relativ komplexen, auf die Oberfläche bezogenen Schadenserscheinungen. Sowohl Oberflächenschäden als auch Abrieb können Ausfälle von Werkstoffen begründen, die für Anwendungen mit Gleitkontakten vorgesehen sind.

Verschleißkoeffizient Mechanische Eigenschaft, die die Wahrscheinlichkeit darstellt, dass ein adhäsives Fragment gebildet wird (siehe *Gleichung 19.20*).

Versetzung Linearer Defekt in einem kristallinen Festkörper.

Versetzungskriechen Ein Mechanismus der Kriechverformung, bei dem sich die Versetzung durch Diffusion zu einer benachbarten Gleitebene bewegt.

Verstärker (1) Elektronisches Bauelement zur Stromerhöhung. (2) Additiv (z.B. Glasfasern), das einem Polymer größere Festigkeit und Steifheit verleiht.

Verunreinigung Ein chemischer Fremdbestandteil, der bereits in einem Rohstoff enthalten sein kann, aber auch (wie z.B. bei Störstellenhalbleitern) zielgerichtet einem hochreinen Werkstoff beigemengt wird.

verzinkter Stahl Stahl, der mit einem Zinküberzug als Korrosionsschutz versehen ist.

Verzweigung Das Hinzufügen eines polymeren Moleküls an die Seite einer Hauptmolekülkette (siehe *Abbildung 13.12*).

viskoelastische Verformung Mechanisches Verhalten, das sowohl flüssigkeitsähnliche (viskose) als auch festkörperähnliche (elastische) Eigenschaften zeigt.

viskos Mechanisches Verhalten eines Polymers in der Nähe seines Schmelzpunktes (siehe *Abbildung 6.44*).

viskose Verformung Flüssigkeitsähnliches mechanisches Verhalten bei Gläsern und Polymeren oberhalb ihrer Glasübergangstemperaturen.

Viskosität Proportionalitätskonstante in der Beziehung zwischen Scherkraft und Geschwindigkeitsgradient (siehe *Gleichung 6.19*).

vollständige Lösung im festen Zustand Binäres Phasendiagramm zur Darstellung von zwei Komponenten, die sich in allen Verhältnissen ineinander lösen lassen (siehe *Abbildung 9.5*).

Volumendiffusion Atombewegung durch die Kristallstruktur eines Werkstoffs mithilfe eines Defektmechanismus.

voreutektisch Phase, die sich durch Ausscheidung in einem Temperaturbereich oberhalb der eutektischen Temperatur bildet.

voreutektoid Phase, die sich durch Festkörperausscheidung in einem Temperaturbereich oberhalb der eutektoiden Temperatur bildet.

Vorzugsrichtung Ausrichtung einer bestimmten Kristallrichtung in benachbarten Körnern einer Mikrostruktur als Ergebnis des Kaltwalzens.

Vulkanisierung Der Übergang eines Polymers mit einer linearen Struktur zu einer Netzwerkstruktur durch Vernetzung.

W

Wabenstruktur Eine strukturelle Konfiguration, wie sie *Abbildung 20.9* veranschaulicht.

Wafer Dünne Scheibe aus einem zylindrischen Einkristall, der aus einem hochreinen Material – gewöhnlich Silizium – besteht.

Warmbadhärten Wärmebehandlung von Stahl mit langsamem Abkühlen über den martensitischen Umwandlungsbereich, um Spannungen infolge der kristallographischen Änderung zu verringern.

Wärmebehandlung Der erforderliche Temperatur-Zeit-Verlauf, um eine gewünschte Mikrostruktur zu erzeugen.

Wärmekapazität Die Wärmemenge, die einem Werkstoff zugeführt werden muss, um die Temperatur von einem Grammatom (bei Elementen) oder einem Mol (bei Verbindungen) um 1 K (= 1 °C) zu erhöhen. (Siehe auch *spezifische Wärmemenge*.)

Wärmeleitfähigkeit Proportionalitätskonstante in der Beziehung zwischen Wärmeübergangsgeschwindigkeit und Temperaturgradient (siehe *Gleichung 7.5*).

Wasserkorrosion Auflösung eines Metalls in einer wässrigen Umgebung.

Wasserstoffbrücke Sekundäre Bindung, die zwischen zwei permanenten Dipolen in benachbarten Wassermolekülen gebildet wird.

Wasserstoffversprödung Form der Schädigung durch Umwelteinflüsse, bei der Wasserstoffgas in ein Metall eindringt und spröde Hydridverbindungen bildet.

Weichholz Holz mit relativ geringer Festigkeit von »immergrünen« Nadelbäumen.

Weichkugelmodell Atomares (oder ionisches) Modell eines Atoms, das berücksichtigt, dass die eigentliche Elektronendichte in den äußeren Orbitalen keinen festen Radius besitzt.

Weichmacher Zusatz, um einen Polymerwerkstoff weich zu machen.

Weichmagnet Magnet mit relativ beweglichen Domänenwänden.

weißes Gusseisen Eine harte, spröde Form von Gusseisen mit einer charakteristischen weißen kristallinen Bruchoberfläche.

Werkstoffauswahl Die letzte praktische Entscheidung im technischen Konstruktionsprozess, die letztlich den Erfolg oder das Scheitern eines Entwurfs bestimmen kann.

Werkstofffließen Der langsame »Bruch« eines Werkstoffs infolge plastischer Verformung, die an der Streckgrenze auftritt.

Werkstoffwissenschaft und Werkstofftechnik Bezeichnung für einen grundlegenden Zweig der Ingenieurwissenschaften, der sich mit Werkstoffen beschäftigt.

Werkzeugstahl Eisenlegierung, die eingesetzt wird, um andere Werkstoffe spanlos oder spangebend zu formen.

Whisker Kleine, einkristalline Fasern, die sich mit einer nahezu fehlerfreien Kristallstruktur züchten lassen und als Verstärkungsphase für hochfeste Verbundwerkstoffe dienen.

Widerstand Eigenschaft eines Materials, dem Fluss eines elektrischen Stroms entgegenzuwirken (siehe *Gleichung 15.1*).

Wirbelstrom Schwankender elektrischer Strom in einem Leiter; eine Ursache für Energieverluste in Wechselstrom-Anwendungen von Magneten.

Wirbelstromprüfung Eine zerstörungsfreie Prüfung, bei der die Impedanz einer Untersuchungsspule durch die Anwesenheit eines benachbarten, elektrisch leitenden Prüfkörpers beeinflusst wird. Dabei werden Wirbelströme durch die Spule induziert. Die resultierende Impedanz ist eine Funktion der Zusammensetzung und/oder der Geometrie des Prüfkörpers.

Wurtzit Verbundkristallstruktur wie sie *Abbildung 3.25* zeigt.

Y

YIG Yttrium-Eisen-Granat, eine ferrimagnetische Keramik.

Young-Modul Siehe *Elastizitätsmodul*.

Z

Zachariasen-Modell Visuelle Definition der Theorie eines zufälligen Netzwerks (siehe *Abbildung 4.23b*).

Zähigkeit Gesamtfläche unter der Spannungs-Dehnungkurve.

Zähigkeitssteigerung durch Phasenübergang Mechanismus für verbesserte Zähigkeit in einer teilstabilisierten Zirkonoxidkeramik durch einen spannungsinduzierten Phasenübergang von tetragonalen Körnern zur monoklinen Struktur (siehe *Abbildung 8.7*).

Zement Matrixwerkstoff (gewöhnlich ein Kalziumaluminosilikat) in Beton, einem Verbundwerkstoff mit Zuschlägen.

zerstörungsfreie Prüfung Die Bewertung von technischen Werkstoffen ohne dadurch ihre Brauchbarkeit herabzusetzen.

Zinkblende Verbundkristallstruktur wie sie *Abbildung 3.24* zeigt.

Zinklegierung Metalllegierung, die vorwiegend aus Zink besteht.

Zonenreinigen Verfahren für die Reinigung von Werkstoffen, das auf den Prinzipien von Phasengleichgewichten beruht. Eine Induktionsspule erzeugt eine lokal geschmolzene »Zone«. Wird die Spule in Längsrichtung des zu reinigenden Stabes verschoben, wandert die geschmolzene Zone mit. Das geschmolzene Material erstarrt, sobald sich die Induktionsspule weiterbewegt. Siehe den Abschnitt »*Die Welt der Werkstoffe*« in *Kapitel 9*.

ZTU-Diagramm Darstellung der erforderlichen Zeit (Z), um bei einer bestimmten Temperatur (T) eine bestimmte prozentuale Umwandlung (U) zu erreichen (siehe *Abbildung 10.6*).

Zufallsbewegung Atomare Wanderung, bei der die Richtung jedes Schritts zufällig unter allen möglichen Orientierungen ausgewählt wird (siehe *Abbildung 5.6*).

Zugfestigkeit Die höchste technische Spannung, die ein Werkstoff in einem Zugversuch erfährt.

Zuglänge Kleinster Flächenbereich einer Probe im Zugversuch.

Zusatzstoff Zusätze zu Zement, um bestimmte Merkmale bereitzustellen (z.B. Farbzusätze).

Zuschlagsstoff Nichtfaserige verteilte Phase in einem Verbundwerkstoff. Insbesondere die in Beton verteilten Stoffe Sand und Kies.

Zustand Bedingung für ein Material, die typischerweise in Form einer spezifischen Temperatur und Zusammensetzung definiert wird.

Zustandspunkt Ein Wertepaar von Temperatur und Zusammensetzung, das einen bestimmten Zustand definiert.

Zustandsvariable Materialeigenschaft wie z.B. Temperatur und Zusammensetzung, mit der ein Zustand definiert wird.

Zwillingsgrenze Ein zweidimensionaler Defekt, der zwei Kristallbereiche trennt, die strukturell einander spiegelbildlich angeordnet sind (siehe *Abbildung 4.15*).

Zwischenebenenabstand Abstand zwischen den Mittelpunkten der Atome in zwei benachbarten Kristallebenen.

Zwischengitterplatz Ein Atom auf einem interstitiellen Platz, der normalerweise nicht durch ein Atom in der perfekten Kristallstruktur besetzt ist, oder ein zusätzliches Atom, das in die perfekte Kristallstruktur so eingelagert wird, dass die beiden Atome Positionen einnehmen, die eng bei einem einfach besetzten Atomplatz in der perfekten Struktur liegen.

Zwischenstufenvergüten Wärmebehandlung eines Stahls, bei dem das Abschrecken unmittelbar vor Erreichen der Martensit-Starttemperatur gestoppt und der isotherme Schritt erweitert wird, bis die vollständige Umwandlung in Bainit stattfindet (siehe *Abbildung 10.20*).

Literatur- und Quellenverzeichnis

Literatur

A

Accelrys, Inc., *Computergenerierte Strukturen für eine breite Palette von Werkstoffen*, CD-ROM, San Diego, CA

Agarwal, B. D., und **L. J. Broutman**, *Analysis and Performance of Fiber Composites*, 2nd ed., John Wiley & Sons, Inc., NY, 1990

Ashby, M. F. und **D. R. H. Jones**, *Engineering Materials – An Introduction to their Properties and Applications*, 2nd ed., Butterworth-Heinemann, Boston, MA, 1996

Ashby, M. F. und D. R. H. Jones, *Engineering Materials 2: An Introduction to Microstructures, Processing and Design*, 2nd ed., Butterworth-Heinemann, Boston, MA, 1998

Ashby, M. F., *Materials Selection in Mechanical Design*, 2nd ed., Butterworth-Heinemann, Oxford, 1999

Asheland, D. R., *Materialwissenschaften,* Spektrum Akademischer Verlag, Heidelberg, 1996

Askeland, D. R. und **P. P. Phule**, *The Science and Engineering of Materials*, 4th ed., Thomson Brooks/Cole, Pacific Grove, CA, 2003

ASM Handbook, Vols. 1–21, ASM International, Materials Park, OH 1990–2003

Awiszus, B. u. a., *Grundlagen der Fertigungstechnik,* Fachbuchverlag Leipzig im Carl Hanser Verlag, München, 2003

B

Bargel, H.- J. und **G. Schulze (Hrsg.)**, *Werkstoffkunde*, 8., überarbeitete Auflage, Springer Verlag, Berlin, 2004

Barrett, C. S. und **T. B. Massalski**, *Structure of Metals*, 3rd revised ed., Pergamon Press, NY, 1980

Bergmann, W., *Werkstofftechnik 1 + 2*, 5., verbesserte Auflage, Carl Hanser Verlag, München, 2003

Bird, R. B., **W. E. Stewart** und **E. N. Lightfoot**, *Transport Phenomena*, 2nd ed., John Wiley & Sons, Inc., NY, 2002

Brandrup, J., **E. H. Immergut**, **E. A. Grulke**, Eds., *Polymer Handbook*, 4th ed., John Wiley & Sons, Inc., NY, 1999

Briggs, D. und **M. P. Seah**, Eds., *Practical Surface Analysis*, 2nd ed., Vol. 2, Chichester: Wiley, NY, 1990–1992

Brown, T. L., **H. E. LeMay, Jr.** und **B. E. Bursten**, *Chemistry – The Central Science*, 8th ed., Prentice Hall, Upper Saddle River, NJ, 2000

LITERATUR- UND QUELLENVERZEICHNIS

C

Callister, W. D., *Materials Science and Engineering – An Introduction*, 6th ed., John Wiley & Sons, Inc., NY, 2003

Chawla, K. K., *Composite Materials: Science and Engineering*, 2nd ed., Springer-Verlag, NY, 1998

Chiang, Y., D. P. Birnie III und **W. D. Kingery**, *Physical Ceramics*, John Wiley & Sons, Inc., NY, 1997

Cottrell, A., *An Introduction to Metallurgy*, Edward Arnold, London, 1985

Courtney, T. H., *Mechanical Behavior of Materials*, 2nd ed., McGraw-Hill Book Company, NY, 2000

Crank, J., *The Mathematics of Diffusion*, 2nd ed., Clarendon Press, Oxford, 1999

Cullity, B. D., *Introduction to Magnetic Materials*, Addison-Wesley Publishing Co., Inc., Reading, MA, 1972

Cullity, B. D. und **S. R. Stock**, *Elements of X-Ray Diffraction*, 3rd ed., Prentice Hall, Upper Saddle River, NJ, 2001

D

Davis, J. R., Ed., *Metals Handbook*, Desk Ed., 2nd ed., ASM International, Materials Park, OH, 1998

Doremus, R. H., *Glass Science*, 2nd ed., John Wiley & Sons, Inc., NY, 1994

Dorf, R. C., *Electrical Engineering Handbook*, 2nd ed., CRC Press, Boca Raton, FL, 2000

E

Engineered Materials Handbook, Vols. 1–4, ASM International, Materials Park, OH, 1988–1991

G

German, R. M., *Sintering Theory and Practice*, John Wiley and Sons, Inc., New York, 1996

H

Harper, C. A. und **R. N. Sampson**, *Electronic Materials and Processes Handbook*, McGraw-Hill, NY, 1994–2004

Hull, D. und **D. J. Bacon**, *Introduction to Dislocations*, 4th ed., Butterworth-Heinemann, Boston, MA 2001

J

Jones, D. A., *Principles and Prevention of Corrosion*, 2nd ed., Prentice-Hall, Upper Saddle River, NJ., 1966

Jones, R. M., *Mechanics of Composite Materials*, 2nd ed., Taylor and Francis, Philadelphia, PA, 1999

K

Kelly, B. T., *Irradiation Damage to Solids*, Pergamon Press, Inc., Elmsford, N.Y., 1966

Kingery, W. D., H. K. Bowen und D. R. Uhlmann, *Introduction to Ceramics*, 2nd ed., John Wiley & Sons, Inc., NY, 1976

Kittel, C., *Introduction to Solid State Physics*, 7th ed., John Wiley & Sons, Inc., NY, 1996

Kohtz, D., *Wärmebehandlung metallischer Werkstoffe*, VDI-Verlag, Düsseldorf, 1994

Kubaschewski, O., C. B. Alcock und P. J. Spencer, *Materials Thermochemistry*, Oxford and Pergamon Press, NY, 1993

M

Mark, H. F. et al., Eds., *Encyclopedia of Polymer Science and Engineering*, 2nd ed., Vols. 1–17, Index Vol., Supplementary Vol., John Wiley & Sons, Inc., NY, 1985–1989

Massalski, T. B. et al., *Binary Alloy Phase Diagrams*, 2nd ed., Vols. 1–3, eds., ASM International, Materials Park, OH, 1990

Mayer, J. W. und S. S. Lau, *Electronic Materials Science: For Integrated Circuits in Si and GaAs*, Macmillan Publishing Company, NY, 1990

N

Nicholls, R., *Composite Construction Materials Handbook*, Prentice Hall, Inc., Englewood Cliffs, NJ, 1976

O

Oxtoby, D. W., H. P. Gillis und N. H. Nachtrieb, *Principles of Modern Chemistry*, 5th ed., Thomson Brooks/Cole, Pacific Grove, CA, 2002

P

Petrucci, R. H., W. S. Harwood und F. G. Herring, *General Chemistry – Principles and Modern Applications*, 8th ed. Prentice Hall, Upper Saddle River, NJ, 2002

Phase Equilibria Diagrams, Vols. 1–13, American Ceramic Society, Westerville, OH, 1964–2001

LITERATUR- UND QUELLENVERZEICHNIS

R

Rabinovicz, E., *Friction and Wear of materials*, 2nd ed., John Wiley & Sons, Inc., NY, 1995

Reed, J. S., *Principles of Ceramic Processing*, 2nd ed., John Wiley & Sons, Inc., NY, 1995

S

Schaffer, J. P., A. Saxena, S. D. Antolovich, T. H. Sanders, Jr. und **S. B. Warner**, *The Science and Design of Engineering Materials*, 2nd ed., McGraw-Hill Book Company, NY, 1999

Schmitt-Thomas, K. G., *Integrierte Schadenanalyse*, Springer-Verlag, Berlin, 1999

Schulze, G., *Die Metallurgie des Schweißens*, VDI-Verlag, Düsseldorf, 2003

Shackelford, J. F. und **W. Alexander**, *CRC Materials Science and Engineering Handbook*, 3rd ed., CRC Press, Boca Raton, FL, 2001

Shewmon, P. G., *Diffusion in Solids*, 2nd ed., Minerals, Metals, and Materials Society, Warrendale, PA, 1989

Smith, W. F., *Foundations of Materials Science and Engineering*, 3rd ed., McGraw-Hill Higher Education, Boston, MA, 2004

Suzuki, T., et al., *Magnetic Materials – Microstructure and Properties*, Materials Research Society, Pittsburgh, PA, 1991

T

Tu, K. N., J. W. Mayer und **L. C. Feldman**, *Electronic Thin Film Science*, Macmillan Publishing Company, NY, 1992

V

Vlack, L. H. van, *Elements of Materials Science and Engineering*, Addison-Wesley Publishing Company, 6th ed., 1989

W

Weißbach, W., *Werkstoffkunde und Werkstoffprüfung*, 14. Auflage, Vieweg Verlag, Braunschweig, 2001

Williams, D. B., A. R. Pelton und **R. Gronsky**, Eds., *Images of Materials*, Oxford University Press, NY, 1991

Williams, D. J., *Polymer Science and Engineering*, Prentice Hall, Inc., Englewood Cliffs, NJ, 1971

Wyckoff, R. W. G., Ed., *Crystal Structures*, 2nd ed., Vols. 1–5 und Vol. 6, Parts 1 und 2, John Wiley & Sons, Inc., NY, 1963

Quellen

Die unten aufgeführten Abbildungen, Tabellen und Daten stammen aus den angegebenen Quellen und sind wie folgt gekennzeichnet:

- *Ohne Kennzeichnung*: Abbildung mit Kapitelnummer und fortlaufender Abbildungsnummer im jeweiligen Kapitel (z.B.: 4.10 = Abbildung 4.10)
- *E*: Abbildung in der Einführung zum jeweiligen Kapitel (z.B. *E.2* = Abbildung in der Einführung zu Kapitel 2)
- *T*: Daten in Tabellen (z.B. *T.6.7* = Tabelle 6.7)
- *Ü*: Abbildung im Überblick zu den jeweiligen Teilen (z.B. *Ü.1* = Abbildung im Überblick zu Teil 1)
- *W*: Abschnitt *Die Welt der Werkstoffe* im jeweiligen Kapitel (z.B. *W.2* = Abbildung in *Die Welt der Werkstoffe* von Kapitel 2)

Kapitel 1

1.1	M. F. Ashby, Materials Selection in Mechanical Design, 2nd ed., Butterworth-Heinemann, Oxford, 1999
1.2	Mit freundlicher Genehmigung von Elgiloy Company
1.4	Mit freundlicher Genehmigung von Superform USA
1.6	Mit freundlicher Genehmigung von Duramic Products, Inc.
1.10	Mit freundlicher Genehmigung von Corning Glass Works
1.11	Mit freundlicher Genehmigung von Du Pont Company, Engineering Polymers Division
1.13	Mit freundlicher Genehmigung von Du Pont Company, Engineering Polymers Division
1.14	Mit freundlicher Genehmigung von Owens-Corning Fiberglass Corporation
1.15	Mit freundlicher Genehmigung von Fiberite Corporation
1.17a	Mit freundlicher Genehmigung von Intel Corporation
1.17b	*Metals Handbook*, 9th ed., Vol. 10: Materials Characterization, American Society for Metals, Metals Park, Ohio 1986
1.19	Mit freundlicher Genehmigung von R. S. Wortman
1.20	Mit freundlicher Genehmigung von C. E. Scott, General Electric Company
1.21	Mit freundlicher Genehmigung von General Electric Company
1.22	Mit freundlicher Genehmigung von Casting Emission Reduction Program (CERP)

LITERATUR- UND QUELLENVERZEICHNIS

1.23   Mit freundlicher Genehmigung von College of Engineering, University of California, Davis

1.24   Mit freundlicher Genehmigung von Matheson Division of Searle Medical Products

Teil I

Ü.1   Mit freundlicher Genehmigung von Department of Chemical Engineering and Materials Science, University of California, Davis

Kapitel 2

E.2   G. Meyer und K. H. Rieder, MRS Bulletin 23 28, 1998

2.21   Linus Pauling, *The Nature of the Chemical Bond and the Structure of Molecules and Crystals; An Introduction to Modern Structural Chemistry*, 3rd ed., Cornell University Press, Ithaca, NY 1960

2.23   W.G. Moffatt, G.W. Pearsall und J. Wulff, *The Structure and Properties of Materials*, Vol. 1: *Structures*, John Wiley & Sons, Inc., NY 1964

Kapitel 3

E.3   Mit freundlicher Genehmigung von C. Kisielowski, C. Song und E. C. Nelson, National Denter for Electron Microscopy, Berkeley, CA

3.4c   Mit freundlicher Genehmigung von Accelrys, Inc.

3.5c   Mit freundlicher Genehmigung von Accelrys, Inc.

3.6c   Mit freundlicher Genehmigung von Accelrys, Inc.

3.7   B. D. Cullity und S. R. Stock, *Elements of X-Ray Diffraction*, 3rd ed., Prentice Hall, Upper Saddle River, NJ 2001

3.8b   Mit freundlicher Genehmigung von Accelrys, Inc.

3.9b,c   Mit freundlicher Genehmigung von Accelrys, Inc.

3.10b   Mit freundlicher Genehmigung von Accelrys, Inc.

3.11   Mit freundlicher Genehmigung von Accelrys, Inc.

3.14b   Mit freundlicher Genehmigung von Accelrys, Inc.

3.15   F. G. Brockman, Bull. Am. Ceram. Soc. 47, 186 (1967)

3.16   F. H. Norton, *Elements of Ceramics*, 2nd ed., Addison-Wesley, Publishing Co., Inc., Reading, MA 1974

3.17   Mit freundlicher Genehmigung von I. A. Aksay

3.18a   F. H. Norton, *Elements of Ceramics*, 2nd ed., Addison-Wesley Publishing Co., Inc., Reading, MA 1974

3.18b   W. D. Kingery, H. K. Bowen und D. R. Uhlmann, *Introduction to Ceramics*, 2nd ed., John WIley & Sons, Inc., NY 1976

3.19	Mit freundlicher Genehmigung von Accelrys, Inc.
3.20	Mit freundlicher Genehmigung von Accelrys, Inc.
3.21	D. J. Williams, *Polymer Science and Engineering*, Prentice Hall, Inc., Englewood Cliffs, NJ, 1971
3.22	C. W. Bunn and E. V. Garner, »Packing of nylon 66 molecules in the triclinic unit cell: α form«, Proc. Roy. Soc. Lond., 189A, 39 (1947)
3.23b	Mit freundlicher Genehmigung von Accelrys, Inc.
W.3	J. W. Mayer und S. S. Lau, *Electronic Materials Science: For Integrated Circuits in Si and GaAs*, Macmillan Publishing Company, New York 1990
3.24b	Mit freundlicher Genehmigung von Accelrys, Inc.
3.25b	Mit freundlicher Genehmigung von Accelrys, Inc.
3.33	D. Halliday und R. Resnick, Physics, John Wiley & Sons, Inc., NY, 1962
3.38	Mit freundlicher Genehmigung von Blake Industries, Inc.
3.40	Mit freundlicher Genehmigung von Scintag, Inc.

Kapitel 4

E.4	Mit freundlicher Genehmigung von V. J. Leppert und S. H. Risbud, University of California, Davis und M. J. Fendorf, National Center for Electron Microscopy, Berkeley, CA
4.3	B. D. Cullity und S. R. Stock, *Elements of X-Ray Diffraction*, 3rd ed., Prentice Hall, Upper Saddle River, NJ 2001
4.10	A. G. Guy, *Elements of Physical Metallurgy*, Addison-Wesley Publishing Co., Inc., Reading, MA 1959
4.14	W. D. Kingery, H. K. Bowen und D. R. Uhlmann, *Introduction to Ceramics*, 2nd ed., John Wiley & Sons, Inc., NY 1976
4.17	J. P. Hirth und G. M. Pound, *J. Chem. Phys.* 26, 1216 (1957)
4.18	*Metals Handbook*, 8th ed., Vol. 7: *Atlas of Microstructures of Industrial Alloys*, American Society for Metals, Metals Park, OH 1972
4.19	W. T. Read, *Dislocations in Crystals*, McGraw-Hill Book Company, NY, 1953. Reprinted with permission of the McGraw-Hill Book Company
4.21	Reprinted with permission from M. F. Ashby, F. Spaepen und S. Williams, Acta Metall, 26, 1647 (1978), Copyright 1978, Pergamon Press, Ltd.
4.22	*Metals Handbook*, 8th ed., Vol. 7: *Atlas of Microstructures of Industrial Alloys*, American Society for Metals, Metals Park, OH 1972
4.25	B. E. Warren, *J. Am. Ceram. Soc.* 24, 256 (1941)
4.26	P. H. Gaskell et al., *Nature* 350, 675 (1991)

LITERATUR- UND QUELLENVERZEICHNIS

4.27 G. Thomas, *Transmission Electron Microscopy of Metals*, John Wiley & Sons, Inc., NY, 1962.) (c) Ein kommerzielles TEM. (Mit freundlicher Genehmigung von Hitachi Scientific Instruments

4.28 From G. Thomas, *Transmission Electron Microscopy of Metals*, John Wiley & Sons, Inc., NY 1962

4.29a A. Riley und P. J. Grundy, *Phys. Status Solidi* (a) 14, 239 (1972)

4.29b Mit freundlicher Genehmigung von Chuck Echer, Lawrence Berkeley National Laboratory, National Center for Electron Microscopy

4.29c P. H. Pumphrey und H. Gleiter, *Philos. Mag.* 30, 593 (1974)

4.30a V. A. Philips, *Modern Metallographic Techniques and Their Applications*, John Wiley & Sons, Inc., NY 1971

4.30b Mit freundlicher Genehmigung von Hitachi Scientific Instruments

4.31 V. A. Phillips, *Modern Metallographic Techniques and Their Applications*, John Wiley & Sons, Inc., NY 1971

4.32 *Metals Handbook*, 8th ed., Vol. 9: *Fractography and Atlas of Fractographs*, American Society for Metals, Metals Park, OH 1974

4.33 J. B. Bindell, *Advanced Materials and Processes* 143, 20 (1993)

W.4 Mit freundlicher Genehmigung der International Business Machines Corporation. Unauthorized use not permitted

4.34 T. L. Altshuler, *Advanced Materials and Processes* 140, 18 (1991)

Kapitel 5

E.5 Mit freundlicher Genehmigung von Teledyne Wah Chang, Albany, OR

5.4 P. G. Shewmon, *Diffucion in Solids*, McGraw-Hill Book Company, NY 1963

5.7 W. D. Kingery, H. K. Bowen und D. R. Uhlmann, *Introduction to Ceramics*, 2nd ed., John Wiley & Sons, Inc., NY 1976

5.12 W. D. Kingery, H. K. Bowen und D. R. Uhlmann, *Introduction to Ceramics*, 2nd ed., John Wiley & Sons, Inc., NY 1976

5.14 L. H. Van Vlack, *Elements of Materials Science and Engineering*, 4th ed., Addison-Wesley Publishing Co., Inc., Reading, MA 1980

5.15 P. Kofstad, *Nonstoichiometry, Diffusion, and Electrical Conductivity in Binary Metal Oxides*, John Wiley & Sons, Inc., NY 1972; und S. M. Hu, in *Atomic Diffusion in Semiconductors*, D. Shaw, Ed., Plenum Press, NY 1973

5.18 J. H. Brophy, R. M. Rose und J. Wulff, *The Structure and Properties of Materials*, Vol. 2: *Thermodynamics of Structure*, John Wiley & Sons, Inc. NY 1964

W.5 *Fuel Cells – Green Power*, Los Alamos National Laboratory Report LA-UR-99-3231

Mit freundlicher Genehmigung der University of California, Davis

Kapitel 6

E.6	Mit freundlicher Genehmigung von MTS Systems Corporation
6.7	Mit freundlicher Genehmigung von R. S. Wortman
6.8	R. A. Flinn und P. K. Trojan, *Engineering Materials and Their Applications*, 2nd ed., Houghton Mifflin Company, 1981, verwendet mit Erlaubnis
6.16	*Design Handbook for Du Pont Engineering Plastics*, verwendet mit Erlaubnis
6.17	*Design Handbook for Du Pont Engineering Plastics*, verwendet mit Erlaubnis
T.6.3	S. Kalpakjian, *Manufacturing Processes for Engineering Materials*, Addison-Wesley Publishing Company, Reading, MA 1984
T.6.5	W. D. Kingery, H. K. Bowen und D. R. Uhlmann, *Introduction to Ceramics*, 2nd ed., John Wiley & Sons, Inc., NY 1976
T.6.6	*Ceramic Source '86* und *Ceramic Source '87*, American Ceramic Society, Columbus, OH 1985 und 1986
T.6.7	R. A. Flinn und P. K. Trojan, *Engineering Materials and Their Applications*, 2nd ed., Houghton Mifflin Company, Boston, MA 1981; M. F. Ashby und D. R. H. Jones, *Engineering Materials*, Pergamon Press, Inc., Elmsford, NY 1980; und *Design Handbook for Du Pont Engineering Plastics*
T.6.8	R. A. Flinn und P. K. Tojan, *Engineering Materials and Their Applications*, 2nd ed., Houghton Mifflin Company, Boston, MA 1981; M. F. Ashby und D. R. H. Jones, *Engineering Materials*, Pergamon Press, Inc., Elmsford, NY 1980; und J. Brandrup und E. H. Immergut, Eds., *Polymers Handbook*, 2nd ed., John Wiley & Sons, Inc., NY 1975
6.22	W. C. Moss, Ph. D. thesis, University of California, Davis, CA 1979
6.28b	*Metals Handbook*, 9th ed., Vol. 1, American Society for Metals, Metals Park, OH 1978
T.6.10	H. W. Hayden, W. G. Moffatt und J. Wulff, The Structure and Properties of Materials, Vol. 3: Mechanical Behaviou, John Wiley & Sons, Inc., NY 1995
T.6.12	R. A. Flinn und P. K. Trojan, *Engineering Materials and Their Applications*, 2nd ed., Houghton Mifflin Company, Boston, MA 1981; M. F. Ashby und D. R. H. Jones, *Engineering Materials*, Pergamon Press, Inc., Elmsford, NY 1980; und *Design Handbook for Du Pont Engineering Plastics*
6.36	*Metals Handbook*, 9th ed., Vol. 3, American Society for Metals, Metals Park, OH 1980
T.6.13	W. D. Kingery, H. K. Bowen und D. R. Uhlmann, *Introduction to Ceramics*, 2nd ed., John Wiley & Sons, Inc., NY 1976
6.37	W. D. Kingery, H. K. Bowen und D. R. Uhlmann, *Introduction to Ceramics*, 2nd ed., John Wiley & Sons, Inc., NY 1976
6.38	*Design Handbook for Du Pont Engineering Plastics*, verwendet mit Erlaubnis

LITERATUR- UND QUELLENVERZEICHNIS

Welt der Werkstoffe
R. A. McMaster, D. M. Shetterly und A. G. Bueno »Annealed and Tempered Glass« in Engineered Materials Handbook, Vol. 4, Ceramics and Glasses, ASM International, Materials Park, OH 1991

6.51 *Modern Plastics Encyclopedia*, 1981-82, Vol. 58, No. 10A, McGraw-Hill Book Company, New York, October 1981

W.6 Mit freundlicher Genehmigung von Tamglass, Ltd.

Kapitel 7

E.7 Mit freundlicher Genehmigung von R. T. Vanderbilt Company, Inc.

T.7.1 Daten für Metalle, Keramiken und Gläser sowie Polymere aus J. F. Shackelford und W. Alexander, *The CRC Materials Science and Engineering Handbook*, 3rd ed., CRC Press, Boca Raton, FL 2001

Daten für Keramiken und Gläser aus W. D. Kingery, H. K. Bowen und D. R. Uhlmann, *Introduction to Ceramics*, 2nd ed., John Wiley & Sons, Inc., NY 1976

T.7.2 Daten für Metalle, Keramiken und Gläser sowie Polymere aus J. F. Shackelford und W. Alexander, *The CRC Materials Science and Engineering Handbook*, 3rd ed., CRC Press, Boca Raton, FL 2001

Daten für Keramiken und Gläser aus W. D. Kingery, H. K. Bowen und D. R. Uhlmann, *Introduction to Ceramics*, 2nd ed., John Wiley & Sons, Inc., NY 1976

7.3 W. D. Kingery, H. K. Bowen und D. R. Uhlmann, *Introduction to Ceramics*, 2nd ed., John Wiley & Sons, Inc., NY 1976

T.7.4 Daten für Metalle, Keramiken und Gläser sowie Polymere aus J. F. Shackelford und W. Alexander, *The CRC Materials Science and Engineering Handbook*, 3rd ed., CRC Press, Boca Raton, FL 2001

Daten für Keramiken und Gläser aus W. D. Kingery, H. K. Bowen und D. R. Uhlmann, *Introduction to Ceramics*, 2nd ed., John Wiley & Sons, Inc., NY 1976

7.5 W. D. Kingery, H. K. Bowen und D. R. Uhlmann, *Introduction to Ceramics*, 2nd ed., John Wiley & Sons, Inc., NY 1976

7.8 W. D. Kingery, H. K. Bowen und D. R. Uhlmann, *Introduction to Ceramics*, 2nd ed., John Wiley & Sons, Inc., NY 1976

W.7 L. J. Korb, et al., Bull. Am. Ceram. Soc. 61, 1189 [1981]

Mit freundlicher Genehmigung von Daniel Leiser, NASA

Kapitel 8

E.8	Mit freundlicher Genehmigung von Instron Corporation
8.1	H. W. Hayden, W. G. Moffatt und J. Wulff, *The Structure and Properties of Materials*, Vol. 3: *Mechanical Behavior*, John Wiley & Sons, Inc., NY 1965
T.8.2	R. A. Flinn und P. K. Trojan, *Engineering Materials and Their Applications*, 2nd ed., Houghton Mifflin Company, Boston, MA 1981; M. F. Ashby und D. R. H. Jones, *Engineering Materials*, Pergamon Press, Inc., Elmsford, NY 1980; und *Design Handbook for Du Pont Engineering Plastics*
8.2	*Metals Handbook*, 9th ed., Vol. 2, American Society for Metals, Metals Park, OH 1979
8.3	*Metals Handbook*, 9th ed., Vol. 1, American Society for Metals, Metals Park, OH 1978
8.4	(a) *Metals Handbook*, 9th ed., Vol. 12, ASM International, Metals Park, OH 1987
	(b) *Metals Handbook*, 8th ed., Vol. 9, American Society for Metals, Metals Park, OH 1974
T.8.3	M. F. Ashby und D. R. H. Jones, *Engineering Materials – An Introduction to Their Properties and Application*, Pergamon Press, Inc., Elmsford, NY 1980; GTE Laboratories, Waltham, MA; und *Design Handbook for Du Pont Engineering Plastics*
8.9	C. A. Keyser, *Materials Science in Engineering*, 4th ed., Charles E. Merrill Publishing Company, Columbus, OH 1986
8.14	*Metals Handbook*, 8th ed., Vol. 9: *Fractography and Atlas of Fractographs*, American Society for Metals, Metals Park, OH 1974
8.15	Nach *Metals Handbook*, 9th ed., Vol. 1 und 2, American Society for Metals, Metals Park, OH 1978, 1979
8.18	W. D. Kingery, *Introduction to Ceramics*, John Wiley / Sons, Inc., NY 1960
8.21	*Design Handbook for Du Pont Engineering Plastics*, verwendet mit Erlaubnis
T.8.5	D. E. Bray und R. K. Stanley, *Nondestructive Evaluation*, McGraw-Hill Book Co., NY 1989
T.8.6	D. E. Bray und R. K. Stanley, *Nondestructive Evaluation*, McGraw-Hill Book Co., NY 1989
	Welt der Werkstoffe K. Felkins, H. P. Leigh, Jr. und A. Jankovic, *Journal of Materials*, Januar 1998, Seiten 12-18
T.8.7	Nach *ASM Handbook*, Vol. 11: *Failure Analysis and Prevention*, ASM International, Materials Park, OH 1986

Kapitel 9

E.9 *ASM Handbook*, Vol. 3: *Alloy Phase Diagrams*, ASM International, Materials Park, OH 1992

9.1 *Metals Handbook*, 8th ed., Vol. 7: *Atlas of Microstructures*, American Society for Metals, Metals Park, OH 1972

9.2 *Metals Handbook*, 9th ed., Vol. 9: *Metallography and Microstructres*, American Society for Metals, Metals Park, OH 1985

9.9 *Metals Handbook*, 8th ed., Vol. 8: *Metallography, Structures, and Phase Diagrams*, American Society for Metals, Metals Park, OH 1973, und *Binary Alloy Phase Diagrams*, Vol. 1, T. B. Massalski, ed., American Society for Metals, Metals Park, OH 1986

9.10 *Phase Diagramms for Ceramists*, Vol. 1, American Ceramic Society, Columbus, OH 1964

9.13 *Binary Alloy Phase Diagrams*, Vol. 1, T. B. Massalski, Ed., American Society for Metals, Metals Park, OH 1986

9.16 *Metals Handbook*, 8th ed., Vol. 8: *Metallography, Structures, and Phase Diagrams*, American Society for Metals, Metals Park, OH 1973, und *Binary Alloy Phase Diagrams*, Vol. 2, T. B. Massalski, Ed., American Society for Metals, Metals Park, OH 1986

9.19 *Metals Handbook*, 8th ed., Vol. 8: *Metallography, Structures, and Phase Diagrams*, American Society for Metals, Metals Park, OH 1973, und *Binary Alloy Phase Diagrams*, Vol. 1, T. B. Massalski, Ed., American Society for Metals, Metals Park, OH 1986

9.20 *Metals Handbook*, 8th ed., Vol. 8: *Metallography, Structures, and Phase Diagrams*, American Society for Metals, Metals Park, OH 1973, und *Binary Alloy Phase Diagrams*, Vol. 1, T. B. Massalski, Ed., American Society for Metals, Metals Park, OH 1986

9.23 F. J. Klug, S. Prochazka und R. H. Doremus, J. Am. Ceram. Soc. 70, 750 (1987)

9.26 *Phase Diagrams for Ceramists*, Vol. 1, American Ceramic Society, Columbus, OH 1964

9.27 *Binary Alloy Phase Diagrams*, Vol. 1, T. B. Massalski, Ed., American Society for Metals, Metals Park, OH 1986

9.28 *Binary Alloy Phase Diagrams*, Vol. 1, T. B. Massalski, Ed., American Society for Metals, Metals Park, OH 1986

9.29 *Metals Handbook*, 8th ed., Vol. 8: *Metallography, Structures, and Phase Diagrams*, American Society for Metals, Metals Park, OH 1973, und *Binary Alloy Phase Diagrams*, Vol. 1, T. B. Massalski, Ed., American Society for Metals, Metals Park, OH 1986

9.30 *Phase Diagrams for Ceramists*, Vol. 1, American Ceramic Society, Columbus, OH 1964

Kapitel 10

E.10 *ASM Handbook*, Vol. 3: *Alloy Phase Diagrams*, ASM International, Materials Park, OH 1992

10.7 TTT-Diagramm nach *Atlas of Isothermal Transformation and Cooling Transformation Diagrams*, American Society for Metals, Metals Park, OH 1977

10.9 *Metals Handbook*, 8th ed., Vol. 7: *Atlas of Microstructures*, American Society for Metals, Metals Park, OH 1972

10.12 J. W. Christian in *Principles of Heat Treatment of Steel*, G. Krauss, Ed., American Society for Metals, Metals Park, OH 1980

10.13 *Metals Handbook*, 8th ed., Vol. 7: *Atlas of Microstructures*, American Society for Metals, Metals Park, OH 1972

10.14 *Atlas of Isothermal Transformation and Cooling Transformation Diagrams*, American Society for Metals, Metals Park, OH 1977

10.15 TTT-Diagramm nach *Atlas of Isothermal Transformation and Cooling Transformation Diagrams*, American Society for Metals, Metals Park, OH 1977

10.16 TTT-Diagramme nach *Atlas of Isothermal Transformation and Cooling Transformation Diagrams*, American Society for Metals, Metals Park, OH 1977

10.17 *Metals Handbook*, 8th ed., Vol. 2, American Society for Metals, Metals Park, OH 1964

10.18 *Metals Handbook*, 8th ed., Vol. 7: *Atlas of Microstructures*, American Society for Metals, Metals Park, OH 1972

10.19 *Metals Handbook*, 8th ed., Vol. 2, American Society for Metals, Metals Park, OH 1964

10.20 *Metals Handbook*, 8th ed., Vol. 2, American Society for Metals, Metals Park, OH 1964

10.21 W. T. Lankford et al., Eds., *The Making, Shaping, and Treating of Steel*, 10th ed., United States Steel, Pittsburgh, PA 1985; Copyright 1985 by United States Steel Corporation

10.22 L. H. Van Vlack, *Elements of Materials Science and Engineering*, 4th ed., Addison-Wesley Publishing Co., Inc., Reading, MA 1980

10.23 W. T. Lankford et al., Eds., *The Making, Shaping, and Treating of Steel*, 10th ed., United States Steel, Pittsburgh, PA 1985; Copyright 1985 by United States Steel Corporation

10.24 W. T. Lankford et al., Eds., *The Making, Shaping, and Treating of Steel*, 10th ed., United States Steel, Pittsburgh, PA 1985; Copyright 1985 by United States Steel Corporation

10.28 H. W. Hayden, W. G. Moffatt und J Wulff, *The Structure and Properties of Materials*, Vol. 3: *Mechanical Behavior*, John Wiley & Sons, Inc., NY 1965

LITERATUR- UND QUELLENVERZEICHNIS

10.30 Mit freundlicher Genehmigung von J. E. Burke, General Electric Company, Schenectady, NY

10.31 *Metals Handbook*, 9th ed., Vol. 4, American Society for Metals, Metals Park, OH 1981

10.32 L. H. Van Vlack, *Elements of Materials Science and Engineering*, 3rd ed., Addison-Wesley Publishing Co., Inc., Reading, MA 1975

10.33 L. H. Van Vlack, *Elements of Materials Science and Engineering*, 4th ed., Addison-Wesley Publishing Co., Inc., Reading, MA 1980

10.34 G. Sachs und K. R. Van Horn, *Practical Metallurgy: Applied Physical Metallurgy and the Industrial Processing of Ferrous and Nonferrous Metals and Alloys*, American Society for Metals, Cleveland, OH 1940

10.35 L. A. Wood, in *Advances in Colloid Science*, Vol. 2, H. Mark und G. S. Whitby, Eds., Wiley Interscience, NY 1946, Seiten 57-95

10.36a G. S. Meiling und D. R. Uhlmann, *Phys. Chem. Glasses* 8, 62 (1967)

10.36b H. Yinnon und D. R. Uhlmann, in *Glass: Science and Technology*, Vol. 1, D. R. Uhlmann und N. J. Kreidl, Eds., Academic Press, NY 1983, Seiten 1 bis 47

10.38 Mit freundlicher Genehmigung von Arthur H. Heuer

W.10 Mit freundlicher Genehmigung von J. R. Groza, University of California, Davis

Teil II

Ü.2 Mit freundlicher Genehmigung der University of California, Davis

Kapitel 11

E.11 Mit freundlicher Genehmigung von TRW

T.2 *Metals Handbook*, 9th ed., Vol. 3, American Society for Metals, Metals Park, OH 1980

T.3 *Metals Handbook*, 9th ed., Vol. 3, American Society for Metals, Metals Park, OH 1980

T.4 *Metals Handbook*, 9th ed., Vol. 3, American Society for Metals, Metals Park, OH 1980

11.1 *Metals Handbook*, 9th ed., Vol. 1, American Society for Metals, Metals Park, OH 1978

T.5 *Metals Handbook*, 9th ed., Vol. 1, American Society for Metals, Metals Park, OH 1978

T.6 J. J. Gilman, *Ferrous Metallic Glasses*, Metal Progress, Juli 1979

T.7 *Metals Handbook*, 9th ed., Vol. 2, American Society for Metals, Metals Park, OH 1979

T.9	*Metals Handbook*, 9th ed., Vol. 2, American Society for Metals, Metals Park, OH 1979
11..2	W. T. Lankford et al., Eds., *The Making, Shaping, and Treating of Steel*, 10th Ed., United States Steel, Pittsburgh, PA 1985. Copyright 1985 by United States Steel Corporation
11.3	*Metals Handbook*, 8th ed., Vol. 5: *Forging and Casting*, American Society for Metals, Metals Park, OH 1970
11.4	*Metals Handbook*, 9th ed., Vol. 9: *Metallography and Microstructures*, American Society for Metals, Metals Park, OH 1985
11.6	*Metals Handbook*, 9th ed., Vol. 15: *Casting*, ASM International, Materials Park, OH 1988
11.7	*Metals Handbook*, 8th ed., Vol. 6: *Welding and Brazing*, American Society for Metals, Metals Park, OH 1971
11.8	*Metals Handbook*, 8th ed., Vol. 4: *Forming*, American Society for Metals, Metals Park, OH 1969
11.9	Nach *Advanced Materials and Processes*, Januar 1987
11.10	Nach Superform USA, Inc.
11.11	*Metals Progress*, Mai 1986
11.12	L. H. Van Vlack, *Elements of Materials Science and Engineering*, 4th ed., Addison-Wesley Publishing Co., Inc., Reading, MA 1980
11.13	L. H. Van Vlack, *Elements of Materials Science and Engineering*, 4th ed., Addison-Wesley Publishing Co., Inc., Reading, MA 1980
W.11	Mit freundlicher Genehmigung von Casting Emissions Reduction Program (CERP)

Kapitel 12

E.12	Mit freundlicher Genehmigung von Bolt Technical Ceramics
W.12	Mit freundlicher Genehmigung von R. B. Martin, Orthopaedic Research Laboratories, University of California, Davis Medical Center, Sacramento, CA
	R. B. Martin, »Bone as a Ceramic Composite Material« in Bioceramics – Applications of Ceramic and Glass Materials in Medicine, Ed. J. F. Shackelford, Trans Tech Publications, Switzerland, 1999
12.2a	F. H. Norton, *Elements of Ceramics*, 2nd ed., Addison-Wesley Publishing Co., Inc., Reading, MA 1974
12.2b	W. D. Kingery, H. K. Bowen und D. R. Uhlmann, *Introduction to Ceramics*, 2nd ed., John Wiley & Sons, Inc., NY 1976
12.3	F. H. Norton, *Elements of Ceramics*, 2nd ed., Addison-Wesley Publishing Co., Inc., Reading, MA 1974

12.4 *Engineered Materials Handbook*, Vol. 4, *Ceramics and Glasses*, ASM International, Materials Park, OH 1991

12.5a A. Heuer et al., Science, 255 1098-1105 (1992)

12.5b Mit freundlicher Genehmigung von Mehmet Sarikaya University of Washington

12.6 Mit freundlicher Genehmigung von Zuhair Munir, University of California, Davis

Kapitel 13

E.13 Mit freundlicher Genehmigung von Sandia National Laboratories

13.7 L. H. Van Vlack, *Elements of Materials Science and Engineering*, 4th ed., Addison-Wesley Publishing Co., Inc., Reading, MA 1980

W.13 J. P. McIntyre, J. F. Shackelford, M. W. Chapman, R. R. Pool, *Bull. Amer. Ceram. Soc.* 70 1499 (1991)

R. B. Martin, »Bone as a Ceramic Composite Material«, in *Bioceramics – Applications of Ceramic and Glass Materials in Medicine*, Ed. J. F. Shackelford, Trans Tech Publications, Switzerland, 1999

13.13 *Modern Plastics Encyclopedia*, 1981-82, Vol. 58, No. 10A, McGraw-Hill Book Company, NY October 1981

13.14 *Modern Plastics Encyclopedia*, 1981-82, Vol. 58, No. 10A, McGraw-Hill Book Company, NY October 1981

13.15 Nach einem Krupp-Kautex-Entwurf

13.16 *Modern Plastics Encyclopedia*, 1981-82, Vol. 58, No. 10A, McGraw-Hill Book Company, NY October 1981

13.17 *Modern Plastics Encyclopedia*, 1981-82, Vol. 58, No. 10A, McGraw-Hill Book Company, NY October 1981

13.18 *Vanderbilt Rubber Handbook*, R. T. Vanderbilt Co., Norwalk CN, 1978

Kapitel 14

E.14 Mit freundlicher Genehmigung von Allied Signal

14.1 Mit freundlicher Genehmigung von Owens-Corning Fiberglas Corporation

14.2 Mit freundlicher Genehmigung von Owens-Corning Fiberglas Corporation

T.14.1 J. G. Mohr, W. P. Rowe, *Fiber Glass*, Van Nostrand Reinhold Company, Inc., NY 1978

T.14.2 L. J. Broutman, R. H. Krock, Eds., *Modern Composite Materials*, Addison-Wesley Publishing Co., Inc., Reading, MA 1967, Kapitel 13

T.14.3 K. K. Chawla, University of Alabama, Birmingham; A. K. Dhingra, the Du Pont Company; und A. J. Klein, ASM International

14.4 L. J. Broutman und R. H. Krock, eds., *Modern Composite Materials*, Addison-Wesley Publishing Co., Inc., Reading, MA 1967, Kapitel 14

14.5 Mit freundlicher Genehmigung des U.S. Department of Agriculture, Forest Service, Forest Products Laboratory, Madison, WI

W.14 J. P. McIntyre, J. F. Shackelford, M. W. Chapman, R. R. Pool, *Bull. Amer. Ceram. Soc.* 70 1499 (1991)

T.14.6 R. Nicholis, Composite Construction Materials Handbook, Prentice Hall, Inc., Englewood Cliffs, NJ 1976

T.14.7 R. Nicholis, Composite Construction Materials Handbook, Prentice Hall, Inc., Englewood Cliffs, NJ 1976

T.14.8 R. Nicholis, Composite Construction Materials Handbook, Prentice Hall, Inc., Englewood Cliffs, NJ 1976

T.14.9 L. J. Broutman und R. H. Krock, Eds., *Modern Composite Materials*, Addison-Wesley Publishing Co., Inc., Reading, MA 1967, Kapitel 16 und 17; und K. K. Chawla, University of Alabama, Birmingham

14.16 Mit freundlicher Genehmigung von Owens-Corning Fiberglas Corporation

14.21 Nach Zeichnungen von Owens-Corning Fiberglas Corporation wie als Kurzfassung in R. Nicholls, Composite Construction Materials Handbook, Prentice Hall, Inc.

14.22 *Design and Control of Concrete Mixtures*, 11th ed., Portland Cement Association, Skokie, II, 1968

Teil III

Ü.3 Mit freundlicher Genehmigung der University of California, Davis

Kapitel 15

E.15 Mit freundlicher Genehmigung von Seagate Technology

T.15.1 C. A. Harper, Ed., *Handbook of Materials and Processes for Electronics*, McGraw-Hill Book Company, NY 1970; J. K. Stanley, *Electrical and Magnetic Properties of Metals*, American Society for Metals, Metals Park, OH 1963

15.10 J. K. Stanley, *Electrical and Magnetic Properties of Metals*, American Society for Metals, Metals Park, OH 1963

T.15.2 J. K. Stanley, *Electrical and Magnetic Properties of Metals*, American Society for Metals, Metals Park, OH 1963

15.12 J. K. Stanley, *Electrical and Magnetic Properties of Metals*, American Society for Metals, Metals Park, OH 1963

15.13 J. K. Stanley, *Electrical and Magnetic Properties of Metals*, American Society for Metals, Metals Park, OH 1963

T.15.3 *Metals Handbook*, 9th ed., Vol. 3, American Society for Metals, Metals Park, OH 1980

15.15 *Metals Handbook*, 9th ed., Vol. 3, American Society for Metals, Metals Park, OH 1980

T.15.4 *Ceramic Source '86*, American Ceramic Society, Columbus, OH 1985; und *Design Handbook for Du Pont Engineering Plastics*

15.26 *Metals Handbook*, 8th ed., Vol. 11, American Society for Metals, Metals Park, OH 1976

T.15.5 C. A. Harper, Ed., Handbook of Materials and Processes for Electronics, McGraw-Hill Book Company, NY 1970

15.27 R. M. Rose, L. A. Shepard, J. Wulff, *The Structures and Properties of Materials*, Vol. 4: *Electronic Properties*, John Wiley & Sons, Inc. NY 1966

W.15 Mit freundlicher Genehmigung von Sandia National Laboratories, SUMMiT(TM) Technologies, www.mems.sandia.gov

Kapitel 16

E.16 Mit freundlicher Genehmigung von Lucent Technologies/Bell Labs

W.16 Mit freundlicher Genehmigung von Varian, Incorporated

T.16.1 W. D. Kingery, H. K. Bowen, D. R. Uhlmann, *Introduction to Ceramics*, 2nd ed., John Wiley & Sons, Inc., NY 1976

T.16.2 J. Brandrup und E. H. Immergut, eds., *Polymer Handbook*, 2nd ed., John Wiley & Sons, Inc., NY 1975

16.8 W. D. Kingery, H. K. Bowen und D. R. Uhlmann, *Introduction to Ceramics*, 2nd ed., John Wiley & Sons, Inc., NY 1976

16.11 R. M. Rose, L. A. Shepard und J. Wulff, *The Structure and Properties of Materials*, Vol. 4: *Electronic Properties*, John Wiley & Sons, Inc., NY 1966

T.16.3 F. H. Norton, *Elements of Ceramics*, 2nd ed., Addison-Wesley Publishing Co., Inc., Reading, MA 1974

16.13 R. M. Rose, L. A. Shepard und J. Wulff, *The Structure and Properties of Materials*, Vol. 4: *Electronic Properties*, John Wiley & Sons, Inc., NY 1966

16.14 R. M. Rose, L. A. Shepard und J. Wulff, *The Structure and Properties of Materials*, Vol. 4: *Electronic Properties*, John Wiley & Sons, Inc., NY 1966

16.15 R. M. Rose, L. A. Shepard und J. Wulff, *The Structure and Properties of Materials*, Vol. 4: *Electronic Properties*, John Wiley & Sons, Inc., NY 1966

T.16.4 J. Hecht, in *Electrical Engineering Handbook*, R. Dorf, Ed., CRC Press, Boac Raton, FL 1993

16.16 Mit freundlicher Genehmigung von San Francisco Examiner

Kapitel 17

E.17 Mit freundlicher Genehmigung von Intel

T.17.1 W. R. Runyan und S. B. Watelski, in *Handbook of Materials and Processes for Electronics*, C. A. Harper, Ed., McGraw-Hill Book Company, NY 1970

17.7 R. M. Rose, L. A. Shepard und J. Wulff, *The Structure and Properties of Materials*, Vol. 4: *Electronic Properties*, John Wiley & Sons, Inc., NY 1966

17.12 R. M. Rose, L. A. Shepard und J. Wulff, *The Structure and Properties of Materials*, Vol. 4: *Electronic Properties*, John Wiley & Sons, Inc., NY 1966

T.17.2 W. R. Runyan und S. B. Watelski, in *Handbook of Materials and Processes for Electronics*, C. A. Harper, Ed., McGraw-Hill Book Company, NY 1970

T.17.2 W. R. Runyan und S. B. Watelski, in *Handbook of Materials and Processes for Electronics*, C. A. Harper, Ed., McGraw-Hill Book Company, NY 1970

T.17.5 W. R. Runyan und S. B. Watelski, in *Handbook of Materials and Processes for Electronics*, C. A. Harper, Ed., McGraw-Hill Book Company, NY 1970

17.15 J. W. Mayer und S. S. Lau, *Electronic Materials Science: For Integrated Circuits in Si and GaAs*, Macmillan Publishing Company, NY, 1990

17.18 Mit freundlicher Genehmigung von R. S. Wortman

17.22 J. W. Mayer und S. S. Lau, *Electronic Materials Science: For Integrated Circuits in Si and GaAs*, Macmillan Publishing Company, NY 1990

17.23 J. W. Mayer und S. S. Lau, *Electronic Materials Science: For Integrated Circuits in Si and GaAs*, Macmillan Publishing Company, NY 1990

17.24 J. W. Mayer und S. S. Lau, *Electronic Materials Science: For Integrated Circuits in Si and GaAs*, Macmillan Publishing Company, NY 1990

17.25 C. Woychik und R. Senger in *Principles of Electronic Packaging*, D. P. Seraphim, R. C. Lasky und C.-Y. Li, Eds., McGraw-Hill Book Company, NY 1989

17.26 Mit freundlicher Genehmigung von *San Francisco Examiner*, basierend auf Daten von Digital Equipment Corporation

17.27 Nach Daten von Intel Corporation

W.17 Mit freundlicher Genehmigung von *Philosophical Magazine*

Mit freundlicher Genehmigung von Intel Corporation

Kapitel 18

E.18 Mit freundlicher Genehmigung von CoreFlux Heating Systems

W.18 Mit freundlicher Genehmigung des Los Alamos National Laboratory

18.13 R. M. Rose, L. A. Shepard und J. Wulff, *The Structure and Properties of Materials*, Vol. 4: *Electronic Properties*, John Wiley & Sons, Inc., NY 1966

LITERATUR- UND QUELLENVERZEICHNIS

18.14   R. M. Rose, L. A. Shepard und J. Wulff, *The Structure and Properties of Materials*, Vol. 4: *Electronic Properties*, John Wiley & Sons, Inc., NY 1966

T.18.2 R. M. Rose, L. A. Shepard und J. Wulff, *The Structure and Properties of Materials*, Vol. 4: *Electronic Properties*, John Wiley & Sons, Inc., NY 1966, sowie J. J. Gillman, *Ferrous Metallic Glasses*, Metal Progress, July 1979

T.18.3 R. A. Flinn und P. K. Trojan, *Engineering Materials and Their Applications*, 2nd ed., Houghton Mifflin Company, Boston, MA 1981

18.16   J. U. Lemke, *MRS Bulletin*, 15, 31 (1990)

18.17   A. S. Hoagland und J. E. Monson, *Digital Magnetic Recording*, 2nd ed., Wiley-Interscience, NY 1991

Teil IV

Ü.4   Mit freundlicher Genehmigung der Universität von Kalifornien, Davis

Kapitel 19

E.19   Mit freundlicher Genehmigung von Teledyne Wah Chang, Albany, OR

T.19.1 B. Chalmers, *Physical Metallurgy*, John Wiley & Sons, Inc., NY 1959

T.19.2 Nach A.J. de Bethune und N.A.S. Loud, in der Zusammenfassung von M.G. Fontana und N.D. Greene, *Corrosion Engineering*, 2. ed., John Wiley & Sons, Inc., NY 1978

T.19.3 Aus Tests, die von der International Nickel Company ausgeführt wurden, zusammengefasst von M.G. Fontana und N.D. Greene, *Corrosion Engineering*, 2. ed., John Wiley & Sons, Inc., NY 1978

19.23   G. Fontana, *Corrosion Engineering*, 3. ed., McGraw-Hill, NY 1986

W.19   Mit freundlicher Genehmigung der Ida Tech Corporation

19.26   Mit freundlicher Genehmigung von D.G. Howitt

19.27   Mit freundlicher Genehmigung von I.F. Stowers

19.28   D.A. Jones, *Principles and Prevention of Corrosion*, Macmillan Publishing Company, NY 1992

Kapitel 20

E.20   Mit freundlicher Genehmigung von Algor, Inc.

20.1   Reproduktion einer Liste aus *ASM Handbook*, Vol. 2, ASM International, Materials Park, OH 1990

20.2   G. E. Dieter, *ASM Handbook*, Vol. 20: *Materials Selection and Design*, ASM International, Materials Park, OH 1997, Seite 245

20.3   G. E. Dieter, *ASM Handbook*, Vol. 20: *Materials Selection and Design*, ASM International, Materials Park, OH 1997, Seite 243

T.20.1 u. 20.2	*ASM Metals Reference Book*, 2nd ed., American Society for Metals, Metals Park, OH, 1984, Überarbeitung wie in J. F. Shackelford, W. Alexander, and J. S. Park, *CRC Practical Handbook of Materials Selection*, CRC Press, Boca Raton, FL 1995
20.4	Nach M. F. Ashby, *Materials Selection in Engineering Design*, Pergamon Press, Inc., Elmsford, NY 1992
20.5	Nach M. F. Ashby, Granta Design Limited
20.6	Nach M. F. Ashby, »Performance Indices«, in *ASM Handbook*, Vol. 20: *Materials Selection and Design*, ASM International, Materials Park, OH 1997, Seiten 281–290
T.20.3	Nach M. F. Ashby, »Performance Indices«, in *ASM Handbook*, Vol. 20: *Materials Selection and Design*, ASM International, Materials Park, OH 1997, Seiten 281–290
T.20.4	Nach M. F. Ashby, »Performance Indices«, in *ASM Handbook*, Vol. 20: *Materials Selection and Design*, ASM International, Materials Park, OH 1997, Seiten 281–290
20.7	Nach M. F. Ashby, »Performance Indices«, in *ASM Handbook*, Vol. 20: *Materials Selection and Design*, ASM International, Materials Park, OH 1997, Seiten 281–290
20.8	Mit freundlicher Genehmigung von Du Pont, Abteilung Engineering Polymers
20.9	Mit freundlicher Genehmigung der Boeing Airplane Company
20.10	Nach J. Corden, »Honeycomb Structure«, in *Engineered Materials Handbook*, Vol. 1, *Composites*, ASM International, Materials Park, OH 1987, Seite 721
20.11	Nach J. Corden, »Honeycomb Structure«, in *Engineered Materials Handbook*, Vol. 1, Composites, ASM International, Materials Park, OH 1987, Seite 727
20.13	Mit freundlicher Genehmigung von DePuy, einer Abteilung von Boehringer Mannheim
20.14	Mit freundlicher Genehmigung von Osteonics, Allendale, NJ
20.15	Mit freundlicher Genehmigung von Allied-Signal, Inc.
T.20.5	Nach N. DeCristofaro, »Amorphous Metals in Electric-Power Distribution Applications«, *MRS Bulletin*, 23, 50 (1998)
20.16	Mit freundlicher Genehmigung von Metglas
T.20.6	Nach N. DeCristofaro, »Amorphous Metals in Electric-Power Distribution Applications«, *MRS Bulletin*, 23, 50 (1998)
T.20.7	Nach N. DeCristofaro, »Amorphous Metals in Electric-Power Distribution Applications«, *MRS Bulletin*, 23, 50 (1998)
20.17	Mit freundlicher Genehmigung von Du Pont, Abteilung Engineering Polymers

LITERATUR- UND QUELLENVERZEICHNIS

20.18   J. W. Mayer and S. S. Lau, *Electronic Materials Science: For Integrated Circuits in Si and GaAs*, Macmillan Publishing Company, NY 1990

T.20.8   R. C. Dorf, *Electrical Engineering Handbook*, CRC Press, Boca Raton, FL 1993, Seite 751

20.19   R. C. Dorf, *Electrical Engineering Handbook*, CRC Press, Boca Raton, FL 1993, Seite 750

20.20   R. C. Dorf, *Electrical Engineering Handbook*, CRC Press, Boca Raton, FL 1993, Seite 750

20.21   S. Gage et al., *Optoelectronics/Fiber-Optics Applications Manual*, 2nd ed., Hewlett-Packard/McGraw-Hill, NY 1981

20.22   A. J. Epstein, MRS Bulletin, 22, 19 (1997)

Register

Numerisch

1-2-3-Supraleiter 675, 978

A

Abplatzung 830, 978
abrasiver Verschleiß 856, 978
Abstoßungskraft 56, 978
Additiv 978
adhäsiver Verschleiß 856, 978
Advanced Composites 599
AES (Augerelektronenspektroskopie) 862
AFT (Atomkraftmikroskop) 190
Aktivierungsenergie 202, 978
Akzeptorniveau 743, 978
allgemeines Diagramm 398
Allotransplantat 606
Aluminium
    Keramik 27
Aluminiumlegierung 503
amorphe erstarrte Legierung 508
amorpher Halbleiter 178, 758, 978
amorphes Metall 179, 978
Ampère, André Marie 654
angelassener Martensit 446, 978
Anion 54, 978
anisotrop 596, 978
anlassen 270, 461, 978
Anode 978
anodisch beschichtetes Aluminium 830, 978
anodische Reaktion 832, 978
antiparallele Spinpaarung 799, 979
APF (Atomic Packing Factor) 100
Arrhenius, Svante August 202
Arrhenius-Diagramm 202, 979
Arrhenius-Gleichung 202, 979
Ashby, Michael F. 883
Ashby-Diagramm 883, 979
ataktisch 567, 979
atomare Masseneinheit 47, 928, 979
atomare Packungsdichte 100, 979
atomarer Aufbau 36, 979
Atomkern 47, 979
Atomkraftmikroskop (AFM) 190, 979
Atommasse 47, 979
Atomradius 59, 979
Atomzahl 47, 979

Aufbau
    atomarer 36
    mikroskopischer 36
    struktureller 36
Aufkohlen 209, 979
Auger, Pierre Victor 862
Augerelektron 862, 979
Augerelektronenspektroskopie (AES) 862, 866
Aushärtung 457, 979
ausscheidungsgehärteter Edelstahl 491, 979
Ausscheidungshärten 457
Ausscheidungshärtung 413, 979
Austauschwechselwirkung 794, 979
Austenit 393, 439, 980
austenitischer Edelstahl 491, 980
Avogadro, Amadeo 47
Avogadro-Konstante 928
Avogadro-Zahl 47, 980

B

Bain, Edgar Collins 440
Bainit 440, 980
Band
    Enerige- 660
    Fermi-Niveau 661
    Überlappung 660
    Valenz- 660
Basis 766, 980
Bauelement 764, 980
    Josephson-Kontakt 812
bcc (body-centered cubic) 100
bct (body-centered tetragonal) 152
Bedworth, N.B. 830
Bedworth, R. E. 830
Beer, August 360
Behälterglas 535
Bernal, John Desmond 179
Bernal-Modell 179, 980
Beton 607, 980
Beugung 138
Beugungskontrast 183
Beugungsmuster
    Powder Diffraction File 142
Beugungswinkel 139, 980
Beweglichkeit
    Elektronen 659
    Ladungsträger 655

1043

REGISTER

Biegefestigkeit 258, 980
Biegemodul 258, 980
bifunktional 559, 980
binäres Diagramm 383, 980
Bindung
    chemische 79
    Doppel- 68
    Ionen- 54
    Koordinationszahl 60
    kovalente 68
    Metall- 76
    physikalische 79
    Primär- 50
    Sekundär- 50, 78
    Van-der-Waals- 78
    Wasserstoffbrücke 79
    Werkstoffklassifikation 81
Bindungsenergie 49, 58, 980
Bindungskraft 56, 980
Bindungslänge 56, 980
Bindungswinkel 72, 980
biologisches Material 895
biomimetische Herstellung 543, 980
Biowerkstoff 895, 980
Bipolartransistor 767, 980
Blasformen 582, 981
Bleilegierung 508, 981
Blei-Zirkonat-Titanat (PZT) 684
Bloch, Felix 795
Bloch-Wand 795, 981
Block-Copolymer 557, 981
body-centered cubic (bcc) 100
body-centered tetragonal (bct) 152
Bohr, Niels Henrik David 793
Bohrsches Magneton 793, 928, 981
Boltzmann, Ludwig Edward 203
Boltzmann-Konstante 928
Borosilikatglas 535, 981
Bragg, William Henry 139
Bragg, William Lawrence 139
Bragg-Gesetz 141, 981
Bragg-Gleichung 139
Bragg-Winkel 139, 981
Bravais, Auguste 96
Bravais-Gitter 98, 981
Brechungsindex 704, 981
Brennen 540, 981
Brinell-Härte 273, 981
Bronze 506
Bronzezeit 23, 981
Bruchmechanik 344, 981
Bruchmodul 253, 981
Bruchzähigkeit 344, 981

Buckminsterfulleren 112, 981
Bucky-Ball 113, 981
Bucky-Röhre 113, 981
Bulk-Diffusion 224
Burgers, Johannes Martinus 165
Burgers-Vektor 165, 981

C

Cäsiumchlorid 105, 982
    Struktur 105
Ceran 538
Cermet 613, 982
Chalcogenid 536, 982
Charpy, Augustin Georges Albert 337
Charpy-Versuch 337, 982
chemisch vorgespanntes Glas 291, 982
chemische Gasphasenabscheidung (CVD) 770, 982
Chip 768, 982
Collagen 563
Collagraft 607
Copolymer 557, 982
Corning Ware 538
Coulomb, Charles Augustin de 55
Coulomb-Anziehung 55, 982
Cristobalit 107, 982
    Struktur 107
Custom Chip 772
Czochralski 119

D

Dauermagnet 805, 982
Debye, Peter Joseph Wilhelm 316
Debye-Temperatur 316, 982
Defekt
    ebener 170
    Frenkel- 164
    linearer 165
    Punkt- 163
    Schottky- 164
Defektelektron 653
Dehnung 235, 238, 982
Dehnungsbruch 366, 367, 982
dendritische Struktur 512, 982
Diagramm
    allgemeines 398
    binäres 383
    eutektisches 389
    eutektoides 393
    isothermes Umwandlungs- 439
    kontinuierliches Zeit-Umwandlungs- 444

peritektisches 396
Phasen- 379
ternäres 383
ZTU- 439
Diamagnetismus 788, 982
Diamant 118, 982
Dielektrikum 680, 983
dielektrische Durchschlagsfestigkeit 680, 983
Dielektrizitätskonstante 680, 983
Diffraktometer 142, 983
diffuse Reflexion 707, 983
Diffusion 207, 983
Atome 207
Ficksches Gesetz 208
Ionen 207
diffusionsgesteuerte Umwandlung 439, 983
Diffusionskoeffizient 208, 983
diffusionslose Umwandlung 439, 983
Diode 764, 983
Dipol 78, 785, 983
induzierter 79
permanenter 79
Dipolmoment 79, 983
dispersionsverfestigtes Metall 613, 983
Domäne 683, 795, 983
Domänenausdehnung 795
Domänenwand 795
Domänenstruktur 983
Domänenwand 795, 983
Donatorniveau 740, 983
Doppelbindung 68, 983
Dotierung 739, 983
Drain 767, 983
Driftgeschwindigkeit 655, 984
duktil 984
Duktilität 26, 243, 984
durchgehende Fasern 984
Durchlassspannung 764, 984
duroplastischer Polymerwerkstoff 575, 984
dynamischer Elastizitätsmodul 258, 984

E

ebener Defekt 170, 984
edel 835, 984
Edelmetall 508, 984
Edelstahl 491, 984
ausscheidungsgehärteter 491
austenitischer 491
ferritischer 491
martensitischer 491
EDX (Energiedispersive Röntgenspektrometrie) 866

effektive Länge 564, 984
Effusionszelle 762, 984
E-Glas 535, 596, 984
Eigenhalbleitung 733, 984
eigenleitendes Gettern 761, 984
Einkristalle
Czochralski 119
Wafer 119
Einmodenfaser 723, 984
Eisenlegierung 485, 984
Eisenzeit 23, 985
elastische Verformung 238, 985
Elastizitätsmodul 240, 985
dynamischer 258
statischer 258
Elastizitätsmodul bei Biegung 258, 985
Elastomer 296, 574, 985
elektrisch leitendes Polymer 907, 985
elektrisch polarisiert 684, 985
elektrische Feldkonstante 680, 928, 985
elektrische Feldstärke 655, 985
elektrische Leitung 666, 985
elektrochemische Spannungsreihe 835, 985
elektrochemisches Element 985
Elektrodynamik 654
Elektrolumineszenz 713, 985
Elektron 47, 985
freies 661
Ruhemasse 928
Elektronegativität 77, 985
Elektronenbeweglichkeit 659
Elektronendichte 68, 985
Elektronenfehlstelle 653, 985
Elektronengas 76, 985
Elektronenleitung 666, 985
Elektronenmikroskop
mit atomarer Auflösung 189
Elektronenmikroskop mit atomarer Auf-
lösung 189, 985
Elektronenorbital 48, 986
Elektronenpaar 68, 986
Elektronenschale 54
Elektronenspektroskopie für chemische
Analysen 865
Elektronenspektroskopie für chemische
Analysen (ESCA) 986
Elektronenspin 793, 986
Elektronenübergang 54, 986
Elektronenwolke 76, 986
Elektron-Loch-Paar 663, 986
Element 26, 986
Elementarladung 928

Elementarzelle 95, 986
  nichtprimitive 141
  primitive 141
Emaille 536, 846, 986
Emitter 766, 986
endkonturennahe Fertigung 544
endkonturgenaue Herstellung 544
Energieband 660, 986
  Fermi-Niveau 661
Energiebandlücke 663, 986
energiedispersive Röntgenspektrometrie (EDX) 861, 866, 986
Energieniveau 49, 986
Energieverlust 802, 899, 986
Energiewandler 684, 986
entglast 31, 986
Entspannungspunkt 289, 987
Epitaxie 762, 987
Erholung 462, 987
Ermüdung 350, 987
Ermüdungsfestigkeit (Dauerfestigkeit) 353, 987
Ermüdungskurve 350, 987
Ermüdungsversagen 366, 987
Ermüdungsverschleiß der Oberfläche 856, 987
Erosion 857, 987
Erstarrung
  schnelle 501
erstes Ficksches Gesetz 208
Erweichungspunkt 289, 987
Erweichungstemperatur 288
ESCA (Elektronenspektroskopie für chemische Analysen) 865
Eucryptit 320
eutektische 388
eutektische Reaktion 392, 987
eutektische Temperatur 388, 987
eutektische Zusammensetzung 388, 987
eutektisches Diagramm 389, 987
eutektoides Diagramm 393, 987
externe elektrische Spannung 847, 987
Extrusion 582, 987

F

face-centered cubic (fcc) 101
Faraday, Michael 841
Faraday-Konstante 928
Farbe 710, 988
  Koordinationszahl 710
Farbeindringprüfung 364, 988
Färbemittel 581, 712, 988

Farbstoff 581, 712, 988
Fasergewebe 596, 988
faserverstärkter Verbundwerkstoff 596, 988
fcc (face-centered cubic) 101
fehlstelleninduzierter Bruch 345, 988
Feldeffekttransistor (FET) 767, 988
Fensterglas 535, 988
Fermi, Enrico 661
Fermi-Funktion 661, 988
Fermi-Niveau 661, 988
Fernordnung 178, 988
Ferrimagnetismus 799, 988
Ferrit 809, 988
Ferrite 109
ferritischer Edelstahl 491, 988
ferroelektrisch 681, 988
Ferromagnetismus 791, 988
feste Lösung 157, 988
Festigkeits-/Gewichtsverhältnis 241, 628, 989
Festkörper
  amorpher 178
  nichtkristalliner 178
Feuerfestigkeit 397
Feuerfestwerkstoff 528, 989
Fiberglas 596, 989
Fick, Adolf Eugen 208
Ficksches Gesetz 208, 827, 989
Flammhemmer 581, 989
Fließgrenze 246, 989
Fluoreszenz 713, 989
Fluorit 107, 989
  Struktur 107
Flussdichte 786, 989
Flüssigkeitserosionsversagen 366, 989
Flüssigkristallanzeige (LCD) 723, 989
Flüssigmetallversprödung (Lotbrüchigkeit) 367, 989
Fotolack 768, 989
Fourier'sches Gesetz 989
Fourier, Jean Baptiste Joseph 321
Fouriersches Gesetz 321
frei bewegliches Elektron 76, 989
freies Elektron 661, 989
freies Radikal 556, 989
freigesetzte Scherspannung 271, 989
Freiheitsgrad 380, 989
fremdleitendes Gettern 761, 990
Frenkel, Yakov Ilyich 164
Frenkel-Defekt 164, 990
Fresnel, Augustin Jean 706
Fresnel-Formel 706, 990
Fuller, Richard Buckminster 112

Fulleren 112, 990
Füllstoff 580, 990
Funktionskeramik für elektrotechnische
 Anwendung 529, 990
Fußballmolekül 113

G

Galvani, Luigi 835
galvanische Korrosion 825, 990
galvanische Spannungsreihe 837, 990
galvanischer Schutz 825, 990
galvanisches Element 835, 990
Galvanisierung 833, 990
Gaskonstante 928
Gasphase
 Reduktion aus der 825
Gasphasenabscheidung 762, 990
Gasreduktion 839, 990
Gate 767, 990
Gauß, Karl Friedrich 209
Gauß-Fehlerfunktion 209, 990
Gebrauchskeramik 528, 990
Gefügestruktur 512, 990
gelöster Stoff 157, 991
gemeinsames Elektronenpaar 68
gemischte Versetzung 167, 991
geordneter Mischkristall 159, 991
gerichtete Reflexion 707, 991
Germanium 34
geschwindigkeitsbestimmender Schritt
 204, 991
gesteuerte Entglasung 540, 991
gestreckte Länge 565, 991
getempertes Glas 291, 991
Gettern 761, 991
Gibbs'sche Phasenregel 991
Gibbs, Josiah Willard 381
Gibbssche Phasenregel 381
Gießen 510, 991
Gitter
 gleichwertige Ebenen 128
 gleichwertige Richtungen 125
Gitterebene 126, 991
Gitterkonstante 95, 991
Gitterparameter 95, 991
Gitterposition 123, 991
Gitterpunkt 96, 991
Gitterrichtung 124, 991
Gittertranslation 123, 991
Glas 30, 527, 534, 991
 chemisch vorgespanntes 291
 E- 596
 getempertes 291

Glasbehälter 542, 992
Glasbildung 540, 992
Gläser
 mechanische Eigenschaften 253
Glasfaser 33
Glaskeramik 31, 537, 992
Glasübergangstemperatur 288, 992
Glasur 535, 992
Gleichrichter 764, 992
gleichwertige Ebenen 128, 992
gleichwertige Richtungen 125, 992
Gleitsystem 267, 992
Glühbehandlung 461, 992
Gradientenprofilfaser 722, 992
Grammatom 47, 992
Granat 809, 992
Grauguss 416, 498, 992
Grenzfläche
 kohärente 457
Grenzflächenfestigkeit 626, 992
Griffith-Rissmodell 256, 992
Gruppe 47, 992
Guinier, Andre 458
Guinier-Preston-Zone 457, 992
gummielastisch 292, 992
Gusseisen 498, 992
Gusseisenlegierung 486

H

halbleitende Verbindung 754, 993
Halbleiter 34, 687, 993
 amorpher 178, 758
 Bipolartransistor 767
 Custom Chip 772
 Diode 764
 Drain 767
 Durchlassspannung 764
 Feldeffekttransistor (FET) 767
 Gate 767
 Gettern 761
 Gleichrichter 764
 Halleffekt 745
 Heteroepitaxie 762
 Knudsen-Zelle 762
 Lithographie 768
 nichtkristalliner 758
 p-Halbleiter 745
 p-n-Übergang 764
 Quantentrog 771
 Source 767
 Sperrschichttransistor 767
 Sperrspannung 764

1047

Thermistor 780
Transistor 766
Übergangszeit 771
Verbindung 754
Verstärker 767
Wafer 760, 768
Zonenreinigen 760
Halbzelle 833
Halbzellenreaktion 833, 993
Hall, Edwin Herbert 745
Halleffekt 745, 993
Härtbarkeit 453, 993, 1013
Härte 453, 993
Hartguss 413
Hartholz 602, 993
Hartkugelmodell 59, 993
Hartlöten 513
Hartmagnet 802, 993
hartmagnetischer Werkstoff 802, 805
Hastelloy 507
hcp (hexagonal close-packed) 102
hdp (hexagonal dichtest gepackt) 102, 103
Hebelgesetz 407, 993
heiß-isostatisches Pressen 515, 993
Hemizellulose 602, 993
Henry, Joseph 787
Herstellung 510
    endkonturgenaue 544
    schnelle Erstarrung 501
Hertz, Heinrich Rudolf 802
Heteroepitaxie 762, 993
heterogene Keimbildung 434, 993
hexagonal 98, 993
hexagonal close-packed (hcp) 102
hexagonal dichtest gepackt (hdp) 102, 103, 993
Hirth, John Price 170
Hirth-Pound-Modell 170, 993
hitzebeständiges Metall 508, 993
hoch legierter Stahl 485, 490, 993
hochfester niedrig legierter Stahl (HSLA) 993
Hochleistungsverbundwerkstoff 599, 994
Höchstfrequenztechnik 809
Hochtemperaturanwendung 27
Holz 602, 994
    Längszelle 602
    radiale Zelle 602
Homoepitaxie 762, 994
homogene Keimbildung 434, 994
Hooke, Robert 241
Hookesches Gesetz 240, 994
Hume-Rothery, William 158
Hume-Rothery-Regeln 157, 994

Hund, Friedrich 659
Hundsche Regel 659, 994
Hybrid 602, 994
Hybridisierung 49, 994
Hysterese 297, 792, 994
    Hystereseschleife 683, 792, 994
    Hystereseverlust 804
Hystereseschleife 683

I

III-V-Verbindung 120, 754, 994
II-VI-Verbindung 120, 754, 994
Inconel 507
Induktion 786, 994
induzierter Dipol 79, 994
Inhibitor 847, 994
Initiator 556, 995
inkohärent 717, 995
inkongruentes Schmelzverhalten 395, 995
integrierter Schaltkreis 767, 995
intermediäre Verbindung 398, 995
intermediäres Oxid 534, 995
interstitieller Mischkristall 159, 995
invarianter Punkt 385, 995
inverse Spinell-Struktur 109, 995
Ion 54, 995
Ionenbindung 54, 995
Ionendiffusion 207, 826
Ionenkonzentrationszelle 839, 995
Ionenradius 59, 995
ionische Packungsdichte 105, 995
IPF (Ionic Packing Factor) 105
Isolator 679, 995
Isostrain 617, 995
Isostress 620, 995
isotaktisch 567, 995
isothermes Umwandlungsdiagramm 439, 995
Isotop 47, 996
isotrop 616, 996
Izod, E. G. 339
Izod-Versuch 339, 996

J

Jominy, Walter 454
Josephson, Brian David 812
Josephson-Kontakt 812, 996
Joule, James Prescott 803
Joulesche Wärme 803, 996

K

Kalknatronglas 535, 996
Kaltumformung 242
Kaltverfestigung 242, 461, 996
Kaltverfestigungsexponent 243, 996
Kaltverformung 461, 996
Kaolinit 110, 996
Kathode 833, 996
kathodische Reaktion 833, 996
kathodischer Korrosionsschutz 847
Kation 54, 996
Kavitation 857, 996
Keim 435, 996
Keimbildung 435, 996
Keramik 27, 527, 996
    ferrimagnetische 109
    kristalline 527
Keramiken
    mechanische Eigenschaften 253
Keramik-Matrix-Verbundwerkstoff 601, 996
keramischer Magnet 808, 997
Kerbschlagarbeit 337, 997
Kerbschlagbiegeversuch 337
Kettenwachstum 555, 997
kfz (kubisch flächenzentriert) 98, 101, 103
Kinetik 433, 997
Klebstoffe 575
Knetlegierung 498, 997
Knochen 606
    Collagen 563
Knudsen, Martin Hans Christian 762
Knudsen-Zelle 762, 997
Koerzitivfeld 683, 792, 997
Koerzitivkraft 997
kohärent 717, 997
kohärente Grenzfläche 457, 997
Kohlenstoff-Kohlenstoff-Verbundwerkstoff 601, 997
Kohlenstoffstahl 486, 997
Koinzidenzgitter 172, 997
Kollektor 766, 997
komplexes Versagen 367, 997
Komponente 379, 997
Kondensator 680, 997
kongruentes Schmelzverhalten 395, 997
Konode 384, 997
Konstante
    atomare Masseeinheit 928
    Avogadro- 928
    Bohrsches Magneton 928
    Boltzmann- 928
    elektrische Feld- 928
    Faraday- 928
    Gas- 928
    Lichtgeschwindigkeit 928
    Plancksche 928
    Ruhemasse des Elektrons 928
Konstruktionsparameter 879, 997
konstruktive Gestaltung 845, 998
kontinuierliche Faser 596
kontinuierliches Zeit-Umwandlungs-Diagramm 444, 998
Konzentrationsgradient 208, 998
Konzentrationszelle 832, 998
Koordinationszahl 60, 998
    Farbe 710
Korn 172, 998
Korngrenze 172, 998
Korngrenzendiffusion 224, 998
Korngrenzenversetzung 174, 998
Korngrößenzahl 174, 998
Kornwachstum 464, 998
Korrosion 998
    galvanische 825
    galvanischer Schutz 825
    Galvanisierung 833
Korund 108, 998
    Struktur 108
Kosinusgesetz 707, 998
kovalente Bindung 68, 998
Kriech- und Spannungsbruchausfälle 367, 998
Kriechen 278, 998
Kriechkurve 278, 998
Kriechverformung 279
Kristall
    gleichwertige Ebenen 128
    gleichwertige Richtungen 125
Kristallgitter 98, 998
kristallin 30, 998
kristalline Keramik 527, 999
Kristallsystem 96, 999
Kristallzüchtung 760, 999
kritische Scherspannung 271, 999
kritische Stromdichte 676, 999
kritisches Magnetfeld 812, 999
krz (kubisch raumzentriert) 98, 100, 103
kubisch 97, 999
kubisch dichtest gepackt 101, 999
kubisch flächenzentriert (kfz) 98, 101, 103, 999
kubisch primitiv 98
kubisch raumzentriert (krz) 98, 100, 103, 999
Kunststoff 555
Kupferlegierung 506, 999
Kurzfaser 596, 999

L

Ladung 653, 999
    Elektron 688
Ladungsdichte 680, 999
Ladungsneutralität 675, 999
Ladungsträger 653, 999
Ladungsträgerbeweglichkeit 655, 999
Laminat 596, 999
Längszelle 602, 999
Laser 717, 999
Laue, Max von 141
Laue-Kamera 141, 1000
LCD (Liquid Crystal Display) 723
LED (Light Emitting Diode) 905
lederartig 292, 1000
Leerstelle 163, 1000
Leerstellenwanderung 207, 1000
Legierung 23, 1000
    Aluminium 503
    amorphe erstarrte 508
    Blei 508
    Bronze 506
    Eisen 485
    Gusseisen 486
    Hastelloy 507
    Inconel 507
    Kupfer 506
    Magnesium 505
    Messing 506
    Nichteisen- 503
    Nickel 507
    Titan 506
    Zink 508
Leiter 653, 666, 1000
Leitfähigkeit 1000
    Magnet 809
    Verunreinigung 670
Leitungsband 663, 1000
Leitungselektron 661, 733, 1000
Leuchtdiode (LED) 905, 1000
Lichtgeschwindigkeit 928
Light Emitting Diode (LED) 905
Lignin 602, 1000
lineare Dichte 126, 1000
lineare Molekülstruktur 559, 1000
linearer Defekt 165, 1000
linearer Wärmeausdehnungskoeffizient 318, 1000
lineares Zeitgesetz 827, 1000
Liquid Crystal Display (LCD) 723
Liquiduslinie 384, 1000
Lithographie 768, 1000
Loch 653, 1000
logarithmisches Zeitgesetz 828, 1000
Lösungsglühen 457, 1001
Lösungsmittel 157, 1001
Lotbrüchigkeit 367
Lumineszenz 712, 1001

M

Magnesiumlegierung 505, 1001
Magnet
    Dauer- 805
    Energieverlust 802, 899
    Hart- 802, 805
    keramischer 808
    Leitfähigkeit 809
    metallischer 802
    supraleitender 806, 812
    Weich- 802
Magnetfeld 785, 1001
magnetische Feldlinie 785, 1001
magnetische Feldstärke 786, 1001
magnetisches Moment 793, 1001
Magnetisierung 787, 1001
Magnetismus 785, 1001
    Diamagnetismus 788
    Ferrimagnetismus 799
    Ferromagnetismus 791
    Paramagnetismus 788
Magnetit 109, 800, 1001
Magnetkeramik 529, 1001
Magnetoplumbit 810, 1001
Magnetpulveruntersuchung 363, 1001
Martens, Adolf 442
Martensit 442, 1001
martensitische Umwandlung 442, 1001
martensitischer Edelstahl 491, 1001
Massenbilanz 405, 1001
Matrix 595, 1001
Maxwell, James Clerk 203
Maxwell-Boltzmann-Verteilung 203, 1002
MBE (Molekularstrahlepitaxie) 762
mechanische Spannung 844, 1002
Medizin
    Hüftgelenk 894
    Prothese 894
MEMS (Mikroelektromechanisches System) 691
Mendelevium 50
Mer 555, 1002
Messing 506
    Patronen- 506

Metall 26, 1002
  amorphes 179
  Edel- 508
  Herstellung 510
  hitzebeständiges 508
Metallabscheidung 833, 839
Metallbindung 76, 1002
Metalle
  Duktilität 26
  mechanische Eigenschaften 235
metallisch 26
metallischer Magnet 802, 1002
Metall-Matrix-Verbundwerkstoff 600, 1002
metastabil 394, 442, 1002
Mikroelektromechanisches System (MEMS) 691
mikroelektronische Schaltkreise 34
Mikroschaltkreis 768, 1002
Mikroskopie
  Atomkraft (AFM) 190
  Elektronenmikroskop mit atomarer Auflösung 189
  optisches Mikroskop 182
  Rasterelektronenmikroskop 185
  Rastertunnelmikroskop 189
  Transmissionselektronenmikroskop (TEM) 183
mikroskopischer Aufbau 36, 1002
Mikrostrukturausbildung 410
Mikrostrukturentwicklung 379, 1002
Miller, William Hallowes 127
Miller-Bravais-Indizes 126, 1002
Miller-Indizes 126, 1002
Mischkristall
  geordneter 159
  interstitieller 159
  ungeordneter 159
Mischkristallhärtung 507
Mischkristallverfestigung 270, 1002
Mischung 557, 1002
mittlere freie Weglänge 670, 1002
Mol 47, 1002
Molekül 1002
Molekulargewicht 1002
Molekularlänge 564, 1002
Molekularstrahlepitaxie (MBE) 762, 1003
monochromatisch 718, 1003
monoklin 98
monoklin basiszentriert 98
monoklin primitiv 98
Monomer 555, 1003
Mooresches Gesetz 772, 1003

N

Nahordnung 178, 1003
NASA (National Aeronautics and Space Administration) 326
Natriumchlorid 105, 1003
  Struktur 105
Near-Net-Shape-Herstellung 544, 1003
negativer Ladungsträger 1003
Nernst, Hermann Walther 841
Nernst-Gleichung 841, 1003
Net-Shape-Herstellung 544, 1003
Netzwerkbildner 534, 1003
Netzwerk-Copolymer 578, 1003
Netzwerkmolekülstruktur 559, 1003
Netzwerkwandler 534, 1003
Neutron 47, 1003
n-Halbleiter 742, 1003
Nichteisenlegierung 503, 1003
nichtkristallin 30, 1003
nichtkristalline Festkörper 178
nichtkristalliner Festkörper 178, 1003
nichtmetallisch 28
Nichtoxidkeramik 532, 1003
nichtprimitive Elementarzelle 141, 1004
Nichtsilikatglas 536, 1004
Nichtsilikat-Oxidkeramik 529, 1004
nichtstöchiometrische Verbindung 160, 1004
Nickellegierung 507, 1004
niedrig legierter Stahl 485, 1004
Nuklearkeramik 529, 1004
Nylon 66 116, 1004

O

obere Fließgrenze 246, 1004
Oberfläche 170, 1004
  Ermüdungsverschleiß 856
Oberflächenanalyse 861, 1004
Oberflächendiffusion 224, 1004
Oberflächenglanz 708, 1004
ofz (orthorhombisch flächenzentriert) 98, 129
Ohm, Georg Simon 653
Ohmsches Gesetz 653, 1004
Oktaederposition 109, 1004
Opazität 709, 1004
Opferanode 847, 1004
optische Eigenschaft 704, 1004
optische Faser 720, 1005
optisches Mikroskop 182, 1005
Orbital 1005
Orbitalschale 54, 1005

REGISTER

Ordnung mittlerer Reichweite 180, 1005
orthorhombisch 97
orthorhombisch basiszentriert 98
orthorhombisch flächenzentriert (ofz) 98, 129
orthorhombisch primitiv 98
orthorhombisch raumzentriert 98
Oxid 1005
Oxidation 826, 1005
Oxidglas 178, 1005

P

Packungsdichte
    atomare 100
parabolisches Zeitgesetz 827, 1005
paraelektrisch 683, 1005
Paramagnetismus 788, 1005
Partial Stabilized Zirconia (PSZ) 346
Passivität 849, 1005
Patronenmessing 506
Pauli, Wolfgang 658
Paulisches Ausschließungsprinzip 658, 1005
Periodensystem 26, 47, 1005
peritektische Reaktion 395, 1005
peritektisches Diagramm 396, 1005
Perlit 439, 1005
permanenter Dipol 79, 1005
Permeabilität 787, 1006
Perowskit 109, 1006
    Struktur 109
Pfropf-Copolymer 573, 1006
p-Halbleiter 745, 1006
Phase 379, 1006
Phasendiagramm 383, 1006
Phasenfeld 384, 1006
Phasenumwandlung
    Kinetik 997
    zeitabhängige 997
Phosphoreszenz 713, 1006
Photoleiter 724, 1006
Photolumineszenz 713, 1006
Photon 702, 1006
Photonenwerkstoff 720, 1006
piezoelektrischer Effekt 684, 1006
piezoelektrischer Kopplungskoeffizient 684, 1006
Piezoelektrizität 684, 1006
Pigment 581, 712, 1006
Pilling-Bedworth-Verhältnis 830, 1006
planare Dichte 128, 1006
Plancksche Konstante 854, 928
Plastik 31, 1006

Plastikwerkstoff 555
plastische Verformung 238, 265, 1006
Plattenkondensator 680
Plattierung 1006
Plattiervorgang 839
PMMA (Polymethylmethacrylat) 894
p-n-Übergang 764, 1007
Poise 289
Poisson, Simeon-Denis 247
Poissonzahl 247, 1007
Polardiagramm 707, 1007
Polarisation 849, 1007
polarisiertes Molekül 79, 1007
Polyaddition 555, 1007
Polyethylen 31, 68, 116, 1007
polyfunktional 559, 1007
Polyhexamethylen-Adipamid (Nylon 66) 116
Polykondensation 555, 1007
Polymer 31, 555, 1007
    Additiv 580
    duroplastisches 575
    Herstellung 582
    technisches 570
    thermoplastisches 570
Polymere
    Collagen 563
    mechanische Eigenschaften 258
    organische 292
Polymerisation 555, 1007
    freies Radikal 556
Polymerisationsgrad 564, 1007
Polymer-Matrix-Verbundwerkstoff 600, 1007
Polymermolekül 68, 1007
Polymethylmethacrylat (PMMA) 894
Portlandzement 609, 1007
positiver Ladungsträger 1007
Potentialtopf 76, 1007
Pound, Guy Marshall 170
Powder Diffraction File 142
Pressen 582, 1007
Preston, George Dawson 458
Primärbindung 50, 1007
primitive Elementarzelle 141, 1007
Prothese 894, 1007
Proton 47, 1008
Prüfen mit akustischer Emission 364, 1008
PSZ (Partial Stabilized Zorconia, teilstabilisiertes Zirkonoxid) 346
Pulvermetallurgie 515, 1008
Punktdefekt 163, 1008
Punktgitter 96, 1008
PZT (Blei-Zirkonat-Titanat) 684, 1008

# Register

Q

Quantendraht 771, 1008
Quantenpunkt 156, 771, 1008
Quantentrog 771, 1008
Quarz 28, 107, 1008
Quarzglas 535, 1008
quasikristalline Strukturen 508
Querkontraktionszahl 247, 1008

R

radiale Zelle 602, 1008
Radiusverhältnis 60, 1008
Random Walk 1008
Rasterelektronenmikroskop (REM) 185, 1008
Rastertunnelmikroskop (RTM) 189, 1008
Reaktion
    Halbzellen- 833
    kathodische 833
    Oxidation 826
    peritektische 395
    Polymerisation 555
    Reduktion 825
Reaktionsgeschwindigkeit
    geschwindigkeitsbestimmender
        Schritt 204
Reflexion
    diffuse 707
    gerichtete 707
Reflexionskoeffizient 706, 1008
Reflexionsregeln 141, 1009
Reibkorrosion 856, 1009
reines Oxid 529, 1009
Rekristallisation 463, 1009
Rekristallisationstemperatur 463, 1009
relative Permeabilität 787, 1009
Relaxationszeit 284, 1009
REM (Rasterelektronenmikroskop) 185
remanente Polarisation 683, 1009
Remanenz 792, 1009
Restmagnetisierung 792
Restspannung 241, 1009
rhomboedrisch 97
Roberts-Austen, William Chandler 393
Rockwell-Härte 273, 1009
Röntgenbeugung 138, 1009
Röntgenfluoreszenz (XRF) 861, 866, 1009
Röntgen-Photoelektronenspektroskopie 865
Röntgen-Photoelektronspektroskopie
    (XPS) 1009
Röntgenprüfung 360, 1009
Röntgenstrahlung 138, 1009
Rosten 839, 1009
Ruhemasse des Elektrons 928

S

Sättigungsbereich 745, 1010
Sättigungsinduktion 792, 1010
Sättigungspolarisation 683, 1010
Sauerstoffkonzentrationszelle 839, 1010
Schadensanalyse 366, 1010
Schadensprävention 366, 1010
Schaltkreis
    kundenspezifischer 772
Scherspannung 248, 1010
Scherung 248, 1010
schlagartiger Bruch 345, 1010
Schlickergießen 540, 1010
Schmelzbereich 289, 1010
Schmelzen
    kongruentes 395
Schmelzgießen 540, 1010
Schmelzpunkt 81, 1010
Schmiedeprozess 510, 1010
schnell erstarrte Legierung 501, 1010
schnelle Erstarrung 501, 1010
Schottky, Walter Hans 164
Schottky-Defekt 164, 1010
Schraubenversetzung 167, 1010
Schubmodul 248, 1010
Schutzschicht 846, 1011
Schweißen 513, 1011
Schwingungsrisskorrosion 366, 858, 1011
Seaborgium 50
Seebeck, Thomas Johann 670
Seebeck-Effekt 670, 1011
Seebeck-Potential 670, 1011
Seebeck-Potenzial 670
Segregation 389, 512
Segregationskoeffizient 760, 1011
Sekundärbindung 50, 78, 1011
Selbstausbreitende Hochtemperatur-
    synthese (SHS) 544, 1011
Selbstdiffusion 207, 1011
SHS (Self-Propagating High-Temperature
    Synthesis) 544, 1011
sichtbares Licht 701, 1011
Silicon Valley 735
Silikat 528, 1011
Silikate 28
Silikatglas 534, 1011
Silizium 34, 1011
Sintern 468, 1011

Sol-Gel-Prozess 540, 1011
Soliduslinie 384, 1011
Source 767, 1011
Spallation 830, 1011
Spalling 830
Spannbeton 611, 1011
Spannung 235, 653, 1011
    externe elektrische 847
Spannungen
    abbauen 270
    anlassen 270
Spannungsintensitätsfaktor 352, 1012
Spannungskorrosionszelle 844, 1012
Spannungsrelaxation 284, 1012
Spannungsrisskorrosion 858
Spannungsrisskorrosion (SKR) 366, 858, 1012
Spark Plasma Sintering (SPS) 471, 1012
spektrale Bandbreite 905, 1012
Sperrschichttransistor 767
Sperrspannung 764, 1012
spezifische Festigkeit 241, 628, 1012
spezifische Leitfähigkeit 654, 1012
spezifische Wärmemenge 315, 1012
spezifischer Widerstand 654, 1012
Spinell 109, 1012
Spinell-Struktur 109
spontane Polarisation 683, 1012
Spritzgießen 582, 1012
Spritzpressen 582, 1012
Sprödbruch 253, 366, 1012
Spröd-Duktil-Übergangstemperatur 339, 1012
spröde 26, 1012
Stabilisator 580, 1012
Stahl 485, 1013
    Edel- 491
    hoch legiert 485, 490
    niedrig legiert 485
    verzinkter 846
    Wärmebehandlung 446
    Werkzeug- 490, 491
starr 292
stationäre Diffusion 220, 1013
statische Ermüdung 356, 1013
statischer Elastizitätsmodul 258, 1013
Steifigkeitsmodul 248, 1013
Steinzeit 23, 1013
Stirnabschreckversuch nach Jominy 453, 1013
Störstellenhalbleitung 739, 1013
Strahlung 854, 1013
Streckgrenze 238, 1013

Strom 653, 1013
struktureller Aufbau 36, 1013
struktureller Verbundwerkstoff 892, 1013
Strukturen
    Polymere 115
Strukturkeramik 529
Stufenprofilfaser 722, 1013
Stufenversetzung 167, 1013
Stufenwachstum 555, 1013
Substitutionsmischkristall 157, 1013
Superlegierung 1013
superplastische Umformung 515, 1013
supraleitender Magnet 806, 812, 1013
Supraleiter 673, 1014
syndiotaktisch 567, 1014

T

TCP (Trikalziumphosphat) 607
technische Spannung 237, 1014
technisches Polymer 570, 1014
teilchenverstärkter Verbundwerkstoff 612, 1014
teilstabilisiertes Zirkonoxid 529
teilstabilisiertes Zirkonoxid (PSZ) 529, 1014
TEM (Transmissionselektronenmikroskop) 183
Temperatur
    Thermistor 780
Temperaturkoeffizient des spezifischen Widerstands 667, 1014
Tempern 446, 1014
Terminator 556, 1014
ternäres Diagramm 383
Tetraederposition 109, 1014
tetragonal 97
tetragonal primitiv 98
tetragonal raumzentriert (trz) 98, 152
texturierte Mikrostruktur 803, 1014
theoretische kritische Scherspannung 265, 1014
Theorie eines zufälligen Netzwerks 178, 1014
thermische Aktivierung 203, 1014
thermische Schwingungen 205, 1014
Thermistor 672, 780
Thermoelement 670, 1015
thermoplastisches Elastomer 574, 1015
thermoplastisches Polymer 570, 1015
Thermoschock 327, 1015
Titanlegierung 506, 1015
Ton 528, 1015
Tonware 528, 1015

Transducer 684, 1015
Transformation toughening 346
Transistor 766, 1015
Transluzenz 709, 1015
Transmissionselektronenmikroskop (TEM) 183, 1015
Transparenz 709
transpassiv 849, 1015
Trikalziumphosphat (TCP) 607
triklin 98
trz (tetragonal raumzentriert) 98, 152

U

Überalterung 457, 1015
übereutektische Zusammensetzung 411, 1015
übereutektoide Zusammensetzung 413, 1015
Übergangsmetall 793, 1015
Übergangsmetallion 800, 1015
Übergangszeit 771
Überlappung 660
Überspannung 849, 1016
Ultraschallprüfung 362, 1016
ume-Rothery-Regeln 157
umgekehrter piezoelektrischer Effekt 684, 1016
ungeordneter Mischkristall 159, 1016
untere Fließgrenze 246, 1016
untereutektische Zusammensetzung 413, 1016
untereutektoide Zusammensetzung 413, 1016

V

Valenz 56, 1016
Valenzband 660, 1016
Valenzelektron 68, 1016
Van-der-Waals-Bindung 78, 1016
Verarbeitung 39, 1016
Verarbeitungsbereich 289, 1016
Verarmungsbereich 742, 1016
Verbindung
    halbleitende 754
    III-V- 754
    II-VI- 754
    intermediäre 398
    nichtstöchiometrische 160
Verbundeigenschaften 616, 1016
Verbundwerkstoff 33, 1016
    Collagraft 607

Knochen 606
Leitfähigkeit 690
natürlicher 606
Verbundwerkstoff mit Zuschlägen 607, 1016
Verformung
    elastische 263
    plastische 265
    viskoelastische 288
Vergüten 446
Verkippung 172, 1017
Vernetzung 294, 1017
Verschleiß 366, 856, 1017
Verschleißkoeffizient 858, 1017
Versetzung 165, 1017
Versetzungskriechen 279, 1017
Verstärker 580, 767, 1017
Verunreinigung 157, 668, 1017
verzinkter Stahl 846, 1017
Verzweigung 568, 1017
viskoelastische Verformung 289, 1017
viskos 292, 1017
viskose Verformung 288, 1017
Viskosität 289, 1017
vollständige Lösung im festen Zustand 384, 1017
Volta, Alessandro Guiseppe Antonio 654
Volumendiffusion 224, 1017
voreutektisch 411, 1017
voreutektoid 413, 1018
vorgespanntes Glas 291
Vorzugsrichtung 803, 1018
Vulkanisierung 295, 568, 1018

W

Waals, Johannes Diderik van der 78
Wabenstruktur 891, 1018
Wafer 119, 760, 768, 1018
Warmbadhärten 447, 1018
Wärmebehandlung 433, 1018
Wärmekapazität 315, 1018
Wärmeleitfähigkeit 321, 1018
Wasserkorrosion 1018
Wasserstoffbrücke 79, 1018
Wasserstoffversprödung 367, 830, 1018
Weber, Wilhelm Eduard 787
Weichholz 602, 1018
Weichkugelmodell 59, 1018
Weichlöten 513
Weichmacher 580, 1018
Weichmagnet 802, 1018
weichmagnetischer Werkstoff 802, 899
weißes Gusseisen 413, 498, 1018

Wellenleiter 809
Werkstoffauswahl 40, 845, 1018
    Wegweiser 976
Werkstoffe
    Verarbeitung 39
Werkstofffließen 345, 1019
Werkstoffwissenschaft und Werkstofftechnik 25, 1019
Werkzeugstahl 491, 1019
Whisker 601, 1019
Widerstand 653, 1019
Wirbelstrom 803, 1019
Wirbelstromprüfung 363, 364, 1019
Wurtzit 121, 1019

X

XPS (Röntgen-Photoelektronenspektroskopie) 865
XRF (Röntgenfluoreszenz) 866

Y

YIG (Yttrium-Eisen-Granat) 809, 1019
Young, Thomas 240
Young-Modul 240, 1019
Yttrium-Eisen-Granat (YIG) 809

Z

Zachariasen, William Houlder 178
Zachariasen-Modell 178, 1019
Zähigkeit 244, 1019
Zähigkeitssteigerung durch Phasenübergang 346, 1019
Zement 609, 1019
zerstörungsfreie Prüfung 360, 1019
Zinkblende 120, 1019
Zinklegierung 508, 1019
Zonenreinigen 409, 760, 1020
ZTU-Diagramm 439, 1020
Zufallsbewegung 208, 1020
Zugfestigkeit 242, 1020
Zuglänge 238, 1020
Zugversuch
    Kerbschlagbiegeversuch 338
Zusatzstoff 611, 1020
Zuschlagsstoff 608, 1020
Zustand 380, 1020
Zustandspunkt 384, 1020
Zustandsvariable 380, 1020
zweites Ficksches Gesetz 208
Zwillingsgrenze 170, 1020
Zwischenebenenabstand 140, 1020
Zwischengitterplatz 163, 1020
Zwischenstufenvergüten 449, 1020

Physikalische und chemische Daten für die Elemente[a]

Ordnungszahl	Element	Symbol	Atommasse [u]	Dichte des Festkörpers (bei 20 °C) [g/cm3]	Kristallstruktur (bei 20 °C)	Schmelzpunkt [°C]
1	Wasserstoff	H	1,008			-259,34 (TP)
2	Helium	He	4,003			-271,69
3	Lithium	Li	6,941	0.533	krz	180,6
4	Beryllium	Be	9,012	1.85	hdp	1.289
5	Bor	B	10,81	2,47		2.092
6	Kohlenstoff	C	12,01	2,27	hex.	3.826 (SP)
7	Stickstoff	N	14,01			-210,0042 (TP)
8	Sauerstoff	O	16,00			-218,789 (TP)
9	Fluor	F	19,00			-219,67 (TP)
10	Neon	Ne	20,18			-248,587 (TP)
11	Natrium	Na	22,99	0,966	krz	97.8
12	Magnesium	Mg	24,30	1.74	hdp	650
13	Aluminium	Al	26,98	2,70	kfz	660,452
14	Silizium	Si	28,09	2.33	dia.	1.414
15	Phosphor	P	30,97	1,82 (weiß)	ortho.	44,14 (weiß)
16	Schwefel	S	32,06	2,09	ortho.	115,22
17	Chlor	Cl	35,45			-100,97 (TP)
18	Argon	Ar	39,95			-189,352 (TP)
19	Kalium	K	39,10	0,862	krz	63,71
20	Calcium	Ca	40,08	1,53	kfz	842
21	Scandium	Sc	44,96	2.99	kfz	1.541
22	Titan	Ti	47,87	4.51	hdp	1.670
23	Vanadium	V	50,94	6.09	krz	1.910
24	Chrom	Cr	52,00	7,19	krz	1.863
25	Mangan	Mn	54,94	7,47	kub.	1.246
26	Eisen	Fe	55,84	7.87	krz	1.538
27	Kobalt	Co	58,93	8,8	hdp	1.495
28	Nickel	Ni	58,69	8.91	kfz	1.455
29	Kupfer	Cu	63,55	8,93	kfz	1.084,87
30	Zink	Zn	65,39	7,13	hdp	419,58
31	Gallium	Ga	69,72	5.91	ortho.	29,7741 (TP)
32	Germanium	Ge	72,64	5.32	dia.	938,3
33	Arsen	As	74,92	5,78	rhomb.	603 (SP)
34	Selen	Se	78,96	4.81	hex.	221
35	Brom	Br	79,90			-7,25 (TP)
36	Krypton	Kr	83,80			-157,385
37	Rubidium	Rb	85,47	1.53	krz	39,48
38	Strontium	Sr	87,62	2,58	kfz	769
39	Yttrium	Y	88,91	4,48	hdp	1.522
40	Zirkon(ium)	Zr	91,22	6.51	hdp	1.855
41	Niob	Nb	92,91	8.58	krz	2.469
42	Molybdän	Mo	95,94	10,22	krz	2.623
43	Technetium	Tc	98,91	11,50	hdp	2.204